KB057038

Jerry D. Wilson, Anthony J. Buffa, Bo Lou 저

College Physics Essentials | 8th Edition |

최신 일반물리학 | 8판 |

일반물리학 교재편찬위원회

College Physics Essentials, 8th edition (Two-Volume Set)

Original version ISBN: 9780815355465

역자 머리말

PREFACE

제리 윌슨 교수, 안토니 버파 교수, 보 루 교수의《대학물리학(College Physics Essentials)》8판이 이제야 번역본이 나오게 되어 역자는 기쁘게 생각한다. 이공계 및 관련 전공 분야 대학생에게 물리학을 정확하게 이해시키는 일이 어려워지는 상황에서 이 번역본은 물리의 기초적 개념을 이해하는 과정에 크게 기여될 것으로 판단되는 훌륭한 교재가 될 것이다.

국내에서 처음으로 번역된 만큼 최신의 내용을 담고 있으며, 특히 2019년 5월에 4개의 기본단위가 개정되기도 하였으며 이들 단위를 추가해서 교재가 시대적으로 부합하도록 하였다.

저자 세 분은 대학에서의 경험을 바탕으로 학생과 교수에 적합한 강의용 교재를 꾸준히 수정 보완하면서 8판에 이르게 되었다. 이들 저자는 자연과학, 공학, 의학관련 분야 대학생들이 물리학을 흥미롭게 배울 수 있도록 교재를 다수 개발하였으며, 이미 물리학 교재 저자 중에서 잘 알려져 있다.

8판의 내용은 이전과 달리 많은 변화를 주었다. 교재의 구성 단원을 가급적 분야별로 합쳐서 단원을 최소화하여 한 학기 또는 1년의 과정을 학습하는 데 큰 도움을 주었다. 또한 간략하면서도 심도 있게 펼쳐지는 내용이 역저로서 자신 있게 말할 수 있는 부분이다. 더불어 이전과 달리 주제 설정을 이야기 식으로 풀어가며 자연의 현상을 실생활과 연관시켜 가고자 노력하였다.

역자가 번역 작업을 하면서 주안점을 둔 부분은 학생의 입장에서 물리학을 이해할 수 있도록 문맥의 자연스런 연결을 위해 노력하였으며, 친숙한 용어로 접근해 나가기 위해 한국물리학회에서 정한 용어집을 기본으로 하였다. 이 교재를 통해서 공부하게 될 학생들에게 부탁하고 싶은 말은 본문의 내용을 잘 이해하고 예제와 연습문제를 풀어서 함축시킨 단원의 개념을 정확하게 이해해주길 바란다. 이렇게 함으로써 문제를 푸는 과정 중에 물리 법칙에 대한 이해를 높일 수 있고 완전한 답에 접근하는 방법을 배울 수 있을 것이다.

마지막으로 본 교재가 출판되기까지 긴 시간을 아낌없이 지원하면서 많은 노력을 아끼지 않으신 북스힐 출판사의 조승식 사장님, 김동준 전무님과 편집부 여러분에게 감사를 드립니다.

2022년 2월

역 자

저자 소개
AUTHORS

제리 D. 윌슨(Jerry D. Wilson)은 사우스캐롤라이나 주 그린우드에 있는 랜더 대학의 물리학과 명예교수이고 생물물리학부 전 학장이다. 그는 오하이오 대학교에서 학사 학위를, 유니온 칼리지에서 석사 학위를, 1970년에 오하이오 대학교에서 박사학위를 취득하였다. 그는 General Electric Corporation에서 물질행동물리학자로 일하면서 석사 학위를 취득했다. 박사과정 대학원생으로서 윌슨 교수는 강사의 교직을 유지하고, 물리과목을 가르치기 시작했다. 이 시기에 그는 물리과학 교과서를 공동 집필하였다. 윌슨 교수는 교수 경력과 연계하여 집필을 계속하고 있으며, 6개의 책을 저술하거나 공동 집필하였다.

안토니 J. 버파(Anthony J. Buffa)는 Radioanalytical Facility의 연구 동료인 San Luis Obispo 캘리포니아 폴리테크놀리지 주립대학의 물리학과 명예교수이다. 그는 재직 중 많은 실험을 개발하고 수정하는 동안 기초 물리 과학에서 양자 역학에 이르는 과정을 가르쳤다. 그는 Rensselaer Polytechnic Institute로부터 물리학 학사와 일리노이 대학교 Urbana-Champaign에서 물리학 석사와 박사 학위를 취득했다. 퇴직한 후에도 버파 교수는 계속 교직을 유지하고 집필도 하고 있다. 그리고 물리학과 예술·건축에 대한 관심사를 결합한 자신의 예술작품과 스케치를 개발하였고, 강의 효과를 높이기 위해 이것을 사용했다. 그는 여가 시간에 아이들과 손주들, 정원 가꾸기, 개 산책 그리고 아내와 함께 여행하는 것을 즐긴다.

보 루(Bo Lou)는 페리스 주립대학교 물리학과 교수로 에모리 대학교에서 물리학 박사학위를 취득했다. 그는 다양한 학부 물리학 과정을 강의하고 있으며 여러 물리학 교과서의 공동저자이다. 그는 물리학의 기본 법칙과 원리에 대한 개념적 이해 그리고 현실 세계에 대한 실질적인 적용의 중요성을 강조한다.

차례

CONTENTS

CHAPTER 15 전하, 전기력, 전기장 361

CHAPTER 16 전위, 에너지, 전기용량 381

CHAPTER 17 전류와 저항 407

CHAPTER 18 기초 전기회로 423

CHAPTER 19 자기 441

CHAPTER 20 전자기유도와 전자기파 467

CHAPTER 21 교류 회로 489

CHAPTER 22 빛의 반사와 굴절 505

부록

CHAPTER 1

측정과 문제 풀이*

Measurement and Problem Solving

퍼스트 다운(공격)인가? 치수를 재자!

이 장의 처음 사진은 미식 축구의 퍼스트 다운(공격)과 10야드인가? 우리 생활에서 필요한 여러 가지 일들처럼 운동에서도 측정이 필요하다. 길이의 측정은 도시 간의 거리가 얼마나 떨어져 있는지 알 수 있고, 당신의 키가 얼마나 큰지 측정으로 알 수 있다. 미식 축구 사진에서도 측정을 통해 퍼스트 다운(10야드 이상 전진)이 되는지 알 수 있다. 시간측정은 수업이 끝나려면 얼마나 걸릴지, 한 학기가 언제 시작하는지, 또 얼마나 나이가 먹었는지 알려준다. 병을 치료하기 위해서는 측정된 용량만큼 약을 복용한다. 생명은 의사나 의료기술자와 약사들이 그 병을 치료하기 위해서 여러 가지 형태의 측정에 의존한다.

측정은 문제를 풀기 위해서 구해야 하는 양을 계산할 수 있도록 한다. 측정의 단위는 문제를 풀고 측정하는 데 매우 중요하다. 예를 들어 사각형 상자의 부피를 구하기 위하여 그 상자를 cm로 측정했다면 단위는 cm^3(세제곱센티미터)이다. 측정과 문제 풀이는 이 장에서 알 수 있듯이 우리 생활의 한 부분이다. 측정은 특히 물리의 세계를 이해하고 기술하고자 하는 데 있어서 중추적 역할을 한다.

* 이 장에서 필요한 수학은 과학적 표기법(10의 거듭제곱)과 삼각법을 포함한다. 부록 I에서 이러한 사항을 참조하라.

1.1 측정이 필요한 이유와 방법

누군가 당신에게 그들의 집으로 가는 길을 알려준다고 상상해 보자. "잠깐 중심 도로를 따라 운전하다가, 신호등 중 한 곳에서 우회전하라는 말을 들으면 도움이 되겠는가? 그리고 꽤 먼 길을 계속 가라?" 또는 은행에서 당신의 월말 결제를 위해 다음과 같은 내용의 서류를 보냈다고 상상해 보자. "당신 계좌에 잔액이 그리 많은 편은 아니다."

측정은 우리 모두에게 중요하고, 세상을 다루는 구체적인 방법 중 하나이다. 측정이란 개념은 물리학에서 절대적이다. **물리학은 자연의 묘사와 이해에 관계하며**, 측정은 가장 중요한 도구 중 하나이다.

물리적 세계를 기술하는 방법에는 측정이 필연적으로 수반하지 않는 경우도 있다. 예를 들어 옷의 색깔이나 꽃의 색깔을 이야기할 때가 그렇다. 색깔을 인지한다는 것은 매우 주관적이므로 같은 색깔이라도 사람마다 다르게 느낄 수 있다. 실제로 상당히 많은 사람이 색맹이다. 색맹인 사람은 어떤 특정한 색깔을 구분할 수 없다. 사람의 눈으로 감지되는 빛은 파장과 주파수로 기술할 수 있다. 파장이나 주파수에 따라 사람의 눈이 인지하는 색깔이 서로 다르다. 따라서 사람의 눈이 색깔을 감지하는 것과 달리 파장은 측정할 수 있는 물리량이다. 이 물리량은 모든 사람이 똑같은 값으로 측정할 수 있다. 다시 말하면 측정이란 객관적이어야 한다. **물리학은 측정을 통하여 객관적으로 자연을 기술하고 이해하려고 시도하는 학문이다.**

1.1.1 표준단위

측정은 **단위**로 표시하여 측정값을 나타낸다. 아마 여러분들도 알고 있듯이 단위는 여러 가지가 있는데, 그것들은 모두 측정한 물리량의 종류에 따라 단위를 선택하여 사용할 수 있다. 단위 중에는 아주 오래전부터 사용되어 온 피트(feet)라는 단위가 있다. 이것은 인간의 신체 부위 중에 발을 이용하여 거리를 측정하는 단위이다. 또한 지금도 말의 키를 잴 때는 사람의 손을 이용하는데, 이 경우는 사람의 손을 4인치(inch)로 정하고 있다. 만약 단위가 공식적으로 채택된다면, 그 단위를 **표준단위**(standard units)라고 한다. 관례적으로 정부나 국제 심의기구에서 표준단위를 제정한다.

표준단위 및 그 단위 조합을 모아놓은 것을 **단위계**(system of units)라고 한다. 현재 사용하는 주요 단위계는 두 가지가 있는데 바로 미터법과 영국공학단위계이다. 후자는 여전히 미국에서 널리 사용되고 있지만, 다른 나라에서는 사실상 사용이 줄어들거나 거의 사용하지 않고 미터법으로 대체되고 있다.

같은 현상이지만 서로 다른 단위계를 사용하거나 서로 다른 계에 같은 단위를 사용하기도 한다. 예를 들어 사람의 키를 표시할 경우, 피트(feet), 센티미터(cm), 미터(m), 심지어 마일(mile) 단위까지도 사용하고 있다. 사람의 키를 나타내는 단위로 마일은 적절하지 않지만 그래도 사용하는 사람이 있다. 단위는 어떤 단위든 간에 서로 변환될 수 있으며 이런 단위의 변환은 때때로 필요하다. 곧 알게 되겠지만 실제로 주어진 계에 가장 적절한 단위를 일관성 있게 사용하는 것이 상당히 실용적이라는 것을 알 수 있다.

1.2 길이, 질량, 시간의 SI 단위

길이, 질량, 시간은 대단히 많은 양과 여러 현상을 기술하는 데 가장 기본이 되는 물리량이다. 사실 이 책의 도입부에서 소개되는 역학(운동과 힘)의 분야에서는 이들 물리량만으로 모든 현상을 기술할 수 있다. 과학자들이 사용하는 단위계와 다른 양들을 나타내기 위해 사용하는 단위계도 모두 미터법에 근거한다.

역사적으로 미터법이 나오게 된 것은 17~18세기에 걸쳐 프랑스에서 보다 나은 측정과 무게 재는 방법을 모색하고자 하는 시도에 의해 제안된 결과물이다. 현대감각에 맞는 미터법을 **국제표준단위계**라 한다. **SI**(Système International des Unités)는 프랑스어로 국제단위계를 의미하는 합성어의 첫 자를 따서 나타낸 것이다.

SI 단위계는 기본 물리량과 유도 물리량으로 나누어 기본단위와 유도단위로 기술된다. **기본단위**는 미터(m), 킬로그램(kg)과 시간(s)을 기본단위로 정하고 다른 단위는 이들 단위의 조합으로 유도되며 이들 기본단위의 조합으로 이루어진 단위를 **유도단위**라고 한다. [올림픽에서 100 m 달리기를 생각해 보자: 거리는 미터(m)로 측정되고 시간은 초(s)로 측정된다. 운동선수가 얼마나 빨리 달리는지를 표현하기 위해 시간 단위당 이동거리 또는 시간당 길이를 나타내는 초당 미터 단위(m/s)를 사용한다.]

1.2.1 길이

길이는 공간의 거리나 범위를 측정하는 데 사용되는 기본 양이다. 우리는 일상적으로 두 점 사이의 거리를 길이라고 한다. 그러나 두 점 사이의 거리는 두 점이 공간에 어떻게 배치되어 있느냐에 따라 달라지는데, 예를 들면 두 점을 연결하는 공간이 곡선으로 연결되는지 또는 직선으로 연결되는지 여부에 따라 달라진다.

길이의 SI 단위는 **미터**(m)로 표시한다. 미터는 처음에는 지구의 북극에서부터 적도까지 파리를 지나는 자오선의 1/10 000 000에 해당하는 길이로 정의하였다(그림 1.1a).* 자오선 상에 있는 프랑스의 '던커크'와 스페인의 바르셀로나를 잇는 거리를 측량해서 표준 길이를 결정하였다. 이 표준 길이를 **미터**(metre)라고 부르는데 그리스어로 **메트론**(metron)이라 한다. 이 말의 뜻은 '측정'이다(미국 철자로는 미터, meter이다). 1미터는 39.37인치—1야드보다 약간 길다(3.37인치 더 길다).

* 이 책과 물리학자들은 세 자리 숫자씩 묶어서 띄어 써서 큰 수를 나타내는 관행을 채택했다. 예를 들어 10 000 000(10,000,000 아님). 이는 쉼표(,)를 소수점(.)으로 사용하는 유럽의 관행과 혼동을 피하기 위해서이다. 예를 들면 미국에서는 3.141로 쓰고 유럽에서는 3,141로 쓰여질 것이다. 일관성을 위해 0.537 842 365와 같은 긴 소수도 간격 분리할 수 있다. 일반적으로 4자리 이상의 숫자 또는 소수점 양쪽에 한 칸씩 띄어쓰기를 사용한다.

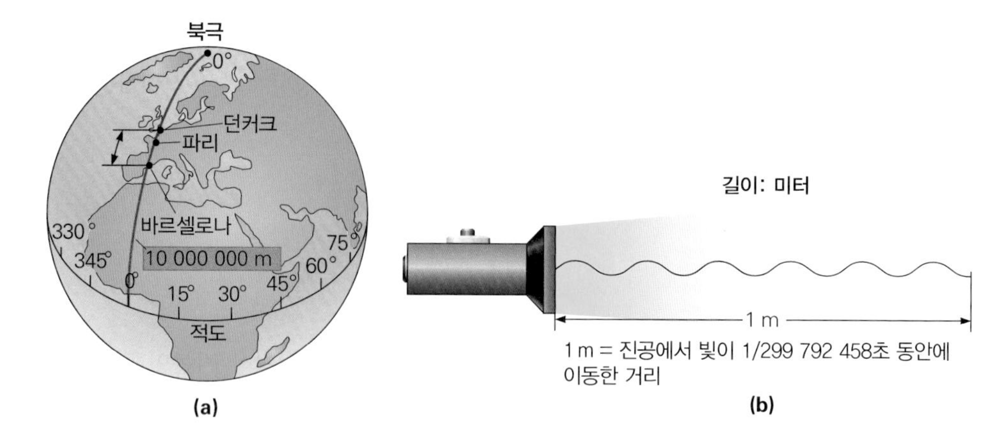

▶ **그림 1.1 SI 길이 표준: 미터.** (a) 미터는 북극에서 적도까지 파리를 통과하는 자오선의 1/10 000 000로 정의한다. 이 정의로부터 금속막대(미터원기라고 부름)를 표준으로 만들었다. (b) 최근에 미터는 빛의 속도로 정의되고 있다.

1미터 길이는 금속막대(플래티늄과 이리듐 합금으로 만듦)에 찍힌 두 점 사이의 거리를 말하는데 이 미터 표준 막대는 엄중한 관리 속에 보관되어 있고 그것을 미터원기(Meter of Archives)라고 부른다. 그러나 온도와 같은 외부조건에 따라 변화하는 기준장치는 적절하지 못하므로 1983년에 미터원기 대신 빛이 변하지 않는 성질을 이용하여 보다 정밀하게 정하였다. 즉, 빛이 1/299 792 458초 동안 통과한 거리를 1미터라고 다시 정의하였다(그림 1.1b). 즉, 진공에서 빛이 1초 동안에 통과한 거리는 299 792 458 m이고 빛의 속력은 $c = 299\ 792\ 458$ m/s이다(여기서 c는 빛의 속도를 표시할 때 사용한다). 시간은 비교적 정확하게 측정될 수 있는 물리량이므로 유의할 것은 표준 길이는 시간을 기준으로 정했다.

1.2.2 질량

질량은 물질의 양을 나타내는 데 사용하는 기본 물리량이다. 질량이 서로 다른 물체들을 비교해 볼 때 질량이 좀 더 많은 물체는 더 많은 물질을 포함하고 있다고 말할 수 있다. 질량의 SI 단위는 **킬로그램**(kg)으로 표시한다. 킬로그램은 본래 물의 일정한 부피를 표시할 때 사용하는 단위였다. 즉, 한 변의 길이가 0.10 m(10 cm)인 정육면체(질량 표준과 길이 표준을 연관시킨다)이다. 그러나 지금은 특정 물질의 기본으로 사용하고 있다. 플래티늄과 이리듐 원통형 질량 용기는 프랑스 세브르(Sevres)에 있는 국제도량형국에 보관되어 있다(그림 1.2). 우리나라도 이 질량 원기를 복사해서 가지고 있다. 이와 같이 질량 원기에 복사된 원기는 일상생활에서나 상업용으로 사용되고 있다. 여기서 우리나라는 킬로그램이 질량의 표준 측정 단위로 사용하기를 적극 권장하고 있다.*

여러분은 **무게의 측정**이란 말은 많이 들어 보았지만 **질량의 측정**이라는 말은 잘 들어보지 못했을 것이다. 물론 SI 단위계에서 질량이 기본 물리량임을 알고 있지만 영국에서는 질량을 측정하는 단위보다는 무게를 기준으로 측정하는 것이 관례로 되

* 본 책의 최종 제작단계(2019년)에 있는 동안 국제 무게 및 측정규정위원회는 기본상수인 플랑크 상수 $6.626\ 070\ 15 \times 10^{-34}$, 단위는 kg·m^2/s를 기초로 한 새로운 킬로그램의 정의를 채택하였다. 플랑크 상수는 27장 후반에서 설명된다.

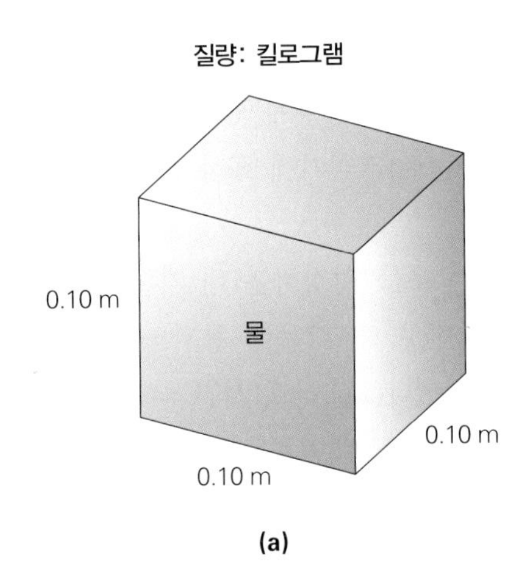

(a)

(b)

◀그림 1.2 **SI 질량표준: 킬로그램.** **(a)** 질량 1킬로그램은 0.10 m 정육면체에 해당하는 물로 정의된다. 표준 길이로 정의된 부피이므로 질량표준과 관계한다. **(b)** 표준 킬로그램은 표준 원통으로 정의되고 킬로그램의 국제 원기는 프랑스의 무게와 측정 표준연구원에 보관되어 있다. 1880년에 만들었고 90%는 플래티늄과 10%는 이리듐의 합금으로 되어있다. 복제품으로 1킬로그램 표준원기를 제작하여 미국에서는 질량원기로 사용하고 있다. 이것이 미국 국제표준기술연구원(NIST)에 보관되어 있다.

어 있다. 영국에서는 질량을 킬로그램으로 표시하는 대신에 무게를 파운드로 표시하고 있다. 주어진 임의의 물체의 무게는 곧 중력에 의한 것으로 지구의 중력이 물체에 작용하는 크기를 말한다. 예를 들어 여러분 스스로의 몸무게를 재기 위해 체중계에 오르면 눈금이 움직이는 것은 힘이 아래 방향으로 작용하기 때문이다. 왜냐하면 무게나 질량은 서로 비례하는 물리량이기 때문이다.

그러나 무게를 기본 물리량으로 사용하는 데는 문제가 있다. 먼저 기본 물리량으로 사용하기 위해서는 그 기본 물리량이 장소에 구애받지 않고 어느 곳에서도 모두 일정한 값을 가져야 된다. 이 조건을 만족시키는 경우가 질량이다. **그러나 무게는 그렇지 못하다.** 예를 들면 달에서 물체의 무게는 지구에서보다 가볍다. 왜냐하면 달의 질량은 지구의 질량보다 작고, 달에서 물체에 작용되는 중력 또한 지구에서보다 작기 때문이다. 즉, 주어진 특정 질량을 가진 물체는 지구에서 그에 해당하는 특정 무게를 가지게 되는데 똑같은 물체를 달로 가져가면 달에서는 지구에서보다 1/6의 무게를 가지게 된다. 그러므로 무게는 어느 곳에서 측정하는가에 따라 달라지므로 SI 단위인 기본 물리량이 아니다.

지금부터 지구 표면과 같은 하나의 위치를 생각해 볼 때, **무게는 질량과 서로 관계되는 물리량이지만 서로 같은 물리량을 가지지는 않는다.** SI 단위는 어느 곳에서 측정하든 상관없이 정상적이고 표준 조건 하에서는 항상 동일 측정값을 가져야 되므로 SI 단위계에서는 질량을 기본 물리량으로 선택했다. 질량과 무게의 차이는 4장에서 좀 더 상세하게 설명하기로 한다. 그때까지 주로 다루는 양은 질량에 관련된 것에 국한하기로 한다.

1.2.3 시간

시간은 정의하기가 어려운 개념이다. 일반적인 정의는 시간이 사건의 연속적이고 앞으로만 진행하는 흐름이라는 것이다. 이러한 정의도 시간을 잘 설명한 것은 아니지만 관측에 의하면 시간은 절대로 뒤로는 갈 수 없다고 알려졌다. 마치 영사기로 필름을 뒤로 돌려 보는 것처럼 뒤로는 돌아갈 수 없다는 것이다. 시간은 때로 3차원 공간에 (x, y, z, t)을 동반하는 4차원이라고 말한다. 즉, 공간에 어떤 것이 존재한다면 그것은 시간적으로도 존재한다는 말이 된다. 어떤 경우에도 사건은 시간을 가늠하는 데 사용되고 있다. 사건은 길이를 측정하는 미터원기에 표시된 눈금과 같다고 볼 수 있다.

시간의 SI 단위는 **초**(s)이다. 태양 '시계'는 초를 설정하는 데 기본으로 사용했다. 태양일은 태양이 동일 자오선을 통과하고 바로 그 다음에 통과하는 시간 간격을 말한다. 1초는 이 태양일의 1/86 400으로 정했다(1일 = 24시간 = 1440분 = 86400초). 그러나 태양을 공전하는 지구는 타원 경로이므로 이로 인해 태양일의 길이가 일정하지 못하고 약간 변하게 된다.

보다 정확한 기준으로 평균태양일을 태양년 동안에 평균태양일의 길이로부터 계산하고, 1956년에 초는 이것을 기준하여 정했었다. 그러나 조석마찰로 지구운동이 고르지 못하고 회전이 다소 느려지는 경향이 있어 평균태양일이 해마다 같은 길이를 갖지 못하므로 이 분야에 종사하는 과학자들은 보다 정확한 시간을 측정하는 좋은 방법을 찾기 위해 많은 노력을 기울였다.

1967년에 원자 표준이 보다 나은 시간 척도로 채택되었다. 세슘-133 원자의 복사 진동수를 이용해 초를 정의하였다. 이 '원자시계'는 300년 동안에 1초 정도 틀린다. 1999년에 또 다른 세슘-133 원자시계가 채택되었는데, 이것을 세슘 원천 원자력 시계라고 한다. 이 명칭이 의미하는 것처럼 세슘원자가 내는 복사 진동수를 초의 기본으로 정의한다(그림 1.3).

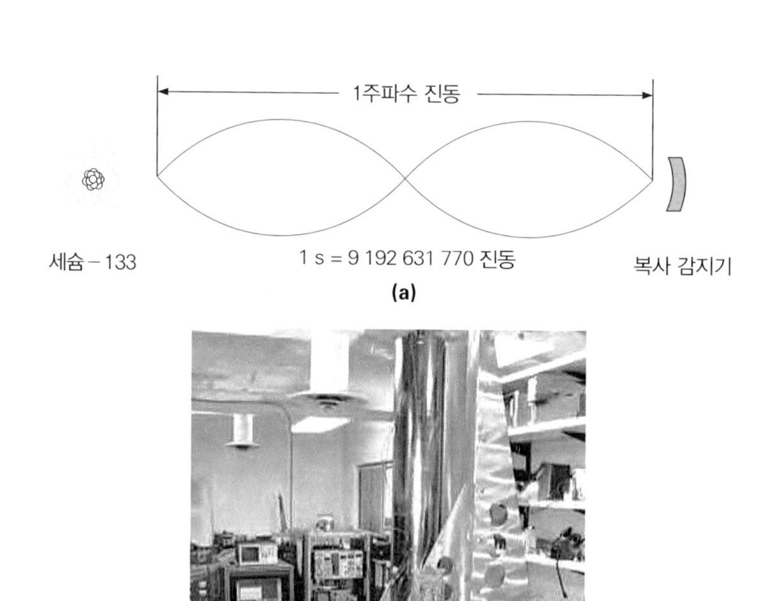

▶ 그림 1.3 **SI 시간단위 기준: 초.** 1초는 1평균태양일을 사용하여 정의되고 있다. **(a)** 원자의 천이와 관련된 복사 진동수로 정의되고 있다. **(b)** 미국 국립표준연구원에 있는 원자시계로 미국의 표준시를 결정하는 기준으로 사용되고 있다. 이 원자시계의 오차율은 2천만 년에 1초 정도가 틀리다.

이것을 사용하면 2천만 년에 1초보다 적은 '시간차'가 생긴다![*]

1.2.4 SI 기본단위

SI 단위에는 **기본단위**가 일곱 개가 있다. 이 일곱 개의 물리량은 서로 독립된 양이다. (1) 길이의 단위: 미터(m), (2) 질량의 단위: 킬로그램(kg), (3) 시간의 단위: 초(s), (4) 전류의 단위: 암페어(A), (5) 온도의 단위: 켈빈(K), (6) 물질의 양의 단위: 몰(mol), (7) 광도의 단위: 칸델라(cd)가 있다. 표 1.1을 참고하라.

위에서 언급한 양은 자연에서 관찰되거나 측정한 모든 것에 대한 완전한 설명에 필요한 최소의 기본 양을 구성하는 것이다.

표 1.1 SI의 기본단위 7개

단위 명칭(약어)	측정된 성질(물리량)
미터(m)	길이
킬로그램(kg)	질량
초(s)	시간
암페어(A)	전류
켈빈(K)	온도
몰(mol)	물질의 양
칸델라(cd)	광도

단위 개정

국제단위계(SI)는 질량을 포함해 온도, 길이, 시간, 광도, 전류, 물질의 양의 7개가 있으며, 여기서 파생된 196개 분야의 수많은 단위의 표준이 확립되어 있다. 그러므로 4개의 단위가 재정의 되는 것은 정말 중요한 일이다. 개정된 정의는 물리 상수를 기반으로 하여 본질적으로 안정하므로 미래에 더욱 진보된 기술을 이용하여 단위를 구현할 때도 다시 수정할 필요가 없을 것이다.

표 1.2 4개 단위의 재정의

단위	기준	재정의
kg	백금-이리듐 합금 인공물	플랑크 상수
A	두 전선 사이 일정한 힘이 발생할 때 전류	기본 전하
K	물의 삼중점 의거	볼츠만 상수
mol	원자의 질량에 의거	아보가드로 상수

질량측정의 단위 킬로그램(kg)은 플랑크 상수($h = 6.62\,606\,896 \times 10^{-34}$ J·s)의 값으로, 전류의 단위 암페어(A)는 기본전하($e = (1.602\,176\,487 \pm 0.000\,000\,04) \times 10^{-19}$ C) 값으로, 온도의 단위 켈빈(K)은 볼츠만 상수($k = (1.380\,622 \pm 0.000\,043) \times 10^{-23}$ J·K^{-1})

* 훨씬 더 정확한 시계인 3D 양자 기체 시계는 약 100조 년 안에는 1초도 틀리지 않을 것으로 예상된다.

값으로, 물질의 양의 단위인 몰(mol)은 아보가드로 상수($N_A = 6.022 \times 10^{23}$/mol)값으로 재정의되었다.

단위가 정확해지기 위해서는 기준이 되는 기본상수가 정확해야 한다. 우리나라에서는 한국표준과학연구원이 음향기체온도계, 단일전자 펌프, 키블저울 등 각종 첨단 장비를 이용해서 기본상수들을 연구하고 있다.

SI는 1960년 국제도량형총회에서 공식적으로 채택된 이후 여러 번 개정되었다. 하지만 한 번에 4개의 기본단위를 대대적으로 재정의하는 것은 이번이 처음이다. 과거의 개정과 마찬가지로 일상생활에서는 인지할 만한 영향이 없도록 하였으며, 기존의 단위 정의로부터 이루어진 측정이 측정불확정도 내에서 유효하게 유지되도록 각별한 주의를 기울였다. (참고: '단위의 재정' 한국표준과학연구원)

1.3 미터법에 대한 부가 설명

현재 SI 단위계에 통합되어 있는 길이, 질량, 시간의 표준 단위를 포함하는 미터법은 한때 **mks 단위계**(미터-킬로그램-초)라고 불렸다. 다른 미터법으로는 이보다 더 작은 양을 기술하는 데 도입되는 **cgs 단위계**(센티미터-그램-초)가 있다. 미국에서는 여전히 영국식 단위를 사용하고 있는데, 길이는 피트(feet), 질량은 슬러그(slug), 시간은 초(s)로 사용한다. 아마도 여러분 중 대다수가 슬러그란 단위가 생소할 것이다. 앞에서 잠깐 언급했듯이 중력(무게)은 질량 대신에 사용한다고 했는데 물질의 양을 나타낼 때 슬러그 대신에 파운드(pound)를 사용한다. 따라서 영국에서 사용하는 단위계는 **fps계**(피트-파운드-초)라고 한다.

미터법은 모든 나라에서 압도적으로 사용하는 것으로 미국에서도 점차로 널리 사용되고 있는 추세이다. 왜냐하면 수학적으로 간단하고 SI 단위계가 과학이나 공학 분야에서 많이 사용되는 단위계이다. 이 책에서도 단위계는 SI 단위계를 사용하는 것을 원칙으로 한다. 그러나 경우에 따라 다른 단위계가 사용되기도 하는데 그것은 편의를 위해서이다. 예를 들어 온도의 단위를 **섭씨**(degree Celsius, °C)로, 시간의 단위를 시(hour)로 사용하기도 한다. 경우에 따라서 이 책 앞부분에서는 간혹 영국단위계를 사용하기도 하는데, 실질적으로 실생활에서 여전히 영국 공학단위를 사용하는 것이 보편화되어 있기 때문이다.

미터법이 전 세계적으로 사용되고 있는 추세가 증가되는 것은 여러분이 미터법에 많이 익숙해져 있다는 것을 의미한다. 미터법의 장점 중 하나는 소수 또는 10을 기본으로 하는 계에 기준을 두고 있다는 것이다. 이 말의 의미는 큰 수이든 작은 수이든 상관없이 10을 곱해주거나 나누어주면 된다는 것이다. 이상 언급된 미터법 단위에 대한 일부 십의 거듭제곱 및 해당 접두어의 목록이 표 1.3에 제시되어 있다.

미터법 측정의 경우 대부분 접두어로 **마이크로**, **밀리**, **센티**, **킬로** 그리고 **메가**를 사용하는데, 예를 들면 마이크로초(μs), 밀리미터(mm), 센티미터(cm), 킬로미터(km), 컴퓨터 디스크의 용량이나 CD용량을 메가바이트(MB)로 표시하기도 한다. 미

표 1.3 미터법에서 사용되는 접두어와 10의 거듭제곱[a]

10의 거듭제곱[b]	접두어(약자)	발음
10^{12}	tera- (T)	테라 (as in *terrace*)
10^{9}	giga- (G)	기가 (*jig* as in *jiggle*, *a* as in about)
10^{6}	**mega- (M)**	메가 (as in *mega*phone)
10^{3}	**kilo- (k)**	킬로 (as in *kilo*watt)
10^{2}	hecto- (h)	헥토 (*heck-toe*)
10	deka- (da)	데카 (*deck* plus *a* as in about)
10^{-1}	deci- (d)	데시 (as in *deci*mal)
10^{-2}	**centi- (c)**	센티 (as in *senti*mental)
10^{-3}	**milli- (m)**	밀리 (as in *mili*tary)
10^{-6}	**micro- (μ)**	마이크로 (as in *micro*phone)
10^{-9}	nano- (n)	나노 (*an* as in *an*nual)
10^{-12}	pico- (p)	피코 (*peek-oh*)
10^{-15}	femto- (f)	펨토 (*fem* as in *fem*inine)
10^{-18}	atto- (a)	아토 (as in *anatomy*)

[a] 예를 들어 1그램에 1000 또는 10^3을 곱하면 1킬로그램(kg), 1그램에 1/1000 또는 10^{-3}을 곱하면 1밀리그램(mg)이다.

[b] 가장 일반적으로 사용되는 접두어는 굵은 글씨로 쓴다. 10^6 이상의 큰 배수는 대문자 약어를 쓰고, 반면에 작은 배수는 소문자 약어로 표기한다.

터법의 소수점 이하의 수는 측정량을 이 단위에서 저 단위로 변환하는 것이 매우 편리한 이점이 있다. 영국단위계에서는 미터법과 달리 경우에 따라 변환할 때마다 서로 다른 인자를 곱하거나 나누어 주어야 된다. 예를 들어 1피트를 인치로 환산할 경우는 10이라는 수가 변환인자로 나누기나 곱으로 표시되는 것이 아니라 10 이외의 다른 해당하는 수가 변환인자가 되는 것이다. 다시 말하면 1파운드를 온스로 바꿀 때는 16을 곱하면 되지만 피트를 인치로 바꿀 때는 12를 변환인자로 곱해야 된다는 것이다. 반면에 미터법에서는 변환인자가 10의 곱이 된다. 예를 들면 1센티미터에 100(10^2)을 곱해 센티미터로 변환(1 m = 100 cm), 1000(10^3)을 곱하여 1밀리미터로 변환(1 m = 1000 mm)한다.

미국화폐에 대해서 1미터를 10데시미터로 나누거나 100센티미터로 나누거나 1000밀리미터로 나누는 것처럼 1달러를 '기본단위' 10으로 쪼개면 10 '데시달러'(다임)가 되고, 100 '센티달러'(센트)로 쪼개거나 1000 '밀리달러'(1센트의 1/10 또는 밀스, 이런 숫자는 세금 계산하는 데 많이 사용되고 있다)가 된다. 모든 미터법의 접두어는 10의 거듭제곱으로 나타내지만, 쿼터(25센트)나 니켈(5센트)은 미터법과 아무런 유사점을 찾을 수 없다.

공식적인 미터법 접두어는 많은 혼란을 방지하는 데 도움이 된다. 예를 들어 미국에서 빌리온(billion)은 10억이란 뜻으로 백만의 1000배(10^9)를 나타내지만 같은 단위가 영국에서는 백만의 백만, 즉 1조(10^{12})를 나타낸다. 그러므로 미터법의 접두어를 사용하면 이와 같은 혼란을 막을 수가 있다. 즉, 기가(giga)가 접두어로 붙으면 10^9을 의미하고 테라가 붙으면 10^{12}을 나타내는 것이다. 여러분은 **나노**라는 말을 많

▶ 그림 1.4 **나노 로봇-킬링 바이러스.** 나노봇은 단지 몇 개의 원자를 가로질러 측정하고 나노미터, 즉 밀리미터의 100만분의 1로 측정된다. 작은 크기는 그들에게 박테리아와 바이러스 수준에서 상호작용을 할 수 있는 능력을 준다. 무리로 작동하고 있는 이 작은 로봇들은 정말 믿을 수 없는 일들을 할 수 있는 믿음을 준다.

이 들었겠지만 나노는 10^{-9}을 의미하고 나노공학에서 사용되는 측정기준이다. 일반적으로 나노공학은 나노 단위로 이루어지는 공학을 의미한다. 나노미터(nm)는 1미터의 10억 분의 1(10^{-9})에 해당하는 것이다. 이 크기는 세 개에서 네 개까지 원자가 한 줄로 늘어설 경우의 길이가 된다. 근본적으로 나노공학은 한 번에 원자 하나 혹은 분자를 제조하거나 만드는 것을 의미한다. 따라서 나노미터는 나노공학에서 사용될 수 있는 적절한 규모가 된다. 그러나 한 번에 원자 하나 혹은 분자를 만든다는 것이 말도 안 되겠지만 그렇지 않다(그림 1.4).

우리가 나노기술의 새로운 개념을 파악하거나 시각화하는 것은 어렵다. 하지만 1나노미터라는 것이 1미터의 10억 분의 1이라는 것을 분명하게 알고 있으면 된다. 사람 머리카락의 지름은 약 40000 nm이다. 이것은 현재 존재하는 나노 스케일로 본다면 엄청나게 큰 크기이다. 미래는 흥미롭고 재미있는 나노 시대가 될 것이다.

1.3.1 부피

SI 단위계에서 부피의 기본단위는 세제곱미터(m^3)이다. 이 단위는 사실 매우 큰 단위이므로 실생활에서 실제로 부피를 취급할 경우는 특별하게 기본이 되는 기준단위가 없다. 부피는 미국에서는 **리터**(L)로 사용하고 있다. 1리터의 부피는 1000 cm^3 (10 cm × 10 cm × 10 cm)이다. 또 1 L는 1000 mL이고 1 mL = 1 cm^3이다(그림 1.5a). (세제곱센티미터는 때로 cc로 줄여 쓰기도 한다. 특히 화학이나 생물학에서 그렇게 사용한다. 또한 밀리리터는 약어로 ml로도 사용하지만 mL를 더 선호해서 사용한다. 리터에 해당하는 L을 대문자로 표시하는 것을 우선한다. 왜냐하면 L의 소문자

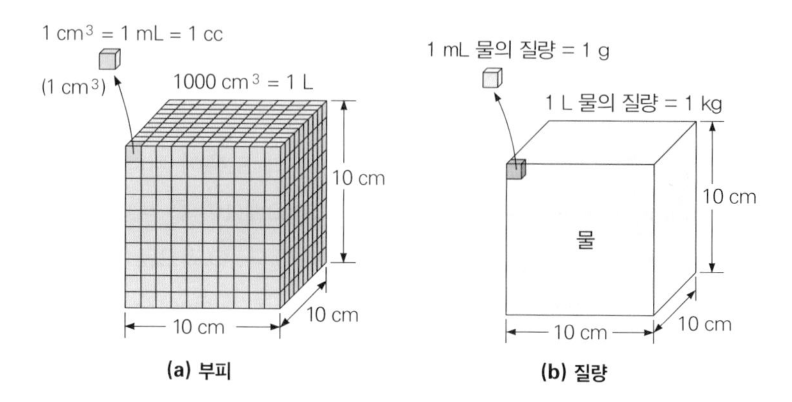

▶ 그림 1.5 **리터와 킬로그램.** 미터법으로 유도된 또 다른 단위이다. (a) 단위 부피는 10 cm의 정육면체로 정의되거나 0.10 m로 정의되고, 이 부피는 1리터(L)라고 한다. (b) 1리터(L)에 해당하는 물의 질량은 1킬로그램으로 정의한다. 데시미터 정육면체는 1000 cm^3 또는 1000 mL에 해당한다. 1 cm^3나 1 mL에 해당하는 물은 1 g의 질량을 갖는다.

는 숫자 1과 모양이 거의 같으므로 혼돈하지 않기 위해서이다.)

그림 1.2에서 질량의 기본단위인 kg은 10의 세제곱센티미터의 부피를 가진 물의 질량을 나타내는 것으로 정의하였다. 이것은 1리터에 해당한다. 즉, **물 1리터의 질량**은 1 kg이다(그림 1.5b). 또한, 1 kg = 1000 g이고, 1 L = 1000 cm^3(= 1000 mL)이므로 1 cm^3(또는 1 mL)의 물은 질량 1 g에 해당한다.

예제 1.1 **미터법으로 정의된 톤(Ton) (또는 Tonne) – 질량의 다른 단위**

논의된 바와 같이 질량의 단위는 본래 길이 표준과 관계되고 1 L (1000 cm^3)는 질량으로 1 kg이다. 표준미터법으로 부피의 단위는 m^3이고 물의 부피를 이보다 더 큰 질량 단위로 표시하면 톤(Ton)이라고 한다. 1톤의 물은 몇 kg인가?

풀이

물 1 L는 질량 1 kg이므로 1 m^3가 몇 리터가 되는지 알면 된다. 1 m는 100 cm이므로 1 m^3는 각각의 길이가 100 cm인 정육면체이다. 그러므로 1 m^3는 10^2 cm × 10^2 cm × 10^2 cm = 10^6 cm^3의 부피를 가진다.

1 L는 10^3 cm^3이므로 1 m^3에 (10^6 cm^3)/(10^3 cm^3/L) = 1000 L가 된다. 따라서 1톤은 1000 kg과 같다.

이러한 추론은 단일 비율로 매우 간결하게 표현할 수 있다는 점에 유의하라.

$$\frac{1\text{ m}^3}{1\text{ L}} = \frac{100\text{ cm} \times 100\text{ cm} \times 100\text{ cm}}{10\text{ cm} \times 10\text{ cm} \times 10\text{ cm}} = 1000 \text{ 또는 } 1\text{ m}^3 = 1000\text{ L}$$

미국에서 미터법이 점점 더 많이 사용되기 때문에, 여러분은 미터법과 영국단위가 어떻게 비교되는지를 아는 것이 도움이 될 것이다. 일부 단위의 상대적 크기는 그림 1.6에 설명되어 있다. 한 단위에서 다른 단위로의 수학적 환산은 곧 논의될 것이다.

1.4 단위 분석

물리적 서술에서 사용되는 기본적 양을 **차원**이라고 한다. 예를 들면 길이의 차원, 질량의 차원 그리고 시간의 차원이라고 한다. 여러분은 두 점 사이의 거리를 측정하여

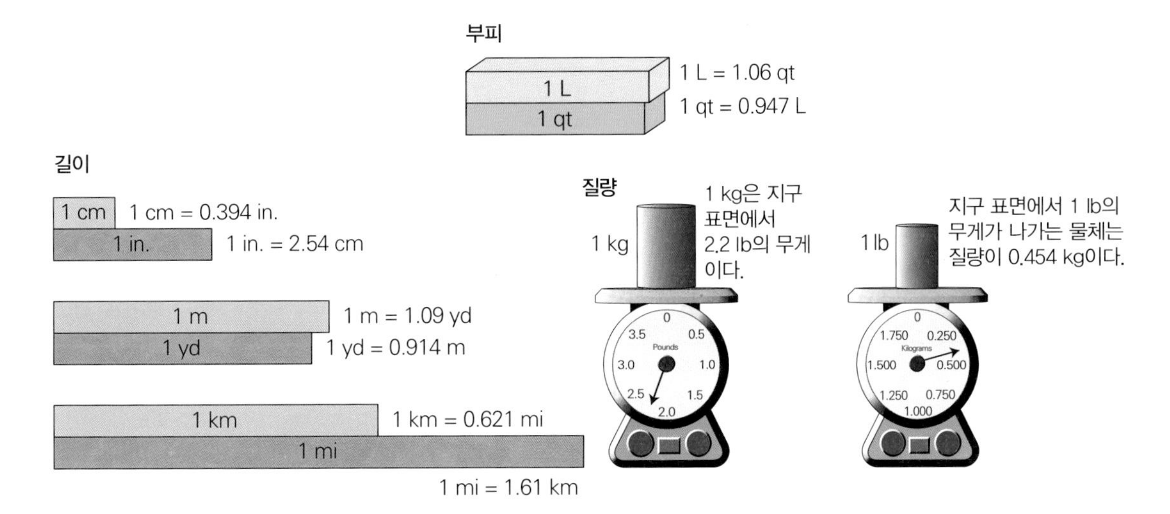

▲ 그림 1.6 **SI 단위와 영국 단위의 비교.** 막대그림표는 두 단위계의 비교를 나타낸다(주목할 것은 매번 매 경우 비교 잣대가 다르다는 것이다).

표 1.4 물리량의 단위

물리량	단위
질량(m)	kg
시간(t)	s
길이(L)	m
면적(A)	m^2
부피(V)	m^3
속도(v)	m/s
가속도(a)	m/s^2

그 거리를 미터, 센티미터 또는 피트로 표현할 수 있으나, 사용한 단위가 무엇이든 간에 이 양은 길이의 차원을 갖는다고 한다.

차원은 일종의 검사 수단으로 물리식이 올바른지 아니면 틀린지를 점검하기 위해 사용되는데 방정식의 좌우변의 차원이 일치하는지에 대한 절차를 제공한다. 실제로 m, kg, s 등 특정단위를 사용하는 것이 편리하다(표 1.4). 이러한 단위는 대수적으로 계산 처리되므로 약분하듯이 지워갈 수 있다. 방정식을 확인하기 위해 단위를 사용하는 것을 단위 분석이라고 하는데, 이는 단위의 일관성 및 방정식이 차원적으로 올바른지 여부를 보여준다.

여러분은 방정식을 사용하여 이 방정식이 수학적으로 동등하다는 것을 알고 있다. 방정식에 사용되는 물리량은 단위가 있으므로 **방정식의 좌우변의 수치 값(크기)뿐만 아니라 단위(차원)에서도 같아야 한다.** 예를 들어 길이의 양을 $L = 3.0$ m, $W = 4.0$ m라고 하자. 수식 $A = L \times W$에 이들 값을 대입하면 $3.0\text{ m} \times 4.0\text{ m} = 12\text{ m}^2$이다. 즉, 양변의 수치도 같고 단위도 $\text{m} \times \text{m} = \text{m}^2 = (\text{길이})^2$도 같아야 한다. 만약 방정식이 단위 분석을 통해 맞는 식이라고 한다면 차원도 맞는 것이다. 예제 1.2는 이와 같은 단위 분석의 계산하는 방법을 제시한다.

예제 1.2 차원 검사-단위 분석

한 물리학과 교수가 칠판에 두 개의 방정식을 썼다. (a) $v = v_0 + at$와 (b) $x = v/(2a)$, 여기서 x는 거리이고 단위는 미터(m)이다. v와 v_0는 속도로 단위는 미터/초(m/s); a는 가속도로 (미터/초)/초 또는 미터/초^2(m/s^2)이고 t는 시간으로 단위는 초(s)이다. 위의 두 방정식이 차원적으로 올바른가? 단위 분석을 이용해서 확인하라.

풀이

(a) 문제의 방정식은 다음과 같다.

$$v = v_0 + at$$

주어진 수식에 물리량의 단위를 대입하여 푼다(표 1.4).

$$\frac{\text{m}}{\text{s}} = \frac{\text{m}}{\text{s}} + \left(\frac{\text{m}}{\text{s}^2} \times \text{s}\right) \quad \text{또는} \quad \frac{\text{m}}{\text{s}} = \frac{\text{m}}{\text{s}} + \left(\frac{\text{m}}{\text{s} \times \cancel{\text{s}}} \times \cancel{\text{s}}\right)$$

주목할 것은 단위도 수치 나누기와 같이 서로 약분되기도 한다는 것이다. 따라서 정리하면 다음과 같이 푼다.

$$\frac{\text{m}}{\text{s}} = \frac{\text{m}}{\text{s}} + \frac{\text{m}}{\text{s}} \quad (\text{차원적으로 옳음})$$

이 방정식은 차원적으로 올바르다. 왜냐하면 양변의 단위가 m/s이기 때문이다(방정식 또한 제2장에서 보듯이 올바른 관계이다).

(b) 단위 분석을 이용하자. 방정식

$$x = \frac{v}{2a}$$

$$\text{m} = \frac{\left(\frac{\text{m}}{\text{s}}\right)}{\left(\frac{\text{m}}{\text{s}^2}\right)} = \frac{\cancel{\text{m}}}{\cancel{\text{s}}} \times \frac{\text{s}^{\cancel{2}}}{\cancel{\text{m}}} \quad \text{또는} \quad \text{m} = \text{s}$$

(차원적으로 틀림)

이 경우는 양변의 단위가 미터(m)와 초(s)이므로 단위가 같지 않기 때문에 방정식이 차원적으로 올바르지 않다(길이 ≠ 시간). 그러므로 물리적으로도 옳지 않다.

단위 분석은 방정식이 맞는지 아닌지를 알 수 있지만 차원적으로 일치하는 방정식이라도 물리량 사이의 실질적 관계가 올바르게 표시되지 않을 수도 있다. 예를 들어 단위를 이용해서 방정식 $x = at^2$은

$$\mathrm{m} = (\mathrm{m/s^2})(\mathrm{s^2}) = \mathrm{m}$$

이 방정식은 차원적으로 올바르다(길이 = 길이). 그러나 2장에서 알게 되겠지만 물리적으로는 옳지 않다. 이 방정식이 물리적으로나 차원적으로 올바른 형태는 $x = (\frac{1}{2})at^2$이다(여기서 인자 $(\frac{1}{2})$은 차원이 없는 단순한 숫자이다). 다시 말해서 단위 분석만으로 그 방정식이 물리적으로 올바른지, 차원적으로 일치하는지 여부를 판단하여 알 수는 없다.

1.4.1 물리량의 단위 결정

물리학에서 중요한 단위 분석에 대한 관점은 정의된 방정식으로부터 물리량의 단위를 결정하는 것이다. 예를 들면 어느 물체의 **밀도**(ρ)[그리스문자로 로(rho)라고 읽는다]는 다음 방정식으로 정의한다.

$$\rho = \frac{m}{V} \quad \left(\text{단위 } \frac{\mathrm{kg}}{\mathrm{m^3}}\right) \tag{1.1}$$

여기서 m은 질량이고 V는 부피이다(밀도는 단위 부피당 질량으로 정의되고 주어진 물체를 구성하고 있는 물질이 얼마나 조밀하게 모여서 이루어져 있는가를 나타내는 물리량이다). SI 단위계에서 질량은 킬로그램이고 부피는 세제곱미터이고, 밀도는 SI의 유도단위로 킬로그램당 세제곱미터이다(kg/m^3).

π는 어때? 단위가 있나? 이것은 원둘레(c)와 원의 지름(d) 사이의 관계인 방정식 $c = \pi d$로 주어지며, 즉 $\pi = c/d$이다. 만약에 길이를 미터로 측정한다면 단위 식으로 다음과 같다.

$$\pi = \frac{c}{d}\left(\frac{\cancel{\mathrm{m}}}{\cancel{\mathrm{m}}}\right)$$

따라서 π는 단위가 없다. 즉 단위도 없고 무차원인 상수이다.

1.5 단위 환산

다른 계에 사용되는 단위도 있고, 더욱이 같은 물리량이지만 서로 다른 단위로 사용되는 경우도 있으므로 단위 환산은 경우에 따라 필요하다. 예를 들면 야드(yd)를 피트(ft)로 또는 인치(in)를 센티미터(cm)로 환산해야 한다. 만약 울타리의 길이가 24 ft라고 하면 이것이 yd로는 얼마일까? 여러분은 즉각적으로 8 yd란 답을 내놓을 수 있다.

이와 같은 환산은 어떻게 하나? 먼저 피트와 야드 단위 사이의 관계를 알고 있어야만 두 단위 사이의 환산이 가능하다. 즉, 3 ft가 1 yd라는 것을 알아야 된다. 이것을 단위에 대한 **등가 선언**(equivalence statement)이라고 부른다. 1.4절에서 알았듯이 방정식의 양변은 수치는 물론 단위도 같아야 한다. 등가 선언에서 1 yd와 3 ft가 **같거나 동등한 길이**를 나타내기 위해 흔히 동일 기호를 사용한다. 그렇지만 길이를 나타내는 서로 다른 **단위계**를 사용하므로 수치적으로는 서로 다르다.

수학적으로 단위를 바꾸기 위해서는 환산인자를 사용하는데 그것은 단순히 일련의 비율 형태로 표시되는 등가 선언이다. 환산인자를 예를 들면 1 yd/3 ft 또는 3 ft/1 yd이다(이와 같은 환산인자의 분모에 '1'은 거의 생략되는데, 3 ft/1 yd는 3 ft/yd로 쓴다). 이와 같은 비례식이 왜 유용한지 알기 위해서 1 yd = 3 ft라는 관계식을 환산인자 비례식으로 표현해 보도록 하자:

$$\frac{1\text{ yd}}{3\text{ ft}} = \frac{3\text{ ft}}{3\text{ ft}} = 1 \quad \text{또는} \quad \frac{3\text{ ft}}{1\text{ yd}} = \frac{1\text{ yd}}{1\text{ yd}} = 1$$

위의 계산에서 보인 것처럼 환산인자는 주어진 단위의 실제 값을 갖거나 1이라는 수를 가진다. 그래서 여러분은 단위 환산이 필요한 주어진 물리량에 대해 그것의 값이나 크기를 변화시키지 않고도 어떤 양에 1을 곱해주면 된다. 따라서 **단위 환산인자는 주어진 물리량을 물리적 크기나 값을 변화시키지 않고도 다른 단위계로 환산하게 한다.**

24 ft를 야드로 바꾸는 과정을 식으로 나타내면 다음과 같다.

$$24\ \cancel{\text{ft}} \times \frac{1\text{ yd}}{3\ \cancel{\text{ft}}} = 8\text{ yd}$$

적절한 환산인자 형태를 이용해서 'ft' 단위를 대수적으로 약분하면 좌우변이 동일한 단위를 가지게 된다.

5.0 in.를 센티미터로 환산한다고 생각해보자. 이 경우에 여러분은 환산인자가 무엇인지 알 수가 없다. 그렇지만 단위 환산표를 이용하면 환산인자를 알 수 있다(단위 환산표는 이 책의 앞표지 안쪽에 있다). 환산표에서 1 in. = 2.54 cm 또는 1 cm = 0.394 in.와 같은 관계식을 얻을 수 있다. 단위 환산을 할 경우 전자나 후자 어느 것을 이용해도 상관없다. 그러나 단지 등가 선언을 단위 환산인자로 표시했다면 문제는 단위 환산을 위해 곱해야 되는지 나누어야 하는지를 선택하는 것이다. **단위 환산을 하는 데 있어서 단위 분석의 이점**을 취하는 것이 좋다. 즉, 단위를 환산인자의 꼴로 적절하게 결정하는 것이다.

등가 선언 1 in. = 2.54 cm는 두 가지 형태의 환산인자, 1 in./2.54 cm 또는 2.54 cm/in.를 만들 수 있다. 인치를 센티미터로 바꿀 경우에는 2.54 cm/in.를 곱해주면 된다. 센티미터를 인치로 바꿀 때 0.394 in./cm를 이용한다. 예를 들면,

$$5.0\ \cancel{\text{in.}} \times \frac{2.54\text{ cm}}{\cancel{\text{in.}}} = 12.7\text{ cm}$$

$$12.7\ \cancel{\text{cm}} \times \frac{0.394\text{ in.}}{\cancel{\text{cm}}} = 5.0\text{ in.}$$

지워야 할 단위에서 환산인자를 곱해주는 것은 보통 그냥 나누는 것보다 더 편리하다.

일반적으로 사용되는 몇 개의 등가 선언이 차원적으로나 물리적으로 정확하지 않다; 예를 들면 1 kg = 2.2 lb을 생각해 볼 때, 이것은 질량을 의미하지만 지구 표면에서의 물체의 무게를 결정하는 데 사용되고 있다. 킬로그램은 질량의 단위이고 파운드는 무게(힘)의 단위다. 이 식이 의미하는 것은 1 kg은 2.2 lb와 **동등**하다는 의미이다; 즉, 질량 1 kg은 2.2 lb의 무게를 가진다. 이와 같이 **질량**과 **무게**는 직접적으로 비례하는데, 차원적으로 올바르지 않은 환산인자 1 kg/2.2 lb를 사용할 수 있다(그러나 단지 지구 표면에 가까운 곳에서만 적용되는 것이다).

예제 1.3 **더 많은 환산–아주 긴 모세혈관계**

체내에서 가장 작은 혈관인 모세혈관은 동맥계와 정맥계를 연결하고 조직에 산소와 영양분을 공급한다(그림 1.7). 보통 성인의 모세혈관이 끝과 끝까지 모두 풀어서 펼쳐보면 64000 km의 길이로 확장된다는 것을 추정할 수 있다. (a) 이 길이는 마일로 얼마인가? (b) 이 길이를 지구의 둘레와 비교해 보라.

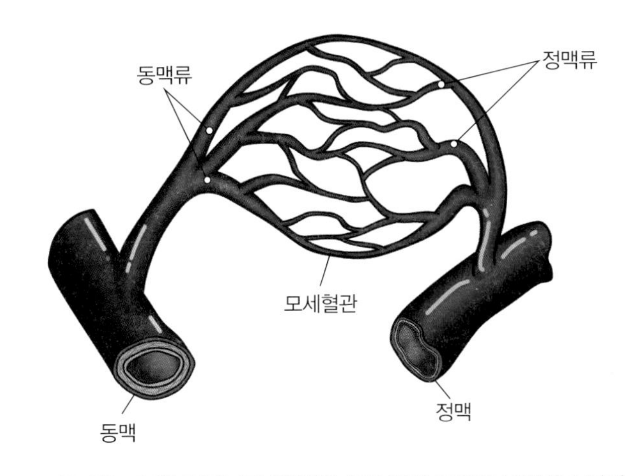

▲ 그림 1.7 **모세혈관계.** 모세혈관은 우리 몸의 동맥과 정맥계를 연결한다. 모세혈관은 가장 작은 혈관이지만 총 길이가 인상적이다.

풀이

(a) 환산표로부터 1 km = 0.621 mi이다.

$$\frac{64\,000\ \cancel{\text{km}} \times 0.621\ \text{mi}}{1\ \cancel{\text{km}}} = 40\,000\,\text{mi} \quad (\text{반올림})$$

(b) 40000 mi의 길이는 상당히 길다. 이 길이는 지구의 둘레(c)와 어떻게 비교되는지 보려면 지구의 반지름이 약 4000 mi이므로 지름(d)은 8000 mi임을 기억하라. 원의 둘레는 $c = \pi d$이다(부록 IC).

$$c = \pi d \approx 3 \times 8000\,\text{mi} \approx 24\,000\,\text{mi} \quad (\text{반올림})$$

['≈'는 근삿값을 의미하고 $\pi(= 3.14...)$에서 반올림하여 3으로 사용하였다.] 따라서

$$\frac{\text{모세혈관의 길이}}{\text{지구의 길이}} \approx \frac{40\,000\ \text{mi}}{24\,000\ \text{mi}} = 1.7$$

우리의 몸에 있는 모세혈관은 총 길이가 지구 둘레의 약 1.7배이다.

1.6 유효숫자

대부분의 경우, 여러분에게 문제를 풀어보라고 할 때 수치로 이루어진 데이터가 제공될 것이다. 일반적으로 그런 데이터는 아주 정확한 수치를 주거나 측정값(양)일 것이다. **정확한 수치**는 그 수치 안에 오차나 불확실한 양이 포함되지 않은 것이다. 이 경우를 숫자로 표시하면 퍼센트를 구할 때 100을 사용하는 경우고 방정식 $r = d/2$에서 수치 2는 원의 반지름과 지름에 관계되는 크기이다. **측정값**은 측정 과정에서 얻어지는 수치이므로 일반적으로 어느 정도 불확실성과 오차를 내포하고 있다.

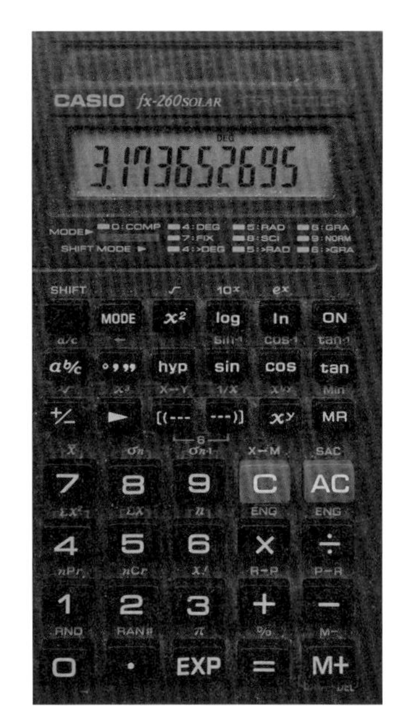

▲그림 1.8 **유효숫자와 유효하지 않은 숫자.** 5.3/1.67, 즉 5.3을 1.67로 나눈 것이 계산기 표지판에 나타나 있다. 나머지 숫자가 여러 자릿수를 나타낸다. 이와 같이 계산기로 얻은 모든 나머지 자릿수를 차지하는 숫자는 다 정확하지 않다. 그래서 원래 계산되고자 하는 수의 최소유효숫자 자릿수에 맞추어 반올림해야 된다. 이 경우는 두 자릿수 유효숫자로 반올림해 사용하여야 한다. 즉, 3.2이다.

측정값을 이용해서 계산하여야 할 경우는 측정값에 포함되어있는 오차가 수학적 처리나 계산 과정에 **전파**되어 영향을 미치게 된다. 결과를 어떻게 보고할 것인가에 대한 문제점이 발생한다. 예를 들어 방정식 $x = vt$에서 시간을 구해본다고 하자. 여기서 $x = 5.3$ m이고 $v = 1.67$ m/s를 주었다고 하자. 즉,

$$t = \frac{x}{v} = \frac{5.3\ \text{m}}{1.67\ \text{m/s}} = ?$$

계산기를 이용해 나누기를 할 경우 3.173 652 695 s라는 결과를 얻는다(그림 1.8). 그러면 계산 결과에 나온 수치는 소수 몇 번째 자리까지를 답으로 취해야 되는가?

수학적 처리 과정에서의 결과로 인한 오차와 불확실성은 통계적 방법에 의해 얻을 수 있다. 아주 단순하긴 하지만 보편적으로 많이 사용되고 있는 방법 중에 하나가 **유효숫자**의 사용이다. 때로는 **유효자릿수**라고 한다. 측정한 물리량의 정확도는 측정한 계측기의 계측척도가 얼마나 정교하고 정확하게 만들어졌는지에 달려 있다. 예를 들어 어떤 물체의 길이를 자로 재보니 2.5 cm라고 쟀고, 다른 계측기로는 2.54 cm라고 측정했을 수도 있다. 이때 두 번째 경우는 보다 더 많은 유효숫자 자리를 제공할 수 있는 것이므로 보다 더 나은 정확도에 기여할 수 있다.

기본적으로 **어떤 측정에 있어서 유효숫자는 정확한 수치의 자릿수에 하나의 불확실한 자릿수를 포함하고 있다.** 이 자릿수는 일반적으로 계측기에 사용된 계측에서 직접 읽을 수 있는 모든 자릿수와 가장 작은 눈금으로부터 추정한 한 자릿수로 정의된다.

2.5 cm와 2.54 cm인 크기는 두 자리와 세 자리의 분명한 유효숫자를 각각 가지고 있다. 이것은 오히려 명백하다. 그러나 어떤 수치가 0을 하나 또는 그 이상을 가지고 있는 경우가 있는데, 이러한 경우는 다소 혼란스러울 때가 있다. 예를 들어 0.0254라는 수치는 얼마나 많은 유효숫자 자릿수를 가지고 있을까? 또 104.6 m는? 2705.0 m는 어떨까? 이런 경우는 다음과 같은 규칙을 사용하여 유효숫자를 결정한다.

1. 숫자 맨 앞쪽으로 놓여 있는 0은 유효숫자가 아니다. 이런 0은 단지 소수점을 표시하기 위해 필요한 것일 뿐이다. 예를 들어 0.0254 m는 세 개의 유효숫자 (2, 5, 4)
2. 숫자와 숫자 사이에 있는 0은 유효숫자이다. 예를 들어 104.6 m는 네 개의 유효숫자 (1, 0, 4, 6)
3. 숫자의 소수점 이하자리 마지막에 놓인 0은 유효숫자이다. 예를 들어 2705.0 m는 다섯 개의 유효숫자 (2, 7, 0, 5, 0)
4. 숫자의 전체자릿수가 소수점이 없이 끝에 0이 하나 또는 그 이상이(연달아 있을 경우) 있을 경우 — 예를 들어 500 kg — 는 0이 유효숫자일 수도 있고 아닐 수도 있다. 이런 경우는 0이 실제 측정값의 일부일지 아니면 소수점 이하를 나타내기 위한 것인지 분명치가 않다. 즉, 먼저 500 kg에서 왼쪽에 0과 오른쪽에

0이 있는데 왼쪽 0이 측정값에서 평가된 실질적인 0이라고 하면 이 숫자는 유효숫자가 2개이다. 비슷한 설명으로 오른쪽 0이 측정값의 실질적인 것이라면 이 경우는 유효숫자가 3개가 된다. 이와 같이 애매모호한 표현을 없애기 위해서 과학적 표기법인 10의 거듭제곱으로 나타낸다.

5.0×10^2 kg는 두 개의 유효숫자를 가짐

5.00×10^2 kg는 세 개의 유효숫자를 가짐

이 과학적 표기법은 소개한 대로 계산 결과에서 유효숫자를 표현하는 데 아주 많은 도움이 된다(부록 I에서 과학적 표기법에 대한 것을 소개한다).

(노트: 혼란을 피하기 위해 미리 언급하는데 본 교재의 예제나 연습문제에서 0이 연달아 있는 숫자가 나올 경우는 모두 유효숫자로 보기로 한다. 예를 들어 20초는 2.0×10^1초라고 쓰지 않아도 두 개의 유효숫자를 가진 것으로 한다.)

수학적 처리 결과를 내는 데 있어서 숫자를 유효숫자로 적절히 표현하는 것은 매우 중요하다. (1) 곱셈과 나눗셈에 대한 규칙과 (2) 덧셈과 뺄셈에 대한 규칙을 이용하여 수행한다. 적절한 유효숫자를 얻기 위해 결과를 반올림해서 이용하면 된다. 여기서 수학적인 계산 적용과 반올림하는 데 사용될 몇 가지 일반적인 규칙이 있다.

1.6.1 계산과정에서의 유효숫자

1. 측정값을 곱하거나 나누기를 할 때, 유효숫자가 가장 적은 측정값의 유효숫자만큼만 남긴다.
2. 측정값을 더하거나 빼기를 할 때, 최소 소수 자릿수가 있는 측정값과 동일한 소수 자릿수(반올림)를 남긴다.

1.6.2 반올림에 대한 규칙

1. 반올림할 수 있는 수가 5보다 적은 수일 경우는 반올림하지 않고 그대로 자르고 앞의 수를 그대로 남긴다.
2. 반올림할 수가 5나 그보다 큰 수일 경우는 앞의 수에 1을 더한다.

이 규칙을 이용해서 얻어진 값이 아주 정확한 값을 대신하는 것은 아니지만 결과값에 정확도를 향상시키는 결과를 주지 않는다. 즉, 수학적 처리 과정을 통해서 결코 정확도를 얻을 수 없다. 앞에서 설명한 나눗셈의 계산에서 유효숫자를 처리하는 과정은 다음과 같다.

(유효숫자 2개)

$$\frac{5.3\ \text{m}}{1.67\ \text{m/s}} = 3.2\ \text{s} \quad \text{(유효숫자 2개)}$$

(유효숫자 3개)

이 결과는 유효숫자 자릿수를 맞추느라 반올림 규칙에 따라 반올림한 것이다(그림 1.8).

이 식에서 최소 유효숫자 자릿수는 2개이므로 결과도 유효숫자 자릿수를 최소인 자릿수인 두 개로 맞추어 반올림했다.

예제 1.4 곱셈과 나눗셈에서 유효숫자 사용하기–반올림 적용

다음 측정값을 계산하되 유효숫자를 결정하라.

(a) $2.4\ \text{m} \times 3.65\ \text{m}$ (b) $\dfrac{725.0\ \text{m}}{0.125\ \text{s}}$

풀이

(a) 곱셈:

$$\underset{\text{(유효숫자 2개)}}{2.4\ \text{m}} \times \underset{\text{(유효숫자 3개)}}{3.65\ \text{m}} = 8.76\ \text{m}^2 = 8.8\ \text{m}^2 \ \text{(유효숫자 2개로 반올림)}$$

(b) 나눗셈:

$$\underset{\text{(유효숫자 3개)}}{\overset{\text{(유효숫자 4개)}}{\frac{725.0\ \text{m}}{0.125\ \text{s}}}} = 5800\ \text{m/s} = 5.80 \times 10^3\ \text{m/s}$$

(3개의 유효숫자로 나타낸다. 그 이유는? 유효숫자의 개수가 가장 적은 3개를 따른다.)

예제 1.5 덧셈과 뺄셈에서 유효숫자 사용하기–반올림 적용

다음 측정값을 계산하되 유효숫자를 결정하라(단, 편리상 단위는 생략한다).

(a) $23.1 + 0.546 + 1.45$

(b) $157 - 5.5$

풀이

(a) 덧셈:

$$23.1 + 0.546 + 1.45 = 25.096 \xrightarrow[\text{반올림됨}]{} 25.1$$

(b) 뺄셈:

$$157 - 5.5 = 151.5 \xrightarrow[\text{반올림됨}]{} 152$$

1.6.3 문제 풀이 힌트: "옳은" 답

문제를 풀 때 항상 맞는 답을 얻으려고 애쓴다. 그리고 문제를 푼 다음에는 그것이 맞는 답인지 알기 위해 교재에서 주어진 문제의 답과 맞추어 보는데, 이때 여러분이 문제를 올바르게 풀었다고 하더라도 답이 약간 다른 경우를 접할 수 있다. 여기에는 왜 그렇게 되는지 여러 가지 이유가 있다.

앞서 언급했듯이 계산 과정의 마지막 단계 결과에서만 반올림해야만 된다. 그러나 실제 상황에서는 그것이 항상 편리한 것만은 아니다. 때로는 계산 도중에 얻어진 결과가 매우 중요하여 마치 그것이 마지막 결과값인 것처럼 생각하고 반올림이 필요할 수도 있다. 본 교재에 소개된 예제 풀이에서 종종 이와 같은 문제 풀이 논리가 단계적으로 이루어지고 있다. 중간과정에서 반올림한 것과 마지막 단계에서 반올림해서 얻은 것 사이에는 다소 차이가 있다.

반올림에 의한 차이는 서로 다른 단위계를 사용할 경우 환산인자에 의해 발생될 수도 있다. 예를 들어 5.0 mi을 본 교재 앞표지 안쪽에 있는 환산표를 이용하여 km로 환산하는 경우를 보자.

$$(5.0\,\text{mi})\left(\frac{1.609\,\text{km}}{1\,\text{mi}}\right)=(8.045\,\text{km})=8.0\,\text{km} \quad (\text{유효숫자 2개})$$

와

$$(5.0\,\text{mi})\left(\frac{1\,\text{km}}{0.621\,\text{mi}}\right)=(8.051\,\text{km})=8.1\,\text{km} \quad (\text{유효숫자 2개})$$

여기서 차이가 생기는 것은 환산인자의 반올림으로 해서 생긴 것이다. 실제로 1 km = 0.6214 mi이고 1 mi = (1/0.6214) km = 1.609269 km 1.609 km이다(이것을 다시 한 번 반올림해서 환산해 보면 어떤 결과를 얻게 되는지 확인해 보기 바란다). 환산으로 인한 반올림으로 생기는 오차를 줄이기 위해 환산인자를 곱셈 형태의 것을 사용하지만, 1 min/60 s와 같이 확실한 정의로 되어 있는 경우는 제외한다.

때로는 서로 다른 방법으로 문제를 풀 때 그 방법에 따라 결과가 약간씩 다른 것을 얻을 수 있으며, 그것은 반올림에서 생기는 차이 때문이다. 이런 점을 여러분이 문제를 풀 때는 늘 염두에 두고 풀기 바란다. **만약 푼 결과가 본 교재에서 제공한 답과 맨 끝 자릿수가 약간 다르다면, 그것은 분명히 사용한 계산 과정에서 반올림에 의해 생긴 오차라고 믿고 당황하지 말기 바란다.**

1.7 문제 풀이법

물리학의 중요한 측면에는 문제 풀이가 있다. 일반적으로 이것은 알려지지 않았거나 원하는 양을 찾기 위해 특정한 상황의 데이터에 물리적 원칙과 방정식을 적용하는 것을 포함한다. 그러나 자동적으로 문제의 답을 얻을 수 있는 문제 풀이 접근 방법은 없다. 더구나 문제를 풀기 위한 마법 같은 공식은 없다. 따라서 교재에서 말하는 다음 절차의 단계는 학습 과정 중에 직면하게 될 대부분의 문제를 푸는 데 적용할 수 있는 틀을 제공하기 위한 것이다(자신의 스타일에 맞게 수정할 수 있다).

이러한 단계는 교재 본문 전체에 걸쳐 예제 문제를 풀어나가는 데 일반적으로 사용된다. 필요한 경우 별도로 추가적인 문제 풀이 힌트를 제공할 것이다.

1.7.1 일반적인 문제 풀이 과정

1. **문제를 자세히 읽고 분석하라.** 주어진 물리량과 문제에서 원하는 것은 무엇인가?
2. **해당되는 경우 문제의 물리적 상황을 도식적으로 표시해 시각적으로 이해하기 쉽고 분석하기 쉽게 도표를 그려라.** 이 단계는 모든 문제에 필요한 것은 아니

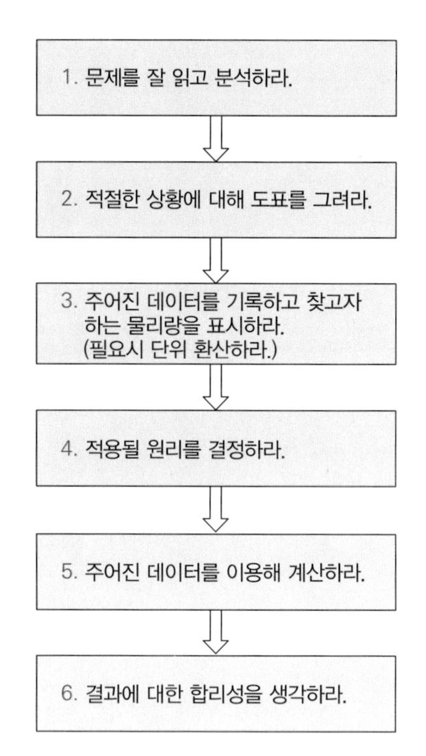

▲ 그림 1.9 **제안된 문제 풀이 과정의 순서도**

지만 흔하게 사용한다.

3. **주어진 데이터와 무엇을 찾아야 하는지 기록하라. 주어진 데이터가 모두 동일 단위계인지 확인하라(보통은 SI 단위).** 필요하다면 앞에서 배운 환산인자를 사용하라. 어떤 데이터는 명백하게 주어지지 않을 수 있다. 예를 들어 자동차가 정지 상태에서 출발했다면 자동차의 처음 속도는 0이다($v_0 = 0$). 중력가속도나 표에 잘 나타나 있는 상수들은 이미 잘 알고 있는 것으로 보고 문제에서 따로 주어지지 않는다.
4. **주어진 문제 상황에 맞는 원리나 방정식과 그 다음에 구하고자 하는 양을 알기 위해서 문제에 주어진 정보로부터 어떻게 그것을 이용해서 답을 구할 수 있는지를 결정하라.** 여러분은 단계별로 풀이 과정을 나눌 수 있는 전략을 세울 수 있다. 되도록 대수학적 견해에서 수식을 단순화하도록 한다. 계산을 적게 할수록 실수할 가능성이 적어지므로 반드시 필요할 때까지 숫자를 대입하지 말고 푼다.
5. **주어진 물리량(데이터)을 방정식에 대입하고 계산하라.** 적절한 유효숫자 처리와 적절한 단위로 결과를 보고한다.
6. **결과가 합리적인가 생각해 보라.** 답이 적절한 수치의 크기를 가졌는가? (이 의미는 올바른 범주인가?) 예를 들어 만약 사람의 질량이 4.60×10^2 kg으로 계산 결과를 얻었다면, 그 결과를 의심해 보아야 한다. 왜냐하면 질량이 460 kg이면 1010 lb의 무게가 된다(또한, 운동 문제에서 방향에 대한 것은 중요할 수 있다). 그림 1.9는 순서도의 형태로 주요 단계를 요약한 것이다.

일반적으로 이 책에서는 표 1.5에서 보여주는 것과 같이 세 가지 유형의 예제가 있다. 앞에서 보여준 과정은 표에서 위의 두 가지 형태에 해당하는데, 이것은 계산이 들어가 있기 때문이다. 일반적으로 개념 예제는 위의 기술된 과정을 따르지 않고 자연 현상에서 주로 개념적 문제이다.

단순 예제와 종합 예제를 읽으면서, 여러분은 일반적인 응용을 인지하거나 앞에서 보인 문제 풀이 과정의 순서를 익히게 된다. 이 순서는 본 교재 전체에서 사용할 것이다. 단순 예제 및 종합 예제를 예로 들었다. 하지만 본 교재에서는 다루지 않지만

표 1.5 예제들의 유형

단순 예제 – 현상에서 주로 수학적 접근하는 문제
절: **끝까지 생각**
답
종합 예제 – (a) 개념적 다중 선택 (b) 수학의 후속 조치
절: **(a) 개념적 추론**
(b) 정량적 추론과 해법
개념 예제 – 일반적으로 답을 얻기 위해 추론만 필요로 하지만, 추론을 정당화하기 위해 간단 수학이 필요
절: **추론과 답**

이해해야 하는 문제 풀이 접근법과 단계를 지적하기 위해 이러한 예제 유형에 대한 의견을 제시한다. 물리적인 원리는 실제로 다루어지지 않았기 때문에 수학과 삼각함수 문제가 사용될 것이며, 이것은 좋은 검토가 될 것이다.

1.7.2 근삿값과 크기의 정도 계산

문제를 풀 때 정확한 답보다 대략 어느 정도의 값인지만 원하는 경우가 있다. 근삿값은 계산을 더 쉽게 하고 계산기를 사용하지 않고도 얻을 수 있도록 물리량을 반올림하여 산출할 수 있다. 예를 들면 반지름 $r = 9.5$ cm인 원의 넓이를 대략적으로 알고 싶을 경우 반지름 $9.5\ \text{cm} \approx 10\ \text{cm}$이고, π는 3.14 대신에 $\pi \approx 3$으로 반올림한다.

$$A = \pi r^2 \approx 3(10\ \text{cm})^2 = 300\ \text{cm}^2$$

(사용된 근삿값에서는 유효숫자에 대해서 고려하지 않았음을 주목하라.) 정확한 답은 아니지만 충분히 이해되는 근삿값이다. 정확하게 계산한 답과 비교해 보라.

10의 거듭제곱 또는 과학적 표기법은 값을 산정하는데, 특히 편리하고 **크기의 정도 계산**이라 불리는 근삿값이다. 크기의 정도는 실제값에 가장 가까운 값에 10의 거듭제곱으로 표시하는 것을 의미한다. 예를 들면 앞의 계산에서 근사된 $9.5\ \text{cm} \approx 10\ \text{cm}$은 9.5를 10^1으로 표기하고, 반지름은 10 cm의 크기의 정도라고 말한다. 거리 $75\ \text{km} \approx 10^2\ \text{km}$는 거리가 10^2 km 정도가 된다고 표현한다. 지구의 반지름은 $6.4 \times 10^3\ \text{km} \approx 10^4\ \text{km}$이고, 반지름이 10^4 km 정도이다. 폭이 8.2×10^{-9} m인 나노구조를 가진 경우에는 10^{-8} m 또는 10 nm 정도의 폭을 가졌다고 할 수 있다. (왜 −8승인가?)

크기의 정도 계산은 물론 어림 산정된 것일 뿐이다. 그러나 이런 산정은 주어진 물리적 상황을 파악하거나 이해하는 데 충분하다. 보편적으로 크기의 정도 계산법의 결과는 십의 거듭제곱 범위 안에서 정확하다. 즉, 1과 10 사이에 있는 숫자에 10의 거듭제곱을 곱한다. 예를 들면 길이가 10^5 km란 결과를 얻었다면 기대할 수 있는 정확한 답은 1×10^5에서 10×10^5 km 사이에 놓여 있다.

예제 1.6 크기의 정도 계산−피를 뽑다

한 의학 기술자가 환자의 정맥에서 15 cc(cm^3)의 피를 뽑아낸다. 연구실로 돌아가서 이 혈액의 부피는 16 g의 질량을 가지고 있다는 것을 알아냈다. SI 단위로 혈액의 밀도를 추정하라.

풀이

먼저, SI 표준 단위로 바꾼다.

$$m = (16\ \text{g})\left(\frac{1\ \text{kg}}{1000\ \text{g}}\right) = 1.6 \times 10^{-2}\ \text{kg} \approx 10^{-2}\ \text{kg}$$

$$V = (15\ \text{cm}^3)\left(\frac{1\ \text{m}}{10^2\ \text{cm}}\right)^3 = 1.5 \times 10^{-5}\ \text{m}^3 \approx 10^{-5}\ \text{m}^3$$

따라서 밀도 ρ를 추정하면

$$\rho = \frac{m}{V} \approx \frac{10^{-2}\ \text{kg}}{10^{-5}\ \text{m}^3} = 10^3\ \text{kg/m}^3$$

이 결과는 전체 혈액의 평균밀도 $1.05 \times 10^3\ \text{kg/m}^3$에 상당히 가까운 수치이다.

연습문제

통합 연습문제(Integrated Exercises, IEs)는 두 부분으로 이루어진다. 첫 번째 부분은 일반적으로 기본 원칙과 추론에 기초한 개념적 답변 선택을 요구한다. 두 번째 부분은 연습의 첫 번째 부분에서 이루어진 개념적 선택과 관련된 정량적 계산을 필요로 한다. 기호(•)은 문제의 난이도를 의미한다. 쉬움(•), 보통(••), 어려움(•••)

1.1 측정이 필요한 이유와 방법

1.2 길이, 질량, 시간의 SI 단위

1.3 미터법에 대한 부가 설명

1. • 25 cm × 35 cm × 55 cm인 사각형 물통에 물을 가득 채웠다. 이 부피에서 물의 질량은 얼마인가?

2. •• (a) 한 변이 20 cm인 입방체의 부피는 몇 리터인가? (b) 한입방체에 물을 가득 채웠다면 이 물의 질량은 얼마인가?

1.4 단위 분석

3. • 방정식 $x = x_0 + vt$가 단위 차원이 올바른지 보여라. 단, v는 속도, x와 x_0는 길이이고 t는 시간이다.

4. • x는 거리, v, v_0는 속도, a는 가속도, t는 시간이라 하면, 다음 방정식 중 차원적으로 올바른 것은?
(a) $x = v_0 t + at^3$
(b) $v^2 = v_0{}^2 + 2at$
(c) $x = at + vt^2$
(d) $v^2 = v_0^2 + 2ax$

5. •• $y = ax^2 + bx + c$는 일반적으로 포물선에 대한 방정식이고, 여기서 a, b, c는 상수이다. y와 x의 단위가 길이의 단위인 미터(m)라 하면 이 방정식이 차원적으로 옳은 식이 되기 위해 이들 상수의 단위는 무엇이 되어야 하는가?

6. •• SI 단위로 압력 p는 $\text{kg}/(\text{m} \cdot \text{s}^2)$으로 알려져 있다. 물리학 수업에서 학생은 공기밀도 ρ와 풍속 v에 대해 벽에 바람이 가하는 압력에 대한 수식을 유도하였다. 그 결과는 $p = \rho v^2$이다. SI 단위 분석을 사용하여 결과식이 차원적으로 일치하는지 보여라. 또한, 이 결과식이 물리적으로 옳다는 것을 차원을 통해서 증명할 수 있는가?

7. ••• 뉴턴의 제2법칙인 운동의 법칙(4.3절)은 방정식 $F = ma$로 표현한다. 여기서 F는 힘, m은 질량 그리고 a는 가속도이다. (a) 힘의 SI 단위는 뉴턴(N)이라 부른다. N을 기본단위로 나타내면 무엇인가? (b) 등속 원운동(7.3절)과 관련된 힘에 대한 방정식은 $F = mv^2/r$로 표현한다. 여기서 v는 속도이고 r은 원형 경로의 반지름이다. 이 방정식의 단위는 뉴턴의 운동 방정식과 같은 단위인가?

8. ••• 아인슈타인의 유명한 질량–에너지 등가원리는 $E = mc^2$으로 나타내며, 여기서 E는 에너지, m은 질량 그리고 c는 빛의 속도이다. (a) 에너지의 SI 단위는 무엇인가? (b) 에너지의 또 다른 식은 $E = mgh$이다. 여기서 m은 질량, g는 중력가속도 그리고 h는 높이이다. 이 방정식은 (a)의 방정식의 단위와 동일하게 주어지는가?

1.5 단위 환산

9. IE • (a) 가장 큰 수치로 키이 표현하고 싶다면 (1) 미터(m), (2) 피트(ft), (3) 인치(in), (4) 센티미터(cm) 중 어떤 단위를 사용할 것인가? 왜인가? (b) 만약 네가 6.00 ft의 키라 하면 너의 키는 몇 cm인가?

10. • 보통 성인의 모세혈관이 끝에서 끝까지 펼쳐져 있다면, 그 길이는 40 000 mi이 넘을 것이다(그림 1.7). 만약 키가 1.75 m인 사람이 있다면, 위에서 말한 모세혈관의 길이는 몇 배나 될까?

11. •• 돛새치는 세계에서 가장 빠른 물고기로서 시속 68 mi의 속력으로 헤엄칠 수 있다(그림 1.10). (a) 이 속력을 m/s로 나타내면 얼마인가? (b) 이 속력으로 300 ft의 축구장 길이

▲ 그림 1.10 **가장 빠른 물고기**

를 이동한다면 시간이 얼마나 걸릴까? (힌트: $v = d/t$)

12. IE •• (a) 다음 중 가장 빠른 속력을 나타낸 것은?
(1) 1 m/s, (2) 1 km/h, (3) 1 ft/s, (4) 1 mi/h
(b) 속력 15.0 m/s을 mi/h로 나타내라.

13. •• 사람 순환계(기관, 정맥, 모세혈관)의 구성 부분을 끝에서 끝까지 완전하게 펼쳐보면 길이는 100 000 km 정도가 될 것이다. 순환계의 길이가 달 둘레에 이를까? 만약 그렇다면 몇 배나 되는가?

14. •• 사람 심장의 박동은 맥박수로 결정되는데, 정상인 사람인 경우 보통은 60 beats/min이다. 만약 심장이 한 번 뛰는데 75 mL의 피를 뿜어낸다면, 하루에 내보내는 혈액의 양은 몇 리터가 될까?

15. •• 한 학생이 태어날 때 키가 18 in.이었다고 한다. 20살이 된 지금 그 학생의 키는 5 ft 6 in.이다. 이 학생이 1년 동안 자란 키의 평균을 cm로 나타내라.

1.6 유효숫자

16. • 50 500 μm 길이를 센티미터(cm), 데시미터(dm), 미터(m)로 고치고, 3개의 유효숫자로 나타내라.

17. • 다음 측정값의 유효숫자의 개수를 결정하라.
(a) 1.007 m, (b) 8.03 cm, (c) 16.272 kg, (d) 0.015 μm

18. • 다음 숫자를 두 개의 유효숫자로 반올림하라.
(a) 95.61, (b) 0.00208, (c) 9438, (d) 0.000344

19. •• 여러분 물리학 책의 표지는 길이 0.274 m, 폭 0.222 m이다. 이 책의 표지 넓이는 얼마인가?

20. IE •• 직사각형 테이블 상판의 크기는 가로 1.245 m, 세로 0.760 m이다. 이 테이블의 넓이는 얼마인가?

21. •• 유효숫자를 적용하여 다음 값을 계산하라.
(a) $12.634 + 2.1$
(b) $13.5 - 2.134$
(c) $(0.25\ \text{m})^2$
(d) $\sqrt{2.37/3.5}$

22. ••• 지침에 따라 두 가지 절차에 따라 계산을 수행할 때 답변의 차이점을 설명하라. 계산을 위해 계산기를 사용하라. $p = mv$를 계산하라. 여기서 $v = x/t$이고, $x = 8.5$ m, $t = 2.7$ s, $m = 0.66$ kg이다. (a) 먼저 v를 계산한 다음 p를 계산하라. (b) 중간 단계 없이 $p = mx/t$를 계산하라. (c) 결과는 동일한가? 그렇지 않다면 이유는 무엇인가?

1.7 문제 풀이법

23. • 모퉁이 공사장은 직각 삼각형의 모양을 하고 있다. 양변이 서로 수직인 경우 각 변의 길이가 37 m, 다른 변의 길이는 42.3 m가 되면 빗변의 길이는 얼마인가?

24. •• 가장 가벼운 고체인 실리카에어로졸은 약 0.10 g/cm^{3}의 전형적인 밀도를 가진다. 실리카에어로졸 분자는 빈 공간 안에 95% 차지하고 있다. 1 m^{3}에 있는 실리카에어로졸의 질량은 얼마인가?

25. •• 본 교재의 총 페이지에 대한 두께를 측정하니 3.75 cm가 되었다. (a) 교재의 총 페이지 수가 860페이지라면, 한 페이지의 평균 두께는 얼마인가? (b) 위의 문제를 크기의 정도 계산법을 이용해서 다시 계산해 보라.

26. •• 지구의 질량은 5.98×10^{24} kg이다. 표준단위를 이용해서 계산할 때 지구의 평균밀도는 얼마인가?

27. •• 그림 1.11과 같이 길이 1.0 m인 두 체인을 이용해서 램프를 매달아 놓았다. 천장을 따라 있는 두 체인 사이의 거리는 1.0 m이다. 램프에서 천장까지의 수직 거리는 얼마인가?

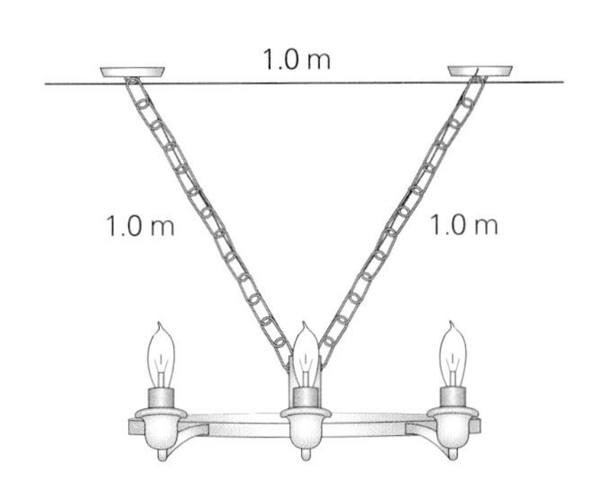

▲그림 1.11 **매달린 램프**

28. IE •• 한 자동차가 동쪽으로 13 mi를 주행한 후 북쪽으로 일정 거리를 주행하여 최초 위치의 북동쪽 25° 위치에 도달한다. (a) 북쪽으로 주행한 거리에 해당하는 것은? (1) 13 mi 미만, (2) 13 mi, (3) 13 mi 이상, 그 이유는 무엇인가? (b) 이 자동차가 북쪽으로 이동한 거리는 얼마인가?

29. ••• 약 118 mi의 폭, 길이 307 mi이고 수심은 279 ft인 미시건 호수는 부피 기준으로 두 번째로 큰 거대 호수이다. 이 호수의 물의 부피를 입방미터(m^3) 단위로 추정하라.

30. ••• 한 학생이 해안에서 작은 섬까지의 거리를 구하려고 한다(그림 1.12). 그는 먼저 해안과 평행하게 50 m의 선을 그린다. 그리고 선 끝으로 가서 자신이 그린 선과 같이 섬에서

바라보는 선들을 연결하여 그 사이에 낀 각도를 측정한다. 이때 각도는 30°와 40°이다. 그 섬은 해안에서 얼마나 멀리 떨어져 있는가?

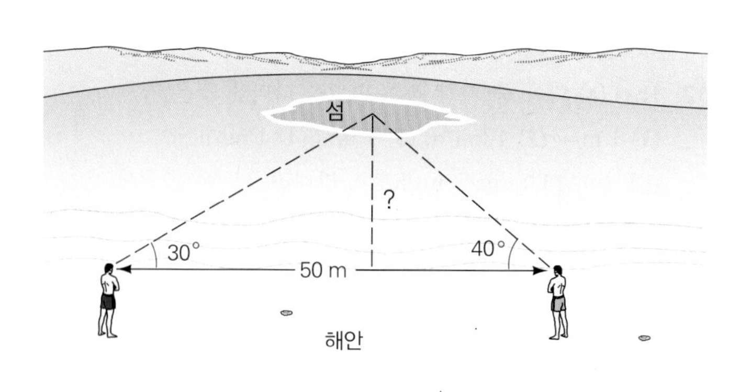

▲그림 1.12 **시선을 통한 측정**

CHAPTER 2

운동학: 운동에 관한 기술*

Kinematics: Description of Motion

치타의 보폭 길이는 어느 정도 속도와 중력가속도에 의해 결정된다.

이 장의 처음 사진은 치타가 전 속력으로 달리는(완전히 공중에 떠 있는) 모습을 보여주고 있다. 모든 육지 동물 중에서 가장 빠른 이 치타는 113 km/h(70 mi/h)까지 속력을 낼 수 있다. 사진 속의 움직임의 감각은 매우 강해서 여러분은 공기가 밀려오는 것을 확실하게 느낄 수 있다. 그럼에도 불구하고 이런 운동에 대한 감각은 환상적이다. 운동은 시간과 더불어 일어나시만 사진은 단 한 순간을 '포착'한 것이다. 시간의 차원이 없다면 운동은 전혀 기술될 수 없다는 것을 알게 될 것이다.

운동의 기술은 정지하고 있지 않은 물체를 표현하는 것이다. 어느 하나도 완벽하게 정지해 있는 것은 없다. 사람이 가만히 앉아 있다고 해서 정지해 있는 것은 아니다. 사람의 몸 안에 피는 계속 흐르고 공기는 허파에 들어갔다 나왔다를 반복한다. 공기는 서로 다른 속력을 가진 기체 분자들로 구성되어 있고, 이들 분자는 서로 다른 방향과 다른 속력으로 움직이고 있다. 그리고 여러분이 정지 상태를 경험하는 동안 자신은 물론 의자, 살고 있는 집 그리고 들이마시고 내보내는 공기와 같은 모든 것이 공간에서 지구와 더불어 움직이며 돌고 있다. 지구는 또 이 팽창하는 우주 가운데 존재하는 은하 내에 있는 태양계의 일부이다.

---

* 이 장에서 필요한 수학은 일반적인 대수 방정식을 포함한다. 부록 I에서 이러한 사항을 참조하라.

운동이 발생되고 영향을 미치는 것에 관련된 것은 물리학 분야에서 **역학**이라 한다. 역학의 시작은 최초의 문명시대로 거슬러 올라간다. 시간과 위치를 측정하기 위한 필요성에 의해 천체운동, 즉 **천체역학**에 관한 연구가 발달되었다. 초창기 그리스의 몇몇 과학자, 특히 주목할 만한 과학자는 아리스토텔레스로 그는 운동을 묘사하는 데 유용한 사원소론을 제시했다. 그러나 후에 불완전하거나 잘못된 것으로 판명되었다. 우리가 사용하고 있는 운동에 대한 개념은 많은 부분이 갈릴레오(Galileo, 1564~1642)와 이삭 뉴턴(Isaac Newton, 1642~1727)에 의해서 공식화되었다.

역학은 보통 두 부분으로 나뉜다: (1) 운동학(Kinematics)과 (2) 동역학(Dynamics)이다. **운동학**은 물체의 운동을 **기술**하는 것으로 운동의 원인에 대해서는 고려하지 않는다. **동역학**은 운동을 일으킨 **원인**을 분석하는 것이다. 이 장에서는 운동학을 다루며 운동 중에 가장 간단한 선형운동을 고려해본다. 즉, 직선운동만을 생각한다. 여러분은 운동이 빨라지는지, 느려지는지 또는 멈춰지는지에 대한 운동의 변화를 분석하는 것을 배울 것이다. 이 과정에서 특히 흥미로운 가속도 운동을 취급할 것이다: 자유낙하 운동(단지 중력의 영향만을 고려한 운동).

2.1 거리와 속력: 스칼라량

2.1.1 거리

운동은 우리 주변에서 쉽게 관찰된다. 그렇지만 여기서 말하는 운동이란 무엇인가? 이 질문은 단순해 보인다. 그러나 즉각적인 대답을 하는 데는 다소 어려움을 겪을 것이다(그리고 운동을 기술하는 데 **움직이다**라는 동사의 형태로 사용되는 것은 공평하지 않다). 조금만 생각해 보면 **운동**에는 위치변화가 내용적으로 포함되어 있음을 알 수 있다. 운동이란 물체가 얼마나 멀리 위치를 바꾸면서 이동하였는가로 기술할 수 있다. 즉, 이동한 거리로 나타낼 수 있다. **거리**는 단순히 한 위치에서 다른 위치로 이동한 총 이동 길이이다. 예를 들어 여러분은 집에서 학교까지 운전하고 그 거리를 km나 mi로 표현한다. 일반적으로 두 점 사이의 거리는 여행한 경로에 의존한다(그림 2.1).

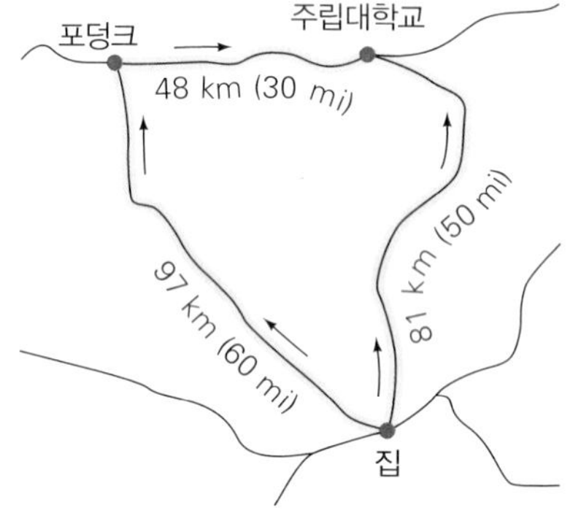

▲그림 2.1 **거리-총 경로 길이.** 집에서 주립대학교로 주행할 때 한 학생이 가장 짧은 길로 81 km(50 mi)를 이동할 수 있다. 다른 학생은 학교에 가기 전에 포덩크(Podunk)에 있는 친구를 방문하기 위해 더 먼 길을 택하였다. 이때 더 먼 거리를 간 학생의 두 지점을 거친 거리를 합하면 총 이동 거리는 97 km + 48 km = 145 km(90 mi)이다.

물리학의 다른 많은 물리량과 함께 거리는 스칼라량이다. **스칼라량**은 크기만을 가지는 물리량이다. 즉, 스칼라는 160 km 또는 100 mi과 같이 오직 수치와 단위로만 나타낸다. 거리는 크기만을 말하는 물리량이다. 즉, 얼마나 멀리라는 개념을 포함하고 있지만 어느 방향이라는 의미는 포함하고 있지 않다. 스칼라량의 다른 예로 10 s(시간), 3.0 kg(질량) 그리고 20°C(온도)가 있다. 어떤 스칼라량의 크기는 음수를 가지는 경우도 있는데, 예를 들면 −10°F(온도)이다.

2.1.2 속력

어떤 물체가 움직이고 있을 때 그 물체의 위치는 시간에 따라 변한다. 즉, 어떤 주어진 시간 동안에 특정 거리를 움직인다. 그러므로 운동을 기술하는 데 있어서는 길이와 시간은 중요한 물리량이다. 예를 들면 자동차와 보행자가 한 블록의 거리를 움직인다고 생각해 보자. 자동차가 더 빨리 가므로 보행자가 걸어 내려온 거리와 같은 거리를 주행한다고 하면 보행자보다 더 짧은 시간에 같은 거리를 주행할 것을 예상할 것이다. 길이–시간 관계는 이동한 거리를 **비율**로 나타내고 이것은 속력이라고 부르는 것으로 나타낼 수 있다.

평균 속력($\bar{s}$)은 이동한 거리 d, 즉 실제 경로 길이로 그 경로를 가는 데 걸린 총 시간 Δt로 나눈 것이다:

$$\text{평균 속력} = \frac{\text{이동 거리}}{\text{이동하는 데 걸린 총 시간}} \tag{2.1}$$

$$\bar{s} = \frac{d}{\Delta t} = \frac{d}{t_2 - t_1}$$

속력의 SI 단위: 단위 시간당 미터(m/s)

문자 위의 바(bar)는 보편적으로 평균을 나타낼 때 사용한다. 그리스 문자 델타(Δ)는 물리량의 변화나 차이를 나타낸다. 이 경우 이동하는 처음시간 t_1과 나중시간 t_2 사이의 차이거나 이동하는 데 걸린 총 시간이다.

속력의 SI 표준단위는 초당 미터(m/s, 길이/시간)이지만 일상적으로 시간당 킬로미터(km/h)를 많이 사용한다. 영국단위계에서는 ft를 시간으로 나눈 단위인 ft/s를 사용하지만 종종 mi을 시간으로 나눈 값인 mi/h도 사용한다. 흔히 초기시간은 영으로 선택하는데 $t_1 = 0$, 마치 초시계를 눌러 시작시간을 항상 0으로 다시 맞추는 것과 같은 맥락이다. 그래서 방정식으로는 $\bar{s} = d/t$로 표시하고 여기서 t는 총 시간이다.

거리는 시간과 마찬가지로 스칼라량이므로 속력 역시 스칼라량이다. 거리는 반드시 직선일 필요는 없다(그림 2.1). 예를 들면 자동차 주행의 평균 속력을 자동차에 있는 주행 기록계를 통해 출발할 때와 도착했을 때의 계기를 읽어서 계산할 수 있다. 4시간 동안 주행 후에 자동차 계기가 각각 17 455 km와 17 775 km로 되었다고 하자. 이 두 계기 기록을 빼면 거리 d는 320 km이고, 이때 평균 속력은 $d/t =$ 320 km/4.0 h = 80 km/h(또는 약 50 mi/h)이다.

평균 속력은 시간 Δt 동안의 운동을 기술하는 기본 물리량이다. 평균 속력 80 km/h로 자동차가 주행을 한 경우 자동차 속력이 주행 내내 항상 80 km/h로 유지된 것은 아니다. 주행 도중 여러 번의 정차와 출발로 여러 시간대에 걸쳐 자동차는 평균 속력보다 느리게 주행하기도 하고, 또 다른 시간대에는 평균 속력보다 더 빨리 주행한 구간도 있다. 평균 속력으로는 자동차가 주행 도중 어느 특정 시간대에 얼마나 빨리 주행하였는지 알 수가 없다. 비슷한 예로 한 학급의 평균 시험점수는 그 학급에 어느 특정 학생의 시험점수를 알 수는 없다.

반면에 **순간 속력**은 특정한 순간에 얼마나 빠르게 움직이고 있는지를 말해주는 물리량이다. 즉, $\Delta t \to 0$(시간 간격이 0에 가까워진다면)일 때, 순간 시간을 의미한다. 예를 들면 그림 2.2에서 보인 자동차의 속도계는 약 50 mi/h 또는 80 km/h를 나타내고 있다. 만약 자동차가 일정한 속력으로 주행하고 있다면(속도계의 눈금이 전혀 변하지 않기 때문), 평균 속력이나 순간 속력은 같다. (동의하는가? 앞에서 말한 예의 학급 내에서의 평균 점수를 생각해 보라. 만약에 모든 학생이 동일한 점수를 받았다면 어떻게 될까?)

▶ 그림 2.2 **순간 속력.** 자동차의 속도계는 매우 짧은 시간 동안에 속력을 나타내므로 계기판에서 읽는 것은 순간 속력에 접근한다. 속력은 mi/h 및 km/h 단위로 주어진다는 점에 유의하라.

예제 2.1 느린 운동–로버(rover–이동형 탐사 로봇)가 움직이다

2004년 1월에 화성탐사 로버가 탐사를 위해 화성 표면에 착륙해서 화성 표면 탐사를 하고 있다(그림 2.3). 평평하고, 딱딱한 땅 위에서 로버의 평균 속력은 5.0 cm/s이다. (a) 로버가 평균 속력으로 이 지형 위를 연속적으로 주행했다고 가정할 때, 직선으로 2.0 m를 쉬지 않고 주행하는 데 얼마나 많은 시간이 걸릴까? (b) 보다 안전한 주행을 위해 로버에는 몇 초마다 정지하고 위치를 평가하는 위험 방지 소프트웨어가 장착되어 있었다. 이 소프트웨어는 10초간 평균 속력으로 주행한 후 20초간 정지하고, 지형을 관찰한 후 다시 10초간 전진하고 이런 사이클을 반복하도록 프로그래밍되어 있다. 프로그램을 고려할 때 2.0 m 주행 시 평균 속력은? (이 임무에는 실제로 스피릿과 오퍼튜니티라는 이름의 두 개의 로버가 있었다. 두 탐사선 모두 4년 이상 레드 플래닛에서 활동했다.)

▲ 그림 2.3 **화성 탐사 로버.** 쌍둥이 탐사 로버는 화성 행성의 반대편에 착륙했다.

풀이

(a) 문제상 주어진 값: $\bar{s} = 5.0\ \text{cm/s} = 0.050\ \text{m/s}$, $d = 2.0\ \text{m}$이므로 식 2.1인 $\bar{s} = d/\Delta t$에서 시간 Δt에 대하여 재정리하면,

$$\Delta t = \frac{d}{\bar{s}} = \frac{2.0\ \text{m}}{0.050\ \text{m/s}} = 40\ \text{s}$$

따라서 거리 2.0 m를 주행하는 데 40초가 소요된다.

(b) 10초 이동 후 20초 동안 멈추는 과정을 반복하므로 2.0 m 거리를 가는 데 소요되는 총 시간이 필요한데, 매 10초 동안 이동하는 거리는 $0.050\ \text{m/s} \times 10\ \text{s} = 0.50\ \text{m}$이다. 그리고 총 소요시간은 4번의 주행된 시간과 3번의 정지된 시간을 합하면 된다.

$$\Delta t = 4 \times 10\ \text{s} + 3 \times 20\ \text{s} = 100\ \text{s}$$

따라서

$$\bar{s} = \frac{d}{\Delta t} = \frac{d}{t_2 - t_1} = \frac{2.0\ \text{m}}{100\ \text{s}} = 0.020\ \text{m/s} = 2.0\ \text{cm/s}$$

2.2 일차원적 변위와 속도: 벡터량

2.2.1 변위

직선 또는 선형 운동의 경우 그림 2.4에서 보인 것처럼 x축과 y축이 서로 직각인 잘 알려진 이차원 직각 좌표계를 사용하여 특정위치를 나타내는 것이 편리하다. 직선 경로는 축에 상대적인 어떤 방향으로도 있을 수 있지만, 편리상 좌표축은 대개 x축이나 y축 중 하나를 따라 이동하도록 방향을 정한다.

◀ 그림 2.4 **직각 좌표와 일차원 변위**

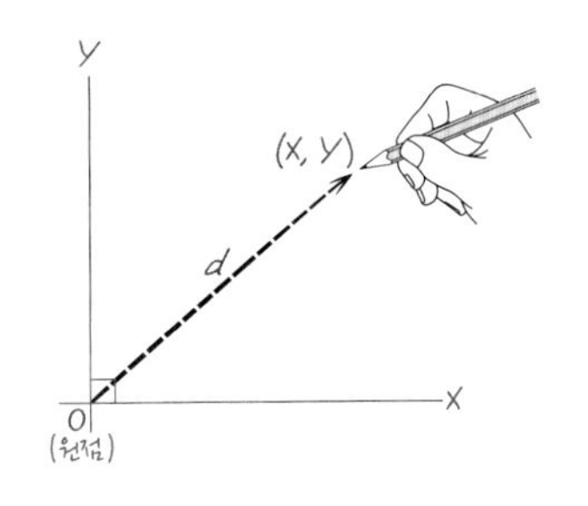

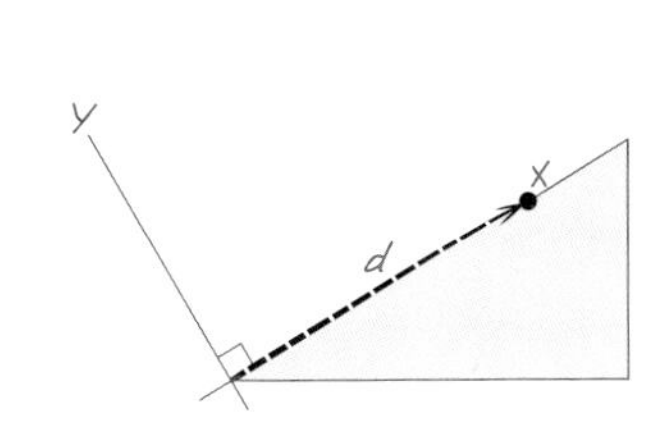

(a) 이차원 직각 좌표계. 변위 d는 점 (x, y)에 위치한다

(b) 일차원 또는 직선 운동의 경우 운동의 방향을 따라 좌표축 중 하나의 방향을 잡는 것이 편리하다

앞의 절에서 논의된 바와 같이, 거리는 단지 크기만을 가진 스칼라량이다. 그러나 보다 완벽하게 운동을 기술하기 위해 방향을 추가하여 더 많은 정보를 제공할 수 있다. 이 정보는 직선상에서 위치변화에 대한 정보를 쉽게 전달할 수 있다. **변위**(displacement)는 출발점에서 최종 위치까지의 방향과 함께 두 점 사이의 직선거리로 정의된다. 거리(스칼라)와 달리 변위는 음수 또는 음수 값을 가질 수 있으며, 부호는 좌표축을 따라 방향을 나타낼 수 있다.

이와 같이 변위는 **벡터량**(vector quantity)이다. 다시 말하면, **벡터**는 크기와 방향을 모두 가지고 있다. 예를 들어 비행기의 변위를 북위 25 km로 기술할 때, 이는 벡터(크기와 방향)로 나타낸 것이다. 다른 벡터량은 나중에 배우겠지만 가속도와 힘이 포함된다.

벡터에 적용되는 대수학이 있는데, 벡터의 크기와 방향 모두를 지정하고 처리하는 방법을 포함한다. 이것은 방향을 나타내기 위해 양(+)과 음(−)의 부호를 사용하여 일차원에서는 비교적 쉽게 이루어진다. 이러한 변위를 설명하려면 그림 2.5에 나타낸 상황을 생각해 보자. 여기서 x_1과 x_2는 학생이 사물함에서 물리학 실험실로 일직선으로 이동할 때 x축에서 각각 초기 위치와 최종 위치를 나타낸다. 그림 2.5a에서 볼 수 있듯이 이동 거리는 8.0 m이다. x_1과 x_2 사이의 변위는 다음과 같이 나타낸다.

$$\Delta x = x_2 - x_1 \tag{2.2}$$

여기서 Δ는 변화량을 나타내기 위해 사용하는 부호이다. 그러면 그림 2.5b에서처럼

$$\Delta x = x_2 - x_1 = +9.0\text{ m} - (+1.0\text{ m}) = +8.0\text{ m}$$

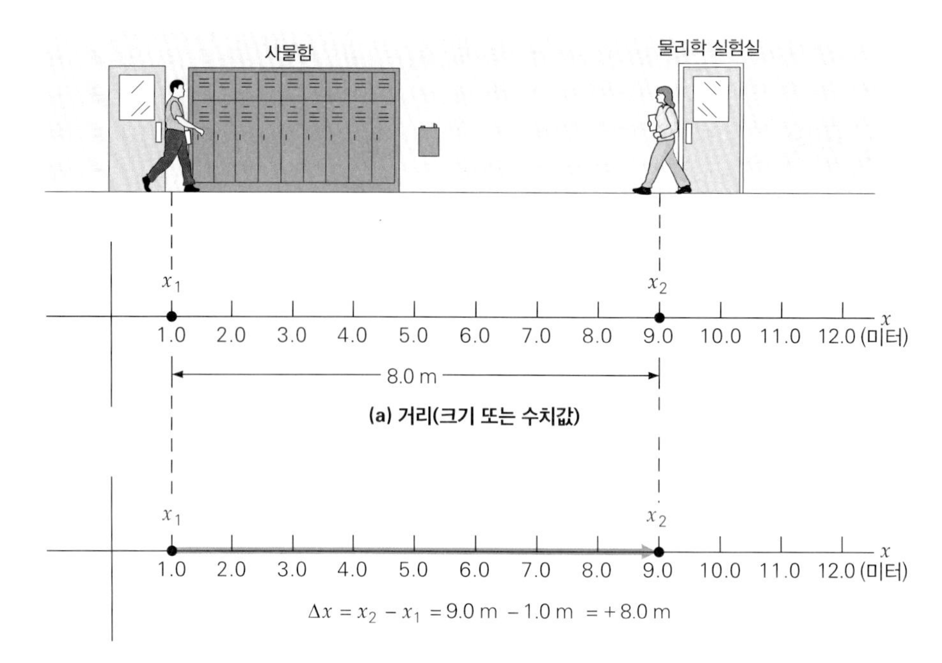

▶ 그림 2.5 **거리(스칼라)와 변위(벡터).** (a) 왼쪽 학생과 물리학 실험실 사이의 거리는 8.0 m이며 스칼라량이다. (b) 변위를 나타내기 위해 x_1과 x_2는 초기 및 최종 위치를 나타내는 것이다. 따라서 변위는 $\Delta x = x_2 - x_1 = +9.0\text{ m} - (+1.0\text{ m}) = +8.0\text{ m}$로, 즉 $+x$ 방향으로 8.0 m이다.

이다. 여기서 +부호는 $+x$축 위의 위치를 나타낸다. 따라서 그림 2.5b에서 양(+)으로 나타내듯이 학생의 변위는 $+x$ 방향으로 8.0 m이다. (“정규” 수학에서와 같이 +기호는 잘 아는바 생략하는 경우가 많기 때문에, 이 변위는 $\Delta x = +8.0\text{ m}$ 대신 $\Delta x = 8.0\text{ m}$로 표기할 수 있다.)

이 교재에서는 벡터량을 표시하기 위하여 글자 위에 화살표를 붙인 볼드체를 이용한다. 예를 들어 변위 벡터는 $\vec{\mathbf{d}}$ 또는 $\vec{\mathbf{x}}$와 같이 표시되고, 속도 벡터는 $\vec{\mathbf{v}}$로 표시한다. 그러나 일차원적 문제를 취급할 때는 이와 같은 표기는 불필요하므로 양(+)의 부호나 음(−)의 부호를 이용하여 두 가지 방향에 대한 것을 표시할 수 있다. x축은 보통 수평 방향으로 운동하는 경우에 사용하고 양(+)의 부호는 오른쪽 방향을 나타내거나 “x축에서 양의 방향”, 그리고 음(−)의 부호는 왼쪽 방향을 나타내거나 “x축에서 음의 방향”으로 나타낸다.

이러한 부호는 특정 방향으로 “점”을 가리킬 뿐임을 명심해 두자. 음의 x축을 따라 원점을 향해 움직이는 물체는 양방향으로 움직이고 있을 것이다. 물체가 양의 x축에서 원점을 향해 움직인다면 어떻게 될까? 만약 음의 x축 방향이라고 말했다면, 여러분이 맞다.

그림 2.5에서 다른 학생이 물리학 실험실에서부터 걸어서 (여학생의 초기 위치는 앞의 학생과 다르고, $x_1 = +9.0\text{ m}$) 사물함이 있는 끝까지 온다고 하자(지금 최종 위치는 $x_2 = +1.0\text{ m}$이다). 그 여학생의 변위는

$$\Delta x = x_2 - x_1 = +1.0\text{ m} - (9.0\text{ m}) = -8.0\text{ m}$$

여기서 음의 부호는 변위의 방향을 나타내는 것으로 $-x$축 방향을 나타내거나 그림에서 왼쪽 방향을 나타낸다. 이 경우 두 학생의 변위는, 크기는 동일하고 방향은 반대라고 말한다.

2.2.2 속도

앞에서 배운 바와 같이 속력은 거리와 마찬가지로 스칼라량이며 크기만 가지고 있다. 운동을 기술하는 데 사용되는 또 다른 물리량은 **속도**이다. 속력과 속도는 일상 대화에서 흔히 동의어로 사용되지만 이들 용어는 물리학에서 다른 의미를 갖는다. 속력은 스칼라량이고, 속도는 벡터량이다. 속도는 크기와 방향을 갖는다. 속력과 달리 일차원 속도는 양과 음의 값을 모두 가질 수 있고, (변위와 같이) 단지 두 가지 방향만 나타낼 수 있다.

속도(velocity)는 어떤 것이 얼마나 빨리 움직이고 있는지 그리고 어느 방향으로 움직이는지 알려준다. 그리고 평균 속력과 순간 속력을 말하는 것처럼 변위와 관련된 평균 속도와 순간 속도가 있다. **평균 속도**(average velocity)는 변위를 이동하는 데 걸린 총 시간으로 나누어 준 것이다. 일차원에서는 단지 하나의 축을 따라 움직이는 운동이고 x축으로 잡는다. 이 경우에

$$\text{평균 속도} = \frac{\text{변위}}{\text{총 이동시간}} \tag{2.3}$$

$$\bar{v} = \frac{\Delta x}{\Delta t} = \frac{x_2 - x_1}{t_2 - t_1}$$

속도의 SI 단위는 초당 미터(m/s)

이 방정식의 다른 형태는

$$\bar{v} = \frac{\Delta x}{\Delta t} = \frac{(x_2 - x_1)}{(t_2 - t_1)} = \frac{(x - x_o)}{(t - t_o)} = \frac{(x - x_o)}{t}$$

또한 이 식을 다시 정리하면

$$x = x_o + \bar{v}t \tag{2.3}$$

여기서 x_0는 초기 위치이고 x는 나중 위치이다. 그리고 $\Delta t = t$, $t_0 = 0$이다. 보다 상세한 내용은 2.3절을 보라.

변위가 하나 이상인 경우(예를 들면 연속적으로 변위가 있는 경우), 평균 속도는 **총 변위 또는 알짜 변위**를 총 시간으로 나누어 주는 것이다. 총 변위는 변위 하나하나의 방향을 감안해서 개개의 변위를 모두 대수적으로 더한 것이다.

여러분은 아마도 평균 속력과 평균 속도 사이에 어떤 관계가 있는지 의아해할 것이다. 그림 2.5를 통해서 잠깐 살펴보면 만약 운동이 한쪽 방향으로 있는 경우—즉, 반대 방향의 운동이 없다면—거리는 변위의 크기와 같다. 그러면 평균 속력은 평균 속도의 크기와 같다. 그러나 여기서 조심해야 한다. 이 일련의 관계는 예제 2.2에서 보여주는 것처럼 만약에 반대 방향의 운동이 있다면 이 관계는 사실이 아니다.

예제 2.2 앞뒤로–평균 속도

조깅하는 사람은 2.50분 만에 직선 300 m 트랙의 한쪽 끝에서 다른 쪽 끝으로 조깅을 한 다음, 다시 출발점으로 되돌아오는 데 걸린 시간은 3.30분이 걸렸다. (a) 트랙의 맨 끝까지 조깅할 때, (b) 출발점으로 다시 되돌아올 때, 그리고 (c) 전체 조깅에 대한 평균 속도는 얼마인가?

풀이

(a) 조깅하는 사람의 트랙에서의 평균 속도는 식 2.3을 사용하면 된다.

$$\Delta x_1 = +300\ \text{m},\quad \Delta t_1 = (2.50\ \text{min}) \times (60\ \text{s/min}) = 150\ \text{s}$$

$$\bar{v}_1 = \frac{\Delta x_1}{\Delta t_1} = \frac{+300\ \text{m}}{150\ \text{s}} = +2.00\ \text{m/s}$$

(b) 다시 출발점으로 되돌아온 경우의 평균 속도는 (a)와 유사하게 푼다.

$$\Delta x_2 = -300\ \text{m},\quad \Delta t_2 = (3.30\ \text{min}) \times (60\ \text{s/min}) = 198\ \text{s}$$

$$\bar{v}_2 = \frac{\Delta x_2}{\Delta t_2} = \frac{-300\ \text{m}}{198\ \text{s}} = -1.52\ \text{m/s}$$

(c) 전체 조깅에서 오고 가고 한두 가지 변위를 고려하여 이들 두 변위를 합하고 총 소요시간으로 나눈다.

$$\bar{v}_3 = \frac{\Delta x_1 + \Delta x_2}{\Delta t_1 + \Delta t_2} = \frac{300\ \text{m} + (-300\ \text{m})}{150\ \text{s} + 198\ \text{s}} = 0\ \text{m/s}$$

변위의 크기가 두 점 사이의 직선거리임을 상기해 볼 때, 한 지점에서 같은 지점까지의 변위는 0이다. 따라서 총 조깅에 대한 평균 속도는 0이다(그림 2.6).

▲ 그림 2.6 **다시 홈으로 돌아가!** 베이스 코스를 110 m에 거의 다 접근했음에도 불구하고, 타자의 박스(기준 위치)를 뚫고 홈으로 미끄러지는 순간 변위는 0이다. 아무리 빨리 출루해도 왕복 평균 속도는 0이다.

예제 2.2에서 보여주는 것처럼, 평균 속도는 운동에 대한 전반적인 설명만 제공한다. 운동을 자세하게 분석하는 한 가지 방법은 짧은 시간 간격을 택하는 것이다. 즉, 시간 간격(Δt)을 점점 더 짧게 쪼개서 관찰하는 것이다. 속력과 같이 Δt가 영에 접근하면 순간 속도를 얻는다. 순간 속도는 한 물체가 **어떤 특정한 순간에** 어떤 방향으로 움직이고 있는가를 말해준다.

순간 속도는 수학적으로 다음과 같이 정의된다.

$$v = \lim_{\Delta t \to 0} \frac{\Delta x}{\Delta t} \tag{2.4}$$

이 표현은 "순간 속도는 Δt가 영에 가까워질 때 $\Delta x/\Delta t$의 극한값과 같다"라고 읽는다. 시간 간격은 어느 경우든 영이 될 수 없다. (왜 그럴까?) 그렇지만 0에 **접근**할 수는 있다. 순간 속도는 기술적으로 여전히 평균 속도지만, 매우 작은 Δt에 걸쳐서 본질적으로 평균적인 "한순간의 시간"이며 이것이 **순간 속도**라고 불리는 이유이다.

균일한 운동(Uniform motion)은 일정한 속도를 가지고 움직이는 운동을 의미한다(일정한 크기와 일정한 방향). 균일한 운동의 일차원적 예는 그림 2.7에서 보여주는 자동차이다. 이 자동차는 똑같은 거리를 주행하고 동일 시간 간격(매 시간당 50 km)

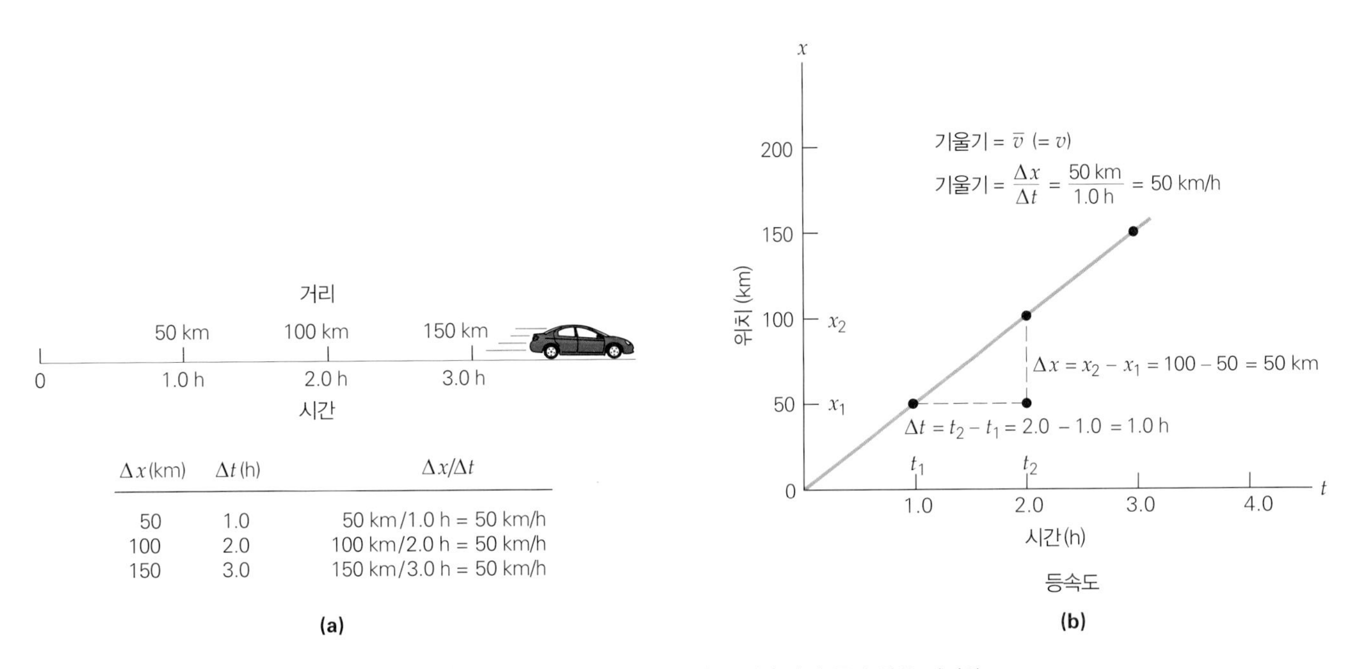

▲ 그림 2.7 **일정한 직선 운동-등속도.** 일정한 직선운동의 경우 한 물체가 같은 시간 간격 동안 같은 거리와 같은 방향으로 등속도로 이동한다. **(a)** 여기서 자동차는 같은 방향으로 시간당 50 km로 이동한다. **(b)** x–t 그래프에서 동일한 시간 간격으로 이동거리가 같으므로 직선을 이룬다. 이 직선의 기울기 값은 속도의 크기와 같고, 기울기의 부호는 방향을 의미한다. (이 경우에 평균 속도와 순간 속도는 같다. 왜 그럴까?)

동안에 같은 변위이고 주행 방향이 변하지 않는다. 따라서 이 경우 평균 속도와 순간 속도의 크기는 동일하다.

2.2.3 그래프 분석

그래프 분석은 흔히 운동과 그 운동에 관련된 물리량을 이해하는 데 도움이 된다. 예를 들어 그림 2.7a에서 자동차의 운동은 위치–시간 또는 x–t 그래프로 나타낼 수 있다. 그림 2.7b에서 볼 수 있듯이 x–t 그래프에서 균일하거나 일정한 속도에 대해 직선을 얻을 수 있다.

직선의 기울기가 $\Delta y/\Delta x$로 주어진다는 것을 y–x 직각좌표 그래프에서 알 수 있다. 여기서 x–t 그래프의 직선의 기울기 $\Delta x/\Delta t$는 평균 속도 $\bar{v} = \Delta x/\Delta t$와 같다. 이 값은 순간 속도에서도 같다. 즉, $\bar{v} = v$이다. (왜 그럴까?) 기울기 값은 속도의 크기이고, 기울기의 부호는 운동 방향으로 주어진다. 양의 기울기는 x가 시간에 대해 증가하는 것을 나타내고, x축 양의 방향으로 운동하기 때문이다(양의 부호는 종종 관례적으로 생략되는데, 여기서부터 일반적으로 행해질 것이다).

자동차 운동에 대한 위치–시간의 그래프가 그림 2.8에서 보여주는 것처럼 음의 기울기를 가진 직선이라고 하자. 이것이 나타내는 것이 무엇인가? 그림에서 보여주듯이 위치 값은 시간에 따라 점점 줄어드는데, 이것은 자동차가 일정하게 운동하고 있다는 것을 나타낸다. 하지만 이 경우 기울기 값이 음이므로 음의 x축 방향 운동과 서로 관계된다.

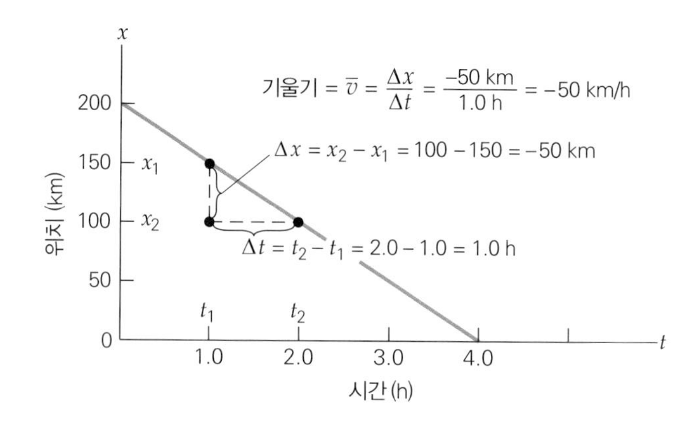

▶ 그림 2.8 **x축의 음의 방향으로 일정한 운동을 하는 물체에 대한 위치-시간 그래프.** 음의 기울기가 있는 x–t 그래프의 직선은 음의 x 방향에서 일정한 운동을 나타낸다. 물체의 위치가 일정한 비율로 변화된다는 점에 유의하라. $t = 4.0$ h에서 물체는 $x = 0$이다. $t > 4.0$ h 동안 운동이 계속된다면 그래프는 어떻게 나타내는가?

대부분의 경우 물체의 운동은 일정하지 않는데, 이것은 동일 시간 간격에 운동한 거리가 서로 다르다는 것을 의미한다. 일차원 운동을 x–t 그래프로 그리면 그림 2.9에서 보여주는 것과 같이 곡선이 된다. 임의의 주어진 시간 간격 동안 물체의 평균 속도는 출발점과 끝나는 점에 해당하는 곡선상의 두 점 사이를 잇는 직선의 기울기이다. $\bar{v} = \Delta x/\Delta t$이므로 그림에서 총 이동 경로에 대한 평균 속도는 곡선의 시작점과 끝점을 연결하는 직선의 기울기가 된다.

순간 속도는 특정한 시점에 해당하는 곡선상의 접선의 기울기와 같다. 다섯 개 유형의 접선이 그림 2.9에 나타내었다. (1)에서 기울기는 양이고, 운동은 양의 x축 방향이다. (2)에서는 수평 접선인 기울기는 0이므로 그 순간에는 운동이 없다. 즉, 물체가 그 순간에는 정지했다($v = 0$). (3)에서 기울기가 음이므로 물체는 음의 x축 방향으로 이동하고 있다. 그래서 물체는 방향을 바꾸기 위해서 (2)에서 정지했다. (4)와 (5) 지점에서는 어떤 일이 벌어질까?

곡선에 여러 종류의 접선을 그려 봄으로써 기울기가 크기와 방향(부호)이 변하는 것을 알 수 있고 그로부터 순간 속도가 시간에 따라 변하는 것을 나타낸다. 일정하

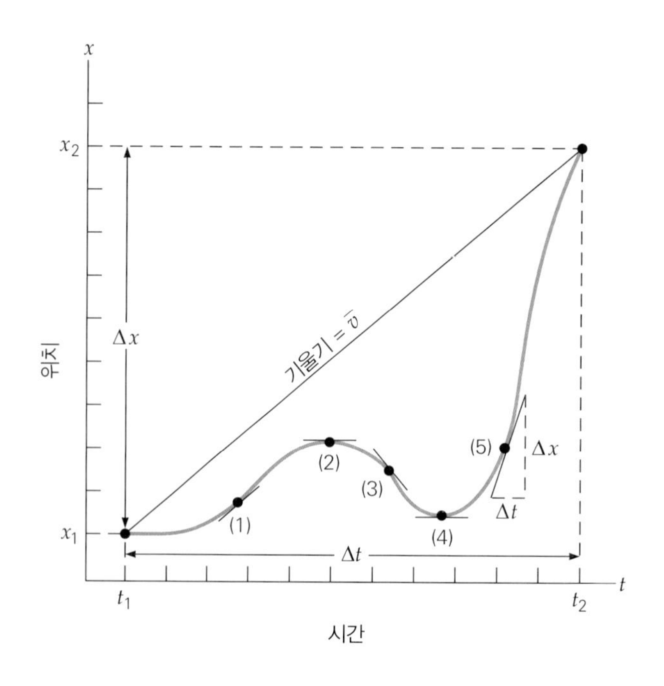

▶ 그림 2.9 **일정하지 않은 직선운동에서 물체에 대한 위치(x)-시간(t) 그래프.** 균일하지 않은 속도의 경우 x 대 t 그래프는 곡선이다. 두 점 사이의 기울기는 그 위치 사이에서 갖는 평균 속도이고 곡선상에서 임의의 점에서의 기울기는 순간 속도를 나타낸다. 다섯 개의 접선 $\Delta x/\Delta t$이 표시되었다. 물체의 운동을 말로 기술할 수 있는가?

지 않은 운동을 하는 물체는 속력을 크게 하거나 느리게 움직일 수도 있고, 또는 운동 방향이 변할 수도 있다. 속도가 변하는 운동을 어떻게 기술하느냐 하는 것은 2.3절에서 설명한다.

2.3 가속도

위치(그리고 방향)의 시간 변화율과 관련된 운동의 기술을 **속도**라고 한다. 한 단계 더 나아가면 이와 같은 변화율 자체가 어떻게 변하는지를 고려할 수 있다. 어떤 물체가 일정한 속도로 움직이다가 속도가 변한다고 하자. 이와 같은 속도의 변화율을 가속도라고 부른다. 자동차 내부에 있는 가속장치를 힘껏 밟으면 자동차는 속력을 내게 된다. 그리고 가속장치가 제자리로 올라가도록 발을 떼고 있으면 자동차는 점점 속력이 줄어든다. 이 두 경우 모두 시간에 따라 속도에 변화가 있다. **가속도**(acceleration)는 속도의 변화량과 그에 해당하는 시간의 비율로 정의한다.

평균 속도와 비슷한 맥락으로 **평균 가속도**(average acceleration)는 속도의 변화를 그 속도의 변화가 일어난 시간 간격으로 나누어 준 값으로 정의한다.

$$\text{평균 가속도} = \frac{\text{속도의 변화}}{\text{변화가 일어난 시간}} \tag{2.5}$$

$$\bar{a} = \frac{\Delta v}{\Delta t} = \frac{v_2 - v_1}{t_2 - t_2} = \frac{v - v_o}{t - t_o}$$

가속도의 단위: 제곱 초당 미터(m/s^2)

여기서 초기와 최종 변수가 일반적으로 사용되는 표기법으로 변경되었다는 점에 유의하라. 즉, v_0와 t_0는 초기 또는 처음의 속도와 시간을 나타낸다. 그리고 v는 특정 시간 t에서의 속도이다(이것은 특정 상황에서 나중 속도일 수도 있고 아닐 수도 있다).

$\Delta v/\Delta t$에서 가속도의 단위는 초(Δt)당 초당 미터(Δv)인 것을 알 수 있다. 즉, (m/s)/s 또는 m/(s · s)이고 보통 제곱 초당 미터(m/s^2)로 표시한다.

속도는 벡터량이므로 마찬가지로 가속도도 벡터량이다. 왜냐하면 가속도는 속도의 변화율을 대신하는 물리량이기 때문이다. 속도는 크기와 방향을 가지고 있고 속도의 변화 역시 크기와 방향 모두를 가지고 있다. 따라서 그림 2.10에서 보여주는 것처럼, 가속도는 **속력**의 변화이거나 **방향**의 변화 또는 이 **두 가지** 모두의 변화로 인해 생긴다.

직선운동은 양과 음의 부호로 변위의 경우에서처럼 속도와 가속도의 방향을 나타내는 데 사용된다. 식 2.5를 다음과 같이 줄여 쓸 수 있다.

$$\bar{a} = \frac{v - v_o}{t} \tag{2.6}$$

여기서 t_0는 영으로 본다(v_0는 영이 아닐 수 있어 일반적으로 생략될 수 없다).

가속
(속도의 크기 증가)
감속
(속도의 크기 감소)
v (20 km/h)
v (30 km/h)
v (40 km/h)
$v = 0$
0
$t = 2.0$ s
$t = 4.0$ s
$t = 6.0$ s

(a) 방향은 일정하고 크기만 변화하는 경우

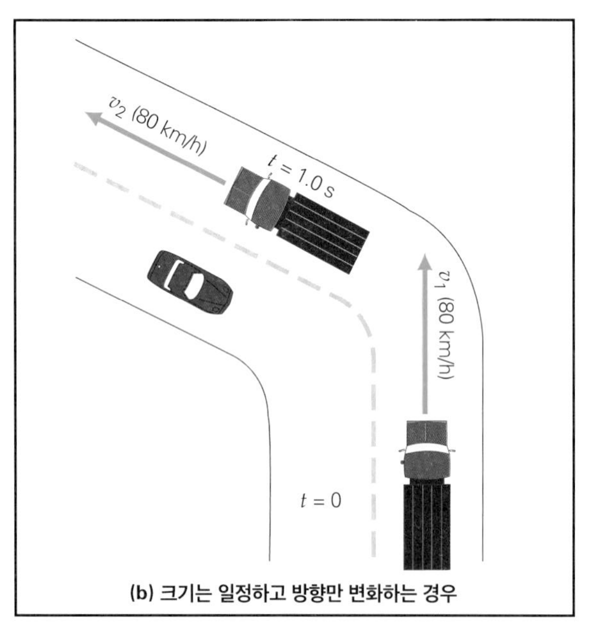

(b) 크기는 일정하고 방향만 변화하는 경우

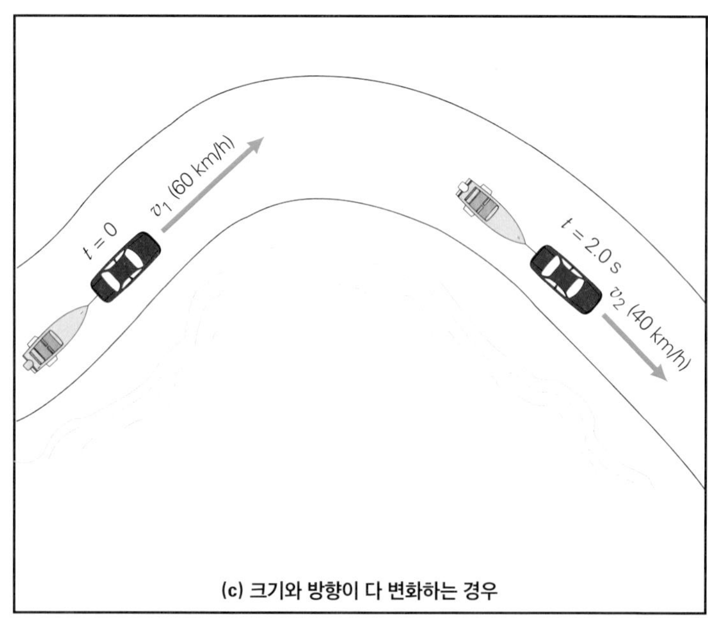

(c) 크기와 방향이 다 변화하는 경우

▲ 그림 2.10 **가속도-속도의 변화에 대한 시간 비율.** 속도는 크기와 방향을 가진 벡터량이기 때문에 다음과 같은 경우에 가속도가 발생할 수 있다. (a) 방향은 일정하고 크기만 변화하는 경우, (b) 크기는 일정하고 방향만 변화하는 경우, (c) 크기와 방향이 다 변화하는 경우.

순간 속도와 유사하게 **순간 가속도**(instantaneous acceleration)는 어떤 특정한 시간에 대한 가속도이다. 이것을 수학적으로 표시하면 다음과 같다.

$$a = \lim_{\Delta t \to 0} \frac{\Delta v}{\Delta t} \tag{2.7}$$

시간 간격이 0에 가까워지는 조건은 순간 속도에서 적용되었던 것과 같다.

속도와 가속도 모두 벡터량이고 양과 음의 부호가 벡터의 방향만을 나타내고 있으므로 양의 가속도라고 해서 반드시 속도가 증가하는 것을 의미하는 것은 아니며, 그 반대의 경우도 마찬가지다. 속도 방향도 중요하다. 그림 2.11은 네 가지 시나리오로 나타내고 있다.

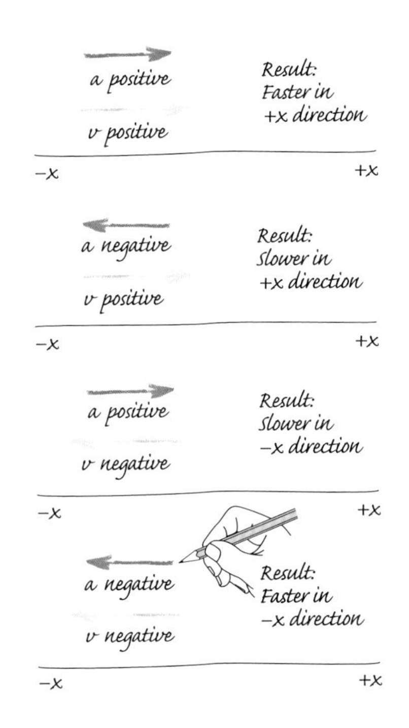

◀그림 2.11 **속도와 가속도의 부호.** 속도와 가속도 모두 벡터량이고 양과 음의 부호가 벡터의 방향만을 나타내고 있으므로, 양의 가속도라고 해서 반드시 속도가 증가하는 것을 의미하는 것은 아니며, 그 반대의 경우도 마찬가지다. 속도 방향도 중요하다.

예제 2.3 **속도를 늦추다 – 평균 가속도**

스포츠유틸리티자동차(SUV)를 탄 한 부부가 고속도로를 90 km/h로 주행하고 있다. 운전자가 거리에서 사고를 목격하고 5.0 s 이내에 40 km/h로 감속하였다. SUV 자동차의 평균 가속도는 얼마인가?

풀이

주어진 조건인 처음 속도 v_0, 나중 속도 v와 시간 t에 대하여 단위를 환산하면 다음과 같다.

$$v_o = (90\ \text{km/h})\left(\frac{0.278\ \text{m/s}}{1\ \text{km/h}}\right) = 25\ \text{m/s}$$

$$v = (40\ \text{km/h})\left(\frac{0.278\ \text{m/s}}{1\ \text{km/h}}\right) = 11\ \text{m/s}$$

$$t = 5.0\ \text{s}$$

평균 가속도는 이들 주어진 값을 식 2.6에 대입하여 계산한다.

$$\bar{a} = \frac{v - v_o}{t} = \frac{11\ \text{m/s} - (25\ \text{m/s})}{5.0\ \text{s}} = -2.8\ \text{m/s}^2$$

음의 부호는 가속도의 방향을 나타낸다. 이 경우 가속도는 속도의 방향과 반대 방향이고 차는 느리다. 이런 가속도는 차가 속도를 늦추고 있으므로 감속이라고 부르기도 한다. (주의: 이것이 v_0을 임의로 0으로 설정할 수 없는 이유다. 왜냐하면 여기에 표기된 것처럼 운동이 있을 수 있고, $t_0 = 0$에서 $v_0 \neq 0$이 있을 수 있기 때문이다.)

2.3.1 등가속도

가속도 역시 시간에 따라 변하지만 우리가 배우고자 하는 운동은 문제를 간단히 하기 위해서 등가속도의 경우만 생각한다(등가속도의 중요한 한 예는 지구 표면 가까운 곳에 중력가속도이고 이 문제는 뒤의 절에서 다루기로 한다).

등가속도에서는 가속도의 평균값이 항상 일정하여 ($\bar{a} = a$) 식 2.6에서 가속도의 기호 a에 바를 생략하였다. 그래서 등가속도의 경우에 대한 속도와 가속도의 방정식을 다시 정리해 (식 2.6) 쓰면 다음과 같다.

$$v = v_0 + at \quad \text{(등가속도일 경우만)} \tag{2.8}$$

(at항은 속도의 변화율을 대신하는데 $at = v - v_0 = \Delta v$임을 유의하라.)

예제 2.4 출발은 빠르게, 멈춤은 천천히–등가속도 운동

정지상태에서 경주용 자동차에 탄 선수가 일정한 가속도 5.5 m/s²으로 직선을 따라 운동하고 있다. (a) 6초 후의 차의 속도는 얼마인가? (b) 만약 낙하산을 펴서 2.4 m/s²씩 일정하게 감속하면, 이 차가 멈출 때까지 걸린 시간은 얼마인가?

풀이

(a) 처음 운동을 양의 방향으로 보고, 제시된 값은 다음과 같다.

$$v_0 = 0\,(\text{정지}),\quad a_1 = 5.5\ \text{m/s}^2,\quad t_1 = 6.0\ \text{s}$$

나중 속도 v_1을 구하기 위해 식 2.8을 직접 이용하자.

$$v_1 = v_o + a_1 t_1 = 0 + (5.5\ \text{m/s}^2)(6.0\ \text{s}) = 33\ \text{m/s}$$

(b) 차가 멈출 때까지 걸린 시간 t_2을 구하기 위해 식 2.6을 정리하고, (a)로부터 $v_0 = v_1 = 33$ m/s이므로

$$t_2 = \frac{v_2 - v_o}{a_2} = \frac{0 - (33\ \text{m/s})}{-2.4\ \text{m/s}^2} = 14\ \text{s}$$

시간은 일반적으로 항상 양의 값을 가진다는 것을 주목하라. 왜 그럴까?

등가속도를 가진 운동은 순간 속도–시간 그래프로 그리기가 쉽다. 이 경우에 순간 속도–시간에 대한 그래프는 그림 2.12에서 그려진 것처럼 직선으로 그려지고 이 직선의 기울기가 곧 순간 가속도이다. 식 2.8은 $v = at + v_0$로 쓸 수 있고, 이 식의 형태는 직선의 방정식 $y = mx + b$(m은 기울기이고 b는 절편)이다. 그림 2.12a에서 운동은 양의 방향이고 가속도 항은 $t = 0$ 후에 속도에 더해진다. 그래프 오른쪽에 수직 방향 화살표로 표시했다. 여기서 기울기는 양의 값($a > 0$)이다. 그림 2.12b에서 음의 기울기($a < 0$)는 음의 가속도를 나타내는데 가속이 점점 줄어드는 것을 의미한다. 즉, 감속을 의미한다. 그러나 음의 가속도가 항상 속도의 크기를 줄인다는 뜻은 아니다. 그림 2.12c에서 음의 가속도가 음의 방향으로 속도의 크기가 증가하고 있음을 보여준다. 그림 2.12d에서 상황은 보다 복잡하다. 여러분은 이 경우에 무엇이 일어났는지 설명할 수 있나?

등가속도를 가지고 물체가 움직인다면 그 물체의 속도는 동일 시간 간격에 동일한 속도 변화가 있다. 예를 들어 만약에 가속도의 방향이 초기 속도의 방향과 같은 방향으로 10m/s²이라면 물체의 속도는 매초 마다 10 m/s만큼씩 증가한다. 물체가 시간 $t_0 = 0$에서 어떤 특정 방향으로 초기 속도(v_0) 20 m/s를 갖는 경우를 생각해 보자. 그러면 $t = 0$, 1.0, 2.0, 3.0과 4.0초에서 속도의 크기는 각각 20, 30, 40, 50과 60 m/s이다.

평균 속도는 (식 2.3) 보통 방법으로 계산하거나 직감으로 균일하게 증가하는 일련의 수열인 20, 30, 40, 50, 60의 평균값 40(이 수열의 중간값)을 인지하면 $\bar{v} = 40$ m/s임을 알 수 있다. 여기서 주목할 것은 처음 값과 마지막 값의 평균은 이 수열이 평균값—즉, $(20 + 60)/2 = 40$이다. 속도가 일정한 비율로 변화할 때만 $\bar{v}$는 초기 속도와 마지막 속도의 평균값이다.

$$\bar{v} = \frac{v + v_o}{2} \quad (\text{등가속도일 경우만}) \tag{2.9}$$

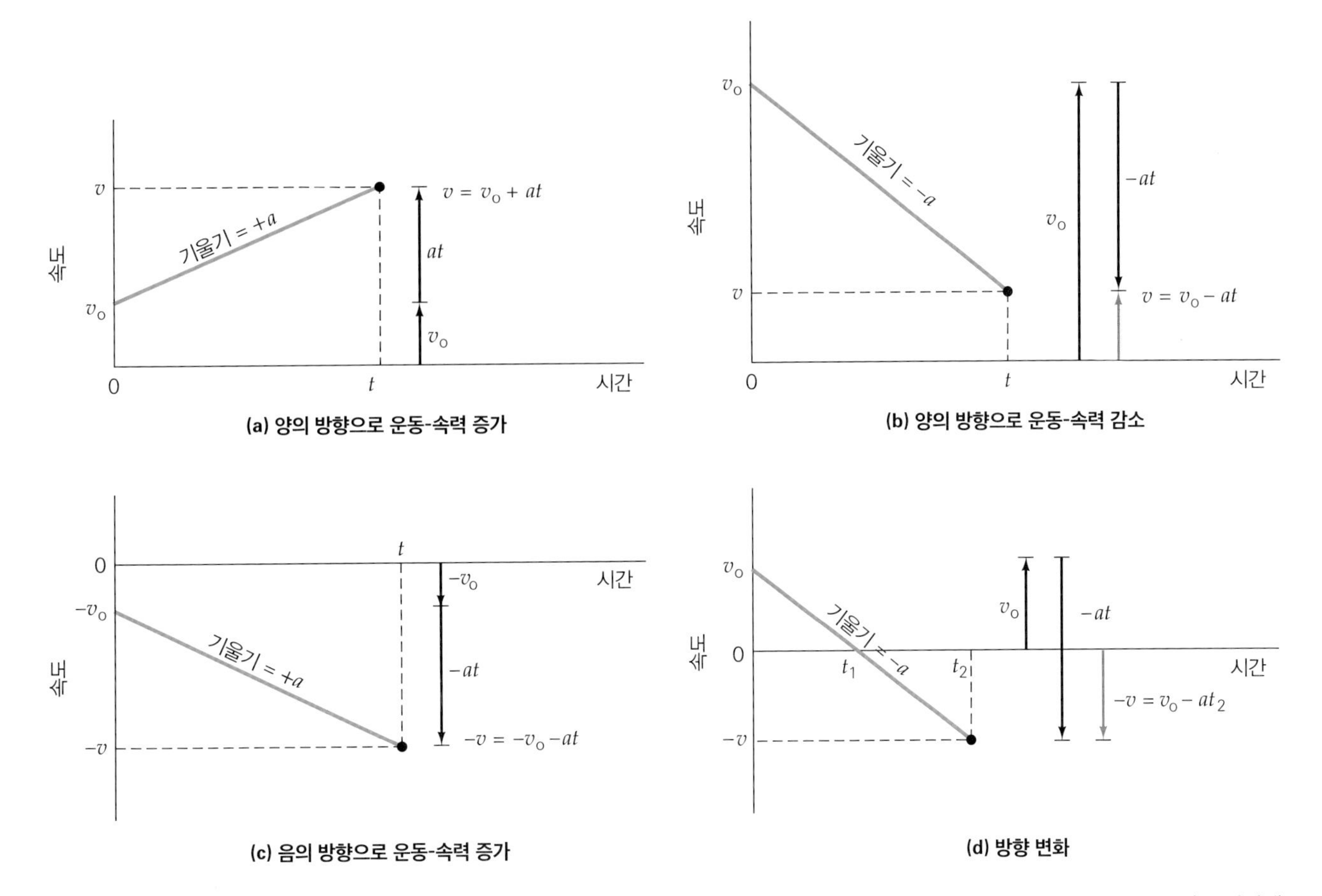

▲ 그림 2.12 **등가속도 운동에 대한 속도-시간 그래프.** v–t 그래프의 기울기는 가속도이다. **(a)** 양의 기울기는 양의 방향의 속도 증가를 나타낸다. 오른쪽 수직 화살표는 가속도가 초기 속도 v_0에 속도를 더하는 방법을 나타낸다. **(b)** 음의 기울기는 초기 속도 v_0로부터 감소되는 것을 나타내고 감속되는 것이다. **(c)** 여기서 음의 기울기는 음의 가속도이고, 초기 속도는 음의 방향이고, $v_0 < 0$, 물체의 속력은 그 방향으로 증가한다. **(d)** 이 상황은 처음에는 (b) 부분과 비슷하지만, 결국 (c) 부분과 유사하다. t_1일 때 무슨 일이 일어났는지 설명할 수 있는가?

예제 2.5 물 위에서 – 몇 가지 식을 이용하자

호수에서 정지 상태로부터 출발한 모터보트는 8.0초 동안 3.0 m/s² 의 일정 비율로 직선으로 가속한다. 이 시간 동안 보트는 얼마나 멀리 이동하는가?

풀이

문제상 주어진 값:

$$x_0 = 0, \quad v_0 = 0, \quad a = 3.0 \text{ m/s}^2, \quad t = 8.0 \text{ s}$$

문제를 분석할 때 다음과 같은 이유를 댈 수 있다. x를 구하려면, 식 2.3은 $x = x_o + \bar{v}t$ 형태로 사용할 필요가 있다(속도가 변화하여 일정하지 않으므로 평균 속도 $\bar{v}$를 사용해야 한다).

8.0초 후에서 보트의 속도는

$$v = v_o + at = 0 + (3.0 \text{ m/s}^2)(8.0 \text{ s}) = 24 \text{ m/s}$$

이다. 그 시간 간격 동안의 평균 속도는 다음과 같다.

$$\bar{v} = \frac{v + v_o}{2} = \frac{24 \text{ m/s} + 0}{2} = 12 \text{ m/s}$$

마지막으로 이 경우 이동 거리와 동일한 변위의 크기는 식 2.3에 의해 구한다.

$$x = \bar{v}t = (12 \text{ m/s})(8.0 \text{ s}) = 96 \text{ m}$$

2.4 운동 방정식(등가속도)

등가속도를 가진 일차원적 운동을 기술하는 데는 기본 방정식이 필요하다. 앞 절에서 이들 방정식은

$$x = x_o + \bar{v}t \tag{2.3}$$

$$\bar{v} = \frac{v + v_o}{2} \quad \text{(등가속도일 경우만)} \tag{2.9}$$

$$v = v_o + at \quad \text{(등가속도일 경우만)} \tag{2.8}$$

이다. (여기서 염두에 둘 것은 첫 번째 식 2.3은 등가속도에만 적용되는 것이 아닌 일반적인 식이다.)

그러나 예제 2.5에서 보여주듯이 어느 순간에 대한 운동을 기술하는 데는 이들 식의 다중적용이 요구되며 그와 같은 다중적용이 필요한지는 처음에는 분명하지 않다. 만약에 운동 문제를 푸는 데 필요한 단계를 의도적으로 줄일 수 있으면 이처럼 줄이는 것이 문제 풀이에 도움이 된다. 그리고 식이나 풀이 과정을 줄이는 것은 이들 방정식을 대수적으로 결합하는 방법으로 할 수 있다.

예를 들어 우리가 위치 x가 평균 속도와 시간으로 주어지는 식이 아닌 가속도와 시간의 항으로 표시되는 것을 원한다고 해보자. 식 2.3에서 속도 $\bar{v}$는 식 2.9를 대입하여 없앨 수 있다.

$$x = x_o + \bar{v}t \tag{2.3}$$

와

$$\bar{v} = \frac{v + v_o}{2} \tag{2.9}$$

대입한 것은

$$x = x_o + \tfrac{1}{2}(v + v_o)t \quad \text{(등가속도일 경우만)} \tag{2.10}$$

이다. 따라서 식 2.8로부터 v를 대입하면

$$x = x_o + \tfrac{1}{2}(v_o + at + v_o)t$$

이다. 이 식을 간단하게 정리하면

$$x = x_o + v_o t + \tfrac{1}{2}at^2 \quad \text{(등가속도만)} \tag{2.11}$$

이다. 근본적으로 이러한 일련의 과정은 예제 2.5에서 수행되었다. 이 방정식에서는 서로 결합하여 모터보트의 변위를 직접 계산할 수 있었다.

$$x - x_o = \Delta x = v_o t + \tfrac{1}{2}at^2 = 0 + \tfrac{1}{2}(3.0\ \text{m/s}^2)(8.0\ \text{s})^2 = 96\ \text{m}$$

이 계산은 훨씬 수월할 것이다.

우리는 속도를 시간 t 대신에 위치 x의 함수꼴로 푸는 것을 원할 수도 있다(식 2.8에서처럼). 이 경우에 식 2.10을 사용해 식 2.8에서 t을 제거하면

$$v + v_o = 2\frac{(x - x_o)}{t}$$

이다. 그런 다음 $(v - v_0) = at$의 형태로 바꾼 식 2.8을 이 식에 곱하면 다음과 같다.

$$(v + v_o)(v - v_o) = 2a(x - x_o)$$

그리고 마지막으로 관계식 $v^2 - v_o^2 = (v + v_o)(v - v_o)$을 이용하면 다음과 같은 식으로 정리된다.

$$v^2 = v_o^2 + 2a(x - x_o) \quad \text{(등가속도일 경우만)} \tag{2.12}$$

2.4.1 문제 풀이 힌트

물리학 입문 과정의 학생들은 때때로 여러 운동 방정식에 당황하기도 한다. 이들 방정식과 수학은 물리학의 도구라는 것을 명심하라. 어떤 기계공이나 목수가 말해주듯 도구는 당신이 그것들을 잘 알고 어떻게 사용하는지 아는 한 일을 더 쉽게 만드는 것처럼 물리학 도구도 마찬가지다. 등가속도 직선운동을 위한 방정식을 요약하면 다음과 같다.

$$v = v_o + at \tag{2.8}$$

$$x = x_o + \tfrac{1}{2}(v + v_o)t \tag{2.10}$$

$$x = x_o + v_o t + \tfrac{1}{2}at^2 \tag{2.11}$$

$$v^2 = v_o^2 + 2a(x - x_o) \tag{2.12}$$

이상의 방정식은 대부분의 운동학 문제를 푸는 데 사용된다(때때로 평균 속력이나 속도에 대해서 식 2.3을 사용할 수도 있다).

위에 소개된 각 방정식에는 네 개 또는 다섯 개의 변수가 포함되어 있다. 여러분이 방정식을 풀어서 알고자 하는 물리량을 계산하기 위해서는 반드시 미지수인 변수 중에 한 개는 아는 물리량이어야만 계산할 수 있다. 일반적으로 미지수 또는 알고자 하는 양에 따라 한 개의 방정식을 선택한다. 그러나 앞서 지적한 바와 같이 그 방정식에서 다른 양들은 모두 알려진 값이어야 한다. 만약에 그렇지 않으면 잘못된 방정식이 선택된 것이거나 그 미지수를 구하기 위해 다른 방정식을 사용해야만 된다(다른 가능성은 문제를 풀기 위한 충분한 데이터가 주어지지 않은 경우인데, 그런 경우는 이 교재에서 취급하지 않는다).

또한 항상 문제를 이해하고 시각화하도록 노력한다. 1.7절에서 언급한 문제 풀이 과정에 따라 주어진 데이터를 나열하여 어떤 물리량을 사용하는지를 결정하면, 문제를 풀기 위해 어떤 방정식을 사용해야 되는지 결정하는 데 도움이 될 수 있다. 이 장에서 나머지 예제를 해결할 때 이 접근 방식을 기억하길 바란다. 또한 다음 예제에서 설명하는 것처럼 암시적인 데이터나 제한적인 조건을 간과하지 말아야 한다.

예제 2.6 **멀어져 가는-지금 어디에 있나?**

그림 2.13에서와 같이 A, B 두 카트에 앉은 운전자가 처음에 서로 10 m 거리에 떨어져 있다. 서로 반대 방향을 향하고 있고, 같은 시간에 출발한 두 운전자는 일정한 가속도 $2.0\ m/s^2$으로 달리고 있다. 3.0초 후에 두 카트(A, B)는 얼마나 멀리 떨어져 있을까?

풀이

처음에 두 카트가 10 m 떨어져 있으므로 x축상에 두 카트의 위치를 놓고, 카트 하나의 처음 위치를 원점으로 잡으면 $x_0 = 0$이 되고, 그림 2.13에서처럼 생각하자.

카트 A와 B에 대한 주어진 값을 설정하면 다음과 같다.

$$x_{o_A} = 0,\ a_A = -2.0\ m/s^2,\ t = 3.0\ s,$$

$$x_{o_B} = 10\ m,\ a_B = 2.0\ m/s^2$$

그리고 $v_{o_A} = v_{o_B} = 0$

식 2.11에서 두 카트 A, B의 변위를 구하자.

A카트의 변위는

$$x_A = x_{o_A} + v_{o_A}t + \frac{1}{2}a_At^2 = 0 + 0 + \frac{1}{2}(-2.0\ m/s^2)(3.0\ s)^2 = -9.0\ m$$

그리고 B카트의 변위는

$$x_B = x_{o_B} + v_{o_B}t + \frac{1}{2}a_Bt^2 = 10\ m + 0 + \frac{1}{2}(2.0\ m/s^2)(3.0\ s)^2 = 19\ m$$

따라서 A카트는 x축의 음의 방향으로 원점에서부터 9 m 되는 곳에 있고, B 카트는 $+x$축 방향으로 19 m 되는 곳에 놓여 있다. 따라서 두 카트 사이의 거리는 19 m + 9 m = 28 m가 된다.

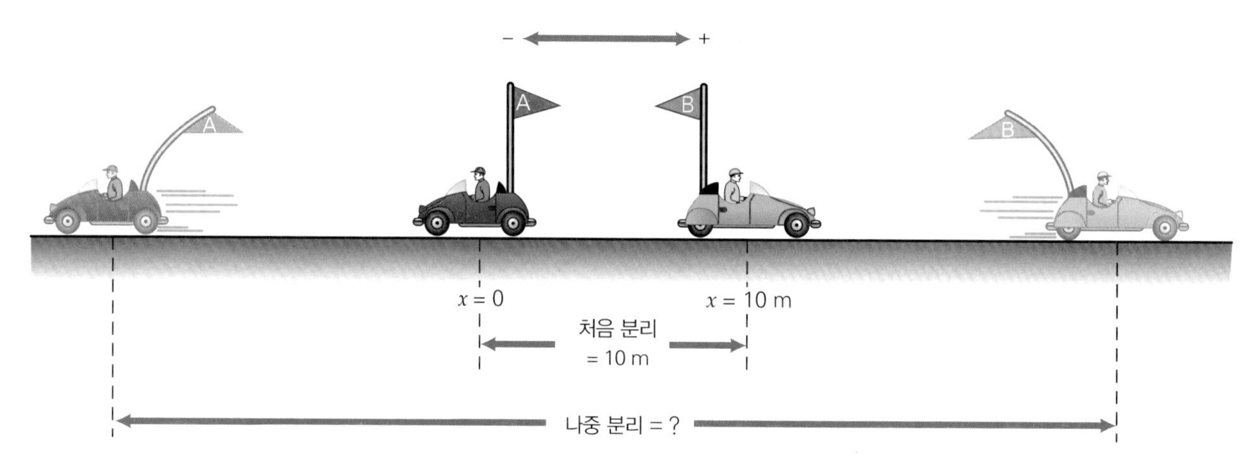

▲ 그림 2.13 **저리 가!** A, B 두 카트가 서로에게서 멀어진다. 나중에 이 두 카트는 얼마나 멀리 떨어져 있을까?

2.4.2 운동 방정식의 그래프 분석

그림 2.12에서 보여주었던 것처럼 v–t 그래프를 그리면 직선이 되는데, 이 직선의 기울기가 일정한 가속도의 값을 가진다. v–t 그래프에는 또 다른 흥미로운 면이 있다. 그림 2.14a에서 보여준 것을 고려하면, 특히 직선 아래 부분의 회색으로 칠해진 면적을 생각해 보자. 이 회색으로 칠해진 삼각형의 면적을 계산한다고 하면, 일반적으로 삼각형 면적은 $A = \frac{1}{2}ab$ [면적 $= \frac{1}{2}$(높이)(밑변)]이다.

그림 2.14a의 그래프에 대해 높이가 v이고 밑변이 t이다. 즉, $A = \frac{1}{2}vt$이다. 그러나 식 $v = v_0 + at$에서 $v = at$이고, 여기서 $v_0 = 0$(그래프에서 절편은 0)이다. 그러므로

$$A = \frac{1}{2}vt = \frac{1}{2}(at)t = \frac{1}{2}at^2 = \Delta x$$

여기서 변위 Δx는 v–t 그래프 직선 아래 부분의 면적과 같다.

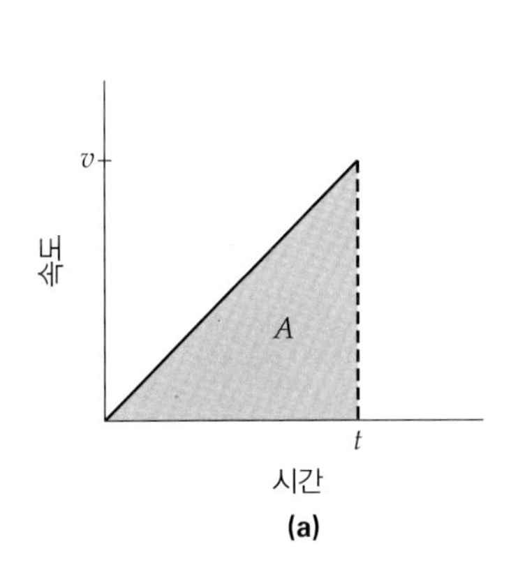

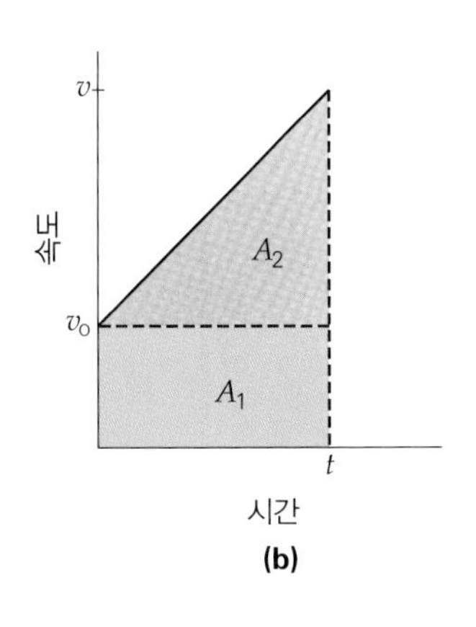

◀그림 2.14 **속도-시간 그래프.** (a) 등가속도를 위한 그래프에서 직선 아래의 면적 A는 Δx와 동일하며 변위를 의미한다. (b) 만약 v_0가 영이 아니라 하면 변위는 위와 같이 직선 아래의 부분의 면적에 해당되며, 여기서 A_1과 A_2의 두 부분으로 나뉜다.

이제 그림 2.14b를 보자. 물체가 초기 상태에서 운동하기 때문에 $t = 0$에서 v_0는 0이 아닌 값이다. 색이 칠해진 두 부분의 면적을 생각해 보자. 삼각형 면적은 $A_2 = \frac{1}{2}at^2$이고 직사각형 면적($x_0 = 0$)은 $A_1 = v_0 t$이다. 이 두 면적을 합하면 총 면적을 얻는데, 이것은 다음과 같이 나타낼 수 있다.

$$A_1 + A_2 = v_0 t + \tfrac{1}{2}at^2 = \Delta x$$

이 식은 식 2.11과 같다. 즉, 식 2.11은 v–t 그래프 직선 아래 부분에 있는 면적이다.

2.5 자유낙하

등가속도인 경우 중 하나는 지구 표면 근처에서 중력에 의한 가속도이다. 물체가 떨어지게 되면 물체의 초기속도(그 물체가 떨어지는 순간)는 영이다. 그러나 물체가 떨어지는 동안 물체는 영이 아닌 속도를 가진다. 즉, 속도의 변화가 있게 되는데 정의에 의해 가속도가 있다. 지구 표면 가까이에서 **중력에 의한 가속도의 크기(g)**는 근삿값을 가진다.

$$g = 9.80\ \text{m/s}^2 \quad (\text{중력 가속도의 크기})$$

(또는 980 cm/s^2) 그리고 아래를 향하는 방향이다(지구 중심). 영국 단위계에서 g의 값은 32.2 ft/s^{2}이다.

g에 대해 주어진 값은 지구 표면이 고르지 못하고 표면이 올라가 있는 부분 또는 지구의 평균질량밀도가 지역적으로 다르므로 위치에 따라 결과적으로 약간씩 차이가 있어 근사적으로 처리된다. 이 작은 변화들은 달리 언급되지 않는 한 이 책에서는 무시될 것이다(중력은 7.5절에서 좀 더 자세히 배우게 된다). 또한 공기 저항은 낙하 물체의 가속도에 영향(감소되는)을 주는 또 다른 요인이지만 문제를 간단히 하기 위하여 공기저항의 영향(감소)은 무시하기로 한다(공기저항의 마찰 효과는 4.6절에서 고려하기로 한다).

오직 중력에 의한 영향만 받고 운동하는 물체는 자유낙하(free fall)**라고 말한다. 자유낙하**라는 말은 떨어뜨린 물체를 떠올릴지도 모른다. 그러나 이 용어는 중력만의

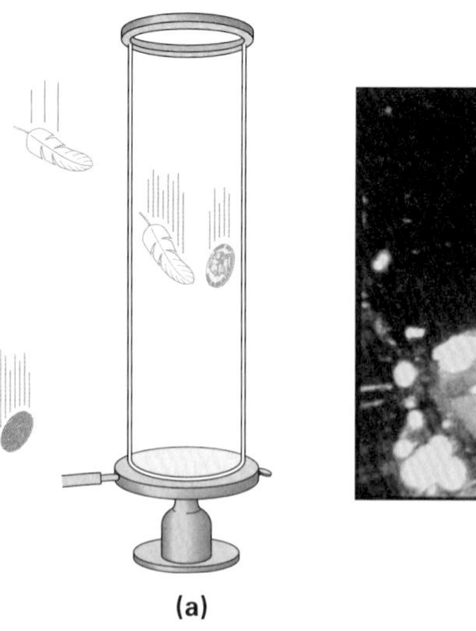
(a)

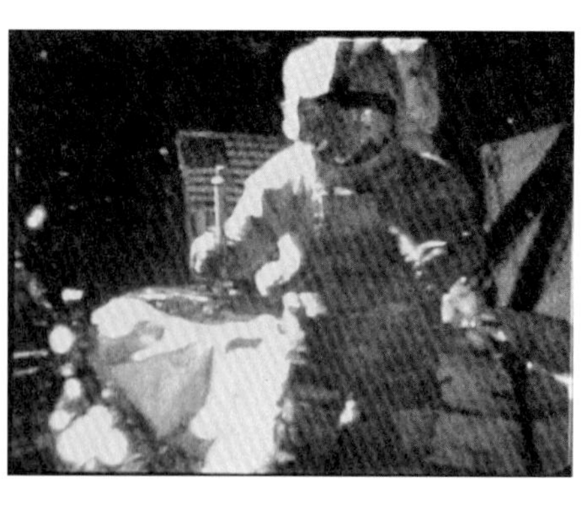
(b)

▶ 그림 2.15 **자유낙하와 공기 저항.** (**a**) 같은 높이에서 동시에 떨어질 때 공기 저항 때문에 깃털은 동전보다 더 느리게 떨어지게 된다. 그러나 공기 저항이 무시될 수 있는 진공이 좋은 용기에 두 물체를 떨어뜨리면 깃털과 동전은 모두 동일한 일정한 가속도를 가진다. (**b**) 우주비행사 데이비드 스콧(David Scott)은 1971년 달에서 같은 높이에서 깃털과 망치를 동시에 떨어뜨리는 실험을 했다. 그는 진공 펌프가 필요하지 않았다. 달은 대기도 없고 따라서 공기 저항도 없다. 망치와 깃털이 동시에 달 표면에 닿았다.

영향을 받고 있는 여러 운동에도 적용된다. 정지상태에서 풀려난 물체에서 위 방향이나 아래 방향으로 던져지는 것은 모두 자유낙하이다. 즉, $t = 0$ 이후에 오직 중력만이 운동에 영향을 미친다. 마지막 절에 주어진 등가속도 일차원 운동 방정식은 자유낙하를 기술하는 데 사용할 것이다.

중력에 의한 가속도 g는 모든 자유낙하 물체에 대해 그 물체에 질량이나 무게에 관계없이 같은 값을 가진다. 한때는 무거운 물체는 가벼운 물체보다 더 빨리 가속된다고 생각되었다. 이 개념은 아리스토텔레스의 운동에 대한 이론의 일부였다. 같은 높이에서 동전과 종이를 동시에 떨어뜨리면 동전이 종이보다 더 빨리 가속되는 것을 쉽게 관찰할 수 있다. 그러나 이 경우에 공기 저항이 주목할 만한 역할을 한다. 만약 종이를 조그만 공 모양으로 꾸겨 놓는다해도 동전이 훨씬 빨리 떨어지게 된다. 마찬가지로 '뜰 수 있는' 깃털은 동전이 떨어지는 것보다 훨씬 더 느리게 떨어진다. 그러나 진공인 곳에서 공기 저항을 무시하면 깃털과 동전은 같은 가속도를 갖는다—중력에 의한 가속도이다(그림 2.15).

1971년 아폴로 15호의 마지막 달 탐사가 끝날 무렵 데이비드 스콧 사령관은 텔레비전 카메라를 위해 실증 실험을 했다. 그는 1.32 kg의 알루미늄 재질 망치와 0.03 kg의 면 깃털을 내밀어 거의 같은 높이(약 1.6 m)에서 동시에 떨어뜨렸다. 본질적으로 진공상태였기 때문에 공기 저항은 없었고 깃털은 망치와 같은 속도로 떨어졌다. 그러나 두 물체 모두 가속도가 작았고 지구에서보다 느린 속도로 떨어졌다. 달의 표면 근처에서 중력가속도는 지구 표면 근처에서의 중력가속도 보다 약 1/6이다($g_M \approx g/6$).

현재 낙하 물체의 운동에 대한 생각은 대부분 갈릴레이 개념의 많은 부분이 받아들여지고 있다. 그는 아리스토텔레스의 이론에 도전했고 실험을 통해 낙하 물체의 운동을 조사했다. 전설에 따르면 갈릴레이는 피사의 사탑 꼭대기에서 서로 다른 무게의 물체를 떨어뜨려 낙하하는 물체의 가속도를 연구했다고 한다.

보통은 g를 수직축 방향으로 사용하고 축의 위 방향을 양으로 잡는다(직각좌표계의 수직축인 y축처럼). 왜냐하면 중력가속도는 항상 아래 방향으로 향하므로 음의 y

축 방향이다. 이 음의 가속도 $a = -g = -9.80\ \text{m/s}^2$은 운동 방정식에 적용되어야 한다($g$는 양의 값을 갖고, 지구 표면 근처의 중력가속도의 **크기**라는 점을 기억하라. $g = 9.80\ \text{m/s}^2$). 그러나 $a = -g$의 관계식은 편의상 직선운동에 대한 방정식에서 분명하게 표시될 수 있다.

$$v = v_0 - gt \quad (2.8')$$

$$y = y_0 + v_0 t - \tfrac{1}{2}gt^2 \quad (2.11')$$

($a_y = -g$인 자유낙하 방정식)

$$v^2 = v_0^2 - 2g(y - y_0) \quad (2.12')$$

방정식 2.10도 마찬가지로 적용될 수 있지만 g를 포함하고 있지 않다.

$$y = y_0 + \tfrac{1}{2}(v + v_0)t \quad (2.10')$$

기준계 원점($y = 0$)은 물체의 처음 위치로 선택한다. 방정식에서 $-g$라고 표시하는 것은 중력가속도의 방향을 암시하고자 하는 의도임을 상기시킨다. 그러면 g값에 단순히 $9.80\ \text{m/s}^2$만 대입하면 된다. "−" 부호를 g가 자체적으로 포함하고 있다면 방정식은 $a = g$로 쓸 수도 있다.

예를 들면 $v = v_0 + gt$인 경우 $g = -9.80\ \text{m/s}^2$값을 g에 대입해야 된다. 주목할 것은 벡터의 방향을 분명히 해야 된다는 것이다. y의 위치와 속도 v와 v_0가 양의 방향(위로)이거나 음의 방향(아래)일 수는 있지만, 중력가속도의 방향은 항상 아래 방향(음)이다. 그러면 g의 값은 간단히 $9.80\ \text{m/s}^2$로 한다.

이들 방정식의 사용과 부호의 편의는 ($-g$로 방정식에서 사용하는 경우) 다음 예제에서 논의하자(이 규칙은 본문 전반에 걸쳐 사용될 것이다).

예제 2.7 아래로 던진 돌 운동 방정식을 다시 논의하자

다리 위의 한 소년이 아래 강으로 14.7 m/s의 초기 속력으로 돌을 수직 아래로 던진다. 만약 돌이 2.00 s 이후에 강물에 떨어지면, 강물 위에 있는 다리의 높이는 얼마인가?

풀이

g는 양수로 나타낸다는 점을 유의한다. 관례적으로 방향은 이미 운동 방정식에서 표시되어 있다. 주어진 데이터는 $v_0 = -14.7\ \text{m/s}$, $t = 2.00\ \text{s}$, $g = 9.80\ \text{m/s}^2$이므로 식 2.11′을 이용해서 푼다.

다리를 기준으로 하면, $y_0 = 0$이므로

$$\begin{aligned} y &= v_0 t - \tfrac{1}{2}gt^2 \\ &= (-14.7\ \text{m/s})(2.00\ \text{s}) - \tfrac{1}{2}(9.80\ \text{m/s}^2)(2.00\ \text{s})^2 \\ &= -29.4\ \text{m} - 19.6\ \text{m} = -49.0\ \text{m} \end{aligned}$$

돌의 변위를 나타내는 음의 부호는 아래 방향을 말한다. 따라서 다리의 높이는 49.0 m이다.

한편 **반응시간**은 개인차도 있고 주어진 상황의 복잡성에 따라 변한다. 대부분 일반적으로 사람의 반응시간의 일부는 생각하는 데 사용되지만 주어진 상황을 취급하는 실험으로 반응시간을 줄일 수 있다. 다음 예제에서 반응시간을 측정하는 방법을 제시한다.

예제 2.8 **반응시간 측정 – 자유낙하**

한 사람의 반응시간은 다른 사람이 그 사람에 대해 아무 경고 없이 그 사람의 엄지손가락과 다른 손가락으로 만들어진 공간 안으로 자를 떨어뜨리는 것으로 측정할 수 있다. 예고 없이 자를 떨어뜨리면 가능한 한 빨리 떨어지는 자를 잡으면 잡은 손가락 아래 부분에 있는 자의 길이를 가지고 알 수 있다. 예를 들어 18.0 cm가 손으로 잡히기 전에 내려간 자의 길이라고 하자. 이 사람의 반응시간은 얼마나 될까? (그림 2.16)

풀이

문제상 주어진 값:

떨어진 거리($y = -18.0$ cm $= -0.180$ m)만 주어진다는 것을 주목하라. 그 외에 아는 값은 자의 초기속도와 중력가속도 그리고 자의 초기 위치이다. 여기서 식 2.11′을 사용하자. $v_0 = 0$, $y_0 = 0$이므로

$$y = -\tfrac{1}{2}gt^2$$

따라서 반응시간 t를 구하면

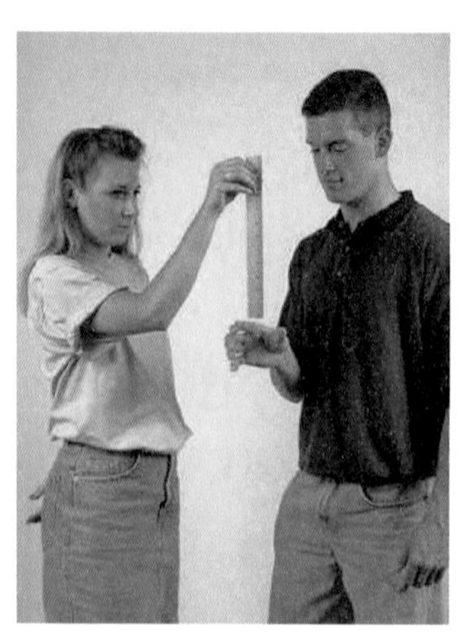

▲그림 2.16 **반응시간.** 한 사람의 반응시간은 떨어지는 자를 잡는 것으로 측정할 수 있다.

$$t = \sqrt{\frac{2y}{-g}} = \sqrt{\frac{2(-0.180\ \text{m})}{-9.80\ \text{m/s}^2}} = 0.192\ \text{s}$$

이 실험을 동료와 한 번 해보고 본인의 반응시간을 측정해 보라. 본인 말고 다른 사람이 왜 자를 떨어뜨려야 한다고 생각하나?

여기에 공기 저항이 없는 상태에서 위로 던져진 물체의 자유낙하 운동에 관한 몇 가지 흥미로운 사실이 있다. 먼저 물체가 올라갔다가 내려온다면 올라간 시간과 내려오는 시간이 같다. 유사한 것으로, 궤도의 제일 꼭대기에서는 물체의 속도가 순간적으로 영이지만 가속도(꼭대기라 해도)는 9.80 m/s^{2}로 일정하게 아래쪽으로 유지된다는 점에 유의한다. 궤도의 상단에서 가속도가 영이라는 것은 일반적인 오해이다. 가속도가 영이면 그 물체는 마치 중력이 사라진 것처럼 그 자리에 그대로 멈춰져 있게 된다! 마지막으로 물체는 처음 던져졌던 것과 같은 속도로 출발점으로 되돌아온다(물체의 속도는 크기가 같고, 방향은 반대이다).

예제 2.9 **위로 올라갔다가 떨어지는 자유낙하 – 암묵적 데이터 이용**

광고판 앞에서 매달린 발판에 서 있는 작업자가 연직 위 방향으로 공을 던진다. 광고판 끝에서 공이 작업자의 손을 떠나는 순간 처음 속력은 11.2 m/s이다(그림 2.17). (a) 광고판 끝 지점을 기준으로 공이 도달한 최고 높이는 얼마인가? (b) 공이 이 높이까지 가는 데 시간이 얼마나 걸리는가? (c) $t = 2.00$ s에서 공의 위치는 얼마인가?

풀이

(a) 광고판 끝을 기준으로 잡으면 $y_0 = 0$이고, 위 방향 운동만을 고려하면 다음과 같이 풀 수 있다. 주어진 값은 $v_0 = 0$, $v = 0(y_{max})$, $g = 9.80$ m/s^2
식 2.12′에서

$$v^2 = 0 = v_0^2 - 2gy_{max}$$

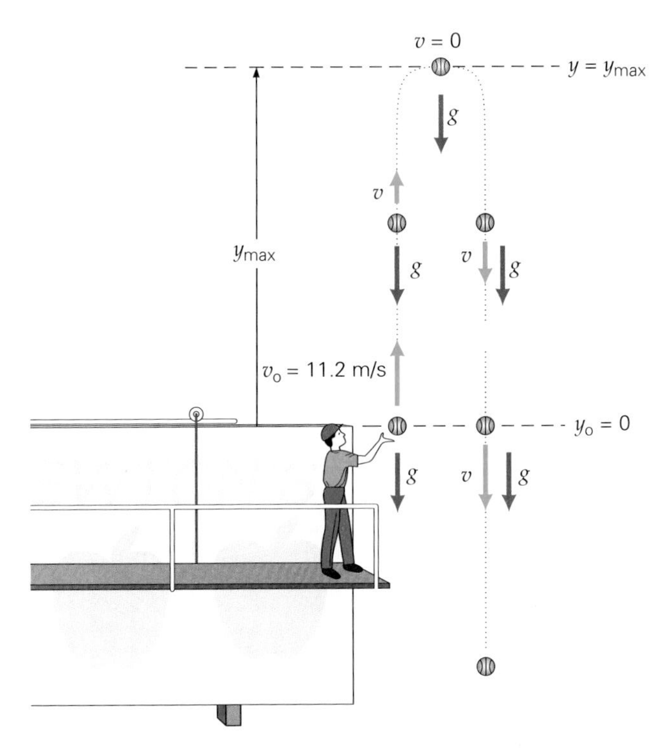

▲ 그림 2.17 **위로 올라갔다가 떨어지는 자유낙하.** 속도와 가속도의 벡터 길이(크기)가 다르다는 것을 유의하라(공의 위쪽과 아래쪽 경로가 다른 것은 문제상 예시한 것이다).

그래서

$$y_{max} = \frac{v_0^2}{2g} = \frac{(11.2\,\text{m/s})^2}{2(9.80\,\text{m/s}^2)} = 6.40\,\text{m}$$

이 값은 광고판 끝을 기준 ($y_0 = 0$)으로 한 높이다(그림 2.17).

(b) 공이 위로 던져져 최대 높이에 도달한 시간을 t_u라 하자. 이때 최고 높이에서 $v = 0$이므로 식 2.8′로부터

$$v = 0 = v_0 - gt_u$$

그래서

$$t_u = \frac{v_0}{g} = \frac{11.2\,\text{m/s}}{9.80\,\text{m/s}^2} = 1.14\,\text{s}$$

(c) 식 2.11′에서

$$\begin{aligned} y &= v_0 t - \tfrac{1}{2} g t^2 \\ &= (11.2\,\text{m/s})(2.00\,\text{s}) - \tfrac{1}{2}(9.80\,\text{m/s}^2)(2.00\,\text{s})^2 \\ &= 22.4\,\text{m} - 19.6\,\text{m} = 2.8\,\text{m} \end{aligned}$$

이 높이는 기준점 $y_0 = 0$에서 위쪽으로 높이 2.8 m임을 유의하라. 공이 최고 높이에 도달하는 시간이 1.14 s이므로, 2.00 s 때는 공이 다시 내려오는 것이다.

또 다른 기준점을 고려해 보면, (c)의 상황은 $v_0 = 0$이므로 광고판 끝점에서의 최고 높이 y_{max} 지점에서 공을 떨어뜨린다고 하면, $t = 2.00\text{ s} - t_u = 2.00\text{ s} - 1.14\text{ s} = 0.86\text{ s}$에서 얼마나 떨어지는지를 묻는 것으로 분석할 수 있다.

$$y = v_0 t - \tfrac{1}{2} g t^2 = 0 - \tfrac{1}{2}(9.80\,\text{m/s}^2)(0.86\,\text{s})^2 = -3.6\,\text{m}$$

이 높이는 앞서 구한 위치와 같으나, 이 경우는 최고 높이를 기준점으로 해서 측정된 위치이므로

$$y_{max} - 3.6\text{ m} = 6.4\text{ m} - 3.6\text{ m} = 2.8\text{ m}$$

즉, 처음 기준으로부터 위로 2.8 m되는 위치이다.

2.5.1 문제 풀이 힌트

위 방향과 아래 방향의 운동이 포함된 포사체 문제를 취급할 때 두 부분으로 나누어 따로따로 취급하는 것이 종종 편할 때가 있다. 예제 2.9에서와 같이 운동의 상향 방향에 대해서는 제일 꼭대기 지점에서 속도가 영이다. 영인 물리량은 계산을 단순화시킨다. 유사하게 아래 방향 운동 부분에서는 높은 곳에서 떨어지는 운동과 비슷하고 그 높이에서 처음 속도를 영으로 택할 수 있다. 그러나 예제 2.9에서 보여주듯이 적절한 방정식으로 운동의 어떤 부분도 어떤 시간이나 위치에도 직접 사용될 수 있다. 예를 들어 예제 2.9(c)에서 공의 속도는 식 2.8′, $v = v_0 - gt$에서 직접 찾을 수 있다.

또는 초기 위치는 항상 $y_0 = 0$으로 잡는다. 편의상 항상 물체 하나만 고려한다면 $t_0 = 0$에서 $y_0 = 0$이다. 이와 같은 설정은 방정식을 푸는 시간을 많이 절약하게 하고 또 식을 쓰는 시간도 줄일 수 있다.

이것은 수평운동에서도 마찬가지다. $t_0 = 0$에서 $x_0 = 0$을 취한다. 그러나 이와 같은 것이 적용되지 않는 예도 있다. 첫 번째 만약에 물체가 처음에 $x_0 = 0$이 아닌 위치에 있는 경우, 두 번째 만약 예제 2.6에서처럼 물체가 두 개 포함되어있는 경우이다. 후자의 경우는 물체 하나는 사용하고자 하는 좌표계 원점에 놓여 있다고 하면, 다른 물체는 처음 위치가 영이 아니다.

연습문제

통합 연습문제(Integrated Exercises, IEs)는 두 부분으로 이루어진다. 첫 번째 부분은 일반적으로 기본 원칙과 추론에 기초한 개념적 답변 선택을 요구한다. 두 번째 부분은 연습의 첫 번째 부분에서 이루어진 개념적 선택과 관련된 정량적 계산을 필요로 한다. 기호(•)은 문제의 난이도를 의미한다. 쉬움(•), 보통(••), 어려움(•••)

2.1 거리와 속력: 스칼라량

2.2 일차원적 변위와 속도: 벡터량

1. • 반경 150 m의 원을 따라 반 바퀴를 도는 자동차의 변위의 크기는 얼마나 될까? 자동차가 한 바퀴를 완전히 돌면 어떨까?

2. • 올림픽 단거리 선수는 100야드(yards)를 9.0초에 달릴 수 있다. 같은 속도라면 100 m를 달리는 데 얼마나 걸릴까?

3. •• 열차가 직선 선로의 한 방향으로 갔다가 다시 되돌아온다. 처음 전반부는 열차가 300 km를 움직이고, 이때 속력은 75 km/h이다. 이후 0.50 h 시간 동안 정차하고, 열차는 다시 300 km를 85 km/h로 다시 되돌아온다. 열차의 (a) 평균 속력과 (b) 평균 속도는 얼마인가?

4. •• 두 도시 사이의 거리는 150 km이다. (a) 법적 제한 속력인 65 mi/h로 거리를 주행할 경우 얼마나 걸릴까? (b) 돌아오는 길에 속력을 80 mi/h로 올려서 왔다면(걸리지는 않음), 얼마나 시간을 절약할 수 있는가?

5. IE •• 학생은 동쪽으로 30 m, 북쪽으로 40 m, 그리고 50 m를 달린다. (a) 학생의 알짜 변위의 크기는 (1) 0~20 m, (2) 20~40 m, (3) 40~60 m이다. (b) 이 학생의 알짜 변위는 얼마인가?

6. •• 길이 27 m, 폭 21 m의 직사각형 수영장 가장자리를 따라 벌레가 기어간다(그림 2.18). 30분 안에 A 코너에서 B 코너로 기어간다면 (a) 평균 속력은 얼마이고, (b) 평균 속도의 크기는 얼마인가?

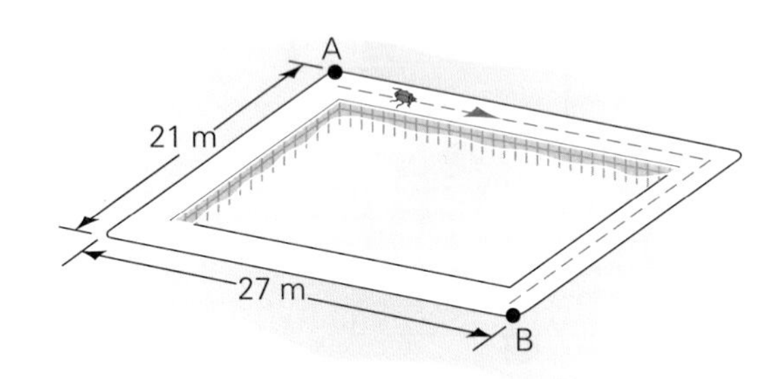

▲ 그림 2.18 **속력-속도** (벌레는 명료하게 보이기 위해 적절하게 그려졌다.)

7. •• 한 사람이 그림 2.19와 같이 직선상에서 춤 스텝을 밟고 있다. (a) 평균 속력, (b) 각각의 움직임에 대한 평균 속도는 얼마인가? (c) $t = 1.0$ s, 2.5 s, 4.5 s, 그리고 6.0 s일 때 순간 속도는 얼마인가? (d) $t = 4.5$ s와 $t = 9.0$ s 사이에서 평균 속도는 얼마인가? [힌트: 전체적인 변위는 시작점과 끝점 사이의 변위임을 기억하라.]

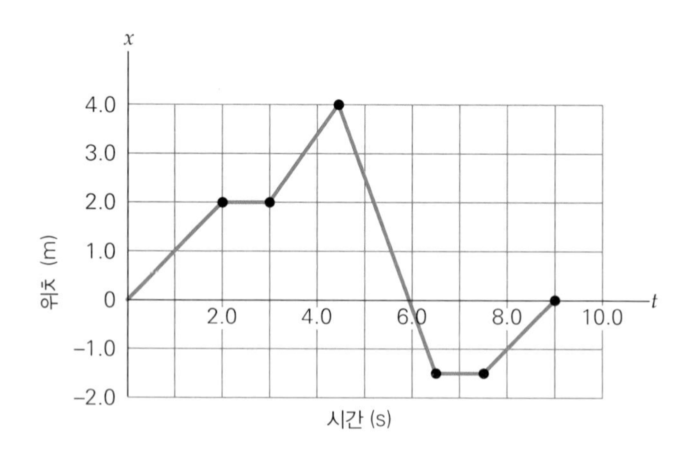

▲ 그림 2.19 **위치-시간 그래프**

8. •• 특정 시간에 움직이는 입자의 위치는 $x = at - bt^2$에 의해 주어진다. 여기서 $a = 10$ m/s와 $b = 0.50$ m/s^{2}이다. (a) $t = 0$에서 입자는 어디에 있는가? (b) $t_1 = 2.0$ s와 $t_2 = 4.0$ s

사이에서 입자의 변위는 얼마인가?

9. ••• 휴일을 맞아 귀성길에 오른 학생은 오전 8시부터 675 km의 여행을 시작해 사실상 모두 비도시 간 고속도로에 있다. 만약 그녀가 오후 3시 이전에 집에 도착하기를 원한다면, 그녀의 최소 평균 속력은 얼마가 되어야 하는가? 그녀는 65 mi/h의 제한 속력을 초과하게 되는가?

2.3 가속도

10. • 직선 도로를 따라 15.0 km/h로 주행하는 자동차는 6.00 s 때 65.0 km/h로 가속되었다. 자동차의 평균 가속도는 얼마인가?

11. • 스포츠카가 가속도 7.2 m/s^2로 가속할 수 있는 경우, 0에서 60 mi/h의 속도로 가속하는 데 걸리는 시간은?

12. •• 구급대원이 도시의 10블록 직선 도로에서 75 km/h의 일정한 속력으로 구급차를 운전한다. 교통체증 때문에 운전자는 6초에 30 km/h까지 속도를 줄이고 두 블록을 더 이동한다. 차량의 평균 가속도는 얼마인가?

13. •• 그림 2.20의 그래프에서 각 구간별 가속도는? 전체 시간 간격 동안 물체의 운동을 설명하라.

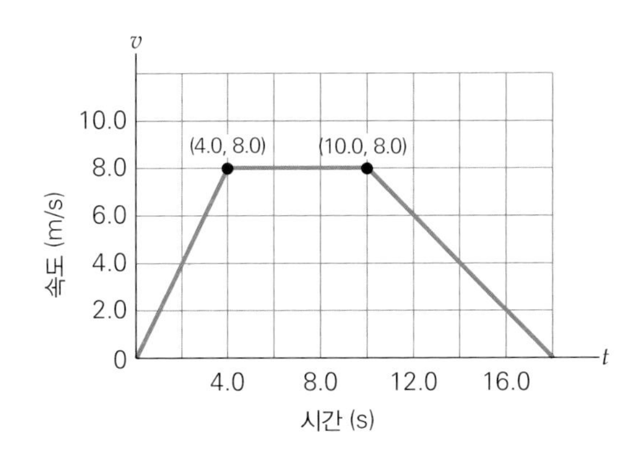

▲그림 2.20 **속도-시간 그래프**

14. •• 5.0초 동안 25 m/s의 일정한 속력으로 우측으로 주행하는 차량은 3.0초 동안 5.0 m/s^2의 일정한 가속도로 제동을 하여 감속한다. 이후 6.0초 동안 추가 제동 없이 안정적이지만 느린 속력으로 우측으로 계속 주행한다. (a) 계산을 통해서 세 가지 시간 간격을 모두 표시하여 차량의 속도-시간 그래프를 그려라. (b) 3.0초 동안 제동 후 속도는 얼마인가? (c) 총 14.0초 동안 차의 변위는 얼마인가? (d) 14.0초 동안 평균 속력은 얼마인가?

2.4 운동 방정식(등가속도)

15. • 스포츠카 경기에서 출발점에서 대기하던 차가 직선거리 100 m을 9.0 m/s^2의 속도로 균일하게 가속한다. 이 경기에서 이기는 시간은 4.5초 걸린다. 이번에는 운전자가 이기나? 그렇지 않은 경우 최소 가속도는 어떻게 해야 하는가?

16. • 25 mi/h로 주행하는 차가 정지하려고 제동을 해서 갓길 35 m 되는 지점에서 정지하였다. (a) 이 자동차가 요구되는 최소 가속도는 얼마인가? (b) 이 최소 감속 동안 자동차가 멈출 때까지 얼마나 오래 경과할 것인가?

17. •• 100 km/h로 달리는 픽업 트럭 운전자가 6.50 m/s^2의 일정한 감속으로 제동하는 동안 20.0 m 움직였다. (a) 20.0 m 이동한 후 정지된 끝 지점에서 트럭의 속력을 km/h로 계산하라. (b) 시간은 얼마나 경과했는가?

18. •• 로켓차가 평평한 도로 위를 250 km/h의 일정한 속력으로 달리고 있다. 운전자가 후진 추력을 가하면 차량이 8.25 m/s^2의 연속적이고 일정한 감속을 한다. 역추력을 가하는 지점에서 차가 175 m가 될 때까지 얼마나 시간이 경과하는가? 답변을 위한 상황을 설명하라.

19. •• 뉴턴의 운동 법칙에 따르면(4장에서 배우겠지만), 마찰이 없는 경사각이 30°인 경사면에서 가속도는 4.90 m/s^2가 되어야 한다. 스톱워치를 가진 한 학생이 물체가 정지 상태에서 정확히 3.00초 후에 매우 부드러운 경사로를 15.00 m 미끄러져 내려오는 것을 알았다. 이 경사면은 마찰이 없는가?

20. •• 속력이 330 m/s인 라이플 소총탄으로 특수 밀도 소재인 물질에 쐈더니 25 cm에서 탄환이 정지했다. 탄환이 일정하게 감속된다고 가정하면, 그 가속도의 크기는 얼마나 될까?

21. •• 스쿨존에서 제한 속도는 40 km/h(약 25 mi/h)이다. 이 속력으로 주행하는 한 운전자가 자신의 차보다 13 m 앞 도로로 뛰어오는 아이를 발견한다. 운전자가 브레이크를 밟으면 차는 8 m/s^2의 일정한 속도로 감속한다. 운전자의 반응시간이 0.25초면, 아이를 치기 전에 차가 멈추는가?

22. •• (a) 등가속도에 대한 v-t 그래프의 직선 아래의 영역이 변위와 같다는 것을 보여라. [힌트: 삼각형 넓이는 $ab/2$, 또는 $\frac{1}{2}$(밑변) × (높이)] (b) 그림 2.20으로 나타낸 운동에 대해 이동한 변위를 계산하라.

23. ••• 그림 2.21은 직선운동으로 물체에 대한 v-t 그래프를 나타내었다. (a) $t = 8.0$ s와 $t = 11.0$ s의 순간 속도는 얼마인가? (b) 물체의 최종 변위를 계산하라. (c) 물체가 이동한 총 거리를 계산하라.

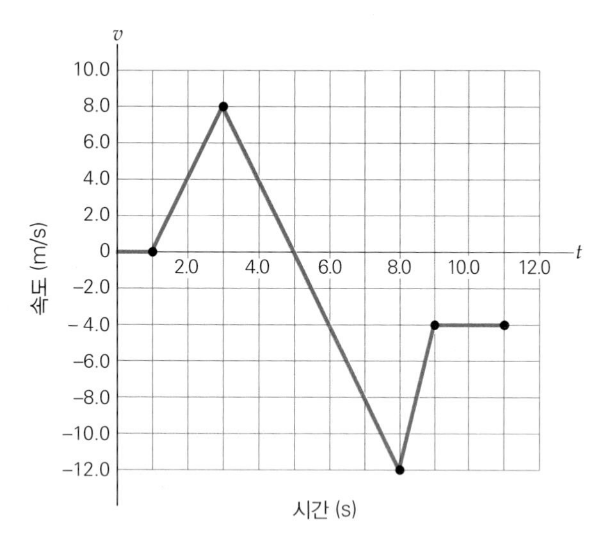

▲ 그림 2.21 **속도-시간 그래프**

2.5 자유낙하

24. • 한 학생이 높은 빌딩 꼭대기에서 공을 떨어뜨렸더니, 공이 땅에 닿는 데 2.8초가 걸렸다. (a) 공이 땅에 떨어지기 직전 공의 속력은 얼마였을까? (b) 빌딩의 높이는 얼마인가?

25. • 자유낙하 시 떨어뜨린 물체의 운동에 대한 (a) v–t 그래프와 (b) y–t 그래프의 일반적인 형태를 나타내라.

26. • 저글러(juggler)는 일정한 거리를 수직으로 공을 던진다. 공중에 두 배나 많은 시간을 보내기 위해 공을 얼마나 높이 던져야 하는가?

27. • 중력가속도가 지구의 6분의 1밖에 되지 않는 달의 지표에서 한 아이가 15.0 m/s의 처음 속력으로 돌을 똑바로 위로 던진다면 돌의 최대 높이는 얼마인가?

28. •• 에어백 테스트에서 100 km/h로 달리는 차는 원격으로 벽돌담에 부딪혀 터진다. 정상적인 차가 단단한 표면에 떨어진다고 가정하자. 벽돌 벽과 같은 충격을 받으려면 어느 정도의 높이에서 차를 떨어뜨려야 하는가?

29. IE•• 슈퍼볼은 4.00 m 높이에서 떨어진다. 공이 되튀어 오른 충격 속력은 속력의 95%를 가진다고 하자. (a) 다음 중 얼마나 되튀어 오르는 높이는 얼마인가? (1) 95% 이하, (2) 95% 정도, (3) 95% 이상 (b) 튀어 오른 높이는 얼마나 될까?

30. •• 12.5 m/s의 일정한 속력으로 수직으로 올라가는 헬리콥터가 지상 60.0 m에 있을 때 우연히 카메라를 창문 밖으로 떨어뜨린다. (a) 카메라가 지면에 도달하는 데 얼마나 걸릴까? (b) 지면에 부딪히기 직전의 속력은 얼마인가?

31. ••• 다음 그림 2.22와 같이 떨어뜨린 물체가 1.35 m 높이의 창문을 통과하는 데 0.210초가 걸린다. 이 물체가 얼마의 높이에서 떨어졌는가?

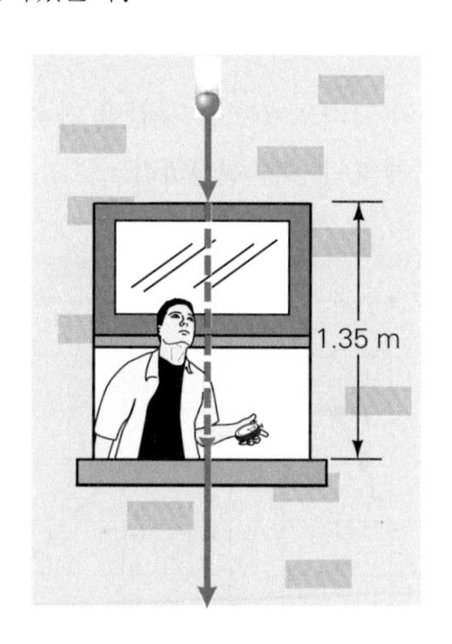

▲ 그림 2.22 **어디서 떨어지나?**

CHAPTER 3

이차원 운동*

Motion in Two Dimensions

요트는 지그재그 패턴을 이용하여 바람을 가르며 항해할 수 있다.

바람을 거슬러 항해할 수 있는가? 이 장의 처음 사진에서 볼 수 있듯이 충분히 항해할 수 있다. 벡터의 성분은 현명하게 이용하는 바람 방향에 맞추어 경로를 바꾼다. 하지만 바람 속으로 직접 항해하지는 못하고, 지그재그 길을 이용함으로써 요트는 바람 속으로 들어가는 직항로를 얻을 수 있다.

운동은 일직선만 있는 것은 아니다. 곧 알게 되겠지만, 2.2절에서 소개된 일반화된 벡터를 사용하여 곡선 경로에서의 운동을 설명할 수 있다. 이러한 곡선운동의 분석은 결국 방망이로 친 공, 태양 주변을 도는 행성 그리고 원자 내 전자의 운동까지도 분석할 수 있게 해줄 것이다.

이차원적 곡선운동은 운동의 직각 성분을 이용하여 분석할 수 있다. 근본적으로 곡선운동은 두 일차원적인 직선운동을 고려해 볼 수 있기 때문에 직각 (x와 y) 성분으로 나누거나 분해한다. 2장에서 소개한 운동 방정식들은 이러한 성분들에 적용할 수 있다. 예를 들어 곡선 경로를 따라 운동하는 물체에 대해 그 운동의 x, y좌표는 어떤 시간에서 물체의 위치를 나타낸다.

---

* 이 장에서 필요한 수학은 삼각함수를 포함한다. 부록 I에서 이러한 사항을 참조하라.

3.1 운동의 성분

2.1절에서 직선상을 따라 운동하는 물체는 직각 좌표(x 또는 y) 중 하나로 운동하고 있다고 생각할 수 있다. 하지만 만약 물체가 축을 따라 운동하지 않는다면 어떻게 할까? 예를 들어 그림 3.1에서 보여주는 상황을 생각해 보자. 여기서 세 개의 공이 책상 위를 가로질러 일률적으로 굴러가고 있다. x방향으로 잡은 책상 옆을 따라 일직선으로 굴러가는 공이 일차원으로 운동한다. 즉, 그 공의 운동은 하나의 축인 x축으로 기술할 수 있다. 비슷하게 y방향인 책상의 끝을 따라 굴러가는 공의 운동은 하나의 y축으로 기술할 수 있다. 그러나 좌표축을 선택하는 데 있어 책상의 대각선을 따라 굴러가는 공의 운동을 기술하려면 x와 y축 둘다가 필요하다; 즉, 이 운동은 이차원으로 기술한다.

대각선 방향으로 구르는 공이 유일하게 고려할 대상이라면 공의 운동 방향을 x축으로 잡을 수 있고, 따라서 이런 운동은 차원을 줄여서 일차원적으로 관찰할 수 있을 것이다. 이 관찰은 좌표축이 고정되면, 축을 따라 운동하지 않는 경우는 두 개의 좌표(x, y) 또는 두 개의 차원으로 기술되어야 한다. 또한 평면의 모든 운동(이차원)이 직선인 것은 아니라는 점을 유념해야 한다. 다른 사람에게 던지는 공의

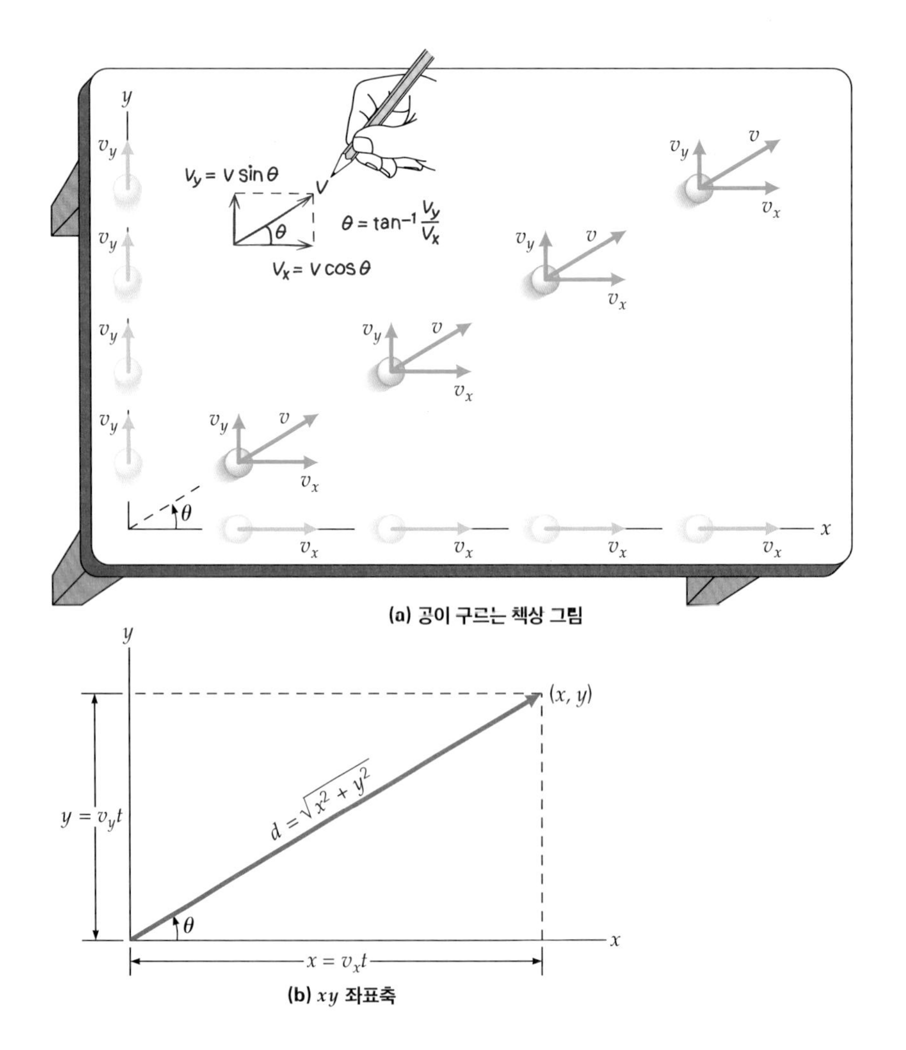

▶ 그림 3.1 **운동 성분.** **(a)** 일직선상에서 일정한 운동에 대한 속도(그리고 변위)는—대각선으로 굴러가는 공—좌표축의 선택된 방향 때문에 x와 y성분(연필로 나타낸 v_x와 v_y으로 나타낸다. x방향에서 공의 속도와 변위는 v_x인 등속도로 x축을 따라 구르는 공과 정확히 동일하다. 등속 운동이기 때문에 $v_y/v_x(\theta)$는 일정하다. **(b)** 어떤 시간 t에서 공의 위치를 나타내는 좌표 (x, y)와 시간 t에서 원점으로부터 공이 이동한 위치까지의 거리 d를 가진다.

경로를 생각해 보자. 이 경로는 포사체 운동에서 다룬다(이런 운동은 3.3절에서 다룰 것이다). 일반적으로 두 개의 좌표가 필요하다.

그림 3.1a에서 보여주는 것과 같이 책상의 대각선을 따라 운동하는 공에서는 동시에 x와 y방향으로 움직이는 것을 생각할 수 있다. 즉, 같은 시간에 x방향으로의 속도 (v_x)와 y 방향으로의 속도 (v_y)가 있다. 속도 성분의 합성은 공의 실제 운동을 기술한다. 만약 공이 x축에 대해 각 θ인 방향으로 일정한 속도 v를 가진다면, 속도 벡터는 x와 y방향에서 이들 방향으로 운동 성분을 분해하여 얻는다(그림 3.1a의 연필로 그린 그림을 참조). 이 그림에서 보여주는 것같이 v_x와 v_y성분의 각각의 크기는

$$v_x = v \cos \theta \tag{3.1a}$$

와

$$v_y = v \sin \theta \tag{3.1b}$$

(+x축에 대해 θ인 속도 성분)

이다. (x와 y방향에서 속도의 합성이기 때문에 속력 $v = \sqrt{v_x^2 + v_y^2}$ 임을 유의하라.)

직각좌표계에서 x와 y좌표를 찾아서 이차원적 성분의 길이를 이용하는 것을 잘 알고 있다. 책상에서 굴러가는 공에 대해 공의 위치 (x, y) 또는 시간 t에서 각 성분의 방향으로 원점으로부터의 공이 이동한 거리에 대한 성분은 각각 다음과 같이 주어진다($a = 0$인 식 2.11).

$$x = x_0 + v_x t \tag{3.2a}$$

$$y = y_0 + v_y t \tag{3.2b}$$

(x_0와 y_0은 $t = 0$에서 공의 좌표로서 0이 아닐 수 있다.)

어떤 주어진 시간에서 원점으로부터 공의 직선상 거리는 $d = \sqrt{x^2 + y^2}$ 이다(그림 3.1b).

$\tan \theta = v_y / v_x$(그림 3.1a)임을 유의하라. 그리하면 x축에 대해 운동 방향은 $\theta = \tan^{-1}(v_y/v_x)$로 주어진다. 또한 $\theta = \tan^{-1}(y/x)$이다.

여기서 소개한 운동 성분에서 속도 벡터는 제1사분면에 놓여 있고($0 < \theta < 90°$), x와 y성분은 모두 양(+)이다. 그러나 다음 절에서 보다 자세히 설명하겠지만, 벡터는 어느 사분면에나 있을 수 있고 그 구성 성분 중 하나 또는 둘다 음수일 수도 있다. 어떤 사분면에 있을 때 v_x와 v_y성분이 모두 음의 값을 가지는지 말할 수 있나?

예제 3.1 굴러가는 공-운동 성분 사용

만약 그림 3.1a에서처럼 대각선으로 구르는 공이 x축에 대해 37°의 각도에서 0.50 m/s인 등속도로 굴러가고 있다면, 이 공이 3.0초 동안에 얼마나 멀리 굴러가는지 운동의 x와 y성분을 이용하여 구하라.

풀이

거리는 공의 위치인 x와 y의 성분을 통해 $d = \sqrt{x^2 + y^2}$ 이다. 식 3.2에 의해 x와 y를 구하기 위해 먼저 속도의 성분 v_x와 v_y를 계산할 필요가 있다(식 3.1):

$$v_x = v \cos 37° = (0.50\,\text{m/s})(0.80) = 0.40\,\text{m/s}$$

$$v_y = v \sin 37° = (0.50\,\text{m/s})(0.60) = 0.30\,\text{m/s}$$

그러면 $x_0 = y_0 = 0$이므로 성분별 거리는

$x = v_x t = (0.40\,\text{m/s})(3.0\,\text{s}) = 1.2\,\text{m}$

$y = v_y t = (0.30\,\text{m/s})(3.0\,\text{s}) = 0.90\,\text{m}$

이다. 그리고 공의 이동 거리를 계산한다.

$$d = \sqrt{x^2 + y^2} = \sqrt{(1.2\,\text{m})^2 + (0.90\,\text{m})^2} = 1.5\text{m}$$

3.1.1 문제 풀이 힌트

간단하게 계산하는 경우 거리는 $d = vt = (0.50\ \text{m/s})(3.0\ \text{s}) = 1.5\ \text{m}$로 직접 구할 수 있다. 그러나 이 예제를 풀기 위해 운동 성분을 이용하는 일반적인 방법을 사용하여 풀었다. 만약에 식을 계산하기 전에 미리 결합해서 풀면 직접 해를 얻는 것은 더욱 분명해진다. 즉,

$$x = v_x t = (v\cos\theta)t$$

와

$$y = v_y t = (v\sin\theta)t$$

그 다음에

$$d = \sqrt{x^2 + y^2} = \sqrt{(v\cos\theta)^2 t^2 + (v\sin\theta)^2 t^2}$$
$$= \sqrt{v^2 t^2 (\cos^2\theta + \sin^2\theta)} = vt$$

문제를 풀 땐 제일 먼저 떠오르는 방법을 사용하기 전에 전략적으로 잠시 생각을 가다듬고 사용하려고 하는 방법보다 더 쉬운 방법이 없는지 알아보도록 한다.

3.1.2 성분에 대한 운동 방정식

예제 3.1은 평면에서의 이차원 운동이 포함되어 있다. 등속도(상수 성분 v_x와 v_y)로 직선상에서 운동하거나 운동은 또한 가속받기도 한다. 평면에서 성분 a_x와 a_y인 등가속도 운동에 대하여 2.4절의 운동 식으로 주어진 변위와 속도 성분은 x와 y 방향에 따라 나누어 쓸 수 있다:

$$x = x_0 + v_{x_0} t + \frac{1}{2} a_x t^2 \quad (3.3a)$$

$$y = y_0 + v_{y_0} t + \frac{1}{2} a_y t^2 \quad (3.3b)$$

$$v_x = v_{x_0} + a_x t \quad (3.3c)$$

$$v_y = v_{y_0} + a_y t \quad (3.3d)$$

(등가속도일 경우만)

만약에 물체가 초기에 일정한 속도로 움직이다가 갑자기 속도와 같은 방향으로 가속이 되거나 속도 방향과 반대 방향으로 가속된다면, 그 물체는 계속해서 속력이 증가하거나 감소되는 직선운동을 한다.

그러나 만약 가속도가 0°나 180°와 다른 각으로 속도벡터에 작용하면 운동은 곡선

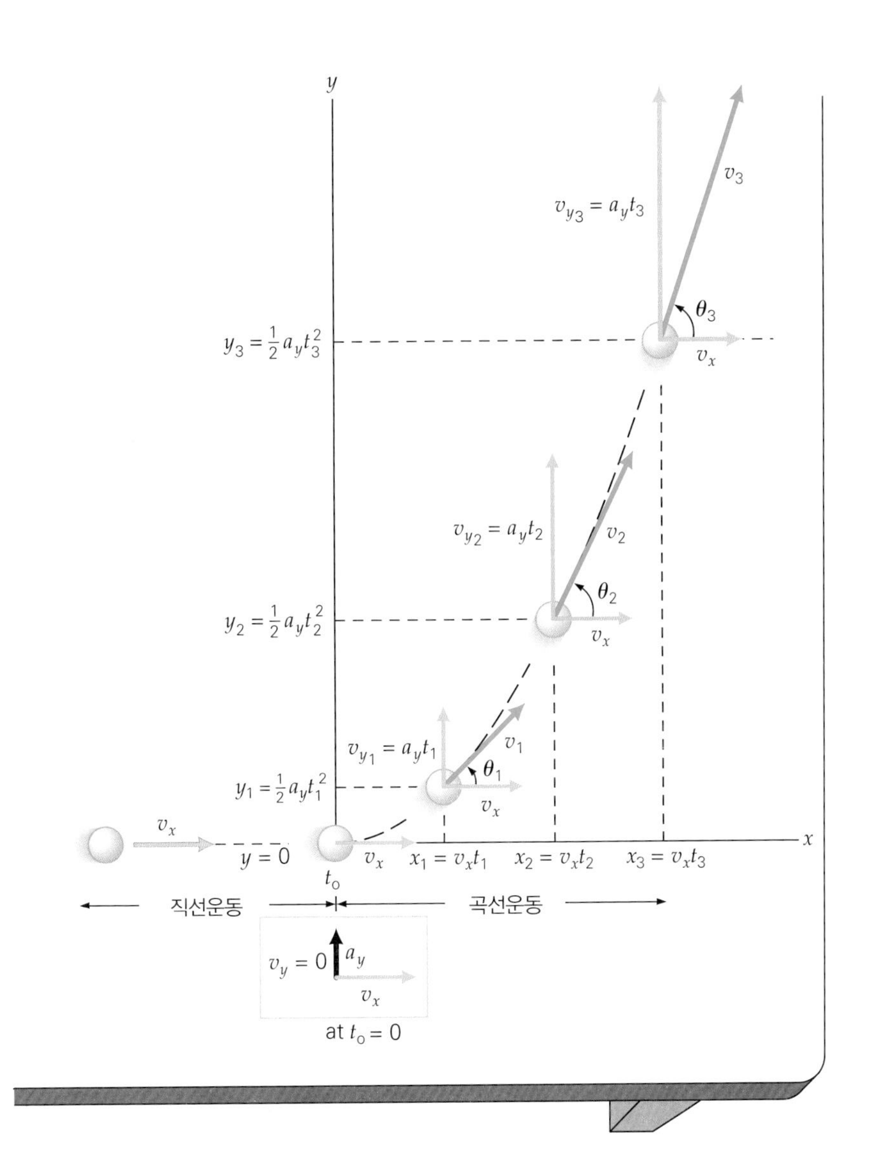

◀그림 3.2 **곡선운동.** 가속도는 순간 속도와 평행하지 않은 곡선 경로를 만든다. 여기서 가속도 a_y는 $t_0 = 0$에서 처음 속도 v_x로 움직이는 공에 적용된다. 결과는 그림에서 보여주는 속도 성분을 가지는 곡선 경로가 된다. v_y가 시간에 대해 어떻게 증가하는지 유의하고, 반면에 v_x는 일정하게 유지하고 있다.

경로를 따라 운동하게 된다. 물체의 운동이 곡선인 경우—즉, 직선으로부터 달라지면—가속도는 속도와 평행하지 않은 방향이 된다. 이와 같은 곡선 경로에서 속도 성분은 시간에 따라 변한다. 즉, 운동 방향, $\theta = \tan^{-1}(v_y/v_x)$은 시간에 따라 변하는데, 그 이유는 속도 성분의 하나 또는 둘다 시간에 따라 변하기 때문이다.

그림 3.2와 같이 공이 처음에는 x축을 따라 움직이는 것을 생각하자. 처음 시간 $t_0 = 0$이고 공이 y 방향으로 등가속도 a_y로 움직인다고 가정하자.

그러면 공의 변위에 대한 x성분의 크기는 $x = v_x t$로 주어진다. 이 경우는 식 3.3a에서 x방향으로 가속도 성분이 없기 때문에 $\frac{1}{2}a_x t^2$항은 없어진다. t_0 이전 운동은 x방향으로 직선 운동이었다. 그러나 t_0 이후에는 y축 운동의 변위는 영이 아니고 $y = \frac{1}{2}a_y t^2$이다(식 3.3b에서 $y_0 = 0$, $v_{y_o} = 0$). 결과적으로 공의 운동 경로는 곡선이다.

속도 성분 v_x가 일정하게 유지되는 동안, 속도 성분 v_y의 크기는 시간에 따라 변화한다는 것을 주목하라. 어느 시간이든 전체 속도 벡터의 크기는 공의 운동 궤적상 그 시간에 해당하는 위치에서 접선의 기울기이다. $+x$축에 대한 각도 θ로 주어진다면 속도의 방향 $\theta = \tan^{-1}(v_y/v_x)$인 속도 벡터는 그림 3.2와 예제 3.2에서 보여주는 것처럼 시간에 따라 변한다.

예제 3.2 **곡선 경로 – 벡터 성분**

그림 3.2에서 처음 속도가 1.50 m/s인 공이 x축을 따라 이동한다고 하자. $t_0 = 0$에서 출발한 공은 y방향으로 2.80 m/s²의 가속도를 가진다. (a) t_0 이후 3.00초 때의 공의 위치는? (b) 그때 공의 속도는 얼마인가?

풀이

(a) 식 3.3a와 3.3b에 의해 공의 위치를 구하면 다음과 같다.

문제상 주어진 값:

$x_0 = y_0 = 0,\ v_{x_0} = v_x = 1.50\ \text{m/s},$

$v_{y_0} = 0,\ a_x = 0,\ a_y = 2.80\ \text{m/s}^2$

t_0 이후 3.00 s에서

$$x = v_{x_0}t + \frac{1}{2}a_x t^2 = (1.50\,\text{m/s})(3.00\,\text{s}) + 0 = 4.50\,\text{m}$$

$$y = v_{y_0}t + \frac{1}{2}a_y t^2 = 0 + \frac{1}{2}(2.80\,\text{m/s}^2)(3.00\,\text{s})^2 = 12.6\,\text{m}$$

그래서 위치는 $(x, y) = (4.50\ \text{m},\ 12.6\ \text{m})$이다. 만약 거리 $d = \sqrt{x^2 + y^2}$을 계산한다면, 이 거리는 무엇을 의미하는가? [이 물리량은 변위의 크기, 또는 원점에서 위치 $(x, y) = (4.50\ \text{m},\ 12.6\ \text{m})$까지 직선거리이다.]

(b) 속도의 x성분은 식 3.3에 의해 주어진다:

$$v_x = v_{x_0} + a_x t = 1.50\ \text{m/s} + 0 = 1.50\ \text{m/s}$$

(x방향의 가속도가 없기 때문에 이 성분은 일정하다.) 같은 방법으로 속도의 y성분은 식 3.3d에 의해 주어진다:

$$v_y = v_{y_0} + a_y t = 0 + (2.80\,\text{m/s}^2)(3.00\,\text{s}) = 8.40\,\text{m/s}$$

그러므로 속도의 크기는

$$v = \sqrt{v_x^2 + v_y^2} = \sqrt{(1.50\,\text{m/s})^2 + (8.40\,\text{m/s})^2} = 8.53\,\text{m/s}$$

와 $+x$축에 대한 속도의 방향은

$$\theta = \tan^{-1}\left(\frac{v_y}{v_x}\right) = \tan^{-1}\left(\frac{8.40\,\text{m/s}}{1.50\,\text{m/s}}\right) = 79.9°$$

이다.

3.1.3 문제 풀이 힌트

운동 방정식을 사용할 때, x방향과 y방향의 운동을 독립적으로 분석할 수 있다는 점에 유의해야 한다—이 식들을 연결하는 인자는 시간 t이다. 즉 주어진 시간 t에서 (x, y) 또는 (v_x, v_y)를 구할 수 있다. 또한, 처음 위치는 $x_0 = 0$와 $y_0 = 0$으로 설정되는 경우가 많은데, 이는 물체가 $t_0 = 0$의 원점에 있다는 것을 의미한다. 만일 물체가 실제로 $t_0 = 0$의 다른 위치에 있다고 하면, x_0 또는 y_0값을 얻을 수 있는 식을 사용해야 한다(식 3.3a와 3.3b 참조).

3.2 벡터의 덧셈과 뺄셈

운동을 기술하는 물리량을 포함한 많은 물리량은 모두 방향과 관련되어 있는 벡터량이다. 이미 운동과 관계된 (변위, 속도와 가속도) 방향을 가진 여러 개의 물리량들을 공부했지만, 앞으로는 물리학을 공부하는 동안에 더 많은 벡터와 접하게 될 것이다. 수도 없이 많은 물리적 상황을 분석하는 데 아주 중요한 기술은 벡터의 덧셈(그리고 뺄셈)이다. 이런 물리량을 더하거나 합성(벡터의 덧셈), 전체 합 또는 알짜에 의하여 벡터는 얻어진다. 이 **합성된** 벡터는 **벡터의 합**이라고 한다.

여러분은 이미 벡터를 더하는 것을 해보았다. 2.2절에서 일차원적 변위는 알짜 변위를 구하기 위해 덧셈을 해왔다. 이 장에서 이차원 운동의 벡터 성분들은 알짜 효과를 얻기 위해서 합성된 벡터를 결합해야 한다. 예제 3.2에서 속도 성분 v_x와 v_y는 합성된 속도를 결합하여야 함을 주목하라.

이 절에서 흔히 사용하는 벡터 표기에 따라 일반적인 벡터의 덧셈과 뺄셈에 대해 배우게 될 것이다. 이는 스칼라 또는 수치 덧셈과 뺄셈 계산과는 다르다. 벡터는 크기와 방향을 가지고 있으므로 다른 규칙으로 계산해야 한다.

일반적으로 벡터 덧셈의 기하학적 (그래프) 방법과 해석적 (계산적) 방법이 있다. 기하학적 방법은 특히 빠른 스케치로 벡터 덧셈의 개념을 시각적으로 나타낼 수 있다. 그러나 해석적 방법은 더 빠르고 좀 더 정확하기 때문에 더 많이 사용된다.

벡터 성분의 크기에 대한 표기는 예를 들면 v_x와 v_y처럼 표현하고, 벡터를 표시하는 기호는 $\vec{\mathbf{A}}$—문자 위의 화살표를 갖는 볼드체—로 표시해서 사용할 것이다. 또한 $\vec{\mathbf{A}}$의 크기는 단순한 A로 쓴다.

3.2.1 벡터 덧셈: 기하학적 방법

3.2.1.1 삼각형법

두 벡터를 더하는—말하자면 삼각형법에 의해 $\vec{\mathbf{A}}$에 $\vec{\mathbf{B}}$를 더한 것(예, $\vec{\mathbf{R}} = \vec{\mathbf{A}} + \vec{\mathbf{B}}$)—처음에 $\vec{\mathbf{A}}$를 그래프 종이에 어떤 축척비율로 그린다(그림 3.3a). 예를 들면 만약 $\vec{\mathbf{A}}$가 단위를 미터로 표시하는 변위 벡터라면 편리한 축척으로 1 cm : 1 m 또는 1 cm 벡터 크기를 1 m의 변위를 대신하는 것으로 그래프를 종이에 그린다. 그림 3.3b에 나타낸 것처럼 $\vec{\mathbf{A}}$의 방향은 좌표축, 보통 x축에 대해 θ_{A}만큼의 각으로 놓이도록 표시한다.

다음 $\vec{\mathbf{A}}$의 머리끝에 $\vec{\mathbf{B}}$의 꼬리를 이어서 그린다[그래서 이 방법은 **머리끝과 꼬리**(tip-to-tail) **방법**이라고 부른다]. $\vec{\mathbf{A}}$의 꼬리에서부터 $\vec{\mathbf{B}}$의 머리끝을 연결한 합 벡터 $\vec{\mathbf{R}}$이 되거나 이 두 벡터의 합 $\vec{\mathbf{R}} = \vec{\mathbf{A}} + \vec{\mathbf{B}}$로 나타낸다.

만약 벡터를 축척하여 그리면 $\vec{\mathbf{R}}$의 크기는 그래프로 그려진 대로 자로 재면 알 수 있다. 그리고 축척에 사용된 비율을 곱해주면 실제 크기를 구할 수 있다. 이와 같이 그래프를 그려서 얻은 방법에서 각도 θ_{R}은 각도기로 재면 그 각이 실제 각이 된다. 만약 $\vec{\mathbf{A}}$와 $\vec{\mathbf{B}}$의 크기와 방향(방향각 θ)을 알면 $\vec{\mathbf{R}}$의 크기와 방향을 삼각형법을 사용해서 해석적으로 알 수 있다. 그림 3.3b에서처럼 직각삼각형이 아닌 경우에는 사인법칙이나 코사인법칙을 사용할 수 있다(부록 I 참조).

이 머리끝과 꼬리를 붙이는 방법은 벡터가 몇 개이든 개수에 상관없이 적용될 수 있다. 첫 번째 벡터의 꼬리와 마지막으로 더해주는 벡터의 머리끝을 연결하면 합성 또는 벡터의 합이다. 따라서 두 개 이상의 벡터에 대해 더하는 방법을 **다각형법**(polygon method)이라고 한다.

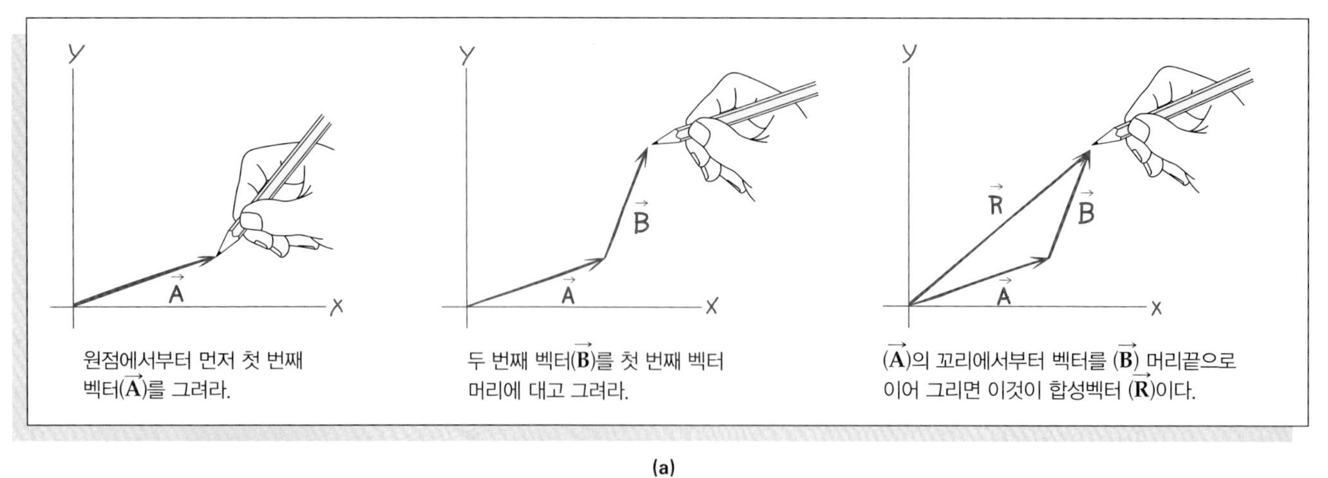

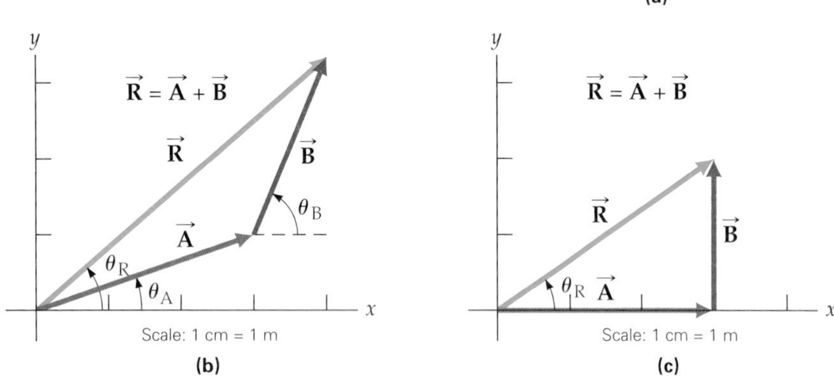

▲ **그림 3.3 벡터의 덧셈의 삼각형법.** (a) $\vec{\mathbf{A}}$와 $\vec{\mathbf{B}}$가 머리끝과 꼬리가 닿게 놓였다. $\vec{\mathbf{A}}$의 꼬리로부터 $\vec{\mathbf{B}}$의 머리끝과 연결한 벡터는 삼각형의 세 번째 변을 만들고 그 벡터는 합성 또는 합 $\vec{\mathbf{R}} = \vec{\mathbf{A}} + \vec{\mathbf{B}}$이다. (b) 벡터를 축척해서 그리면 $\vec{\mathbf{R}}$의 길이를 측정해서 그 측정된 축척 길이는 축척비를 이용하여 환산하고 각도기를 이용해서 방향각 θ_R을 알면 $\vec{\mathbf{R}}$의 크기를 알 수 있다. 해석적 방법을 사용할 수도 있다. 직각삼각형이 아닌 경우는 (b)의 경우처럼 사인법칙이나 코사인법칙을 이용해 $\vec{\mathbf{R}}$의 크기와 θ_R을 결정할 수 있다. (c) 만약 벡터가 직각삼각형이면 피타고라스 정리를 이용하여 쉽게 $\vec{\mathbf{R}}$을 구할 수 있고 역삼각함수로 방향각을 알 수 있다.

만약 두 벡터가 서로 직각이라 하면 합성 벡터는 그림 3.3c와 같이 직각삼각형의 빗변이 된다. 크기는 피타고라스 정리를 사용하면 쉽게 구할 수 있고 방향각은 역삼각함수를 이용하면 구할 수 있다. $\vec{\mathbf{R}}$이 $\vec{\mathbf{A}}$와 $\vec{\mathbf{B}}$의 x와 y성분 벡터로 만들어진다는 것을 주목하자. 이런 x와 y성분이 간편한 해석적 성분 방법의 기본이 되며, 곧 논의될 것이다.

3.2.1.2 벡터 뺄셈

벡터 뺄셈은 벡터 덧셈의 특별한 경우이다.

$$\vec{\mathbf{A}} - \vec{\mathbf{B}} = \vec{\mathbf{A}} + (-\vec{\mathbf{B}})$$

즉, $\vec{\mathbf{A}}$에서 $\vec{\mathbf{B}}$를 빼기 위해서는 $\vec{\mathbf{A}}$에 음의 $\vec{\mathbf{B}}$를 합하면 된다. 2.2절에서 "−" 부호가 단순히 벡터의 방향이 동일 크기의 "+" 부호를 가지는 벡터와 방향이 반대라는 것을 배웠다. 볼드체로 표시된 벡터에서도 사실상 똑같다. $-\vec{\mathbf{B}}$는 $\vec{\mathbf{B}}$와 같은 크기를 가지며 방향은 반대이다(그림 3.4). 그림 3.4에서 벡터 도표는 $\vec{\mathbf{A}} - \vec{\mathbf{B}}$를 그래프로 표현된 것이다.

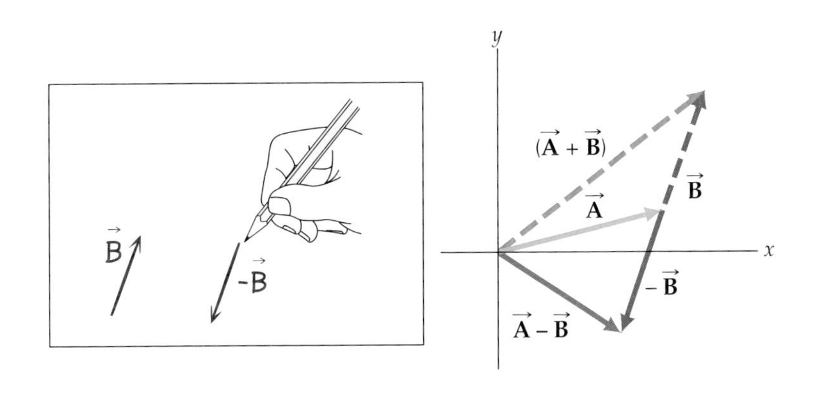

◀그림 3.4 **벡터 뺄셈.** 벡터 뺄셈은 벡터 덧셈의 특별한 경우이다. 즉, $\vec{A} - \vec{B} = \vec{A} + (-\vec{B})$, 여기서 $-\vec{B}$는 $\vec{B}$와 같은 크기를 가지며 방향은 반대이다(스케치 참조). 그러나 $\vec{A} + \vec{B}$는 $\vec{A} - \vec{B}$와 크기나 방향이 같지 않다. 기하학적으로 $\vec{B} - \vec{A} = -(\vec{A} - \vec{B})$를 증명할 수 있는가?

3.2.2 벡터 성분과 해석적 성분 방법

다중 벡터 합을 구하는 데 가장 많이 사용되는 해석적 방법은 **성분 방법**(component method)이다. 이 방법은 학습하는 과정에서 계속 사용될 것이다. 그래서 이 방법의 **기본**을 잘 이해하여야 한다.

3.2.2.1 직각 벡터 성분의 합

직각 벡터 성분은 벡터 성분이 각각 서로 90°로 이루어져 있다는 것을 의미하며, 보통 x와 y축은 서로 직각 좌표가 되도록 잡는다. 3.1절에서 운동의 속도 성분을 논하면서 이미 그 성분의 합을 구하는 것을 소개하였다. 특별한 경우로 $\vec{A}$와 $\vec{B}$인 두 벡터가 직각이라 가정하면, 그림 3.5a에 보인 것처럼 합한다. $\vec{C}$의 크기는 피타고라스 정리에 의해 주어진다.

$$C = \sqrt{A^2 + B^2} \tag{3.4a}$$

$\vec{C}$의 방향은 x축에 대해 이루어진 각으로 주어진다.

$$\theta = \tan^{-1}\left(\frac{B}{A}\right) \tag{3.4b}$$

이 표기는 **크기-각의 형태**(magnitude-angle form)로 어떻게 나타내는지를 보여준다.

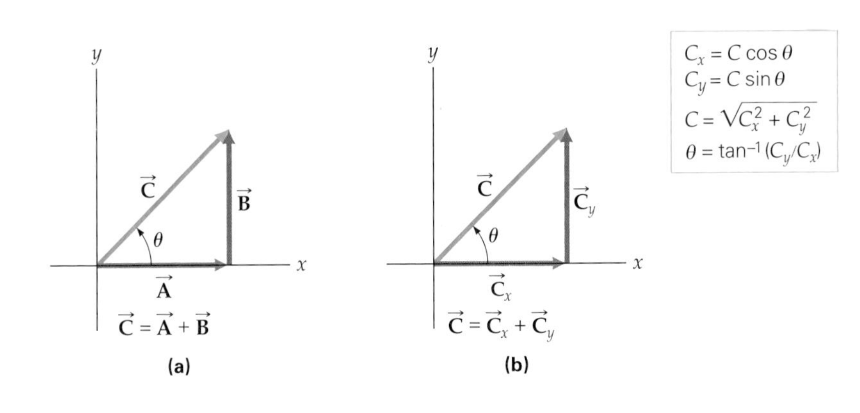

◀그림 3.5 **벡터 성분.** (a) 각각 x와 y축을 따라 놓인 $\vec{A}$와 $\vec{B}$를 합하면 $\vec{C}$가 된다. (b) $\vec{C}$는 직각 성분 $\vec{C}_x$와 $\vec{C}_y$로 분해된다.

3.2.2.2 벡터를 직각 성분으로 분해하기–단위벡터

벡터를 직각 성분으로 것은 벡터의 직각 성분으로 합하는 것의 역과정이다. 주어진 $\vec{\mathbf{C}}$로 그림 3.5b에서 어떻게 x와 y벡터 성분 $\vec{\mathbf{C}}_x$와 $\vec{\mathbf{C}}_y$로 분해되는가 보여준다. 단순히 x와 y성분으로 벡터 삼각형을 완성하는 것이다. 그림에서 보여주는 것처럼 이들 성분의 크기 또는 벡터의 길이는 각각 다음과 같다.

$$C_x = C\cos\theta \tag{3.5a}$$

$$C_y = C\sin\theta \tag{3.5b}$$

(이것은 예제 3.1에서 보여주는 $v_x = v\cos\theta$와 $v_y = v\sin\theta$와 유사하다.) $\vec{\mathbf{C}}$의 방향각은 또한 성분으로 나타낼 수 있고, $\tan\theta = C_y/C_x$ 또는

$$\theta = \tan^{-1}\left(\frac{C_y}{C_x}\right) \tag{3.6}$$

(성분의 크기로부터 벡터의 방향)

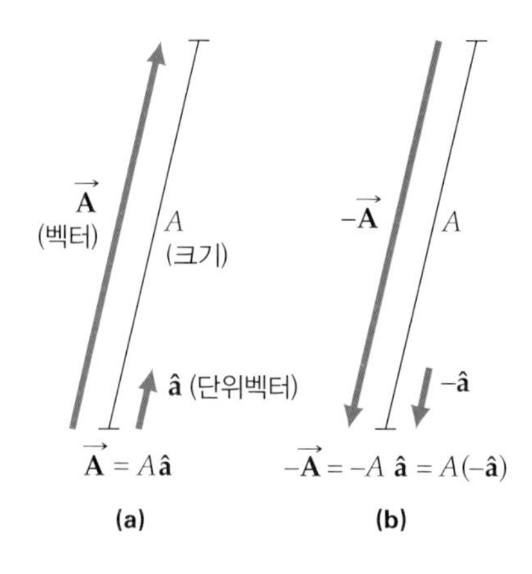

▲그림 3.6 **단위벡터.** (a) 단위벡터 $\hat{\mathbf{a}}$는 단위크기이고 또는 1이고, 단순히 벡터의 방향만 나타낸다. 크기를 A로 쓰면 벡터 $\vec{\mathbf{A}}$는 $\vec{\mathbf{A}} = A\hat{\mathbf{a}}$로 쓴다. (b) $-\vec{\mathbf{A}}$ 벡터에 대하여 단위벡터는 $-\hat{\mathbf{a}}$, $-\vec{\mathbf{A}} = -A\hat{\mathbf{a}} = A(-\hat{\mathbf{a}})$이다.

벡터의 크기와 방향을 표시하는 다른 방법은 단위벡터를 이용하는 방법이 있다. 예를 들어 그림 3.6a에 나타낸 것처럼, $\vec{\mathbf{A}}$는 $\vec{\mathbf{A}} = A\hat{\mathbf{a}}$로 쓸 수 있다. 수치적 크기는 A로 나타내고, $\hat{\mathbf{a}}$는 방향을 표시하는 단위벡터이다. 즉, 단위벡터의 크기는 단위크기 또는 1이고, 단위는 없고 단순히 벡터의 방향을 나타낸다. 예를 들면 x축 방향에 따른 벡터는 $\vec{\mathbf{v}} = (4.0\,\text{m/s})\hat{\mathbf{x}}$이다(즉, $+x$방향으로 크기는 4.0 m/s이다).

그림 3.6에서 어떻게 $-\vec{\mathbf{A}}$를 이런 단위벡터를 사용한 기호로 나타냈는지 주목하라. 음의 부호는 대체로 수치로 표시된 크기 앞에 붙이는 것이다. 그러나 바르게 표시하기 위해서는 음의 부호는 단위벡터 바로 앞으로 가야 한다: $-\vec{\mathbf{A}} = -A\hat{\mathbf{a}} = A(-\hat{\mathbf{a}})$. 즉, 단위벡터는 $-\hat{\mathbf{a}}$ 방향($\hat{\mathbf{a}}$의 반대 방향)이다. $\vec{\mathbf{v}} = (-4.0\,\text{m/s})\hat{\mathbf{x}}$의 벡터는 $-x$방향에서 4.0 m/s의 크기를 가지며, 즉 $\vec{\mathbf{v}} = (4.0\,\text{m/s})(-\hat{\mathbf{x}})$이다.

이 표기는 벡터의 직각 성분을 명확하게 표시하는 데 사용할 수 있다. 예를 들면 예제 3.2에서 원점으로부터 공의 변위는 $\vec{\mathbf{d}} = (4.50\,\text{m})\hat{\mathbf{x}} + (12.6\,\text{m})\hat{\mathbf{y}}$로 쓸 수 있고, 여기서 $\hat{\mathbf{x}}$와 $\hat{\mathbf{y}}$는 x와 y방향의 단위벡터이다. 어떤 경우에는 이런 단위벡터의 **성분 형태**(component form)로 일반적인 벡터를 표시하는 것이 더 편리할 수도 있다.

$$\vec{\mathbf{C}} = C_x\hat{\mathbf{x}} + C_y\hat{\mathbf{y}} \tag{3.7}$$

3.2.3 성분을 이용한 벡터의 덧셈

벡터 덧셈의 해석적 성분 방법은 직각 성분으로 벡터를 분해하여 성분별로 나누어 각각 독립적으로 더하는 것이 포함되어 있다. 이 방법은 그림 3.7에서 두 벡터 $\vec{\mathbf{F}}_1$과 $\vec{\mathbf{F}}_2$에 대해 나타내었다. ***x*와 *y*성분 벡터를 성분별로 더한 성분의 합은 합성 벡터의 벡터 성분과 같다.**

만약에 세 개 또는 그 이상의 벡터를 더한다면 똑같은 원리를 적용하면 된다. 도

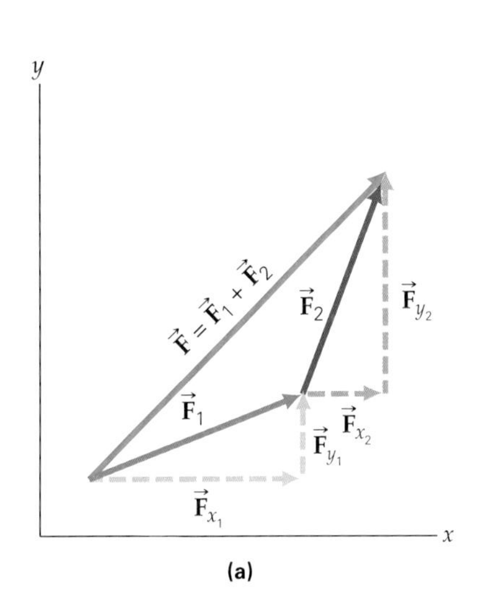

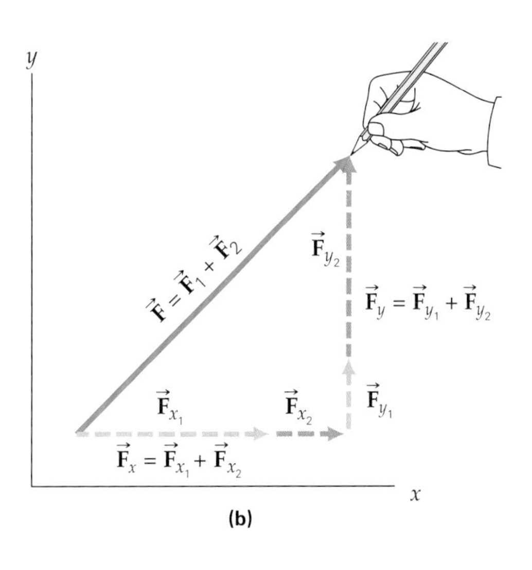

◀그림 3.7 **성분 덧셈.** (a) 성분 방법에 의한 벡터를 더하기 위해서는 각각의 벡터를 먼저 x와 y성분으로 분해한다. (b) $\vec{F}_1$과 $\vec{F}_2$의 x와 y성분들의 합은 각각 $\vec{F}_x = \vec{F}_{x_1} + \vec{F}_{x_2}$와 $\vec{F}_y = \vec{F}_{y_1} + \vec{F}_{y_2}$이다.

표로 머리끝에서 꼬리를 연결하는 방법을 이용하여 합성할 수 있다. 그러나 이 방법은 각도기를 사용하고 축척을 통해서 벡터를 그려야 하기 때문에 시간 낭비가 많다. 따라서 성분 방법을 이용하면 머리끝에서 꼬리를 연결하는 방법은 사용할 필요가 없다. 그림 3.8a에 나타낸 것처럼 원점에 모든 벡터의 꼬리를 모으면 훨씬 편리하다. 그리고 벡터를 축척해서 그릴 필요도 없다. 왜냐하면 대략적인 스케치는 해석적 방법을 응용하기 위한 시각적인 효과일 뿐이기 때문이다.

기본적으로 성분 방법에서 더해야 할 벡터는 x와 y성분으로 분해되고, 각 성분은 합하였다가 다시 재결합된 합성 벡터를 구한다. 그림 3.8a에서 세 벡터의 합성은 그림 3.8b에 나타내었다. x성분을 보면 이 성분의 벡터 합은 $-x$방향인 것을 알 수 있다. 유사하게 y성분의 합은 $+y$방향에 있다($\vec{v}_2$는 y방향에 있고 x성분은 영이다. 마치 x방향 벡터의 y성분은 영인 것과 같다).

합성된 x와 y성분은 $\vec{v}_x = \vec{v}_{x_1} + \vec{v}_{x_2} + \vec{v}_{x_3}$와 $\vec{v}_y = \vec{v}_{y_1} + \vec{v}_{y_2} + \vec{v}_{y_3}$이다. 벡터 성분

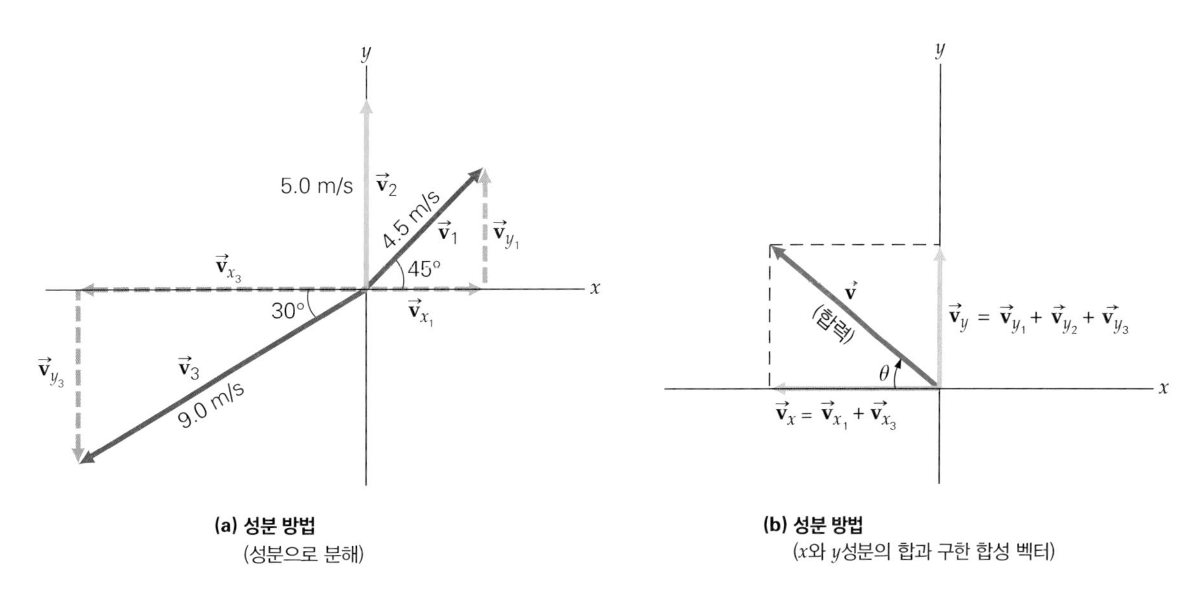

(a) 성분 방법
(성분으로 분해)

(b) 성분 방법
(x와 y성분의 합과 구한 합성 벡터)

▲그림 3.8 **벡터 덧셈의 성분 방법.** (a) 해석적 성분 방법에서 더해야 하는 모든 벡터($\vec{v}_1$, $\vec{v}_2$, $\vec{v}_3$)는 직각 성분으로 쉽게 분해하기 위해 먼저 벡터들의 꼬리를 모두 좌표 원점에 갖다 놓는다. (b) 모든 x성분과 모든 y성분을 각각 합하는 것은 합성된 $\vec{v}$의 성분으로 주어진다.

의 수치값(양과 음의 부호는 방향을 나타내고)은 이와 같은 식으로 계산되며, 그림 3.8b에서 보여주는 것처럼 $v_x < 0$(음)과 $v_y > 0$(양)의 값을 가지게 될 것이다.

또한, 그림 3.8b에서 합성된 벡터의 방향각 θ는 그림 3.8a에서 보여주는 모든 벡터처럼 x축을 기준으로 한다. **성분 방법에 의해 합한 벡터에서 모든 벡터들은 가장 가까운 x축, 즉 $+x$축 또는 $-x$축을 기준으로 할 것이다.** 이 같은 규정은 각도가 90° 보다 큰 것을 피하기 위해서인데 ($+x$축으로부터 시계 반대 방향으로 각을 잴 때 생길 수 있는 경우) $\cos(\theta + 90°)$와 같은 이중 각 공식을 사용하는데, 그러면 계산을 상당히 간편하게 할 수 있다. 성분 방법에 의한 해석적인 벡터 합에 대하여 주장한 절차는 다음 절에 요약되어 있다.

3.2.4 성분 방법에 의한 벡터 합의 절차

1. 벡터를 x, y성분으로 분해하여 같은 성분끼리 더한다. x축과 벡터 사이각은 90° 보다 작은 각을 사용한다. 그리고 벡터 성분이 음인지 양인지 방향을 표시한다 (그림 3.9).
2. 모든 x성분과 모든 y성분을 대수적으로 더하여 합성된 벡터 또는 벡터 합을 구한다.
3. 다음을 사용해서 벡터 합성을 나타낸다.
   (a) 단위벡터 성분 형태 – 예로 $\vec{\mathbf{C}} = C_x\hat{\mathbf{x}} + C_y\hat{\mathbf{y}}$ 또는
   (b) 크기-각 형태

후자의 표기법으로 합쳐진 x와 y성분과 피타고라스 정리에 의하여 벡터 합성의 크

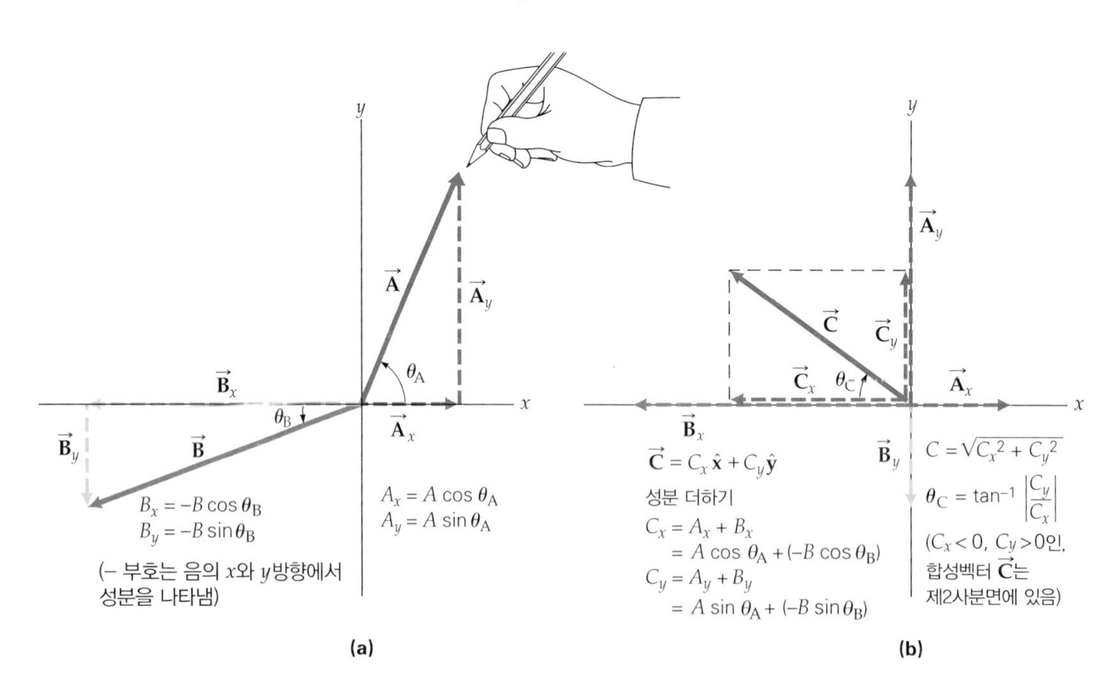

▲ 그림 3.9 **해석적 성분 방법에 의한 벡터 덧셈.** (a) 벡터를 x와 y성분으로 분해한다. (b) 각각 모든 x성분과 모든 y성분을 더하여 합성된 벡터의 x와 y성분을 얻는다. 합성된 벡터의 크기와 방향각을 나타낸다. 모든 각은 $+x$축 또는 $-x$축을 기준으로 하고 90° 보다 작게 한 것을 기준으로 한다.

기를 구하자.

$$C=\sqrt{C_x^2+C_y^2}$$

역탄젠트 ($\tan^{-1}$)에서 y와 x성분의 크기의 비에 절댓값을 취하여 (양의 값만 택하고, 음의 부호는 무시한다) 얻은 방향각을 구하자.

$$\theta=\tan^{-1}\left|\frac{C_y}{C_x}\right|$$

그러면 합성 벡터가 놓이는 사분면을 지정한다. 이 정보는 합해진 성분 (C_x, C_y)의 부호 또는 삼각형법을 통해 합하는 스케치로부터 얻는다(그림 3.9). 각 θ는 사분면에서 x축과 합성 벡터 사이의 각이다.

예제 3.3 **해석적 성분 방법 적용하기–x와 y성분의 분해와 결합**

그림 3.8a의 벡터 덧셈에 성분 방법의 절차 단계를 적용하자. 벡터는 속도를 나타내고 단위는 m/s이다.

풀이

벡터의 직각 성분은 그림 3.8b에서 보여주고 있다. 이들 성분을 합하고 그림 3.8a의 값을 택하자.

$$\vec{\mathbf{v}}=v_x\hat{\mathbf{x}}+v_y\hat{\mathbf{y}}=\left(v_{x_1}+v_{x_2}+v_{x_3}\right)\hat{\mathbf{x}}+\left(v_{y_1}+v_{y_2}+v_{y_3}\right)\hat{\mathbf{y}}$$

여기서

$$\begin{aligned}v_x&=v_{x_1}+v_{x_2}+v_{x_3}=v_1\cos45°+0-v_3\cos30°\\&=(4.5\,\text{m/s})(0.707)-(9.0\,\text{m/s})(0.866)=-4.6\,\text{m/s}\end{aligned}$$

와

$$\begin{aligned}v_y&=v_{y_1}+v_{y_2}+v_{y_3}=v_1\sin45°+v_2-v_3\sin30°\\&=(4.5\,\text{m/s})(0.707)+(5.0\,\text{m/s})-(9.0\,\text{m/s})(0.50)\\&=3.7\,\text{m/s}\end{aligned}$$

이다. 성분들을 표로 나타내면 다음과 같다.

	x성분		y성분
v_{x_1}	$+v_1\cos45°=+3.2\,\text{m/s}$	v_{y_1}	$+v_1\sin45°=+3.2\,\text{m/s}$
v_{x_2}	$=0\,\text{m/s}$	v_{y_2}	$=+5.0\,\text{m/s}$
v_{x_3}	$-v_3\cos30°=-7.8\,\text{m/s}$	v_{y_3}	$-v_3\sin30°=-4.5\,\text{m/s}$
합:	$v_x=-4.6\,\text{m/s}$		$v_y=+3.7\,\text{m/s}$

성분들의 방향은 부호로 표시되어 있다(보통 +부호는 생략한다). 여기서 $\vec{\mathbf{v}}_2$는 x성분이 없다. 일반적으로 해석적 성분 방법의 경우, 각도는 x축을 기준으로 잡는 한, x성분은 코사인 함수이고 y성분은 사인 함수임을 유의하자.

성분 형태에서 합성한 벡터는 다음과 같다.

$$\vec{\mathbf{v}}=(-4.6\,\text{m/s})\hat{\mathbf{x}}+(3.7\,\text{m/s})\hat{\mathbf{y}}$$

크기–각 형태에서 합성 벡터의 크기는

$$v=\sqrt{v_x^2+v_y^2}=\sqrt{(-4.6\,\text{m/s})^2+(3.7\,\text{m/s})^2}=5.9\,\text{m/s}$$

이고, x성분은 음수이고 y성분은 양수이기 때문에 합성 벡터는 제2사분면에 놓이고, 이때 이루는 각은

$$\theta=\tan^{-1}\left|\frac{v_y}{v_x}\right|=\tan^{-1}\left(\frac{3.7\,\text{m/s}}{4.6\,\text{m/s}}\right)=39°$$

이다(음의 x성분을 갖으므로 $-x$을 기준으로 한다).

3.3 포물체 운동

이차원적으로 가장 친숙한 예는 어떤 기구를 통해 던져지거나 투사된 물체의 곡선운동이다. 하천을 가로질러 던진 돌의 운동이나 받침대(tee)에 올려진 골프공이 골프채에 맞고 날아가는 골프공의 운동이 **포물체 운동**(projectile motion)의 사례이다. 일차원적인 포물체 운동의 특별한 경우는 수직 위로 던진 (아래로 또는 떨어지는) 물체에서 생긴다. 이 경우는 자유 낙하에 해당하는 것으로 2.5절에서 다루었다. 일반적으로 포물체 운동도 단지 포물체에 작용되는 가속도는 오로지 중력에 의한 것뿐이기 때문에 자유낙하 운동이라 할 수 있다(공기 저항 무시). 단순히 벡터 성분은 x성분과 y성분으로 나누거나 분리하여 포물체 운동을 분석하는 데 이용할 수 있다.

3.3.1 수평으로 던지기

먼저 수평으로 던져진 물체의 운동 또는 기준면과 평행하게 운동하는 물체의 운동을 분석하는 것이 유익하다. 그림 3.10에서처럼 물체가 처음 속도 v_{x_0}로 수평으로 던져진다고 하자. 포물체 운동은 던지는 순간($t = 0$)부터 분석이 시작된다. 물체가 던져지면 더 이상 가속도($a_x = 0$)는 없고, 그래서 물체의 운동 경로를 통해 수평 속도는 $v_x = v_{x_0}$로 일정하게 유지된다.

식 $x = x_0 + v_x t$(식 3.2a)에 따르면, 포물체는 계속해서 무한히 수평 방향으로 이동할 것이다. 그러나 이런 일이 일어나지 않는다는 것을 알 수 있다. 물체가 투사되자마자 곧 수직 방향으로 자유 낙하하게 되고, $v_{y_0} = 0$(마치 수직 아래로 물체가 떨어

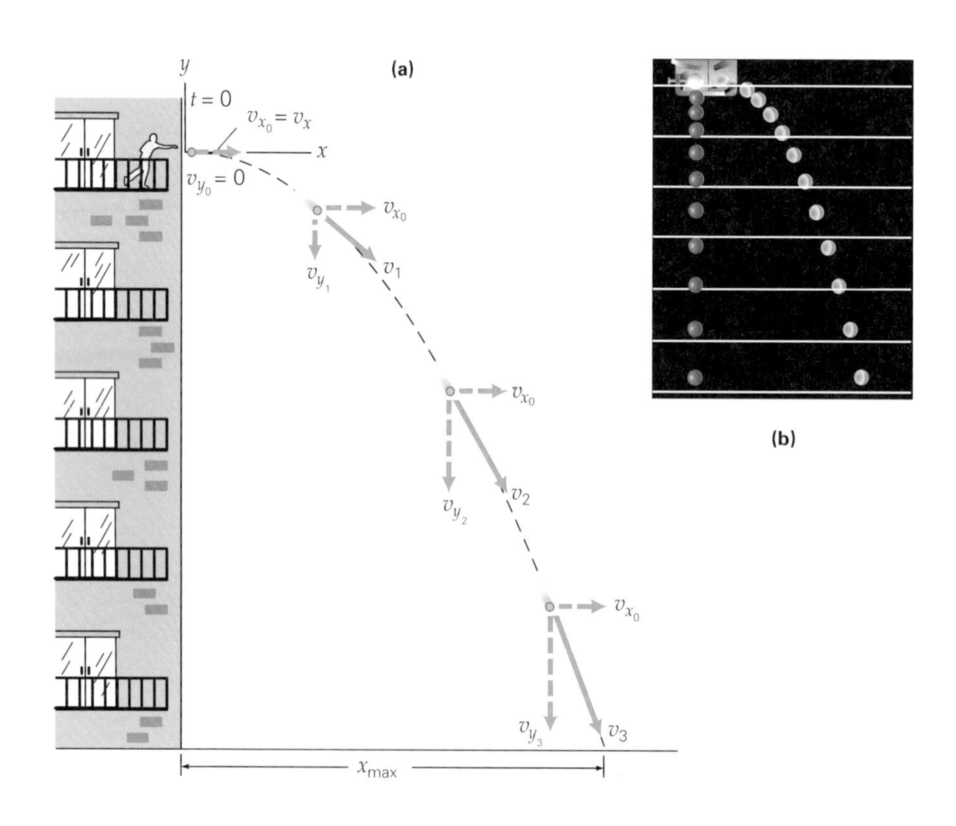

▶ 그림 3.10 **수평으로 던지기.** (a) 수평으로 던져진 물체의 속도 성분은 아래로 떨어짐에 따라 직각으로 이동하는 것을 보여준다. v_y의 증가에 유의하라. (b) 두 골프공의 경로 중 하나는 수평으로 투사되었고 같은 시간에 다른 하나는 바로 아래로 떨어진다. 수평선은 15 cm 간격으로 있고, 노출 시간은 1/30초이다. 공의 수직 운동은 같다. 왜 그럴까? 분홍색 공의 수평 운동을 기술할 수 있는가?

질 때와 같은 현상)이고 $a_y = -g$(위쪽이 양의 방향)이다. 다시 말해서 포물체는 수평 방향에 대해서 등속도 운동을 하고, **동시에** 중력의 영향을 받아 아래 방향으로 가속도를 갖는다. 결과적으로 그림 3.10에서 나타낸 것처럼, 곡선 경로로 운동한다. (그림 3.10과 그림 3.2를 비교해 보자. 비슷한 점이 있는가?)

만약 수평 운동이 없다면, 물체는 그냥 단순히 직선으로 땅에 떨어질 것이다. 사실 수평으로 던져진 물체의 비행시간은 **수직으로 물체가 떨어진 시간과 정확하게 똑같다.**

그림 3.10a에 나타낸 속도 벡터의 성분을 주목하라. 속도 벡터의 수평 성분의 길이는 똑같이 유지하지만, 수직 성분의 길이는 시간에 따라 증가하고 있다. 그러면 이 경로에서 어떤 지점의 순간 속도는 얼마인가? (3.2절에서 다룬 벡터 합에 대한 것을 생각하라.) 그림 3.10b는 수평으로 날아간 골프공의 실제 운동과 정지상태에서 동시에 떨어뜨린 골프공을 보여주고 있다. 수평 기준선은 동일한 비율로 수직으로 공이 떨어지는 것을 보여준다. 이 그림의 유일한 차이점은 수평으로 던진 공도 떨어지면서 오른쪽으로 이동한다는 것이다.

예제 3.4 꼭대기에서 출발−수평으로 던지기

그림 3.10a에서처럼 공을 지상에서 25.0 m 높이인 곳에서 수평 방향으로 처음 속도 8.25 m/s로 던져다. (a) 공이 지면에 닿기 직전까지 걸린 시간은 얼마인가? (b) 그 공은 건물에서 얼마나 멀리 떨어져 있는가?

풀이

문제상 주어진 값:

$$y = -25.0\text{ m},\ v_{x_0} = 8.25\text{ m/s},\ v_{y_0} = 0,\ a_x = 0,\ a_y = -g$$

(a) 앞에서 언급한 바와 같이 비행시간은 공이 지면에 수직으로 떨어지는 시간과 같다. 이 시간을 구하면 식 $y = y_0 + v_{y_0}t - \frac{1}{2}gt^2$을 사용하는데, 이 식은 2.4절에서와 같이 중력가속도 g는 음의 방향이다.

$$y = -\frac{1}{2}gt^2$$

그래서

$$t = \sqrt{\frac{2y}{-g}} = \sqrt{\frac{2(-25.0\text{ m})}{-9.80\text{ m/s}^2}} = 2.26\text{ s}$$

(b) y방향과 x방향에서의 비행시간은 같다. 공이 수평 방향에서는 가속도가 없기 때문에 등속도만 갖게 된다. 따라서

$$x = v_{x_0}t = (8.25\text{ m/s})(2.26\text{ s}) = 18.6\text{ m}$$

3.3.2 임의의 각 θ로 던지기

포물체 운동의 일반적인 경우는 물체를 수평 기준면과 임의의 각 θ로 던진 물체의 운동이다. 예를 들면 골프채에 맞은 골프공이다(그림 3.11). 포물체 운동하는 동안 물체는 위로 올라가다가 내려오게 되는데, 모두 수평 방향으로는 등속도 운동을 한다. (이 공은 가속도를 가지는데, 운동 과정 중 모든 순간에 중력이 작용하여 가속도는 $\vec{\mathbf{a}} = -g\hat{\mathbf{y}}$이다.)

이 운동도 역시 벡터의 성분을 이용해서 분석한다. 앞에서와 같이 위로는 양의 방향으로 잡고 아래로는 음의 방향으로 잡는다. 처음 속도 v_0는 우선 두 개의 직각 성분으로 나누어진다.

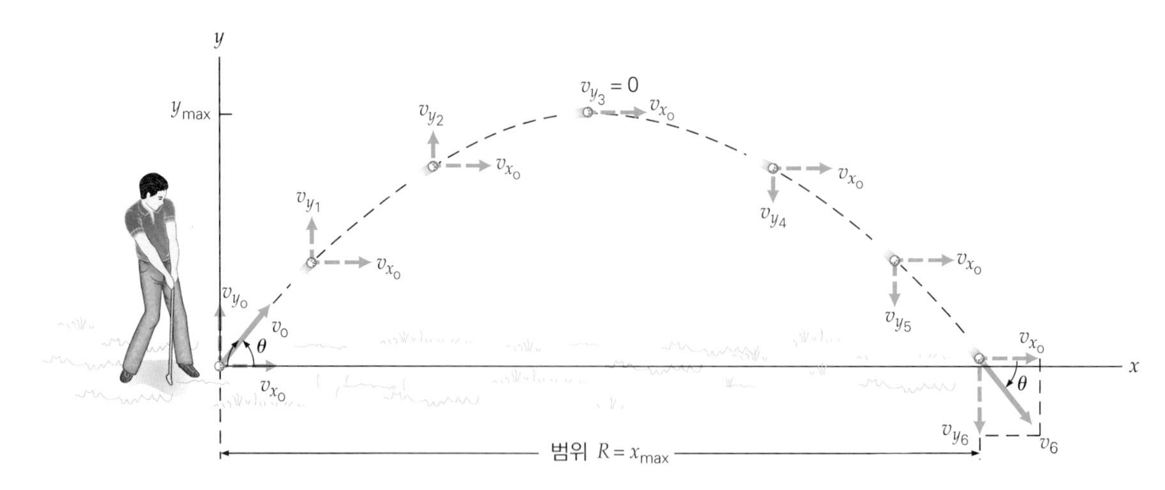

▲ **그림 3.11 각 θ로 던지기.** 공의 속도 성분은 변하는 시간에 따라 나타내었다. 호의 꼭대기에서 $v_y = 0$ 또는 y_{max}에서 $v_y = 0$이다. R은 최대 수평 거리 또는 x_{max}이다. ($v_0 = v_6$에 유의하라. 왜 그럴까?)

$$v_{x_0} = v_0 \cos\theta \tag{3.8a}$$

(처음 속도 성분)

$$v_{y_0} = v_0 \sin\theta \tag{3.8b}$$

수평 방향으로 가속도 성분은 없고 중력에 의한 가속도만 y축의 음의 방향으로 작용한다. 속도의 x성분은 일정하고 y성분은 시간에 따라 변한다(식 3.3d).

$$v_x = v_{x_0} = v_0 \cos\theta \tag{3.9a}$$

$$v_y = v_{y_0} - gt \tag{3.9b}$$

(포물체 운동 속도 성분)

변하는 시간에서 순간 속도의 성분은 그림 3.11에 나타내었다. 순간 속도는 이들 성분의 벡터 합이고 곡선 경로상의 어느 점에서 접선 방향이다. 공이 처음에 던져진 속력(그러나 음의 수직 속도)과 수평 아래로 같은 각도로 지면에 떨어진다는 것을 주목하라.

마찬가지로 변위 성분은 다음과 같이 주어진다($x_0 = y_0 = 0$).

$$x = v_{x_0} t = (v_0 \cos\theta)t \tag{3.10a}$$

$$y = v_{y_0} t - \frac{1}{2}gt^2 = (v_0 \sin\theta)t - \frac{1}{2}gt^2 \tag{3.10b}$$

이들 식에 의해 기술된 곡선, 즉 포사체 운동의 경로(궤적)를 포물선(parabola)이라고 한다. 포사체 운동의 경로는 흔하게 관찰된다(그림 3.12).

수평으로 던지는 경우처럼 **시간은 운동의 성분들에 의해 좌우되는 일반적인 특징임을 알 수 있다.** 포물체 운동의 측면에서 흥미를 가질 수 있는 물리량은 비행시간, 도달 최대 높이 및 수평 도달 거리(R)가 있다.

◀그림 3.12 **포물선 경로.** 빛이 있는 분수에서 나오는 물줄기는 포물선 경로를 따른다.

예제 3.5 **받침대(tee)에 올린 골프공을 쳐라–비스듬히 던지기**

그림 3.11에서처럼 티에 있는 골프공이 처음 속도 30.0 m/s, 수평 방향과 35°로 쳐서 포물선을 그리며 날아갔다. (a) 공이 도달할 수 있는 최고 높이는 얼마인가? (b) 수평 도달 거리는 얼마인가?

풀이

처음 속도 v_0의 각 성분별 속도 v_{x_0}와 v_{y_0}을 계산하자.

$$v_{x_0} = v_0 \cos 35° = (30.0\,\text{m/s})(0.819) = 24.6\,\text{m/s}$$
$$v_{y_0} = v_0 \sin 35° = (30.0\,\text{m/s})(0.574) = 17.2\,\text{m/s}$$

(a) 수직 위로 던져진 물체에서와 같이 최고 높이 y_{max}에서는 $v_y = 0$이다. 따라서 최고 높이에 도달하는 시간을 t_u라 하면 $v_y = 0$이고, 식 3.3b를 이용해서 구할 수 있다.

$$v_y = 0 = v_{y_0} - gt_\text{u}$$

t_u에 대해 풀면

$$t_\text{u} = \frac{v_{y_0}}{g} = \frac{17.2\,\text{m/s}}{9.80\,\text{m/s}^2} = 1.76\,\text{s}$$

(여기서 t_u는 맨 꼭대기까지 올라간 시간임을 유의하라.)

식 3.10b에 t_u을 대입하면 최대 높이 y_{max}을 얻을 수 있다.

$$\begin{aligned} y_{\text{max}} &= v_{y_0} t_\text{u} - \frac{1}{2} g t_\text{u}^2 \\ &= (17.2\,\text{m/s})(1.76\,\text{s}) - \frac{1}{2}(9.80\,\text{m/s}^2)(1.76\,\text{s})^2 \\ &= 15.1\,\text{m} \end{aligned}$$

또한, 식 2.11′로부터 최고 높이를 직접 구할 수 있다.

$$v_y^2 = v_{y_0}^2 - 2gy,\ y = y_{\text{max}},\ v_y = 0.$$

그러나 여기서는 공이 날아간 시간을 어떻게 얻는지 그 방법만 보여준다.

(b) 수직으로 최고 높이에 도달한 시간이나 내려오는 시간은 같다. 따라서 전체 비행한 시간은 $t = 2t_\text{u}$(물체가 올라갔다 내려오면 $y - y_0 = 0$, $y - y_0 = 0 = v_{y_0} t - \frac{1}{2} g t^2$ 그리고 $t = (2v_{y_0}/g = 2t_\text{u})$.

수평 도달 거리 R은 수평으로 날아간 최대 거리(x_{max})와 같다. 비행한 전체 시간은 $t = 2t_\text{u} = 2(1.76\ \text{s}) = 3.52\ \text{s}$이므로 식 3.10a에서 대입해서 구할 수 있다.

$$R = x_{\text{max}} = v_x t = v_{x_0}(2t_\text{u}) = (24.6\,\text{m/s})(3.52\,\text{s}) = 86.6\,\text{m}$$

포물체의 수평 도달 거리는 여러 관점에서 중요하게 고려되는 물리량 중 하나이다. 골프와 창던지기 같은 데서 최대 수평 거리가 요구되며 스포츠에서 특히 중요한 요소이다.

일반적으로 각도 θ에서 속도 v_0을 갖고 던져진 포물체의 수평 도달 거리가 얼마나 될까? 이 질문에 답을 하기 위해서 예제 3.5에서 사용한 식인 $R = v_x t$로 계산하는 것을 생각하자. 먼저 v_x와 t에 대한 표현을 보자. 수평 방향으로는 가속도가 없기 때문에

$$v_x = v_{x_0} = v_0 \cos\theta$$

와 전체 시간 t(예제 3.5에 보여준 것처럼)는

$$t = \frac{2v_{y_0}}{g} = \frac{2v_0 \sin\theta}{g}$$

이다. 그리고 R는 다음과 같이 주어진다.

$$R = v_x t = (v_0 \cos\theta)\left(\frac{2v_0 \sin\theta}{g}\right) = \frac{2v_0^2 \sin\theta \cos\theta}{g}$$

여기서 삼각함수의 배각공식 $\sin 2\theta = 2\sin\theta\cos\theta$을 이용하자(부록 I 참조).

$$R = \frac{v_0^2 \sin 2\theta}{g} \tag{3.11}$$

($y_{\text{initial}} = y_{\text{final}}$인 경우만 수평 도달 거리 x_{max})

수평 도달 거리는 투사각 θ와 g가 일정하다고 가정하고, 처음 속도(또는 속력) v_0의 크기에 의존됨을 주목하라. 이 식은 종착 지점이 출발 지점과 같은 높이에 있을 때 $y_{\text{initial}} = y_{\text{final}}$의 경우에만 적용된다는 것을 염두에 두자.

3.3.3 문제 풀이 힌트

식 3.11, $R = v_0^2 \sin 2\theta / g$을 통해 수평면에서의 특정 투사각 및 처음 속도에 대한 수평 도달 거리를 계산할 수 있다. 그러나 때때로 주어진 처음 속도에 대해 최대 수평 도달 거리를 구하고자 할 때가 있다. 예를 들면 특정 포구 속도로 발사체를 발사하는 포탄의 최대 사정거리가 있다. 최대 수평 도달 거리를 제공하는 최적의 각도가 있는가? 이상적인 조건에서 답은 '그렇다'이다.

특정된 v_0에 대해 수평 도달 거리는 $\sin 2\theta = 1$일 때 최댓값(R_{max})을 가진다. 왜냐하면 θ의 값은 sine 함수의 최댓값(0에서 1 사이 값)을 갖는다. 따라서

$$R_{\text{max}} = \frac{v_0^2}{g} \quad (y_{\text{initial}} = y_{\text{final}}) \tag{3.12}$$

최대 수평 도달 거리는 $\sin 2\theta = 1$일 때 얻어지기 때문에 $\sin 90° = 1$이므로

$$2\theta = 90° \quad \text{또는} \quad \theta = 45°$$

이다. 이때 처음 속력으로 던져 올라갔다가 포물선을 그리면서 다시 떨어질 때 최대 수평 도달 거리를 갖는다. 마찬가지로 처음 속력으로 던질 때, 45° 보다 큰 각이나 작은 각일 경우 그림 3.13에 나타낸 것처럼 수평 도달 거리가 짧다. 즉, 45° 보다 크거나 작으면 거리가 짧은데 이러한 각은 30°와 60°가 있다.

그래서 이상적인 포물체는 45°로 던져질 때 최대 수평 도달 거리를 얻을 수 있다. 그러나 지금까지는 공기저항을 무시한 것이다. 실제 상황에서는 야구공을 던지거나 칠 때 공기저항은 심각한 효과를 가지게 된다. 공기저항은 포물체의 속력을 감소시

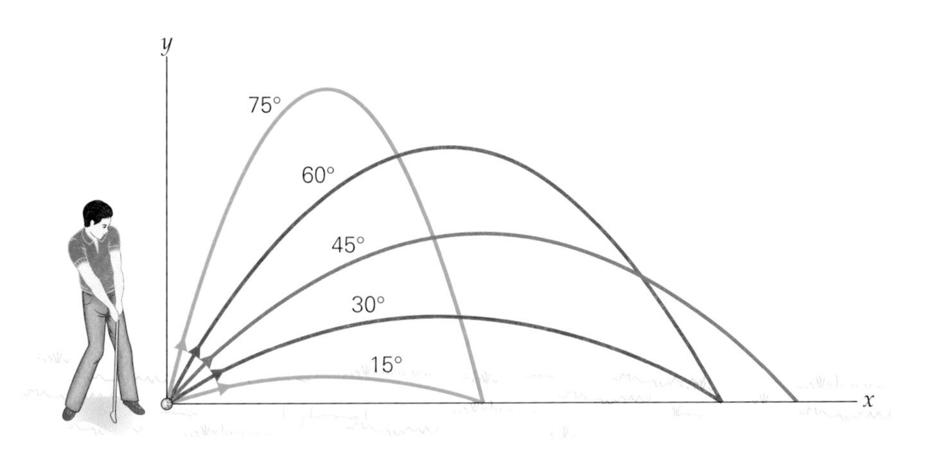

◀그림 3.13 **수평 도달 거리.** 주어진 처음 속력으로 던져질 때 이상적인 조건에서 45°로 던져질 때가 최대 수평 도달 거리를 갖는다(공기저항은 없다). 45° 보다 큰 각이나 작은 각일 때 수평 도달 거리가 짧다. 45°로부터 각도 차이가 같으면 수평 도달 거리는 같다(예를 들어 30°와 60°).

키고, 점차적으로 수평 도달 거리가 줄어들게 된다. 결과적으로 공기저항은 한 요인이 되는데, 이때 최대 수평 도달 거리를 얻기 위한 각도는 45° 보다 작게 해야 하며 이때 처음 수평 속도를 높여주게 된다(그림 3.14). 스핀 및 바람과 같은 다른 요인도 역시 포물체의 수평 도달 거리에 영향을 준다. 예를 들면 골프공의 역회전은 공을 위로 뜨게 하므로 최대 수평 도달 거리를 얻기 위해서는 45° 보다 훨씬 작게 쳐야만 한다.

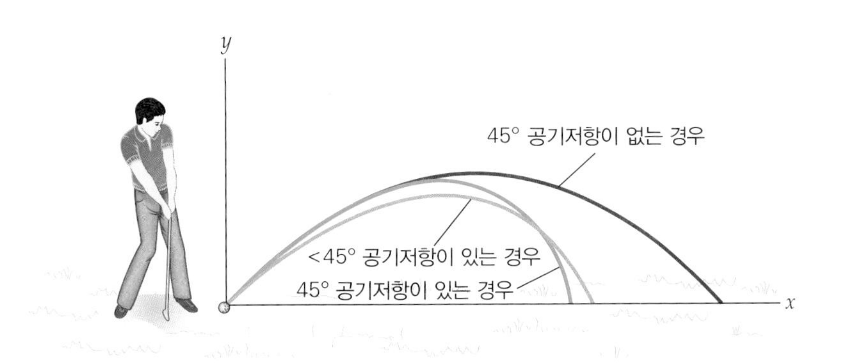

(a)

(b)

◀그림 3.14 **공기저항과 수평 도달 거리.** **(a)** 공기저항이 요인일 때 최대 수평 도달 거리를 위한 포사 각도는 45° 보다 작아야 한다. **(b)** 창던지기. 공기저항 때문에 최대 수평 도달 거리에 도달하기 위해서 포사 각도는 45° 보다 작게 던져야 한다.

최대 수평 도달 거리에 도달하려면 45°의 각도로 포사해야 한다는 점을 유의하라. 처음 속도의 성분은 같아야 하는데, 즉 $\tan^{-1}(v_{y_0}/v_{x_0}) = 45°$이고 $\tan 45° = 1$로 $v_{y_0} = v_{x_0}$이다. 그러나 이 조건은 항상 물리적으로 가능한 것은 아니다. 이론과 실전에는 약간의 차이가 있기 때문이다.

예제 3.6 **슬랩 숏(스틱을 조금 흔들어 퍽을 강하게 침)–잘 쳤나?**

한 하키 선수가 네트 바로 앞 15.0 m가 되는 곳에서 (골키퍼는 없이) "슬랩 숏"을 쳤다. 네트의 높이는 1.20 m이고, 퍽은 처음 35 m/s의 속력으로 얼음 위 5.00°의 각도로 쳤다(그림 3.15). (a) 퍽이 네트에 들어가는지를 결정하라. (b) 만일 그렇다면 퍽이 네트의 앞면을 통과할 때 수직으로 상승하는지 하강하는지를 결정하라.

풀이

문제상 주어진 값:

$$x = 15.0\ \text{m},\ x_0 = 0$$
$$y_{\text{net}} = 1.20\ \text{m},\ y_0 = 0$$
$$\theta = 5.00°,\ v_0 = 35.0\ \text{m/s}$$
$$v_{x_0} = v_0 \cos 5.00° = 34.9\ \text{m/s}$$
$$v_{y_0} = v_0 \sin 5.00° = 3.05\ \text{m/s}$$

(a) 시간 t에서 퍽의 수직 위치는 $y = v_{y_0}t - \frac{1}{2}gt^2$에 의해 주어지기 때문에 퍽이 네트까지 15.0 m를 이동하는 데 걸리는 시간 t를 알 필요가 있다. 그래서 x축 운동으로부터 구한다.

$$x = v_{x_0}t \quad \text{또는} \quad t = \frac{x}{v_{x_0}} = \frac{15.0\ \text{m}}{34.9\ \text{m/s}} = 0.430\ \text{s}$$

따라서 퍽이 네트 앞에 도달했을 때 퍽의 높이는

$$y = v_{y_0}t - \frac{1}{2}gt^2 = (3.05\ \text{m/s})(0.430\ \text{s}) - \frac{1}{2}(9.80\ \text{m/s}^2)(0.430\ \text{s})^2$$
$$= 1.31\,\text{m} - 0.906\,\text{m} = 0.40\,\text{m}$$

결국 퍽은 네트에 골인하게 된다.

(b) 퍽이 최대 높이에 있을 때 시간을 t_u라 하면 $v_y = v_{y_0} - gt_\text{u}$, 여기서 $v_y = 0$와

$$t_\text{u} = \frac{v_{y_0}}{g} = \frac{3.05\,\text{m/s}}{9.80\,\text{m/s}^2} = 0.311\,\text{s}$$

그래서 퍽이 0.430초 만에 네트에 도달하므로 최대 높이에서 하강하고 있다.

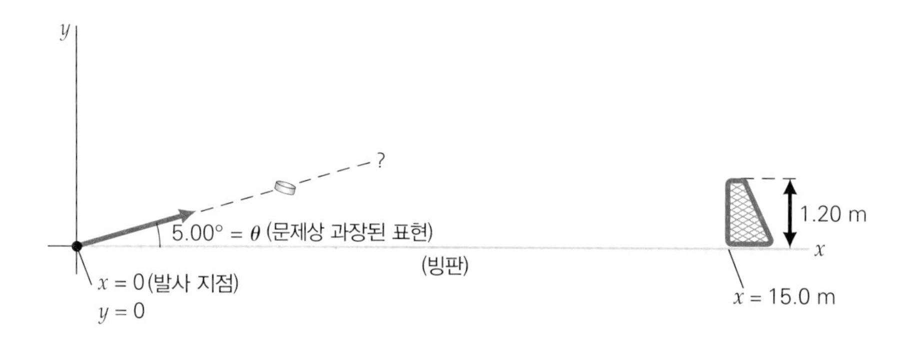

▲그림 3.15 **슬랩 숏 골인가?**

3.4 상대속도(선택)

속도는 절대적이지는 않지만 관찰자에게 의존한다. 즉, 관측자의 운동 상태에 따라 상대적으로 감지되는 양이다. 만약 여러분이 어떤 속도로 움직이는 물체를 관측한다고 하자. 그 물체의 속도는 그 물체 이외의 다른 것에 대해 반드시 **상대적**이어야 한

다. 예를 들면 볼링공이 어떤 속도로 볼링장 레인을 따라 굴러 내려간다면 공의 속도는 레인에 대해 상대적이다. 물체의 운동은 종종 지구 또는 땅에 대해 상대적으로 기술하게 되고 지구를 **정지해 있는** 기준계로 흔히 생각한다. 다른 경우에는 **움직이는** 기준계를 사용하는 것이 편리하다.

측정은 어떤 기준을 상대로 이루어진다. 이 기준은 통상적으로 좌표계의 원점이 된다. 하나의 좌표축 세트에서 원점을 지정하는 것은 임의이고 순전히 어디를 원점으로 선택하느냐는 것은 문제를 취급하는 사람의 선택에 달려 있다. 예를 들어 여러분이 길에 좌표계를 붙이거나 땅에다 좌표계를 붙인다면 자동차의 속도나 변위는 그 기준계를 기준으로 측정할 수 있다. 움직이는 좌표계에 대한 좌표축은, 고속도로를 달리는 자동차에 붙일 수 있다.

운동을 또 다른 기준계로 분석하고자 할 때는 물리적 상황이나 무엇이 발생했는지는 바꾸지 말고 단지 그것을 기술하고자 하는 관점만 유지하면 된다. 그래서 우리는 운동이 (어떤 기준계에 대해) **상대적**이라고 말한다. 그리고 그에 준한 속도를 **상대속도**라고 한다. 속도는 벡터이므로 벡터 덧셈과 뺄셈은 상대속도를 결정하는 데 도움이 된다.

3.4.1 일차원에서 상대속도

속도가 (직선을 따라) 같은 방향으로 또는 반대 방향으로 모두 같은 기준을 가지고 있다면 벡터 뺄셈을 사용해 상대속도를 구할 수 있다.

그림 3.16에서처럼 고속도로 위 직선도로를 따라 일정한 속도로 움직이는 자동차를 생각하자. 그림에 있는 자동차의 속도는 **지구나 땅을 기준으로 상대적**이고 그림 3.16a에서 기준이 되는 좌표축으로 표시해 놓은 것처럼 x축을 따라 운동하고 있다. 정차해 있는 A 자동차에 있는 사람이나 고속도로 가장자리에 정지해 있는 관측자에 대해 상대적이다. 즉, 이들 관측자는 자동차가 속도 $\vec{\mathbf{v}}_B = +90\,\text{km/h}$와 $\vec{\mathbf{v}}_C = -60\,\text{km/h}$로 움직이는 것을 본다. 두 물체의 상대속도는 그들 사이의 속도차(벡터)로 주어진다. 예를 들면 A 자동차에 대한 B 자동차의 상대속도는

$$\vec{\mathbf{v}}_{BA} = \vec{\mathbf{v}}_B - \vec{\mathbf{v}}_A = (+90\,\text{km/h})\hat{\mathbf{x}} - 0 = (+90\,\text{km/h})\hat{\mathbf{x}}$$

그래서 A 자동차에 앉아 있는 사람은 B 자동차가 (x축의 양의 방향으로) 속력 90 km/h로 멀어져 가는 것을 본다. 속도 방향은 “+”와 “−” 부호로 표시된다(방정식에 사용된 모든 부호는 그대로 두고 이들 부호를 그대로 덧붙여서 사용한다). 유사하게 C 자동차의 상대속도는 자동차 A에 있는 관측자에게는

$$\vec{\mathbf{v}}_{CA} = \vec{\mathbf{v}}_C - \vec{\mathbf{v}}_A = (-60\,\text{km/h})\hat{\mathbf{x}} - 0 = (-60\,\text{km/h})\hat{\mathbf{x}}$$

의 속도를 갖게 되는데, 즉 A 자동차에 있는 사람은 C 자동차가 (음의 방향으로) 속력 60 km/h로 다가오는 것으로 보인다.

그러나 다른 자동차 속도를 B 자동차에 상대해서 알고 싶다고 하자(즉, B 자동차

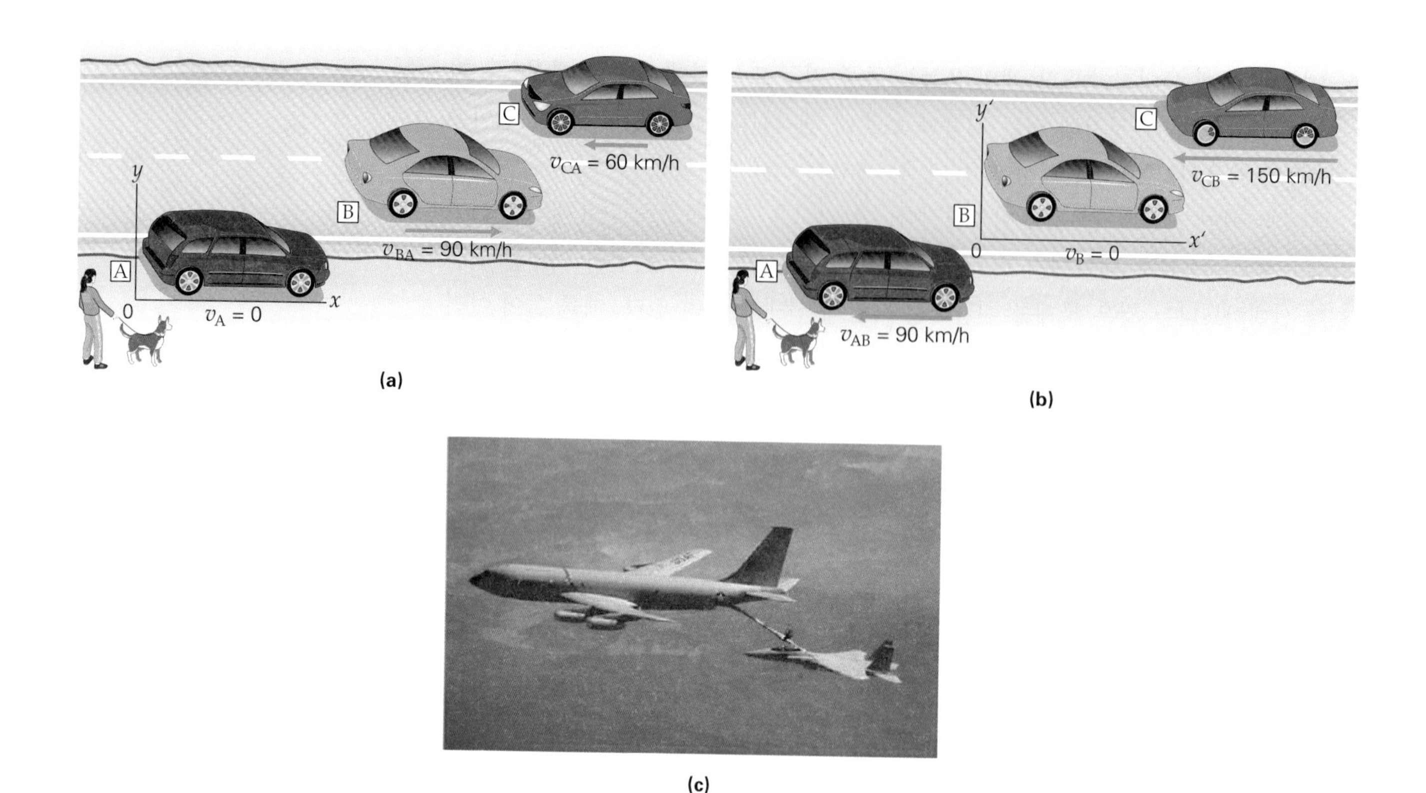

▲ 그림 3.16 **상대속도.** 관측된 자동차의 속도는 설정된 기준에 의존하거나 그 기준계에 대해 상대적으로 결정된다. **(a)**에서 보여주는 속도는 땅이나 주차 중인 차에 대한 것이고, **(b)**에서는 기준계가 자동차 B에 놓여 있다. 속도는 B 자동차의 운전자가 관측하는 속도이다(본문에 기술된 내용을 참고). **(c)** 비행기가 공중에서 연료 공급을 받고 있다. 비행기는 보통 시간당 수백 km를 날아간다. 이들 속도는 어떤 기준계에 준한 것인가? 이 두 비행기의 쌍방에 대한 속도는 얼마인가?

에 있는 관측자의 관점에서). 또는 B 자동차에 그림 3.16b 좌표계 원점을 고정시킨 기준 좌표계에 대한 상대속도를 원한다고 하자. 이 축에 대해서 B 자동차는 움직이지 않고 마치 고정된 기준점처럼 작용한다. 다른 자동차가 B 자동차에 대해 상대적으로 움직이고 있다. B 자동차에 대한 C 자동차의 속도는

$$\vec{\mathbf{v}}_{CB} = \vec{\mathbf{v}}_C - \vec{\mathbf{v}}_B = (-60\,\text{km/h})\hat{\mathbf{x}} - (+90\,\text{km/h})\hat{\mathbf{x}}$$
$$= (-150\,\text{km/h})\hat{\mathbf{x}}$$

유사하게 A 자동차의 속도는 B 자동차의 속도에 대해

$$\vec{\mathbf{v}}_{AB} = \vec{\mathbf{v}}_A - \vec{\mathbf{v}}_B = 0 - (+90\,\text{km/h})\hat{\mathbf{x}} = (-90\,\text{km/h})\hat{\mathbf{x}}$$

이다. B에 대해 다른 자동차 둘 다 $-x$ 방향으로 움직인다. 즉 C는 B에 150 km/h로 $-x$ 방향으로 접근하고 A 자동차는 B 자동차로부터 속력 90 km/h로 $-x$ 방향으로 멀어져 가는 것으로 나타난다(B 자동차에 있다고 상상하면 그 점을 정지점으로 잡는다. C 자동차는 매우 빠른 속력으로 다가오는 것으로 나타날 것이고 A 자동차는 마치 여러분을 기준으로 뒤 쪽으로 움직이는 것처럼 점점 멀어질 것이다).

일반적으로

$$\vec{\mathbf{v}}_{AB} = -\vec{\mathbf{v}}_{BA}$$

이다. 자동차 A와 B의 자동차 C에 대한 상대속도는 어떻게 되겠는가?

C 자동차에 대한 B 자동차의 속도는

$$\vec{\mathbf{v}}_{BC} = \vec{\mathbf{v}}_B - \vec{\mathbf{v}}_C = (90\,\text{km/h})\hat{\mathbf{x}} - (-60\,\text{km/h})\hat{\mathbf{x}}$$
$$= (+150\,\text{km/h})\hat{\mathbf{x}}$$

$\vec{\mathbf{v}}_{AC} = (+60\,\text{km/h})\hat{\mathbf{x}}$가 되는 것을 보여줄 수 있는가? 또한 그림 3.16c에 나타나는 상황을 주목하기 바란다.

경우에 따라 모두 똑같은 기준점을 가지고 있지 않는 속도로 물리적 상황을 취급할 필요가 있을 때가 있다. 그런 경우 상대속도는 벡터 합으로 구할 수 있다. 이런 유형의 문제를 풀 때는 **속도 기준점을 매우 조심스럽게 정하는 것이 문제 풀이에 기본이 된다**.

일차원적(선형적)인 예제를 먼저 살펴보자. 어떤 주요 공항에 있는 직선으로 움직이는 통로가 속도 $\vec{\mathbf{v}}_{wg} = (+1.0\,\text{m/s})\hat{\mathbf{x}}$로 움직인다. 여기서 아래 첨자 w는 움직이는 통로를 의미하고 g는 땅을 기준으로 하는 속도를 의미한다. 승객(p)가 움직이는 통로를 이용해 환승을 하려고 속도 $\vec{\mathbf{v}}_{pw} = (+2.0\,\text{m/s})\hat{\mathbf{x}}$로 움직인다. 이때 승객의 속도는 다음 움직이는 통로에 서있는 관측자에 대해 얼마가 되겠는가? (즉, 땅을 기준으로 한 속도)

이 속도 $\vec{\mathbf{v}}_{pg}$는 다음과 같이 주어진다.

$$\vec{\mathbf{v}}_{pg} = \vec{\mathbf{v}}_{p\underline{w}} + \vec{\mathbf{v}}_{\underline{w}g} = (2.0\,\text{m/s})\hat{\mathbf{x}} + (1.0\,\text{m/s})\hat{\mathbf{x}} = (3.0\,\text{m/s})\hat{\mathbf{x}}$$

그래서 정지해 있는 관측자는 3.0 m/s의 속력으로 이동하는 통로를 타고 내려가는 것으로 본다(스케치하여 벡터가 어떻게 합성되는지 보여라). w 기호끼리 연결된 선에 대한 설명은 다음 절에서 논의한다.

3.4.2 문제 풀이 힌트

만약 승객이 걷는 방향과 반대 방향으로 이동하고 있는 움직이는 통로를 타고 그 움직이는 통로와 같은 속력으로 걸으면 어떻게 될까? 지금 승객이 걸어가고 있는 속도는 $\vec{\mathbf{v}}_{pw} = (-1.0\,\text{m/s})\hat{\mathbf{x}}$이다. 이 경우 정지해 있는 관측자에 대해서는 다음과 같다.

$$\vec{\mathbf{v}}_{pg} = \vec{\mathbf{v}}_{p\underline{w}} + \vec{\mathbf{v}}_{\underline{w}g} = (-1.0\,\text{m/s})\hat{\mathbf{x}} + (1.0\,\text{m/s})\hat{\mathbf{x}} = 0$$

그래서 승객이 땅을 기준으로 정지해 있고 움직이는 이동 통로가 마치 돌아가는 쳇바퀴처럼 작용한다.

3.4.3 이차원적 상대속도

물론 속도는 언제나 같은 방향이거나 반대 방향만 있는 것은 아니다. 그래서 직각 성분을 이용해서 벡터의 덧셈이나 뺄셈을 어떻게 사용하는지 알고 있으므로 예제 3.7과 예제 3.8에서 보여주는 이차원적 상대속도를 포함한 문제를 풀 수 있다.

예제 3.7 강을 건너서 아래로–상대속도와 운동 성분

폭이 500 m인 곧게 뻗은 강의 강물이 2.55 km/h로 흐르고 있다. 일정한 속력 8.00 km/h로 모터보트가 강을 건너고 있다(그림 3.17). (a) 만약 보트머리가 강을 가로질러 반대편 강가를 향하고 있다면 다리의 한쪽 코너에 앉아 있는 관측자를 기준으로 보트의 속력은 얼마인가? (b) 보트의 도착점은 보트의 출발점과 강 건너 바로 반대편 지점에서 강 하류 쪽으로 얼마나 떨어져 있겠는가?

풀이

그림 3.17에서 나타낸 것처럼 강물이 흐르는 속도는 x축 방향이고 ($\vec{\mathbf{v}}_{rs}$는 강을 기준으로 한 강가의 속도) 보트의 속도($\vec{\mathbf{v}}_{br}$는 강을 기준으로 한 보트의 속도)는 y축 방향이다. 아래 첨자로 표시한 것과 같이 강물의 속도는 강가를 기준으로 하고, 보트의 속도는 강을 기준으로 한 것임에 유의하라. 여기서 주어진 조건의 데이터를 보면 다음과 같다.

$$y_{\max} = 500\text{ m}$$
$$\vec{\mathbf{v}}_{rs} = (2.55\,\text{km/h})\hat{\mathbf{x}} = (0.709\,\text{m/s})\hat{\mathbf{x}}$$
$$\vec{\mathbf{v}}_{br} = (8.00\,\text{km/h})\hat{\mathbf{y}} = (2.22\,\text{m/s})\hat{\mathbf{y}}$$

보트는 출발점과 반대편에 있는 강가를 향해 움직이고 있고 강물은 아래 방향으로 흐르고 있다. 이 속도 성분은 그림 3.17에서 강에 놓인 다리 위를 걸어서 건너는 사람의 벡터와 강가를 하류 쪽으로 따라 산책하는 사람의 벡터가 분명히 서로 근사적이다. 만약 이 두 관측자가 보트를 따라간다면 각각의 속도는 보트의 속도 성분의 하나와 대등하게 될 것이다. 속도 성분이 일정하기 때문에 보트는 강을 대각선으로 건넌다(마치 예제 3.1과 같이 공이 대각선으로 굴러가는 것과 같다).

(a) 강가를 기준으로 하는 보트의 속도는 벡터 합에 의해 주어지고 이 경우는,

$$\vec{\mathbf{v}}_{bs} = \vec{\mathbf{v}}_{br} + \vec{\mathbf{v}}_{rs}$$

벡터가 축을 따라 있지 않으므로 이들 크기를 그냥 합할 수 없다. 그래서 그림 3.17에서 벡터는 직각삼각형을 이루므로 피타고라스 정리를 이용해서 크기 v_{bs}을 구할 수 있다.

$$v_{bs} = \sqrt{v_{br}^2 + v_{rs}^2} = \sqrt{(2.22\,\text{m/s})^2 + (0.709\,\text{m/s})^2}$$
$$= 2.33\,\text{m/s}$$

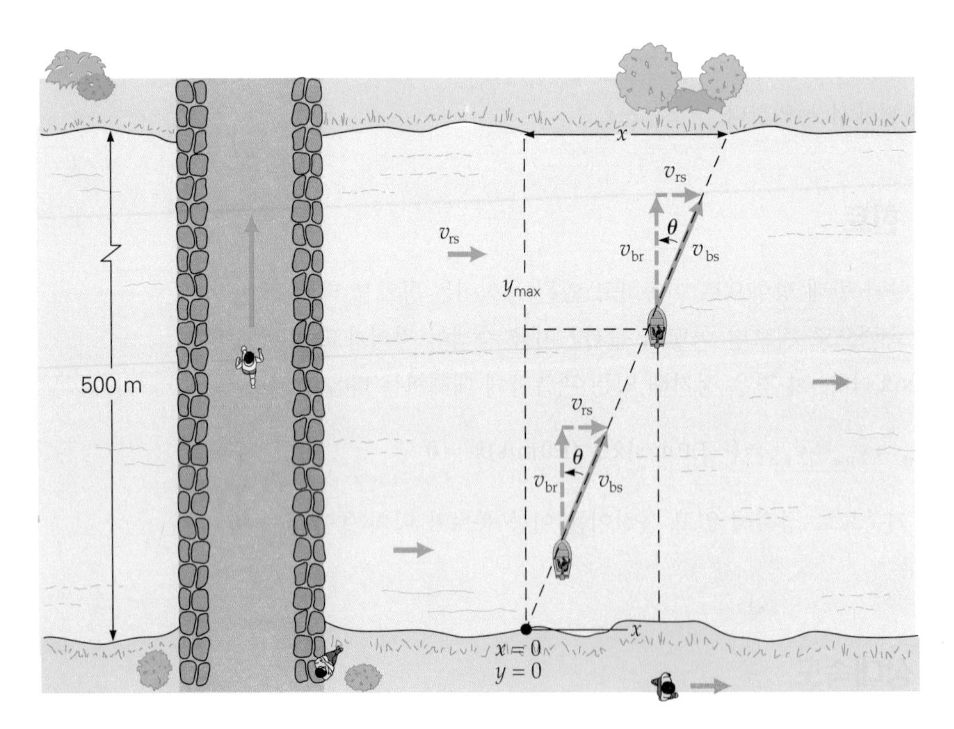

▲ 그림 3.17 **상대속도와 운동 성분**. 보트가 강을 건널 때 물살을 따라 아래로 흘러내려 간다.

또 이 속도의 방향은 아래와 같이 정의한다.

$$\theta = \tan^{-1}\left(\frac{v_{rs}}{v_{br}}\right) = \tan^{-1}\left(\frac{0.709\,\text{m/s}}{2.22\,\text{m/s}}\right) = 17.7°$$

(b) 물살이 보트를 하류로 이동시키는 거리 x를 찾기 위해서 성분을 이용해야 한다. y축 방향으로는 $y_{max} = v_{br}t$이고

$$t = \frac{y_{max}}{v_{br}} = \frac{500\,\text{m}}{2.22\,\text{m/s}} = 225\,\text{s}$$

이므로 이 시간은 보트가 강을 건너는 데 걸린 시간이다.

이 시간 동안에 보트가 강물의 흐름을 따라 이동한 거리 x는 다음과 같다.

$$x = v_{rs}t = (0.709\,\text{m/s})(225\,\text{s}) = 160\,\text{m}$$

예제 3.8 바람에 날리는-상대속도

비행기가 200 km/h(공기 중에서 속력)로 50.0 km/h로 부는 서풍을 받고 북쪽으로 직선으로 날아가고 있다(바람의 풍향은 바람의 근원지에서부터 불어 나가는 방향을 잡는 것이므로 이 경우 서풍의 의미는 서쪽에서부터 동쪽으로 향하는 바람을 말한다). 북쪽으로 향하는 비행기 방향을 지키기 위해서 비행기는 그림 3.18에서 보여주는 것처럼 어느 각 θ 방향으로 날아가야 된다. 북쪽을 향하는 노선을 따르는 비행기의 속력은 얼마인가?

풀이

주어진 상대속도에 대한 기준계를 설정 규명하는 것이 중요하다.

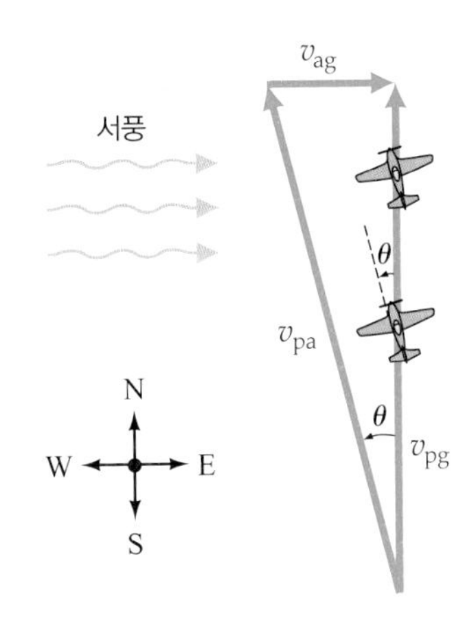

▲ 그림 3.18 **바람타고 날기.** 정북쪽으로 비행기가 날아가려면 비행기의 방향(θ 방향)은 북서쪽을 향해야 한다.

문제상 주어진 값:

$\vec{\mathbf{v}}_{pa} = 200$ km/h, 각 θ에서 (정적인 공기에 대한 비행기 속도 = 공기 속력)와 $\vec{\mathbf{v}}_{ag} =$ 50.0 km/h, 동쪽(지구에 대한 공기의 속도 = 바람 속력) 비행기는 북쪽으로 속도 $\vec{\mathbf{v}}_{pg}$로 날아간다. 벡터적으로 각각의 속도는

$$\vec{\mathbf{v}}_{pg} = \vec{\mathbf{v}}_{pa} + \vec{\mathbf{v}}_{ag}$$

와 관계한다.

만약에 바람이 불지 않는다면 ($v_{ag} = 0$) 땅 속력이나 공기 속력이 모두 동일하다. 그러나 바람이 불 땐 땅 속력은 느려지는데 비행기 뒤쪽에서 부는 바람은 땅 속력을 빠르게 한다. 상황은 비슷해서 보트가 물의 흐름을 거슬러 올라가거나 물 흐름을 따라가는 것과 유사하다.

여기서 $\vec{\mathbf{v}}_{pg}$는 다른 두 벡터의 합성이고 삼각법에 의해 더해지면 된다. v_{pg}를 찾기 위해 피타고라스 정리를 이용한다. 여기서 v_{pa}는 삼각형의 빗변이다.

$$v_{pg} = \sqrt{v_{pa}^2 - v_{ag}^2} = \sqrt{(200\,\text{km/h})^2 - (50.0\,\text{km/h})^2}$$
$$= 194\,\text{km/h}$$

(다른 단위가 포함되어 있지 않으므로 단위환산을 하지 않고 그냥 km/h 단위를 사용하였다.)

연습문제

통합 연습문제(Integrated Exercises, IEs)는 두 부분으로 이루어진다. 첫 번째 부분은 일반적으로 기본 원칙과 추론에 기초한 개념적 답변 선택을 요구한다. 두 번째 부분은 연습의 첫 번째 부분에서 이루어진 개념적 선택과 관련된 정량적 계산을 필요로 한다. 기호(•)은 문제의 난이도를 의미한다. 쉬움(•), 보통(••), 어려움(•••)

3.1 운동의 성분

1. • 한 비행기가 속력 200 km/h의 수평 성분에 대해 15° 각도로 올라간다. (a) 비행기의 실제 속력은 얼마인가? (b) 속도의 수직 성분의 크기는 얼마인가?

2. IE • 가속도의 x와 y성분은 각각 3.0 m/s²와 4.0 m/s²이다. (a) 가속도의 크기는? (1) 3.0 m/s²보다 작다, (2) 3.0 m/s² ~4.0 m/s², (3) 4.0 m/s²~7.0 m/s², (4) 7.0 m/s²과 같다. (b) 가속도의 크기와 방향을 구하면?

3. •• $+x$축에 대해 각도 37°인 속도의 x성분은 4.8 m/s의 크기를 갖는다. (a) 속도의 크기는 얼마인가? (b) 속도의 y성분의 크기는 얼마인가?

4. •• 한 학생이 50 m 거리를 1.0분 만에 갈 수 있는 평평한 직사각형 캠퍼스 광장을 대각선으로 거닐고 있다(그림 3.19). (a) 대각선 경로가 광장의 긴 면과 37° 각도를 이루는 경우, 만약 학생이 대각선 길을 따라 걷지 않고 광장 바깥을 반쯤 걸었다면 이동한 거리는 얼마나 될까? (b) 만약 그 학생이 일정한 속도로 1.0분 만에 바깥길을 걸었다면, 그녀는 양쪽에 얼마나 많은 시간을 할애했을까?

▲ 그림 3.19 **어느 쪽이야?**

5. •• 테이블에서 구르는 공은 직각 성분 $v_x = 0.60$ m/s와 $v_y = 0.80$ m/s인 속도를 갖는다. 2.5초 동안 공의 변위는 얼마인가?

6. IE •• 궤적의 일부 동안 (정확히 1분 동안 지속된다) 미사일은 수직으로부터 20°의 일정한 방향 각도를 유지하면서 2000 mi/h의 일정한 속력으로 이동한다. (a) 이 단계에서 속도 성분에 대한 설명으로 옳은 것은? (1) $v_y > v_x$, (2) $v_y = v_x$, (3) $v_y < v_x$ (힌트: 스케치를 해보고 각도를 조심해라.) (b) 두 속도 성분을 (a)에서 선택된 것을 확인하고 분석하여 결정하라. 또한 이 시간 동안 미사일이 얼마나 높이 올라갈지 계산하라.

7. •• 입자가 $+x$축 방향으로 3.0 m/s의 속도로 이동한다. 원점에 도달하면 입자는 $-y$축 방향으로 0.75 m/s²의 등가속도를 받는다. 1.0초 후 입자의 위치는?

3.2 벡터의 덧셈과 뺄셈

8. • (a) $\vec{\mathbf{A}} = 3.0\hat{\mathbf{x}} + 5.0\hat{\mathbf{y}}$와 $\vec{\mathbf{B}} = 1.0\hat{\mathbf{x}} - 3.0\hat{\mathbf{y}}$을 합하면? (b) $\vec{\mathbf{A}} + \vec{\mathbf{B}}$의 크기와 방향은?

9. •• 주어진 각각의 벡터에 대해 벡터에 합해지는 경우 영 벡터(크기가 0인 벡터)를 만드는 벡터가 주어진다. 주어진 벡터의 형태를 다른 형태로 표현하라(성분 또는 크기–각도). (a) $\vec{\mathbf{A}}$ = 4.5 cm, $+x$축 위 40°, (b) $\vec{\mathbf{B}} = (2.0\,\text{cm})\hat{\mathbf{x}} - (4.0\,\text{cm})\hat{\mathbf{y}}$, (c) $\vec{\mathbf{C}}$ = 8.0 cm, $-x$축 위 60°의 각도.

10. •• 두 벡터 $\vec{\mathbf{A}} = 4.0\hat{\mathbf{x}} - 2.0\hat{\mathbf{y}}$와 $\vec{\mathbf{B}} = 1.0\hat{\mathbf{x}} + 5.0\hat{\mathbf{y}}$로 주어진다. (a) $\vec{\mathbf{A}} + \vec{\mathbf{B}}$, (b) $\vec{\mathbf{B}} - \vec{\mathbf{A}}$, (c) $\vec{\mathbf{A}} + \vec{\mathbf{B}} + \vec{\mathbf{C}} = 0$을 만족하는 벡터 $\vec{\mathbf{C}}$을 구하라.

11. •• 두 벡터가 주어져 있다. $\vec{\mathbf{A}}$는 길이가 10.0이고 방향은 $-x$축 아래 45° 각도를 이루고, $\vec{\mathbf{B}}$는 x성분은 +2.0, y성분은 +4.0이다. (a) x–y좌표축에 원점을 꼬리로 해서 벡터를 그려라. (b) $\vec{\mathbf{A}} + \vec{\mathbf{B}}$를 계산하라.

12. •• 그림 3.20에 보여준 벡터에 대하여 $\vec{\mathbf{A}} + \vec{\mathbf{B}} + \vec{\mathbf{C}}$를 결정하라.

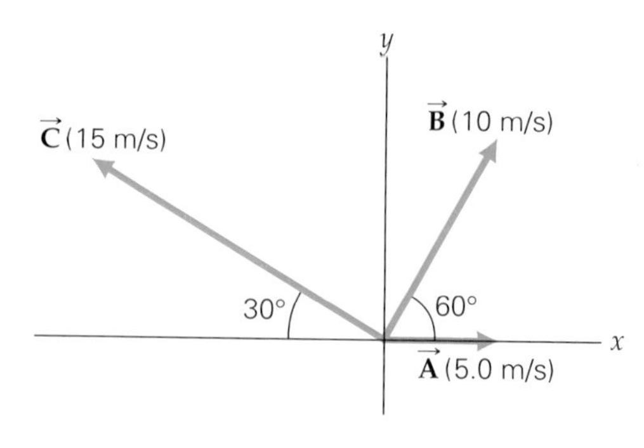

▲ 그림 3.20 **벡터 덧셈**

13. •• 주어진 두 벡터 $\vec{\mathbf{A}}$와 $\vec{\mathbf{B}}$의 크기가 각각 A와 B이다. 이때 $\vec{\mathbf{A}}$에서 $\vec{\mathbf{B}}$를 빼서 벡터 $\vec{\mathbf{C}} = \vec{\mathbf{A}} - \vec{\mathbf{B}}$을 얻을 수 있다. 만약 $\vec{\mathbf{C}}$의 크기가 $C = A + B$와 같다면, $\vec{\mathbf{A}}$와 $\vec{\mathbf{B}}$의 상대적 방향은 무엇인가?

14. •• 그림 3.21의 평행사변형 그림을 참고해서 $\vec{\mathbf{C}}$, $\vec{\mathbf{C}} - \vec{\mathbf{B}}$, $(\vec{\mathbf{E}} - \vec{\mathbf{D}} + \vec{\mathbf{C}})$를 $\vec{\mathbf{A}}$와 $\vec{\mathbf{B}}$로 나타내라.

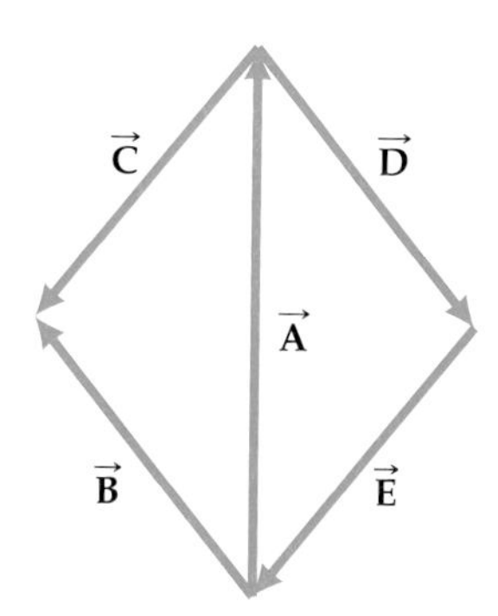

▲ 그림 3.21 **세 개의 벡터**

15. •• 한 학생이 두 개의 다른 벡터인 $\vec{\mathbf{F}}_1$과 $\vec{\mathbf{F}}_2$를 합하는 것과 관련된 세 가지 문제를 연구한다. 그는 세 가지 벡터 합성의 크기가 (a) $F_1 + F_2$, (b) $F_1 - F_2$, (c) $\sqrt{F_1^2 + F_2^2}$에 의해 주어진다고 말한다. 이 결과들이 가능한가? 그렇다면 각각의 경우에 대한 벡터를 설명하라.

16. •• 한 변위는 크기가 15.0 m인 벡터와 두 번째 변위의 크기는 20.0 m인 두 변위는 원하는 각도를 가질 수 있다. (a) 이 두 벡터의 합을 어떻게 만들어야 가능한 한 가장 큰 크기를 가지겠는가? 크기는 얼마인가? (b) 벡터 합의 크기가 최소가 되도록 하려면 어떻게 해야 하는가? 크기는 얼마인가? (c) 결과를 두 벡터로 일반화하라.

17. IE ••• 한 기상학자가 도플러 레이더로 뇌우의 움직임을 추적한다. 오후 8시, 폭풍은 그녀의 기지에서 북동쪽으로 60마일 떨어진 곳에 있었다. 오후 10시에 폭풍은 북쪽 75미일에 있다. (a) 폭풍의 일반적인 속도의 방향은? (1) 남동쪽 (2) 북서쪽 (3) 북동쪽 (4) 남서쪽. (b) 폭풍의 평균 속도는 얼마인가?

18. ••• 그림 3.22와 같이 두 학생이 상자를 당기고 있다. 여기서 $F_1 = 100$ N와 $F_2 = 150$ N이다. 이때 다른 한 힘이 가해질 때 상자가 정지할 수 있게 하는 세 번째 힘은 얼마인가?

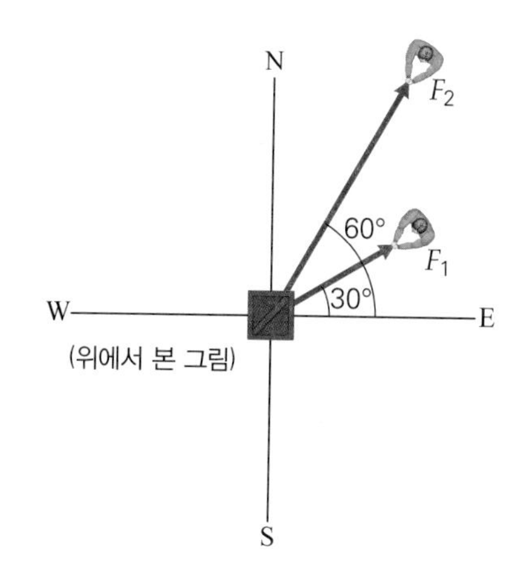

▲ 그림 3.22 **힘 벡터의 합**

3.3 포물체 운동

19. • 전자는 구형 컴퓨터 모니터의 전자총에서 1.5×10^6 m/s의 속력으로 수평하여 튀어나온다. 화면이 총구의 끝에서 35 cm 떨어져 있는 경우, 화면을 치기 전에 전자가 수직 방향으로 얼마나 멀리 이동할 것인가? 당신의 대답을 근거로, 기술자들이 이 중력효과에 대해 걱정할 필요가 있다고 생각하는가?

20. • 처음 속력 5.0 m/s로 수평으로 공을 던졌다. (a) 위치와 (b) $t = 2.5$ s일 때 속도를 구하라.

21. •• 투수가 시속 140 km/h의 속력으로 18.4 m 떨어진 홈 플레이트를 향해 직구를 수평으로 던진다. (a) 타자의 리액션과 스윙 시간을 합치면 0.350초면 타자는 스윙을 하기 전에 투수의 손을 떠난 뒤 얼마나 오래 볼 수 있을까? (b) 플레이트로 이동할 때 공은 원래의 위치에서 얼마나 멀리 떨어져 있는가?

22. •• 고도 1.5 km에서 시속 300 km/h를 비행하는 화물기의 조종사는 평지 상의 특정 위치에 야영객들에게 물자를 하역하고 싶어 한다. 지정된 지점이 보이면 조종사는 보급품을 떨어뜨릴 준비를 한다. (a) 포장이 풀릴 때 수평선과 조종사의 시선 사이에는 몇 도의 각을 이루게 되는가? (b) 보급품이 땅에 떨어질 때 비행기의 위치는 어디인가?

23. •• 컨버터블 차가 13 km/h의 속력으로 천천히 평평한 직선 도로를 따라 이동한다. 이때 차 안에 있던 사람이 수평 위 30°의 각도로 전방 3.6 m/s의 속력으로 공을 던진다. 공이 바닥에 떨어질 때 차는 어디에 있는가?

24. •• 달에서 우주비행사는 발사대에서 발사체를 발사하여 최대 사정거리를 확보한다. 발사대의 포구에서 쏜 발사체의 속도가 25 m/s라고 한다면 발사체의 최대 사정거리는 얼마인가? [힌트: 달에서 중력 가속도는 지구의 1/6이다.]

25. •• 실험실에서 발사체의 사정거리를 이용해서 발사체의 속력을 판단할 수 있다. 이 실험이 어떻게 이루어지는지 보기 위해 공이 수평 테이블에서 굴러떨어질 때 테이블 끝부분에서 1.5 m 거리인 지점에 떨어진다고 가정하자. 바닥면에서 테이블 상판까지 높이가 90 cm인 경우 다음의 질문을 결정하라. (a) 공이 공중에 떠 있는 시간, (b) 테이블 끝을 떠나는 순간의 공의 속력

26. •• 지상에서 발사된 포사체가 도달한 최대 높이가 포사체 범위의 절반과 같을 경우, 이때 발사 각도는 얼마인가?

27. ••• 그림 3.23과 같이 이번에는 윌리엄 텔이 나무에 매달린 사과를 활로 쏘고 있다. 사과는 20.0 m의 수평 거리, 지상에서 4.00 m의 높이에 있다. 만약 화살이 지상에서 1.00 m 높이에서 발사되어 사과에 0.500초 후에 명중하면 화살이 처음 속도는 얼마인가?

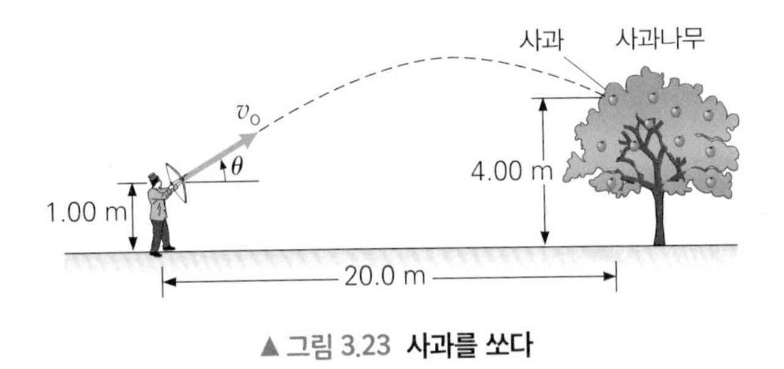

▲ 그림 3.23 **사과를 쏘다**

28. IE ••• 숏 퍼터가 12.0 m/s의 속력으로 지상에서 2.0 m인 높이에서 샷을 쳤다. 처음 속도는 수평 위 20°의 각도에 있다. 지면은 평평하다고 가정하자. (a) 지면에서 같은 각도와 속력으로 친 공에 비해 공이 공중에 떠 있는 시간은? (1) 더 긴 시간, (2) 짧은 시간, (3) 같은 시간 (b) 정확한 답을 구하라. 지면에 닿기 직전의 샷의 거리와 단위벡터(성분)를 이용해 속도를 구하라.

3.4 상대속도(선택)

29. • 백화점에서 쇼핑객이 물건을 사기 위해 서둘렀다. 그녀는 에스컬레이터에 비해 1.0 m/s의 속도로 에스컬레이터 위를 걸어 올라간다. 에스컬레이터의 길이가 10 m이고 0.50 m/s의 속력으로 움직이면 쇼핑객이 다음 층까지 가는 데 얼마나 걸리는가?

30. • 평탄한 직선도로에서 70 km/h로 이동하는 픽업트럭 뒷자리에 탄 사람이 트럭의 움직이는 반대 방향으로 트럭에 비해 15 km/h의 속력으로 공을 던진다. 다음 경우의 공의 속도를 구하라. (a) 길가에 정지해 있는 관찰자에 상대적인 공의 속도는 얼마인가? (b) 90 km/h의 속도로 트럭과 같은 방향으로 움직이는 자동차의 운전자에 상대적인 공의 속도는 얼마인가?

CHAPTER 4

힘과 운동*
Force and Motion

사람들이 차를 밀기 위해 힘을 가하고 있다. 타이어와 눈 사이의 마찰력 부족으로 인해 움직일 수 없다.

이 장의 처음 사진과 같은 상황이 되었을 때 차를 움직이기 위해 필요한 것은 이 차를 끌거나 미는 것이지 물리학으로 해결되는 것은 아니다. 만약 궁지에 몰린 사람들이 충분한 힘(또는 견인차)을 가할 수 있다면 차는 금방 움직일 수 있을 것이다. 그런데 무엇이 차를 눈 속에 꼼짝 못 하게 만든 것일까? 자동차는 마찰에 의존하여 움직이는데, 여기서 문제는 타이어와 눈 덮인 표면 사이에 마찰이 충분하지 않을 가능성이 높다.

제2장과 제3장은 운동학적 측면에서 운동을 분석하는 방법을 다루었다. 이제 우리의 관심은 동역학에 대한 분야, 즉 운동과 운동의 변화를 일으키는 원인에 대해 고찰하는 것이다. 이것은 힘과 관성의 개념으로 이어진다. 힘과 운동에 대한 연구는 초기의 많은 과학자들의 관심 대상이었다. 영국의 과학자 아이작 뉴턴(Isaac Newton, 1644~1727, 그림 4.1)은 이전의 과학자들의 다양한 연구들을 종합 정리하여 세 가지의 법칙을 발표하였다. 그리고 이 법칙이 바로 **뉴턴의 운동 법칙**이다. 이 법칙들은 동역학의 개념이 정리되어 있다. 이 장에서 여러분은 힘과 운동에 대해 뉴턴이 말하고자 했던 바를 배우고 될 것이다.

---

* 이 장에서 필요한 수학은 삼각함수를 포함한다. 부록 I에서 이러한 사항을 참조하라.

▶ 그림 4.1 **아이작 뉴턴**(Isaac Newton, 1642~1727). 가장 위대한 과학자 중의 한 사람 뉴턴은 수학, 천문학, 광학과 역학을 포함한 여러 분야의 물리학에 기초를 세웠다. 그는 운동의 법칙과 만유인력 법칙(7.5절)을 공식으로 나타내었고, 미적분학의 창시자들 중의 한 명이었다. 뉴턴은 20대 중반에 그의 가장 중요한 업적 중 일부를 이루었다.

4.1 힘과 알짜힘의 개념

우선 힘의 의미를 자세히 살펴보자. 힘의 예를 보여주는 것은 쉽다. 하지만 어떻게 힘의 개념을 일반적으로 정의할 것인가? 힘의 정의는 관측된 효과를 바탕으로 한다. 즉, 힘은 그 작용으로 인식되고 묘사된다. 경험적으로 **힘을 가하면 운동을 변화시킬 수 있다**는 것을 알고 있다. 힘은 정지해 있는 물체를 움직이게 한다. 또한 힘은 움직이는 물체의 속력을 빠르게 하거나 느리게 하기도 하고 움직이는 물체의 운동 방향을 바꿀 수도 있다. 다시 말하면 **힘은 속도의 변화(빠르기와 방향을 갖는)**, 즉 가속도를 유발할 수 있다. 그러므로 정지해 있는 물체가 움직이는 것을 포함하여 운동의 **변화**를 관측했다면 이는 힘이 가해진 증거이다. 이 개념은 **힘**의 정의로 이어진다.

힘은 물체의 운동 상태, 즉 속도를 변화시키거나 가속도를 발생시킬 수 있는 것이다.

여기서 **변화시킬 수 있다**라는 말은 매우 중요하다. 한 힘이 물체에 가해졌을 때 물체의 운동 변화가 생긴다는 것은 한 개 또는 그 이상의 힘에 의하여 균형을 이루거나 상쇄될 수 있다는 것을 의미한다. 이렇게 힘이 균형을 이루거나 상쇄될 경우에 알짜힘이 영이 된다. 따라서 힘이 운동의 변화를 일으키는 필요조건은 아니지만 힘이 단독으로 작용하면, 힘이 작용하는 물체는 속도가 변화되거나 가속도를 갖게 될 것이다.

힘은 가속도를 갖기 때문에 크기와 방향을 갖는 벡터량이 되어야 한다. 한 물체에 여러 개의 힘이 작용할 때 이들 힘의 합력(알짜힘)에 관심을 가져야 한다. 알짜힘 $\vec{\mathbf{F}}_{\text{net}}$

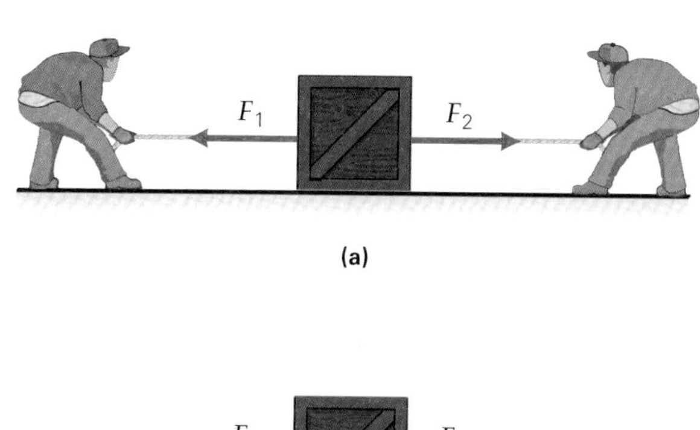

(a)

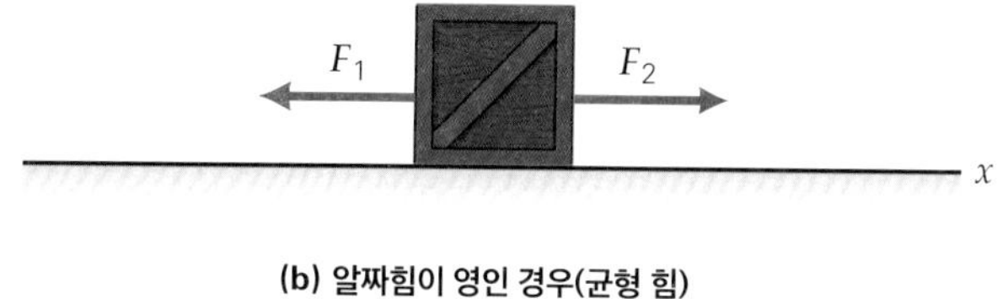

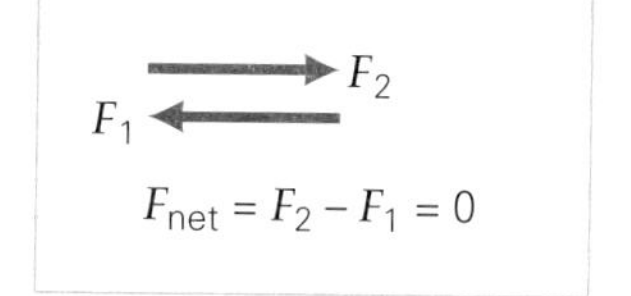

(b) 알짜힘이 영인 경우(균형 힘)

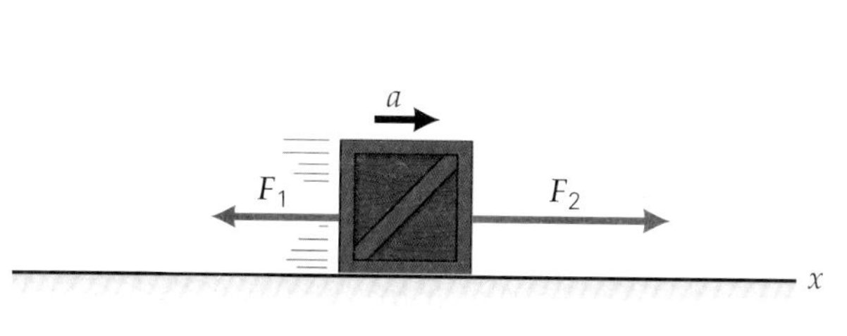

(c) 알짜힘이 영이 아닌 경우(불균형 힘)

◀그림 4.2 **알짜힘.** (a) 반대되는 힘이 나무상자에 가해진다. (b) 만일 힘의 크기가 같다면 나무상자에 가해지는 힘의 벡터합 또는 알짜힘은 영이다. 나무상자에 작용하는 힘은 균형을 이루고 있다. (c) 만일 힘의 크기가 같지 않다면 합력은 영이 아니다. 이때 나무상자에는 영이 아닌 알짜힘(F_{net}) 또는 불균형의 힘이 가해져서 나무상자에 가속도가 생긴다(예를 들어 나무상자가 처음 정지해 있었다면 나무상자를 운동하게 한다).

는 한 물체 또는 계에 작용하는 모든 힘의 벡터 합인 $\Sigma\vec{\mathbf{F}}_i$이다. 그림 4.2a와 같이 크기가 같고 방향이 반대인 두 힘이 한 물체에 작용하게 되면 두 힘을 더한 알짜힘은 영이 된다(그림 4.2b, 여기서 부호는 방향을 표시하는 데 이용한다). 그런 힘은 평행되었다고 한다. 영이 아닌 알짜힘은 두 힘의 불균형이라 한다(그림 4.2c). 이 경우 알짜힘이 작용된 것과 같은 하나의 힘만 작용한 것으로 분석할 수 있다. 불균형 또는 영이 아닌 알짜힘은 항상 가속도를 생기게 한다. 어떤 경우에는 작용된 불균형 힘이 물체의 크기 및 모양을 변화시킬 수 있다(9.1절 참조). 변형은 물체의 일부분에 대한 운동의 변화를 수반하므로 가속도가 있다.

힘은 때때로 두 가지 종류로 나눌 수 있는데, 이들 중 친숙한 힘은 접촉력이다. 이러한 힘은 물체 사이의 물리적 접촉으로 생긴다. 예를 들면 문을 밀어서 열거나 공을 발로 찰 때 문이나 공에 접촉력을 가하게 된다.

다른 종류의 힘은 비접촉력이라 부른다. 이들 힘의 예는 중력, 두 전하 사이에 작용하는 전기력 그리고 두 자석 사이에 작용하는 자기력 등이 있다. 달이 지구에 끌려서 중력에 의해 공전 궤도를 유지한다. 그러나 물리적으로 그 힘을 전달하는 건 접촉에 의한 것이 아니다.

이제 힘의 개념을 좀 더 잘 이해하기 위하여 뉴턴의 법칙으로 힘과 운동이 어떤 관계에 있는지를 알아보도록 하자.

4.2 관성과 뉴턴의 운동 제1법칙

뉴턴의 운동 제1법칙의 기초 개념은 갈릴레오에 의해 시작되었다. 그의 실험적인 조사에서 갈릴레오는 중력 하에서 운동을 관측하기 위하여 물체를 떨어뜨렸다. 그러나 중력에 의한 비교적 큰 가속은 물체를 단시간에 상당히 빠르고 멀리 이동하게 한다. 2.4절에서 보여준 운동 방정식으로부터 자유 낙하하는 물체는 3초 후에 29 m/s의 속력으로 44 m의 거리만큼 떨어진다(축구장 길이의 거의 반이나 되는 거리). 따라서 갈릴레오 시대에는 적절한 장치를 가지고 시간에 따른 자유낙하 거리를 실험적으로 측정하기가 매우 어려웠다.

갈릴레오는 물체의 속력을 낮추기 위해서 경사면 위를 구르는 공을 이용하여 운동을 연구할 수 있도록 하였다. 그는 공이 한 경사면 아래로 굴리도록 한 다음 다른 경사로를 올라가게 했다(그림 4.3). 갈릴레오는 공이 각각의 경우에서 거의 같은 높이로 굴러 내려갔지만, 경사각을 달리한 오르막 경사면으로 굴러갈 때 경사각이 작을 때 수평 방향으로 더 멀리 굴러간다는 점에 주목했다. 수평면 위로 구를 수 있게 되면 공은 상당한 거리를 이동했고, 표면이 매끄러우면 훨씬 더 멀리 갔다. 갈릴레오는 공이 수평면을 굴러갈 때 완벽하게 매끄러우면 (마찰이 없는) 얼마나 멀리까지 굴러가는지 궁금증을 갖게 되었다. 비록 이 상황이 실험적으로 달성될 수는 없지만 갈릴레오는 무한히 긴 평면이 있는 이상적인 경우, 공은 움직임을 변화시킬만한 것이 없으므로 (알짜힘이 없는) 균일한 직선 운동으로 무한히 계속 이동할 것이라고 추론했다(마찰이 없는 이상적인 경우 공은 실제로 굴러가지 않고 미끄러질 것이다).

갈릴레오 이전 약 1900년 동안 받아들여졌던 아리스토텔레스의 운동법칙에 의하면, 물체의 정상적인 상태는 (자연적으로 움직이는 것으로 여겨졌던 천체를 제외하고) 정지해 있는 것이다. 아마도 아리스토텔레스는 평면에서 움직이는 물체는 속도가 점점 줄어들어 마침내 정지한다는 결과를 관측했기 때문에 그에게는 물체의 정상 상태가 정지해 있다는 것이 더 논리적이었는지는 모른다. 그러나 갈릴레오는 실험으로부터 물체에 다른 힘이 작용하지 않는 한, 운동하고 있는 물체는 그 운동을 계속 유지하려고 하고 처음에 정지해 있는 물체는 계속 정지해 있으려고 하는 성질이 있다고 결론지었다.

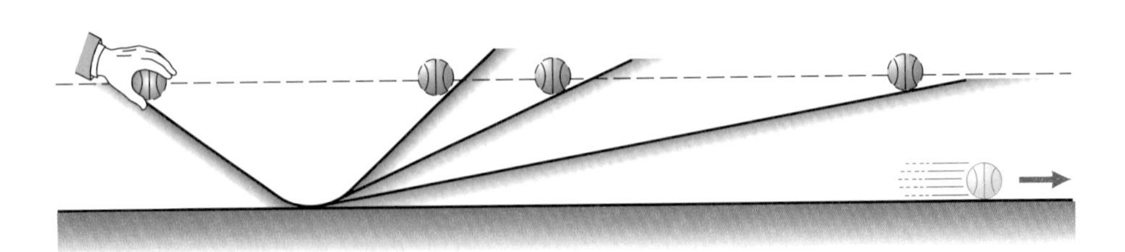

▲ 그림 4.3 **갈릴레오의 실험.** 경사각이 감소할수록 공은 오르막 경사면을 따라 더 멀리 굴러간다. 평평하고 매끄러운 표면에서 공은 정지하기 직전까지 더욱더 먼 거리를 굴러간다. 아주 매끄러운 이상적인 평면에서는 공은 얼마나 멀리 굴러갈까? (이런 경우 공은 마찰이 없으므로 구르지 않고 미끄러져 갈 것이다.)

갈릴레오는 이렇게 물체가 처음의 운동 상태를 계속 유지하려는 성향을 관성이라고 불렀다. 즉,

> **관성**(inertia)은 물체가 정지상태를 유지하거나 일직선으로 일정한 운동(등속도)을 유지하는 자연스러운 경향이다.

예를 들면 천천히 굴러가는 자동차를 밀어 멈추게 하려고 노력했다면, 움직임의 변화에 대한 저항을 느낄 것이다. 물리학자들은 관측된 행동의 관점에서 관성의 성질을 설명한다. 관성의 비교 예는 그림 4.4에 설명되어 있다. 두 펀칭백이 밀도(단위 부피당의 질량, 1.4절 참조)가 같다면, 각 펀칭백을 주먹으로 칠 때 더 큰 백은 더 큰 질량을 갖고 있으므로 관성이 더 크다는 것을 금방 알아차릴 수 있다.

뉴턴은 관성의 개념을 질량에 연관시켰다. 초기에 그는 질량을 물질의 양이라고 하였으나 후에 질량을 다음과 같이 재정의하였다.

> 질량은 관성의 정량적 측정값이다.

즉, 질량이 큰 물질은 작은 물질보다 관성이 더 크고 또한 운동의 변화에 더 크게 저항한다. 예를 들면 자동차는 자전거보다 관성이 더 크다.

뉴턴의 운동 제1법칙. 때때로 **관성의 법칙**이라 불리며, 다음과 같이 요약한다.

> 알짜힘이 작용하지 않으면($\vec{\mathbf{F}}_{\text{net}} = 0$), 정지해 있는 물체는 계속 정지상태를 유지하고, 운동하고 있는 물체는 일정한 속도(속력과 방향이 일정)를 갖고 계속 운동하려고 한다.

즉, 물체에 작용하는 알짜힘이 영이라면 가속도는 영이다. 만약 등속도로 운동하거나 정지해 있다면, 이 두 경우는 $\Delta\vec{\mathbf{v}} = 0$ 또는 $\vec{\mathbf{v}}$ = 일정이라 한다.

▲ 그림 4.4 **관성의 차이.** 더 큰 펀칭백은 질량이 더 크고 따라서 더 큰 관성 또는 운동의 변화에 대한 저항성을 가지고 있다.

4.3 뉴턴의 운동 제2법칙

운동의 변화 또는 가속도(속도의 변화 – 속력과/또는 방향)가 있다는 것은 알짜힘이 작용했다는 증거이다. 실험에 의하면 물체의 가속도는 가해진 알짜힘에 비례한다. 여기서 화살표는 벡터를 나타낸다.

$$\vec{\mathbf{a}} \propto \vec{\mathbf{F}}_{\text{net}}$$

예를 들면 두 개의 똑같은 당구공이 있다고 가정하자. 두 번째 공을 첫 번째 공보다 두 배 세게 치면(두 배의 힘을 가했다면), 두 번째 공의 가속도가 첫 번째 공보다 두 배 더 클 것이라고 예상할 수 있을 것이다.

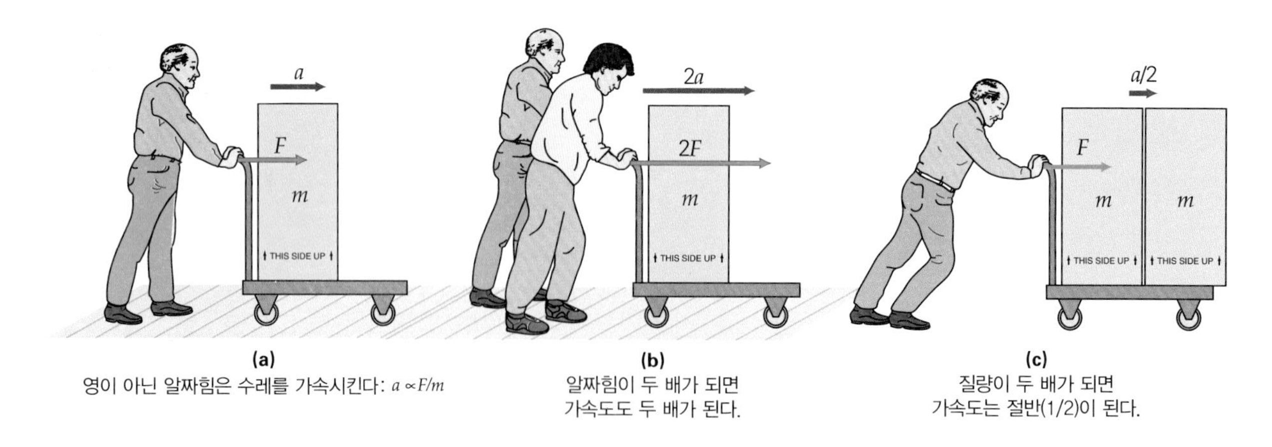

(a)
영이 아닌 알짜힘은 수레를 가속시킨다: $a \propto F/m$

(b)
알짜힘이 두 배가 되면
가속도도 두 배가 된다.

(c)
질량이 두 배가 되면
가속도는 절반(1/2)이 된다.

▲ 그림 4.5 **뉴턴의 운동 제2법칙.** 여기서 보여준 힘, 가속도, 질량 사이의 관계는 뉴턴의 운동 제2법칙에 의하여 잘 표현되어 있다(수레 바퀴에 마찰이 없다면, 바퀴는 미끄러질 것이다).

그러나 뉴턴이 인식한 것처럼 물체의 관성인 질량도 중요한 역할을 한다고 생각했다. 만약 질량이 더 큰 물체에 알짜힘이 작용한다면 가속도는 더 작아지게 된다. 그리고 같은 알짜힘을 질량이 다른 두 공에 작용한다면 질량이 작은 공은 더 큰 가속도를 갖게 될 것이다. 즉, 가속도는 질량에 반비례한다.

$$\vec{\mathbf{a}} \propto \frac{\vec{\mathbf{F}}_{\text{net}}}{m}$$

즉,

> 물체의 가속도는 물체에 작용하는 알짜힘에 비례하고 질량에 반비례한다. 여기서 가속도의 방향은 가해준 알짜힘의 방향과 같다.

그림 4.5는 이러한 원리를 설명해 준다.

위의 비례식을 $\vec{\mathbf{F}}_{\text{net}} \propto m\vec{\mathbf{a}}$로 다시 쓸 수 있다. 이를 방정식으로 쓰면 **뉴턴의 운동 제2법칙**은

$$\vec{\mathbf{F}}_{\text{net}} = m\vec{\mathbf{a}} \quad \text{(뉴턴의 운동 제2법칙)} \tag{4.1}$$

힘의 SI 단위: N 또는 $\text{kg}\cdot\text{m/s}^2$

이다. 여기서 $\vec{\mathbf{F}}_{\text{net}} = \Sigma\vec{\mathbf{F}}_i$이다. 식 4.1은 **뉴턴(N)**이라 불리는 힘의 SI 단위를 정의한다.

단위 분석에 의하면 식 4.1은 기본 단위의 뉴턴이 $1\text{ N} = 1\text{ kg}\cdot\text{m/s}^2$로 정의되었음을 나타낸다. 즉, 1 N의 알짜힘으로 1 kg의 질량에 1 m/s^2의 가속도를 갖게 한다(그림 4.6).

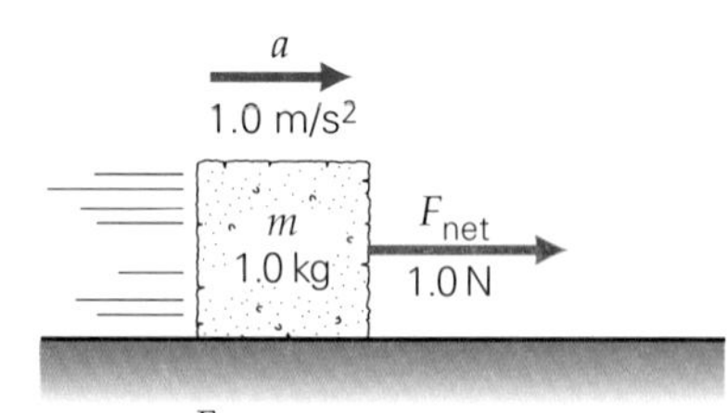

▲ 그림 4.6 **뉴턴(N).** 1.0 kg의 질량에 작용하는 1.0 N의 알짜힘은 1.0 m/s^2의 가속도를 만들어낸다.

뉴턴의 운동 제2법칙인 $\vec{\mathbf{F}}_{\text{net}} = m\vec{\mathbf{a}}$는 힘과 운동의 정량적 분석을 허용한다. 힘이 원인이고 가속도가 운동 효과인 것은 인과 관계라고 생각할 수 있다. 물체에 작용하는 알짜힘이 영일 경우 물체의 가속도는 영이며, 뉴턴의 운동 제1법칙과 일치하는 정지 상태나 일정한 운동 상태를 유지한다는 점에 주목하라. 알짜힘이 영이 아니라면 가속도는 알짜힘과 같은 방향이다.

4.3.1 질량과 무게

식 4.1은 질량과 무게를 관련시키는 데 사용될 수 있다. 1.2절에서 무게는 천체가 물체에 가하는 끌어당기는 중력이라는 것을 상기하라. 이것은 주로 지구의 중력에 의한 끌어당기는 힘이다. 그 효과는 쉽게 입증된다. 물체를 떨어뜨리면 물체는 지구 쪽으로 떨어진다(가속). 물체에 작용하는 힘은 하나뿐이므로 (공기 저항은 무시하고 자유낙하) 그 무게($\vec{\mathbf{w}}$)는 알짜힘 $\vec{\mathbf{F}}_{net}$이며, 중력에 의한 가속도($\vec{\mathbf{g}}$)는 식 4.1에서 $\vec{\mathbf{a}}$를 대체할 수 있다. 그러므로 크기만을 나타내면 다음과 같다.

$$w = mg \quad (F_{net} = ma) \tag{4.2}$$

따라서 질량 1 kg인 물체의 무게는 지표면에서 $w = mg = (1.0\text{ kg})(9.8\text{ m/s}^2) = 9.8\text{ N}$이다. 무게와 질량은 식 4.2를 통해 간단하게 관련되지만, 질량이 **기본적인 성질**을 나타냄을 명심하라. 질량은 변하지 않지만, 무게는 중력가속도 g에 따라 달라지기 때문이다. 달에서의 중력가속도는 지구 중력가속도의 약 6배 작으므로 달 표면에서 물체의 무게는 지구 표면에서 물체의 무게보다 $\frac{1}{6}$이 된다. 그러나 물질의 양과 관성을 반영하는 질량은 달이나 지구에서 똑같다.

$w \propto m$라는 사실과 함께 뉴턴의 운동 제2법칙은 자유낙하의 모든 물체가 같은 가속도를 갖는 이유를 설명한다(2.5절). 예를 들면 질량이 두 배 차이 나는 두 물체를 동시에 자유낙하 한다고 생각해 보자. 질량이 두 배 큰 물체는 무게도 두 배 크기 때문에 지구가 당기는 중력도 두 배 크다. 그러나 질량이 두 배 큰 물체는 관성도 두 배 크기 때문에 같은 가속도를 내기 위해서는 두 배의 큰 힘이 필요하다. 이를 수학적 관계로 설명하면 작은 질량(m)인 경우 가속도는 $a = F_{net}/m = mg/m = g$이고, 큰 질량($2m$)인 경우도 가속도는 같다. $a = F_{net}/m = 2mg/(2m) = g$이다(그림 4.7).

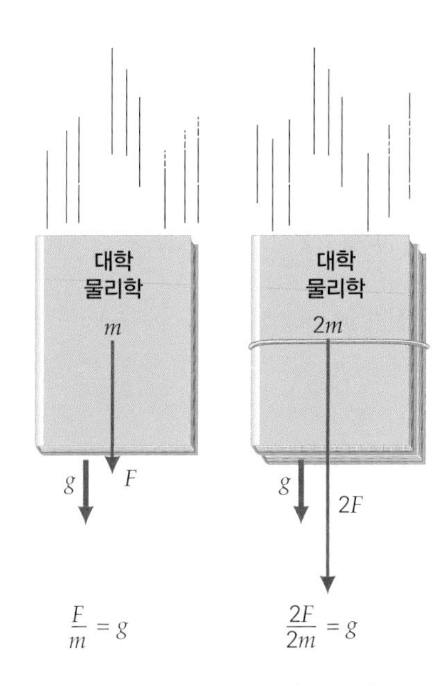

▲ 그림 4.7 **뉴턴의 운동 제2법칙과 자유낙하.** 자유낙하에서 모든 물체는 일정한 가속도 g로 떨어진다. 질량이 두 배 더 큰 물체는 물체에 작용하는 중력 또한 두 배가 된다. 그러나 질량이 두 배 커지면 물체의 관성 역시 두 배 더 커지므로 같은 가속도로 가속하기 위해서는 두 배의 힘이 필요하게 된다.

예제 4.1 뉴턴의 운동 제2법칙–가속도 찾기

그림 4.8처럼 트랙터가 짐차를 수평 방향으로 440 N의 힘으로 끌고 간다. 짐차와 짐의 총 질량이 275 kg이라면, 짐차의 가속도는 얼마가 되겠는가? (단, 마찰력은 무시한다.)

풀이

문제상 주어진 값:

$F = 440\text{ N}$, $m_1 = 200\text{ kg}$(짐차), $m_2 = 75\text{ kg}$(짐)

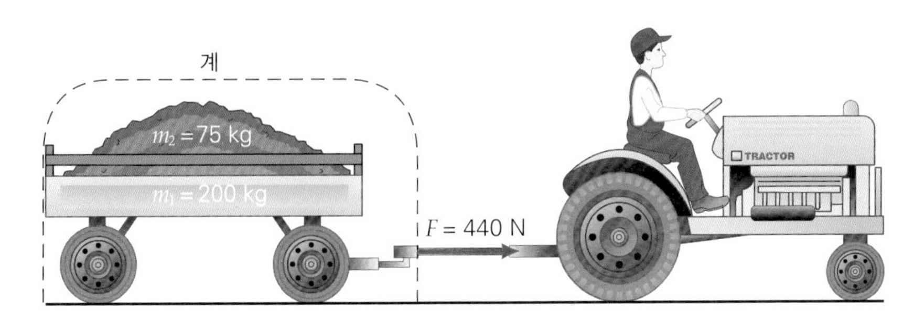

그림 4.8 **힘과 가속도**

이 경우에서는 F는 알짜힘이고, 가속도는 식 4.2의 뉴턴의 운동 제2법칙인 $F_{net} = ma$로 주어진다. 여기서 m은 전체 질량이다. a의 크기를 구하면

$$a = \frac{F_{net}}{m} = \frac{F}{m_1 + m_2} = \frac{440\text{ N}}{200\text{ kg} + 75\text{ kg}} = 1.60\text{ m/s}^2$$

이고, 가속도의 방향은 트랙터가 끄는 방향이다.

예제 4.2 **뉴턴의 운동 제2법칙-계의 전부와 부분**

질량 $m_1 = 2.5$ kg, $m_2 = 3.5$ kg의 블록 2개가 마찰이 없는 평면 위에 놓여 있고 가벼운 끈으로 연결되어 있다(그림 4.9). 그림에서와 같이 12.0 N의 수평력(F)이 m_1에 가해진다. (a) 계(전체 질량)의 가속도 (a)의 크기는 얼마인가? (b) 끈의 힘(T)의 크기는 얼마인가? (밧줄이나 끈이 팽팽하게 늘어졌을 때 당기는 힘을 장력이라 한다.)

풀이

문제상 주어진 값:

$$m_1 = 2.5\text{ kg},\quad m_2 = 3.5\text{ kg},\quad F = 12.0\text{ N}$$

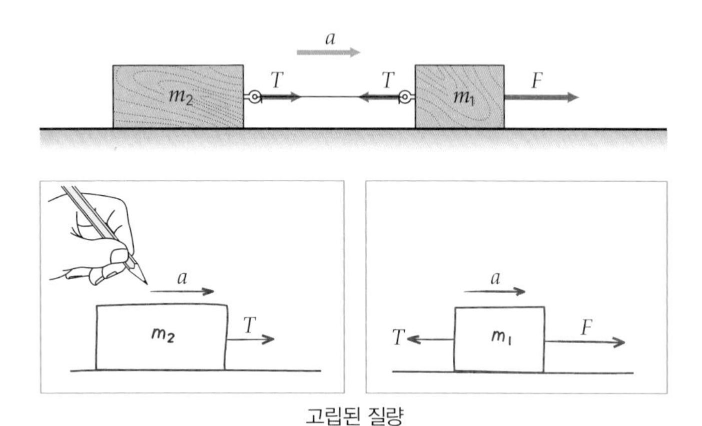

고립된 질량

▲ 그림 4.9 **가속하는 계**

(a) 뉴턴의 운동 제2법칙으로부터 계의 가속도를 구하면

$$a = \frac{F_{net}}{m} = \frac{F}{m_1 + m_2} = \frac{12.0\text{ N}}{2.5\text{kg} + 3.5\text{kg}} = 2.0\text{ m/s}^2$$

이고, 두 블록의 가속도는 그림에서 표시한 대로 가해지는 힘의 방향에 있다.

(b) 오른쪽 방향을 +방향으로 잡고 뉴턴의 운동 제2법칙을 m_1, m_2에 적용하자.

$$m_1:\ F_{net_1} = F - T = m_1 a \quad (1)$$

$$m_2:\ F_{net_2} = T = m_2 a \quad (2)$$

따라서 줄에 걸리는 장력을 구하면, 식 (1) 또는 (2)를 이용해서 풀 수 있다.

식 (1)로부터

$$T = F - m_1 a = 12.0\text{ N} - (2.5\text{ kg})(2.0\text{ m/s}^2) = 7.0\text{ N}$$

식 (2)로부터

$$T = m_2 a = (3.5\text{ kg})(2.0\text{ m/s}^2) = 7.0\text{ N}$$

4.3.2 이차원 성분에 의한 뉴턴의 운동 제2법칙

뉴턴의 운동 제2법칙은 어떤 계의 한 부분에 대해서도 성립할 뿐만 아니라 가속도의 각 성분에도 적용된다. 예를 들어 힘은 다음과 같이 이차원으로 성분 표기법으로 표현될 수 있다.

$$\Sigma \vec{\mathbf{F}}_i = m\vec{\mathbf{a}}$$

$$\Sigma(F_x\hat{\mathbf{x}} + F_y\hat{\mathbf{y}}) = m(a_x\hat{\mathbf{x}} + a_y\hat{\mathbf{y}}) = ma_x\hat{\mathbf{x}} + ma_y\hat{\mathbf{y}} \quad (4.3a)$$

따라서 x와 y 방향 모두를 독립적으로 만족시키기 위해

$$\Sigma F_x = ma_x\text{와}\quad \Sigma F_y = ma_y \quad (4.3b)$$

이고, 뉴턴의 운동 제2법칙은 운동의 각 성분에 독립적으로 적용된다(또한 삼차원에서 $\Sigma F_z = ma_z$). 식에서 성분은 x축 또는 y축의 양, 음의 부호에 따라 같이 적용해서 쓴다. 예제 4.3은 뉴턴의 운동 제2법칙을 어떻게 성분을 사용하여 운동을 분석하는지를 설명한다.

예제 4.3 **뉴턴의 운동 제2법칙-힘의 성분**

질량 0.50 kg의 블록이 2.0 m/s의 속력으로 마찰이 없는 평면 위에서 $+x$ 방향으로 움직이고 있다. 원점을 통과하는 순간 블록은 $+x$축(x-y평면에서)으로부터 60°의 각도로 1.5 s 동안 일정한 힘 3.0 N을 가했다(그림 4.10, 위에서 바라본 평면도). 이 시간이 끝날 때 블록의 속도는 얼마인가?

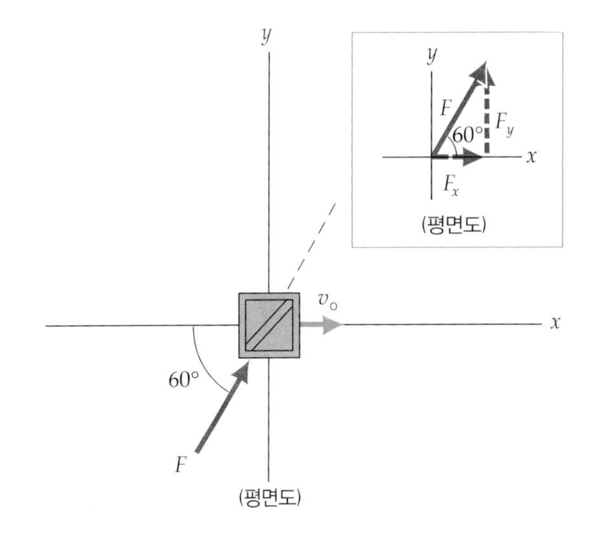

▲ 그림 4.10 **평면 좌표계.** 블록이 원점에 도달했을 때 힘을 가하고, 그 블록은 그 직선 경로에서 벗어나기 시작한다. 벡터 성분이 위 사각형 안에 표시된 것을 보여준다.

풀이

문제상 주어진 값:

$$m = 0.50\ \text{kg},\ v_{x_o} = 2.0\ \text{m/s},\ v_{y_o} = 0,$$
$$F = 3.0\ \text{N},\ \ \theta = 60°,\ t = 1.5\ \text{s}$$

먼저 힘의 성분의 크기를 구하자.

$$F_x = F\cos 60° = (3.0\,\text{N})(0.500) = 1.5\,\text{N}$$
$$F_y = F\sin 60° = (3.0\,\text{N})(0.866) = 2.6\,\text{N}$$

따라서 가속도의 성분을 구하기 위하여 각 성분별로 뉴턴의 운동 제2법칙을 적용하면,

$$a_x = \frac{F_x}{m} = \frac{1.5\,\text{N}}{0.50\,\text{kg}} = 3.0\,\text{m/s}^2$$
$$a_y = \frac{F_y}{m} = \frac{2.6\,\text{N}}{0.50\,\text{kg}} = 5.2\,\text{m/s}^2$$

이다. 다음으로 식 2.8의 속도와 가속도의 관계를 보여주는 등가속도 직선 운동 식으로부터 블록의 각 성분별 속도를 계산하면 다음과 같다.

$$v_x = v_{x_o} + a_x t = 2.0\,\text{m/s} + (3.0\,\text{m/s}^2)(1.5\,\text{s}) = 6.5\,\text{m/s}$$
$$v_y = v_{y_o} + a_y t = 0 + (5.2\,\text{m/s}^2)(1.5\,\text{s}) = 7.8\,\text{m/s}$$

그러므로 1.5초 이후에 블록의 속도는 아래와 같다.

$$\vec{\mathbf{v}} = v_x\hat{\mathbf{x}} + v_y\hat{\mathbf{y}} = (6.5\,\text{m/s})\hat{\mathbf{x}} + (7.8\,\text{m/s})\hat{\mathbf{y}}$$

4.4 뉴턴의 운동 제3법칙

뉴턴은 제1법칙, 제2법칙만큼이나 물리적인 의미에서도 광범위한 제3법칙을 공식화 했다. 제3법칙을 간단히 소개하기 위하여 자동차 안전벨트와 관련된 힘을 생각해 보자.

주행 중인 자동차가 갑자기 멈춘다면 운전자는 관성 때문에 달리던 방향으로 계속 움직이려 할 것이다. 그때 운전자의 몸은 안전벨트 앞 방향으로 힘을 가할 것이

고, 반대로 안전벨트는 운전자에게 상응하는 반작용력을 가하여 자동차와 함께 운전자 몸의 속도를 줄여주게 될 것이다. 만약 운전자가 안전벨트를 매지 않았다면 핸들, 계기판, 유리창이 반대 방향의 힘을 가하여 운전자가 정지될 때까지 관성에 의해(뉴턴의 제1법칙) 운전자는 앞으로 움직일 것이다(급작스런 충돌 시 에어백이 효력을 발휘하길 바란다).

뉴턴은 어떠한 경우라도 힘이 작용할 때 항상 상호작용한다고 주장했다. 즉, 힘은 늘 쌍으로 일어난다. 예를 들어 손가락으로 돌을 누르면 돌도 손가락을 누르게 된다.

이처럼 뉴턴은 쌍으로 작용하는 힘을 **작용과 반작용**이라 불렀고, **뉴턴의 운동 제3법칙**은 다음과 같다.

모든 힘(작용)에 대해 동등하고 반대되는 힘이 있다(반작용).

뉴턴의 운동 제3법칙을 표현하는 식은 다음과 같이 나타내었다.

$$\vec{\mathbf{F}}_{12} = -\vec{\mathbf{F}}_{21}$$

즉, $\vec{\mathbf{F}}_{12}$는 물체 2에 의하여 물체 1에 가해진 힘이고, $-\vec{\mathbf{F}}_{21}$는 물체 1에 의하여 물체 2에 가해진 크기는 같고 방향이 반대인 힘이다(음의 부호는 반대 방향을 나타낸다). **어느 힘이 작용인지 반작용인지는 임의적이다.** $\vec{\mathbf{F}}_{21}$은 $\vec{\mathbf{F}}_{12}$의 반작용이며 마찬가지로 $\vec{\mathbf{F}}_{12}$는 $\vec{\mathbf{F}}_{21}$의 반작용이다.

한눈에 봐도 뉴턴의 운동 제3법칙은 뉴턴의 운동 제2법칙과 모순되는 것처럼 보일지도 모른다. 만약 항상 크기가 같고 방향이 반대 방향인 힘이 있다면 어떻게 영이 되지 않는 알짜힘이 존재하겠는가? 제3법칙의 힘 쌍에 대해 기억해야 할 중요한 것은 **작용-반작용의 힘은 같은 물체에 작용하는 것이 아니라 서로 다른 물체에 힘이 작용**하는 것이다. 제2법칙에서의 힘은 정해진 물체(또는 계)에 힘이 작용하는 것이다. 제3법칙의 반대 방향의 힘은 서로 다른 물체에 작용하는 것이다. 따라서 이러한 힘은 제2법칙이 개별적 물체에 적용될 때 서로 상쇄되거나 벡터 합이 영을 갖는 것과는 다른 개념이다.

두 법칙의 차이를 설명하려면 그림 4.11에 표시된 상황을 생각하자. 우리는 종종 반작용의 힘을 잊곤 한다. 그림 4.11의 왼쪽 부분에서 책상 위에 놓여 있는 블록에 작용하는 명백한 힘은 무게 mg로 표시되는 지구 중력이다. 그러나 블록에 작용하는

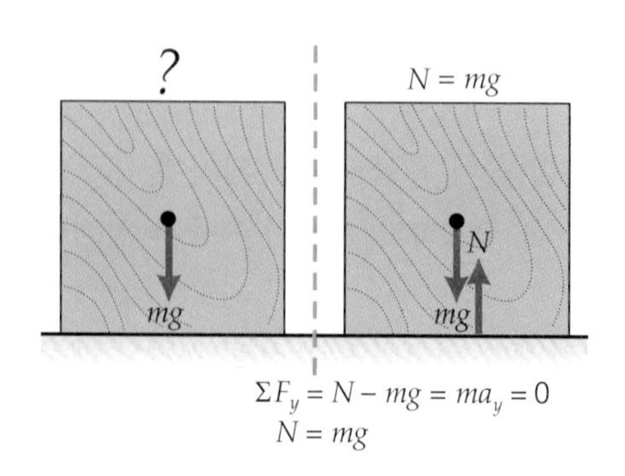

▶ 그림 4.11 **뉴턴의 운동 제2법칙과 제3법칙의 차이.** 뉴턴의 운동 제2법칙은 특정한 물체에 작용하는 힘을 다룬다. 뉴턴의 운동 제3법칙은 서로 다른 물체에 작용하는 힘의 쌍을 다룬다.

또 다른 힘이 있어야만 한다. 블록이 가속되지 않도록 하려면 책상이 위쪽으로 힘 N을 가해야 하며, 이 중 크기는 블록의 무게와 동일해야 한다. 따라서

$$\Sigma F_y = +N - mg = ma_y = 0 \quad \text{즉} \quad N = mg$$

위 방향의 힘 N은 블록의 무게에 대한 반작용력이 아니다! 책상 위에 밀어내는 블록에 대한 반작용력이다.

물체의 표면에 가하는 힘을 수직항력이라고 하며, 그 힘을 나타내기 위해 기호 N을 사용한다. 법선의 의미는 수직이다. 표면이 물체에 작용하는 수직항력은 항상 표면에 수직으로 작용한다.

로켓 추진은 뉴턴의 운동 제3법칙의 또 다른 예이다. 로켓의 경우 로켓과 배출된 가스는 서로에게 같은 크기의 반대 방향의 힘이 가해진다. 그 결과 배출된 가스는 로켓으로부터 멀어지는 쪽으로 가속되고 로켓은 반대 방향으로 가속된다. 국제우주 왕복선이 발사될 때 큰 로켓이 폭발하고 격렬한 배기가스를 배출한다.

이 경우 보통 사람들이 잘못 알고 있는 것은 배출된 가스가 로켓을 가속하기 위하여 발사대 바닥을 "민다"고 생각하는 것이다. 만일 이 해석이 맞다면 우주 여행이란 있을 수 없다. 왜냐면 우주 공간에서는 "민다"라는 개념은 없기 때문이다. 배기가스가 발사대를 밀어서 로켓에 힘을 주지 않아 가속할 수 없지만 발사대를 움직이거나 손상시킬 수 있다. 로켓을 가속시키는 것은 팽창하는 배기가스에 의해 로켓에 가해지는 힘이다. 이 힘은 로켓에 의해 가스에 가해지는 힘에 대한 반작용이다.

4.5 뉴턴의 법칙에 대한 더 많은 것: 자유물체도와 병진 평형

이제 뉴턴의 법칙을 적용해 물체의 운동을 분석하는 데 있어서 몇 가지 응용법을 소개하였고, 이 법칙의 중요성은 분명히 밝혀졌다. 뉴턴의 법칙은 매우 간단하지만 응용범위가 넓다. 뉴턴의 운동 제2법칙은 수학적 관계식이기 때문에 가장 많이 쓰이고 있으며, 뉴턴의 운동 제1법칙과 제3법칙은 물리현상을 정성적으로 설명하는 데 사용된다. 이들 법칙의 사용은 물리학의 다른 분야들을 꾸준히 공부하면 알 수 있을 것이다.

일반적으로 일정한 힘이 적용되는 응용문제를 많이 다루게 된다. 일정한 힘은 등가속도 운동과 관련되고 등가속도 운동에 대해서는 이미 2.4절에서 운동학을 다룰 때 설명하였다. 힘이 변하는 경우 뉴턴의 운동 제2법칙은 순간적인 힘과 가속도에 대해 유효하지만 가속도는 시간에 따라 변하고, 이를 다루려면 고급 수학이 필요하다. 이 교재에서는 일정한 힘과 가속도에 대한 문제만을 취급하겠다. 이 절에서 뉴턴의 운동 제2법칙이 적용된 응용 예제 몇 개를 소개한다. 이 예제들은 풀다보면 제2법칙을 사용하는 것에 익숙해질 것이다.

문제를 푸는 한 가지 요령은 화살표를 사용한 힘의 분해도-자유물체도의 사용이다. 이것들은 다음 문제 풀이 전략에 설명되어 있다.

4.5.1 문제 풀이 전략: 자유물체도

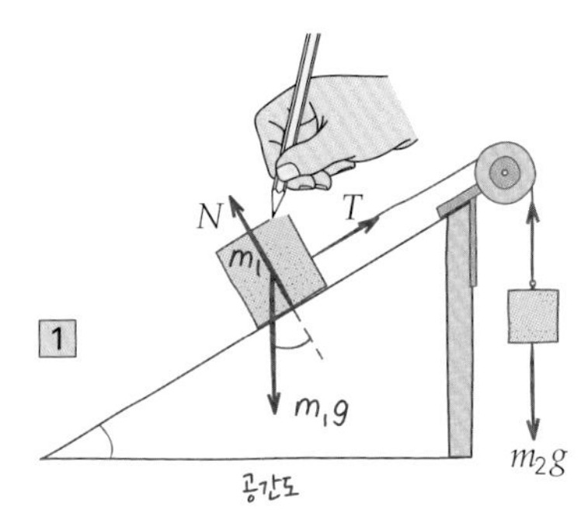

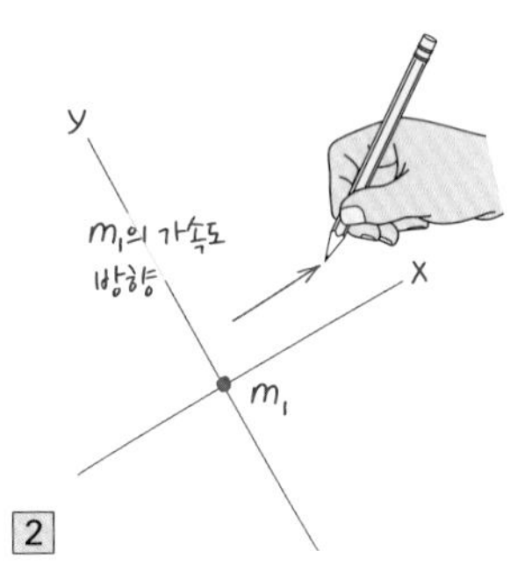

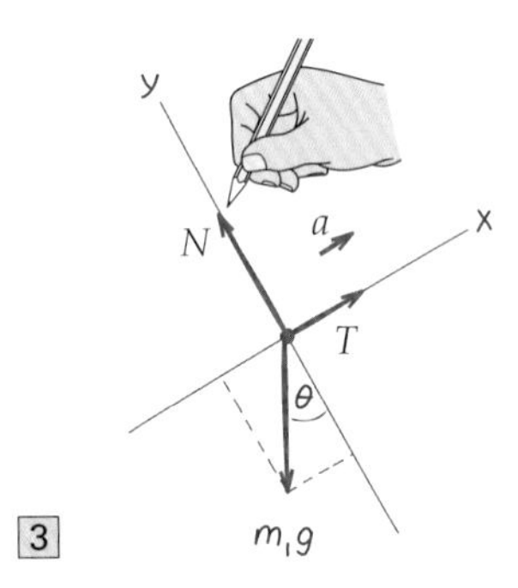

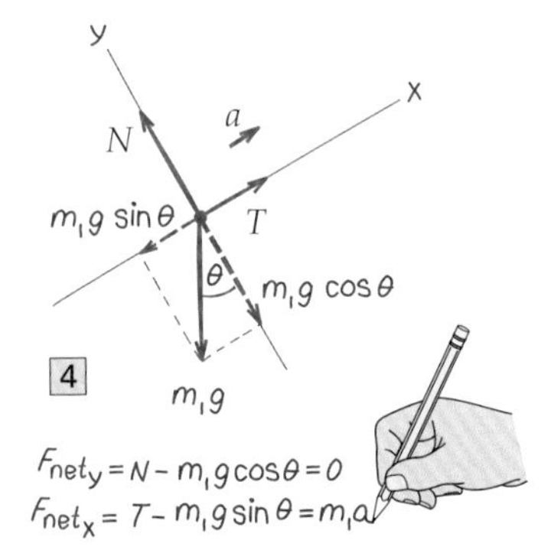

▲ 그림 4.12 **경사면 위의 물체에 작용한 힘과 자유물체도**

물리적 상황을 그려서 나타내는 것을 때로 **공간도**(space diagrams)라고 부르는데, 힘 벡터는 힘이 작용하는 점을 표시하기 위하여 서로 다른 위치에 그릴 수 있다. 그러나 선형운동만 고려하므로 **자유물체도**(Free-Body Diagrams, FBDs)에서 벡터는 흔히 x-y축의 원점을 중심으로 퍼져 나오는 것으로 표현된다. 일반적으로 좌표축의 하나는 물체에 작용하는 알짜힘의 방향으로 선택하게 되는데, 이는 물체가 가속될 방향이기 때문이다. 힘 벡터를 x-y축 방향 성분으로 분해하는 것이 중요하다.

자유물체도에서 벡터를 나타내는 화살표의 길이를 정확한 척도로 나타낼 필요는 없다. 그러나 특정한 방향으로 알짜힘이 있는지 그리고 힘이 서로 균형을 이루고 있는지를 자유물체도에 명확히 표시해야 한다. 만일 힘이 균형을 이루고 있지 않다면, 즉 알짜힘이 있다면 뉴턴의 운동 제2법칙으로부터 물체에는 반드시 가속도가 있다는 것을 알아야 한다.

요약하면 자유물체도의 구성과 사용에 대한 일반적인 단계는 그림 4.12에 나타내었고, 그 과정에 대해 다음과 같이 정리된다.

1. 물리적 상황을 스케치하거나 공간도를 그려라. 계의 각 부분에 작용하는 힘을 분류하여 표시하라. 공간도는 합벡터를 분해하여 물리적 상황을 그려놓은 것이다.
2. 자유물체도를 그려라. 먼저 힘이 작용하는 점을 원점으로 하는 직각좌표계를 그려라. 좌표축의 하나는 물체가 가속되는 방향으로 잡는다(만일 알짜힘이 있다면, 가속은 알짜힘의 방향으로 이루어질 것이다).
3. 좌표계의 원점에서 시작하여 바깥 방향으로 향하는 힘벡터의 각도를 고려하여 방향을 정해 그려라. 만일 알짜힘이 있다면, 가속도의 방향을 추정하여 가속도 벡터를 자유물체도에 표시하라. 이때 관심 있는 고립된 물체에만 작용하는 힘만을 포함해야 한다는 것을 명심하라.
4. x 또는 y축에 나란하지 않은 힘의 경우에는 x 또는 y축 성분으로 힘을 분해해야 한다(방향을 표시하기 위하여 플러스 또는 마이너스 부호를 사용하라). x 또는 y축 방향 성분의 힘을 각각 뉴턴의 운동 제2법칙 공식에 적용하여 상황을 분석하기 위해 자유물체도와 힘의 성분을 사용하라(만일 어느 한쪽 방향을 가속도의 방향이라고 가정하고 문제를 풀었는데, 가속도의 부호가 마이너스가 나오면 실제 가속도의 방향은 처음에 가정한 방향과 반대 방향이다).

예제 4.4 **위 또는 아래? 마찰이 없는 경사면에서 운동**

그림 4.12의 (1) 공간도에 나타낸 바와 같이 두 개의 질량은 마찰을 무시할 수 있는 가벼운 도르래에 의해 줄로 연결되어 있다. 한 질량(m_1 = 5.0 kg)은 마찰이 없는 20°의 경사면에 있고, 다른 질량(m_2 = 1.5 kg)은 자연스럽게 매달려 있다. 이들 질량의 가속도는 얼마인가?

풀이

문제상 주어진 값:

$$m_1 = 5.0 \text{ kg},\ m_2 = 1.5 \text{ kg},\ \theta = 20°$$

뉴턴의 운동 제2법칙을 성분 형태 식 4.3b에서 질량 m_1에 적용하자.

$$\Sigma F_{x_1} = T - m_1 g \sin\theta = m_1 a_{x_1} \quad (1)$$

$$\Sigma F_{y_1} = T - m_1 g \cos\theta = m_1 a_{y_1} = 0 \quad (2)$$

($a_y = 0$, 알짜힘이 없으므로 힘은 제거)

그리고 m_2에 적용하면

$$\Sigma F_{y_2} = m_2 g - T = m_2 a_{y_2} \quad (3)$$

여기서 줄의 질량과 도르래의 질량은 무시한다. 두 질량은 줄로 연결되기 때문에 m_1과 m_2의 가속도는 같은 크기를 가진다.

$$a_{x_1} = a_{y_2} = a$$

그런 다음 식 (1) + (2)에서 T를 제거한다.

$$m_2 g - m_1 g \sin\theta = (m_1 + m_2)a$$

(알짜힘 = 전체 질량 × 가속도)

따라서 a에 대해 풀면

$$\begin{aligned} a &= \frac{m_2 g - m_1 g \sin 20°}{m_1 + m_2} \\ &= \frac{(1.5 \text{ kg})(9.8 \text{ m/s}^2) - (5.0 \text{ kg})(9.8 \text{ m/s}^2)(0.342)}{5.0 \text{ kg} + 1.5 \text{ kg}} \\ &= -0.32 \text{ m/s}^2 \end{aligned}$$

마이너스 부호는 가정한 가속도 방향과 반대임을 나타낸다. 즉, m_1은 면의 아래쪽으로 가속되고, m_2는 위쪽으로 가속된다. 이 예에서 알 수 있듯이 가속도가 잘못된 방향이라고 가정할 경우, 결과의 부호는 어쨌든 정확한 방향을 제시하게 된다.

예제 4.5 **힘의 성분과 자유물체도**

그림 4.13에 나타낸 것처럼 마찰이 없는 표면에 정지해 있는 1.25 kg의 블록에 수평 방향과 30°의 각도로 10.0 N의 힘이 가해졌다. (a) 블록의 가속도는 얼마인가? (b) 수직항력의 크기는 얼마인가?

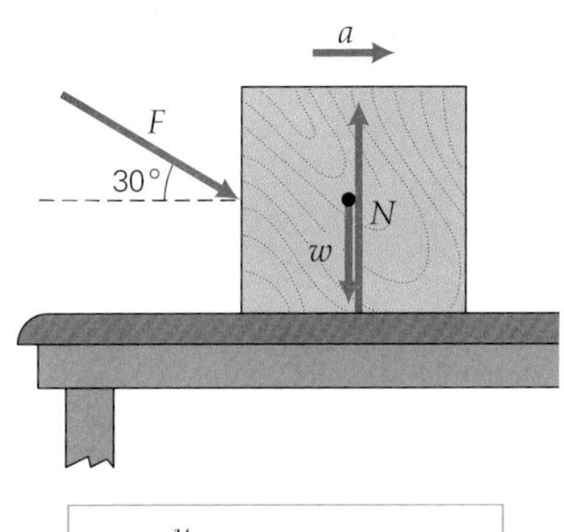

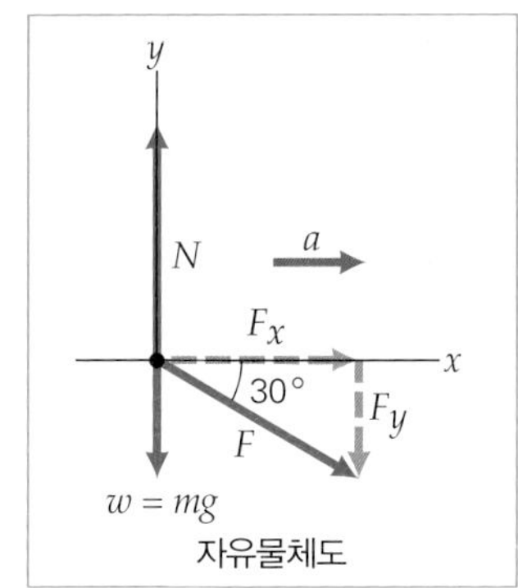

▲ 그림 4.13 **운동의 효과에서 힘 찾기**

풀이

문제상 주어진 값:

$$F = 10.0 \text{ N},\ m = 1.25 \text{ kg},\ \theta = 30°,\ v_0 = 0$$

(a) 가속도를 계산하기 위해 x방향으로 뉴턴의 운동 제2법칙을 적용하자.

$$F_x = F \cos 30° = m a_x$$

와

$$a_x = \frac{F\cos 30°}{m} = \frac{(10.0 \text{ N})(0.866)}{1.25 \text{ kg}} = 6.93 \text{ m/s}^2$$

(b) 위 방향을 +방향으로 잡고 y방향의 힘을 합하면 다음과 같다.

$$\Sigma F_y = N - F_y - w = 0$$

또는

$$N - F\sin 30° - mg = 0$$

따라서

$$\begin{aligned} N = F\sin 30° + mg &= (10.0 \text{N})(0.500) + (1.25 \text{kg})(9.80 \text{ m/s}^2) \\ &= 17.3 \text{N} \end{aligned}$$

으로 바닥 표면은 블록을 위 방향으로 17.3 N의 힘을 가하며, 이는 블록에 작용하는 아래 방향으로 향하는 힘과 평형을 이룬다.

4.5.2 문제 풀이 힌트

문제를 해결하기 위한 하나의 고정된 방법은 없다. 그러나 뉴턴의 운동 제2법칙과 관련된 문제를 해결하는 데는 몇 가지 일반적인 전략이나 절차가 도움이 된다. 1.7절에서 소개된 바 있는 제시된 문제 풀이 절차를 사용할 때 힘 적용과 관련된 문제를 해결할 때 다음 단계를 포함할 수 있다.

- 각각의 물체에 작용하는 모든 힘을 보여주는 자유물체도를 그려라.
- 찾으려는 내용에 따라 뉴턴의 운동 제2법칙을 계 전체(이 경우 내부 힘은 제외된다)에 적용하거나 계의 일부에 적용한다. **기본적으로 해결하고자 하는 양을 포함하는 식(또는 일련의 식)을 얻으려 한다**(예제 4.2 참조). (알 수 없는 양이 두 개일 경우 뉴턴의 운동 제2법칙을 계의 두 부분에 적용하면 두 개의 식과 두 개의 미지수를 얻을 수 있다. 예제 4.3 참조)
- 뉴턴의 운동 제2법칙은 가속도의 성분에 적용될 수 있으며 힘의 성분 분해 후 할 수 있다는 점을 유념하라(예제 4.5 참조).

4.5.3 병진 평형

한 물체에 여러 힘이 작용해도 가속이 일어나지 않게 할 수 있다. 이러한 경우에 $\vec{\mathbf{a}} = 0$이므로 뉴턴의 운동 제2법칙으로부터

$$\Sigma \vec{\mathbf{F}}_i = 0 \quad (\text{병진 평형}) \tag{4.4}$$

▶ 그림 4.14 **가속도가 없는 여러 힘들.** 여러 가지 외부 힘이 이 체조 선수에게 작용한다. 그럼에도 불구하고 체조 선수는 가속도를 갖지 못한다(정적 병진 평형). 왜 그럴까?

이다. 즉, 힘의 벡터 합 또는 알짜힘은 영이다. 따라서 정지해 있던 물체는 계속 정지해 있거나(그림 4.14) 등속 운동하던 물체는 계속 등속도로 운동(뉴턴의 운동 제1법칙)한다. 이러한 경우 물체는 **병진 평형**(translational equilibrium)되어 있다고 말한다. 특히, 물체가 정지상태로 있는 경우에는 **정적 병진 평형**이라고 한다.

병진 평형에 있는 물체에 대하여 힘 벡터의 직각좌표 성분의 합은 영이 된다.

$$\Sigma F_x = 0 \quad \Sigma F_y = 0 \quad \text{(병진 평형)} \tag{4.5}$$

식 4.5는 흔히 **병진 평형 조건**으로 불려진다.* 이 병진 평형 조건을 정적 평형과 관련된 경우에 적용해 보도록 하자.

예제 4.6 **곧게 유지하다–정적인 평형 상태로**

부러진 다리뼈를 치료하는 동안 곧게 유지하려면 때때로 부러진 뼈의 견인이 필요한 경우가 있는데, 이것은 뼈가 양 끝에 팽팽하게 당기는 장력을 받으며 고정되는 과정이다. 그림 4.15와 같이 견인 장력을 받는 다리를 고려해 보자. 5.0 kg의 물체가 매달린 줄이 도드래 위에 걸려있다. 이 줄은 수직에 대해 $\theta = 40°$의 각도를 유지한다. 하퇴부, 도르래 및 줄의 질량을 무시한다고 가정할 때 수평 줄에 걸리는 장력 T의 크기를 결정하라.

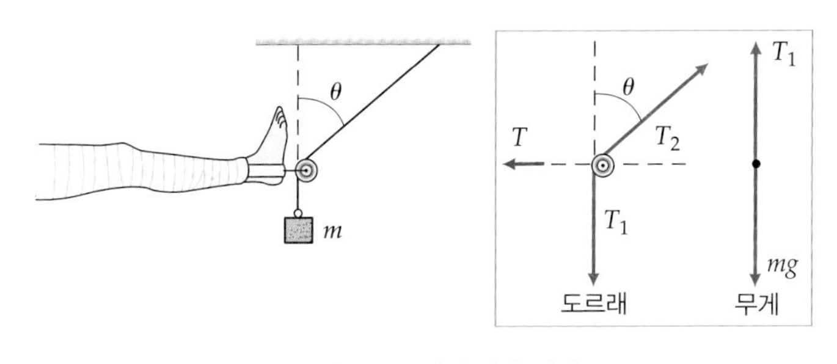

▲ 그림 4.15 **정적 병진 평형**

풀이

그림 4.15와 같이 도르래와 매달린 질량에 대해 자유물체도를 그리자. 수평 줄이 그림과 같이 도르래의 좌측에 힘을 가해야 함을 분명히 해야 한다. m에 수직력을 합하면 $T_1 = mg$임을 알 수 있다. 그런 다음 도르래에 수직력을 합하여

$$\Sigma F_y = +T_2 \cos\theta - T_1 = 0$$

과 수평력을 합해 보자.

$$\Sigma F_x = +T_2 \sin\theta - T = 0$$

T에 대한 두 번째 식을 해결하고, T_2를 첫 번째 식에 대입한다.

$$T = T_2 \sin\theta = \frac{T_1}{\cos\theta} \sin\theta = mg \tan\theta$$

여기서 $T_1 = mg$이다. 구해진 식에 값을 대입하면 다음과 같다.

$$T = mg \tan\theta = (5.0\,\text{kg})(9.8\,\text{m/s}^2)\tan 40° = 41\,\text{N}$$

4.6 마찰

마찰이란 서로 접촉하고 있는 두 물체나 매질 사이에서 발생하는 운동에 항상 존재하는 저항을 말한다. 이러한 저항은 모든 형태의 매질, 즉 고체, 액체, 기체에 나타나는데 이를 마찰력 $\vec{\mathbf{f}}$라 한다. 편의상 지금까지 모든 예제나 연습문제에서 일반적으로 공기저항을 포함한 모든 마찰력을 무시하여 왔다. 이제 여러분은 운동을 어떻게 기

* 삼차원 문제에 대하여 $\Sigma F_z = 0$을 추가한다. 그러나 여기서 논의하는 것은 이차원만 다루기로 한다.

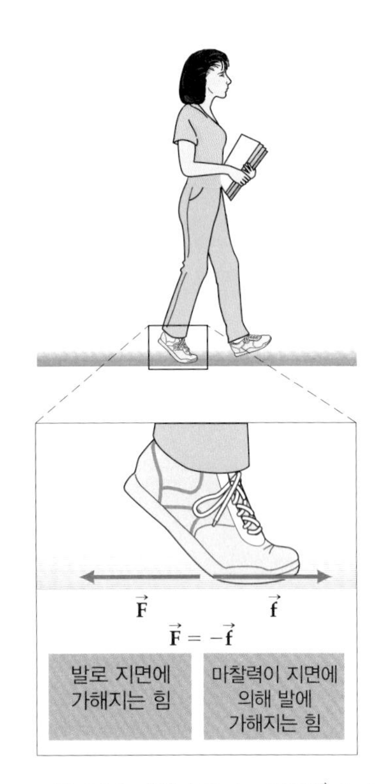

▲ 그림 4.16 **마찰과 걷기.** 마찰력 $\vec{f}$가 걷는 방향으로 나타내어 있다. 마찰력은 다른 한 발이 앞으로 나가는 동안 바닥을 딛고 있는 발이 뒤로 미끄러지는 것을 막아준다.

술해야 하는지를 알기에 마찰의 효과를 포함한 보다 실질적인 상황을 고려하여 문제를 해결할 준비가 되어 있다.

마찰이 많이 필요한 상황도 있다. 예를 들면 얼어버린 도로나 보도에서 마찰을 증가시키기 위해서 모래를 뿌린다. 그림 4.16에 나타낸 것처럼 길을 걸을 때 관계되는 힘을 생각하자.

여러분의 발이 보도에서 뒤로 밀리고 보도는 여러분을 앞으로 밀기 때문에 앞으로 걷게 한다. 이것은 뉴턴의 운동 제3법칙에서 말한 힘의 쌍이다. 하지만 마찰이 없다면 어떠할까? 발은 단순히 뒤로 미끄러져서 보도에서 밀지도 못한다. 여기서 마찰력의 방향은 발이 미끄러지는 것에 반대하므로 앞으로 간다. 그러므로 마찰은 여러분이 걸을 수 있게 해준다!

또 다른 예로 앞 방향으로 가속하고 있는 트럭 짐칸의 평평한 바닥 중간에 서 있는 사람을 생각해 보자. 만일 신발과 트럭 바닥 사이에 마찰이 없다면 그는 뒤쪽으로 미끄러질 것이다. 분명히 뒤쪽으로 미끄러지는 것을 막아주는 신발과 바닥 사이에는 마찰력이 있고, 그것은 앞쪽으로 향하고 있다. 이것은 사람과 트럭이 함께 가속하기 위해 필요하다.

그래서 마찰이 요구되는 상황도 있고(그림 4.17a), 최소한의 마찰만이 필요한 상황이 있다(그림 4.17b). 마찰을 감소시키는 또 다른 상황은 움직이는 기계 부품의 윤활이다. 이렇게 하면 부품이 더 자유롭게 움직일 수 있어 마모를 줄이고 에너지 소비를 줄일 수 있다. 자동차는 마찰을 줄이는 기름이나 그리스(기계의 윤활유)가 없으면 운행하지 못할 것이다.

이 절에서는 주로 고체 표면 사이의 마찰을 다룬다. 모든 표면은 아무리 매끄러워 보여도 미세하게 거칠다. 마찰은 주로 표면의 거친 면끼리 서로 맞물려 있으므로 나타난다고 생각되었다. 그러나 연구에 의하면 보통의 고체 (특히 금속) 접촉 표면 간의 마찰은 대부분 국소적 흡착에 의해 생긴 것이라고 한다. 표면을 함께 누를 때 국소 용접 또는 접합이 가장 큰 부위가 접촉하는 몇 개의 작은 조각에서 발생한다. 이

(a)

(b)

▲ 그림 4.17 **증가하는 마찰과 감소하는 마찰.** **(a)** 빠른 출발을 위해 드래그 레이서들은 출발 등이 켜질 때 바퀴가 미끄러지지 않도록 해야 한다. 레이서가 시작되기 직전에 가속기를 바닥에 닿을 때까지 밟아 타이어를 '태울 것(burning in)'처럼 타이어와 트랙 사이의 마찰을 극대화 한다. 이 '태울 것'은 타이어가 극도로 뜨거워질 때까지 브레이크 상태로 바퀴를 돌림으로써 이루어진다. 그러면 타이어의 고무는 끈적끈적하게 되어 도로의 표면과 바퀴를 접착시킨다. **(b)** 놀이기구의 마찰을 줄이기 위해 물은 훌륭한 윤활제 역할을 한다.

러한 국소적 흡착을 극복하기 위해서는 접착된 부분들을 떼어놓기 위해서 충분히 큰 힘을 작용해야만 한다.

고체 사이의 마찰은 일반적으로 세 가지 형태인 정지마찰, 운동(미끄럼)마찰, 구름마찰로 분류한다. 정지마찰은 표면 사이의 상대적 운동을 막기에 충분한 마찰력이 작용하는 모든 경우를 포함한다. 큰 책상을 움직인다고 생각해 보자. 책상을 밀 때 책상이 움직이지 않는다면 밀고 있는 힘의 방향과 반대 방향인 같은 크기의 정지마찰력이 작용하여 정적 병진 평형을 만족하여 움직이지 않는 것이다.

운동(또는 미끄럼)마찰은 접촉하고 있는 두 물체 사이의 상대 운동(미끄러짐)이 있을 때 나타난다. 책상을 밀면 결국 미끄러질 수 있지만 책상 다리와 바닥 사이에는 여전히 상당한 저항력이 있다—운동마찰이 작용한다.

구름마찰은 한 물체가 다른 물체의 표면 위로 이동할 때 회전하지만 접촉 지점이나 영역에서 미끄러지거나 그렇지 않을 때 발생한다. 열차 바퀴와 레일 사이에 발생하는 구름마찰은 접촉 부위의 국소적 변형에 기인한다. 이러한 유형의 마찰은 분석하기 어려우며 여기서는 고려되지 않을 것이다.

4.6.1 마찰력과 마찰계수

이제 정지된 물체와 미끄러지는 물체에 가해지는 마찰력을 살펴보자. 이러한 힘을 각각 정지마찰력과 운동마찰력이라고 한다. 실험적으로 마찰력(f)은 두 물체의 표면의 성질 및 표면을 수직으로 누르는 수직항력(N)에 의존한다. 즉, $f \propto N$이다. 수평면에 있는 물체의 경우 다른 수직력이 없는 이 수직항력은 물체의 무게와 크기가 같다. 그러나 그림 4.12에서 보듯이 경사면에서 수직항력은 무게의 일부 성분에만 영향을 받는다.

접촉해 있는 표면 사이의 정지마찰력 f_s는 물체의 운동 방향과 반대 방향으로 작용한다. 크기의 범위는 다음과 같이 주어진다.

$$f_s \leq \mu_s N \quad (\text{정지 상태}) \tag{4.6}$$

여기서 μ_s는 정지마찰계수라 부르는 비례상수이다("μ"는 그리스문자로 뮤이고 차원은 없다).

부등호 $\leq$는 정지마찰력 값이 영부터 어떤 최댓값 사이의 값을 갖는다는 것을 의미한다. 이 개념을 이해하기 위해서는 그림 4.18을 보라. 그림 4.18a에서 한 사람이 캐비닛을 밀고 있으나 캐비닛이 움직이지 않는 경우를 나타낸다. 가속도가 없으므로 캐비닛에 작용하는 알짜힘이 영이고, $F - f_s = 0$ 또는 $F = f_s$이다. 만일 더 큰 힘으로 캐비닛을 밀고 있으나 캐비닛이 전혀 움직이지 않고 있다고 가정해 보자. 캐비닛에 가해준 힘이 증가했기 때문에 마찰력도 더 커졌음에 틀림이 없다. 두 사람이 캐비닛을 밀어서 마침내 정지마찰력을 극복할 정도의 큰 힘이 가해졌다고 하면 캐비닛은 움직인다. 이 경우 그림 4.18b와 같이 가장 큰 정지마찰력, 즉 최대정지마찰력이 캐비닛이 막 미끄러지기 시작하기 바로 직전까지 작용하고(그림 4.18b), 이 경우 식

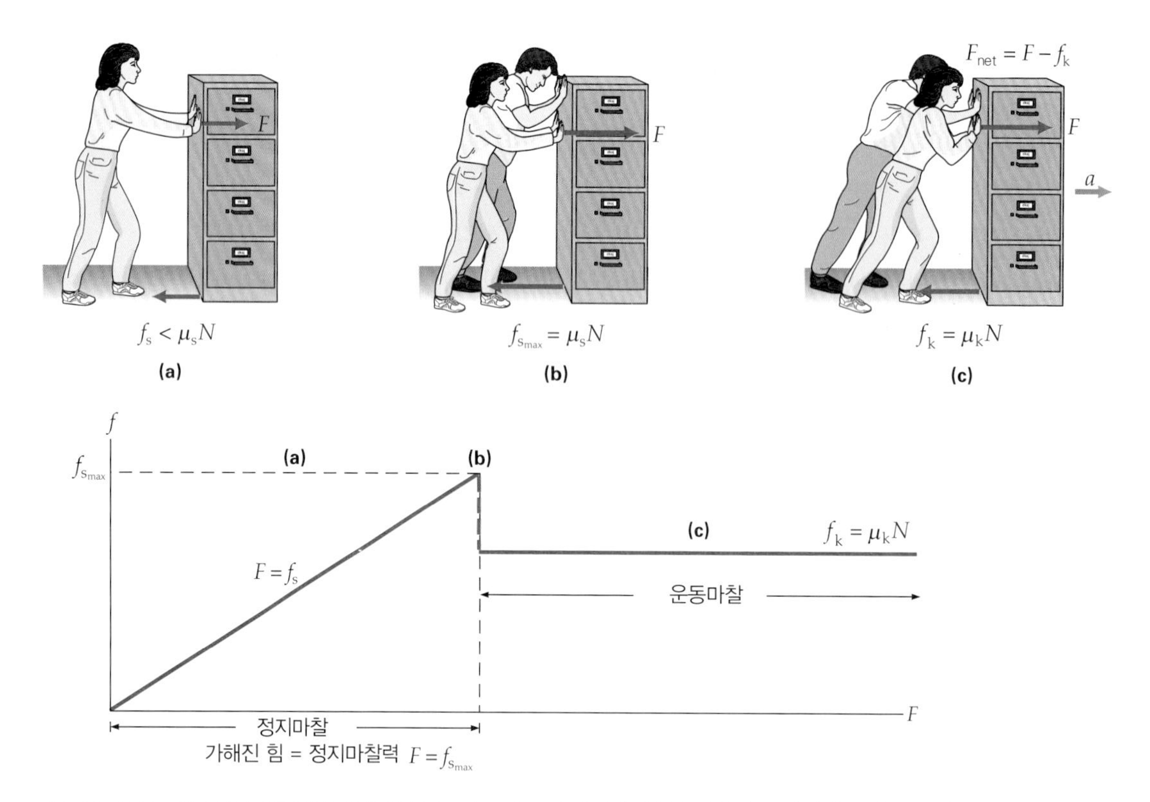

▲ 그림 4.18 **물체에 가해진 힘에 대한 마찰력.** (a) 그래프의 정지마찰력이 작용하는 영역에서 가해진 힘 F를 증가시키며 f_s도 증가하게 된다. 즉, $f_s = F$와 $f_s < \mu_s N$ (b) 가해진 힘 F가 최대정지마찰력 $f_{s_{max}} = \mu_s N$을 능가하면 캐비닛은 움직이기 시작한다. (c) 일단 캐비닛이 움직이기 시작하면 운동마찰력은 정지마찰력보다 작으므로 ($f_k < f_{s_{max}}$) 마찰력은 감소한다. 따라서 가해진 힘이 유지되면, 알짜힘이 생기게 되어 캐비닛은 가속된다. 일정한 속도로 움직이는 캐비닛에 대하여는 가해진 힘이 운동마찰력과 같아져야 하므로 ($f_k = \mu_k N$) 가해진 힘은 감소되어야 한다.

4.7은 정지마찰의 최댓값으로 주어진다.

$$f_{s_{max}} = \mu_s N \quad \text{(최대정지마찰력)} \tag{4.7}$$

일단 물체가 움직이기 시작하면 마찰력은 운동마찰력(f_k)으로 바뀌게 된다. 이 힘은 물체가 움직이는 방향과 반대 방향으로 작용하며, 그 크기는 다음과 같다.

$$f_k = \mu_k N \quad \text{(운동 상태)} \tag{4.8}$$

여기서 μ_k는 운동마찰계수(때로는 미끄럼마찰계수)라 부른다. 식 4.7과 식 4.8은 벡터 식이 아니다. f와 N은 다른 방향이기 때문이다. 일반적으로 운동마찰계수는 정지마찰계수보다 작은데($\mu_k < \mu_s$), 이는 운동마찰력이 최대정지마찰력 $f_{s_{max}}$ 보다 작다는 것을 의미한다. 일부 일반 물질 사이의 마찰계수는 표 4.1에 열거되어 있다.

정지마찰력(f_s)은 가해진 힘에 대응해서만 존재한다는 것을 유의하라. 정지마찰력의 크기와 방향은 가해진 힘의 방향과 크기에 따라 달라진다. 정지마찰력은 최대가 될 때까지 가해진 힘(F)의 방향에 반대이고 크기가 같아서 가속이 없다($F - f_s = ma = 0$). 따라서 만일 그림 4.18a에 있는 사람이 캐비닛을 반대 방향으로 밀었다면, 정지마찰력 f_s는 새로 미는 방향의 반대 방향으로 방향을 바꾸게 되었을 것이다. 또한 가해진 힘 F가 없다면 정지마찰력 f_s는 영이 되게 될 것이다. 가해준

표 4.1 특정 표면 사이의 정지 및 운동 마찰계수에 대한 근삿값

물질 간의 마찰력	μ_s	μ_k
알루미늄 위의 알루미늄	1.90	1.40
유리 위의 유리	0.94	0.35
콘크리트 위의 고무		
마른 경우	1.20	0.85
젖은 경우	0.80	0.60
알루미늄 위의 강철	0.61	0.47
강철 위의 강철		
마른 경우	0.75	0.48
기름 친 경우	0.12	0.07
강철 위의 테플론	0.04	0.04
테플론 위의 테플론	0.04	0.04
눈 위의 왁스 칠한 나무	0.05	0.03
나무 위의 나무	0.58	0.40
기름칠한 베어링들	< 0.01	< 0.01
팔꿈치 고관절 등의 조인트 부분	0.01	0.01

힘 F가 최대정지마찰력 $f_{s_{max}}$를 능가하게 되면 캐비닛은 움직이기 (가속되는) 시작하고, $f_k = \mu_k N$인 운동마찰계수를 갖는 운동마찰력이 작용하게 된다. 만일 F의 크기가 f_k의 크기로 줄어든다면 캐비닛은 일정한 속도로 미끄러지게 될 것이고, F의 크기가 f_k의 크기보다 크다면 캐비닛은 가속 운동을 계속할 것이다.

마찰계수(그래서 마찰력은)는 금속 표면 사이의 접촉 면적에 거의 무관하다는 것이 실험적으로 증명이 되었다. 이는 금속 표면과 금속 벽돌이 접촉할 때 벽돌 면적의 크기와 모양에 관계없이 마찰력은 똑같다는 것을 의미한다.

마지막으로 $f = \mu N$라는 식이 일반적으로 마찰력에 대해 유지되지만, 선형적으로 유지되지 않을 수 있다는 점을 유념하라. 즉, μ가 언제나 상수는 아니다. 예를 들면 운동마찰계수는 표면의 상대속력에 따라 다소간 변화한다. 그러나 그 속력이 초당 수 미터 정도의 빠르기라면 마찰계수는 거의 일정하다. 단순화하여 논의는 속도(또는 면적)로 인한 어떤 변화도 무시하며, 정지마찰력과 운동마찰력은 주어진 마찰계수에 의해 표현되는 두 표면의 성질과 수직항력(N)에만 의존하는 것으로 가정할 것이다.

예제 4.7 나무상자 끌기 – 정지마찰력과 운동마찰력

(a) 그림 4.19와 같이 바닥과 질량 40.0 kg인 나무상자 사이의 정지마찰계수가 0.650이라면, 나무상자를 움직이게 하는 최소 수평 방향의 힘은 얼마인가? (b) 일단 나무상자가 움직이기 시작하고 계속 끄는 힘을 유지할 때 표면과의 운동마찰계수가 0.500이 되면 나무상자의 가속도 크기는 얼마인가?

▲ 그림 4.19 **정지와 운동마찰력**

풀이

문제상 주어진 값:

$$m = 40.0 \text{ kg}, \ \ \mu_s = 0.650, \ \ \mu_k = 0.500$$

(a) 나무상자는 가한 힘 F가 최대정지마찰력 $f_{s_{max}}$보다 조금이라도 커지기 전까지는 움직이지 않는다. 따라서 물체를 움직이기 위해 필요한 최소한의 힘을 알기 위하여 $f_{s_{max}}$를 알아야 한다. 이 경우에 나무상자의 무게와 수직항력은 크기가 같다. 따라서 최대정지마찰력을 계산하면 다음과 같다.

$$f_{s_{max}} = \mu_s N = \mu_s(mg)$$
$$= (0.650)(40.0\,\text{kg})(9.80\,\text{m/s}^2) = 255\,\text{N}$$

그러므로 나무상자는 수평 방향으로 가하는 힘이 최소한 255 N 보다 커야만 움직인다.

(b) 이제 나무상자는 움직이고 있고 나무상자에 $F = f_{s_{max}} = 255$ N의 일정한 힘이 가해지고 있다. 그리고 운동마찰력 f_k가 나무상자에 작용하는데 $\mu_k < \mu_s$이므로 운동마찰력은 가해지는 힘 F보다 작아서 알짜힘이 나무상자에 작용한다. 따라서 나무상자는 가속하게 되고 이 가속도를 x축 방향으로 뉴턴의 운동 제2법칙을 적용하여 구할 수 있다.

$$\Sigma F_x = +F - f_k = F - \mu_k N = ma_x$$

이때 나무상자의 가속도는 다음과 같이 계산된다.

$$a_x = \frac{F - \mu_k N}{m} = \frac{F - \mu_k(mg)}{m}$$
$$= \frac{255\,\text{N} - (0.500)(40.0\,\text{kg})(9.80\,\text{m/s}^2)}{40.0\,\text{kg}} = 1.48\,\text{m/s}^2$$

예제 4.8 θ의 각으로 비스듬히 끌기-수직항력을 자세히 살펴보기

그림 4.20에 나타낸 것과 같이 수평과 30° 방향으로 힘을 가하여 나무상자를 끌고 있다. 나무상자를 움직이기 위한 최소의 힘의 크기는 얼마인가? 질량 및 마찰력은 예제 4.7과 동일하다.

풀이

나무상자가 움직이기 위해서는 가한 힘의 수평 방향 성분인 F cos 30°가 최대정지마찰력보다 조금이라도 커야 한다. 따라서 최대정지마찰력은 다음과 같은 관계를 가진다.

$$F\cos 30° = f_{s_{max}} = \mu_s N$$

그러나 이 경우에는 가한 힘의 위쪽 방향 성분 때문에 수직항력이 나무상자의 무게와 같지 않다(그림 4.20의 자유물체도를 보라). $a_y = 0$이므로 뉴턴의 운동 제2법칙으로부터

$$\Sigma F_y = +N + F\sin 30° - mg = 0$$

또는

$$N = mg - F\sin 30°$$

이다. 가해준 힘은 부분적으로 나무상자의 무게를 지탱해주는 효과가 있다. 여기서 얻은 수직항력을 첫 번째 식에 대입하면 가해준 힘의 수평 방향 성분은

$$F\cos 30° = \mu_s(mg - F\sin 30°)$$

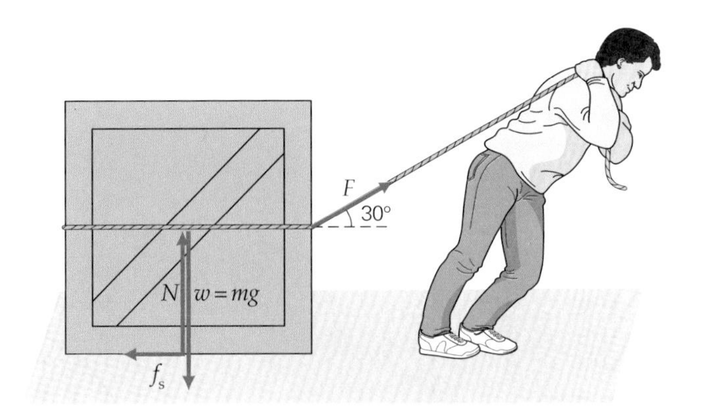

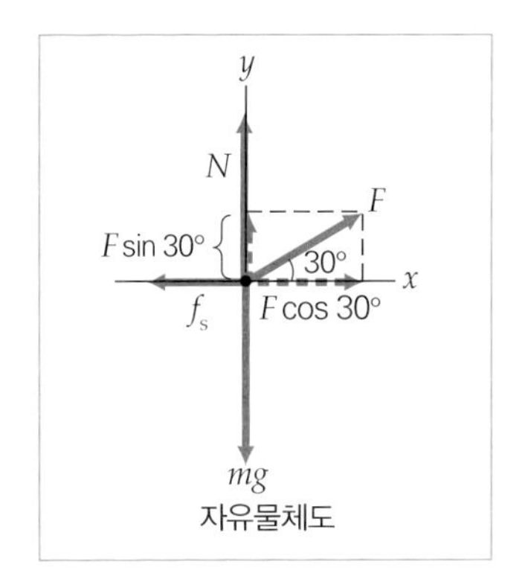

▲ 그림 4.20 **비스듬히 끌기: 수직항력을 자세히 살펴보기**

이다. 따라서 구하고자 하는 힘은 다음과 같다.

$$F = \frac{mg}{(\cos 30°/\mu_s) + \sin 30°} = \frac{(40.0\,\text{kg})(9.80\,\text{m/s}^2)}{(0.866/0.650) + (0.500)} = 214\,\text{N}$$

비스듬히 끄는 경우가 수평 방향으로 끄는 경우(예제 4.6)보다 수직항력이 감소되어 마찰력이 작아지게 되어 나무상자를 움직이는 데 더 작은 힘이 요구된다.

4.6.2 공기저항

공기저항은 공기 중에서 물체가 움직일 때 물체에 작용하는 마찰력을 말한다. 다시 말하면 공기저항은 마찰력의 한 종류이다. 보통 공기 중에서 상대적으로 짧은 거리에 떨어지는 물체를 분석할 때 공기저항 효과를 무시하고 계산해도 대체로 잘 맞는 것을 볼 수 있다. 그러나 긴 거리를 운동할 때에는 공기저항을 무시할 수 없다.

공기저항은 움직이는 물체가 공기 분자와 충돌할 때 발생한다. 그러므로 공기저항은 속력뿐만 아니라 물체의 모양이나 크기(충돌에 노출되는 물체의 면적을 결정하는)에 따라 달라진다. 물체가 크면 클수록, 빠르면 빠를수록 공기 분자와 충돌은 더 커지게 된다(공기 밀도도 고려해야 할 한 요소이나 공기의 양은 지표면 가까이에서는 일정하다고 가정한다). 공기저항(연료 소모)을 줄이기 위해서 자동차는 보다 더 "유선형"으로 만들려고 하고, 트럭이나 캠프용 트레일러에는 에어포일을 설치하여 공기저항을 줄이고 있다(그림 4.21).

낙하하는 물체를 생각하자. 공기저항은 속력에 의존하므로 낙하하는 물체가 중력의 영향을 받아 가속하게 되면, 공기에 의한 저지력도 증가한다(그림 4.22a). 사람 정도의 크기를 갖는 물체의 공기저항은 속도의 제곱, v^2에 비례하므로 공기저항은 상당히 급격하게 증가한다. 따라서 속력이 2배가 되면 공기저항은 4배로 증가하게 된다. 궁극적으로 공기에 의한 저지력의 크기는 물체의 무게와 같게 되어 (그림 4.22b) 알짜힘은 영이 된다. 그때 물체는 크기 v_t를 갖는 **종단속도**(terminal velocity)라 부르는 최대 등속도로 떨어지게 된다.

▲ 그림 4.21 **에어포일.** 트럭의 운전석 꼭대기의 에어포일은 트럭을 보다 더 유선형으로 만들어주어서 공기저항을 줄일 수 있도록 한다.

이것은 뉴턴의 운동 제2법칙으로 쉽게 설명할 수 있다. 낙하하는 물체의 경우

$$F_{\text{net}} = ma$$

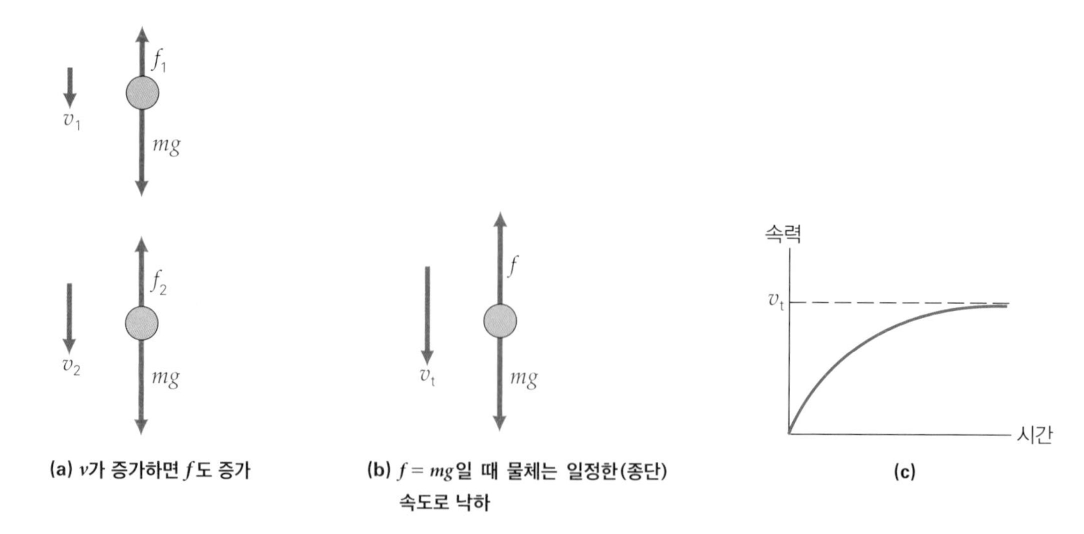

▲ 그림 4.22 **공기저항과 종단속도.** (a) 낙하 물체의 속도가 증가함에 따라 공기저항의 마찰력도 증가한다. (b) 마찰력이 물체의 무게와 같을 때 알짜힘은 0이고, 물체는 일정한 (종단) 속도로 낙하한다. (c) 이러한 관계를 보여주는 속력-시간의 그래프

또는

$$mg - f = ma$$

이다. 여기서 f는 공기저항(마찰)이고, 편의상 아래 방향을 양의 방향으로 잡았다. 가속도 a를 구하면

$$a = g - \frac{f}{m}$$

이다. 여기서 a는 아래 방향으로의 가속도이다.

공기저항이 포함된 낙하 물체의 가속도가 g 미만임을 유의하라. 즉, $a < g$. 물체가 낙하운동을 계속함에 따라 물체의 속도는 증가하고, 그에 따라 공기저항 f도 증가하게 된다. 따라서 공기저항은 $f = mg$, 즉 $f - mg = 0$이 되어 $a = 0$이 될 때까지 증가한다. 이때 물체는 가속도가 영이 되어 일정한 속도인 종단속도로 낙하한다.

▶ 그림 4.23 **종단속도.** 스카이다이버들은 공기저항을 최대화 하기 위해 넓게 펼친 자세를 취한다. 이것은 그들을 종단속도에 더 빨리 도달하게 하고 낙하시간을 연장시킨다. 여기에 보인 그림은 위에서 본 스카이다이버들의 대형이다.

낙하산을 펴지 않은 스카이다이버의 종단속도는 약 200 km/h이다. 종단속도를 감소하기 위하여 스카이다이버는 공기와 충돌하는 면적을 최대한 넓히기 위하여 그림 4.23과 같이 날개를 활짝 편 독수리 자세를 만든다. 이 자세는 낙하하는 물체의 크기와 면적에 있어서 공기저항을 증가시키는 데 큰 도움이 된다. 공기를 잡아주는 형태와 충돌 면적 증가를 제공하는 낙하산을 펴면, 이 부가적인 공기저항이 착륙하기 적당한 속도인 약 40 km/h까지 감속하게 된다.

연습문제

통합 연습문제(Integrated Exercises, IEs)는 두 부분으로 이루어진다. 첫 번째 부분은 일반적으로 기본 원칙과 추론에 기초한 개념적 답변 선택을 요구한다. 두 번째 부분은 연습의 첫 번째 부분에서 이루어진 개념적 선택과 관련된 정량적 계산을 필요로 한다. 기호(•)은 문제의 난이도를 의미한다. 쉬움(•), 보통(••), 어려움(•••)

4.1 힘과 알짜힘의 개념

4.2 관성과 뉴턴의 운동 제1법칙

1. • 물의 부피가 20 cm^3이고, 알루미늄의 부피는 10 cm^3이다. 이때 어느 것이 더 큰 관성을 가지고 있으며, 몇 배나 더 많은가? (표 9.2)

2. • 5.0 kg의 물체가 마찰이 없는 경사면 위에 놓여 있다. 경사각은 40°이고, 경사면 아래쪽으로 35 N의 힘이 작용한다면 이 경우 가속도는 얼마인가?

3. • 질량이 2.0 kg인 공과 6.0 kg인 공을 자유낙하한다고 하자. (a) 각각의 공에 작용하는 알짜힘은 얼마인가? (b) 각각의 공에 작용하는 가속도는 얼마인가?

4. •• 마찰이 없는 표면에서 정지상태의 5.0 kg 블록은 그림 4.24에 표시된 것처럼 $F_1 = 5.5$ N 및 $F_2 = 3.5$ N에 의해 작용한다. 블록을 정지상태로 유지하기 위해서 추가할 힘을 구하면?

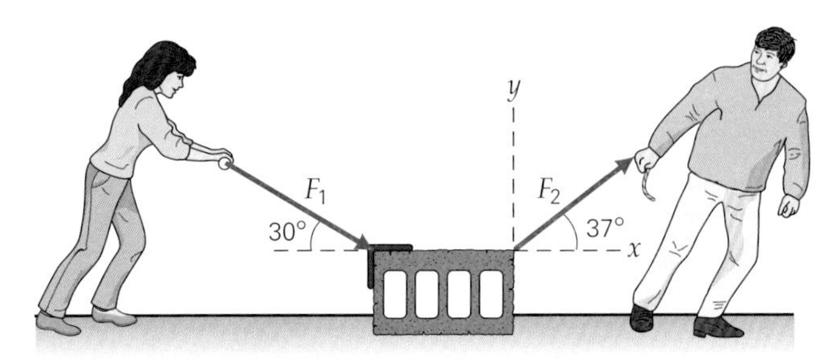

▲ 그림 4.24 **작용하는 두 힘**

5. IE •• 무게가 25 lb인 물고기를 잡아 배에 끌려간다. (a) 물고기를 일정한 속력으로 수직으로 끌어올릴 때 낚싯줄의 장력과 부두에서 열리는 사진촬영을 위해 물고기가 수직으로 매달려 정지되어 있을 때 낚싯줄의 장력을 비교한다. 어떤 경우가 가장 큰 장력을 갖는가? (1) 물고기가 움직일 때; (2) 물고기가 안정적으로 잡힐 때; (3) 장력은 두 상황에서 모두 같다. (b) 낚싯줄의 장력을 계산하라.

6. IE ••• 세 수평의 힘이 바닥에 놓여 있는 상자에 작용한다. 한 힘 F_1은 동쪽으로 작용하며, 크기는 150 lb이다. 두 번째 힘 F_2는 30.0 lb의 동쪽 성분을 가지고, 남쪽 성분은 40.0 lb로 작용한다. 상자는 정지상태를 유지한다(마찰은 무시한다). (a) 알고 있는 두 힘을 그리고, 세 번째 힘은 어느 사분면에 있는가? (1) 1사분면; (2) 2사분면; (3) 3사분면; (4) 4사분면 (b) 세 번째 힘을 그리고, 계산된 답과 비교해 보자.

4.3 뉴턴의 운동 제2법칙

7. • 질량 1.5 kg을 갖는 물체에 힘이 작용하여 3.0 m/s^2의 가속도를 낸다. (a) 동일한 힘이 2.5 kg 질량에 작용하는 경우 가속도는 얼마인가? (b) 작용되는 힘의 크기는 얼마인가?

8. IE • 중력으로 인한 가속도가 지구의 6분의 1에 불과한 달에 질량 6.0 kg인 물체가 실려 온다. 달에서 물체의 질량은 얼마인가? (1) 0, (2) 1.0 kg, (3) 6.0 kg, (4) 36 kg, (b) 달에서 물체의 무게는 얼마인가?

9. IE ••• 그림 4.25는 제품 라벨을 보여준다. (a) 이 라벨의 올바른 표기 장소는? (1) 지구에서, (2) 달에서, 중력 가속도가 6분의 1, (3) 우주에서 중력이 약간 미치는 곳, (4) 모든 곳에서, (b) 달에서 2 lb의 무게가 나가는 양에 대한 라벨의 질량은 얼마인가?

▲ 그림 4.25 **올바른 라벨?**

10. IE •• (a) 수평력은 마찰이 없는 수평면에 놓인 물체에 작용한다. 힘이 반으로 줄고 물체의 질량이 두 배로 증가하면 가속도는 몇 배가 될까? (1) 4배, (2) 2배, (3) 2분의 1, (4) 4분의 1. (b) 만약 물체의 가속도가 1.0 m/s^2이라면, 물체에 가해지는 힘을 두 배로 하고 질량은 반으로 줄이면, 가속도는 얼마일까?

11. •• 800 N의 몸무게인 학생이 체중계에 웅크리고 있다가 갑자기 수직 위로 튀어 올라갔다. 그의 룸메이트는 그가 체중계를 떠날 때 눈금이 900 N이라는 것을 알아챘다. 그가 체중계를 떠날 때의 가속도는 얼마인가?

12. •• 75.0 kg 상자에 300 N의 수평력을 가하면 120 N의 운동 마찰력이 반대로 생기지만 상자가 평평한 바닥에서 미끄러진다. 상자의 가속도의 크기는 얼마인가?

13. •• 물체가 미끄러운 수직 벽 위로 미끄러진다. 60 N의 힘 F는 그림 4.26과 같이 60°의 각도로 작용한다. (a) 벽에 의해 물체에 가해지는 수직항력을 구하라. (b) 물체의 가속도를 결정하라.

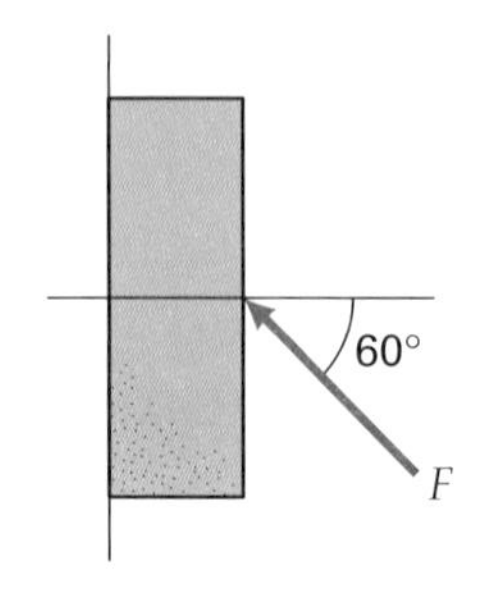

▲ 그림 4.26 **벽 위로**

14. IE •• 한 학생은 긴 끈으로 천장에 매달린 쇠공을 이용하여 대형 RV(여행 차량)의 시동 가속도를 측정하는 과제를 부여받는다. 정지상태에서 가속할 때 쇠공은 더 이상 수직으로 매달리지 않고 수직에서 비스듬히 걸려 있다. (a) 공의 각도는 수직한 상태에서 앞에 있는가 또는 뒤에 있는가? (b) 만약 끈이 수직에서 3.0°의 각을 만들 경우 RV의 처음 가속도는?

4.4 뉴턴의 운동 제3법칙

15. IE • 책이 수평면에 놓여 있다. (a) 이 책에는 몇 가지의 힘이 작용하는가? (1) 하나, (2) 둘, (3) 셋. (b) 책에 있는 각 힘에 대한 반작용력을 확인하라.

16. IE •• 질량 65.0 kg의 단거리 주자는 200 N의 힘으로 출발 블록에서 수평으로 뒤로 밀면서 경기를 시작한다. (a) 어떤 힘에 의해 출발 블록을 박차고 나가야 가속이 붙는가? (1) 블록을 밀쳐서, (2) 아래로 작용하는 중력, (3) 블록이 그에게 가해지는 힘. (b) 블록을 떠날 때 처음 가속도를 결정하라.

4.5 뉴턴의 법칙에 대한 더 많은 것: 자유물체도와 병진 평형

17. •• 75.0 kg인 사람이 엘리베이터 내의 저울 위에 서 있다. 만약 엘리베이터가 다음과 같은 상태일 때 힘은 얼마인가? (a) 정지할 때, (b) 2.00 m/s의 등속도로 위로 올라갈 때, (c) 위로 가속도 2.00 m/s일 때, (d) 아래로 가속도 2.00 m/s^2일 때

18. IE •• 500 kg인 물체의 무게는 4900 N이다. (a) 물체가 움직이는 엘리베이터에 있을 때 물체의 무게는? (1) 0, (2) 0과 4900 N 사이, (3) 4900 N 이상, (4) 앞의 답 모두. (b) 움직이는 엘리베이터에서 물체의 측정 무게가 4000 N에 불과한 경우에 대한 움직임을 설명하라.

19. •• 그림 4.27과 같이 한 소녀가 25 kg의 잔디 깎는 기계를 밀고 있다. 만약 $F = 30$ N과 $\theta = 37°$라 하면 (a) 깎는 기계

▲ 그림 4.27 **잔디 깎기**

의 가속도는 얼마인가? (b) 잔디밭에 놓인 잔디 깎는 기계에 가해지는 수직항력은 얼마인가? (마찰은 무시한다.)

20. •• 질량 25.0 kg의 블록이 마찰이 없는 30°의 경사면 아래로 미끄러져 내려간다. 블록이 가속되지 않도록 하기 위해 블록에 가해야 하는 가장 작은 힘과 그 방향을 구하라.

21. •• 한 자동차가 관성으로 (동력 없이) 30° 경사로를 부드럽게 올라간다. 경사로 하단에서 차량 속력이 25 m/s일 경우, 정지하기 전에 자동차가 이동하는 거리는 얼마인가?

22. IE •• 빗줄은 두 그루의 나무에 양끝을 매어 고정되어 있고, 빗줄 가운데에는 가방이 매달려 있다(빗줄과 수직으로 늘어뜨리는 것). (a) 빗줄의 장력은 무엇에 의존하는가? (1) 오직 나무 분리, (2) 오직 빗줄이 처짐, (3) 나무의 분리와 빗줄의 처짐 둘 다, (4) 나무의 분리나 처짐에 관계없음. (b) 만약 두 나무 사이의 거리가 10 m이고, 가방의 질량은 5.0 kg, 처진 길이는 0.20 m라 할 때, 줄의 장력은 얼마인가?

23. •• 한 물리학자의 차 내부 천장에 작은 납덩어리를 줄에 매달아 났다. 정지 상태에서 출발하여, 아주 잠깐 후에 자동차는 약 10초간 일정한 비율로 가속한다. 그 시간 동안 줄은 (줄의 끝에 무게가 걸림) 수직으로부터 15.0° 각도로 뒤로 (가속도 방향에 반대로) 기울어진다. 10초 간격 동안 차량의 가속도를 결정하라.

24. •• 소총의 무게는 50.0 N이고 총열의 길이는 0.750 m이다. 25.0 g의 총을 쏘면 총알이 일정하게 가속된 후 총열을 떠날 때 속도는 300 m/s이었다. 총알에 의해 소총에 가해지는 힘의 크기는 얼마나 될까?

25. •• 애트우드 머신은 그림 4.28에서 나타낸 것처럼 고정 도르래에 매달린 두 개의 질량으로 구성되어있다. 운동의 법칙을 이용해서 g의 값을 측정한 영국 과학자 조지 애트우드(1746~1807)는 후에 이 장치에 이름을 붙였다. (a) 만약 $m_1 = 0.55$ kg과 $m_2 = 0.80$ kg이라면 이 계의 가속도는 얼마인가? (b) 줄의 장력의 크기는 얼마인가?

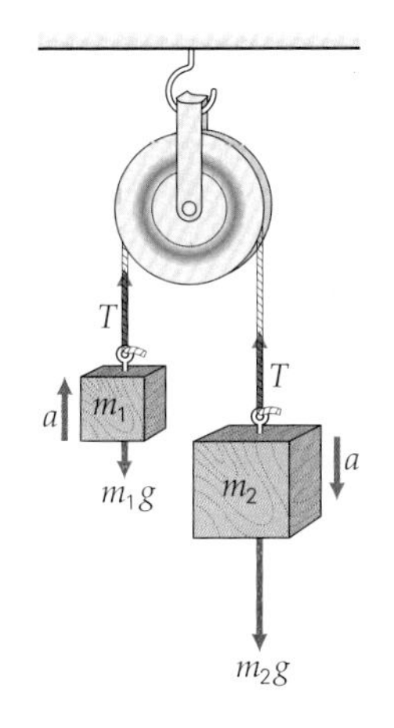

▲ 그림 4.28 **애트우드 머신**

26. ••• 그림 4.29에 보인 이상적인 장치에서 $m_1 = 3.0$ kg과 $m_2 = 2.5$ kg이다. (a) 물체에 걸리는 가속도는 얼마인가? (b) 줄의 장력은 얼마인가?

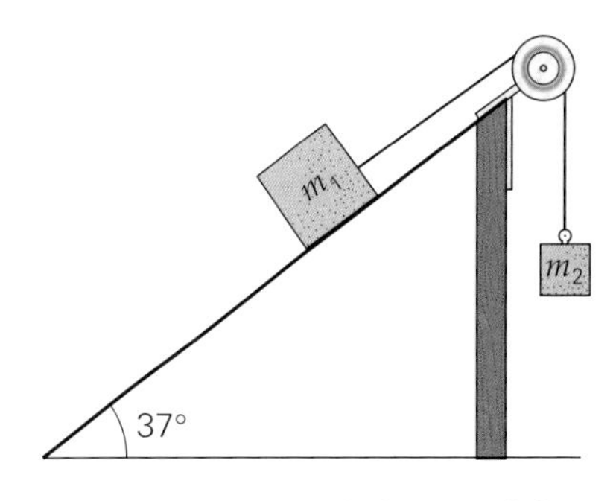

▲ 그림 4.29 **경사된 애트우드 머신**

4.6 마찰

27. • 50.0 kg 상자와 수평면 사이의 정지 및 운동 마찰계수는 각각 0.500과 0.400이다. (a) 250 N 수평력이 상자에 가해질 경우 물체의 가속도는 얼마인가? (b) 가해진 힘이 235 N이면 가속도는 얼마인가?

28. • 40 kg의 나무상자는 평평한 표면에 놓여 있다. 나무상자와 표면 사이의 정지마찰계수가 0.69일 경우, 나무상자가 움직이도록 하기 위해 필요한 수평력은 얼마인가?

29. •• 1500 kg의 자동차는 90 km/h로 직선 콘크리트 고속도로를 따라 달리고 있다. 비상 상황에 직면하면, 운전자는 브레이크를 누르고 차는 멈추기 위해 미끄러진다. 다음과 같은 도로에서 이 차의 제동거리는 얼마인가? (a) 마른 포장도로, (b) 젖은 포장도로 [힌트: 표 4.1]

30. •• 짐칸에 나무상자를 실은 트럭이 직선 평탄한 도로를 50 km/h의 속력으로 다리고 있다. 만약 나무상자와 트럭 짐칸 사이의 정지마찰계수는 0.30이면, 나무상자들이 미끄러지지 않고 일정한 가속도로 트럭이 멈출 수 있는 제동거리는 얼마인가?

일과 에너지*

Work and Energy

CHAPTER 5

장대높이뛰기 선수는 장대에 저장된 퍼텐셜 에너지를 사용하여 새로운 높이에 도달한다.

이 장의 처음 사진에서처럼 장대높이뛰기를 하는 방법은 선수가 장대를 가지고 뛰면서 일정 위치에 장대를 땅에 꽂고 그 반동을 통해 몸이 어떤 지정된 높이에 걸려 있는 막대를 넘어야 한다. 그러나 물리학자는 이를 다른 방법으로 설명한다. 선수는 그의 몸에 화학적 퍼텐셜 에너지를 저장하고, 그 선수는 퍼텐셜 에너지를 속력이나 운동에너지를 얻기 위해 경로를 따라 달리는 일에 사용한다. 그가 장대를 땅에 꽂았을 때 운동에너지의 대부분은 휘어진 장대의 탄성퍼텐셜 에너지로 바뀐다. 이 퍼텐셜 에너지는 다시 선수의 몸을 중력과 반대 방향으로 들어올리는 데 사용되며, 일부는 중력퍼텐셜 에너지로 전환된다. 정점에서는 장애물 막대를 넘기는 데 필요한 최소한의 운동에너지만 남아 있다. 다시 떨어질 때 중력퍼텐셜 에너지는 운동에너지로 바뀌며, 이 운동에너지는 떨어지는 몸을 멈추게 하는 일을 완충 매트가 흡수하게 된다. 이 선수는 물리적으로 에너지를 주고 받는 일-에너지 게임에 참여하고 있다.

이 장에서는 과학과 일상생활에서 중요한 개념인 **일**과 **에너지**에 대한 두 가지를 중점적으로 다룬다. 우리는 보통 일을 한다는 것은 어떤 작업을 이행하거나 성취와 관계지어 생각한다. 일을 하면 육체적 (때때로 정신적) 피곤함을 뜻하기 때문에 개인적으로 소모하는 노력을 줄이기 위해 기계를 만들어낸다. 에너지라고 하면 수송 또는 난방하는 데 드는 연료비용을 떠올리는 경향이 있으나 사람에 있어 에너지란 활동하

---

* 이 장에서 필요한 수학은 삼각함수를 포함한다. 부록 I에서 이러한 사항을 참조하라.

는 데 필요한 것으로 음식을 섭취하여 얻는 것이다.

비록 이들 용어선택이 일과 에너지란 말이 정확히 일치하진 않지만 생각하는 방향은 올바르다는 점이다. 짐작했듯이 일과 에너지는 아주 밀접한 관계가 있다. 물리학에서는 일상생활에서 어떤 것이 에너지를 가지고 있다는 것을 일을 할 수 있는 능력이 있다는 것이다. 예를 들면 댐에서 쏟아지는 물은 운동에너지를 가지고 있으며 이 에너지는 물이 터빈을 돌리거나 전기를 만들어내는 동력원으로 사용된다. 바꾸어 말하면, 에너지가 없으면 일도 수행할 수 없다.

에너지는 역학적 에너지, 화학 에너지, 전기 에너지, 열에너지, 핵에너지 등등 여러 형태로 존재한다. 한 가지 형태의 에너지에서 다른 형태의 에너지로 전환되는 경우가 발생하는데 이때 총 에너지는 **보존**된다. 보존된다는 의미는 에너지 총량은 항상 일정하게 유지된다는 것이다. 이런 관점에서 에너지의 개념은 매우 유용하다. 물리적으로 관측 가능한 어떤 양이 보존될 때 우리에게 자연을 깊이 이해하는 데 필요한 직관을 제공해주며 실제적인 일을 행할 때도 많은 도움을 준다(물리학에서는 에너지뿐만 아니라 다른 물리량의 보존을 소개할 것이다).

5.1 일정한 힘에 의한 일

일(work)이라는 단어는 일반적으로 다양한 방법으로 사용된다. 우리는 일하러 간다; 프로젝트를 한다; 책상이나 컴퓨터에서 일한다; 문제를 다룬다. 그러나 물리학에서 **일**은 매우 특정한 의미를 지니고 있다. 역학적으로 일은 힘과 변위를 수반하며, 일이란 힘이 물체에 작용하여 어떠한 거리를 움직였을 때 실행된 것을 정량적으로 기술하는 데 사용된다. 일정한 힘이 물체에 작용할 때 힘이 한 일은 다음과 같이 정의한다.

> 물체에 작용하는 일정한 힘에 의하여 한 **일**은 변위의 크기와 힘 또는 그 변위와 평행한 힘의 성분을 곱한 것과 같다.

일은 어떤 거리만큼 물체를 움직이게 하는 데 작용한 힘을 포함한다. **만약 힘이 가해지더라도** 그림 5.1a처럼 **운동을 하지 않는다면(변위가 없다) 일을 하지 않은 것이다.**

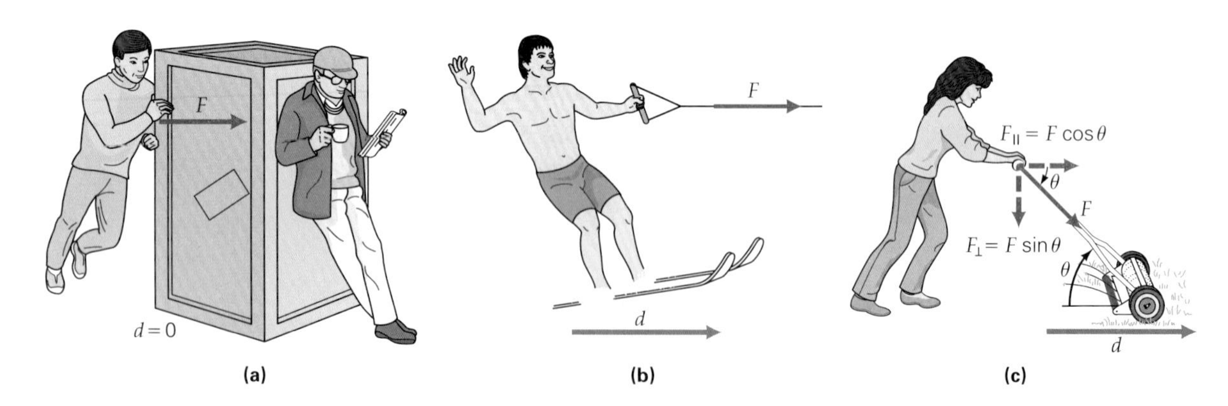

▲ 그림 5.1 **일정한 힘에 의한 일.** 힘의 성분과 변위가 평행한 방향인 경우 그 크기의 곱으로 나타낸다. **(a)** 변위가 없다면 한 일도 없다, $W = 0$. **(b)** 변위와 같은 방향으로 일정한 힘을 가했을 때 한 일, $W = Fd$. **(c)** 변위에 대해 어떤 각도로 일정한 힘을 가했다면 한 일, $W = (F\cos\theta)d$.

그러나 변위 d와 **같은 방향**으로 일정한 힘 F를 가하여 일을 한다(그림 5.1b). 이런 경우에 한 일 W는 이들 물리량의 크기의 곱으로 정의한다.

$$W = Fd \tag{5.1}$$

그리고 일은 스칼라량이다. 그림 5.1b와 같이 일을 하면 에너지가 소비된다. 일과 에너지 사이의 관계는 5.3절에서 논의할 것이다.

일은 물체의 운동 방향으로 가해진 힘 또는 물체의 변위 방향에 평행한 힘의 **성분**에 의해 이루어진다(그림 5.1c). 즉, 물체가 운동하는 방향과 θ의 방향으로 힘을 가하게 되면 그때 $F_{\parallel} = F\cos\theta$가 변위 방향에 평행한 힘의 성분이 된다. 따라서 일정한 힘에 의해서 한 일에 대한 보다 일반적인 식은

$$W = F_{\parallel}d = (F\cos\theta)d \quad \text{(일정한 힘에 의한 일)} \tag{5.2}$$

이다. 여기서 θ는 힘과 변위 벡터 사이의 각도임을 유의하자. 이 인자를 염두에 두고, 힘과 변위의 크기 사이에 $\cos\theta$를 쓰면 된다. 만일 $\theta = 0°$이면 (그림 5.1b처럼 힘과 변위의 방향이 같다면) $W = F(\cos 0°)d = Fd$가 되어 식 5.2는 식 5.1로 된다. 힘의 방향과 수직 성분인 $F_{\perp} = F\sin\theta$는 수직 방향으로는 전혀 이동하지 않으므로 일을 하지 않은 것이다.

일의 단위는 식 $W = Fd$로 결정한다. 힘의 단위는 N이고 변위의 단위는 m이므로 일의 SI 단위는 N·m인데, 이 단위는 **주울(J)***이라 한다.

$$Fd = W$$
$$1\ \text{N}\cdot\text{m} = 1\ \text{J}$$

예를 들면 변위와 평행한 방향으로 25 N의 힘을 가하여 2.0 m를 이동하였다면 한 일은

$$W = Fd = (25\ \text{N})(2.0\ \text{m}) = 50\ \text{N}\cdot\text{m} = 50\ \text{J}$$

이다.

일은 그래프로 분석할 수 있다. 일정한 힘 F가 x축 방향으로 물체에 작용하여 거리 x만큼 이동하였다고 하자. 그러면 $W = Fx$이고, F–x 그래프를 그리면 수평 직선 그래프로 그림 5.2에 나타낸 것을 얻을 수 있다. 직선 아래의 면적은 Fx가 되어, 이 면적이 바로 주어진 거리 x에 작용한 힘 F가 한 일 W가 된다. 한편, 일정하지 않거나 변화하는 힘에 의한 일은 뒤에서 고려할 것이다.

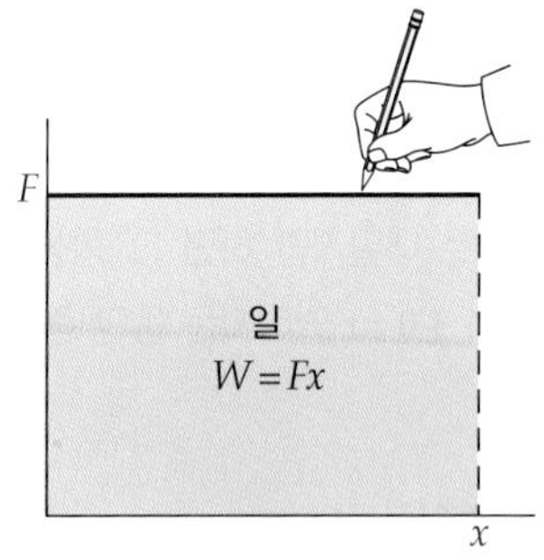

일은 스칼라량이고 양(+) 또는 음(−)의 값을 가질 수 있음을 기억하라. 그림 5.1b에서 힘이 변위 방향으로 가해졌기 때문에 ($\cos 0° = 1$은 양의 값) 일은 양의 값이다. 그림 5.1c에서도 힘의 성분이 변위 방향으로 작용하기 때문에 ($\cos\theta$가 양의 값) 일은 양의 값을 가진다.

그러나 만약 힘 또는 힘의 성분이 변위의 방향에 반대로 작용하면 $\cos\theta$가 음이 되

▲ 그림 5.2 **일의 그래프 판단.** 일은 F–x 그래프에서 나타낸 아래 부분의 면적과 같다.

* 주울(J)은 영국 과학자이며 일과 에너지를 연구한 James Prescott Joule(1818~1889)을 기념하기 위하여 이름을 단위로 사용하였다.

기 때문에 한 일은 음의 값이 된다. 예를 들어 $\theta = 180°$(힘이 변위에 반대 방향이다)인 경우 $\cos 180° = -1$, 즉 한 일은 음이 된다. $F_{\parallel}d = F(\cos 180°)d = -Fd$. 이러한 예로는 물체를 감속시키는 브레이크에 작용하는 힘이 있다. 그림 5.3에는 일의 부호에 대한 가능한 모든 것을 나타내었다.

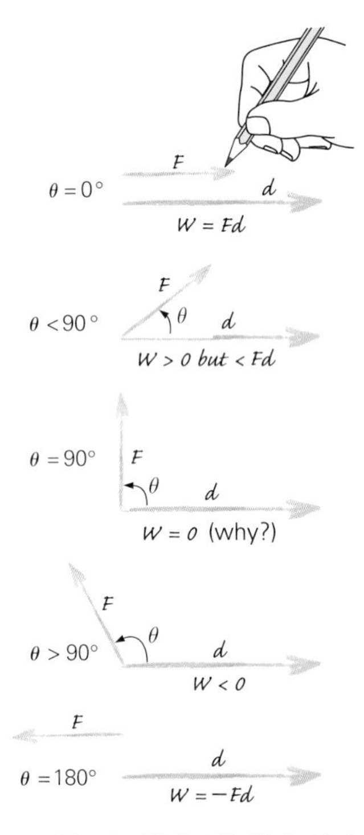

▲ 그림 5.3 **일의 부호 결정.** 일의 부호는 힘과 변위 사이의 각도에 의해 결정된다.

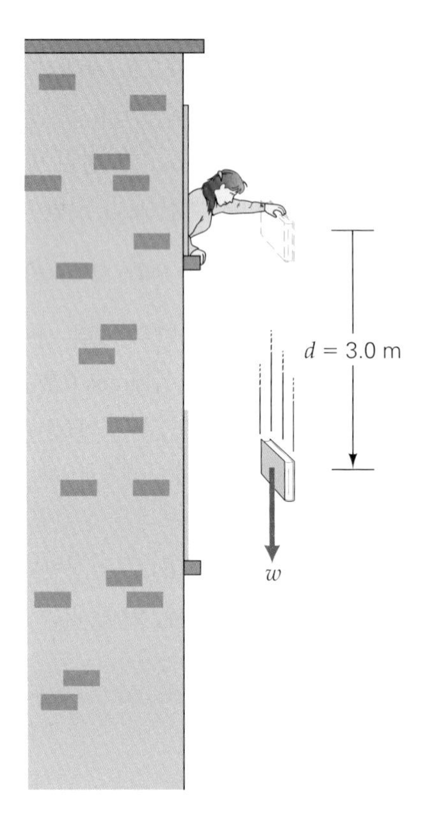

▲ 그림 5.4 **역학적 일은 운동을 필요로 한다**

예제 5.1 **심리학 교재–역학적 일**

한 학생이 2층 기숙사 창밖으로 팔을 내밀어 질량 1.5 kg의 심리학 책을 팔이 아플 때까지 들고 있다가 놓았다(그림 5.4). (a) 책을 창문 밖으로 내밀기만 하면 그 학생이 책에 대해 한 일은 얼마인가? (b) 책이 3.0 m 떨어지는 동안 중력이 한 일은 얼마인가?

풀이

문제상 주어진 값:

$$v_0 = 0\,(\text{처음에 정지 상태}),\ m = 1.5\ \text{kg},\ d = 3.0\ \text{m}$$

(a) 팔이 아프도록 들고 있었지만 학생은 책에 아무 일도 하지 않은 것이다. 학생은 책의 무게와 같은 크기의 힘을 위쪽으로 가했지만 이 경우에는 변위가 영($d = 0$)이다. 따라서

$$W = Fd = F \times 0 = 0\ \text{J}$$

(b) 책이 떨어지고 있는 동안(공기저항을 무시), 책에 작용하는 유일한 힘은 책의 무게와 같은 크기의 중력이다: $F = w = mg$. 변위는 힘이 가해진 방향과 같고 ($\theta = 0°$) $d = 3.0$ m의 크기이므로 중력이 한 일은

$$W = F(\cos 0°)d = (mg)d = (1.5\ \text{kg})(9.8\ \text{m/s}^2)(3.0\ \text{m}) = +44\ \text{J}$$

이다(힘과 변위의 방향이 같으므로 일의 부호는 +이다).

예제 5.2 힘든 일

그림 5.5에서처럼 40.0 kg의 나무상자를 사람이 로프로 끌고 있다. 나무상자와 마루 사이의 운동마찰계수가 0.550이다. 만약 7.00 m의 거리를 일정한 속도로 나무상자를 움직였다면 나무상자에 사람이 한 일은 얼마인가?

풀이

문제 풀이를 위해 먼저 해야 할 일은 자유물체도를 그리는 것이다(그림 5.5, 오른쪽).

x와 y 방향에서 힘의 합은 0이다. 다시 말해 일정한 속도를 가지므로 $F_{\text{net}} = 0$.

$$\Sigma F_x = F\cos 30° - f_k = F\cos 30° - \mu_k N = ma_x = 0$$

$$\Sigma F_y = N + F\sin 30° - mg = ma_y = 0$$

F를 구하기 위하여 두 번째 식을 N에 대하여 풀어 첫 번째 식에 대입한다. 따라서

$$N = mg - F\sin 30°$$

(N은 나무상자의 무게와 같지 않음을 유의하라.) 그리고 N을 첫 번째 식에 대입한다.

$$F\cos 30° - \mu_k(mg - F\sin 30°) = 0$$

F에 대해 풀고, 주어진 값을 대입하자.

$$F = \frac{\mu_k mg}{(\cos 30° + \mu_k \sin 30°)} = \frac{(0.550)(40.0\,\text{kg})(9.80\,\text{m/s}^2)}{(0.866) + (0.550)(0.500)} = 189\,\text{N}$$

그러면

$$W = F(\cos 30°)d = (189\,\text{N})(0.866)(7.00\,\text{m}) = 1.15 \times 10^3\,\text{J}$$

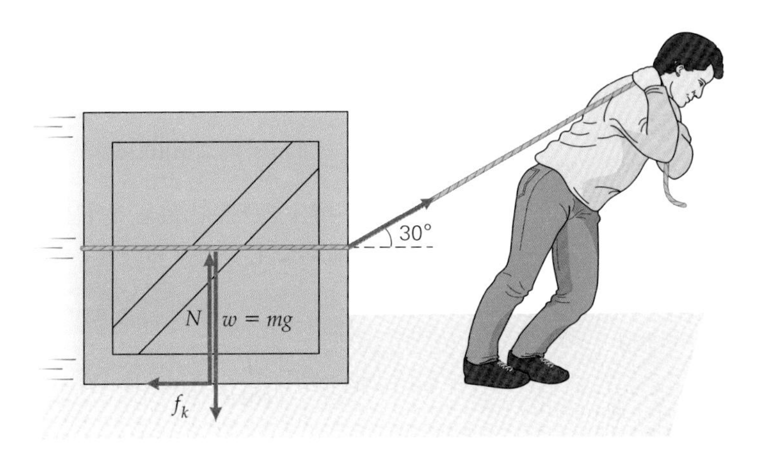

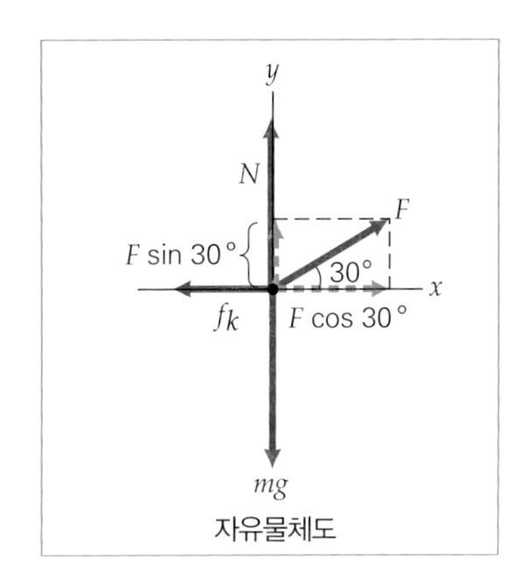

▲ 그림 5.5 **나무상자를 끄는 일을 하고 있다**

한 물체에 어떤 힘이 작용하는지를 명시해야 한다. 예제 5.1에서는 중력이라는 힘이 책에 일을 하는 것이다. 또한 어떤 물체를 들어올릴 때는 물체를 받치는 힘이 일을 하는 것이다. 이것은 때때로 중력에 대항하여 일을 한다고 하는데, 이는 중력이 외부에서 가해지는 들어올리는 힘의 방향에 반대 방향으로 작용하기 때문이다. 예를 들어 1 N의 무게를 갖고 있는 사과를 1 N의 힘을 가하여 1 m 들어올렸을 때 가한 힘은 중력에 대항하여 1 J의 일을 하게 되는 것이다[$W = Fd = (1\text{ N})(1\text{ m}) = 1\text{ J}$]. 이는 1 J의 일이 어느 정도인지를 가늠하는 좋은 예가 된다. 한 개 이상의 힘이 물체에 작용하는 경우 각각의 힘에 의하여 한 일을 분리하여 별도로 계산한 후 합산하여 **알짜일**(net work)을 구한다. 즉,

전체 일 또는 알짜일은 물체에 작용하는 모든 힘에 의해 한 일 또는 각각의 힘들이 한 일들의 총 스칼라 합으로 정의한다.

이 개념은 예제 5.3에서 잘 보여주고 있다.

예제 5.3 전체 또는 알짜일

20°인 경사면에서 0.75 kg의 블록이 일정한 속도로 미끄러져 내려가고 있다(그림 5.6). (a) 경사면 전체 길이를 미끄러질 때 블록에 가해지는 마찰력에 의한 일은 얼마인가? (b) 블록에 한 알짜일은 얼마인가? (c) 경사면의 각도를 조정하여 블록이 경사면 아래로 가속할 때 행해지는 알짜힘에 관하여 논하라.

풀이

문제상 주어진 값:

$m = 0.75$ kg, $\theta = 20°$, $L = 1.2$ m (그림 5.6으로부터)

(a) 그림에서 보여주는 자유물체도를 통해서 보면 블록의 운동 방향으로 두 개의 힘이 평행하게 작용하는데, 블록 무게의 경사면 아래 방향 성분 $mg\sin\theta$와 경사면 위로 작용하는 마찰력 f_k이다. 또한 수직항력 N과 무게의 한 성분 $mg\cos\theta$는 경사면에 수직하게 작용하는 힘으로 일을 하지 않는다.
먼저 마찰력이 한 일을 구하자.

$$W_f = f_k(\cos 180°)d = -f_k d = -\mu_k N d$$

각도 180°는 마찰력의 방향과 변위 방향이 반대 방향이기 때문이다. 이때 블록이 미끄러져 내려온 거리 d는 삼각비에 의해 구할 수 있다. 즉, $\cos\theta = L/d$이므로

$$d = \frac{L}{\cos\theta}$$

수직항력 $N = mg\cos\theta$라는 것은 아는데, 그렇다면 운동마찰계수 μ_k는 얼마인가? 여기서 정보가 좀 부족해 보인다. 그럴 때는 값을 구하기 위해 다른 방법을 생각해 보자. 블록이 일정한 속도로 미끄러져 내려올 때 그 운동 방향과 평행한 두 힘은 서로 반대 방향으로 작용한다는 것을 안다. 즉, $f_k = mg\sin\theta$이다. 따라서

$$W_f = f_k d = -(mg\sin\theta)\left(\frac{L}{\cos\theta}\right) = -mg\,L\tan 20°$$
$$= -(0.75\,\text{kg})(9.8\ \text{m/s}^2)(1.2\ \text{m})(0.364) = -3.2\ \text{J}$$

(b) 알짜힘을 구하기 위해서 중력이 한 일을 계산할 필요가 있고, 그것을 (a)의 결과에 더한다. 중력에 대한 $F_\parallel$은 $mg\sin\theta$이기 때문에

$$W_g = F_\parallel d = (mg\sin\theta)\left(\frac{L}{\cos\theta}\right) = mgL\tan 20° = +3.2\ \text{J}$$

이다. 여기서 계산 값이 부호를 제외하고는 (a)와 같다. 그러므로 알짜일은

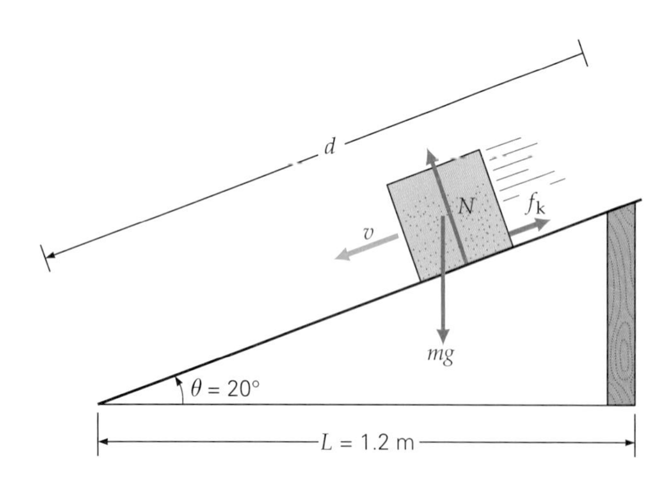

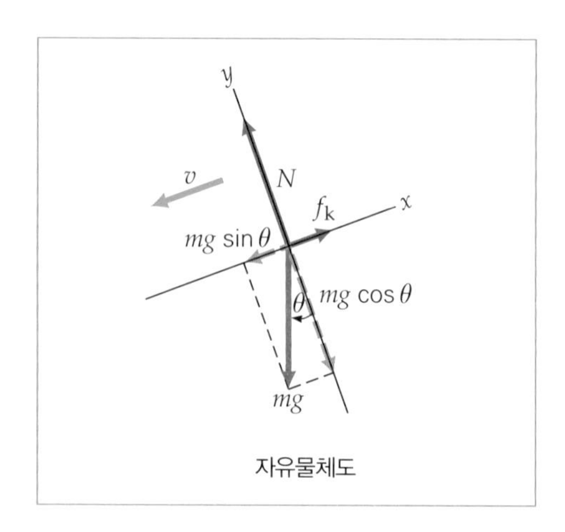

▲ 그림 5.6 **전체 또는 알짜일**

$$W_{\text{net}} = W_g + W_f = +3.2\text{ J} + (-3.2\text{ J}) = 0$$

이다(일정한 속도, 알짜힘은 영, 알짜일은 영). 일은 스칼라 량임을 기억하라. 그래서 알짜일을 구하기 위해서 스칼라 덧셈을 사용한다.

(c) 만약 블록이 평면 아래로 가속한다면 뉴턴의 운동 제2법칙으로부터 $F_{\text{net}} = mg\sin\theta - f_k = ma$이다. 중력의 성분 ($mg\sin\theta$)는 반대 방향인 마찰력($f_k$)보다 크다. $|W_g| > |W_f|$이므로 알짜일이 블록에 행하여진다. 영이 아닌 알짜일의 효과에 대해 궁금할 것이다. 영이 아닌 알짜일은 물체가 가지고 있는 운동에너지 양에 변화를 초래한다.

5.1.1 문제 풀이 힌트

예제 5.3의 (a)에 유의하고, W_f에 대한 식은 처음에 이러한 양을 계산하는 대신 N과 d에 대한 대수적 식을 사용하여 단순화되었다. 숫자를 식에 대입하지 않는 것은 반드시 해야 할 때까지 식 정리를 하는 것은 좋은 규칙이다. 수식 기호를 사용하여 정리, 제거를 통한 식을 단순화하고 계산하는 것은 시간을 절약하는 것이다.

5.2 변화하는 힘에 의한 일

앞 절에서 논의한 것은 일정한 힘에 의한 일로 한정되었다. 그러나 일반적으로 힘의 크기나 방향은 시간 또는 위치에 따라 변화한다.

변화하는 힘이 한 일의 예가 그림 5.7에 나타나 있는데, 이 그림은 가해준 힘 F_a에 의하여 늘어나는 용수철을 나타낸 것이다. 용수철이 늘어나면 (또는 압축되는) 늘어

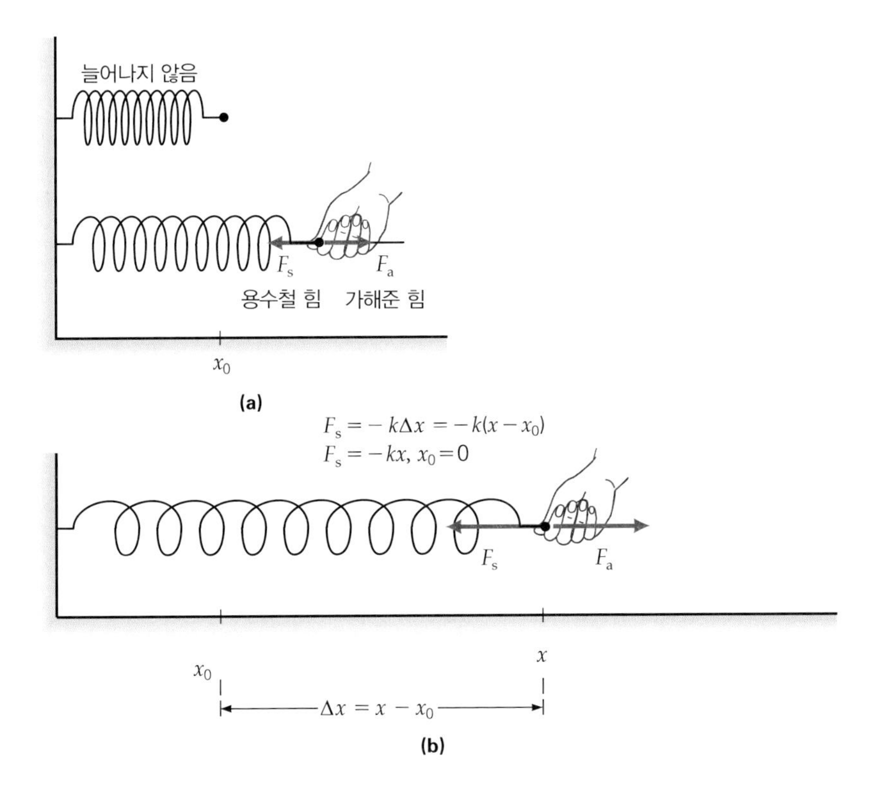

◀그림 5.7 **용수철 힘.** **(a)** 가해진 힘 F_a는 용수철을 늘어나게 하고 용수철을 손에 동일한 반대 힘 F_s을 가한다. **(b)** 힘의 크기는 용수철의 변화한 길이 Δx에 의존한다. 변하는 길이는 늘어나지 않은 용수철의 끝 x_0로부터 측정한다.

날수록 복원력(늘어나거나 압축되는 것에 반대되는 용수철 힘)은 커지게 되고, 그에 따라 점점 더 큰 힘을 가해야만 한다. 대부분의 용수철에 대해 그 힘(F_s)은 용수철의 길이 변화에 비례한다. 이들 관계를 식으로 나타내면

$$F_s = -k\Delta x = -k(x - x_0)$$

이고, 만약 $x_0 = 0$이라면

$$F_s = -kx \quad \text{(이상적 용수철 힘)} \tag{5.3}$$

이다. 여기서 x는 용수철의 원래 길이에서 늘어나거나 압축된 길이를 나타낸다. 따라서 힘은 길이 x에 따라 변하므로, 이것은 **힘이 위치의 함수**라고 말하는 것으로 설명할 수 있다.

이 식에서 k는 비례상수로서 **용수철 상수**(spring costant) 또는 **힘의 상수**(force constant)라고 부른다(측정 방법을 보려면 예제 5.4를 참조하라). k의 값이 크면 클수록 용수철은 강해서 늘어나거나 압축하기가 더 어렵다. k의 SI 단위는 식 5.3에서 쉽게 알 수 있듯이 N/m이다. 식에서 마이너스 부호는 용수철이 늘어나거나 압축될 때의 변위에 반대되는 방향으로 복원력이 작용한다는 것을 나타낸다. 식 5.3은 뉴턴과 동시대에 살았던 로버트 후크(Robert Hooke; 1635~1703)의 이름을 따서 **후크의 법칙**(Hooke's law)으로 알려져 있다.

용수철 힘의 식에 의해 표현되는 관계는 이상적인 용수철에 대해서만 적용된다. 실제 용수철의 경우에는 힘과 늘어난 길이의 선형 비례관계는 어떤 범위 내에서 근사적으로 잘 맞는다. 만약 용수철이 탄성한계라고 하는 특정 지점을 벗어나도록 늘였다면 용수철은 영구적으로 변형되며 선형 관계가 더 이상 적용되지 않는다.

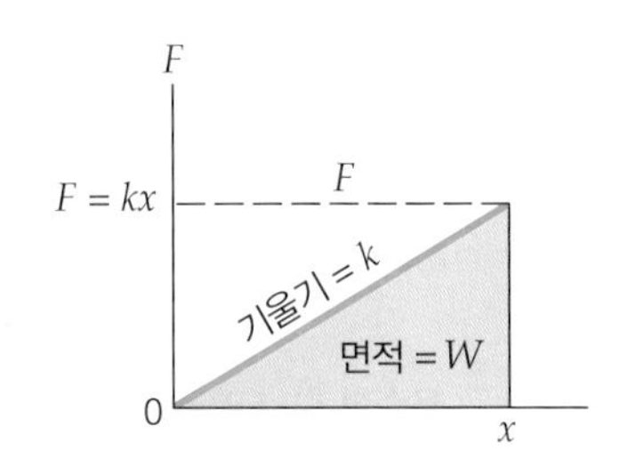

▲그림 5.8 **일정하게 변화하는 용수철 힘에 의한 일.** F–x의 그래프는 기울기 k를 갖는 직선이고 F는 용수철을 늘이는데 가한 힘으로 이 힘에 의한 일은 직선 아래의 삼각형의 면적이다.

변하는 힘에 의해 한 일을 계산할 때는 미적분이 필요하다. 용수철 힘이 특수할 경우 그래프로 계산할 수 있다. 늘어난 길이 x에 대한 가해진 힘 F를 그림 5.8에 그래프 나타내었다. 그래프는 $F = kx$로 기울기 k를 가진 직선으로 F는 용수철을 늘이기 위하여 가한 힘이다.

앞서 언급했듯이 일은 F–x 그래프에서 직선 아래 부분의 면적인데 그림에서는 색칠된 면적으로 삼각형 형태인 것이다. 따라서 이 면적을 계산하면

$$\text{면적} = W = \tfrac{1}{2}\,(\text{높이} \times \text{밑변})$$

또는

$$W = \tfrac{1}{2}Fx = \tfrac{1}{2}(kx)x = \tfrac{1}{2}kx^2$$

이다. 여기서 $F = kx$이다. 그러므로

$$W = \tfrac{1}{2}kx^2 \quad \text{(용수철을 늘이거나 압축하는 일)} \tag{5.4}$$

예제 5.4 **용수철 상수 결정하기**

그림 5.9와 같이 4.6 cm 아래 지점에 0.15 kg의 질량을 갖는 물체가 수직하게 매달려서 정지해 있다. 여기에 0.50 kg의 질량인 물체를 더 달면 용수철은 더 늘어나서 새로운 평형점에 도달하게 된다. 용수철의 늘어난 총 길이는 얼마인가? (용수철의 질량은 무시한다.)

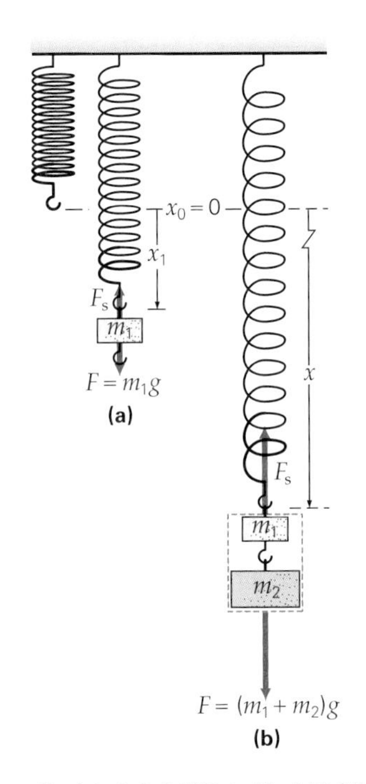

▲ 그림 5.9 **용수철 상수와 용수철을 늘릴 때 한 일을 결정하기**

풀이

문제상 주어진 값:

$$m_1 = 0.15\ \text{kg},\ x_1 = 4.6\ \text{cm} = 0.046\ \text{m},\ m_2 = 0.50\ \text{kg}$$

늘어난 총 길이는 $x = F/k$로 주어지며, 여기서 F는 가해진 힘으로 이 경우에는 용수철에 매달린 물체의 무게이다. 그러나 용수철 상수 k가 주어져 있지 않기 때문에 이 값부터 구해야 한다. 그림 5.9a에서 나타낸 것처럼 무게와 복원력의 크기가 같으므로 이를 수식으로 나타내면 다음과 같다:

$$F_s = kx_1 = m_1g$$

용수철 상수 k를 구하면

$$k = \frac{m_1g}{x_1} = \frac{(0.15\ \text{kg})(9.8\ \text{m/s}^2)}{0.046\ \text{m}} = 32\ \text{N/m}$$

이다. 이제 k를 구했으니 그림 5.9b에 나타낸 힘의 평형 상태로부터 늘어난 총 길이를 구할 수 있다.

$$F_s = (m_1 + m_2)g = kx$$

따라서

$$x = \frac{(m_1 + m_2)g}{k} = \frac{(0.15\ \text{kg} + 0.50\ \text{kg})(9.8\ \text{m/s}^2)}{32\ \text{N/m}}$$
$$= 0.20\ \text{m} = 20\ \text{cm}$$

5.2.1 문제 풀이 힌트

용수철의 길이 변화를 결정하는 데 사용되는 기준 위치 x_0은 임의적이지만 일반적으로 편의상 $x_0 = 0$으로 선택된다. 계산된 일의 중요한 양은 위치의 차이, Δx 또는 용수철에서 처음 길이로부터 늘어난 순수한 길이 변화이다. 용수철에 매달린 질량의 경우 그림 5.10과 같이 x_0은 용수철만 매달아 놓은 용수철 자체의 길이를 기준점으로 하거나 물체를 매달아 늘어난 위치를 기준점으로 할 수 있으며, 편의상 이들 위치를 영점 위치로 할 수 있다. 예제 5.4에서 x_0는 물체가 매달리지 않은 용수철 자체의 길이의 끝점을 기준점으로 잡았다.

매달린 질량의 알짜힘이 영일 때 질량은 **평형 위치**에 있다고 한다(그림 5.9a와 같이 m_1이 매달려 있다). 매달리지 않은 길이보다는 이 위치를 원점으로 잡는다($x_0 = 0$; 그림 5.10b를 참고하라). 평형 위치는 용수철에서 질량이 상하로 진동하는 경우에 편리한 기준점이다. 또한 변위가 수직 방향이기 때문에 x는 y로 대체되는 경우가 많다.

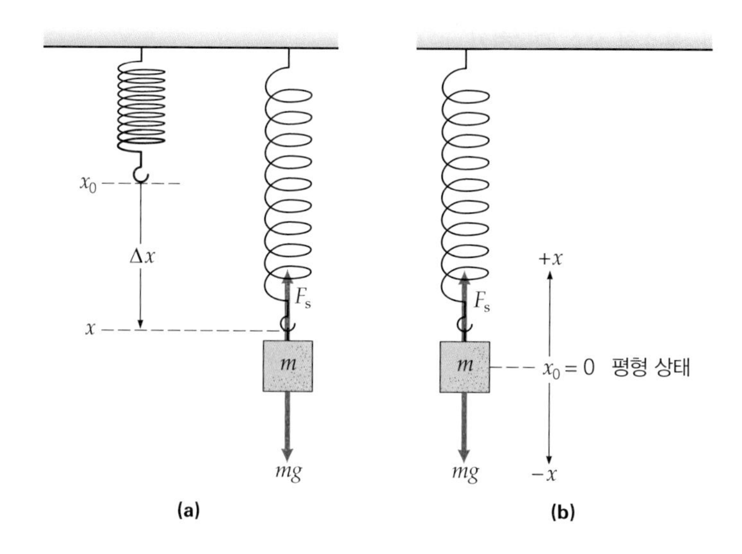

▶ **그림 5.10 변위의 기준점.** 기준 위치 x_0은 임의적이지만 편리한 위치를 선택할 수 있다. **(a)** 물체가 매달리지 않은 순수한 용수철 끝점을 기준 위치, **(b)** 물체를 용수철에 매달았을 때 용수철이 늘어난 다음 평형된 위치를 기준점으로 잡는다. 후자는 특히 질량이 용수철에서 위아래로 진동하는 경우에 선택하는 것이 편리하다.

5.3 일-에너지 정리: 운동에너지

일에 대한 정량적 정의를 내리게 되었으니, 일이 에너지와 어떤 관계가 있는지 살펴보기로 하자. 에너지는 과학에서 가장 중요한 개념 중의 하나로 물체나 계가 갖고 있는 양으로써 기술한다. 기본적으로 일은 물체에 행해지는 것인 반면 에너지는 물체가 갖고 있는 그 어떤 것, 즉 일을 할 수 있는 능력이다.

일과 밀접하게 관련된 에너지의 한 형태가 운동에너지(kinetic energy)이다(다른 형태인 퍼텐셜 에너지(potential energy)는 5.4절에서 논의할 것이다). 마찰이 없는 표면에 정지해 있는 한 물체를 고려해 보자. 그 물체에 수평한 힘을 가하여 운동하도록 만들면 물체에 일을 한 것이다. 일은 물체가 움직이도록 또는 운동 상태를 변화시킨 것이다. 물체가 움직였으므로 에너지, 즉 일을 할 수 있는 능력을 주는 운동에너지를 얻었다고 말한다.

움직이고 있는 물체에 일정한 힘에 의해 일하는 것을 그림 5.11에서 보여주고 있는데, 이 힘은 $W = Fx$만큼의 일을 하고 있다. 그렇다면 운동학적인 효과는 무엇인가? 물체가 등가속도를 갖게 되는데, 식 2.12의 $v^2 = v_0^2 + 2ax\,(x_0 = 0$일 때)로부터

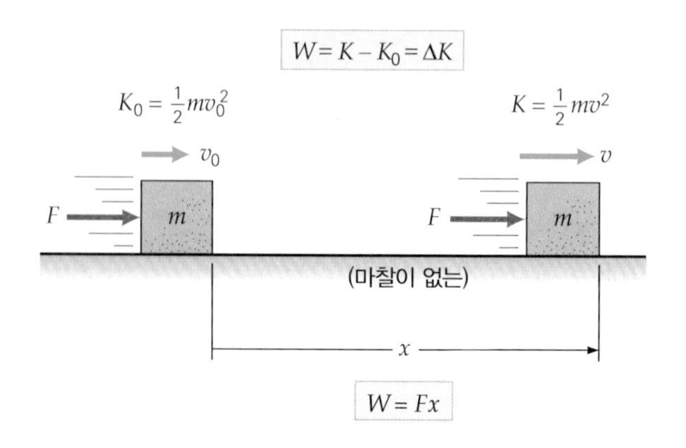

▶ **그림 5.11 일과 운동에너지의 관계.** 마찰이 없는 수평면 위에서 움직이고 있는 블록에 일정한 힘이 일하는 것은 블록의 운동에너지 변화와 같다: $W = \Delta K$

$$a = \frac{v^2 - v_0^2}{2x}$$

인 가속도를 갖는다. 여기서 v_0는 영이거나 영이 아닐 수도 있다. 뉴턴의 운동 제2법칙인 운동 방정식에 가속도를 대입하면

$$F = ma = m\left(\frac{v^2 - v_0^2}{2x}\right)$$

이다. 이 식을 이용하여 일을 계산하면 다음과 같다.

$$W = Fx = m\left(\frac{v^2 - v_0^2}{2x}\right)x$$
$$= \tfrac{1}{2}mv^2 - \tfrac{1}{2}mv_0^2$$

여기서 $\frac{1}{2}mv^2$ 항은 움직이는 물체의 **운동에너지(K)**로써 정의한다.

$$K = \tfrac{1}{2}mv^2 \quad (\text{운동에너지}) \tag{5.5}$$

에너지의 SI 단위: 주울(J)

운동에너지는 움직이는 물체가 갖는 에너지라 부른다. 움직이는 물체의 (순간)속력의 제곱에 비례한다는 것에 유의하고, 음의 값을 가질 수가 없다.

그렇다면 운동에너지로 볼 때 일에 대한 이전의 표현은 다음과 같이 쓰여질 수도 있다.

$$K = \tfrac{1}{2}mv^2 - \tfrac{1}{2}mv_0^2 = K - K_0 = \Delta K$$

또는

$$W_{\text{net}} = \Delta K \tag{5.6}$$

여기서 W_{net}는 예제 5.3에서 보여주는 것처럼 한 개 이상의 힘이 물체에 작용할 때의 알짜일이다. 이 식은 **일–에너지 정리**(work-energy theorem)라 하고, 한 물체에 행해진 일은 그 물체의 운동에너지의 변화와 같다는 것이다. 즉, **물체에 작용하는 모든 힘에 의하여 한 알짜일은 그 물체의 운동에너지의 변화와 같다**. 물체에 대한 일은 물체의 에너지를 변화시키는 방법이다. 일과 에너지의 단위는 둘 다 주울(J)이고 스칼라량이다. 일–에너지 정리는 식 5.6에서처럼 특별한 경우에만 적용되는 것이 아니고 일반적으로 변화하는 힘에 대하여도 적용된다.

일–에너지 정리의 간단한 예로써 예제 5.1을 다시 보자. 책이 정지 상태에서 $y = 3.0$ m 거리로 떨어지는 데 중력이 한 일은 +44 J이다. 그것은 그 순간에 책이 가진 운동에너지가 44 J이란 말이다. 이 경우 알짜일은 오로지 중력 때문이므로

$$W_{\text{net}} = Fd = mgy = \frac{mv^2}{2} = K = \Delta K$$

여기서 $K_0 = 0$이다. 책의 속력을 계산하고 그 운동에너지를 계산함으로써 이 사실

▶ 그림 5.12 **운동에너지와 일.** 크레인에 매달고 휘두르는 쇠공인 레킹 볼처럼 움직이는 물체는 운동에너지에 의해 일을 할 수 있다. 거대한 쇠공은 건물을 부수는 데 사용한다.

을 확인해 보도록 한다.

일-에너지 정리는 한 물체에 일이 행해졌을 때 에너지의 변화 또는 변환이 있다는 것을 말해준다. 예를 들면 물체의 속력이 증가하도록 가해진 힘에 의한 일은 물체의 운동에너지 증가를 유발한다. 반대로 운동마찰력을 가하면 운동하는 물체의 속력이 감소되므로 물체의 운동에너지를 감소시킨다. 따라서 물체가 운동에너지를 변화시키려면 식 5.6에서 알 수 있듯이 물체에 대한 알짜일이 행해지게 된다.

한 물체가 운동할 때 운동에너지를 갖는 것으로, 즉 일할 수 있는 능력을 갖고 있는 것이다. 예를 들면 움직이는 자동차는 운동에너지를 갖고 있어 자동차 사고가 나면 자동차가 찌그러진다. 이 경우 유용한 일은 아니지만 어쨌든 일을 하고 있는 것이다. 또 다른 예로는 그림 5.12에서처럼 운동에너지에 의하여 한 일을 보여주고 있다.

예제 5.5 셔플보드 게임–일-에너지 정리

그림 5.13에서처럼 셔플보드 선수가 정지해 있는 0.25 kg의 퍽에 6.0 N의 수평하게 일정한 힘을 계속 가하여 퍽이 0.50 m 이동했다(마찰은 무시한다). (a) 힘을 제거할 때 퍽의 속력과 운동에너지는 얼마인가? (b) 퍽을 정지하도록 하려면 얼마의 일이 필요한가?

풀이

문제상 주어진 값:

$$m = 0.25\text{ kg},\ F = 6.0\text{ N},\ d = 0.50\text{ m},\ v_0 = 0$$

(a) 속력을 모르기 때문에 운동에너지를 직접 계산할 수 없다. 그러나 운동에너지는 일-에너지 정리에 의하여 일과 관계한다. 선수의 가해진 힘 F에 의해 퍽에 행해진 일은

$$W = Fd = (6.0\text{ N})(0.50\text{ m}) = 3.0\text{ J}$$

따라서 일-에너지 정리에 의하여

$$W = \Delta K = K - K_0 = 3.0\text{ J}$$

이다. 그러나 $v_0 = 0$이기 때문에 $K_0 = \frac{1}{2}mv_0^2 = 0$, 즉

$$K = 3.0\text{ J}$$

▲ 그림 5.13 **일과 운동에너지**

속력은 운동에너지로부터 알 수 있다. $K = \frac{1}{2}mv^2$이므로

$$v = \sqrt{\frac{2K}{m}} = \sqrt{\frac{2(3.0\ \mathrm{J})}{0.25\ \mathrm{kg}}} = 4.9\ \mathrm{m/s}$$

이다.

(b) 짐작하겠지만 퍽을 정지시키는 데 필요한 일은 퍽의 운동에너지와 같다(퍽이 멈추기 위해서는 잃어야 하는 에너지 양). 이 경우에는 처음 속력이 $v_0 = 4.9$ m/s이고 나중속력 $v = 0$이므로 이전 계산을 역으로 수행한다:

$$W = K - K_0 = 0 - K_0 = -\tfrac{1}{2}mv_0^2 = -\tfrac{1}{2}(0.25\ \mathrm{kg})(4.9\ \mathrm{m/s})^2$$
$$= -3.0\ \mathrm{J}$$

여기서 음의 부호는 퍽의 속력이 줄어들어 에너지를 잃는 것을 의미한다. 퍽의 운동에 대항하여 한 일, 즉 반대되는 힘은 운동과 반대 방향으로 작용한다(실제 상황에서 반대되는 힘은 마찰력이다).

5.4 퍼텐셜 에너지

운동하고 있는 물체는 운동에너지를 갖는다. 그러나 물체가 움직이고 있거나 움직이지 않을 때 다른 형태의 에너지를 가질 수 있다. 즉, 퍼텐셜 에너지이다. 이름에서 알 수 있듯이 퍼텐셜 에너지를 갖고 있는 물체는 일을 할 수 있는 **잠재 능력**을 갖고 있는 것이다. 여러분은 아마도 많은 예를 생각할 수 있다. 압축된 용수철, 잡아 당겨진 활, 댐에 고인 물 등이다. 이 모든 경우 일을 할 수 있는 잠재 능력은 물체의 위치 또는 배열 형태에서 나온다. 용수철은 압축되었기 때문에 에너지를 갖게 되고, 활은 잡아당겨졌기 때문에, 그리고 물은 지구 표면으로부터 위로 올려졌기 때문에 에너지를 갖는 것이다(그림 5.14). 결과적으로 **퍼텐셜 에너지(U)**는 종종 위치의 에너지 또는 배열 형태의 에너지라고도 불린다.

운동에 관련된 운동에너지와는 달리 퍼텐셜 에너지는 계(또는 배열) 내의 물체의 위치와 관련된 역학적 에너지의 한 형태이다. 퍼텐셜 에너지는 물체가 아니라 계의 속성이다. 만약 물체 계의 구성이 변화되면 그 계 내의 특정 물체의 퍼텐셜 에너지도 변화한다.

어떤 의미에서 퍼텐셜 에너지는 저장된 일로 생각할 수 있다. 이미 여러분은

(a)

(b)

▲ 그림 5.14 **퍼텐셜 에너지.** 퍼텐셜 에너지는 여러 가지 형태를 가진다. (a) 활을 구부리기 위해 일을 해야 하며, 활에 퍼텐셜 에너지를 주어야 한다. 화살의 시위를 놓을 때 퍼텐셜 에너지는 운동에너지로 바뀌게 된다. (b) 물체가 떨어질 때 중력 퍼텐셜 에너지는 운동에너지로 바뀌게 된다. (물과 다이버는 중력 퍼텐셜 에너지가 어디서 왔는가?)

5.2절에서 평형점으로부터 압축된 용수철이 한 일을 보았다. 이러한 경우 한 일은 $W = \frac{1}{2}kx^2$이다. 한 일의 양은 늘어난 양(x)에 의존한다는 것을 유의하라. 일이 행해졌기 때문에 용수철의 퍼텐셜 에너지의 **변화**(ΔU)가 있는데, 이는 용수철이 늘어나는 데 (또는 압축) **가한 힘**에 의하여 한 일의 크기와 같다.

$$W = \Delta U = U - U_0 = \tfrac{1}{2}kx^2 - \tfrac{1}{2}kx_0^2$$

따라서 편의상 $x_0 = 0$, $U_0 = 0$에서 용수철의 퍼텐셜 에너지는

$$U = \tfrac{1}{2}kx^2 \quad \text{(용수철의 퍼텐셜 에너지)} \tag{5.7}$$

에너지의 SI 단위: 주울(J)

이다. 아마도 가장 잘 알려진 유형의 퍼텐셜 에너지는 중력 퍼텐셜 에너지이다. 위치는 지면이나 바닥 같은 기준점으로부터 물체의 높이로 나타낸다. 그림 5.15와 같이 질량 m인 물체를 거리 Δy만큼 들어올렸다고 가정해 보자. 일은 중력에 대항하여 행해지는데 물체를 들어올리기 위해서는 적어도 물체의 무게와 동일한 정도의 힘을 위로 가해야만 한다. $F = w = mg$. 들어올리는 데 한 일은 물체의 퍼텐셜 에너지 변화와 같다. 전체적인 운동에너지 변화는 없으므로 관계식으로 나타내면

외력에 의한 일 = 중력 퍼텐셜 에너지의 변화

또는

$$W = F\Delta y = mg(y - y_0) = mgy - mgy_0 = \Delta U = U - U_0$$

이다. 여기서 y는 수직 좌표를 나타내는 데 사용한다. 보통 $y_0 = 0$으로 선택하면 그때의 퍼텐셜 에너지는 $U_0 = 0$이 되어 **중력 퍼텐셜 에너지**(gravitational potential energy)는

$$U = mgy \quad \text{(중력 퍼텐셜 에너지)} \tag{5.8}$$

에너지의 SI 단위: 주울(J)

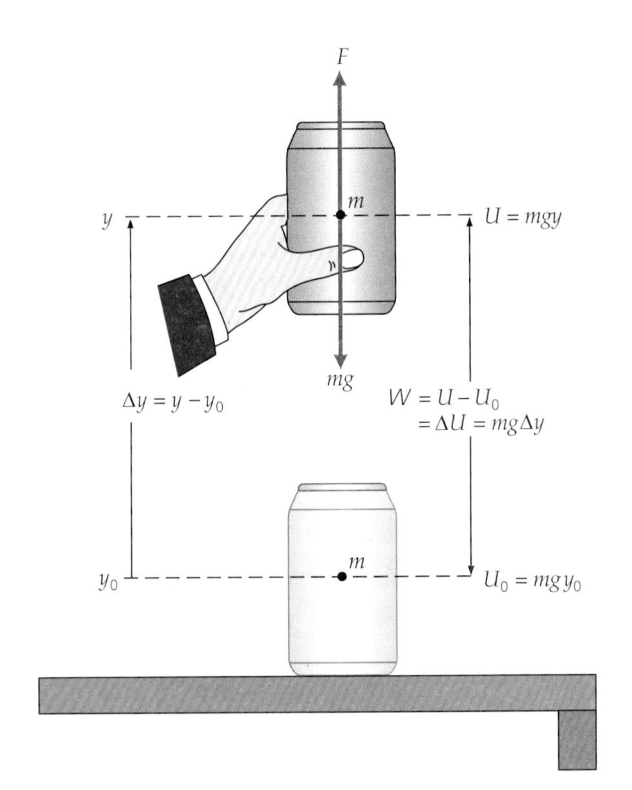

◀그림 5.15 **중력 퍼텐셜 에너지.** 물체를 들어올리는 데 한 일은 중력 퍼텐셜 에너지와 같다: $W = F\Delta y = mg(y - y_0)$.

이다. (식 5.8은 지표면 근처에서의 중력 퍼텐셜을 나타내는데, 여기서 g를 상수로 생각한다. 보다 더 일반적인 중력 퍼텐셜 에너지는 7.5절에서 설명할 것이다.)

예제 5.6 에너지가 더 필요해!

평지에서 1000 m를 걷기 위해 60 kg의 사람은 약 1.0×10^5 J의 에너지를 소비한다. 그림 5.16처럼 평지를 걸은 후, 5.0°의 경사로를 따라 1000 m를 더 걷는다면 필요한 총 에너지는 얼마인가?

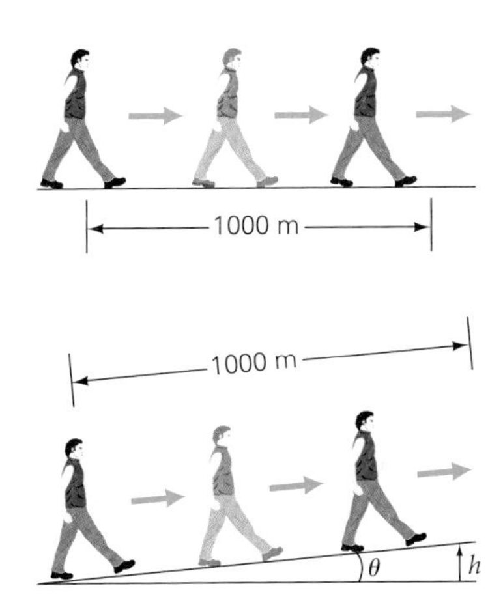

▲그림 5.16 **퍼텐셜 에너지 추가**

풀이

문제상 주어진 값:

$$m = 60\ \text{kg},\ E_0 = 1.0 \times 10^5\ \text{J}\,(1000\ \text{m에서}),$$
$$\theta = 5.0°,\ d = 1000\ \text{m}\ (\text{걷는 각 부분에서})$$

경사면을 올라갈 때 추가로 소비되는 에너지는 중력으로부터 오는 퍼텐셜 에너지와 같다. 그래서

$$\Delta U = mgh = (60\ \text{kg})(9.8\ \text{m/s}^2)(1000\ \text{m})\sin 5.0°$$
$$= 5.1 \times 10^4\ \text{J}$$

이다. 따라서 전체 거리 2000 m을 걸었을 때 총 소비에너지;

$$E_{\text{total}} = 2E_0 + \Delta U = 2(1.0 \times 10^5\ \text{J}) + 0.51 \times 10^5\ \text{J}$$
$$= 2.5 \times 10^5\ \text{J}$$

예제 5.7 **던져 올린 공−운동에너지와 중력 퍼텐셜 에너지**

그림 5.17과 같이 10 m/s의 처음 속력으로 0.50 kg의 공을 수직 위로 던져 올렸다. (a) 처음 위치와 최고 높이 사이의 공의 운동에너지의 변화량은 얼마인가? (b) 처음 위치와 최고 높이 사이의 공의 퍼텐셜 에너지의 변화량은 얼마인가?

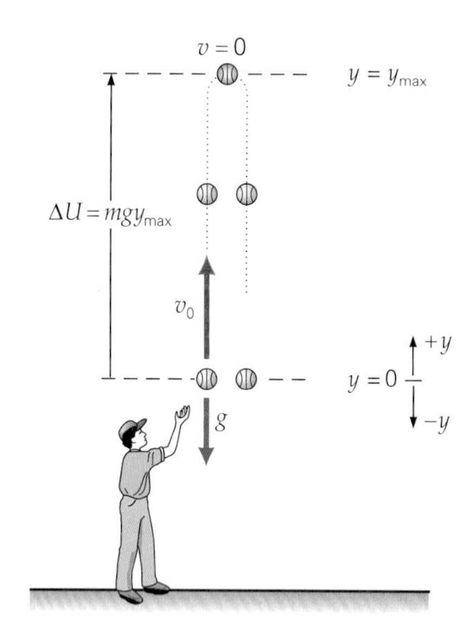

▲그림 5.17 **운동에너지와 퍼텐셜 에너지.** (공을 명확하게 보이게 하기 위해 떨어지는 공을 약간 옆으로 빗기게 그렸다.)

풀이

문제상 주어진 값: $m = 0.50$ kg, $v_0 = 10$ m/s

(a) 운동에너지의 변화를 구하기 위해서 두 위치에서의 운동에너지를 계산한다. 공의 처음 속도는 v_0이고, 최고 높이에서 속도 $v = 0$이므로 $K = 0$이다. 따라서

$$\Delta K = K - K_0 = 0 - K_0 = -\tfrac{1}{2}mv_0^2 = -\tfrac{1}{2}(0.50\text{ kg})(10\text{ m/s})^2 = -25\text{ J}$$

즉, 중력이 공에 한 음의 일로 공은 25 J의 운동에너지를 잃어버렸다(중력과 공의 변위 방향이 반대 방향이다).

(b) 퍼텐셜 에너지를 구하기 위해서 공의 출발점으로부터 공의 최고 높이에서 $v = 0$인 것을 알았다. 식 2.11′을 사용하자. $v^2 = v_0^2 - 2gy$ ($y_0 = 0$, $v = 0$)에서 y_{max}를 구하면

$$y_{max} = \frac{v_0^2}{2g} = \frac{(10\text{ m/s})^2}{2(9.8\text{ m/s}^2)} = 5.1\text{m}$$

이다. 따라서 $y_0 = 0$, $U_0 = 0$이므로

$$\Delta U = U = mgy_{max} = (0.50\text{ kg})(9.8\text{ m/s}^2)(5.1\text{ m}) = +25\text{ J}$$

이다. 예상했듯이 운동에너지를 잃어버린 만큼 퍼텐셜 에너지를 얻는다. 즉, 25 J이 증가한다.

5.4.1 영 기준점

예제 5.7에서 중요한 점을 보여주고 있다. 즉, 영이 되는 기준점의 선택이다. 퍼텐셜 에너지는 **위치**의 에너지이고, 특별한 위치에서 퍼텐셜 에너지(U)는 어떤 다른 점에서 퍼텐셜 에너지(U_0)가 기준점이 될 때만 의미가 있는 것이다. 기준 위치 또는 점은 임의로 선택하며 계를 분석할 때 좌표축의 원점이 된다. 기준점은 보편적으로 생각하기 나름이지만 편리하게 잡는다. 예를 들어 $y_0 = 0$인 특별한 위치의 퍼텐셜 에너지는 사용된 기준점에 의존한다. **두 위치와 관련된 퍼텐셜 에너지의 차이점이나 변화는 기준 위치에 관계없이 동일하다.**

만약 예제 5.7에서 지면을 영인 기준점으로 간주했다면, 공을 던지는 바로 그 지점의 U_0는 영이 아니었을 것이다. 하지만 최고 높이에서 U가 더 크겠지만 $\Delta U = U - U_0$는 같을 것이다. 이 개념은 그림 5.18에서 설명하고 있다. 그림 5.18a에서 퍼텐셜 에너지는 음이라 한다. 물체가 음의 퍼텐셜 에너지를 가질 때, 그것은 실제 우물 안에 있는 것과 **유사한 퍼텐셜 에너지** 우물 안에 있다고 한다. 물체를 우물 밖으로 들어내기 위하여 또는 우물에서 더 높은 위치로 들어올리기 위해서는 일을 해주어야 한다.

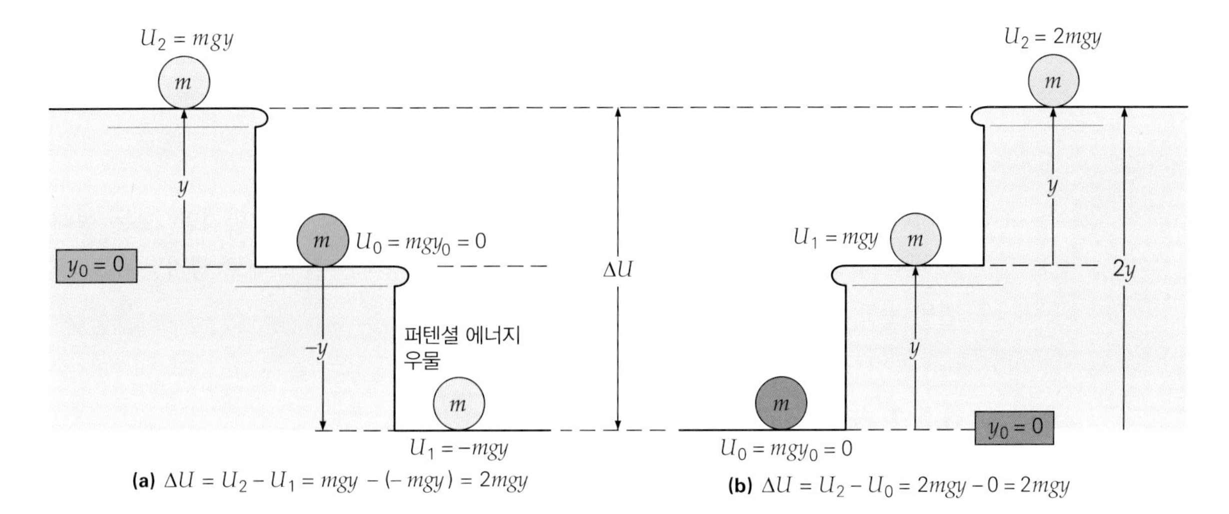

▲ 그림 5.18 **기준점과 퍼텐셜 에너지의 변화.** (a) 기준점(높이 영인 점)의 선택은 임의로 정하므로 음의 퍼텐셜 에너지를 가질 수 있다. 이 경우에 어떤 물체는 퍼텐셜 에너지 우물에 있다고 말한다. (b) 새로운 영 기준을 선택하면 우물을 피할 수 있다. 두 지점과 관련된 퍼텐셜 에너지(ΔU)의 차이 또는 변화로 기준점의 선택에 관계없이 같게 된다. 두 개의 좌표계가 있다 하더라도 두 개의 서로 다른 기준점이 있다고 하더라도 물리적인 차이는 없다.

중력 퍼텐셜 에너지 또한 **경로에 무관**하다고 말한다. 높이 변화(Δy)만이 고려할 사항이지 높이 변화를 유도하는 경로는 아니라는 뜻이다. 한 물체가 같은 Δy로 끌어내기 위해서 취할 수 있는 경로는 많다.

5.5 에너지 보존

보존 법칙은 이론적 그리고 실험적으로 물리학의 초석이다. 대다수 과학자들은 가장 뛰어난 법칙으로 에너지 보존 법칙을 지목할 것이다. 물리량이 보존된다고 말할 때 상수 또는 일정한 값을 갖는다는 것을 의미한다. 너무나 많은 것이 물리적인 과정에서 끊임없이 변하므로 보존이 되는 양은 우주를 기술하거나 이해하는 데 있어 아주 중요하다. 여기서 명심해야 할 것은 많은 물리량은 특별한 조건에서만 보존이 된다는 것이다.

가장 중요한 보존 법칙 중의 하나가 에너지 보존과 관련된 것이다(이 주제를 예제 5.7에서 볼 수 있었다). 아주 익숙한 상황이 바로 **우주의 총 에너지는 보존**된다는 사실이다. 왜냐하면 전 우주를 계로 정했기 때문이다. 계는 실제 경계 또는 가상 경계에 의하여 둘러싸인 물질의 유일한 양으로써 정의된다. 사실상 우주는 여러분이 상상할 수 있지만 가장 큰 닫힌 또는 고립된 계이다. 더 작은 규모에서 교실은 하나의 계로 생각할 수 있고, 임의의 입방미터의 공기로 간주될 수 있다.

닫힌 계 내에서 입자들은 서로 상호작용을 할 수 있지만 계 바깥의 어떠한 것과는 절대로 어떤 상호작용도 없다. 일반적으로 계에 또는 계에 의하여 역학적인 일이 행해지지 않았을 때 그리고 계로 또는 계로부터 어떠한 에너지의 전환이 없을 경우(열에너지와 복사 에너지를 포함) 계 내에 에너지의 양은 일정하다. 따라서 총 에너지

보존 법칙은 다음과 같이 정의한다.

> 고립된 계의 총 에너지는 항상 보존된다.

그러한 계 내에서 에너지는 한 형태에서 다른 형태로 변환될 수 있지만, 모든 형태의 에너지 총합은 일정하거나 변하지 않는다. 총 에너지는 결코 새로 생겨날 수도 소멸될 수도 없다.

5.5.1 보존력과 비보존력

계에서 또는 그 내부에서 작용하는 힘의 두 범주, 즉 보존력과 비보존력을 고려함으로써 계 사이에 일반적인 구분을 할 수 있다. 이미 중력에 의한 힘과 용수철 힘이라는 두 가지 보존력을 소개해 왔다. 고전적으로 비보존력인 마찰력은 4.6절에서 고찰되었다.

보존력(conservative force)은 다음과 같이 정의된다.

> 한 물체를 움직이는 데 힘이 한 일이 물체가 움직인 이동 경로에 무관하다면 그 힘을 보존력이라 한다.

이 정의는 보존력에 의하여 한 일은 오직 물체의 처음과 마지막의 위치에만 의존한다는 것을 의미한다.

보존력과 비보존력의 개념은 처음에는 이해하기가 어렵다. 이 개념은 에너지 보존에서 매우 중요하기 때문에 이해를 돕기 위하여 예를 들어 생각해 보자.

경로에 무관하다는 의미가 무엇인가? 한 예로 바닥에 있는 한 물체를 들어올려 테이블 위에 올려놓는 것을 생각하자. 이것은 **중력에 의한 보존력**에 대항하여 일을 하는 것이다. 한 일은 물체를 들어 올림으로써 얻어진 퍼텐셜 에너지 $mg\Delta y$와 같다. 여기서 Δy는 물체가 바닥으로부터 테이블까지의 **수직** 거리이다. 이것은 매우 중요한 점이다. 테이블 위에 올려놓기 전에 싱크대 위로 물체를 운반하기도 하고 테이블의 다른 쪽으로 돌아 걸어가서 테이블 위에 놓을 수도 있다. 그러나 수직 방향의 변위만 중력에 대항하여 한 일에 차이를 준다.

수평 변위의 경우 변위와 힘이 직각이기 때문에 어떠한 일도 하지 않는다. 한 일의 크기는 퍼텐셜 에너지의 변화(마찰이 없는 경우)와 동일하며, 사실 **퍼텐셜 에너지의 개념은 보존력에만 관계되어 있다**. 퍼텐셜 에너지의 변화는 보존력에 의하여 한 일로 정의될 수 있다.

반면 **비보존력**(nonconservative force)은 경로에 의존한다.

> 물체를 움직이는 데 한 일이 물체의 이동 경로에 따라 다르다면 힘은 비보존력이다.

마찰력은 비보존력이다. 긴 경로를 통하여 마찰력이 한 일은 짧은 경로를 통하여 마찰력이 한 일보다 더 클 것이고, 긴 경로를 통하는 것이 더 많은 에너지가 열로 소모될 것이다. 그러므로 보존력은 에너지를 퍼텐셜 에너지로 저장하거나 보존할 수 있게 해준다. 따라서 비보존력을 구별하기 위한 다른 방법은 다음과 같다.

> 한 물체를 닫힌 경로를 따라 움직였을 때 한 일이 영이라면 그 힘을 보존력이라 한다.

보존력인 중력에 주목해보면, 닫힌 경로를 움직일 때 힘과 변위는 때때로 같은 방향이고 (이 경우는 힘에 의해 양의 일을 한다) 왕복운동을 하는 동안 어느 때는 서로 반대 방향이다(이 경우는 힘에 의해 음의 일을 한다). 간단한 경우로 바닥에 떨어진 책을 다시 테이블에 올려놓았다고 생각하자. 바닥에 떨어지는 경우에는 중력이 양의 일을 한 것이고, 바닥의 책을 테이블에 올려놓는 경우에는 중력이 음의 일을 하는 것이다. 따라서 중력에 의하여 한 총 일은 영이다.

그러나 운동 마찰력과 같은 비보존력의 경우는 힘의 방향이 항상 운동 방향과 반대 또는 변위 방향에 반대가 되어서 닫힌 경로에서 한 총 일은 결코 영이 될 수 없고 항상 음이다(에너지가 손실된다). 비보존력은 계에서 에너지만 빼앗아간다는 생각을 갖지 말자. 정지된 차를 밀어서 움직이게 할 때처럼 밀고 당기는 비보존의 힘이 계의 에너지를 추가해야 하는 경우가 종종 적용된다.

5.5.2 총 역학적 에너지 보존

보존력의 개념은 역학적 에너지의 특별한 경우에 에너지 보존을 확대해서 사용할 수 있게 하며, 많은 물리적 현상을 잘 분석하게 하는 데 큰 도움을 준다. 운동에너지와 퍼텐셜 에너지의 합을 **총 역학적 에너지**(total mechanical energy)라 부른다.

$$\underset{\text{총 역학적 에너지}}{E} = \underset{\text{운동 에너지}}{K} + \underset{\text{퍼텐셜 에너지}}{U} \tag{5.9}$$

보존계에서 (즉, 보존력만이 일을 하는 계에서) 총 역학적 에너지는 일정하거나 보존된다.

$$E = E_0$$

식 5.9에서 E와 E_0로 대입하면

$$K + U = K_0 + U_0 \tag{5.10a}$$

식 5.10a는 역학적 에너지 보존 법칙의 수학적 표현이다.

> 보존계에서 모든 형태의 운동에너지와 퍼텐셜 에너지의 합은 일정하거나 계의 총 역학적 에너지는 언제나 같다.

관련된 물체가 하나만 있는 특수한 경우 식 5.10a는 다음과 같이 쓸 수 있다.

$$\tfrac{1}{2}mv^2 + U = \tfrac{1}{2}mv_0^2 + U_0 \tag{5.10b}$$

보존계의 운동에너지와 퍼텐셜 에너지는 변화하지만 그 합은 항상 일정하다. 보존계에서 일이 행해졌을 때 에너지는 계 내에서 변환되며 식 5.10a를 다음과 같이 쓸 수 있다.

$$(K - K_0) + (U - U_0) = 0 \tag{5.11a}$$

또는

$$\Delta K + \Delta U = 0 \quad \text{(보존계에 대하여)} \tag{5.11b}$$

이 표현은 이들 양이 시소 방식으로 관련되어 있음을 나타낸다. 만약 퍼텐셜 에너지가 감소하면 그 만큼 운동에너지가 증가해야만 하고, 변화량의 총합은 영이다. 그러나 비보존력이 존재하는 경우 역학적 에너지가 손실되거나(마찰과 마찬가지로) 얻거나 그대로 유지될 수 있다(비보존력이 균형을 이루면).

예제 5.8 아래를 봐! – 역학적 에너지 보존

건축 공사장의 비계 위의 한 도장공이 6.00 m 높이에서 1.50 kg의 페인트 통을 떨어뜨린다. (a) 페인트 통이 4.00 m의 높이에 있을 때 통의 운동에너지는 얼마인가? (b) 통이 바닥에 떨어질 때의 속도는 얼마인가? (공기 저항을 무시한다.) (c) 에너지에서 고려되는 속력에 대한 표현은 운동학에서의 표현과 같다는 것을 보여라(2.5절).

풀이

문제상 주어진 값: $m = 1.50$ kg, $y_0 = 6.00$ m, $y = 4.00$ m

(a) 먼저 페인트 통의 총 역학적 에너지는 통이 떨어지는 동안 보존되므로 이를 찾는 것은 쉽다. 처음 통의 속도 $v_0 = 0$이므로 통의 총 역학적 에너지는 퍼텐셜 에너지만 있다. 바닥을 기준점으로 잡으면

$$E = K_0 + U_0 = 0 + mgy_0 = (1.50\ \text{kg})(9.80\ \text{m/s}^2)(6.00\ \text{m})$$
$$= 88.2\ \text{J}$$

관계식 $E = K + U$는 통이 떨어지는 동안 계속 유지되고 이미 E의 값은 알고 있다. 식을 정리하면 $K = E - U$이므로 $y = 4.00$ m에서 운동에너지는

$$K = E - U = E - mgy$$
$$= 88.2\ \text{J} - (1.50\ \text{kg})(9.80\ \text{m/s}^2)(4.00\ \text{m})$$
$$= 29.4\ \text{J}$$

이다. 대안으로 퍼텐셜 에너지의 변화량을 계산할 수 있는데, 이 경우는 퍼텐셜 에너지를 잃어버린 만큼 운동에너지를 얻는 것이다(식 5.11). 따라서

$$\Delta K + \Delta U = 0$$
$$(K - K_0) + (U - U_0) = (K - K_0) + (mgy - mgy_0) = 0$$

이고, 여기서 $v_0 = 0$이므로 $K_0 = 0$이다.

$$K = mg(y_0 - y) = (1.50\ \text{kg})(9.8\ \text{m/s}^2)(6.00\ \text{m} - 4.00\ \text{m})$$
$$= 29.4\ \text{J}$$

(b) 통이 바닥에 닫기 직전($y = 0$, $U = 0$)의 총 역학적 에너지는 모두 운동에너지이다.

$$E = K = \tfrac{1}{2}mv^2$$

따라서 속력은 다음과 같다.

$$v = \sqrt{\frac{2E}{m}} = \sqrt{\frac{2(88.2\ \text{J})}{1.50\ \text{kg}}} = 10.8\ \text{m/s}$$

(c) 기본적으로 높이 y로부터 자유낙하하는 물체의 모든 퍼텐셜 에너지는 물체가 바닥에 닫기 직전에 모두 운동에너지로 변환된다. 즉

$$|\Delta K| = |\Delta U| \quad \text{(크기가 같으므로 절댓값을 취한다)}$$

이다. 따라서

$$\tfrac{1}{2}mv^2 = mgy$$

또는

$$v = \sqrt{2gy} = \sqrt{2(9.8\,\text{m/s}^2)(6.00\,\text{m})} = 10.8\ \text{m/s}$$

이다. 질량은 모두 소거되어 실제로 속력에 무관하다는 것에 주목하라. 또한, 이 결과는 운동식 2.12에 의해 얻을 수 있다. $v^2 = v_0^2 - 2g(y - y_0)$. 여기서 $v_0 = 0$, $y_0 = 0$, $-y$ (아래로)이므로 다음 결과 식으로 나타낸다.

$$v = \sqrt{2gy}$$

예제 5.9 **보존력 – 용수철의 역학적 에너지**

그림 5.19에 나타낸 것처럼 2.5 m/s의 속력으로 마찰이 없는 수평면 위를 미끄러져 가는 0.30 kg의 블록이 용수철 상수 3.0×10^3 N/m인 가벼운 용수철에 부딪힌다. (a) 계의 총 역학적 에너지는 얼마인가? (b) 용수철이 $x_1 = 1.0$ cm의 거리로 압축되었을 때 블록의 운동에너지 K_1은 얼마인가? (충돌에서 에너지 손실이 없다고 가정하라.)

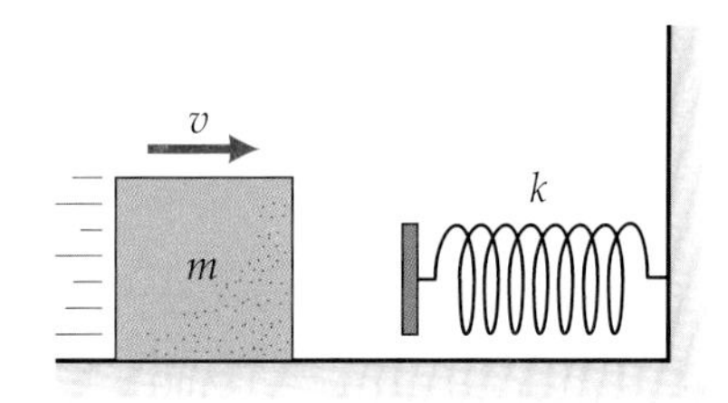

▲ 그림 5.19 **용수철의 보존력과 역학적 에너지**

풀이

문제상 주어진 값:

$m = 0.30$ kg, $v_0 = 2.5$ m/s,
$k = 3.0 \times 10^3$ N/m, $x_1 = 1.0$ cm $= 0.010$ m

(a) 블록이 용수철과 충돌하기 직전에 계의 총 역학적 에너지는 모두 운동에너지의 형태로 존재하게 된다.

$$E = K_0 = \tfrac{1}{2}mv_0^2 = \tfrac{1}{2}(0.30\,\text{kg})(2.5\,\text{m/s})^2 = 0.94\ \text{J}$$

계는 보존되기 때문에(역학적 에너지 손실이 없으므로) 이 양은 총 역학적 에너지가 된다.

(b) 용수철이 x_1만큼 압축되었을 때 용수철은 퍼텐셜 에너지 $U_1 = \frac{1}{2}kx_1^2$을 얻게 되고, 블록의 운동에너지 K_1, 즉

$$E = K_1 + U_1 = K_1 + \tfrac{1}{2}kx_1^2$$

K_1을 구하면 다음과 같다.

$$\begin{aligned} K_1 &= E - \tfrac{1}{2}kx_1^2 \\ &= 0.94\,\text{J} - \tfrac{1}{2}(3.0\times10^3\ \text{N/m})(0.010\,\text{m})^2 \\ &= 0.94\,\text{J} - 0.15\,\text{J} = 0.79\ \text{J} \end{aligned}$$

5.5.3 총 에너지와 비보존력

앞의 예제에서는 마찰력은 무시되었다. 마찰력은 아마도 가장 보편적인 비보존력이다. 일반적으로 보존력과 비보존력은 둘 다 일을 할 수 있다. 그러나 비보존력이 일을 할 때 총 역학적 에너지는 보존되지 않는다. 마찰력처럼 비보존력이 한 일을 통해서 역학적 에너지를 잃어버리기 때문이다. 또한 역학적 에너지는 열과 소리와 같은 다른 비역학적 에너지 유형으로 변환될 수 있다.

역학적 에너지는 얻거나 잃을 수 있기 때문에 더 이상 그러한 비보존력과 관련된 문제를 분석하는 데 에너지 접근법을 사용할 수 없다고 생각할 수 있다(그림 5.20). 그러나 경우에 따라 비보존력에 의해 행해진 일에 얼마나 많은 에너지가 손실되었는지를 알아내는 데 총 에너지를 사용할 수 있다. 처음에 한 물체가 역학적 에너지를 갖고 있고 비보존력이 W_{nc}의 일을 했다고 가정해 보자. 일-에너지 정리에서

$$W_{\text{net}} = \Delta K = K - K_0$$

▲ 그림 5.20 **비보존력과 에너지 손실.** 마찰력은 비보존력이다. 마찰이 있고 일을 할 때 역학적 에너지는 보존되지 않는다. 그림처럼 모터가 한 일이 회전 운동에너지로 바뀐 후에 연마하는 바퀴 모터에 의하여 행해진 일에 무엇이 일어났는지 말할 수 있는가?

이다. 일반적으로 알짜일(W_{net})은 보존력(W_c)와 비보존력(W_{nc}) 모두에 의하여 행해질 수 있다. 즉

$$W_c + W_{nc} = K - K_0 \tag{5.12}$$

이다. 그러나 식 5.10a로부터 보존력에 의해 한 일은 $W_c = -\Delta U = -(U - U_0)$와 같다. 따라서 식 5.12는 다음과 같이 나타낼 수 있다.

$$\begin{aligned} W_{nc} &= K - K_0 + (U - U_0) \\ &= (K + U) - (K_0 + U_0) \end{aligned}$$

그러므로

$$W_{nc} = E - E_0 = \Delta E \tag{5.13}$$

결과적으로 계에 작용한 비보존력에 의하여 한 일은 역학적 에너지의 변화와 같다. 소모력에 대하여 $E_0 > E$임을 주목하라. 따라서 역학적 에너지의 변화는 음인데, 이는 역학적 에너지가 감소한다는 것을 의미한다. 이 조건은 마찰에 대한 일인 W_{nc}의 부호가 음이라는 것과 일치한다. 예제 5.10은 이 개념을 설명한다.

예제 5.10 비보존력–활강하는 스키 선수

질량이 80 kg인 스키 선수는 슬로프 꼭대기에서 정지 상태로부터 출발하여 110 m 높이에서 스키를 타고 내려간다(그림 5.21). 슬로프 하단의 스키 선수의 속도는 20 m/s이다. (a) 계가 비보존임을 보여라. (b) 마찰력이라는 비보존력에 의해 얼마나 많은 일을 할 수 있는가?

▲ 그림 5.21 **비보존력이 한 일**

풀이

문제상 주어진 값:

$m = 80\ \text{kg},\ v_0 = 0,\ v = 20\ \text{m/s},\ y_0 = 110\ \text{m}$

(a) 만약 계가 보존이라면 총 역학적 에너지는 일정하다. 언덕 아래에서 $U_0 = 0$을 취하면 언덕 꼭대기에서 처음 에너지는

$$E_0 = U = mgy_0 = (80\ \text{kg})(9.8\ \text{m/s}^2)(110\ \text{m}) = 8.6 \times 10^4\ \text{J}$$

이다. 그리고 슬로프의 바닥에서 에너지는 모두 운동에너지이다. 따라서

$$E = K = \tfrac{1}{2}mv^2 = \tfrac{1}{2}(80\ \text{kg})(20\ \text{m/s})^2 = 1.6 \times 10^4\ \text{J}$$

그러므로 $E_0 \neq E$, 즉 $E < E_0$이다. 이 계는 비보존이다.

(b) 마찰력의 비보존력에 의한 일은 역학적 에너지의 변화 또는 역학적 에너지의 손실량과 같다(식 5.13).

$$W_{nc} = E - E_0 = 1.6 \times 10^4\ \text{J} - 8.6 \times 10^4\ \text{J} = -7.0 \times 10^4\ \text{J}$$

이 양은 처음 에너지의 80% 이상이다. (이 에너지는 실제로 어디로 갔는가?)

예제 5.11 **비보존력–한 번 더!**

그림 5.22와 같이 0.75 kg인 블록이 20 m/s의 속력으로 마찰이 없는 표면 위를 미끄러진다. 그런 다음 1.0 m 길이의 거친 영역 위로 미끄러져 다른 마찰이 없는 표면으로 이동한다. 블록과 거친 표면 사이의 운동 마찰계수는 0.17이다. 블록이 거친 표면을 통과한 후의 속력은 얼마인가?

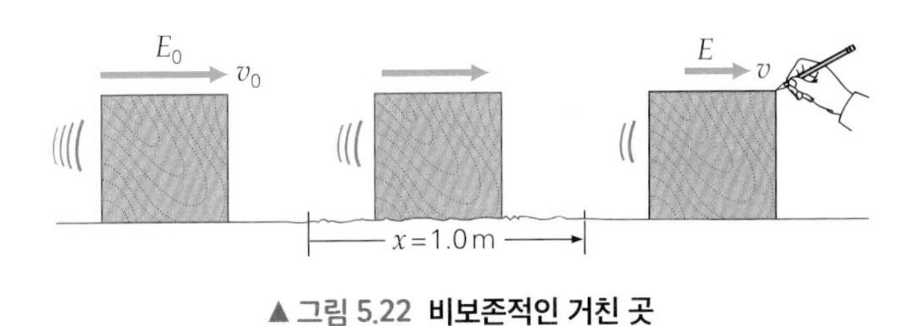

▲ 그림 5.22 **비보존적인 거친 곳**

풀이

문제상 주어진 값:

$m = 0.75\ \text{kg},\ x = 1.0\ \text{m},\ \mu_k = 0.17,\ v_0 = 2.0\ \text{m/s}$

이 비보존적인 계에 대하여 식 5.13으로부터

$$W_{nc} = E - E_0 = K - K_0$$

이다. 거친 영역에서 마찰(W_{nc})에 의해 한 일이므로 블록은 에너지를 잃어버리게 된다. 따라서

$$W_{nc} = f_k x = -\mu_k N x = -\mu_k mgx$$

그래서 에너지의 식을 재정리하고 자세하게 쓰면 다음과 같다.

$$K = K_0 + W_{nc}$$

$$\tfrac{1}{2}mv^2 = \tfrac{1}{2}mv_0^2 - \mu_k mgx$$

v에 대해서 풀면

$$\begin{aligned} v &= \sqrt{v_0^2 - 2\mu_k gx} \\ &= \sqrt{(2.0\ \text{m/s})^2 - 2(0.17)(9.8\ \text{m/s}^2)(1.0\ \text{m})} \\ &= 0.82\ \text{m/s} \end{aligned}$$

이다. 블록의 질량은 필요하지 않음을 유의하라. 또한 블록이 80% 이상의 에너지를 마찰로 잃었음을 쉽게 알 수 있다.

닫힌 비보존계에서는 총 에너지(총 역학적 에너지는 아님)가 보존(열에너지와 같은 비역학적 형태 에너지를 포함)된다는 점에 유의하라. 그러나 모든 에너지가 역학적인 일에 이용 가능한 것은 아니다. 보존계라면 자신이 준 것을 돌려받는 거다. 즉, 계에 대해 일을 하면 전환된 에너지가 일을 할 수 있게 한다. 모든 실제 계는 어느 정도 비보존적이기 때문에 보존계는 이상적이다. 그러나 이상적인 보존계로 일하는 것은 에너지 보존에 대한 통찰력을 준다.

총 에너지는 닫힌계나 고립계에서 보존된다. 물리학을 공부하는 동안 여러분은 열, 전기, 핵에너지와 같은 다른 형태의 에너지에 대해 배울 것이다. 일반적으로 미시적이고 극미시적 수준에서 이러한 형태의 에너지는 운동에너지와 퍼텐셜 에너지의 관점에서 설명될 수 있다. 또한 질량은 에너지의 한 형태이며, 핵반응 분석에 적용되기 위해서는 에너지 보존의 법칙이 이 형태를 고려해야 한다는 것을 알게 될 것이다.

5.6 일률

특정한 작업은 일정량의 일이 필요할 수 있지만, 해당 일은 짧은 시간 내에 끝낼 수도 있고 오랜 시간이 걸려서 끝낼 수도 있다. 예를 들어 잔디를 깎는다고 가정해 보자. 주어진 양의 일을 마치기 위해서 30분이 걸릴 수도 있고, 한 시간이나 두 시간도 걸릴 수도 있다. 여기서 실질적인 구분을 하자. 즉, 일을 한 양에 대해서만 관심이 있는 것이 아니라 그 일을 얼마나 빨리 했는지도 관심이 있다. 따라서 일을 하는 비율이 필요하다. **일을 하는 시간 비율**을 **일률**(power)이라고 부른다.

평균 일률($\bar{P}$)은 한 일을 일한 시간으로 나눈 것으로 또는 단위 시간당 한 일이다.

$$\bar{P} = \frac{W}{t} \tag{5.14}$$

한 물체에 크기 F인 일정한 힘을 가하여 크기 d인 변위에 평행하게 이동하였을 때 한 일률은

$$\bar{P} = \frac{W}{t} = \frac{Wd}{t} = F\left(\frac{d}{t}\right) = F\,\bar{v} \tag{5.15}$$

일률의 SI 단위: J/s 또는 W(watt)

이다. 여기서 힘은 변위 방향으로 가해졌다고 가정한다. $\bar{v}$는 평균속도의 크기이다. 만일 속도가 일정하다면 $\bar{P} = P = Fv$이다. 만일 힘과 변위가 같은 방향이 아니라면

$$\bar{P} = \frac{F(\cos\theta)d}{t} = F\,\bar{v}\cos\theta \tag{5.16}$$

이다. 여기서 각 θ는 힘과 변위 사이의 각도이다.

식 5.15에서 보듯이 일률의 SI 단위는 (J/s)인데, 이를 또 다른 이름인 **와트(W)**라 한다.

$$1 \text{ J/s} = 1 \text{ watt(W)}$$

일률의 SI 단위는 실질적인 증기기관을 처음 개발한 스코틀랜드 기술자인 제임스 와트(James Watt, 1736~1819)를 기리기 위하여 사용한 것이다. 전력의 단위는 킬로와트(kW)이다. 일률의 영국 단위는 ft · lb/s인데 더 큰 단위인 **마력**(horsepower, hp)이 더 자주 쓰인다.

$$1 \text{ hp} = 550 \text{ ft} \cdot \text{lb/s} = 746 \text{ W}$$

일률은 얼마나 빨리 일을 했는지 또는 얼마나 빨리 에너지를 전달했는지를 말해준다. 예를 들면 모터는 마력으로 일률을 표시하는데, 2-hp 모터는 일정한 양의 일을 1-hp의 모터가 할 수 있는 시간의 절반의 시간으로 일을 마칠 수 있다. 또는 같은 2 hp 모터는 같은 시간에 1-hp의 보터가 할 수 있는 일의 두 배를 할 수 있다. 즉, 2-hp짜리 모터는 1-hp짜리 모터보다 두 배 더 강하다.

예제 5.12 기중기 장치-일과 일률

그림 5.23과 같이 기중기 장치가 일정한 속력으로 9.0 s에 25 m의 수직거리로 1.0톤의 짐을 들어올린다. 매초당 기중기가 한 유용한 일은 얼마인가?

풀이

문제상 주어진 값:

$m = 1.0$ metric ton $= 1.0 \times 10^3$ kg,

$y = 25$ m, $t = 9.0$ s

▲그림 5.23 **동력 전달**

짐이 일정한 속력으로 움직이므로 $\bar{P} = P$이다. 일은 중력에 대항하는 것이며 $F = mg$이고

$$P = \frac{W}{t} = \frac{Fd}{t} = \frac{mgy}{t}$$
$$= \frac{(1.0\times10^3\ \text{kg})(9.8\ \text{m/s}^2)(25\ \text{m})}{9.0\ \text{s}}$$
$$= 2.7\times10^4\ \text{W}\ \ (\text{또는 } 27\ \text{kW})$$

이다. 또한 다른 풀이 방법을 이용해서 풀 수 있다. 1 W는 1초당 1 J/s이므로 기중기는 매초당 2.7×10^4 J의 일을 했다. 속도는 크기 $v = d/t =$ (25 m)/(9.0 s) = 2.8 m/s 이고, 일률은 다음과 같이 계산된다.

$$P = Fv = mgv = (1.0 \times 10^3\ \text{kg})(9.80\ \text{m/s}^2)(2.8\ \text{m/s})$$
$$= 2.7 \times 10^4\ \text{W}$$

5.6.1 효율

기계나 모터는 일상생활에서 자주 사용되는데, 종종 그것들의 효율을 따져 보게 된다. 효율은 일, 에너지 또는 일률을 포함한다. 간단한 기계나 복잡한 기계 모두 일을 할 때 마찰력 또는 다른 이유(소리의 형태 등)에 의하여 항상 공급한 에너지가 손실되게 마련이다. 따라서 공급한 모든 에너지가 유용한 일을 하는 데 전부 쓰이지는 않는다.

역학적 효율은 근본적으로 공급한 것에 대하여 얼마나 출력이 나오는지에 대한 측정이다. 즉, 가해준 에너지에 대한 유용한 일의 비율이다. **효율**(efficiency) ε는 분수(또는 백분율)로 나타낸다.

$$\varepsilon = \frac{\text{생산된 일}}{\text{공급한 에너지}}(\times 100\%) = \frac{W_{\text{out}}}{E_{\text{in}}}(\times 100\%) \tag{5.17}$$

효율은 단위가 없는 양이다.

예를 들면 한 기계가 100 J의 에너지를 공급하여 40 J의 일을 했다면, 그때 효율은

$$\varepsilon = \frac{W_{\text{out}}}{E_{\text{in}}} = \frac{40\ \text{J}}{100\ \text{J}} = 0.40\,(\times 100\%) = 40\%$$

이다. 효율이 0.4 또는 40%라는 것은 공급한 에너지의 60%가 마찰 또는 다른 원인에 의하여 의도한 목적대로 사용되지 못하고 소실된 것이다. 식 5.17의 분모와 분자를 모두 시간 t로 나누면 $W_{\text{out}}/t = P_{\text{out}}$와 $E_{\text{in}}/t = P_{\text{in}}$를 얻는다. 따라서 효율을 일률 P 로 쓸 수 있다.

$$\varepsilon = \frac{P_{\text{out}}}{P_{\text{in}}}(\times 100\%) \tag{5.18}$$

표 5.1은 여러 기계들의 전형적인 효율을 나열한 것이다. 여러분은 자동차의 효율이 상대적으로 낮다는 사실에 놀랄 것이다. 공급된 에너지(가솔린 연소로부터)의 많

표 5.1 기계들의 전형적인 효율

기계	효율(근사적인 %)
압축기	85~90
전기모터	70~95
자동차(가솔린)	20~25
자동차(디젤)	25~30
인간근육	20~25
스팀엔진	5~10

은 부분이 배기 열과 냉각장치(60% 이상)와 마찰 등으로 엄청난 에너지가 소실된다. 공급된 에너지의 약 20~25%만이 자동차의 바퀴를 구동하는 유용한 일로 사용된다. 에어컨, 파워핸들, 라디오, CD 플레이어 등은 멋있긴 하지만 이 모든 것이 에너지를 사용하는 것이고, 결국 자동차의 효율을 감소시키고 있는 것이다.

연습문제

통합 연습문제(Integrated Exercises, IEs)는 두 부분으로 이루어진다. 첫 번째 부분은 일반적으로 기본 원칙과 추론에 기초한 개념적 답변 선택을 요구한다. 두 번째 부분은 연습의 첫 번째 부분에서 이루어진 개념적 선택과 관련된 정량적 계산을 필요로 한다. 기호(•)은 문제의 난이도를 의미한다. 쉬움(•), 보통(••), 어려움(•••)

5.1 일정한 힘에 의한 일

1. • 사람이 30 kg인 상자를 수평 표면에서 10 m 거리를 이동하는 데 50 J의 일을 하는 경우 필요한 최소 힘은 얼마인가?

2. • 공항의 한 승객이 굴러가는 여행 가방을 손잡이로 끌어당긴다. 사용된 힘이 10 N이고 핸들이 수평으로 25° 각도를 만든다면 승객이 200 m를 걷는 동안 당기는 힘으로 하는 일은 얼마인가?

3. •• 3.00 kg 블록이 운동 마찰이 있는 경사각이 20°인 경사면을 미끄러져 내려간다. 이때 운동 마찰 계수는 0.275이다. 만약 경사면의 길이가 1.50 m인 경우 알짜일은 얼마인가?

4. •• 그림 5.24와 같이 아빠가 딸의 썰매를 수평으로 밀어 눈 덮인 경사면 위로 이동시킨다. 썰매가 일정한 속도로 언덕을 올라가면, 아빠가 그것을 언덕 아래에서 꼭대기로 옮기는 데 얼마나 많은 일을 하는가? (단, 딸과 썰매를 합한 질량은 35 kg, 눈길과 썰매 사이의 운동마찰계수는 0.20이다.)

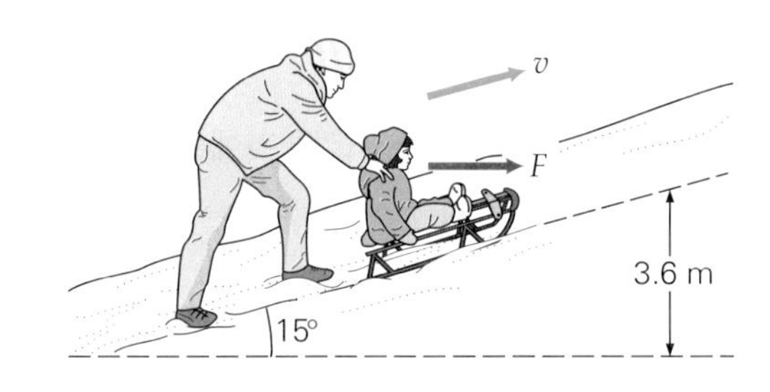

▲ 그림 5.24 **재미와 일**

5. • 0.50 kg의 셔플보드 퍽이 보드 위에서 3.0 m의 거리를 미끄러진다. 퍽과 보드의 운동마찰계수가 0.15라면 마찰력에 의해 한 일은 얼마인가?

6. IE •• 열기구는 일정한 속도로 상승한다. (a) 풍선의 무게가 한 일은? (1) 양의 일, (2) 음의 일, (3) 일을 하지 않음. (b) 질량 500 kg의 열기구는 20.0초 동안 1.50 m/s의 일정한 속도로 상승한다. 상승 부력에 의해 얼마나 많은 일을 하게 되는가? (공기저항은 무시한다.)

5.2 변화하는 힘에 의한 일

7. • 특정 용수철의 용수철 상수를 측정하기 위해 학생은 4.0 N의 힘을 가하면 용수철은 5.0 cm까지 늘어난다. 용수철 상수는 얼마인가?

8. • 용수철 8.00 cm를 늘이기 위해 400 J의 일이 필요한 경우 용수철 상수는?

9. IE• 평형 위치에서 용수철이 늘어나려면 일정량의 일이 필요하다. (a) 용수철에 일을 2배로 가하면 용수철은 몇 배 정도 늘어나는가? (1) $\sqrt{2}$, (2) 2, (3) $1/\sqrt{2}$, (4) 1/2. (b) 용수철 1.0 cm를 당기기 위해 100 J의 일을 하는 경우 3.0 cm를 늘리기 위해 얼마의 일이 필요한가?

10. IE•• 힘 상수가 50 N/m인 용수철은 0에서 20 cm까지 늘어나야 한다. (a) 용수철을 10 cm에서 20 cm로 늘리기 위해 필요한 일은 0~10 cm까지 늘리기 위해 필요한 일보다 얼마나 더 필요한가? (1) 이상, (2) 같다, (3) 이하. (b) 두 일의 값을 비교하여 (a)에 대한 답을 증명하라.

5.3 일-에너지 정리: 운동에너지

11. IE• 수평 속력이 10 m/s인 0.20 kg의 물체가 벽에 부딪혀 원래 속력의 절반만 가지고 바로 뒤로 튕긴다. (a) 물체의 처음 운동에너지의 몇 퍼센트가 손실되는지? (1) 25%, (2) 50%, (3) 75%. (b) 물체와 벽의 충돌로 운동에너지가 얼마나 손실되었는가?

12. • 75 N의 일정한 알짜힘은 0.60 m의 평행 거리를 통과할 때 처음 정지 상태에서 물체에 작용한다. (a) 물체의 최종 운동에너지는 얼마인가? (b) 물체의 질량이 0.20 kg이면 최종 속력은?

13. •• 차량의 정지거리는 중요한 안전 요소이다. 일정한 제동력을 가정하면, 일-에너지 정리를 사용하여 차량의 정지거리가 처음 속력의 제곱에 비례한다는 것을 보여준다. 45 km/h로 주행하는 자동차를 50 m에서 정지시킬 경우 처음 속력 90 km/h의 정지거리는 얼마인가?

5.4 퍼텐셜 에너지

14. • 1.0 kg 망치가 1.2 m 높이의 선반 위에 있을 때 0.90 m 높이의 선반 위에 있을 때보다 얼마나 더 많은 중력 퍼텐셜 에너지를 가지고 있는가?

15. •• 두께 4.0 cm, 질량 0.80 kg의 동일한 책 6권이 평평한 탁자 위에 각각 놓여 있다. 그 책들을 다른 책들 위에 쌓아 올리려면 얼마나 많은 일이 필요할까?

16. •• 용수철 상수가 75 N/m인 수직 용수철의 끝에 0.50 kg의 질량을 매달았더니 용수철이 늘어나다가 평형한 상태로 되었다. (a) 계의 용수철 (탄성) 퍼텐셜 에너지의 변화를 결정하라. (b) 계의 중력 퍼텐셜 에너지 변화를 결정하라.

5.5 에너지 보존

17. • 0.300 kg의 공이 10.0 m/s의 처음 속력으로 수직 위로 던져진다. 처음 퍼텐셜 에너지가 0으로 할 때 다음 질문에 대해 공의 운동에너지, 퍼텐셜 에너지 및 역학적 에너지를 구하라. (a) 처음 위치에서, (b) 처음 위치보다 2.50 m 높은 곳에서, (c) 최대 높이에서.

18. IE•• 한 소녀가 4.00 m 길이의 밧줄로 그네를 타고 왔다갔다 한다. 그녀가 도달하는 최대 높이는 지상에서 2.00 m 위에 있고 가장 낮은 지점은 지상에서 0.500 m 위에 있다. (a) 소녀가 낼 수 있는 최대 속력은? (1) 맨 꼭대기에서, (2) 중간 지점에서, (3) 맨 아래에서. (b) 소녀의 최대 속력은 얼마인가?

19. •• 0.20 kg의 고무공은 바닥 1.0 m 높이에서 떨어뜨려 다시 0.70 m 높이까지 튕겨진다. (a) 바닥에 닿기 직전 공의 속력은? (b) 공이 땅을 떠나자마자 공의 속력은 얼마인가? (c) 손실된 에너지는 얼마인가? 그리고 무엇으로 손실되는지?

20. •• 그림 5.25와 같이 롤러코스터는 마찰이 없는 트랙을 따라 움직인다. (a) A 지점에서 롤러코스터의 속력이 5.0 m/s이었다면 B 지점에서의 속력은 얼마인가? (b) C 지점에서의 속력은 얼마인가? (c) C 지점에 다다르기 위한 A 지점에서의 최저 속력은 얼마인가?

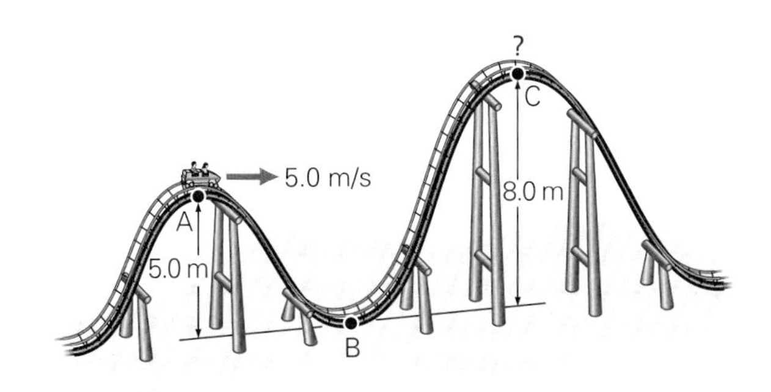

▲ 그림 5.25 **에너지 보존**

21. •• 그림 5.26에 보인 단진자는 길이가 0.75 m이고 추의 질량이 0.15 kg이다. 수직 기준선에서 60° 각도에서 잡고 있던 추를 놓았다. (a) 추가 맨 아래에 올 때 속력은 얼마인가? (b) 추가 반대편의 어느 높이까지 올라가는가? (c) 60°의 각도에서 추를 놓았을 때의 속력에 대해 반으로 줄어든 속력이 될 때의 각도는 얼마인가? (마찰과 줄의 질량은 무시한다.)

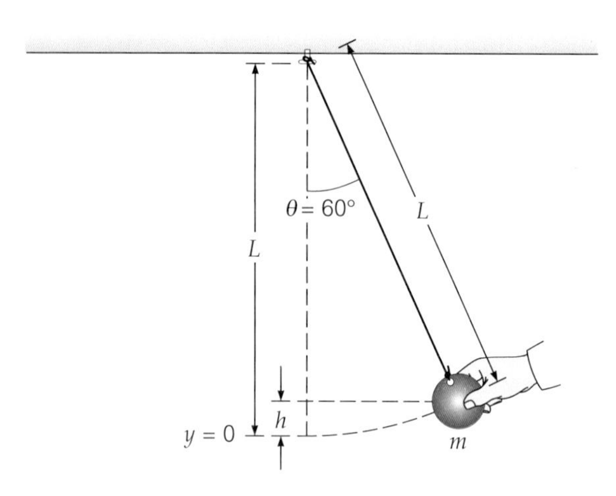

▲ 그림 5.26 **단진자를 흔듦**

22. •• 질량이 0.50 kg인 추를 용수철에 매달았더니 3.0 cm가 늘어났다. (a) 용수철 상수는 얼마인가? (b) 용수철의 길이가 2.0 cm 더 늘어났다면 추의 질량을 얼마만큼 추가해야 하는가? (c) 질량이 추가될 때 퍼텐셜 에너지의 변화는 얼마인가?

23. •• 마찰이 없는 테이블 위에 놓인 질량 $m_1 = 6.0$ kg인 블록이 마찰이 없는 도르래에 연결된 가벼운 줄에 매달려 있는 질량 $m_2 = 2.0$ kg인 블록이 있다. 0.75 m 하강 후 m_2가 바닥에 부딪히는 속력을 구하되 에너지 식을 이용하라(예제 4.4와 유사한 문제로 뉴턴의 법칙을 이용해서 풀었다).

24. ••• 그림 5.21과 같이 유사한 높이 10 m의 경사면을 따라 내려가고 있는 스키어가 있다. 만약 꼭대기에서 속력은 5.0 m/s이고, 스키어의 질량은 60 kg이다. 이때 마찰력은 2500 J의 일을 함으로써 그의 운동을 방해하였다면, 경사면이 끝나는 바닥에서의 속력은 얼마인가?

5.6 일률

25. • 뻐꾸기시계에 매달린 질량이 0.50 kg인 추가가 무게에 의해 3일 동안 1.5 m 하강하고 있다. 그들의 총 중력 퍼텐셜 에너지는 어느 비율로 감소하는가?

26. •• 경주용 자동차는 직선 트랙에서 200 km/h의 일정한 속도로 주행한다. 바퀴에 전달되는 일률은 150 kW이다. 자동차에 가해지는 총 저항력은 얼마인가?

27. •• 물은 1.00 hp의 정격모터에 의해 30.0 m 깊이의 우물에서 끌어 올려진다. 90%의 효율을 가정하면 1분 안에 몇 kg의 물을 끌어 올릴 수 있을까?

28. ••• 질량이 3250 kg인 항공기는 순항고도가 10.0 km, 순항 속력이 850 km/h에 이르는 데 12.5분이 걸린다. 만약 비행기의 엔진이 이 시간 동안 평균 1500 hp를 전달한다면 엔진의 효율은 얼마인가?

CHAPTER 6

선운동량과 충돌
Linear Momentum and Collisions

6.1 **선운동량**
질량 × 속도

6.2 **충격력**
운동량이 변화

6.3 **선운동량의 보존**
알짜힘 영·운동량 보존

6.4 **탄성 충돌과 비탄성 충돌**
운동에너지 보존
운동에너지 비보존
(두 충돌에서 선운동량 보존)

6.5 **질량중심**
무게중심

6.6 **제트 추진과 로켓**

라켓과 공의 충돌은 공의 기세를 바꾸었다.

이 장의 처음 사진을 보면 아마 스포츠 캐스터들은 클러치 샷의 결과로 경기 전체의 기세(momentum)가 바뀌었다고 말할지도 모른다. 이 선수는 탄력이 붙어서 계속 승승장구할 것이고, 선수와 상관없이 공의 추진력이 극적으로 변화했을 것도 분명하다. 공은 큰 운동량을 갖고 빠른 속력으로 선수 쪽을 향해 날아갔다. 그러나 라켓과의 충돌은—그 자체만으로도 충분한 운동량을 가지고—짧은 시간 내에 공의 방향을 바꾸었다. 팬은 그 선수가 공을 돌렸다고 말할지도 모른다. 4.3절에서 뉴턴의 운동 제2법칙을 배운 후 라켓이 공에 가해지는 힘이 그 속도를 반대로 바꾸면서 큰 가속도를 주었다고 말할 수 있을 것이다. 그러나 충돌 직전에 공과 라켓의 운동량을 합해보면 공과 라켓 모두 충돌 전과 후 운동량 변화가 있었지만 전체 운동량은 변하지 않았다는 것을 알 수 있다.

만약 볼링을 할 때 볼링공이 핀에 맞아 튕겨져 나와 던진 사람 쪽으로 다시 굴러 온다면 사람들은 깜짝 놀랄 것이다. 왜 사람들은 볼링장에서 볼링공이 핀을 맞추고 되튕겨져 나오지 않고 그대로 원래 가던 방향으로 갈 것이라 기대하는가? 공의 운동량이 충돌 후에도 계속 앞쪽으로 실려 가기 때문이라고 말할 사람도 있을 것이다. 그러나 이 말의 의미는 무엇일까? 이 장에서 운동량의 개념에 대해 배울 것이며 운동량이 충돌을 이해하는 데 어떻게 유용하게 쓰일 것인지를 배우게 될 것이다.

6.1 선운동량

기세라는 용어는 축구 선수가 경기장을 뛰어다니면서 그를 막으려는 수비수들을 제치는 것을 떠올리게 할 수도 있다. 아니면 한 팀이 기세를 잃었다는 (경기에서 졌다는) 누군가의 말을 들었는지도 모른다. 이러한 일상적 용어 사용은 운동량의 의미에 대해 어느 정도 통찰력을 준다. 그들은 운동하는 질량과 그에 따른 관성에 대한 아이디어를 제시한다. 우리는 무거운 물체나 거대한 물체가 아주 천천히 움직인다 하더라도 엄청난 운동량을 가지고 있다고 생각하는 경향이 있다. 그러나 운동량의 기술적 정의에 따르면 가벼운 물체도 무거운 물체만큼 운동량을 가질 수 있고, 때로는 더 많은 운동량을 가질 수도 있다.

뉴턴은 현대 물리학자들이 **선운동량**(linear momentum) $\vec{\mathbf{p}}$라고 부르는 것을 "속도에서 생기는 운동과 물질의 양과 결합"하여 말하는 것을 언급했다. 다시 말해 한 물체의 운동량은 질량과 속도의 곱에 비례한다는 것이다. 정의에 따르면 물체의 선운동량은 질량과 속도의 곱이 된다.

$$\vec{\mathbf{p}} = m\vec{\mathbf{v}} \tag{6.1}$$

운동량의 SI 단위: kg · m/s

흔히 선운동량은 간단히 **운동량**이라고 부른다. 운동량은 속도와 같은 방향을 갖는 벡터량이며, 운동량의 x와 y성분은 각각 $p_x = mv_x$와 $p_y = mv_y$의 크기를 갖는다.

식 6.1은 한 개의 물체 또는 입자의 운동량을 나타낸다. 만약 계의 구성이 둘 이상의 입자들로 이루어져 있다면 계의 **총 선운동량**(total linear momentum) $\vec{\mathbf{P}}$은 개개의 입자들의 운동량을 모두 더한 운동량의 총합이 된다.

$$\vec{\mathbf{P}} = \vec{\mathbf{p}}_1 + \vec{\mathbf{p}}_2 + \vec{\mathbf{p}}_3 + \cdots = \sum \vec{\mathbf{p}}_i \tag{6.2}$$

주의: 대문자 $\vec{\mathbf{P}}$는 총 운동량이고, 소문자 $\vec{\mathbf{p}}$는 입자 하나의 운동량을 나타낸다.

예제 6.1 운동량: 질량과 속도

100 kg인 축구선수가 경기장에서 4.0 m/s의 속도로 곧장 달리고 있다. 또한 1.0 kg인 대포의 포탄이 보신을 떠나 500 m/s의 속도로 날아가고 있다. 축구선수와 포탄의 운동량의 크기가 어느 쪽이 더 큰가?

풀이

문제상 주어진 값:

$m_p = 100$ kg, $v_p = 4.0$ m/s

$m_s = 1.0$ kg, $v_s = 500$ m/s

축구선수의 운동량의 크기는

$$p_p = m_p v_p = (100\,\text{kg})(4.0\,\text{m/s}) = 4.0 \times 10^2\ \text{kg·m/s}$$

이다. 그리고 포탄의 운동량의 크기는

$$p_s = m_s v_s = (1.0\,\text{kg})(500\,\text{m/s}) = 5.0 \times 10^2\ \text{kg·m/s}$$

이다. 따라서 더 작은 질량을 갖는 포탄의 운동량이 더 큰 운동량을 갖는다. 운동량의 크기는 질량과 속도의 크기 두 물리량에 관계한다는 것을 의미한다.

예제 6.2 선운동량–대략 비교하기

그림 6.1에서 보여주는 세 물체를 생각해 보자. 0.22 구경 총알(질량 10^{-3} kg과 속도 10^2 m/s), 유람선(질량 10^8 kg과 속도 10^1 m/s)과 빙하(질량 10^{12} kg과 속도 10^{-5} m/s). 물체의 선운동량의 크기를 계산하고 크기순으로 나타내라.

풀이

문제상 주어진 값:

$m_b \approx 10^{-3}$ kg; $v \approx 10^2$ m/s

$m_s \approx 10^8$ kg; $v \approx 10^1$ m/s

$m_g \approx 10^{12}$ kg; $v \approx 10^{-5}$ m/s

총알의 선운동량: $p_b = m_b v_b \approx (10^{-3}\ \text{kg})(10^2\ \text{m/s}) = 10^{-1}\ \text{kg·m/s}$

유람선 선운동량: $p_s = m_s v_s \approx (10^8\ \text{kg})(10^1\ \text{m/s}) = 10^9\ \text{kg·m/s}$

빙하만 선운동량: $p_g = m_g v_g \approx (10^{12}\ \text{kg})(10^{-5}\ \text{m/s}) = 10^7\ \text{kg·m/s}$

유람선의 운동량이 가장 크고 총알의 운동량이 가장 적다. ($p_b < p_g < p_s$)

(a)

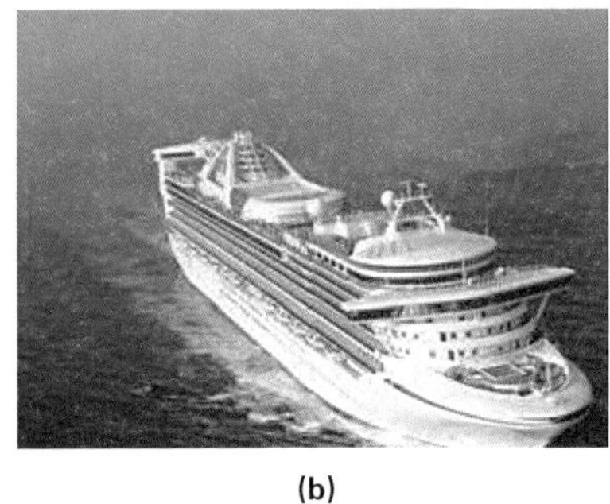

(b)

(c)

▲ 그림 6.1 **세 가지 움직이는 물체: 운동량과 운동에너지의 비교.** (a) 유리컵을 산산조각 내는 0.22 구경 총알 (b) 유람선 (c) 알래스카 빙하만

예제 6.3 총 운동량–벡터의 합

그림 6.2a와 6.2b에 나타낸 것과 같이 각각 입자계의 총 운동량은 얼마인가?

풀이

문제상 주어진 값: 그림 6.2로부터 운동량의 크기와 방향 참고

(a) 계의 총 운동량은 각각의 입자 운동량의 벡터를 합한 것과 같다.

$$\vec{\mathbf{P}} = \vec{\mathbf{p}}_1 + \vec{\mathbf{p}}_2 = (2.0\,\text{kg·m/s})\hat{\mathbf{x}} + (3.0\,\text{kg·m/s})\hat{\mathbf{x}}$$
$$= (5.0\,\text{kg·m/s})\hat{\mathbf{x}} \quad (+x\ \text{방향})$$

(b) x방향과 y방향의 총운동량을 계산한다.

$$P_x = p_{1x} + p_{2x} = 5.0\ \text{kg·m/s} + (-8.0\ \text{kg·m/s})$$
$$= -(3.0\ \text{kg·m/s}) \quad (-x\text{방향})$$

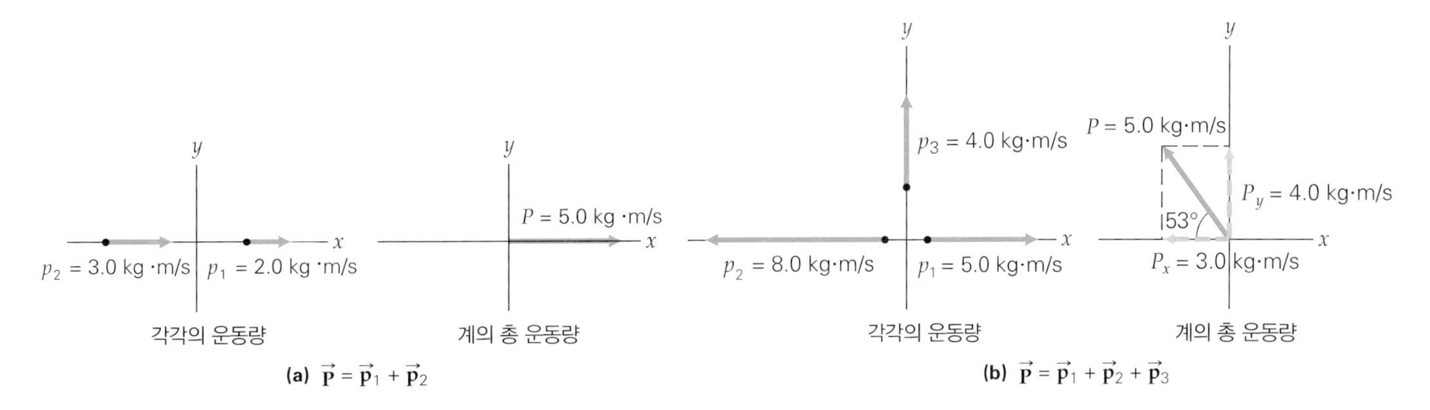

▲ 그림 6.2 **총 운동량.** 입자계의 총 운동량은 입자들 각각의 운동량의 벡터를 합한 것이다.

$P_y = p_{3y} = 4.0\ \text{kg}\cdot\text{m/s}$ (+y 방향)

따라서

$$\vec{\mathbf{P}} = \vec{\mathbf{P}}_x + \vec{\mathbf{P}}_y = (-3.0\ \text{kg}\cdot\text{m/s})\hat{\mathbf{x}} + (4.0\ \text{kg}\cdot\text{m/s})\hat{\mathbf{y}}$$

또는

$$P = 5.0\ \text{kg}\cdot\text{m/s},\ -x\text{축에 대해 } 53°\ \text{방향}$$

예제 6.3a에서 운동량은 좌표축 상에 있으며 그냥 더해주기만 하면 된다. 만약 한 개 또는 그 이상의 입자가 한 축상에 있지 않으면 6.4.3절의 힘의 성분을 더할 때와 마찬가지로 그 운동량 벡터는 직교 성분으로 분해시킬 수 있고 각각의 성분은 성분별로 더해 줄 수 있다.

운동량은 벡터이므로 운동량이 변한다는 것은 운동량의 크기나 방향이 변한다는 것이다. 충돌할 때 방향의 변화 때문에 입자들의 운동량이 변하는 예가 그림 6.3에 설명되어 있다. 그림에서 한 입자의 운동량의 크기는 충돌 전후에 똑같다(같은 길이의 화살표로 한 것처럼). 그림 6.3a는 입자가 벽과 충돌한 후 입사한 방향과 반대 방향(180° 변화)으로 튀어나오는 것을 보여준다. 운동량의 변화량($\Delta\vec{\mathbf{P}}$)은 운동량 벡터의 차이로 주어지며, 벡터에 대한 방향 부호가 중요하다는 점에 유의하라. 그림 6.3b는 x와 y의 각 성분의 변화를 분석하여 운동량의 변화를 나타내는 비스듬히 충돌하는 것을 보여준다.

6.1.1 힘과 운동량

6.4.3절에서 알 수 있는 것처럼 만약 한 물체에 속도의 변화가 있으면 그 물체에는 알짜힘이 작용한 것이다. 이와 비슷하게 운동량은 물체의 속도와 직접 연관된 양이므로 운동량의 변화는 힘과 관련이 있다. 사실 뉴턴은 원래 가속도가 아닌 운동량을 사용해서 뉴턴의 운동 제2법칙을 표현했다. $\vec{\mathbf{F}}_{\text{net}} = m\vec{\mathbf{a}}$로부터 $\vec{\mathbf{a}} = (\vec{\mathbf{v}} - \vec{\mathbf{v}}_o)/\Delta t$ 을 사

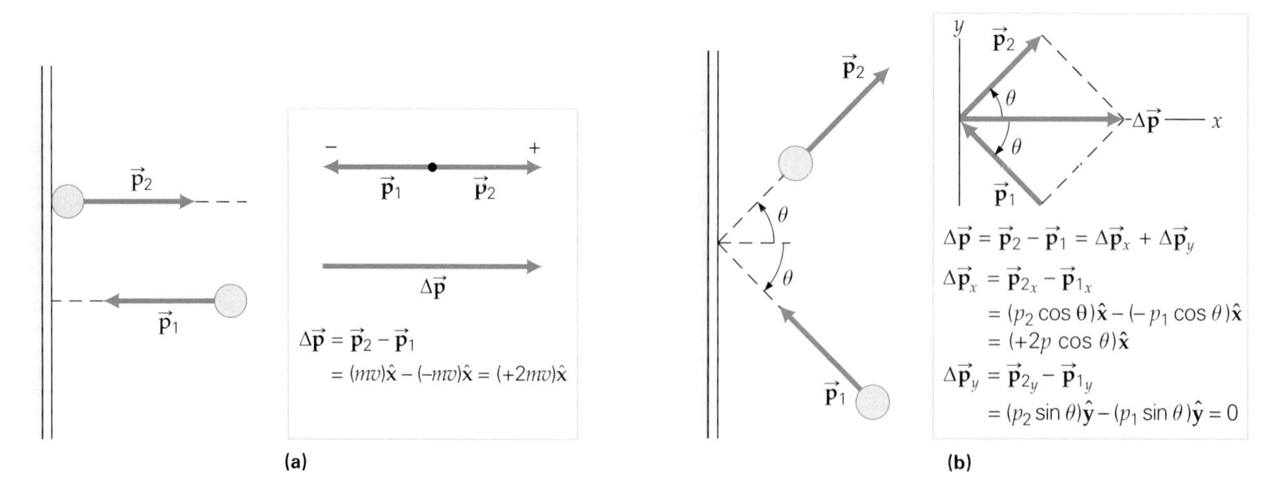

▲ 그림 6.3 **운동량의 변화.** 운동량의 변화는 운동량 벡터의 차이로 주어진다. **(a)** 여기서 벡터 합은 0이다. 그러나 벡터의 차 또는 운동량의 변화량은 0이 아니다. **(b)** 운동량의 변화는 성분의 변화를 계산하여 얻을 수 있다.

용하고 질량 m이 일정하다고 하면 힘과 운동량 관계를 볼 수 있다.

$$\vec{\mathbf{F}}_{\text{net}} = m\vec{\mathbf{a}} = \frac{m(\vec{\mathbf{v}} - \vec{\mathbf{v}}_{\text{o}})}{\Delta t} = \frac{m\vec{\mathbf{v}} - m\vec{\mathbf{v}}_{\text{o}}}{\Delta t} = \frac{\vec{\mathbf{p}} - \vec{\mathbf{p}}_{\text{o}}}{\Delta t} = \frac{\Delta\vec{\mathbf{p}}}{\Delta t}$$

또는

$$\vec{\mathbf{F}}_{\text{net}} = \frac{\Delta\vec{\mathbf{p}}}{\Delta t} \tag{6.3}$$

여기서 $\vec{\mathbf{F}}_{\text{net}}$는 가속도가 일정하지 않다면 물체에 가해진 평균 알짜힘이다(또는 Δt가 영으로 가면 **순간** 알짜힘이다).

이 식으로 표현된 뉴턴의 운동 제2법칙은 **한 물체에 작용한 알짜 외부 힘은 그 물체의 운동량에 대한 시간 변화율과 같다**고 말하고 있다. 질량이 일정할 경우 방정식 $\vec{\mathbf{F}}_{\text{net}} = m\vec{\mathbf{a}}$와 $\vec{\mathbf{F}}_{\text{net}} = \Delta\vec{\mathbf{p}}/\Delta t$가 등가라는 것은 식 6.3의 변형으로 쉽게 알 수 있다. 그러나 어떤 상황에서는 질량이 달라질 수 있다. 그 요인은 입자 충돌에 대한 논의에서 고려가 되지는 않겠지만, 이 장의 후반에 특별한 경우로 주어질 것이다. 따라서 식 6.3은 질량이 변하는 경우에도 적용되는 뉴턴의 운동 제2법칙의 일반적인 형태이다.

$\vec{\mathbf{F}}_{\text{net}} = m\vec{\mathbf{a}}$는 가속도가 알짜힘의 존재를 나타내는 것처럼 $\vec{\mathbf{F}}_{\text{net}} = \Delta\vec{\mathbf{p}}/\Delta t$는 **운동량의 변화가 알짜힘이 존재한다**는 것을 나타낸다. 예를 들면 그림 6.4에 나타낸 것처럼 포사체의 운동량은 포사체의 포물선 궤도의 접선 방향이며 경로에 따라 시시각각 운동량의 크기와 방향이 바뀐다. 운동량의 변화가 뜻하는 것은 이 포사체에 계속 알짜힘이 가해지고 있다는 뜻이며, 이미 알고 있듯이 이 힘은 중력이다. 운동량의 변화는 그림 6.3에서 설명하였다. 이 두 가지 경우에 힘을 식별할 수 있는가? (뉴턴의 운동 제3법칙에 대해 생각하라.)

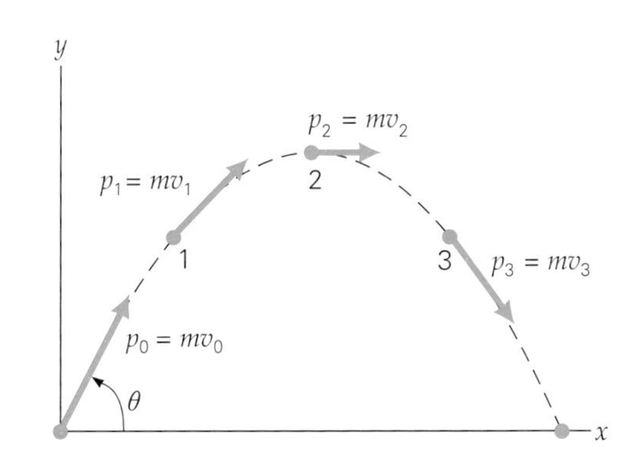

◀ 그림 6.4 **포사체의 운동량 변화.** 포사체의 총운동량 벡터는 포사체가 그리는 궤적의 접선 방향과 같다(속도의 방향). 이 벡터는 크기와 방향이 모두 변하는데, 이는 중력이 작용하기 때문이다. 운동량의 x성분은 일정하다.

6.2 충격력

망치와 못, 골프채와 골프공 또는 두 자동차처럼 두 물체가 충돌할 때 아주 짧은 시간 동안에 상대 물체에 큰 힘을 작용할 수 있고, 이를 **충격력**이라 하며, 이 장의 처음 사진과 그림 6.5a에 보여주고 있다. 그러나 운동량으로 표현한 뉴턴의 운동 제2법칙은 평균값을 사용하여 이러한 상황을 분석하는 데 유용하다. 이때 작용한 평균힘은 운

▶ 그림 6.5 **충격량.** (a) 충돌 충격력은 테니스공을 기형적으로 만든다. (b) 충격량은 힘–시간 그래프의 곡선 아래 영역이다. 공에 가해지는 충격력은 일정하지 않고 최댓값으로 상승한다는 점에 유의하라.

동량의 시간 변화율과 같음을 뉴턴의 운동 제2법칙이 말하고 있다. $\vec{\mathbf{F}}_{avg} = \Delta\vec{\mathbf{p}}/\Delta t$(식 6.3). 이를 운동량의 변화량으로 표시한 식으로 다시 쓰면(오직 한 힘만이 작용할 때)

$$\vec{\mathbf{F}}_{avg}\Delta t = \Delta\vec{\mathbf{p}} = \vec{\mathbf{p}} - \vec{\mathbf{p}}_0 \tag{6.4}$$

이다.

$\vec{\mathbf{F}}_{avg}\Delta t$는 그 힘의 **충격량**(impulse; $\vec{\mathbf{I}}$)이라고 한다.

$$\vec{\mathbf{I}} = \vec{\mathbf{F}}_{avg}\Delta t = \Delta\vec{\mathbf{p}} = m\vec{\mathbf{v}} - m\vec{\mathbf{v}}_0 \tag{6.5}$$

충격량과 운동량의 SI 단위: N·s

따라서 **물체에 가해진 충격량은 물체의 운동량 변화량과 같다**. 이것은 **충격량–운동량 정리**(impulse-momentum theorem)라고 한다. 충격량의 단위는 N·s이며 운동량의 단위이기도 하다($1\ \text{N·s} = 1\ \text{kg·m/s}^2\text{·s} = 1\ \text{kg·m/s}$).

5.3절에서 일–에너지 정리($W_{net} = F_{net}\Delta x = \Delta K$)에 대한 것을 배웠다. 즉, F_{net}–x 곡선 아래 면적은 알짜일 또는 운동에너지의 변화량과 같다. 이와 비슷하게 F_{net}–t 곡선 아래 면적은 충격량과 같으며 운동량의 변화량과 같다(그림 6.5b). 상호작용하는 물체 사이의 힘은 대개 시간에 따라 급격하게 변하므로 일정한 힘이 아니다. 그러나 그림 6.6에 나타낸 것처럼 충격을 주는 시간 Δt 동안 작용하는 이와 동등한 일정한 평균힘 $\vec{\mathbf{F}}_{avg}$로 잡는 것이 편리하다(힘–시간 곡선 아래 면적과 같다). 스포츠에서 몇 가지 전형적인 접촉 시간을 표 6.1에 보였다.

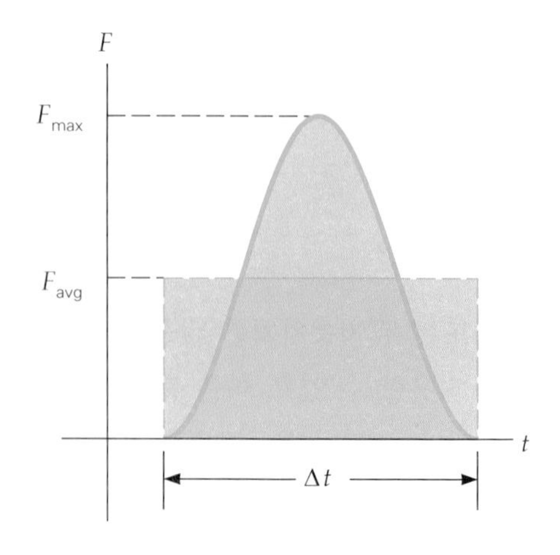

▶ 그림 6.6 **평균 충격력.** 평균힘 직선 아래 면적($F_{avg}\,\Delta t$, 초록색 점선 네에)은 힘–시간 곡선 아래 면적과 동일하며 이는 일반적으로 계산하기 어렵다.

표 6.1 몇 가지 전형적 접촉 시간(Δt)

	Δt(ms)
골프채로 친 골프공	1.0
티에서 야구공을 칠 때	1.3
포핸드로 친 테니스공	5.0
미식축구의 킥	8.0
축구의 헤딩슛	23.0

예제 6.4 티에서 공을 치다–충격량–운동량 정리

골프 선수가 0.046 kg의 골프공을 티에서 공을 쳐올렸다. 골프공의 처음 수평성분 속력은 40 m/s이다. 골프채와 공이 접촉하는 시간 동안 골프채가 공에 작용한 평균힘은 얼마인가?

풀이

문제상 주어진 값:

$m = 0.046\ \text{kg},\quad v = 40\ \text{m/s}$

$v_0 = 0,\quad \Delta t = 1.0\ \text{ms} = 1.0 \times 10^{-3}\ \text{s}$ (표 6.1)

공의 질량과 처음 및 나중 속력이 주어져 있으므로 운동량의 변화량을 쉽게 알 수 있다. 평균힘의 크기는 충격량–운동량 정리에 의해 계산할 수 있다.

$$F_{avg}\Delta t = p - p_0 = mv - mv_0$$

그러므로

$$F_{avg} = \frac{mv - mv_0}{\Delta t} = \frac{(0.046\ \text{kg})(40\ \text{m/s}) - 0}{1.0 \times 10^{3}\ \text{s}}$$

$$= 1.8 \times 10^{3}\ \text{N}$$

[이것은 골프공의 무게, $w = mg = (0.046\ \text{kg})(9.8\ \text{m/s}^2) = 0.45\ \text{N}$와 비교할 때 매우 큰 힘이다.] 이 힘은 가속도 방향이며 평균힘이다. 순간적인 힘은 충돌의 시간 간격 Δt의 중간 근처에서 이 값보다 훨씬 더 크다(그림 6.6에서 Δt).

예제 6.4에서 충돌하는 물체들이 짧은 접촉 시간 동안 서로에게 힘이 가해질 수 있다는 것을 보여준다. 경우에 따라서, 예를 들어 태권도에서 손으로 내려치기를 할 때 접촉 시간을 아주 짧게 하여 충격을 최대화한다. 그러나 충격 접촉 시간 Δt을 조절해서 힘을 감소시키기도 한다. 주어진 상황에서 운동량의 변화가 고정되어 있다고 가정하자. 그러면 $\Delta p = F_{avg}\Delta t$이므로 Δt가 커지면 평균 충격력은 감소하게 될 것이다.

여러분은 아마도 가끔 충격을 최소화하려고 시도한 적이 있을 것이다. 예를 들어 빠르게 날아오는 딱딱한 야구공을 잡을 때 손을 뻗은 채로 꼿꼿하게 고정하여 공을 잡지 않는다. 캐치볼을 몇 번 하다 보면 금방 터득하게 되는 사실은 다가오는 공을 따라 팔을 움직이며 잡는 것이 공을 잡을 때 훨씬 아프지 않다는 것이다. 이러한 움직임은 접촉 시간을 늘려 충격력을 줄이고 아픔을 감소하게 한다(그림 6.7).

높은 곳에서 단단한 지면으로 떨어질 때 다리를 뻣뻣하게 하고 착지해서는 안 된다. 갑자기 멈추면 (작은 Δt) 다리뼈와 관절에 큰 힘이 가해지며 부상을 입을 수 있다. 만약 땅에 떨어질 때 무릎을 살짝 굽힌다면 충격 시간 간격 Δt는 늘어나게 되고 충격력이 줄어든다. 충격력은 속도의 반대 방향으로($F_{avg}\Delta t = \Delta p = -mv_0$) 수직 위쪽으로 향하고 그 값은 일정하다. 자동차의 에어백은 부상을 줄이기 위해 같은 원리를 사용한다.

▶ 그림 6.7 **충격량을 조절하다.** (a) 캐치볼에서 운동량의 변화는 mv_0로 일정하다. 만일 공을 빨리 정지시키면 (작은 Δt) 충격력은 증가하고 (큰 F_{avg}) 포수의 손은 아플 것이다. (b) 접촉 시간을 증가하면 (큰 Δt) 공을 잡을 때 충격력은 감소할 것이고 좀 더 즐겁게 공을 잡을 수 있다.

따라서 충격력이 상대적으로 일정한 경우로 충격 접촉 시간(Δt)가 늘어나면 운동량의 변화는 더 커지게 된다($F_{avg}\Delta t = \Delta p$). 예를 들어 배트나 라켓 또는 골프채로 공을 칠 때 스포츠에서 이것은 끝까지 밀어치기를 따르는 원칙이다. 후자의 경우(그림 6.8a) 골프선수가 각 스윙에 동일한 평균힘을 공급한다고 가정하면 접촉 시간이 길수록 공이 받는 충격량이나 운동량 변화량이 커진다. 즉, $F_{avg}\Delta t = mv\,(v_0 = 0)$이므로 Δt가 커지면 커질수록 공의 나중 속도는 더 커질 것이다. 경우에 따라 공의 방향 조정을 위해 길게 밀어치기를 주로 사용할 수 있다(그림 6.8b).

충격이란 충격력이 짧은 시간에 작용한다는 것을 암시하며, 이것은 많은 경우에 해당된다. 그러나 충격의 정의는 힘이 작용하는 충돌의 시간 간격에 제한을 두지 않는다. 엄밀히 말하면 태양에 접근하는 혜성은 충돌에 관여한다. 물리학에서 충격력은 접촉된 힘만이 될 필요가 없기 때문이다. 기본적으로 충돌은 운동량 및 에너지의 교환이 있는 물체 간의 상호작용이다.

일–에너지 정리와 충격량–운동량 정리에서 기대할 수 있듯이 운동량과 운동에너지는 직접적으로 관련되어 있다. 운동에너지에 대한 식의 대수적 연산(식 5.5)을 조

(a)

(b)

▲ 그림 6.8 **접촉 시간 늘리기.** (a) 골프선수는 골프채를 끝까지 밀어치기로 휘두르고 있다. 이렇게 하는 이유는 접촉 시간을 늘려 공에 더 강한 충격량과 운동량을 주기 위한 것이다. (b) 퍼터를 이용해 밀어치기는 접촉 시간을 늘려 운동량을 크게 한다. 그러나 이렇게 하는 주된 이유는 방향을 조정하는 것이 용이하기 때문이다.

금만 하면 운동에너지(K)를 운동량의 크기(p)로 표현할 수 있다.

$$K = \frac{1}{2}mv^2 = \frac{(mv)^2}{2m} = \frac{p^2}{2m} \tag{6.6}$$

따라서 운동에너지와 운동량은 밀접하게 관계되어 있지만 서로 다른 물리량이다.

6.3 선운동량의 보존

총 역학적 에너지와 같이 계의 총운동량은 일정한 조건 하에서 보존되는 양이다. 이 사실은 광범위한 상황을 분석하고 많은 문제를 쉽게 해결할 수 있게 해준다. 운동량 보존은 물리학의 가장 중요한 원리 중 하나이다. 특히, 아원자 입자로부터 자동차들의 교통사고에 이르는 물체의 충돌을 분석하는 데 사용된다.

한 물체의 선운동량 보존(시간에 대해 일정한)을 위해서 운동량으로 표현한 뉴턴의 운동 제2법칙으로부터 한 가지 조건이 유지되어야 한다. 만약 입자에 작용하는 알짜힘이 영이라면, 즉

$$\vec{\mathbf{F}}_{\text{net}} = \frac{\Delta\vec{\mathbf{p}}}{\Delta t} = 0$$

이고, 따라서

$$\Delta\vec{\mathbf{p}} = 0 = \vec{\mathbf{p}} - \vec{\mathbf{p}}_0$$

이다. 여기서 $\vec{\mathbf{p}}_0$는 처음 운동량이며 $\vec{\mathbf{p}}$는 나중 운동량이다. 이들 두 값은 같기 때문에 운동량은 보존된다. 그리고

$$\vec{\mathbf{p}} = \vec{\mathbf{p}}_0 \quad \text{또는} \quad m\vec{\mathbf{v}} = m\vec{\mathbf{v}}_0 \ (\text{나중 운동량} = \text{처음 운동량})$$

이다. 이러한 보존은 뉴턴의 운동 제1법칙과 일치한다는 점에 유의하라. 물체는 알짜 외력에 의해 작용하지 않는 한 정지 상태($\vec{\mathbf{p}} = 0$) 또는 등속도($\vec{\mathbf{p}} =$ 일정 $\neq 0$)로 움직이고 있다.

운동량 보존법칙을 둘 이상의 입자로 구성되어 있는 입자계에 대해서도 확장하여 적용할 수 있다. 여기서 뉴턴의 운동 제2법칙을 쓸 때 사용하는 알짜힘과 운동량은 계 전체의 값으로 주어져야 한다.

$$\vec{\mathbf{F}}_{\text{net}} = \Sigma\vec{\mathbf{F}}_i \text{와} \quad \vec{\mathbf{P}} = \Sigma\vec{\mathbf{p}}_i = \Sigma m_i\vec{\mathbf{v}}_i$$

$\vec{\mathbf{F}}_{\text{net}} = \Delta\vec{\mathbf{P}}/\Delta t$이기 때문에 만약 계 전체에 작용하는 알짜힘이 없다면 $\vec{\mathbf{F}}_{\text{net}} = 0$이고 $\Delta\vec{\mathbf{F}} = 0$이 되며 $\vec{\mathbf{P}} = \vec{\mathbf{P}}_0$이므로 총 운동량은 보존된다. 이 일반화된 조건을 **선운동량 보존 법칙**(conservation of linear momentum)이라 한다.

$$\vec{\mathbf{P}} = \vec{\mathbf{P}}_0 \tag{6.7}$$

따라서 계의 총 선운동량 $\vec{\mathbf{P}} = \Sigma\vec{\mathbf{p}}_i$은 계에 작용하는 알짜 외력이 영이면 보존된다.

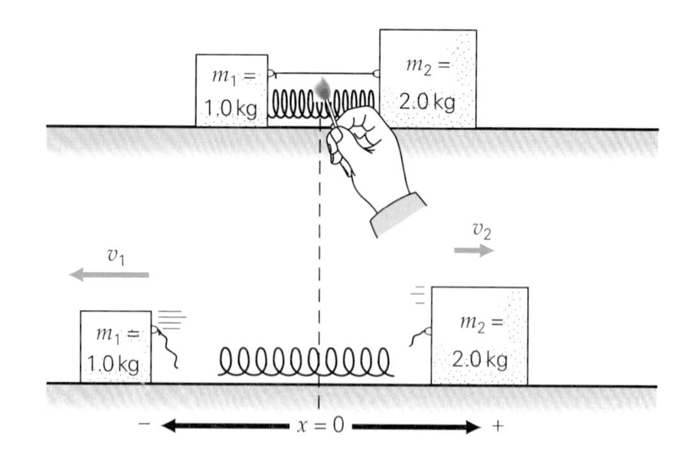

▶ 그림 6.9 **내력과 운동량 보존.** 용수철 힘은 내력이다. 계의 총 운동량은 보존된다.

이 조건을 달성하기 위한 다양한 방법이 있다. 예를 들어 5.5절에서 언급한 **닫힌 계** 또는 **고립계**는 알짜 외력이 작용하지 않으므로 고립계의 총 선운동량이 보존된다는 것을 알 수 있다.

계 내에서 내력은 입자가 충돌할 때 작용한다. 이것들은 뉴턴의 운동 제3법칙의 힘의 쌍이며, 운동량 보존을 위한 조건에서는 그러한 힘이 분명히 언급되지 않는 충분한 이유가 있다. 뉴턴의 운동 제3법칙에 따르면 내력은 크기가 같고, 방향이 반대되므로 벡터적으로 서로 상쇄된다. 따라서 **계의 알짜 내력은 항상 영이 된다.**

그러나 이해해야 할 중요한 점은 계를 구성하고 있는 개개의 입자나 물체의 운동량은 언제나 변할 수 있다. 그러나 알짜 외력이 없을 때, 계 입자들의 총운동량($\vec{\mathbf{P}}$) 벡터 합은 일정하게 유지한다. 만약 처음에 모든 입자가 정지해 있다면, 그 후에 입자들의 내력으로 그 입자들이 운동할 수는 있지만 그때도 총운동량은 그대로 영(0)이 된다. 이 원리는 그림 6.9에서 보여주고 있고 예제 6.5를 통해 분석하였다. 고립계에서 물체들은 그들 사이에서 운동량을 전달할 수 있지만, 변화 후의 총운동량은 계에 대한 알짜 외력이 영(0)이라고 가정할 때 초깃값을 그대로 유지한다.

운동량 보존은 종종 운동이나 충돌과 관련된 상황을 분석하기 위한 강력하고 편리한 물리적 도구이다. 운동량 보존을 적용한 문제는 다음의 예제에 설명되어 있다(운동량 보존은 많은 경우에 관련된 힘을 알아야 할 필요가 없다는 것을 유의하라).

예제 6.5 전과 후 – 운동량 보존

그림 6.9에서와 같이 마찰이 없는 표면에 질량 $m_1 = 1.0$ kg과 질량 $m_2 = 2.0$ kg을 갖는 두 물체를 가벼운 실로 연결하고 그 사이에 가벼운 용수철을 살짝 눌러 끼워 실이 팽팽하도록 해 놓았다. 이때 실을 태우면 (외력은 무시) m_1은 왼쪽으로 1.8 m/s의 속도를 가지며 질량이 분리된다. m_2의 속도는?

풀이

문제상 주어진 값:

$$m_1 = 1.0 \text{ kg}, \quad m_2 = 2.0 \text{ kg}, \quad v_1 = -1.8 \text{ m/s}$$

계는 두 개의 질량과 용수철로 이루어져 있다. 용수철 힘은 계에 대해 내력이다. 처음 계의 총운동량 $\vec{\mathbf{P}}_0$는 0이 분명하다. 그러므

로 실을 태운 후의 두 물체의 운동량도 0이 되어야 한다. 따라서

$$\vec{\mathbf{P}}_0 = \vec{\mathbf{P}} = 0\text{과}\quad \vec{\mathbf{P}} = \vec{\mathbf{p}}_1 + \vec{\mathbf{p}}_2 = 0$$

(가벼운 용수철의 운동량은 이 식에 포함시키지 않는다. 용수철의 질량을 무시했기 때문이다.) 그래서

$$\vec{\mathbf{p}}_2 = -\vec{\mathbf{p}}_1$$

이 되는데, 이 의미는 m_1과 m_2의 각각의 운동량은 크기는 같고 방향이 반대라는 것이다.

$$m_2 v_2 = -m_1 v_1$$

그러므로

$$v_2 = -\left(\frac{m_1}{m_2}\right) v_1 = -\left(\frac{1.0\,\text{kg}}{2.0\,\text{kg}}\right)(-1.8\,\text{m/s}) = +0.90\,\text{m/s}$$

이다. m_2의 속도는 $+x$ 방향 또는 그림에서 오른쪽 방향으로 0.9 m/s이다. 이 값은 v_1의 절반인데, 이는 m_2의 질량이 m_1의 질량에 두 배이기 때문이다.

앞서 언급했듯이 운동량 보존은 아원자 입자에서 자동차에 이르는 물체의 충돌을 분석하는 데 사용된다. 그러나 많은 경우 외력이 물체에 작용하고 있을 수 있으며, 이는 운동량이 보존되지 않는다는 것을 의미한다.

다음 절에서 알게 되겠지만 운동량 보존은 종종 충돌의 짧은 시간에 이루어진다고 근사적으로 생각하는데, 이 시간 동안 내력은 외력보다 훨씬 더 크다. 예를 들어 중력이나 마찰과 같은 외력도 물체를 충돌시키는 데 작용하지만 충돌의 내력에 비해 상대적으로 작은 경우가 많다. 그러므로 물체가 짧은 시간 동안 상호작용하는 경우 외력의 효과는 그 시간 동안 큰 내력의 효과와 비교하여 무시할 수 있으며 선운동량의 보존을 사용할 수 있다.

6.4 탄성 충돌과 비탄성 충돌

일반적으로 충돌은 에너지와 운동량을 교환하는 입자들 또는 물체들 사이의 상호작용으로 정의할 수 있을 것이다. 운동량 보존 측면에서 충돌을 자세히 살펴보면 정면충돌과 관련된 입자 (또는 공) 계와 같이 고립계의 경우 더 간단하다. 단순하게 하기 위해 일차원에서의 충돌만을 고려해 보자. 이는 에너지 보존 측면에서 분석할 수 있다. 총 운동에너지의 보존에 기초하여, 두 가지 유형의 충돌을 정의한다. 즉, 탄성 충돌과 비탄성 충돌이다.

탄성 충돌(elastic collision)에서는 총 운동에너지가 보존된다. 만약 충돌 전후의 계의 모든 요소들의 총 운동에너지가 충돌 전의 총 운동에너지와 같다면 이를 탄성 충돌이라고 한다(그림 6.10a). 운동에너지는 계의 물체 간에 교환될 수 있지만 계의 총 운동에너지는 일정하게 유지된다. 즉

충돌 후 총 운동에너지 = 충돌 전 총 운동에너지

$$K_\text{f} = K_\text{i} \quad \text{(탄성 충돌에 대한 조건)} \qquad (6.8)$$

충돌하는 동안 처음 운동에너지의 일부 또는 전부가 물체의 변형에 의해 잠정적으로 퍼텐셜 에너지로 바뀌게 된다. 그러나 최대 변형이 일어난 후, 물체는 **탄성적**으로 늘

(a) (b)

▶ 그림 6.10 **충돌.** (a) 근사적 탄성 충돌, (b) 비탄성 충돌

려진 "용수철"이 되튀어 나가듯 물체는 원래의 모양을 갖게 되고 계의 운동에너지를 다시 얻게 된다. 예를 들면 두 개의 쇠구슬이나 두 개의 당구공이 서로 충돌하면 충돌 전후로 같은 모양을 유지하는 거의 탄성 충돌을 한다. 즉, 영구적인 변형이 없다.

비탄성 충돌(inelastic collision)에서는 총 운동에너지가 보존되지 않는다(그림 6.10b). 충돌하는 물체 중 하나 이상이 원래의 형태를 되찾지 못할 수 있으며, 소리 또는 마찰열이 발생하여 일부 운동에너지가 손실될 수 있다. 즉,

충돌 후 총 운동에너지 < 충돌 전 총 운동에너지

$$K_f < K_i \quad \text{(비탄성 충돌에 대한 조건)} \tag{6.9}$$

예를 들면 속이 빈 알루미늄 공이 딱딱한 쇠공과 충돌했을 때 알루미늄 공은 찌그러질 것이다. 공의 영구적인 변형은 일이 필요하며, 그 일은 계의 원래 운동에너지를 소모하여 행해진다. 일상적인 충돌은 비탄성이다.

그러나 **고립계에 대하여 탄성 충돌이나 비탄성 충돌에 관계없이 운동량은 보존된다.** 따라서 비탄성 충돌인 경우 운동량은 보존되지만 운동에너지의 양은 손실될 수 있어 보존되지 않는다. 운동에너지가 손실될 수 있고 운동량은 보존되는 것이 이상하게 보일 수 있지만, 이 사실은 스칼라와 벡터 사이의 차이와 그들의 보존 요구 조건의 차이에 대한 이해를 통해 알 수 있다.

6.4.1 비탄성 충돌에서 운동량과 에너지

비탄성 충돌에서 운동에너지가 변화(감소)하는 동안 운동량이 일정하게 유지되는 방법을 보려면 그림 6.11에 나타낸 두 가지 예를 고려해 보자. 그림 6.11a에서 같은 질량($m_1 = m_2$)을 갖는 두 공이 같은 크기를 갖고 방향이 반대인 속도($v_{1_0} = -v_{2_0}$)로 서로 접근해온다고 하자. 결과적으로 충돌 전의 총운동량은 0(벡터적으로)이지만 총운동에너지는 0(스칼라)이 아니다. 충돌 후에 공은 서로 붙어서 정지하므로 총운동량은 변하지 않는다—여전히 0이다.

운동량은 계의 알짜 외력이 없고 충돌 힘이 두 공 사이의 내력이기 때문에 보존된

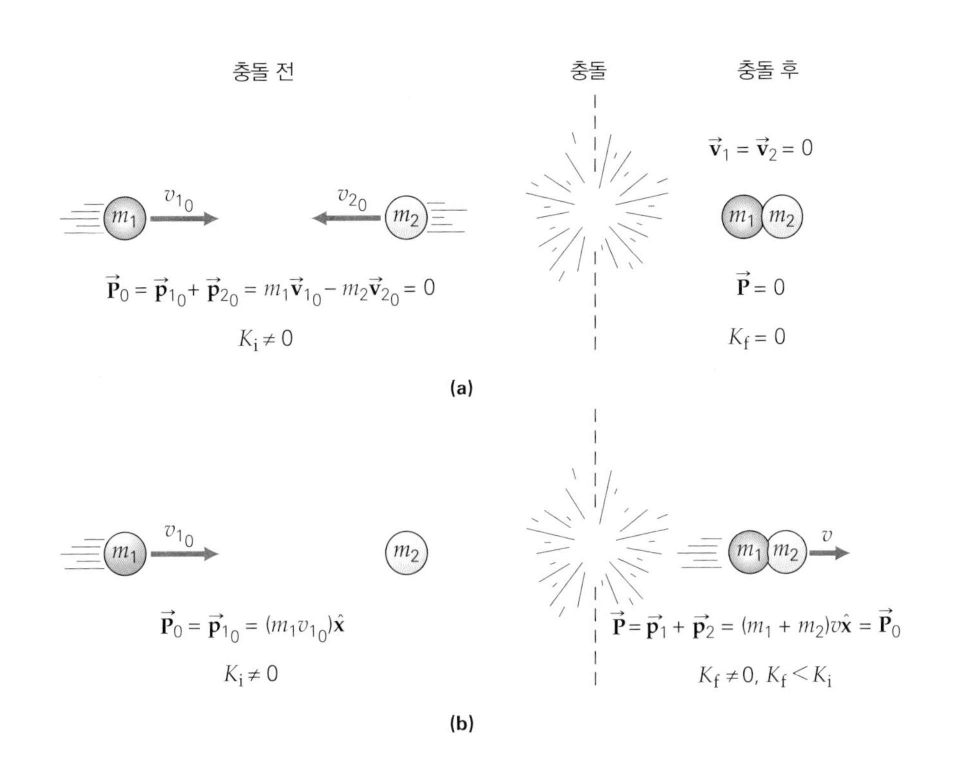

◀그림 6.11 **비탄성 충돌(a, b).** 비탄성 충돌에서 운동량은 보존되지만 운동에너지는 보존되지 않는다. 그림에서처럼 두 개의 물체가 서로 붙는 경우의 충돌을 완전 비탄성 충돌이라고 한다. 운동에너지의 손실은 최대가 되지만 운동량 보존법칙은 여전히 성립된다.

다. 그러나 총 운동에너지는 감소되어 0이 된다. 이 경우 운동에너지의 일부는 공을 변형시키는 일로 변해갔고 일부 에너지는 (열을 발생) 마찰로 또는 그 밖의 다른 방법(소리를 내는)으로 소모되었다.

충돌 후 두 공이 달라붙지 않아도 된다. 약한 비탄성 충돌에서 공들은 반대 방향으로 되튀어 나올 수 있다. 하지만 이때도 같은 크기의 속력으로 반대 방향으로 되튀어 나오고 운동량은 여전히 보존된다. 그러나 운동에너지는 이와 달리 보존되지 않는다. 가능한 모든 조건 하에서 운동에너지는 감소하겠지만 운동량 보존에는 영향을 미치지 않는다.

그림 6.11b에서 한 공은 처음에 정지해 있고 이 공에 다른 공이 속도를 가지고 접근해 온다. 공은 달라붙지만 운동은 계속하게 된다. 그림 6.11의 두 경우 모두 물체가 서로 달라붙는 **완전 비탄성 충돌**(completely inelastic collision) 후 속도가 동일하다. 두 기차가 충돌하여 결합되는 경우 이는 완전 비탄성 충돌의 실질적인 사례이다.

그림 6.11b에서 두 공이 각기 다른 질량을 갖고 있다고 가정하자. 운동량은 비탄성 충돌이어도 보존되므로

$$\begin{array}{ccc} \text{(충돌 전)} & & \text{(충돌 후)} \\ m_1 v_{1_0} & = & (m_1 + m_2)v \end{array}$$

와

$$v = \left(\frac{m_1}{m_1 + m_2}\right)v_{1_0} \quad \text{(}m_2\text{가 처음에 정지해 있는 완전 비탄성 충돌)} \tag{6.10}$$

이다. 따라서 $m_1/(m_1 + m_2)$는 1보다 작으므로 v는 v_{1_0}보다 작은 값을 갖는다. 지금 얼마나 많은 운동에너지가 손실되는지 살펴보자. 처음에 $K_i = 1/2\left(m_1 v_o^2\right)$이었고, 충돌

후 나중 운동에너지는

$$K_f = \frac{1}{2}(m_1 + m_2)v^2$$

이므로 식 6.10에서 구한 v를 이 식에 대입하여 정리하면

$$K_f = \tfrac{1}{2}(m_1 + m_2)\left(\frac{m_1 v_{1_0}}{m_1 + m_2}\right)^2 = \frac{(1/2)m_1^2 v_{1_0}^2}{m_1 + m_2}$$

$$= \left(\frac{m_1}{m_1 + m_2}\right)\tfrac{1}{2} m_1 v_{1_0}^2 = \left(\frac{m_1}{m_1 + m_2}\right)K_i$$

와

$$\frac{K_f}{K_i} = \frac{m_1}{m_1 + m_2} \quad (m_2\text{가 처음에 정지해 있는 완전 비탄성 충돌}) \tag{6.11}$$

이다. 식 6.11은 완전 비탄성 충돌에서 충돌 후 계에 남아 있는 처음 운동에너지에 대한 나중 운동에너지의 비율을 나타낸 것이다. 예를 들어 두 공의 질량이 같다면 $(m_1 = m_2)$, $m_1/(m_1 + m_2) = 1/2$이고 $K_f/K_i = 1/2$ 또는 $K_f = K_i/2$이다. 즉, 처음 운동에너지의 절반은 손실된다.

이 경우 공의 질량이 어떻든 모든 운동에너지가 손실될 수 있는 것은 아니라는 점에 유의하라. 충돌 전에 운동량이 0이 아니기 때문에 충돌 후에도 운동량은 0이 될 수 없다. 따라서 충돌 후 공은 움직여야 하며 약간의 운동에너지를 가져야 한다($K_f \neq 0$). **완전 비탄성 충돌에서 손실된 운동에너지의 최대 양은 운동량의 보존과 일치해야 한다.**

예제 6.6 서로 붙어있는–완전 비탄성 충돌

1.0 kg인 공이 속력 4.5 m/s로 정지해 있는 2.0 kg인 공에 충돌한다. 만약 이 공들의 충돌이 완전 비탄성이라면, (a) 충돌 후 공의 속력은 얼마인가? (b) 충돌 후의 계의 운동에너지는 처음 운동에너지의 몇 %인가? (c) 충돌 후 총운동량은 얼마인가?

풀이

문제상 주어진 값:

$m_1 = 1.0\ \text{kg},\ \ m_2 = 2.0\ \text{kg},\ \ v_0 = 4.5\ \text{m/s}$

(a) 운동량은 보존되므로

$$\vec{\mathbf{P}}_f = \vec{\mathbf{P}}_0 \ \text{ 또는 } \ (m_1 + m_2)v = m_1 v_0$$

이고, 두 공은 서로 붙어서 충돌 후에 같은 속력을 갖는다. 따라서 이 속력은 다음과 같다.

$$v = \left(\frac{m_1}{m_1 + m_2}\right)v_0 = \left(\frac{1.0\,\text{kg}}{1.0\,\text{kg} + 2.0\,\text{kg}}\right)(4.5\,\text{m/s}) = 1.5\,\text{m/s}$$

(b) 처음 운동에너지 비율은 완전 비탄성 충돌의 경우 식 6.11에 주어져 있다. 질량에 의해 주어진 비율은 이 특별한 경우 속도에 대한 비율과 동일하다는 점에 유의하라. 계산해 보면 다음과 같다.

$$\frac{K_f}{K_i} = \frac{m_1}{m_1 + m_2} = \frac{1.0\,\text{kg}}{1.0\,\text{kg} + 2.0\,\text{kg}} = \frac{1}{3} = 0.33\ (\times 100\%) = 33\%$$

이 관계를 분명히 보이자.

$$\frac{K_f}{K_i} = \frac{1/2(m_1 + m_2)v^2}{1/2(m_1 v_0^2)} = \frac{1/2(1.0\,\text{kg} + 2.0\,\text{kg})(1.5\,\text{m/s})^2}{1/2(1.0\,\text{kg})\ (4.5\,\text{m/s})^2}$$

$$= 0.33\ (= 33\%)$$

식 6.11은 m_2가 처음에 정지해 있고, 완전 비탄성 충돌에서만 적용됨을 명심하자. 다른 유형의 충돌의 경우 운동에너지의 처음 값과 나중 값은 분명히 계산해야 한다.

(c) 외력이 작용하지 않으면 모든 충돌 과정에서 총운동량은 보존된다. 그래서 충돌 전과 충돌 후의 운동량의 크기는 같아야 한다. 따라서 공의 방향은 같은 방향을 갖고

$$P_i = p_{1_0} = m_1 v_0 = (1.0\,\text{kg})(4.5\,\text{m/s}) = 4.5\,\text{kg}\cdot\text{m/s}$$

이다. 또한, 충돌 후 계의 운동량을 계산하면 다음과 같다.

$$P_f = (m_1 + m_2)v = 4.5\,\text{kg}\cdot\text{m/s}$$

6.4.2 탄성 충돌에서 운동량과 에너지

탄성 충돌의 경우 두 가지 보존 기준이 있다. 운동량 보존(탄성과 비탄성 충돌에서)과 운동에너지 보존(탄성 충돌에서만)이다. 즉, 두 물체의 탄성 충돌의 경우

$$\text{전} \qquad\qquad \text{후}$$

$$\text{운동량 보존 } \vec{\mathbf{P}}:\quad m_1\vec{\mathbf{v}}_{1_0} + m_2\vec{\mathbf{v}}_{2_0} = m_1\vec{\mathbf{v}}_1 + m_2\vec{\mathbf{v}}_2 \tag{6.12}$$

$$\text{운동에너지 } K:\quad \frac{1}{2}m_1 v_{1_0}^2 + \frac{1}{2}m_2 v_{2_0}^2 = \frac{1}{2}m_1 v_1^2 + \frac{1}{2}m_2 v_2^2 \tag{6.13}$$

그림 6.12는 일차원에서 $v_{1_0} > v_{2_0}$로 정면충돌하기 전의 두 물체를 보여준다(두 물체는 $+x$축 선상에 놓여 있다). 이 두 물체의 상태에 대해

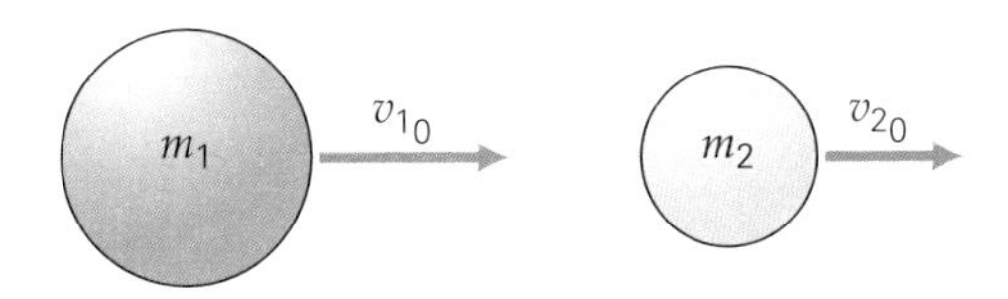

▲ 그림 6.12 **탄성 충돌.** $v_{1_0} > v_{2_0}$로 충돌하기 전에 이동하는 두 물체

$$\text{전} \qquad\qquad \text{후}$$

$$\text{총운동량: } m_1 v_{1_0} + m_2 v_{2_0} = m_1 v_2 + m_2 v_2 \tag{1}$$

(여기서 부호는 방향을 나타내고 v는 크기만을 나타낸다.)

$$\text{운동에너지: } \frac{1}{2}m_1 v_{1_0}^2 + \frac{1}{2}m_2 v_{2_0}^2 = \frac{1}{2}m_1 v_1^2 + \frac{1}{2}m_2 v_2^2 \tag{2}$$

만약 두 물체의 질량과 처음 속도를 알고 충돌 후의 두 물체의 속도는 모르는 양들이다. 이를 구하기 위해서 식 (1)과 (2)를 연립해서 풀어보자. 먼저 운동량 보존에서

$$m_1(v_{1_0} - v_1) = m_2(v_{2_0} - v_2) \tag{3}$$

이고, 식 (2)에서 1/2를 소거하고, 인수분해 $[a^2 - b^2 = (a-b)(a+b)]$를 이용해서 식을 다시 정리한다.

$$m_1(v_{1_0} - v_1)(v_{1_0} + v_1) = m_2(v_{2_0} - v_2)(v_{2_0} + v_2) \tag{4}$$

식 (4)에 식 (3)으로 나누면 다음과 같은 식을 얻는다.

$$v_{1_0} - v_{2_0} = -(v_1 - v_2) \tag{5}$$

이 식은 충돌 전과 후의 상대속도의 크기가 같음을 보인다. 즉, 충돌 전 물체 m_1과 물체 m_2의 상대적 접근 속력은 충돌 후 분리되는 상대속력과 동일하다(3.4절을 보라). 이 관계는 물체의 질량과 무관하고, 이 충돌이 일차원이고 탄성 충돌인 물체들은 다 만족한다.

따라서 식 (3)을 (5)에 대입하여 v_2를 소거하면, v_1을 두 개의 처음 속도의 항들도 얻어진다.

$$v_1 = \left(\frac{m_1 - m_2}{m_1 + m_2}\right)v_{1_0} + \left(\frac{2m_1}{m_1 + m_2}\right)v_{2_0} \tag{6.14}$$

유사한 방법으로 v_1을 소거하고 v_2를 구하면 다음과 같다.

$$v_2 = \left(\frac{2m_1}{m_1 + m_2}\right)v_{1_0} - \left(\frac{m_1 - m_2}{m_1 + m_2}\right)v_{2_0} \tag{6.15}$$

6.4.3 처음에 정지해 있던 하나의 물체

흔히 볼 수 있는 $v_{2_0} = 0$인 특별한 경우에 대해서는 식 6.14와 6.15의 첫 번째 항만 주어진다. 만약 $m_1 = m_2$라면 $v_1 = 0$이고 $v_2 = v_{1_0}$가 된다. 즉, 물체는 운동량과 운동에너지를 완전히 교환한다. 다가오는 물체는 충돌 후 정지하고 원래 정지해 있던 물체는 다가오던 물체가 갖고 있던 똑같은 속도를 갖고 운동하게 된다. 이 경우 계의 운동량과 운동에너지는 보존됨을 분명히 알 수 있다(이런 조건을 충족하는 현실의 예는 당구공의 정면 충돌이다). 또한 처음에 정지해 있던 하나의 물체(m_2로 표시됨)는 식을 통해 특수 사례에 대한 근사치를 구할 수 있다.

$$m_1 \gg m_2\text{인 경우(거대한 공이 다가올 때): } v_1 \approx v_{1_0}\text{와 } v_2 \approx 2v_{1_0}$$

즉, 다가오는 거대한 물체는 속도가 거의 변화가 없고 가벼운 물체는 거대한 물체의 처음 속도의 거의 두 배에 가까운 속도를 얻게 된다(볼링공이 핀과 충돌하는 경우를 생각하라).

$$m_1 \ll m_2\text{인 경우(가벼운 공이 다가올 때): } v_1 \approx -v_{1_0}\text{와 } v_2 \approx 0$$

즉, 만약 가벼운(작은 질량) 물체가 질량이 큰 정지해 있는 물체와 충돌한다면 큰 물체는 거의 움식임이 없고 가벼운 물체만 충돌 전 다가오던 속력과 같은 크기로 반대 방향으로 되튕겨 나간다(탁구공이 볼링공과 부딪친 경우를 생각하라).

예제 6.7 탄성 충돌 – 운동량 보존과 운동에너지 보존

0.30 kg의 당구공이 2.0 m/s의 속력으로 $+x$ 방향으로 나아가면서 질량이 0.70 kg인 정지된 당구공과 정면충돌하였다. 충돌 후 두 공의 속도는 각각 얼마인가?

풀이

문제상 주어진 값:

$m_1 = 0.30$ kg과 $v_{1_0} = 2.0$ m/s

$m_2 = 0.70$ kg과 $v_{2_0} = 0$

식 6.13과 6.14에서 직접 구하면 충돌 후의 속도는 다음을 얻는다.

$$v_1 = \left(\frac{m_1 - m_2}{m_1 + m_2}\right)v_{1_0} = \left(\frac{0.30\ \text{kg} - 0.70\ \text{kg}}{0.30\ \text{kg} + 0.70\ \text{kg}}\right)(2.0\ \text{m/s}) = -0.80\ \text{m/s} \qquad v_2 = \left(\frac{2m_1}{m_1 + m_2}\right)v_{1_0} = \left(\frac{2(0.30\ \text{kg})}{0.30\ \text{kg} + 0.70\ \text{kg}}\right)(2.0\ \text{m/s}) = 1.2\ \text{m/s}$$

6.4.4 두 물체가 처음 속도를 갖고 충돌

이제 식 6.14와 식 6.15의 두 항이 모두 필요한 몇 가지의 예를 살펴보자.

예제 6.8 충돌–따라가서 충돌하기와 서로 다가와 충돌하기

충돌하기 전 두 물체에 대한 조건을 그림 6.13에 보여준다. 각 경우의 나중 속도는 얼마인가?

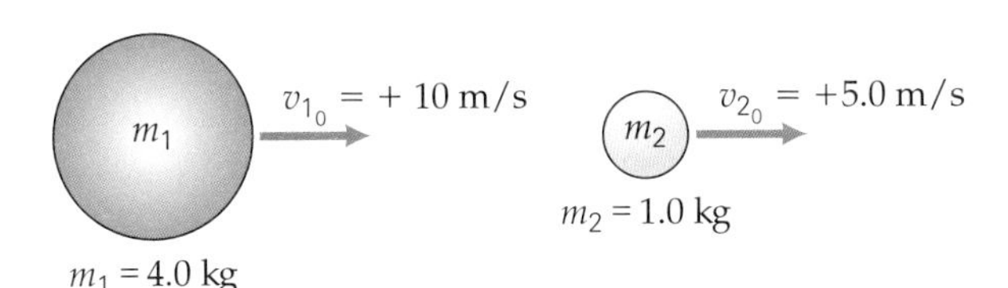

(a)

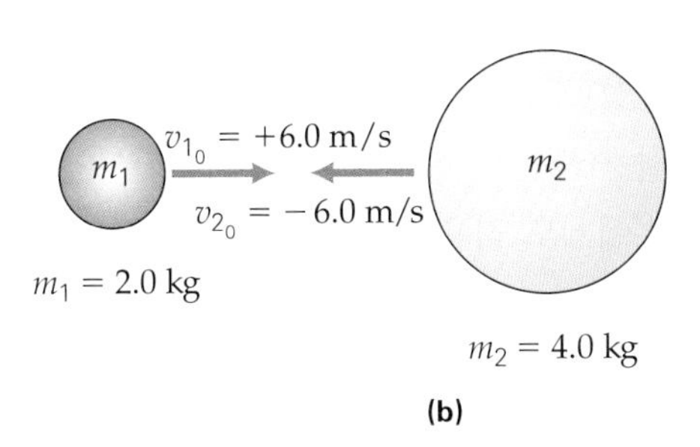

(b)

▲ 그림 6.13 **충돌.** (**a**) 따라가서 충돌하기와 (**b**) 서로 다가와 충돌하기

풀이

문제상 주어진 값:

(**a**) $m_1 = 4.0\ \text{kg},\ v_{1_0} = 10\ \text{m/s},$
$m_2 = 1.0\ \text{kg},\ v_{2_0} = 5.0\ \text{m/s}$

(**b**) $m_1 = 2.0\ \text{kg},\ v_{1_0} = 6.0\ \text{m/s},$
$m_2 = 4.0\ \text{kg},\ v_{2_0} = -6.0\ \text{m/s}$

(**a**) 식 6.14에서

$$\begin{aligned} v_1 &= \left(\frac{m_1 - m_2}{m_1 + m_2}\right)v_{1_0} + \left(\frac{2m_1}{m_1 + m_2}\right)v_{2_0} \\ &= \left(\frac{4.0\ \text{kg} - 1.0\ \text{kg}}{4.0\ \text{kg} + 1.0\ \text{kg}}\right)(10\ \text{m/s}) + \left(\frac{2(1.0\ \text{kg})}{4.0\ \text{kg} + 1.0\ \text{kg}}\right)(5.0\ \text{m/s}) \\ &= 3/5(10\ \text{m/s}) + 2/5(5.0\ \text{m/s}) = 8.0\ \text{m/s} \end{aligned}$$

같은 방법으로, 식 6.15에서 다음을 얻는다.

$$v_2 = 13\ \text{m/s}$$

그래서 더 큰 물체가 작은 물체와 충돌하여 운동량(속도가 증가)을 전달한다.

(**b**) 이 상황에 대한 충돌 식을 적용하자(식 6.14).

$$\begin{aligned} v_1 &= \left(\frac{m_1 - m_2}{m_1 + m_2}\right)v_{1_0} + \left(\frac{2m_1}{m_1 + m_2}\right)v_{2_0} \\ &= \left(\frac{2.0\ \text{kg} - 4.0\ \text{kg}}{2.0\ \text{kg} + 4.0\ \text{kg}}\right)(6.0\ \text{m/s}) + \left(\frac{2(4.0\ \text{kg})}{2.0\ \text{kg} + 4.0\ \text{kg}}\right)(-6.0\ \text{m/s}) \\ &= -1/3(6.0\ \text{m/s}) + 4/3(-6.0\ \text{m/s}) = -10\ \text{m/s} \end{aligned}$$

같은 방법으로 식 6.15에서 다음을 얻는다.

$$v_2 = 2.0\ \text{m/s}$$

여기서 가벼운 물체가 충돌 후에 원래 오던 방향의 반대로 되튀어 나감을 알 수 있다. 이때 가벼운 물체는 질량이 큰 물체로부터 운동량을 얻어 운동량이 더 커진 것을 알 수 있다.

6.5 질량중심

총운동량 보존은 '입자계(system of particles)'를 분석하는 방법을 제공한다. 이러한 계는 예를 들어 일정 부피를 갖는 기체, 용기 안의 물 또는 야구공 등과 같이 사실상 무엇이든 될 수 있다. 또 다른 중요한 개념인 질량중심은 입자계의 전체적인 운동을 분석할 수 있게 해준다. 그것은 계 전체를 단일 입자 또는 질점으로 나타내는 것을 포함한다. 여기에서 개념만 소개하고 그 적용은 다음 장에서 더 자세히 다룰 것이다.

한 입자에 작용하는 알짜 외력이 없다면 입자의 선운동량은 일정하다. 이와 비슷하게 입자계에 작용하는 알짜 외력이 없다면 계의 선운동량은 일정하다는 것을 보였다. 이 유사성은 입자들의 계의 운동을 단일 입자의 운동과 동등하게 표현될 수 있음을 암시한다. 공, 자동차 등과 같은 단단한 물체(강체)를 움직이는 것은 본질적으로 입자계이며 운동을 분석할 때 동등한 단일 입자로 효과적으로 나타낼 수 있다. 그러한 표현은 **질량중심**(center of mass, CM)이라는 개념을 통해 이루어진다.

질량중심은 물체나 계의 모든 질량이 한 곳에 집중된 것으로 간주될 수 있는 점이며 그것의 선형 또는 병진운동만을 기술할 목적으로 한다.

강체가 회전하고 있더라도 중요한 결과(본문의 범위를 벗어나지만)는 질량중심이 여전히 입자처럼 움직인다는 것이다. 잘량중심은 때때로 고체 물체의 **균형점**이라고 묘사된다. 예를 들어 손가락 위에 있는 긴 막대자의 균형을 잡으려면 막대자의 질량중심이 손가락 바로 위에 위치하며, 모든 질량(또는 무게)이 거기에 집중되어있는 것처럼 보인다. 이것은 그림 6.14의 체조 선수에게도 적용된다.

하나의 입자에 대한 뉴턴의 운동 제2법칙과 유사한 표현은 질량중심이 사용될 때 계에 적용된다.

$$\vec{\mathbf{F}}_{\text{net}} = M\vec{\mathbf{A}}_{\text{CM}} \quad \text{(계에 대한 뉴턴의 운동 제2법칙)} \qquad (6.16)$$

▶ 그림 6.14 **질량중심.** 이 체조 선수의 질량중심은 평균대의 손 바로 위에 있는 선 위에 있다.

여기서 $\vec{\mathbf{F}}_{\text{net}}$는 계에 작용하는 알짜 외력이며 M은 계의 입자들의 질량을 다 합친 계의 총 질량이고($M = m_1 + m_2 + m_3 + \cdots + m_n$, 여기서 계는 n개의 입자를 가진다), $\vec{\mathbf{A}}_{\text{CM}}$은 계의 질량중심의 가속도이다. 다시 말해 식 6.16은 입자계의 질량중심이 마치 계의 모든 질량이 거기에 집중되어 외력의 결과에 의해 작용하는 것처럼 운동한다고 말한다. 계의 개별적 부분의 운동은 식 6.16에 의해 예측되지 않는다는 점에 유의하라. 따라서 **계에서 알짜 외력이 0**이면 질량중심의 총 선운동량이 보존된다(즉, 일정하게 유지된다). 왜냐하면

$$\vec{\mathbf{F}}_{\text{net}} = M\vec{\mathbf{A}}_{\text{CM}} = M\left(\frac{\Delta\vec{\mathbf{V}}_{\text{CM}}}{\Delta t}\right) = \frac{\Delta(M\vec{\mathbf{V}}_{\text{CM}})}{\Delta t} = \frac{\Delta\vec{\mathbf{P}}_{\text{CM}}}{\Delta t} = 0 \tag{6.17}$$

이기 때문이다. 그러므로 $\Delta\vec{\mathbf{P}}_{\text{CM}} / \Delta t = 0$이면 시간 Δt 동안 $\vec{\mathbf{P}}_{\text{CM}}$ 변화가 없다는 뜻이고 계의 총운동량 $\vec{\mathbf{P}}_{\text{CM}} = M\vec{\mathbf{V}}_{\text{CM}}$이 일정하다(그러나 0일 필요는 없다). M은 일정하므로 이 경우 $\vec{\mathbf{V}}_{\text{CM}}$도 일정하다. 따라서 질량중심은 일정한 속도로 움직이거나 정지해 있을 수도 있다.

고체 물체의 질량중심을 더 쉽게 시각화할 수 있지만 질량중심이라는 개념은 입자나 물체의 어떤 계, 심지어 기체에도 적용된다. 일차원에 배열된 n개의 입자계의 경우 x축을 따라(그림 6.15) 질량중심의 위치가

$$X_{\text{CM}} = \frac{m_1X_1 + m_2X_2 + m_3X_3 + \cdots + m_nX_n}{m_1 + m_2 + m_3 + \cdots + m_n} \tag{6.18}$$

에 의해 주어진다.

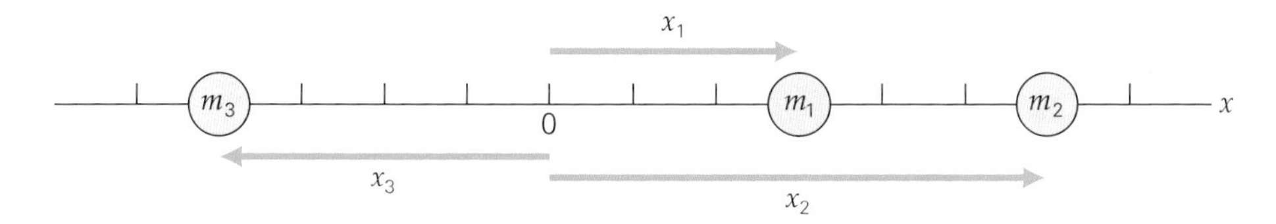

▲ 그림 6.15 **일차원 입자계.** 계의 질량중심은 어디인가?

즉, X_{CM}는 입자계의 질량중심의 x좌표다. 간단하게 쓰면(부호를 사용하여 일차원에서의 벡터 방향을 나타낸다), 이 관계는 다음과 같이 표현한다.

$$X_{\text{CM}} = \frac{\Sigma m_i x_i}{M} \tag{6.19}$$

여기서 Σ은 n개의 입자($i = 1, 2, 3, \cdots, n$)에 대한 $m_i x_i$들의 합을 표현한다. 여기서 만약 $\Sigma m_i x_i = 0$이면 $X_{\text{CM}} = 0$이고 일차원 계의 질량중심은 원점이 된다.

입자계의 질량중심의 다른 좌표도 비슷하게 정의한다. 이차원으로 분포한 질량들에 대해서도 질량중심의 좌표는 (X_{CM}, Y_{CM})이 된다.

예제 6.9 **질량중심 구하기 – 합하는 과정**

그림 6.15와 같이 세 개의 질량 2.0 kg, 3.0 kg과 6.0 kg이 각각의 좌표 (3.0, 0), (6.0, 0)과 (−4.0, 0)에 있다. 단, 단위는 *m*이다. 이 계의 질량중심은 어디인가?

풀이

문제상 주어진 값:

$m_1 = 2.0\text{ kg},\ x_1 = 3.0\text{ m}$

$m_2 = 3.0\text{ kg},\ x_2 = 6.0\text{ m}$

$m_3 = 6.0\text{ kg},\ x_3 = -4.0\text{ m}$

식 6.19에 의해서 구하면 다음과 같다.

$$X_{\text{CM}} = \frac{\Sigma m_i x_i}{M}$$

$$= \frac{(2.0\text{kg})(3.0\text{m}) + (3.0\text{kg})(6.0\text{m}) + (6.0\text{kg})(-4.0\text{m})}{2.0\text{kg} + 3.0\text{kg} + 6.0\text{kg}} = 0$$

따라서 질량중심은 원점이다.

예제 6.10 **아령 – 질량중심**

그림 6.16에서처럼 질량을 무시할 수 있는 막대에 연결된 아령이 있다. (a) 만약 m_1과 m_2는 각각 5.0 kg과 (b) 만약 m_1은 5.0 kg, m_2는 10.0 kg일 때 질량중심을 구하라.

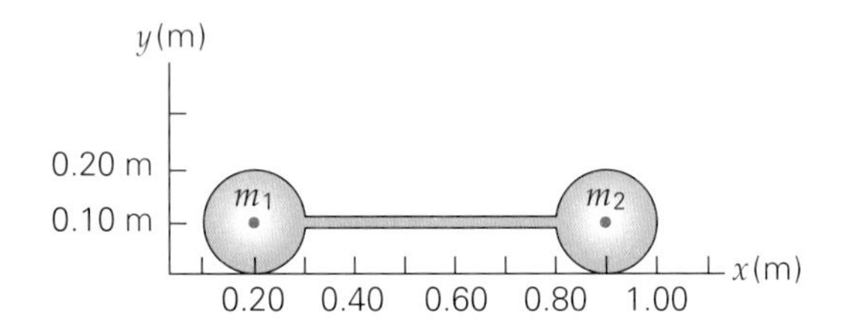

▲ 그림 6.16 **질량중심의 위치**

풀이

문제상 주어진 값:

$x_1 = 0.20\text{ m},\ x_2 = 0.90\text{ m}$

$y_1 = y_2 = 0.10\text{ m}$

(a) X_{CM}은 두 항의 합으로부터 구한다.

$$X_{\text{CM}} = \frac{m_1 x_1 + m_2 x_2}{m_1 + m_2}$$

$$= \frac{(5.0\text{ kg})(0.20\text{ m}) + (5.0\text{ kg})(0.90\text{ m})}{5.0\text{ kg} + 5.0\text{ kg}} = 0.55\text{ m}$$

(b) $m_2 = 10.0\text{ kg}$으로 하면

$$X_{\text{CM}} = \frac{m_1 x_1 + m_2 x_2}{m_1 + m_2}$$

$$= \frac{(5.0\text{ kg})(0.20\text{ m}) + (10.0\text{ kg})(0.90\text{ m})}{5.0\text{ kg} + 10.0\text{ kg}} = 0.67\text{ m}$$

이고, 두 질량 사이의 2/3되는 지점이다. 이 경우 아령의 균형점은 질량이 더 큰 m_2에 치우쳐 있으며 *y*축에 대한 질량중심은 $Y_{\text{CM}} = 0.10\text{ m}$이다.

예제 6.10에서 질량 하나가 변하면 *x*축의 질량중심의 위치가 변했다. 이때 *y*축의 질량중심도 따라서 변한다. 그러나 두 질량은 같은 높이에 있으므로 이 예제에서는 *y*축의 질량중심은 변하지 않았다.

6.5.1 무게중심

질량과 무게는 서로 관련되어 있다. 질량중심은 **무게중심**(center of gravity, **CG**)이라는 개념과 연관이 있는데, 무게중심이란 물체의 무게가 한 점에 집중되어 있다고 간주되는 한 점이다. 그러므로 물체는 한 입자처럼 생각할 수 있다. 만약 중력에 의한 가속도가 계의 모든 입자에 크기와 방향 모두 일정하다면 식 6.20을 다음과 같이 다시 쓸 수 있다(모든 $g_i = g$).

$$M_g X_{CM} = \Sigma m_i g x_i \tag{6.20}$$

그러므로 물체의 무게 M_g는 마치 계의 모든 무게가 위치 X_{CM}에 있는 것처럼 작용하므로 질량중심과 무게중심은 일치한다. 이미 여러분이 알고 있을 수도 있지만 무게중심의 위치는 물체의 중심 근처 또는 그 근처 지점에서 무게($w = mg$)에 대한 벡터 화살표를 표시한 4장의 이전 그림에서 암시되었다.

실질적 목적을 위해 무게중심은 보통 질량중심과 일치하는 것으로 간주한다. 즉, 중력에 의한 가속도는 물체의 모든 부분에서 일정하다. 물체가 너무 커서 물체의 다른 부분에서 중력에 의한 가속도가 다를 경우 두 지점의 위치에 차이가 있을 것이다.

어떤 경우에는 물체가 대칭적이면 질량중심 또는 무게중심의 위치를 쉽게 알 수 있다. 예를 들면 물체의 재질이 같고 구형의 물체라면 이 물체의 질량중심은 구의 기하학적 중심이 된다. 예제 6.10a에서 아령의 두 끝 질량이 같다면 특별한 계산 없이 그 둘 사이의 중앙이 질량중심이 될 것이 분명하다.

불규칙적으로 생긴 물체의 질량중심 또는 무게중심 위치는 그다지 뚜렷하지 않고 대개 계산하기 어렵다(이 책의 범위를 벗어난 고급 수학적 방법에도 불구하고). 경우에 따라 질량중심이 실험적으로 찾을 수 있다. 예를 들어 평평하고 불규칙한 모양의 물체의 질량중심은 다른 점으로부터 자유롭게 매달아 실험적으로 결정할 수 있다(그림 6.17). 생각해 보면 질량중심(또는 무게중심)이 항상 매달린 점의 수직선상 아래

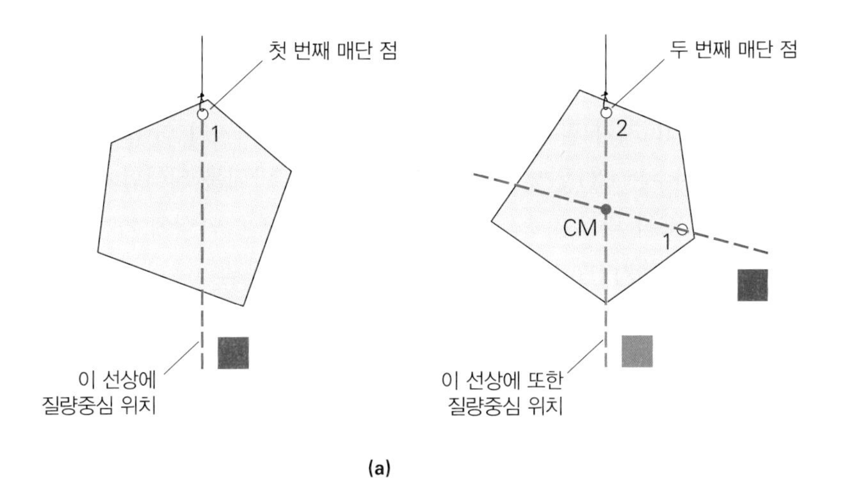

(a)

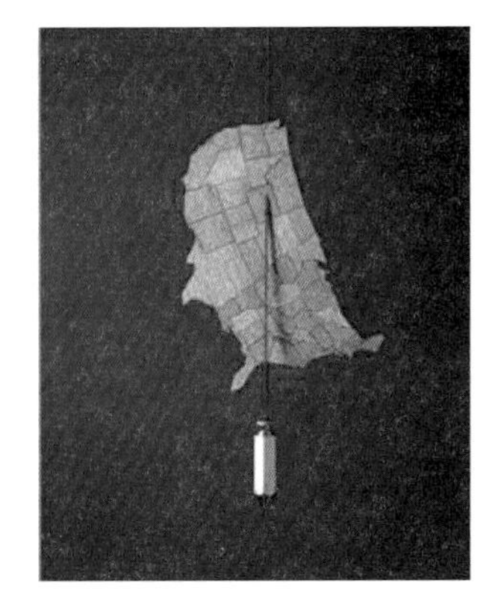

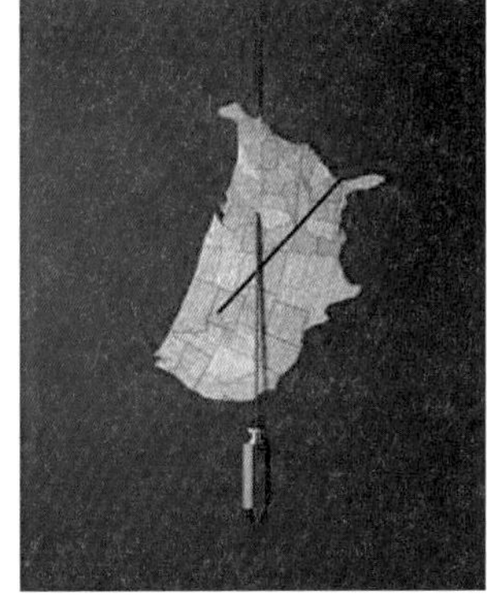

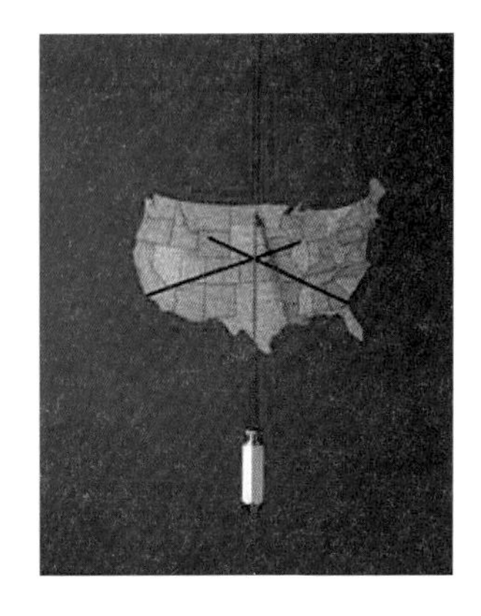

(b)

◀그림 6.17 **매달린 물체의 질량중심 위치.** (a) 평평하고 불규칙한 모양의 물체는 두 개 이상의 위치에서 매달아 질량중심을 구할 수 있다. CM(와 CG)은 한 점에서 매달았을 때 그 점의 수직선상에 있다. 그리고 선 두 개를 그려 두 선의 교차점이 질량중심이다. (b) 그 과정을 미국 지도를 가지고 해보면 평평한 면일 때는 두 번의 과정으로 충분하다. 다른 세 번째 점에서 지도를 매달고 이 점에서 추를 매달았을 때 수선은 이미 구한 두 수선의 교점인 CM을 지난다는 것을 유의하라.

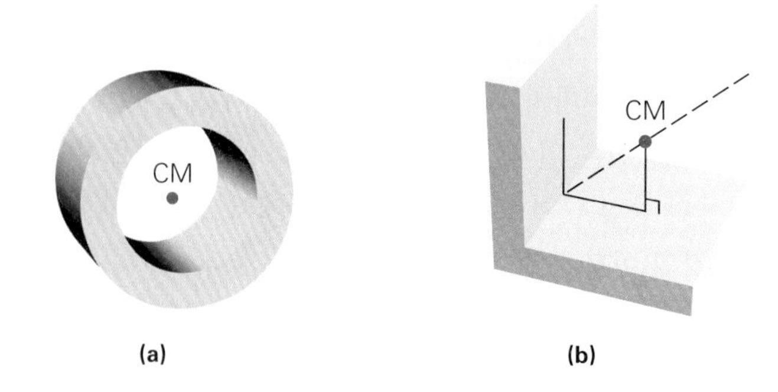

▶ 그림 6.18 **질량중심은 물체 외부에 위치할 수 있다.** 질량중심(또는 무게중심)은 물체 외부 또는 내부에 놓이게 된다. 이는 물체의 질량 분포에 따라 달라진다. **(a)** 균일한 고리 모양의 물체는 질량중심이 고리의 중심에 있다. **(b)** L자 모양의 물체에서 균일한 질량 분포와 다리의 길이가 같다면 질량중심은 두 다리 사이에 놓이게 된다.

에 있다는 것을 확신할 수 있을 것이다. 질량중심은 물체의 모든 질량이 한 점에 집중되는 것으로 간주될 수 있는 지점으로 정의되기 때문에 줄에 매달린 질량의 입자와 유사하다. 둘 또는 그 이상의 위치에 물체를 매달고, 그렇게 매달 때마다 수직선을 그어 놓으면 이 수직선의 교점이 질량중심이어야 한다.

물체의 질량중심(또는 무게중심)은 물체의 내부에 놓이지 않을 수도 있다(그림 6.18). 예를 들면 균일한 물질로 되어 있는 고리 모양의 물체는 그 질량중심이 고리의 중심에 놓인다. 고리의 어느 부분의 질량은 고리의 중심에 대하여 대칭인 부분의 질량에 의해 보상되며, 대칭에 의해 질량중심이 고리의 중심에 있다. 질량과 길이가 같은 균일한 다리를 가진 L자 모양의 물체의 경우 질량중심은 두 다리 사이의 각도가 45°인 선 위에 놓여 있다. 그 위치는 다리 중 하나의 지점에서 L을 매달고 그 지점의 수직선이 대각선과 교차하는 위치에 있음을 보여줌으로써 쉽게 결정될 수 있다.

높이뛰기에서 무게중심(CG)은 매우 중요하다. 점프는 무게중심을 올려준다. 이렇게 하는 데는 에너지가 필요하며, 점프가 높을수록 에너지가 더 많이 소모된다. 따라서 높이뛰기 선수는 CG를 낮게 유지하면서 장애물 막대를 뛰어넘기를 원한다. 높이뛰기 선수의 CG가 막대를 통과할 때 가능한 한 장애물 막대에 가까이 두려고 노력할 것이다. '배면뛰기'(Fosbury flop) 스타일(1968년 올림픽에서 Dick Fosbury에 의해 시도)로 높이뛰기 선수는 장애물 막대 위로 몸을 뒤로 젖힌다(그림 6.19). 그는 몸을 활처럼 휘게 하여 장애물 막대를 등으로 넘는 기법을 사용하였다. 팔, 머리 그리고 다리는 장애물 막대의 아래쪽에 있다. 그래서 이 방법은 이전에 사용했던 높이뛰기 방법보다 CG가 낮다. 이 뒤집는 방법은 그의 CG(신체 밖에 놓이는)를 장애물 막대 아래쪽에 두면서도 장애물 막대를 넘을 수 있는 방법이다.

▶ 그림 6.19 **무게중심.** 몸을 휘게 하여 배면뛰기로 장애물 막대를 넘는 것은 높이뛰기 선수의 무게중심을 더 낮춰준다. 교재 본문의 내용을 참조하라.

6.6 제트 추진과 로켓

제트라는 단어는 때때로 고속으로 방출되는 액체나 기체의 흐름을 가리키는 데 사용된다. 예를 들어 분수에서 나오는 물의 분사(jet)나 자동차 타이어에서 나오는 공기의 분사(jet) 등이다. **제트 추진**(Jet propulsion)은 그러한 제트를 운동 생성에 응용하는 것이다. 이 개념은 보통 제트기와 로켓을 떠올리지만 오징어와 문어도 물방울을 뿜어내며 스스로 밀어 추진력을 얻는다(그림 6.20).

여러분은 아마도 풍선을 불어 공기를 방출하는 간단한 실험을 시도해 봤을 것이다. 어떠한 지침이나 엄격한 배기관도 없이, 풍선은 빠져나가는 공기에 의해 지그재그로 움직인다. 뉴턴의 운동 제3법칙에 의하면 공기가 가득 차 부풀어 오른 풍선은 공기를 강하게 힘을 주어 밀어낸다. 즉, 풍선은 공기에 힘을 가한다. 이때 크기는 같고 방향이 반대인 공기에 의한 반작용력인 공기가 풍선을 밀어내는 힘으로 작용한다. 이 힘이 풍선을 날아오르게 하는 추진력이다.

제트 추진은 뉴턴의 운동 제3법칙으로 설명할 수 있고, 외력은 없으며 운동량 보존이 적용된다. 총의 반동을 고려해 보면, 총과 총알을 고립계로 받아들임으로써 이 개념을 더 잘 이해할 수 있을 것이다(그림 6.21).

이 계의 처음 운동량은 0이다. 총이 발사되면 총알의 화약이 폭발하며 기체가 팽창하고 총알이 총신을 떠나게 하는 추진력이 작용한다. 처음 계의 운동량이 0이었고 팽창하는 기체가 만들어내는 힘은 내력이므로 총알과 총의 운동량의 크기는 정확히 같아야 하며 언제나 방향은 반대이다. 총알이 총신을 떠난 후에 더 이상 반동은 없으며 총알과 총은 일정한 속도를 유지하며 움직인다.

마찬가지로 로켓의 추진력은 로켓의 후면에서 연료를 태울 때 나오는 기체를 소진함으로써 만들어진다. 팽창하는 기체는 로켓의 뒤쪽으로 뿜어져 로켓을 앞으로 나아가게 한다(그림 6.22). 로켓은 로켓의 노즐에서 뿜어나가는 기체에 의한 반작용 힘에 의해 추진된다. 맨 처음 로켓에 시동을 걸었을 때 정지 상태였다면 이 로켓 계의

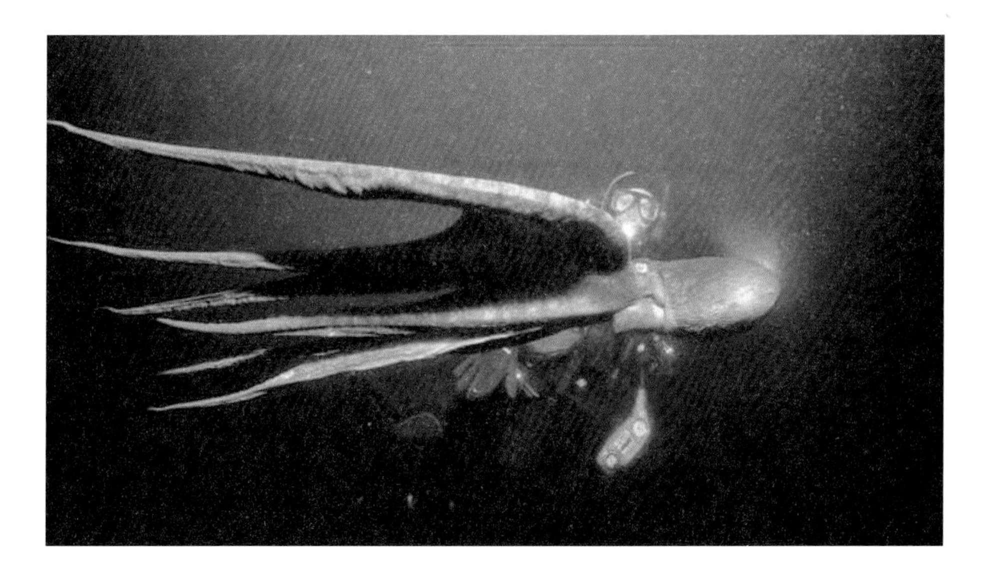

◀그림 6.20 **제트 추진.** 오징어와 문어는 물방울을 뿜어내며 스스로를 밀어 추진력을 얻는다. 여기 거대한 문어가 제트 추진하며 움직이는 모습을 보인다.

▶ 그림 6.21 **운동량 보존.** (a) 총을 쏘기 전 총과 총알의 운동량은 0이다. (b) 발사되는 동안 크기가 같고 방향이 반대인 내력이 작용한다. 그러나 그 순간순간 총과 총알의 운동량의 합은 여전히 0이다. (c) 총알이 총신을 떠났을 때 계의 전체 운동량은 여전히 0이다.

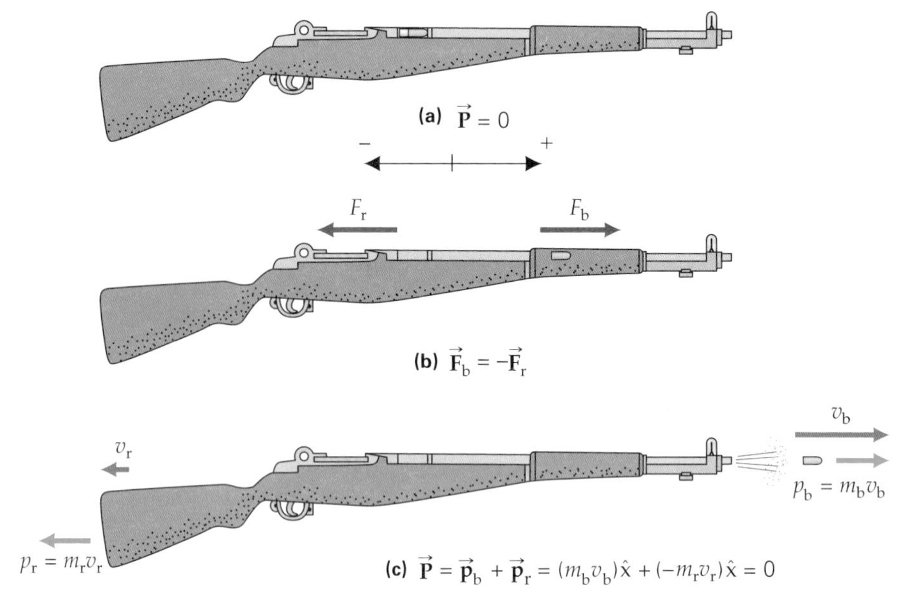

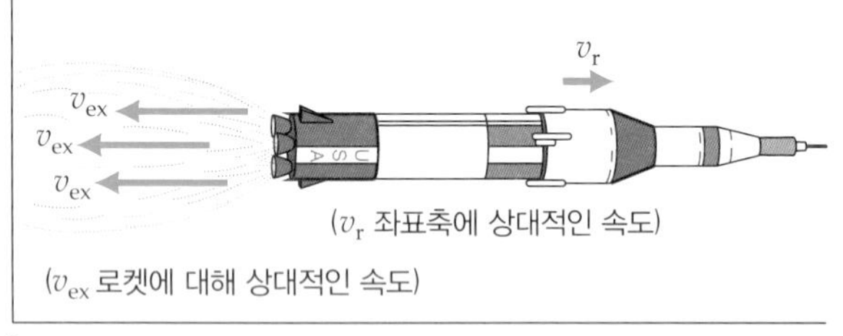

(a)

알짜 외력은 없다. 그러므로 뿜어져 나가는 기체의 순간 운동량은 로켓의 운동량의 크기와 같고 방향은 반대가 된다. 수많은 기체 분자들의 질량은 작으나 그 속도는 크다. 따라서 기체보다 훨씬 큰 질량을 갖는 로켓은 기체보다 더 작은 속도를 갖게 되는 것이다.

총이 한 발을 쏘는 것과 달리 로켓은 연료를 태울 때 지속적으로 질량을 잃는다(로켓은 기관총에 가깝다). 따라서 로켓은 질량이 일정하지 않은 계이다. 로켓의 질량이 줄어들수록 더 쉽게 가속된다. 다단계 로켓은 이 사실을 이용한다. 연소된 단계의 선체는 비행 중 질량을 더 줄이기 위해 분사된다(그림 6.22c). 유효탑재량은 일반적으로 우주 비행을 위한 초기 로켓 질량의 매우 작은 부분이다.

만약 이 로켓을 타고 달에 간다면 초기 로켓 질량의 대부분은 버리게 되고 유효탑재량 부분만 달에 도착하게 된다. 지구의 인력이 달의 인력보다 크기 때문에 많은 연료를 소모해 가속도를 언어야 하기 때문이다. 연착륙을 위해 우주선은 달의 궤도를 돌거나 역추진 또는 제동 추진을 사용하여 달에 착륙한다. 역추진이란 우주선의 방향을 180° 회전시켜 추진하여 착륙을 쉽게 한다. 우주선은 시동을 걸고 달 표면을 향해 기체를

(b)

(c)

◀그림 6.22 **제트 추진과 질량 감소.** (a) 연료를 연소하는 로켓은 계속 질량을 잃고 점점 더 가속이 쉬워진다. 로켓에 가해지는 힘은 시간과 배기가스의 속도에 따라 변하는 질량에 의존한다. 즉, $(\Delta m/\Delta t)\vec{\mathbf{v}}_{\mathrm{ex}}$이다. 질량이 감소하기 때문에 $\Delta m/\Delta t$는 음수이고 추진력은 $\vec{\mathbf{v}}_{\mathrm{ex}}$에 반대 방향이다. (b) 유인 우주선은 다단계 로켓을 사용한다. 두 개의 발사용 로켓과 거대한 외부 연료 탱크는 모두 비행 중에 분사되면서 버려진다. (c) 새턴 V의 다단계 로켓.

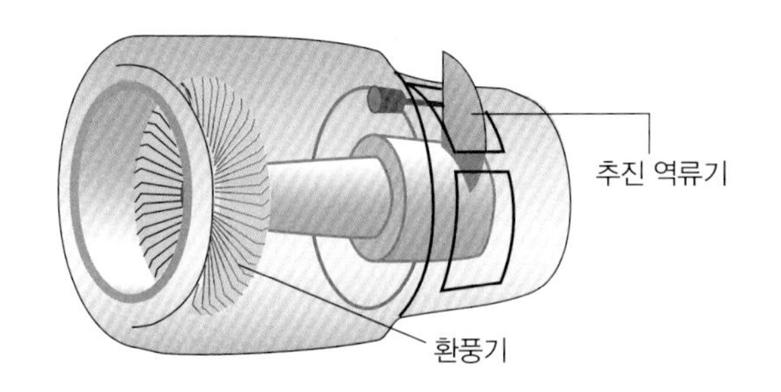

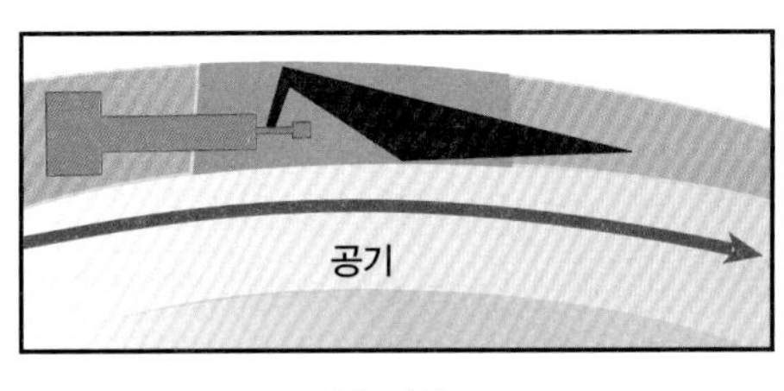

정상 작동

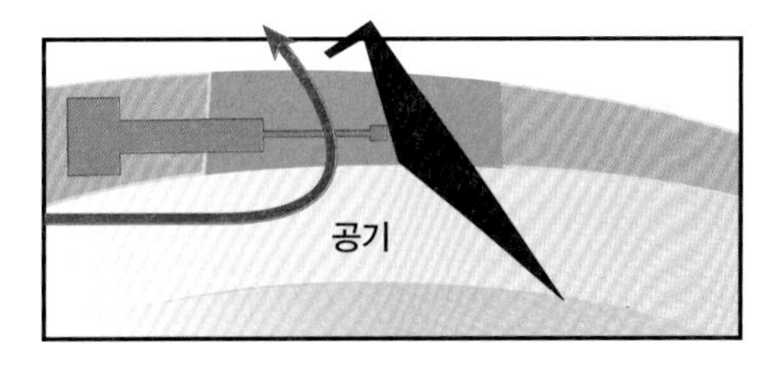

추진 역류기 작동

◀그림 6.23 **역추진.** 착륙 중 제트 엔진에 추진 역류기가 활성화되어 비행기의 감속을 돕는다. 기체는 전방 방향에서 충격력과 운동량의 변화를 경험하며, 비행기는 크기가 같고 반대 방향으로 운동량의 변화와 제동 충격력을 느끼게 된다.

내뿜어 제동의 자세를 취한다. 즉, 로켓에 의해 작용하는 힘은 그 속도 방향에 반대이다.

상업용 제트기를 타고 비행하였다면 역추진 효과를 경험하게 된다. 그러나 이 경우 그 기체의 방향 전환은 하지 못한다. 대신 터치다운 후 제트 엔진의 역류기를 작동시키고 엔진 회전력을 높인다. 이때 우리는 제동 동작을 느낄 수 있다. 일반적으로 엔진을 회전시키면 비행기가 앞으로 가속된다. 역추진은 배기가스를 앞으로 꺾어 엔진에서 역추진을 작동시켜 수행한다(그림 6.23). 기체는 전방 방향에서 충격력과 운동량의 변화를 경험하며(그림 6.3b), 엔진과 비행기는 크기가 같고 반대 방향의 운동량 변화를 경험하여 제동 충격력을 느끼게 된다.

연습문제

통합 연습문제(Integrated Exercises, IEs)는 두 부분으로 이루어진다. 첫 번째 부분은 일반적으로 기본 원칙과 추론에 기초한 개념적 답변 선택을 요구한다. 두 번째 부분은 연습의 첫 번째 부분에서 이루어진 개념적 선택과 관련된 정량적 계산을 필요로 한다. 기호(•)은 문제의 난이도를 의미한다. 쉬움(•), 보통(••), 어려움(•••)

6.1 선운동량

1. • 60 kg의 여성이 90 km/h로 달리는 차에 타고 있다면 (a) 지면에 대한 그녀의 선운동량은 얼마인가? (b) 자동차에 대한 그녀의 선운동량은 얼마인가?

2. • (a) 12 m/s로 굴러가는 7.1 kg인 볼링공의 선운동량을 구하라. (b) 90 km/h로 달리는 1200 kg인 자동차의 선운동량을 구하라.

3. •• 4.50 m/s의 수평 속력으로 던진 야구공이 방망이에 부딪힌 뒤 반대 방향으로 34.7 m/s의 속력으로 날아간다. 야구공의 운동량의 변화량은 얼마인가?

4. •• 200 m/s의 속력을 가진 5.0 g인 총알이 0.75 kg의 나무 블록에 수평으로 발사된다. 이 총알이 박힌 나무 블록이 정지해 있다가 0.20 m의 거리를 미끄러지는 경우, (a) 나무 블록이 미끄러지면서 발생하는 마찰에 대해 운동마찰계수는 얼마인가? (b) 충돌 시 총알의 에너지는 몇 %나 소멸되는가?

5. •• 15 m/s의 속력으로 이동하는 0.20 kg의 당구공이 60°의

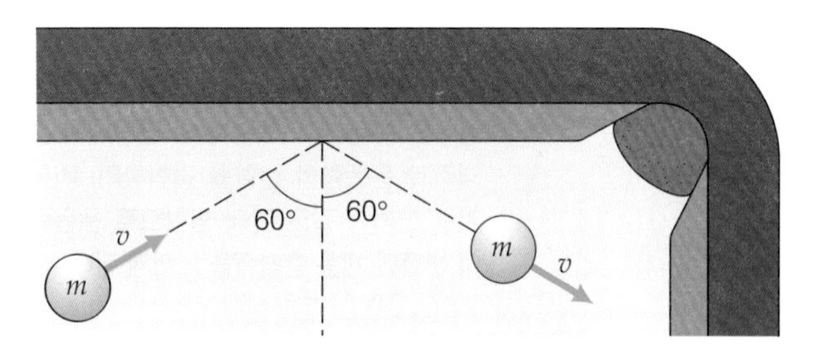

▲ 그림 6.24 **비스듬히 치는 충돌**

각도로 당구대 측면과 부딪힌다(그림 6.24). 당구공이 같은 속력과 각도로 되튄다면 운동량의 변화량은 얼마인가?

6. •• 3.0 km/h로 주행하는 총 질량 5000 kg의 트랙터 트레일러는 적재 부두에 부딪혀 0.64 s 후에 정지한다. 부두에 의해 트럭에 가해지는 평균힘의 크기는 얼마인가?

7. IE •• 축구 연습에서 두 사람이 넓게 공 받는 사람이 서로 다른 패스로 공 받는 패턴을 실행한다. 질량이 80.0 kg인 한 사람이 5.00 m/s의 속력으로 북동쪽 45°로 달린다. 두 번째 받는 사람(질량 90 kg)은 6.00 m/s의 속력으로 필드를 따라 직진한다. (a) 그들의 총운동량의 방향은? (1) 정확한 북동쪽 방향, (2) 북동쪽의 북쪽 방향, (3) 정확히 동쪽 방향, (4) 북동쪽의 동쪽 방향 (b) 그들의 총운동량을 실제로 계산하여 (a)의 답을 확인하라.

6.2 충격력

8. • 소프트 공을 위로 던져 타자가 방망이로 수평 방향으로 공을 쳤다. 이 소프트 공의 질량은 0.20 kg이었고 3.0 N·s의 충격을 받았다면 방망이를 떠날 때 공의 속력은 얼마인가?

9. • 풀 플레이어는 큐 스틱을 가지고 정지된 0.25 kg 당구공에 3.2 N·s의 충격을 준다. 충격 직후 공의 속력은 얼마인가?

10. IE •• 질량 1500 kg의 자동차가 30.0 m/s의 속력으로 평탄한 도로에서 달리고 있다. 2000 N·s의 크기의 충격력을 받고 자동차는 속력이 감소되었다. (a) 이 충격력은 어떤 이유로 발생했는가? (1) 운전사가 가속 페달을 밟아서, (2) 운전자가 브레이크를 밟아서, (3) 운전자가 핸들을 돌려서 (b) 충격이 일어난 이후 차의 속력은 얼마인가?

11. •• 한 소년이 맨손으로 팔을 뻣뻣하게 뻗은 채 그를 향해 날아오는 25 m/s의 속력으로 0.16 kg의 야구공을 잡았다. 그는 공이 그의 손을 때리기 때문에 "어이구!" 하는 소리를 낸다. 소년은 공을 잡으면서 손으로 움직이는 법을 빨리 배운다. 이러한 방식으로 충돌의 접촉 시간을 3.5 ms에서 8.5 ms로 증가시킬 때 평균 충격력의 크기를 구하고 비교해 보라.

12. •• 0.45 kg의 유리 접합제 조각이 평지 2.5 m 높이에서 떨어진다. 이것이 표면에 부딪히면 접합제는 0.30 s 후에 멈춘다. 표면이 접합제에 가하는 평균힘은 얼마인가?

13. •• 0.14 kg의 야구공을 45 m/s의 속력으로 던졌다. 타자가 이 공을 쳤을 때 공의 속력은 60 m/s가 되었다. 만약 접촉 시간이 0.040 s라 하면, 공에서 방망이의 평균힘은 얼마인가?

14. •• 그림 6.24와 같이 당구공이 0.010 s 동안 측면과 접촉하는 경우, 공에 가해지는 평균힘의 크기는 얼마인가? (연습문제 5번 참고)

6.3 선운동량의 보존

15. • 우주 캡슐 밖에서 우주에 떠 있는 60 kg의 우주비행사는 0.50 kg의 망치를 캡슐에 대하여 10 m/s의 속력으로 움직이게 던진다. 우주비행사는 어떻게 되는가?

16. •• 마찰이 없는 얼어붙은 호수에서 벗어나기 위해 65.0 kg인 사람이 0.15 kg의 신발을 벗어 바로 2.00 m/s의 속력으로 던졌다. 만약 그 사람이 호숫가에서 5.00 m 떨어진 곳에 있다면 신발이 호숫가까지 도달하는 데 걸리는 시간은 얼마인가?

17. •• 질량이 0.15 kg인 두 개의 줄에 매달린 공을 생각해 보자. 나란히 매달린 두 공에서 한 공을 당겨서 높이가 10 cm가 되도록 한 다음 놓았다. (a) 정지해 있는 공을 치기 직전에 공의 속력은 얼마인가? (b) 만약 완전 비탄성 충돌이라면 붙은 두 공은 얼마나 높이 올라갈까?

18. •• 주의를 기울이지 않는 두 스케이트 선수가 완전 비탄성 충돌로 충돌하였다. 충돌에 앞서 질량 60 kg의 스케이트 선수 1은 동쪽으로 5.0 km/h의 속도를 가지며, 질량 75 kg이고 남쪽으로 7.5 km/h의 속도를 가진 스케이트 선수 2에게 직각으로 움직인다. 충돌 후 스케이트 선수들의 속도는?

19. •• 25 m/s의 속력으로 오른쪽으로 이동하는 1200 kg의 자동차가 1500 kg의 트럭과 충돌하여 트럭과 자동차 범퍼가 눌려 정지 상태에 있다. 만약 다음과 같은 트럭의 처음 상태에 따라 충돌 후 속도를 계산하라. (a) 정지 상태일 때, (b) 20 m/s의 속력으로 오른쪽으로 이동할 때, (c) 20 m/s의 속력으로 왼쪽으로 이동할 때

20. •• 10.0 kg의 폭탄이 폭발하면서 두 개로 분리된 조각만 나온다. 폭탄은 처음에는 정지 상태였고 4.00 kg의 조각은 폭발 직후 100 m/s로 서쪽으로 이동한다. (a) 폭발 직후의 다른 조각의 속력과 방향은 구하라. (b) 이 폭발로 인해 얼마나 많은 운동에너지가 방출되었는가?

21. IE •• 실제 총알 대신 '고무' 총알을 사용한 실험에서 질량이 5.00 g인 '총알' 중 하나가 오른쪽에서 250 m/s로 이동한다고 가정할 때, 정지해 있는 표적을 정면으로 명중시킨다. 표적의 질량은 2.50 kg이며 매끄러운 표면에 있다. 총알이 100 m/s로 목표물의 뒤로 (왼쪽) 튕겨 나간다. (a) 충돌 후 목표물이 어느 방향으로 이동해야 하는지? (1) 오른쪽, (2) 왼쪽, (3) 정지되어 있을 수도 있다, (4) 주어진 자료로 알 수 없다. (b) 충돌 후 표적의 되튐 속력을 결정하라.

22. •• 90 kg의 우주비행사가 자신의 우주선에서 6.0 m 떨어진 지점에서 우주에 발이 묶이고, 그는 4.0분 후에 우주선을 조종해야 한다. 돌아오기 위해 우주선에 대하여 0.50 kg의 장비를 4.0 m/s로 던졌다. (a) 그는 제시간에 돌아올 수 있는가? (b) 그가 제시간에 돌아오기 위해 얼마나 빨리 장비를 던져야 하는가?

6.4 탄성 충돌과 비탄성 충돌

23. •• 3.0×10^6 m/s의 속력으로 움직이는 질량 m인 양성자는 처음에는 정지해 있는 4 m의 알파 입자와 정면으로 탄성 충돌을 한다. 충돌 후 두 입자의 속도는?

24. •• 바닥에 떨어뜨린 고무공이 8.0 m/s의 속력으로 바닥에 부딪히고 0.25 m의 높이로 되튀어 오른다. 충돌 후 처음 운동에너지는 얼마나 손실되었는지 그 비율(%)을 구하라.

25. •• 고속 추격전에서 경찰차의 범퍼로 주의를 주기 위해 범인의 차를 뒤에서 직접 부딪쳤다. 경찰차는 오른쪽으로 40.0 m/s의 속력으로 움직이고 있으며 총 중량은 1800 kg이다. 범인의 차는 처음에는 같은 방향으로 속력 38.0 m/s로 움직인다. 그의 차는 총 질량이 1500 kg이다. 이때 탄성 충돌을 가정하여 충돌 직후 두 속도를 구하라.

26. •• 그림 6.25와 같이 10 m/s에서 움직이는 1.0 kg 물체와 정지한 2.0 kg 물체가 충돌한다. 만약 완전 비탄성 충돌이라면 두 물체가 붙어서 경사면을 따라 올라갈 때 얼마나 멀리 이동할 것인가? (단, 마찰은 무시한다.)

27. •• 그림 6.26과 같이 두 개의 공이 서로 접근하는데 여기서 $m = 2.0$ kg, $v = 3.0$ m/s, $M = 4.0$ kg, $V = 5.0$ m/s이다. 공이 충돌하여 원점에서 서로 붙는 경우, (a) 충돌 후 공의 속도 v성분을 구하고, (b) 각도 θ는 얼마인가?

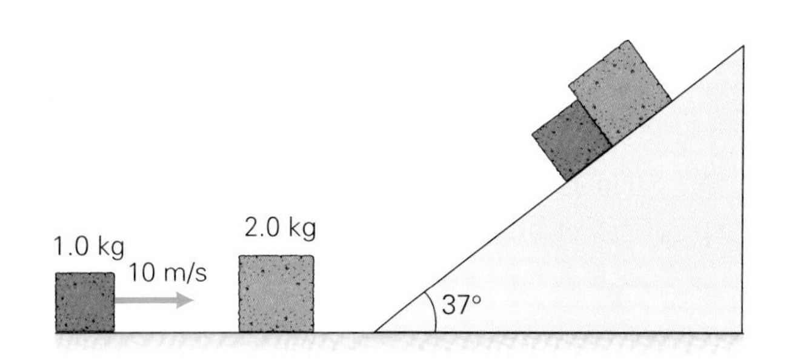

▲ 그림 6.25 **얼마나 올라가는가?**

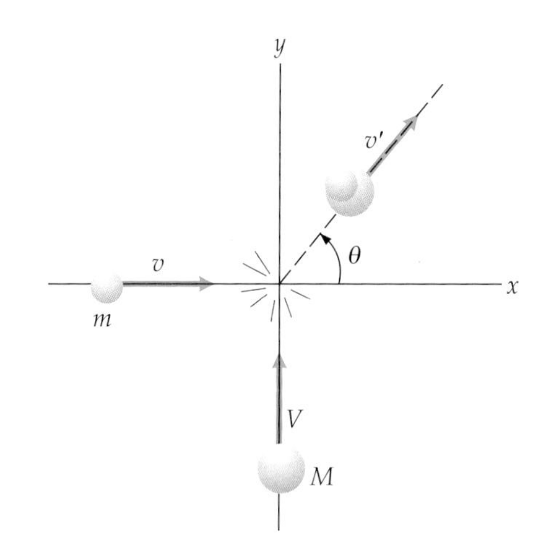

▲ 그림 6.26 **완전 비탄성 충돌**

28. •• 그림 6.25와 유사하게 2.0 m/s에서 움직이는 1.0 kg 물체는 정지된 2.0 kg 물체와 탄성 충돌을 했다. 처음 정지된 물체는 경사면을 따라 얼마나 이동하는가? (단, 마찰은 무시한다.)

29. •• 질량 25000 kg의 화물차가 수직 거리 1.5 m가 되는 마찰이 없는 경사진 트랙을 굴러 내려간다. 경사면 바닥에 내려와 평평한 도로에 정지된 똑같은 화물차와 부딪혀 두 차가 붙어있다. 충돌 시 처음 운동에너지의 몇 퍼센트가 손실되는가?

6.5 질량중심

30. •• 3.0, 2.0, 4.0 kg의 질량을 가진 3개의 구형 물체가 (−6.0 m, 0), (1.0 m, 0), (3.0 m, 0)에 각각 중심들이 위치하도록 구성된 계의 질량중심을 구하라.

31. •• 25 cm × 25 cm 크기의 균일한 금속판 조각이 있다. 만약 반경이 5.0 cm인 원형 조각을 금속판의 중심에서 잘라낸

다면 금속판의 질량중심은 지금 어디에 있는가?

32. •• 각각 65 kg과 45 kg의 질량을 가진 두 명의 스케이트 선수는 8.0 m 간격으로 서서 각각 한 개의 밧줄 끝을 잡고 있다. (a) 그들이 만날 때까지 밧줄을 몸쪽으로 당기면, 각각의 스케이트 선수는 얼마나 이동할까? (단, 마찰은 무시한다.) (b) 45 kg의 스케이트 선수만이 다른 선수를 만날 때까지 줄을 잡아당긴다면 (줄만 잡고 있는) 각각의 선수들은 얼마나 이동할까?

원운동과 중력

Circular Motion and Gravitation

CHAPTER 7

충분한 구심력은 왜 이 기구에 탄 사람들이 거꾸로 되어도 자리에서 떨어지지 않는지를 설명해 준다.

이 장의 처음 사진 속에 놀이기구를 보면 사람들은 흔히 '중력 거스르기'라고 말한다. 물론 실제로 중력은 물리칠 수 없다는 것은 변치 않는 사실이며, 당연히 받아들여야 할 것이다. 우주로 가는 것이 아닌 이상 그 누구도 중력이 완전히 없는 곳으로 갈 수 없다.

원자에서 은하수로 박테리아의 편모에서 놀이공원 대관람차에 이르기까지 모든 곳에는 원운동이 있다. 이러한 운동을 설명하기 위해 두 개의 용어가 자주 사용된다. 일반적으로 회전축이 물체 내에 있을 때 물체가 자전한다고 하고, 회전축이 물체 외부에 있을 때 물체가 공전한다고 한다. 따라서 지구는 자전축 중심으로 자전하고 태양 둘레를 공전한다.

원운동은 이차원운동이라 3장에서 사용된 직각 좌표계로 기술할 수 있다. 그러나 보통은 이 장에서 소개하는 각도와 관련된 극좌표로 기술하는 것이 더 편리하다. 원운동을 기술하는 것이 익숙해지면 8장에서 소개하는 회전하는 강체는 훨씬 더 쉽게 배울 것이다.

중력은 행성의 궤도를 유지하는 데 필요한 힘을 제공하기 때문에 행성의 운동을 결정하는 데 중요한 역할을 한다. 이 장에서 뉴턴의 중력 법칙을 고려할 것이고, 이와 관련된 기본 법칙으로 행성의 운동을 분석할 것이다. 이와 같은 법칙으로 지구의 자연적 위성(달)과 인공위성 운동을 이해할 수 있을 것이다.

7.1 각도 측정

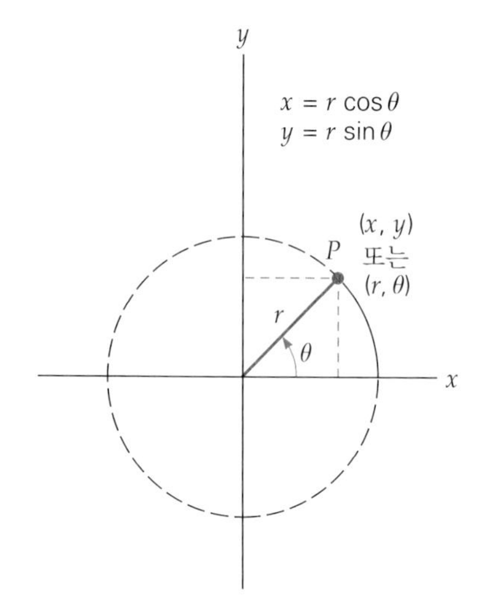

▲그림 7.1 **극좌표.** 점 P는 직각좌표계 대신에 극좌표로 설명하였다. 즉, 직각좌표 (x, y) 대신에 극좌표 (r, θ)로 나타낼 수 있다. 원에서 θ는 각도 거리이고 r은 반지름이다. 좌표의 두 형태는 다음 식으로 변형해서 나타낸다($x = r\cos\theta$, $y = r\sin\theta$).

운동은 시간에 따른 위치의 변화로 기술한다(2.1절). **각속력**과 **각속도** 또한 추측할 수 있듯이 **각도의 변화**에 의해 표현되는 각도의 시간 변화율을 포함한다. 그림 7.1과 같이 원둘레를 운동하는 입자를 생각하자. 특정 순간에 입자의 위치(P)는 데카르트 좌표 x와 y에 의해 지정될 수 있다. 그렇지만 그 위치는 **극좌표** r과 θ로도 나타낼 수 있다. r은 원점으로부터 거리이고 θ는 x축으로부터 반시계 방향으로 측정된 각도이다. 이들 좌표들을 변환시키는 식은 그림 7.1에서 점 P의 x, y좌표로부터 볼 수 있는 것처럼

$$x = r\cos\theta \tag{7.1a}$$

$$y = r\sin\theta \tag{7.1b}$$

로 쓸 수 있다.

r은 원둘레의 모든 점에서 동일하다. 입자가 원을 그리며 이동할 때 r의 값은 일정하고 시간에 따라 θ만 변한다. 따라서 원운동은 직각좌표 x, y 대신에 시간에 따라 변하는 극좌표로 θ를 사용하여 기술한다.

선형 변위와 유사하게 **각변위**(angular displacement)라 하고 그 크기는

$$\Delta\theta = \theta - \theta_0 \tag{7.2}$$

이고, $\theta_0 = 0$일 때 단순하게 $\Delta\theta = \theta$로 쓸 수 있다(각변위의 방향은 다음 절의 각속도에서 설명할 것이다). 각변위를 기술하는 데 보통 사용되는 단위는 각도(°)이다. 완전한 원의 각도는 360°이다.

원운동을 기술하는 각도를 궤도의 접선 성분, 즉 각변위를 호의 길이 s로 나타내는 것이 중요하다. **호의 길이**는 원둘레를 따라 운동한 거리이며 각도 θ는 그 호가 이루는 각도이다. 각도를 호의 길이로 나타내는데 편리한 양은 **라디안**(rad)이다. 라디안에서 각도는 반지름 r에 대한 호의 길이 s의 비, 즉 $\theta = s/r$이다. $s = r$일 때 각도는 1라디안, 즉 $\theta = s/r = r/r = 1$ rad이다(그림 7.2). 따라서 (라디안으로 표현한 각도에서)

$$s = r\theta \tag{7.3}$$

로 쓸 수 있다. 이것은 원의 호의 길이 s와 반지름 r 사이의 중요한 관계식이다. ($\theta = s/r$이기 때문에 라디안으로 각도는 두 길이의 비임을 유의하라. 이것은 라디안 단위가 순수한 수를 의미한다. 즉, 무차원이고 단위가 없다.)

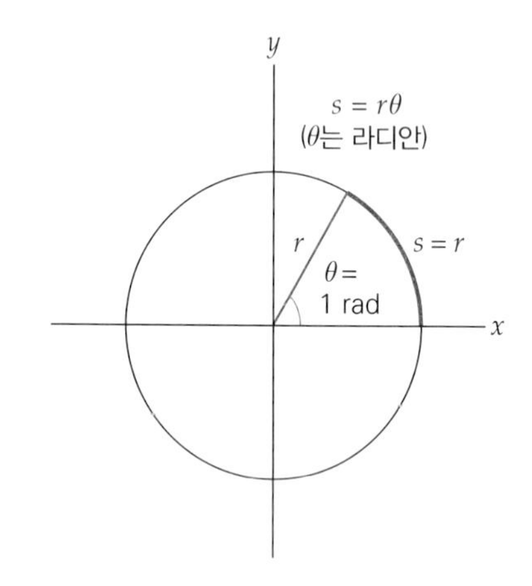

▲그림 7.2 **라디안 측정.** 각변위는 각도나 라디안으로 측정될 수 있다. 각 θ는 호의 길이 s를 이루는 각이다. $s = r$일 때 그 호가 만드는 각은 1 rad으로 정의된다. 좀 더 일반적으로 표현하면 $\theta = s/r$이다. 여기서 θ는 라디안이다. 1 rad은 57.3°이다.

라디안과 각도 사이의 일반적인 관계를 얻기 위해서 완전한 원둘레를 생각하자. 원둘레는 $s = 2\pi r$이므로 $\theta = s/r = 2\pi r/r = 2\pi$ rad, 즉

$$2\pi \text{ rad} = 360°$$

이다. 이 식은 각도로부터 라디안을 얻는 데 사용할 수 있다. 이 식의 양변을 2π로 나누면

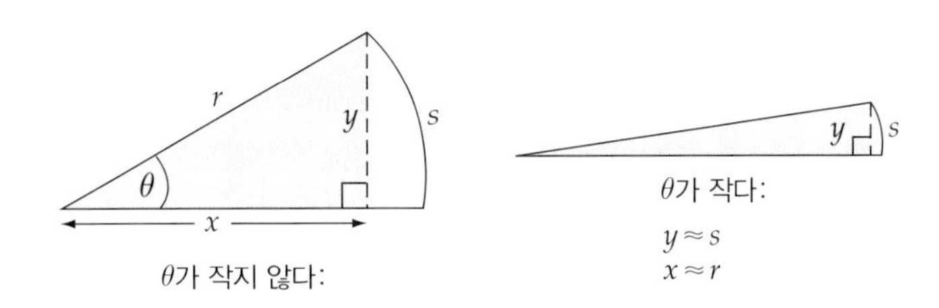

▲ 그림 7.3 **작은 각의 근삿값**

표 7.1 각과 라디안 관계

각도	라디안
360°	2π
180°	π
90°	$\pi/2$
60°	$\pi/3$
57.3°	1
45°	$\pi/4$
30°	$\pi/6$

$$1 \text{ rad} = 360°/2\pi = 57.3°$$

가 된다. 표 7.1에는 각도를 π로 표시한 라디안을 나타냈다.

그림 7.3과 같이 $\sin\theta = y/r$과 $\tan\theta = y/x$이다. 그러나 각 θ가 작다면 $\theta = s/r \approx y/r \approx y/x$이다. 그러므로 $\theta \approx \sin\theta \approx \tan\theta$이다.

예제 7.1 **호의 길이 구하기: 라디안 이용**

그림 7.4과 같이 원형 육상 트랙의 중심에 서 있는 사람이 중심에서 동쪽으로 256 m 떨어진 위치에서 달리고 있는 달리기 선수를 보고 있다. 달리기 선수는 북쪽에 있는 지점까지 트랙을 따라 달린다. 이 선수가 달린 거리는 얼마인가?

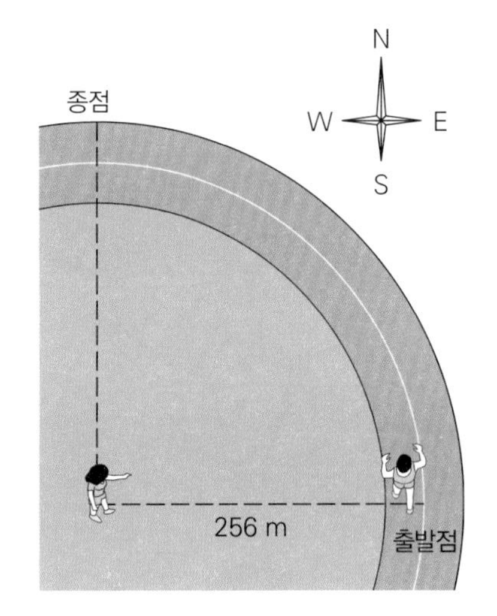

▲ 그림 7.4 **호의 길이 - 라디안으로 찾음**

풀이

문제상 주어진 값: $r = 256$ m, $\theta = 90° = \pi/2$ rad

식 7.3을 이용하여 간단하게 호의 길이를 구할 수 있다.

$$s = r\theta = (256 \text{ m})\left(\frac{\pi}{2}\right) = 402 \text{ m}$$

라디안(rad)은 단위가 아니므로 생략되었고, 이 식은 차원적으로 올바르다는 것을 유의하라.

7.2 각속력과 각속도

원운동을 기술하는 것은 선운동을 기술하는 것과 유사하다. 사실 수학적으로는 식이 비슷하고 단지 물리량이 다르므로 사용하는 기호만 다르다. 그리스 문자에서 소문자 오메가에 바(bar)를 붙여 평균 각속력($\bar{\omega}$)을 나타내는 데 사용되며, 각변위의 크기를 이동한 총 시간으로 나눈 값이다.

$$\bar{\omega} = \frac{\Delta\theta}{\Delta t} = \frac{\theta - \theta_0}{t - t_0} \quad \text{(평균 각속력)} \tag{7.4}$$

이때 각속력의 단위는 초당 라디안이라고 한다. 기술적으로 라디안은 단위가 아니기 때문에 단위는 1/s 또는 s^{-1}이다. 그러나 물리량이 각속력이라는 것을 나타내기 위해 rad을 사용하는 것이 좋다. **순간 각속력**(instantaneous angular speed) ($\boldsymbol{\omega}$)는 아주 짧은 시간 간격, 즉 Δt가 0에 접근할 때의 각속력이다.

선운동의 경우와 같이, 만약 각속력이 일정하다면 $\bar{\omega}=\omega$이다. 식 7.4에서 θ_0와 t_0를 0으로 놓으면

$$\omega = \frac{\theta}{t} \text{ 또는 } \theta = \omega t \quad (\text{일정 각속력}) \tag{7.5}$$

각속력의 SI 단위: rad/s 또는 s^{-1}이다.

각속력의 또 다른 단위는 분당 회전수(rpm)가 있다. 예를 들어 DVD(digital video disc)가 570~1600 rpm의 속력(트랙의 위치에 의존)으로 회전한다. 1회전 = 2π rad이므로 비표준 회전 단위는 쉽게 초당 라디안으로 변환된다.

$$(600 \text{ rev/min})(2\pi \text{ rad/rev})(1 \text{ min}/60 \text{ s}) = 20\pi \text{ rad/s}(= 63 \text{ rad/s}).$$

평균 각속도(average angular velocity)와 **순간 각속도**(instantaneous angular velocity)는 평균 선속도와 순간 선속도와 유사하다. 각속도는 각변위와 관련이 있다. 둘 다 벡터이며 그래서 방향을 가지고 있다. 그러나 이 방향은 특별한 방식으로 정한다. 일차원 또는 선운동에서 입자는 한쪽 방향이나 다른 방향(+ 또는 −)으로 움직일 수 있다. 따라서 변위와 속도는 이들 두 방향만을 가질 수 있다. 그러나 각속도의 경우에 입자들은 한쪽 또는 다른 쪽으로 움직일 수 있으며 그 운동은 **원둘레**를 따라 움직인다.

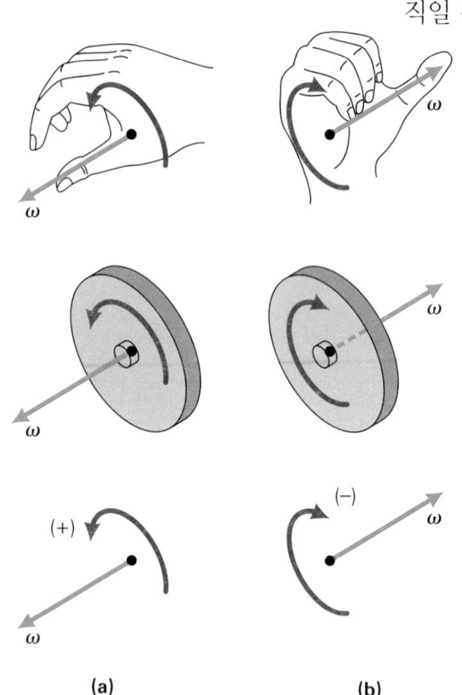

▲ 그림 7.5 **각속도.** 회전운동에서 물체에 대한 각속도 벡터의 방향은 오른손 법칙으로 주어진다. 오른손가락을 회전 방향을 따라 감을 때 펴진 엄지손가락 방향이 각속도 벡터의 방향이다. 회전 감각 또는 방향은 일반적으로 다음과 같이 표시된다. **(a)** + 부호와 **(b)** − 부호

즉, 원운동에서 어떤 입자의 각변위와 각속도 벡터는 단지 두 가지 방향만을 가질 수 있다. θ_0로부터의 각변위가 증가하든가(시계 반대 방향으로) 또는 감소하며(시계 방향으로) 원둘레를 따라 운동할 것이다. 각속도 $\vec{\omega}$에 집중하자(각변위의 방향은 각속도의 방향과 같다).

각속도의 방향은 그림 7.5a에서 예시된 것처럼 오른손 법칙에 의해 주어진다. 오른손가락을 원운동 방향으로 감을 때 엄지손가락은 $\vec{\omega}$의 방향을 가리킨다. 원운동은 시계 방향이나 반시계 방향 중의 하나로만 할 수 있어 +와 − 기호가 원운동 방향을 구별하는 데 사용할 수 있다. 양의 각변위는 관례적으로 x축으로부터 시계 반대 방향으로 정하기 때문에 이 방향의 회전을 +로 나타낸다.

각속도 벡터의 방향을 시계 방향 또는 시계 반대 방향으로 정하지 않는 이유는? 시계 방향과 시계 반대 방향은 실제 방향이 아닌 방향 감각 또는 표시이므로 사용되지 않는다.

이들 회전 감각은 오른쪽과 왼쪽처럼 표현한다. 여러분이 다른 사람을 마주하고 각각 오른쪽이나 왼쪽에 무엇이 있느냐는 질문을 받는다면, 여러분의 대답은 서로 다를 것이다. 마찬가지로 이 책을 마주보고 있는 사람을 향해 회전시킨다면 두 사람 모두에게 시계 방향이나 시계 반대 방향으로 회전

하는 것으로 보이지 않을까? 확인해 보라. 시계 방향과 시계 반대 방향을 이용하여 기준(예: x축)을 정하는 경우 회전 "방향"을 표시할 수 있다.

그림 7.5를 참조하여 회전하는 한 디스크의 한쪽에 있다가 다른 쪽에 있는 자신을 상상해 보라. 그런 다음 오른손 법칙을 양쪽에 적용하여라. 각속도 벡터의 방향이 두 위치에서 동일하다는 것을 알아내야 한다. 그래서 회전 감각이나 방향을 나타내기 위해 +와 −를 사용하는 것이다.

7.2.1 접선 속력과 각속력 사이의 관계

원을 그리며 움직이는 입자는 그 원형 경로에 접하는 순간 속도를 가진다. 일정한 각속도의 경우 입자의 궤도 속력 또는 접선 속도의 크기인 접선 속력(v_t)도 일정하다. 식 7.3($s = r\theta$)과 식 7.5($\theta = \omega t$)로부터 각속력과 접선 속력이 어떻게 관련되어 있는지를 밝혀낸다.

$$s = r\theta = r(\omega t)$$

호의 길이 또는 거리는 다음과 같이 주어진다.

$$s = v_t t$$

접선 속력과 각속력 사이의 관계를 주는 식들을 결합하면

$$v_t = r\omega \quad \text{(원운동에서 각속력과 접선 속력 사이의 관계)} \qquad (7.6)$$

이다. 여기서 ω는 초당 라디안이다. 식 7.6은 일반적으로 시간에 따라 달라질 수 있는 경우에도 고정축에 대한 고체 또는 강체가 회전을 위한 순간 접선 속력 및 각속력을 유지한다.

일정한 각속도로 회전하는 물체의 모든 입자는 같은 각속력을 갖지만 접선 속력은 회전축으로부터의 거리가 다르므로 각속력이 다르다(그림 7.6a).

7.2.2 주기와 진동수

원운동을 기술하는 데 사용되는 다른 물리량으로 주기와 진동수가 있다. 원운동하는 물체가 1회전하는 데 걸리는 시간을 **주기**(period; $\boldsymbol{T}$)라고 한다. 예를 들어 태양 주위

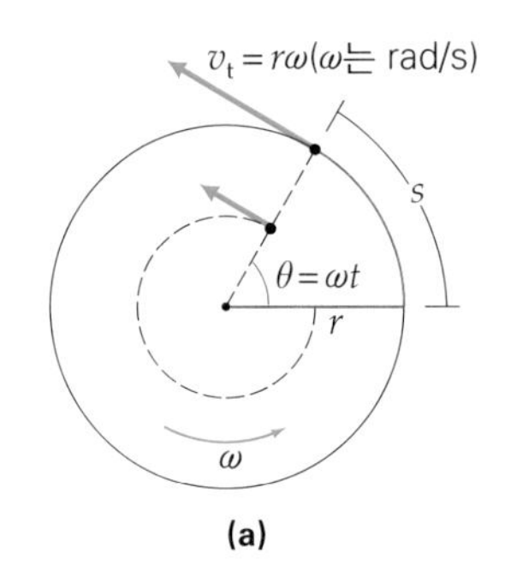

◀그림 7.6 **접선 속력과 각속력.** (a) 접선 속력과 각속력은 $v_t = r\omega$의 관계가 있고, 여기서 ω는 초당 라디안이다. 고정축 주위를 회전하는 물체의 모든 입자는 원운동을 한다. 모든 입자는 같은 각속력 ω을 가지지만 회전축으로부터 거리가 다른 입자들은 다른 각속력을 갖는다. (b) 그라인더 바퀴로부터 나오는 불꽃은 순간 접선 속력을 보여준다. (입자는 왜 약간의 곡선을 그리는가?)

를 도는 지구의 회전 주기는 1년이고, 지구의 자전 주기는 24시간(h)이다. 주기의 SI 단위는 초(s)이다. 즉, 회전당 초(s/cycle)이다.

진동수(frequency; f)는 어떤 주어진 시간당 회전수이며, 주기와 밀접한 관계를 가진다. 예를 들어 원둘레를 일정하게 운동하는 입자가 2초 동안 5회전하였다면 진동수는 $f = (5.0\text{ rev})/(2.0\text{ s}) = 2.5\text{ rev/s}$ 또는 2.5 cycle/s(cps)이다.

회전(revolution)과 **순환**(cycle)은 단지 편리하게 사용되는 서술적 용어이며 단위는 아니다. 그래서 진동수 단위에서 이 용어들 없이 1/s 또는 s^{-1}로 사용하고 이 단위를 SI 단위에서는 **헤르츠**(Hz)라고 한다. 두 물리량은 역수 관계를 갖는다.

$$f = \frac{1}{T} \quad \text{(진동수와 주기 관계)} \tag{7.7}$$

진동수의 SI 단위: 헤르츠(Hz, 1/s 또는 s^{-1})

여기서 주기는 초(s) 단위를 가지며, 진동수는 헤르츠(Hz) 또는 s^{-1}의 단위를 가진다.

등속 원운동에서 접선 속력은 주기 T와 $v = 2\pi/T$, 즉 1회전한 거리를 1회전한 시간으로 나눈 것이다. 진동수도 각속력과 관계될 수 있다.

2π rad의 각도가 한 주기 동안 운동하기 때문에(주기의 정의에 따라)

$$\omega = \frac{2\pi}{T} = 2\pi f \quad \text{(주기와 진동수로 나타낸 각속력)} \tag{7.8}$$

이다. 여기서 ω와 f는 같은 단위를 가지며 1/s이다. 이 표기는 쉽게 혼동될 수 있어 차원이 없는 라디안을 사용한다. 즉, 각속력은 rad/s, 진동수는 cycle/s이다.

예제 7.2 진동수와 주기 – 역수 관계

DVD가 800 rpm의 일정한 속력으로 회전한다. DVD의 (a) 진동수와 (b) 회전 주기는 얼마인가?

풀이

문제상 주어진 값:

$$\omega = \left(\frac{800\text{ rev}}{\text{min}}\right)\left(\frac{1\text{ min}}{60\text{ s}}\right)\left(\frac{2\pi\text{ rad}}{\text{rev}}\right) = 83.7\text{ rad/s}$$

(a) 식 7.8을 f에 대해 풀면 다음을 얻는다.

$$f = \frac{\omega}{2\pi} = \frac{83.7\text{ rad/s}}{2\pi\text{ rad/cycle}} = 13.3\text{ Hz}$$

2π의 단위는 rad/cycle이고, 그 결과는 cycle/s 또는 s^{-1}(Hz)로 표시되어야 한다.

(b) 식 7.8을 사용해서 T를 구할 수 있으나 식 7.7을 사용하는 것이 더 간단하다.

$$T = \frac{1}{f} = \frac{1}{13.3\text{ Hz}} = 0.0752\text{ s}$$

따라서 DVD는 1회전하는 데 0.0752초 걸린다(1 Hz = 1/s 이므로 식의 차원은 올바르다).

7.3 등속 원운동과 구심 가속도

단순하면서도 중요한 원운동은 물체가 **원둘레를 일정한 속력**으로 움직이는 **등속 원운동**(uniform circular motion)이다. 이 운동의 한 예가 원형 길을 따라 이동하는 자동차이다. 지구 둘레에서 달의 운동은 근사적으로 등속 원운동이다. 이러한 운동은 곡선이며, 3.1절에서 논의된 바와 같이 가속도가 있어야 한다는 것을 배웠다. 그렇다면 가속도의 크기와 방향은 무엇인가?

7.3.1 구심 가속도

등속 원운동의 가속도는 순간 속도와 같은 방향(임의의 점에서 원의 접선 방향)이 아니다. 만일 같은 방향이라면 속력이 증가할 것이고, 등속이 되지 않을 것이다. 가속도는 시간에 따른 속도의 변화율이며 속도의 크기와 방향을 모두 갖는다. 등속 원운동에서 속도의 방향은 계속 일정하게 변하며, 이것이 가속도의 방향에 대한 실마리를 제공한다(그림 7.7).

어떤 시간 간격의 시작과 끝에서 속도 벡터는 속도에서의 변화 $\Delta\vec{\mathbf{v}}$를 만든다. 모든 순간 속도 벡터는 같은 크기 또는 길이를 갖지만 방향은 다르다. $\Delta\vec{\mathbf{v}}$가 0이 아니기 때문에 가속도가 있어야 한다($\vec{\mathbf{a}} = \Delta\vec{\mathbf{v}}/\Delta t$).

그림 7.8에 나타낸 바와 같이 Δt(또는 $\Delta\theta$)가 작아지면 $\Delta\vec{\mathbf{v}}$는 원의 중심을 향하게 된다. Δt가 0에 가까워지면 속도에서의 순간 변화, 즉 가속도는 정확하게 원의 중심을 향한다. 그 결과로써 등속 원운동에서 가속도를 **구심 가속도**(centripetal acceleration; $\boldsymbol{a}_c$)라 한다. 여기서 '중심 추구(center-seeking)' 가속도[라틴어에서 *centri*로부터 '중심(center)'과 *petere*, '기울어지다(to fall toward)' 또는 '추구(to seek)'의 의미를 갖는다]이다.

구심 가속도는 접선 방향 성분이 없는 원의 중심만을 향해야 한다. 그렇지 않으면 속도의 크기가 변하게 된다(그림 7.9). 등속 원운동하는 물체에서 구심 가속도의 방

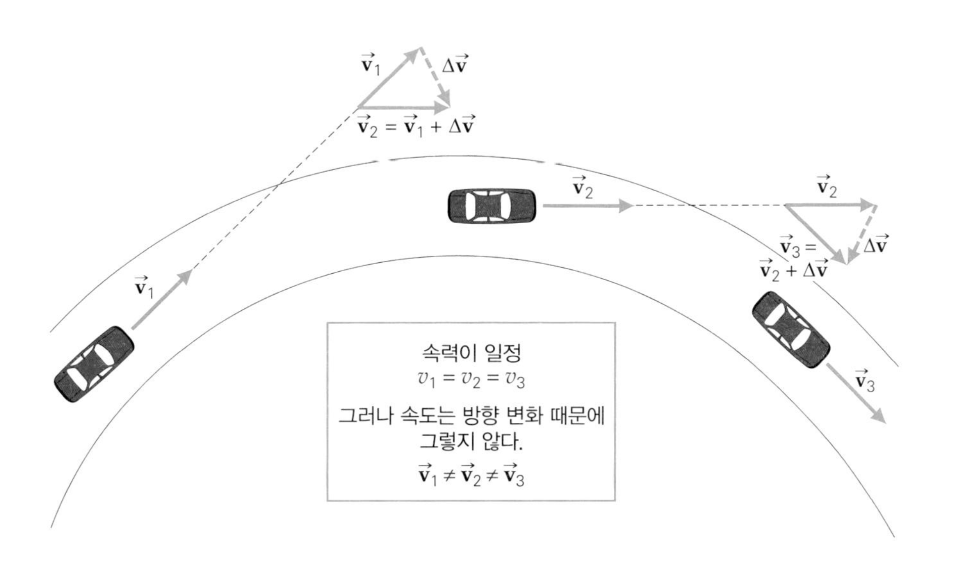

◀그림 7.7 **등속 원운동.** 등속 원운동에서 물체의 속력은 일정하고, 그러나 물체의 속도는 운동 방향에 따라 변한다. 따라서 가속도가 있다.

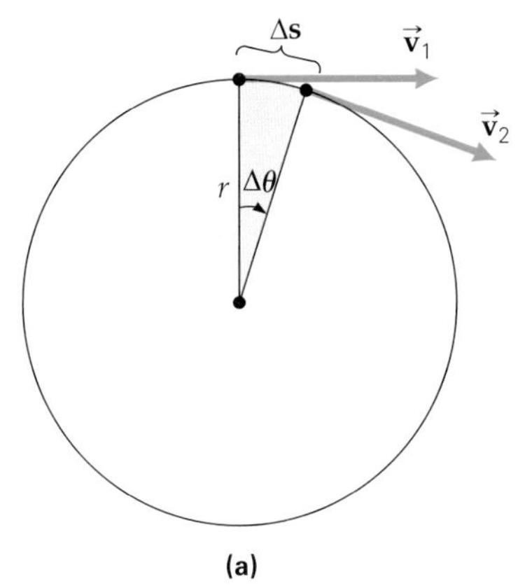

(a)

$\vec{v}_2 = \vec{v}_1 + \Delta\vec{v}$ 또는
$\vec{v}_2 - \vec{v}_1 = \Delta\vec{v}$

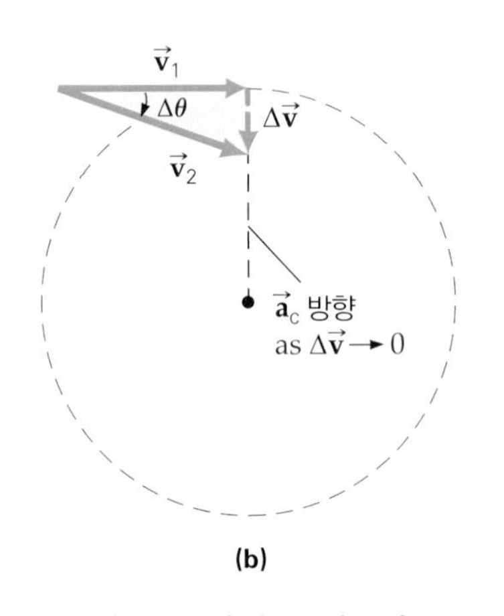

(b)

▲ 그림 7.8 **구심 가속도의 분석.** (a) 등속 원운동하는 물체의 속도 벡터는 그 방향이 연속적으로 변한다. (b) $\Delta\theta$에 대한 시간 간격 Δt가 작아져서 0에 가까워지면 $\Delta\vec{v}$(속도의 변화, 그러므로 가속도인)는 원의 중심을 향한다. 그 결과는 $a_c = v^2/r$의 크기를 갖는 구심 가속도가 된다.

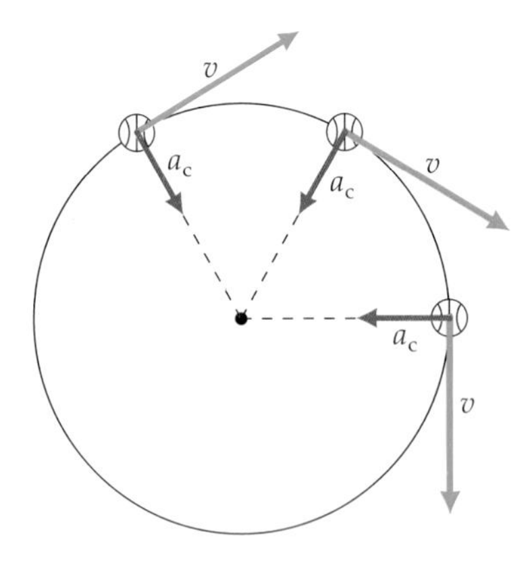

▲ 그림 7.9 **구심 가속도.** 등속 원운동하는 물체에서 구심 가속도는 원의 중심을 가리킨다. 접선 방향의 가속도 성분은 없다. 그 성분이 있다면 속도의 크기(접선 속력)가 변할 것이다.

향은 계속 변한다는 것을 유의하라. x, y성분으로 a_x, a_y는 일정하지 않다. (이것이 포물선 운동에서의 가속도와 어떻게 다른지 설명할 수 있는가?)

구심 가속도의 크기는 그림 7.8의 작은 색칠한 삼각형으로부터 유도될 수 있다. (매우 짧은 시간 간격에 대해 호의 길이 Δs는 거의 직선-현-이다.) 이 두 삼각형은 각각의 두 변이 같고, 사이각 $\Delta\theta$가 같으므로 닮은꼴이다(속도 벡터는 같은 크기를 갖는다). 따라서 v에 대한 Δv는 r에 대한 Δs와 같으므로 다음과 같이 쓸 수 있다.

$$\frac{\Delta v}{v} \approx \frac{\Delta s}{r}$$

호의 길이 Δs는 Δt시간 동안 운동한 거리이다. 따라서 $\Delta s = v\Delta t$이므로

$$\frac{\Delta v}{v} \approx \frac{\Delta s}{r} = \frac{v\Delta t}{r}$$

이고

$$\frac{\Delta v}{\Delta t} \approx \frac{v^2}{r}$$

이다. 그러므로 Δt가 0에 접근할 때 이 근사는 정확하게 된다. 순간 구심 가속도는 $a_c = \Delta v/\Delta t$므로 구심 가속도의 크기는

$$a_c = \frac{v^2}{r} \quad \text{(접선 속력으로 나타낸 구심 가속도)} \qquad (7.9)$$

이고, 식 7.6($v = r\omega$)을 이용하여 구심 가속도를 각속력으로 나타낼 수 있다.

$$a_c = \frac{v^2}{r} = \frac{(r\omega)^2}{r} = r\omega^2 \quad \text{(각속력으로 나타낸 구심 가속도)} \qquad (7.10)$$

7.3.2 구심력

가속도가 존재하려면 알짜힘이 있어야 한다. 따라서 구심(안쪽으로) 가속도가 존재하면 **구심력**(centripetal force) (안쪽으로 향하는 알짜힘)이 존재하여야 한다. 뉴턴의 운동 제2법칙 ($\vec{\mathbf{F}}_{net} = m\vec{\mathbf{a}}$)에 식 7.9의 구심 가속도의 크기에 대한 식을 대입하면 다음과 같다.

$$F_c = ma_c = \frac{mv^2}{r} \qquad (7.11)$$

구심 가속도와 같이 구심력은 원의 중심을 향한다.

일반적으로 물체의 운동 방향에 어떤 각도로 작용하는 힘은 속도의 크기와 방향을 변화시킨다. 그렇지만 일정한 크기의 알짜힘(구심력 같이)이 운동 방향에 90°로 계속 작용하면 속도의 방향만이 변한다. 이것은 속도와 평행한 방향으로 힘이 작용되지 않기 때문이다. 또한 구심력은 운동 방향에 항상 수직이기 때문에 이 힘은 일을 하지 않는다. 그러므로 **구심력은 물체의 운동에너지 또는 속력을 변화시키지는 않는다.**

$F_c = mv^2/r$로 나타낸 구심력은 새로운 개별적인 힘이 아니라 구심 가속도의 원인

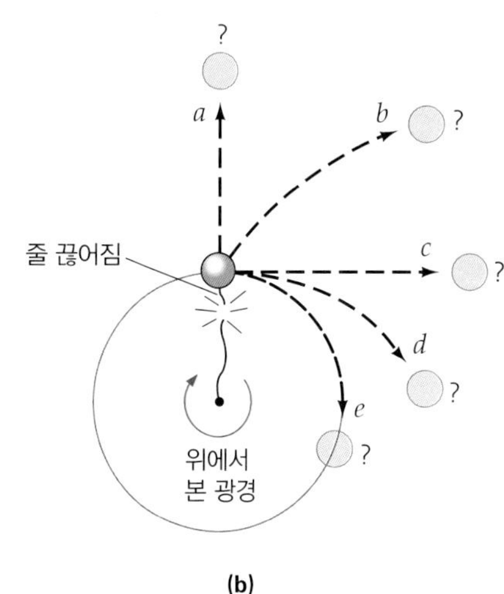

(a) (b)

▲ 그림 7.10 **구심력.** (a) 공이 수평면에서 돌고 있다. (b) 만약 끈이 끊어져서 구심력이 0이 되면 공에 어떤 일이 일어날까?

이며, 실제 힘이나 여러 힘의 벡터 합에 의해 제공된다는 점에 유의하라.

위성에 구심력을 제공하는 힘은 중력이다. 그림 7.10에서 구심력은 장력이다. 구심 가속도를 제공하는 또 다른 힘은 마찰이다. 자동차가 원궤도를 달린다고 가정하자. 곡선을 따라 돌기 위해서는 타이어와 도로 사이의 마찰력에 의해 제공되는 구심 가속도가 자동차에 작용되어야 한다.

그렇지만 정지마찰은 최대 한계치를 가지고 있다. (왜 정지마찰인가?) 차의 속도가 충분히 크거나 곡선이 아주 급하게 변화한다면 마찰이 필요한 충분한 구심력을 제공하지 못한다. 그래서 자동차는 곡선의 중심으로부터 바깥쪽으로 미끄러진다. 만일 자동차가 젖은 도로나 빙판길을 달린다면 타이어와 도로 사이에 마찰이 줄어들 수 있다. 그래서 더 낮은 속도에서도 미끄러질 수 있다. 곡선 도로를 경사지게 하는 것은 차가 미끄러지지 않고 달릴 수 있게 한다(비스듬한 곡선 도로는 차량이 미끄러지지 않고 곡선 도로에서 잘 달릴 수 있도록 도움을 준다). 차량이 회전하는 자세한 정보를 알려면 다음 예를 참조하라.

예제 7.3 자동차 타이어 고무가 도로와 맞닿아 있는 곳 – 마찰과 구심력

자동차가 반경 45.0 m의 수평 원형 커브 길에 접근한다. 콘크리트 포장 도로가 말라 있다면, 자동차가 일정한 속력으로 커브 길을 잘 달릴 수 있는 최대 속력은 얼마인가?

풀이

문제상 주어진 값:

$$r = 45.0\ \text{m},\quad \mu_s = 1.20(\text{표 4.1로부터})$$

최대 정지 마찰력은 구심력의 크기와 같아야 하므로

$$f_{s_{max}} = F_c = \mu_s N = \mu_s mg = \frac{mv^2}{r}$$

이다. 위 식을 정리하면

$$\mu_s g = (v^2/r)$$

이고, 따라서 다음을 얻는다.

$$v = \sqrt{\mu_s rg} = \sqrt{(1.20)(45.0\,\text{m})(9.80\,\text{m/s}^2)} = 23.0\,\text{m/s}$$

고속도로 커브 길에서 안전하게 달리기 위한 속력은 중요하다. 타이어와 도로 사이의 마찰 계수는 기후, 도로 조건, 타이어 모양, 타이어 트레드의 양 등에 의존한다. 커브 길은 설계할 때 도로면을 경사지게 함으로써 안전하게 한다. 이 설계가 길에 의해 차량에 작용하는 힘이 마찰력의 크기를 감소시키는 곡선의 중심을 향하기 때문에 미끄러지는 것을 감소시킨다. 실제로 주어진 경사각과 반경을 갖는 커브 길에 대해 마찰이 전혀 필요없는 속도가 있다. 이 조건이 경사면을 설계하는 데 사용된다.

구심력의 예를 한 가지 더 보자. 이번에는 등속 원운동으로 두 개의 물체가 있는 것이다(예제 7.4).

예제 7.4 줄에 매단 물체 – 구심력과 뉴턴의 운동 제2법칙

두 질량 $m_1 = 2.5$ kg, $m_2 = 3.5$ kg인 물체가 가벼운 줄에 연결되어 그림 7.11에 나타낸 것처럼 마찰이 없는 수평면에서 등속 원운동을 한다고 가정하자. 여기서 $r_1 = 1.0$ m, $r_2 = 1.3$ m이다. 두 물체에 작용하는 줄에서의 장력은 각각 $T_1 = 4.5$ N, $T_2 = 2.9$ N이다. (a) 질량 m_2와 (b) 질량 m_1의 구심 가속도와 접선 속력을 구하라.

풀이

문제상 주어진 값:

$r_1 = 1.0$ m, $r_2 = 1.3$ m

$m_1 = 2.5$ kg, $m_2 = 3.5$ kg

$T_1 = 4.5$ N, $T_2 = 2.9$ N

(a) 그림 7.11에서 보면 m_2만 따로 분리해서 보면 끈의 장력에 의해 구심력이 주어진다는 것을 알 수 있다(T_2는 원둘레의 중심을 향해 m_2에 작용하는 힘이다).

$$T_2 = m_2 a_{c2}$$

와

$$a_{c2} = \frac{T_2}{m_2} = \frac{2.9\,\text{N}}{3.5\,\text{kg}} = 0.83\,\text{m/s}^2$$

여기서 가속도는 원의 중심을 향한다. m_2의 접선 속력은 $a_c = v^2/r$에서 확인할 수 있다.

$$v_2 = \sqrt{a_{c2} r_2} = \sqrt{(0.83\,\text{m/s}^2)(1.3\,\text{m})} = 1.0\,\text{m/s}$$

(b) 질량 m_1은 상황이 좀 다르다. 이 경우에 m_1에서 두 개의 지름 힘이 작용하고 있다. 안쪽으로 작용하는 장력 T_1과 바깥쪽으로 작용하는 장력 $-T_2$이다. 뉴턴의 운동 제2법칙에 의해 구심 가속도를 가지기 위해서는 알짜힘이 있어야 하는데, 이 두 가지 장력의 차에 의해 주어지기 때문에 $T_1 > T_2$일 것이다. 그래서

$$F_{\text{net1}} = +T_1 + (-T_2) = m_1 a_{c1} = \frac{m_1 v_1^2}{r_1}$$

이다. 여기서 지름 방향(원의 중심을 향하는)을 +로 하였다. 그러면 구심 가속도와 접선 속력을 구하면

$$a_{c1} = \frac{T_1 - T_2}{m_1} = \frac{4.5\,\text{N} - 2.9\,\text{N}}{2.5\,\text{kg}} = 0.64\,\text{m/s}^2$$

와

$$v_1 = \sqrt{a_{c1} r_1} = \sqrt{(0.64\,\text{m/s}^2)(1.0\,\text{m})} = 0.80\,\text{m/s}$$

이다.

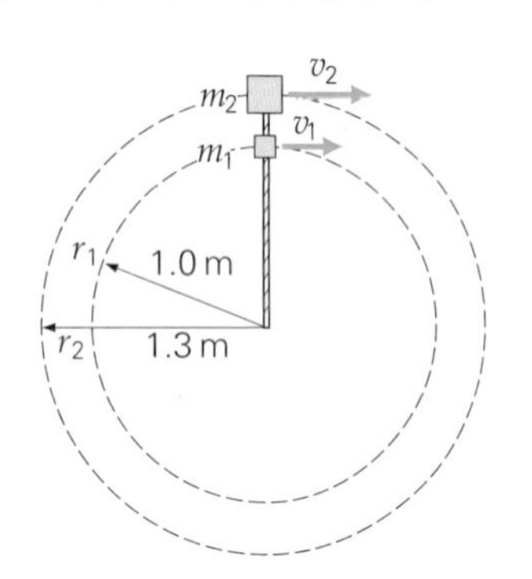

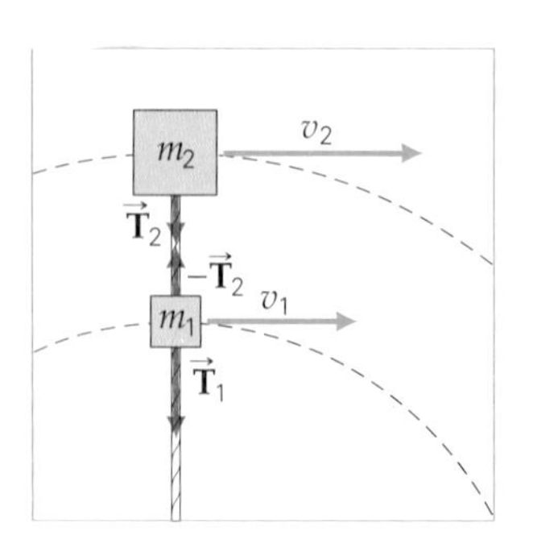

▲ 그림 7.11 **구심력과 뉴턴의 운동 제2법칙**

예제 7.5 중심력–한 번 더

1.0 m 줄에 0.50 kg의 공을 묶어 기둥 끝에 매달았다. 여러 차례 기둥에 부딪힌 공은 기둥 주위를 20° 각도로 1.1 m/s의 접선 속력으로 등속 원운동을 하며 기둥 주위를 돈다. (a) 구심 가속도를 갖게 하는 힘은 무엇인가? (1) 공의 무게, (2) 줄에 걸린 장력의 성분, (3) 줄의 전체 장력. (b) 구심 가속도의 크기는 얼마인가?

풀이

문제상 주어진 값:

$$L = 1.0\text{ m},\ v = 1.1\text{ m/s},\ m = 0.50\text{ kg},\ \theta = 20°$$

(a) 구심력, 중심점을 향한 힘은 기둥에 대해 수직이고, 공은 원운동을 한다. 그림 7.12에 나타낸 것처럼 (1)과 (3)의 힘은 기둥에 수직인 원의 중심을 향하지 않기 때문에 올바른 답이 아니다. 따라서 구심 가속도를 갖게 하는 힘은 장력의 x축 성분인 T_x이다. 답 (2)이다.

(b) 이미 지적한 바와 같이 구심력은 식 7.11을 이용하여 구할 수 있다.

$$F_c = T_x = \frac{mv^2}{r}$$

그러나 반지름 r이 필요하므로 그림으로부터 $r = L\sin 20°$을 구한다. 따라서

$$F_c = \frac{mv^2}{L\sin 20°} = \frac{(0.50\,\text{kg})(1.1\,\text{m/s})^2}{(1.0\,\text{m})(0.342)}$$
$$= 1.8\,\text{N}$$

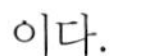

이다.

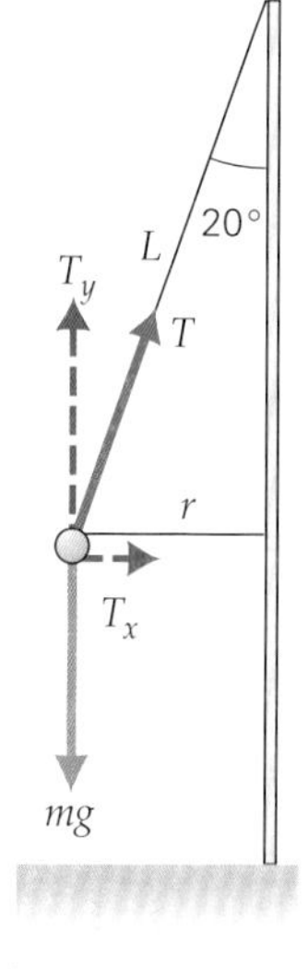

▲ 그림 7.12 **끈에 묶인 공**

7.4 각가속도

짐작했겠지만 선형 이외에 또 다른 형태의 가속도가 있는데, 그것이 바로 **각가속도**(angular acceleration)이다. 이 물리량은 각속도의 시간 변화율이다. 원운동에서 각가속도가 있다면 그 운동은 속력이나 방향이 변할 것이므로 일정하지 않다. 선형 운동의 경우와 유사하게 **평균 각가속도**(average angular acceleration; $\bar{\alpha}$)의 크기는 다음과 같이 주어진다.

$$\bar{\alpha} = \frac{\Delta\omega}{\Delta t}$$

여기서 알파(α)라는 글자 위에 바(bar)를 그은 것은 평균값을 의미한다. $t_0 = 0$이라 하고, 각가속도가 일정하다면 $\bar{\alpha} = \alpha$이다. 그래서

$$\alpha = \frac{\omega - \omega_0}{t} \quad \text{(등각가속도)}$$

각가속도의 SI 단위: rad/s^2

이고, 식을 정리하면

$$\omega = \omega_0 + \alpha t \quad \text{(등각가속도일 때)} \tag{7.12}$$

이다.

+와 −부호가 각도의 방향을 표시하므로 사용되기 때문에 식 7.12에서 벡터 표시를 하지 않았다. 선형 운동의 경우에서처럼 각가속도가 각속도를 증가시킨다면 두 양은 같은 부호를 가질 것이며, 그것은 벡터 방향이 같다는 것을 의미한다(즉, α는

ω가 오른손 법칙에 의해 주어질 때와 같은 방향이다). 만약 각가속도가 각속도를 감소시킨다면 두 양은 다른 부호를 가질 것이며, 그것은 벡터 방향이 다르다는 것을 의미한다(즉, α는 ω가 오른손 법칙에 의해 주어질 때와 서로 다른 방향이고, 말하자면 각속도가 감소한다).

예제 7.6 회전하는 DVD-각가속도

DVD는 정지 상태에서 3.50초 만에 570 rpm의 작동 속력으로 균일하게 가속한다. (a) 이 시간 동안 DVD의 각가속도는 얼마인가? (b) 이 시간 이후의 DVD의 각가속도는 얼마인가? (c) 만약 DVD가 4.50초 후에 균일하게 정지할 경우 이 회전운동에서의 각가속도는 얼마인가?

풀이

문제상 주어진 값:

$$\omega_0 = 0,\ \omega = (570\,\text{rpm})\left[\frac{(\pi/30)\,\text{rad/s}}{\text{rpm}}\right] = 59.7\,\text{rad/s}$$

$t_1 = 3.50$ s (시작), $t_2 = 4.50$ s (정지)

(a) 식 7.12를 이용하면 시작하는 동안 각가속도는

$$\alpha = \frac{\omega - \omega_0}{t_1} = \frac{59.7\,\text{rad/s} - 0}{3.50\,\text{s}} = 17.1\,\text{rad/s}^2$$

이고, 각가속도의 방향과 같다.

(b) DVD가 작동 속도에 도달한 후에는 각속도가 일정하게 유지되므로 $\alpha = 0$이다.

(c) 다시 식 7.12를 이용하자. 그러나 $\omega_0 = 570$ rpm, $\omega = 0$이므로

$$\alpha = \frac{\omega - \omega_0}{t_2} = \frac{0 - 59.7\,\text{rad/s}}{4.50\,\text{s}} = -13.3\,\text{rad/s}^2$$

이다. 여기서 $-$부호는 각속도의 방향과 반대인 각가속도의 방향을 표시한다.

호의 길이와 각도($s = r\theta$), 접선 속력과 각속력($v = r\omega$)에서와 같이 접선 가속도와 각가속도의 크기 사이에도 서로 관계가 있다. **접선 가속도**(tangential acceleration, a_t)는 접선 속력에서 변화와 관계가 있고 그래서 연속적으로 방향이 변한다. 접선 가속도와 각가속도의 크기는 r인자와 관계한다. 일정한 반지름 r인 원운동에서

$$a_t = \frac{\Delta v}{\Delta t} = \frac{\Delta(r\omega)}{\Delta t} = \frac{r\Delta\omega}{\Delta t} = r\alpha$$

이다. 따라서

$$a_t = r\alpha \quad \text{(접선 가속도의 크기)} \tag{7.13}$$

이다. 접선 가속도(a_t)는 지름, 또는 구심 가속도(a_c)와 구별하기 위해 아래 첨자 t를 붙여 쓴다. 구심 가속도는 원운동에서 필요하지만 접선 가속도는 필요치 않다. 등속 원운동에 대하여 식 7.13에서 알 수 있듯이 각가속도는 없으며($\alpha = 0$) 접선 가속도도 없다. 단지 구심 가속도만 있다(그림 7.13a).

그러나 각가속도가 α일 때 (접선 가속도의 크기 $a_t = r\alpha$) 각속도와 접선 속도가 변화한다. 결과적으로 구심 가속도 $a_c = v^2/r = r\omega^2$은 물체가 같은 원궤도에 있기 위해 (즉, r이 그대로 유지되려면) 증가되거나 감소해야 한다. 접선 및 구심 가속도가 있을 때 전체 가속도는 두 벡터의 합이다(그림 7.13b).

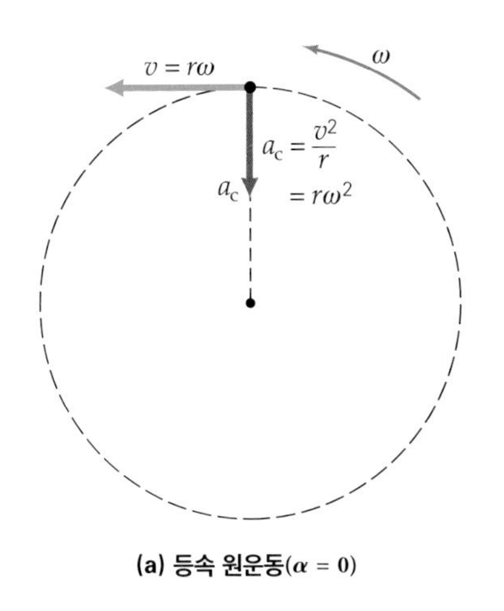

(a) 등속 원운동($\alpha = 0$)

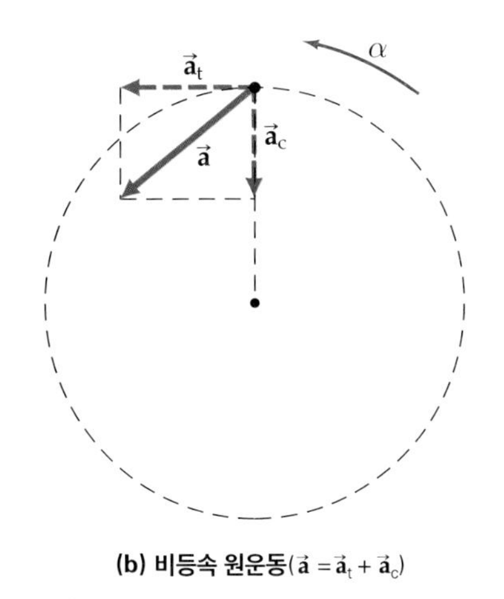

(b) 비등속 원운동($\vec{a} = \vec{a}_t + \vec{a}_c$)

◀그림 7.13 **가속도와 원운동.** (**a**) 등속 원운동에서 구심 가속도는 있지만 각가속도($\alpha = 0$) 또는 접선 가속도($a_t = r\alpha = 0$)는 없다. (**b**) 비등속 원운동에서 각가속도와 접선 가속도가 있다. 그리고 전체 가속도는 접선 가속도와 구심 가속도의 벡터 합이다.

접선 가속도와 구심 가속도가 어디에서나 서로 수직이고, 그러므로 전체 가속도는 $\vec{\mathbf{a}} = a_t\hat{\mathbf{t}} + a_c\hat{\mathbf{r}}$이다. 여기서 $\hat{\mathbf{t}}$와 $\hat{\mathbf{r}}$는 각각 접선 및 지름 안쪽 방향의 단위 벡터이다. 삼각형법을 이용하여 $\vec{\mathbf{a}}$와 $\vec{\mathbf{a}}_t$와 이루는 각도를 구할 수 있다(그림 7.13b).

각운동에 대한 식들이 2.4절의 선운동에서와 같이 유도될 수 있다. 여기서 유도되는 과정은 생략한다. 등가속도 운동에 대한 식과 유사한 각운동 식들을 표 7.2에 나타내었다. 2.4절에 대한 복습은 (기호의 변경과 함께) 각 식이 어떻게 도출되는지를 보여줄 것이다.

표 7.2 등가속도 운동에서 선운동과 각운동의 운동 식

선	각	
$x = \bar{v}t$	$\theta = \bar{\omega}t$	(1)
$\bar{v} = \dfrac{v + v_0}{2}$	$\bar{\omega} = \dfrac{\omega + \omega_0}{2}$	(2)
$v = v_0 + at$	$\omega = \omega_0 + \alpha t$	(3)
$x = x_0 + v_0 t + \frac{1}{2}at^2$	$\theta = \theta_0 + \omega_0 t + \frac{1}{2}\alpha t^2$	(4)
$v^2 = v_0^2 + 2a(x - x_0)$	$\omega^2 = \omega_0^2 + 2\alpha(\theta - \theta_0)$	(5)

예제 7.7 저녁 요리–회전 운동

전자 오븐에는 요리를 할 수 있는 지름 30 cm인 회전판이 있다. 회전판이 일정한 작동 속력에 도달하기 전에 0.50초 동안 0.87 rad/s^2의 일정한 비율로 정지 상태에서 가속한다. (a) 작동 속력에 도달하기 전에 회전판은 몇 번이나 회전하였는가? (b) 회전판이 일정한 속력으로 회전할 때 판의 가장자리에서 각속력과 접선 속력은 얼마인가?

풀이

문제상 주어진 값:

$d = 30$ cm, $r = 15$ cm $= 0.15$ m (반지름)

$\omega_0 = 0$ (정지), $\alpha = 0.87\ \text{rad/s}^2$, $t = 0.50$ s

(a) 회전각 θ를 구하기 위해서 표 7.2의 식 (4)를 사용하자. 여기서 $\theta_0 = 0$이다.

$$\theta = \omega_0 t + \tfrac{1}{2}\alpha t^2 = 0 + \tfrac{1}{2}(0.87\ \text{rad/s}^2)(0.50\ \text{s})^2 = 0.11\ \text{rad}$$

1 rev $= 2\pi$ rad이므로

$$\theta = (0.11\ \text{rad})\left(\frac{1\ \text{rev}}{2\pi\ \text{rad}}\right) = 0.018\ \text{rev}$$

따라서 조금만 회전하여도 작동 속력에 도달한다.

(b) 표 7.2에서 식 (3)으로부터 각속력을 구하면

$$\omega = \omega_0 + \alpha t = 0 + (0.87\ \text{rad/s}^2)(0.50\ \text{s}) = 0.44\ \text{rad/s}$$

이다. 그리고 식 7.6에서 가장자리의 접선 속력을 구하면 다음과 같다.

$$v = r\omega = (0.15\ \text{m})(0.44\ \text{rad/s}) = 0.66\ \text{m/s}$$

7.5 뉴턴의 중력 법칙

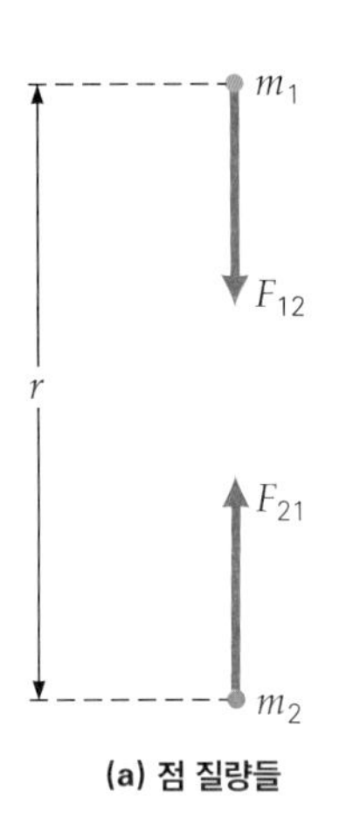

(a) 점 질량들

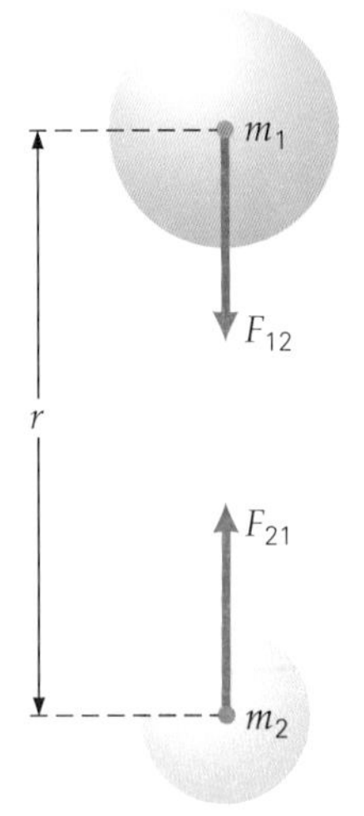

(b) 균일한 밀도를 갖는 구

▲그림 7.14 **만유인력의 법칙.** (a) 어떤 두 입자 또는 점 질량들이 뉴턴의 만유인력에 의해 주어지는 힘의 크기로 서로를 끄는 인력이 작용한다. (b) 균일한 밀도를 갖는 구에서 질량은 그 중심에 집중되어 있는 것으로 생각할 수 있다.

뉴턴의 많은 업적 중의 하나는 **만유인력의 법칙**(universal law of gravitation)을 공식화한 것이다. 이 법칙은 매우 강력하며 근본적인 것이다. 예를 들어 중력이 없다면 조수의 원인을 이해하지 못하거나 위성을 지구 주위의 특정한 궤도에 배치하는 방법을 알 수 없을 것이다. 또한 이 법칙은 행성, 혜성, 별 그리고 은하계의 운동을 분석할 수 있게 해준다. **만유**라는 이름은 그 법칙이 우주 어디에서나 적용될 수 있다는 것을 말한다(이 말은 법칙의 중요성을 강조하는 것이며, 간단히 **뉴턴의 중력 법칙** 또는 **중력의 법칙**이라고 한다).

수학적 형태의 뉴턴의 중력 법칙은 거리 r만큼 떨어진 두 입자 또는 점 질량 m_1과 m_2 사이의 중력 상호작용에 대한 단순한 관계를 제공한다(그림 7.14a). 기본적으로 우주의 모든 입자는 질량 때문에 다른 모든 입자와 인력인 중력 상호작용을 한다. 상호작용의 힘은 크기가 같고 방향이 반대이며, 그림 7.14a에서처럼 뉴턴의 운동 제3법칙에 의해 기술되는 한 쌍의 힘 $\vec{\mathbf{F}}_{12} = -\vec{\mathbf{F}}_{21}$을 갖는다.

두 점 질량 사이의 거리의 제곱(r^2)이 증가함에 따라 중력 또는 힘(F_g)이 감소한다.

$$F_g \propto \frac{1}{r^2}$$

(이 형태의 관계는 역제곱이라 부른다. 즉, F_g는 r^2에 반비례한다.)

뉴턴의 법칙은 또한 물체의 질량에 따라 중력, 즉 인력이 결정된다고 정확하게 가정한다. – 질량이 클수록 인력은 더 크다. 그러나 중력이 질량 사이의 상호작용이기 때문에 두 질량의 곱에 비례한다($F_g \propto m_1 m_2$).

따라서 **뉴턴의 중력 법칙**(Newton's law of gravitation)은 $F_g \propto m_1 m_2/r^2$의 형태를 가지고 있다. 비례상수와 함께 나타내면 두 질량 사이의 상호작용하는 중력(F_g)의 크기는

$$F_g = \frac{G m_1 m_2}{r^2} \quad \text{(뉴턴의 중력 법칙)} \tag{7.14}$$

$$G = 6.67 \times 10^{-11}\ \text{N}\cdot\text{m}^2/\text{kg}^2$$

여기서 상수인 G는 **만유인력 상수**(universal gravitational constant)라고 부른다. 이 상수는 중력에 기인하는 가속도 소문자 g와 구별하기 위해 대문자 G로 표시한다. 식 7.14로부터 F_g는 r이 무한히 클 때만 0에 가까워진다. 즉, 중력은 **무한대**까지 작용한다.

뉴턴은 중력에 대한 결론을 어떻게 끌어내었을까? 전해오는 이야기에 의하면 나

무에서 사과가 땅으로 떨어지는 것을 보고 그런 생각을 했다고 한다. 뉴턴은 달을 궤도에 유지시키기 위한 구심력을 무엇이 제공하는가에 대해 생각했고, 이런 생각을 한 것 같다. "만일 중력이 지구 둘레의 사과에 작용한다면, 그것은 달에도 작용해서 달이 중력의 작용으로 지구를 향해 떨어지거나 가속할 것이다." (그림 7.15)

사과에 대한 이야기가 진실이든 아니든 간에 뉴턴은 달과 지구가 서로를 끌어당기며, 질량이 그들 중심에 집중되어 있는 점 질량으로 취급할 수 있다고 생각했다. 역제곱의 법칙은 몇몇의 동시대의 과학자에 의해 추측되었다. 뉴턴의 업적은 그 법칙이 케플러의 행성 법칙의 하나로부터 유도되었다는 것이다(7.6절).

뉴턴은 G의 값을 알지 못했기 때문에 식 7.14를 비례식($F_g \propto m_1m_2/r^2$)으로 나타내었다. 1798년(뉴턴이 사망한 후 71년)에 만유인력 상수가 영국의 물리학자인 헨리 캐번디시에 의해 실험적으로 결정되었다. 캐번디시는 떨어져 있는 구형 질량 사이에 중력을 측정하기 위해 민감한 천칭을 사용했다(그림 7.14b에 보인 것처럼). 만약 F, r, m들이 알려지면 G는 식 7.14로부터 계산된다.

앞에서 언급된 것처럼 뉴턴은 거의 구형인 지구와 달을 그 중심에 질량이 있는 점으로 생각했다. 그가 개발한 수학적 방법을 사용하여, 이것이 구형이며 균일한 물체에 대해서만 옳다는 것을 입증하는 데 몇 년이 걸렸다. 이 개념은 그림 7.16에 예시되어 있다.

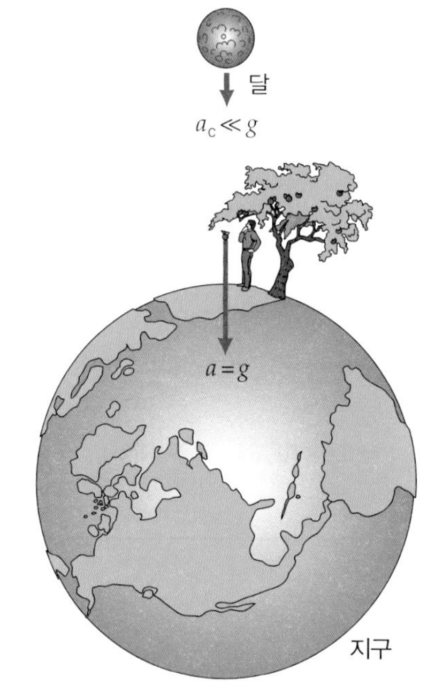

▲그림 7.15 **중력의 이해는?** 뉴턴은 달의 궤도 운동을 연구하는 동안 중력의 법칙을 발견하였다. 전해오는 이야기에 따르면 나무에서 사과가 떨어지는 것을 보고 그 생각이 떠올랐다고 한다. 그는 사과를 땅으로 가속시키는 힘이 달까지 전달되어 달을 가속시키는 것이 아닌가 생각했다. 즉, 궤도 구심 가속도를 제공한다.

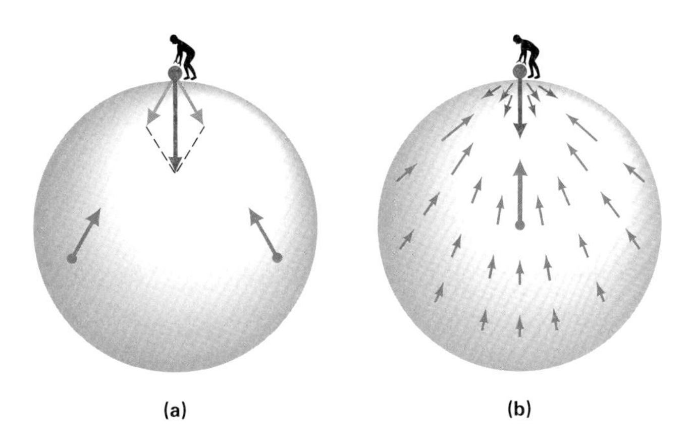

▲그림 7.16 **균일한 질량인 구형.** (a) 중력이 두 입자 사이에 작용한다. 구 내부에 대칭점이 있는 두 입자가 구 밖의 물체에 작용하는 중력의 합은 구의 중심을 향한다. (b) 구의 대칭성과 밀도가 일정하다는 것 때문에 작용하는 힘의 합은 구의 모든 질량이 그 중심에 있는 입자에 집중되어있는 것과 같다. 이와 같이 특별한 경우에 중력의 중심과 질량의 중심은 일치한다. 그렇지만 이것은 다른 물체에서 일반적으로 사실이 아니다(공간을 고려해서 단지 몇 개의 붉은색 화살표의 힘만이 표시되어 있다).

예제 7.8 더 큰 중력

태양과 달의 중력은 바다의 조수를 일으킨다. 달은 태양보다 지구에 가까우므로 달의 중력이 매우 강해서 바다의 조수에 더 큰 영향을 미친다고도 한다. 이것이 사실인가?

풀이

문제상 주어진 값: 뒷면 커버의 안쪽 데이터 표로부터 알 수 있다.

$m_E = 6.0 \times 10^{24}$ kg (지구의 질량)
$m_M = 7.4 \times 10^{22}$ kg (달의 질량)
$m_S = 2.0 \times 10^{30}$ kg (태양의 질량)
$r_{EM} = 3.8 \times 10^8$ m (평균 거리)
$r_{ES} = 1.5 \times 10^8$ m (평균 거리)

평균 거리는 한 물체의 중심에서 다른 물체의 중심까지의 거리를 의미한다. 식 7.14를 이용해서 중력을 구하라.

$$F_{EM} = \frac{Gm_1m_2}{r^2} = \frac{GM_E m_M}{r_{EM}^2}$$

$$= \frac{(6.67\times10^{-11}\,\text{N}\cdot\text{m}^2/\text{kg}^2)(6.0\times10^{24}\,\text{kg})(7.4\times10^{22}\,\text{kg})}{(3.8\times10^8\,\text{m})^2}$$

$$= 2.1\times10^{20}\,\text{N}\ \text{(지구-달)}$$

$$F_{ES} = \frac{Gm_E m_s}{r_{ES}^2} = \frac{(6.67\times10^{-11}\,\text{m}^2/\text{kg}^2)(6.0\times10^{24}\,\text{kg})(2.0\times10^{30}\,\text{kg})}{(1.5\times10^{11}\,\text{m})^2}$$

$$= 3.6\times10^{22}\,\text{N}\ \text{(지구-태양)}$$

따라서 지구에서 태양의 중력은 달의 중력보다 100배 더 크다. 그러나 달이 조류에 가장 큰 영향을 미친다는 것은 잘 알려져 있다. 어떻게 작은 중력으로 큰 영향을 줄 수 있는 걸까? 무엇보다도 중력이 적은 달의 중력차가 더 크기 때문이다. 즉, 달을 향한 지구 표면의 바닷물이 더 가까이 있고 중력의 인력이 조수를 형성한다. 지구는 달에 덜 끌리지만 어느 정도 옮겨지며 지구 반대편에는 가장 덜 끌리는 물이 남게 되고 또 다른 조수가 오며 매일 두 번의 높은 조수와 두 번의 낮은 조수가 있다(사실 두 번의 높은 조수는 12시간 25분 간격으로 있다).

태양은 중력의 인력이 더 크지만, 태양에서 물-지구-물까지의 차이는 미미하므로 태양은 조수에 거의 영향을 미치지 않는다.

행성으로부터 특정 거리에서 중력으로 인한 가속도는 뉴턴의 운동 제2법칙과 중력의 법칙을 사용하여 계산될 수 있다. 구의 질량 M의 중심으로부터 거리 r에서 중력으로 인한 가속도 a_g의 크기는 구의 질량에 기인하는 중력을 ma_g로 놓으면 계산된다. 이것은 거리 r에서 질량 m에 작용하는 알짜힘이다.

$$ma_g = \frac{GmM}{r^2}$$

따라서 행성의 중심으로부터 거리 r에서 중력으로 인한 가속도는

$$a_g = \frac{GM}{r^2} \tag{7.15}$$

이다. a_g는 $1/r^2$에 비례한다는 것에 유의하라. 따라서 물체가 행성으로부터 멀어지면 중력으로 인한 가속도는 작아지며, 물체에 작용하는 인력(ma_g)도 작아진다. 힘은 행성의 중심을 향한다.

식 7.15는 달이나 어떤 행성에도 적용될 수 있다. 예를 들어 지구를 그 중심에 위치한 점 질량 M_E, 반지름 R_E라고 하면, 거리 r을 R_E로 놓음으로써 지구 표면에서 중력으로 인한 가속도($a_{gE} = g$)를 구할 수 있다.

$$a_{gE} = g = \frac{GM_E}{R_E^2} \tag{7.16}$$

이 식은 여러 가지 흥미로운 내용을 포함하고 있다. g가 지구 표면 어디서나 같다고 하는 것은 지구가 균일한 질량 분포를 갖고 있으며, 지구 중심으로부터 표면의 어떤 지점까지의 거리가 같다고 하는 가정을 포함하고 있는 것이다. 이러한 가정이 정확하게 사실은 아니다. 그러므로 g가 일정하다는 것은 근사적이기는 하나 대부분 잘 맞는다.

또한 중력으로 인한 가속도가 모든 자유 낙하하는 물체에 대해 같다. 즉, 물체의 질량과 상관없는 이유를 잘 설명한다. 물체의 질량은 식 7.16에 나타나지 않는다. 그

래서 자유 낙하하는 모든 물체는 같은 비율로 가속된다.

마지막으로 주의깊게 살펴본다면 식 7.16을 사용하여 지구의 질량을 계산할 수 있다는 것을 알 게 될 것이다. 식의 다른 모든 물리량은 측정할 수 있고 그 값이 알려져 있으므로 M_E는 쉽게 계산할 수 있다. 캐번디시가 G의 값을 실험적으로 결정한 후에 한 일이다.

중력으로 인한 가속도는 고도에 따라 변한다. 지구 표면 위 높이 h에서 $r = R_E + h$이다. 그래서 가속도는 다음과 같이 나타낸다.

$$a_g = \frac{GM_E}{(R_E + h)^2} \quad \text{(지구 표면 위 } h\text{인 곳에서)} \tag{7.17}$$

7.5.1 문제 풀이 힌트

중력에 의한 가속도를 비교할 때, 가끔 비율을 사용하는 것이 편리하다. 예를 들어 지구에 대한 a_g와 g(식 7.15와 7.16)를 비교하면

$$\frac{a_g}{g} = \frac{GM_E / r^2}{GM_E / R_E^2} = \frac{R_E^2}{r^2} = \left(\frac{R_E}{r}\right)^2 \quad \text{또는} \quad \frac{a_g}{g} = \left(\frac{R_E}{r}\right)^2$$

이다. 상수를 소거하는 방법에 대해 유의하라. $r = R_E + h$라 하면 a_g/g, 즉 지구 표면에서 g에 대한 고도 h에서 중력 가속도의 비를 쉽게 계산할 수 있다(9.80 m/s^2).

지구의 반지름 R_E는 일반적인 지표면에서의 고도에 비해 매우 크므로 중력에 의한 가속도는 높이에 따라 급격히 감소하지는 않는다. 고도 16 km(제트기가 비행하는 고도의 2배)에서 $a_g/g = 0.99$이다. 따라서 a_g는 지구 표면에서 g값의 99%이다. 고도 320 km에서 a_g는 g의 91%이다. 이것은 전형적인 지구 근처 궤도의 대략적인 고도이다.

고도에 따른 g의 감소의 다른 한 면은 퍼텐셜 에너지와 관련이 있다. 5.5절에서 g가 지구 표면 근처에서 일정하기 때문에 높이 h에 있는 물체에 대해 $U = mgh$라는 것을 배운 바 있다. 이 퍼텐셜 에너지는 일정한 중력장에 있는 지표 위로 물체를 높이 h만큼 올리는 데 한 일과 같다. 그러나 고도의 변화가 크면 g가 일하는 동안 일정하지 않을 것이다. 이런 경우에 식 $U = mgh$는 적용될 수 없다. 일반적으로 거리 r만큼 떨어진 두 점 질량의 **중력 퍼텐셜 에너지**(gravitational potential energy; U)는

$$U = -\frac{Gm_1m_2}{r} \tag{7.18}$$

을 나타낼 수 있다(이 책의 범주를 벗어나는 수학을 사용). 식 7.18에서 −부호는 기준점, 즉 $r = \infty$에서 퍼텐셜 에너지를 0으로 함에 따라 표시된 것이다.

지표로부터 높이 h에 있는 질량 m에 대해

$$U = -\frac{Gm_1 m_2}{r} = -\frac{GmM_E}{R_E + h} \tag{7.19}$$

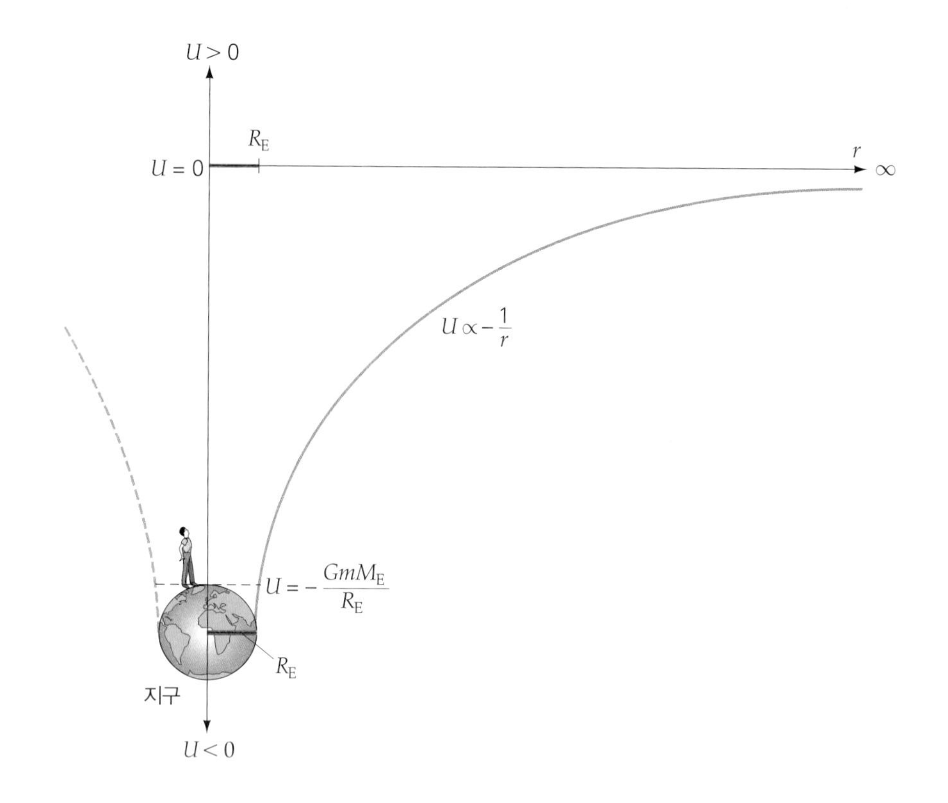

▶ **그림 7.17 중력 퍼텐셜 에너지 우물**. 지구는 −(음) 중력 퍼텐셜 에너지 우물에 있다. 그래서 실제 우물이나 구멍 같이 더 높은 곳으로 가기 위해 중력에 대해 일을 해야 한다. 물체의 퍼텐셜 에너지는 물체가 우물에서 더 높은 곳으로 움직임에 따라 증가한다. 이것은 U의 값이 더 작은 −(음)가 된다는 것을 의미한다. 지구의 중력 우물의 꼭대기는 무한대에 있으며, 그 중력 퍼텐셜 에너지는 0으로 설정되어 있다.

이다. 여기서 r은 지구 중심과 질량 사이의 거리이다. 이것은 중력이 무한대까지 미치기 때문에 지구에서 무한대까지 확장된 −(음) 중력 퍼텐셜 에너지 우물에 있다는 것을 의미한다(그림 7.17). h가 증가하면 U도 증가한다. 즉, U가 덜 음이 되면 퍼텐셜 에너지 우물에서 더 높은 위치에 대응하여 0에 더 가까워진다.

따라서 중력이 음의 일을 하거나(물체가 우물에서 더 높은 데로 움직일 때) 중력이 양의 일을 할 때 (물체가 우물에서 더 낮은 곳으로 떨어질 때) 퍼텐셜 에너지는 변한다. 유한한 퍼텐셜 에너지 우물에서 중력의 영향을 받는 물체의 운동을 분석할 때 에너지의 이런 변화는 가장 중요한 것 중 하나이다.

중력 퍼텐셜 에너지(식 7.18)를 전체 역학적 에너지에 대한 식에 대입하면 5장과는 다른 형태의 식이 만들어진다. 예를 들어 질량 m_2 근처에서 움직이는 질량 m_1의 전체 역학적 에너지는

$$E = K + U = \frac{1}{2}m_1 v^2 - \frac{Gm_1 m_2}{r} \tag{7.20}$$

이다. 이 식과 에너지 보존법칙은 다른 중력을 무시하고 태양 둘레를 회전하는 지구 운동에 적용될 수 있다. 지구의 궤도는 완전한 원이 아닌 타원이다. 근일점(지구가 태양에 가장 가까워지는 점)에서 상호 중력 퍼텐셜 에너지는 **원일점**(태양으로부터 가장 먼 곳)에 있을 때보다 더 작아진다. 그러므로 식 7.20에서 볼 수 있는 것처럼 지구의 운동에너지와 궤도의 속력은 근일점에서 가장 크고 원일점에서 가장 작다. 일반적으로 지구 궤도의 속력은 태양으로부터 떨어져 있을 때보다는 가까이에 있을 때 더 크다.

상호 중력 퍼텐셜 에너지는 두 개 이상의 질량을 가진 물체에 적용된다. 즉, 질량을 가진 물체들을 모으는 데 일이 필요하기 때문에 여러 질량에 의한 중력 퍼텐셜 에너지가 있다. 한 개의 질량 m_1이 있고 질량 m_2를 무한한 거리($U = 0$)로부터 m_1 근처로 가져온다고 가정하자. 인력인 중력에 대해 행해지는 일은 거리 r_{12}만큼 떨어진 질량들의 상호 퍼텐셜 에너지에서의 변화와 같다. 즉, $U_{12} = -Gm_1m_2/r_{12}$이다.

만약 세 번째 질량 m_3을 이들 두 질량 가까이 가져온다면 m_3에 두 개의 중력이 작용한다. 그래서 $U_{13} = -Gm_1m_3/r_{13}$이고 $U_{23} = -Gm_2m_3/r_{23}$이다. 그러므로 그때 중력 퍼텐셜 에너지는 다음과 같다.

$$U = U_{12} + U_{13} + U_{23} = -\frac{Gm_1m_2}{r_{12}} - \frac{Gm_1m_3}{r_{13}} - \frac{Gm_2m_3}{r_{23}} \tag{7.21}$$

네 번째 질량을 한 번 더 가져옴으로써 입자들의 배열에 의한 전체 퍼텐셜 에너지가 모든 입자 쌍들에 대한 각각 퍼텐셜 에너지의 합과 같다는 것을 알 수 있을 것이다.

예제 7.9 **전체 중력 퍼텐셜 에너지–배열의 에너지**

세 개의 질량이 그림 7.18에 보인 것처럼 배열되어 있다. 이들 입자의 전체 중력 퍼텐셜 에너지는 얼마인가?

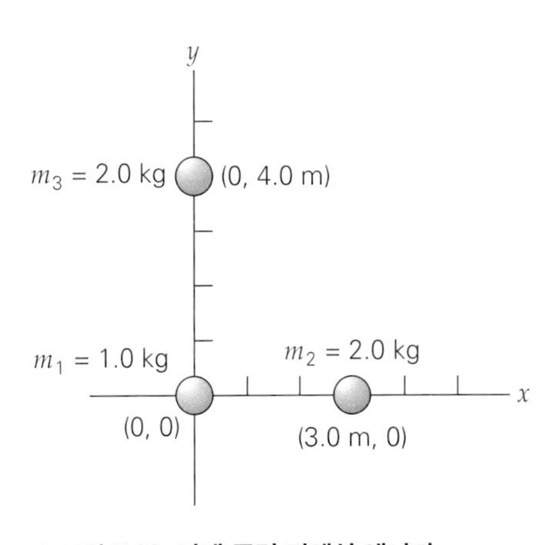

▲ 그림 7.18 **전체 중력 퍼텐셜 에너지**

풀이

문제상 주어진 값:

$m_1 = 1.0$ kg, $m_2 = 2.0$ kg, $m_3 = 2.0$ kg
$r_{12} = 3.0$ m, $r_{13} = 4.0$ m, $r_{23} = 5.0$ m (3-4-5 직각 삼각형)

세 개의 질량만이 이 예제에서 사용되기 때문에 식 7.21을 직접 사용할 수 있다(식 7.21은 많은 수의 질량까지 확장해서 사용할 수 있다). 그래서

$$\begin{aligned} U &= U_{12} + U_{13} + U_{23} = -\frac{Gm_1m_2}{r_{12}} - \frac{Gm_1m_3}{r_{13}} - \frac{Gm_2m_3}{r_{23}} \\ &= (6.67\times10^{-11}\ \mathrm{N{\cdot}m^2/kg^2}) \\ &\quad \times\left[-\frac{(1.0\,\mathrm{kg})(2.0\,\mathrm{kg})}{3.0\,\mathrm{m}} - \frac{(1.0\,\mathrm{kg})(2.0\,\mathrm{kg})}{4.0\,\mathrm{m}} - \frac{(2.0\,\mathrm{kg})(2.0\,\mathrm{kg})}{5.0\,\mathrm{m}}\right] \\ &= -1.3\times10^{-10}\ \mathrm{J} \end{aligned}$$

7.6 케플러의 법칙과 지구 위성

중력은 행성과 위성의 운동을 결정하며 태양계(와 은하계)를 함께 지탱한다. 행성 운동의 일반적인 기술은 뉴턴 이전에 독일 천문학자이며 수학자인 케플러(Johannes Kepler, 1571~1630)에 의해 발표되었다. 케플러는 덴마크 천문학자인 티코 브라헤(Tycho Brahe, 1546~1601)에 의해 20년 동안 수집된 관측 자료로부터 3개의 경험적인 법칙을 공식화 하였다.

케플러는 신성로마제국의 왕실에서 근무하는 수학자인 브라헤를 돕기 위해 프라하로 갔다. 브라헤는 다음 해에 사망했고 케플러는 그를 계승해서 행성의 위치에 대한 기록을 넘겨받는다. 이 데이터를 분석하여 케플러는 1609년(갈릴레오가 처음 망원경을 만든 해)에 세 법칙 중 2개를 먼저 발표하였다. 이 법칙들은 처음 화성에만 적용되었다. 케플러의 세 번째 법칙은 10년 후에 발표되었다.

흥미롭게도 관측 데이터로부터 15년이나 걸려 유도된 행성 운동에 대한 케플러의 법칙은 지금 한 두 페이지의 이론적 계산으로 유도될 수 있다. 이 세 법칙은 행성에 적용될 뿐만 아니라 무거운 물체 주위를 회전하는 물체로 이루어진 계에도 적용될 수 있다. 그 계(달, 인공위성, 혜성 등)에서 중력의 역제곱 법칙이 적용된다.

7.6.1 케플러의 제1법칙(궤도의 법칙)

행성들은 태양을 초점으로 하는 타원 궤도 운동을 한다.

그림 7.19a에 나타낸 타원은 일반적으로 평평한 원을 닮은 타원형을 가지고 있다. 사실 원은 초점이 같은 점(원의 중심)에 있는 타원의 한 특수한 경우이다. 행성의 궤도가 타원이지만 대부분은 원으로부터 크게 벗어나지 않는다. 예를 들어 지구의 원일

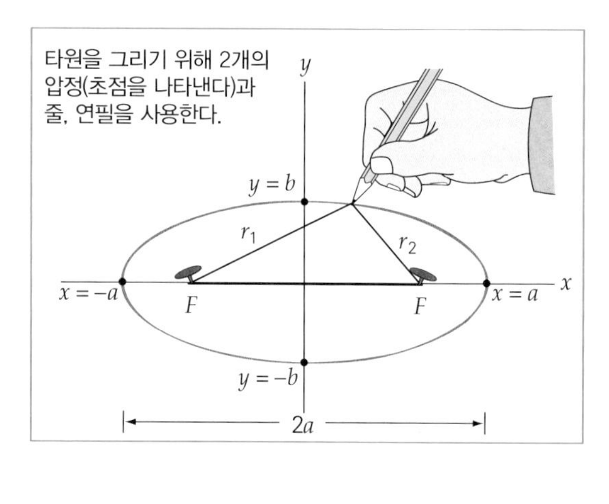

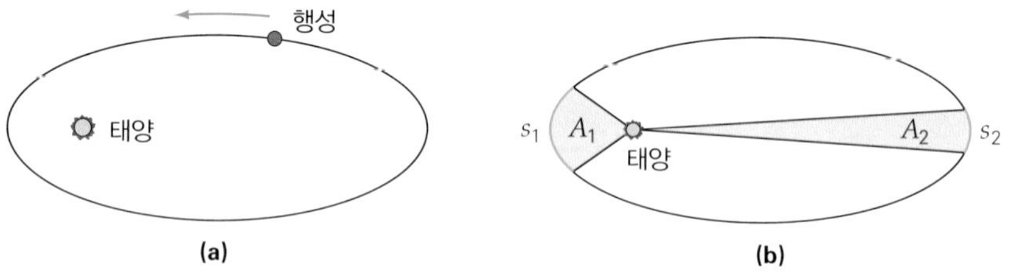

▲ **그림 7.19 행성 운동에 대한 케플러의 제1법칙과 제2법칙.** **(a)** 일반적으로 타원은 달걀 모양이다. 초점 F로부터 타원의 임의의 점까지의 거리의 합은 일정하다. $r_1 + r_2 = 2a$. 여기서 $2a$는 타원의 중심에서 가장 긴 길이에 있는 두 점을 연결하는 선의 길이이며 주축(major axis)이라고 한다[중심에서 가장 가까운 두 점을 잇는 선은 b이며, 부축(minor axis)이라 한다]. 행성은 태양이 초점의 하나에 있는 타원형 궤도를 회전한다. **(b)** 태양과 행성을 잇는 선이 같은 시간에 같은 면적을 휩쓸고 지나간다. $A_1 = A_2$이기 때문에 행성은 s_2에서 보다 s_1에서 더 빨리 돈다.

점과 근일점 사이의 거리차는 약 5백만 km이다. 이 거리가 큰 것 같이 보이지만 지구와 태양 사이의 평균 거리인 1억 5천만 km의 3%에 불과하다.

7.6.2 케플러의 제2법칙(면적의 법칙)

태양에서 행성까지 잇는 선이 같은 시간 동안 휩쓸고 간 면적은 항상 같다.

이 법칙은 그림 7.19b에 나타내었다. 같은 시간에 다른 궤도의 거리(s_1과 s_2)를 휩쓸고 가는 면적(A_1과 A_2)이 같게 된다. 이 법칙은 행성이 궤도를 따라 움직이는 속력이 궤도의 다른 부분에서 변한다는 것을 알려준다. 행성의 궤도가 타원이기 때문에 그 속력은 태양에 가까울 때 빠르다. 지구의 이러한 관계를 추론하기 위해 7.5절(식 7.20)에서 에너지 보존이 사용되었다.

7.6.3 케플러의 제3법칙(주기의 법칙)

행성의 궤도 주기의 제곱은 태양으로부터 행성까지의 평균 거리의 세 제곱에 비례한다. 즉, $T^2 \propto r^3$이다.

케플러의 제3법칙은 뉴턴의 만유인력의 법칙을 이용해서 원궤도를 갖는 행성의 특별한 경우에 쉽게 유도된다. 구심력은 중력에 의해 주어지기 때문에 이 힘에 대한 식은 같게 놓을 수 있다.

$$\underset{\text{구심력}}{\frac{m_p v^2}{r}} = \underset{\text{만유인력}}{\frac{G m_p M_S}{r^2}}$$

이고

$$v = \sqrt{\frac{GM_S}{r}}$$

이다. 이 식에서 m_p와 M_S는 각각 행성과 태양의 질량이고, v는 행성의 속력이다. 그러나 $v = 2\pi r/T$이므로

$$\frac{2\pi r}{T} = \sqrt{\frac{GM_S}{r}}$$

이다. 양변을 제곱하고 T^2에 대해 풀면

$$T^2 = \left(\frac{4\pi^2}{GM_S}\right) r^3$$

또는

$$T^2 = Kr^3 \tag{7.22}$$

이다. 태양계에서 상수 K는 지구에 대한 궤도 데이터(T와 r의 경우)로부터 쉽게 구해진다. $K = 2.97 \times 10^{-19}\ s^2/m^3$이다. (주의: K의 값은 태양계의 모든 행성에 적용되지만 목성에는 적용되지 않는다.)

책의 뒤표지 안쪽과 부록 II를 본다면, 태양계의 태양과 행성들의 질량을 구할 수 있을 것이다. 이 질량들은 어떻게 결정되었는가? 다음 예제는 케플러의 제3법칙이 어떻게 사용될 수 있는지를 보여준다.

예제 7.10 목성으로!

목성은 태양계에서 부피와 질량이 모두 가장 크다. 목성은 79개의 알려진 달을 가지고 있는데, 1610년에 갈릴레오가 발견한 네 개의 가장 큰 달이다. 이 두 개의 달인 이오(Io)와 유로파(Europa)는 그림 7.20에 나타나 있다. Io는 목성의 입구에서 평균 4.22×10^5 km 떨어져 있고 궤도 주기는 1.77일임을 감안하여 목성의 질량을 계산하라.

▲ 그림 7.20 **목성과 달들.** 갈릴레오에 의해 발견된 2개의 목성의 달, 이오(Io)와 유로파(uropa)가 여기에 보여진다. 왼쪽은 유로파, 오른쪽은 대적점(GRS) 아래에 이오이다(이것의 그림자는 행성에서 보인다).

풀이

문제상 주어진 값:

$r = 4.22 \times 10^5\ \text{km} = 4.22 \times 10^8\ \text{m}$

$T = (1.77\ \text{days})(18.64 \times 10^4\ \text{s/day}) = 1.53 \times 10^5\ \text{s}$

r과 T가 알려진 상태에서 K는 식 7.22에서 구할 수 있다(Io-Jupiter에서는 K_I을 쓴다).

$$K_I = \frac{T^2}{r^3} = \frac{(1.53\times10^5\ \text{s})^2}{(4.22\times10^8\ \text{m})^3} = 3.11\times10^{-16}\ \text{s}^2/\text{m}^3$$

따라서 $K_I = (4\pi^2/GM_J)$이므로

$$M_J = \frac{4\pi^2}{GK_I} = \frac{4\pi^2}{(6.67\times10^{-11}\ \text{N}\cdot\text{m}^2/\text{kg}^2)(3.11\times10^{-16}\ \text{s}^2/\text{m}^3)}$$

$$= 1.90\times10^{27}\ \text{kg}$$

7.6.4 지구의 위성과 무중력

우주 시대의 도래와 궤도를 도는 위성들의 사용은 우리에게 **무중력**(weightlessness) 및 **제로 중력**(zero gravity)이라는 용어를 가져다주었다. 우주비행사들이 우주선에서 떠다니는 것처럼 보이기 때문이다(그림 7.21a). 그러나 이 말은 잘못된 것이다. 이 장의 처음에서 언급한 것처럼 중력은 무한대까지 영향을 미치며 위성 및 우주비행사를 궤도에 있도록 구심력을 제공하는 지구의 중력은 위성 그리고 우주비행사에 작용한다. 거기서 중력은 0이 아니며 무게가 있다.

궤도 위성에서 우주비행사가 떠 있는 것을 기술하는 더 좋은 말은 겉보기 **중력이 없는 상태**(apparent weightlessness)이다. 우주비행사와 위성이 지구를 향한 구심 가속도를 같은 크기로 받고 있기 때문에 우주비행사는 떠 있게 된다. 이 효과에 대한

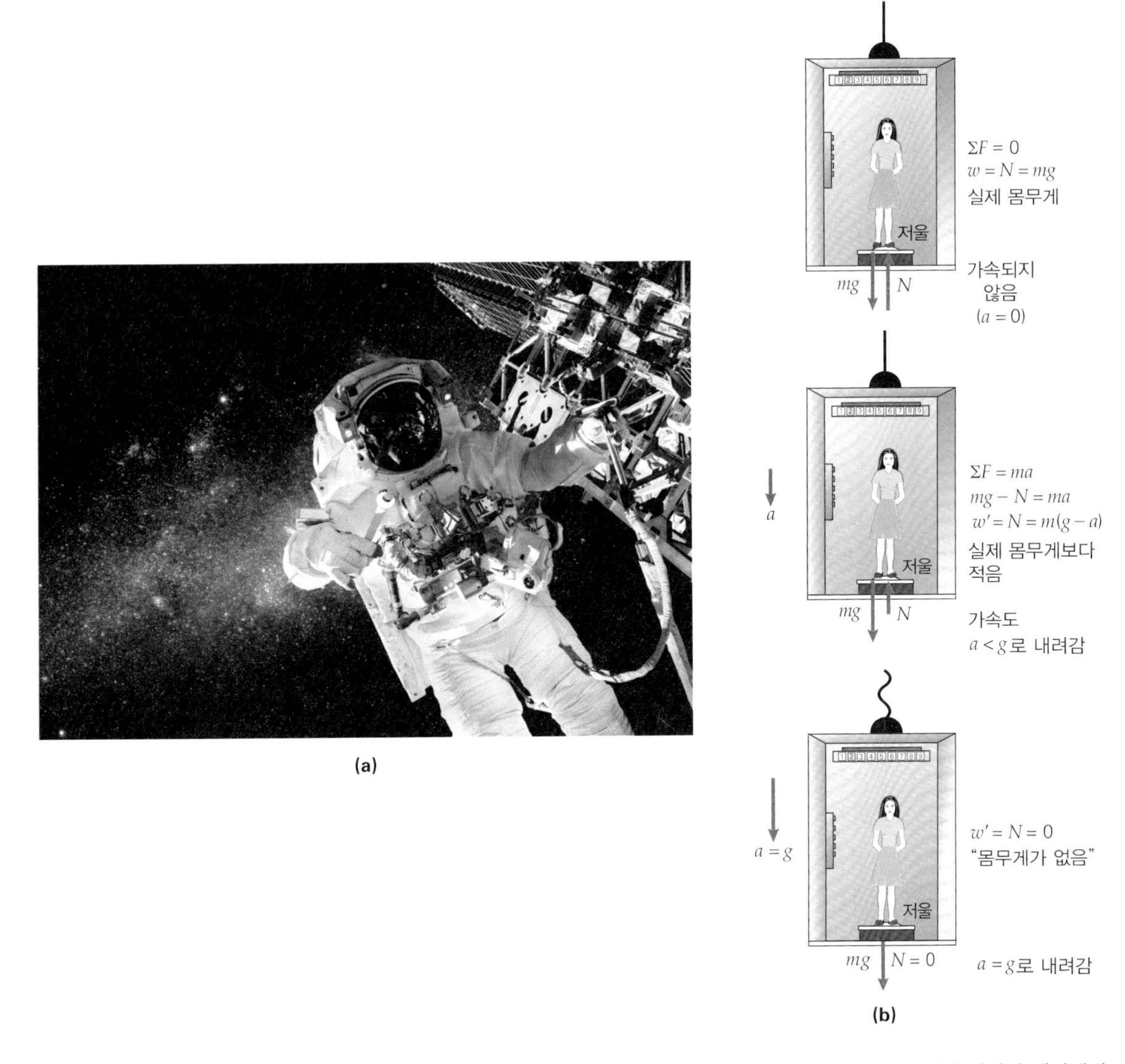

▲ 그림 7.21 **겉보기 무중력.** (a) 우주비행사는 무중력 상태로 우주에 떠다닌다(그는 붙잡혀 있지 않다). (b) 정지된 엘리베이터(상단)에서 저울은 승객의 실제 몸무게를 가리킨다. 그 무게는 사람이 올라간 저울의 반작용력 N이다. 만일 엘리베이터가 가속도 $a < g$(중간)로 내려온다면 반작용력, 즉 겉보기 무게는 실제 무게보다 작게 된다. 엘리베이터가 자유 낙하하고 있다면 ($a = g$; 아래) 저울이 사람과 같이 떨어지기 때문에 반작용력과 저울이 표시하는 무게는 0이 될 것이다.

이해를 돕기 위해 엘리베이터의 저울에 서 있는 사람의 유사한 상황을 생각해 보자(그림 7.21b). 무게는 저울에 작용하는 수직항력이다. 가속되지 않는($a = 0$) 엘리베이터에서 $N = mg = w$이며 N은 실제 몸무게와 같다. 그렇지만 엘리베이터가 가속도 a로 내려온다고 가정하자. 즉 $a < g$이다. 그림의 힘 벡터로부터

$$mg - N = ma$$

이고, 그래서 겉보기 무게 w'는

$$w' = N = m(g - a) < mg$$

가 된다. 여기서는 아래쪽 방향을 +로 하였다. 아래쪽 방향의 가속도 a에서 N은 mg

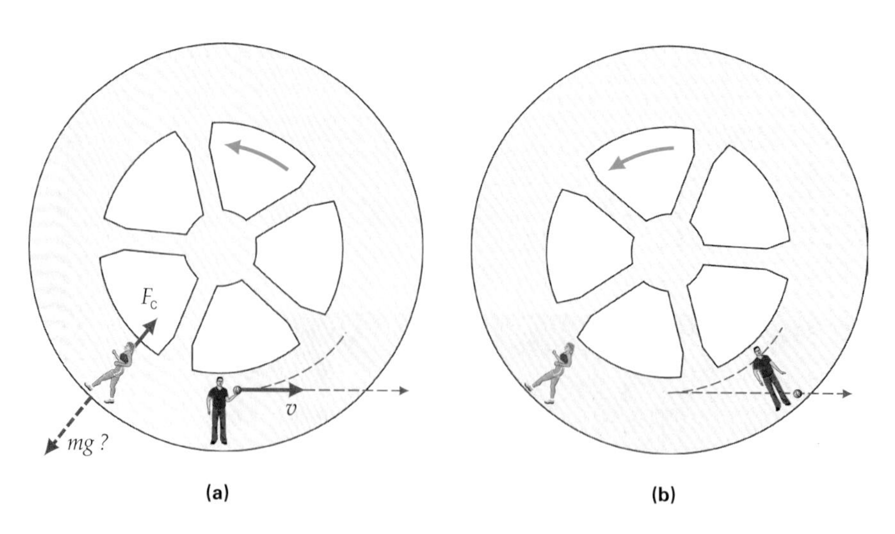

▲ 그림 7.22 **우주섬과 인공 중력.** 회전하는 거대한 바퀴가 우주섬에 적용될 수 있다는 주장이 제기되었다. 회전이 거주민들에게 인공 중력을 제공할 것이다. **(a)** 회전하는 우주섬에 있는 누군가의 기준틀에서 구심력을 바닥의 수직항력 N으로부터 무게감이나 인공 중력으로 인식될 것이다. 중력의 균형을 잡기 위해 발 위로 N을 느끼는 것에 익숙하다. 적절한 속력으로 회전하면 정상적인 중력처럼 보이게 할 수 있다. 외부 관찰자에게 던져진 공은 그림과 같이 접선으로 직선 경로를 따를 것이다. **(b)** 우주섬에 탑승한 거주민은 정상적인 중력 상황에서 공이 아래로 떨어지는 것을 관찰할 것이다.

보다 작다. 따라서 저울의 무게는 실제 무게보다 작게 가리킬 것이다. 중력에 의한 **겉보기 가속도**는 $g' = g - a$임을 유의하라.

지금 $a = g$로 엘리베이터가 자유 낙하한다고 생각하자. 그러면 N(와 겉보기무게 w')는 0이 될 것이다. 저울도 가속되어 사람과 같이 낙하하고 있다. 저울의 무게는 0($N = 0$)을 가리키지만 중력은 작용한다.

우주는 최후의 영역이라고 한다. 미래에는 정지 위성에서 잠깐 머무는 대신에 인공 중력을 갖는 영구적인 우주섬이 생길 수 있다. 하나의 방법은 커다란 바퀴의 형태로 회전하는 우주섬을 사용하는 것이다. 그것은 자동차 타이어와 유사하며 사람들은 타이어의 안쪽에서 살 것이다. 잘 아는 것처럼 구심력은 물체를 회전 운동하게 하기 위해 필요하다. 회전하는 지구에서 그 힘은 중력에 의해 제공되며, 그것을 무게라고 한다. 땅바닥에 힘을 작용하여 우리 발을 향한 수직항력(뉴턴의 운동 제3법칙)을 느낀다.

회전하는 우주섬에서 어쩌면 그 상황은 역전된다. 회전하는 우주섬은 거주민들에게 구심력을 제공하며 인공 중력을 제공하면 구심력은 발바닥에 작용하는 수직항력으로 인식된다. 적당한 속도로 회전하면 우주섬 바퀴에서 정상적인 중력($a_c \approx g = 9.80\ \text{m/s}^2$)을 만들 수 있다. 거주민에게 있어서 아래(down)는 위성의 바깥쪽을 가리키는 것이고 위(up)는 회전축을 향한다(그림 7.22).

연습문제

통합 연습문제(Integrated Exercises, IEs)는 두 부분으로 이루어진다. 첫 번째 부분은 일반적으로 기본 원칙과 추론에 기초한 개념적 답변 선택을 요구한다. 두 번째 부분은 연습의 첫 번째 부분에서 이루어진 개념적 선택과 관련된 정량적 계산을 필요로 한다. 기호(•)은 문제의 난이도를 의미한다. 쉬움(•), 보통(••), 어려움(•••)

7.1 각도 측정

1. • 한 점의 극좌표는 (5.3 m, 32°)라 하면, 그 점의 직각좌표는?

2. • 다음 라디안에서 각도로 변환하라.
(a) $\pi/6$ rad, (b) $5\pi/12$ rad, (c) $3\pi/4$ rad, (d) π rad

3. • 당신은 멀리 있는 차의 길이를 1.5°의 각도로 측정한다. 만약 그 차가 실제로 5.0 m 길이라면, 대략 얼마나 멀리 떨어져 있는가?

4. •• 시계의 시침, 분침, 초침은 각각 0.25, 0.30, 0.35 m이다. 30분 동안 바늘의 끝부분이 이동한 거리는?

5. •• 반지름 25 cm와 60 cm의 기어 휠 2개에서 톱니가 맞물려 있다. 큰 바퀴가 4.0 rev 회전할 때 작은 바퀴는 몇 라디안으로 회전하는가?

6. ••• (a) 모든 쐐기 모양의 조각들이 파이의 반지름과 같은 바깥쪽 껍질을 따라 호 길이를 가지도록 원형 파이를 자를 수 있을까? (b) 그렇지 않다면 그런 조각들을 몇 개나 자를 수 있고, 마지막 조각의 각도는 어떻게 될 것인가?

7.2 각속력과 각속도

7. • 경주용 자동차가 3.0분 만에 원형 트랙을 두 바퀴 반을 돌았다. 이 차의 평균 각속력은 얼마인가?

8. • (a) 12500 rpm인 원심분리기와 (b) 9500 rpm인 컴퓨터 하드 디스크 드라이브의 회전 주기를 구하라.

9. •• 회전하는 바퀴에 있는 입자의 접선 속력은 3.0 m/s이다. 만약 입자가 회전축으로부터 0.20 m 떨어져 있다면, 입자가 한 바퀴 회전하는 데 얼마나 걸릴까?

10. •• 한 어린 소년이 공원에서 작은 회전목마(2.00 m의 반지름)에 뛰어올라 2.55 m의 호의 길이만큼 2.30초간 회전한 후 정지하였다. 회전목마의 회전 중심축으로부터 1.75 m 거리에 착지(그리고 머물렀다면)했다면 그의 평균 각속력과 평균 접선 속력은 얼마인가?

7.3 등속 원운동과 구심 가속도

11. • 반경 1.5 m의 바퀴가 일정한 속력으로 회전한다. 바퀴의 테두리에 있는 점의 구심 가속도가 1.2 m/s^{2}인 경우, 점의 접선 속력은 얼마인가?

12. •• 비행기 조종사가 정확히 수직원을 그리며 비행을 시연할 예정이다. 그녀가 원궤도의 밑부분에서 의식을 잃지 않도록 하기 위해 가속도가 4.0 g을 초과해서는 안 된다. 비행기의 속력이 원 하단에서 50 m/s일 경우, 4.0 g 한계를 초과하지 않도록 원의 최소 반지름은 얼마인가?

13. •• 끈 끝에 붙어 있는 공을 머리 위로 휘둘러본다고 상상해 보라. 공은 수평으로 일정한 속력으로 움직인다. 줄에 장력 12.5 N이 가해졌다면 줄은 수평을 기준으로 얼마의 각도를 이루고 있는가?

14. IE •• 그림 7.23에 나타낸 것처럼 한 학생이 물이 담긴 물통에 물이 쏟아지지 않게 수직으로 원을 그리며 돌리고 있다. (a) 이 작업이 가능한 방법에 대해 설명하라. (b) 그의 어깨에서 물통의 질량중심까지의 거리가 1.0 m라면, 원의 꼭대기에 있는 물통에서 물이 쏟아지지 않게 하기 위해 필요한 최소한의 속력은 얼마인가?

▲ 그림 7.23 **무중력 물?**

15. •• 길이 56.0 cm의 가벼운 끈은 각각 1.50 kg의 질량을 가진 두 개의 작은 사각 블록을 연결한다. 이 계는 수평 얼음판 위에 미끄러운 (마찰 없는) 시트에 놓여 있고, 두 블록이 같은 질량중심을 중심으로 균일하게 회전하도록 돌렸다. 이

시트 자체는 움직이지 않는다. 그들은 0.750초의 주기로 회전해야 한다. 줄이 끊어지기 전에 100 N의 힘만 가할 수 있는 경우 이 줄이 일을 하는지 판단하라.

16. ••• 그림 7.24에 보여주는 것처럼 질량 m인 블록이 경사면을 미끄러져 내려가 반경 r의 원형 고리 트랙으로 들어간다. (a) 마찰을 무시하면, 원형 고리 트랙을 돌기 위해 블록이 원형 고리 최고점에서 가져야 하는 최소 속력은 얼마인가? [힌트: 어떤 힘이 원형 고리 트랙의 꼭대기에 있는 블록에 가해져야 블록이 원형 경로를 유지하는가?] (b) 블록이 원형 고리 트랙 꼭대기에 필요한 최소 속력으로 회전할 수 있으려면, 경사면 바닥을 기준으로 얼마의 높이(h)에 있어야 하는가? (고리의 반지름은 r로 나타낸다.)

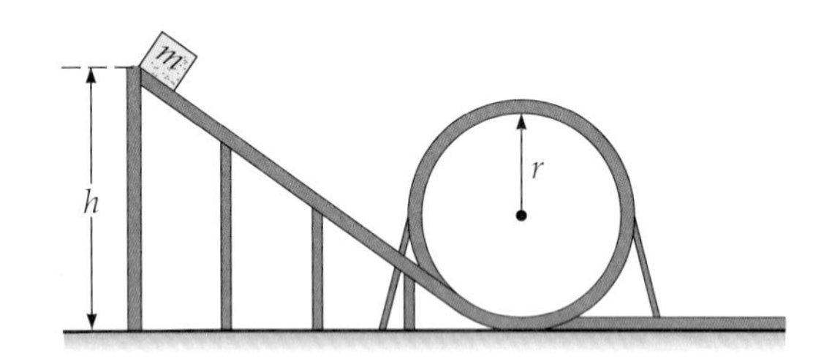

▲ 그림 7.24 **원형 고리 트랙**

7.4 각가속도

17. • 정지 상태에서 균일하게 가속하는 회전목마는 5회전 시 2.5 rpm의 작동 속력에 도달한다. 이때 각가속도의 크기는 얼마인가?

18. IE •• 원형 트랙에 있는 차가 정지 상태에서 가속한다. (a) 자동차는 (1) 각가속도만, (2) 구심 가속도만, (3) 각가속도와 구심 가속도를 모두 경험한다. 그 이유는? (b) 트랙의 반지름이 0.30 km이고 일정한 각가속도의 크기가 4.5×10^{-3} rad/s^{2}인 경우, 트랙을 한 바퀴 도는 데 걸리는 시간은? (c) 반 바퀴를 돌았을 때 자동차의 총 가속도(벡터)를 구하라.

19. •• 저속으로 돌 때 선풍기의 날개가 250 rpm으로 회전한다. 선풍기를 고속으로 전환하면 회전 속력이 5.75초 만에 350 rpm으로 균일하게 증가한다. (a) 날개의 각가속도의 크기는 얼마인가? (b) 선풍기가 가속되는 동안 날개가 몇 바퀴나 회전하는가?

20. ••• 그림 7.25와 같이 중력의 영향을 받아 호를 그리며 흔들리는 진자는 구심 가속도와 접선 가속도를 가지고 있다. (a) 줄이 수직으로 $\theta = 15°$의 각도를 낼 때 진자 추의 속력이 2.7 m/s라면, 이때 구심 가속도와 접선 가속도의 크기는 얼마인가? (b) 구심 가속도가 최대인 곳은 어디인가? 해당 위치에서 접선 가속도의 크기는?

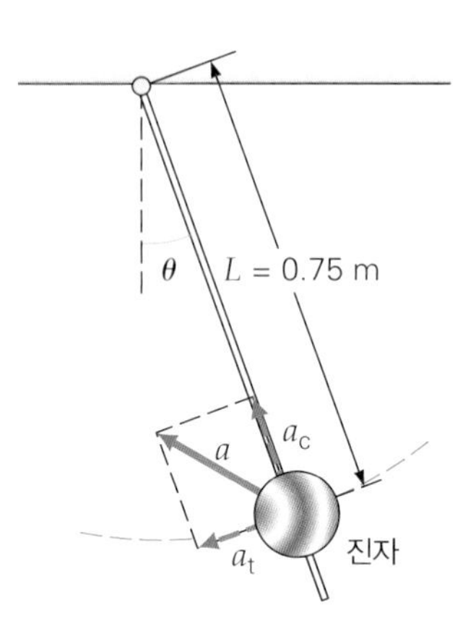

▲ 그림 7.25 **흔들리는 진자**

7.5 뉴턴의 중력 법칙

21. • 달의 알려진 질량과 반지름으로부터 달 표면에서 중력으로 인한 가속도 g_M의 값을 계산하라.

22. •• 각각 2.5 kg의 동일한 질량 4개가 1.0 m의 정사각형 모서리에 위치한다. 질량들 중 어느 하나에 대한 알짜힘은 얼마인가?

23. •• 질량 100 kg의 물체가 지구 표면 300 km 높이까지 운반된다. (a) 이 높이에서 물체의 질량은 얼마인가? (b) 이 높이에서 물체의 무게는 얼마인가?

24. •• 달이 반경 3.80×10^5 km의 거의 원형 궤도로 보는 지구 궤도를 도는 데는 27일이 걸린다. (a) 물리량 기호 표기를 이용하여 지구의 질량을 구하라. (단, 기호: G, m, M, r, T 등) (b) 지구의 질량을 계산하라.

25. •• 1960년대 후반과 1970년대 초 아폴로 달 탐사 동안 우주선의 본체는 한 명의 우주비행사와 함께 달 궤도에 머물렀고, 나머지 두 명의 우주비행사는 착륙 모듈에서 표면 위로 내려왔다. 본체는 달 표면 위로 약 50 mi를 선회한 경우 본체의 구심 가속도를 구하라.

7.6 케플러의 법칙과 지구 위성

26. • 지구 동기 위성(geosynchronous satellite)의 궤도 속력은 얼마인가?

27. •• 화성과 목성 사이에 놓여 있는 소행성 띠는 목성의 강한 중력의 결과로 부서지거나 형성되지 못한 행성의 잔해일 것이다. 평균 소행성의 공전 주기는 약 5.0 y이다. 이 다섯 번째 행성은 태양으로부터 대략 얼마나 멀리 떨어져 있었을까?

28. •• 금성의 공전 주기는 243일이다. 이 행성의 정지 위성의 고도는 얼마나 될까? (지구상의 지구 동기 위성과 유사하다.)

회전 운동과 평형
Rotational Motion and Equilibrium

긴 장대는 줄타기를 하는 소녀의 균형과 평형을 유지하는 데 매우 중요한 역할을 한다.

늘 평형을 유지하는 것은 좋지만 특히 어떤 상황에 놓여질 때 더 중요해진다. 이 장의 처음 사진을 보았을 때 여러분의 첫 반응은 아마도 어떻게 이 어린 소녀가 떨어지지 않는지 궁금해 할 것이다. 그 해답은 장대에 있다. 과연 장대는 어떤 역할을 하는 것일까? 이 장에서 보다 자세히 답을 얻어보자.

줄 위를 걷고 있는 사람은 평형 상태에 있다고 말한다. 병진 평형($\Sigma\vec{\mathbf{F}}_i = 0$)은 4.5절에서 배운 바 있고, 여기서는 회전 평형에 대해 알아볼 것이다. 생각하기 싫지만 사진 속 소녀가 만약 떨어진다면, 줄에 대해 옆으로 회전하는 것이다. 이러한 위험을 피하기 위해서는 회전 평형이라는 또 다른 조건이 충족되어야 하는데, 앞으로 이 장에서 이 조건을 살펴볼 것이다.

줄 위를 걷는 사람은 회전 운동을 하지 않기 위해 노력한다. 회전 운동은 회전하는 물체가 우리 주변에 많으므로 물리학에서 매우 중요하다. 차량의 바퀴, 기계의 기어와 도르래, 태양계의 행성들, 인체의 많은 뼈 등이 있다. (맞물려서 회전하는 뼈를 생각할 수 있는가?)

다행히 회전 운동을 기술하는 식은 병진 운동에 대한 운동 식과 비슷하게 쓸 수 있다. 7.4절에서 이 유사성은 직선 그리고 회전 운동식을 언급했다. 회전 운동을 기술하는 식을 추가하는 것과 함께 회전 뿐만 아니라 병진할 수 있는 물체의 일반적인 운동을 분석할 수 있을 것이다.

8.1 강체, 병진과 회전

앞 장에서 물체를 그 물체의 질량중심에 위치해 있는 입자로 나타낼 수 있다는 개념을 가지고 운동을 생각하는 것이 편리했다. 입자, 즉 점 질량은 물리적 크기가 없으므로 회전 또는 스핀은 고려할 만한 대상이 아니었다. 이 장의 중심인 고체 물체 또는 **강체**의 운동을 분석할 때 회전 운동이 필요하다.

강체(rigid body)는 입자와 입자 사이의 거리가 고정(일정하게 유지)되어 있는 물체 또는 입자계이다.

액체 상태인 물은 강체가 아니지만 물이 얼어 형태가 있는 얼음은 강체가 될 것이다. 그러나 강체의 회전에 대한 논의는 고체로 제한한다. 사실 강체의 개념은 이상적인 것이다. 실제로 고체의 입자(원자와 분자)는 끊임없이 진동한다. 또한 고체는 충돌 시 탄성(그리고 비탄성) 변형을 겪을 수 있다(6.4절). 그렇더라도 대부분의 고체는 회전 운동 분석의 목적으로 강체로 간주될 수 있다.

강체는 두 가지 형태의 운동, 즉 **병진**과 **회전** 운동 중의 하나 혹은 둘 다의 운동을 할 수 있다. 병진 운동은 기본적으로 앞 장에서 배운 직선 운동이다. 물체가 순수한 **병진 운동**만 한다면 **그것들을 구성하는 입자들은 같은 순간 속도를 가지는데**, 이것은 그 물체가 회전하지 않는다는 의미이다(그림 8.1a).

어떤 물체가 순수한 **회전 운동**(고정축을 중심으로)을 한다면, 이 경우에 **그 물체의 모든 입자들은 같은 순간 각속도를 가지며** 회전축에 대해 원운동을 한다(그림 8.1b).

일반적으로 강체 운동은 병진 운동과 회전 운동이 결합되어 나타난다. 공을 던질 때 병진 운동이 질량중심의 운동(포물선 운동과 같이)으로 기술한다. 그러나 공은 회전 또는 스핀할 수 있다. 병진과 회전 둘 다를 포함하는 강체 운동의 흔한 예는 그림 8.1c에서 보인 것과 같이 구르는 운동이다. 어떤 점이나 입자의 결합 운동도 입자의 순간 속도의 벡터 합에 의해 주어진다(3개의 점 또는 입자들이 그림에 나타내었는데 하나는 물체의 꼭대기에, 하나는 중간에, 또 하나는 바닥에 있다).

매 순간에 구르는 물체는 물체와 표면이 접촉하는 **순간적인 회전축**에 대해 회전한다(원통에 대해, 그림 8.1d). 이 축의 위치는 시간에 따라 변한다. 그렇지만 그림 8.1c에서 물체가 표면과 접촉하는 점 또는 선은 그 점에서 결합된 운동의 벡터 합으로부터 볼 수 있는 것처럼 순간적으로 정지해 (그래서 속도가 0이고) 있다는 것에 유의하라. 또한 꼭대기에 있는 점은 중간점보다 순간적인 회전축으로부터 2배만큼 떨어져 있으므로 중간점의 접선 속도 v보다 2배 더 큰 $2v$를 갖는다(반지름 r인 경우 중간점에 대해 $r\omega = v$이고, 꼭대기 점에서는 $2r\omega = 2v$이다).

물체가 미끄러지지 않고 구를 때, 예를 들면 공(또는 원통)이 평평한 표면에서 직선으로 구를 때 각도 θ만큼 돌며 표면과 접촉해 있던 물체는 호의 길이 s만큼 움직인다(그림 8.2). 7.1절로부터 $s = r\theta$(식 7.3)이다. 공의 질량중심은 접촉점 바로 위에 있으며 직선 거리 s만큼 이동한다. 따라서

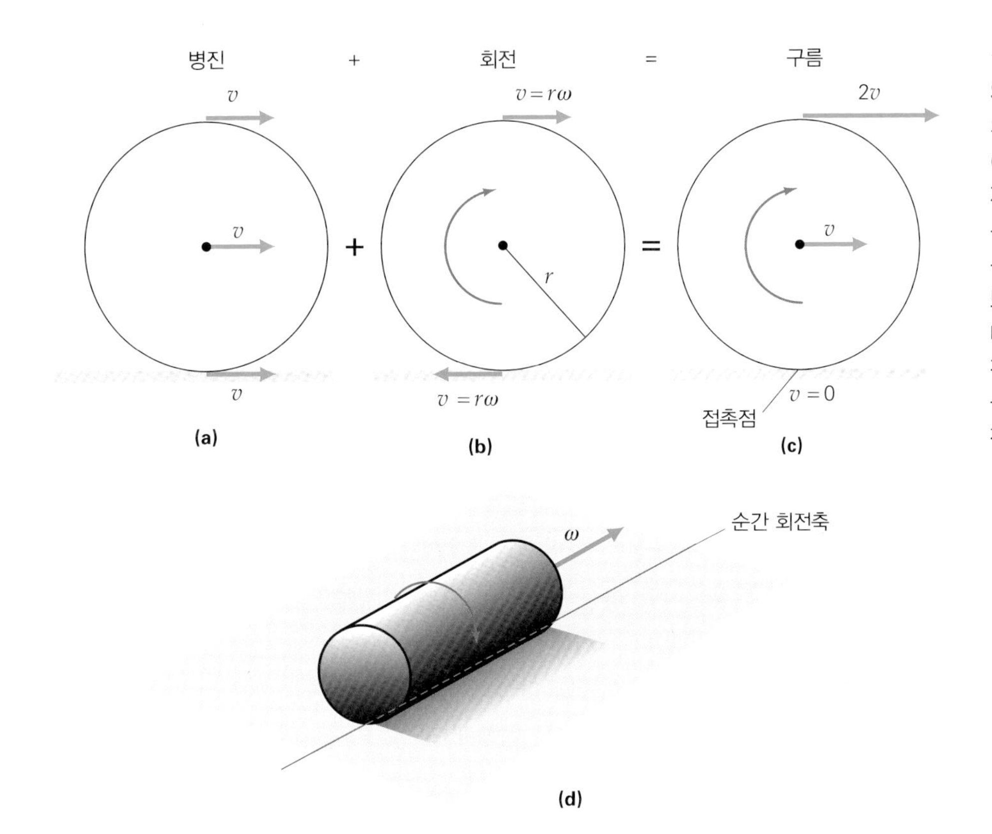

◀그림 8.1 **구름-병진 운동과 회전 운동의 결합.** (a) 순수한 병진 운동에서 물체의 모든 입자는 같은 순간 속도를 갖는다. (b) 순수한 회전 운동에서 물체의 모든 입자는 같은 순간 각속도를 갖는다. (c) 구름은 병진과 회전 운동의 결합이다. 이 두 운동의 속도 벡터를 더하면 구의 접촉점 또는 원통의 접촉선은 순간적으로 정지한다. (d) 원통에서 접촉하는 선을 순간 회전축이라고 한다. 평평한 면에서 구르는 물체의 질량중심은 일정하며, 접촉하는 점 또는 선에 대해 일정하다.

$$v_{\mathrm{CM}} = \frac{s}{t} = \frac{r\theta}{t} = r\omega$$

이고, 여기서 $\omega = \theta/t$이다.

질량중심의 속력과 각속력 ω로 미끄러지지 않고 구르기 위한 조건은

$$v_{\mathrm{CM}} = r\omega \qquad \text{(구름, 미끄럼 없음)} \tag{8.1}$$

이다. 미끄러지지 않고 구르기 위한 이 조건은 또 다음과 같이 쓸 수 있다.

$$s = r\theta \qquad \text{(구름, 미끄럼 없음)} \tag{8.1a}$$

여기서 s는 물체가 구르는 거리(질량중심이 이동한 거리)이다.

식 8.1에서 한 단계 더 나아가서 시간에 따른 속도 변화율에 대한 식을 얻을 수 있다.

$$a_{\mathrm{CM}} = \frac{\Delta v_{\mathrm{CM}}}{\Delta t} = \frac{\Delta(r\omega)}{\Delta t} = \frac{r\Delta\omega}{\Delta t} = r\alpha$$

미끄러지지 않고 가속되어 굴러가는 식을 나타낼 수 있다.

$$a_{\mathrm{CM}} = r\alpha \qquad \text{(미끄러지지 않고 가속된 구름)} \tag{8.1b}$$

여기서 $\alpha = \Delta\omega/\Delta t$ (α 일정)이다.

본질적으로 물체와 표면 사이의 정지 마찰계수가 미끄러짐을 방지할 만큼 충분히 크다면 물체는 미끄러지지 않고 구를 것이다. 구르는 것과 미끄러지는 운동의 결합

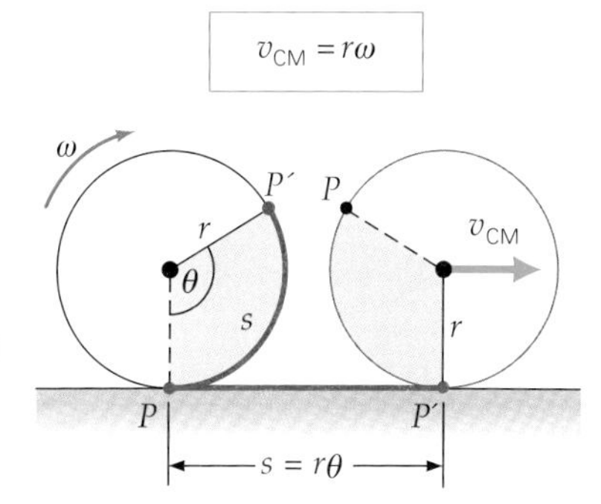

▲그림 8.2 **미끄럼 없는 구름.** 물체가 미끄러지지 않고 굴러감에 따라 원둘레에서 접촉한 두 점 사이의 호의 길이는 이동한 직선 거리와 같다. 이 거리는 $s = r\theta$이다. 질량중심의 속력은 $v_{\mathrm{CM}} = r\omega$이다.

이 있을 수 있다. 예를 들어 진흙이나 빙판길에서 달릴 때 차량 바퀴의 미끄러짐이 있다. 구르며 미끄러진다면 병진과 회전 사이의 명확한 관계가 없으며 $v_{CM} = r\omega$은 유지되지 않는다.

8.2 돌림힘, 평형과 안정

8.2.1 돌림힘

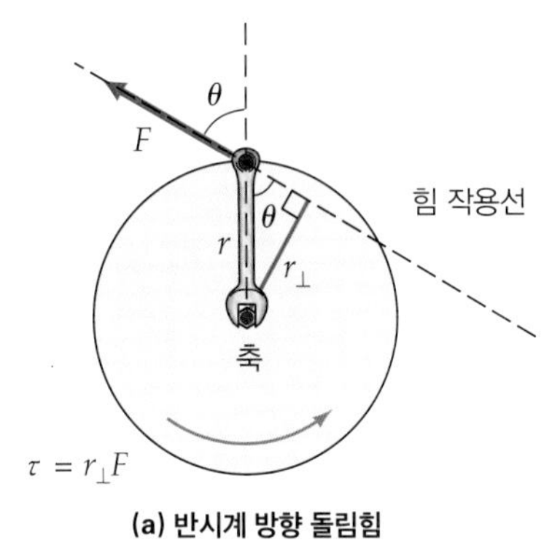

(a) 반시계 방향 돌림힘

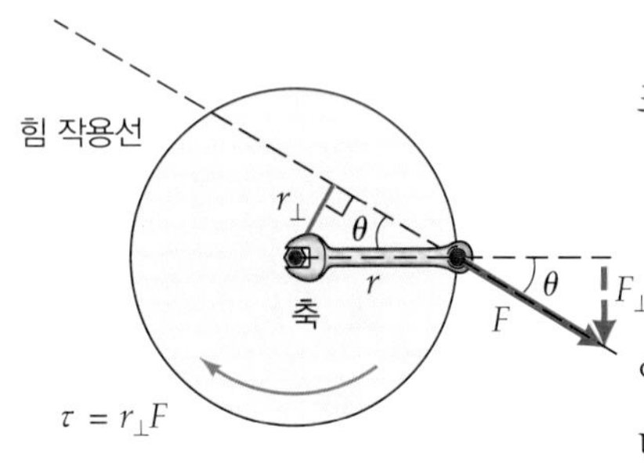

(b) 더 작은 시계 방향 돌림힘

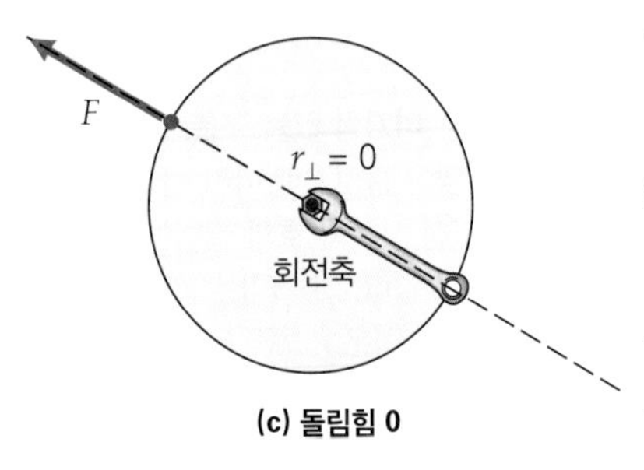

(c) 돌림힘 0

▲그림 8.3 **돌림힘과 모멘트 팔(또는 지레 팔).** (a) 회전축으로부터 힘의 작용선까지의 수직거리 $r_\perp$을 모멘트 팔(또는 지레 팔)이라고 하며 $r \sin\theta$와 같다. 회전 운동을 하게 하는 돌림힘은 $\tau = r_\perp F$이다. (b) 작은 지레 팔을 갖는 반대 방향의 같은 힘은 반대 방향으로 작은 돌림힘을 만든다. $r_\perp F = rF_\perp$ 또는 $(r \sin\theta)F = r(F \sin\theta)$임을 유의하라. (c) 힘이 회전축에 작용할 때 $r_\perp = 0$이고 $\tau = 0$이다.

병진 운동에서처럼 회전 운동에서의 변화를 만드는 데 힘이 필요하다. 회전 운동의 변화율은 힘의 크기뿐만 아니라 회전축으로부터 작용선의 수직 거리에도 의존한다, $r_\perp$(그림 8.3a, b). 힘의 작용선은 힘이 힘 벡터 화살표를 통해 확장되는 가상의 선, 즉 힘이 작용하는 연장선이다(회전축에 힘이 가해질 경우 $r_\perp$은 0이고 해당 축에 대한 회전 운동에는 변화가 없다는 점에 유의하라).

그림 8.3에서 $r_\perp = r \sin\theta$을 나타낸다. 여기서 r은 회전축과 힘이 작용한 점 사이의 직선거리이며, θ는 r의 선(또는 지름 벡터 $\vec{\mathbf{r}}$)과 힘 $\vec{\mathbf{F}}$ 사이의 각이다. 수직거리 $r_\perp$는 **모멘트 팔**(moment arm) 또는 **지레 팔**(lever arm)이라 부른다.

힘과 지레 팔의 곱을 **돌림힘**(torque, $\vec{\tau}$)이라 하고, 힘에 의해 제공되는 돌림힘의 크기는

$$\tau = r_\perp F = rF\sin\theta \tag{8.2}$$

돌림힘의 SI 단위: m·N

이다(기호 $r_\perp F$는 보통 돌림힘을 나타내는 데 사용하며 식 8.3b로부터 $r_\perp F = rF_\perp$이다). 돌림힘의 단위는 일의 단위와 같은 $W = Fd$ (N·m 또는 J)이다. 그렇지만 돌림힘의 단위는 혼란을 피하기 위해 반대로 m·N으로 쓴다. 따라서 돌림힘은 일이 아니며, 또 단위는 줄(joule)이 아니라는 것을 명심해야 한다.

각가속도는 정지해 있는 강체에 힘이 작용할 때 항상 만들어지는 것은 아니다. 식 8.2로부터 힘이 $\theta = 0$이 되도록 작용할 때 $\tau = 0$이 된다(그림 8.3c). 또한 $\theta = 90°$일 때 돌림힘은 최대가 되며 그 힘은 r에 수직으로 작용한다. 따라서 각가속도는 수직한 힘이 작용한 곳(따라서 모멘트 팔의 길이)에 의존한다. 실제 예로 회전하는 무거운 유리문에 작용하는 힘을 생각해 보자. 힘을 어디에 주느냐에 따라 문이 쉽게 열리기도 하고 또는 힘들게 열리기도 한다. 그러한 문을 열기 위해 고의로 축 근처를 밀어 보았는가? 이 힘은 적은 돌림힘을 만들며 각가속도가 없거나 아주 작다.

회전 운동에서 돌림힘은 병진 운동에서의 힘과 유사하게 생각할 수 있다. 또는 알짜힘은 병진 운동을 변화시키며 알짜 돌림힘도 회전 운동을 변화시킨다. 돌림힘은 벡터이다. 방향은 힘과 지레 팔이 이루는 평면에 항상 수직이며 7.2절에서 주어진 각속도 벡터에 대한 것과 같이 오른손 법칙으로 주어진다. 오른손가락을 돌림힘이 각가속도를 만드는 방향으로 회전축을 따라 감으면 펴진 엄지손가락은 돌림힘의 방향

을 가리킨다. 직선 운동의 경우처럼 부호 규약을 사용하여 돌림힘의 방향을 나타낼 수 있으며, 곧 설명될 것이다.

예제 8.1 **들어올리기와 잡기–근육 돌림힘**

근육의 수축에 의해 생성된 인체 돌림힘은 일부 뼈를 관절에서 회전하게 한다. 팔뚝으로 무엇인가를 들어올릴 때 아래 팔에는 이두박근에 의해 돌림힘이 가해진다(그림 8.4). 팔꿈치 관절을 통과하는 회전축과 관절에서 근육까지 4.0 cm를 부착한 상태에서, 근육이 600 N의 힘을 작용하는 경우 그림 8.4의 경우 (a)와 (b)의 근육 돌림힘의 크기는 얼마인가?

풀이

문제상 주어진 값:

$r = 4.0\text{ cm} = 0.040\text{ m},\ F = 600\text{ N}$

$\theta_a = 30° + 90° = 120°,\ \theta_b = 90°$

(a) 이 경우 $\vec{\mathbf{r}}$은 팔의 방향이므로 $\vec{\mathbf{r}}$과 $\vec{\mathbf{F}}$ 벡터 사이의 각도는 $\theta_a = 120°$이다. 식 8.2를 이용하여 크기를 계산하면 다음과 같다.

$$\tau_a = rF\sin(120°) = (0.040\text{ m})(600\text{ N})(0.866) = 21\text{ m·N}$$

(b) 여기서 거리 r과 힘의 작용선은 수직이다($\theta_b = 90°$). 그리고 $r_\perp = r\sin 90° = r$. 따라서

$$\tau_b = r_\perp F = rF = (0.040\text{ m})(600\text{ N}) = 24\text{ m·N}$$

돌림힘은 (b)가 더 크다. 이것은 돌림힘의 최댓값(τ_{max})이 $\theta = 90°$일 때 생기기 때문에 익히 예상할 수 있다.

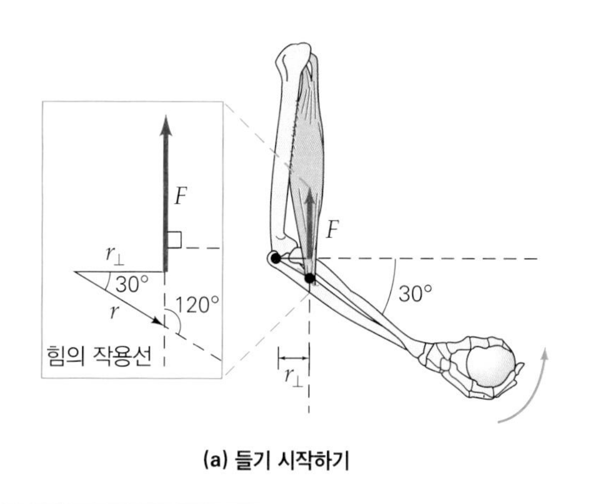

(a) 들기 시작하기

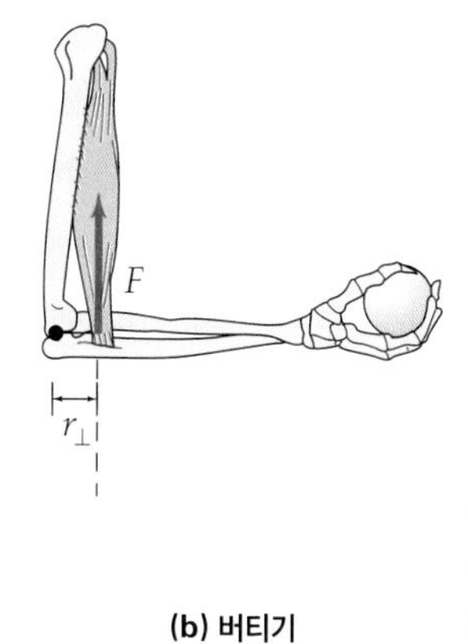

(b) 버티기

◀ 그림 8.4 **인체 돌림힘.** 우리 몸에서는 근육의 수축에 의해 생성된 돌림힘이 뼈의 관절에서 회전하게 한다. 여기서 이두박근은 힘을 제공한다.

8.2.2 평형

일반적으로 평형이란 힘과 돌림힘이 균형을 이룬다는 것을 의미한다. 불균형한 힘은 병진 가속도를 만들지만, **균형**인 힘은 **병진 평형**이라고 불리는 조건을 갖게 된다. 비슷하게 불균형한 돌림힘은 각가속도를 만들며 **균형**된 돌림힘은 **회전 평형**을 갖는다.

뉴턴의 운동 제1법칙에 따르면 물체에 가해지는 합력이 0일 때 그 물체는 정지(상태)로 있거나 등속도로 운동한다. 어느 경우에나 그 물체는 **병진 평형**(translational equilibrium)이라 말한다(4.5절). 또 다른 방식으로 언급하면, **병진 평형에 대한 조건**은 어떤 물체에 작용하는 알짜힘이 0이다. 즉, $\vec{\mathbf{F}}_{net} = \Sigma\vec{\mathbf{F}}_i = 0$이다. 이 조건이 그림 8.5a와 b에 나타낸 상황에 대해 충족된다는 것을 분명히 해야 한다. 같은 지점을 통

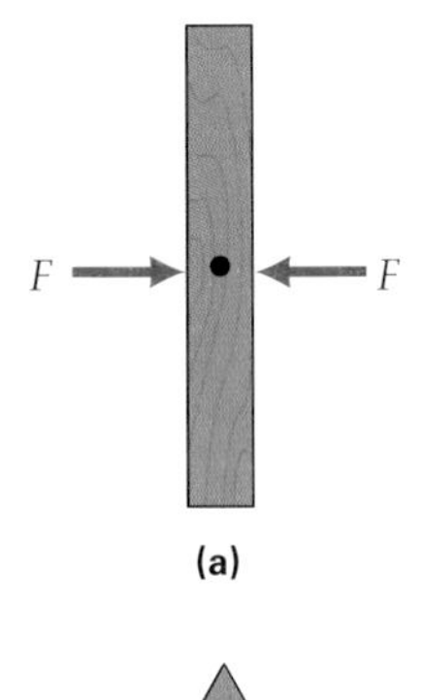

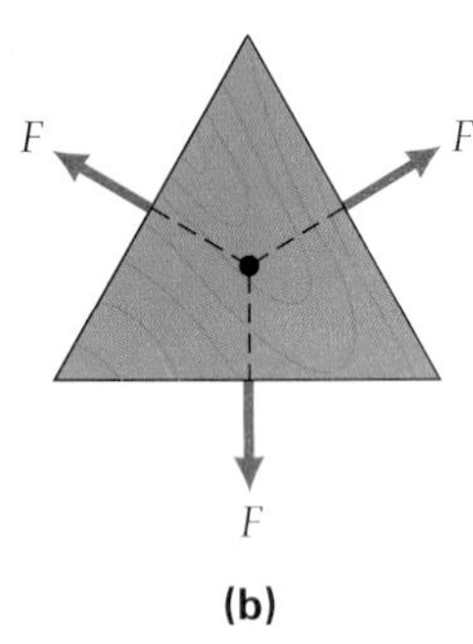

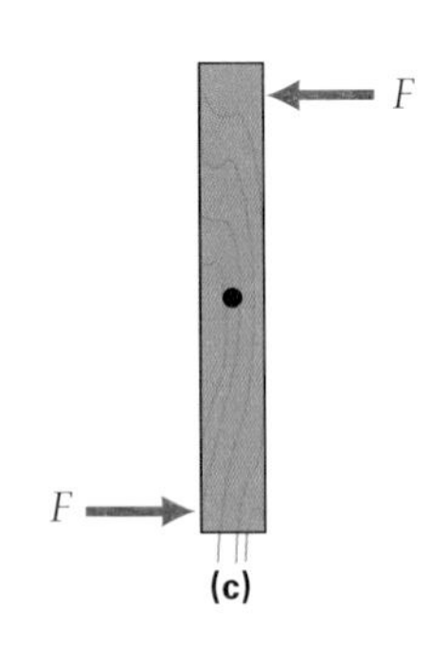

▲그림 8.5 **평형과 힘.** 동일한 점을 지나는 선을 따라 힘이 작용되는 (a)와 (b)의 경우에 물체에 작용하는 힘은 0이며 알짜 힘과 알짜 돌림힘이 0이기 때문에 평형 상태에 있다. (c)에서 물체는 병진 평형에 있으며 각가속도가 있을 것이다. 따라서 물체는 회전 평형에 있지 않다.

과하는 작용선이 있는 힘을 공존힘(concurrent forces)이라 한다. 그림 8.5a, b와 같이 힘이 벡터적으로 더해서 0이 될 때 그 물체는 병진 평형에 있게 된다.

그러나 그림 8.5c에 그려진 상황은 어떨까? 여기에서 $\Sigma\vec{\mathbf{F}}_i = 0$이지만 반대 방향으로 작용하는 힘들이 물체를 회전하게 하며 평형 상태에 있지 않다는 것은 명백하다(크기가 같고 방향이 반대인 힘들을 짝힘이라고 한다). 따라서 조건 $\Sigma\vec{\mathbf{F}}_i = 0$은 정적 평형에 대한 필요조건이지, **충분조건은 아니다.**

$\vec{\mathbf{F}}_{\text{net}} = \Sigma\vec{\mathbf{F}}_i = 0$은 병진 평형에 대한 조건이며, $\vec{\boldsymbol{\tau}}_{\text{net}} = \Sigma\vec{\boldsymbol{\tau}}_i = 0$은 **회전 평형에 대한 조건**이다. 즉, 어떤 물체에 작용하는 돌림힘의 합이 0일 때 그 물체는 **회전 평형**(rotational equilibrium)에 있다. 그 물체는 정지해 있거나 등각속도로 회전한다.

따라서 실제로 2개의 평형 조건이 있다. 이 두 조건이 **역학적 평형**(mechanical equilibrium)을 정의한다. **병진 및 회전 평형에 대한 조건이 만족될 때 그 물체는 역학적 평형에 있다고 한다:**

$$\vec{\mathbf{F}}_{\text{net}} = \Sigma\vec{\mathbf{F}}_i = 0 \quad \text{(병진 평형 조건)}$$
$$\vec{\boldsymbol{\tau}}_{\text{net}} = \Sigma\vec{\boldsymbol{\tau}}_i = 0 \quad \text{(회전 평형 조건)} \tag{8.3}$$

역학적 평형에 있는 강체는 일정한 선속도와 각속도로 움직일 수 있다. 후자의 예는 평평한 표면 위에서 질량중심이 일정한 속도로 미끄러지지 않고 구르는(회전) 물체이다. 더 큰 실질적인 관심사는 **정적 평형**(static equilibrium), 즉 강체가 정지해 있을 때 존재하는 조건이므로 $v = 0$과 $\omega = 0$인 물체이다. 물체를 움직이지 않기를 바라는 경우가 많은데, 이러한 상황은 평형 조건이 충족되어야만 일어날 수 있다. 예를 들어 자동차가 지나가는 다리는 정적인 평형 상태에 있고 병진이나 회전 운동을 하지 않는다는 것을 아는 것은 특히 다행이다.

정적 병진 평형과 정적 회전 평형의 예를 개별적으로 검토한 후 두 가지 모두 적용되는 예를 들어보자.

예제 8.2 정적 병진 평형–병진 가속도나 운동이 없음

사진 액자가 그림 8.6a에서처럼 벽에 걸려있다. 만약 사진 액자가 3.0 kg의 질량을 가진다. 줄에 작용하는 장력의 크기는 얼마인가?

풀이

문제상 주어진 값:

$\theta_1 = 45°$, $\theta_2 = 50°$, $m = 3.00$ kg

힘 문제(그림 8.6b)에 대해 4.5절과 같이 액자에 작용하는 힘을 자유물체도에 의해 분리하는 것이 도움이 된다. 자유물체도는 공통점을 통해 작용하는 공존력을 보여준다. 좌표축의 원점으로 간주되는 모든 힘 벡터가 해당 지점으로 이동되었다는 점에 유의하라. 중력 mg는 아래쪽으로 작용한다.

정적 평형에 있는 계에서 사진에 작용하는 힘은 0이다. 즉, $\Sigma\vec{\mathbf{F}}_i = 0$이다. 따라서 수직 성분들의 합도 역시 0이다. $\Sigma F_x = 0$, $\Sigma F_y = 0$. 그래서

$$\Sigma F_x: +T_1\cos\theta_1 - T_2\cos\theta_2 = 0 \tag{1}$$

$$\Sigma F_y: +T_1\sin\theta_1 - T_2\sin\theta_2 - mg = 0 \tag{2}$$

이다. 식 (1)에서 T_2에 대해 풀면

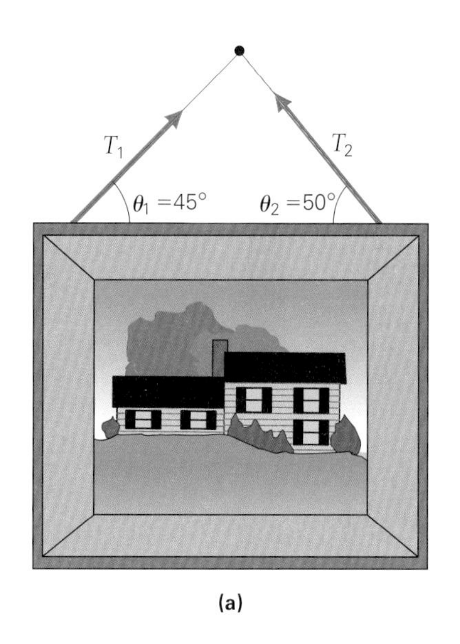

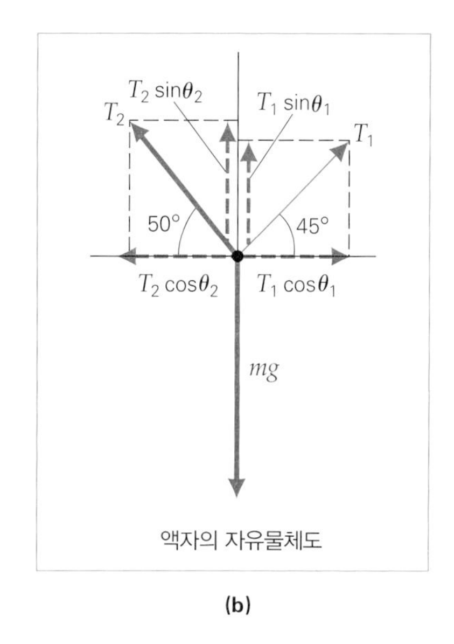

(a) (b)

▲ 그림 8.6 **정적 병진 평형**. **(a)** 액자가 벽에 걸려있기 때문에 액자에 작용하는 힘의 합력은 0이어야 한다. 그 힘은 동시에 작용하는 선들이 못에 있는 공통점을 통과한다. **(b)** 자유물체도에서 모든 힘은 공통점에서 작용하는 것으로 대표된다. T_1과 T_2는 편의상 이 점으로 이동했다. 그렇지만 나타낸 힘은 못이 아니라 액자에 작용하는 힘이다.

$$T_2 = T_1\left(\frac{\cos\theta_1}{\cos\theta_2}\right) \qquad (3)$$

이고, 이 식을 식 (2)에 대입하면

$$T_1\left[\sin 45° + \left(\frac{\cos 45°}{\cos 50°}\right)\sin 50°\right] - mg =$$

$$T_1\left[0.707 + \left(\frac{0.707}{0.643}\right)(0.766)\right] - (3.00\,\text{kg})(9.80\,\text{m/s}^2) = 0$$

가 된다. 그래서

$$T_1 = \frac{29.4\,\text{N}}{1.55} = 19.0\,\text{N}$$

그리고 식 (2)를 이용하여 T_2를 구하면

$$T_2 = T_1\left(\frac{\cos\theta_1}{\cos\theta_2}\right) = 19.0\,\text{N}\left(\frac{0.707}{0.643}\right) = 20.9\,\text{N}$$

이다.

전에 지적한 것처럼 돌림힘은 벡터이며 방향을 가지고 있다. +와 −부호를 반대 방향을 나타내도록 한 선운동 취급 방식(2.2절)과 유사하게 돌림힘 방향을 각가속도에 따라 +와 −가 되도록 할 수 있다. 회전 방향은 회전축에 대해 시계 방향과 반시계 방향을 가질 수 있다. 반시계 방향의 회전을 만드는 돌림힘을 +로 하고, 시계 방향의 회전을 만드는 돌림힘을 −로 할 것이다. (7.2절의 오른손 법칙 참조) 이 관례적 부호 규약을 예제 8.3의 상황에 적용해 보자.

예제 8.3 정적 회전 평형–회전 운동 없음

세 개의 질량이 그림 8.7a에 나타낸 것처럼 막대자에 매달려 있다. 정적 평형이 되기 위해서 막대자의 오른쪽에 얼마의 질량을 달아야 하는가? (단, 천칭의 질량은 무시한다.)

풀이

문제상 주어진 값:

$m_1 = 25$ g, $r_1 = 50$ cm

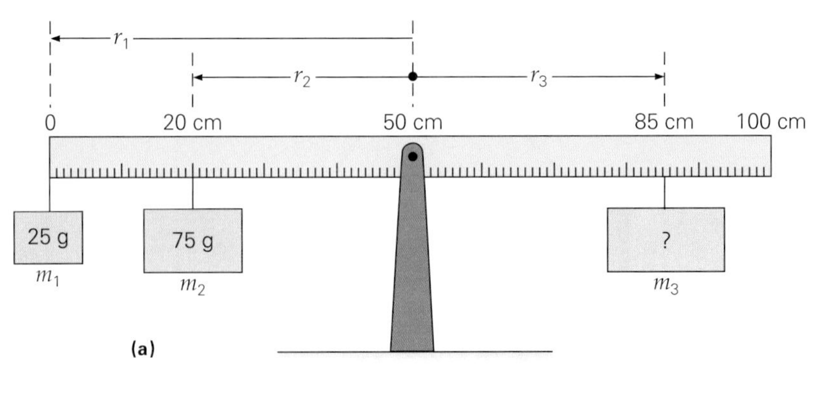

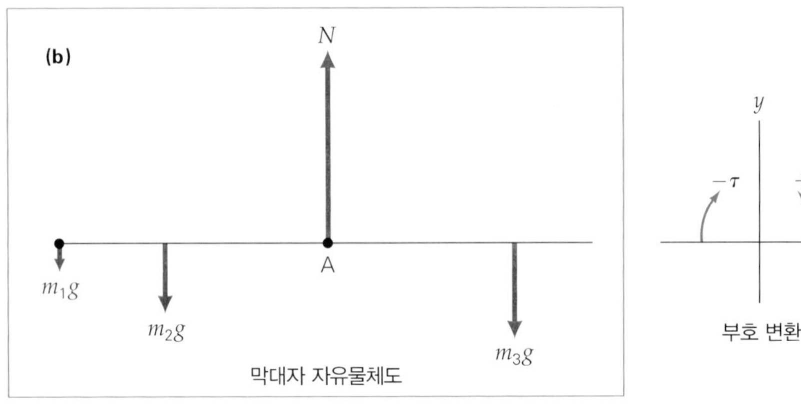

▶ 그림 8.7 **정적 회전 평형.** (a) 회전 평형에 있는 막대자에서 선택된 축에 작용하는 돌림힘의 합은 0이어야 한다. (b) 여기서 50 cm 위치인 지점 A를 통과한다(막대자의 질량은 무시할 수 있는 것으로 간주한다).

$m_2 = 75$ g, $r_2 = 30$ cm
$r_3 = 35$ cm

병진 평형에 대한 조건($\Sigma\vec{\mathbf{F}}_i = 0$)이 만족되므로($y$방향의 $\vec{\mathbf{F}}_{\text{net}}$가 없다), $N - Mg = 0$ 또는 $N = Mg$이다. 여기서 M은 전체의 질량이다. 이것은 전체 질량이 무엇이든지, 즉 m_3가 얼마이든지 간에 상관없다. 그러나 m_3의 질량이 오른쪽에 놓이지 않는다면 막대자에 알짜 돌림힘이 작용되어 회전하기 시작할 것이다.

왼쪽의 질량은 막대자를 반시계 방향으로 회전하게 하는 돌림힘을 만들며, 오른쪽 질량은 시계 방향으로 회전하는 돌림힘이므로 돌림힘을 더하여 회전 평형에 대한 조건을 적용한다. 이 축이 50 cm에 있는 막대자의 중심 또는 그림 8.7b의 점 A를 지난다고 하자. 그러면 N은 회전축($r_\perp = 0$)을 지나므로 알짜 돌림힘을 만들지 않는다. 따라서

$$\Sigma\tau_i: \quad \tau_1 + \tau_2 + \tau_3 = +r_1F_1 + r_2F_2 - r_3F_3$$
$$= r_1(m_1g) + r_2(m_2g) - r_3(m_3g) = 0$$

이고, g를 지우고, m_3에 대해 풀면 다음과 같다.

$$m_3 = \frac{m_1r_1 + m_2r_2}{r_3} = \frac{(25\,\text{g})(50\,\text{cm}) + (75\,\text{g})(30\,\text{cm})}{35\,\text{cm}} = 100\,\text{g}$$

이다. 여기서 표준 단위로 바꾸지 않는 것이 더 편리하다(막대자의 질량은 무시하고 막대자가 일정하면 회전축이 50 cm에 있는 한 막대자의 질량은 평형에 영향을 주지 않는다).

일반적으로 병진 및 회전 평형에 대한 조건은 정적인 문제를 풀기 위해 사용될 수 있다. 예제 8.4는 그러한 경우의 하나이다.

예제 8.4 정적 평형–병진과 회전이 없음

질량이 15 kg인 사다리가 매끄러운 벽에 기대어 놓여 있다(그림 8.8a). 질량 78 kg의 페인트칠하는 사람이 그림과 같이 사다리에 서 있다. 사다리가 미끄러지지 않도록 하기 위해 사다리 바닥에 작용해야 하는 마찰력의 크기는 얼마인가?

풀이

문제상 주어진 값:

$m_1 = 15$ kg,

$m_{\mathrm{m}} = 78$ kg

주어진 거리는 그림에 나타냄.

벽이 매끄러우므로 벽과 사다리 사이의 마찰력은 무시할 수 있으며 벽의 수직항력(N_{w})만이 이 점에 작용한다(그림 8.8b).

정적 평형에 대한 조건을 적용하는 데 있어 회전 조건의 회전축을 선택하는 데 자유롭다(그 조건은 정적 평형에 있는 계의 모든 부분에 대해 유지되어야 한다. 즉, 계의 어떤 부분도 운동할 수 없다). 사다리가 땅에 닿는 점을 회전축으로 하면, 지레 팔이 0이 되기 때문에 f_{s}와 N_{g}에 기인하는 돌림힘은 없다. 그래서 w를 mg로 쓰면 다음 3개의 식이 나온다.

$$\Sigma F_x:\ \ N_{\mathrm{w}} - f_{\mathrm{s}} = 0$$

$$\Sigma F_y:\ \ N_{\mathrm{g}} - m_{\mathrm{m}}g - m_{\ell}g = 0$$

$$\Sigma \tau_i:\ \ (m_{\ell}g)x_1 + (m_{\mathrm{m}}g)x_2 + (-N_{\mathrm{w}}y) = 0$$

사다리의 무게는 중력 중심에 있다고 생각하였다. 세 번째 식에서 N_{w}에 대해 풀면

$$N_{\mathrm{w}} = \frac{(m_l g)x_1 + (m_{\mathrm{m}}g)x_2}{y}$$

$$= \frac{(15\,\mathrm{kg})(9.8\,\mathrm{m/s^2})(1.0\,\mathrm{m}) + (78\,\mathrm{kg})(9.8\,\mathrm{m/s^2})(1.6\,\mathrm{m})}{5.6\mathrm{m}}$$

$$= 2\ 4 \times 10^2\ \mathrm{N}$$

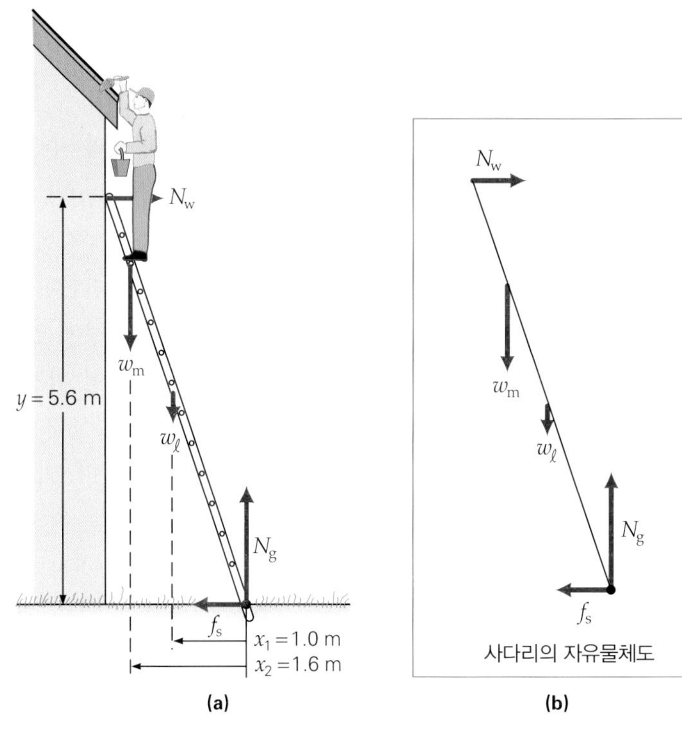

▲ 그림 8.8 **정적 평형.** 페인트칠하는 사람을 위해서 사다리는 정적 평형 상태에 있어야 한다. 즉, 병진 힘의 합과 돌림힘의 합은 모두 0이어야 한다.

이다. 따라서 식 ΣF_x로부터

$$f_s = N_{\mathrm{W}} = 2.4 \times 10^2\ \mathrm{N}$$

가 된다.

8.2.3 문제 풀이 힌트

앞 예제에서 본 것처럼 정적 평형을 포함하는 문제를 푸는 편리한 절차는 다음과 같다.

1. 문제는 공간상에 도해를 스케치하라.
2. 모든 외력을 표시하고 필요한 경우는 힘을 x와 y성분으로 분해하는 자유물체도를 그려라.
3. 평형 조건을 적용한다. 힘을 합한다: $\Sigma \vec{\mathbf{F}}_i = 0$, 보통 성분별로; $\Sigma F_x = 0$와 $\Sigma F_y = 0$. 돌림힘을 합한다: $\Sigma \vec{\boldsymbol{\tau}}_i = 0$. 가능한한 항의 수를 줄이기 위해 적당한 회전축을 선택하는 것을 기억하라. 관례상 $\vec{\mathbf{F}}$와 $\vec{\boldsymbol{\tau}}$에 대한 부호는 + 또는 −를 이용하라.
4. 미지의 물리량을 풀어라.

8.2.4 안정성과 무게중심

입자나 강체의 평형은 중력장에서 안정적이거나 불안정할 수 있다. 강체에 대해서는 이러한 평형성의 범주를 강체의 무게중심으로 편리하게 분석한다. 6.5절에서 **무게중심**(center of gravity)이 물체의 모든 무게가 마치 물체의 입자처럼 작용하는 것으로 간주될 수 있는 지점임을 상기하자. 중력에 의한 가속도가 일정하다면 무게중심과 질량중심은 일치한다.

물체가 안정 평형에 있다면 어떤 **작은 변위에도 복원력이나 돌림힘이 작용하여 그 물체를 원래의 평형 위치로 돌아가려는 경향이 있다.** 그림 8.9a와 같이 그릇에 있는 공은 안정된 평형 상태에 있다. 유사하게 오른쪽의 확장된 물체의 무게중심은 안정된 평형 상태에 있다. 약간의 변위도 무게중심(CG)이 올라가게 하며 중력이 최소 퍼텐셜 에너지를 갖는 위치로 돌아오게 한다. 이 힘은 실제적으로 무게의 한 성분으로 그 물체를 원래의 위치로 되돌리기 위해 회전하려는 복원 돌림힘을 제공한다.

불안정 평형에 있는 물체에 대하여 **평형 상태로부터의 작은 변위는 평형 위치로부터 더 멀리 회전시키려는 돌림힘이 작용하게 한다.** 이런 상황이 그림 8.9b에 그려져 있다. 물체의 무게중심은 전복되거나 뒤집힌 퍼텐셜 에너지 그릇의 맨 위에 있다. 즉, 이 경우 퍼텐셜 에너지는 최대가 되며 작은 변위 혹은 약간의 동요도 불안정 평형에 있는 물체에 심각한 효과를 준다. 이러한 물체에 위치를 변화시키는 데 많은 에너지가 소모되지 않는다.

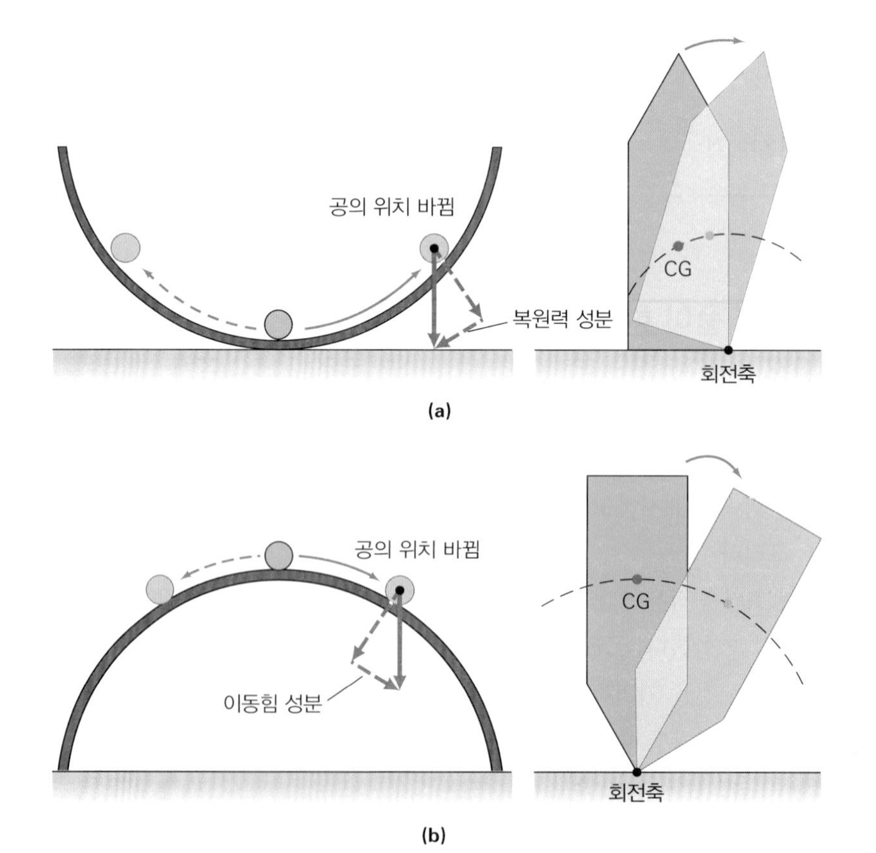

▶ 그림 8.9 **안정 및 불안정 평형.** (a) 물체가 안정 평형에 있을 때 평형 위치로부터의 작은 변위는 그 물체를 평형 위치로 돌아오게 하는 힘이나 돌림힘을 작용하게 한다. 그릇(왼쪽)에 담긴 공은 변위된 후 바닥으로 돌아온다. 유사하게 크기가 있는 물체의 무게중심(CG)는 퍼텐셜 에너지 그릇으로 생각된다. 작은 변위가 그 물체의 퍼텐셜 에너지를 증가하게 하여 CG를 올린다. 놓아줄 때 물체는 회전축 지점을 중심으로 회전하여 안정된 평형 위치로 되돌아가게 된다. (b) 불안정한 평형에 있는 물체에 대하여 평형 위치로부터의 작은 변위는 그 물체를 평형 위치로부터 더 멀어지게 하는 힘이나 돌림힘을 작용하게 된다. 뒤집힌 그릇(왼쪽) 위에 놓인 공은 불안정 평형에 있다. 크기가 있는 물체(오른쪽)에서 CG는 뒤집힌 퍼텐셜 에너지 그릇으로 생각된다. 작은 변위가 그 물체의 퍼텐셜 에너지를 감소하게 하여 CG를 낮춘다.

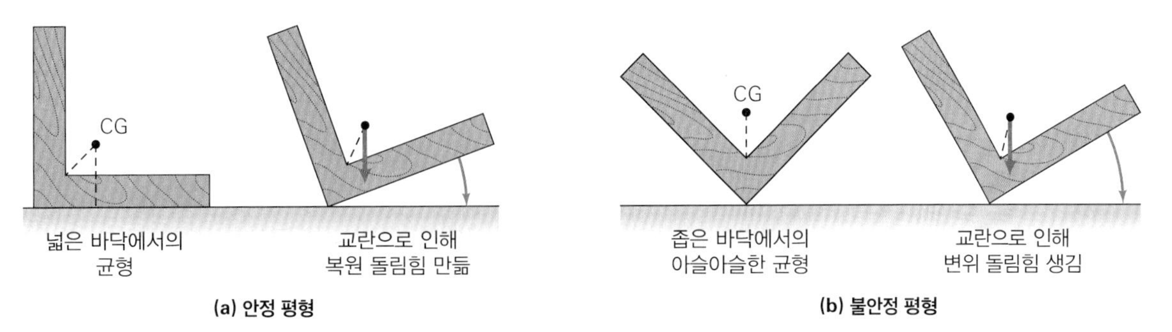

▲ 그림 8.10 **안정과 불안정 평형의 예.** (**a**) 물체의 무게중심이 바닥의 안쪽과 위쪽에 있을 때 물체는 안정 평형에 있다. 물체 이동 시 복원 돌림힘이 있다. 무게 작용선이 변위 후에 바닥을 어떻게 지나는지 유의하라. (**b**) 물체의 무게중심이 바닥의 바깥쪽에 있거나 무게 작용선이 원래의 바닥을 벗어나 있을 때 그 물체는 불안정한 평형에 있다(변위 돌림힘이 있다).

안정 평형에 있는 물체의 각 변위가 아주 큰 폭일지라도 그 물체는 평형 위치로 돌아오려 한다. 추측할 수 있듯이 안정된 평형을 위한 조건은 다음과 같다.

> 물체는 작은 변위 후 무게중심이 물체의 원래 지지기반 위와 내부에 있는 한 안정된 평형 상태에 있다. 즉, 무게중심을 통과하는 무게의 작용선이 원래의 지지기반을 교차한다.

이럴 때는 언제나 복원 중력 돌림힘이 있을 것이다(그림 8.10a). 그러나 무게중심 또는 질량중심이 바닥의 밖에 있을 때 평형 위치로부터 멀리 회전시키는 중력에 의한 돌림힘 때문에 물체는 넘어진다(그림 8.10b).

넓은 바닥과 낮은 무게중심을 가진 강체는 가장 안정되며 거의 뒤집히지 않는다. 이러한 관계는 넓은 바퀴와 지면에 가까운 무게중심을 가진 고속 경주용 자동차의 설계에서 명백하다(그림 8.11a). 반면에 SUV 차량은 쉽게 뒤집힐 것이다. 왜 그럴까? 그리고 그림 8.11b의 요가 커플은 어떠한가?

평형의 다른 고전적 예는 갈릴레이가 자유 낙하 실험을 한 피사의 사탑이다(그림 8.12). 탑의 바닥에 있는 흙이 물러서 1350년 완성되기 전에 기울어지기 시작하였다. 1990년대에 기운 정도는 1년에 약 1.2 mm씩 기울고 있었으며 수직으로부터 5.5° 기울어져 있다. 기우는 것을 막기 위한 노력이 시도되었다. 1990년대에 주요 조치가 취해졌다. 그 탑은 뒤에서 줄로 묶어 잡아당겼다. 바닥에 비스듬하게 구멍을 뚫어 무른

(a)

(b)

◀ 그림 8.11 **안정과 불안정**. (**a**) 경주용 자동차는 광폭타이어와 낮은 무게중심 때문에 매우 안정하다. (**b**) 요가 커플의 손바닥과 지지된 부분은 매우 좁다. 손을 대고 있는 바닥의 넓이가 작다. 요가 커플의 무게중심이 손바닥 부위 위에 남아있는 한 평형 상태지만, 변위는 몇 센티미터만 있으면 아마도 그들을 쓰러뜨리기에 충분할 것이다.

▶ 그림 8.12 **안정되게 유지하기!** 피사의 사탑. 기울기는 했지만 여전히 안정된 평형 상태에 있다. 왜일까?

흙을 제거하였다. 탑은 5° 기울어 고정되었으며, 꼭대기에서 40 cm 정도 기울어져 있다. 이를 통해 무게중심이 바닥 위에 오도록 해야 한다는 것을 알 수 있다.

예제 8.5 벽돌쌓기-무게중심

그림 8.13a와 같이 각 벽돌의 4.0 cm가 아래 벽돌을 넘어 확장되도록 20 cm 길이의 균일하고 동일한 벽돌을 쌓는다. 얼마나 많은 벽돌을 이런 식으로 쌓을 수 있을까?

풀이

문제상 주어진 값: 벽돌 길이 = 20 cm

원점을 맨 아래 벽돌의 중심에 두고 쌓는 첫 번째 두 벽돌에 대한 질량중심의 수평 좌표는 식 6.19에 의해 주어지며, 여기서 $m_1 = m_2 = m$이고 x_2는 두 번째 벽돌의 변위이다.

$$X_{CM2} = \frac{mx_1 + mx_2}{m+m} = \frac{m(x_1 + x_2)}{2m} = \frac{x_1 + x_2}{2}$$

$$= \frac{0 + 4.0\,\text{cm}}{2} = 2.0\,\text{cm}$$

벽돌의 질량은 이 식에서 제거된다(모두 같은 값을 갖기 때문이다). 세 번째 벽돌에 대해

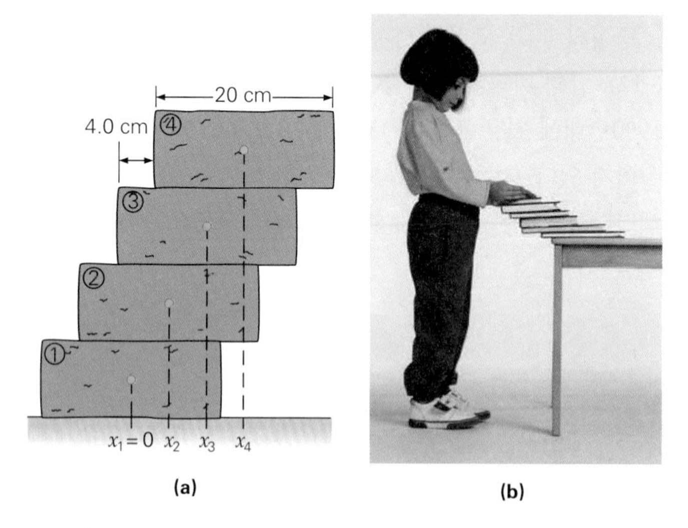

▲ 그림 8.13 **벽돌쌓기!** **(a)** 벽돌이 넘어지기 전까지 이렇게 쌓을 수 있는 벽돌은 몇 개인가? **(b)** 책을 가지고 비슷한 실험을 해보라.

$$X_{CM3} = \frac{m(x_1 + x_2 + x_3)}{3m} = \frac{0 + 4.0\text{ cm} + 8.0\text{ cm}}{3} = 4.0\text{ cm}$$

이다. 네 번째 벽돌에 대해

$$X_{CM4} = \frac{m(x_1 + x_2 + x_3 + x_4)}{4m} = \frac{0 + 4.0\text{ cm} + 8.0\text{ cm} + 12.0\text{ cm}}{4} = 6.0\text{ cm}$$

이다.

계속해서 쌓아 올린 벽돌더미의 질량중심이 쌓이는 각각의 벽돌에 대해 수평 방향으로 2.0 cm 이동한다는 것을 알 수 있다. 여섯 번째 벽돌을 쌓았을 때 질량중심은 원점으로부터 10 cm, 즉 바닥에 있는 벽돌의 가장자리(2.0 cm × 5 = 10 cm, 이것은 벽돌 길이의 반이다)에 있게 된다. 그래서 쌓인 벽돌더미는 불안정 평형에 있다. 여섯 번째 벽돌을 매우 조심스레 놓는다면 벽돌더미는 쓰러지지 않을 수 있다. 그러나 실제로 할 수 있을지는 의심스럽다. 일곱 번째 벽돌을 쌓게 되면 반드시 벽돌더미는 쓰러질 것이다. 그 이유는 무엇인가? (그림 8.13b에서처럼 책을 사용하여 쌓을 수 있다.)

8.3 회전 동역학

8.3.1 관성 모멘트

돌림힘은 선운동에서 힘과 유사한 개념이며 알짜 돌림힘은 회전 운동을 만든다. 이 관계를 분석하기 위해 주어진 축 주위로 질량 m의 입자에 작용하는 일정한 알짜힘을 생각하자(그림 8.14). 입자에 대한 돌림힘은

$$\begin{aligned}\tau_{\text{net}} &= r_{\perp}F = rF_{\perp} = rma_{\perp} \\ &= mr^2\alpha \quad \text{(입자에서 돌림힘)}\end{aligned} \tag{8.4}$$

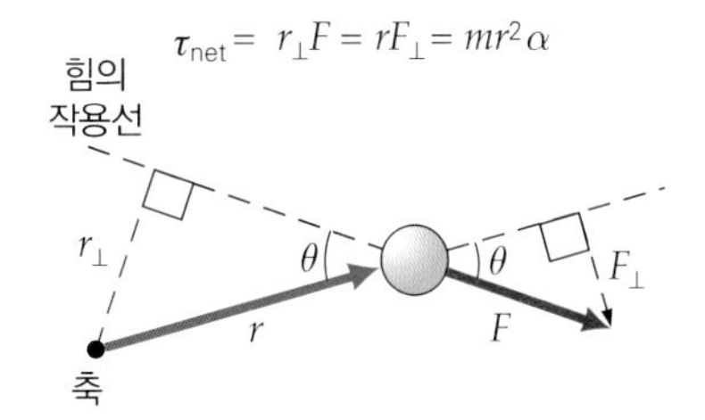

▲그림 8.14 **입자에 작용하는 돌림힘.** 질량 m의 입자에 작용하는 돌림힘의 크기는 $\tau = mr^2\alpha$이다.

이다. 여기서 $a_{\perp} = a_{\text{t}} = r\alpha$는 접선 가속도이다($a_{\text{t}}$, 식 7.13). 고정된 축에 대한 강체의 회전에 대해 이 식은 물체에 있는 각각의 입자에 적용될 수 있으며, 그 결과는 전체 돌림힘을 구하기 위해 모든 입자에 대해 합해질 수 있다. 회전하는 강체의 모든 입자들은 같은 각가속도를 가지기 때문에 각각의 크기를 더할 수 있다.

$$\begin{aligned}\tau_{\text{net}} &= \Sigma\tau_i = \tau_1 + \tau_2 + \tau_3 + \cdots + \tau_n \\ &= m_1r_1^2\alpha + m_2^2r_2\alpha + m_3r_3^2\alpha + \cdots + m_nr_n^2\alpha \\ &= (m_1r_1^2 + m_2r_2^2 + m_3r_3^2 + \cdots + m_nr_n^2) = \left(\Sigma m_ir_i^2\right)\alpha\end{aligned} \tag{8.5}$$

그러나 강체에 대해 질량(m_i)과 회전축으로부터의 거리(r_i)들은 변하지 않는다. 그러므로 식 8.5에서 괄호 안의 양은 일정하며 **관성 모멘트** I라 부른다. 주어진 축에 대한 회전의 경우 다음과 같이 정의된다.

$$I = \Sigma m_ir_i^2 \quad \text{(관성 모멘트)} \tag{8.6}$$

여기서 관성 모멘트의 SI 단위: kg·m²이다.
알짜 돌림힘의 크기는 편리하게 다음과 같이 쓸 수 있다.

$$\tau_{\text{net}} = I\alpha \quad \text{(강체에 대한 알짜 돌림힘)} \tag{8.7}$$

이것은 **뉴턴의 운동 제2법칙의 회전 형태**이다(벡터의 형태; $\vec{\tau}_{\text{net}} = I\vec{\alpha}$). 병진 가속도

를 가지려면 알짜힘이 필요한 것처럼 각가속도를 가지려면 알짜 돌림힘(τ_{net})이 필요하다는 점을 명심해야 한다.

뉴턴의 운동 제2법칙의 회전 형태($\vec{\boldsymbol{\tau}}_{net} = I\vec{\boldsymbol{\alpha}}$)와 병진 형태($\vec{\mathbf{F}}_{net} = m\vec{\mathbf{a}}$)를 비교해 보면 m은 병진 관성의 크기이고, 관성 모멘트 I가 **회전 관성**(rotational inertia)의 크기이며 **회전 운동에서 운동 변화에 저항하려는 경향을 나타낸다.** 비록 I가 강체에서 일정하며 질량과 유사하지만, 입자의 질량과는 달리 강체의 관성 모멘트는 회전축과 관계되며 회전축에 따라 다른 값을 갖는다.

또한 관성 모멘트는 회전축에 대한 강체의 질량 분포에 의존한다. 회전축을 잘 택하면 강체에 각가속도를 주는 것이 더 쉬워진다(작은 돌림힘에 의해). 예제 8.6은 이 점을 설명한다.

예제 8.6 **관성 모멘트-질량 분포와 회전축**

그림 8.15와 같이 1차원 아령에서 각각에 대해 보인 축에 대한 관성 모멘트를 구하라(단, 연결봉의 질량은 무시하고, 값을 비교하기 위해 세 개의 유효숫자로 답을 제시하라).

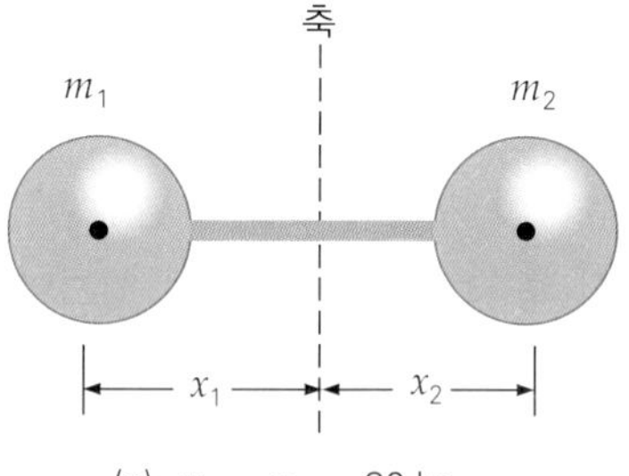

(a) $m_1 = m_2 = 30$ kg
$x_1 = x_2 = 0.50$ m

(b) $m_1 = 40$ kg, $m_2 = 10$ kg
$x_1 = x_2 = 0.50$ m

(c) $m_1 = m_2 = 30$ kg
$x_1 = x_2 = 1.5$ m

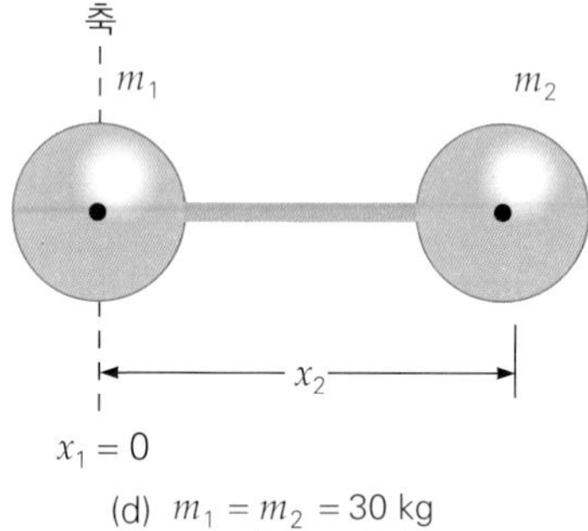

(d) $m_1 = m_2 = 30$ kg
$x_1 = 0$, $x_2 = 3.0$ m

(e) $m_1 = 40$ kg, $m_2 = 10$ kg
$x_1 = 0$, $x_2 = 3.0$ m

◀그림 8.15 **관성 모멘트.** 관성 모멘트는 회전축에 대한 강체의 질량 분포에 의존한다. 그리고 각 축에 따라 값이 다르다. 이 차이는 물체가 특정 축을 중심으로 회전하기 더 쉽거나 아니면 더 어렵다는 사실을 알 수 있다.

풀이

문제상 주어진 값: 그림에 m과 r의 값 제시

관성 모멘트 $I = m_1 r_1^2 + m_2 r_2^2$로부터

(a) $I = (30\text{ kg})(0.50\text{ m})^2 + (30\text{ kg})(0.50\text{ m})^2 = 15.0\text{ kg}\cdot\text{m}^2$

(b) $I = (40\text{ kg})(0.50\text{ m})^2 + (10\text{ kg})(0.50\text{ m})^2 = 12.5\text{ kg}\cdot\text{m}^2$

(c) $I = (30\text{ kg})(1.5\text{ m})^2 + (30\text{ kg})(1.5\text{ m})^2 = 135\text{ kg}\cdot\text{m}^2$

(d) $I = (30\text{ kg})(0\text{ m})^2 + (30\text{ kg})(3.0\text{ m})^2 = 270\text{ kg}\cdot\text{m}^2$

(e) $I = (40\text{ kg})(0.50\text{ m})^2 + (10\text{ kg})(3.0\text{ m})^2 = 90.0\text{ kg}\cdot\text{m}^2$

이 예제는 관성 모멘트가 질량 분포와 특별한 회전축에 따라 의존되고 있음을 잘 보여준다. 일반적으로 관성 모멘트는 질량이 회전축으로부터 멀리 떨어져 있으면 더 커진다. 이 원리는 자동차 실린더의 폭발을 엔진에 부드럽게 전달하도록 하는 플라이 휠(자동차의 속도 조절 바퀴)의 디자인에서 중요하다. 플라이 휠의 질량은 테두리 근처에 집중되어 큰 관성 모멘트를 주는데, 이것이 운동에서의 변화가 일어나지 않도록 한다.

관성 모멘트는 회전 운동에서 매우 중요하다. 회전축과 질량 분포에 변화를 주면 I의 값이 변화될 수 있으며 운동은 영향을 받는다. 아마도 소프트볼을 할 때 이것을 응용할 수 있다. 타석에서 어린이들은 배트를 짧게 잡으라고 교육을 받는다.

자, 이렇게 하는 이유는 무엇일까? 어린이는 배트의 회전축을 배트의 더 무거

운 쪽(질량중심)에 가깝게 움직인다. 따라서 배트의 관성 모멘트는 감소한다(mr^2에서 r을 작게). 그러면 배트를 돌릴 때 각가속도가 더 커진다. 배트는 빠르게 돌아가고 공을 칠 기회는 많아진다. 타자는 배트를 휘두르는 데 걸리는 시간이 짧으며, $\theta = 1/2\,\alpha t^2$이므로 α가 클수록 배트를 더 빨리 휘두를 수 있다.

8.3.2 평행축 정리

대부분 부피를 갖는 강체의 관성 모멘트에 대한 계산은 이 책의 범위를 벗어나는 수학이 필요하다. 몇 가지 모양에 대한 결과는 그림 8.16에 제시되어 있다. 회전축은 대칭축을 따라 취하는데, 축은 질량중심을 지나며 대칭적인 질량 분포를 갖는다. 그러나 한쪽 끝을 회전축으로 갖는 가는 막대와 같은 예도 있다(그림 8.16c). 이 축은 막대의 질량중심을 지나는 회전축(그림 8.16b)에 평행하다. 이러한 평행축에 대한 관성 모멘트는 **평행축 정리**(parallel axis theorem)라고 부르는 유용한 정리에 의해 계산된다. 즉

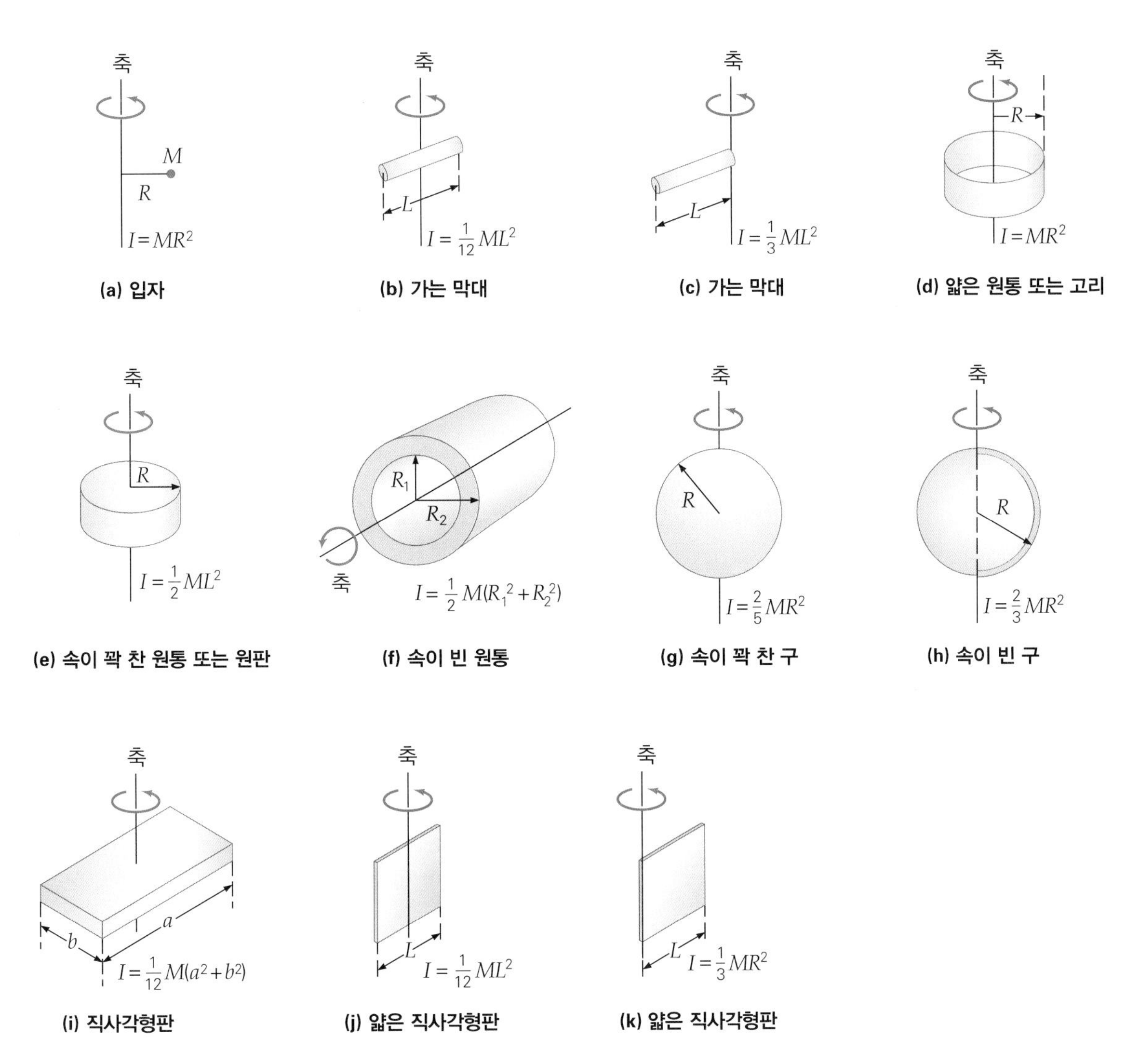

▲ 그림 8.16 여러 가지 모양의 균일한 강체의 관성 모멘트

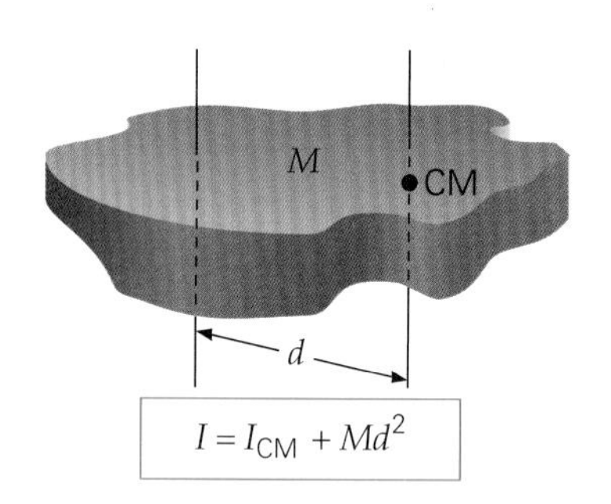

▲ 그림 8.17 **평행축 정리.** 강체의 질량중심을 지나는 축에 평행한 회전축에 대한 관성 모멘트는 $I = I_{CM} + Md^2$이다. 여기서 M은 강체의 총 질량이고 d는 두 축 사이의 거리이다.

$$I = I_{CM} + Md^2$$

여기서 I는 질량중심과 평행하고 그 중심으로부터 거리 d에 있는 축에 대한 관성 모멘트이다. I_{CM}은 질량중심을 지나는 축에 대한 관성 모멘트이며, M은 강체의 전체 질량이다(그림 8.17). 막대의 끝을 지나는 축에 대한 (그림 8.16c) 관성 모멘트는 그림 8.16b에 있는 가는 막대에 평행축 정리를 적용하여 구할 수 있다.

$$I = I_{CM} + Md^2 = \frac{1}{12}ML^2 + M\left(\frac{L}{2}\right)^2$$
$$= \frac{1}{12}ML^2 + \frac{1}{4}ML^2 = \frac{1}{3}ML^2$$

8.3.3 회전 동역학의 응용

뉴턴의 운동 제2법칙의 회전 형태는 회전 운동 상황을 분석할 수 있게 해준다. 예제 8.7과 8.8은 이 작업이 수행되는 방법을 설명한다. 이러한 상황에서, 증가하는 변수에 도움이 되도록 모든 데이터가 적절히 나열되도록 하는 것이 매우 중요하다.

예제 8.7 문 열기-돌림힘 작용

학생이 경첩으로부터 0.9 m의 직각 거리에서 40 N의 일정한 힘을 가하여 균일한 12 kg의 문을 연다(그림 8.18). 만약 문의 높이가 2.0 m이고 폭이 1.0 m일 때 각가속도의 크기는 얼마인가? (단, 문은 경첩에서 자유롭게 회전한다고 가정하자.)

▲ 그림 8.18 **돌림힘 작용**

풀이

문제상 주어진 값:

$M = 12$ kg, $F = 40$ N

$r_{\perp} = r = 0.90$ m, $h = 2.0$ m(문 높이)

뉴턴의 운동 제2법칙의 회전 형태인 $\tau_{net} = I\alpha$을 이용하자. 여기서 I는 경첩의 축에 관한 것이다. 그림 8.16의 (k)의 경우가 경첩에서 회전하는 문에 적용될 수 있다. 즉, $I = 1/3(ML^2)$이다. 또 $L = w$(문의 폭)이다. 따라서

$$\tau_{net} = I\alpha$$

또는

$$\alpha = \frac{\tau_{net}}{I} = \frac{r_{\perp}}{1/3(ML^2)} = \frac{3rF}{Mw^2} = \frac{3(0.90\,\text{m})(40\,\text{N})}{(12\,\text{kg})(1.0\,\text{m})^2}$$
$$= 9.0\,\text{rad/s}^2$$

예제 8.8 **도르래에는 질량도 있다-도르래 관성을 고려하자**

그림 8.19에서처럼 질량 m의 블록이 질량 M, 반지름 R인 마찰이 없는 원판 모양의 도르래에 감겨진 줄에 매달려 있다. 블록이 중력의 영향으로 정지 상태에서 내려간다면 선가속도의 크기는 얼마인가? (단, 줄의 질량은 무시한다.)

풀이

블록의 선가속도는 도르래의 각가속도에 의존한다. 그래서 도르래 계를 먼저 생각한다. 도르래는 원판으로 취급되며, 따라서 관성 모멘트는 $I = 1/2(MR^2)$이다(그림 8.16e). 장력에 기인하는 돌림힘이 도르래에 작용한다. 그림 8.19의 윗부분 도르래를 보면 $\tau = I\alpha$이므로

$$\tau_{\text{net}} = r_{\perp}F = RT = I\alpha = \left(\frac{1}{2}MR^2\right)\alpha$$

이다. 그래서

$$\alpha = \frac{2T}{MR}$$

이다. 블록의 선가속도와 도르래의 각가속도 사이에는 $a = R\alpha$의 관계가 있다. 여기서 a는 접선 가속도이다. 즉

$$a = R\alpha = \frac{2T}{M} \tag{1}$$

가 되지만 T는 모른다. 그러므로 그림에서 (아랫부분) 내려오는 블록을 보라.

$$mg - T = ma$$

또는

$$T = mg - ma \tag{2}$$

식 1에서 T를 소거하기 위해 식 2를 사용하면

$$a = \frac{2T}{M} = \frac{2(mg - ma)}{M}$$

로 정리된다. 이때 a에 대해 풀면

$$a = \frac{2mg}{(2m + M)} \tag{3}$$

이다. 만약 $M \to 0$이라면(앞의 장에서 질량을 무시한 이상적 도르래) $I \to 0$이며, $a \to g$이다. 그렇지만 $M \neq 0$일 때 $a < g$가 된다.

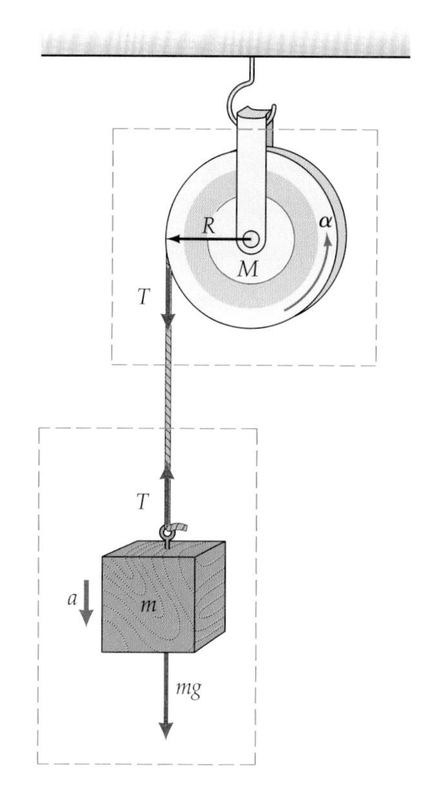

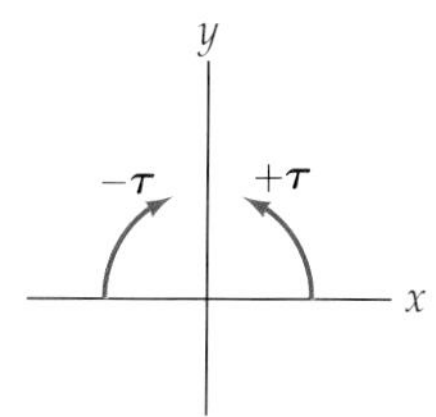

▲ 그림 8.19 **관성이 있는 도르래.** 도르래의 질량 또는 관성 모멘트를 고려하면 보다 현실적인 운동 설명이 가능하다. 돌림힘의 방향 부호를 나타내었다.

도르래 문제에서 줄의 질량은 무시할 수 있는데 줄이 비교적 가볍다면 그래도 잘 맞는다. 줄의 질량을 고려하면 도르래에 달린 질량이 계속 변하며, 따라서 돌림힘도 변하게 된다. 그러한 문제는 이 책의 범위를 벗어난다.

이제 도르래의 양쪽에 물체가 매달려 있다고 가정하자. 이 상태에서 알짜 돌림힘을 계산하여야 한다면, 물체의 질량을 알지 못하거나 도르래가 어느 쪽으로 회전하

는지 알지 못한다면 간단히 그 방향을 가정할 수 있다. 그러면 선운동의 경우에서처럼 그 결과가 반대 부호를 가진다면 처음에 가정한 방향이 잘못된 것이다.

8.3.4 문제 풀이 힌트

예제 8.8과 같은 문제의 경우 결합된 회전 운동과 병진 운동을 다루며, 줄의 미끄러짐이 없는 상태에서 가속도의 크기는 대개 $a = r\alpha$와 관련되는 반면 $v = r\omega$는 어느 순간에도 속도의 크기를 관련시킨다는 점을 명심하라. 뉴턴의 운동 제2법칙을 (회전 또는 직선 형태에서) 계의 여러 부분에 적용하면 그러한 관계를 이용하여 결합할 수 있는 식이 나온다. 또한 $a = r\alpha$와 $v = r\omega$를 미끄러지지 않고 굴리는 경우 각도와 관련된 양을 질량중심의 선운동과 연관시킨다.

회전 동역학의 또 다른 응용은 굴러갈 수 있는 물체의 운동 분석이다.

8.4 회전 일과 운동에너지

이 절에서는 일정한 돌림힘을 위한 일 및 운동에너지와 관련된 직선 운동식의 회전 유사성을 제공한다. 따라서 유사한 운동의 표현 때문에 세부적인 논의는 필요하지 않다. 5.1절과 같이 물체에 둘 이상의 힘이나 돌림힘이 작용하는 경우 W는 알짜일로 이해된다.

회전 일(Rotational Work): 힘과 돌림힘은 서로 관련되기 때문에 ($\tau = r_{\perp}F$) 힘에 의해 한 일로부터 돌림힘에 한 일을 직접 계산할 수 있다. 회전 운동에서 호의 길이 s를 따라 수직으로 작용하는 단일 힘 F에 의해 한 회전 일 $W = Fs$는

$$W = Fs = F(r_{\perp}\theta) = \tau\theta$$

이다. 각변위 θ를 따라 작용한 단일 돌림힘에 대해

$$W = \tau\theta \quad \text{(단일 힘에 대한 회전 일)} \tag{8.8}$$

이다. 돌림힘(τ)와 각변위(θ)는 거의 회전축에 따르기 때문에 평행 성분에 대해서는 생각할 필요가 없다. 돌림힘과 각변위는 반대 방향일 수도 있다. 그러한 경우에 돌림힘은 음의 일을 하며 물체의 회전을 느리게 한다. 음의 회전 일은 F와 d가 반대 방향인 병진 운동에서의 일과 유사하다.

회전 일률(Rotational Power): 순간적인 회전 일률에 대한 표현은 (한 일의 시간 비율) 일률과 같은 P로 식 8.8로부터 쉽게 얻어진다.

$$P = \frac{W}{t} = \tau\left(\frac{\theta}{t}\right) = \tau\omega \quad \text{(회전 일률)} \tag{8.9}$$

8.4.1 일-에너지 정리와 운동에너지

강체에 행해진 알짜일(하나 이상의 힘이 작용)과 강체의 회전 운동 사이의 관계식은 회전 일에 대한 식을 사용하여 유도될 수 있다.

$$W_{\text{net}} = \tau\theta = I\alpha\theta$$

돌림힘이 일정한 힘에만 기인하기 때문에 α는 일정하다. 그러나 7장의 회전 운동으로부터 일정한 각가속도에 대해 $\omega^2 = \omega_0^2 + 2\alpha\theta$이다. 그리고

$$W_{\text{net}} = I\left(\frac{\omega^2 - \omega_0^2}{2}\right) = \frac{1}{2}I\omega^2 - \frac{1}{2}I\omega_0^2$$

이다. 식 5.6(일-에너지)으로부터 $W_{\text{net}} = \Delta K$이다. 그러므로

$$W_{\text{net}} = \frac{1}{2}I\omega^2 - \frac{1}{2}I\omega_0^2 = K - K_0 = \Delta K \tag{8.10}$$

이며, 회전 운동에너지 K에 대한 식은

$$K = \frac{1}{2}I\omega^2 \quad \text{(회전 운동에너지)} \tag{8.11}$$

이다. 따라서 **어떤 물체에 행해진 회전 일은 물체의 회전 운동에너지의 변화량과 같다.** 결론적으로 물체의 회전 운동에너지를 변화시키기 위해 알짜 돌림힘이 작용되어야 한다.

한 축에서 회전하는 강체의 운동에너지에 대한 식은 직접 유도될 수 있다. 고정축에 대한 물체를 구성하는 각각의 입자들의 순간적인 운동에너지의 합은

$$K = \frac{1}{2}\Sigma m_i v_i^2 = \frac{1}{2}\left(\Sigma m_i r_i^2\right)\omega^2 = \frac{1}{2}I\omega^2$$

이다. 여기서 물체를 구성하는 각각의 입자에 대해 $v_i = r_i\omega$이다. 그래서 식 8.11은 새로운 형태의 에너지를 표현한 것이 아니라, 이것은 운동에너지에 대한 또 다른 식이며 강체 회전에 더 편리한 형태이다.

병진 운동과 회전 운동에 대한 각각의 운동식을 표 8.1에 정리되어 있다(표에는 8.5절에서 논의할 각운동량도 포함하고 있다).

표 8.1 병진과 회전 물리량과 식

병진		회전	
힘	$\vec{\mathbf{F}}$	돌림힘(크기)	$\tau = rF\sin\theta$
질량(관성)	m	관성 모멘트	$I = \Sigma m_i r_i^2$
뉴턴의 운동 제2법칙	$\vec{\mathbf{F}}_{\text{net}} = m\vec{\mathbf{a}}$	뉴턴의 운동 제2법칙	$\vec{\boldsymbol{\tau}}_{\text{net}} = I\vec{\boldsymbol{\alpha}}$
일	$W = Fd$	일	$W = \tau\theta$
일률	$P = Fv$	일률	$P = \tau\omega$
운동에너지	$K = \frac{1}{2}mv^2$	운동에너지	$K = \frac{1}{2}I\omega^2$
일-에너지 정리	$W_{\text{net}} = \frac{1}{2}mv^2 - \frac{1}{2}mv_o^2 = \Delta K$	일-에너지 정리	$W_{\text{net}} = \frac{1}{2}I\omega^2 - \frac{1}{2}I\omega_o^2 = \Delta K$
선운동량	$\vec{\mathbf{p}} = m\vec{\mathbf{v}}$	각운동량	$\vec{\mathbf{L}} = I\vec{\boldsymbol{\omega}}$

강체가 병진과 회전 운동을 함께 하고 있을 때 이것의 전체 운동에너지는 두 종류의 운동을 반영하는 부분으로 나누어질 수 있다. 예를 들어 원통이 평평한 표면에서 미끄러지지 않고 회전하는 경우, 운동은 질량중심의 병진 운동과 중심축에 대한 회전 운동의 결합이다.

회전 운동에너지와 병진 운동에너지는 각각

$$K_r = \frac{1}{2} I_{CM}\omega^2 \text{ 과 } \quad K_t = \frac{1}{2} M v_{CM}^2$$

이다. 전체 K는

$$K = \frac{1}{2} I_{CM}\omega^2 + \frac{1}{2} M v_{CM}^2 \quad \text{(미끄러지지 않고 구름)}$$

$$\underset{\text{전체}}{K} = \underset{\text{회전}}{K_r} + \underset{\text{병진}}{K_t} \tag{8.12}$$

여기서 원통을 예로써 사용하였지만, 이는 일반적인 결과이며 미끄러지지 않고 굴러가는 모든 물체에 적용된다.

따라서 **이러한 물체의 전체 운동에너지는 운동에 기여하는 두 운동의 합이다. 다시 말해 물체의 질량중심의 병진 운동에너지와 질량중심을 통과하는 수평축을 통한 물체의 회전 운동에너지의 합이다.**

예제 8.9 에너지 분배-회전과 병진

밀도가 균일한 속이 꽉찬 원통 1.0 kg이 평평한 면을 1.8 m/s의 속력으로 미끄러지지 않고 구르고 있다. (a) 원통의 총 운동에너지는 얼마인가? (b) 회전 운동에너지는 전체 에너지의 몇 %인가?

풀이

문제상 주어진 값:

$M = 1.0$ kg, $v_{CM} = 1.8$ m/s

$I_{CM} = \frac{1}{2}(MR^2)$ (그림 8.16e로부터)

(a) 원통이 미끄러지지 않고 구르기 때문에 $v_{CM} = R\omega$의 조건을 만족한다. 총 운동에너지 K는 회전 운동에너지 K_r과 병진 운동에너지 K_t의 합이다(식 8.12).

$$K = \frac{1}{2} I_{CM}\omega^2 + \frac{1}{2} M v_{CM}^2 = \frac{1}{2}\left(\frac{1}{2} MR^2\right)\left(\frac{v_{CM}}{R}\right)^2 + \frac{1}{2} M v_{CM}^2$$

$$= \frac{1}{4} M v_{CM}^2 + \frac{1}{2} M v_{CM}^2$$

$$= \frac{3}{4} M v_{CM}^2 = \frac{3}{4}(1.0\,\text{kg})(1.8\,\text{m/s})^2 = 2.4\,\text{J}$$

(b) 원통의 회전 운동에너지 K_r은 앞의 식의 첫 번째 항이고, 그래서 운동에너지의 비율을 구하면

$$\frac{K_r}{K} = \frac{1/4(M v_{CM}^2)}{3/4(M v_{CM}^2)} = \frac{1}{3}(\times 100\%) = 33\%$$

이다. 따라서 원통의 총 운동에너지는 회전과 병진 운동에너지로 이루어지며, 회전 운동에너지는 전체 운동에너지의 1/3이다.

(b) 문제에서 비를 구하는 것이기 때문에 원통의 반지름과 질량은 소거되어 그 비에는 포함되지 않는다. 그렇지만 이 정확한 에너지의 분배가 일반적인 결과는 아니다. 다른 관성 모멘트를 가지는 강체에서는 그 비율이 다르다. 예를 들어 구르는 구를 생각해 보면 구가 더 작은 관성 모멘트 $\left(I = \frac{2}{5}MR^2\right)$을 가지게 되므로 더 작은 회전 운동에너지를 갖게 된다.

예제 8.10 **아래로 굴러감**

밀도가 균일한 굴렁쇠가 경사면의 높이 0.25 m에서 구르기 시작한다(그림 8.20). 굴렁쇠가 미끄러지지 않고 바닥까지 굴러내려간다. 마찰에 의한 에너지 손실이 없다면 경사면 바닥에서 굴렁쇠 질량중심의 선속력은 얼마인가?

풀이

문제상 주어진 값:

$$h = 0.25 \text{ m},$$
$$(v_{\text{CM}})_0 = \omega_0 = 0$$
$$I_{\text{CM}} = MR^2 \quad (\text{그림 8.16d로부터})$$

굴렁쇠의 총 역학적 에너지는 보존되므로

$$E_0 = E \quad \text{또는} \quad K_0 + U_0 = K + U$$

을 만족한다.

경사면의 꼭대기에서 $(v_{\text{CM}})_0 = \omega_0 = 0$이기 때문에 경사면 바닥에서 $U = 0$이라 하자.

$$Mgh = \frac{1}{2}I_{\text{CM}}\omega^2 + \frac{1}{2}Mv_{\text{CM}}^2$$

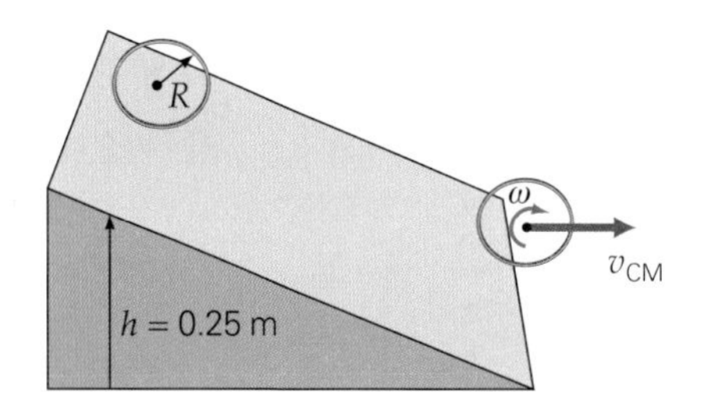

▲ 그림 8.20 **구르는 운동과 에너지.** 강체가 경사면에서 굴러내려갈 때 퍼텐셜 에너지는 병진 운동에너지와 회전 운동에너지로 변환된다. 이것은 마찰 없이 미끄러져 내려오는 것보다 더 느리게 굴러내려온다.

미끄럼 없이 구르는 조건, $v_{\text{CM}} = R\omega$을 사용하여 정리하면

$$Mgh = \frac{1}{2}(MR^2)\left(\frac{v_{\text{CM}}}{R}\right)^2 + \frac{1}{2}Mv_{\text{CM}}^2 = Mv_{\text{CM}}^2$$

이다. v_{CM}에 대해 풀면 다음과 같다.

$$v_{\text{CM}} = \sqrt{gh} = \sqrt{(9.8\,\text{m/s}^2)(0.25\,\text{m})} = 1.6\,\text{m/s}$$

8.4.2 결정된 경기

미끄러지지 않고 경사면을 구르는 강체에 대한 예제 8.10에서와 같이 v_{CM}은 M이나 R과 관계없다. 질량과 반지름은 소거되어 특별한 형태의 모든 강체는 그 크기나 밀도와 관계없이 같은 속력으로 구른다. 구르는 속력은 모양에 따라 변하는 관성 모멘트에 따라 변화한다. 그러므로 모양이 다른 강체는 속력도 다르게 구른다. 예를 들어 경사면의 꼭대기에서 동시에 굴렁쇠, 원통과 구를 놓고 굴리면 구가 바닥에 제일 먼저 도달할 것이고, 그 다음 원통, 마지막으로 굴렁쇠 순으로 도달할 것이다.

한 쌍의 캔—하나는 채워진 것이고(강체의 효과), 다른 하나는 비어있는 것—과 매끄럽고 단단한 공을 사용하여 경기를 할 수 있다. 질량과 반지름은 아무런 차이가 없다는 것을 기억하라. 이런 경기에서 속이 빈 원통(그림 8.16f)이 가능한 선두주자 또는 맨 앞쪽으로 굴러갈 것으로 생각할 수 있지만 그렇지 않을 것이다. 경사면을 따라 내려가는 굴림 경기는 질량과 반지름을 변화시킬 때도 변함없이 결정되어 있다.

8.5 각운동량

회전 운동에서 또 다른 중요한 물리량은 각운동량이다. 6.1절에서 물체의 선운동량이 어떻게 힘에 의해 변하는지를 본 적이 있다. 유사하게 각운동량에서의 변화는 돌

림힘과 관련이 있다. 이미 아는 것처럼 돌림힘은 모멘트 팔과 힘의 곱으로 되어있다. 같은 방법으로 **각운동량**($\vec{\mathbf{L}}$)은 모멘트 팔($r_\perp$)과 선운동량(p)의 곱이다. 질량 m의 입자에 대해 선운동량의 크기 $p = mv$이고, 여기서 $v = r\omega$이다. 각운동량의 크기는 다음과 같다.

$$L = r_\perp p = mr_\perp v = mr_\perp{}^2\omega \tag{8.13}$$

(단일 입자의 각운동량)

여기서 각운동량의 SI 단위: $\mathrm{kg \cdot m^2/s}$이다.

강체를 만드는 입자계에서 모든 입자는 원운동을 하며, 이때 전체 각운동량의 크기는

$$L = (\Sigma m_i r_i^2)\omega = I\omega \quad \text{(강체의 각운동량)} \tag{8.14}$$

이다. 고정축에 대한 회전에서 다음과 같이 나타낸다.

$$\vec{\mathbf{L}} = I\vec{\boldsymbol{\omega}} \tag{8.15}$$

여기서 $\vec{\mathbf{L}}$은 각속도 $\vec{\boldsymbol{\omega}}$ 벡터 방향이고, 이 방향은 오른손 법칙으로 주어진다(8.2절).

관성 모멘트 I는 회전축에 따라 달라지기 때문에 강체의 각운동량도 회전축에 따라 달라진다.

선형 운동의 경우 계의 총 선운동량 변화의 크기는 $F_{\text{net}} = \Delta P/\Delta t$ 에 의한 알짜 외력과 관련이 있다. 각운동량은 해석적으로 알짜 돌림힘과 관련이 있다.

$$\tau_{\text{net}} = I\alpha = \frac{I\Delta\omega}{\Delta t} = \frac{\Delta(I\omega)}{\Delta t} = \frac{\Delta L}{\Delta t}$$

즉

$$\tau_{\text{net}} = \frac{\Delta L}{\Delta t} \tag{8.16}$$

따라서 알짜 돌림힘은 **각운동량의 시간 변화율**과 같다. 다시 말해 알짜힘이 선운동량의 변화를 일으키듯이 알짜 돌림힘은 각운동량의 **변화**를 초래한다.

8.5.1 각운동량 보존

식 8.16은 일정한 관성 모멘트를 갖는 입자계 또는 강체에 작용하는 $\tau_{\text{net}} = I\alpha$을 이용해서 유도되었다. 그러나 식 8.16은 비강체계에도 적용할 수 있는 일반적인 식이다. 이러한 계에서 질량 분포의 변화와 관성 모멘트의 변화가 있을 수 있다. 결과적으로 알짜 돌림힘이 없을 때조차도 각속도가 있을 수 있는가? 이것은 어떻게 있을 수 있는가?

계에서 알짜 돌림힘이 0이라면 식 8.16에 의해 $\tau_{\text{net}} = (\Delta L/\Delta t) = 0$이고

$$\Delta L = L - L_0 = I\omega - I_0\omega_0 = 0$$

또는

$$I\omega = I_0\omega_0 \quad \text{(각운동량의 보존)} \tag{8.17}$$

이다. 따라서 각운동량의 보존에 대한 조건은 다음과 같다.

계에 작용하는 외부 돌림힘이 없는 경우 계의 총 각운동량은 보존된다.

내부 힘이 계의 선운동량을 바꿀 수 없듯이 내부 돌림힘도 계의 각운동량을 바꿀 수 없다.

관성 모멘트가 일정한 강체($I = I_0$)의 경우 알짜 돌림힘이 없을 때 각속력은 일정하게($\omega = \omega_0$) 유지된다. 그러나 일부 계에서는 관성 모멘트가 변화하여 다음 예제처럼 각속력의 변화를 일으킬 수 있다.

예제 8.11 **잡아당기기–각운동량의 보존**

그림 8.21에서 보여주는 것처럼 관을 통한 줄의 끝에 작은 공을 매달아 돌리고 있다. 관을 통해 줄을 잡아당길 때 공의 각속력은 증가한다. (a) 각속력의 증가는 당기는 힘에 의한 돌림힘으로부터 생기는가? (b) 공이 처음에 반지름 0.30 m의 원에서 2.8 m/s의 속력으로 원운동하였다면 줄을 당겨 원의 반지름이 0.15 m가 되었을 때 접선속력은 얼마인가? (단, 줄의 질량은 무시한다.)

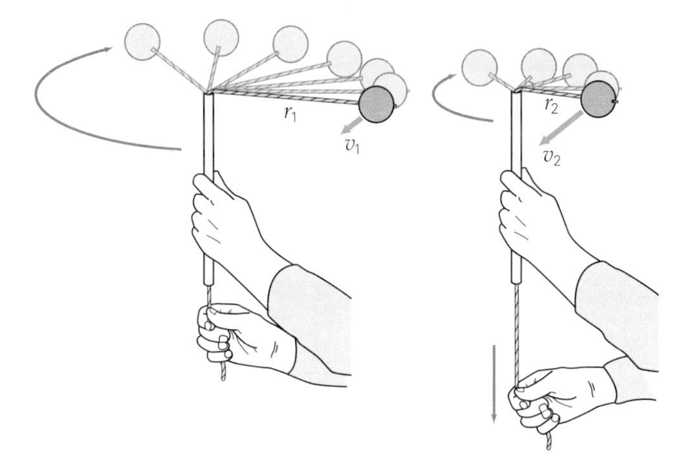

▲ **그림 8.21** **각운동량의 보존.** 관을 통해 줄을 잡아당길 때 회전하는 공의 속력이 증가한다.

풀이

문제상 주어진 값:

$$r_1 = 0.30\ \text{m},\ r_2 = 0.15\ \text{m},\ v_1 = 2.8\ \text{m/s}$$

(a) 각속도의 변화, 즉 각가속도는 줄을 잡아당기는 힘에 의한 돌림힘으로 생기지는 않는다. 줄을 통해 공에 작용하는 힘은 회전축에 작용하며 돌림힘은 0이다. 회전하는 줄의 길이를 짧게 하면 공의 관성 모멘트(그림 8.16a로부터 $I = mr^2$)는 감소한다. 외부 돌림힘이 없을 때 공의 각운동량($I\omega$)은 보존되며, I가 감소하면 ω는 증가하여야 한다.

(b) 각운동량이 보존되기 때문에 처음과 나중 각운동량의 크기는 같다.

$$I_0\omega_0 = I\omega$$

따라서 $I = mr^2$와 $\omega = v/r$을 이용하면

$$mr_1v_1 = mr_2v_2$$

이므로 다음과 같이 계산된다.

$$v_2 = \left(\frac{r_1}{r_2}\right)v_1 = \left(\frac{0.30\,\text{m}}{0.15\,\text{m}}\right)(2.8\,\text{m/s}) = 5.6\,\text{m/s}$$

즉, 반지름의 길이가 짧아지면 공의 속력이 빨라진다.

예제 8.11은 다른 관점에서 케플러의 면적일정 법칙을 이해하는 데 도움이 될 것이다. 행성의 각운동량은 다른 행성으로부터의 약한 중력 돌림힘을 무시하며 근사적으로 보존된다. (행성에 작용하는 태양의 중력은 알짜 돌림힘을 만들지 않는다. 그 이유는?) 어떤 행성이 타원 궤도에서 태양에 가까워서 모멘트 팔이 더 짧아질 때 속력은 각운동량 보존에 의해 더 커진다(따라서 면적일정 법칙은 실제로 각운동량 보

(a)

(b)

(c)

▲ 그림 8.22 **관성 모멘트의 변화.** (a) 스케이트 선수가 팔과 다리를 벌리고 천천히 회전할 때 관성 모멘트는 비교적 크다(질량이 회전축에서 더 멀어지게 된다). 외부 돌림이 작용하지 않고 고립되어 있기 때문에 각운동량인 $L = I\omega$는 보존된다는 점에 유의하라. (b) 팔과 다리를 안쪽으로 당기면 관성 모멘트가 줄어든다. (왜?) 결과적으로 ω는 증가해야 하고 그녀는 더 빨리 회전하게 된다. (c) 같은 원리는 허리케인의 중심부를 중심으로 소용돌이치는 바람의 위력을 설명하는 데 도움이 된다. 공기가 폭풍의 저압 중심부를 향해 돌진함에 따라 각운동량이 보존되려면 공기의 회전 속력이 증가해야 한다.

존의 결과물이다). 마찬가지로 궤도를 선회하는 위성의 고도가 행성을 중심으로 타원 궤도를 도는 동안 변화할 때 위성은 같은 원리에 따라 속력을 높이거나 속력을 줄인다.

8.5.2 실생활에서 각운동량

L이 일정하다면 r을 줄여 I를 더 작게 할 때 ω는 어떻게 될까? 각속력은 보상하기 위해 증가되어야 하며 L은 일정하게 된다. 빙상선수와 발레리나들이 관성 모멘트를 줄이기 위해 팔을 끌어올려 오므려 더 빨리 돌게 된다(그림 8.22a, b). 유사하게 다이버는 다이빙하는 동안 팔다리를 움츠려서 그의 관성 모멘트를 상당히 감소시킨다. 토네이도 또는 태풍의 풍속은 같은 효과의 또 다른 예를 나타낸다(그림 8.22c).

또한 각운동량은 스케이트 선수가 공중에서 회전하는 아이스 스케이팅 점프에서도 역할을 한다. 점프할 때 적용된 돌림힘은 스케이트 선수에 각운동량을 주며, 팔과 다리는 움츠려서 자신의 발끝에서 회전할 때처럼 관성 모멘트를 줄이고 각속력을 증가시킨다. 그래서 점프하는 동안 여러 번 회전하게 된다. 회전을 줄여 착지하기 위해 스케이트 선수는 팔을 벌린다. 대부분 착지는 스케이트 선수가 회전을 조절할 수 있도록 곡선을 그리면서 한다는 데 유의하여야 한다.

예제 8.12 **스케이트 선수의 모델**

실생활 상황은 일반적으로 복잡하지만 어떤 것들은 간단한 모델을 사용하여 대략적으로 분석될 수 있다. 이러한 스케이트 선수의 회전 모델은 그림 8.23에 나타나 있으며, 원통과 막대가 스케이트 선수를 나타낸다. (a)에서 스케이트 선수는 팔을 벌리고 회전하고 있고, (b)에서는 각운동량 보존으로 더 빨리 회전하기 위해 팔을 머리 위로 들어올린 것이다. 처음 회전율이 1.5초당 1회전이라고 하면 팔을 움츠렸을 때 각속력은 얼마인가?

풀이

문제상 주어진 값:

$\omega_0 = (1 \text{ rev}/1.5 \text{ s})(2\pi \text{ rad/rev}) = 4.2 \text{ rad/s}$

$M_c = 75 \text{ kg}$(원통 또는 몸 질량)

$M_r = 5.0$ kg(막대 또는 팔의 질량)

$R = 20$ cm $= 0.20$ m, $L = 80$ cm $= 0.80$ m

관성 모멘트(그림 8.16으로부터)

원통: $I_c = 1/2(M_c R^2)$ 막대: $I_r = 1/12(M_r L^2)$

먼저 평행축 정리 $I = I_{CM} + Md^2$을 사용하여 계의 관성 모멘트를 계산해 보자(식 8.8).

전: 원통의 I_c는 간단하다(그림 8.16e).

$$I_c = \frac{1}{2}M_c R^2 = \frac{1}{2}(75\,\text{kg})(0.20\,\text{m})^2 = 1.5\,\text{kg}\cdot\text{m}^2$$

평행축 정리를 사용하여 원통 회전축에 대한 수평 막대의 관성 모멘트(그림 8.23a)를 참조하라.

$$\begin{aligned} I_r &= I_{CM(rod)} + Md^2 \\ &= \frac{1}{12}M_r L^2 + M_r[R + (L/2)]^2 \\ &= \frac{1}{12}(5.0\,\text{kg})(0.80\,\text{m})^2 + (5.0\,\text{kg})(0.20\,\text{m} + 0.40\,\text{m})^2 \\ &= 2.1\,\text{kg}\cdot\text{m}^2 \end{aligned}$$

여기서 막대의 회전축과 평행한 축은 회전축으로부터 거리 $R + L/2$에 있는 것으로 하였다.

그리고 $I_0 = I_c + 2I_r = 1.5\ \text{kg}\cdot\text{m}^2 + 2(2.1\ \text{kg}\cdot\text{m}^2) = 5.7\ \text{kg}\cdot\text{m}^2$

후: 그림 8.23b에서 회전축으로부터 약 20 cm에 질량중심이 있는 것처럼 팔의 질량을 취급하면 각 팔의 관성 모멘트는 $I = M_r R^2$(그림 8.16b)이다. 그리고

$$\begin{aligned} I &= I_c + 2(M_r R^2) = 1.5\,\text{kg}\cdot\text{m}^2 + 2(5.0\,\text{kg}\cdot\text{m}^2)(0.20\,\text{m})^2 \\ &= 1.9\,\text{kg}\cdot\text{m}^2 \end{aligned}$$

따라서 각운동량 보존에 의해 $L = L_0$ 또는 $I\omega = I_0\omega_0$와

$$\omega = \left(\frac{I_0}{I}\right)\omega_0 = \left(\frac{5.7\ \text{kg}\cdot\text{m}^2}{1.9\ \text{kg}\cdot\text{m}^2}\right)(4.2\ \text{rad/s}) = 13\ \text{rad/s}$$

즉, 각속력은 3배 정도 증가한다.

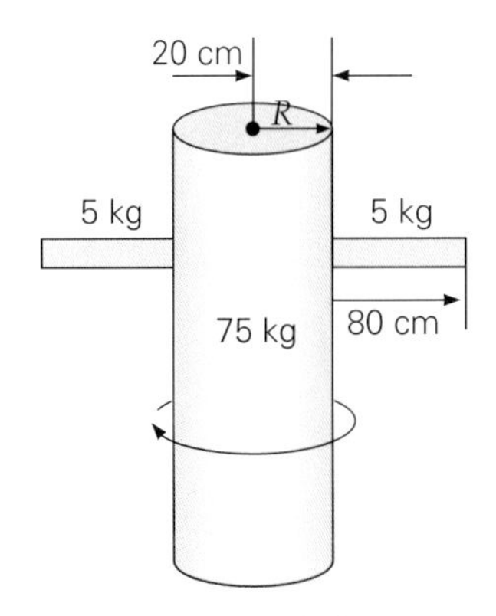

(a) 팔을 펼친 것

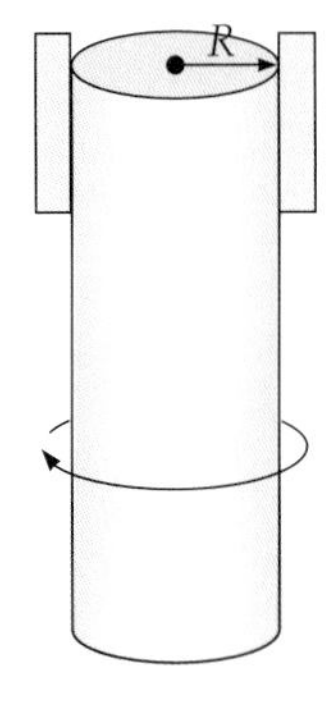

(b) 팔을 오므린 것

▲ 그림 8.23 **스케이트 선수의 모델.** 관성 모멘트의 변화와 회전

각운동량 $\vec{\mathbf{L}}$은 벡터이며 그것이 보존되거나 일정할 때 그 크기와 방향은 변하지 않아야 한다. 따라서 외부 돌림힘이 작용하지 않을 때 $\vec{\mathbf{L}}$의 방향은 고정된다. 이것이 자이로컴퍼스의 운동 뒤에 숨어있는 원리일 뿐만 아니라 미식 축구공을 정확하게 던지는 원리이다(그림 8.24). 축구공은 보통 나선형 회전을 하며 지나간다. 이 스핀 또는 자이로스코프 작용은 운동 방향으로 공의 회전축을 안정화한다. 유사하게 총알은 방향성 향상을 위해 총열에서 나선형을 따라 회전하도록 되어있다.

나침반에서 회전하는 자이로스코프 $\vec{\mathbf{L}}$는 특별한 방향(보통 북쪽)으로 놓였다. 외

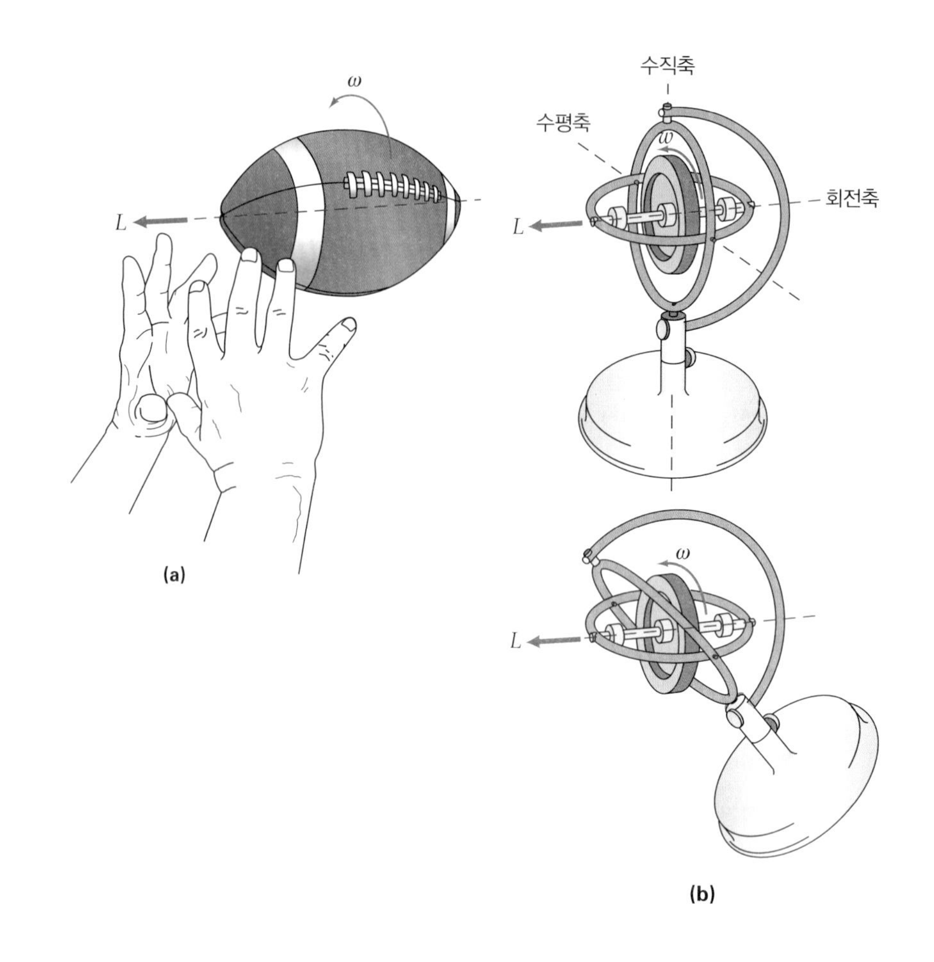

▶ **그림 8.24 각운동량의 일정 방향.** 각운동량이 보존될 때 방향은 공간에서 일정하다. **(a)** 이 원리는 날아가는 미식 축구공에서 볼 수 있다. **(b)** 자이로스코프의 작용은 링에 장착된 회전 바퀴에서 생기는데 어떤 축에 대해서도 자유롭게 회전한다. 프레임이 움직이더라도 바퀴의 회전 방향은 동일하게 유지된다. 이것이 자이로나침반의 원리이다.

부 돌림힘이 없을 때 나침반의 방향은 그 운반체(예로 비행기나 선박)의 방향이 변할지라도 고정되어있다. 축에 놓여 회전하는 장난감 자이로스코프를 생각하자. 가만히 돌고 있을 때 자이로스코프는 공간에 고정된 각운동량 벡터에 수직으로 서 있다. 자이로스코프의 무게중심은 회전축에 있어서 그 무게에 의한 알짜 돌림힘이 없다.

그렇지만 자이로스코프는 마찰 때문에 느려져서 $\vec{\mathbf{L}}$이 기울어진다. 이 운동을 관찰하면 회전축이 회전하고 있다는 것을 알 수 있다. 그것은 기울어진 채 회전하거나 세차 운동을 한다(그림 8.24b). 자이로스코프가 세차 운동을 하므로 각운동량 $\vec{\mathbf{L}}$은 더 이상 일정하지 않으며 돌림힘이 시간에 따라 변화를 만들도록 작용하여야 한다는 것을 알 수 있다. 그림으로부터 볼 수 있는 것처럼 무게중심이 더 이상 회전축 위에 있지 않기 때문에 돌림힘은 무게에 수직하게 생긴다. 순간 돌림힘은 자이로스코프의 축이 수직축에서 운동하거나 세차 운동하도록 한다.

비슷한 방법으로 지구 회전체도 세차 운동을 한다. 지구의 회전축은 태양 둘레의 공전 면에 수직한 선에 대해 23.5° 기울어져 있다. 축은 이 선에서 세차 운동을 한다(그림 8.25). 세차 운동은 태양과 달이 지구에 작용하는 약한 중력 돌림힘에 기인한다.

지구축의 세차 운동의 주기는 약 26000년이다. 그래서 세차 운동은 매일 보면 그 효과가 매우 작다. 그러나 장기적인 관점에서는 중요하다. 북극성이 항상 지구의 회전축을 가리키지 않을 것이다. 약 5000년 전에는 알파 드라코니스(Alpha Draconis)가 북쪽에 있으며 지금으로부터 5000년 후가 되면 지구축의 세차 운동에 의해 기술

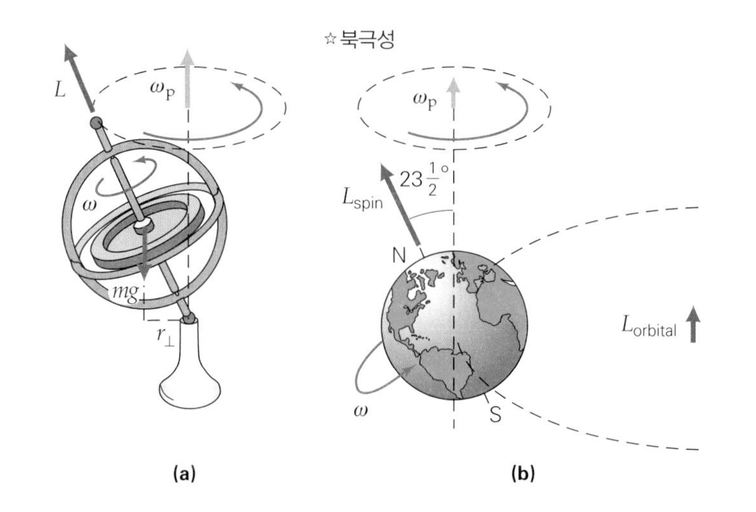

◀그림 8.25 **세차 운동.** 외부 돌림힘이 각운동량에서의 변화를 만든다. (a) 회전하는 자이로스코프에서 이 변화는 방향성이 있으며 회전축은 수직선에 대해 각속도 ω_p로 세차 운동을 한다. ($\Delta\vec{L}$과 마찬가지로 무게에 의한 돌림힘은 여기에서 그려진 것처럼 지면의 밖을 향한다.) 회전하지 않는 자이로스코프를 쓰러뜨리는 돌림힘이 있지만 회전하는 자이로스코프는 떨어지지 않는다는 데 유의하라. (b) 유사하게 지구의 축은 태양과 달에 의한 중력 돌림힘 때문에 세차 운동을 한다. 그러나 세차 운동의 주기가 약 26000년이기 때문에 이 운동을 의식하지 못한다.

된 원에 있는 극으로부터 각거리 약 68°에 있는 알파 세피(Alpha Cephei)가 될 것이다.

마지막으로 각운동량을 중요하게 다루는 예는 헬리콥터이다. 헬리콥터가 한 개의 회전 날개만 가지고 있다면 무슨 일이 생길까? 돌림힘을 제공하는 모터가 내부에 있으므로 각운동량은 보존된다. 처음에 $L = 0$이다. 그러므로 계의 전체 각운동량을 보존하기 위해 회전 날개의 몸체의 각운동량은 소거되기 위해 반대 방향이어야 한다. 따라서 이륙하면 회전 날개는 한 방향으로 회전하고 몸체는 다른 방향으로 회전하게 되는데, 이것은 바람직한 상황이 아니다.

이 상황을 방지하기 위해 헬리콥터는 두 개의 회전 날개를 가지고 있다. 큰 헬리콥터는 두 개의 겹치는 회전 날개를 가지고 있다(그림 8.26a). 반대 방향으로 회전하는

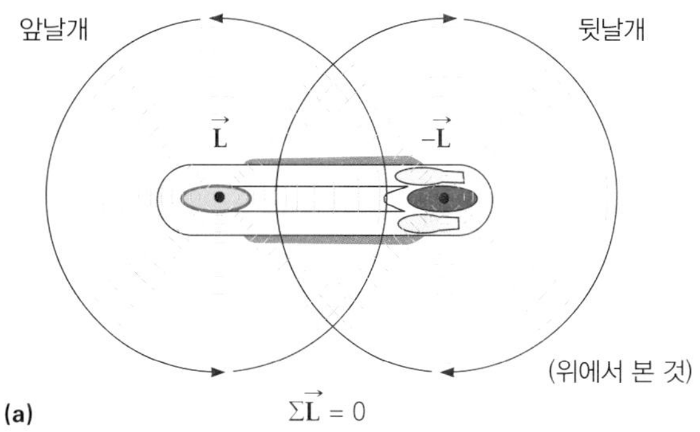

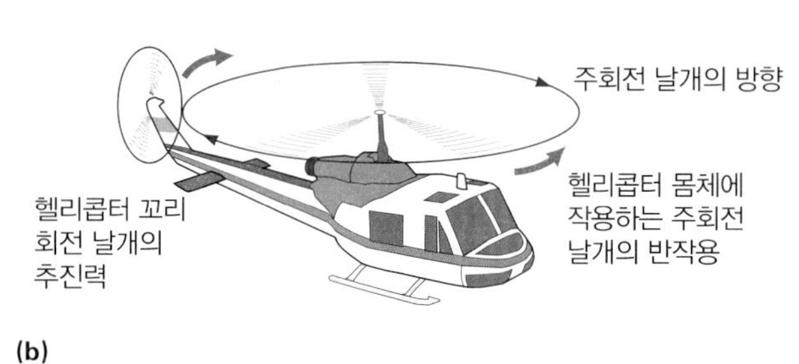

▲그림 8.26 **서로 다른 회전 장치**

회전 날개는 다른 회전 날개의 각운동량을 없애 헬리콥터 몸체는 각운동량의 상쇄를 위해 회전할 필요가 없다. 회전 날개는 충돌하지 않도록 다른 높이에 설치되어 있다.

위에 한 개의 회전 날개를 갖는 작은 헬리콥터는 꼬리 부분에 돌림힘을 상쇄하기 위한 회전 날개를 가지고 있다(그림 8.26b). 꼬리에 있는 회전 날개는 프로펠러와 같은 추진력을 만들며 위에 있는 회전 날개에 의해 만들어진 비틀림을 상쇄하는 돌림힘을 제공한다. 꼬리 부분의 회전 날개는 항공기 조정을 돕는다. 꼬리 부분의 추진력을 증가시키거나 감소시켜 헬리콥터는 한 방향 또는 다른 방향으로 회전한다.

연습문제

통합 연습문제(Integrated Exercises, IEs)는 두 부분으로 이루어진다. 첫 번째 부분은 일반적으로 기본 원칙과 추론에 기초한 개념적 답변 선택을 요구한다. 두 번째 부분은 연습의 첫 번째 부분에서 이루어진 개념적 선택과 관련된 정량적 계산을 필요로 한다. 기호(•)은 문제의 난이도를 의미한다. 쉬움(•), 보통(••), 어려움(•••)

8.1 강체, 병진과 회전

1. • 바퀴가 미끄러지지 않고 평평한 지면에서 일정하게 굴러간다. 바퀴에서 진흙 덩어리가 9시 방향(바퀴 뒤)에서 떨어져 날아가 버린다. 진흙 덩어리가 떨어져 날아간 후 운동을 기술하라.

2. • 바퀴가 미끄러지지 않고 수평면에서 5바퀴를 구르고 있다. 바퀴의 중심이 3.2 m를 움직였다면 바퀴의 반지름은 얼마인가?

3. •• 반지름이 15 cm인 공이 평지에서 구르고 있다. 이때 질량중심의 병진 속력은 0.25 m/s이다. 공이 미끄러지지 않고 굴러갈 때 질량중심의 각속력은 얼마인가?

8.2 돌림힘, 평형과 안정

4. • 볼트를 풀려면 18 m·N의 돌림힘이 필요하나. 50 N의 힘을 가할 경우 렌치의 최소 길이는 얼마가 되어야 하는가?

5. • 제한된 작업 공간 때문에 당신은 차 밑으로 기어 들어가야 한다. 따라서 플러그를 풀 때 돌림힘이 25 m·N이 되도록 해야 한다. 이때 힘을 가할 때 렌치의 길이에 수직으로 가해질 수 없다. 만약 가해야 할 힘이 렌치의 길이에 30°의 각도로 가했다면 배출 플러그를 푸는 데 필요한 힘은 얼마인가? (단, 렌치의 길이는 0.15 m이다.)

6. 두 어린이가 질량을 무시한 균일한 시소 양끝에 서로 마주보고 앉아 있다. (a) 어린이들의 질량이 다르면 시소가 평형을 유지할 수 있는가? 만약 유지한다면 그 방법은? (b) 만약 질량이 35 kg인 어린이가 회전축(또는 받침점)으로부터 2.0 m 떨어진 곳에 있다면 질량 30 kg인 아이가 시소가 평형을 유지하기 위해 반대편 끝에서 얼마나 떨어진 곳에 앉아야 할까?

7. IE •• 전화선과 전선은 기둥 사이에 처지도록 하여 어떤 것이 부딪히거나 선 위에 앉을 때 장력이 너무 크지 않도록 한다. (a) 전선줄을 완전히 수평으로 하는 것이 가능한가? 그 이유는? 또는 불가능한가? 그 이유는? (b) 한 줄이 30 m 떨어진 두 기둥 사이에 거의 완벽하게 수평으로 뻗어 있다고 가정해 보자. 만약 0.25 kg의 새 한 마리가 두 기둥 사이의 중간 부분의 줄에 앉는다면 1.0 cm가 줄어든다면 전선의 장력은 얼마일까? (단, 줄의 질량은 무시한다.)

8. •• 볼링공(질량 7.00 kg, 반지름 17.0 cm)을 너무 빨리 던졌더니 레인 아래로 회전 없이 미끄러진다(적어도 한동안). 볼링공이 오른쪽으로 미끄러지고 공과 레인 표면 사이의 미끄럼 마찰 계수가 0.400이라고 가정한다. (a) 공의 질량중심에 대한 마찰력에 의해 가해지는 돌림힘의 방향은? (b) 이 돌림힘의 크기를 결정하라.

9. •• 그림 8.27과 같이 예술가는 새와 벌의 모빌을 만들고 싶어 한다. 왼쪽 아래쪽에 있는 벌의 질량이 0.10 kg이고 각각의 수직 지지줄의 길이가 30 cm라면 다른 새와 벌의 질량은 얼마인가? (단, 막대와 줄의 질량은 무시한다.)

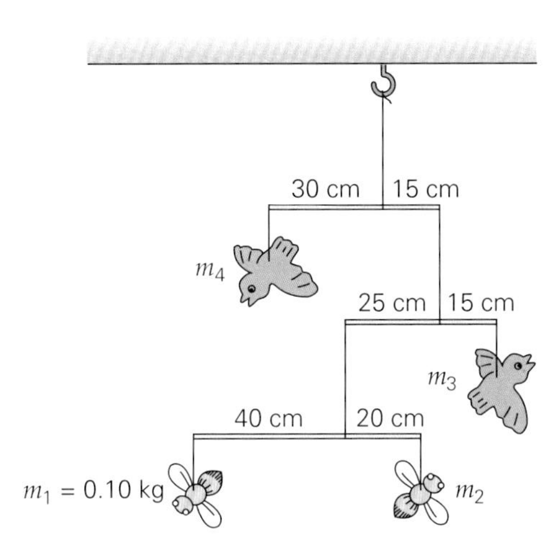

▲ 그림 8.27 **새와 벌들**

10. •• (a) 폭 25.0 cm의 균일하고 동일한 책 위에 아래 책을 기준으로 3.00 cm씩 빼내어 연속적으로 책을 평평한 표면에 쌓아 올린다면 몇 권의 책을 쌓을 수 있는가? (b) 만약 책의 두께가 5.00 cm일 경우 수평면 위 쌓은 책의 질량중심의 높이는?

11. •• 한 변이 0.500 m이고 질량이 10.0 kg의 균일한 고체인 정육면체가 평평한 표면에 놓인다. 정육면체를 불안정한 평형 위치에 놓는 데 필요한 최소 일은 얼마인가?

12. •• 질량 1.5 kg인 물체가 그림 8.28과 같이 두 개의 줄에 매달려 있다. 줄의 장력은 얼마인가?

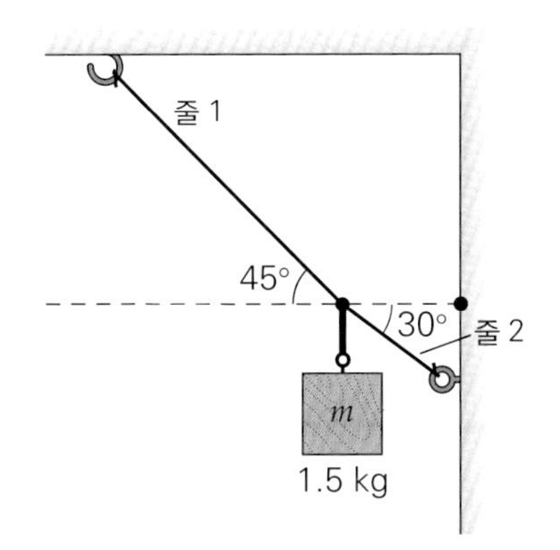

▲ 그림 8.28 **두 줄의 장력**

13. •• 그림 8.29와 같이 2.0 kg의 속이 꽉찬 원통을 감고 있는 줄에 힘을 가한다. 원통이 미끄러지지 않고 굴러간다고 가정할 때 원통에 작용하는 마찰력은?

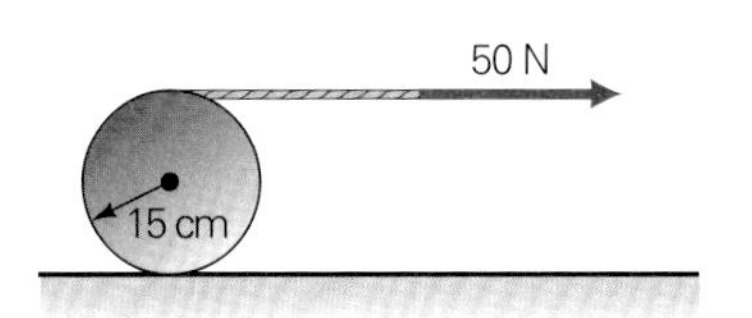

▲ 그림 8.29 **미끄럼 방지**

8.3 회전 동역학

14. • 반지름 0.20 m이고 질량 20 kg인 속이 꽉 찬 공에 20 rad/s^{2}의 각가속도를 가지려면 알짜 돌림힘은 얼마인가?

15. •• 2000 kg의 관람차가 정지 상태에서 12초 동안 20 rad/s의 각속력으로 가속한다. 관람차는 대략 반경이 30 m인 원형 판으로 이루어져 있다. 관람차의 알짜 돌림힘은 얼마인가?

16. •• 그림 8.30과 같이 두 물체가 도르래에 매달려 있다. 도르래 자체의 질량은 0.20 kg이고 회전 도르래와 그 축 사이의 마찰로 인해 0.35 m·N의 일정한 돌림힘을 가진다. 만약 물체의 질량이 $m_1 = 0.40$ kg과 $m_2 = 0.80$ kg이라 하면 줄에 매달린 물체의 가속도의 크기는 얼마인가? (줄의 질량은 무시한다.)

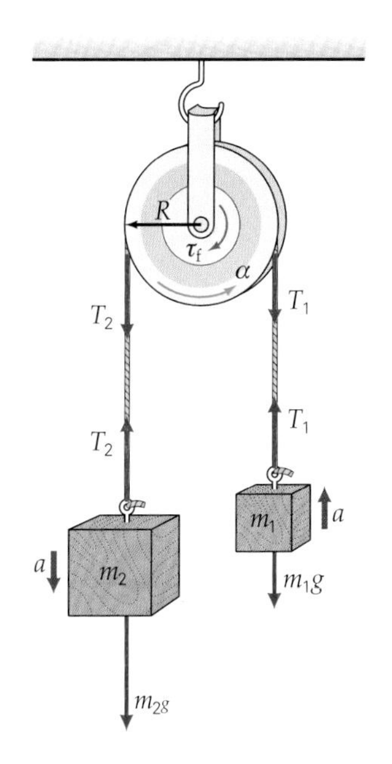

▲ 그림 8.30 **애트우드 머신**

17. •• 그림 8.31에 나타낸 계의 경우 $m_1 = 8.0$ kg, $m_2 = 3.0$ kg, $\theta = 30°$이고 도르래의 반지름과 질량이 각각 0.10 m와 0.10 kg이다. (a) 물체의 선가속도는 얼마인가? (단, 마찰

과 줄의 질량은 무시한다.) (b) 만약 도르래가 0.050 m·N의 일정한 마찰력에 의한 돌림힘을 가지고 계가 운동할 때 물체의 선가속도는 얼마인가? [힌트: 힘을 분리한다. 줄에서의 장력이 다르다.]

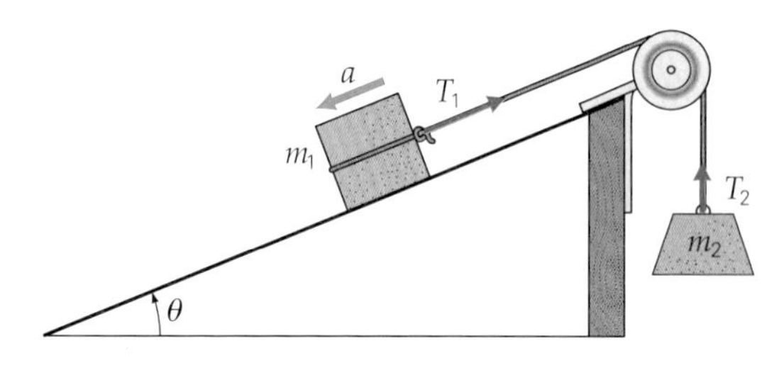

▲ 그림 8.31 **경사면과 도르래**

18. •• 동전을 막대자에 10 cm마다 놓인다. 그림 8.32와 같이 막대자의 한쪽 끝을 테이블 위에 놓고 다른 쪽 끝을 손가락으로 수평으로 잡는다. 만약 손가락을 당기면 동전들의 가속도는 얼마인가?

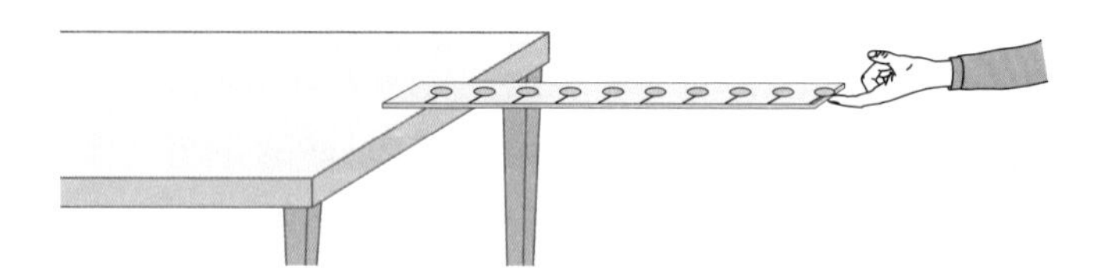

▲ 그림 8.32 **남은 동전은?**

8.4 회전 일과 운동에너지

19. • 12 m·N의 일정한 지연 돌림힘은 직경 0.80 m의 회전 바퀴를 15 m 거리에서 정지시킨다. 이때 돌림힘이 한 일은 얼마인가?

20. **IE** • 그림 8.19에서 나타낸 것과 같이 질량 m인 물체가 정지 상태에서 수직으로 내려온다. (단, 마찰과 줄의 질량은 무시한다.) (a) 역학적 에너지 보존으로부터 내려오는 물체의 선속력은 다음과 같다. (1) $\sqrt{2gh}$보다 더 크다, (2) $\sqrt{2gh}$와 같다, (3) $\sqrt{2gh}$보다 작다. (b) 만약 $m = 1.0$ kg, $M = 0.30$ kg과 $R = 0.15$ m라 하면 물체가 정지 상태에서 수직으로 2.0 m 내려온 후 선속력은 얼마인가?

21. • 반지름 0.15 m이고 질량 2.5 kg인 도르래는 축의 중심을 통해 회전한다. 도르래가 정지 상태에서 세 바퀴를 회전한 후의 각속력이 25 rad/s에 도달하려면 돌림힘은 얼마여야 하는가?

22. •• 18 cm 길이의 연필은 수평 테이블 위에서 연필 끝부분이 수직으로 서 있다. 미끄러지지 않고 넘어질 때 지우개 끝부분이 테이블에 부딪힐 경우의 접선 속력은 얼마인가?

23. •• 경사면 바닥으로부터 1.2 m 높이인 지점에서 굴렁쇠가 정지 상태에서 시작하여 중력의 영향을 받아 굴러 내려온다. 굴렁쇠가 경사면을 벗어나 수평면 위로 굴러가는 것과 같이 굴렁쇠의 질량중심의 선속력은 얼마인가? (단, 마찰은 무시한다.)

24. •• 모두 미끄러지지 않고 굴러가는 다음 물체에 대해서는 총 운동에너지의 백분율로 질량중심에 대한 회전 운동에너지를 결정하라. (a) 속이 꽉 찬 구, (b) 속이 빈 구, (c) 속이 빈 원통

25. ••• 강철 공이 경사면을 굴러 반지름 R의 원형 고리로 들어간다(그림 8.33a). (a) 트랙을 유지하기 위해서는 공이 원형 고리 상단에서의 최소 속력은 얼마인가? (b) 경사면의 수직 높이(h)에서 공이 굴러 내려와 원형 고리의 상단에서 최소 속력을 갖게 될 때 고리의 반지름은 얼마여야 하는가? (단, 마찰에 의한 손실은 무시한다.) (c) 그림 8.33b는 롤러코스터의 원형 고리를 보여주고 있다. 롤러코스터가 원형 고리 상단에 최소 속력 또는 더 큰 속력을 가질 경우 탑승자의 느낌은 어떨까? [힌트: 속력이 최소 속력 이하일 경우 어깨끈이 탑승자를 고정시킨다.]

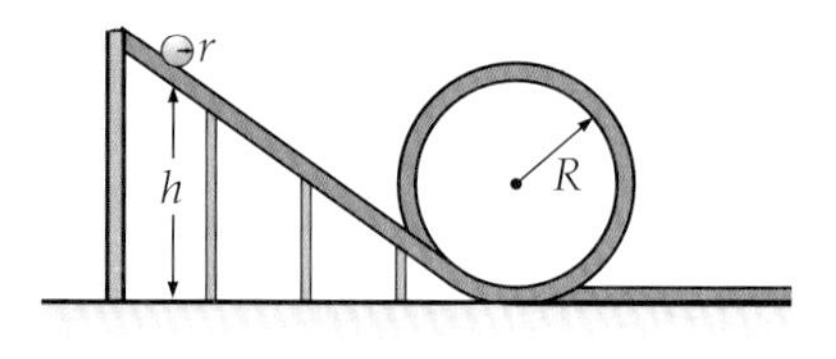

(a)

(b)

▲ 그림 8.33 **원형 고리와 회전 속력**

8.5 각운동량

26. • 반지름 0.25 m의 10 kg 회전판은 각운동량이 0.45 kg·m²/s이다. 이 회전판의 각속력은 얼마인가?

27. •• 지구는 태양을 중심으로 자전하며 자전축은 궤도면 $23\frac{1}{2}°$로 기울어져 있다. (a) 원형 궤도를 가정할 때, 태양에 대한

지구의 궤도 운동과 관련된 각운동량의 크기는 얼마인가? (b) 축에서 지구의 자전과 관련된 각운동량의 크기는 얼마인가?

28. IE•• 원형 디스크는 자동차 클러치와 변속기에 사용된다. 회전 디스크는 마찰력을 통해 정지 디스크와 결합하면 회전 디스크에서 나오는 에너지가 정지 디스크로 전달될 수 있다. (a) 결합된 디스크의 각속력은 원래 회전 디스크의 각속력보다 어떤가? (1) 더 크다, (2) 더 작다, (3) 같다. (b) 800 rpm에서 회전하는 디스크가 관성 모멘트의 3배인 정지된 디스크에 결합하면 이때의 각속력은 얼마인가?

29. •• 팔을 뻗고 빙글빙글 도는 스케이트 선수의 각속력은 4.0 rad/s이다. 그녀는 팔을 오므려 관성 모멘트를 7.5% 줄였다. (a) 그 결과로부터 각속력은 얼마인가? (b) 스케이트 선수의 운동에너지는 어떤 요소에 의해 변화하는가? (단, 마찰 효과를 무시한다.) (c) 여분의 운동에너지는 어디에서 오는가?

30. ••• 혜성은 그림 8.34에 나타낸 것처럼 태양에 접근하여 태양의 중력에 의해 굴절된다. 이 사건을 충돌로 간주하며, b를 충격 매개변수라 부른다. 충격 매개변수 및 속도(장거리에서는 v_0, 가장 가까이 접근에서는 v)에 대해서 가장 가까운 접근 거리 d를 구하라. 태양의 반경이 d에 비해 무시할 수 있다고 가정하자(그림에서 알 수 있듯이 혜성의 꼬리는 항상 태양으로부터 "점들"로 떨어져 있다).

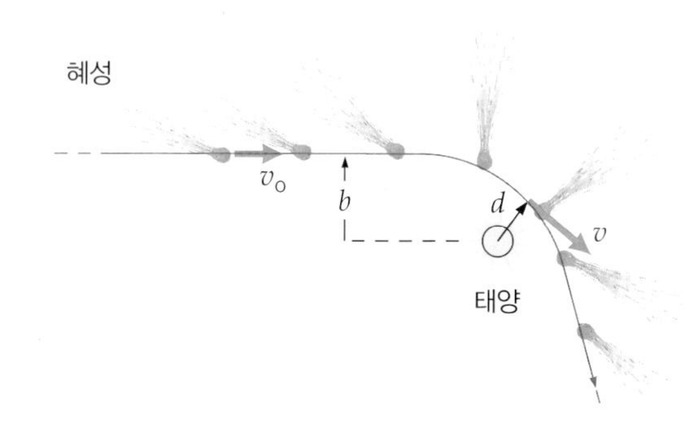

▲ 그림 8.34 **혜성 "충돌"**

고체와 유체
Solids and Fluids

CHAPTER 9

행글라이더의 리프트 및 그 이후 운동은 유체 부력과 유체 역학으로 설명할 수 있다.

이 장의 처음 사진은 흰구름, 파란 하늘 그리고 활공이 가능하게 만드는 보이지 않는 공기를 보여준다. 우리는 지구라는 고체의 표면을 걷고 가위에서 컴퓨터까지 모든 종류의 고체 물체를 이용해서 살고 있다. 하지만 우리는 유체, 즉 액체와 기체 없이는 살 수 없다. 예를 들어 마실 물이 없다면 며칠 못 가서 죽을 것이고, 숨 쉴 공기가 없다면 몇 분도 버티지 못할 것이다. 사실 우리의 몸도 생각하는 것처럼 고체로만 이루어진 것은 아니다. 몸을 이루는 물질 중 가장 많은 부분을 차지하는 것은 물이며, 생명 활동에 필수적인 화학반응들도 물이 있는 환경에서 이루어진다.

물질은 일반적으로 3개의 상태를 갖는 것으로 알려져 있다. 고체, 액체 그리고 기체가 바로 그것이다. **고체**는 특정한 모양과 부피를 가지고 있다. **액체**는 거의 일정한 부피를 가지고 있지만 용기에 따라 모양이 달라진다. **기체**는 모양과 부피가 모두 용기에 따라 달라진다. 고체와 액체는 때때로 **응집 물질**이라고 부르기도 한다. 이 장에서처럼 3가지 구분이 아니라 고체와 유체로 구별하여 생각해 볼 것이다. 액체와 기체는 유체로 본다. **유체**는 흐를 수 있는 물질을 의미하는데 고체는 흐르는 물질이 아니다.

간단히 말해 고체는 원자 간 힘에 의해서 단단하게 고정되어있는 물질로 이루어져 있다. 8.1절에서 이상적인 강체의 개념이 회전 운동을 기술하는 데 사용되었다. 고체는 절대적인 강체는 아니며 외부 힘에 의해 모양이 탄력 있게 약간 변형될 수 있다. 여기서 탄성은 고무 밴드나 용수철에 힘을 가했을 때 잠시 동안 모양이 달라지더라도 좀 있으면 원래의 모양으로 돌아가는 것을 의미한다. 사실 모든 물체가—매우 단단한 철이라 하더라도—어느 정도는 탄성이 있다. 그러나 이러한 변형은 **탄성 한계**를 가지고 있다.

하지만 유체는 이러한 탄력성이 거의 없다. 대신 힘을 가하면 유체가 흐르게 된다. 이 장에서는 유압식 리프트가 어떻게 작동하는지, 빙산과 대양 여객선이 왜 뜨는지, 모터오일이 담긴 통에 "10W-30"이라 쓰인 것은 무엇을 의미하는지 등과 같은 질문을 통해서 유체의 행동에 대해 부분적인 관심을 기울인다. 액체와 기체는 유동성 때문에 공통점이 많아 함께 이해하면 편리하다. 그러나 중요한 차이점도 있다. 예를 들어 액체의 경우 압축할 수 없으나 기체는 쉽게 압축할 수 있다.

9.1 고체와 탄성계수

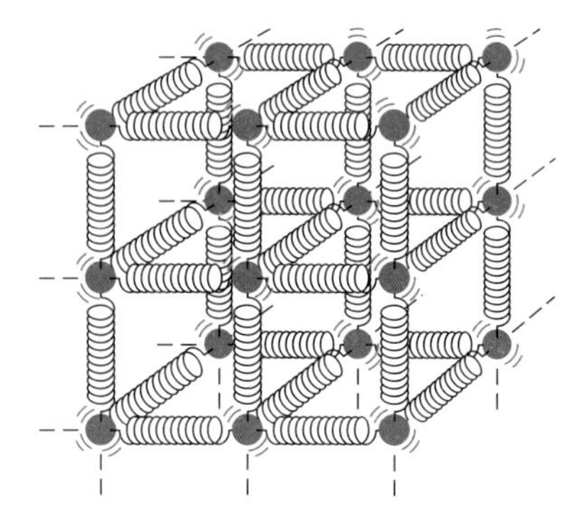

▲ 그림 9.1 **용수철 같은 고체.** 원자 간 작용하는 힘의 탄성적 성질은 변형을 저항하는 용수철로 간단히 나타내었다.

앞에서 언급했듯이 모든 고체는 약간의 탄성을 가지고 있다. 즉, 고체에 힘을 가하면 모양이 약간 변형되었다가 힘을 빼면 원래의 모양을 갖게 된다는 것을 의미한다. 대부분의 경우 이러한 변형이 눈에 띄지 않을 수 있지만 변형은 있다.

그림 9.1의 고체 모형을 생각해 보면 왜 물체가 탄성을 가지고 있는지에 대해서 쉽게 알 수 있다. 고체의 원자들은 다른 원자와 용수철로 연결되어 있다고 생각할 수 있다. 용수철의 탄성은 원자 사이의 힘을 탄성으로 나타낸다. 용수철은 영구적인 변화를 막기 때문에 원자 사이에 힘을 작용한다. 이러한 고체의 탄성을 변형력과 변형을 이용하여 나타낸다. **변형력**(stress)은 변형을 일으키는 힘을 나타낸다. **변형**(strain)은 변형력에 의한 변형의 상대적 크기를 나타낸다. 정량적으로 표현하면 **변형력은 단위 면적당 가해지는 힘이다.**

$$\text{변형력} = \frac{F}{A} \tag{9.1}$$

변형력의 SI 단위: N/m^2

여기서 F는 단면에 수직하게 가해지는 힘의 세기이다.

그림 9.2에 있는 것처럼 선의 끝에 가해진 힘은 방향에 따라서 인장력($\Delta L > 0$)이 될 수도 있고 또는 압축력($\Delta L < 0$)이 될 수 있다. 어떤 경우든 변형은 원래 길이(L_0)와 길이에서의 변화($\Delta L = L - L_0$)의 비율을 의미한다. 부호는 고려하지 않으므로 절댓값 $|\Delta L|$을 사용한다. 따라서

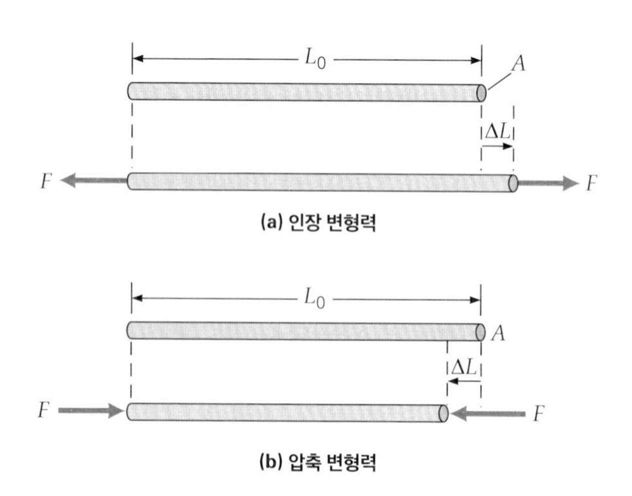

▶ 그림 9.2 **인장 변형과 압축 변형.** 인장 변형력과 압축 변형력은 물체의 표면에 수직으로 작용된 힘 때문에 생긴다. **(a)** 장력 또는 인장 변형력은 물체의 길이를 증가시킨다. **(b)** 압축 변형력은 길이를 짧아지게 한다. $\Delta L = L - L_0$은 (a)에서처럼 +가 될 것이고, (b)에서처럼 −가 될 수도 있다. 부호는 식 9.2에서 필요하지 않다. 그래서 절댓값 $|\Delta L|$가 사용된다.

$$변형 = \frac{|길이\ 변화|}{원래\ 길이} = \frac{|\Delta L|}{L_0} = \frac{|L - L_0|}{L_0} \quad (9.2)$$

변형은 양(+)의 값을 갖는 단위 없는 양(quantity)이다.

따라서 변형은 길이의 부분적인 변화다. 예를 들어 만약 변형이 0.05이면 물질의 길이는 원래의 길이에 5% 변화를 갖는다.

예상한 바와 같이 결과적인 변형력은 적용된 변형력에 따라 달라진다. 비교적 작은 변형력의 경우 이는 직접적인 비율이다. 즉, 변형력은 변형에 비례한다. 물질의 성질에 따라서 달라지는 비례 상수를 **탄성률**(elastic modulus)이라 부른다.

$$변형력 = 탄성률 \times 변형$$

또는

$$탄성률 = \frac{변형력}{변형} \quad (9.3)$$

탄성률의 SI 단위: N/m^2

따라서 탄성률은 변형력을 변형으로 나눈 값이고 변형력과 같은 단위를 갖는다.

세 가지 형태의 탄성률이 길이, 모양, 부피에서 변화를 일으키는 변형력과 관계된다. 이것은 각각 **영률**(Young's modulus), **층밀림 탄성률**(Shear modulus), **부피 탄성률**(bulk modulus)이라 한다.

9.1.1 길이의 변화: 영률

그림 9.3은 일반적인 금속 도선에서의 변형력과 변형의 관계를 나타낸다. 그래프는 비례 한계라는 곳까지는 직선이다가 이 지점 이후부터는 **탄성 한계**(elastic limit)라고 하는 한계점까지 변형이 급격하게 늘어나게 된다. 만약 이 지점에서 힘을 가하지 않는다면 물질은 원래 길이로 돌아오게 될 것이다. 하지만 한계점 이상까지 힘을 가하게 되면 물질에 영구적인 변형이 생기게 될 것이다.

직선 부분은 변형력과 변형의 비례 관계를 나타낸다. 이 관계를 1678년에 영국의

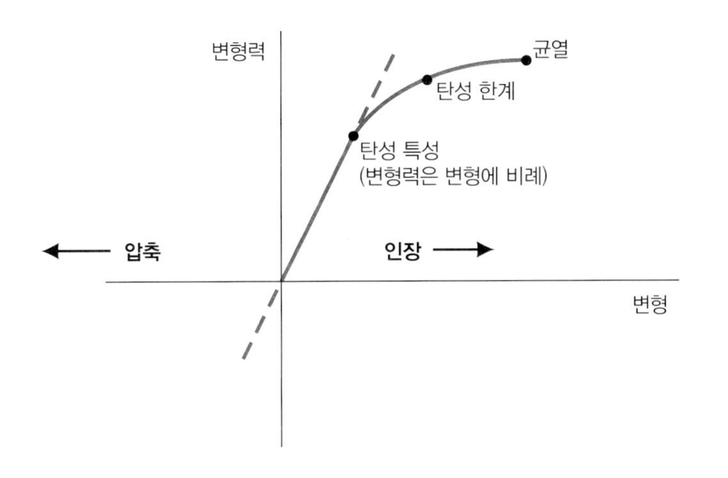

◀ 그림 9.3 **변형력과 변형**. 전형적인 금속 막대에서 변형력에 대한 변형은 비례 한계까지 선형적으로 비례한다. 그래서 탄성 변형은 탄성 한계에 도달할 때까지 이어진다. 그 한계를 넘으면 금속 막대는 영구적으로 변형되어, 결국 균열 또는 깨질 것이다.

표 9.1 여러 물질에서 탄성률(N/m²)

물질	영률(Y)	층밀림 탄성률(S)	부피 탄성률(B)
고체			
알루미늄	7.0×10^{10}	2.5×10^{10}	7.0×10^{10}
뼈	1.5×10^{10} (인장)	1.2×10^{10}	
	9.3×10^{9} (압축)		
황동	9.0×10^{10}	3.5×10^{10}	7.5×10^{10}
구리	11×10^{10}	3.8×10^{10}	12×10^{10}
유리	5.7×10^{10}	2.4×10^{10}	4.0×10^{10}
철	15×10^{10}	6.0×10^{10}	12×10^{10}
나일론	5.0×10^{9}	8.0×10^{8}	
강철	20×10^{10}	8.2×10^{10}	15×10^{10}
액체			
에틸알콜			1.0×10^{9}
글리세린			4.5×10^{9}
수은			26×10^{9}
물			2.2×10^{9}

물리학자인 후크(Robert Hooke)에 의해서 수식화되었고 **후크의 법칙**(Hooke's law)이라고 한다. 또한 인장 또는 압축에 대한 탄성률을 **영률**(Young's modulus, $\boldsymbol{Y}$)이라고 한다.

$$\frac{F}{A}=Y\left(\frac{\Delta L}{L_0}\right) \quad \text{또는} \quad Y=\frac{F/A}{\Delta L/L_0} \quad \text{(영률)} \qquad (9.4)$$

영률의 SI 단위: N/m²

여기서 영률의 단위는 변형의 단위가 없으므로 변형력의 단위와 같다. 몇 가지 물질에 대한 영률의 값이 표 9.1에 나와 있다.

영률에 대한 개념적 또는 물리적 이해를 얻기 위해서는 식 9.4를 ΔL에 대해서 풀어야 한다.

$$\Delta L=\left(\frac{FL_0}{A}\right)\frac{1}{Y} \quad \text{또는} \quad \Delta L\propto\frac{1}{Y}$$

따라서 영률이 클수록 길이의 변화는 작아지게 된다(다른 계수들과도 같다).

예제 9.1 다리를 당기기−큰 변형을 받음

대퇴골은 몸에서 가장 길고 가장 긴 뼈이다. 대퇴골이 반지름 2.0 cm의 원형 단면적을 갖는 것으로 가정하면 0.010% 만큼 환자의 대퇴골을 늘리는 데 얼마나 많은 힘이 필요한가?

풀이

문제상 주어진 값:

$r = 2.0\text{ cm} = 0.020\text{ m}$

$\Delta L/L_0 = 0.010\% = 1.0 \times 10^{-4}$

$Y = 1.5 \times 10^{10}\ \text{N/m}^2$

식 9.4를 사용하면

$$F = Y(\Delta L/L_0)A = Y(\Delta L/L_0)\pi r^2$$
$$= (1.5\times10^{10}\ \text{N/m}^2)(1.0\times10^{-4})\pi(0.020\ \text{m})^2 = 1.9\times10^3\ \text{N}$$

이것은 얼마나 큰 힘인가? 이 힘은 대략 200 kg 중의 무게에 해당하는 힘이다. 대퇴골은 아주 강한 뼈이다.

9.1.2 모양 변화: 층밀림 탄성률

탄성을 가진 물체가 변형될 수 있는 또 다른 방법은 **층밀림 변형력**에 의한 것이다. 이 경우에 변형은 표면에 접선 방향으로 가해지는 힘에 의해서 생긴다(그림 9.4a). 모양의 변화는 있지만 부피는 변하지 않는다. 층밀림 변형은 x/h로 주어지는데, 여기서 x는 면의 상대 변형 거리이고 h는 두 면 사이의 거리이다.

층밀림 변형은 층밀림 각도 ϕ로 정의되기도 한다. 그림 9.4b에서 보여준 것처럼 $\tan\phi = x/h$이다. 그러나 층밀림 각도는 보편적으로 아주 작으므로 $\tan\phi \approx \phi \approx x/h$가 된다. 여기서 ϕ는 라디안이다. **층밀림 탄성률(S)**은 다음과 같이 나타낸다.

$$S = \frac{F/A}{x/h} \approx \frac{F/A}{\phi} \quad \text{(층밀림 탄성률)} \tag{9.5}$$

층밀림 탄성률의 SI 단위: N/m^2

표 9.1에서 보는 것처럼 층밀림 탄성률은 영률보다 작다는 것을 유의하라. 실제로 S는 많은 물질에서 근사적으로 $Y/3$이다. 이것은 인장 변형력에 대한 반응보다 층밀림 변형력에 대한 반응이 크다는 것을 나타낸다. 또한 영률에서처럼 $\phi \approx 1/S$ 관계가 성립한다는 것을 유의하라.

액체는 층밀림 탄성률(또는 영률)을 가지고 있지 않다. 따라서 표 9.1에서도 공백이다. 유체는 작용되는 힘에 따라 계속 변형하기 때문에 층밀림 변형력은 액체나 기체에 효과적으로 적용할 수 없다. 즉, 유체는 층밀리기를 하지 않는다.

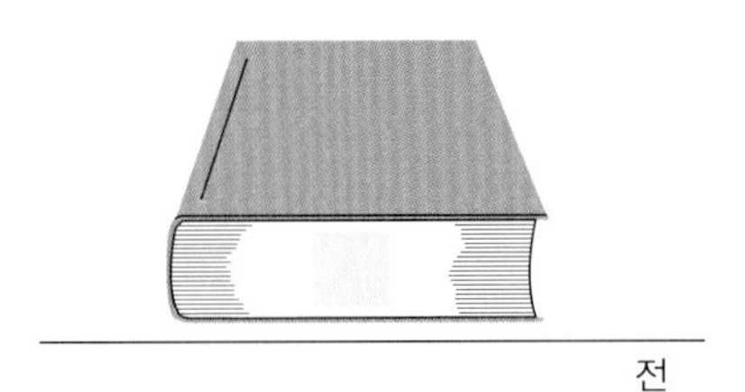

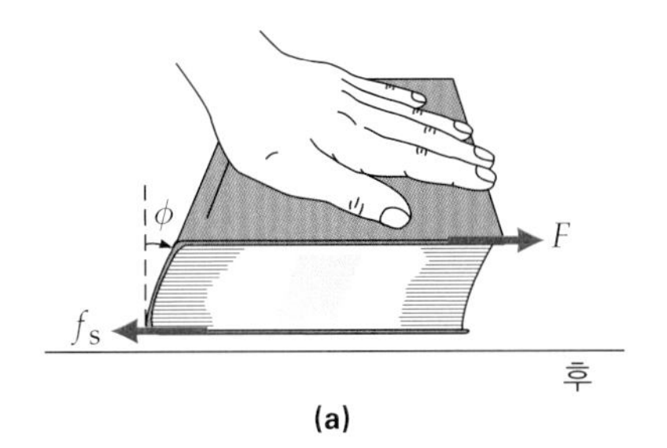

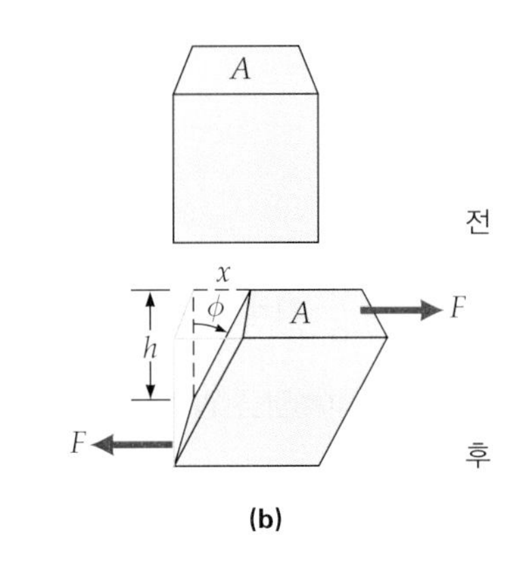

▲그림 9.4 **층밀림 변형력과 변형.** (a) 층밀림 변형력은 힘이 표면에 접선 방향으로 작용할 때 생긴다. (b) 변형은 물체 표면의 상대 변위 또는 층밀림 각도 ϕ로 측정된다.

9.1.3 부피의 변화: 부피 탄성률

물체의 전체 표면에 걸쳐서 가해지는 힘을 생각해 보자(그림 9.5). 이러한 부피 변형력은 주로 유체에서 전달되는 압력에 의해 작용된다. 탄력성이 있는 물질은 그러한 부피 변형력에 의해 압축될 것이다. 즉, 물질은 압력 변화 Δp에 따라 일반적인 형태 변화가 아닌 부피 변화가 생길 것이다. [압력(p)는 단위 면적당 힘; 9.2절] 압력 변화는 부피 변형력과 같고, 또 $\Delta p = F/A$이다. 부피 변형은 원래 부피(V_0)에 대한 부피 변화(ΔV)의 비율이다. 따라서 **부피 탄성률**(bulk modulus, B)는 다음과 같이 나타낸다.

$$B = \frac{F/A}{-\Delta V/V_0} = -\frac{\Delta p}{\Delta V/V_0} \quad \text{(부피 탄성률)} \tag{9.6}$$

부피 탄성률의 SI 단위: N/m^2

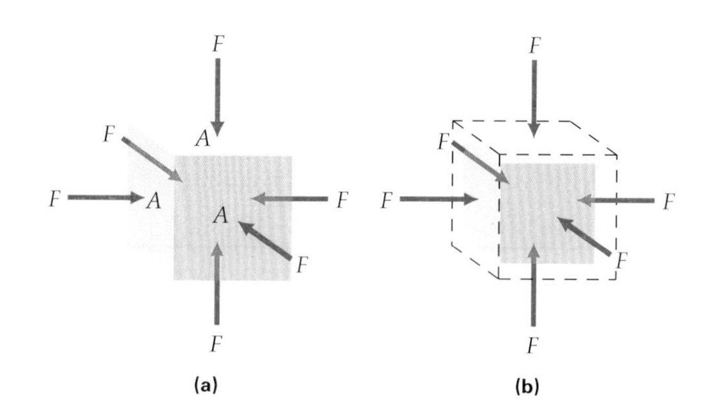

▶ 그림 9.5 **부피 변형력과 변형.** (a) 부피 변형력은 수직력이 정육각형에 대해 같은 표면 전체에 작용될 때 생긴다. 이러한 형태의 변형력은 보통 기체에서 생긴다. (b) 결과적인 변형은 부피의 변화이다.

여기서 마이너스 부호는 외부 압력에 대해 $\Delta V = V - V_0$이 음수이기 때문에 B를 양수로 만들기 위해 도입한 것이다(Δp가 양수일 때). 앞의 탄성률들의 관계식과 비슷하게 $\Delta V \propto 1/B$이다.

선택된 고체와 액체의 부피 탄성률은 표 9.1에 나와 있다. 기체도 압축될 수 있으므로 부피 탄성률을 가지고 있다. 기체에 대해 부피 탄성률의 역수인 **압축률**(compressibility, $\boldsymbol{k}$)이라 한다:

$$k = \frac{1}{B} \quad \text{(기체에 대한 압축률)} \tag{9.7}$$

여기서 부피의 변화 ΔV는 압축률 k와 비례한다.

고체와 액체는 비교적 잘 압축되지 않으므로 낮은 압축률을 가지고 있다. 반대로 기체는 쉽게 압축될 수 있으므로 높은 압축률을 가지고 있는데, 이 값은 압력과 온도에 따라 달라진다.

예제 9.2 액체 압축–부피 변형력과 부피 탄성률

물 1 L를 0.10%만큼 압축하기 위해 압력은 얼마나 변화시켜야 하는가?

풀이

문제상 주어진 값:

$$-\Delta V/V_0 = 0.0010(\text{또는 } 0.10\%)$$
$$V_0 = 1.0 \text{ L} = 1000 \text{ cm}^3$$
$$B_{H_2O} = 2.2 \times 10^9 \text{ N/m}^2 \text{ (표 9.1)}$$

$-\Delta V/V_0$는 부피에서의 변화율이므로 $V_0 = 1000 \text{ cm}^3$에서 부피 변화는

$$-\Delta V = 0.0010\ V_0 = 0.0010(1000 \text{ cm}^3) = 1.0 \text{ cm}^3$$

이다. 그러나 부피 변화는 필요하지 않다. 주어진 값에서처럼 변화율은 압력에서의 증가를 구하기 위해 식 9.6을 직접 사용할 수 있다.

$$\Delta p = B\left(\frac{-\Delta V}{V_0}\right) = (2.2\times10^9 \text{ N/m}^2)(0.0010) = 2.2\times10^6 \text{ N/m}^2$$

(이것은 보통 대기압의 약 22배이다.)

9.2 유체: 압력과 파스칼의 원리

면 전체에 힘을 가할 때, **압력**(pressure)이라 하고 단위 면적당 힘으로 다음과 같이 정의한다.

$$p = \frac{F}{A} \quad (\text{압력}) \tag{9.8a}$$

압력의 SI 단위: N/m^2 또는 Pa(pascal)

유체와 압력을 연구한 프랑스의 과학자이며 철학자인 블레즈 파스칼(Blaise Pascal, 1623~1662)을 기리기 위해 압력은 N/m^2 또는 **파스칼(Pa)**의 SI 단위를 가지고 있다.

식 9.8a에서의 힘은 표면에 수직하게 작용하는 것으로 생각한다. F는 표면에 가해지는 힘 중 수직 방향의 힘 성분이다(그림 9.6).

그림 9.6에서 볼 수 있듯이 좀 더 일반적인 경우는

$$p = \frac{F_{\perp}}{A} = \frac{F\cos\theta}{A} \tag{9.8b}$$

로 표현한다.

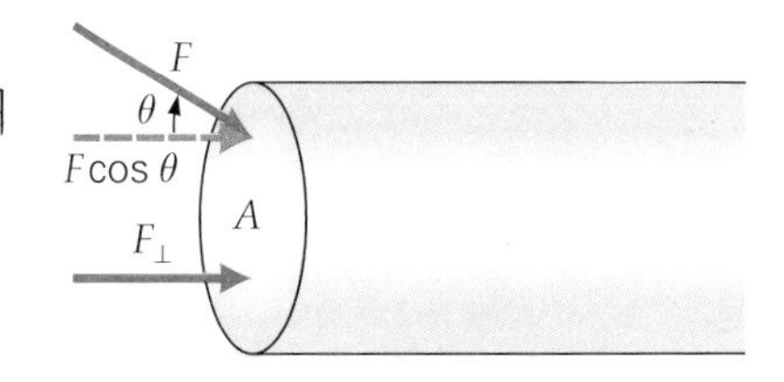

$$p = \frac{F_{\perp}}{A} = \frac{F\cos\theta}{A}$$

▲ 그림 9.6 **압력.** 압력은 보통 $p = F/A$라 쓰고, 여기서 F는 표면에 수직인 힘이다. 그래서 일반적으로 $p = F(\cos\theta)/A$이다.

이제 유체에 있어 중요한 고려사항인 밀도에 대해 간단히 검토해 보자. 1.4절에서 밀도(ρ)는 단위 부피당 질량(식 1.1)으로 정의하였다.

$$\text{밀도} = \frac{\text{질량}}{\text{부피}}$$

$$\rho = \frac{m}{V}$$

밀도의 SI 단위: kg/m^2

몇몇 일반 물질에 대한 밀도가 표 9.2에 주어져 있다.

물은 1.00×10^3 kg/m^3의 밀도를 가지고 있다(1.2절). 수은은 13.6×10^3 kg/m^3의

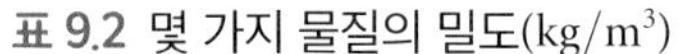

표 9.2 몇 가지 물질의 밀도(kg/m^3)

고체	밀도(ρ)	액체	밀도(ρ)	기체	밀도(ρ)
알루미늄	2.7×10^3	에틸알콜	0.79×10^3	공기	1.29
황동	8.7×10^3	메틸알콜	0.82×10^3	헬륨	0.18
구리	8.9×10^3	피	1.05×10^3	수소	0.090
유리	2.6×10^3	혈장	1.03×10^3	산소	1.43
금	19.3×10^3	가솔린	0.68×10^3	100°C 수증기	0.63
얼음	0.92×10^3	등유	0.82×10^3		
철	7.8×10^3	수은	13.6×10^3		
납	11.4×10^3	해수(4°C)	1.03×10^3		
은	10.5×10^3	담수(4°C)	1.00×10^3		
목재	0.81×10^3				

밀도를 가지고 있다. 따라서 수은은 물에 비해서 밀도가 13.6배이다. 그러나 가솔린은 물보다 밀도가 작다. 표 9.2를 참조하라.

9.2.1 압력과 깊이

만약 스쿠버 다이빙을 한다면 깊이가 깊어질수록 압력이 증가한다는 것을 느낄 것이다. 다시 말해 고막에 가해지는 압력의 증가를 느낄 것이다. 비행기를 타거나 차를 타고 산을 오를 때 이 반대 현상을 느낄 수 있다. 고도가 높아지면 외부 기압 감소로 귀가 "뻥" 뚫릴지도 모른다.

용기에 담겨 있는 액체를 생각해 보면 깊이에 따라 압력이 달라지는 것을 쉽게 알 수 있다. 그림 9.7에서처럼 물에서 가상적 직육면체 액체 기둥을 분리할 수 있다고 상상해 보자. 그러면 그림에 있는 손이 느끼는 힘은 직육면체의 질량의 무게와 같아질 것이다. $F = w = mg$. 밀도는 $\rho = m/V$이므로 직육면체 속의 질량은 밀도에 부피를 곱한 것과 같아진다. 따라서 $m = \rho V$가 된다. (액체는 압축할 수 없는 것으로 간주되므로 ρ는 일정하다.)

고립된 직육면체 액체 기둥의 부피는 밑면적에 높이를 곱한 것과 같다. 즉, $V = hA$이다. 따라서

$$F = w = mg = \rho Vg = \rho ghA$$

이다. $p = F/A$이므로 깊이 h일 때 물 기둥의 무게에 의한 압력은 다음과 같다.

$$p = \rho gh \quad (\text{깊이 } h\text{에서 유체 압력}) \tag{9.9}$$

이것은 압축이 되지 않는 일반적 결과이다. 압력은 깊이가 같은 곳에서는 모두 동일하다(ρ와 g는 일정하므로). 식 9.9는 직육면체 액체 기둥의 밑면의 넓이와는 무관하다. 그림 9.7의 용기에 있는 액체의 전체 원통형 기둥은 동일한 결과를 얻을 수 있었다.

식 9.9를 유도할 때 액체 표면 위에서 누르는 압력은 계산하지 않았다. 이 압력도 추가해서 깊이 h에 따른 총 압력은

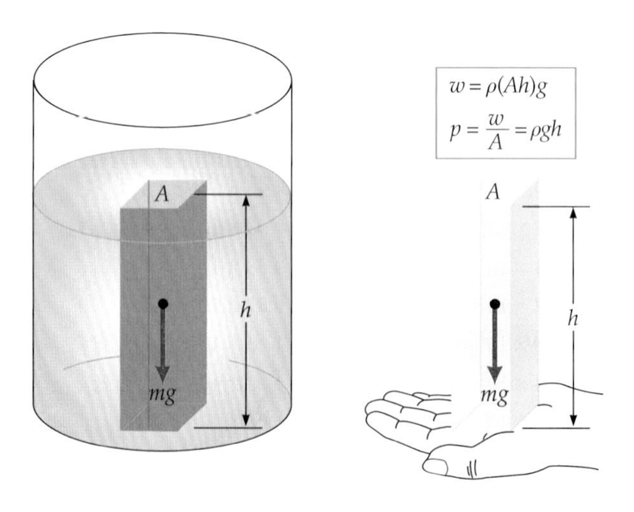

▶ **그림 9.7 압력과 깊이.** 액체 내 깊이 h에서 추가 압력은 위에 있는 액체의 무게 때문에 생긴다. $p = \rho gh$. 여기서 ρ는 액체의 밀도이다(일정하고 가정한다). 이것은 가상적 직육면체 액체 기둥을 나타낸다.

$$p = p_0 + \rho gh \quad (\text{깊이 } h\text{에서 총 유체 압력}) \qquad (9.10)$$

이다. 여기서 p_0는 액체 표면에 가해지는 압력이다($h = 0$인 지점에서 가해지는 압력). 뚜껑이 없는 용기의 경우 $p_0 = p_a$, 즉 대기압이 된다. 해수면을 기준으로 한 평균 대기압은 때때로 **atm**(atmosphere)이라는 단위를 사용하여 나타내기도 한다.

$$1 \text{ atm} = 101.325 \text{ kPa} = 1.01325 \times 10^5 \text{ N/m}^2$$

대기압의 측정은 곧 설명될 것이다.

예제 9.3 **스쿠버 다이버-압력과 힘**

깊이가 8 m인 호수에서 스쿠버 다이버의 등에 작용하는 전체 압력은 얼마인가? (b) 다이버 등의 표면적이 60.0 cm × 50.0 cm인 사각형이라면 이 등에 작용하는 힘은 얼마인가?

풀이

문제상 주어진 값:

$h = 8.00$ m

$A = 60.0 \text{ cm} \times 50.0 \text{ cm}$

$= 0.600 \text{ m} \times 0.500 \text{ m} = 0.300 \text{ m}^2$

$p_a = 1.01 \times 10^5 \text{ N/m}^2$

(a) 총 압력은 물과 대기압(p_a)에 의한 압력의 합이다. 식 9.10에 의해 이것은

$$p = p_a + \rho gh$$
$$= (1.01\times10^5 \text{ N/m}^2) + (1.00\times10^3 \text{ kg/m}^3)(9.80 \text{ m/s}^2)(8.00 \text{ m})$$
$$= (1.01\times10^5 \text{ N/m}^2) + (0.784\times10^5 \text{ N/m}^2)$$
$$= 1.79\times10^5 \text{ N/m}(\text{또는 Pa})$$
(대기압으로 나타내면) ≈ 1.8 atm

이다. 또한 이것은 다이버에 작용하는 압력이다.

(b) 물에 의한 압력 p_{H_2O}은 앞의 식에서 ρgh이고, $p_{H_2O} = 0.784 \times 10^5 \text{ N/m}^2$이다.

따라서 $p_{H_2O} = F/A$이므로

$$F = p_{H_2O}A = (0.784\times10^5 \text{ N/m}^2)(0.300 \text{ m}^2)$$
$$= 2.35\times10^4 \text{ N} \text{ (약 2.6톤!)}$$

9.2.2 파스칼의 원리

비압축인 액체의 전체 표면 위에 압력이 증가하면 액체 또는 경계 표면의 어느 지점에서든 압력이 동일한 양만큼 증가한다. 이 효과는 밀폐된 통에 들어 있는 유체에 피스톤을 이용하여 압력을 가할 때와 동일하다(그림 9.8). 유체에서 압력의 전달은 파스칼에 의해서 관찰되었고, 관찰된 효과는 **파스칼의 원리**(Pascal's principle)라 부른다.

> 밀폐된 유체에 가해지는 압력은 유체의 모든 부분과 용기의 벽으로 그대로 전달된다.

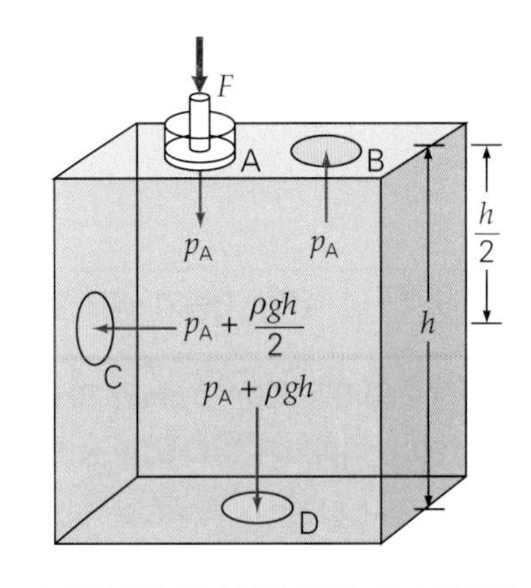

▲그림 9.8 **파스칼의 원리.** 점 A에 작용된 압력은 액체의 모든 부분과 용기의 벽까지 그대로 전달된다. 또한 다른 깊이에서는 위에 있는 유체의 무게로 생긴 압력이 있다(예를 들어 C에서 $\rho gh/2$이고 D에서는 ρgh이다).

비압축 액체의 경우 압력의 변화가 즉각적으로 전달된다. 기체의 경우 압력이 가해지면 부피가 줄거나 온도가 올라가게 되는데 평형점에 도달하게 되면 파스칼의 원리가 성립하게 된다.

파스칼의 원리의 실용적 적용은 자동차에 사용되는 유압 제동계통을 포함한다. 브레이크 유체가 가득 채워진 자동차는 튜브를 통해서 브레이크 페달에 가해지는 힘이

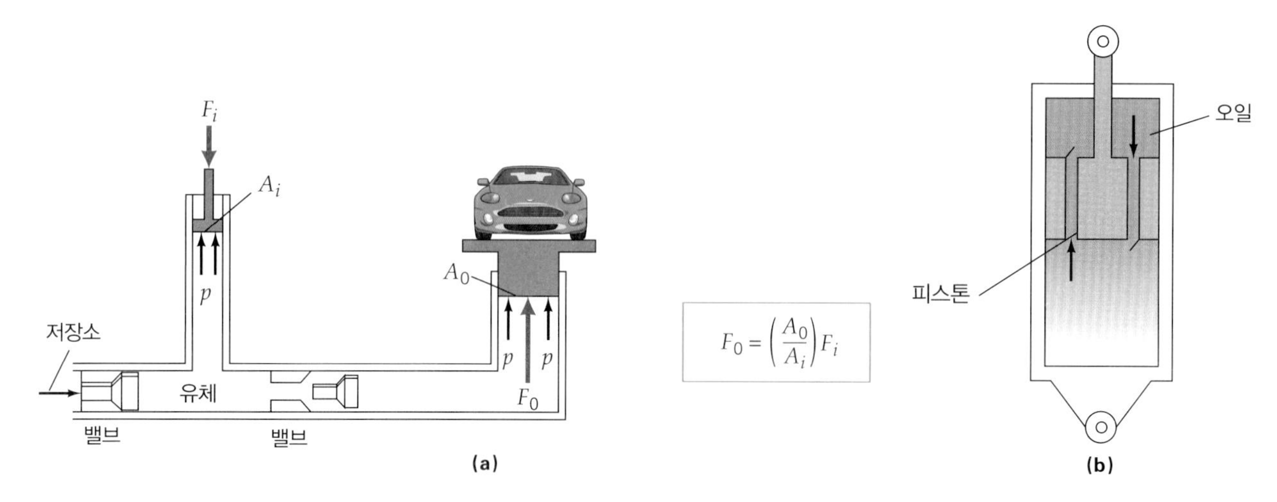

▲ 그림 9.9 **유압 기증기와 충격 흡수기.** (a) 입구와 출구에서의 압력이 같으므로(파스칼의 원리), 작은 힘으로 피스톤 면적에 비례하는 큰 힘을 만든다. (b) 단순한 충격 흡수기의 단면도

휠 브레이크 실린더로 옮겨지게 된다. 유사하게 유압 기증기와 잭도 자동차나 무거운 물체를 들어 올리는 데 사용한다(그림 9.9).

파스칼의 원리를 이용해서 힘을 한쪽에서 다른 쪽으로 이동할 수 있을 뿐만 아니라 힘을 증가시킬 수도 있다. 예를 들어 F_i인 힘이 A_i에 가해지고 이렇게 힘을 가하므로 인해서 다른 쪽 A_0의 면적에 F_0의 힘이 가해진다고 하자. $p_i = p_0$이기 때문에 다음과 같이 나타낸다.

$$\frac{F_i}{A_i} = \frac{F_0}{A_0}$$

와

$$F_0 = \left(\frac{A_0}{A_i}\right) F_i \quad (\text{유압 힘의 증가}) \tag{9.11}$$

여기서 A_0가 A_i보다 크다면 F_0는 F_i보다 커질 것이다. 이런 방식으로 힘을 증가할 수 있다. 만약 입력 피스톤이 상대적으로 작은 면적을 가질 경우 입력되는 힘은 이보다 더 큰 힘으로 증가될 것이다.

예제 9.4 유압 기증기–파스칼의 원리

주차장 기증기가 지름 10 cm와 30 cm의 입구 및 출구 피스톤을 가지고 있다. 기증기가 1.4×10^4 N의 차량을 들어 올리는 데 사용된다. (a) 입구 피스톤에 작용하는 힘은 얼마인가? (b) 입구 피스톤에 작용하는 압력은 얼마인가?

풀이

문제상 주어진 값:

$d_1 = 10\ \text{cm} = 0.10\ \text{m},\ d_0 = 30\ \text{cm} = 0.30\ \text{m}$

$F_0 = 1.4 \times 10^4\ \text{N}$

(a) 식 9.11을 재정리하고, 원형 피스톤 ($r = d/2$)에 대해 $A = \pi r^2 = \pi d^2/4$를 사용하면

$$F_i = \left(\frac{A_i}{A_0}\right) F_0 = \left(\frac{\pi d_i^2/4}{\pi d_0^2/4}\right) F_0 = \left(\frac{d_i}{d_0}\right)^2 F_0$$

또는

$$F_i = \left(\frac{0.10\ \text{m}}{0.30\ \text{m}}\right)^2 F_0 = \frac{F_0}{9} = \frac{1.4 \times 10^4 \text{N}}{9} = 1.6 \times 10^3\ \text{N}$$

가 된다. 입구에 작용하는 힘은 출구에 작용하는 힘의 1/9이

다. 즉, 이 힘은 9배 만큼 증가된다(즉, $F_0 = 9F_i$).

(실제로 문제를 푸는 데 면적에 대한 완전한 식을 사용할 필요가 없었다. 원의 면적은 원의 지름의 제곱에 비례한다. 피스톤 지름의 비가 3 : 1이라면 면적의 비는 9 : 1이 된다. 따라서 식 9.11에는 직접 이 비를 사용했다.)

(b) 식 9.8a를 적용하면

$$p_i = \frac{F_i}{A_i} = \frac{F_i}{\pi r_i^2} = \frac{F_i}{\pi(d/2)^2} = \frac{1.6\times10^3\,\text{N}}{\pi(0.10\,\text{m})^2/4}$$
$$= 2.0\times10^5\,\text{N/m}^2 \quad (= 200\,\text{kPa})$$

이 된다. 이 압력은 일반적으로 자동차에 사용되는 압력이며, 대기압의 2배가 된다.

예제 9.4에서처럼 피스톤에 작용하는 힘과 반지름 사이에는 아래와 같은 관계가 있다. $F_i = (d_i/d_0)^2 F_0$ 또는 $F_0 = (d_0/d_i)^2 F_i$, $d_0 \gg d_i$로 만들어서 힘을 증가시킬 수 있다. 이러한 방식으로 유압 압축기, 잭 등이 동작한다. 또한 반대로 하면 힘을 줄일 수 있다. 하지만 이렇게 힘을 증가하는 것이 저절로 얻어지는 것이 아니다. 에너지는 증가되지 않는다. 즉, 하는 일은 $W_0 = W_i$로 같아야 한다.

$$F_0 x_0 = F_i x_i$$

또는

$$F_0 = \left(\frac{x_i}{x_0}\right) F_i$$

여기서 x_0, x_i는 피스톤이 움직인 거리를 의미한다.

따라서 입력거리가 출력거리보다 훨씬 큰 경우에만 출력 힘이 입력 힘보다 훨씬 클 수 있다. 예를 들어 $F_0 = 10\,F_i$라면 $x_i = 10\,x_0$가 되게 된다. 입력 피스톤은 출력 피스톤에 비해서 10배 더 많이 움직여야 한다. 즉, **힘이 증가한 만큼 움직인 거리는 늘어나야 한다**.

9.2.3 압력 측정

압력은 용수철이 장착된 기구(타이어의 게이지처럼)를 이용해 측정할 수 있다. 압력계는 액체를 사용하여 압력을 측정한다. 관의 끝부분이 **열린 압력계**가 그림 9.10a에 보였다. U자 모양의 관 한쪽 끝은 대기에 나와 있고 다른 쪽은 압력을 측정할 기체가 들어있는 통에 연결되어 있다. U자 관의 액체는 유체 저장고 역할을 하여 파스칼의 원리에 따라 압력을 전달한다.

기체의 압력(p)는 액체의 기둥에 의한 압력(기둥의 높이 차, 높이 h)과 열려진 액체 표면에서의 대기압(p_a)에 의해서 균형이 맞춰지게 된다.

$$p = p_a + \rho g h \quad (\text{절대 압력}) \tag{9.12}$$

여기서 압력 p는 **절대 압력**(absolute pressure)이라 한다.

압력계를 이용하여 게이지 압력을 측정할 수 있다. 자동차 타이어 압력계가 그 예가 될 수 있다(그림 9.10b). 이러한 압력계는 **계기 압력**(gauge pressure)을 측정한다. 압력계는 대기압 이상(또는 이하)의 압력만 측정한다. 따라서 절대 압력(p)을 얻으

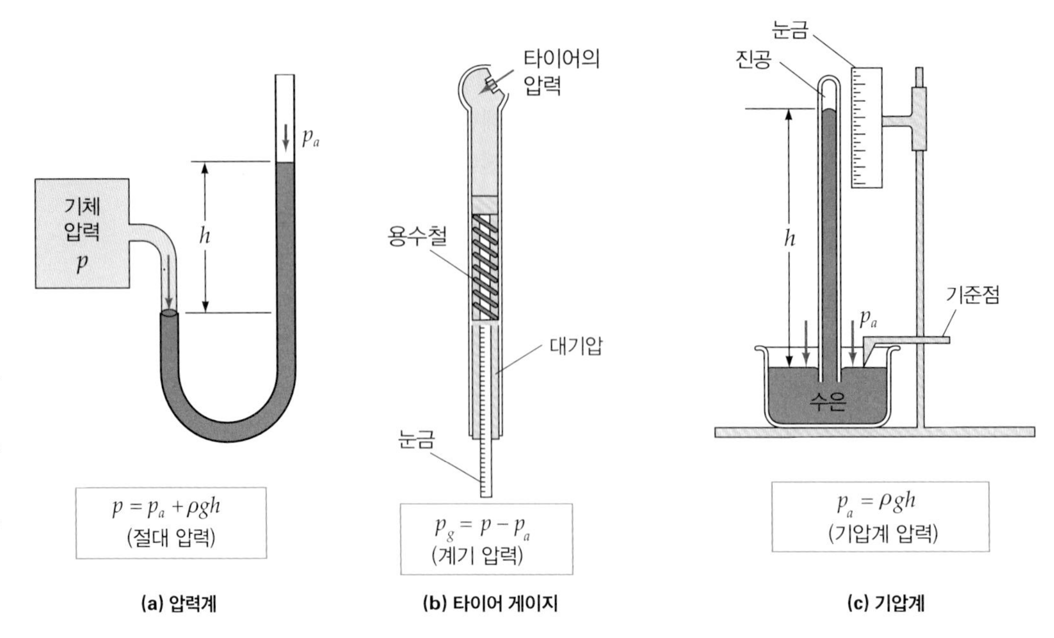

▶ 그림 9.10 **압력 측정.** (a) 압력계에서 용기 내 기체 압력은 액체 기둥의 압력과 열린 액체 표면에 작용하는 대기압에 의해 균형을 유지한다. 기체의 절대 압력은 대기압 p_a와 계기 압력 ρgh의 합과 같다. (b) 타이어 압력계는 타이어의 압력과 대기압의 차이인 계기 압력을 측정한다. $p_g = p - p_a$. 따라서 타이어 압력계가 200 kPa을 가리킨다면 타이어의 실제 압력은 1 atm 보다 높은 300 kPa가 된다. (c) 기압계는 대기압에 노출된 기압계로 대기압만을 측정한다.

려면 대기압(p_a)에 계기 압력(p_g)을 더해야 한다. $p = p_a + p_g$, 여기서 곧 보여지듯이 $p_a = 101$ kPa이다.

예를 들어 타이어 게이지 압력이 200 kPa라고 가정해 보자. 타이어 내의 절대 압력은 $p = p_a + p_g = 101\text{ kPa} + 200\text{ kPa} = 301\text{ kPa}$가 된다. 따라서 타이어의 내부 절대 압력은 45 psi이고 바깥 부분은 15 psi가 된다. 만약 밸브를 열거나 구멍이 난다면 내부와 외부 압력이 동일하게 되므로 타이어는 펑크가 날 것이다!

대기압은 **기압계**를 이용해서 측정할 수 있다. 수은 기압계의 원리가 그림 9.10c에 나와 있다. 이 기구는 에반젤리스타 토리첼리(Evangelista Torricelli, 1608~1647)에 의해 발명되었고, 플로렌스의 한 대학에서 수학교수로서 갈릴레오의 후계자이었다. 간단한 기압계는 수은으로 가득 찬 관이 뒤집힌 모양으로 되어 있다. 수은 중 어느 정도는 밑으로 빠져 나오겠지만 대기압에 의해서 관 안의 수은이 평형점을 찾게 된다. 이 장치는 관의 끝이 막힌 압력계라고 생각할 수 있고 여기서 계기 압력이 0이므로 대기압을 측정한다.

대기압은 수은 기둥의 무게에 의한 압력과 같다. 또는

$$p = \rho gh \tag{9.13}$$

표준 대기압은 0°C 해수면에서 76 cm의 수은 기둥을 지탱하는 압력을 의미한다.

대기압의 변화는 수은 기둥의 높이가 달라지므로 관찰할 수 있다. 이러한 대기압의 변화는 고기압과 저기압의 변화에 의해서 달라진다. 대기압은 이 수은 기둥의 높이로 나타내며 일기예보에서도 이 값을 사용한다. 즉

$$1\text{ atm}(\text{약 }101\text{ kPa}) = 76\text{ cmHg} = 760\text{ mmHg}$$

토리첼리를 기리는 뜻에서 1 mm의 수은을 지탱하는 압력에 1 torr라는 이름이 주어진다.

◀그림 9.11 **아네로이드 기압계.** 민감한 금속 격막의 대기압 변화는 기압계의 다이얼 면에 표시된다. 맑은 날씨에 대한 예측은 일반적으로 기압이 낮고 비가 오는 날씨와 관련이 있다.

$$1 \text{ mmHg} = 1 \text{ torr}$$

와

$$1 \text{ atm} = 760 \text{ torr}$$

수은이 독성 물질이기 때문에 기압계에 봉인되어 있다. 대기압 측정에 널리 사용되는 안전하고 저렴한 장치는 **아네로이드 기압계**이다. 아네로이드 기압계에서는 진공 용기의 민감한 금속 격막이 압력 변화에 반응하며, 이 변화는 다이얼 면에 표시된다. 이것은 장식벽 마운팅에 있는 집에서 흔히 볼 수 있는 기압계다(그림 9.11). 최신 디지털 기압계는 다양한 용량성, 전자기, 압전 또는 광압 센서를 사용할 수 있다.

공기는 압축이 가능하기 때문에 대기 밀도와 압력은 지표면에서 최대가 되고 고도가 올라감에 따라서 작아진다. 우리는 지표면에 살고 있지만 이러한 대기의 압력을 잘 느끼지 못한다. 이는 우리의 몸을 이루고 있는 액체가 대기압과 같은 압력으로 작용하기 때문이다. 사실 외부 압력은 우리 몸이 정상적으로 동작하는 데 있어서 매우 중요하다. 예를 들어 우주비행사들이 우주나 달에서 입는 가압복은 지구 표면과 비슷한 외압을 제공하기 위해 필요하다.

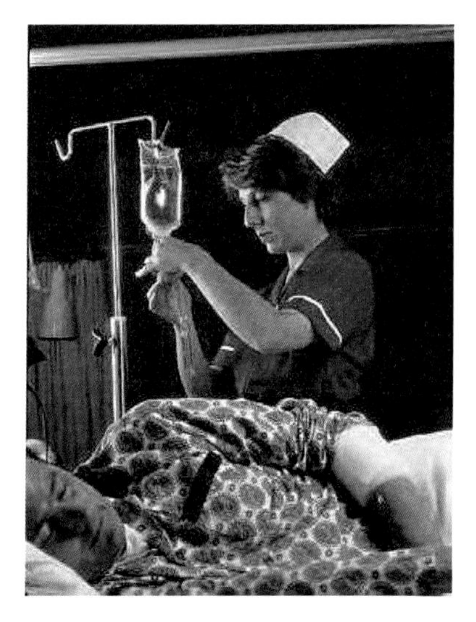

▲그림 9.12 **어떤 높이가 필요한가?**

예제 9.5 링거(IV)–중력 보조 장치

그림 9.12와 같이 중력 흐름 하에서 정맥(IV, intravenous) 주사를 맞는 병원 환자를 고려해 보자. 정맥 내 혈액 압력이 20.0 mmHg인 경우 정맥 수혈이 제대로 작동하려면 병의 높이는 얼마로 해야 하는가?

풀이

문제상 주어진 값:

$$p_v = 20.0 \text{ mmHg} \text{(정맥 게이지 압력)}$$
$$\rho = 1.05 \times 10^3 \text{ kg/m}^3 \text{(표 9.2)}$$

먼저 mmHg(또는 torr)의 공통 의료 단위를 SI 단위인 Pa로 바꿀 필요가 있다.

$$p_v = (20.0 \text{ mmHg})[133 \text{ Pa/(mmHg)}] = 2.66 \times 10^3 \text{ Pa}$$

따라서 $p = \rho g h > p_v$에서

$$h > \frac{p_v}{\rho g} = \frac{2.66 \times 10^3 \text{ Pa}}{(1.05 \times 10^3 \text{ kg/m}^3)(9.80 \text{ m/s}^2)} = 0.259 \text{ m} (\approx 26 \text{ cm})$$

정맥주사가 적절하게 주입되려면 적어도 26 cm 위에 있어야 한다.

▶ 그림 9.13 **유체 부력.** 공기는 이 비행선 같은 물체를 뜨게 하는 유체이다. 소형 비행선 내의 헬륨 기체는 주위 공기보다 밀도가 작다. 그래서 비행선은 부력에 의해 뜬다.

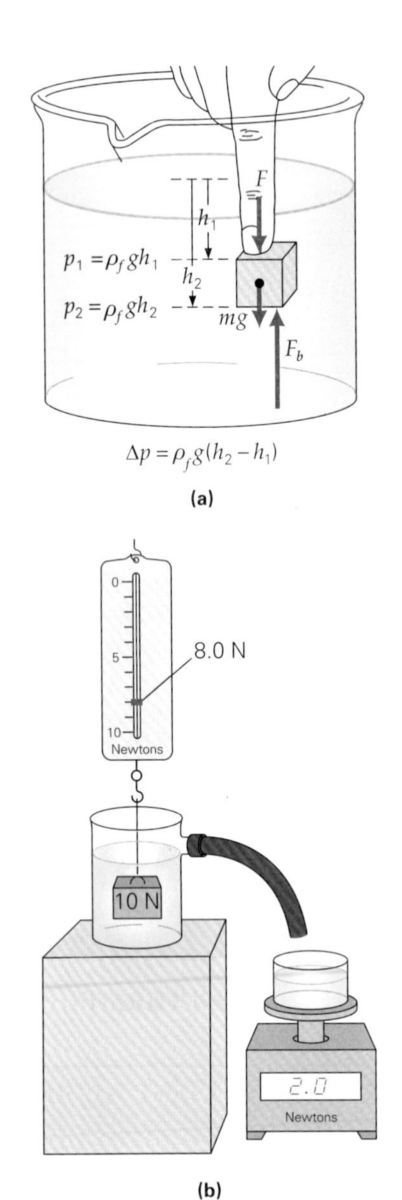

▲ 그림 9.14 **부력과 아르키메데스의 원리.** (a) 부력은 다른 깊이에서 압력 차이로 생긴다. 물에 잠긴 블록의 바닥에 작용하는 압력(p_2)은 블록의 윗부분에 작용하는 압력(p_1)보다 크다. 그래서 위로 향하는 힘(부력)이 생긴다. (b) 아르키메데스의 원리: 물체에 작용하는 부력은 밀려난 유체의 부피의 무게와 같다(눈금은 용기가 비어 있을 때 0이 되도록 설정되었다).

9.3 부력과 아르키메데스의 원리

어떤 물체가 유체 내에 있을 때 그 물체는 뜨거나 가라앉는다. 이것은 유체에서 흔하게 관찰된다. 예를 들면 물체는 물에서 뜨거나 가라앉는다. 이와 동일한 현상이 기체에서도 일어난다. 떨어지는 물체는 대기에 가라앉는 것이며 다른 물체들은 뜨기도 한다(그림 9.13).

물체들은 부력 때문에 뜬다. 예를 들어 코르크 마개를 물속에 넣으면 코르크 마개는 물 위에서 떠 있을 것이다. 힘의 법칙에서 알 수 있듯이 이러한 운동을 하기 위해서는 위 방향으로의 힘이 작용해야 한다. 중력보다 큰 힘이 위쪽으로 작용한다. 물체가 평형 상태로 떠 있을 때 이 두 힘이 평형을 이루게 된다. 이렇게 물체가 유체에 잠겼을 때 유체가 가하는 힘을 **부력**(buoyant force)이라고 한다.

부력이 어떻게 해서 생기는지를 알기 위해 유체 표면에 떠 있는 물체를 생각할 수 있다(그림 9.14a). 블록의 위쪽과 아래쪽 면에 가해지는 압력은 각각 $p_1 = \rho_f g h_1$, $p_2 = \rho_f g h_2$가 되게 된다. 따라서 압력 차이 $\Delta p = p_2 - p_1 = \rho_f g(h_2 - h_1)$가 발생하게 된다. 이것이 부력 F_b를 만들게 된다. 이 힘은 가해진 힘과 물체의 무게에 의해서 균형을 맞추게 된다.

부력의 크기를 유도하는 것은 어렵지 않다. 압력은 단위 면적당 작용하는 힘이다. 따라서 블록 위와 아래 면적이 모두 A라면 부력은 다음과 같다.

$$F_b - p_2 A - p_1 A = (\Delta p)A = \rho_f g(h_2 - h_1)A$$

$(h_2 - h_1)A$가 물체의 부피이고 물체 대신에 유체의 부피, V_f를 이용해서 부력 F_b를 나타내면

$$F_b = \rho_f g V_f$$

이다.

그러나 $\rho_f V_f$가 물체의 부피만큼의 액체 질량이기 때문에 부력을 $m_f g$라고 쓸 수 있다. 즉, 부력은 물체에 의해서 밀려나게 된 유체의 무게와 같다(그림 9.14b). 이것이 바로 **아르키메데스의 원리**(Archimedes' principle)이다.

전체 또는 일부가 액체 속에 들어간 물체는 그 물체에 의해서 밀려난 액체의 무게와 같은 양의 부력을 받는다.

$$F_b = m_f g = \rho_f g V_f \tag{9.14}$$

예제 9.6 **공기보다 가벼운-부력**

헬륨이 채워진 구형 풍선의 반지름이 1.10 m이다. (a) 풍선에 작용하는 부력은 무엇에 의해 의존하는가? (1) 헬륨, (2) 공기, (3) 풍선 (b) 풍선에 작용하는 부력을 계산하라. ($\rho_{\text{air}} = 1.29\ \text{kg/m}^3$, $\rho_{\text{He}} = 0.18\ \text{kg/m}^3$) (c) 풍선의 고무 외피는 질량이 1.20 kg이다. 만약 풍선이 3.52 kg의 질량을 가진 물체를 적재해서 운반한다면, 풍선의 처음 가속도의 크기는 얼마인가?

풀이

문제상 주어진 값:

$\rho_{\text{air}} = 1.29\ \text{kg/m}^3$, $\rho_{\text{He}} = 0.18\ \text{kg/m}^3$

$m_s = 1.20\ \text{kg}$, $m_{\text{p}} = 3.52\ \text{kg}$

$r = 1.10\ \text{m}$

(a) 부력은 헬륨이나 풍선 고무 외피와 관계없으며 풍선 부피와 공기 밀도로부터 구할 수 있는 밀려난 공기의 무게와 같다. 따라서 답 (2)이다.

(b) 풍선의 부피는

$$V = (4/3)\pi r^3 = (4/3)\pi(1.10\,\text{m})^3 = 5.58\,\text{m}^3$$

이다. 그런데 부력은 밀려난 공기의 무게와 같다.

$$F_b = m_{\text{air}} g = (\rho_{\text{air}} V) g = (1.29\ \text{kg/m}^3)(5.58\ \text{m}^3)(9.80\ \text{m/s}^2)$$
$$= 70.5\ \text{N}$$

(c) 자유물체도를 그린다. 3개의 아래 방향 힘—헬륨, 고무 외피 그리고 적재 하중의 무게—과 위쪽 방향의 부력이 있다. 알짜 힘을 구하기 위해 이들 힘을 합하고 가속도를 구하기 위해 뉴턴의 운동 제2법칙을 사용한다. 헬륨, 풍선 고무 외피 그리고 적재 하중의 무게는 다음과 같다.

$$w_{\text{He}} = m_{\text{He}} g = (\rho_{\text{He}} V) g = (0.180\ \text{kg/m}^3)(5.58\ \text{m}^3)(9.80\ \text{m/s}^2)$$
$$= 9.84\ \text{N}$$
$$w_s = m_s g = (1.20\ \text{kg})(9.80\ \text{m/s}^2) = 11.8\ \text{N}$$
$$w_p = m_p g = (3.52\ \text{kg})(9.80\,\text{m/s}^2) = 35.5\ \text{N}$$

이 힘들을 합하면

$$F_{\text{net}} = F_b - w_{\text{He}} - w_s - w_P = 70.5\,\text{N} - 11.8\,\text{N} - 35.5\,\text{N} = 13.4\,\text{N}$$

이다. 따라서

$$a = \frac{F_{\text{net}}}{m_{\text{total}}} = \frac{F_{\text{net}}}{m_{\text{He}} + m_s + m_p} = \frac{13.4\ \text{N}}{1.00\ \text{kg} + 1.20\ \text{kg} + 3.52\ \text{kg}}$$
$$= 2.34\ \text{m/s}^2$$

9.3.1 부력과 밀도

흔히 헬륨과 열기구는 공기보다 가벼우므로 위로 뜬다고 한다. 기술적으로 정확하려면 풍선이 공기보다 밀도가 낮다고 해야 한다. 물체의 밀도는 유체 안에서 물체가 뜰지 안 뜰지를 결정한다. 유체에 완전히 잠긴 균일한 고체 물체를 고려해 보자. 물체의 무게는

$$w_0 = m_0 g = \rho_0 V_0 g$$

이다. 물체 대신 그만큼의 유체의 부피 무게 또는 부력의 크기는 다음과 같다.

$$F_b = w_f = m_f g = \rho_f V_f g$$

만약 물체가 완전히 잠기면 $V_f = V_0$가 된다. 이때 두 번째 식을 첫 번째 식으로 나

누면 다음과 같다.

$$\frac{F_b}{w_0} = \frac{\rho_f}{\rho_0} \quad \text{또는} \quad F_b = \left(\frac{\rho_f}{\rho_0}\right) w_0 \qquad \text{(물체가 완전 잠김)} \tag{9.15}$$

따라서 만약 ρ_0가 ρ_f보다 작다면 F_b는 w_0보다 크게 될 것이고 부력에 의해서 물체는 뜨게 될 것이다. ρ_0가 ρ_f 보다 크다면 물체는 그냥 가라앉을 것이다. 만약 ρ_0와 ρ_f가 같다면 물체는 물에 잠긴 채로 평형 상태를 유지할 것이다. 만약 균일하지 않아서 부피에 따라 밀도가 다르다면 식 9.15에서의 밀도는 평균 밀도를 의미하게 된다.

앞에서 말한 이 세 가지 조건은 다음과 같다.

- 물체의 평균 밀도가 유체의 밀도보다 낮으면 유체에 물체가 뜰 것이다($\rho_0 < \rho_f$).
- 물체의 평균 밀도가 유체의 밀도보다 크면 유체에 물체가 가라앉을 것이다($\rho_0 > \rho_f$).
- 물체의 평균 밀도가 유체의 밀도와 같으면 물체는 평형 상태를 유지한다($\rho_0 = \rho_f$).

표 9.2를 잠깐 보면 물체의 모양이나 부피와 상관없이 물체가 유체 속에서 떠다니는지를 알 수 있다. 앞에서 말한 세 가지 조건은 유체 내의 유체에서도 적용된다. 예를 들어 우유 위에 크림이 뜨기 때문에 우유에 비해서 크림이 밀도가 낮다고 말할 수 있다.

일반적으로 이 책에서는 물체나 유체의 밀도가 균일하다고 가정할 것이다(대기의 밀도는 고도에 따라 다르지만 지표면에서는 거의 일정하다). 그렇지 않은 경우는 평균 밀도를 생각한다. 예를 들어 배의 경우 철로 만들어지지만 대부분의 공간이 공기로 채워져 있으므로 평균 밀도는 물보다 작다. 또한 비슷한 경우로 인간의 몸도 공기로 채워져 있는 부분이 많으므로 물에 뜬다. 사람이 뜨는 표면 깊이는 밀도에 따라 달라진다.

어떤 경우에는 전체 밀도가 의도적으로 변화한다. 잠수함이 탱크에 바닷물을 채워 잠수하는 것으로 잠수함의 평균 밀도가 높아진다. 잠수함을 수면 위로 올리려면 탱크에서 물을 빼내기 때문에 잠수함의 평균 밀도는 주변 바닷물보다 낮아진다.

비슷하게 물고기들은 부레를 이용하여 깊이를 조절한다. 부레에 있는 기체의 양을 조절하여 부력을 유지할 수 있다. 물고기는 헤엄칠 때 위아래로 이동하지 않고 부력을 조절하여 이동한다. 이러한 것들은 부레의 기체의 양을 조절하여 이루어진다. 기체가 부레로부터 혈관으로 들어가게 되면 부레는 작아지게 되고 물고기를 밑으로 가라앉게 한다. 만약 혈관으로부터 부레로 기체가 들어오게 되며 부레는 커지게 되고 물고기는 위로 뜨게 될 것이다. 이러한 일련의 과정들은 복잡하지만 아르키메데스의 원리가 생물학적 조절 현상에 사용되는 것을 보여준다.

예제 9.7 **뜨거나 가라앉거나? 밀도의 비교**

각 변이 10 cm인 밀도가 균일한 정육면체인 물체의 질량이 700 g이다. (a) 정육면체 물체가 물에 뜰까? (b) 가라앉는다면 얼마만큼의 부피가 가라앉을 것인가?

풀이

문제상 주어진 값:

$m = 700$ g, $L = 10.0$ cm

$\rho_{H_2O} = 1.00 \times 10^3\ \text{kg/m}^3 = 1.00\ \text{g/cm}^3$ (표 9.2)

(a) 정육면체의 밀도는

$$\rho_c = \frac{m}{V_c} = \frac{m}{L^3} = \frac{700\ \text{g}}{(10.0\ \text{cm})^3}$$
$$= 0.700\ \text{g/cm}^3 < \rho_{H_2O} = 1.00\ \text{g/cm}^3$$

이다. ρ_c가 ρ_{H_2O}보다 작으므로 정육면체는 뜰 것이다.

(b) 정육면체의 무게는 $w_c = \rho_c g V_c$이다. 정육면체가 뜰 때 평형에 있는 것이고, 이것은 그 무게가 부력과 평형을 이루고 있다는 것을 의미한다. 즉, $F_b = \rho_{H_2O} g V_{H_2O}$이다. 여기서 V_{H_2O}는 물에 잠긴 정육면체를 대신한 물의 부피이다. 무게와 부력에 관한 식을 동일하게 놓자.

$$\rho_{H_2O} g V_{H_2O} = \rho_c g V_c$$

또는

$$\frac{V_{H_2O}}{V_c} = \frac{\rho_c}{\rho_{H_2O}} = \frac{0.70\ \text{g/cm}^3}{1.00\ \text{g/cm}^2} = 0.70$$

따라서 $V_{H_2O} = 0.70\ V_c$이다. 그래서 정육면체의 70%가 물에 잠긴다.

▲ 그림 9.15 **빙산의 일각**. 사진에서 묘사된 바와 같이 빙산의 대부분은 물속에 있다.

밀도와 관계있는 비중이라는 양이 있다. 어떤 물질의 **비중(sp. gr.)**은 최대 밀도의 온도인 4°C 물의 밀도(ρ_{H_2O})에 대한 그 물질의 밀도(ρ_s) 비와 같다.

$$\text{sp. gr.} = \frac{\rho_s}{\rho_{H_2O}}$$

이것은 밀도의 비이기 때문에 비중은 단위는 없다. cgs 단위에서 다음과 같다.

$$\text{sp. gr.} = \frac{\rho_s}{1.00} = \rho_s$$

즉, 물질의 비중은 cgs 단위의 밀도와 동일하다. 예를 들어 만약 액체가 1.5 g/cm³인 밀도를 가지면 물질의 비중도 1.5이고, 이는 물질이 물보다 1.5배 더 밀도가 높다는 것을 의미한다.

9.4 유체 역학과 베르누이의 방정식

일반적으로 유체 운동은 분석하기 어렵다. 흐르는 물의 분자 하나의 운동을 생각해 보자. 흐르는 물의 전체적인 운동은 소용돌이나 바위에 부딪힘, 마찰 등에 의하여 물 분자 하나하나의 움직임은 해석하기 어렵다. 전체 유체의 흐름은 이러한 복잡한 원인들을 무시함으로써 간단하게 얻을 수 있다. 실제 유체의 흐름은 간단한 이론적 모델을 기반하여 근사할 수 있다.

유체 동역학에서 이러한 단순한 접근에서 **이상 유체**(ideal fluid)의 4가지 특성을 가정한다. 그리하여 유체는 (1) **정상류**, (2) **비회전**, (3) **비점성**, (4) **비압축성 흐름**이다.

조건 1: **정상류**(steady flow)는 어떤 한 점을 지날 때 유체를 이루고 있는 모든 구성 물질들의 속도가 동일하다는 것을 의미한다.

▲ 그림 9.16 **정상류.** (a) 유선은 유속이 큰 영역에서 교차하거나 보다 가까워지지 않는다. 정지해 있는 회전 날개는 그 흐름이 비회전성이며 소용돌이가 없다는 것을 나타낸다. (b) 꺼진 촛불로부터 연기가 나기 시작하여 거의 정상류로 흐르지만 금방 그 흐름에는 회전 및 교란이 생긴다.

정상류는 부드러운 또는 일정한 흐름이라고 불리기도 한다. 정상류의 경로는 **유선형**(streamlines)으로 나타낼 수 있다(그림 9.16a). 특정 위치를 지나는 물질들은 다 이 유선을 따라서 움직이게 된다. 유선은 서로 교차하지 않는다. 만약 교차하게 된다면 여러 경로로 물질이 움직일 수 있게 되고 따라서 정상류가 되지 않기 때문이다.

정상류가 되기 위해서는 속도가 작아야 한다. 속도가 빨라지게 되면 경계에서 소용돌이가 발생하게 되고 그림 9.16b처럼 난류가 된다.

또한 유선은 유체 속도의 상대적인 크기를 나타낸다. 유선이 모여 있는 곳에서 유체의 속도가 더 크다. 이러한 현상은 그림 9.16a에서 살펴볼 수 있다. 그 이유는 간단히 설명해 보자.

조건 2: **비회전 흐름**(irrotational flow)은 유체를 이루고 있는 물질들의 각속도가 0이라는 의미이다. 이러한 조건으로 소용돌이를 막을 수 있다.

그림 9.16a에 있는 회전날개를 생각해 보자. 토크의 합이 0이 되면 회전날개는 돌아가지 않는다. 따라서 흐름은 회전하지 않는다.

조건 3: **비점성 흐름**(nonviscous flow)은 점성이 무시할 만하다는 것을 의미한다.

점성은 흐름의 내부 마찰을 의미한다(예를 들어 꿀이 물보다 더 큰 점성을 가지고 있다). 점성이 없으면 유체는 내부 에너지 손실 없이 흐를 수 있다. 또한 유체와 벽 사이에 마찰도 없다는 뜻이다. 현실에서는 이 마찰력 때문에 벽을 따라 흐르는 유체가 가운데 흐르는 유체보다 느리다(점성은 9.5절에서 더 자세히 논의할 것이다).

조건 4: **비압축 흐름**(incompressible flow)의 의미는 유체의 밀도가 일정하다는 뜻이다.

액체는 압축되지 않는다고 가정할 수 있지만 기체는 압축이 가능하다. 때때로 기체도 액체처럼 압축되지 않는다고 가정할 수 있다(저속으로 날고 있는 비행기의 날개에 비례하여 흐르는 공기를 예로 들 수 있다). 위와 같이 이론적인 상황은 현실과는 맞지 않지만 실제 동작을 근사한다거나 일반적인 설명을 하는 데 사용될 수 있다. 보통 이러한 유체에 대한 분석은 뉴턴의 법칙을 이용해서 하지 않고 질량보존과 에너지 보존법칙을 이용해야 한다.

9.4.1 연속 방정식

유관 내에 유체의 손실이 없는 경우 주어진 시간 내에 유관으로 유입되는 유체의 질량은 유관에서 동시에 흘러나오는 질량과 같아야 한다(질량보존의 법칙에 의해서). 그림 9.17a에서 Δt의 시간 동안 Δm_1의 질량이 들어온다면

$$\Delta m_1 = \rho_1 \Delta V_1 = \rho_1 (A_1 \Delta x_1) = \rho_1 (A_1 v_1 \Delta t)$$

이고, 여기서 A_1은 관 입구의 넓이이고 v_1은 속도이다. 따라서 Δt의 시간 동안 유체는 $v_1 \Delta t$만큼 움직이게 된다. 비슷하게 관을 빠져나오는 물질의 양도 아래와 같이 쓸 수 있다(그림 9.17b).

$$\Delta m_2 = \rho_2 \Delta V_2 = \rho_2 (A_2 \Delta x_2) = \rho_2 (A_2 v_2 \Delta t)$$

질량이 보존되어야 하므로 $\Delta m_1 = \Delta m_2$가 되어야 한다. 따라서

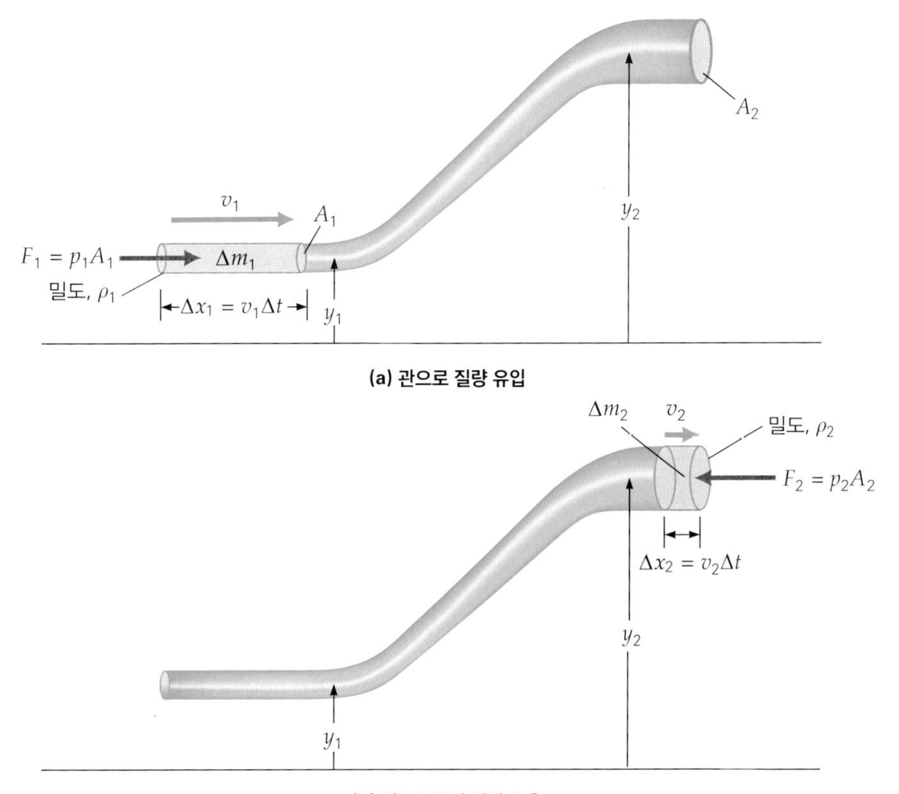

◀그림 9.17 **흐름의 연속성.** 이상적인 유체의 흐름은 연속 방정식에 의해 질량 보존으로 설명할 수 있다.

$$\rho_1 A_1 v_1 = \rho_2 A_2 v_2 \quad \text{또는} \quad \rho A v = \text{일정} \ \text{(연속 방정식)} \tag{9.16}$$

이 결과를 연속 방정식이라고 한다.

비압축인 유체에 대하여 밀도 ρ는 일정하므로

$$A_1 v_1 = A_2 v_2 \quad \text{또는} \quad Av = \text{일정} \ \text{(비압축성)} \tag{9.17}$$

이다. 이것은 때때로 **흐름률 방정식**(flow rate equation)이라 부른다. Av는 **흐름의 부피율**이고, 유관을 단위 시간 동안에 통과하는 부피이다.

흐름률 방정식은 유관의 단면적이 작은 경우 유체 속력이 더 빠르다는 점을 유의하자. 즉

$$v_2 = \left(\frac{A_1}{A_2}\right) v_1$$

와 A_2가 A_1보다 작다면 v_2는 v_1보다 크게 된다. 이 효과는 그림 9.18에서 볼 수 있듯이 고무호스에 노즐을 달 때를 생각해 보면 쉽게 알 수 있다.

흐름률 방정식은 몸에서 피의 흐름을 이해하는 데 사용될 수 있다. 피는 심장으로부터 대동맥으로 흘러나간다. 동맥을 거쳐 모세혈관을 거쳐서 정맥을 통해 심장으로 다시 돌아온다. 모세혈관에서 피의 속력은 가장 느리다. 이는 모세혈관의 전체 면적이 동맥이나 정맥의 면적보다 넓으므로 나타나는 현상이고, 여기서 흐름률 방정식이 성립하는 것을 볼 수 있다.

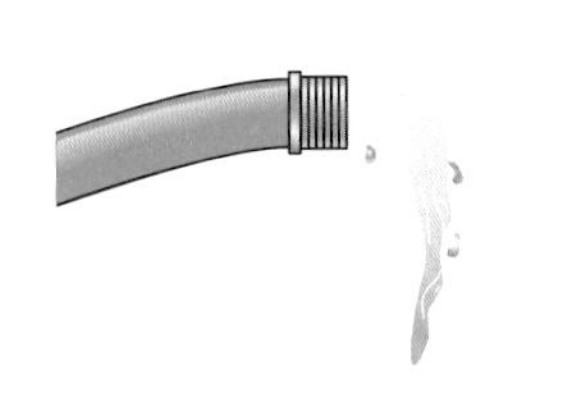

▲ 그림 9.18 **흐름률**. 흐름률 방정식에 의해 유체의 속력은 유체가 흐르는 관의 단면적이 작을 때 더 크다. 호스의 단면적이 작게 만들어진 노즐이 있는 호스를 생각해 보자.

예제 9.8 **혈액의 흐름–콜레스테롤 및 플라크**

혈중 콜레스테롤이 높으면 혈관의 벽에 플라크라고 불리는 지방 침전물이 형성될 수 있다. 플라크가 동맥의 유효 반경을 25% 감소시킨다고 가정하자. 이 부분적인 막힘이 어떻게 동맥을 통한 혈액 속력에 영향을 미치는가?

풀이

문제상 주어진 값: $r_2 = 0.75r_1$

흐름률 방정식으로부터

$$A_1 v_1 = A_2 v_2$$

$$(\pi r_1^2) v_1 = (\pi r_2^2) v_2$$

이고 v_2를 구하면

$$v_2 = \left(\frac{r_1}{r_2}\right)^2 v_1$$

이다. $r_1/r_2 = 1/0.75$로부터

$$v_2 = (1/0.75)^2 v_1 = 1.8 v_1$$

이다. 따라서 막힌 동맥을 통과하는 속력은 80% 증가한다.

9.4.2 베르누이의 방정식

에너지 보존법칙 또는 일–에너지 정리는 유체의 흐름에서 중요한 관계식을 유도해 낸다. 이 관계식은 스위스 수학자인 베르누이(Daniel Bernoulli, 1700~1782)에 의해서 처음 유도되었고 그의 이름을 따서 베르누이의 방정식이라고 불린다. 베르누이의 결과는 일–에너지 정리에 기초하고 있다. $W_{net} = \Delta K + \Delta U$

유체의 일에서 $W_{net} = F_{net}\Delta x = \Delta p(A\Delta x) = \Delta p \Delta V$이다. $\rho = m/V$, $\Delta V = \Delta m/\rho$, $W_{net} = (\Delta m/\rho)(p_1 - p_2)$, 여기서 Δm은 연속 방정식의 유도 과정에서 나타나는 질량 증가율이다.

$$\frac{\Delta m}{\rho}(p_1 - p_2) = \tfrac{1}{2}\Delta m\left(v_2^2 - v_1^2\right) + \Delta mg(y_2 - y_1)$$

식을 재정리하면 일반적인 **베르누이의 방정식**(Bernoulli's equation)이 주어진다.

$$p_1 + \tfrac{1}{2}\rho v_1^2 + \rho g y_1 = p_2 + \tfrac{1}{2}\rho v_2^2 + \rho g y_2 \quad \text{(베르누이의 방정식)} \qquad (9.18)$$

또는

$$p + \tfrac{1}{2}\rho v^2 + \rho g y = \text{일정}$$

베르누이의 방정식은 여러 상황에 적용될 수 있다. 예를 들어 멈추어 있는 유체의 경우($v_2 = v_1 = 0$), 베르누이의 방정식은

$$p_2 - p_1 = \rho g(y_1 - y_2)$$

이다. 이것은 앞서 유도한 압력-깊이의 식이 된다. 수평 방향으로 유체의 흐름이 있다면 ($y_1 = y_2$), $p + \frac{1}{2}\rho v^2 =$ 일정이 되고 유체의 속력이 증가하면 압력은 감소하게 된다는 것을 의미한다. 이러한 영향은 그림 9.19에 나와 있다(여기서 관의 높이 차이는 무시할 만하다고 가정하였다).

굴뚝은 이러한 베르누이의 방정식을 이용하기 위해서 더 높이 만든다. 굴뚝 위에서 바람이 빠르게 볼수록 압력이 낮고, 굴뚝 위와 아래의 압력 차이를 만들어서 굴뚝이 연기를 좀 더 잘 배출할 수 있게 한다. 베르누이의 방정식과 연속 방정식을 이용하여 관의 단면적이 줄어들면 유체가 통과하는 속력이 더 빨라지게 되고 압력은 줄어들게 된다는 것을 알 수 있다.

베르누이 효과를 이용하여 비행기가 뜰 수 있다. 날개를 통과하는 이상적인 공기의 흐름이 그림 9.20에 나와 있다(난류는 무시한다). 날개 위쪽이 더 구부러져 있고

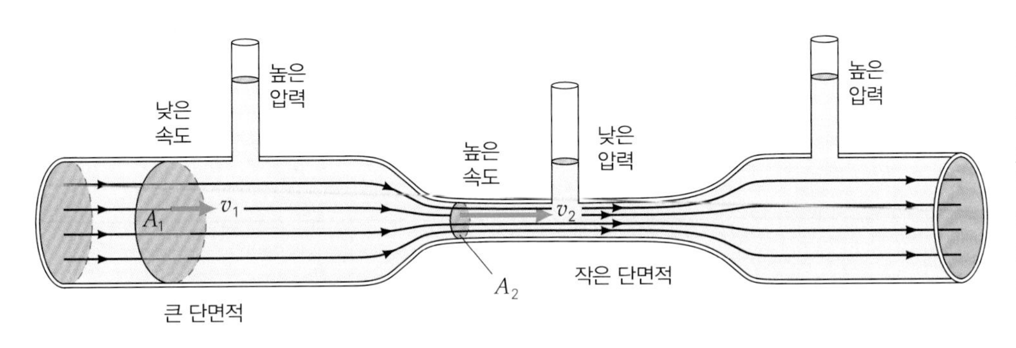

◀그림 9.19 **흐름율과 압력.** 가운데가 좁은 관에서 수평 높이의 차를 무시하면 베르누이의 방정식에서 $p + \frac{1}{2}\rho v^2 =$ 일정한 것이 된다. 단면적이 작은 영역에서 유속이 더 빠르나(흐름율 빙정식을 참조). 베르누이의 방정식으로부터 그 영역에서의 압력은 다른 영역보다 더 낮다.

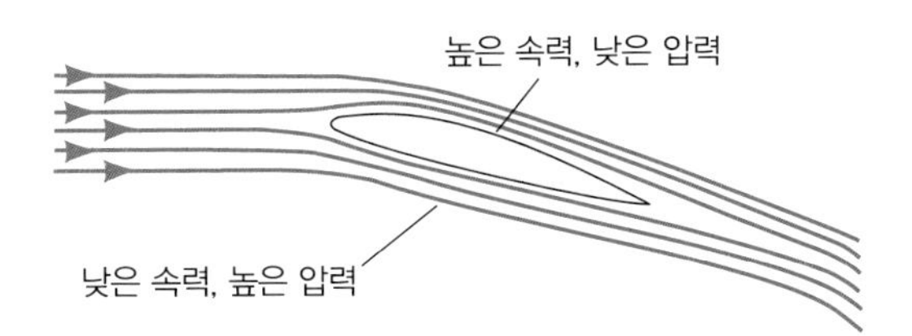

◀그림 9.20 **비행기 양력-베르누이의 원리.** 비행기 날개의 모양 때문에 공기 유선은 날개의 아래 보다는 위에서 더 가까워지고 공기 속력도 더 크다. 베르누이의 원리에 의해 그 압력 차가 양력이라고 부르는 위 방향의 힘을 제공한다.

각도가 크기 때문에 위쪽을 통과하는 유선들이 좀 더 밀집되고 그래서 속력도 더 빨라지게 된다. 이렇게 빠른 속력 때문에 날개 위쪽의 압력이 아래쪽의 압력에 비해서 낮아지게 되고, 전체적으로 위 방향으로 힘이 작용하게 되는 것이다.

베르누이 원리를 적용하기 위해서는 이상적인 유체 흐름과 에너지 보존법칙이 성립해야 하는데 비행기에서는 이 두 가지 모두 성립하지 않는다. 따라서 뉴턴의 법칙을 사용하는 것이 더 좋을지도 모른다. 전체적으로 보면 날개가 공기를 아래 방향으로 흐르게 하고 전체적으로 아래 방향으로의 운동량 변화가 일어나게 되고 아래 방향으로 힘을 가하게 된다. 뉴턴의 제3법칙에 의해서 그 반작용의 힘인 위 방향으로의 힘이 날개에 가해지게 되고 이 힘이 비행기의 무게보다 더 커지게 되면 비행기가 뜰 수 있게 되는 것이다.

예제 9.9 탱크로부터 흐름율-베르누이의 방정식

물을 담고 있는 원통형 탱크의 수면 아래에 작은 구멍이 있어 물이 흘러나오고 있다(그림 9.21). 탱크로부터 흘러나오는 물의 초기 흐름율은 근사적으로 얼마인가?

풀이

문제상 주어진 값: 특정한 값이 지정되지 않았고 기호로 사용된다.

구멍으로부터 나오는 처음 물의 흐름율에 대한 근사적인 수식인

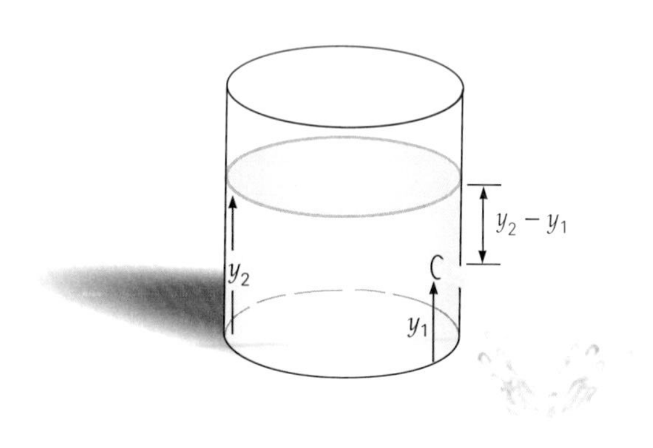

▲ 그림 9.21 **탱크로부터 유체의 흐름.** 흐름율은 베르누이의 방정식에 의해 주어진다.

베르누이의 방정식

$$p_1 + \tfrac{1}{2}\rho v_1^2 + \rho g y_1 = p_2 + \tfrac{1}{2}\rho v_2^2 + \rho g y_2$$

이 사용될 수 있다. $y_2 - y_1$은 구멍 위 액체 표면의 높이다. 액체 표면과 구멍에 작용하는 대기 압력 p_1과 p_2는 같으며 방정식에서 소거한다. 따라서

$$v_1^2 - v_2^2 = 2g(y_2 - y_1)$$

이다. 연속 방정식(흐름율 방정식, 식 9.17)에 의해 $A_1v_1 = A_2v_2$이다. 여기서 A_2는 탱크의 단면적이고 A_1은 구멍의 단면적이다. A_2가 A_1보다 훨씬 더 크다면 v_1은 v_2보다 훨씬 더 크다(초기에 $v_2 = 0$이다). 그래서 근사적으로

$$v_1^2 = 2g(y_2 - y_1) \quad \text{또는} \quad v_1 = \sqrt{2g(y_2 - y_1)}$$

이며, 흐름율은

$$\text{흐름율} = A_1v_1 = A_1\sqrt{2g(y_2 - y_1)}$$

이 된다. 구멍의 면적과 구멍 위의 액체 높이가 주어지면 구멍으로부터 나오는 물의 처음 속력과 흐름율을 구할 수 있다.

9.5 표면장력, 점성, 푸아죄유의 법칙(선택)

9.5.1 표면장력

액체의 분자는 서로 작은 인력을 작용한다. 분자들은 대체로 전기적으로 중성이지만 전기 분자 내에 약간의 비대칭적인 전하 분포 때문에 분자 사이에 힘이 생긴다(반데

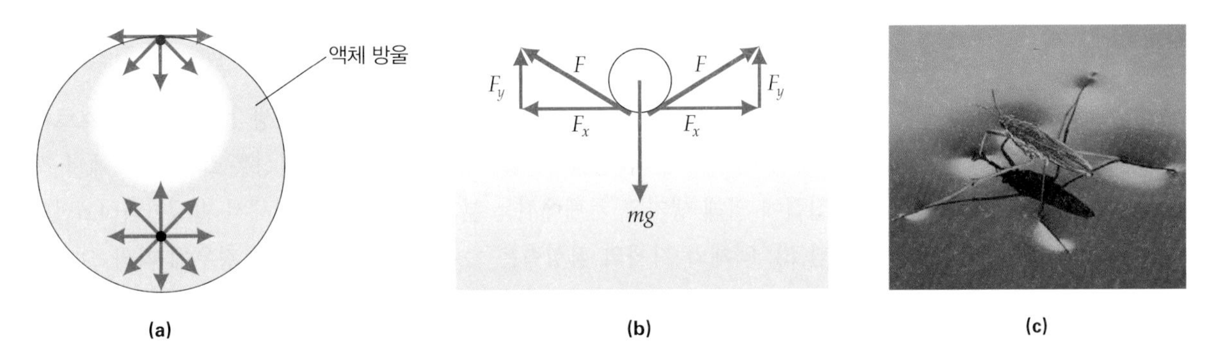

▲ 그림 9.22 **표면장력.** (a) 액체 내부에 있는 분자에 작용하는 알짜힘은 그 분자가 다른 분자들에 의해 둘러싸여 있으므로 0이다. 그렇지만 표면에 있는 분자에 작용하는 알짜힘은 표면 아래에 있는 인접한 분자들의 인력으로 0이 아니다. (b) 표면에 구멍을 내는 바늘 같은 물체에서는 면적을 증가시키기 위해 내부의 분자들을 표면으로 가져와야 하므로 일을 하여야 한다. 결과적으로 표면적이 탄성막 같이 작용해서 물체의 무게는 표면장력의 위 방향 성분이 지지한다. (c) 소금쟁이 같은 곤충은 표면장력의 위 방향 성분 때문에 물에서 걸을 수 있다. 소금쟁이의 다리가 닿는 액체의 표면에서의 눌림흔적을 보라.

발스 힘이라 한다). 액체 안에서는 어떤 분자든지 다른 분자들에 의해서 완전히 둘러싸여 있으므로 합력은 0이 된다(그림 9.22a).

하지만 액체 표면에 있는 분자들의 경우 표면 위쪽으로는 잡아당기는 힘이 없으므로(공기 분자에 의한 영향은 거의 적고 무시한다) 합력은 액체 쪽으로 향하게 된다. 이렇게 잡아당기는 힘은 액체를 수축시키고 액체가 늘어나거나 흩어지는 것을 방해하게 되는데, 이런 성질을 **표면장력**(surface tension)이라 한다.

만약 물 위에 바늘을 잘 올려놓으면 물 표면은 탄성 있는 막처럼 행동하게 된다. 표면이 눌리면 분자 사이에 작용하는 힘은 누른 방향을 따라 물 표면과 각을 이루어 작용한다(그림 9.22b). 수직 방향 힘 성분이 바늘의 무게(mg)와 같아지면 바늘은 물 위에 뜨게 된다. 비슷한 원리로 소금쟁이가 물 위에 뜰 수 있을 것이다(그림 9.22c).

표면장력의 알짜 효과는 액체의 표면이 최대로 작아지게 만든다. 즉, 주어진 부피의 액체가 있을 때 액체는 그 표면의 면적을 최소화하려고 한다. 물방울이나 공기방울을 보면 구모양인 것을 볼 수 있는데, 이것은 구가 주어진 부피에서 최소의 표면적을 갖는 모양이기 때문이다(그림 9.23).

(a)

(b)

▲ 그림 9.23 **일에서 표면장력.** 표면장력 때문에 (a) 물방울과 (b) 비눗방울이 표면적을 최소화하려 한다.

9.5.2 점성

모든 유체는 그 유체를 이루는 분자들 사이의 마찰력이라고 생각할 수 있는 흐르는 것에 대한 내부 저항 또는 점성을 가지고 있다. 액체에서 점성은 짧은 거리에서 작용하는 응집력에 의해 생기고 기체에서는 분자들의 충돌에 의해서 발생한다(4.6절의 공기저항 참조). 액체와 기체의 점성력은 속력에 따라 달라지며 경우에 따라 그것과 비례할 수 있다. 그러나 상황에 따라서 관계식이 달라진다. 예를 들어 난류에서 v^2 또는 v^3에 근사적으로 비례한다.

내부 마찰력은 변형 압력 때문에 유체가 층으로 나누어져 움직이게 한다. 이렇게 층으로 나뉘어 움직이는 것을 **층류**(laminar flow)라고 하는데, 이는 낮은 속도에서 점성을 가진 유체의 특성이다(그림 9.24a). 높은 속도에서는 흐름이 회전 또는 **교란**(turbulent)되는 소용돌이가 발생하게 되고 분석하기가 어려워진다.

층류에서 변형력과 층밀리기 변형력이 있으므로 유체의 점성은 9.1절에서 이야기되었던 탄성계수 같은 것을 이용하여 나타낼 수 있다. 유체의 점성은 점성도라고 불리는 **점성계수** η에 의해서 결정되어진다.

점성계수는 변형력과 층밀리기 변형력의 변화의 비율을 나타낸다. 단위 분석은 점성도의 SI 단위는 Pa·s이다. 이 조합 단위는 유체 흐름과 특히 혈액에 대해서 연구한 프랑스 과학자 진 푸아죄유(Jean Poiseuille, 1797~1869)를 기리는 뜻에서 **푸아죄유**(Pl)라고 부르기도 한다. 점성도의 cgs 단위는 **포이즈**(P)이다. **센티포이즈**(cP)는 편리한 크기 때문에 많이 사용되며 1 P = 10^2 cP이다.

표 9.3에 몇몇 유체의 점성도를 나타내었다. 액체의 점성도가 클수록 기체보다 시각화하기가 쉬울수록 액체의 층이 서로 미끄러지도록 하는 데 필요한 전단 응력이 커진다. 예를 들어 물보다 큰 점성도를 가지는 글리세린과 물을 비교해볼 수 있다.

온도에 따라 점성도와 유체의 흐름이 달라진다. 예를 들면 자동차의 엔진오일을 들 수 있다. 겨울에는 낮은 점성을 가지는 오일이 사용되어야 하는데(예; SAE 등급 0 W 또는 5 W), 그 이유는 엔진을 켜기 전 엔진이 차가울 때도 쉽게 흐를 수 있기

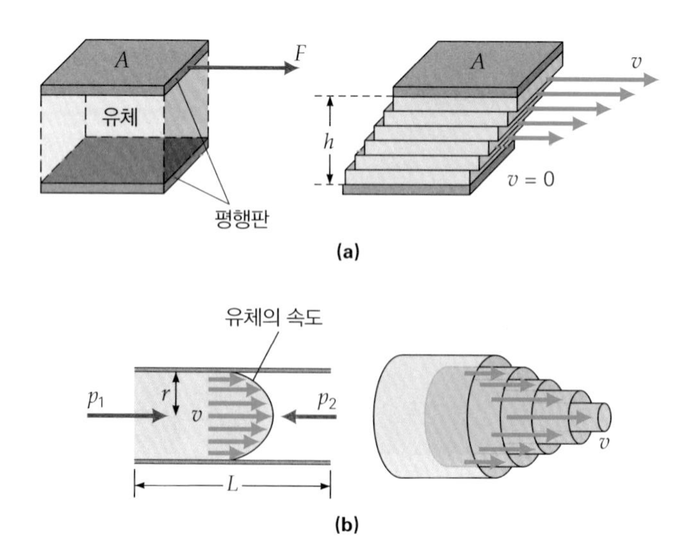

▶ 그림 9.24 **층류.** (a) 층밀리기 변형력은 액체의 층에 작용해서 층류가 되게 한다. 층밀리기 힘과 흐름율은 액체의 점성에 의존한다. (b) 관에서의 층류에 대해 유체의 속력은 관 벽과 유체 사이의 마찰저항 때문에 중심 근처보다는 관의 벽 근처에서 느리다.

표 9.3 여러 가지 유체의 점성도*

유체	점성(η)
	푸아죄유(Pl)
액체	
에틸 알코올	1.2×10^{-3}
혈액(37°C)	1.7×10^{-3}
혈장(37°C)	2.5×10^{-3}
글리세린	1.5×10^{-3}
수은	1.55×10^{-3}
기름	1.1
물	1.00×10^{-3}
기체	
공기	1.9×10^{-5}
산소	2.2×10^{-5}

* 특별한 표시가 없는 한 20°C로 한다.

때문이다. 여름에는 점성이 높은 엔진오일을 사용해야 한다. (SAE 20 또는 30까지도 쓸 수 있다).

9.5.3 푸아죄유의 법칙

점성도는 유체의 흐름을 분석하는 것을 어렵게 만든다. 관을 통해서 유체가 흐르고 있다고 한다면 유체와 벽 사이에 마찰력이 작용할 것이고 관 가운데에서의 유체의 속도가 더 빨라질 것이다(그림 9.24b). 실제 이런 현상 때문에 주어진 점을 Δt의 시간 동안 통과하는 유체의 부피(ΔV)인 **평균 흐름율** $Q = A\bar{v} = \Delta V / \Delta t$의 차이가 생긴다(식 9.17 참조). 흐름율의 SI 단위는 m^3/s이다. 흐름율은 유체의 특성과 관의 크기, 관 양단의 압력 차(Δp)에 의해 달라진다.

진 푸아죄유는 점성도가 일정한 정상류일 때 관에서의 흐름에 대해 연구하였다. 그는 **푸아죄유의 법칙**(Poiseuille's law)이라고 불리는 다음과 같은 식을 유도하였다.

$$Q - \frac{\Delta V}{\Delta t} = \frac{\pi r^4 \Delta p}{8 \eta L} \quad \text{(푸아죄유의 법칙)} \qquad (9.19)$$

여기서 r은 관의 반지름이고 L은 관의 길이이다.

예상했듯이 흐름율은 점성도 η에 반비례하고 관의 길이에 반비례한다. 또한 예상한 것처럼 압력 차 Δp에 비례한다. 놀랍게도 흐름율은 r^4에 비례한다. 그것이 유체 전달 용도의 큰 압력 차이에 대한 요건을 완화하기 위해 대형 관을 사용해야 하는 이유이다.

연습문제

통합 연습문제(Integrated Exercises, IEs)는 두 부분으로 이루어진다. 첫 번째 부분은 일반적으로 기본 원칙과 추론에 기초한 개념적 답변 선택을 요구한다. 두 번째 부분은 연습의 첫 번째 부분에서 이루어진 개념적 선택과 관련된 정량적 계산을 필요로 한다. 기호(•)은 문제의 난이도를 의미한다. 쉬움(•), 보통(••), 어려움(•••)

9.1 고체와 탄성계수

1. • 5.0 m 길이의 막대가 힘에 의해 0.10 m 늘어났다. 막대에서 변형률은 얼마인가?

2. • 8.0 kg의 물고기를 지탱하는 데 사용되는 2.5 m 나일론 낚싯줄의 지름은 1.6 mm이다. 줄이 얼마나 길어졌는가?

3. •• 구리선은 길이 5.0 m, 지름 3.0 mm이다. 하중을 얼마나 받아야 길이가 0.30 mm 증가하는가?

4. IE •• 선로를 설치할 때 철로 사이에는 틈새를 둔다. (a) 철로를 설치하는 경우 더 큰 간격을 사용하는 경우는 어느 것인가? (1) 추운 날, (2) 더운 날, (3) 온도는 아무런 차이가 없는가? 왜? (b) 각 철로의 길이는 8.0 m이고 단면적은 0.0025 m^2이다. 더운 날, 각 철로는 3.0×10^{-3} m 만큼 열적으로 팽창한다. 만약 철로 사이에 틈이 없다면 각 철로 끝의 힘은 어떻게 될까?

5. IE •• 그림 9.25에 나타낸 것과 같은 바이메탈은 황동과 구리로 구성된다. (a) 만약 바이메탈이 압축력을 받는다면 바이메탈은 황동이나 구리 중 어느 쪽으로 구부러질 것인가? 그 이유는? (b) 압축력이 5.00×10^4 N이면 수학적으로 답을 정당화하라.

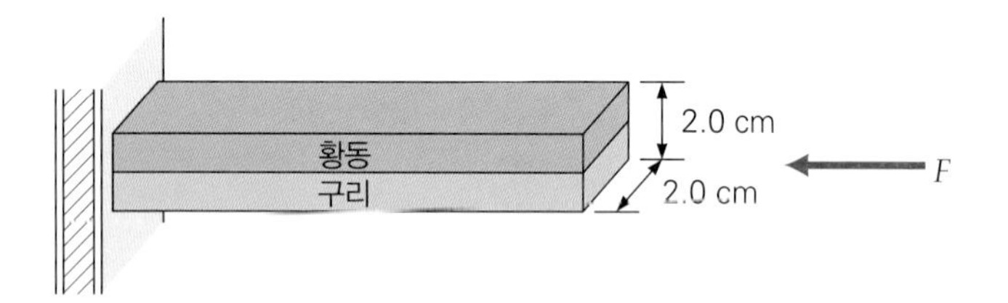

▲ 그림 9.25 **바이메탈과 수학적 변형력**

6. •• 85.0 kg의 사람이 한 다리로 서 있고, 무게의 90%는 무릎과 엉덩이 관절을 연결하는 상다리로 지탱된다(대퇴골). 대퇴골의 길이가 0.650 m이고 반지름이 2.00 cm라고 가정할 때 뼈는 얼마나 압축되어 있는가?

7. IE •• (a) 표 9.1의 액체 중 압축성이 가장 큰 것은? 그 이유는? (b) 동일한 부피의 에틸 알코올과 물의 경우 0.10%의 압력과 몇 배나 더 많은 압력을 가해야 하는가?

8. ••• 각 변이 6.0 cm인 정육면체 놋쇠를 압력 챔버에 놓고 모든 표면에 1.2×10^7 N/m^2의 압력을 가한다. 이 압력 하에서 각 면이 얼마나 압축될 것인가?

9.2 유체: 압력과 파스칼의 원리

9. • 호수 수면 아래 10 m 깊이까지 잠수할 경우 (a) 물만으로 인한 압력은 얼마인가? (b) 그 깊이의 절대 압력은 얼마인가?

10. • 75.0 kg의 운동선수가 한 손으로 물구나무서기를 한다. 바닥과 접촉하는 손의 면적이 125 cm^2인 경우 바닥에는 어떤 압력이 가해지는가?

11. • (a) 호수에서 10 m 깊이의 절대 압력은 얼마인가? (b) 계기 압력은 얼마인가?

12. •• 기름 유출로 얻은 바닷물의 표본에서 두께 4.0 cm의 기름층이 55 cm의 물 위에 뜬다. 기름 밀도가 0.75×10^3 kg/m^3인 경우 용기 하단의 절대 압력은 얼마인가?

13. •• 사람의 폐에 의해 작용하는 압력은 가능한 한 세게 사람을 압력계의 한쪽으로 날려 보내서 측정할 수 있다. 열린 관 압력계의 한쪽으로 부는 사람이 압력계 기구의 물기둥 높이 사이에 80 cm의 차이를 보인다면, 폐의 계기 압력은 얼마인가?

14. •• 비행기 운항 중 유스타키오 관(이관)이 막혀 귀가 아프다. 관의 압력이 1.00 atm에 유지되고, 객실 압력이 0.900 atm에 유지된다고 가정할 때 고막의 지름이 0.800 cm라 하면 고막에서의 압력을 구하라.

15. •• 자동차 충돌 사고로 에어백이 분리된 운전자가 앞 유리에 머리를 부딪쳐 두개골이 골절된다. 운전자의 머리가 질량이 4.0 kg이고, 앞 유리에 부딪히는 부분이 5.0 cm^2이고 충격 시간이 3.0 ms라고 가정할 때, 운전자의 머리가 앞 유리에 부딪히는 속력은 얼마인가? (두개골의 압축 파괴강도를 1.0×10^8 Pa로 한다.)

16. •• 1960년 미 해군의 배티스캡슈 트리에스테호는 태평양 마리아나 해구에서 10 912 m 깊이까지 내려왔다. (a) 그 깊이에서 압력은 얼마인가? (바닷물은 비압축이라 가정한다.) (b) 지름 15 cm의 원형 관측창에 가해진 힘은 얼마인가?

17. •• 차고의 유압 리프트는 피스톤 2개를 가지고 있다. 하나는 작은 단면적 4.00 cm^2이고 또 하나는 큰 단면적 250 cm^2을 갖는다. (a) 이 리프트가 3500 kg의 자동차를 들어올리도록 설계된 경우, 작은 피스톤에 얼마의 최소 힘을 가해야 하는가? (b) 압축 공기를 통해 힘이 가해지는 경우 작은 피스톤에 가해지는 최소 공기 압력은 얼마가 되어야 하는가?

9.3 부력과 아르키메데스의 원리

18. IE• (a) 물체의 밀도가 유체의 밀도와 정확히 같을 경우 물체는 유체에서 어떻게 될까? (1) 뜬다, (2) 가라앉는다, (3) 일정 부분만 잠긴다. (b) 각 변이 8.5 cm인 입방체인 물체는 질량이 0.65 kg이다. 이 물체는 물에 뜨는가 혹은 가라앉는가? 답을 입증하라.

19. •• 물체는 공기 중에서 8.0 N의 무게를 가진다. 그러나 완전히 물에 잠겼을 때는 무게가 4.0 N에 불과한 것으로 보인다. 물체의 밀도는 얼마인가?

20. •• 각 변이 0.30 m의 강철 정육면체를 저울에 매달아 물에 담근다. 저울의 눈금은 얼마인가?

21. •• 각 변이 0.30 m의 나무 정육면체는 700 kg/m^3의 밀도를 가지며 물속에 수평으로 떠다닌다. (a) 나무 꼭대기에서 수면까지의 거리는 얼마인가? (b) 나무의 꼭대기가 수위에 오도록 하려면 나무 꼭대기에 얼마의 질량을 추가해서 올려야 하는가?

22. •• 수족관은 액체로 가득 차 있다. 각 변이 10.0 cm인 코르크 정육면체를 밀어서 액체 속에 완전히 잠기게 한다. 7.84 N의 힘이 있어야 액체 밑에 고정된다. 만약 코르크의 밀도가 200 kg/m^3이면 액체의 밀도는 얼마인가?

23. •• 승객과 화물을 실어 나르는 굿이어 블랩처럼 비행선보다 가벼운 제플린을 다시 들여올 계획이지만, 불운한 **힌덴부르크**에서 사용했던 것처럼 가연성 수소가 아닌 헬륨으로 채워져 있다. 한 설계에서는 선박의 길이가 110 m이고 총중량(헬륨 없이)이 30.0미터 톤이 되어야 한다. 배의 "엔벨로브"가 원통형이라고 가정할 때, 배의 전체 무게와 헬륨을 들어 올리려면 그 지름이 얼마여야 할까?

9.4 유체 역학과 베르누이의 방정식

24. • 이상적인 액체가 반지름 0.20 m의 파이프 구간에서 3.0 m/s로 이동한다. 다른 구간의 반지름이 0.35 m인 경우, 그곳의 유속은 얼마인가?

25. •• 물이 그림 9.19와 유사한 수평 관을 통해 흐른다. 그러나 이 경우 관이 좁아지는 부분은 큰 부분의 지름의 반이다. 관이 넓은 부분에서 물의 속력이 1.5 m/s인 경우 좁은 부분의 관에서 압력이 얼마나 감소되는가? (최종 답은 대기압으로 나타내라.)

26. •• 1.00 cm의 반지름을 가진 대동맥을 통한 혈류 속력은 0.265 m/s이다. 동맥 경화로 인해 대동맥이 0.800 cm 반지름으로 수축되면 혈류 속력은 얼마나 증가하는가?

27. •• 여러분은 아마도 주방 수도꼭지에서 나오는 물줄기는 떨어질수록 물줄기가 좁아지는 것을 관찰할 수 있다. 수도꼭지 입구에서 흘러내린 물이 아래로 내려가면서 더 작은 단면 영역으로 줄어드는 이유를 베르누이의 원리로 설명한다. 이때 물줄기의 상단의 단면적이 2.0 cm^2이고, 수직 아래로 거리 5.0 cm인 경우 물줄기의 단면적은 0.8 cm^2이라 하자. (a) 물의 속력은 얼마인가? (b) 흐름율은 얼마인가?

9.5 표면장력, 점성, 푸아죄유의 법칙(선택)

28. •• 심장과 폐를 연결하는 폐동맥은 길이가 약 8.0 cm, 내경은 5.0 mm이다. 만약 흐름율이 25 mL/s라 하면, 그 길이에 대해 요구되는 압력 차이는 얼마인가?

CHAPTER 10

온도와 운동론

Temperature and Kinetic Theory

지구의 평균 온도의 상승으로 인해 극지방의 얼음이 녹고 있다.

지구 대기온도 상승에 의해 인간의 활동에 큰 역할을 했다는 증거가 늘어나면서 지구 온난화가 큰 화제가 되고 있다. 지구의 온도가 상승하면 극지방의 얼음이 녹고 해수면이 상승한다. 지난 40년 동안의 위성사진은 북극 빙하의 감소 현상을 분명히 보여준다. 이 장의 처음 사진은 얼음이 녹고 있는 것을 육지에서 바라본 것이다.

온도와 열은 우리의 일상 대화에 흔히 등장하는 말이기는 하나 그 의미를 정확히 이야기할 수 있는 사람은 그리 많지 않다. 온도는 보통 열을 가하거나 제거했을 때 변화한다. 그러므로 온도는 열과 밀접한 관계가 있음을 알 수 있다. 그러나 어떻게 이 둘을 관련지을 수 있나? 열이란 도대체 무엇인가? 이 장에서 이것에 대한 답을 찾을 수 있으며 그 과정에서 물리학의 중요한 원리들을 하나씩 이해하게 될 것이다.

열에 대한 초기의 이론에서는 열을 물체에서 빠져나가거나 흘러들어오는 유체와 비슷한 물체로 취급했다. 그 물체를 칼로릭(caloric, 라틴어로 열, heat의 의미를 갖는 calor라는 단어에서 기원한다)이라 불렀다. 비록 이 이론은 틀린 것으로 밝혀졌지만 아직도 열을 한 물체에서 다른 물체로 옮겨가는 것처럼 이야기한다. 열은 전달되는 에너지로 밝혀졌으며 온도와 열에 관한 특성은 물체의 원자와 분자의 성질로 설명할 수 있다. 이 장과 다음 장에서 온도와 미시적(분자 정도의 크기) 이론과 거시적 관찰로서의 열을 설명한다. 또한 기체 압력과 온도 사이의 양적 관계를 설명하는 이상 기체 법칙을 접하게 될 것이다.

10.1 온도, 열 그리고 열에너지

열 물리학에서는 **온도**(temperature, T)와 **열**(heat, Q)의 정의로부터 시작된다. 온도는 "뜨겁고 차가운" 정도를 상대적으로 측정한 것이다. 예를 들어 뜨거운 난로는 얼음 조각보다 훨씬 높은 온도를 가진다. 뜨거운 것과 차가운 것은 키가 크고 작은 것과 같은 상대적인 용어라는 점에 유의하라. 분명히 이것은 정성적인 설명이며 실제로 온도가 물리적으로 어떤 온도인지 또는 어떤 의미인지 정의되지 않는다. 온도의 물리적 의미는 곧 논의될 것이다.

열은 온도 **차이**로 인해 **물체 또는 계 사이에 전달되는 에너지 및 온도 차와 관련이 있다.** 열이 뜨거운 물체에서 차가운 물체로 전달될 때, 이것은 차가운 물체를 구성하는 분자의 총 에너지의 증가를 초래할 수 있다.

미시적 관점에서 온도는 분자의 운동과 관련된다. 기체의 운동론에서(10.5절과 10.6절) 기체 분자를 부피가 없는 입자로 다루는데, 온도는 마구잡이 운동을 하는 분자의 병진 운동에너지의 평균값으로 정의된다(그림 10.1). 그러나 이원자분자의 경우와 다른 실제 물체의 경우, 병진 운동에 의한 온도 외에 진동과 회전 운동에너지 그리고 입자끼리 잡아당기는 힘과 관련된 위치에너지도 포함된다. 기체로 구성된 계에서는 이러한 분자 운동에너지의 합이 **열에너지**(thermal energy, E_{th})이다. 보다 일반적으로 내부에너지는 분자 간 에너지와 분자 내 에너지도 포함한다(그림 10.1).

특히 기체의 경우 열에너지는 계를 구성하는 분자의 수에 따라 달라지기 때문에 온도가 높은 계가 온도가 낮은 계보다 항상 열에너지를 더 많이 가지고 있는 것은 아

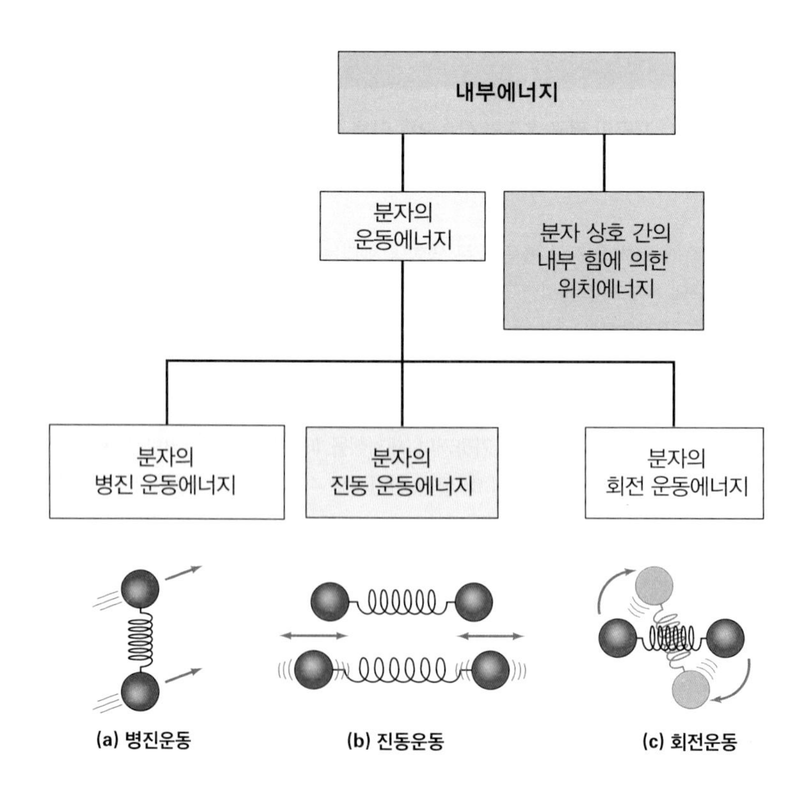

▶ 그림 10.1 **내부에너지.** 계의 내부에너지는 분자 운동에너지와 분자 간 및 분자 내 위치에너지로 구성된다. 분자의 운동에너지는 다음 세 가지로 나눌 수 있다(여기서는 이원자분자로 보여준다). **(a)** 병진 운동에너지, **(b)** 선형적 진동 운동에너지, **(c)** 회전 운동에너지

니라는 점에 유의하라. 예를 들어 추운 겨울날 따뜻한 교실 안의 공기 온도는 야외 공기보다 높다. 그러나 차가운 바깥 공기(분자 수가 더 많음)는 너무 많은 열에너지를 가지고 있으므로 내부 공기보다 훨씬 더 많은 열에너지를 가지고 있다. 따라서 계의 열에너지는 그 계의 온도 뿐만 아니라 분자수에도 의존한다.

열은 두 물체 사이에서 전달한다. 접촉 여부와 상관없이도 기체만이 아닌 어떤 두 물체 간에 열이 전달되며 열에너지는 물리적 접촉이 없는 복사라는 과정에 의해 전달될 수 있다. 이것은 11장에서 다룰 것이다. 따라서 물체들은 **열접촉**(thermal contact)이 되어 있다고 한다. 열접촉 상태에서 더 이상의 알짜 열 흐름이 없을 때 두 물체는 온도가 같아지고 이를 **열평형**(thermal equilibrium)에 있다고 말한다.

10.2 섭씨온도와 화씨온도 눈금

온도에 따라 변하는 물질의 성질을 이용해서 만들어진 장치인 **온도계**(thermometer)를 사용하여 온도를 정량적으로 측정할 수 있다. 지금까지 가장 일반적으로 사용되는 성질은 열팽창으로(10.4절), 즉 물질의 온도가 변할 때 발생하는 물질의 크기나 부피의 변화이다.

보통의 온도계는 액체의 열팽창을 이용하며, 액체가 들어간 유리막대 형태로 만들어진다. 속이 빈 유리관 내에서 액체가 팽창하여 상승한다. 수은과 알코올은 유리 온도계의 액체(잘 보이도록 빨갛게 염색한)로 주로 사용된다. 이는 열팽창률이 상대적으로 크고 정상 온도 범위에서 액체 상태를 유지하기 때문이다.

온도계는 정확한 온도 값을 읽을 수 있게 눈금이 매겨져 있고, 기준되는 눈금 또는 단위를 맞추기 위해 기준이 되는 두 고정점이 필요하다. 대기압(1기압)에서 순수한 물의 어는점과 끓는점이 고정점이 될 수 있다.

온도계의 눈금은 거의 미국을 제외한 전 세계에서 사용하는 섭씨눈금(Celsius scales)이 있고 미국에서 주로 사용하는 화씨눈금(Fahrenheit scales)이 있다. 그림 10.2에서 보듯이 섭씨온도에서는 물의 어는점과 끓는점이 각각 0°C와 100°C이며, 화씨온도에서는 각각 32°F와 212°F이다. 섭씨온도는 두 점 사이를 100등분으로 나누었고 화씨온도는 180등분으로 나누었다. 섭씨온도 한 눈금(1°C)은 화씨온도에서 거의 두 눈금(180/100 = 1.8°F)에 해당한다. 두 온도 눈금 사이의 정확한 변환 관계식은 다음과 같이 쓸 수 있다.

$$T_{\mathrm{F}} = \frac{9}{5}T_{\mathrm{C}} + 32 \text{ (섭씨를 화씨로)} \tag{10.1a}$$

과

$$T_{\mathrm{C}} = \frac{5}{9}(T_{\mathrm{F}} - 32) \text{ (화씨를 섭씨로)} \tag{10.1b}$$

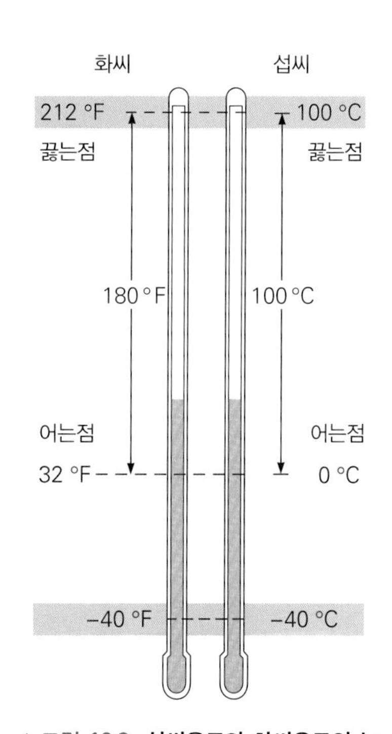

▲ 그림 10.2 **섭씨온도와 화씨온도의 눈금.** 고정된 두 점인 어는점과 끓는점 사이를 섭씨온도 눈금에서 100°로 나누고, 화씨온도 눈금에서는 180°로 나눈다. 섭씨온도 한 눈금은 화씨온도의 한 눈금보다 1.8배 크다.

10.3 기체 법칙과 절대(켈빈)온도

유리관에 액체를 넣은 온도계는 액체의 각기 다른 팽창 성질 때문에 기준점이 아닌 다른 온도에서 약간 틀릴 수 있다. 반면에 기체를 사용한 온도계는 어떤 기체를 사용해도 같은 온도 값을 갖는데, 이는 낮은 밀도의 경우 모든 기체가 같은 팽창 성질을 갖기 때문이다.

기체의 거시적 성질을 설명하려면 기체의 압력, 부피, 온도(p, V, T)를 사용하는 것이 관례적이다. 기체의 온도가 일정할 때 기체의 압력과 부피는 $p \propto \frac{1}{V}$의 반비례 관계가 있다.

$$pV = \text{일정} \quad \text{또는} \quad p_1V_1 = p_2V_2 \quad (\text{일정한 온도}) \tag{10.2}$$

이 관계식은 영국의 화학자 로버트 보일(Robert Boyle, 1627~1691)이 발견했으며, 그의 이름을 따서 **보일의 법칙**(Boyle's law)으로 알려져 있다.

그러나 기체의 압력이 일정할 때 부피와 온도는 $V \propto T$의 정비례 관계가 있다.

$$\frac{V}{T} = \text{일정} \quad \text{또는} \quad \frac{V_1}{T_1} = \frac{V_2}{T_2} \quad (\text{일정한 압력}) \tag{10.3}$$

이 관계식은 프랑스의 과학자 자크 샤를(Jacques Charles, 1746~1823)이 발견했으며, 그의 이름을 따서 **샤를의 법칙**(Charles's law)으로 알려져 있다.

낮은 밀도의 기체는 보일과 샤를의 법칙을 따른다. 따라서 기체의 양이 일정하다면 pV/T는 일정해야만 한다. 식 10.2와 식 10.3을 결합하면 다음과 같은 **이상기체 법칙**(ideal gas law)을 얻을 수 있다.

$$\frac{pV}{T} = \text{일정} \quad \text{또는} \quad \frac{p_1V_1}{T_1} = \frac{p_2V_2}{T_2} \quad (\text{이상기체 법칙}) \tag{10.4}$$

10.3.1 이상기체 법칙의 미시적 형태

식 10.4는 미시적 수준에 적용되도록 다시 쓸 수 있다. 이 수준에서 기체의 "양"은 분자수 N으로 나타낸다. 만약 부피와 온도가 일정하다면 기체 압력은 분자수 N이 클수록 크다. 이 관측을 포함하여 이상기체 법칙을 다시 쓰면 다음과 같다.

$$\frac{pV}{T} = Nk_B \quad \text{또는} \quad pV = Nk_BT \quad (\text{미시적 이상기체 법칙}) \tag{10.5}$$

여기서 k_B는 **볼츠만 상수**(Boltzmann's constant)이고 1.38×10^{-23} J/K의 값을 가진다. 이 값을 처음 결정한 오스트리아 물리학자 루트비히 볼츠만(Ludwig Boltzmann, 1844~ 1906)의 이름을 따서 지은 것이다.

10.3.2 이상기체 법칙의 거시적 형태

식 10.5는 보통 실험실에서 측정한 양에 따라 표시하는 거시적 형태로 다시 정리하면 다음과 같다.

$$pV = nRT \quad \text{(거시적 이상기체의 법칙)} \tag{10.6}$$

여기서 R은 **이상기체 상수** [$R = 8.31$ J/mol·K]이고 n은 기체의 몰(mole)수이다. 1몰은 그 물질 분자의 개수가 아보가드로수(N_A)만큼일 때 물질의 양을 뜻한다. 여기서 **아보가드로수**는 $N_A = 6.02 \times 10^{23}$ 분자수/mol이다. 몰수(n)는 분자수 N과 관계를 갖는데 $n = N/N_A$ 또는 $N = nN_A$이다. 따라서 기체의 종류에 상관없이 1기압 0°C에서 1몰의 기체 부피는 22.4 L이다. 1기압 0°C라는 조건을 STP(Standard Temperature and Pressure) 조건이라 한다.

미시적 관점과 거시적 관점이 동일한 결과를 도출해야 하므로 식 10.6은 식 10.5와 같아야 한다. 그러므로 $nR = Nk_B$이고, $n = N/N_A$를 사용하면 $k_B = R/N_A$가 되어 볼츠만 상수가 다음과 같이 해석된다.

볼츠만 상수는 이상기체 상수의 미시적인 버전이고 몰 기준이 아니라 분자당 기준으로 표현된다.

앞에서 설명한 $R = k_B N_A$에 볼츠만 상수와 아보가드로수를 대입하면 R의 값은 다음과 같다.

$$R = 8.31 \text{ J/(mol·K)}$$

여기서 단위가 갖는 의미에 주목하라. R의 단위는 몰 단위로 취급하고 반면에 k_B의 단위는 **분자수**를 취급한다. 몰수당 분자수가 엄청나게 많으므로 볼츠만 상수의 값은 R보다 훨씬 작다.

식 10.6을 사용하기 위해서 기체의 몰수를 알 필요가 있다. 이를 알기 위해 그 원소 또는 화합물을 구성하고 있는 **몰질량**(molar mass, M)의 합으로 정의되는 **분자 질량**(molecular mass, m)을 알아야 한다. 그 질량들은 SI 단위계에서 취급하기에 너무 작은 수이기 때문에 다른 단위인 **원자질량단위**(atomic mass unit, u)를 사용한다.

$$1\text{원자질량단위(u)} = 1.66054 \times 10^{-27} \text{ kg}$$

분자 질량은 화학식과 원자의 원자 질량에 의해 결정된다. 예를 들어 물 분자(H_2O) 한 개는 두 개의 수소원자와 한 개의 산소원자로 구성되어 있다. 수소원자 한 개의 질량은 $m_H = 1.0$ u이고, 산소원자 한 개의 질량은 $m_O = 16.0$ u이므로 물 분자 한 개의 질량은 $2 \times m_H + 1 \times m_O = 2 \times 1.0 \text{ u} + 1 \times 16.0 \text{ u} = 18.0$ u이다. 같은 방법으로 산소 분자(O_2) 하나는 $2 \times 16.0 \text{ u} = 32.0$ u의 질량을 갖는다. 산소 분자 한 개의 질량은 32.0 u이므로 산소 1몰은 32.9 g의 질량을 갖는다. 원자질량 단위로 표현되는 분자 질량 값은 g/mol로 표현되는 몰당 질량과 같다.

그 역수 계산도 할 수 있다. 예를 들어 물 분자의 질량을 알고 싶다면, 물의 몰당

질량은 18.0 g/mol이므로 분자당 질량(m_{H_2O})은

$$m_{H_2O} = \frac{M(\text{몰 질량})}{N_A} = \frac{(18.0 \text{ g/mol})}{6.02\times10^{23} \text{ 분자수/mol}}$$

$$= 2.99\times10^{-23} \text{ g/분자} = 2.99\times10^{-26} \text{ kg/분자}$$

이 된다.

10.3.3 절대영도와 절대(켈빈)온도 눈금

이상기체 법칙은 이상기체의 압력과 부피의 곱이 기체의 온도에 비례한다고 말한다. $pV \propto T$. 이 관계를 이용하면 **일정한 부피를 갖는 기체온도계**를 만들어 온도를 측정하는 측정 장치로 사용할 수 있다. 딱딱한 통에 기체를 담아 둠으로써 기체의 부피를 일정하게 유지시키면 기체의 압력은 온도에 비례한다. 즉, $p \propto T$이다(그림 10.3). 따라서 일정한 부피를 갖는 기체온도계를 사용하면 압력을 측정해서 온도를 알 수 있다. 이 경우 압력과 온도는 비례한다(그림 10.4a).

그림 10.4b에 나타낸 것처럼 실제 기체는 온도가 낮으면 액화되기 때문에 높은 온도 영역에서 압력과 온도는 비례한다. 만약 기체가 액화되지 않고 기체 상태로 유지된다면, 온도가 감소함에 따라 압력이 0이 되는 상태에 다다를 것이다. 이상기체에 대한 절대 최소 온도는 소위 외삽 또는 그림 10.4b의 직선부분을 연장하여 온도 축과 만나는 점에 의해 결정된다. 이렇게 얻어진 온도는 −273.15°C이며 **절대영도**(absolute zero)라고 한다. 절대영도는 온도의 하한점이라고 믿어지고 있지만 결코 얻을 수 없는 온도이다. 그러나 높은 온도의 상한점은 없다. 예를 들어 어떤 별의 중심에서 온도는 섭씨 1억도를 넘는 것으로 추정된다.

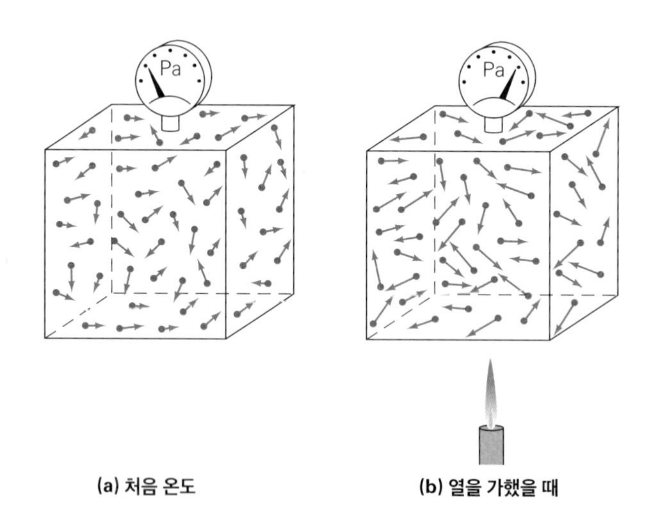

(a) 처음 온도 (b) 열을 가했을 때

▶ 그림 10.3 **부피가 일정한 기체온도계.** 이런 온도계는 부피가 일정한 작은 밀도인 기체에서 압력이 온도에 비례하기 때문에 압력의 함수로 온도를 표시할 수 있다. **(a)** 처음 온도에서 표시된 압력은 일정한 값을 가진다. **(b)** 기체는 가열되면 내부에너지가 증가하고(온도가 증가) 압력이 증가되는 것을 읽을 수 있다. 미시적으로 보면 평균적으로 분자가 더 빠르게 움직이고(더 많은 운동에너지를 가지고) 있기 때문이다.

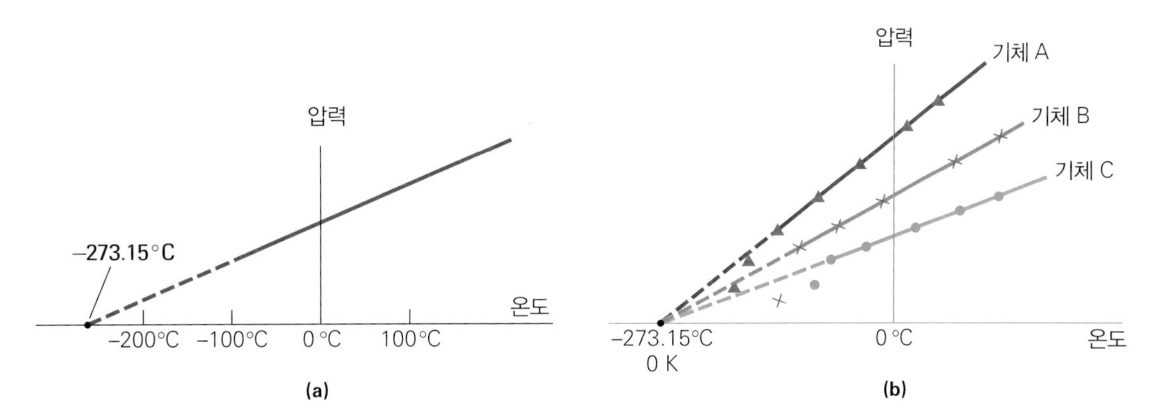

▲ **그림 10.4 온도에 따른 압력 변화.** (a) 일정한 부피로 유지되는 저밀도 기체는 $p-T$의 그래프에서 직선을 만족한다(섭씨). 직선이 압력이 0이 될 때까지 연장하면 −273.15 °C의 온도가 얻어지며, 이 온도를 절대영도라 한다. (b) 모든 저밀도 기체에 대한 선의 외삽은 절대영도가 일치함을 나타낸다. 기체의 실제 거동은 기체가 역화되기 시작하기 때문에 매우 낮은 온도에서 직선관계에서 벗어난다는 것을 주목하라.

절대영도는 **절대(켈빈)온도 눈금**(Kelvin temperature scale)의 기준이다. 영국의 과학자 켈빈경[윌리엄 톰슨(William Thomson), 1824~ 1907]이 1848년에 이것을 제안했다. 켈빈온도 눈금은 −273.15 °C를 영점, 즉 0 K로 정한다(그림 10.5). 켈빈온도의 한 눈금은 섭씨온도의 눈금과 같으므로 이들 눈금의 온도는 다음과 같은 관계를 갖는다.

$$T = T_C + 273.15 \quad \text{(섭씨온도를 절대온도로 전환)} \qquad (10.7a)$$

첨자가 없는 기호 T는 **켈빈**(kelvins) 단위로 절대온도를 나타내기 위해 사용된다. 켈빈온도의 단위는 K로 나타낸다. 일반적 계산에서 273.15를 반올림하여 273으로 사용한다.

$$T = T_C + 273 \quad \text{(일반적 계산)} \qquad (10.7b)$$

예를 들면 실온 20 °C는 절대온도로 고치면 293 K라 말할 수 있다. 절대(켈빈)온도는 공식적인 SI 단위계의 온도 단위이지만 일상적으로 온도에 대해 이야기할 때는 섭씨온도가 사용된다. 절대온도는 주로 과학 분야에서 사용된다.

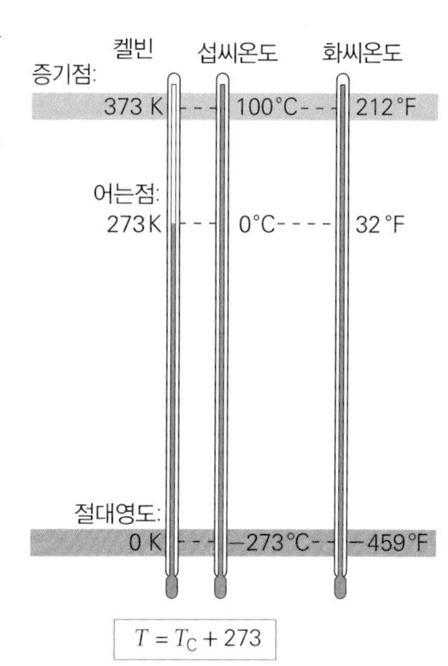

▲ **그림 10.5 켈빈온도 눈금.** 켈빈온도 눈금에서 가장 낮은 온도(섭씨온도 −273.15 °C)는 절대영도 또는 0 K이다. 켈빈온도 눈금에서 한 단위 눈금 간격은 섭씨온도의 한 단위 눈금 1 °C와 같다.

초기의 기체온도계는 1기압에서 물의 어는점과 끓는점으로 눈금을 매겨 왔다. 그러나 켈빈 눈금은 절대영도와 소위 **삼중점**(triple point of water)이라 부르는 두 번째 기준점을 사용한다. 삼중점은 고체(얼음)와 액체(물) 그리고 기체(수증기)가 동시에 평형상태로 공존할 수 있는 점을 말한다. 즉, 0.01°C의 온도와 압력 4.58 mmHg (611.73 Pa)에서 생기면 이 점은 재현 가능한 기준점으로 켈빈온도 눈금으로 273.16 K을 나타낸다.

켈빈온도 눈금은 절대적 성질 때문에 중요하다. 10.5절에서 보겠지만 이상기체의 내부에너지와 비례한다. 그래서 온도는 곧 에너지를 나타내는 데 사용할 수 있다. 이제 이것을 기억하기 위해서는 절대온도를 사용해야 할 필요가 있으며, 다양한 형태의 이상기체 법칙을 사용하자.

예제 10.1 이상기체 법칙–절대온도 사용하기

단단한 용기에 채워져 있는 이상기체는 처음 온도가 되었다면 20 °C이고, 압력이 p_1이었다. 만약 기체를 가열하여 온도가 60°C로 되었다면 압력이 변화한 비율은 얼마인가?

풀이

문제상 주어진 값:

$T_1 = 20\ °C = (20 + 273)K = 293\ K$

$T_2 = 60\ °C = (60 + 273)K = 333\ K$

$V_1 = V_2$

비율 형태의 이상기체 법칙은 $p_2V_2/T_2 = p_1V_1/T_1$이다. 그리고 $V_1 = V_2$이기 때문에 이 식은

$$\frac{p_2}{p_1} = \frac{T_2}{T_1} = \frac{333\mathrm{K}}{293\mathrm{K}} = 1.14$$

이 된다. 따라서 p_2는 p_1의 1.14배 높은 압력이다. 즉, 14% 증가하였다. 여기서 주의해야 되는 것은 섭씨온도를 그대로 사용하면 잘못된 비율을 얻게 된다. 이상기체 법칙을 적용할 때는 절대온도를 사용해야 한다.

예제 10.2 이상기체 법칙 – 산소는 얼마나 많이 들어있나?

호흡 요법이 필요한 환자가 산소(O_2) 탱크를 구입했다. 탱크의 부피는 2.5 L로 상온 20°C일 때 절대압력 100 atm의 순수한 산소 기체로 채워져 있다. 탱크 내 산소 기체의 질량은 얼마인가?

풀이

문제상 주어진 값:

$T = (20 + 273)\ K = 293\ K$

$p = 100\ atm = (100)(1.01 \times 10^5\ Pa) = 1.01 \times 10^7\ Pa$

$V = 2.5\ L = 0.0025\ m^3$

이상기체 법칙의 거시적 형태를 사용하여 몰수를 찾는다.

$$n = \frac{pV}{RT} = \frac{(1.01\times10^7\ \mathrm{Pa})(0.0025\ \mathrm{m}^3)}{[8.31\ \mathrm{J/(mol{\cdot}K)}](293\mathrm{K})} = 10.4\ \mathrm{mol}$$

산소는 분자 질량이 2 × 16.0 u = 32.0 u이므로 몰질량은 32.0 mg/mol이다. 그러므로 탱크 안에서의 산소 질량은

$$m_{O_2} = (10.4\,\mathrm{mol})(32.0\,\mathrm{g/mol}) = 333\,\mathrm{g} = 0.333\,\mathrm{kg}$$

이다.

10.4 열팽창

물질의 크기 변화는 보통 열적 효과에 의한 것이다. 열팽창은 온도계를 만드는 방법을 제공한다. 기체의 열팽창은 이상기체 법칙으로 설명할 수 있으며, 그 팽창하는 것이 확연히 보이지만 액체나 고체의 열팽창은 기체의 열팽창만큼 크게 변하지 않아 다소 덜 중요하게 여길 수 있다. 먼저 고체를 고려해 보자.

10.4.1 고체

고체의 열팽창은 원자 사이의 평균 거리의 변화에 기인한다. 원자들은 서로 결합에 의해 묶여 있는데, 이를 단순화한 고체 모형에서는 원자끼리 용수철로 연결되어있는 것으로 나타낸다(그림 9.1). 원자의 진동은 온도가 증가하면 (내부에너지 증가) 그 활동성이 증가되고 진폭은 커지며, 원자 사이의 평균 거리도 커진다. 모든 방향에서 원자 사이의 평균 거리가 커지면 고체는 전체적으로 팽창한다.

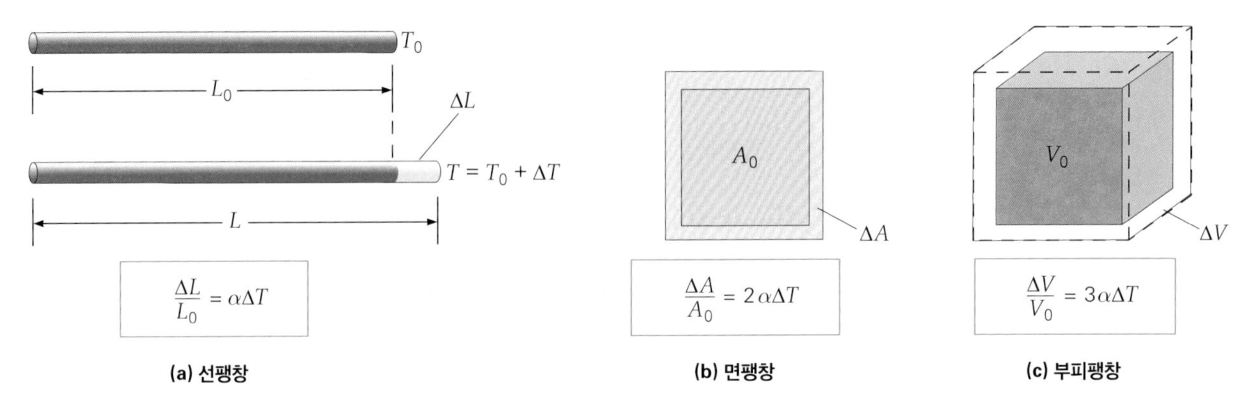

▲ 그림 10.6 **열팽창.** (a) 선팽창은 온도 변화에 비례한다. 즉, 길이 변화 ΔL은 온도 변화 ΔT에 비례하며 $\Delta L/L_0 = \alpha \Delta T$가 된다. 여기서 α는 선팽창계수이다. (b) 등방성 팽창에 대해 면의 열팽창계수는 근사적으로 2α이다. (c) 고체의 부피팽창계수는 약 3α이다.

고체의 일차원적 변화를 선팽창이라고 한다. 작은 온도 변화인 ΔT에 대하여 선팽창(또는 수축)은 ΔT에 근사적으로 비례한다(그림 10.6a). 실험적으로 길이가 변화한 비율은 $[(L - L_0)/L_0$ 또는 $\Delta L/L_0$, 여기서 L_0는 원래의 길이다$]$ 온도의 변화에 비례한다. 그리고 이것을 수학적으로 나타내면

$$\frac{\Delta L}{L_0} = \alpha \Delta T \quad \text{또는} \quad \Delta L = \alpha L_0 \,\Delta T \;(\text{선팽창}) \tag{10.8}$$

이다. 여기서 α는 **선팽창계수**(thermal coefficient of linear expansion)라 하고, 물질에 따라 다르다. α의 단위는 1/°C 또는 $°C^{-1}$이다. 여러 물질에 대한 α의 값을 표 10.1에 보여주고 있다. 고체는 서로 다른 방향의 선팽창계수를 가질 수 있지만 단순성을 위해 모든 방향에 동일한 선팽창계수를 갖는 것으로 가정할 것이다(다시 말해서 고체의 등방성 팽창을 가정한다). 또한 선팽창 계수는 온도에 따라 약간 다를 수 있다. 그러나 이러한 변화는 일반적으로 무시할 수 있으므로 α는 일정하다고 가정하자.

부분적인 변화는 백분율 변화로도 나타낼 수 있다. 예를 들어 백만 원(₩)을 투자하여 십만 원(Δ₩)의 수익을 얻었을 경우 수익률은 $\Delta ₩/₩_0 = 10/100 = 0.10$ 또는

표 10.1 20 °C에서 여러 물질들에 대한 열팽창계수의 값($°C^{-1}$)

물질	선팽창계수(α)	물질	부피팽창계수(β)
알루미늄	24×10^{-6}	에틸 알코올	1.1×10^{-4}
황동	19×10^{-6}	가솔린	9.5×10^{-4}
벽돌	12×10^{-6}	글리세린	4.9×10^{-4}
구리	17×10^{-6}	수은	1.8×10^{-4}
유리	9.0×10^{-6}	물	2.1×10^{-4}
파이렉스 유리	3.3×10^{-6}		
금	14×10^{-6}	공기(와 대부분의 기체는 1 atm)	3.5×10^{-3}
얼음	52×10^{-6}		
철	12×10^{-6}		

10%를 백분율로 나타내도록 선택할 경우 10%가 된다.

식 10.8은 온도 변화에 따라 변한 최종 길이(L)로 다시 쓸 수 있다.

$$\Delta L = L - L_0 = \alpha L_0 \Delta T \quad \text{또는} \quad L = L_0 + \alpha L_0 \Delta T \tag{10.9}$$

이 형태의 식은 면팽창을 계산하는 데 유용하다. 정방형의 물체에서 처음 면적은 $A_0 = L_0^2$이므로 팽창된 후의 면적 A는

$$A = L^2 = L_0^2(1 + \alpha\Delta T)^2 = A_0(1 + 2\alpha\Delta T + \alpha^2[\Delta T]^2)$$

로 주어진다. 이 결과는 평면 정사각형에 대해 도출되는 동안 모양에 관계없이 실제로 사실이다. 고체의 경우 α는 1 보다 매우 작은 값(표 10.1에서 약 10^{-5}을 갖는다)이므로 α의 2차항($\alpha^2 \approx (10^{-5})^2 = 10^{-10} \ll 10^{-5}$)은 매우 작으므로 무시할 수 있다. 따라서 이런 가정을 통해 면적의 변화 $\Delta A = A - A_0$는

$$A = A_0(1 + 2\alpha\Delta T) \quad \text{또는} \quad \frac{\Delta A}{A_0} = 2\alpha\Delta T \tag{10.10}$$

이다. **면팽창계수**(thermal coefficient of area expansion)는 같은 물질의 선팽창계수의 두 배이며(2α)(그림 10.6b) 이 관계는 모든 모양의 물체에 적용된다는 것을 유의하라.

같은 방법으로 고체의 부피팽창은

$$V = V_0(1 + 3\alpha\Delta T) \quad \text{또는} \quad \frac{\Delta V}{V_0} = 3\alpha\Delta T \tag{10.11}$$

로 주어진다. 따라서 **부피팽창계수**(thermal coefficient of volume expansion)(그림 10.6c)는 3α와 같다.

열팽창은 구조물의 건축에서 고려될 중요한 사항이다. 예를 들어 콘크리트로 고속도로와 보도를 만들 때 팽창에 의해 늘어날 공간을 확보해서 갈라짐을 방지하기 위한 이음매를 두어야 한다. 붕괴를 막기 위해 커다란 교량이나 철도 레일들 사이에 팽창을 위한 틈을 확보할 필요가 있다. 미국 샌프란시스코에 있는 금문교는 여름과 겨울에 다리의 길이가 1 m 가량 변한다고 한다. 파리의 에펠탑은 기온이 1°C 달라질 때마다 약 0.36 cm의 길이 변화를 보인다고 한다. 그렇다면 강철빔과 대들보의 열팽창은 다음의 예에서 알 수 있듯이 엄청난 압력을 유발할 수 있다.

예제 10.3 온도 증가–열팽창과 변형력

강철빔은 온도 20°C에서 길이가 5.0 m이다. 어느 더운 날 40°C로 온도가 올라갔다. (a) 열팽창으로 인한 강철빔의 길이 변화는? (b) 빔의 끝이 처음에는 단단한 수직 지지대와 접촉한다고 가정해 보자. 빔의 단면적이 60 cm²인 경우 팽창된 빔이 지지대에 얼마나 많은 힘을 가할 것인가?

풀이

문제상 주어진 값:

$L_0 = 5.0\ \text{m},\ T_0 = 20°\text{C},\ T = 40°\text{C}$

$\alpha = 12 \times 10^{-6}\ °\text{C}^{-1}$

$A = 60\ \text{cm}^2\left(\frac{1\ \text{m}}{100\ \text{cm}}\right)^2 = 6.0 \times 10^{-3}\ \text{m}^2$

(a) 온도 변화 $\Delta T = T - T_0 = 40°C - 20°C = 20°C$일 때 ΔL을 구하기 위해 식 10.9를 사용하자. 따라서

$$\Delta L = \alpha L_0 \Delta T = (12\times10^{-6}\ °C^{-1})(5.0\,m)(20\ °C)$$
$$= 1.2\times10^{-3}\,m = 1.2\,mm$$

이다. 이 팽창된 길이는 크게 영향을 주지 않을 것 같다. 그러나 만약 강철빔을 고정시켜 팽창하지 못하도록 한다면 이 팽창이 주는 힘은 굉장히 크다.

(b) 뉴턴의 제3법칙에 따라 강철빔을 팽창하지 못하도록 고정시키는 힘은 늘어난 길이 ΔL을 저지하는 힘과 같게 될 것이다. 즉, 길이만큼 압축시키는 데 필요한 힘과 같게 된다. 그러므로 철의 영률 $Y = 20 \times 10^{10}\ N/m^2$(표 9.1)과 식 9.4를 이용하여 빔에 작용하는 변형력을 계산하자.

$$\frac{F}{A} = \frac{Y\Delta L}{L_0} = \frac{(20\times10^{10}\ N/m^2)(1.2\times10^{-3}\,m)}{5.0\,m}$$
$$= 4.8\times10^{7}\ N/m^2$$

따라서 힘은

$$F = (4.8\times10^{7}\ N/m^2)A = (4.8\times10^{7}\ N/m^2)(6.0\times10^{-3}\ m^2)$$
$$= 2.9\times10^{5}\ N\ (\fallingdotseq 32.5\ ton)$$

예제 10.4 **더 커질까? 또는 작아질까?－면팽창**

그림 10.7a와 같이 얇은 금속판에 동그란 구멍을 내었다. 만약 금속판을 오븐에서 열을 가하게 되면 구멍의 크기는 어떻게 되는가? (a) 더 커진다, (b) 작아진다, (c) 변화 없다.

풀이

금속에 열을 가하면 금속이 팽창하므로, 구멍 안쪽으로도 팽창하여 작아지리라 생각할 수 있지만 이는 잘못된 것이다. 이런 잘못된 생각을 바로잡기 위해서는 구멍 자체보다 구멍에서 떼어낸 동그란 금속판을 생각해 보자. 이 조각에 열을 가하면 역시 그 넓이가 커질 것이다. 가열된 금속판은 마치 떼어낸 조각이 붙어있을 때와 마찬가지로 팽창할 것이다. 따라서 답은 (a)이다.

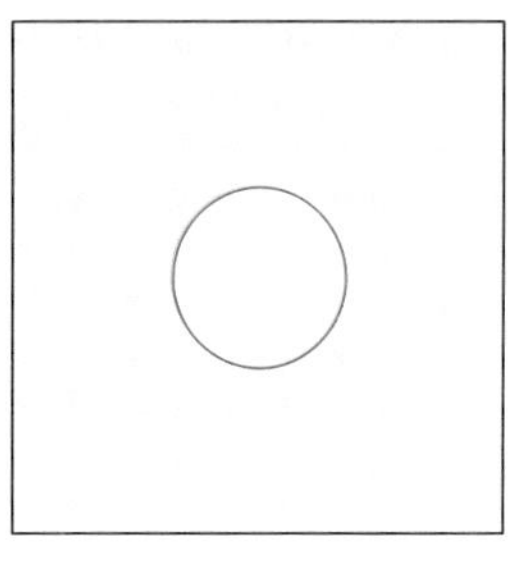

(a) 구멍이 있는 금속판

(b) 구멍이 없는 금속판

▲ 그림 10.7 구멍이 커질 것인가? 또는 작아질 것인가?

고체와 같이 유체(액체와 기체)도 온도가 증가하면 팽창된다. 유체는 특정된 모양을 갖지 않기 때문에 단지 부피팽창만이 (선팽창 또는 면팽창은 없다) 의미가 있다. 유체 팽창에 대한 유사한 표현은

$$\frac{\Delta V}{V_0} = \beta\Delta T \qquad (10.12)$$

가 된다. 여기서 β는 **유체의 부피팽창계수**(coefficient of volume expansion for fluids)이다. 유체의 부피팽창계수 β는 고체의 부피팽창계수 3α의 값보다 일반적으로 더 크다. 이 값은 표 10.1을 참조하라.

대부분의 액체와 달리 물은 어는점 근처에서 특이한 부피팽창계수를 갖는다. 상온에서 물을 냉각시키면 온도가 4°C에 도달할 때까지 물의 부피는 줄어든다(그림 10.8a). 4°C 아래로 내려가면 다시 부피가 증가하기 시작하며 밀도는 감소하게 된다(그림 10.8b). 이것은 물이 4°C에서 (실제는 3.98°C) 밀도가 최대가 된다는 뜻이다. 이것이 얼음이 얼음물에 떠다니고 얼어붙은 수도관이 터지는 이유이다—물은 얼면 약

▶ 그림 10.8 **물의 열팽창.** 물은 어느점 근처에서 온도 변화에 따라 부피가 일정하게 변화하지 않는다. **(a)** 4°C 이상일 때 물은 온도 증가에 따라 부피가 역시 증가한다. 4°C에서부터 0°C 사이면 오히려 온도가 감소할 때 부피가 증가하게 된다. **(b)** 그 결과로 물은 4°C 근처에서 최대의 밀도를 갖는다.

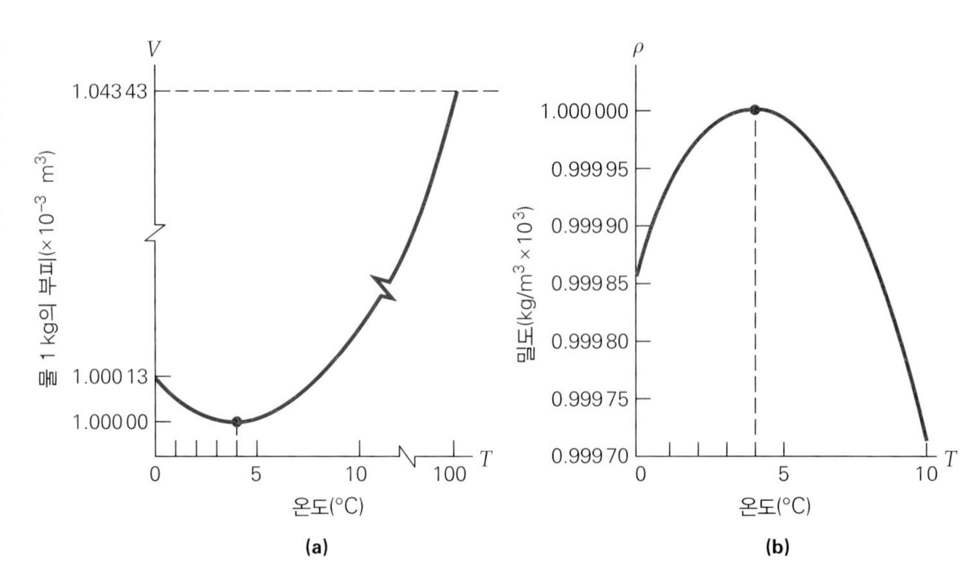

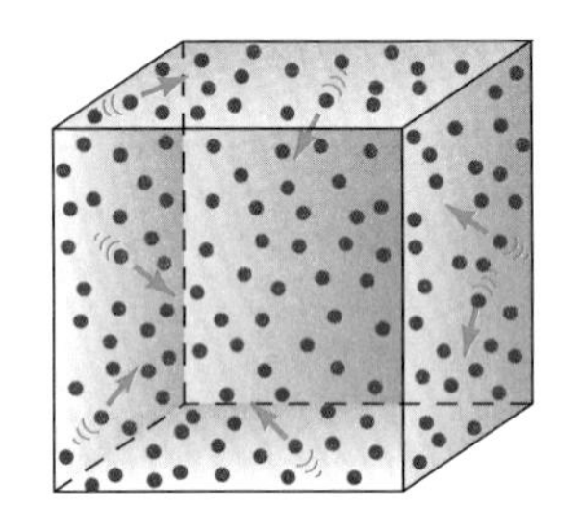

9% 정도 팽창된다.

이 성질은 중요한 환경적 영향을 미친다. 물은 맨 위의 수면에서 먼저 얼고, 얼음 덩어리는 물 위에 떠다닌다. 4°C에 이르면 물은 수축하고 밀도가 높아져 가라앉는다. 약간 따뜻하고 밀도가 덜 높은 물이 수면 위로 올라온다. 그러나 4°C 이하의 차가운 물이 표면층에 있으면, 이는 밀도가 상대적으로 작아져 표면에 그대로 있게 되어 얼어버린다. 만약 물이 이러한 성질이 없다면 호수나 연못의 물은 바닥부터 얼 것이고, 그렇게 된다면 호수에서 사는 동물과 식물은 살아남지 못했을 것이다. 또한 고체 얼음은 액체로 덮인 바다의 바닥에 있으므로 극지방에는 만년설이 없었을 것이다.

10.5 기체의 운동론

초기 이론 물리학의 주요한 업적 중 하나는 역학 원리에서 이상기체 법칙을 도출한 것이다—이를 위해 기체 분자를 뉴턴의 법칙을 따르는 "점" 입자로 모델화하였다. **기체의 운동론**(kinetic theory of gases)은 온도가 분자의 병진 운동에너지를 결정한다는 것을 이끌어내었다. 이 이론에서 이상기체의 분자는 분자들 사이의 거리가 상대적으로 멀며, 마구잡이로 운동하는 질점으로 취급하였고, 분자들 사이의 충돌은 무시하고 분자와 벽면 사이의 충돌이 기체의 압력을 주는 것으로 간주한다.

이 절에서 헬륨(He)이나 네온(Ne)과 같은 단원자기체(불활성 단일원자)의 운동론을 생각해 보자. O_2와 같은 보다 복잡한 이원자기체는 10.6절(선택)에서 다루게 될 것이다.

기체의 운동론에 따르면 이상기체의 분자들은 기체를 담은 닫힌 용기의 벽과 완전탄성충돌을 한다. 뉴턴의 법칙으로부터 용기의 벽에 작용하는 힘은 기체분자들이 벽과 충돌할 때 기체분자의 운동량 변화를 통해 계산할 수 있다(그림 10.9). 최종 결과는 기체가 벽에 미치는 영향을 압력(힘/면적)으로 표현한다.

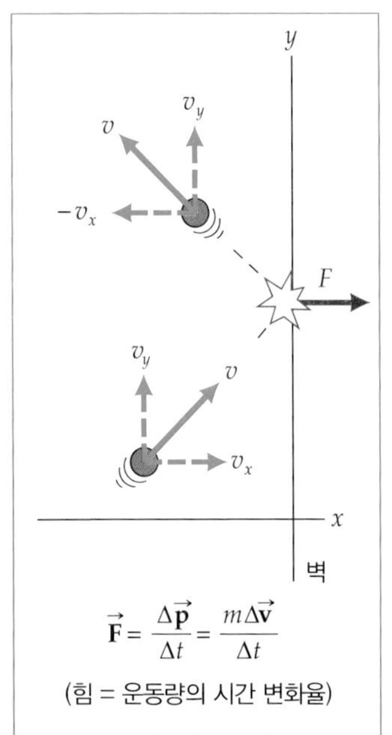

▲ 그림 10.9 **기체의 운동론.** 기체를 담은 용기가 받는 압력은 용기의 벽에 충돌하는 기체분자들의 운동량 변화 때문에 생긴다. 각각의 기체분자에 의한 힘은 운동량의 시간변화율과 같다. 기체 분자의 운동량을 변화시키기 위해 벽은 기체분자에 힘을 가하고 분자들은 벽에 반작용을 가한다. 이러한 충돌 힘의 수직 성분의 합력을 벽면의 면적으로 나눈 압력 ($p = F/A$)이 기체에 의해 벽에 가해지게 된다.

$$pV = \frac{1}{3}Nmv_{\mathrm{rms}}^2 \qquad (10.13)$$

여기서 V는 기체 부피이고, N은 기체 분자의 수 그리고 m은 기체분자 한 개의 질량이다. v_{rms}는 분자의 특별한 평균속력으로 속력을 제곱해서 평균을 얻고, 이 평균값에 제곱근을 취해 준 것이다. 즉, $\sqrt{(v^2)_{\mathrm{avg}}} = v_{\mathrm{rms}}$이다. 결과적으로 v_{rms}는 제곱평균제곱근(root-mean-square, rms) 속력이라 한다.

이 이론적 결과가 옳다면 미시적인 이상기체 법칙과 일치해야 한다. 이러한 과정을 통해서 식 10.13의 우변과 식 10.5의 우변은 같아야 한다.

$$\frac{1}{2}mv_{\mathrm{rms}}^2 = \frac{3}{2}k_{\mathrm{B}}T \qquad (10.14a)$$

분자당 평균 운동에너지는 $K_{\mathrm{avg}} = \frac{1}{2}m(v^2)_{\mathrm{avg}} = \frac{1}{2}mv_{\mathrm{rms}}^2$으로 주어지며 제곱평균제곱근(rms) 속력과 관계가 있다. 즉,

$$K_{\mathrm{avg}} = \frac{3}{2}k_{\mathrm{B}}T \qquad (10.14b)$$

이다. 그러므로 온도의 물리적 의미는 온도만 주어지면 기체의 평균 분자 운동에너지가 결정된다는 것이다.

예제 10.5 분자의 속력-절대온도와의 관계

온도가 20°C인 헬륨이 채워진 풍선이 있다. 만약 풍선의 온도를 40°C로 올렸을 때, 이들 두 온도에서 제곱평균제곱근(rms) 속력을 계산하라. (단, 헬륨원자의 질량은 4 u = 6.65 × 10^{-27} kg이다.)

풀이

문제상 주어진 값:

$m_{\mathrm{He}} = 6.65 \times 10^{-27}$ kg
$T_1 = 20\ ^\circ\mathrm{C} = (273 + 20)\mathrm{K} = 293\ \mathrm{K}$
$T_2 = 40\ ^\circ\mathrm{C} = (273 + 40)\mathrm{K} = 313\ \mathrm{K}$

식 10.14a를 이용해서 구하면 다음을 얻는다.

먼저 20°C일 때 rms속력은

$$v_{\mathrm{rms}} = \sqrt{\frac{3k_{\mathrm{B}}T}{m}} = \sqrt{\frac{3(1.38\times10^{-22}\,\mathrm{J/K})(293\mathrm{K})}{6.65\times10^{-27}\,\mathrm{kg}}}$$
$$= 1.35\times10^{3}\,\mathrm{m/s} = 1.35\ \mathrm{km/s}$$

이다. 그리고 40°C일 때

$$v_{\mathrm{rms}} = \sqrt{\frac{3(1.38\times10^{-23}\,\mathrm{J/K})(313\mathrm{K})}{6.65\times10^{-27}\,\mathrm{kg}}}$$
$$= 1.40\times10^{3}\ \mathrm{m/s} = 1.40\,\mathrm{km/s}$$

10.5.1 단원자분자 기체의 열에너지

이상적인 단원자분자는 부피가 없는 질점이기 때문에 회전에너지나 진동에너지를 갖지 않는다. 따라서 모든 분자의 총 병진 운동에너지는 기체의 열에너지와 같다. N개의 분자수를 갖는 단원자 분자 기체의 열에너지는 $E_{\mathrm{th}} = N(K_{\mathrm{avg}})$이다. $K_{\mathrm{avg}} = (3/2)k_{\mathrm{B}}T$로부터 열에너지에 대한 미시적 표현을 얻을 수 있다.

$$E_{\mathrm{th}} = \frac{3}{2}Nk_{\mathrm{B}}T \quad (\text{미시적}) \qquad (10.15a)$$

$Nk_B = nR$을 이용하여 거시적 형태의 식으로 바꾸면 다음과 같다.

$$E_{th} = \frac{3}{2}nRT \quad (\text{거시적}) \tag{10.15b}$$

따라서 단원자 이상기체의 열(내부)에너지는 절대온도에 비례한다는 것을 알 수 있다. 즉, 만약 절대온도가 200 K에서 400 K로 2배 증가하면 기체의 열에너지도 2배가 될 것이다.

10.6 운동론, 이원자분자 기체와 등분배 정리(선택)

대부분의 기체가 단원자분자 기체가 아니기 때문에 이원자분자 이상에서 운동론을 어떻게 적용시킬 것인지 조사하는 것이 흥미롭다. 우리가 숨쉬는 공기의 기체 혼합물은 주로 질소(N_2, 78%)와 산소(O_2, 21%)의 이원자분자로 이루어져 있다. 이산화탄소(CO_2)와 같이 세 개 이상의 원자로 구성된 분자들을 어떻게 처리할 것인가. 후자의 형태는 분명히 관심이 있지만 분자의 복잡성 때문에 우리의 논의는 이원자분자로 제한한다.

10.6.1 등분배 정리

10.5절로부터 단원자분자의 평균 병진 (또는 선형) 운동에너지는 그 기체의 온도에 의해 결정된다. 그러나 이것은 단원자든 아니든 어떤 분자에도 해당된다. 이것이 병진 에너지만을 지칭하기 위해 첨자 "trans"가 사용될 것이다. 따라서 $K_{avg,\,trans} = (3/2)k_BT$는 모든 종류의 기체에 적용된다.

이원자분자는 선형으로 움직이는 것 외에 자유롭게 회전하거나 진동할 수 있기 때문에 분자의 총 에너지를 결정할 때 이러한 추가적인 형태의 에너지를 포함해야 한다. 식 10.15a와 10.15b를 도출하면서 과학자들은 숫자 3이 나타나는 원인이 분자가 움직일 3개의 독립적인 방향을 가지고 있기 때문이라는 것을 깨달았다. 따라서 그들은 각각의 분자는 총 선형 운동에너지와 연결된 세 개의 독립적인 운동을 가지고 있다고 생각했다. 분자가 에너지를 소유하기 위해 갖는 각각의 가능한 운동 방법을 **자유도**(degree of freedom)라고 불린다.

이를 근거로 **등분배 정리**(equipartition theorem)라고 하는 일반화(이상기체에 대하여)된 정리를 제안하였다(이름에서 알 수 있듯이 기체나 분자의 열에너지는 각 자유도에 대해 균등하게 "분배"되거나 분할된다). 즉,

> 이상기체의 열에너지는 분자가 가지고 있는 각 자유도에 균등하게 분배된다. 각 자유도는 기체의 열에너지에 $(1/2)Nk_BT$(또는 $(1/2)nRT$)만큼의 에너지를 기여한다. 미시적 관점에서는 분자당 각 자유도가 $(1/2)k_BT$의 에너지를 기여한다.

10.6.2 이원자분자 기체의 열에너지

이원자분자 기체의 열에너지를 계산하기 위해 등분배 정리를 사용하자. 이원자분자는 회전하는 (그림 10.1) 세 개의 독립된 회전축에 대한 회전 운동에너지를 가질 것이다(즉, 3개의 자유도가 추가된다). 또한 이원자분자 기체는 진동 운동을 할 수 있으므로 진동 운동에너지와 퍼텐셜 에너지를 다 가질 수 있다(자유도 2개 추가). 전체적으로 이원자분자는 7개의 자유도를 가진다.

대칭적 이원자분자(예: O_2)를 고려해 보자. 고전적인 모델은 그러한 분자를 마치 분자가 단단한 막대에 의해 연결된 2개의 작은 질량인 것처럼 기술한다(그림 10.10). 막대 중심을 수직으로 통과하는 두 축(여기서 x와 y)의 각각에 대한 관성모멘트는 동일한 값을 갖는다. 그러나 z축에 대한 관성모멘트는 이러한 모멘트에 비해 무시할 수 있다(그림 10.10). 따라서 이원자분자의 회전 운동에너지와 관련된 자유도는 2개만 고려하면 된다. 더욱이 양자 이론은 실온에서 진동 운동에너지와 위치에너지를 무시할 수 있다고 예측한다. 따라서 이원자분자 기체의 열에너지는 3개의 선형 병진 자유도와 2개의 회전 자유도와 연관된 분자에너지로 구성되어 총 5개의 자유도를 갖는 것으로 생각할 수 있다.

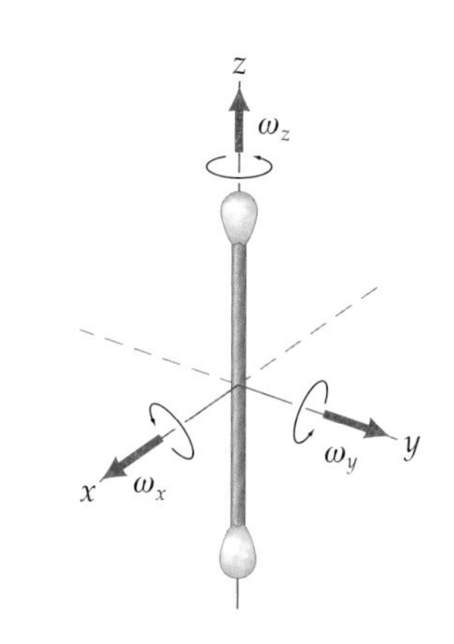

▲그림 10.10 **이원자분자의 모형.** 아령 모양의 이원자분자는 세 축에 대해 회전할 수 있다. x축과 y축에 대한 관성모멘트 I_x와 I_y는 같다. 막대의 끝에 있는 질량이 작으므로 z축에 대한 관성모멘트 I_z는 I_x와 I_y에 비해 무시해도 좋다.

따라서 분자당 평균 에너지는

$$\begin{aligned} K_{\text{avg}} &= K_{\text{trans}} + K_{\text{rot}} = 3\left[\tfrac{1}{2}k_{\text{B}}T\right] + 2\left[\tfrac{1}{2}k_{\text{B}}T\right] \\ &= \frac{5}{2}k_{\text{B}}T \quad (\text{이원자분자}) \end{aligned} \tag{10.16a}$$

이고 기체 전체 에너지는

$$\begin{aligned} E_{\text{th}} &= K_{\text{tras}} + K_{\text{rot}} = 3\left(\tfrac{1}{2}nRT\right) + 2\left(\tfrac{1}{2}nRT\right) \\ &= \frac{5}{2}nRT = \frac{5}{2}Nk_{\text{B}}T \quad (\text{이원자기체}) \end{aligned} \tag{10.16b}$$

이다. 따라서 주어진 온도에서 동일한 양(몰)을 가정할 때 단원자분자 기체는 이원자분자 기체보다 열에너지를 40% 적게 갖는다.

예제 10.6 **단원자 대 이원자–두 개의 원자가 한 개보다 나은가?**

공기의 99% 이상은 주로 질소와 산소를 포함한 이원자기체로 이루어져 있다. 지상에서 우라늄의 방사성 붕괴로 발생하는 단원자 기체인 라돈과 같은 다른 기체들의 흔적도 있다. (a) 상온(20°C)에서 산소와 라돈 1.00몰의 열에너지를 계산하라. (b) 각 기체에 대한 분자 병진 운동에너지와 관계된 열에너지를 계산하라.

풀이

문제상 주어진 값:

$n = 1.00$ mol

$T = (20 + 273)\text{K} = 293$ K

(a) 라돈의 열에너지는 식 10.15b를 사용하여 구할 수 있다.

$$\begin{aligned} E_{\text{th,Rn}} &= \frac{3}{2}nRT = \frac{3}{2}(1.00\text{ mol})[8.31\text{ J/(mol·K)}](293\text{ K}) \\ &= 3.65\times10^{3}\text{ J} \end{aligned}$$

산소의 열에너지 계산은 자유도를 이용해서 구할 수 있다.

$$\begin{aligned} E_{\text{th},O_2} &= \frac{5}{2}nRT = \frac{5}{2}(1.00\text{ mol})[8.31\text{ J/(mol·K)}](293\text{K}) \\ &= 6.09\times10^{3}\text{ J} \end{aligned}$$

따라서 각 기체의 분자수와 온도가 동일하더라도 산소 기체의 열에너지는 1.67배 더 많다.

(b) 라돈의 경우 열에너지는 모두 병진 운동에너지이다. 그래서 답은 (a)에서 구한 것과 같다.

$$E_{\text{th, Rn}} = 3.65 \times 10^3 \text{ J}$$

산소의 경우 병진 운동에너지에 대한 열에너지는 단지 (3/2) nRT만 된다. 따라서 답은 라돈의 경우와 같다.

$$E_{\text{trans, O}_2} = 3.65 \times 10^3 \text{ J}$$

연습문제

통합 연습문제(Integrated Exercises, IEs)는 두 부분으로 이루어진다. 첫 번째 부분은 일반적으로 기본 원칙과 추론에 기초한 개념적 답변 선택을 요구한다. 두 번째 부분은 연습의 첫 번째 부분에서 이루어진 개념적 선택과 관련된 정량적 계산을 필요로 한다. 기호(•)은 문제의 난이도를 의미한다. 쉬움(•), 보통(••), 어려움(•••)

10.1 온도, 열 그리고 열에너지

10.2 섭씨온도와 화씨온도 눈금

1. • 열이 나는 사람의 체온이 40°C이다. 화씨온도로 바꾸면 얼마인가?

2. • 다음 섭씨온도를 화씨온도로 바꾸어라.
(a) 120°C (b) 12°C (c) −5°C

3. • 세계에서 가장 추운 마을은 시베리아 동부에 위치한 오이먀콘으로 −94°F까지 추워진다. 이 온도를 섭씨온도로 바꾸면 얼마인가?

4. • 미국에서 가장 높은 기온과 가장 낮은 기온은 각각 134°F(데스밸리, 캘리포니아, 1913)와 −80°F(1971년 알래스카 프로스펙트 크릭)이다. 이 온도를 섭씨로 바꾸면?

5. •• 대류권(대기압이 가장 낮은 부분)에서는 6.5°C/km의 감소율로 고도에 따라 온도가 균일하게 감소한다. (a) 대류권 상층부(평균 두께가 11 km)의 온도는 얼마인가? (b) 34 000 ft의 순항 고도로 비행하는 상업용 항공기 바깥의 온도는 얼마인가? (단, 지면의 온도는 실온이라고 가정하자.)

6. IE •• 섭씨온도와 화씨온도가 같은 온도를 갖는 경우가 있다. (a) 다음 중에서 그런 온도가 되는 것을 고르면? (1) $5T_F = 9T_C$, (2) $9T_F = 5T_C$, (3) $T_F = T_C$ (b) 온도를 구하라.

10.3 기체 법칙과 절대(켈빈)온도

7. • 다음 온도를 켈빈 단위의 절대온도로 바꾸어라.
(a) 0°C, (b) 100°C, (c) 20°C, (d) −35°C

8. • (a) 화씨온도를 켈빈 단위의 절대온도로 직접 변환하기 위한 식을 유도하라. (b) 300°F와 300 K 중 어느 온도가 더 낮은가?

9. • 다음의 물질들의 양을 STP에서 몰(mol)로 고쳐라. (a) 40 g의 물, (b) 245 g의 CO_2(이산화탄소), (c) 138 g의 N_2(질소), (d) 56 g의 O_2(산소)

10. • 절대온도가 반으로 감소하는 동안 이상기체의 압력이 두 배로 증가한다면, 최종 부피와 초기 부피의 비율은 얼마인가?

11. •• 2.00 atm 압력과 300 K 온도에서 160 g의 산소가 차지하는 부피는?

12. •• 켈빈온도 눈금과 화씨온도 눈금이 같은 수치값을 갖는 온도가 있는가? 정확한 값을 구하라.

13. •• 자동차 타이어는 섭씨 30°C의 온도에서 3.0 atm의 절대압력으로 채워진다. 나중에 온도가 −20°C인 추운 곳에서 주행한다. 추운 곳에서 타이어의 압력은 얼마인가? (타이어 내부의 부피는 일정하고 공기는 이상기체라고 가정하사.)

14. •• 자동차 타이어 내부의 공기는 온도가 61°F일 때 30 lb/in^{2}의 게이지 압력을 가진다. 낮에는 기온이 100°F까지 올라간다. 타이어의 부피가 일정하다고 가정할 때 상승된 온도에서 타이어의 압력은 얼마인가?

15. IE •• (a) 이상기체의 온도가 상승하고 부피가 감소하면 기체의 압력은? (1) 증가, (2) 그대로 유지, (3) 감소, 그 이유는? (b) 이상기체의 절대온도가 두 배가 되고 부피는 반으로 준다. 압력에 어떤 영향을 미치는가?

16. IE•• 풍선 속의 저밀도 기체의 압력은 온도가 상승하더라도 일정하게 유지된다. (a) 기체의 부피는? (1) 증가, (2) 감소, (3) 그대로 유지, 그 이유는? (b) 온도가 10°C에서 40°C로 증가하면 기체의 부피에 어떤 변화가 생기는가?

17. ••• 수백만 켈빈온도의 경우 (a) 켈빈온도와 섭씨온도는 거의 같고 (b) 켈빈온도와 섭씨온도는 화씨온도의 절반 정도임을 보여라. (c) 1000 K의 항성 내부 온도에 대해 이러한 근사치를 사용하여 섭씨 및 화씨 값을 추정할 경우 백분율 오차는 얼마인가?

10.4 열팽창

18. IE• 알루미늄 줄자는 20°C에서 정확하다. (a) 만약 줄자를 냉동실에 넣어두면 길이가 어떻게 될까? (1) 길어진다, (2) 짧아진다, (3) 변화없다. 이유는? (b) 냉동고 온도가 −5.0°C일 경우 열수축으로 인한 길이 측정 오차의 백분율은 얼마인가?

19. • 남자의 결혼 금반지는 20°C에서 내경 2.4 cm이다. 만약 반지를 끓는 물에 떨어뜨린다면 반지의 내경의 변화는 얼마인가?

20. •• 압력이 일정할 때 처음에는 섭씨 20°C였던 물의 부피가 0.20% 증가하였다면 온도 변화는 얼마인가?

21. •• 파이에 호박파이 소로 가득 채운다. 파이 접시는 파이렉스로 만들어졌고 그 팽창은 무시될 수 있다. 내부 깊이가 2.10 cm, 내경이 30.0 cm인 원통형이다. 파이는 68°F의 실온에서 준비되고 400°F의 오븐에 넣는다. 그것을 꺼냈을 때 파이에 채워진 속이 151 cm^3 만큼 밖으로 흘러나와 테두리 밖으로 넘쳤다. 파이 속을 액체로 가정하여 부피 팽창계수를 결정하라.

22. •• 오전에 렌터카 업체 직원이 차의 강철 기체 탱크에 가스를 가득 채우고 나서 조금 떨어진 곳에 차를 주차한다. (a) 그날 오후 기온이 올라갈 때 가스가 얼마나 넘칠까? 왜? (b) 아침과 오후의 기온이 각각 10°C와 30°C이었고, 가스탱크에 25 g을 수용할 수 있다면, 얼마나 많은 가스가 손실될 것인가? (탱크의 팽창은 무시한다.)

23. ••• 놋쇠 막대는 반지름 5.00 cm의 원형 단면을 가지고 있다. 막대와 구리 시트가 모두 20°C일 때 막대 주위로 0.010 mm의 간극을 가지고 구리 시트의 원형 구멍에 막대가 끼워진다. (a) 간극이 몇 도에서 0이 될 것인가? (b) 시트가 놋쇠로 되어 있고 원형 막대가 구리라면 그렇게 꽉 끼는 것이 가능한가?

10.5 기체의 운동론

24. • 단원자분자 기체의 분자당 평균 운동에너지가 7.0×10^{-21} J 이라면, 기체의 섭씨온도는 얼마인가?

25. IE• 단원자분자 기체의 섭씨온도가 두 배일 경우 (a) 기체의 열에너지는 얼마나 변하는가? (1) 두 배, (2) 2배 이하로 증가, (3) 반 정도 변화, (4) 2배 이하로 감소, 그 이유는? (b) 온도를 20°C에서 40°C로 올릴 경우 나중 열에너지 대 처음 열에너지의 비율은?

26. • (a) 25°C에서 단원자분자 기체의 분자당 평균 운동에너지는 얼마인가? (b) 만약 기체가 헬륨이라면 분자의 rms 속력은 얼마인가?

27. •• 이상기체의 양은 0°C에 있다. 다른 이상기체의 동일한 양이 절대온도의 두 배이다. 섭씨온도로 얼마인가?

28. •• 2.0몰의 산소가 6.0 atm의 압력으로 10 L의 병 안에 채워져 있는 경우 산소분자의 평균 운동에너지는 얼마인가?

29. •• 만약 이상기체의 온도를 25°C에서 100°C로 올린다면 기체 분자의 새로운 rms 속력은 얼마나 더 빨라질까?

10.6 운동론, 이원자분자 기체와 등분배 정리(선택)

30. • 단원자분자 기체 1.0몰이 일정 온도에서 5.0×10^3 J의 열에너지를 가지는 경우, 같은 온도에서 이원자분자 1.0몰의 열에너지는 얼마인가?

31. •• 이원자분자 기체는 25°C에서 일정한 열에너지를 가진다. 만약 같은 분자수를 가지는 단원자분자 기체가 같은 열에너지를 가진다면 단원자분자 기체의 섭씨온도는 얼마인가?

CHAPTER 11 열 Heat

더위를 느낀 운동선수는 뜨거워진 피부에서 시원한 물로 에너지를 전달함으로써 더위를 식힌다.

열교환은 우리가 살아가는 데 상당히 중요하다. 몸은 열을 잃기도 하고 얻기도 하는데, 사람이 살아가려면 온도가 아주 좁은 범위 안으로 유지되어야 하므로 열의 균형을 잘 잡아야 한다.—사람 몸의 열적 균형은 아주 미묘해서 이 균형이 깨지면 위험한 상황을 초래할 수도 있다. 질병은 이런 균형을 교란시킬 수 있으며 이때 우리의 몸은 오한이 나거나 열이 난다. 우리의 몸은 음식 에너지(화학적 에너지)를 역학적인 일로 전환시킨다. 하지만 이 과정은 완벽하지 않다.—어느 근육이 일을 하느냐에 따라 20% 미만으로 전환된다. 나머지는 다양한 메커니즘을 통해 환경으로 전달될 수 있는 열에너지가 된다. 특히 격렬한 운동 후에 땀을 흘리게 되면 물의 증발이 일어나게 된다. 위의 사진 속 의기투합한 운동선수는 뜨거워진 피부에 시원한 물을 뿌리며 더위를 느낀 몸에서 온열 에너지 손실을 부추기고 있다. 그의 피부에서 물로 열이 전달되면 물이 따뜻해지고 결국 증발하여 몸을 식힐 것이다.

거시적으로 보면 열교환은 지구의 생태계에 중요하다. 지구의 평균 온도는 환경 및 그 환경에 서식하는 유기체의 생존에 중요한 것으로 열교환의 균형을 통해 유지된다. 매일 엄청난 양의 태양에너지가 대기와 지구 표면에 도달한다. 이 균형의 변화는 심각한 결과를 초래할 수도 있다. 예를 들어 과학자들은 산업 사회의 산물인 대기 중 '온실' 가스의 축적이 지구의 평균 온도를 크게 상승시킬 수 있으며, 이것은 의심할 여지없이 우리가 알고 있는 지구 생명체에 부정적인 영향을 미칠 것이라고 우려한다.

좀 더 실용적인 차원에서 열원과 접촉한 물체를 취급할 때는 주의해야 한다. 그러나 난로 위의 구리 냄비 바닥은 매우 뜨거울 수 있지만 강철 냄비 손잡이는 따뜻할 뿐이다. 왜 다른가? 답은 이 장에서 다루는 몇 가지 열전달 메커니즘 중 하나인 열전도와 관련이 있다. 또한 열의 정의와 측정 방법에 대해서도 다루게 된다. 이러한 개념을 종합하면 열에너지를 역학적 일로 전환하는 것처럼 많은 현상(열 엔진)을 12장에서 다루게 될 것이다.

11.1 열의 정의와 단위

일처럼 열은 에너지를 전달하는 방법 중 하나이다. 1880년대에는 열을 물체가 가지고 있는 에너지로 기술했으나 이는 옳지 않다. 열이란 내부 에너지 이동의 한 형태일 뿐이다. 우리가 "열" 또는 "열에너지"란 말을 쓸 때는 물체가 주위와의 온도 차에 의해 총 에너지에서 빠져나가거나 더해진 내부에너지의 양이란 뜻으로 쓰인다.

열은 이동하는 내부에너지로서 표준 SI 단위인 주울(J)을 사용한다. 그러나 비표준적이지만 일반적으로 사용되는 열 단위도 있다. 그중 중요한 것으로 킬로칼로리(kilocalorie, kcal)가 있다.

1 kcal는 물 1 kg을 1°C씩 올리는 데 필요한 열의 양으로 정의한다.

또한 칼로리(cal)로도 사용된다(1 kcal = 1000 cal).

1 cal는 물 1 g을 1°C씩 올리는 데 필요한 열의 양으로 정의한다.

킬로칼로리는 식품의 에너지 값을 명시하기 위해 자주 사용된다. 이러한 문맥상 용어는 칼로리(Cal)로 줄여서 표현한다. 다이어트를 하는 사람들은 정말로 킬로칼로리(Calories)를 다이어트 칼로리라고 부른다. 이 양은 역학적 이동, 체온 유지 및 체질량 증가에 이용 가능한 식품 에너지를 말한다. 대문자 C는 더 큰 킬로칼로리를 칼로리와 구별하기 위해 사용된다. 그러나 미국이 아닌 많은 나라에서는 주울(J)을 음식 에너지 값으로 사용하기도 한다.

11.1.1 열의 일당량

열이 에너지의 이동이라는 개념은 많은 과학자의 연구 결과이다. 미국의 벤자민 톰슨(럼퍼드 백작, 1753~1814)은 독일의 군수공장에서 대포의 포신을 제작하는 부서의 감독관이었다. 대포의 포신을 깎을 때 과열 방지를 위해 물을 사용했으며 포신을 깎는 동안 물이 증발해 버려 재차 물을 채워야만 했었다. 그 시절 사람들은 열이란 뜨거운 물체에서 차가운 물체로 흘러나가는 '열 유체'로 생각했다. 럼퍼드 백작은 뜨거운 물체의 질량 변화를 측정해서 열 유체를 찾으려 했다. 그러나 물질의 온도가 변해도 질량의 변화가 없으므로 이전의 이론과는 다른 결론을 내놓았다. 즉, 마찰에 의한 역학적 일이 물의 온도를 올리는 데 기여했다는 결론이다.

이 결론은 후에 영국의 과학자 제임스 줄(James Joule, 1818~1889)이 정량적으로 증명했다. 그림 11.1의 장치를 사용하여 줄은 역학적 일이 일정량 행해졌을 때 물이 가열된다는 것을 알아내었다. 4186 J의 일을 했을 때 물은 1 kg당 1°C 증가했다. 즉, 4186 J의 일은 1 kcal의 열량과 동등하다.

$$1\ \text{kcal} = 4186\ \text{kJ} \quad \text{또는} \quad 1\ \text{cal} = 4.186\ \text{J}$$

이러한 변환 인자는 **열의 일당량**(mechanical equivalent of heat)이라고 한다. 예제 11.1은 이러한 중요한 발견의 일상적인 사용을 보여준다.

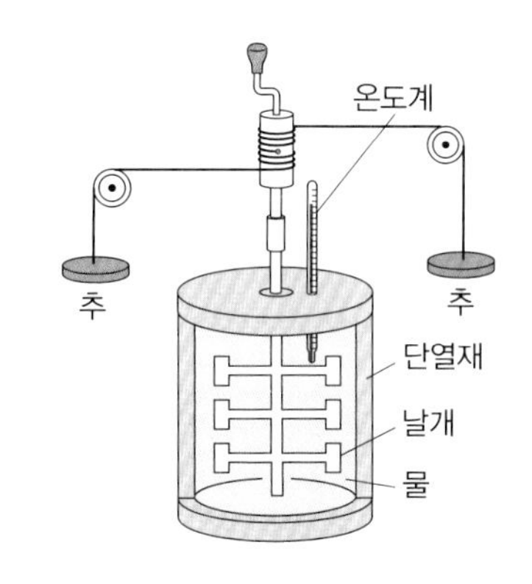

▲그림 11.1 **열의 일당량을 결정하는 줄의 장치.** 추가 내려가면 날개는 돌아가며 물을 휘젓는다. 그러면 역학적 에너지, 즉 일이 열에너지로 바뀐다. 4186 J의 일을 하면 온도는 1 kg당 1°C 증가한다. 따라서 4186 J은 1 kcal와 동등하다.

예제 11.1 생일 케이크 먹기–열의 일당량

생일파티에 한 학생이 200 cal의 열량을 갖는 케이크 한 조각을 먹었다. 이 에너지가 지방으로 축적되는 것을 방지하기 위해 파티가 끝난 후 헬스용 자전거를 탔다. 이 운동에서 평균 200 W의 비율로 에너지를 소모했다면, 이 학생이 먹은 케이크를 소모하기 위해 얼마나 오랫동안 자전거를 타야 하는가?

풀이

문제상 주어진 값:

$$W = (200\ \text{kcal})\left(\frac{4186\ \text{J}}{1\ \text{kcal}}\right) = 8.37\times10^5\ \text{J}$$

$$P = 200\ \text{W} = 200\ \text{J/s}$$

일률($P = W/\Delta t$)에 대한 정의를 다시 재정리하여 시간 Δt를 구하면 다음과 같다.

$$\Delta t = \frac{W}{P} = \frac{8.37\times10^5\ \text{J}}{200\ \text{J/s}} = 4.19\times10^3\ \text{s}$$
$$= 69.8\,\text{min} = 1.16\,\text{h}$$

11.2 비열과 열량계

11.2.1 고체와 액체의 비열

고체나 액체에 열을 가할 때 에너지는 일정한 0°C에서 얼음이 액체인 물에 녹는 것과 같이 온도 변화 없이 상변화를 일으킬 수 있다. 이와 같은 상변화는 이 장의 뒷부분에서 논의될 것이다. 이 절에서는 온도 변화를 일으키는 열전달만 고려한다. 물질마다 분자 구성이 다르므로 같은 양의 열을 서로 다른 물질의 동일한 질량에 가하면 온도 변화는 일반적으로 같지 않을 것이다.

구성되는 물질의 종류에만 의존하는 물질의 열적 성질을 특성화하기 위해 열용량 또는 **비열**(specific heat, ***c***)의 개념이 만들어졌다. 1 kg의 물질의 온도가 1°C 상승(또는 낮춤)하는 데 필요한 열로 정의된다. 만약 질량 m의 물질에 열 Q를 가하거나 제거하여 ΔT의 온도 변화를 일으킨다면, 그 물질의 비열 c는

$$c = \frac{Q}{m\Delta T} \quad \text{(비열의 정의)} \tag{11.1}$$

비열의 SI 단위: J/(kg·°C) 또는 J/(kg·K) (1 K = 1°C이기 때문에)

이다. 비열은 물질의 특성을 나타내는 것으로 물질의 양이 아니다. 몇 가지 종류의 일반 물질의 비열을 표 11.1에 나타내었다. 비열은 온도에 따라 조금씩 달라질 수 있지만, 우리의 목적상 일정하다고 간주하자. ΔT에 의해 물체의 온도를 변화시키는 데 필요한 열(Q)을 구하기 위해 식 11.1을 다시 쓸 수 있다.

$$Q = cm\Delta T \tag{11.2}$$

표 11.1 20°C, 1기압에서 여러 물질의 비열(고체와 액체)

물질	비열(c)(J/(kg·°C)
고체	
알루미늄	920
구리	390
유리	840
얼음(−10°C)	2100
철	460
납	130
흙	1050
나무	1680
사람의 몸	3500
액체	
에틸 알코올	2450
글리세린	2410
수은	139
물(15°C)	4186
기체	
수증기(100°C)	2000

물질의 비열이 크면 클수록 온도 변화를 위해 더 많은 열이 필요하다. 즉, 질량이 같다면 같은 온도 변화를 위해서 큰 비열을 갖는 물질은 작은 비열을 갖는 물질보다도 더 많은 열이 필요하다. 표 11.1에 금속류는 물보다 더 작은 비열을 갖는다는 것을 알 수 있다. 이와 같이 열을 주었을 때 물보다 금속에서 더 많은 온도 증가를 보일 것이다. 구운 감자나 피자 위의 뜨거운 치즈를 먹다가 입을 데었다면 물의 큰 비열 때문에 상처를 입게 된 것이다. 이 음식은 물의 함량이 많아 큰 비열을 갖는다. 물의 높은 비열 때문에 뜨거운 치즈가 혀에 닿으면 상대적으로 많은 양의 열이 전달되어 치즈 온도를 낮추게 된다. 또한 물의 큰 비열 덕분에 해안 근처의 많은 물이 있는 지역의 날씨가 대륙 내부의 날씨보다 온화하다. (좀 더 자세한 설명은 11.4절을 참조하자).

식 11.2에서 온도 증가가 있을 때 ΔT는 양의 값($T_f > T_i$)이고 Q도 양의 값을 가진다. 이 조건은 에너지가 계 또는 물체에 가해진다는 뜻이고, 음의 ΔT 또는 음의 Q는 계 또는 물체에서 에너지가 빠져나온다는 뜻이다. 이런 부호 표시법은 이 책 전체에 걸쳐 사용된다.

예제 11.2 생일 케이크 먹기—따뜻한 물로 목욕하기 위한 열

예제 11.1의 생일파티에서 한 학생이 케이크 한 조각을 먹었다(200 Cal). 그 케이크에 들어있는 에너지의 양(화학적 또는 음식)을 알기 위해서 학생은 얼마나 많은 물을 20°C에서 45°C로 올릴 수 있는지 알고 싶어한다. 즉, 200 Cal는 모두 열에너지로 변환되어 물로 전달된다. 케이크의 열에너지가 모두 물의 온도를 위의 온도 만큼 올리는 데 사용되었다면 물의 질량은 얼마인가?

풀이

문제상 주어진 값:

$$Q = (200\ \text{kcal})\left(\frac{4186\ \text{J}}{\text{kcal}}\right) = 8.37 \times 10^5\ \text{J}$$

$T_i = 20°\text{C},\ T_f = 45°\text{C}$

$c_w = 4186\ \text{J/(kg}\cdot°\text{C)}$ (표 11.1)

물의 질량 m을 구하기 위해서 식 11.1에 의해 구하면 다음과 같다.

$$m = \frac{Q}{c\Delta T} = \frac{8.37 \times 10^5\ \text{J}}{[4186\ \text{J/(kg}\cdot°\text{C)}](45°\text{C} - 20°\text{C})} = 8.00\ \text{kg}$$

물의 질량 8.00 kg을 20°C에서 45°C로 데워야 같은 열에너지를 갖는다.

열량계*

열량계는 에너지 보존과 결합된 열교환기를 사용하여 물질의 열적 성질을 결정하는 기술이다. 측정은 일반적으로 환경과의 열교환을 방지하도록 설계된 단열 용기(온도계 포함)로 구성된 열량계로 이루어진다(그림 11.2). 우리의 논의는 이러한 열교환이 없다고 가정할 것이다.

열량계는 잘 모르는 물질의 비열을 결정하는 데 자주 사용된다. 일반적으로 온도

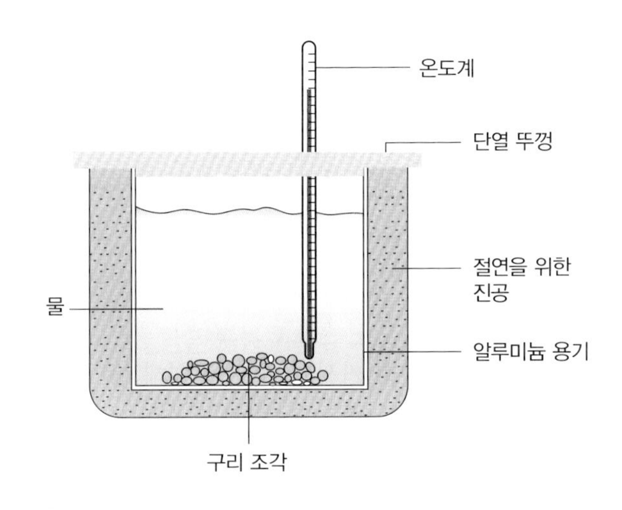

◀ **그림 11.2 열량측정기 모식도(예제 11.3).** 알루미늄 컵은 주위에 단열 벽을 만드는 역할을 하는 더 큰 용기 안에 들어간다. 큰 용기는 열교환에 관계하지는 않는다. 단열 커버는 증발로 인한 에너지 손실을 방지하고, 이를 통해 온도계를 십입한다. 구리 조각은 일반적으로 100°C 끓는 물에 미리 가열해 둔다.

* 이 절에서 열량계는 얼음이 녹거나 물이 끓는 것과 같은 상변화를 포함하지 않는다. 이러한 영향은 11.3절에서 설명한다.

와 질량을 아는 물질을 열량계에 있는 물속에 넣는다. 물은 비열을 측정하고자 하는 물체와 다른 온도(보통은 낮은 온도)를 가지고 있다. 계의 최종 평형온도를 결정한 후에는 에너지 보존을 적용하여 물질의 비열 c를 결정한다. 이런 측정법을 혼합법이라고 하며 예제 11.3에 보여주고 있다. 주위와의 에너지 교환이 없으므로 모든 열을 잃은 총량($Q < 0$)은 열을 얻은 총량($Q > 0$)과 같다는 것이다. 즉, $\sum_i Q_i = 0$이다. 이 식을 쓸 때 각 물리량이 올바른 부호를 갖도록 주의해야 한다.

예제 11.3 **혼합법을 이용한 열량계**

물리학 실험실에서 학생들이 구리의 비열을 측정하려 한다. 학생들은 0.15 kg의 구리 총알을 끓는 물에 넣어 그 구리 총알들이 100°C가 되도록 한참 동안 그대로 두었다. 그 다음에 학생들은 조심스레 총알을 20°C, 0.2 kg의 물이 들어 있는 열량계에 넣었다. 만약 알루미늄 컵의 질량이 0.045 kg이었다면 구리의 비열은 얼마인가? (여기서 주위와 열교환은 전혀 없다고 가정한다.)

풀이

문제상 주어진 값:

$m_{Cu} = 0.150$ kg, $m_w = 0.200$ kg, $c_w = 4186$ J/(kg·°C)

$m_{Al} = 0.0450$ kg, $c_{Al} = 920$ J/(kg·°C)

$T_h = 100$°C, $T_i = 20.0$°C, $T_f = 25.0$°C

여기서 문제를 해결하기 위해 구리(Cu), 물(w), 알루미늄 컵(Al)을 지칭하는 첨자로 사용하겠다. 또한 뜨거운 구리 총알을 h, i를 처음 실온(20°C)에서의 물과 컵의 온도, f를 계의 최종 온도를 지칭하는 첨자로 사용한다.

만약 주위와 열교환이 없다면 계의 열에너지는 보존되고 $\sum_i Q_i = 0$을 만족한다. 식 11.2는 물과 알루미늄의 열교환을 결정하는 데 사용될 수 있다. 둘 다 +5.08C의 온도 변화를 가지고 있기 때문이다.

$$Q_w = c_w m_w \Delta T_w = [4186\ \text{J}/(\text{kg}\cdot°\text{C})](0.200\ \text{kg})(+5.0°\text{C})$$
$$= +4.19\times10^3\ \text{J}$$
$$Q_{Al} = c_{Al} m_{Al} \Delta T_{Al} = [920\ \text{J}/(\text{kg}\cdot°\text{C})](0.045\ \text{kg})(+5.0°\text{C})$$
$$= +2.07\times10^2\ \text{J}$$

열에너지의 보존 관계를 이용해서 풀면

$$\sum_i Q_i = Q_w + Q_{Al} + Q_{Cu} = +4.19\times10^3\ \text{J} + 2.07\times10^2\ \text{J} + Q_{Cu} = 0$$

이다. 따라서 구리의 질량 및 온도 변화(−75°C)가 알려져 있으므로, $Q_{Cu} = c_{Cu} m_{Cu} \Delta T_{Cu} = -4.40 \times 10^3$ J과 식 11.2를 사용하여 구리의 비열을 구할 수 있다.

$$c_{Cu} = \frac{Q_{Cu}}{m_{Cu}\Delta T_{Cu}} = \frac{-4.40\times10^3\ \text{J}}{(0.150\ \text{kg})(-75.0°\text{C})}$$
$$= 391\ \text{J}/(\text{kg}\cdot°\text{C})$$

11.2.2 기체의 비열

대부분의 물체에 열이 가해지거나 빠져나올 때 그 물체는 팽창하거나 수축한다. 팽창하는 동안 그 물체는 주위에 일을 한다. 대부분의 고체나 액체는 그 부피 변화가 매우 작아서 이 일의 양은 거의 무시할 만하다. 이 때문에 물체의 비열 변화는 무시하게 된다.

그러나 기체의 경우 팽창과 수축이 커서 이 효과에 의해 생기는 비열 변화가 중요하다. 기체에 열이 가해지거나 빠져나올 때 조건에 따라 비열 값이 달라질 수 있다. 만약 열이 일정한 부피(딱딱한 용기)를 갖는 기체에 가해진다면 이 계는 외부로 일을 하지 않는다. 이 경우 모든 열은 계의 내부에너지를 증가시키며 계의 온도를 올리는 데 사용되었다고 봐도 좋을 것이다. 그러나 같은 양의 열이 압력이 일정한 상태에서 가해졌다면 열의 일부는 계가 외부에 일을 해주는 데 사용된다. 결국 유입된 모든 열이 계의 내부에너지로 바뀌지는 않는다. 그 결과 같은 양의 열을 계에 주었을 때 등압과정에서의 온도 증가가 등적과정일 때의 온도 증가보다 작다.

기체의 비열을 어떤 상태에서 측정하였느냐를 표현하기 위해 첨자를 사용하겠다. 즉, 일정한 압력에서 측정한 비열을 등압비열 c_p, 일정한 부피를 유지할 때의 등적비열 c_v로 나타내어 기체의 비열을 구분한다. 표 11.1에서 수증기의 비열은 일정한 압력일 때의 비열이다. 기체의 비열은 단열과정에서 중요한 역할을 한다(12.2.6절).

11.3 상변화와 숨은열

물질은 세 가지 상(phases), 고체, 액체 또는 기체 중의 한 가지로 존재한다(그림 11.3). 그러한 물질에서 상은 대체로 온도와 압력에 따라 달라진다. 물질에 열을 가하거나 제거하는 것이 그 물질의 상을 바꾸는 대표적인 방법이다.

고체상에서 분자들은 서로 인력에 의해 또는 결합에 의해 묶여 있다(그림 11.3a). 열을 가하면 분자 평형 위치에서 운동이 증대된다. 만약 열이 충분히 증가한다면 분자 사이의 결합이 깨지고 많은 분자는 상변화를 겪게 된다. 즉, 액체로 된다. 이런 상변화 되는 온도를 **녹는점**(melting point)이라 하고 액체가 고체가 되는 점을 **어는점**(freezing point)이라고 하는데, 보통의 물질에서 어는점과 녹는점은 거의 같다.

액체인 물질의 분자들은 상대적으로 자유롭게 움직이며 액체는 액체를 담는 용기에 따라 모양이 달라진다(그림 11.3b). 열을 가하면 액체의 분자에너지는 증가한다. 분자가 서로 분리될 정도로 열을 가하면 액체는 기체로 상변화가 일어난다. 이 변화는 **증발**(evaporation)이라는 과정을 통해 천천히 일어날 수 있고 소위 끓는점(boiling point)이라는 특정 온도에서 빠르게 일어날 수도 있다. 이 상변화의 역과정은 **응축**(condensation)이라고 한다. 기체가 응축하여 액체로 변하는 온도를 액화점(condensation point)이라고 한다.

드라이아이스, 나프탈렌, 특정 방향제와 같은 일부 고체들은 고체에서 기체 단계로 바로 변할 수 있다. 이 과정을 **승화**(sublimation)라고 한다. 증발과 마찬가지로 승화 속도는 온도에 따라 증가한다. 역으로 기체에서 고체로의 상변화는 **증착**(deposition)이라고 부른다. 예를 들어 서리는 수증기가 응고되어 풀잎, 차창유리와 다른 물체 위에 증착된 것이다. 서리는 가끔 잘못 추측하듯이 얼어붙은 이슬이 아니다.

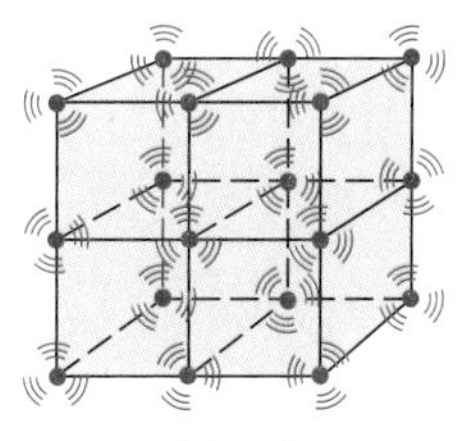
(a) 고체

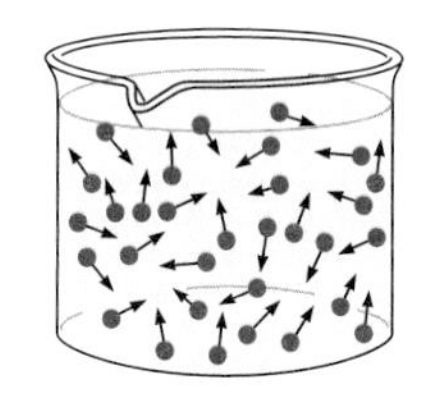
(b) 액체

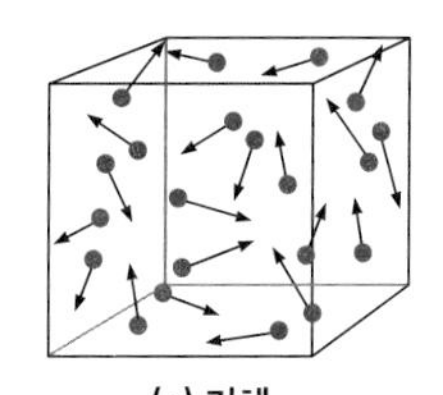
(c) 기체

▲ 그림 11.3 **물질의 세 가지 상.** (a) 고체의 분자들은 결합에 의해 서로 묶여 있다. 결과적으로 고체는 정해진 모양과 부피를 갖는다. (b) 액체의 분자들은 자유롭게 움직인다. 정해진 부피가 있으나 모양은 액체를 담는 용기의 모양에 따라 달라진다. (c) 기체 분자들은 비교적 멀리 떨어져 있으며 아주 약한 상호작용만을 한다. 기체는 그것을 담는 용기가 없다면 정해진 모양이나 부피가 없다.

11.3.1 숨은열

일반적으로 열이 물질로 이동할 때 열은 물질 분자들의 운동에너지를 증가시키는 데 쓰여 온도가 증가한다. 그러나 상변화가 이루어지는 동안 계에 가해진 열은 물질의 온도를 변화시키지 않는다. 예를 들어 −10°C의 얼음에 열을 가하면 얼음이 녹는점인 0°C까지 올라간다. 여기서 더 가열된 열은 얼음의 온도를 변화시키지 못한다. 그

대신 얼음은 녹으며 상변화한다. 계 전체가 열평형을 이룰 수 있도록 열을 서서히 가해 주어야 된다. 만약 열을 급격하게 가해 준다면 얼음은 0°C에 남아 있더라도 녹은 물은 0°C 이상의 온도를 가질 수 있다. 단지 얼음이 완전히 녹은 후에야 가해진 열이 물의 온도를 올리는 데 쓰인다.

비슷한 상황이 끓는점에서 액체-기체 상변화하는 동안 발생한다. 끓는 물에 가해진 열은 더 많은 증기를 만들어 내며 온도를 올리지는 못한다. 물이 모두 끓어 수증기가 된 후에야 온도를 증가시킬 수 있다. 얼음은 0°C보다 차가울 수 있고 수증기는 100°C보다 뜨거울 수 있다는 것을 명심해야 한다.

상변화 중에 요구되는 열을 **숨은열**(L, Latent heat) 또는 **잠열**이라고 한다. 숨은열은 상이 변하는 동안 단위 질량당 필요한 열의 양으로 나타낸다.

$$L = \frac{|Q|}{m} \quad \text{(숨은열)} \tag{11.3}$$

(숨은열의 SI 단위: J/kg)

고체-액체 상변화의 숨은열을 녹는 숨은열 또는 **용융잠열**(L_f)이라 하며, 액체-기체 상변화에 대한 숨은열을 **기화잠열**(L_v)이라 한다. 녹는점과 끓는점에서 여러 물질들의 숨은열을 표 11.2에 나타내었다. 당연한 말이지만 숨은열은 반대 과정으로의 상변화, 즉 액체에서 고체로 또는 기체에서 액체로 갈 때 내어놓는 단위 질량당 에너지의 양과 같다.

표 11.2 여러 가지 물질에 대한 상변화 온도 및 숨은열(1기압에서)

물질	녹는점	L_f(J/kg)	끓는점	L_v(J/kg)
에틸 알코올	−114°C	1.0×10^5	78°C	8.5×10^5
금	1063°C	0.645×10^5	2660°C	15.8×10^5
헬륨[a]	—	—	−269°C	0.21×10^5
납	328°C	0.25×10^5	1744°C	8.67×10^5
수은	−39°C	0.12×10^5	357°C	2.7×10^5
질소	−210°C	0.26×10^5	−196°C	2.0×10^5
산소	−219°C	0.14×10^5	−183°C	2.1×10^5
텅스텐	3410°C	1.8×10^5	5900°C	48.2×10^5
물	0°C	3.33×10^5	100°C	22.6×10^5

[a] 1기압에서 고체가 아님; 녹는점은 26기압에서 −272°C.

식 11.3의 Q에 열이 이동되는 방향을 다음과 같이 구체적으로 표현하는 것이 더 유용할 때가 있다.

$$Q = \pm mL \quad \text{(부호를 갖는 숨은열)} \tag{11.4}$$

이 식은 열량 측정을 계산할 때 좀 더 실질적이다. 문제를 풀 때 $\sum_i Q_i = 0$과 같은 에너지 보존법칙이 만족된다면 +부호(계가 열을 얻을 때)와 −부호(계가 열에너지를 잃을 때)를 더욱 명확히 사용해야만 한다(그림 11.4). 예를 들어 물이 증기에서 물방울로 응축된다면 열은 빠져나온 것이고 **음**(−)의 부호를 사용해야 한다.

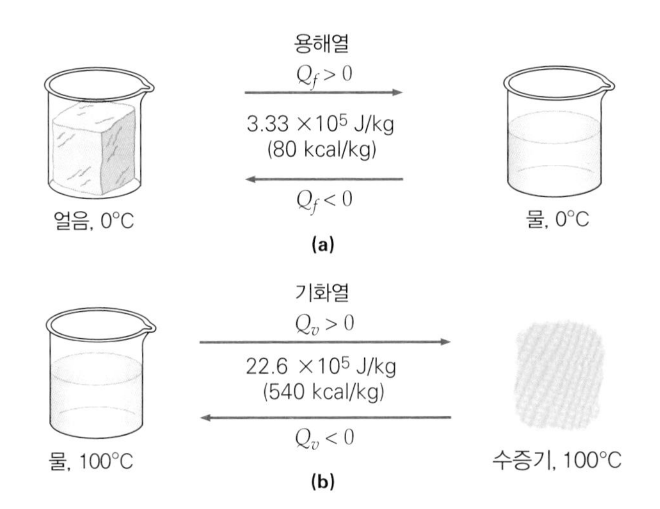

◀그림 11.4 **상변화와 숨은열.** **(a)** 0°C에서 1 kg의 물로 상변화가 일어나려면 3.3×10^5 J의 열에너지가 가해져야 한다. **(b)** 100°C에서 1 kg의 물이 1 kg의 수증기로 상변화가 일어나려면 22.6×10^5 J의 열에너지가 가해져야 한다.

11.3.2 문제 풀이 힌트

11.2절에서는 상변화를 포함하지 않았다. 열에너지에 대한 표현($Q = cm\Delta T$)은 자동적으로 ΔT의 부호로부터 Q의 올바른 부호를 주었다. 그러나 상변화하는 동안에는 ΔT가 없다. **올바른 부호를 선택하는 것은 여러분에게 달려 있다.**

그림 11.5는 온도 변화 및 상변화가 수반되는 일반적인 상황에서 사용해야 하는

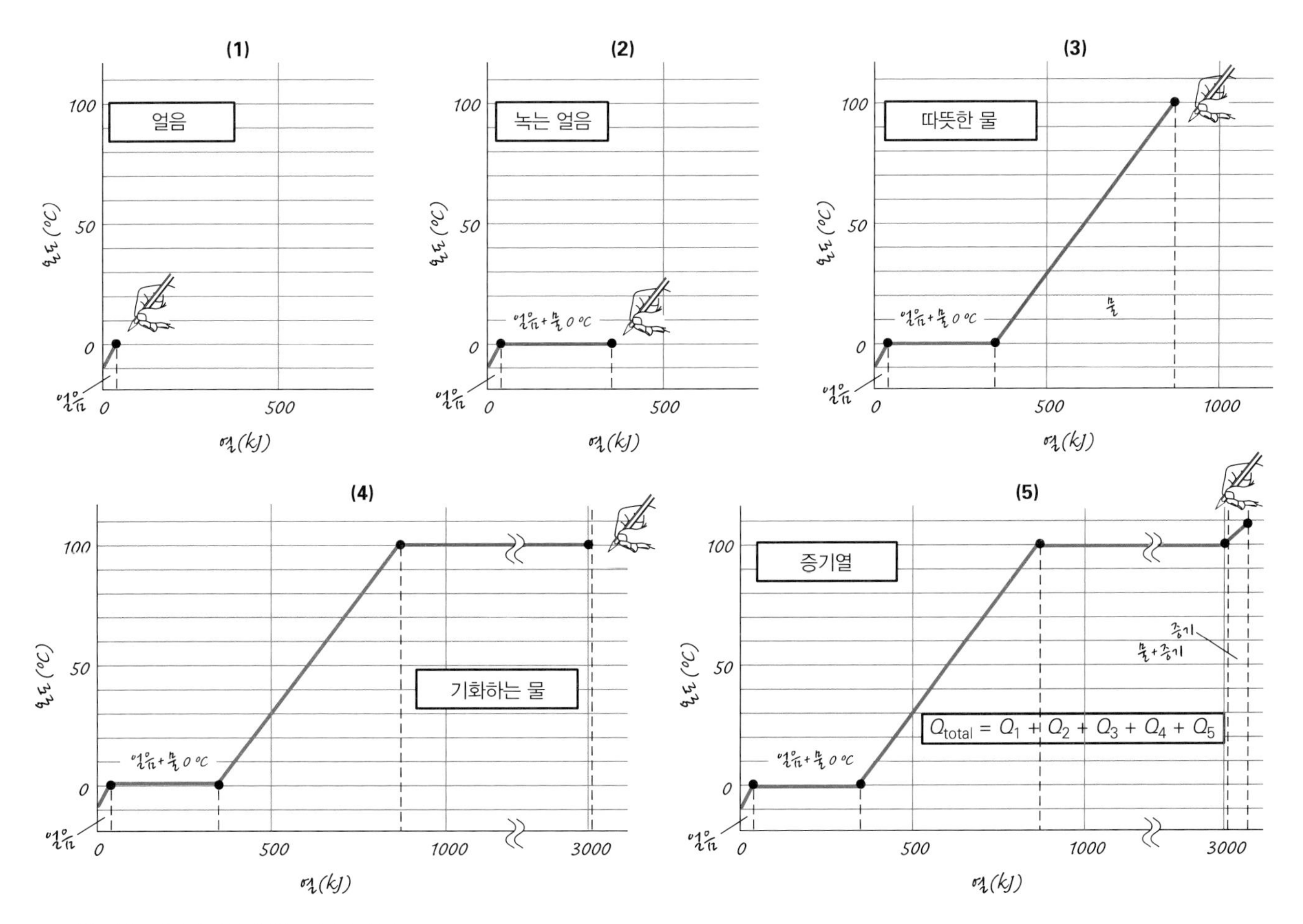

▲그림 11.5 **차가운 얼음에서 가열된 수증기**

두 가지 유형인 융해열과 기화열을 명확하게 보여준다. 그림의 숫자는 예제 11.4와 연관되어 있다.

예제 11.4 차가운 얼음에서 뜨거운 수증기까지

$-10°C$의 차가운 얼음 1 kg에 열을 가해 주었다. 이 얼음이 $110°C$의 뜨거운 수증기가 되기 위해 필요한 열에너지는 얼마인가?

풀이

문제상 주어진 값:

$$m = 1.00\text{ kg},\ T_i = -10°C,\ T_f = 110°C$$
$$L_f = 3.33 \times 10^5\text{ J/kg (표 11.2 참조)}$$
$$L_v = 22.6 \times 10^5\text{ J/kg (표 11.2 참조)}$$
$$c_{ice} = 2100\text{ J/(kg}\cdot°C)\text{ (표 11.1 참조)}$$
$$c_{water} = 4186\text{ J/(kg}\cdot°C)\text{ (표 11.1 참조)}$$
$$c_{steam} = 2000\text{ J/(kg}\cdot°C)\text{ (표 11.1 참조)}$$

필요한 총 열에너지 Q_{total}을 구하기 위해 각 구간에서 열에너지를 구하면 다음과 같다.

1. $Q_1 = c_{ice}m\Delta T_1 = [2100\text{ J/(kg}\cdot°C)](1.00\text{ kg})$
$\times[0°C-(-10°C)] = +2.10\times10^4\text{ J}$ (얼음 가열)

2. $Q_2 = +mL_f = (1.00\text{ kg})(3.33\times10^5\text{ J/kg})$
$= +3.33\times10^5\text{ J}$ (얼음 녹음)

3. $Q_3 = c_{water}m\Delta T_2 = [4186\text{ J/(kg}\cdot°C)](1.00\text{ kg})$
$\times(100°C-0°C) = +4.19\times10^5\text{ J}$ (물 가열)

4. $Q_4 = +mL_v = (1.00\text{ kg})(22.6\times10^5\text{ J/kg})$
$= +2.26\times10^6\text{ J}$ (물 증기)

5. $Q_5 = c_{steam}m\Delta T_3 = [2000\text{ J/(kg}\cdot°C)](1.00\text{ kg})$
$\times(110°C-100°C) = +2.00\times10^4\text{ J}$ (증기 가열)

따라서 필요한 총 열에너지는

$$Q_{total} = \sum_i Q_i = 2.10\times10^4\text{ J} + 3.33\times10^5\text{ J} + 4.19\times10^5\text{ J} + 2.26\times10^6\text{ J} + 2.00\times10^4 0\text{ J} = 3.05\times10^6\text{ J}$$

이다. 여기서 알 수 있는 것은 기화열이 가장 크며, 나머지 네 항을 모두 더한 것보다 크다.

11.3.3 증발

물을 담아둔 용기를 오랫동안 방치하면 물의 **증발**(evaporation)때문에 물의 양이 줄어드는 것을 쉽게 알 수 있다. 이 현상은 10.5절에 배운 분자 운동론에서도 이해할 수 있다. 액체에서 분자는 각기 다른 속력으로 운동한다. 물의 표면 근처에서 빠르게 운동하는 물 분자가 액체 상태인 물의 표면과 순간적으로 멀어지게 될 것이다. 이때 분자의 속력이 아직 충분히 크지 않다면 그 분자는 다른 물 분자가 잡아당기는 인력에 의해 다시 돌아와 잡힐 것이다. 그러나 분자의 속력이 충분히 빠르면 물 표면을 떠나 버릴 것이다. 더 높은 온도를 가진 액체라면 이 현상은 더 빈번히 일어나게 된다.

일반적으로 탈출하는 대부분의 분자에너지는 액체를 이루고 있는 분자들의 평균 에너지보다 훨씬 큰 에너지를 갖고 있으므로 남아 있는 액체 분자들의 평균 에너지는 낮아져 온도가 낮아진다. 즉, 증발은 분자들이 탈출하기 때문에 생기는 **냉각 과정**이라고 말할 수 있다. 목욕이나 샤워를 한 후에 몸이 아직 덜 말랐을 때 시원함을 느끼는 것도 이러한 현상 때문이다.

11.4 열의 이동

11.4.1 고체에서 전도

뜨거운 금속 버너로부터 포트 바닥으로 열이 전달되기 때문에 커피포트를 전기스토브 위에서 뜨겁게 할 수 있다. 전도 과정은 분자 상호작용에서 비롯된다. 계의 고온 영역(버너)에 있는 분자는 평균적으로 더 빠르게 운동한다. 고온 분자들은 근처의 상대적으로 온도가 낮은 에너지를 갖는 다른 분자들과 충돌하면서 에너지가 이동한다. 이렇게 해서 내부에너지는 고온 영역에서 저온 영역으로 분자 수준에서 **전도되어 전달**된다.

열전도에 대하여 열적인 범주로 금속과 비금속으로 나누어지는 고체에 대해 공부한다. 금속은 일반적으로 열이 잘 이동하는 도체 또는 좋은 **열전도체**(thermal conductors)이다. 나무나 천과 같은 물질은 열절연체(thermal insulators)라고 불리기도 하는 것으로 열전달이 잘되지 않는다.

물질의 열을 전도하는 능력은 그 상에 따라 달라진다. 기체는 분자 사이의 거리가 멀어서 분자 간 충돌이 드물기 때문에 열을 잘 전도하지 못하며, 액체나 고체는 기체보다 분자 간 거리가 가까우며 좀 더 상호작용하기가 쉬워 기체보다 열전도 능력이 좋다.

고체 물질의 열전도는 그림 11.6에서 보여주는 것처럼 **열흐름의 시간 변화율**을 이용해서 기술한다($Q/\Delta t$, J/s 또는 W). 실험 관찰에 따르면 이 비율은 물질의 크기와 구성뿐만 아니라 물질 전체의 온도 차이에 따라 달라진다.

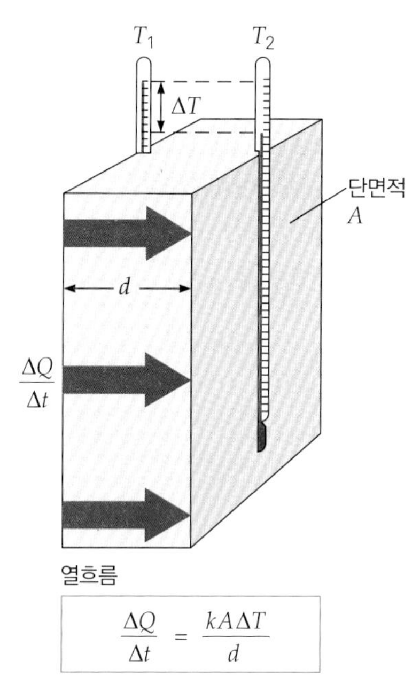

▲그림 11.6 **열전도.** 도체평판을 통한 열전도율($\Delta Q/\Delta t$)은 도체평판 전체의 온도 차(ΔT), 단면적(A) 및 물질의 열전도율(k)에 의해 측정된다. 또한 도체평판 두께(d)에 반비례한다.

실험적으로 도체평판으로 만든 물질을 통과하는 열흐름 비율은 그 물질의 단면적(A)와 양쪽 단면의 온도차(ΔT)에 비례하며 평판의 두께(d)에 반비례한다. 즉,

$$\frac{Q}{\Delta t} \propto \frac{A\Delta T}{d}$$

이고, 비례상수 k를 사용하여 이 관계를 식으로 다시 쓰면

$$\frac{Q}{\Delta t} = \frac{kA\Delta T}{d} \quad \text{(열전도)} \tag{11.5}$$

이다. 상수 k를 **열전도도**(thermal conductivity)라고 하는데 물질의 전도 능력을 나타내는 상수이며 물질의 모양이나 크기와는 상관없는 물질 고유의 성질이다. 다른 외부조건이 같다면 k가 큰 물질이 열전도가 더 좋다. k의 단위는 J/(m·s·°C) = W/(m·°C)이다. 여러 가지 물질의 열전도도가 표 11.3에 나타내었다. 각 물질의 열전도도는 온도에 따라 조금씩 달라지지만 일상의 온도영역에서는 그리 크게 달라지지 않으므로 상수로 취급할 수 있다.

좋은 열전도체로 알려진 금속과 단열재로 알려진 스티로폼이나 나무 같은 물질들의 열전도도를 비교해 보라. 좋은 도체 사용의 예로서 스테인리스로 만든 냄비는 바닥만은 구리로 되어 있다(그림 11.7). 구리의 열전도도는 아주 커서 열을 빨리 전도시키고 조리하는 동안 바닥 전체의 온도를 고르게 유지한다.

표 11.3 여러 가지 물질들의 열전도도

물질	열전도성(k) J/(m·s·°C) 또는 W/(m·°C)	물질	열전도성(k) J/(m·s·°C) 또는 W/(m·°C)
금속		기타 금속	
알루미늄	240	벽돌	0.71
구리	390	콘크리트	1.3
철	80	면직물	0.075
스테인리스	16	섬유	0.059
은	420	바닥 타일	0.67
액체		유리(전형적)	0.84
변압기 유	0.18	유리솜	0.042
물	0.57	거위털	0.025
기체		인체 조직	0.20
공기	0.024	얼음	2.2
수소	0.17	스티로폼	0.042
산소	0.024	목재(오크)	0.15
		소나무	0.12
		진공	0

▲ 그림 11.7 **바닥이 구리인 냄비.** 구리는 일부 스테인리스 냄비와 소스팬과 함께 사용된다. 구리의 높은 열전도율은 버너에서 나오는 열의 빠르고 고르게 퍼져 나가게 한다.

예제 11.5 단열재-열 손실을 방지하는 데 도움이 됨

그림 11.8a와 같이 가로 3.0 m, 세로 5.0 m, 2.0 cm 두께의 소나무로 만든 천장 위에 다시 6.0 cm 두께의 유리솜을 덮었다. 어느 추운 날 방 안(천장 근처)의 온도는 20°C이고 지붕의 단열재 바로 위의 온도는 8°C였다. 열흐름이 정상적으로 흘러 온도가 일정하다고 가정하면 한 시간 동안 단열층에 의해 절약된 에너지의 양은 얼마인가? (단, 에너지 손실은 오직 열전도에 의해서만 일어난다고 가정한다.)

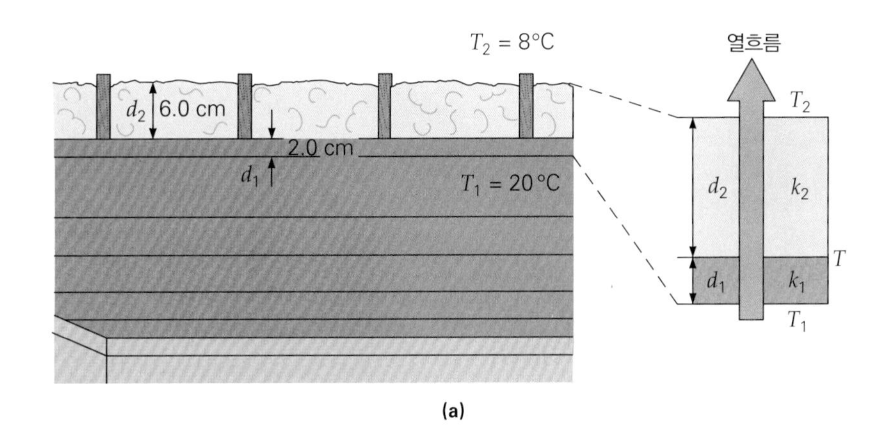

(a)

(b)

(c)

▲ 그림 11.8 **단열재와 열전도도.** (**a, b**) 지붕의 단열재는 열전도도에 의한 열손실을 막아준다. 예제 11.5를 참조하라. (**c**) 이 열화상 사진은 집의 열 손실을 시각화할 수 있다. 여기에 표시장치는 식별이 용이하도록 다양한 코드 색상으로 열 손실률이 다른 지붕 영역을 보여준다.

풀이

문제상 주어진 값:

$$A = 3.0\ \text{m} \times 5.0\ \text{m} = 15\ \text{m}^2$$
$$d_1 = 2.0\ \text{cm} = 0.020\ \text{m}$$
$$d_2 = 6.0\ \text{cm} = 0.060\ \text{m}$$
$$\Delta t = 10\ \text{h} = 3.6 \times 10^4\ \text{s}$$
$$\left.\begin{array}{ll} k_1 = 0.12\,\text{J/(m·s·°C)} & \text{(소나무 목재)} \\ k_2 = 0.042\,\text{J/(m·s·°C)} & \text{(유리솜)} \end{array}\right\} \text{(표 11.3으로부터)}$$

단열재가 없을 때 한 시간 동안 소나무 지붕을 통과하는 열의 양을 우선 구하자. Δt를 알고 있으므로 식 11.5를 사용하여 ΔQ을 구하자.

$$\left(\frac{Q}{\Delta t}\right)_1 = \frac{k_1 A(T_1 - T)}{d_1} \quad \text{과} \quad \left(\frac{Q}{\Delta t}\right)_2 = \frac{k_2 A(T - T_2)}{d_2}$$

T는 알 수 없지만 두 재료를 통해 열흐름의 비율이 같기 때문에 T를 구할 수 있다.

$$\frac{k_1 A(T_1 - T)}{d_1} = \frac{k_2 A(T - T_2)}{d_2}$$

양변에서 단면적 A는 서로 소거되며 이를 다시 T에 대해 풀면

$$\begin{aligned} T &= \frac{k_1 d_2 T_1 + k_2 d_1 T_2}{k_1 d_2 + k_2 d_1} \\ &= \frac{[0.12\,\text{J/(m·s·°C)}](0.060\,\text{m})(20\text{°C}) + [0.042\,\text{J/(m·s·°C)}](0.020\,\text{m})(8.0\text{°C})}{[0.12\,\text{J/(m·s·°C)}](0.060\,\text{m}) + [0.042\,\text{J/(m·s·°C)}](0.020\,\text{m})} \\ &= 18.7\text{°C} \end{aligned}$$

이다. 흐름의 비율은 목재나 단열재 모두 같기 때문에 두 재료에 대해 같은 표현 식을 쓸 수 있다. 목재 천장에 대해 이 표현을 사용하자. 여기서 목재와 단열재 사이 경계층의 온도가 위의 계산에 따라 T = 18.7°C임을 알고 있으므로

$$\Delta T_{\text{wood}} = |T_1 - T| = |20\text{°C} - 18.7\text{°C}| = 1.3\text{°C}$$

이다. 그러므로 열흐름 비율은

$$\left(\frac{Q}{\Delta t}\right)_1 = \frac{k_1 A|\Delta T_{\text{wood}}|}{d_1} = \frac{[0.12\,\text{J/(m}\cdot\text{s}\cdot{}^\circ\text{C)}](15\,\text{m}^2)(1.3{}^\circ\text{C})}{0.020\,\text{m}}$$

$$= 1.2\times10^2\,\text{J/s (또는 W)}$$

이 된다. 열 시간 동안 단열재가 있는 곳에서 잃어버린 열량은

$$Q = \left(\frac{Q}{\Delta t}\right)_1 \times \Delta t = (1.2\times10^2\,\text{J/s})(3.6\times10^4\,\text{s}) = 4.3\times10^6\,\text{J}$$

이고, 이 값과 단열재가 없을 때 구한 이전 값의 차이를 구하면

$$Q_{\text{saved}} = 4.0\times10^7\,\text{J} - 4.3\times10^6\,\text{J} = 3.6\times10^7\,\text{J}$$

이들 계산에 의하면 지붕 위에 단열재를 얹었을 때의 열손실은 다음과 같이 백분율로 나타낼 수 있다.

$$\frac{4.3\times10^6\,\text{J}}{4.0\times10^7\,\text{J}}\times(100\%) = 11\%$$

분명히 이것은 집주인에게 상당한 열 절약을 의미한다.

11.4.2 대류

일반적으로 고체와 비교해 보면 액체나 기체는 그리 좋은 열전도체가 아니다. 그러나 유체에서 분자들의 유동성, 즉 대류를 통해 다른 곳으로 열수송이 가능하다. **대류**(convection)는 자연적으로 생기는 질량의 수송이거나 강제적으로 질량을 수송하는 것이다.

자연적인 대류는 액체나 기체에서 생긴다. 예를 들어 난로 위에 냄비로 물을 데운다고 하자. 냄비의 바닥은 뜨거워 전도현상에 의해 냄비의 바닥 근처의 물을 데운다. 뜨거워진 물은 차가운 물보다 밀도가 작아 위로 떠오르고 윗부분에 상대적으로 밀도가 큰 차가운 물이 냄비 밑바닥으로 내려온다.

이런 대류는 그림 11.9에서 보여주듯이 대기의 순환 과정에 중요한 역할을 하고 있다. 낮 동안 땅은 바다보다 쉽게 뜨거워진다. 이 현상은 땅보다 물이 큰 비열을 갖고 있기 때문이며, 또한 물은 유체이므로 물에 흡수된 열을 대류에 의해 쉽게 주위로 퍼지게 하기 때문이다. 뜨거운 땅에 접촉한 공기들은 가열이 되고 팽창되어 밀도가 작아진다. 그 결과 따뜻해진 공기는 떠오르고 그 빈공간을 메우기 위해 수평적인 공기이동(바람)이 생기게 된다. 떠오른 따뜻한 공기는 위로 올라가고, 올라갈수록 공기는 차가워져 다시 내려오게 되는 대류 순환 과정이 이루어진다.

강제 대류에서는 유체를 역학적으로 움직이게 한다. 강제 대류의 일반적인 예는 집 안의 공기를 강제로 데우는 난방 시스템(그림 11.10), 사람의 순환계, 자동차 엔진의 냉각 시스템 등을 들 수 있다. 사람의 몸은 음식에서 얻어지는 모든 에너지를 다

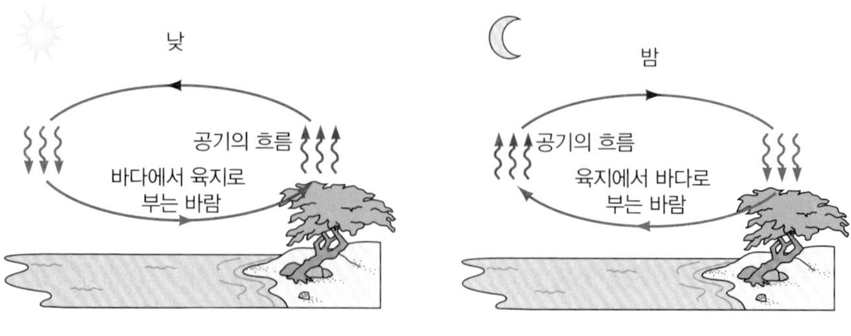

▶ 그림 11.9 **대류 순환.** 낮 동안에 자연 대류는 많은 수역 근처에서 바닷바람을 일으킨다. 밤에는 순환의 패턴이 반대로 되어 육지에서 바람이 분다. 자세한 설명은 책을 참조하라.

사용하지 못한다. 즉, 먹은 에너지의 대부분은 열의 형태로 버리게 된다. 이 과정에서 사람들은 체온을 일정하게 유지하며, 이를 위해 몸 내부에서 만든 열을 피 순환으로 피부 표면에 수송하게 된다. 이 순환계는 피가 흘러가는 양을 필요에 따라 증가시키거나 감소시키는 방법으로 아주 정밀하게 조절한다.

자동차 엔진의 냉각 시스템에서 물 또는 다른 냉각제를 순환시킨다. 냉각제는 엔진의 열을 라디에이터(radiator)로 수송한다(이것은 **열교환기**의 한 형태이다). 자동차의 **라디에이터**는 사실 잘못된 이름이다. 열의 대부분은 라디에이터로부터 복사에 의해서가 아니라 강제 대류에 의해 수송되기 때문이다(다음 절에서 논의하자).

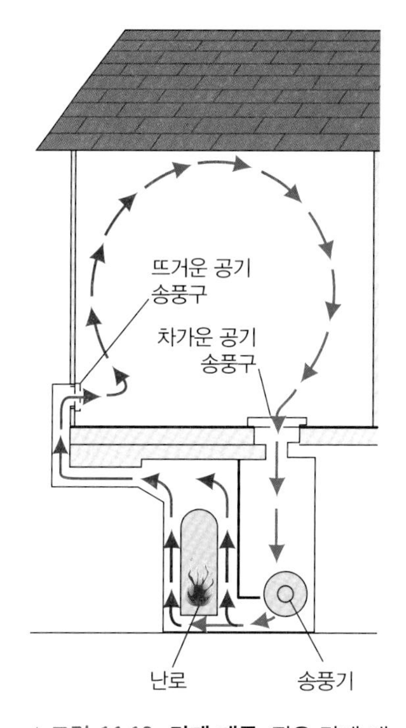

▲그림 11.10 **강제 대류.** 집은 강제 대류에 의해 난방되고 있다. 뜨거운 공기를 마루나 벽의 통풍 장치를 통해 방 내부로 들여보내고 차가워진 공기는 다시 난방기구로 돌아온다.

11.4.3 복사

전도와 대류는 열을 수송하는 매개 물질이 필요하다. 열 이동의 세 번째 메커니즘은 이런 매개체가 불필요하다. 전자기파에 의한 에너지가 수송되기 때문인데 이를 **복사**(radiation)라고 한다(20.4절). 지구는 태양으로부터 빈 우주 공간을 지나 열을 받는다. 가시광선을 포함한 여러 가지 형태의 전자기파는 **복사에너지**를 준다.

타오르는 장작불 근처에 있어 본 적이 있다면 복사에 의한 열 이동을 경험해 보았을 것이다(그림 11.11). 추운 겨울에 장작불 근처에 있으면 불을 바라보는 얼굴이나 손에 열이 전달되는 것을 느낄 것이다. 그러나 등은 여전히 춥다. 이러한 열의 이동은 전도나 대류에 의한 것이 아니다. 왜냐하면 가열된 공기가 위로 올라가며 내는 열도 아니고 또 공기 자체의 열전도도는 지극히 낮다. 가시광선은 연소 물질에서 방출되지만, 가열 효과의 대부분은 보이지 않는 적외선을 흡수하면서 발생한다(적외선은 그 파장이 적색광보다 길어서 가시광선 스펙트럼 밖에 있다는 사실을 말한다).

적외선은 열 또는 열적 복사라고도 한다. 여러분은 뷔페에서 음식을 따뜻하게 유지하기 위해 사용되는 불그스름한 램프를 보았을 것이다. 적외선에 의한 열전달은 온실효과라고 알려진 메커니즘에 의해 지구의 온도를 유지하는 데도 중요하다.

복사의 실용적 사용으로써 특수 IR 센서를 사용하는 카메라를 이용하여 열전사(thermography)라고 불리는 사진이나 스캔을 할 수 있다. 이 사진들은 그림 11.12와 같이 사람의 손의 피부처럼 서로 다른 온도에 해당하는 영역을 대조되는 색으로 처리한

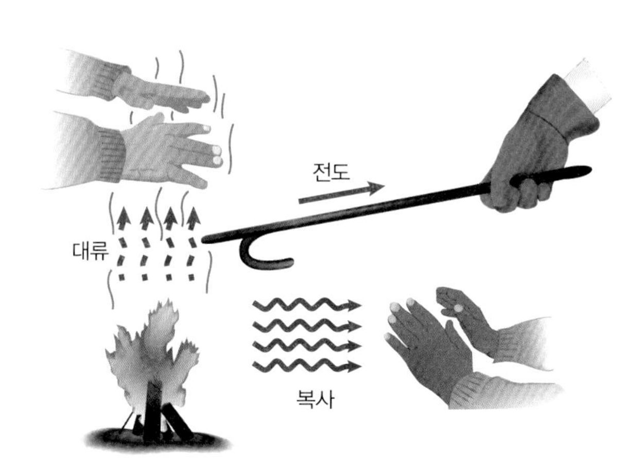

◀그림 11.11 **전도, 대류 그리고 복사에 의한 열.** 불꽃의 맨 윗부분은 뜨겁다. 이러한 이유는 뜨거워진 공기가 위로 올라가는 현상인 대류(일부 복사) 때문이다. 장갑을 낀 손이 따뜻함을 느끼는 것은 전도에 의한 것이며, 불꽃의 오른쪽에 손이 따뜻한 것은 복사에 의한 것이다.

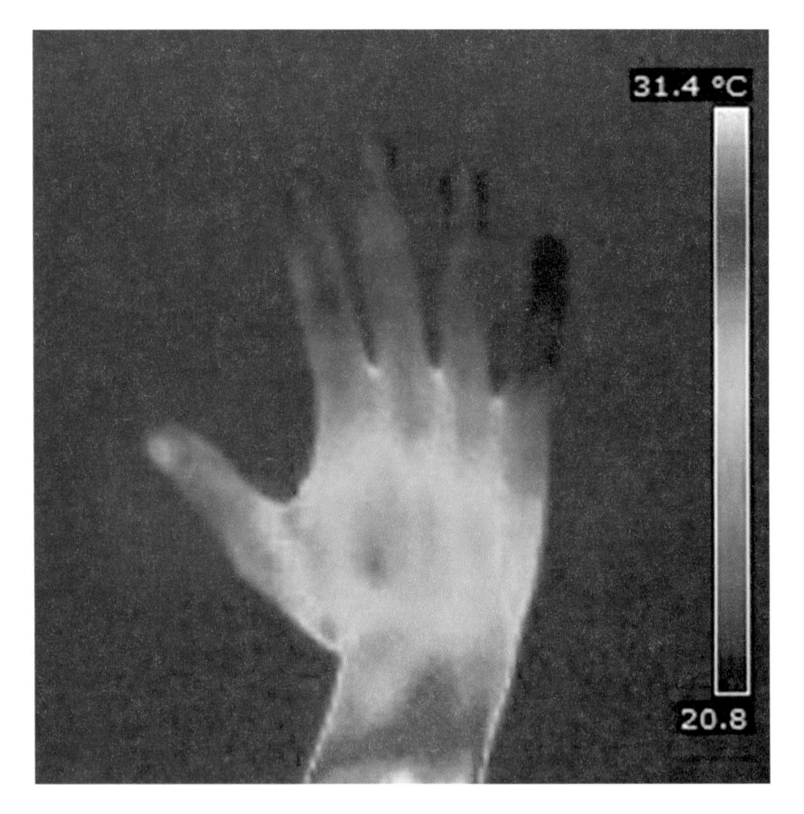

▲ 그림 11.12 **열전사의 영상.** 인체 주변의 온도 차이를 감지하는 데 열화상을 사용할 수 있다. 여기 손의 열화상은 색상코드를 사용하여 피부 온도를 그래픽으로 보여준다(오른쪽 바의 색상은 여기에 음영으로 표시된다). 암은 종양 부위가 정상조직보다 온도가 높기 때문에 이 방식에 의해 발견될 수 있다.

다. 산업계는 제품 결함을 감지하기 위해 열전사라고 불리는 이 기술을 사용했다. 현대 의학은 종양을 치료하기 위해 열전사를 적용하는데, 이는 주위의 건강한 피부보다 따뜻하고 약간 다른 IR 파장을 발산하기 때문에 검출이 가능하다.

물체가 에너지를 복사하는 비율은 그 물체의 절대온도의 4제곱에 비례한다. 이 관계는 오스트리아의 물리학자 요셉 스테판(1835~1893)이 개발한 **스테판의 법칙**(Stefan's law)으로 표현된다.

$$\frac{Q}{\Delta t} = \sigma AeT^4 \quad (\text{복사율}) \tag{11.6}$$

[σ는 스테판–볼츠만 상수: $\sigma = 5.67 \times 10^{-8}\ \text{W}/(\text{m}^2 \cdot \text{K}^4)$]

복사율은 J/s 또는 W이다. A는 물체의 표면적 m^2이고, T는 절대온도 K이다. **방사율**(e)은 0과 1 사이의 단위가 없는 값이며 물체의 종류에 따라 달라진다. 어두운 표면은 1에 가깝고 밝은 표면은 0에 가까운 값을 가진다. 비교해서 사람의 따뜻한 피부는 거의 1에 가깝고, 매우 효과적인 복사체임을 나타낸다. 이상적이고 완전한 흡수체(그리고 방사체)를 **흑체**(blackbody)라 하고 $e = 1.0$이다.

어두운 표면은 좋은 복사의 방사체이기도 하지만 외부에서 들어오는 복사에 대한 좋은 흡수체이기도 하다. 일정한 온도를 유지하기 위해서는 입사에너지가 방출된 에너지와 같아야 하므로 어두운 표면이 여기에 해당한다. 반면, 대부분의 입사 방사선이 반사되기 때문에 밝은 표면은 나쁜 흡수체이다. 이 때문에 여름에는 연한 색의 옷을, 겨울에는 짙은 색의 옷을 입는 것이 더 좋다.

주변과 열평형 상태에 있는 물체는 일정한 온도로 유지되며 같은 비율로 복사선을 방출하고 흡수한다. 그러나 물체와 주변(환경) 온도가 다르면 복사에너지의 알짜 흐름이 생긴다. 만약 물체의 온도는 T이고 환경의 온도는 T_{env}라 하면 그 물체가 단위 시간당 잃거나 얻은 에너지는 다음과 같다.

$$\frac{Q_{net}}{\Delta t} = \sigma A e\left(T_{env}^4 - T^4\right) \tag{11.7}$$

이 식은 열흐름 부호 규칙과 일치한다. 예를 들어 만약 T_{env}가 보다 작다면, 알짜 비율은 음의 부호를 가지며 알짜 열에너지를 잃게 되는 것이다. 마지막으로 $T_{env} = T$는 복사에너지의 교환이 동일한 비율로 이루어지지만 물체의 열에너지에 대한 알짜 변화는 일어나지 않는다.

예제 11.6 **체온-복사 열 이동**

사람 피부의 방사율은 34°C에서 0.900이고, 전체 표면적은 1.5 m^{2}이다. 방의 온도가 20°C라 하면 단위 시간당 사람의 피부로부터 잃어버리는 열에너지는 얼마인가?

풀이

문제상 주어진 값:

$T_{env} = (20 + 273)\ \text{K} = 293\ \text{K}$

$T = (34 + 273)\ \text{K} = 307\ \text{K}$

$e = 0.90,\ \sigma = 5.67 \times 10^{-8}\ \text{W/(m}^2 \cdot \text{K}^4)$

$A = 1.5\ \text{m}^2$

식 1.7에서 직접 구할 수 있다.

$$\begin{aligned}\frac{Q_{net}}{\Delta t} &= \sigma A e\left(T_{env}^4 - T^4\right)\\ &= \left[5.67\times10^{-8}\ \text{W/(m}^2\cdot\text{K}^4)\right](1.5\,\text{m}^2)(0.90)\times[(293\,\text{K})^4-(307\,\text{K})^4]\\ &= -116\ \text{W}(\text{또는 } -116\ \text{J/s})\end{aligned}$$

에너지는 음의 부호를 갖는다. 즉, 인체는 100W 전구에 의해 열을 잃게 되는 것과 같다. 사람들로 가득 찬 밀폐된 방이 매우 따뜻해질 수 있는 것은 당연하다.

11.4.4 작동 중인 열전달 메커니즘

앞에서 논의한 세 가지 메커니즘을 이용한 열전달과 관련된 많은 사례가 있다. 예를 들어 봄의 늦서리는 과일나무의 꽃봉오리를 죽일 수 있다. 꽃봉오리를 살리기 위해 일부 재배자들은 단단한 서리(0°C 이하)가 발생하기 전에 나무에 물을 뿌려 얼음을 만든다. 얼음이 꽃봉오리를 살릴 수 있을까? 얼음은 상대적으로 좋은 (값싼) 단열재이며 어느 정도 단열효과를 갖는다. 그래서 꽃봉오리의 온도를 0°C 밑으로 쉽게 내려가지 못하게 하여 꽃봉오리를 보호한다.

재배자가 과일나무를 보호하기 위한 또 다른 방법은 여러 물질들을 태워 만든 짙은 연기를 사용하는 방법이다. 낮에 태양이 데워 놓았던 땅은 복사에 의해 열을 잃는다. 그런데 여기에 연기를 자욱하게 깔아 놓으면 이 연기는 열을 흡수하고 재복사에

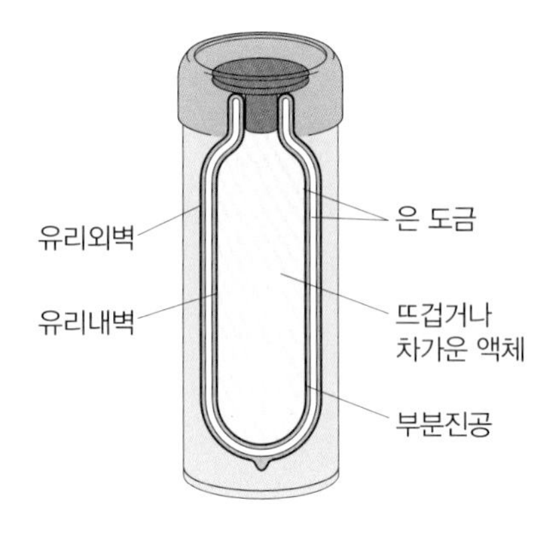

▲ 그림 11.13 **단열재.** 보온병은 열을 이동시킬 수 있는 세 가지 방법을 모두 최소화한다.

의해 이 열을 땅에 다시 내놓는다. 그러면 땅이 차가워지는 시간을 지연할 수 있어 다시 태양이 뜰 때까지의 시간을 벌 수 있다.

그림 11.13의 보온병에서 차가운 음료는 차가운 채로 뜨거운 음료는 뜨거운 채로 온도를 보존시킨다. 보온병은 이중벽의 구조로 만들어졌으며 벽 사이는 부분적인 진공으로 그리고 내벽은 은도금되어 있다. 보온병은 세 가지 방법의 열이동을 최소화하도록 만들어져 있다. 이중벽과 그 사이를 진공으로 한 것은 열전도와 대류를 막기 위함이며 은도금하여 거울처럼 만든 내벽은 복사에 의한 손실을 막기 위한 것이다. 보온병 윗부분의 마개는 윗부분에서 대류가 일어나는 것을 막아준다.

그림 11.14를 보면 사막에서 사람들이 왜 검은 색깔의 품이 넓고 긴 겉옷을 입었는가? 검은색이 복사열을 잘 흡수하므로 흰색으로 해야 되지 않을까? 검은색은 확실히 더 많은 복사에너지를 흡수한다. 그리고 몸 근처 옷 안쪽의 공기를 데운다. 그러나 사진에서 옷의 아래 부분이 통이 넓게 열려 있는 구조라는 것을 주목하라. 따뜻한 공기는 (밀도가 작은) 위로 오르고 목 부분에서 빠져나간다. 빠져나간 공기는 바깥쪽 시원한 공기로 대치된다. 즉, 자연적인 대류 공기 순환 장치가 된다.

마지막으로 고대 중국에서 널리 사용했던 주택을 소개하자(그림 11.15). 중국 북경에서 태양의 최고 고도가 동지, 춘분, 추분, 하지에 각각 27°(동지), 50°(춘분과 추분) 그리고 76°(하지)이다. 집의 기둥 높이와 지붕 처마 길이 등을 교묘히 조합하여 겨울에는 햇빛이 최대한 많이 들어오고 여름에는 집 내부로 들어오지 못하게 설계하였다. 지붕의 처마는 그 끝이 약간 위로 치솟게 했는데, 이것은 보기도 좋지만 겨울철 채광을 최대로 하기 위한 구조이다. 집 남쪽 방향에 심은 나무도 중요한 역할을 한다. 여름에 나뭇잎은 햇빛을 가려주고 차광 역할을 하고, 겨울철에는 나뭇잎이 떨어져 햇빛을 그대로 통과시킨다.

▲ 그림 11.14 **사막에서 입는 검은 옷?** 검은색의 물체는 흰색의 물체보다 더 많은 복사열을 흡수하며 더 덥다. 그런데도 사진 속 사람들은 검은 옷을 입고 있다.

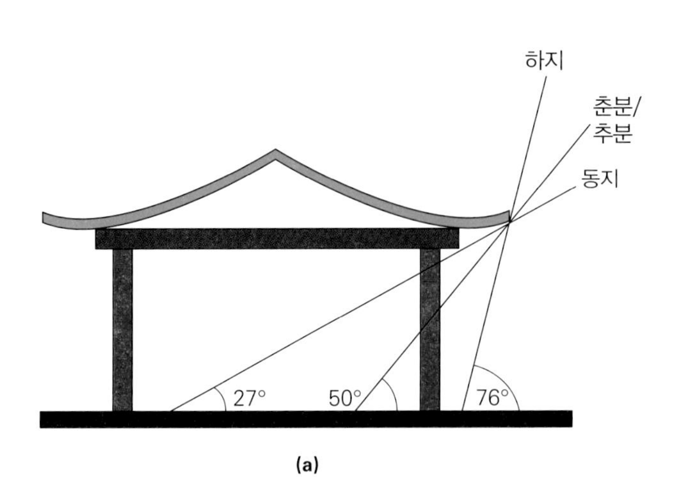

(a)

(b)

▲ 그림 11.15 **고대 중국에서 태양열 설계로 된 집 단면.** (a) 여름에 태양의 고도는 높다. 지붕의 처마는 건물에 그림자를 만들어 준다. 벽돌과 흙으로 만든 벽은 집 내부의 열이 전도해서 빠져나가지 못하게 한다. 겨울에 해의 고도는 낮아지며 햇빛은 집안 깊숙이 들어온다. 여기에는 위로 휘어진 처마도 한몫한다. 집주변에는 활엽수를 심어 놓는데 여름철에는 그늘을 만들고 겨울철에는 잎이 떨어져 햇빛을 많이 받을 수 있다. (b) 위의 내용을 갖춘 중국의 집

연습문제

통합 연습문제(Integrated Exercises, IEs)는 두 부분으로 이루어진다. 첫 번째 부분은 일반적으로 기본 원칙과 추론에 기초한 개념적 답변 선택을 요구한다. 두 번째 부분은 연습의 첫 번째 부분에서 이루어진 개념적 선택과 관련된 정량적 계산을 필요로 한다. 기호(•)은 문제의 난이도를 의미한다. 쉬움(•), 보통(••), 어려움(•••)

11.1 열의 정의와 단위

1. • 창문형 에어컨은 20000 Btu/h의 전력을 필요로 한다. 이를 와트(W)로 환산하면 얼마인가?

2. • 한 경기 동안 NBA 농구선수는 한 시간 안에 1.0×10^6 J 정도의 일을 할 것이다. 이것을 칼로리로 표현하라.

3. •• 한 학생이 추수감사절에 총 2800 Cal의 저녁을 먹었다. 그는 질량 20 kg인 물체를 1.0 m 들어올림으로써 그 에너지를 모두 소비하고 싶어 한다. 물체를 내리는 데는 아무런 일이 필요하지 않다고 가정한다. (a) 이 물체를 몇 회 들어올려야 하는가? (b) 이 물체를 들었다가 내리는 데 0.5초가 걸린다면 이 운동을 끝내는 데 걸리는 시간은 얼마인가?

11.2 비열과 열량계

4. IE • 질량이 1.0 kg이고 20°C인 납과 구리의 온도를 100°C로 올린다. (a) (1)~(3) 중 선택하라. 납에 비해 구리의 온도를 올리는 데 필요한 열에너지는? (1) 납보다 더 많은 열이 필요하다. (2) 같은 열에너지가 필요하다. (3) 납보다 적은 열에너지가 필요하다. (b) (a)에 대한 답을 입증하기 위해 두 물체에 필요한 열에너지 간의 차이를 계산하라.

5. • 피는 몸 내부에서 표면으로 여분의 열을 실어 나른다. 37.0°C에서 0.250 kg의 피가 표면으로 옮겨와 1500 J의 열을 잃는다면 피가 몸 안으로 되돌아갈 때 온도는 얼마인가? 단, 피의 비열은 물의 비열과 같다고 가정한다.

6. •• 합금으로 만든 엔진은 알루미늄 25 kg과 철 80 kg으로 구성된다. 엔진의 온도가 20°C에서 100°C로 증가할 때 엔진은 얼마나 많은 열을 흡수하는가?

7. IE •• 처음 알루미늄 0.50 kg과 철 0.50 kg이 20°C를 유지하고 있다. 이때 두 금속이 100°C가 될 때까지 가열한다. (a) (1)~(3) 중 선택하라. 알루미늄의 열 상태는? (1) 철보다 열을 더 얻는다. (2) 철과 같은 양의 열을 얻는다. (3) 철보다 적은 열을 얻는다. (b) (a)에 대한 답을 입증하기 위해 두 물체에 필요한 열에너지 간의 차이를 계산하라.

8. •• 20°C 커피 0.25 kg이 담긴 컵에 100°C 커피 0.25 kg을 담았더니 컵과 커피는 80°C에서 열평형이 이루어졌다. 주위로 빠져나가는 열이 없다고 가정한다면 이 컵의 비열은 얼

마인가? 단, 커피의 열용량은 물과 같다고 가정하자.

9. •• 한 학생이 실험하는데, 물이 0.200 kg이 담긴 0.375 kg의 알루미늄 열량계 컵에 0.150 kg짜리 가열된 구리 총알을 부었다. 컵과 물은 모두 처음에 25°C였다. 이 계는 28°C에서 열평형에 도달했다. 구리 총알의 처음 온도는 얼마인가?

10. •• 휴식을 취하는 동안 사람은 100 W 정도의 비율로 열을 발산한다. 만약 사람이 27°C에서 150 kg의 물이 담긴 욕조에 잠기면, 그 사람의 열이 물속으로만 들어간다고 가정한다면, 수온이 28°C까지 상승하는 데 얼마나 많은 시간이 걸리는가?

11. IE•• 열량 측정 실험에서, 100°C의 0.50 kg의 금속을 20°C의 0.50 kg 물이 담긴 알루미늄 열량계 컵에 넣는다. 컵의 질량은 0.25 kg이다. (a) 금속을 넣을 때 컵에서 물이 일부 넘쳤을 경우와 측정된 비열을 물이 넘치지 않을 경우에 계산된 비열과 비교하면? (1) 더 높다. (2) 같다. (3) 낮다. (b) 혼합물의 최종 온도가 25°C인데 물이 넘치지 않는다면 금속의 비열은 얼마인가?

12. ••• 한 학생이 40°C에서 1.0 L의 물과 20°C에서 1.0 L의 에틸 알코올을 섞는다. 용기 및 주변과 열교환이 없다고 가정할 때 혼합물의 최종 온도는 얼마인가?

11.3 상변화와 숨은열

13. • 2.5 kg의 얼음을 0°C에서 녹이려면 얼마나 많은 열이 필요한가?

14. IE• (a) (1)~(3)에서 선택하라. 1.0 kg의 물이 100°C에서 수증기로 변환하는 것과 1.0 kg의 얼음이 0°C에서 물로 변환하는 것을 비교할 때 열에너지는? (1) 더 필요하다. (2) 같다. (3) 작다. (b) (a)의 답을 입증하기 위한 에너지의 차이를 계산하라.

15. • 한 예술가는 동상을 만들기 위해 납을 녹이려 한다. 20°C에서 납 0.75 kg에 얼마나 많은 열을 가해야 완전히 녹일 수 있는가?

16. • −196°C인 0.50 L의 액체 질소를 완전히 끓이려면 얼마나 많은 열이 필요한가? (액체 질소의 밀도는 8.0×10^2 kg/m^{3}이다.)

17. IE•• 630 K의 수은 증기를 그 온도에서 액체 수은으로 응축하기 위해 내부에너지를 제거해야 한다. (a) 이 열전달은 어떤 열을 포함하는가? (1)~(3)에서 바른 것은? (1) 비열만, (2) 숨은열만, (3) 비열과 숨은열 둘 다. (b) 만약 수은 증기 질량이 15 g이라면 열을 얼마나 제거해야 하는가?

18. •• 0.200 kg 알루미늄 열량계 컵에 들어있는 100°C인 0.500 kg의 물에 얼음을 얼마나 더 넣어야 모두 20°C인 액체를 얻을 수 있는가?

19. •• 900°C인 4.00 kg의 뜨거운 강철 조각을 식히기 위해 20°C인 5.00 kg의 물 욕조에 넣는다. 강철과 물의 혼합물의 최종 온도는?

20. IE•• 사람 피부에서 물의 증발은 체온 조절을 위한 중요한 메커니즘이다. (a) 그 이유를 (1)~(4) 중에서 선택하라. (1) 물은 높은 비열을 갖는다. (2) 물은 기화열이 높다. (3) 물은 뜨거울 때 더 많은 열을 포함한다. (4) 물은 좋은 열전도체다. (b) 3.5시간의 강도 높은 사이클 경기에서 사이클 선수가 땀을 통해 7.0 kg의 물을 흘려보낸다. 사이클 선수가 경기 과정에서 손실되는 내부에너지의 양을 추정하라.

21. ••• 물질 1 kg에 열을 가했을 때 T-Q 그래프를 나타낸 것이다(그림 11.16). (a) 이 물질의 녹는점과 끓는점은 어디인가? (b) 여러 상변화에서 비열을 SI 단위로 구하라. (c) 상변화 시 각각의 숨은열을 구하라.

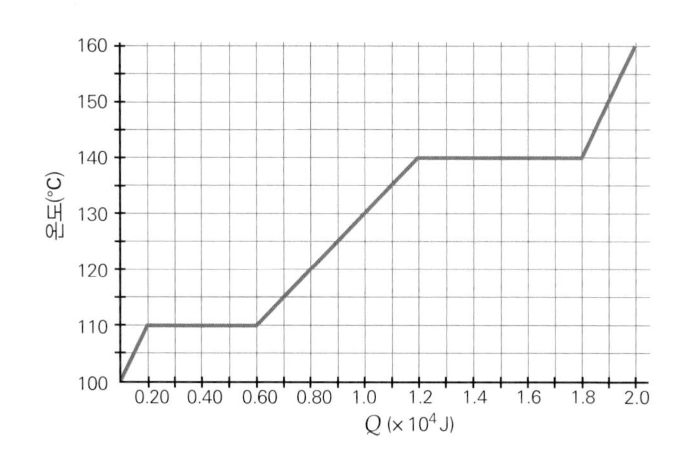

▲그림 11.16 **열을 가할 때 온도 그래프**

11.4 열의 이동

22. • 창문의 단일 유리창은 가로 2.00 m, 세로 1.50 m의 치수를 가지며 두께는 4.00 mm이다. 내부 표면과 외부 표면 사이에 2.00°C의 온도 차이가 있을 경우 1.00 h 이내에 유리를 통해 얼마나 많은 열이 흐르는가? 전도만 고려한다.

23. IE• 주택디자이너는 벽돌 벽과 같은 두께의 콘크리트 벽 중 하나를 선택할 수 있다. (a) (1)~(3)에서 선택하라. 추운 겨울날, 콘크리트 벽과 비교했을 때 벽돌 벽은 집 밖으로 에너

지 전달은? (1) 더 빨리 전달, (2) 같은 비율로 전달, (3) 더 느리게 전달. (b) 벽돌을 통해 콘크리트의 벽까지 전달되는 열 흐름율을 계산하라.

24. • 피부는 노출 면적이 0.25 m^2이고 피부 온도가 34°C일 때 방사율은 0.90이라고 가정하자. 외부 온도가 22°C일 경우 복사로 인해 초당 손실되는 알짜 에너지는?

25. IE•• 단면적이 동일한 알루미늄 막대와 구리 막대는 끝단 사이의 온도 차이가 동일하고 같은 비율로 열을 전도한다. (a) 구리 막대는 알루미늄 막대와 비교하면? (1) 더 길다, (2) 길이가 같다, (3) 더 짧다. (b) 구리 막대 길이 대 알루미늄 막대 길이의 비율을 계산하라.

26. •• 어떤 사람의 피부가 1.0 cm의 두께를 가지고 있다고 가정하자. 피부 표면의 온도는 34°C이고 표면적은 1.5 m^2이다. 피부 내부의 체온이 37°C라고 한다면 피부를 통해 외부로부터 표면으로 나오는 단위 시간당 열량을 구하라.

27. •• 백열등의 필라멘트가 주위의 온도 20°C일 때 100 W의 비율로 복사에너지를 방출한다. 그리고 주위의 온도가 30°C일 때 99.5 W의 일률로 복사에너지를 방출한다. 두 경우에 필라멘트의 온도가 같았다면 필라멘트의 온도는 얼마인가? 섭씨온도로 답하라.

28. •• 표면 온도가 100°C인 물체는 200 J/s의 비율로 열을 방출하고 있다. 물체의 복사에너지 비율을 두 배로 증가시키려면 물체의 표면 온도는? 섭씨온도로 답하라.

29. ••• 반경 5.0 cm, 길이 4.0 cm인 강철 실린더의 한쪽 끝이 동일한 크기의 구리 실린더의 끝과 접촉되어 열교환한다. 두 실린더의 접촉되는 끝부분은 95°C(철강)와 15°C(구리)의 일정한 온도를 유지하며 일정한 열 흐름율을 가진다. 이러한 조건에서 20분 안에 실린더를 통해 얼마나 많은 에너지가 흐를 것인가?

열역학*

Thermodynamics

CHAPTER 12

현대적 가솔린 기관은 열역학 법칙에 의해 결정된다.

열역학이라는 용어가 암시하듯이 열전달을 다룬다. 열역학 발전은 약 200년 전에 열기관 개발의 노력에서 시작되었다. 증기기관은 열에너지를 역학적인 일로 전환하도록 설계된 최초의 장치 중 하나이다. 공장과 기관차의 증기기관은 산업혁명의 동력을 받아 세상을 엄청나게 변화시켰다.

이 장의 처음 사진처럼 가솔린 기관은 화학에너지를 자동차의 운동에너지로 만드는 일로 전환한다. 천연자원의 감소와 온실가스 배출에 대한 우려로, 가솔린 기관은 최근 몇 년간 열효율에서 극적으로 향상되었다. 이는 열역학에서 실질적인 측면을 이해하는 데 중심적인 개념이다.

이 장에서 열이 유용한 일을 수행하는 데 가장 잘 사용될 수 있는 방법을 배우게 될 것이다. 이러한 변화를 지배하는 법칙은 물리학에서 가장 일반적이고 광범위한 법칙 중 일부를 포함한다. 비록 배우는 내용은 주로 열과 일에 관한 것이지만, 열역학이란 열기관 이론보다 훨씬 더 많은 것을 포함하는 광범위하고 포괄적인 과학이다.

---

* 이 장에서 필요한 수학은 일반적인 대수 방정식을 포함한다. 부록 I에서 이러한 사항을 참조하라.

12.1 열역학 제1법칙

계에서 수행된 역학적 일이 전체 역학적 에너지(E_m)를 변화시키는 방법을 나타낸다는 것을 5.1절에서 논의한 것을 기억하라. 예를 들어 처음에 정지해 있는 의자를 사람이 민다면 사람이 행한 일의 일부분은 의자의 운동에너지 증가로 바뀌게 된다. 5장에서는 역학에 중점을 두었기 때문에 열교환과 내부에너지(비역학적 에너지)는 고려하지 않았다. 환경에 의해 계에 행해지는 역학적 일(W_{env})에 중점을 두었으며, 중요한 관계는 일-(역학적) 에너지 정리이다(여기서 각각 ΔU_g와 ΔU_{sp}라는 중력과 탄성 퍼텐셜 에너지의 변화만 표시된다).

$$W_{env} = \Delta E_m = \Delta K + \Delta U_g + \Delta U_{sp} \quad (12.1)$$

그러나 계의 총 에너지를 변화시킬 수 있는 두 번째 방법이 있다(총 에너지는 역학적인 것뿐만 아니라 모든 형태의 에너지를 포함한다). —즉, 열을 가하거나 제거하는 것이다. 비록 이 '열흐름'의 세부 사항은 거시적인 수준에서 보이지 않지만, 열전달은 원자 수준에서 행한 일을 포함한다. 전도 과정 동안 에너지가 뜨거운 물체에서 차가운 물체로 전달되는데, 뜨거운 물체의 보다 빠른 원자가 차가운 물체의 느린 원자에 작용하기 때문이다(그림 12.1). 따라서 에너지는 빠르게 진동하는 뜨거운 쪽의 원자가 차가운 쪽의 이웃한 원자에 일을 하므로 차가운 물체로 에너지가 전달되는 것이다. 이 진행 과정은 거시적 수준에서 열로 관찰하는 내부에너지의 '흐름'으로 나타난다.

따라서 식 12.1은 **내부에너지 U_{int}**를 포함하도록 일반화된 계의 총 에너지가 변화하는 일(W_{env})과 열(Q)을 포함하도록 나타내면 다음과 같다.

$$Q + W_{env} = \Delta E_m + \Delta U_{int} \quad (12.2)$$

그러나 열역학적 과정을 위해 계의 에너지는 역학적 형태를 무시하고 내부에너지만을 포함할 것이며, 이는 **열역학 제1법칙**(first of thermodynamics)인 식 12.2의 특수한 형태로 나타낼 수 있다.

$$Q + W_{env} = \Delta U_{int} \quad (12.3)$$

따라서 열은 물론 일까지 계의 내부에너지를 변화시킬 수 있다. 부호의 의미와 부

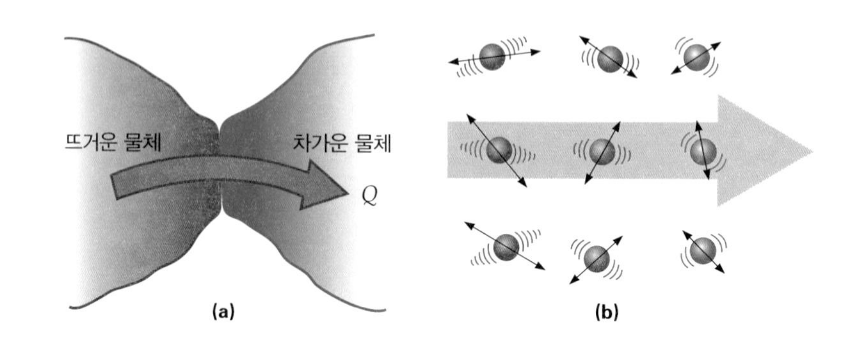

▶ 그림 12.1 **원자적인 열흐름(전도).** **(a)** 거시적으로 볼 때 열은 뜨거운 물체에서 차가운 물체로 전도에 의해 열이 이동한다. **(b)** 원자 수준에서 열전도는 더 활발한 운동을 하는 원자(뜨거운 물체)에서 활발하지 않게 운동하는 원자로의 에너지 이동으로 설명할 수 있다. 이와 같은 한 원자에서 이웃하는 원자로의 에너지 이동이 거시적으로는 (a)에서 설명한 열이동으로 표현된다.

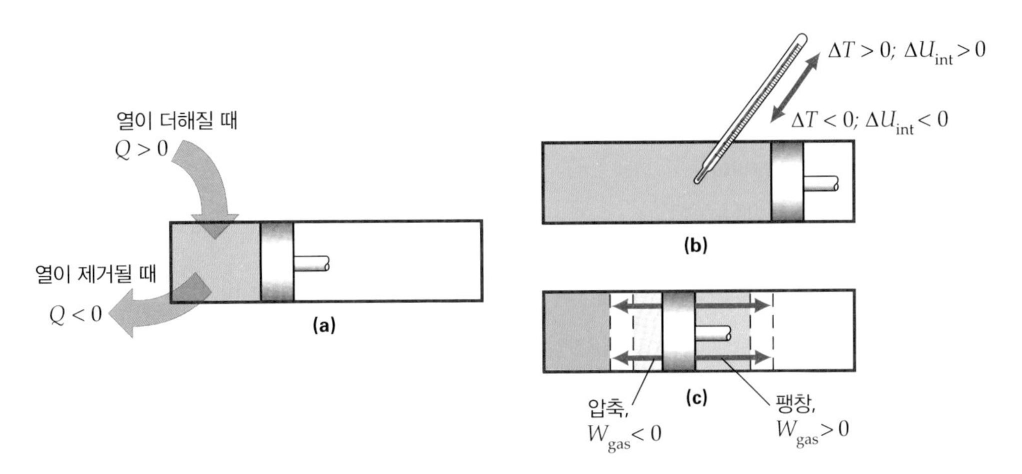

▲ 그림 12.2 **Q, W, ΔU_{int}의 부호 결정.** (a) 만약 기체 계에 열이 유입되면 Q는 양의 부호를 갖는다. 열이 빠져나오면 음의 부호를 갖는다. (b) 기체의 내부에너지가 변하며 이를 실험적인 상황에서 설명하면 계의 온도 변화로 나타난다. (c) 기체의 팽창은 기체가 환경(피스톤)에 행한 일이며 W_{gas}는 양의 부호를 갖는다. 만약 기체가 피스톤에 음의 일을 하면 압축된다. 기체가 환경에 대해 한 일은 환경이 기체에 한 일과 같지만 부호는 반대이다($W_{gas}=-W_{env}$).

호가 표시하는 바가 무엇인지 이해하는 것이 중요하다(그림 12.2). Q는 계에 가해지는 (+) 또는 빠져나오는 (−)로 나타내고, ΔU_{int}는 계의 내부에너지의 변화를 의미하며 W_{env}는 환경이 계에 일을 하는 것을 말한다(그림 12.2에서 환경은 피스톤이고 계는 기체이다). 예를 들어 만약 계에 1000 J의 열을 흡수하고 400 J의 일을 하고 외부 힘에 의해 동시에 압축되는 기체라면 그 내부에너지는 $\Delta U_{int}=(+1000\text{ J})+(+400\text{ J})=+1400\text{ J}$이기 때문에 내부에너지가 1400 J이 증가할 것이다.

이제 열에너지를 유용한 역학적 일로 전환하는 계인 열기관에 초점을 맞출 것이다. 예를 들어 기체의 팽창은 자동차 엔진에서처럼 피스톤을 움직이게 할 수 있다. 따라서 우리의 관심은 W_{env}가 아니라 W_{gas}이다. 그림 12.2와 같이 기체에 의한 힘과 외부(환경)에 의한 힘은 동일하고 부호가 반대이다. 결과적으로 $W_{gas}=-W_{env}$은 같은 크기의 일을 하지만 부호는 반대이다. 보다 실용적인 형태인 식 12.3(기체에 의한 일을 강조하는 식)을 만들기 위해 W_{env}를 $-W_{gas}$로 대체한다. 이는 열역학 제1법칙이 적용된 열기관에 적합한 식으로 나타내어진다.

$$Q=\Delta U_{int}+W_{gas} \tag{12.4}$$

식 12.4는 열교환이 내부에너지 변화 및 기체가 환경에 대해 행한 유용한 일을 모두 유발할 수 있는 다른 강점을 가지고 있다. 후자의 식이 열기관의 전부이다. 이 형태는 처음 열기관을 제작할 때 사용되었다(12.4절과 12.5절). 이 장의 나머지 부분에서는 W_{gas}에 초점을 맞추고 있으며 계는 이상기체가 될 것이다. 따라서 식 12.4가 핵심이 될 것이다.

열역학 제1법칙은 일반적이며 기체에만 국한되지 않는다. 다음 예제에서는 운동 및 체중 감량에 대한 응용을 고려해 보자.

예제 12.1 **에너지 균형–물리학을 이용한 훈련**

65 kg의 몸무게를 갖는 광부가 3.0시간 동안 삽질을 했다. 삽질하는 동안 이 광부는 평균 20 W의 노동을 했고 480 W로 열을 발산한다. 피부에서 증발하는 물의 효과를 무시한다면 얼마나 많은 지방질을 소비하게 되는가? 지방의 에너지는 1 g당 9.3 kcal/g이다.

풀이

문제상 주어진 값:

$$W = P\Delta t = (20\ \text{J/s})(3.0\ \text{h})(3600\ \text{s/h}) = +2.16\times10^5\ \text{J}$$

(광부가 한 일)

$$Q = -(480\ \text{J/s})(3.0\ \text{h})(3600\ \text{s/h}) = -5.18\times10^6\ \text{J}$$

(열 손실)

$$E_{\text{fat}} = 9.3\ \text{kcal/g} = 9.3\times10^3\ \text{kcal/kg}\times(4186\ \text{J/kcal}) = 3.89\times10^7\ \text{J/kg}$$

식 12.4에서 광부의 내부에너지의 손실을 구하면

$$\Delta U_{\text{int}} = Q - W = -5.18\times10^6\ \text{J} - (+2.16\times10^5\ \text{J}) = -5.40\times10^6\ \text{J}$$

1 kg의 지방을 감소하는 데 사용되는 에너지를 이용하면 다음과 같다.

$$m_{\text{fat}} = \frac{|\Delta U_{\text{int}}|}{E_{\text{fat}}} = \frac{5.40\times10^6\ \text{J}}{3.89\times10^7\ \text{J/kg}} = 0.140\,\text{kg} = 140\,\text{g}$$

12.2 이상기체에 대한 열역학 과정

12.2.1 기체의 상태와 열역학 과정

물체의 운동을 기술하는 운동 방정식이 있듯이, 열역학 계의 조건 또는 상태를 기술하는 상태 방정식이 있다. 이러한 방정식은 계를 설명하는 열역학 변수 사이의 관계를 표현한다. 이상기체 상태 방정식 $pV = nRT$ (10.3절)는 기체의 압력(p), 부피(V), 온도(T), 몰수(몰수 n과 분자수 N은 같은 의미로 해석할 수 있다) 사이의 관계를 설정하기 때문에, 이러한 변수들은 기체의 상태를 완전히 설명할 수 있기 때문에 이것들을 상태 변수라 한다.

이 장에서 우리가 주로 관심을 가질 계는 이상기체가 된다. 데카르트 좌표(x, y, z)를 사용하여 위치를 표시하는 것과 마찬가지로 열역학적 변수(p, V, T)를 축의 좌표로 표시하여 기체 상태를 그래프로 나타낼 수가 있다. 이러한 도표의 일반적인 이차원 그래프는 그림 12.3에 나타나 있다. 좌표(x, y)가 데카르트 축에 특정 위치를 지정하는 것과 마찬가지로 이상기체에 대해서는 좌표(V, p)가 p–V 그래프에 그 상태를 완전하게 나타낸다. 이것은 기체의 압력, 부피, 몰수를 알면 기체의 온도에 대해 이

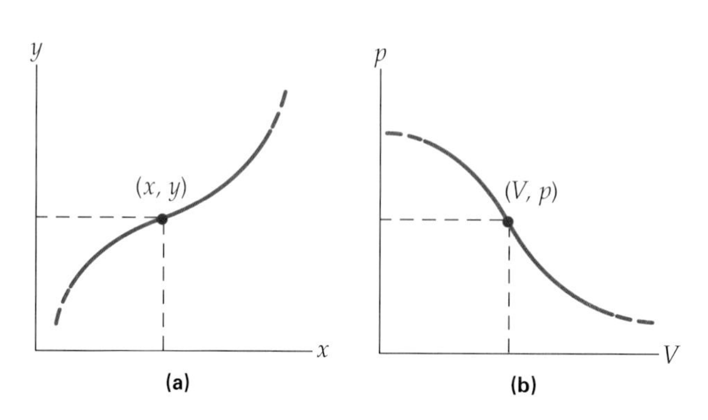

▶ **그림 12.3 상태 그래프.** **(a)** 직교좌표계에서 좌표(x, y)는 개개의 점들을 나타낸다. **(b)** 비슷하게 p–V 그래프에서 좌표(V, p)는 계의 특별한 한 상태를 나타낸다.

상기체 상태 방정식으로 해결할 수 있기 때문이다. 다르게 표현하면 $p-V$ 그래프에서 각각의 좌표는 기체의 압력과 부피를 직접적으로 그리고 온도는 이상기체 상태 방정식을 통해 간접적으로 나타낸다. 요약하자면, 알려진 양의 기체의 상태를 설명하기 위해서는 부피와 압력, 즉 $p-V$ 그래프의 특정 위치만 필요하다. 특히 p, V, T 등 상태변수의 집합이 잘 정의된 기체나 계는 열평형 상태라고 한다.

열역학 과정(thermodynamic process)은 계의 상태 변화 또는 열역학 '좌표'를 포함한다. 예를 들어 기체가 처음 상태 1로 상태 변수 (p_1, V_1, T_1)이었다면 상태 2로 변하면 다른 상태 변수 (p_2, V_2, T_2)로 기술할 수 있다. 과정에는 가역적인 경우와 비가역적인 경우로 분류한다. p, V, T로 정의되는 평형 상태에서 기체의 계에 압력을 낮추면 계는 빨리 팽창한다. 이때 계의 상태는 빠르게 변하며 이 중간 상태가 어떻게 되는지는 예측하기 어렵다. 그러나 곧 계는 다른 평형 상태에 다다르게 되며 다른 열역학적인 좌표들을 갖게 될 것이다. $p-V$ 그래프 상에서(그림 12.4), 처음 상태와 나중 상태(그림에서 1, 2로 표시)를 보일 수 있지만 어떻게 1에서 2로 갔는지 그 둘 사이에 무슨 일이 일어났는지에 대해서 아는 게 없다. 이 형태의 과정을 **비가역 과정**(irreversible process)이라 한다. 비가역 과정의 중간 단계에서 계의 상태는 비평형 상태이다. 비가역이라는 말은 계가 초기 상태로 되돌아갈 수 없다는 뜻이 아니다. 이 말은 단지 계의 상태가 바뀌어 나간 과정에는 비평형 과정이 포함되어 있으므로 재추적할 수 없다는 뜻일 뿐이다. 폭발은 이런 비가역 과정의 한 예이다.

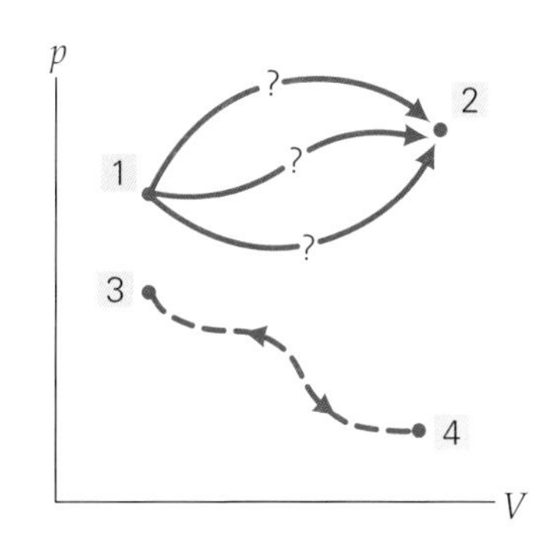

▲그림 12.4 **가역 과정과 비가역 과정.** 만약 기체가 상태 1에서 상태 2로 빨리 도달한다면 이 과정은 그 경로를 알 수 없으므로 비가역적이다. 그러나 기체가 많은 인접한 평형 상태를 거쳐 3에서 4로 진행한다면, 이 과정은 원칙적으로 되돌릴 수 있는 가역 과정이다.

그러나 만약 기체가 아주 천천히 변한다면 한 평형 상태에서 아주 가까운 다른 평형 상태로 또 거기서 가까운 또 다른 평형 상태로 조금씩 이동하여 마침내 나중 상태(그림 12.4에서 처음 상태와 나중 상태를 3과 4로 나타내었다)에 도달하게 되는데, 이 경우 처음 상태에서 나중 상태까지 변화 과정 중의 중간 상태(경로)를 알 수 있다. 또한 계는 지나온 모든 경로가 알려져 있어 만약 나중 상태에서 처음 상태로 되돌릴 때, 지나온 많은 작은 세분화된 상태를 역으로 거쳐 처음 상태에서 나중 상태로 온 방향을 역으로 되돌릴 수 있다. 이런 과정을 **가역 과정**(reversible)이라 한다. 실제로 완벽한 가역 과정은 존재하기 힘들다. 모든 실제의 역학적 과정은 정도의 차이는 있지만 모두 비가역 과정이다. 그러나 이상적인 가역 과정의 개념은 여전히 유용하며 이상기체의 열역학을 논의할 때 가장 먼저 가역 과정이라는 도구를 사용할 것이다.

12.2.2 기체에 의해 한 일

열기관이 우리의 핵심 내용이기 때문에 열의 역학적 일로의 전환은 분명히 중요하다. 기체에 의해 한 일은 기체의 팽창/압축 과정에서 발생하는 (가역적) 과정의 유형에 따라 달라진다. 그러나 일반적인 과정에서는 이 일이 실제로 어떻게 계산되는가? 이 물음에 답하기 위해 실린더 내에 기체가 채워져 있고 피스톤 면적이 A인 실린더를 고려해 보자(그림 12.5). 기체는 매우 작은 거리 Δx만큼 팽창할 수 있다고 하자. 만약 기체의 부피와 온도가 실제적으로 변하지 않는다고 하면 압력은 일정한 채로 남을 것이다. 따라서 기체는 피스톤이 천천히 그리고 안정된 상태로 바깥쪽으로 움

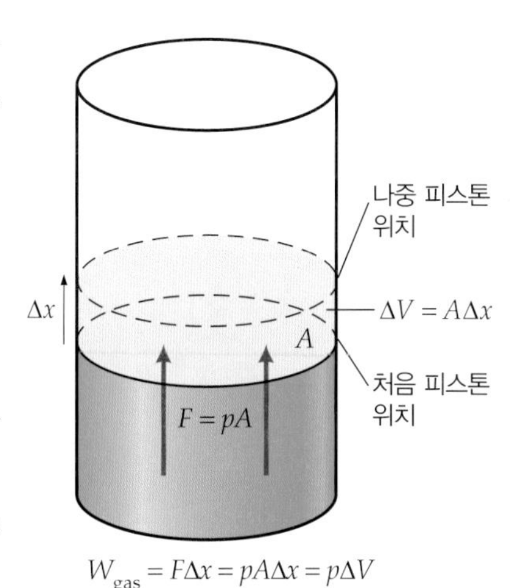

▲그림 12.5 **열역학에서 일.** 만약 기체가 아주 작고 천천히 팽창한다면 압력은 일정하다. 이러한 팽창 과정 동안 기체에 의한 일은 $p\Delta V$이다.

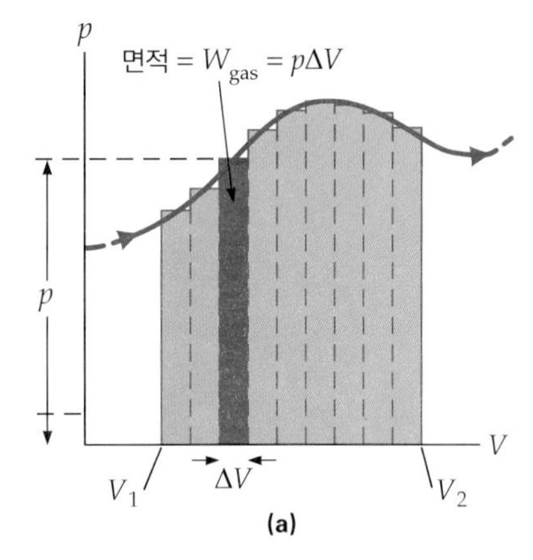

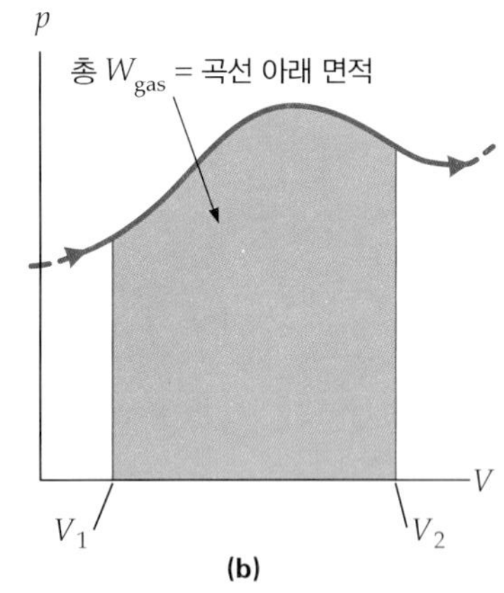

▲그림 12.6 **기체에 의한 일은 p-V 그래프에서 곡선 아래 면적과 같다.** (a) 기체가 ΔV만큼 아주 조금 팽창하면 압력 p를 상수로 가정할 수 있다. 이 경우 기체에 의한 일은 진한 회색의 길쭉한 직사각형의 면적과 같다. 따라서 기체에 의한 전체 일은 직사각형들의 면적들을 모두 합하면 근사적으로 얻을 수 있다. (b) ΔV가 0인 극한에서는 기체에 의한 (전체) 일은 p-V 그래프에서 곡선 아래 면적과 정확하게 같아진다.

직인다면 기체는 피스톤에 대해 양의 일을 하게 된다. 그래서 일의 정의로부터 그 결과는 $W_{gas} = F\Delta x \cos\theta = F\Delta x \cos 0° = F\Delta x$이다. 기체의 경우 $F_{gas} = pA$로 쓸 수 있다. 따라서 $W_{gas} = PA\Delta x$이다. 또한 기체가 증가한 부피는 $\Delta V = A\Delta x$이므로 기체가 한 일은 $W_{gas} = p\Delta V$이다. 그림 12.5에서 부피의 증가 ΔV가 양의 값이기 때문에 이 일은 양의 값을 갖는다. 만약 기체가 압축된다면 부피의 변화 ΔV가 음의 값을 가지며 일은 음의 값을 가진다.

물론 항상 기체의 부피 변화는 작은 양으로 변하지 않고 압력 역시 일정하지 않다. 이러한 일반적인 상황에서 어떻게 일의 계산이 처리될까? 이 질문에 대한 답은 그림 12.6에서 보여주고 있다. 여기서 p–V 그래프의 가역적 경로를 볼 수 있는데, 이를 압력이 거의 일정하게 되는 각각의 작은 사각형을 생각해 볼 수 있다. 각 사각형에서 일을 $W_{gas} = p\Delta V$로 근사할 수 있다. 그림에서 이 일의 크기는 아주 작고 좁은 직사각형이며, 이를 확장하면 V 에 대한 곡선이 된다. 그런데 변화에 따라 압력도 변화한다. 그래서 이 작은 양의 일들을 모아, 즉 $W \approx \Sigma p\Delta V$로 전체 일을 어림으로 계산한다. 정확한 값을 얻기 위해 면적을 아주 작은 값을 갖는 직사각형으로 생각한다. 직사각형의 수가 무한대가 될 때 각 직사각형의 두께는 거의 0이 된다(이 과정은 미적분을 포함하며 이 책의 수준을 넘는다). 따라서 일반적인 결과는 다음과 같다.

기체에 의한 일은 p–V 그래프에서 곡선 아래 면적과 같다.

이 곡선 아래 면적에서 기체에 의해 한 일은 과정 경로에 따라 결정된다는 점을 분명히 해야 한다(그림 12.7). 과정이 더 큰 면적으로 표시된 것처럼 더 높은 압력에서 행한 일은 더 큰 면적을 갖는다는 것을 유의하라. 기본적으로 기체가 같은 거리에 걸쳐 더 큰 힘을 가하기 때문에 더 높은 압력에서 더 많은 일을 행하게 된다.

12.2.3 등온과정

등온과정(isothermal process)은 온도가 일정한 과정이다('같은'은 'iso', '온도'는 'thermal'). 이 경우 과정 경로를 등온곡선이라고 한다(그림 12.8). 기체의 양과 온도가 일정할 때 양 nRT는 일정하다. 그러므로 $pV = nRT =$ 일정 또는 $p \propto 1/V$이다. p–V

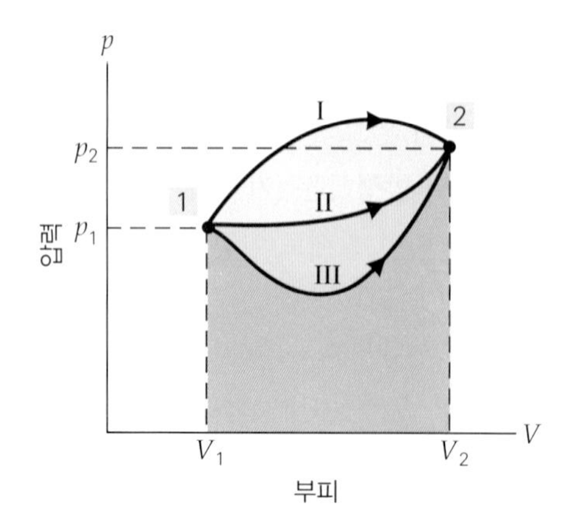

◀그림 12.7 **경로에 의존하는 기체에 의한 열역학적 일.** 여기서 기체가 같은 양만큼 팽창했을 때 각기 다른 과정을 거쳐 한 일을 보여주고 있다. 과정 I 동안 한 일은 과정 II 동안 한 일보다 크다. 일반적으로 큰 힘(큰 압력)을 작용하면 같은 거리(부피 변화)에서 더 많은 일을 요구한다.

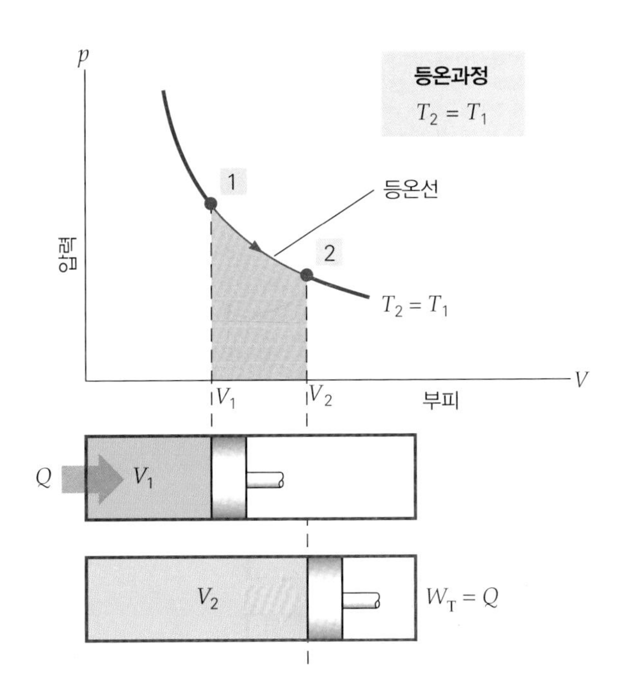

◀그림 12.8 **등온과정(온도 일정).** 이 조건 하에서 기체에 가해진 모든 열은 (기체를 팽창시켜 피스톤을 밀어내는) 일로 바뀐다. $\Delta T = 0$이므로 $\Delta E_{th} = 0$이기 때문에 열역학 제1법칙으로부터 $Q = W_{gas}$이다. 일은 p-V 그래프의 등온과정에서 곡선 아래 면적과 같다.

그래프에서 쌍곡선을 그린다.

그림 12.8에서 상태 1(처음)에서 상태 2(나중)로 팽창할 때 온도를 일정하게 유지시키기 위해 열이 계에 더해지는 상황에서 압력과 부피가 변한다. 이상기체의 주어진 양(몰)에 대해 내부에너지는 모두 열에너지의 형태로 되어 있고 온도에만 의존한다는 것을 기억하는 것이 중요하다(10.5절과 10.6절 참조). 이제부터 계는 달리 명시되지 않는 한 이상기체로 가정하고 ΔU_{int}를 ΔE_{th}로 대체하게 될 것이다(E_{th}는 10장에서 표현).

등온과정에서 $\Delta T = 0$이고 $\Delta E_{th} = 0$이다. 열역학 제1법칙에 이 조건을 적용하면 그 결과는 $Q = \Delta E_{th} + W_{gas} = 0 + W_{gas}$이다. 기체에 의한 일은 곡선 아래의 면적과 같다(압력이 변하므로 이것은 직접 계산해야 한다). 결과는 다음과 같다.

$$W_T = nRT\ln\left(\frac{V_2}{V_1}\right) \quad \text{(이상기체 등온과정)} \tag{12.5}$$

여기서 nRT는 일정한 상수이고 해준 일은 처음과 나중 상태의 부피의 비에 의존한다.

12.2.4 등압과정

일정한 압력에서의 과정을 **등압과정**(isobaric process)이라 한다(iso는 같은, bar는 압력을 뜻한다). 이상기체에 대한 등압과정을 그림 12.9에 나타내었다. p-V 그래프에서 등압과정은 등압선이라 부르는 수평선에 의해 주어진다. 열을 가하면 기체는 팽창하고 피스톤이 일을 하고 온도는 증가한다. 그림 12.9는 기체가 더 높은 온도인 등온 곡선으로 이동하는 것을 보여준다. 온도가 증가하면 $\Delta E_{th} \propto \Delta T$에서 기체의 내부에너지의 증가를 의미한다. 여기서 일 W_p를 나타내는 면적은 직사각형이고 "길이 × 폭"으로 계산한다.

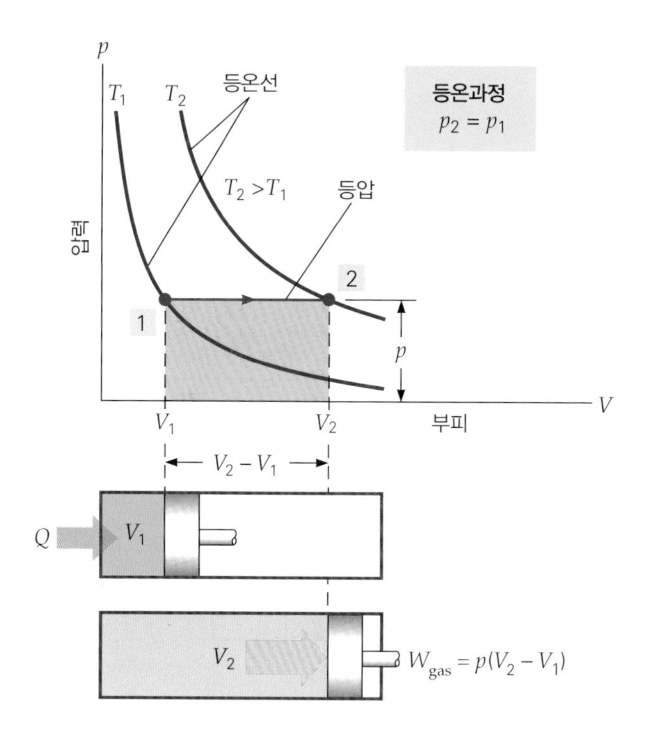

▶ 그림 12.9 **등압과정(압력 일정).** 기체가 가열될 때 마찰 없는 피스톤을 통해서 기체가 한 일과 내부에너지의 변화를 가진다. 일은 p–V 그래프에서 색칠한 직사각형으로 등압선(상태 1에서 2로) 아래 부분의 면적이다. 두 등온선을 유의하라. 등온은 등압 과정의 일부분이 아니라 등압 팽창하는 동안 온도가 증가한다는 것을 보여준다.

$$W_p = p(V_2 - V_1) = p\Delta V \quad \text{(이상기체 등압과정)} \tag{12.6}$$

등압 조건 하에서 열이 더해지거나 빠져나올 경우 기체의 내부에너지는 변하고 기체는 일을 하느냐 받느냐에 따라 팽창하거나 압축됨을 유의하라. 이 관계식을 등압 하에서 일의 표현과 함께 (식 12.6) 열역학 제1법칙을 사용하여 다음과 같이 쓸 수 있다.

$$Q = \Delta E_{th} + p\Delta V \quad \text{(이상기체 등압과정)} \tag{12.7}$$

등압과정과 등온과정을 자세히 비교하기 위해서 다음의 예제를 풀어보자.

예제 12.2 등온과 등압 – 어느 면적?

처음 0°C, 1기압에서 2몰의 단원자 분자의 이상기체를 원래의 부피를 두 배로 증가시키는 데 두 가지 다른 과정을 사용한다. 하나는 등온과정으로, 다른 하나는 같은 시작점에서 등압과정으로 팽창한다. (a) 각각의 과정 중에 어느 쪽이 더 많은 일을 할까? (1) 등온과정이 더 많은 일을 한다. (2) 등압과정이 더 많은 일을 한다. (3) 둘 다 같다. 또한 그 이유를 설명하라. (b) 답을 했다면 왜 그런지 증명하기 위해 각각의 경우 기체가 한 일을 계산하라.

풀이

(a) 그림 12.10과 같이 각각의 과정은 팽창과정임을 보이고 있다. 등압과정은 수평선이고 등온과정은 쌍곡선으로 감소한다. 그러므로 기체는 등압과정에서 더 많은 일을 한다(곡선 아래의 면적이 더 넓다). 기본적으로 이는 등압과정이 기체가 팽창할 때 압력이 낮아지는 등온과정에서 보다 더 높은 압력(일정)에서 일을 하기 때문이다. 따라서 답은 (2)이다. 즉, 기체는 등압과정을 하는 동안 더 많은 일을 한다.

(b) 문제상 주어진 값:

$p_1 = 1.00\ \text{atm} = 1.01 \times 10^5\ \text{N/m}^2$
$T_1 = 0\ °\text{C} = 273\ \text{K}$
$n = 2.00\ \text{mol}$
$V_2 = 2V_1$

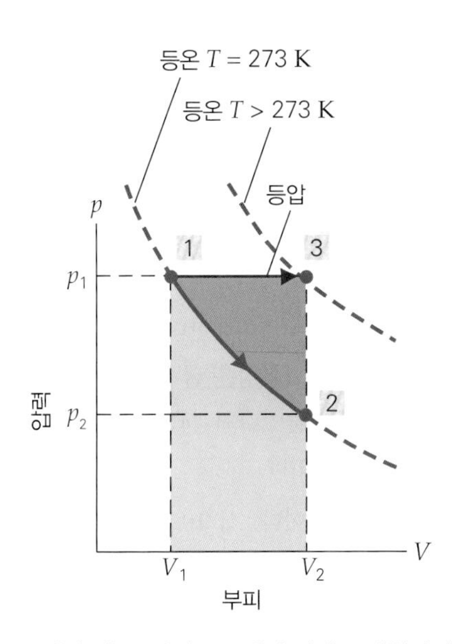

▲그림 12.10 **일의 비교.** 예제 12.2에서 기체는 팽창하면서 양의 일을 한다. 상태 1에서 상태 3으로의 등압과정에서는 압력이 일정하지만 상태 1에서 상태 2로의 등온과정에서는 압력이 감소한다. 더 높은 힘과 압력은 더 큰 일을 의미하기 때문에 등압과정에서의 일이 등온과정에서의 일보다 크다. $p-V$ 그래프에서 곡선 아래 면적들을 비교해 보면 쉽게 이해할 수 있다.

식 12.5로부터

$$W_T = nRT\ln\left(\frac{V_2}{V_1}\right) = (2.00\text{ mol})[8.31\text{ J/(mol·K)}](273\text{K})(\ln 2)$$
$$= +3.14\times10^3\text{ J}$$

이고, 등압과정에 대해 이상기체 상태 방정식으로부터 부피를 구하면

$$V_1 = \frac{nRT_1}{p_1} = \frac{(2.00\text{mol})[8.31\text{ J(mol·K)}](273\text{K})}{1.01\times10^5\text{ N/m}^2}$$
$$= 4.49\times10^{-2}\text{ m}^3$$

$$V_2 = 2V_1 = 8.98\times10^{-2}\text{ m}^3$$

이다. 식 12.6으로부터 일은

$$W_p = p(V_2 - V_1)$$
$$= (1.01\times10^5\text{ N/m}^2)(8.98\times10^{-2}\text{ m}^3 - 4.49\times10^{-2}\text{ m}^3)$$
$$= +4.53\times10^3\text{ J}$$

이다. 이것은 (a)에서 예상한 대로 등온과정 일보다 더 크다.

12.2.5 등적과정

때때로 등체적과정(isochoric process)이라 부르기도 하는, **등적과정**(isometric process)은 부피가 일정한 과정이다. 그림 12.11과 같이 $p-V$ 그래프에서 경로는 수직선이고, 등적선이라 한다. 이 곡선 아래 면적이 0이기 때문에 기체가 한 일은 없다(이 과정에서는 피스톤의 변위가 없다). 기체는 일을 하지 않기 때문에 계에 열을 가하면 바로 계의 내부에너지가 증가되며, 온도가 증가한다. 열역학 제1법칙에 의하면

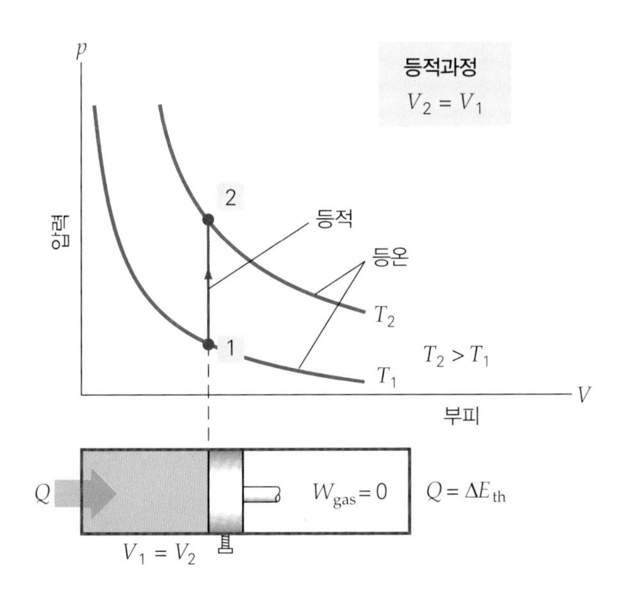

◀그림 12.11 **등적과정(부피 일정).** 여기서 기체에 가해진 모든 열은 기체의 열에너지를 증가시킨다. 왜냐하면 기체에 의한 일이 없기 때문이다(피스톤은 어떻게든 움직이지 못하게 나사로 고정시켰다). 다시 말해 등온선이 등적과정의 일부분은 아니지만 기체 온도가 증가한다는 것을 확실히 알 수 있게 해준다.

$$Q = \Delta E_{\mathrm{m}} \quad \text{(이상기체 등적과정)} \tag{12.8}$$

등적과정에 관련된 다음의 예제를 생각해 보자.

예제 12.3 실용적인 등적 문제 – 스프레이 캔은 재활용될 수 없는가?

비어 있는 많은 에어로졸 캔은 충전용 기체 찌꺼기가 안에 남아 있다. 이 캔 안의 압력은 거의 대기압과 같거나 낮으며 (1기압이라 가정하자) 온도는 20°C라고 하자. 캔 표면에는 "함부로 다 쓴 캔을 소각장이나 불에 닿는 곳에 버리지 말라"는 주의사항이 적혀 있다. (a) 왜 캔을 직접 불에 넣으면 위험한지 설명하라. (b) 만약 단원자 분자 기체가 0.0100몰이 들어 있는 캔에 온도 2000°F까지 올리려면 기체에 얼마의 열을 가해야 하는가? (c) 기체의 나중 압력은 얼마인가?

풀이

문제상 주어진 값:

$p_1 = 1.00\ \text{atm} = 1.01 \times 10^5\ \text{N/m}^2$
$V_1 = V_2$
$T_1 = 20\ °\text{C} = 293\ \text{K}$
$T_2 = 2000\ °\text{F} = 1.09 \times 10^3\ °\text{C} = 1.37 \times 10^3\ \text{K}$
$n = 0.0100\ \text{mol}$

(a) 열이 캔에 가해지면 캔 안의 내부에너지가 증가한다. 등적과정이므로 압력은 온도에 비례한다. 그래서 나중 압력은 1기압보다는 클 것이다. 위험성은 금속으로 만든 캔이 나중 압력에 견디지 못하게 만들었다면 캔은 폭탄처럼 금속을 조각내면서 폭발하게 될 것이다.

(b) 등적과정에서 일은 0이다. 식 10.15b로부터 $E_{\text{th}} = (3/2)nRT$, 따라서 열에너지는 다음과 같이 계산된다.

$$Q = \Delta E_{\text{th}} = \frac{3}{2} nR\Delta T$$
$$= \frac{3}{2}(0.0100\,\text{mol})[8.31\,\text{J/(mol·K)}](1.37\times10^3\,\text{K} - 293\,\text{K})$$
$$= +134\,\text{J}$$

(c) 기체의 나중 압력은 이상기체 법칙으로부터 구할 수 있다.

$$p_2 = p_1\left(\frac{V_1}{V_2}\right)\left(\frac{T_2}{T_1}\right) = (1.00\,\text{atm})\left(\frac{V_1}{V_1}\right)\left(\frac{1.37\times10^3\,\text{K}}{293\,\text{K}}\right) = 4.68\ \text{atm}$$

12.2.6 단열과정

단열과정(adiabatic process)에서 열이 계로부터 차단되어 유입되거나 빠져나가지 못하는 과정이다. 즉, $Q = 0$이다(그림 12.12). (그리스어 adiabatos는 '폐쇄된'의 의미이다.) 이 조건은 '완벽한' 절연으로 둘러싸인 것처럼 완전히 열적으로 고립된 계에 적용된다. 실생활 조건에서는 단열과정을 근사적으로만 할 수 있다. 예를 들어 계 안팎으로 주목할 만한 양의 열이 빠져나가거나 들어올 틈도 없이 빠르게 변화하는 경우 근사적으로 단열과정의 상황이 발생할 수는 있다. 다시 말해 빠르게 변하는 과정은 근사적인 단열과정으로 취급한다.

단열과정을 나타낸 p–V 그래프의 곡선을 단열곡선이라 부른다. 단열과정 동안 모든 열역학적 상태 변수(p, V, T)는 변한다. 기체의 압력이 감소하면 기체는 팽창하게 된다. 그러나 기체에 열이 유입되지 않으므로 기체의 내부에너지 소모만으로 일하게 되고 결국 내부에너지는 감소되어 ΔE_{th}는 음의 값을 갖는다. 내부에너지와 온도는 동시에 감소하게 되며 이런 단열팽창 과정은 냉각과정이 된다. 같은 방법으로 단열압축은 온도가 상승하는 가열과정이 된다. 수학적으로 열역학 제1법칙을 적용하면 단열과정은 $Q = 0 = \Delta E_{\text{th}} + W_{\text{gas}}$가 된다. 식을 정리하면

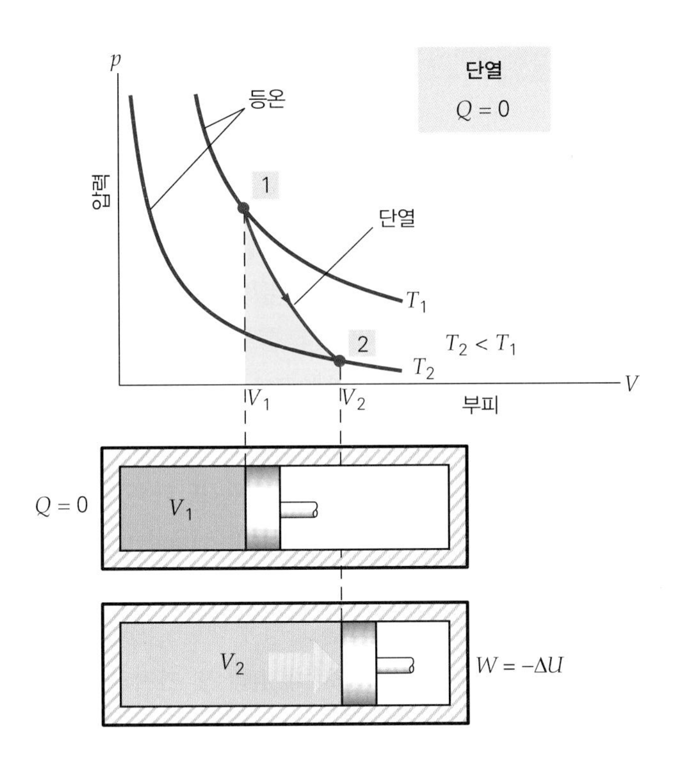

◀그림 12.12 **단열과정($Q = 0$).** 단열과정에서(단열재를 사용한 실린더) 열이 계에 더해지거나 빼앗기지 않는다. 팽창하는 동안 내부에너지는 감소하고 기체는 양의 일을 하게 된다. $W_{gas} = -\Delta E_{th}$. 단열과정 하는 동안 압력, 부피, 온도 모두 변한다. 보통 기체에 의한 일은 단열곡선과 V-축 사이의 노란색 부분의 면적과 같다.

$$\Delta E_{th} = -W_{gas} \quad \text{(단열과정)} \tag{12.9}$$

완전성을 위해 단열과정과 관련된 몇몇 다른 관계들을 다음 교재에 열거한다. 이 과정에서 중요한 인자는 차원 없는 양으로 $\gamma = c_p/c_v$로 정의되는 기체의 비열비이다. 여기서 c_p는 등압비열이고 c_v는 등적비열이다. 기체 분자의 전형적인 몰비열은 두 가지를 갖게 된다. 단원자 분자인 경우 $\gamma = 1.67$, 이원자 분자는 $\gamma = 1.40$이다. 두 지점에서 단열과정을 겪는 계의 변화는

$$p_1 V_1^{\gamma} = p_2 V_2^{\gamma} \quad \text{(이상기체 단열과정)} \tag{12.10}$$

이고, 단열과정 동안 이상기체에서 한 일 W_{ad}는

$$W_{ad} = \frac{p_1 V_1 - p_2 V_2}{\gamma - 1} \quad \text{(이상기체 단열과정)} \tag{12.11}$$

로 주어진다.

이들 열역학 과정의 특성과 결과를 표 12.1에 정리해 놓았다.

표 12.1 열역학 과정

과정	정의	특징	열역학 제1법칙 결과
등온	$T =$ 일정	$\Delta E_{th} = 0$	$Q = W_{gas}$
등압	$p =$ 일정	$W_{gas} = p\Delta V$	$Q = \Delta E_{th} + p\Delta V$
등적	$V =$ 일정	$W_{gas} = 0$	$Q = \Delta E_{th}$
단열	$Q = 0$	열 흐름 없음	$\Delta E_{th} = -W_{gas}$

12.3 열역학 제2법칙과 엔트로피

뜨거운 금속 조각을 차가운 물이 들어 있는 단열 용기에 넣었다고 가정하자. 열은 금속 조각에서 물로 이동할 것이다. 그 결과 두 물질은 어떤 중간 온도에서 열평형을 이루게 된다. 계는 열적으로 고립되어 있으므로 계 전체의 내부에너지는 변하지 않고 일정할 것이다. 그런데 열이 차가운 물에서 뜨거운 금속 조각 쪽으로 이동할 수도 있지 않을까? 이 과정은 자연에서는 일어나지 않는다. 그러나 만일 그렇다면 계의 총 에너지는 일정하게 유지될 수 있고, 이 "불가능한" 역 과정이 에너지 보존을 위반하지 않았을 것이다.

어떤 한 과정이 일어나는 방향을 설정해 줄 수 있는 또 다른 원리가 당연히 존재해야 한다. 이 원리는 **열역학 제2법칙**(second law of thermodynamics)이라고 할텐데, 이 법칙은 비록 열역학 제1법칙을 위배하지는 않으나 자연적으로 발생할 수 없는 과정 또는 여태까지 한 번도 관찰할 수 없었던 과정에 대한 설명을 담고 있다.

열역학 제2법칙은 어떻게 이를 응용하느냐에 따라 몇 가지의 다른 표현을 사용한다. 앞에서 예시한 경우에 해당하는 것은 다음과 같다.

열은 차가운 물체에서 뜨거운 물체로 자연적으로 흐르지 않을 것이다.

열역학 제2법칙의 표현을 동등하면서 대체할 수 있는 설명은 **열순환**(thermal cycles)을 포함할 수 있다. 열순환은 몇 개의 분리된 일련의 열역학적 과정으로 구성되어 있으며, 이 일련의 과정이 끝나면 계는 원래의 시작 상태로 되돌아오게 된다. 만약 계가 **열기관**(heat engine)으로 작동하는 기체라면 열은 계에 유입되어 유용한 역학적 일을 한다. 열기관으로 작동하는 열순환의 관점에서 언급된 열역학 제2법칙은 다음과 같다.

열순환에서 열에너지는 역학적 일로 완전히 변환될 수 없다.

열역학 제2법칙의 또 동등한 형태는 영구기관에 적용된다. 즉, 알짜열이 없이 작동할 수 있는 기관이다. 이러한 기관들은 에너지를 잃지 않고 일을 할 수 있을 것이다. 따라서 열역학 제2법칙에는 다음과 같이 표현할 수 있다.

영구기관을 만드는 것은 불가능하다.

이러한 영구기관을 만들려고 시도했지만 성공하지 못했다.

12.3.1 엔트로피

어떤 과정이 취할 수 있는 자연적인 방향을 정량적으로 나타내는 양은 제일 먼저 독일의 물리학자 루돌프 클라우지우스(Rudolf Clausius, 1822~1888)가 기술했다. 이 양을 **엔트로피**(entropy, S)라 한다. 엔트로피는 여러 다른 물리적인 성질에 관여되는 매우 복잡한 개념이다.

- 엔트로피는 유용한 일을 하는 계의 능력을 측정하는 척도이다. 계가 일을 할 수 있는 능력을 잃으면 엔트로피는 증가한다.
- 엔트로피는 시간의 방향을 결정한다. '시간의 화살'의 방향은 과거의 사건에서 미래의 사건으로 향하는 사건의 흐름 방향을 나타낸다.
- 엔트로피는 무질서의 척도다. 모든 계는 자연적으로 더 큰 무질서로 이동하거나 혼란스럽게 해서 엔트로피를 증가시킨다.
- 우주의 총 엔트로피는 증가한다.

일정 온도에서 가역 과정에 열(Q)을 가하거나 빠져나갈 때 계의 엔트로피 변화(ΔS)에 대한 정의는 다음과 같다.

$$\Delta S = \frac{Q}{T} \quad \text{(일정 온도에서 엔트로피 변화)} \tag{12.12}$$

엔트로피의 SI 단위: J/K

ΔS는 계가 열을 흡수할 경우($Q > 0$) 양수이고 계가 열을 잃을 경우($Q < 0$)는 음수라는 점에 유의하라. 과정 중에 온도가 변하여 엔트로피의 변화를 계산하려면, 고급 수학이 필요하므로 여기서는 등온과정으로 제한된다. 엔트로피의 변화가 상변화에서 어떻게 계산되는지의 예제를 살펴보자.

예제 12.4 엔트로피의 변화-등온과정

운동하는 사람이 일정한 온도인 34°C에서 시간당 40g의 물을 피부로부터 증발하도록 땀으로 배출된다. 물이 증발할 때 물의 엔트로피의 변화량을 계산하라. 단, 피부에서 나는 땀이 기화될 때 숨은열은 24.2×10^5 J/kg이다.

풀이

문제상 주어진 값:

$m = 40\text{ g} = 0.040\text{ kg}$

$T = (34 + 273)\text{ K} = 307\text{ K}$

$L_v = 2.26 \times 10^6\text{ J/kg}$

완전히 증발하기 위해 물에 흡수되는 열은 다음과 같다.

$$Q = mL_v = (0.040\text{ kg})(2.26\times10^6\text{ J/kg}) = 9.04\times10^4\text{ J}$$

그러면 그 물의 양에 대한 엔트로피 변화는

$$\Delta S = \frac{Q}{T} = \frac{+9.04\times10^4\text{ J}}{307\text{ K}} = +2.94\times10^2\text{ J/K}$$

이다. Q는 양의 값을 가진다. 따라서 엔트로피의 변화도 양의 값이다. 즉, 물의 엔트로피의 변화는 증가한다. 이 결과는 기체 상태는 액체 상태보다 제멋대로(무질서) 운동이 크다는 것을 의미한다.

일반적으로 계의 변화 방향은 전체 계의 엔트로피가 증가하는 방향으로 진행된다. 즉, 고립계의 엔트로피는 결코 감소할 수 없다. 이것을 진술하는 또 다른 방법은 **고립계의 엔트로피가 끊임없이 자연적인 과정에서 증가한다**는 것이다($\Delta S > 0$). 예를 들어 고립된 용기에 담긴 액체 상태의 물은 결코 자연적으로 식지 않고 얼음으로 얼지 않을 것이다. 이를 위해서는 고립된 계의 엔트로피를 감소시킬 필요가 있을 것이다.

그러나 계가 고립되어 있지 않다면 엔트로피가 감소될 수도 있다. 용기의 물을 냉동실에 넣으면 물이 얼어서 엔트로피가 감소한다. 그러나 우주 어딘가에 증가가 있을 것인가? 이 경우 냉동실은 얼음을 얼리면서 주방을 따뜻하게 하고, 결국 계(얼음 + 주방)의 총 엔트로피는 증가한다.

따라서 열역학 제2법칙의 또 다른 진술은 엔트로피 측면에서 다음과 같이 표현한다.

우주의 총 엔트로피는 모든 자연의 과정에서 증가한다.

마지막으로 앞의 진술이 질서와 무질서 면에서 다시 쓰여진 것을 생각해 보자.

자연적으로 발생하는 모든 과정은 더 큰 무질서와 혼란의 상태로 이동한다.

질서와 무질서에 대한 실제적인 정의는 일상적 생활에서 찾아볼 수 있다. 예를 들어 여러분이 파스타 샐러드를 만들고 요리된 파스타에 버무리기 위해 잘게 썬 토마토를 준비한다고 생각해 보자. 파스타와 토마토를 섞기 전이라면 이 상태가 상대적으로 질서 있는 상태이다. 즉, 재료가 분리되어 있고 섞이지 않은 것이다. 혼합 시 분리된 재료가 하나의 요리가 되고, 질서는 깨지기 시작한다(무질서의 시작). 한 번 섞이면 (자연적으로) 각각의 재료로 다시 분리하기는 어렵다. 하지만 여러분이 억지로 각각의 토마토 조각들을 골라낼 수 있지만, 자연스러운 과정은 아니다. 엔트로피 예제를 하나 더 살펴보자.

예제 12.5 차가운 물에 뜨거운 숟가락 담그기–엔트로피는 증가하는가? 감소하는가?

24°C인 금속 숟가락을 18°C인 물 1.00 kg에 넣었다. 숟가락과 물로 이루어진 전체 계는 외부와 고립되어 있으며, 이 계는 20°C로 열평형이 되었다. (a) 계의 엔트로피를 근사적으로 계산하라. (b) 물의 온도가 16°C가 되고 숟가락의 온도가 28°C로 증가되었다고 가정하자. 이때 엔트로피의 변화를 다시 계산하라. (a)와 (b)의 총 엔트로피의 변화 차이에 대해 논하라.

풀이

문제상 주어진 값:

$T_{s,i} = 24\ °C$
$T_{w,i} = 18\ °C$
$m_w = 1.00\ kg$
$c_w = 4186\ J/(kg·°C)$ (표 11.1)

(a) $T_f = 20°C$일 때, 물에 의해 얻어진 식 11.1에서 다음과 같다.

$$Q_w = c_w m_w \Delta T = [4186\ J/(kg \cdot C°)](1.00\ kg)(2.0\ °C) = +8.37 \times 10^3\ J$$

그러므로 숟가락이 잃은 열량과 같다.

$$Q_s = -8.37 \times 10^3\ J$$

평균온도는

$$\bar{T}_w = 19\ °C = 292\ K \text{와} \quad \bar{T}_s = 22\ °C = 295\ K$$

이다. 물과 숟가락에 대한 엔트로피의 변화를 근사적으로 계산하기 위해 평균온도와 식 12.10으로부터

$$\Delta S_w \approx \frac{Q_w}{\bar{T}_w} = \frac{+8.37 \times 10^3\ J}{292 K} = +28.7\ J/K$$

$$\Delta S_s \approx \frac{Q_s}{T_s} = \frac{-8.37\times10^3\text{ J}}{295\text{K}} = -28.4\text{ J/K}$$

이다. 계의 엔트로피의 변화는 이들 값의 합이 된다.

$$\Delta S \approx \Delta S_w + \Delta S_s \approx +28.7\text{ J/K} - 28.4\text{ J/K} = +0.3\text{ J/K}$$

순가락의 엔트로피는 감소하고 반면에 물의 엔트로피는 그보다 더 많이 증가했다.

(b) 이 상황에서 에너지는 보존된다. 그러나 열역학 제2법칙은 위배된다. 계의 엔트로피의 변화를 확인해 보자.

문제상 주어진 값: $T_{s,f} = 28°C$; $T_{w,f} = 16°C$

$$Q_W = c_W m_W \Delta T = [4186\text{ J/(kg·°C)}](1.00\text{ kg})(-2.0\text{ °C}) = -8.37\times10^3\text{ J}$$

그리고 $Q_s = 8.37 \times 10^3$ J

평균온도를 다시 구하면 다음과 같다.

$$\bar{T}_w = 17\text{ °C} = 290\text{K},\ \ \bar{T}_s = 26\text{ °C} = 299\text{K}$$

따라서 물과 숟가락의 엔트로피 변화를 계산하면

$$\Delta S_w \approx \frac{Q_w}{\bar{T}_w} = \frac{-8.37\times10^3\text{ J}}{290\text{ K}} = -28.9\text{ J/K}$$

$$\Delta S_s \approx \frac{Q_s}{\bar{T}_s} = \frac{+8.37\times10^3\text{ J}}{299\text{K}} = +28.0\text{ J/K}$$

이다. 따라서 계의 엔트로피의 변화는 다음과 같다.

$$\Delta S = \Delta S_w + \Delta S_s \approx -28.9\text{ J/K} + 28.0\text{ J/K} = -0.9\text{ J/K}$$

숟가락의 엔트로피는 증가하였지만 물은 더 줄었다. 따라서 계의 엔트로피가 감소하였다. 이 결과 열역학 제2법칙에 위배되며 자연 발생할 수 없음을 보여준다.

12.4 열기관과 열펌프

열기관(heat engine)은 높은 열을 가진 열원(고온 저장소)에서 열을 받아 그 일부를 유용한 일로 전환하고 나머지를 주위(저온 저장소)로 배출하는 장치를 말한다. 대부분의 발전소 터빈은 여러 종류의 열원(오일, 가스, 석탄 등)에서 열을 받아 사용하는 열기관이다. 이것들은 강물에 의해 냉각될 수 있고, 저온의 저장소에 열을 잃을 수 있다. 일반적인 열기관은 그림 12.13a에 나타내었다(여기서 피스톤이나 실린더 같은 엔진의 구체적인 기계적 구성요소에 대해 다루지 않고 그 대신 물리적 원리와 그 결과에 초점을 맞출 것이다). 이상기체 법칙과 결과에 따라 '작동 물질'이 이상기체라

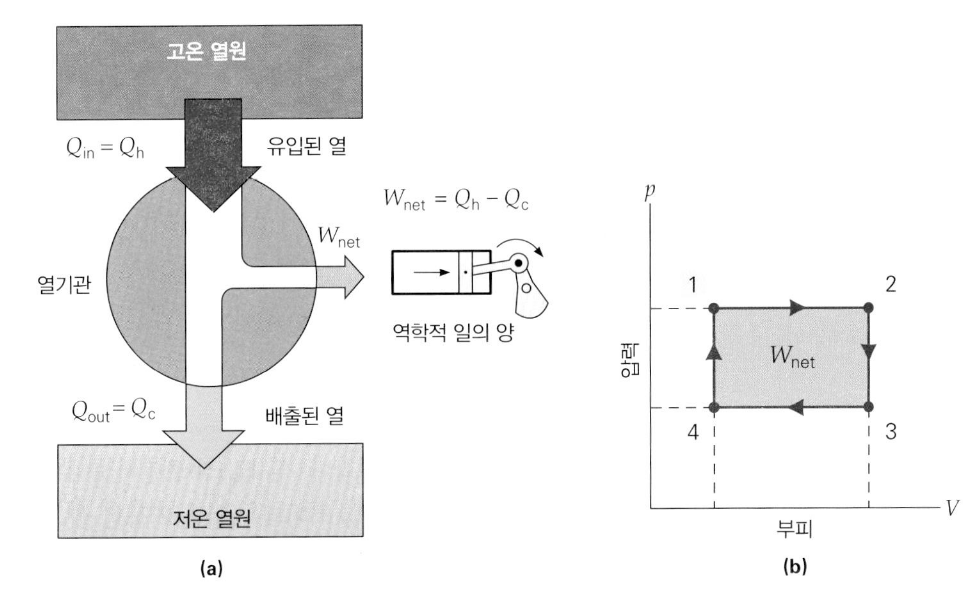

◀그림 12.13 **열기관.** (a) 일반적인 순환과정에서 열흐름. 그림에서 Q_h(뜨거운 열원에서 계로 유입되는 열)에 해당하는 화살표는 계가 한 알짜일 W_{net}와 Q_c(차가운 열원으로 빠져나가는 열)의 두 갈래 화살표로 갈라지는데, 이는 에너지 보존 $Q_h = Q_c + W_{net}$를 의미한다. (b) 두 개의 등압과정과 두 개의 등적과정으로 이루어진 순환과정이다. 한 번 순환당 계가 한 알짜일은 과정의 경로에 의해 만들어진 사각형의 면적이다.

고 가정할 것이다. 이상기체를 사용하면 수학적인 부분이 쉬워지는 동시에 기초 물리학에 집중할 수 있다.

출력을 끊임없이 얻어내길 원하기 때문에 실제적인 열기관은 열순환(thermal cycle) 과정 또는 원래 출발하는 곳으로 되돌아가는 일련의 과정에서 작동한다. 순환 열기관은 자동차에서 사용하는 내연기관 뿐만 아니라 증기기관도 포함한다.

이상적인 직사각형 모양의 열역학적 순환을 그림 12.13b에서 보여준다. 두 개의 등압과정과 두 개의 등적과정으로 구성된다. 이러한 과정이 표시된 순서대로 발생하면 계는 순환(1→2→3→ 4→1)을 거쳐 원래 상태로 되돌아간다. 기체가 팽창할 때 (1→2) 계는 등압곡선 아래 면적에 해당하는 양의 일을 하게 된다. 이 양의 일이 이상적으로 원하는 기관의 출력이다. 그러나 원위치로 되돌아오려면 반드시 압축과정 (3→4)이 필요하다. 이 경우 기체가 한 일은 음의 일인데 이 일은 열기관으로서 없었으면 하는 일이다. 따라서 열기관을 설계할 때 중요한 것은 계가 팽창할 때 한 일의 양이 아니라 한 순환 후 계가 한 알짜일(W_{net})이다. 이 양은 p–V 그래프에서 한 번 순환할 때 그려지는 폐곡선에 의해 만들어진 면적과 같다(그림 12.13b). 경로가 직선이 아니라면 그 면적의 계산은 쉽지 않으나 그 개념은 같다.

12.4.1 열효율

열기관의 **열효율**(thermal efficiency) (ε)은 다음과 같이 정의한다.

$$\varepsilon = \frac{\text{알짜일}}{\text{유입된 열}} = \frac{W_{net}}{Q_{in}} \quad \text{(열기관의 열효율)} \qquad (12.13a)$$

이 정의는 기관이 받는 유입된 열(Q_{in})과 비교하여 얼마나 유용한 일(W_{net})을 하는지를 나타낸다. 예를 들어 자동차의 열기관은 약 20~25%의 열효율을 갖는다. 이것은 자동차에 공급되는 가솔린의 약 4분의 1이 역학적 일로 전환되어 자동차의 바퀴를 돌리는 데 쓰인다는 것이다. 다시 말하면 열기관에 유입된 열의 4분의 3은 자동차 배기관을 통하거나 라디에이터를 통해서 아니면 금속 엔진을 통해서 대기로 버려진다.

W_{net}는 한 순환 동안 열역학 제1법칙(에너지 보존)을 적용해서 알 수 있다. 단순성을 위해 열기관과 열펌프에 대한 논의 중에 모든 열 기호(Q와 W)는 크기만을 의미한다.

순환에서 이상기체의 경우 전체 온도변화가 0이기 때문에 열에너지의 전체적인 변화는 0이다. 그림 12.14에서 볼 수 있듯이 $W_{net} = Q_h - Q_c$이다. 따라서 열효율(식 12.13a)은 열흐름의 관점에서 다시 쓰면 다음과 같다.

$$\varepsilon = \frac{W_{net}}{Q_h} = \frac{Q_h - Q_c}{Q_h} = 1 - \frac{Q_c}{Q_h} \quad \text{(열기관의 열효율)} \qquad (12.13b)$$

열효율은 차원이 없는 비율이며 주로 백분율로 표시한다. 식 12.13b로부터 순환당 행하는 일을 최대화하려면 Q_c/Q_h비가 최소화해야 한다. 소비되는 열은 가능한 한 작아야 한다는 뜻이다. 하지만 가능한 가장 작은 값은 무엇일까? 식 12.13b로부터 만

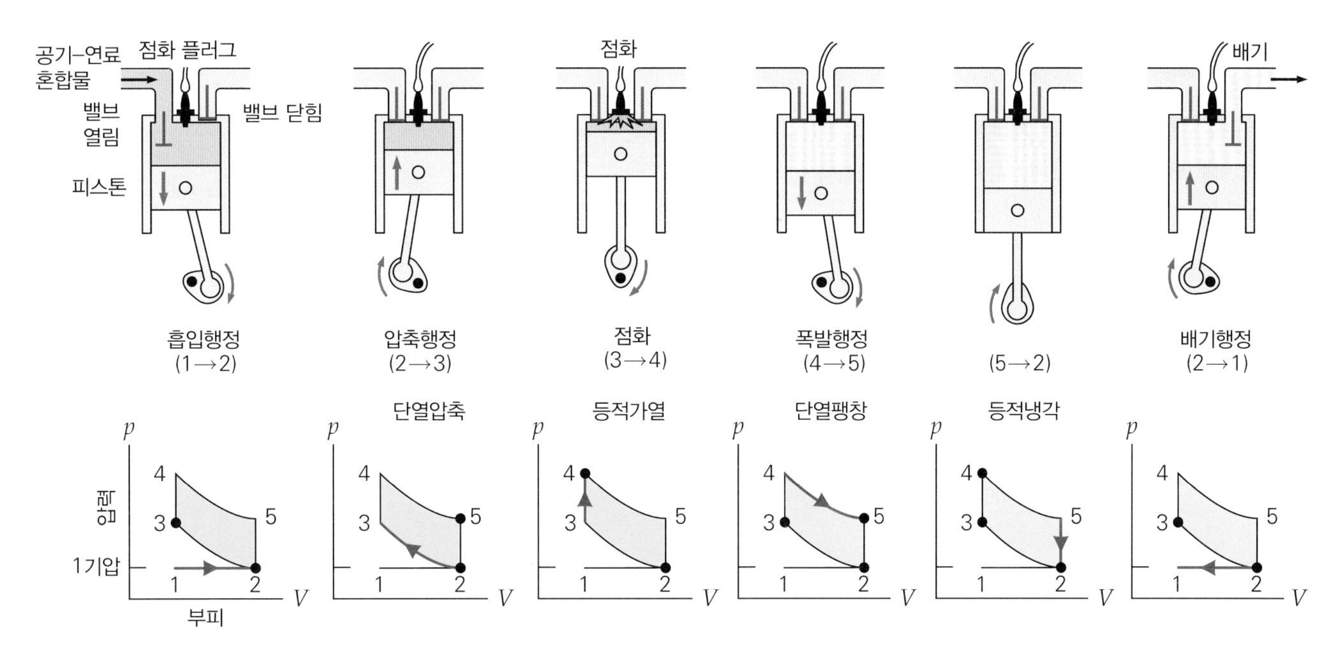

▲ 그림 12.14 **4행정 열기관.** 4행정 오토 순환에 대해 단계별로 나타내었다. 한 번의 순환과정 동안 총 4행정 과정을 거치며 이때 피스톤은 두 번씩 작동한다.

약 $Q_c = 0$이면 열기관이 100%의 효율을 갖게 된다. 이것은 잃은 열에너지가 없다는 것이고 뜨거운 열원에서 유입된 모든 열에너지가 유용한 일로 바뀐다는 뜻이다. 그러나 기체는 순환이 끝날 때마다 초기 상태로 돌아가기 때문에 항상 압축 일을 수행해야 한다. 따라서 유입된 열을 열기관에 의한 유용한 일로 완전히 변환할 수 없다. 이 관찰로 켈빈 경은 열역학 제2법칙을 또 다른 동등한 방식으로 다시 진술하게 되었다.

어떤 순환 열기관도 유입된 열을 완전히 일로 변환할 수 없다.

가장 흔한 열기관 중 하나는 가솔린 엔진으로 4행정 순환을 사용한다. 이 중요한 순환을 그림 12.14에 나타내었다. 이 순환은 가솔린 기관을 최초로 성공적으로 만든 사람들 중 한 사람인 독일의 엔지니어 니콜라스 오토(Nikolaus Otto, 1832~1891)의 이름을 딴 오토(Otto) 순환이라 부른다. **흡입행정**(1→2)은 등압 팽창과정이며 공기와 가솔린의 혼합물이 대기압에서 흡입밸브를 통해 피스톤 안으로 유입된다. 이 혼합물은 단열적으로 **압축행정**(2→3)을 통해 압축된다. 그 다음에 연료가 점화(3→4; 플러그에서 불꽃을 낼 때 등적과정이면서 피스톤의 압력이 증가)된다. 그 다음 이어서 **폭발행정** 동안 단열팽창(4→5)이 이루어진다. 피스톤이 가장 낮은 위치로 가 있을 때 등적 냉각과정(5→2)이 성립되며 마지막으로 배기행정이 오토 순환과정의 등압과정(2→1)에 이어 이루어진다. 여기서 한 번의 폭발행정이 동력이 되어 피스톤은 두 번 위로 그리고 아래로 운동하게 된다.

예제 12.6 **열효율**

가솔린 구동식 소형 엔진은 고온 저장소에서 800 J의 열에너지를 흡수하고 700 J를 저온 저장소로 배기시켜 1회 순환과정을 한다. 엔진의 열효율은 얼마인가?

풀이

문제상 주어진 값:

$Q_h = 800$ J

$Q_c = 700$ J

한 순환 과정당 알짜일은

$$W_{net} = Q_h - Q_c = 800\text{ J} - 700\text{ J} = 100\text{ J}$$

이다. 그러므로 열효율은 다음과 같다.

$$\varepsilon = \frac{W_{net}}{Q_h} = \frac{100\text{J}}{800\text{J}} = 0\ 125\ (\text{또는 } 12.5\%)$$

12.4.2 열적 펌프: 냉장고, 에어컨, 열펌프

열적 펌프가 수행하는 기능은 기본적으로 열기관을 반대로 돌리는 것이다. **열적 펌프**(thermal pump)는 냉장고나 에어컨 등 저온 열원에서 고온 열원으로 열이 이동하는 장치들을 부르는 일반적인 이름이다(그림 12.15a). 여기서 열적 펌프라는 용어는 냉장고, 에어컨, 열펌프라고 불리는 기계 등 모든 유형을 포함한다. 열역학 제2법칙에 따르면 열이 저온에서 고온으로 자연적으로 흐르지 않는다고 되어 있으므로 이러한 열적 흐름이 이루어지려면 일을 해주어야만 한다.

12.4.2.1 에어컨과 냉장고

열적 펌프의 한 예로 에어컨을 들 수 있다. 그림 12.15b에서 보듯이 전기적 에너지의

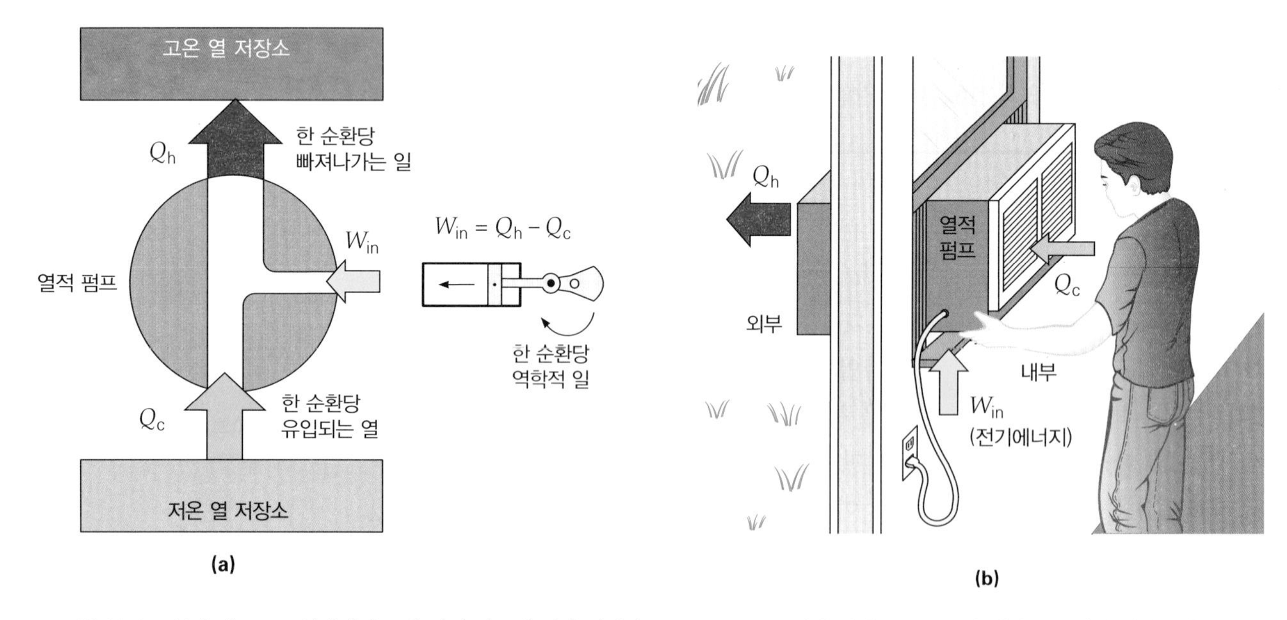

▲ **그림 12.15 열적 펌프.** (a) 일반적인 순환 열적 펌프에 대한 에너지 흐름도. Q_h로 표시한 화살표는 고온의 열원으로 열이 빠져나가는 것을 표시하고 있다. Q_h 화살표의 두께는 저온 열원에서 빠져나온 열 Q_c의 화살표 두께와 외부에서 계에 해준 일 W_{in}을 표시하는 화살표의 두께의 합과 같다. 이는 에너지 보존 $Q_h = W_{in} + Q_c$를 반영한 것이다. (b) 에어컨은 열적 펌프의 대표적인 예이다. 내부로 유입된 일을 이용하여 저온 열원(집 내부)의 열을 빼앗아 고온 열원(외부)으로 열이 이동한다.

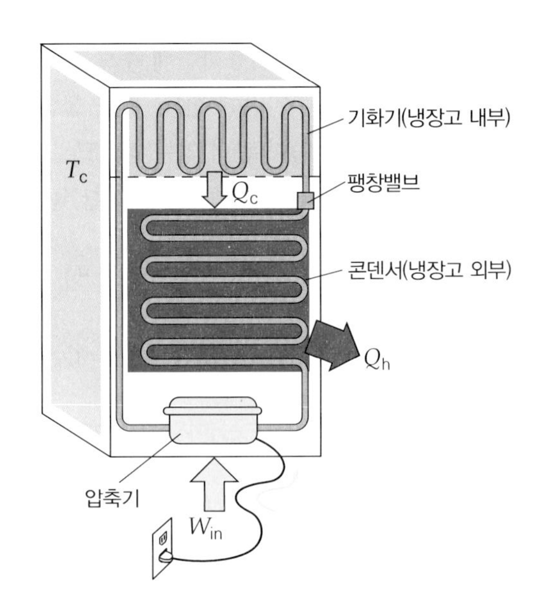

◀그림 12.16 **냉장고.** 냉매가 변환 열로 냉매에 의해 차가운 내부로부터의 열(Q_c)을 취한다. Q_h는 콘덴서에서 따뜻한 주변으로 전달된다.

일을 사용해서 열은 집 내부(저온 열원)에서 외부(고온 열원)로 이동된다. 냉장고 역시 똑같은 원리로 작동한다(그림 12.16). 냉장고의 압축기로 일(W_{in})을 하며 열(Q_c)은 냉장고 내부 증발기의 코일로 전해진다. 이 열과 일의 조합, 즉 Q_h는 응축기를 통해 냉장고의 바깥쪽으로 빠져나간다. 따라서 최종 사용이 다르기 때문에 에어컨/냉장고 계의 성능은 열기관의 효율성과 다르게 정의된다. 이러한 냉각 기기의 경우 '효율성'을 **성능계수**(coefficient of performance, COP)로 더 정확하게 표시한다. 필요한 일에 비해 가장 많은 열을 배출하는 것이 목적이므로 그 비율을 다음과 같이 정의한다.

$$\mathrm{COP_{ref}} = \frac{Q_c}{W_{in}} \quad \text{(냉장고/에어컨)} \tag{12.14a}$$

한마디로 표현하면 열펌프가 순환과정으로 작동한다는 사실에 기초한다. 따라서 순환과정에서 $\Delta E_{cycle} = 0$이고 에너지 보존 $Q_c + W_{in} = Q_h$ 또는 $W_{in} = Q_h - Q_c$이다. 이를 식 12.14a에 대입하면 다음과 같다.

$$\mathrm{COP_{ref}} = \frac{Q_c}{Q_h - Q_c} \quad \text{(냉장고/에어컨)} \tag{12.14b}$$

COP가 클수록 성능이 좋아지며, 수행된 각 단위 일에 대해 더 많은 열을 배출한다. 정상 작동시 유입된 일은 제거된 열보다 적으므로 COP는 1보다 크다. 대표적인 냉장고와 에어컨의 COP는 작동 조건과 설계 사항에 따라 3에서 5까지의 등급을 갖는다. 이것은 저온 저장고(냉장고, 냉동고, 집 내부)의 열 제거 양이 저온 저장고 제거에 필요한 일의 양의 3~5배 수준이라는 뜻이다. 그래서 1 J의 일을 할 때마다 3~5 J의 열을 제거한다.

12.4.2.2 열펌프

열펌프는 집이나 사무실을 여름에는 시원하게 겨울에는 따뜻하게 만드는 상업적 냉난방 장치를 말한다. 여름에는 에어컨의 작동과 같다. 이 경우 집안은 시원하게 바깥은 따뜻하게 한다. 겨울에는 난방 모드로 사용하는데 주로 차가운 공기나 땅에서 열에너지를 얻어 내부는 따뜻하게 외부는 차갑게 한다. 난방 모드 시 열펌프에서는 유출된 열(따뜻하게 하거나 따뜻함을 유지)이 관심 있는 양이므로, 이 경우 COP는 냉장고나 에어컨에서의 COP와는 정의가 다르다. 즉, Q_h에 대한 W_{in}의 비율로 주어진다.

$$\mathrm{COP_{hp}} = \frac{Q_h}{W_{in}} \quad \text{(난방모드에서 열펌프)} \tag{12.15a}$$

그러나 에너지 보존으로부터 $Q_c + W_{in} = Q_h$ 또는 $W_{in} = Q_h - Q_c$이다. 이것은 식 12.15a에 대입하면 다음과 같다.

$$\mathrm{COP_{hp}} = \frac{Q_h}{Q_h - Q_c} \quad \text{(난방모드에서 열펌프)} \tag{12.15b}$$

전형적인 $\mathrm{COP_{hp}}$값은 동작 환경이나 기계 설계에 따라 다르겠지만 약 2~4 사이의 값을 가진다. 전기 가열을 사용하는 난방에 비해 열펌프는 보다 효율적이다. 전기에너지 1 J의 경우 열펌프는 일반적으로 2~4 J까지 열로 공급되는 반면, 직접 전기 가열 시스템은 최대 1 J까지 제공할 수 있다.

예제 12.7 **에어컨/열펌프**

여름철 에어컨으로 작동되는 열펌프는 집 내부로부터 1000 J의 열을 배출하기 위해 작동에 필요한 전기에너지 400 J를 소모한다. (a) 에어컨의 COP를 구하라. (b) 구동 방향과 상관없이 동일한 양의 전기에너지에 대해 동일한 양의 열이 이동할 수 있다고 가정하자. 겨울에 열펌프로 작동한다면 COP의 값은 얼마인가?

풀이

문제상 주어진 값:

$Q_c = 1000$ J

$W_{in} = 400$ J

(a) 식 12.14a로부터 에어컨으로 작동할 때 COP는

$$\mathrm{COP_{ref}} = \frac{Q_c}{W_{in}} = \frac{1000\ \mathrm{J}}{400\ \mathrm{J}} = 2.5$$

이다.

(b) 열펌프로 작동할 때 열은 방출되는 열이므로 아래와 같다.

$$Q_h = Q_c + W_{in} = 1000\ \mathrm{J} + 400\ \mathrm{J} = 1400\ \mathrm{J}$$

따라서 열펌프로 작동하는 이 장치의 COP는 다음과 같다.

$$\mathrm{COP_{hp}} = \frac{Q_h}{W_{in}} = \frac{1400\ \mathrm{J}}{400\ \mathrm{J}} = 3.5$$

12.5 카르노 순환과정과 이상적인 열기관

열역학 제2법칙으로부터 모든 열기관은 순환과정에서 어느 정도 열이 소모하게 되어 있다. 그러나 이 과정에서 얼마만큼의 열을 잃어버릴까? 최대 효율은 얼마일까? 100%는 될 수 없을 텐데, 얼마나 줄어들까? 그 답은 프랑스의 공학자 사디 카르노(Sadi Carnot, 1796~1832)가 제공해 주었다. 그는 가장 효율이 좋은 이상적인 열기관의 열역학적 순환과정을 찾았다.

구체적으로 그는 이상적인 기관이 일정한 고온의 열 저장소(T_h)로부터 열을 흡수

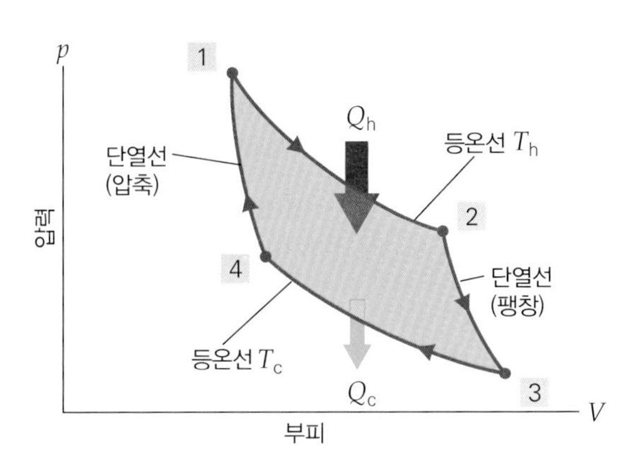

◀그림 12.17 **카르노(이상적) 순환.** 카르노 순환과정은 두 개의 단열과정과 두 개의 등온과정으로 이루어져 있다. 열은 등온팽창할 때 계에 유입되며 등온압축할 때 배출한다. 순환과정 순서는 1→2→3→4→1이다.

하여 일정한 저온 저장소(T_c)로 열을 배출한다는 것을 알아냈다. 이 과정들은 이상적인 순환과정으로 가역 등온과정과 가역 단열과정이다. 두 개의 일정한 온도를 갖는 열원 사이에서 작동하는 비가역 열기관의 열효율은 같은 온도를 갖는 열원 사이에서 작동하는 가역 열기관의 열효율보다 결코 클 수 없다는 결론을 지었다. 이 이상적 순환을 **카르노 순환**(Carnot cycle)이라 부르고 그림 12.17에 나타내었다.

카르노는 **카르노 열효율**(ε_c)이라고 불리는 최대 열효율은 오직 두 개의 극단 온도(절대온도)에 달려있다는 것을 보여주었다.

$$\varepsilon_C = 1 - \frac{T_c}{T_h} \quad \text{(카르노 열효율, 이상적인 열기관)} \qquad (12.16)$$

보편적으로 효율성은 분수가 아닌 백분율로 표현되는 경우가 많다. 카르노 열효율은 알려진 두 온도 사이에서 작동하는 순환 열기관의 열효율에 대한 이론적 한계라는 점에 유의하라. 실제로 가역적 과정은 근사치만 가능하므로 이 한계는 달성할 수 없다. 그렇다고 해도 카르노 열효율은 열기관 열효율에 대해 일반적인 경향성을 생각하게 한다. 즉, 열원의 온도차가 크면 클수록 카르노 열효율은 좋아진다. 예를 들어 만약 T_h가 T_c의 두 배이거나 $T_c/T_h = 0.5$이면 카르노 효율은

$$\varepsilon_C = 1 - \frac{T_c}{T_h} = 1 - 0.50 = 0 - 0.50(\times 100\%) = 50\%$$

이 되지만, 만약 T_h가 T_c의 네 배이면 카르노 효율은 75%이다.

열기관은 100%의 열효율을 가질 수 없으므로, 실제 열효율 ε과 이상적인 최대 열효율, 즉 카르노 열효율 ε_c을 비교해 보는 것은 유용한 일이다. 이것을 보려면 다음 예제를 통해 확인해 보자.

예제 12.8 카르노 열효율–실제 열기관에 대한 척도

한 공학자가 150°C와 27°C 사이에서 작동하는 열기관을 설계하였다. (a) 이 열기관이 도달할 수 있는 이론적인 최대 열효율은 얼마인가? (b) 제작된 열기관이 한 순환과정 동안 5000 J의 열을 투입하여 1000 J의 일을 얻었다면 이 기관의 열효율은 얼마인가? 그리고 카르노 열효율에 얼마나 접근해 있는가?

풀이

문제상 주어진 값:

$T_h = (150 + 273)\text{ K} = 423\text{ K}$

$T_c = (27 + 273)\text{ K} = 300\text{ K}$

$W_{net} = 1000\text{ J}$

$$Q_h = 5000 \text{ J}$$

(a) 식 12.16을 사용해서 이론적인 최대 열효율을 구하라.

$$\varepsilon_C = 1 - \frac{T_c}{T_h} = 1 - \frac{300 \text{ K}}{423 \text{ K}} = 0.291(\times 100\%) = 29.1\%$$

(b) 식 12.13a로부터 실제 열효율은

$$\varepsilon = \frac{W_{net}}{Q_h} = \frac{1000 \text{ J}}{5000 \text{ J}} = 0.200 \quad (\text{또는 } 20.0\%)$$

따라서 이 값과 (a)의 결과를 비교해 보자.

$$\frac{\varepsilon}{\varepsilon_C} = \frac{0.200}{0.291} = 0.687 \quad (\text{또는 } 68.7\%)$$

열기관은 이론적인 최대 열효율 값의 약 68.7%로 작동한다. 이 정도면 아주 좋은 열기관이라 할 수 있다.

연습문제

통합 연습문제(Integrated Exercises, IEs)는 두 부분으로 이루어진다. 첫 번째 부분은 일반적으로 기본 원칙과 추론에 기초한 개념적 답변 선택을 요구한다. 두 번째 부분은 연습의 첫 번째 부분에서 이루어진 개념적 선택과 관련된 정량적 계산을 필요로 한다. 기호(•)은 문제의 난이도를 의미한다. 쉬움(•), 보통(••), 어려움(•••)

12.1 열역학 제1법칙

12.2 이상기체에 대한 열역학 과정

1. • 테니스 시합을 하는 동안 6.5×10^5 J의 열을 잃었다. 그리고 내부에너지는 1.2×10^6 J만큼 낮아졌다. 이 시합을 하는 동안 이 사람이 한 일은?

2. IE• 이상기체가 등온과정을 거쳐 400 J의 알짜일을 한다. (a) 순환과정에서 기체의 열에너지는 시작할 때의 열에너지보다 어떠한지 선택하고, 그 이유는? (1) 시작보다 크다. (2) 시작과 같다. (3) 시작보다 작다. (b) 계에 열을 가하거나 계에 유출된 열이 있는가? 있다면 그 양은 얼마인가?

3. IE• 500 J의 일을 하는 동안 이상기체는 처음 부피의 1.5배까지 단열팽창된다. (a) 기체의 온도는? 그 이유는? (1) 증가한다, (2) 같은 온노를 유지한다, (3) 감소한다. (b) 기체의 열에너지는 얼마나 변하는가?

4. •• 이상기체가 2.45×10^4 Pa의 처음 압력 하에 있고 0.20 m^3의 부피를 차지한다. 이 기체에 8.4×10^3 J의 열을 천천히 가하면 부피가 0.40 m^3이 되었다. (a) 이 과정에서 기체는 얼마나 많은 일을 하였는가? (b) 기체의 내부에너지는 변했는가? 만약 그렇다면 얼마나 변하는가?

5. IE•• 이상기체는 그림 12.18에 표시된 과정을 통해 진행된다. (a) 전반적인 기체의 열에너지의 변화는? (1) 양수, (2) 0, (3) 음수. 그 이유를 설명하라. (b) $p-V$에서 볼 때, 기체에 의해 또는 기체에서 얼마나 많은 일이 이루어지는가? 그리고 (c) 전체적인 과정에서 이동된 알짜열은 얼마인가?

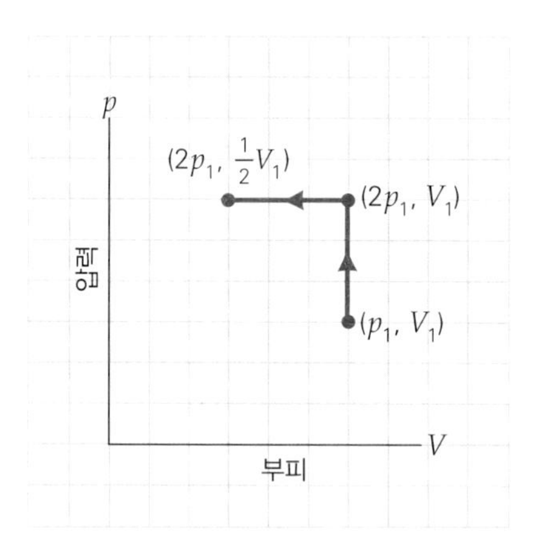

▲ 그림 12.18 이상기체의 p-V 그래프

6. •• 그림 12.19의 최종 과정 후에 기체의 압력이 부피가 일정

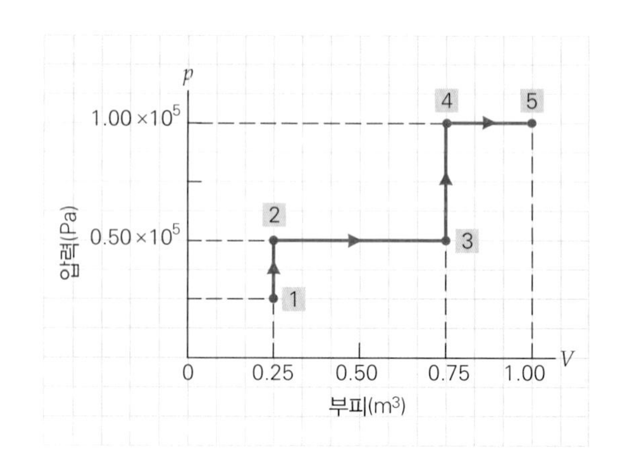

▲ 그림 12.19 p-V 그래프와 일

할 때 1.0×10^5 Pa에서 0.70×10^5 Pa로 감소된 다음, 압력이 일정할 때 1.0 m^3에서 0.80 m^3으로 감소한다고 가정하자. 처음부터 나중과정까지 전체 알짜일은 얼마인가?

7. IE •• 이상기체 2.0 mol이 일정한 온도 20°C에서 20 L에서 40 L로 부피가 팽창한다. (a) 기체가 한 일은? (1) 양수, (2) 음수, (3) 0, 그 이유를 설명하라. (b) 일의 크기는 얼마인가?

8. •• 이상기체는 40°C에서 5.0×10^4 J의 일을 하면서 부피를 3배로 증가시킴으로써 등온적 팽창을 한다. (a) 기체의 몰수는? (b) 기체에 열을 가했는가? 열을 빼냈는가? 그리고 얼마인가?

9. IE ••• 이상적인 단원자 기체의 100 mol은 그림 12.20과 같이 압축된다. (a) 기체에 의한 일은? (1) 양수, (2) 0, (3) 음수. 그 이유를 설명하라. (b) 기체에 의한 일은 얼마인가? (c) 기체의 온도 변화는? (d) 기체의 열에너지 변화된 값은? (e) 얼마나 많은 열교환이 이루어졌는가?

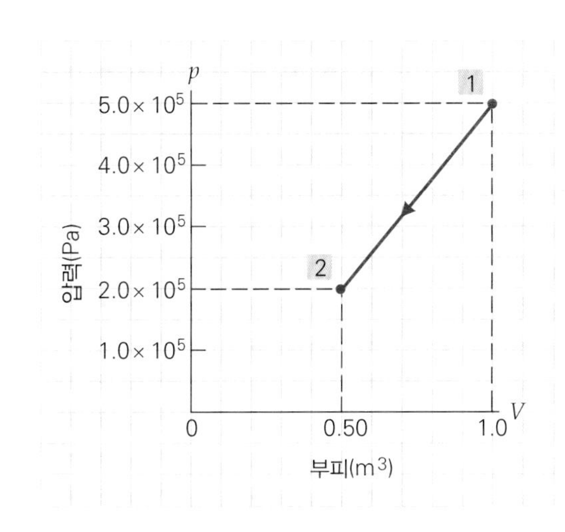

▲ 그림 12.20 **변하는 p-V 과정과 일**

12.3 열역학 제2법칙과 엔트로피

10. • 0.50 kg의 수은 증기가 357°C의 끓는점에서 액체로 응축될 때 수은 증기의 엔트로피 변화는 얼마인가? ($L_v = 2.7 \times 10^5$ J/kg)

11. IE • 100°C에서 1.0 kg의 증기가 물로 응축되었다. (a) 이 과정에서의 엔트로피의 변화는? (1) 양수, (2) 변화 없다. (3) 음수. 그 이유는? (b) 이 과정의 엔트로피의 변화량을 계산하라.

12. •• 27°C에서 등온팽창을 하는 동안 이 이상기체는 60 J의 일을 했다. 기체의 엔트로피 변화량은 얼마인가?

13. IE •• 이상기체가 20°C에서 등온팽창을 거치고 그 과정에서 3.0×10^3 J의 일을 한다. (a) 이 기체의 엔트로피는? (1) 증가, (2) 변화 없다, (3) 감소. 그 이유를 설명하라. (b) 기체의 엔트로피 변화는 얼마인가?

14. IE •• 완전히 고립된 계는 100°C와 0°C의 일정한 온도를 유지하는 두 개의 열 저장소로 구성된다. 열 저장소가 접촉하고 1000 J의 열이 저온 저장소에서 고온 저장소로 자발적으로 흘러갔다고 가정하고 저장소 온도 변화는 없다고 하자. (a) 이 고립계의 전체 엔트로피의 변화는? (1) 양수, (2) 0, (3) 음수. 그 이유를 설명하라. (b) 이 고립계의 전체 엔트로피의 변화량을 계산하라.

12.4 열기관과 열펌프

15. • 한 순환당 400 J의 알짜일을 하는 열기관을 작동시키려면 2000 J의 열을 흡수해야 한다. 이 열기관의 열효율은 얼마인가?

16. • 가솔린 엔진의 열효율은 28%이다. 만약 이 엔진이 한 번 순환할 때마다 2000 J의 열을 흡수한다면 (a) 한 순환을 거칠 때 외부에 해준 일은 얼마인가? (b) 한 순환을 거치면 얼마만큼 열이 배출되는가?

17. • 열효율이 15%인 열기관은 1.75×10^5 J의 열을 고온 저장소에서 흡수한다. 각 순환당 얼마나 많은 열이 손실되는가?

18. •• 가솔린 엔진은 시간당 3.3×10^8 J의 열을 방출하면서 연료를 태운다. (a) 2.0시간 동안 유입되는 에너지는 얼마인가? (b) 이 시간 동안 엔진이 25 kW의 일률을 공급할 경우 열효율은 얼마인가?

19. IE •• 한 엔지니어가 열기관을 재설계하고 열효율을 20%에서 25%로 개선하였다. (a) 열출력에 대한 열입력의 비율은? (1) 증가, (2) 같다, (3) 감소. 그 이유를 설명하라. (b) 재설계 시행 후 Q_h/Q_c에서 열기관의 변화량은 얼마인가?

20. •• COP 2.2의 냉장고는 순환마다 내부에서 4.2×10^5 J의 열을 배출한다. (a) 각 순환마다 얼마나 많은 열이 소모되는가? (b) 10번의 순환 주기 동안 유입된 총 일은 얼마인가?

21. •• 열펌프는 실외에서 2.2×10^3 J의 열을 배출하고 각 순환마다 집 안쪽으로 4.3×10^3 J의 열을 전달한다. (a) 한 순환 과정에서 얼마나 많은 일이 필요한가? (b) 이 펌프의 COP는 얼마인가?

22. ••• 석탄 화력인 화력발전소는 900 MW의 전력을 생산하고 25%의 열효율로 가동한다. (a) 이 발전소에 초당 유입되

는 열에너지는? (b) 이 발전소에서 버려지는 초당 열에너지는? (c) 가까운 근처 강에서 15°C의 물을 끌어들여 냉각한다. 냉각한 후에 냉각수를 내보낼 때 물의 온도가 40°C이었다면 분당 몇 L의 강물이 필요한가?

12.5 카르노 순환과정과 이상적인 열기관

23. • 증기기관이 20°C와 100°C 사이에서 작동된다. 이 두 온도 사이에서 작동하는 이상적 기관인 카르노기관의 열효율은 얼마인가?

24. • 32%의 열효율과 20°C의 저온 저장소를 가진 카르노기관의 고온 저장소의 섭씨온도는 얼마인가?

25. •• 40% 효율의 카르노기관은 40°C의 저온 저장소로 작동하고 각 순환마다 1200 J의 열을 배출한다. (a) 순환과정에서 유입되는 열에너지는 얼마인가? (b) 고온 저장소의 섭씨온도는 얼마인가?

26. IE •• 카르노기관은 350°C의 저장소에서 열을 흡수하고 35%의 열효율을 가진다. 열이 배출되는 저장소 온도가 변하지 않아 열효율이 40%로 증가한다. (a) 350°C에 비해 고온 저장소의 온도는? (1) 더 낮다, (2) 같다, (3) 더 높다. 그 이유를 설명하라. (b) 고온 저장소의 섭씨온도는 얼마인가?

27. •• 한 발명가가 각 순환이 400°C의 고온 저장소에서 5.0×10^5 J의 열을 흡수하고 125°C인 저온 저장소에서 2.0×10^5 J의 열을 배출하는 열기관을 개발했다고 주장한다. 이 열기관 생산에 당신의 돈을 투자하겠는가? 설명하라.

28. IE •• 27°C와 227°C인 열 저장소 사이를 통해 작동하는 카르노기관은 각 순환에서 1500 J의 일을 한다. (a) 이 기관의 엔트로피 변화는? (1) 음수, (2) 0, (30 양수. 그 이유는? (b) 이 기관의 흡수 열에너지는 얼마인가?

29. •• 재료의 한계 때문에 전기 발생을 위한 터빈에 사용되는 과열 증기의 최대 온도는 약 540°C이다. (a) 증기 응축기가 20°C에서 작동하는 경우 증기 터빈 발전기의 최대 카르노 열효율은? (b) 이러한 발전기의 실제 열효율은 약 35~40%이다. 이 범위가 무엇을 의미하는지 설명하라.

진동과 파동
Vibrations and Waves

CHAPTER 13

바다를 가로질러 파도에 의해 전달되는 에너지는 해변을 향해 가는 서퍼의 운동에너지가 된다.

많은 사람이 파동이라는 단어를 들으면 맨 먼저 생각나는 장면이 바로 이 장의 처음 사진 속 모습일 것이다. 우리 모두는 바다의 파도나 표면에 약간의 교란이 있을 때 호수나 연못의 표면에 만들어지는 작은 물결에 익숙하다. 그러나 우리에게 중요한 파동들은 이러한 물결파처럼 분명하게 파동 본질을 나타내지는 않는다. 사실 소리나 빛도 둘 다 파동 현상을 가진다. 실제로 가시광선 뿐만 아니라 모든 전자기파는 파동처럼 작용한다.— 라디오파, 마이크로파, X-선 등이 있다. 28장에서는 입자가 파동과 같은 특성을 나타낼 수 있는 방법에 대해 논의한다.

파동은 진동이나 떨림과 많은 유사점을 갖는다. 즉, 흔들리는 진자와 같은 왕복운동과 관계한다. 사실 파동은 이동하면서 진동하는 것이라 생각할 수 있다. 그러나 파동을 보기 전에 단일 질량 계의 진동을 조사하는 것이 순서이다.

13.1 단조화 운동

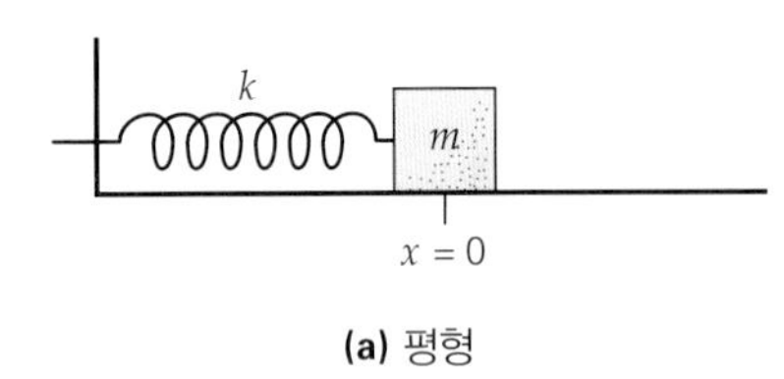

(a) 평형

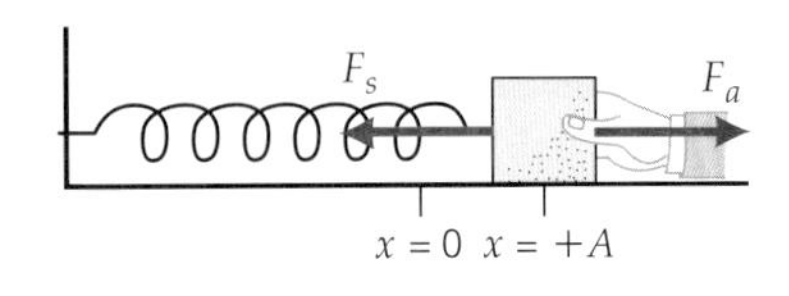

(b) $t = 0$ 막 놓았을 때

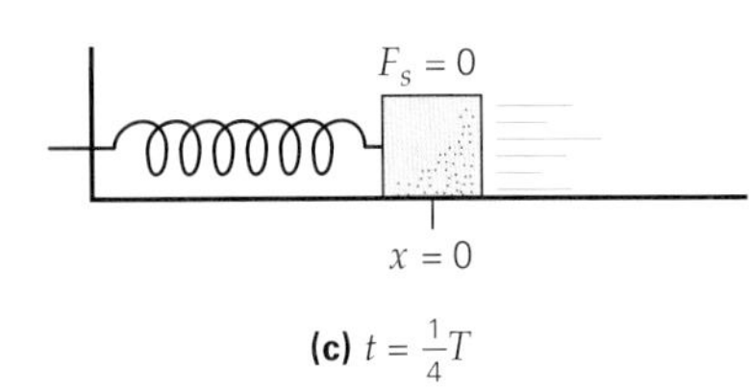

(c) $t = \frac{1}{4}T$

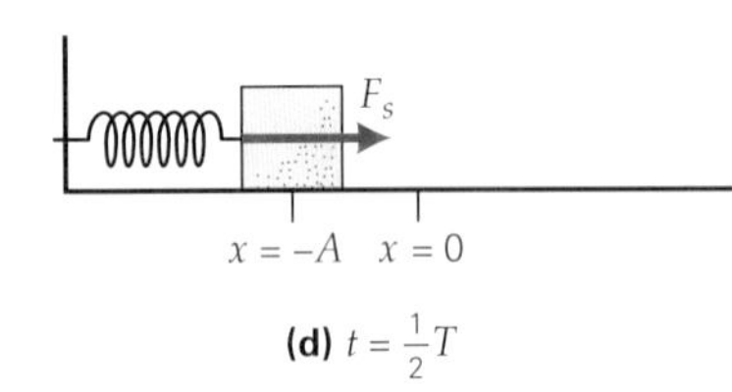

(d) $t = \frac{1}{2}T$

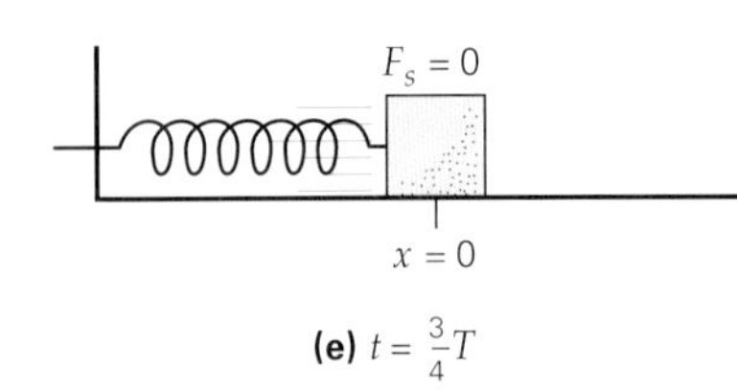

(e) $t = \frac{3}{4}T$

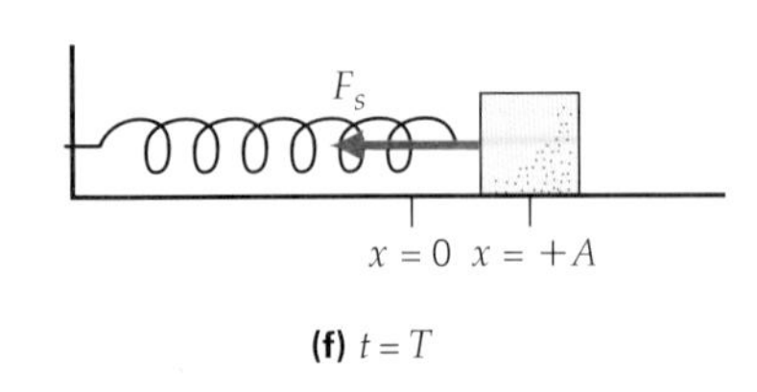

(f) $t = T$

▲ 그림 13.1 **단조화 운동(SHM).** 용수철에 매달린 물체가 **(a)**는 평형 위치에 있을 때($x = 0$), 그리고 **(b)**는 막 놓았을 때 물체는 단조화 운동으로 움직인다(마찰력은 없다고 가정). 1회전하는 데 걸리는 시간은 주기(T)이다(여기서 F_s는 용수철의 힘이고 F_a는 외부에서 가해주는 힘이다). **(c)** $t = T/4$일 때 물체는 평형 위치로 되돌아오고, **(d)**는 $t = T/2$일 때 $x = -A$이다. **(e)**는 다음의 반주기 동안에 운동은 오른쪽으로 향한다. **(f)**는 $t = T$일 때 물체는 원래 (b)에서 시작($t = 0$)한 위치로 되돌아간다.

진동하는 물체의 운동은 힘이 0인 평형점이라고 불리는 중심점에 대해 물체가 반복적으로 움직이게 하는 복원력에 의존한다. 그러한 움직임에 대한 연구는 간단한 형태의 복원력(x축을 따라 작용)을 고려하는 것으로 시작한다. 평형에서 물체의 변위에 비례하는 힘이다. 일반적인 예는 (이상적인) 용수철의 힘인데, 후크의 법칙(Hooke's law)에 의해 기술한다(5.2절).

$$F_s = -kx \quad (\text{후크의 법칙}) \tag{13.1}$$

여기서 k는 용수철의 강성을 나타내는 용수철 상수이다. 음의 부호는 힘이 항상 변위에 반대로 작용하는 것을 나타낸다. 이 부호는 힘이 물체를 평형 위치로 복원하기 위해 작용한다는 것을 나타내도록 한다.

마찰이 없는 수평면 위에 있는 물체가 그림 13.1과 같이 용수철에 연결되어 있다고 가정하자. 물체를 평형 위치에서 한쪽으로 움직인 다음 놓았을 때 물체는 앞뒤로 움직이게 될 것이다. 즉, 물체는 진동한다. 이러한 진동은 같은 경로를 따라 저절로 반복운동을 하는 주기운동이다. 물체를 용수철에 매단 진동과 같은 선형 진동에서 경로는 앞·뒤 또는 상·하가 될 것이다. 진자의 각진동에서 경로는 원호를 따라 반복적으로 움직인다. 선형 복원력(후크의 법칙을 따르는)의 영향을 받는 운동을 **단조화 운동**(simple harmonic motion; SHM)이라고 한다. 이 이름은 선형 복원력에 대해 나중에 볼 수 있는 것처럼 운동을 조화 함수(사인 및 코사인)로 설명할 수 있기 때문이다.

평형 위치에서 단조화 운동을 하는 물체까지의 거리가 물체의 변위이고 벡터량이다(2.2절). 평형 위치는 축의 원점($x_0 = 0$)으로 선택하는 경우가 많다. 관례적으로 변위는 $x(\Delta x = x - x_0 = x)$로 사용한다. 그림 13.1에 나타낸 것처럼 변위는 양의 값과 음의 값 모두가 있을 수 있는데, 부호는 방향을 표시한다. 평형 위치로부터 물체의 최대 변위의 크기는 **진폭**(***A***, amplitude)이라 하고 **스칼라량**이다(방향은 없다). 부호를 이용하여 변위 방향을 고려하기 위하여 최대 변위는 $+A$와 $-A$로 표기한다(그림 13.1b, d).

진폭 외에 진동을 기술하는 데 사용되는 중요한 두 개의 물리량은 주기와 진동수가 있다. **주기**(***T***, period)는 물체가 1회선 운동을 하는 데 걸리는 시간이다. 1회전이라는 것은 한 바퀴를 완전히 돌거나 완전한 진동을 하는 것을 의미한다. 예를 들어 만약 물체가 $x = +A$에서(그림 13.1b) 시작하여 $x = +A$로 되돌아온다면 (그림 13.1f) 주기라고 하는 시간에 완전히 1회전을 했다고 한다. 만약 물체가 처음에 $x = 0$에 있고 움직여서 두 번째로 이 점으로 되돌아온다면 1회전이 된다. 두 경우 모두 물체는 1회전 또는 1주기 동안 $4A$의 거리를 움직인 것이다.

진동의 **진동수**(***f***, frequency)는 초당 회전수를 말하며, 진동수와 주기는 역수에 비례한다. 즉,

$$f = \frac{1}{T} \quad \text{(진동수와 주기)} \tag{13.2}$$

여기서 진동수의 SI 단위는 헤르츠(Hz) 또는 cycle/s 또는 1/s 또는 s^{-1}이다. 헤르츠는 독일의 물리학자이자 전자기파동의 연구가였던 하인리히 헤르츠(Heinrich Hertz, 1857~1894)의 이름을 따서 지어졌다. 역수 관계는 단위에서 나타난다. 주기는 단위 회전당 초이고, 진동수는 단위시간당 회전이다. 예를 들어 만약 $T = 1/2$ s/cycles이면 초당 2회전수이고, 또는 $f = 2$ cycles/s $= 2$ Hz이다. 회전은 단위는 아니지만 단위 분석에 도움이 되도록 초당 회전으로 진동수를 표현하는 것이 편리하다는 점에 유의하자. 단조화 운동을 설명하는 데 사용되는 용어는 표 13.1에 요약되어 있다.

표 13.1 단조화 운동을 설명하는 데 사용된 용어

변위(x) — 평형 위치에서 물체까지의 거리($x_0 = 0$일 때 $x - x_0 = x$)
진폭(A) — 최대 변위의 크기 또는 평형 위치에서부터 물체까지의 최대 거리
주기(T) — 완전한 한 바퀴 도는 데 걸리는 시간
진동수(f) — 초당 회전수(단위는 Hz 또는 s^{-1}이며 $f = 1/T$의 관계를 갖는다.)

13.1.1 에너지와 용수철에 매달린 물체의 속력: SHM에서 용수철 계

5.4절에서 평형으로부터 거리 x를 늘리거나 압축한 용수철에 저장된 퍼텐셜 에너지는

$$U = \frac{1}{2}kx^2 \quad \text{(용수철에 저장된 퍼텐셜 에너지)} \tag{13.3}$$

에 의해 주어진다는 것을 기억하라. 용수철에 매달려 진동하는 질량이 m인 물체 역시 운동에너지를 가진다. 따라서 계의 총 역학적 에너지 E는

$$E = K + U = \frac{1}{2}mv^2 + \frac{1}{2}kx^2 \quad \text{(용수철 계의 역학적 에너지)} \tag{13.4}$$

이다. 물체가 최대 변위인 $x = +A$ 또는 $-A$에 있을 때 순간적으로 정지하고 $v = 0$이 된다(그림 13.2). 끝점에서 총 에너지는 퍼텐셜 에너지의 형태로만 존재하고 총 에너지의 표현은 $E = \frac{1}{2}m(0)^2 + \frac{1}{2}k(\pm A)^2 = \frac{1}{2}kA^2$이다.

또는

$$E = \frac{1}{2}kA^2 \quad \text{(용수철 SHM에서 총 에너지)} \tag{13.5}$$

일반적으로 단조화 운동에서 물체의 총 에너지는 진폭의 제곱에 비례한다는 사실을

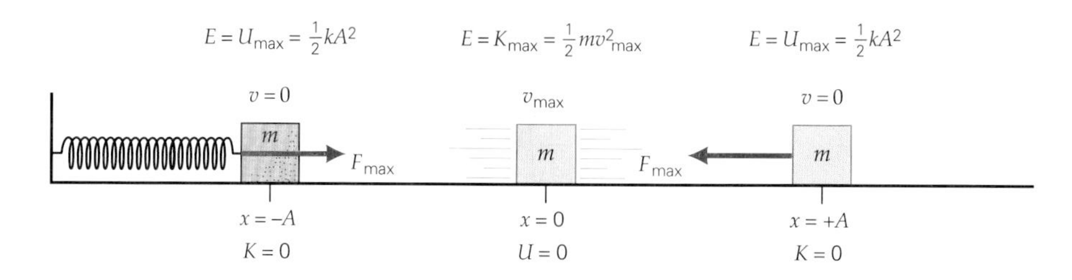

◀ **그림 13.2 진동과 에너지 교환.** 용수철에 매달려 단조화 운동을 하는 물체(마찰이 없는 표면 위)에서 진폭 위치(A)에서 총 에너지는 모두 퍼텐셜 에너지 U_{max}이고, $E = \frac{1}{2}kA^2$이다. 평형 위치($x = 0$)에서 총 에너지는 모두 운동에너지 K_{max}이고 $E = \frac{1}{2}mv^2_{max}$이다.

알 수 있다.

E는 일정하므로 식 13.4와 13.5를 결합하여 물체의 속도를 위치의 함수로 결정할 수 있다. 첫 번째

$$E = \frac{1}{2}mv^2 + \frac{1}{2}kx^2 = \frac{1}{2}kA^2 \tag{13.6}$$

이고, v^2에 대해 풀고 제곱근을 취하면 다음의 식과 같다.

$$v = \pm\sqrt{\frac{k}{m}(A^2 - x^2)} \quad \text{(SHM에서 물체의 속도)} \tag{13.7}$$

여기서 양과 음의 부호는 속도의 방향을 나타낸다. 보는 바와 같이 물체가 최대 변위가 되었을 때 이 식은 속도가 0이 된다.

진동하는 물체가 평형 위치($x = 0$)를 지날 때 퍼텐셜 에너지가 0이 된다. 따라서 이때 에너지는 모두 운동에너지만 있고, 물체는 최대 속력 v_{max}을 갖는다. 이 경우 에너지의 표현은 $E = \frac{1}{2}kA^2 = K_{max} = \frac{1}{2}mv_{max}^2$이고 최대 속력에 대해 풀면

$$v_{max} = \sqrt{\frac{k}{m}}A \quad \text{(용수철에 매달린 물체의 최대 속력)} \tag{13.8}$$

이다. 다음 예제는 운동에너지와 퍼텐셜 에너지 사이의 지속적인 교환을 예시한다.

예제 13.1 블록과 용수철-에너지 방법을 사용하여 SHM 설명

질량이 0.50 kg인 블록이 마찰이 없는 수평면 위에 용수철 상수가 180 N/m인 가벼운 용수철에 연결되어 있다(그림 13.1과 13.2). 블록이 평형 위치에서 15 cm 이동 후 놓았을 경우, (a) 계의 총 에너지는 얼마인가? (b) 평형 위치에서 10 cm 떨어진 지점에 있을 때 속력은 얼마인가? (c) 블록의 최대 속력은?

풀이

문제상 주어진 값:

$m = 0.50$ kg, $k = 180$ N/m

$A = 15$ cm

(a) 총 에너지는 식 13.6로부터 구하면 다음과 같다.

$$E = \frac{1}{2}kA^2 = \frac{1}{2}(180\ \text{N/m})(0.15\ \text{m})^2 = 2.0\ \text{J}$$

(b) 평형 위치로부터 10 cm 거리에 있는 블록의 순간 속력은 식 13.7로부터 알 수 있다.

$$v = \sqrt{\frac{k}{m}(A^2 - x^2)} = \sqrt{\frac{180\ \text{N/m}}{0.50\ \text{kg}}[(0.15\ \text{m})^2 - (\pm 0.10\ \text{m})^2]}$$

$$= \sqrt{4.5\ \text{m}^2/\text{s}^2} = 2.1\ \text{m/s}$$

다른 풀이로는 에너지 보존 원리를 적용할 수 있다. $x = 0.10$ m 이므로, 퍼텐셜 에너지는

$$U = \frac{1}{2}kx^2 = \frac{1}{2}(180\ \text{N/m})(0.10\ \text{m})^2 = 0.90\ \text{J}$$

이다. 운동에너지는 총 에너지에서 퍼텐셜 에너지를 빼면 1.10 J이다. 운동에너지의 정의를 이용하면 속력을 구할 수 있다.

$$K = \frac{1}{2}mv^2 \quad \text{또는} \quad v = \sqrt{\frac{2K}{m}} = \sqrt{\frac{2(1.10\ \text{J})}{0.50\ \text{kg}}} = 2.1\ \text{m/s}$$

(c) 운동에너지는 총 에너지 2.0 J일 때 $x = 0$에서 최대 속력을 가지므로

$$v_{max} = \sqrt{\frac{2K_{max}}{m}} = \sqrt{\frac{2(2.0\ \text{J})}{0.50\ \text{kg}}} = 2.8\ \text{m/s}$$

이다. 다른 풀이는 식 13.7에 의해 직접 푼다.

$$v_{max} = \sqrt{\frac{180\ \text{N/m}}{0.50\ \text{kg}}[(0.15\ \text{m})^2 - (0)^2]} = 2.8\ \text{m/s}$$

13.2 운동 방정식

물체의 위치를 시간의 함수로 주어지는 방정식을 운동 방정식이라 한다. 선형 등가속도 운동 방정식은 $x = x_0 + v_0 t + (1/2)at^2$이지만, 단조화 운동에서는 가속도가 일정하지 않으므로 여기서는 적용되지 않는다.

일반적으로 운동 방정식은 뉴턴의 법칙을 사용해야 한다. 그러나 일정하지 않은 가속도에서는 미적분이 필요하다. 단조화 운동을 위한 운동 방정식을 얻기 위한 보다 시각적인 접근은 단순 조화 운동과 등속 원운동 사이의 관계를 연구하는 데서 나올 수 있다. 일단 수직 단조화 운동에 집중하자—예로 용수철에 매달린 물체이다. 이 수직 단조화 운동은 그림 13.3에 나타낸 것과 같이 등속 원운동의 구성 요소로 볼 수 있다. 수직면에서 등속 원운동(등각속력 ω)을 하는 물체에 빛을 비추면, 단조화 운동을 하는 용수철에 매달린 물체가 움직이는 경로와 같이 물체의 그림자가 위·아래로 움직인다. 따라서 그림자와 물체는 항상 같은 위치에 있고 원운동을 하는 물체의 그림자에 대한 운동 방정식은 용수철에 매달려 진동하는 물체의 운동 방정식과 같다.

그림 13.3b의 기준 원으로부터 원운동을 하는 물체의 y 좌표는 $y = A \sin \theta$에 의해 주어진다. 그러나 이 물체는 등각속력 ω로 움직인다. $t = 0$일 때 $\theta = 0$라 하면 $\theta = \omega t$이다. 물체가 평형 상태에서 시작하는 경우에만 사용되는 식

$$y = A \sin(\omega t) \quad (y_0 = 0\text{인 SHM, 초기속도 위로 상승}) \tag{13.9}$$

이다. t가 0에서 증가함에 따라 y는 양의 방향으로 증가하여 운동은 초기에 위로

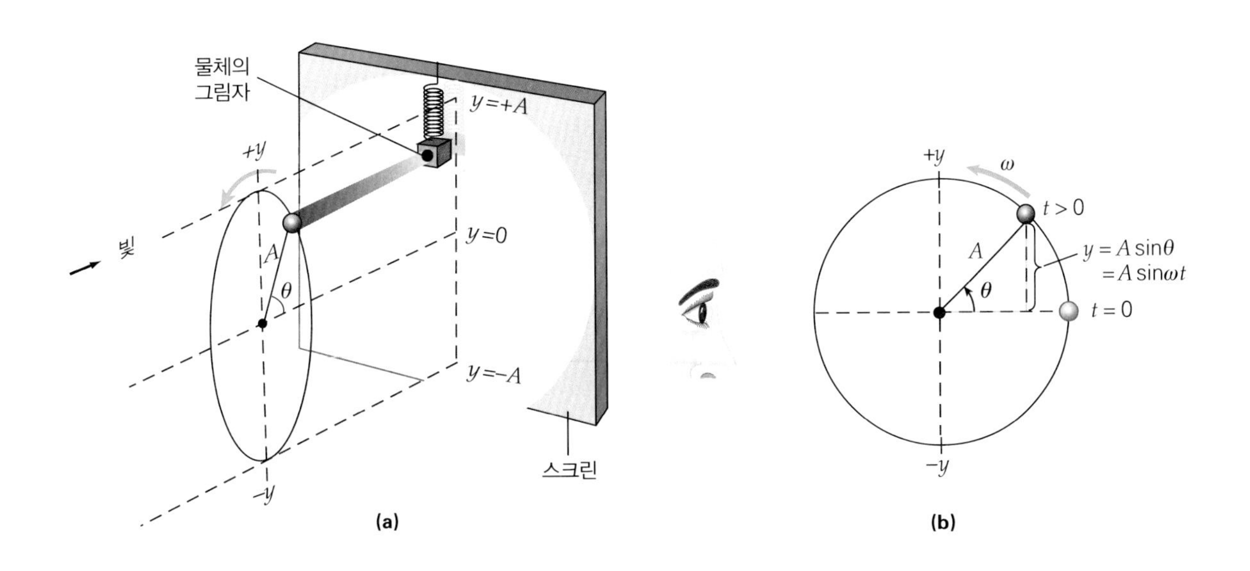

▲그림 13.3 **수직운동에 대한 기준원.** (a) 등속 원운동을 하는 물체의 그림자는 용수철에 매달려 단조화 운동을 하는 물체와 같은 운동을 한다. (b) 수직축에 놓인 그림자는 $y = A \sin \theta$이다. 그러나 등속 원운동에서 $\theta = \omega t$이고, 시간의 함수로써 $y = A \sin \omega t$($t = 0$에서 $y = 0$)이다.

▶ **그림 13.4 사인파의 운동 방정식.** 시간이 지남에 따라 진동하는 물체는 손으로 종이 한끝을 잡고 끌어당기면 움직이는 종이 위에 사인파 곡선의 자취를 남긴다. 이 경우 $y = A\cos\omega t$이다. 왜냐하면 물체의 초기 변위가 $y_0 = +A$이기 때문이다.

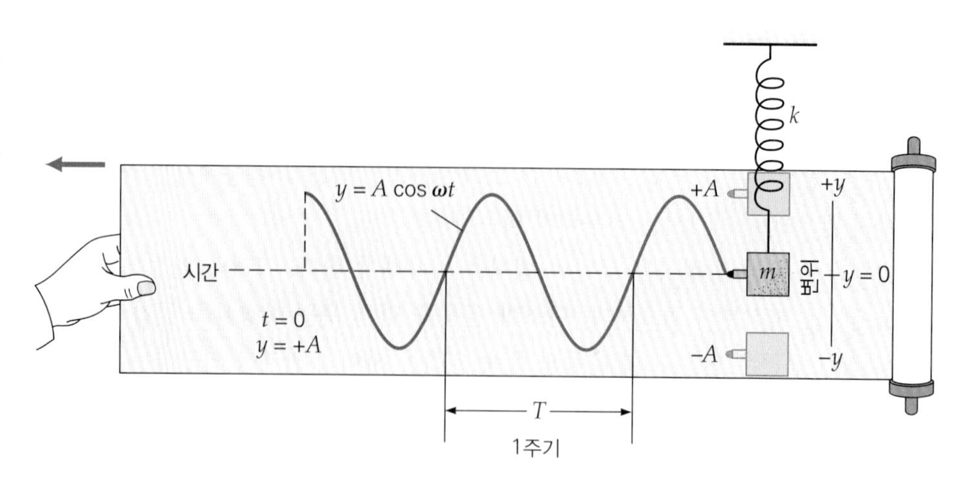

향하게 됨을 유의하라. 그러나 용수철에 매달린 질량의 초깃값이 진폭 위치인 $+A$가 되면 어떻게 될까? 그런 경우에 사인 식은 그 운동을 설명할 수가 없다. 왜냐하면 $t = 0$일 때 $y_0 = +A$인 초기조건을 설명할 수 없기 때문이다. 그러므로 다른 운동 식이 필요하고 $y = A\cos\omega t$가 적합하다. 이 식에서 $t = 0$일 때 물체는 $y_0 = A\cos\omega_0 = +A$ 위치에 있고 초기조건을 올바르게 설명한다. 따라서

$$y = A\cos(\omega t) \quad (y_0 = +A\text{인 SHM, 초기속도 }0) \qquad (13.10)$$

여기서 초기 운동은 아래로 향하게 된다. 왜냐하면 $t_0 = 0$ 이후 아주 짧은 시간이 지난 후 y값은 감소한다.

일반적으로 진동하는 물체의 운동식은 사인 또는 코사인 함수로 나타낸다. 이러한 함수들을 사인파의 함수라 한다. 즉, 단조화 운동은 시간에 대한 사인파의 함수로 설명한다(그림 13.4).

기준 원에 있는 물체의 각속력 ω는 단조화 운동을 설명하는 데 사용될 때 그림자 물체가 회전하지 않기 때문에 진동하는 물체의 각진동수(frequency)라 한다. 여기서 f는 물체의 회전 진동수이므로 $\omega = 2\pi f$임을 기억하자(7.2절). 그림 13.3으로부터 궤도 운동을 하는 물체의 진동수가 용수철에 매달린 물체의 진동수와 같음을 보여준다. 따라서 $f = 1/T$을 사용해서 식 13.9와 13.10을 다시 표현하면 다음과 같다.

$$y = A\sin(2\pi ft) = A\sin\left(\frac{2\pi t}{T}\right) \quad (y_0 = 0\text{인 SHM, 초기속도 위로 상승}) \ (13.11)$$

와

$$y = A\cos(2\pi f) = A\cos\left(\frac{2\pi t}{T}\right) \quad (y_0 = +A\text{인 SHM, 초기속도 }0) \qquad (13.12)$$

가장 일반적인 단조화 운동 식은 실제로 사인과 코사인의 조합이다. 그러나 이 교재의 범위를 벗어난다. 따라서 단조화 운동에 대한 논의는 그림 13.5에 나타난 네 가지 특수 사례(즉, 특정 초기조건)로 제한되며, 다음과 같이 요약된다.

- (그림 13.5a) 수직 단조화 운동을 하는 물체는 초기 평형 상태에서 위쪽 방향

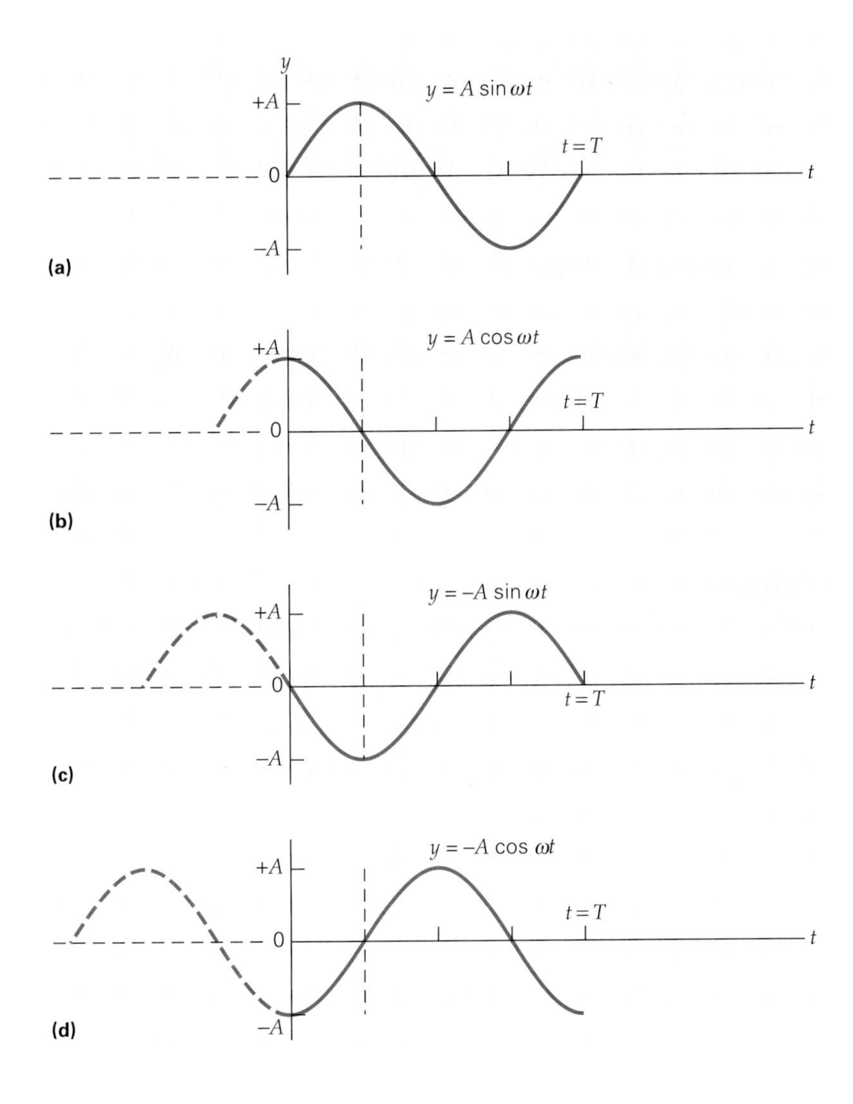

◀그림 13.5 **초기조건과 운동 방정식.** 초기조건(위치와 속도)은 운동 방정식을 결정한다. 여기서 보여준 경우는 사인 또는 코사인이다. $t = 0$에서 초기조건은 **(a)** $y_0 = 0$, 위 방향 속도; **(b)** $y_0 = +A$, 정지 상태에서 시작; **(c)** $y_0 = 0$, 아래 방향 속도; **(d)** $y_0 = -A$, 정지 상태에서 시작. 운동 방정식은 초기조건과 맞아야 한다.

으로 운동한다.

- (그림 13.5b) 수직 단조화 운동을 하는 물체는 양의 진폭($+A$) 위치에서 정지 상태에서 놓아 준다.
- (그림 13.5c) 수직 단조화 운동을 하는 물체는 초기 평형 상태에서 아래쪽 방향으로 운동한다.
- (그림 13.5d) 수직 단조화 운동을 하는 물체는 음의 진폭($-A$) 위치에서 정지 상태에서 놓아 준다.

네 가지 특수 수직 단조화 운동의 경우에 대한 운동 방정식은 다음과 같다. (참고: 수평 단조화 운동에 적용하려면 y를 x로 바꾸어 쓴다. 이 경우에 $x = +A$는 용수철이 최대한으로 늘어난 것을 의미하고 $x = -A$는 용수철이 최대로 압축된 것을 의미한다.)

$$y = \pm A \sin \omega t = \pm A \sin(2\pi f t) = \pm A \sin\left(\frac{2\pi t}{T}\right) \qquad (13.13)$$

($y_0 = 0$에서 초기 운동 방향이 위쪽이면 $+$부호, 아래쪽이면 $-$부호)

$$y = \pm A\cos\omega t = \pm A\cos(2\pi ft) = \pm A\cos\left(\frac{2\pi t}{T}\right) \tag{13.14}$$

($y_0 = +A$에서 초기 정지 상태이면 $+$, $y_0 = -A$에서 초기 정지 상태이면 $-$부호)

이러한 방정식의 사용을 예시하는 것 외에 다음 예제에서는 삼각함수의 각도를 **라디안**으로 표현해야 함을 강조한다.

예제 13.2 진동하는 물체–운동 방정식 적용

용수철에 매달린 물체가 진폭 15 cm와 진동수 0.20 Hz로 수직으로 진동한다. $t = 0$에서 평형 상태로부터 위로 향하는 운동을 한다. (a) 이 진동에 대한 운동 방정식을 구하라. (b) 3.1 s 경과 후 운동의 위치와 방향은? (c) 물체가 12 s 동안 얼마나 많은 진동을 일으키는가?

풀이

문제상 주어진 값:

(a) $A = 15\text{ cm} = 0.15\text{ m}$, $f = 0.20\text{ Hz}$

(b) $t = 3.1\text{ s}$

(c) $t = 12\text{ s}$

(a) 운동은 평형에서 시작하고 물체는 위쪽으로 이동하기 때문에 +부호와 함께 적절한 방정식은 식 13.13이다. 따라서 주어진 값을 대입하면 다음과 같다.

$$y = (0.15\text{ m})\sin[2\pi(0.20\text{ Hz})t]$$
$$= (0.15\text{ m})\sin[(0.4\pi\text{ rad/s})t]$$

(b) $t = 3.1\text{ s}$에서

$$y = (0.15\text{ m})\sin[(0.4\pi\text{ rad/s})(3.1\text{ s})] = (0.15\text{ m})\sin(3.9\text{ rad})$$
$$= -0.10\text{ m} = -10\text{ cm}$$

$-$부호 때문에 이때 물체는 평형보다 10 cm 아래에 있다. 그러나 그 운동의 방향은? 그러기 위해서 그 주기(T)의 어떤 부분에 있는지 시간을 확인해 보자.

$$T = \frac{1}{f} = \frac{1}{0.20\text{ Hz}} = 5.0\text{ s}$$

따라서 물체는 주어진 시간 $t = 3.1$ s에서 주기의 비율 3.1 s/5.0 s = 0.62 또는 62% 지점을 지난다. 즉, 아래로 향한다는 것을 알 수 있다. 운동은 진동(사이클)의 1/2 또는 50%에서 위로(1/4 사이클) 갔다가 다시 원점 위치로 되돌아오고(1/4 사이클), 또 다시 1/4 사이클에는 아래로 향하게 된다.

(c) 진동 횟수(사이클)는 진동수(cycle/s)와 경과된 시간(s)의 곱이므로 다음과 같이 나타낸다.

$$n = ft = (0.20\text{ cycle/s})(12\text{ s}) = 2.4\text{ cycles}$$

또는 $f = 1/T$를 사용하면

$$n = \frac{t}{T} = \frac{12\text{ s}}{5.0\text{ s/cycle}} = 2.4\text{ cycles}$$

이다. 따라서 물체는 2사이클과 0.4사이클을 더 지난다. 그것은 진폭 $+A$에서 $y_0 = 0$ 위치로 되돌아가는 중이다.

13.2.1 문제 풀이 힌트

앞의 예제에서 주기가 해당 진폭에 고유한지, 더 일반적으로 해당 주기가 무엇에 의존되는지 질문할 수 있다. 답하기 위해 수직 용수철–질량 계의 주기를 기준원 운동과 비교하여 찾아보자(그림 13.3).

기준원 물체가 완전한 '궤도'를 만드는 데 걸리는 시간은 진동 물체가 하나의 완전한 원, 즉 진동 주기를 만드는 데 걸리는 시간과 동일하다는 점을 유의한다. 기준원에서의 물체는 등속 원운동, 즉 일정한 속력을 갖는 운동이다. 사실상 이 속력은 진동이 최대 속력과 동일하며 v_{max}는 그림 13.3에서 다시 보면 될 것이다.

궤도를 도는 물체는 한 주기에 하나의 원주를 돌기 때문에 주기 T는 단순히 이동 거리를 그 속력으로 나눈 값 또는 T = 원둘레/v_{max}이다. v_{max}는 식 13.8로부터 알 수 있다. 이것들을 정리하면 $T = \frac{d}{v_{max}} = \frac{2\pi A}{A\sqrt{k/m}}$이고 진폭을 지우면 다음과 같다.

$$T = 2\pi\sqrt{\frac{m}{k}} \quad \text{(용수철의 단조화 운동의 주기)} \tag{13.15}$$

$f = 1/T$이기 때문에 식 13.15의 다른 표현은 다음과 같다.

$$f = \frac{1}{2\pi}\sqrt{\frac{k}{m}} \quad \text{(용수철의 단조화 운동의 진동수)} \tag{13.16}$$

따라서 **용수철의 단조화 운동에서 주기와 진동수는 진폭과는 무관하다.** 더 큰 진폭이 더 큰 평균 속력과 연관되어 진폭은 지워진다. 주기를 변경하지 않고 유지하는데 필요한 변화는 바로 진폭인 것을 나타낸다.

식 13.15로부터 질량을 더 크게 하면 할수록 주기는 더 길어지고 용수철 상수가 커지면 커질수록 주기는 짧아진다. 따라서 주기를 결정하는 것은 질량 대 용수철 상수의 비이다. 그래서 질량이 증가하면 더 강한 용수철을 사용하면 된다. 용수철 상수가 커지면 기대하는 대로 물체는 더 자주 진동한다.

$\omega = 2\pi f$이기 때문에 각진동수를 나타내면

$$\omega = \sqrt{\frac{k}{m}} \quad \text{(용수철의 단조화 운동에서 각진동수)} \tag{13.17}$$

이다.

또 다른 예로 작은 각도로 진동하는 단진자(simple pendulum, 작고 무거운 물체를 가벼운 끈에 맨)는 단조화 운동을 한다. 작은 각 $\theta \leq 10°$로 진동하는 단진자의 주기는

$$T = 2\pi\sqrt{\frac{L}{g}} \quad \text{(단진자의 주기)} \tag{13.18}$$

여기서 L은 진자의 길이이고 g는 중력가속도이다. 실제로 진자로 만든 시계에 태엽을 감아주지 않아서 죽어가더라도 시계는 잘 맞는데, 이것은 진폭이 변하더라도 주기는 변하지 않기 때문이다. 주기는 진폭에 무관하다.

질량-용수철 계와는 달리 단진자의 주기와 진동수는 추의 질량에 무관하다는 것에 유의하자. 왜 그런지 설명할 수 있느냐? 이것은 처음에는 이상하게 보일지도 모른다. 복원력을 작용하는 힘-중력을 생각해 보라. 중력의 힘이 모든 질량에 같이 가속하기 때문에(2장 참조), 진자 매개변수는 질량에 독립적이어야 한다.

단조화 운동의 진동수와 주기가 관련된 두 가지 예제를 살펴보자.

예제 13.3 포트홀을 이용한 재미-진동수와 용수철 상수

가족용 자동차 본체는 질량이 1500 kg이다. 각 휠에 용수철이 하나씩 있고 용수철이 동일하며 질량이 4개의 용수철에 균등하게 분포되어 있다고 가정하자. (a) 빈 차가 포트홀을 지나칠 때 초당 1.2회씩 위·아래로 튕기면 각 용수철의 용수철 상수는 얼마인가? (b) 75 kg인 사람이 차에 4명이 타고 있을 때 자동차의 진동수는 얼마일까?

풀이

문제상 주어진 값:

(a) $m_1 = \dfrac{1500\text{ kg}}{4} = 378\text{ kg},\ \ f_1 = 1.2\text{ Hz}$

(b) $m_2 = \dfrac{1500\text{ kg} + 4(75\text{ kg})}{4} = 450\text{ kg}$

(a) 식 13.16을 사용해서 용수철 상수 k를 구하면

$$k = 4\pi^2 f^2 m_1 = 4\pi^2 (1.2\text{ Hz})^2 (375\text{ kg}) = 2.13\times10^4\text{ N/m}$$

이다.

(b) 식 13.16으로부터 진동수를 구하면 다음과 같다.

$$f = \frac{1}{2\pi}\sqrt{\frac{k}{m_2}} = \frac{1}{2\pi}\sqrt{\frac{2.13\times10^4\text{ N/m}}{450\text{ kg}}} = 1.1\text{ Hz}$$

예제 13.4 단진자를 이용한 재미 – 진동수와 주기

여동생을 돌봐주는 오빠가 동생을 데리고 공원에 가서 그네를 탔다. 그는 그네 진폭을 유지하기 위해 복귀할 때마다 그녀를 뒤에서 밀어준다. 그네는 줄의 길이가 2.50 m인 단진자로 작용한다고 가정하자. (a) 진동에 대한 진동수는 얼마인가? (b) 오빠의 밀어주는 시간 간격은 얼마가 될 것인가?

풀이

문제상 주어진 값: $L = 2.50\text{ m}$

(a) 식 13.18의 역수는 진동수이므로 다음과 같다.

$$f = \frac{1}{T} = \frac{1}{2\pi}\sqrt{\frac{g}{L}} = \frac{1}{2\pi}\sqrt{\frac{9.80\text{ m/s}^2}{2.50\text{ m}}} = 0.315\text{ Hz}$$

(b) 주기는 진동수로부터 알 수 있다.

$$T = \frac{1}{f} = \frac{1}{0.315\text{ Hz}} = 3.17\text{ s}$$

오빠는 (동생이 불평하는 것을 막기 위해) 꾸준하게 그네를 탈 수 있도록 유지하기 위해 3.17초마다 밀어야 한다.

13.2.2 단조화 운동에서 속도와 가속도

단조화 운동에서 속도와 가속도의 표현은 운동 방정식으로부터 얻을 수 있다. 이 식들을 유도하는 방법은 이 책의 범위를 벗어나므로 결과만 간단히 인용된다. 먼저 단조화 운동에서 순간 속도를 보도록 하자. 앞서 수평 SHM을 설명하는 데 사용되는 경우 y를 모두 x로 바꾸고 +부호는 용수철이 늘어나는 것을 의미하고, −부호는 압축을 나타낸다.

$$v_y = \pm\omega A\cos\omega t = \pm\omega A\cos(2\pi ft) = \pm\omega A\cos\left(\frac{2\pi t}{T}\right) \qquad (13.19)$$

($y_0 = 0$에서 처음 위로 운동, +부호; $y_0 = 0$에서 처음 아래로 운동, −부호)

$$v_y = \mp\omega A\sin\omega t = \mp\omega A\sin(2\pi ft) = \mp\omega A\sin\left(\frac{2\pi t}{T}\right) \qquad (13.20)$$

($y_0 = +A$에서 처음 정지, −부호; $y_0 = -A$에서 처음 정지, +부호)

마지막으로 SHM에는 앞에서 언급한 속도 식과 동일한 부호 및 수평 진동에 대한 사용에 대한 주의와 함께 순간 가속도 식에 대한 표현이 있다.

$$a_y = \mp\omega^2 A\sin\omega t = \mp\omega^2 A\sin(2\pi ft) = \mp\omega^2 A\sin\left(\frac{2\pi t}{T}\right) \quad (13.21)$$

($y_0 = 0$에서 처음 위로 운동, −부호; $y_0 = 0$에서 처음 아래로 운동, +부호)

$$a_y = \mp\omega^2 A\cos\omega t = \mp\omega^2 A\cos(2\pi ft) = \mp\omega^2 A\cos\left(\frac{2\pi t}{T}\right) \quad (13.22)$$

($y_0 = +A$에서 처음 정지, − 부호; $y_0 = -A$에서 처음 정지, + 부호)

이러한 식의 사용에 대한 예로써 예제 13.2의 진동자에 대해 자세히 알아보자.

예제 13.5 물체의 진동

예제 13.2의 진자 및 조건에 대해 다음 내용을 결정하라. (a) 시간의 함수로서 속도와 가속도에 대한 식을 써라. 그런 다음 이 결과를 사용하여 3.1초 경과 후 (b) 속도와 가속도를 구하라.

풀이

문제상 주어진 값:

$A = 15\text{ cm} = 0.15\text{ m}$
$f = 0.20\text{ Hz}$
$t = 3.1\text{ s}$

(a) 운동은 물체가 위쪽으로 이동하는 평형에서 시작하므로 속도에 대한 적절한 식은 +부호가 있는 식 13.19이다. $\omega = 2\pi f = 1.26\text{ rad/s}$와 $A = 15\text{ cm}$이기 때문에 속도에 대한 결과는

$$v_y = +\omega A\cos\omega t = +(1.26\,\text{rad/s})(15\,\text{cm})\cos(1.26t)$$
$$= +18.9\cos(1.26t)\text{ cm/s}$$

운동은 물체가 위쪽으로 이동하는 평형에서 시작하므로 가속도에 대한 적절한 식은 −부호가 있는 식 13.21이다.

$$a_y = -\omega^2 A\sin\omega t = -(1.26\text{ rad/s})^2(15\text{ cm})\sin(1.26t)$$
$$= -23.8\cos(1.26t)\text{ cm/s}^2$$

(b) $t = 3.1$ s에서 속도는

$$v_y = +18.9\cos[(1.26\,\text{rad/s})(3.1\,\text{s})]\text{ cm/s} = -13.6\text{ cm/s}$$

이고, 가속도는 다음과 같이 계산된다.

$$a_y = -23.8\sin[(1.26\text{ rad/s})(3.1\text{ s})]\text{ cm/s}^2 = +16.5\text{ cm/s}^2$$

13.2.3 감쇠 조화 운동

일정한 진폭을 가지고 단조화 운동은 에너지 손실이 없다는 것을 전제로 하지만 실제 운동에서는 어느 정도 마찰에 의한 에너지 손실이 항상 있다. 그러므로 일정한 진폭을 가지는 운동을 유지하려면 외부에서 그네를 누군가가 밀어주는 것처럼 외부에서 힘을 추가로 가해주어야 한다. 그러한 구동력이 없으면 진동자의 진폭과 에너지가 시간이 지남에 따라 감소하는 **감쇠 조화 운동**(damped harmonic motion)이 일어난다(그림 13.6a). 진동이 중단되거나 감쇠되는 데 걸리는 시간은 진폭과 감쇠력(공기저항 같은)의 형태에 따라 의존한다.

연속적인 주기운동에 관련된 많은 응용에서 감쇠는 원하지 않는 것이며 진동이 진행되도록 에너지를 더해주어야 한다(외력에 의한 일)—그네를 탄 아이를 밀어주는 것과 같은 것이다. 그러나 많은 사례에서 감쇠를 통한 진동으로부터 멈추기를 바라는 것도 있다. 예를 들어 자동차 지지시스템에서 충격 흡수기는 감쇠되어야 한다(그림 13.6b). 충돌 후 에너지를 소모하는 이러한 시스템이 없다면 그 차는 오랫동안 통

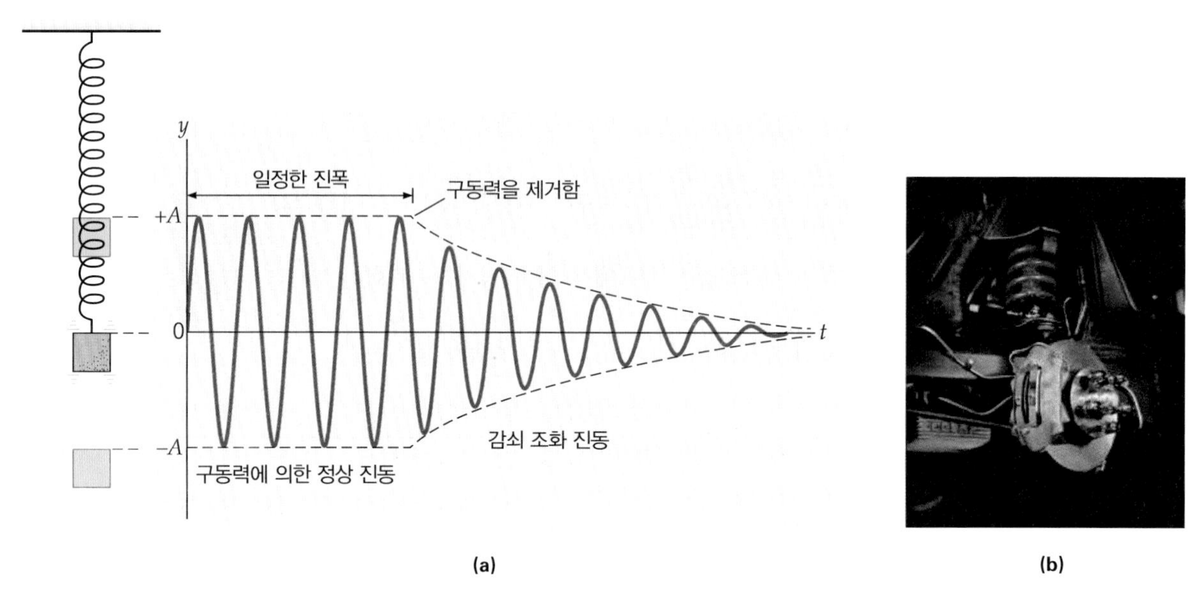

▲ 그림 13.6 **감쇠 조화 진동.** (a) 계에서 손실된 에너지만큼의 구동력이 에너지를 더해준다면 진동은 일정한 진폭으로 계속 진동하게 된다. 구동력을 제거하면 진동은 감쇠하고 진폭은 시간에 따라 비선형적으로 줄어든다. (b) 자동차 지지시스템에서 충격 흡수기와 같은 몇몇 응용에서 감쇠는 원하는 것이 되거나 오히려 증가하게 된다. 그 반대로 승객은 편하게 타게 될 것이다.

통 튀게 될 것이다. 캘리포니아에서는 지진파에 의해 진동 운동이 일어난 후에 진동 운동을 약하게 하기 위해서 많은 새로운 빌딩에 감쇠 기구(거대한 충격 흡수기)를 넣어 건축하고 있다.

13.3 파동 운동

파동은 수면파, 소리파, 지진파 그리고 광파 등 다양한 형태로 온다. 모든 파동은 파원의 교란으로부터 만들어진다. 이 장에서는 **역학적 파동**에 집중하겠다. 이러한 파동은 어떤 매질을 통해서 전파된다(광파는 전파 매질이 필요하지 않은데 22장에서 다룰 것이다).

매질이 교란될 때 에너지는 매질에 대한 일을 하고 따라서 매질에 에너지가 전달된다. 이 에너지의 전달은 매질의 입자 중 일부가 진동하게 한다. 입자들은 서로 분자력으로 연결되어 있으므로 각 입자의 진동은 이웃 입자에 영향을 준다. 따라서 에너지는 매질을 구성하는 입자 사이의 상호작용을 통해 전파되거나 확산된다. 이 과정에 대한 비유는 그림 13.7에 있는데, 여기서 '입자'는 도미노이다.

각 도미노가 쓰러지면서 옆에 있는 것을 쓰러지게 한다. 에너지는 도미노에서 다음 도미노로 전달되고, 교란은 매질을 통하여 전달된다. 매질이 전달되는 것이 아니라 에너지가 전달된다는 것을 주목하자. 도미노 사진에 나타난 파동 작용은 사실 펄스파인데, 여기서 손가락을 한 번 치는 이 교란에서 비롯된다. 도미노 사이에는 복원력이 없으므로 진동하지 않는다. 따라서 '도미노 펄스'는 이동하지만 어느 위치에서

◀그림 13.7 **에너지 전달-펄스파.** 공간을 통해 교란의 전파 또는 에너지 전달은 쓰러져 가는 도미노의 줄로 볼 수 있다. 여기서 매질은 도미노의 줄이다. 교란은 첫 번째 하나를 외부에서 밀어주는 것이고 이 파의 형태는 펄스파라 한다.

나 반복되지 않는다.

유사하게 길게 늘어뜨린 줄의 한쪽 끝을 빠르게 흔든다면 그림 13.8과 같이 교란은 손에서 줄로 에너지를 전달한다. 줄에 있는 입자들 사이에 작용하는 힘에 의해 손의 운동과 같은 운동으로 줄을 운동하게 하고 파의 펄스는 줄을 따라 진행한다. 각 입자들은 펄스가 지나감에 따라 위로 올라가거나 아래로 움직이게 된다. 각 입자들의 이러한 운동은 전체로써 파의 펄스를 전달하는 것을 줄에 리본 조각(그림에서 x_1과 x_2)을 묶어서 잘 볼 수 있게 하였다. 교란이 x_1을 통과함에 따라 리본은 마치 줄의 입자처럼 올라갔다가 내려온다. 이후에 같은 현상에 x_2에 있는 리본에도 일어난다. 이러한 현상은 에너지 교란이 줄을 따라 전파되고 있다는 것을 보여준다.

연속체 매질에서 입자는 이웃과 상호작용을 하고 있고 매질이 교란당할 때 복원력에 의해 진동하게 된다. 따라서 교란은 공간을 통하여 전파되는 것뿐만 아니라 매 위치에서 계속해서 반복하게 된다. 이러한 시간과 공간 모두에서 규칙적이고 리듬적인 교란을 주기적 파동 또는 **파동 운동**(wave motion)이라 한다. 이 경우에 에너지가 파

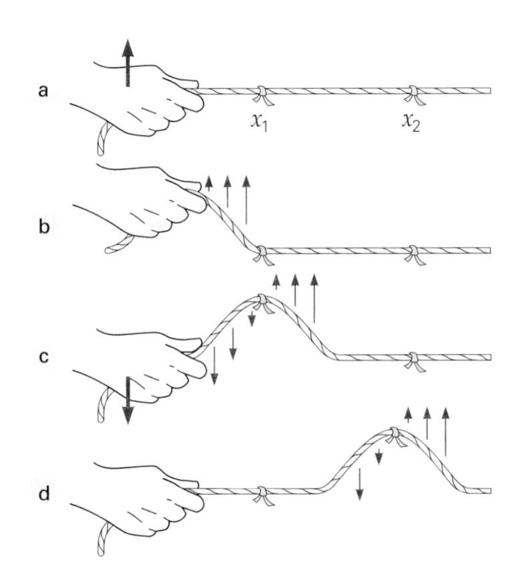

◀그림 13.8 **줄의 펄스파.** 손으로 줄을 팽팽히 당긴 다음 빠르게 위·아래로 교란하면 파의 펄스가 줄을 따라 진행해 간다(적색 화살표는 다른 시간과 위치에서 손과 줄의 일부분의 속도를 나타낸다). 입자로서의 줄은 펄스가 지나감에 따라 위·아래로 움직인다. 그러므로 펄스의 에너지는 운동과 위치(탄성)인 것 둘 다이다.

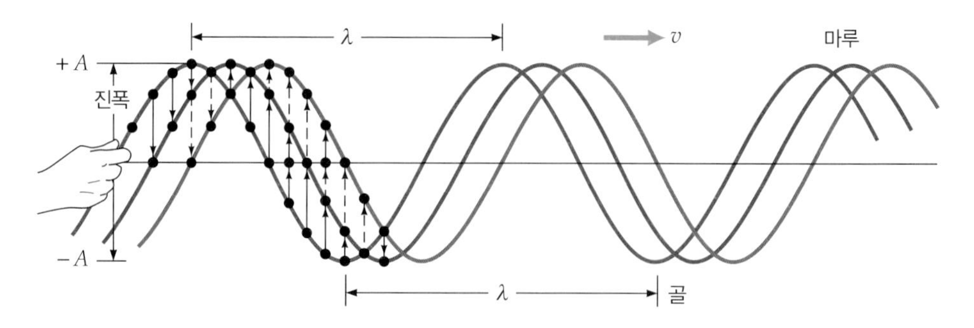

▶ **그림 13.9 주기적인 파동.** 연속적인 조화적 교란은 팽팽한 줄에서 사인파를 만들고 파동은 파동속력 v로 줄을 따라 진행한다. 줄의 입자는 단조화 운동을 하면서 수직으로 진동한다. 동일 위상을 갖는 연속적인 두 지점의 거리(두 마루 사이)가 파동의 파장 λ이다. 빨간색 파동과 파란색 파동 사이에 T 주기의 일부로서 얼마나 많은 시간이 흘렀는지 알 수 있을까?

동에 의해 매질을 통해 전달된다고 말한다.

주기적 파동은 진동원으로부터 교란되고(그림 13.9) 입자는 위·아래로 연속적으로 움직이기 때문이다. 만약 구동원이 단조화 운동으로 진동한다면 각 일부 줄의 결과적인 입자 운동 또한 단조화이다.

그러한 주기적 파동 운동은 시간과 공간에서 사인 형태(사인 또는 코사인)이다. 사인 형태의 공간이라는 것은 어떤 순간(시간을 정지했을 때)에 사진을 찍는다면 사인파(그림 13.9에서 곡선)를 보게 될 것이다. 그러나 파동이 지나가는 공간에 있는 한 점을 본다면 용수철에 매달린 질량과 같이 시간에 따라 사인 형태로 위·아래로 진동하는 매질의 입자를 보게 될 것이다(13.2절 참조).

13.3.1 파동의 특성

사인파를 기술하기 위해 특정한 물리량이 사용된다. 단조화 운동과 마찬가지로 파동의 **진폭**(A)은 입자의 평형 위치로부터 최대 변위 또는 최대 거리이다(그림 13.9). 예를 들어 물결파의 경우 이는 파도의 높이 또는 골의 깊이에 해당한다. 단조화 운동에서 진동자의 총 에너지는 진폭의 제곱에 비례한다. 유사하게 파동에 의해 전달되는 에너지는 진폭의 제곱에 비례한다($E \propto A^2$). 단지 차이는 파동은 공간을 통해 한 방향으로 에너지를 전달하는 반면에 진동자의 에너지는 부분적이다.

주기 또는 사인파인 경우, 두 개의 이웃하는 마루(또는 골) 사이의 거리를 **파장**(λ)이라 한다(그림 13.9). 실제로 동일 위상을 가지는 파동의 어떤 연속적인 두 부분의 거리다(즉, 파형에서 동등한 점 사이의 거리다). 마루와 골의 위치를 사용하면 편리하다.

주기파의 **진동수**(f)는 초당 진동 횟수이다. 즉, 매초 동안에 주어진 지점을 통과하는 완전한 파형 또는 파장의 수이다. 파동의 진동수는 단조화 운동을 일으키게 하는 진동원의 진동수와 같다.

주기파는 **주기**(T)를 가지고 있다고 말한다. 주기 $T = 1/f$는 주어진 지점에서 하나의 완전한 파형(파장)이 통과하는 데 걸리는 시간이다. 파동(에너지)이 움직이기 때문에 **파동속력**(v)을 가지고 있다. 파동에서 어떤 특정한 점은 한 주기 T의 시간 동안에 한 파장을 진행한다. 그러면 $v = d/t$와 $f = 1/T$이기 때문에 일반적인 관계식은

$$v = \frac{\lambda}{T} = \lambda f \quad \text{(파동속력)} \tag{13.23}$$

기대한 것처럼 v에 대한 SI 단위는 m/s이다. 일반적으로 파동속력은 파원의 진동수 f 뿐만 아니라 매질의 성질에 따라 달라진다.

13.3.2 파동의 종류

파동은 입자의 진동 방향과 파의 진행 속도(방향)와 관련해서 두 가지 종류로 나눌 수 있다. **횡파**(transverse wave)에서 입자의 운동은 파의 진행 속도와 **수직**이다. 길게 늘어진 줄이 만든 파동(그림 13.9)은 그림 13.10a에서 보여준 파동처럼 횡파의 한 예이다. 횡파는 때때로 층밀리기 파동이라고 불린다. 교란에 의해서 파동속도와 직각 방향으로 매질의 층을 분리시키기는, 즉 매질을 층밀리기 하는 경향을 가지는 힘이 나타나기 때문이다. 층밀리기 파동은 오직 고체에서만 발생한다. 액체나 기체는 입자 사이에 충분한 복원력을 가지고 있지 않아 횡파를 전파할 수 없다.

종파(longitudinal wave)에서 입자들의 진동은 파동속도의 방향과 평행하다. 종파는 길게 늘인 용수철에서 용수철 축을 따라 앞뒤로 용수철을 움직이면 만들 수 있다(그림 13.10b). 압축과 이완이 교대로 진행되는 펄스가 용수철을 따라 진행한다. 종파는 힘이 매질을 번갈아 압축하고 늘리는 경향이 있으므로 압축파라고 부르기도 한다. 종파는 고체, 액체와 기체에서 전파할 수 있다. 왜냐하면 모든 것들이 어느 정도 압축될 수 있기 때문이다.

음파는 종파의 한 예로서 주기적인 교란, 전형적으로 스피커에 의해 생성된다. 스피커는 소리(파동)라고 부르는 것처럼 공기를 통해 이동하는 압축과 희박작용(공기 밀도가 희소화)을 번갈아 만들어 낸다. 이것은 14장에서 더 자세히 논의할 것이다.

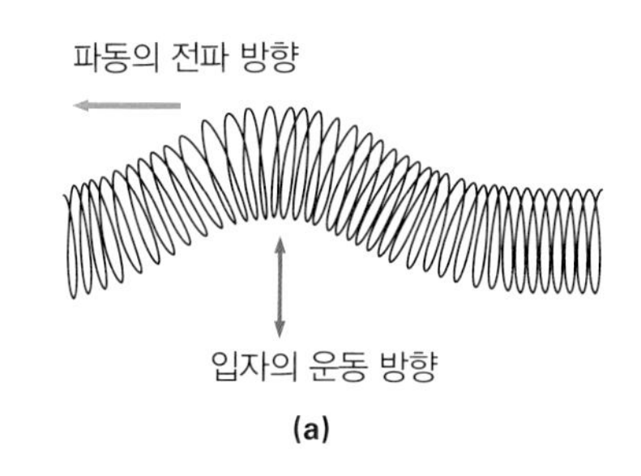

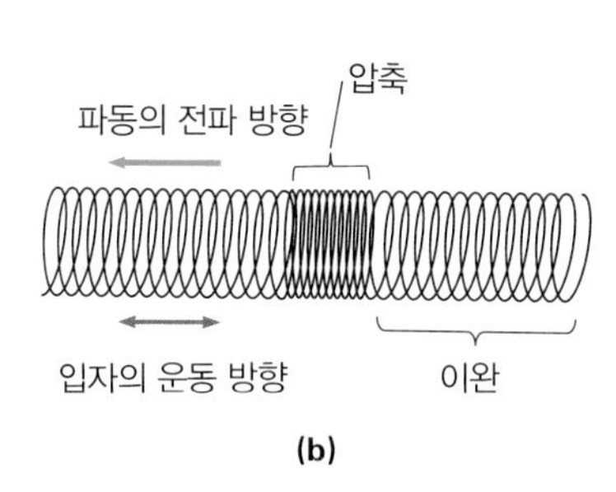

▲그림 13.10 **횡파와 종파.** (a) 횡파에서 왼쪽으로 움직이는 파동에 대해서 용수철에 보여주는 것처럼 입자의 운동은 파동속도의 방향과 수직이다. (b) 종파에서 입자의 운동은 파동속도의 방향과 평행이다. 또한 여기에서 펄스파는 왼쪽으로 움직인다. 두 종류의 파동에 대한 파원의 운동을 설명할 수 있는가?

13.4 파동의 성질

모든 파동에 의해 나타나는 성질 중에는 중첩, 간섭, 반사, 굴절, 분산 그리고 회절 등이 있다.

13.4.1 중첩과 간섭

두 개 또는 그 이상의 파동들이 매질의 같은 곳에서 만나거나 지나가면 그 파동들은 서로 겹쳐져 통과하며 파 모양의 변화 없이 진행되어 간다. 그 반면에 같은 곳에 있으면 파동들은 간섭된다고 말한다. 간섭하는 동안 무슨 일이 생길까? 즉, 결합된 파형은 어떻게 보일까? 그와 관련된 비교적 간단한 답은 **중첩의 원리**(principle of superposition)에 의해 설명할 수 있다.

어느 순간에 두 개 또는 그 이상의 간섭된 파동의 결합된 파형은 매질에서 개개의 파동의 각 위치에서 변위의 합으로 주어진다.

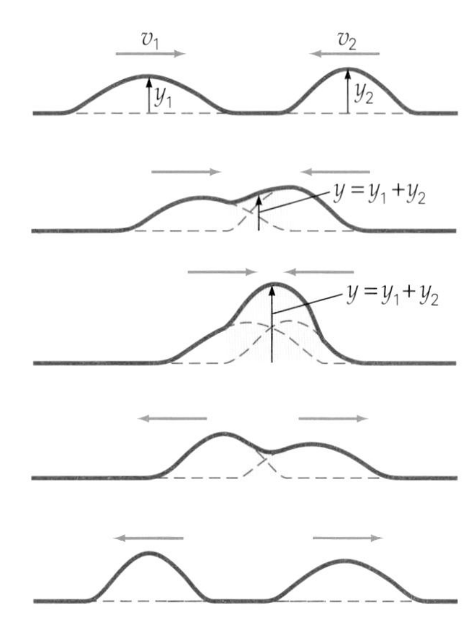

▲그림 13.11 **중첩의 원리.** 두 파가 만날 때 중첩의 원리에 의해 간섭한다. 베이지색이 칠해진 것은 반대 방향으로 움직이는 두 개의 파가 겹쳐서 결합하는 부위를 표시한다. 결합된 파동의 어떤 지점에서 변위는 각 파의 변위의 합과 같다. $y = y_1 + y_2$

중첩의 원리를 사용하여 간섭을 그림 13.11에 나타내었다. 어떤 위치에서 결합된 파형은 $y = y_1 + y_2$이다. 여기서 y_1과 y_2는 그 위치에서 각각의 펄스파의 변위이다(방향은 양(+)과 음(−)의 부호로 나타낸다). 결합된 파동에서 한 파동을 더함에 있어서 반대 방향의 교란이 만드는 가능성을 고려해야 한다. 다시 말해 교란은 벡터 합으로 다루어야 한다.

그림 13.11에서 두 개의 펄스파의 수직 변위가 같은 방향으로 되어 있고 결합된 파형의 진폭은 각 펄스의 진폭보다 더 크다. 이것은 **보강간섭**(constructive interference)이라 부른다. 반대로 한 펄스가 음의 변위라고 하면 두 펄스가 만날 때 서로 상쇄되고 결합된 파형의 진폭은 각 펄스의 진폭보다 더 작다. 이것은 **상쇄간섭**(destructive interference)이라 한다.

두 진행파(진폭이 같은)에서 보강간섭과 상쇄 간섭의 특별한 경우를 그림 13.12에 나타내었다. 그림 13.12a에서 완전히 중첩될 그 순간에 결합된 파형의 진폭은 각 파의 진폭의 두 배가 된다. 이것은 **완전 보강간섭**이다. 간섭 펄스가 반대의 변위를 가지고 완전히 중첩될 때 순간적으로 파형은 사라진다. 즉, 결합된 파의 진폭은 0이다. 이것은 **완전 상쇄간섭**이다.

상쇄라는 단어는 불행하게도 파형은 물론 파동에너지가 순간적으로 0이라는 것을 암시하는 경향이 있다. 이것은 사실이 아니다. 완전 상쇄간섭 점에서는 알짜 파형이 0으로 떨어지면서 파동에너지가 운동에너지로써 매질에 존재한다. 즉, 곧은 모양의 줄이 운동하고 있는 것이다.

상쇄간섭을 적용하는 실용적인 예로는 자동차의 소음기가 그중의 하나이다. 배기관과 실린더 챔버는 배기가스의 압력파를 앞뒤로 반사하여 상쇄간섭이 일어나도록 만들어져 있다. 따라서 배기관의 끝에 나오는 배기가스의 소음을 크게 줄여준다.

또 다른 적용대상은 '활성 소음 제거기'로, 전기–음향적 수단에 의한 음파 제거를 포함한다. 중요한 적용대상은 저주파 엔진 소음(그림 13.13)으로 주변의 상황을 들어야 하는 조종사들을 위한 것이다. 특수 헤드폰에는 이 엔진 소음을 수신하는 마이

▶그림 13.12 **간섭.** (a) 같은 진폭을 가지는 두 파의 펄스가 만나고 같은 위상일 때 보강적으로 간섭한다. 펄스가 완전히 중첩될 때 (3에서) 완전 보강간섭이 일어난다. (b) 간섭 펄스가 반대의 진폭을 가지고 완전히 중첩될 때 (3에서) 완전 상쇄간섭이 일어난다.

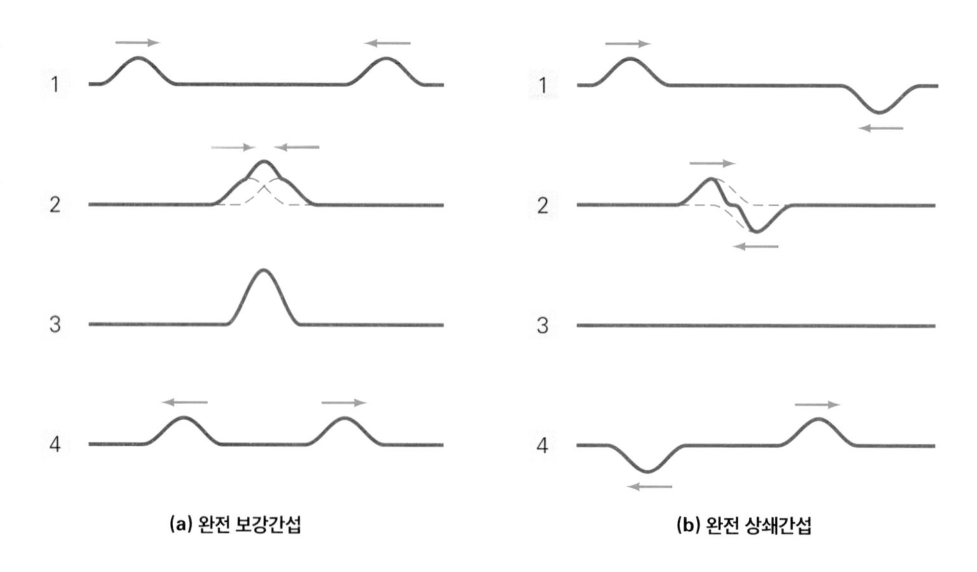

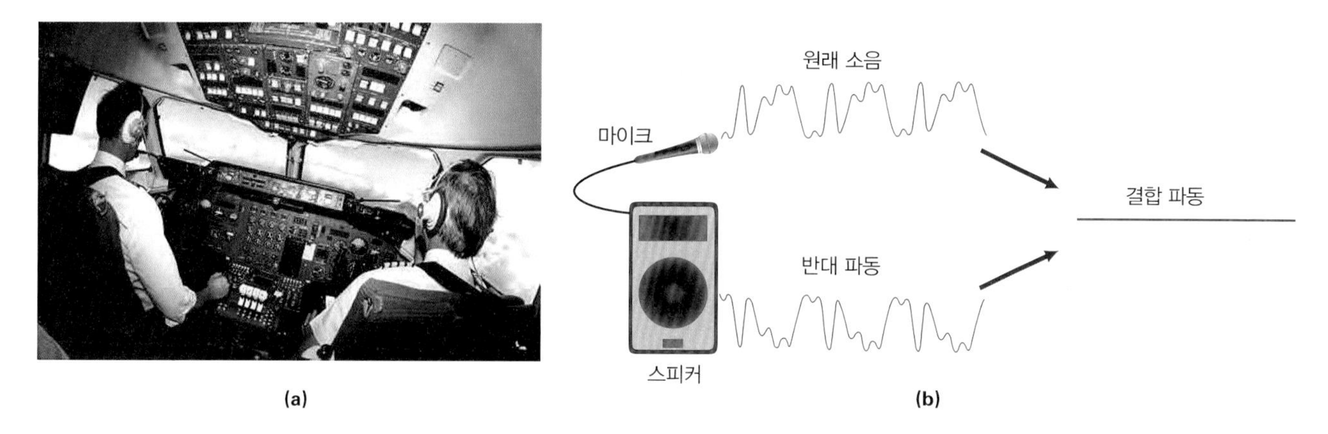

▲그림 13.13 **활동 중에 상쇄간섭.** (a) 조종사들은 저주파 엔진 소음을 잡기 위한 마이크가 달린 특별한 헤드폰을 사용한다. (b) 엔진 소음과 반대로 파동을 만들어 낸다. 이것이 헤드폰으로 들어가고 상쇄간섭이 일어나 배경이 더욱더 조용하게 된다. 이러한 과정을 '활성 소음 제거'라 부른다.

크가 포함되어 있다. 헤드폰의 전자회로는 엔진 소음에 반대 파동을 일으킨다. 헤드폰을 통해 재생할 때 엔진 소음에 대한 상쇄간섭으로 인해 더 조용한 배경이 생성된다. 이를 통해 조종사들은 대화와 계기 경고음과 같은 중 고주파 소리를 더 잘 들을 수 있다.

13.4.2 반사, 굴절, 분산 그리고 회절

파동은 다른 파동을 만나는 것뿐만 아니라 물체 또는 다른 매질의 경계면을 만날 수 있다. 그러한 경우에 여러 가지 일이 일어난다. 이들 중의 한 가지가 **반사**(reflection)이다. 이것은 파동이 물체를 때리거나 다른 매질의 경계면에 다다를 때 일어나며 적어도 일부분은 원래 매질 쪽으로 되돌아간다. 에코는 소리의 반사이며 거울은 빛을 반사한다.

줄파에 대한 두 가지 경우의 반사를 그림 13.14에 나타내었다. 만약 줄의 끝이 고정되어 있다면 반사 펄스는 위상이 반대로 된다(그림 13.14a). 펄스는 줄이 벽에 위로 향하는 힘을 만들도록 하고 벽은 줄에 같은 힘의 크기와 방향이 반대인 아래로 향하는 힘을 만들기 때문이다(뉴턴의 제3법칙). 아래로 향하는 힘은 반대로 바뀐 반사 펄스를 만든다. 만약 줄의 끝이 자유롭게 움직이면 그때 반사 펄스는 반대로 되지 않는다(위상이 그대로). 이것을 그림 13.14b에 나타내었으며, 여기서 매끄러운 기둥에 자유롭게 움직일 수 있는 가벼운 고리에 줄이 묶인 것을 볼 수 있다. 고리는 다가오는 펄스의 앞부분에 의해서 위로 가속되다가 다시 아래로 내려간다. 따라서 반대로 뒤집히지 않은 반사 펄스가 만들어진다.

더 일반적으로 파동이 경계면을 때릴 때 파동은 완전히 반사되지 않는다. 그보다는 파동의 에너지 일부분만 반사되고 나머지는 투과 또는 흡수된다. 파동이 다른 매질의 경계면을 지나갈 때 새로운 물질이 다른 특성을 가졌기 때문에 파동의 속력은 변화한다. 어떤 각도를 가지고 매질에 입사하면 투과하는 입사파의 방향과 다른 방향으로 진행한다. 이러한 현상을 **굴절**(refraction)이라 한다(그림 13.15).

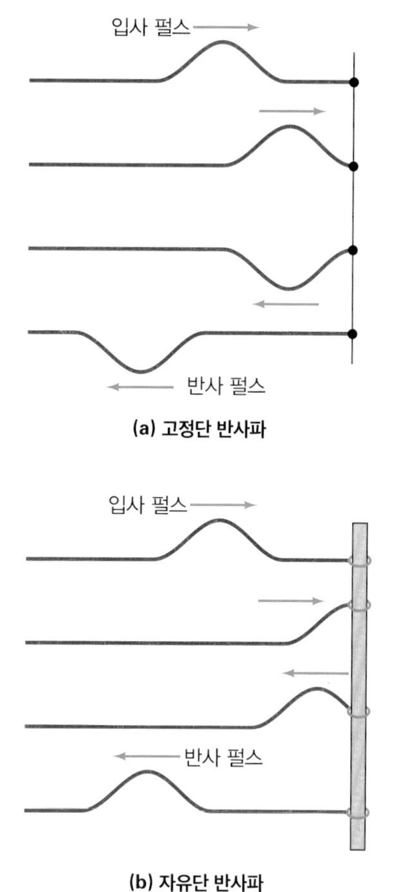

▲그림 13.14 **반사.** (a) 줄에 파의 펄스가 고정된 경계면으로부터 반사될 때 반사파는 반대로 뒤집힌다. (b) 줄이 자유롭게 움직일 때 반사파의 위상은 입사파의 위상으로부터 바뀌지 않는 그대로이다.

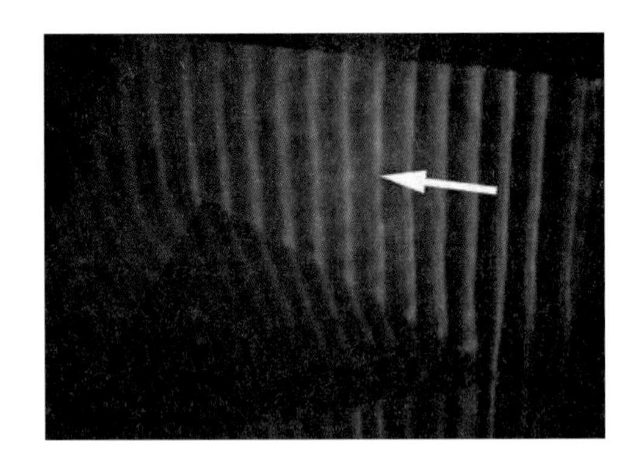

▶ 그림 13.15 **굴절.** 해변으로 접근하는 파도는 높게 보인다. 오른쪽 수심이 왼쪽보다 깊지 않다. 얕은 수심과 함께 파의 속력이 감소하므로 각 마루의 오른쪽이 느려져 방향이 바뀌는 (굴절) 반면 왼쪽은 그렇지 않다(파장도 변한다는 점에 유의하라).

굴절은 파동속력의 변화에 의존하기 때문에 어떤 물리적 인자가 파동의 속력을 결정하는지 알아보자. 일반적으로 두 가지 파의 형태가 있다. 파동의 가장 간단한 종류는 파동의 속력이 파장(또는 진동수)에 의존하지 않는 경우이다. 그러한 모든 파동은 같은 속력으로 진행하는데 이 속력은 오직 매질의 성질에 의해서 결정된다. 이러한 파동을 **비분산형 파동**(non-dispersive waves)이라고 한다. 왜냐하면 이런 파동은 분산되거나 따로따로 떨어져 퍼져나가지 않는다. 비분산형 횡파는 줄파이다. 이 파동의 속력은 오직 줄의 장력과 질량에 의해서 결정된다(13.5절). 소리는 비분산형 종파의 한 예이다. 예를 들어 공기 중에서 소리의 속력은 오직 공기의 압축률과 밀도에 의해서 결정된다. 소리의 속력이 진동수에 따라 달라진다면 교향악단에서 동시에 악기를 연주한다고 하더라도 클라리넷 소리보다 바이올린 소리를 먼저 그리고 잘 듣게 될 것이다.

파동의 속력이 파장(또는 진동수)에 의존한다면 파동은 **분산형 파동**(dispersive waves)이라 말할 수 있으며 **분산**(dispersion)을 보인다. 이러한 파동의 경우 다른 진동수(또는 파장)는 다른 속력을 가지므로 퍼져나간다. 예를 들어 폭풍에 의해 생성되는 물결파는 바다 표면 위를 다른 속력으로 이동하고, 잠시 후 분리되어 퍼진다. 다른 파장을 갖는 빛은 어떤 물질을 통과할 때 분산된다고 한다. 이것이 22.5절에서 보이는 것처럼 프리즘이 태양 빛을 색 스펙트럼으로 분리하는 것과 무지개가 만들어지는 것이다.

회절(diffraction)은 물체의 가장자리에서 파동이 휘거나 감싸는 것으로 파동에 적용되는 용어이다. 예를 들어 문밖에서 방의 열린 문 근처에 있다면, 종종 방 안의 사람을 볼 수 없더라도 그 방의 사람들이 말하는 것을 들을 수 있다. 만약 음파가 곧은 직선으로 이동한다면 이런 사람의 말을 듣는 것은 가능하지 않을 것이다. 음파가 문틈으로 지나갈 때 가장자리에서 날카롭게 잘리는 것 대신에 주위로 돌아 감싸게 되어 소리를 듣게 된다.

일반적으로 회절의 효과는 회절하는 물체나 구멍의 크기가 파장과 거의 같거나 작을 때만 뚜렷하게 나타난다. 파장과 물체 또는 구멍의 크기에 의한 회절의 의존성이 그림 13.16에 나타나 있다. 많은 파동에 대해서 일반적인 환경에서 회절은 무시한다. 예를 들어 가시광선은 파장이 10^{-6} m이다. 그러한 파장은 보통 크기의 구멍, 안경 렌즈를 통과할 때 회절을 보이기에는 너무 파장이 짧다.

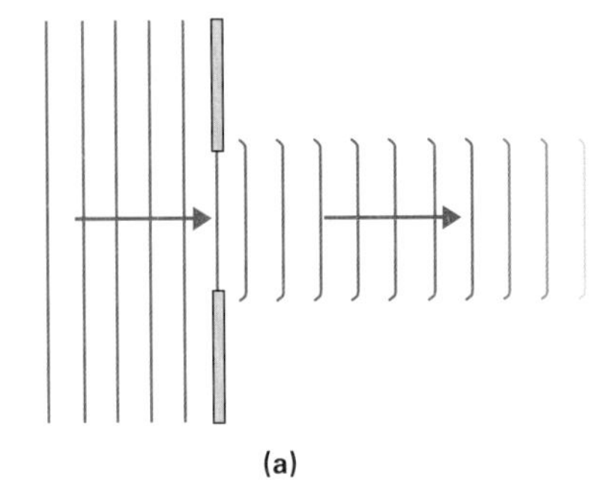

(a)

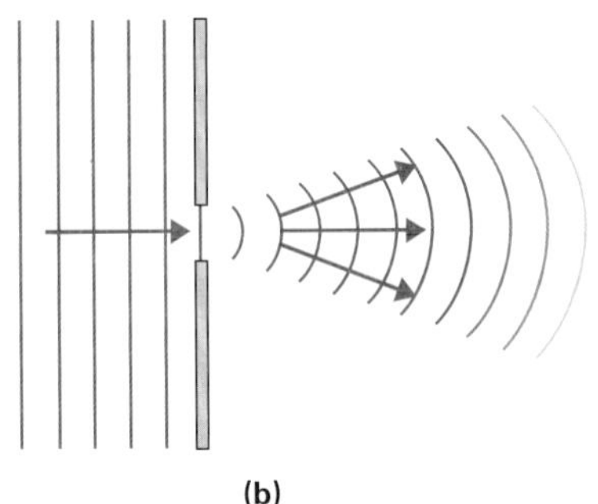

(b)

▲ 그림 13.16 **회절.** 회절의 효과는 구멍(또는 물체)의 크기가 파동의 파장과 같거나 더 작을 때 잘 나타난다. (a) 여기서 구멍이 파동의 파장보다 더 크면 회절은 오직 가장자리 근방에서만 나타날 뿐이다. (b) 구멍이 파동의 파장과 같은 크기일 때 회절은 분명하게 나타나며 거의 반원형 파동을 만든다.

반사, 굴절, 분산 및 회절은 22장부터 25장까지 광파와 광학을 배울 때 더 자세하게 다룰 것이다.

13.5 정상파와 공명

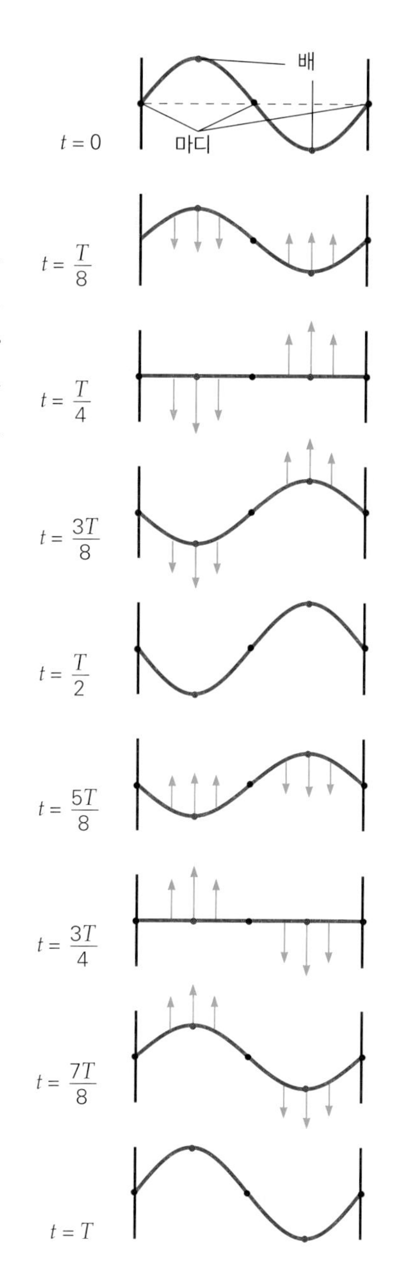

▲ 그림 13.17 **정상파.** 정상파는 반대 방향으로 이동하는 동일한 간섭파에 의해 형성될 수 있다. 상쇄간섭과 보강간섭이 번갈아 일어나는 정상파 조건은 주기적으로 반복된다. 선택된 줄 위치의 속도는 화살표로 표시된다. 이러한 운동은 정지 마디(진폭이 0)와 배(최대 진폭)를 가진 정상파를 발생한다.

팽팽하게 묶인 줄의 한쪽 끝을 흔들면 파동은 고정된 끝부분으로 진행해 가고 다시 반사되어 돌아온다. 가고 되돌아오는 파동은 서로 간섭한다. 대부분의 경우 결합된 파형은 변화되고 뒤섞인 모양을 하고 있다. 그러나 줄을 적당한 진동수로 흔든다면 일정한 파형 또는 균일한 고리(루프)가 줄에 나타난다. 이런 파동의 현상은 **정상파**(standing wave)라고 부른다(그림 13.17). 이것은 반사파의 간섭에 의해 일어나며 반사파는 입사파의 파장, 진동수 그리고 속력도 같다. 진폭의 감소를 무시하면 (예를 들어 반사시 에너지 손실 같은 것들) 줄에서 에너지 흐름이 0이 된다. 실제로 그 에너지는 줄에 서 있다(standing).

줄의 어떤 위치 점들은 항상 정지해 있는데 이 점을 **마디**(nodes)라고 한다. 이 점에서 간섭하는 파동의 변위는 항상 같고 반대이다. 따라서 중첩의 원리에 의해서 간섭 파동들은 이 점에서 서로 상쇄되고 거기에는 변위가 생기지 않는다. 다른 모든 점에서 줄은 같은 진동수로 앞뒤로 진동한다. 최대 진폭인 점, 즉 보강간섭이 가장 최대인 점을 **배**(antinodes)라고 한다. 그림 13.17에서 보듯이 인접한 배 사이는 반파장($\lambda/2$) 또는 한 고리만큼 떨어져 있다. 인접한 마디 사이도 반파장 만큼 떨어져 있다.

정상파는 하나 이상의 진동수를 만들 수 있다. 진동수가 높으면 높을수록 더 많이 진동하는 반파장 고리가 줄에 만들어진다. 단지 유일한 조건은 반파장의 정수배와 줄의 길이가 맞아야 한다. 큰 진폭의 정상파를 만드는 진동수를 **자연 진동수**(natural frequencies) 또는 **공명 진동수**(resonant frequencies)라고 한다. 그 결과로 정상파 모양을 진동의 모드인 **정규모드** 또는 **공명모드**라고 부른다. 진자나 용수철-질량계와 달리 진동하는 대부분의 계는 몇 개의 자연 진동수를 가지고 있다. 예상할 수 있듯이 질량, 탄성 또는 복원력, 기하적(경계 조건)인 것과 같은 요인에 따라 달라진다.

팽팽한 줄의 자연 진동수는 다음과 같이 결정할 수 있다. 먼저 양 끝은 고정되어 있고, 반드시 마디가 되어야 한다는 경계조건에 유의하라. 양끝 사이에 만들어지는 정상파의 닫힌 부분 또는 고리의 개수는 반파장의 정수배 n과 같다(그림 13.18 – 여기서 $L = 1(\lambda_1/2)$, $L = 2(\lambda_2/2)$, $L = 3(\lambda_3/2)$ 등). 이들 관계를 일반화하면 다음과 같다.

$$L = n\left(\frac{\lambda_n}{2}\right) \quad \text{또는} \quad \lambda_n = \frac{2L}{n}, \quad n = 1, 2, 3, \ldots$$

따라서 진동의 자연 진동수는

$$f_n = \frac{v}{\lambda_n} = n\left(\frac{v}{2L}\right) = nf_1, \quad n = 1, 2, 3, \ldots \tag{13.24}$$

(줄에 대한 자연 진동수)

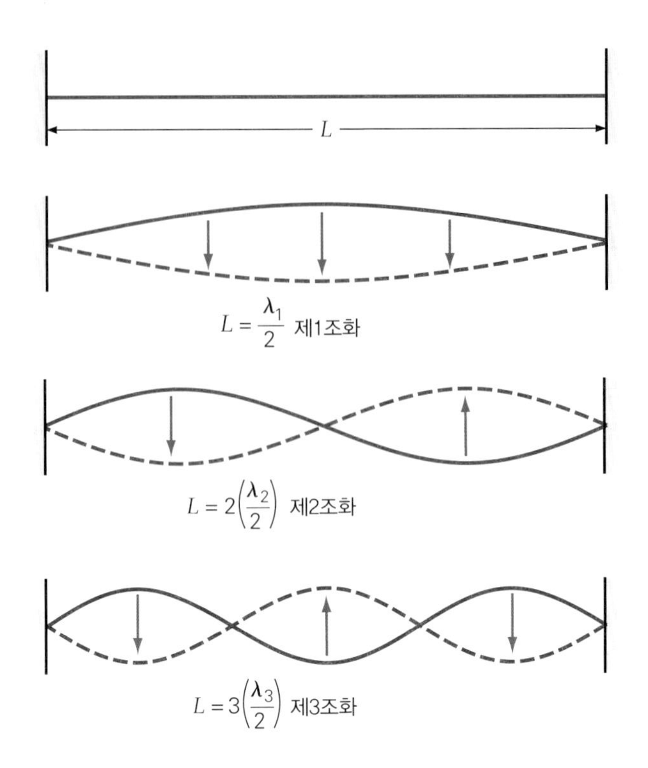

▶ 그림 13.18 **자연 진동수.** 팽팽한 줄은 어떤 진동수의 정상파를 만들 수 있다. 이것은 반파장의 고리와 고정된 양 끝의 마디 사이의 줄의 길이가 같게 되면 일어난다.

이다. 여기서 v는 줄의 파동속력이다. 가장 낮은 자연 진동수($f_1 = v/2L$, $n = 1$)는 **기본 진동수**(fundamental frequency)라 한다. 이 결과로부터 다른 (높은) 자연 진동수는 $f_n = nf_1$($n = 2, 3, \ldots$)인 기본 진동수 f_1의 정수배임을 알 수 있다. 이러한 진동수 집합 f_1, $f_2 = 2f_1$, $f_3 = 3f_1$, …은 **조화열**(harmonic series)이라 한다: f_1(기본 진동수)은 **제1조화 진동수**, f_2는 **제2조화 진동수** 등이다.

양쪽 끝이 고정된 줄은 바이올린, 피아노 그리고 기타 같은 줄로 만든 악기에서 볼 수 있다. 이러한 줄이 교란될 때(즉, 잡아 뜯거나 치거나 또는 당기거나) 진동은 일반적으로 더 높은 조화파를 포함하기 때문에 복잡해진다. 이는 줄이 교란되는 방법과 위치에 따라 달라지기 때문이다. 조화파의 수는 줄을 어떻게 또는 어디를 교란하느냐에 달려있다. 그것은 특정한 장치의 특징적인 음질을 가지게 하는 것은 조화 진동수의 조합이다(14.6절 참조). 식 13.24에서 보여준 바와 같이 모든 조화 진동수는 줄의 길이에 의존한다. 따라서 바이올린 줄의 진동 길이를 변경하기 위해 특정 위치에서 줄을 누르면 다른 진동수를 얻을 수 있다(그림 13.19).

식 13.24에서 볼 수 있듯이 늘어난 줄의 자연 진동수는 줄의 파동속력에 따라 달라진다. 이는 줄과 관련된 다른 물리적 매개 변수에 의해 결정된다(그러나 진동수는 아니다—줄의 파동은 비분산형이다). 줄의 경우 파동속력(v)는

$$v = \sqrt{\frac{F_T}{\mu}} \quad \text{(팽팽한 줄에 파동속력)} \qquad (13.25)$$

(F_T는 줄의 장력과 μ는 줄의 선 질량밀도 m_s/L_s이다.)

여기서 T보다는 F_T를 사용하여 장력을 주기와 혼동을 방지한다. 따라서 식 13.24는

◀그림 13.19 **기본 진동수.** 바이올린과 같은 현악기의 연주자는 손을 사용해서 줄을 조절한다. 지판 위에 줄을 누름으로써 연주자는 자유롭게 진동하는 길이를 바꾼다. 이렇게 하면 줄의 공명 진동수와 음의 높이와 음색이 변화한다.

다음과 같이 쓸 수 있다.

$$f_n = n\left(\frac{v}{2L}\right) = \frac{n}{2L}\sqrt{\frac{F_T}{\mu}}, \quad n = 1, 2, 3, \ldots \tag{13.26}$$

(팽팽한 줄의 자연 진동수)

줄의 선 질량밀도가 클수록 자연 진동수가 낮다는 점에 유의하라. 따라서 바이올린이나 기타의 낮은 진동수 현은 높은 진동수 현보다 굵고, 그래서 (선형으로) 밀도가 높다. 줄을 조이면 그 줄의 모든 진동수가 증가한다. 현악기의 장력을 바꾸는 것은 바이올린 연주자들이 연주 전에 그들의 악기를 조율하는 방법이다.

예제 13.6 피아노 줄–기본 진동수와 조화 진동수

길이가 1.15 m이고 질량이 20.0 g인 피아노 줄이 6.30×10^3 N의 장력을 받는다. (a) 이 줄의 기본 진동수는 얼마인가? (b) 기본 진동수 다음 두 조화 진동수는 얼마인가?

풀이

문제상 주어진 값:

$L_s = 1.15$ m

$m_s = 20.0$ g $= 0.0200$ kg

$F_T = 6.30 \times 10^3$ N

(a) 줄의 선 질량밀도는

$$\mu = \frac{m_s}{L_s} = \frac{0.0200\,\text{kg}}{1.15\,\text{m}} = 0.0174\ \text{kg/m}$$

이다. 따라서 식 13.26을 사용해서 기본 진동수를 구하면 다음과 같다.

$$f_1 = \frac{1}{2L}\sqrt{\frac{F_T}{\mu}} = \frac{1}{2(1.15\,\text{m})}\sqrt{\frac{6.30\times10^3\,\text{N}}{0.0174\,\text{kg/m}}} = 262\,\text{Hz}$$

(b) $f_2 = 2f_1$와 $f_3 = 3f_1$이기 때문에

$$f_2 = 2f_1 = 2(262\ \text{Hz}) = 524\ \text{Hz}$$

와

$$f_3 = 3f_1 = 3(262\ \text{Hz}) = 786\ \text{Hz}$$

이다.

13.5.1 공명

▲ 그림 13.20 **놀이터에서 공명.** 그네는 단조화 운동에서 진자와 같이 행동한다. 효율적으로 에너지를 전달하고, 따라서 큰 진폭을 유지하려면 그네를 밀어주는 사람은 그 시간을 자연 진동수에 맞춰야 한다.

진동계는 자연 진동수 또는 공명 진동수로 구동되거나 흔들었을 때 최대 에너지는 계에 전달된다. 계의 자연 진동수는 계가 진동하기 위해 '준비'하는 진동수이다. 어떤 계가 자연 진동수 중 하나로 구동될 때, 이것을 **공명**(resonance)이라고 한다.

공명에 있어서 역학적 계의 일반적인 예는 그네를 밀어주는 행위이다. 기본적으로 그네는 단진자이고 주어진 길이에서 오직 하나의 자연 진동수를 가진다$\left(f=\left(\frac{1}{2\pi}\right)\sqrt{\frac{g}{L}}\right)$. 이 진동수로 그네의 운동과 같은 위상으로 그네를 민다면 그네의 진폭과 에너지는 증가하고(그림 13.20) 그네를 타는 사람은 큰 진폭으로 신나게 즐길 수 있다.

보여준 것처럼 팽팽한 줄은 많은 자연 진동수를 가지고 있다. 어떤 구동 진동수라도 줄에 교란을 일으킬 것이다. 그러나 구동력의 진동수가 자연 진동수의 하나가 아니더라도 만들어지는 파동은 상대적으로 작거나 뒤섞여 있다. 이와는 대조적으로 구동 진동수가 자연 진동수 중 하나와 일치하면 최대 에너지의 양이 줄로 전달되고 일정한 정상파가 발생한다. 마디 위치가 분명하게 생기는 동안 배의 진폭이 상대적으로 커진다.

공명이 긍정적인 목표가 될 수 있는 반면, 원하지 않을 수도 있는 상황도 있다. 예를 들어 다수의 군인들이 작은 다리 위를 행진할 경우, 발걸음 힘이 일제히 일어나지 않도록 '발맞추지 마라'라는 지시가 내려진다. 이는 교량의 자연 진동수 중 하나에 해당하는 행진 진동수를 피하기 위한 것이다. 이 경우 교량을 큰 공명 진동으로 설정해 붕괴를 일으킬 수 있다. 이것은 실제로 행군하는 군인들이 유발한 공명 진동의 직접적인 결과로 붕괴된 영국의 현수교(1831년)에서 일어났다.

진동으로 다리가 무너졌던 또 다른 사건이 있다. '질주하는 거티(Galloping Gertie)'로 유명한 타코마 협곡 다리(워싱턴 주)는 개방된지 4개월이 지난 1940년 11월 7일, 65~72 km/h의 지속적인 바람이 주경간의 진동을 시작했다. 진동수 0.6 Hz의 가로 모드와 0.2 Hz의 비틀림 모드에서 주경간이 진동했다. 시작한 후 몇 시간이 지나고 마침내 주경간이 무너졌다(그림 13.21). 붕괴의 원동력은 상당히 복잡하지만 바람이 제공하는 에너지가 주요 요인이었다.

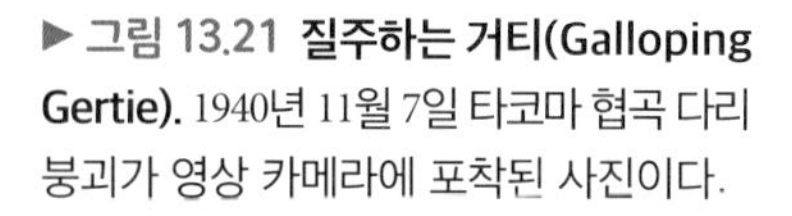

► 그림 13.21 **질주하는 거티(Galloping Gertie).** 1940년 11월 7일 타코마 협곡 다리 붕괴가 영상 카메라에 포착된 사진이다.

연습문제

통합 연습문제(Integrated Exercises, IEs)는 두 부분으로 이루어진다. 첫 번째 부분은 일반적으로 기본 원칙과 추론에 기초한 개념적 답변 선택을 요구한다. 두 번째 부분은 연습의 첫 번째 부분에서 이루어진 개념적 선택과 관련된 정량적 계산을 필요로 한다. 기호(•)은 문제의 난이도를 의미한다. 쉬움(•), 보통(••), 어려움(•••)

13.1 단조화 운동

1. • 입자가 진폭 A로 단조화 운동으로 진동하고 있다. 입자가 3주기 동안 이동하는 총 거리는 얼마인가? (답은 A로 표현하라.)

2. • 질량이 0.75 kg인 물체가 용수철에 매달려 진동할 때 주기는 0.50초 걸린다. 이 용수철의 진동수는 얼마인가?

3. • 진동자의 진동수가 0.25 Hz에서 0.50 Hz로 변경된다. 주기는 얼마일까?

4. • 물체(질량 1.0 kg)는 용수철 상수가 15 N/m인 용수철에 매달려 있다. 물체의 최대 속력이 50 cm/s인 경우 물체의 진동 진폭은?

5. IE •• (a) 수평 질량–용수철 계에서 질량의 속력이 최대가 되는 위치는? (1) $x = 0$, (2) $x = -A$, (3) $x = +A$. (b) 만일 $m = 0.250$ kg, $k = 100$ N/m, $A = 0.10$ m인 질량–용수철 계라면 물체의 최대 속력은 얼마인가?

6. •• 마찰이 없는 수평 에어트랙의 수평 용수철은 0.150 kg의 물체를 부착한 다음 6.50 cm를 늘렸다. 그러면 물체는 바깥쪽으로 속도 2.20 m/s를 받는다. 용수철 상수가 35.2 N/m인 경우 용수철이 얼마나 더 늘어날 수 있는지 결정하라.

7. •• 0.25 kg의 물체가 용수철 상수 49 N/m의 수직 용수철에 매달려 있고 계는 평형 위치에서 정지한다. 그런 후 그 물체는 평형으로부터 0.10 m 아래로 당긴 다음 놓았다. 물체가 평형 위치를 통과할 때의 속력은 얼마인가?

8. ••• 0.250 kg의 공을 그림 13.22와 같이 10.0 cm 높이에서 용수철에 떨어뜨린다. 용수철 상수가 60.0 N/m인 경우 (a) 용수철이 압축되는 거리는? (충돌하는 동안 에너지 손실은 무시한다.) (b) 위로 튀어 올라올 때 공은 얼마나 높이 올라갈까?

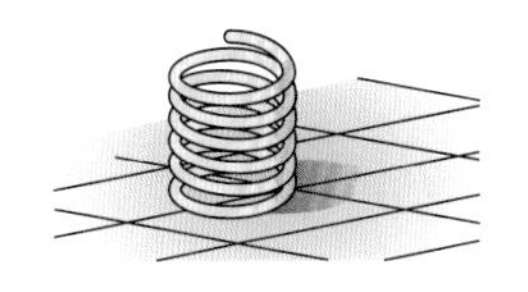

▲ 그림 13.22 **얼마나 압축될까?**

13.2 운동 방정식

9. • 키가 큰 괘종시계의 단진자는 길이가 0.75 m이다. (a) 주기는 얼마인가? (b) 이 진자의 진동수는 얼마인가?

10. • 만약 질량–용수철 계의 진동수가 1.50 Hz이고 용수철의 질량이 5.00 kg이라면 용수철 상수는 얼마인가?

11. • 각 경우 마찰이 없는 수평면에 있는 용수철에 부착된 물체의 위치(x)를 가장 잘 설명하는 운동 방정식에 사인 또는 코사인을 선택하라. (a) 용수철이 최대로 늘어난 경우, (b) 용수철이 최대로 압축된 경우, (c) 물체가 평형에서 바깥쪽으로 밀리는 경우

12. • 수직인 단조화 운동에서 물체의 위치는 $y = (5.0\text{ cm})\cos(20\pi t)$이다. 이 계의 (a) 진폭, (b) 진동수, (c) 주기는 얼마인가?

13. •• 수평 단조화 운동 진동자의 운동 방정식은 $x = (0.50\text{ m})\sin(2\pi\text{ ft})$이고, 여기서 x의 단위는 m, t의 단위는 s이다. 만약 진동자의 위치가 $t = 0.25$ s에서 $x = 0.25$ m라 하면 진동자의 진동수는 얼마인가?

14. •• 수직적으로 진동하는 질량–용수철 계에서 물체의 속도는 $v = (0.750\text{ m/s})\sin(4t)$이다. 물체의 (a) 진폭과 (b) 최대 가속도를 구하라.

15. IE •• 진동하는 질량–용수철 계의 용수철 상수가 절반으로 줄어든 경우, 새로운 용수철의 주기는 전 용수철의 주기의 몇 배가 되는가? (1) 2, (2) $\sqrt{2}$, (3) $1/\sqrt{2}$. 또한 그 이유를

설명하라. (b) 만약 초기 주기가 2.0 s이고 용수철 상수가 초깃값의 1/3로 감소한다면, 새로운 주기는 얼마인가?

16. •• 두 물체가 가벼운 용수철에서 진동한다. 두 번째 질량은 첫 번째 질량의 절반이고 그 용수철 상수는 첫 번째 질량의 두 배이다. 어떤 계가 더 큰 진동수를 가질 것이며, 두 번째 질량의 진동수와 첫 번째 질량의 진동수의 비율은 얼마인가?

17. IE •• (a) 만약 진자시계가 지구에서 중력에 의한 가속도가 6분의 1인 달로 옮겨진다면 진동의 주기는? (1) 증가한다, (2) 같다, (3) 감소한다. 그 이유는? (b) 지구의 주기가 2.0 s라면 달의 주기는?

18. •• 가벼운 용수철에서 진동하는 물체(질량 = 0.25 kg)의 운동이 그림 13.23의 그래프에서 설명된다고 가정한다. (a) 시간의 함수로써 물체의 변위에 대한 식을 써라. (b) 용수철의 상수는 얼마인가?

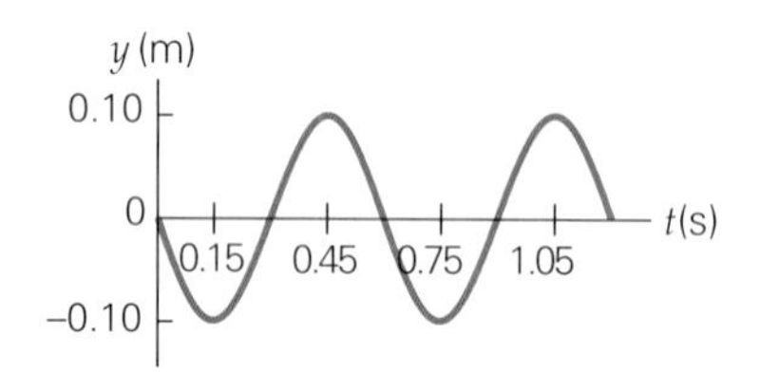

▲ 그림 13.23 **단조화 진동**

19. ••• 질량이 5.00 kg인 물체가 수직 용수철에 매달린 물체가 진동하며 속도는 $v = (-0.600 \text{ m/s})\sin(6t)$이다. (a) 시간의 함수로 위치 y를 구하라. (b) 운동은 어디서 시작되고 물체는 처음에 어느 방향으로 어떤 속력으로 운동하는가? (c) 이 운동의 주기를 결정하라. (d) 물체에 작용한 최대 힘을 구하라.

13.3 파동 운동

20. • 매우 긴 밧줄 위에 있는 파동은 10 m의 밧줄을 이동하는데 2.0초가 걸린다. 만약 파동의 파장이 2.5 m일 경우 밧줄의 진동수는 얼마인가?

21. • 박쥐는 초음파 위치 추정을 통해 먹이 위치를 파악할 수 있다(소리 메아리가 돌아오는 시간을 감지). 박쥐가 모기에서 반사된 초음파를 수신하는 데 15 ms가 걸린다면, 모기는 박쥐로부터 얼마나 멀리 떨어져 있는가? (소리의 속력은 345 m/s이다.)

22. •• 잠수함의 음파발전기는 2.50 MHz의 초음파를 발생시킨다. 바다에서 파의 파장은 4.80×10^{-4} m이다. 발전기가 아래쪽으로 향하면 해저에서 반사된 메아리가 10.0초 후에 수신된다. 잠수함이 바다 표면에 있다고 가정했을 때 그 지점의 바다는 얼마나 깊은가?

13.4 파동의 성질

13.5 정상파와 공명

23. • 팽팽한 줄의 세 번째 조화 진동수가 600 Hz일 경우, 첫 번째 조화의 진동수는 얼마인가?

24. • 만약 진동하는 줄의 다섯 번째 조화 진동수가 425 Hz라 하면 두 번째 조화 진동수는 얼마인가?

25. • 만약 줄에서 세 번째 조화의 파장이 5.0 m라 하면 줄의 길이는 얼마인가?

26. •• 바이올린에서 올바르게 튜닝된 'A' 줄의 진동수는 440 Hz이다. 'A' 줄이 500 N의 장력에서 450 Hz의 소리를 내는 경우 줄의 길이가 바뀌지 않는 것으로 가정할 때 정확한 진동수를 만들기 위해 장력은 얼마여야 하는가?

27. •• 진폭과 250 Hz인 진동수가 같은 두 파동이 줄에서 서로 반대 방향으로 150 m/s의 속력으로 진행한다. 줄의 길이가 0.90 m인 경우 줄에서 정상파에 의한 조화 모드는?

28. IE •• 줄 A는 2배의 장력을 갖지만 줄 B의 선질량밀도는 1/2이며, 둘 다 길이가 같다. (a) 줄 A에 첫 번째 조화 진동수는 줄 B보다 몇 배나 되는가? (1) 4배, (2) 2배, (3) 1/2배, (4) 1/4배. 그 이유를 설명하라. (b) 만약 줄의 길이가 2.5 m이고 A의 파동속력은 500 m/s라 하면, 두 줄에서 첫 번째 조화 진동수는 얼마인가?

29. IE •• 바이올린 줄은 그것의 기본 또는 첫 번째 조화 신동수에 맞춰 조율한다. (a) 바이올리니스트가 길이만 바꿔 더 높은 진동수를 만들려면 줄의 길이는? (1) 길게 한다, (2) 같은 길이를 유지한다, (3) 짧게 한다. 그 이유는? (b) 줄을 520 Hz로 맞추고 바이올리니스트가 목 끝에서 줄 길이의 1/8에 해당하는 줄에 손가락을 대고 악기를 연주할 때 이 악기의 진동수는 얼마인가?

CHAPTER 14 소리 Sound

이 사진 속의 각기 다른 악기들이 다양한 진동수의 소리를 내지만, 그들은 모두 같은 속력으로 움직인다.

이 장의 처음 사진 속에 밴드는 분명히 좋은 진동을 주고 있다! 우리는 많은 소리파의 영향을 받고 있다. 음악의 형태로 우리에게 즐거움을 주는 소리뿐만 아니라 경찰의 사이렌부터 벨소리와 새소리까지 우리의 주변에 생생한 많은 정보를 제공한다. 실제로 소리파는 의사전달(말)의 주된 기본 형태이다. 하지만 이러한 파동도 아주 성가신 소음이 될 수 있다. 그러나 소리파가 음악이나 연설 또는 소음이 되는 것은 청각이 감지할 때만 그렇다. 물리적으로 소리는 고체, 액체 그리고 기체에서 전파되는 소리파이다. 매질이 없으면 소리는 없다. 외계 우주와 같이 진공에서는 고요만 있을 뿐이다.

소리에 대한 감각적인 의미와 물리적인 의미의 차이는 오래된 철학적인 질문에 대한 답으로 알 수 있다. 만약 아무도 없는 산속에서 나무가 넘어졌다고 할 때 소리를 내었을까? 대답은 소리를 어떻게 정의하느냐에 달렸다. 소리를 감각적으로 듣는다고 생각하면 소리는 없다. 그러나 오직 물리적인 파동으로만 생각하면 소리는 있다. 소리파는 대부분의 시간에 우리 주위 모든 곳에 있으므로 많은 재미있는 소리 현상에 노출되어 있다. 가장 중요한 소리파에 대해 이 장에서 생각해 볼 것이다.

14.1 소리파

소리파가 존재하기 위해서는 어떤 매질에서 교란 또는 진동이 일어나야 한다. 이러한 교란은 손바닥을 치거나 자동차가 갑자기 정지하는 바람에 타이어가 미끄러지면서 발생한다. 물속에서는 서로 부딪치는 돌의 충돌 소리가 날지도 모른다. 기체나 액체(둘 다 유체이다; 9장 참조)에서 **소리파**(Sound waves)는 주로 종파이다. 그러나 고체를 통과하는 소리의 교란은 종파와 횡파 모두의 성분을 가질 수 있다. 고체에서 분자 간의 상호작용은 유체보다 더 강하며 횡파의 성분을 전파하도록 한다.

소리파의 특성은 근본적으로 금속 막대를 U자 모양으로 구부린 소리굽쇠가 만들어 내는 소리파를 생각하여 가시화할 수 있다(그림 14.1). 소리굽쇠의 위쪽 끝을 치면 진동한다. 소리굽쇠는 기본 진동수로 진동하며 단일 음을 들을 수 있다(음은 정의된 진동수를 가진 소리이다). 진동은 **압축**(condensations)이라고 부르는 높은 압력 영역과 **희박**(rarefactions)이라는 낮은 압력 영역을 공기 중에 교대로 만들면서 교란한다. 소리굽쇠가 계속해서 진동한다면 교란은 바깥으로 전파하며 연속적인 교란들은 사인함수 모양의 파동으로 설명할 수 있다.

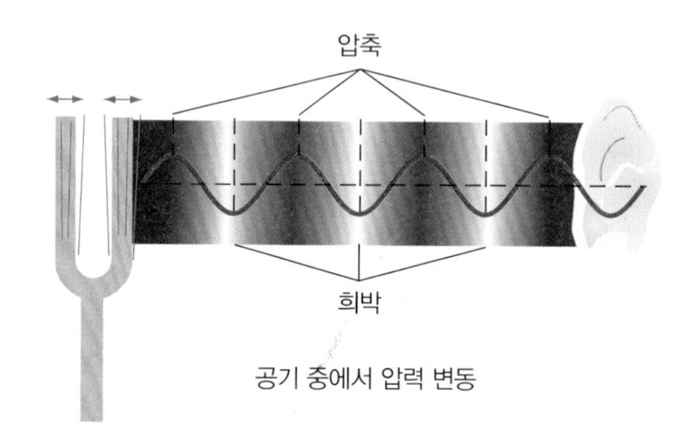

▶ 그림 14.1 **진동은 파동을 만듦.** 진동하는 소리굽쇠는 압축과 희박을 교대로 만들면서 공기를 교란하는데, 이것이 소리파를 만든다.

공기를 통하여 진행하는 교란(소리)이 귀에 다다르면 압력 진동에 의하여 고막이 진동하게 된다. 고막의 반대쪽에는 작은 뼈가 귀의 내부에서 진동하며 거기서 청신경에 의해 소리가 감지된다. 귀의 신체적 특성은 소리의 인식을 제한한다. 오직 20 Hz에서 20 kHz 사이의 진동수의 소리파만이 사람의 뇌가 소리로 인식하는 신경 펄스로 간주한다. 이러한 진동수 범위를 **소리 진동수 스펙트럼**(sound frequency spectrum)의 **가청 범위**(audible region)라 한다. 청각은 1000~10000 Hz 범위에서 가장 잘 들리고, 말할 때는 주로 300~3400 Hz 사이의 진동수 영역에 있다.

14.1.1 초저음파

20 Hz보다 더 낮은 진동수를 **초저음파 영역**(infrasonic region)이라 한다. 사람이 듣기 어려운 이 영역의 파동은 자연에서 발견된다. 지진에 의해 만들어지는 종파는 초저음파 진동수이며 이러한 파동은 지구의 내부를 연구하는 데 사용된다. 초저음파 역시 바람이나 기상 형태에 따라 만들어진다. 코끼리 같은 동물은 초저음파를 들을

수 있어서 지진이나 토네이도와 같은 기상 현상을 미리 경고할 수 있다. 토네이도의 회오리바람이 초저음파를 만든다고 알려졌다. 회오리바람이 작으면 낮은 진동수로, 회오리바람이 크면 높은 진동수로 변화한다. 초저음파는 토네이도가 떨어진 거리를 측정할 수 있으며 토네이도가 도달하는 데 대한 경고시간을 버는 방법이 될 수 있다. 초저음파 청취소가 있다. 핵폭발이 초저음파를 만들고 1963년 핵실험금지조약 이후로 일어날 수 있는 위반을 감지하기 위하여 초저음파 청취소를 만들었다. 지금의 이 부서는 지진이나 토네이도 같은 다른 음원을 감지하는 데 사용된다.

14.1.2 초음파

소리 진동수 스펙트럼에서 20 kHz 이상이면 **초음파 영역**(ultrasonic region)이다. 초음파는 결정체에서 높은 진동수의 진동으로 만들어질 수 있다. 초음파는 인간이 감지할 수 없으나 다른 동물은 감지할 수 있다. 개의 가청주파수는 40 kHz까지 확장되기 때문에 초음파 또는 '소리 없는' 휘파람으로 사람을 방해하지 않고 개를 부르는 데 사용할 수 있다.

많은 실질적인 것에 초음파를 사용한다. 초음파는 물속에서 수 킬로미터를 진행할 수 있으므로 라디오파를 사용한 레이더처럼 물속의 물체를 찾는 데 음파탐지기를 사용한다. 음파탐지기 장치에서 만들어진 소리의 펄스는 물속 물체에 의해서 반사되고, 그 결과 나타나는 에코를 감지기에서 잡아낸다. 물속의 음속과 소리 펄스가 왕복하는 데 걸리는 시간은 물체의 거리 또는 범위를 알려준다. 음파탐지기는 어부가 물고기 떼를 찾는 데 광범위하게 사용되며, 유사한 방법으로 해양학자들에게 정확한 해양 깊이 데이터를 제공할 수 있다.

아마도 가장 잘 알려진 초음파 응용은 의학에 있을 것이다. 예를 들어 초음파는 잠재적으로 위험한 X선을 사용하지 않고 태아의 이미지를 얻기 위해 일반적으로 사용된다. 초음파 발생기는 신체의 지정된 부위를 스캔하는 고주파 음파 펄스를 생성한다. 파동은 밀도가 다른 조직들 사이의 경계와 마주쳤을 때, 그것들은 부분적으로 반사된다. 이러한 반사는 수신 변환기에 의해 모니터링되고 컴퓨터는 반사된 신호로부터 이미지를 구성한다.

초음파 세척기는 금속 기계 부품, 틀니 및 보석류를 세척하는 데 일상적으로 사용된다. 고주파 진동은 다른 접근 불가능한 장소의 입자를 느슨하게 한다. 초음파 파동은 담석이나 신장 결석의 위치를 파악하고 진단하는 데도 사용될 수 있다. 많은 경우에 그들은 쇄석술이라 불리는 기술을 통해 돌을 부수는 데 사용될 수 있다.

자연에는 초음파 음파탐지기 응용이 많다. 음파탐지기는 인간에 의해 개발되기 훨씬 전에 동물의 왕국에 나타났다. 야행성 사냥 비행체인 박쥐는 둥지를 들어갈 때나 나올 때 비행하거나 장소를 이동하거나 날아다니는 곤충을 잡을 때 일종의 자연 음파탐지기를 사용한다(그림 14.2). 박쥐는 초음파 펄스를 방출하고 반사 에코를 사용하여 먹이를 추적한다. 이 기술이 반향위치 탐지법이라고 알려졌다.

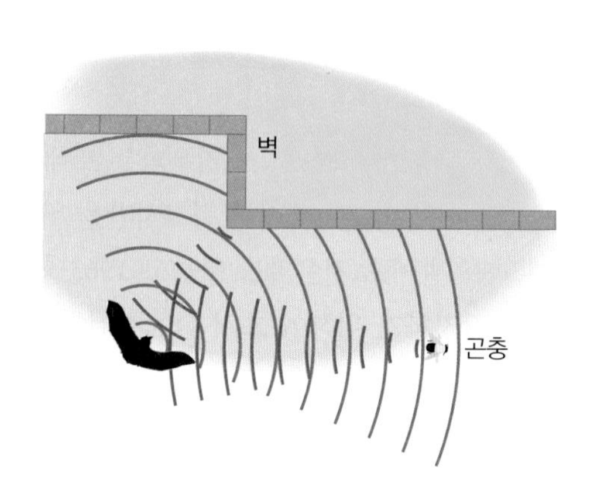

▶ 그림 14.2 **반향위치 탐지법.** 자연적인 음파탐지기의 도움으로 박쥐는 날아다니는 곤충을 사냥할 수 있다. 박쥐는 그들의 가청 영역에 있는 초음파 펄스를 방출하고 공격에 도움을 주기 위하여 먹이로부터 반사된 에코를 사용한다.

14.2 소리의 속력

일반적으로 교란이 매질을 따라 움직이는 속력은 물리적 양에 의존한다. 예를 들어 13.5절에서 배운 바와 같이 팽팽한 줄에서 파동 속력은 $v=\sqrt{F_T/\mu}$로 주어진다. 여기서 F_T는 줄의 장력이고 μ는 줄의 선질량밀도이다. 또 다른 예는 고체의 음속으로 $v=\sqrt{Y/\rho}$이다. 여기서 Y는 영률이고 ρ는 밀도이다. 액체의 경우 유사한 표현으로 $v=\sqrt{B/\rho}$이다. 여기서 B는 체적탄성률이고 ρ는 밀도이다. 고체는 액체보다는 더 탄성적이며 액체는 기체보다 더 탄성적이다. 고탄성 물질에서 원자 또는 분자 사이의 복원력 때문에 교란이 더 빨리 전파한다. 따라서 일반적으로 음속은 액체보다 고체에서 2배 내지 4배 정도 빠르고 공기와 같은 기체보다 고체에서 10배 내지 15배 빠르다(표 14.1).

표 14.1 여러 가지 매질에서의 음속

매질	속력(m/s)
고체	
알루미늄	5100
구리	3500
유리	5200
철	4500
폴리스틸렌	1850
아연	3200
액체	
에틸 알코올	1125
수은	1400
물	1500
기체	
공기(0°C)	331
공기(100°C)	387
헬륨(0°C)	965
수소(0°C)	1284
산소(0°C)	316

일반적으로 기체에서 음속은 매질이 온도에 의존한다. 예를 들어 건조한 공기에서 음속은 0°C에서 331 m/s이다. 온도가 증가하면 음속도 증가한다. 정상적인 주위의 온도에서 공기 중에서의 음속은 1°C 증가할 때마다 0.6 m/s씩 증가한다. 특정 온도에 대한 공기에서 음속의 적절한 근사식은 다음과 같다.

$$v = (331 + 0.6T_C)\ \text{m/s} \quad (\text{공기에서 음속}) \tag{14.1}$$

여기서 T_C는 섭씨로 공기 온도이다.

첫 번째 예를 사용하여 다른 매체에서 음속의 속력을 비교해 보자.

예제 14.1 고체, 액체, 기체–다른 매질에서의 음속

매질의 성질로부터 (a) 고체 구리 막대, (b) 액체 물, 그리고 (c) 실온 20°C 에서 공기에서 음속을 구하라.

풀이

문제상 주어진 값:

(a) $Y_{Cu} = 11 \times 10^{10}\ \text{N/m}^2$, $\rho_{Cu} = 8.9 \times 10^3\ \text{kg/m}^3$

(b) $B_{H_2O} = 2.2 \times 10^9\ \text{N/m}^2$, $\rho_{H_2O} = 1.0 \times 10^3\ \text{kg/m}^3$

(c) $T_C = 20°\text{C}$

(a) 고체인 경우 $v = \sqrt{Y/\rho}$:

$$v_{Cu} = \sqrt{\frac{Y}{\rho}} = \sqrt{\frac{11\times10^{10}\ \text{N/m}^2}{8.9\times10^3\ \text{kg/m}^3}} = 3.5\times10^3\ \text{m/s}$$

(b) 액체인 경우 $v = \sqrt{B/\rho}$:

$$v_{H_2O} = \sqrt{\frac{B}{\rho}} = \sqrt{\frac{2.2\times10^9\ \text{N/m}^2}{1.0\times10^3\ \text{kg/m}^3}} = 1.5\times10^3\ \text{m/s}$$

(c) 20°C인 공기에 대해 식 14.1로부터 다음과 같은 값을 얻는다.

$$v_{air} = (331 + 0.6T_C)\ \text{m/s} = [331 + 0.6(20)]\ \text{m/s} = 343\ \text{m/s}$$

14.3 소리 세기와 소리 세기 준위

파동 운동은 공간에 에너지를 전파하는 한 방법이다. 에너지 전달률은 **세기**(intensity, I)로 표현되며, 이것은 단위 면적당 및 단위 시간당 전달되는 에너지이다. 시간으로 나눈 에너지는 일률이고 세기는 면적으로 나눈 일률로 정의한다.

$$\text{세기} = \frac{\text{에너지/시간}}{\text{면적}} = \frac{\text{일률}}{\text{면적}}$$

또는

$$I = \frac{E/T}{A} = \frac{P}{A}$$

여기서 세기의 SI 단위는 W/m^2이다.

그림 14.3에 나타낸 것처럼 구면 소리파에서 내보내는 점 파원을 생각해 보자. 매질에서 에너지 손실이 없다면 파원으로부터 거리가 R인 지점에서 소리의 세기는 다음과 같다.

$$I = \frac{P}{A} = \frac{P}{4\pi R^2} \quad (\text{점 파원}) \tag{14.2}$$

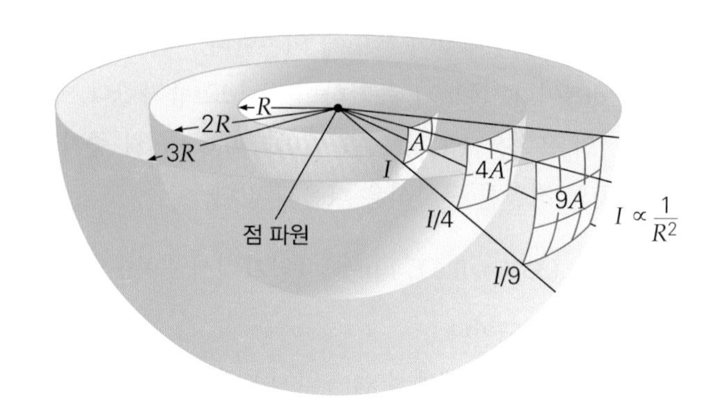

▶ **그림 14.3 점 파원의 세기.** 점 파원으로부터 내보내는 에너지는 모든 방향으로 동등하게 퍼져 나간다. 세기가 일률을 면적으로 나누기 때문에 $I = P/A = P/(4\pi R^2)$이다. 여기서 면적은 구의 표면적이다. 세기는 $1/R^2$이기 때문에 파원으로부터 거리에 따라 감소한다.

여기서 P는 파원의 일률이고 $4\pi R^2$은 반경 R인 구의 표면적이며 소리에너지가 이 면을 통과한다. 그러므로 소리의 점 파원의 세기는 파원으로부터 거리의 제곱에 역으로 비례한다(역 제곱의 관계). 같은 일률의 점 파원으로부터 거리가 다른 두 파의 세기를 비율로 비교해 보면 다음과 같다.

$$\frac{I_2}{I_1} = \frac{P/\left(4\pi R_2^2\right)}{P/\left(4\pi R_1^2\right)} = \frac{R_1^2}{R_2^2} \quad \text{(점 파원)} \tag{14.3}$$

예를 들어 점 파원으로부터 거리가 2배인 경우 $R_2 = 2R_1$이다. 그래서

$$\frac{I_2}{I_1} = \left(\frac{R_1}{R_2}\right)^2 = \left(\frac{1}{2}\right)^2 = \frac{1}{4} \quad \text{또는} \quad I_2 = \frac{I_1}{4}$$

이다. 세기는 $1/R^2$만큼 감소하기 때문에 거리를 2배로 하면 세기는 1/4배만큼 감소한다.

직관적으로 역 제곱의 관계를 잘 이해하려면 기하학적인 상황을 보면 된다. 그림 14.3에 보인 것처럼 파원에서 거리가 멀어지면 소리에너지가 퍼져 나가는 면적도 더 넓어지고, 그 결과 세기는 감소한다. 이러한 면적이 반경 R 제곱만큼 증가하기 때문에 세기는 $1/R^2$만큼 감소한다.

귀에 의해 인지되는 소리의 세기를 **소리 크기**(loudness)라고 한다. 평균적으로 사람의 귀는 진동수 1 kHz일 때 10^{-12} W/m^2 정도의 작은 세기의 소리파까지 인지할 수 있다. 이 세기(I_0)를 **가청 문턱**이라 한다. 따라서 소리를 들으려면 가청 범위에 있는 진동수를 가져야 할 뿐만 아니라 충분한 세기를 가져야 한다. 세기가 증가하면 인지하는 음은 소리가 커진다. 1.0 W/m^{2}의 세기가 되면 소리는 불편할 정도로 크게 되고 귀에 고통을 준다. 이 세기(I_p)를 **고통 문턱**이라 한다. 고통과 가청 문턱은 $\frac{I_p}{I_0} = \frac{1.0\ \text{W/m}^2}{10^{-12}\ \text{W/m}^2} = 10^{12}$이기 때문에 10^{12}의 인자만큼 차이가 난다. 즉, 고통 문턱의 세기는 가청 문턱의 세기보다 1조 배가 크다. 이러한 거대한 범위 내에서 인지하는 소리 크기는 직접적으로 세기에 비례하지는 않는다. 즉, 세기가 2배가 되더라도 인지하는 소리 크기는 2배가 되지 않는다. 사실 인지하는 소리 크기를 2배로 하는 것은 세기를 대략 10배로 증가시키는 것과 같다. 따라서 세기가 10^{-5} W/m^{2}인 소리는 세기가 10^{-6} W/m^{2}인 소리를 2배 정도 크게 하는 것으로 인지할 것이다.

14.3.1 소리 세기 준위: 벨과 데시벨

소리 **세기의 준위**(intensity levels)를 표현하는 데 상용로그를 사용하여 큰 범위의 소리 세기를 압축해서 쓰는 것이 편리하다(소리 세기와 혼돈되지 않도록 한다). 소리 세기 준위는 가청 문턱인 $I_0 = 10^{-12}$ W/m^{2}를 표준 세기로 한다. 그러면 어떤 세기 I에 대해서 세기 준위는 I의 I_0에 대한 비를 로그를 취한 것으로 $\log(I/I_0)$이다. 예를 들어 소리 세기가 $I = 10^{-6}$ W/m^{2}이라 한다면 $\log\left(\frac{I}{I_0}\right) = \log\left(\frac{10^{-6}\,\mathrm{W/m^2}}{10^{-12}\,\mathrm{W/m^2}}\right) = \log 10^6 = 6$이기 때문에 세기 준위는 6이다.

세기 준위는 단위나 차원은 없지만, 최초로 전화의 실용적 이용자인 알렉산더 그레이엄 벨을 기리기 위해 **벨**(bel, **B**)을 사용하여 설명하는 것이 일반적이다. 따라서 10^{-6} W/m^{2}의 세기를 갖는 소리는 6벨 또는 6 B의 세기 준위를 가진다. 이 정의로 10^{-12} W/m^{2}에서 1.0 W/m^{2}까지의 거대한 세기 범위는 0 B에서 12 B까지의 세기 준위 눈금으로 압축하였다.

더 세분화된 세기 준위의 눈금은 벨(B)의 10분의 1인 **데시벨**(decibel, **dB**)을 사용한다. 따라서 0 B에서 12 B인 범위는 0 dB에서 120 dB에 해당된다. 이 경우에 **소리 세기 준위** 또는 **데시벨 준위**(β)에 대한 식은 다음과 같다.

$$\beta = 10\log\left(\frac{I}{I_0}\right) \quad \text{(dB인 소리 세기 준위)} \tag{14.4}$$

여기서 $I_0 = 10^{-12}$ W/m^{2}이다. 데시벨 세기 준위와 어떤 세기를 가지는 익숙한 소리를 그림 14.4에 나타내었다.

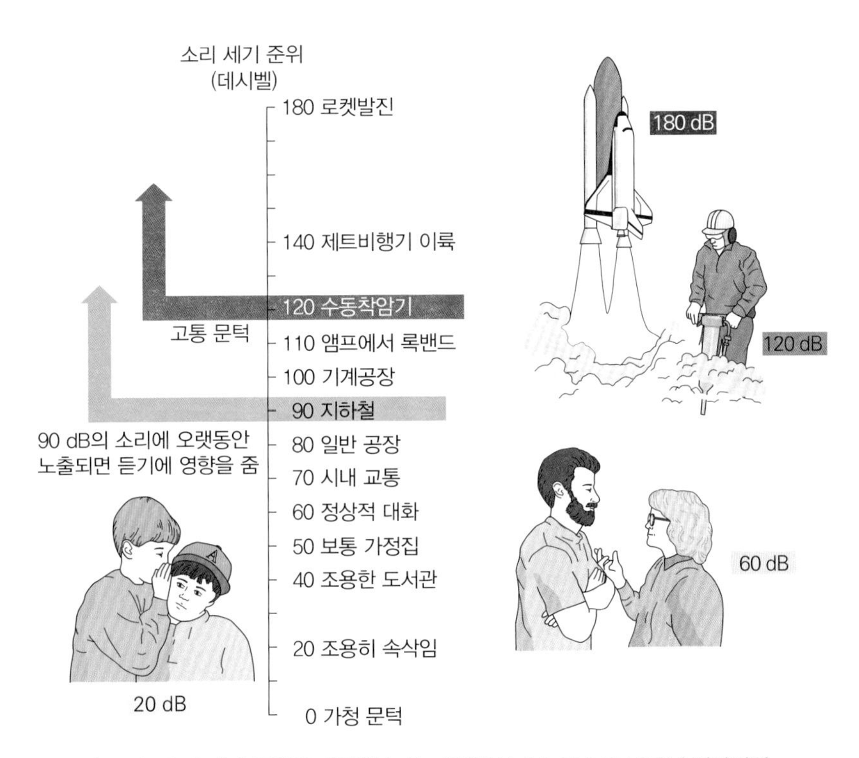

▲ **그림 14.4 소리 세기 준위와 데시벨 눈금.** 데시벨(dB) 눈금으로 나타낸 일상적인 소리 세기 준위

예제 14.2 결합된 소리–세기 더하기

파리의 길거리 식당 테이블에 앉아 한 친구가 60 dB의 정상적인 대화의 세기 준위로 당신에게 말을 건다. 동시에 당신의 위치에서의 길거리 교통 소음의 세기 준위는 60 dB로 알려져 있다. 결합된 소리의 세기 준위는 얼마인가?

풀이

문제상 주어진 값:

$\beta_1 = 60\ \text{dB}$

$\beta_2 = 60\ \text{dB}$

60 dB의 소리 준위 세기(즉, 두 소리)를 구하려면 다음과 같이 로그를 이용한다.

$$\beta_1 = \beta_2 = 60\ \text{dB} = 10\log\left(\frac{I_1}{I_0}\right) = 10\log\left(\frac{I_1}{10^{-12}\ \text{W/m}^2}\right)$$

$$\therefore \log\left(\frac{I_1}{10^{-12}\ \text{W/m}^2}\right) = 6 \quad \text{또는} \quad \frac{I_1}{10^{-12}\ \text{W/m}^2} = 10^6$$

그러므로

$$I_1 = I_2 = 10^{-6}\ \text{W/m}^2$$

전체 세기는

$$I_{\text{total}} = I_1 + I_2 = 1.0\times10^{-6}\ \text{W/m}^2 + 1.0\times10^{-6}\ \text{W/m}^2 = 2.0\times10^{-6}\ \text{W/m}^2$$

따라서 전체 세기 준위는 다음과 같다.

$$\beta = 10\log\left(\frac{I_{\text{total}}}{I_0}\right) = 10\log\left(\frac{2.0\times10^{-6}\ \text{W/m}^2}{10^{-12}\ \text{W/m}^2}\right)$$
$$= 10\log(2.0\times10^6) = 10(\log 2.0 + \log 10^6)$$
$$= 10(0.30 + 6.0) = 63\ \text{dB}$$

이 값은 산술적으로 합한 120 dB과는 다르다. 결합된 세기는 세기 값을 두 배로 증가시켰지만 세기 준위의 로그 정의 때문에 세기 준위는 3 dB 증가하는 데 그쳤다.

과도한 소음으로 청력이 손상될 수 있다. 청각 손상은 소리 세기 준위 (데시벨 준위) 및 노출 시간에 따라 다르다. 정확한 결합은 사람에 따라 다르지만, 소음 준위에 대한 일반적인 지침은 표 14.2에 제시되어 있다.

표 14.2 소리 세기 준위와 청각 손상 노출 시간

소리	데시벨(dB)	예	손상되는 연속 노출 시간
희미한 소리	30	조용한 도서관, 속삭임	
적당한 소리	60	정상적인 대화, 재봉틀	
매우 큰 소리	80	복잡한 교통, 시끄러운 식당, 아이의 비명	10시간
	90	잔디 깎는 기계, 오토바이, 시끄러운 파티	8시간 이하
	100	전기톱, 지하철, 설상차	2시간 이하
극단적 큰 소리	110	최대 소리의 헤드폰, 록 연주장	30분
	120	무도장, 카스테레오, 폭력영화, 음악장난감	15분
	130	착암기, 시끄러운 컴퓨터 게임, 시끄러운 스포츠게임	15분 이하
고통스런 소리	140	입체음향 폭발소리, 종소리, 폭죽	짧은 시간(보호대를 하지 않으면 고성능 총소리 몇 발로도 청각상실이 일어남)

14.4 소리 현상

14.4.1 소리의 반사, 굴절 그리고 회절

메아리는 소리 반사(reflection)의 친숙한 예로 소리는 표면에서 튀어 나오게 된다. 소리 굴절(refraction)은 보통 친숙하지 않은 현상이다. 굴절은 파동 속력의 변화에 따른 파동 방향의 변화를 말한다. 조용한 여름밤에 평소에는 들을 수 없는 멀리 있는 목소리나 다른 소리를 듣는 경험을 했을 것이다. 소리파가 아래쪽으로 굴절되려면 땅이나 물 근처에 차가운 공기층이 있고 그 위에 따뜻한 공기층이 있어야 한다. 이것들은 함께 파동 속력 변화와 결과적인 굴절을 제공한다. 이러한 상태는 일몰 후 차가워지는 수면에서 자주 발생한다. 차가워진 물의 결과로, 차가운 공기층이 수면 바로 위에 형성된다. 그런 다음 음파는 원호에서 굴절되어 멀리 있는 사람이 소리 세기가 커진 것을 들을 수 있다(그림 14.5).

또 다른 현상은 13.4절에서 기술했던 **회절**(diffraction)이다. 소리는 모서리나 장애물 또는 구멍을 통해 이동할 때 분산되거나 퍼져 나갈 수 있다. 예를 들어 방에서 말하는 사람은 그 사람이 보이지 않아도 출입구를 통과할 때 소리가 분산되면서 바깥에서 들을 수 있다. 대화하는 소리 파장은 문 폭과 거의 같은 크기인 1 m 정도이기 때문에 소리 파동이 회절이 일어난다는 것을 상기하자. 그러나 가시광선의 전형적인 파장은 열려 있는 문틈보다 훨씬 작으므로 빛은 본질적으로 회절이 일어나지 않고 직선으로 이동한다.

여기서 소리에 대한 반사, 굴절 그리고 회절은 일반적인 것만 설명하였다. 이러한 현상은 빛에도 중요하게 생각해야 하는 것으로 22장과 24장에서 더 충분히 논의될 것이다.

14.4.2 간섭

모든 종류의 파동처럼 소리 파동은 서로 만나면 **간섭**(interfere)을 일으킨다. 그러나 파동이 겹치거나 간섭할 때 나타나는 합성 파형은 무엇인가? 이것은 **중첩의 원리**가

◀그림 14.5 **소리 굴절.** 소리는 수면 위 따뜻한 공기보다는 수면 근방의 차가운 공기에서 천천히 진행한다. 그 결과로 파동은 아래로 굴절되거나 휘어진다. 이러한 휨은 다른 때에는 들을 수 없는 먼 거리의 소리 세기를 증가시킨다.

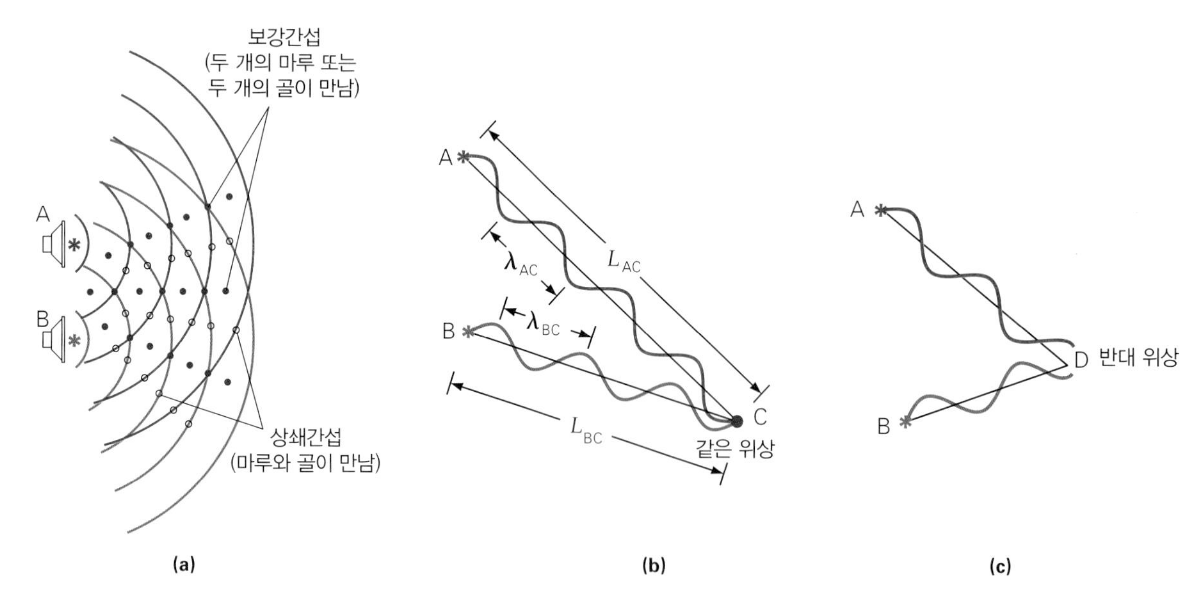

▲ 그림 14.6 **간섭.** (a) 두 점 파원에서 나오는 소리 파동은 퍼져 나가고 간섭한다. (b) C점과 같이 파동이 같은 위상(위상차가 영인 경우)으로 만나는 지점에서는 보강간섭이 일어난다. (c) D점과 같이 파동이 완전히 반대 위상으로 만나는 점에서는 상쇄간섭이 일어난다. 특별한 점에서 위상차는 파동이 그 점까지 진행하는 경로에 의존한다.

작용한다(13.4절에서 중첩의 원리 참조). 적당히 떨어져 있는 두 개의 스피커가 같은 진동수와 같은 위상으로 소리 파동을 내보낸다고 가정하자. 스피커를 점 파원이라고 하면 파동은 구형적으로 퍼져 나가며 간섭이 일어난다(그림 14.6a). 스피커의 선들은 파동의 마루(또는 압축)를 나타내고 골(또는 희박)은 흰 영역 사이에 있다.

물론 여러 위치에서 보강간섭이거나 상쇄간섭이 있을 것이다. 그러나 두 파동이 정확히 위상(두 개의 마루와 두 개의 골이 일치)에 있는 위치에서 만난다면, **완전 보강간섭**(total constructive interference)이 있을 것이다(그림 14.6b). 파동은 그림의 C점에서 같은 운동을 한다. 그 반면 D점에서 하나는 마루가 또 다른 하나는 골이 겹치는 지점에서 파동이 만나면 두 파동은 서로 상쇄된다(그림 14.6c). 그 결과는 **완전 상쇄간섭**(total destructive interference)이라 한다.

파동이 같은 위상으로 도달할지 여부를 결정하기 위해서 파동이 진행하는 경로를 파장(λ)으로 나타내는 것이 편리하다. 그림 14.6b에서 C점에 도달하는 파동을 고려하자. 이 경우에 두 경로 길이는 $L_{AC} = 4\lambda$와 $L_{BC} = 3\lambda$이기 때문에 한 파장이 차이가 난다. 일반적으로 **위상차**($\Delta\theta$)는 이 경로차(ΔL)에 의해 발생한다. 이것은 다음과 같은 관계가 있다.

$$\Delta\theta = \frac{2\pi}{\lambda}(\Delta L) \quad \text{(경로차에 대한 위상차)} \tag{14.5}$$

2π 라디안은 각도에서 완전한 파동 순환 또는 한 파장과 동등하므로 경로차에 $2\pi/\lambda$를 곱하면 경로차를 라디안으로 나타낸다. 그림 14.6b에서 보여주듯이

$$\Delta\theta = \frac{2\pi}{\lambda}(L_{AC} - L_{BC}) = \frac{2\pi}{\lambda}(4\lambda - 3\lambda) = 2\pi\,\text{rad}$$

$\Delta\theta = 2\pi$ rad $= 360°$일 때 파동은 한 파장만큼 이동되어 있다. 이것은 $\Delta\theta = 0°$와 같으므로 파동은 같은 위상이다. 따라서 파동은 C점에서 소리의 세기 또는 크기가 증가되면서 보강적으로 간섭한다. 주어진 위치에서 두 개의 음파는 경로차가 0이거나 파장의 정수배일 때 위상이 된다.

$$\Delta L = n\lambda \ (n = 0,\ 1,\ 2,\ 3,\ \ldots) \quad (\text{보강간섭}) \tag{14.6}$$

그림 14.6c의 D점에서($L_{AD} = 2\frac{1}{4}\lambda$와 $L_{BD} = 1\frac{3}{4}\lambda$) 유사한 분석을 하면 다음과 같다.

$$\Delta\theta = \frac{2\pi}{\lambda}\left[2\left(\frac{1}{4}\right)\lambda - 1\left(\frac{3}{4}\right)\lambda\right] = \pi \text{ rad}$$

$\Delta\theta = 180°$이기 때문에 D점에서 파동은 위상이 완전히 다르고 이 영역에서 상쇄간섭이 일어난다.

일반적으로 주어진 위치에서 경로차가 반파장의 홀수배일 때 두 개의 음파가 반대 위상이다($\lambda/2$).

$$\Delta L = m\left(\frac{\lambda}{2}\right) (m = 1,\ 3,\ 5,\ \ldots) \quad (\text{상쇄간섭}) \tag{14.7}$$

이러한 지점에서 낮아지고 약한 소리를 듣게 된다. 파동의 진폭을 완전히 같게 하면 상쇄간섭이 일어나고 소리가 들리지 않는다.

소리 파동의 상쇄간섭은 괴롭고 듣기에 불편한 큰 소음을 줄이는 방법을 제공한다. 이 과정은 위상차가 있는 반사파를 만들어 가능한 한 원음을 상쇄시키는 방법이다. 예를 들어 자동차 소음기의 설계에서 이 아이디어의 사용은 13.4절에서 논의되었다.

예제 14.3 음량 올리기–소리 간섭

무더운 날(공기 온도 25°C) 야외 음악회에서는 무대 양쪽에 위치한 스피커 한 쌍에서 각각 7.00 m와 9.10 m 떨어져 앉는다. 연습을 하는 한 음악가가 동시에 같은 위상인 두 스피커를 통해 494 Hz의 단일 음으로 연주한다. 이 소리의 간섭 유형을 결정하라(스피커는 점파원으로 간주하고 파동이 진행하는 동안 에너지 손실은 무시하라).

풀이

문제상 주어진 값:

$d_1 = 7.00$ m와 $d_2 = 9.10$ m

$f = 494$ Hz

$T = 25°$C

경로차는 파장으로 표현할 수 있다. 이것은 파동 관계식 $\lambda = v/f$에서 알 수 있다. 식 14.1을 사용해서 속력을 구하면

$$v = (331 + 0.6T_C) \text{ m/s} = [331 + 0.6(25)] \text{ m/s} = 346 \text{ m/s}$$

이다. 그러므로 파장은

$$\lambda = \frac{v}{f} = \frac{346\,\text{m/s}}{494\,\text{Hz}} = 0.700\,\text{m}$$

이고, 따라서 거리를 파장으로 표현하면

$$d_1 = (7.00\,\text{m})\left(\frac{\lambda}{0.700\,\text{m}}\right) = 10.0\lambda$$

$$d_2 = (9.10\,\text{m})\left(\frac{\lambda}{0.700\,\text{m}}\right) = 13.0\lambda$$

이다. 따라서 경로차는 다음과 같다.

$$\Delta L = d_2 - d_1 = 13.0\lambda - 10.0\lambda = 3.0\lambda$$

그러므로 $n = 3$이므로 앉은 위치에서는 보강간섭이 생긴다. 파동은 서로를 강화시키고 큰 소리가 들릴 것이다.

14.4.3 맥놀이

흥미로운 또 다른 간섭 효과는 거의 같은 진동수($f_1 \approx f_2$)인 두 음이 동시에 소리를 낼 때 일어난다. 귀는 **맥놀이**(beats)라고 알려진 큰소리의 맥동을 느낀다. 사람의 귀는 소리가 고르게 (연속적, 맥동 없이) 나기 전에 초당 7개의 맥놀이를 감지할 수 있다.

진폭이 같지만 진동수가 약간 다른 두 사인파의 파동이 간섭한다고 가정하자(그림 14.7a). 그림 14.7b는 그 결과의 파동을 나타내었다. 결합된 파동의 진폭은 파동의 외부 검은색 곡선(포락선으로 알려짐)으로 나타낸 사인파로 변한다.

이러한 진폭의 변화를 청취자가 어떠한 방법으로 감지하겠는가? 청취자는 포락선에 따라 나타나는 맥동 소리(맥놀이)를 듣게 될 것이다. 최대 진폭은 2A이다(두 개의 원래 파동이 최대인 점에서 보강간섭이 일어난다). 청취자가 듣게 되는 **맥놀이 진동수**(beat frequency, f_b)라고 하는 것에 대해 다음과 같이 나타낸다.

$$f_b = |f_1 - f_2| \tag{14.8}$$

절댓값은 맥놀이 진동수 f_b는 $f_2 > f_1$일지라도 음수가 될 수 없기 때문이다. 기본음은 두 진동수 평균의 진동수를 가지고 있다는 점에 유의하라. 기본음은 맥놀이 진동수에서 '변조'된다고 한다. 즉, 그것은 맥놀이 진동수에 큰소리로 진동한다. 예를 들어 개별 진동수가 517 Hz와 513 Hz인 두 개의 진동 튜닝 포크를 고려해 보자. 근처의 청취자는 515 Hz의 음을 들을 수 있지만(진동수의 평균), 큰소리로 $f_b = 517 - 513\ \text{Hz} = 4\ \text{Hz}$의 맥놀이 진동수에 따라 달라질 수 있다. 음악가는 현악기를 조율하기 위해 이 현상을 이용한다. 그들은 악기와 조정된 음을 동시에 귀를 기울이며, 맥놀이가 사라지고 진동수가 일치할 때까지($f_1 = f_2$) 줄의 장력을 조절한다.

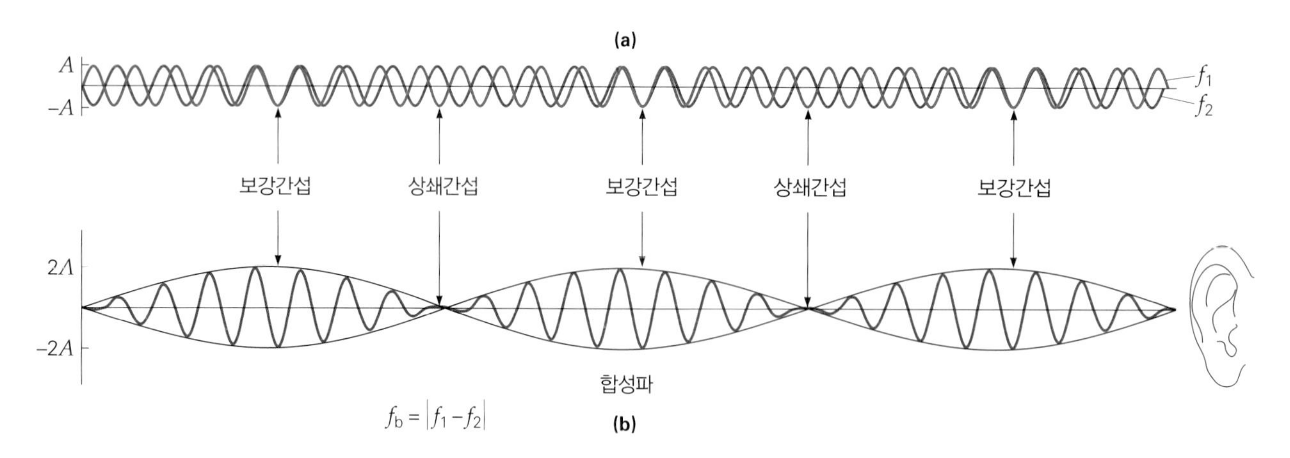

▲ 그림 14.7 **맥놀이.** 진폭이 같고 진동수가 약간 다른 두 진행파가 간섭하고 맥놀이라고 부르는 음을 만들어 낸다. 맥놀이 진동수는 $f_b = |f_1 - f_2|$이다.

14.5 도플러 효과

구급차의 사이렌에 의해 발산되는 소리의 음높이는 여러분에게 다가갈수록 커지고 멀어지면 줄어든다. 경주차가 트랙을 도는 것을 바라볼 때 모터 소음의 진동수가 변하는 것을 들을 수 있다. 음원의 운동에 따라 듣는 소리의 진동수가 달라지는 **도플러 효과**(Doppler effect)의 예이다[오스트리아 물리학자 크리스틴 도플러(Christian Doppler, 1803~1853)가 처음으로 이 효과를 설명하였다].

그림 14.8에서 보여주는 것처럼 움직이는 음원이 내보내는 소리 파동은 음원 앞에서는 모이고 뒤에서는 퍼진다. 정지 공기를 기준으로 이동 음원으로 인한 진동수 변화를 나타내는 표현은 그림 14.9에 묘사된 상황을 이해함으로써 찾을 수 있다. 공기 중에서 음속은 v이고 움직이는 음원의 속력은 v_s이다. 음원에서 만들어지는 소리의 진동수는 f_s이다. 한 주기인 $T = 1/f_s$ 동안에 파동의 마루는 거리 $d = vT = \lambda$ 만큼 움직인다. 소리 파동은 음원이 움직임에 관계없이 정지한 공기 중에서 이 거리를 진행한다. 그러나 한 주기 동안 음원은 다른 파동의 마루를 내보내기 전에 거리 $d_s = v_sT$만큼 진행한다. 그러므로 연속되는 파동의 마루 사이의 거리는 파장 λ'으

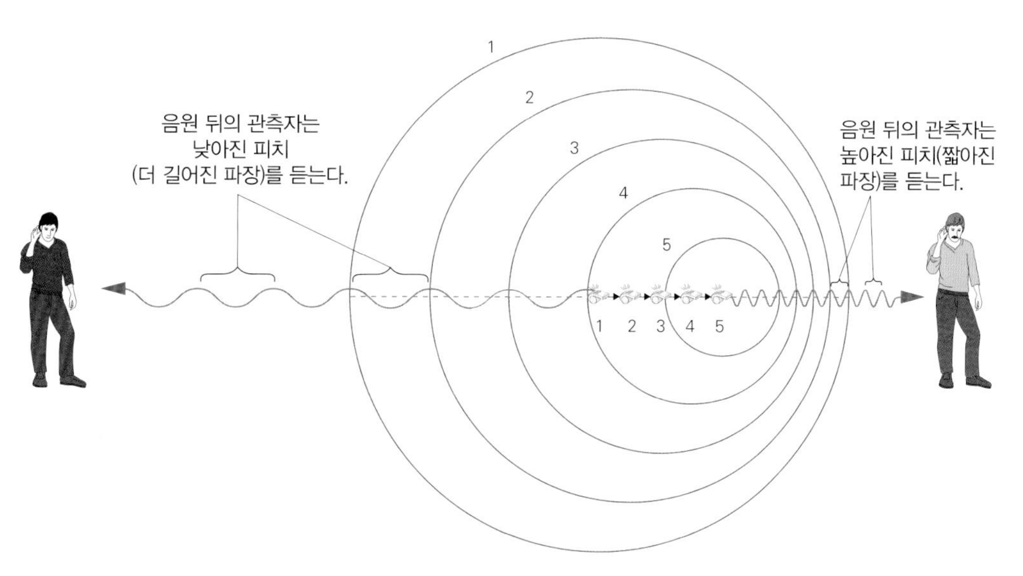

▲그림 14.8 **움직이는 음원에 대한 도플러 효과.** 소리 파동은 움직이는 음원—휘파람 소리—앞에서 높은 진동수가 되면서 모인다. 파동은 음원 뒤에서 낮은 진동수가 되면서 사라진다.

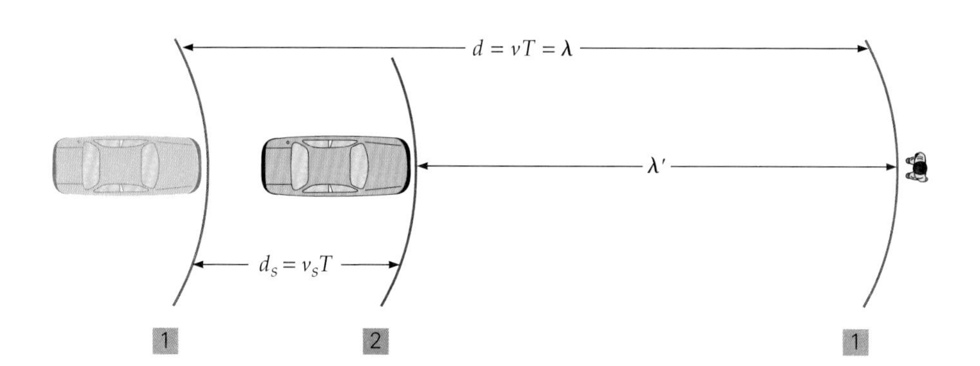

◀그림 14.9 **도플러 효과와 파장.** 움직이는 자동차의 경적소리는 시간 T 동안에 거리 d만큼 진행한다. 이 시간 동안에 자동차(음원)는 두 번째 펄스를 내기 전에 d_s만큼 진행하고 그것 때문에 접근하는 방향으로 관측되는 소리의 파장이 짧아진다.

로 짧아진다.

$$\lambda' = d - d_s = vT - v_sT = (v - v_s)T = \frac{v - v_s}{f_s}$$

관측자가 듣는 진동수 f_0는 $f_0 = v/\lambda'$에 의해서 짧아진 파장과 관계되고, λ'의 값을 대입하면 다음과 같이 정리된다.

$$f_0 = \frac{v}{\lambda'} = \left(\frac{v}{v - v_s}\right) f_s = \left(\frac{1}{1-(v_s/v)}\right) f_s$$

마지막 표현은 진동수를 결정하는 데 중요한 요인이 두 속력의 값이 아니라 (분모에서) 그들의 비율이라는 것을 보여준다. 음원이 관측자로부터 멀어지고 있는 상황의 분석은 유사한 결과를 주지만 분모에 +부호가 주어지게 된다. 따라서 일반적으로 표현하면 다음과 같다.

$$f_0 = \left(\frac{v}{v \pm v_s}\right) f_s = \left(\frac{1}{1 \pm (v_s/v)}\right) f_s \tag{14.9}$$

$$\begin{cases} - & \text{음원이 관측자를 향해 접근하는 경우} \\ + & \text{음원이 관측자로부터 멀어지는 경우} \end{cases}$$

만약 음원이 접근한다면, 분모 $1 - (v_s/v)$는 1보다 작으므로 예상한 대로 f_0는 f_s보다 크다는 것을 확인할 수 있다. 따라서 접근하는 음원의 속력이 음속의 1/10 속력이라면 $v_s/v = 1/10$이므로 식 14.9로부터

$$f_0 = \left(\frac{1}{1-(1/10)}\right) f_s = \frac{10}{9}\, f_s$$

이다.

도플러 진동수 변화는 비록 상황이 조금 다르지만 움직이는 관측자와 정지된 음원에서도 발생한다. 관측자가 음원을 향하여 움직임에 따라 연속되는 파동의 마루 사이의 거리는 정상적인 파장이다. 그러나 측정된 파동 속력은 다르다. 접근하는 관측자와 관련이 있는 정지한 음원의 소리는 $v' = v + v_0$의 파동 속력을 가지는데, 여기서 v_0는 관측자의 속력이고 v는 정지한 공기 중에서 음속이다. 따라서 관측자는 음원을 향해 이동함으로써 주어진 시간 내에 더 많은 마루를 만나 더 높은 진동수를 얻는다.

접근하는 관측자의 경우, 관측된 진동수는 $f_0 = (v'/\lambda) = [(v + v_0)/v] f_s$ 이다. 관측자가 멀어지는 경우 유일한 차이는 분자의 − 부호뿐이다. 두 상황을 결합해서 식을 다시 쓰면 다음과 같다.

$$f_0 = \left(\frac{v \pm v_0}{v}\right) f_s = \left(1 \pm \frac{v_0}{v}\right) f_s \tag{14.10}$$

$$\begin{cases} - & \text{관측자가 음원에서 멀어질 경우} \\ + & \text{관측자가 음원에 접근하는 경우} \end{cases}$$

예제 14.4 **도로 위에서-도플러 효과**

96 km/h로 달리는 트럭이 고속도로에 혼자 서 있는 사람을 근접해 지나갈 때 운전자는 경적을 울렸다. 만약 경적의 진동수가 400 Hz 라면 (a) 트럭이 접근할 때와 (b) 지나간 후에 사람이 듣는 소리 파동의 진동수는 얼마인가? (단, 음속은 346 m/s라고 가정하자.)

풀이

문제상 주어진 값:

$v_s = 96\text{ km/h} = 27\text{ m/s}$

$f_s = 400\text{ Hz}$

$v = 346\text{ m/s}$

(a) −부호를 선택한 식 14.9로부터 주어진 값을 대입하면

$$f_0 = \left(\frac{1}{1-(v_s/v)}\right)f_s$$
$$= \left(\frac{1}{1-(27\text{ m/s}/346\text{ m/s})}\right)(400\text{ Hz}) = 434\text{ Hz}$$

이다.

(b) 음원이 멀어질 때 식 14.11에서 +부호가 사용되며, 다음과 같다.

$$f_0 = \left(\frac{1}{1-(v_s/v)}\right)f_s$$
$$= \left(\frac{1}{1+(27\text{ m/s}/346\text{ m/s})}\right)(400\text{ Hz}) = 371\text{ Hz}$$

도플러 효과는 비록 효과를 설명하는 식이 앞에서 표현한 식과 다르더라도 빛에도 역시 적용한다. 별처럼 멀리 있는 광원이 우리로부터 멀어져 갈 때 받는 빛의 진동수는 더 낮아진다. 즉, **도플러 적색편이**(Doppler red shift)의 효과로 알려진 대로 빛은 적색(긴 파장) 끝으로 이동한다. 유사하게 접근하는 물체로부터 나오는 빛의 진동수는 증가하고 **도플러 청색편이**(Doppler blue shift)를 만들면서 빛은 스펙트럼의 청색(짧은 파장) 쪽으로 이동한다. 이동의 크기는 광원의 속력과 관계되어 있다. 천문학적인 물체에서 빛의 도플러 편이는 천문학자들이 다양한 천문학 물체의 속력(및 운동 방향)을 측정하는 데 사용하는 중요한 도구이다.

반사된 라디오파(소리가 아닌 긴 파장 빛)를 사용하는 경찰 레이더에 차를 타고 과속을 하다가 적발된 적이 있다면 도플러 효과의 실질적인 적용을 받았을 것이다. 만약 라디오파가 주차된 차에서 반사된다면 반사된 파는 원래와 같은 진동수로 되돌아온다. 그러나 순찰차 쪽으로 움직이는 차에서 반사되는 파는 높은 진동수가 되거나 도플러 편이가 된다. 실제로는 **이중** 도플러 편이가 생긴다. 파동을 받을 때 움직이는 자동차는 움직이는 관측자처럼 행동하고(첫 번째 도플러 편이), 파동을 반사할 때 자동차는 파동을 내보내는 움직이는 광원처럼 행동한다(두 번째 도플러 편이). 이들 결합된 편이의 크기는 자동차의 속력에 따라 다르다. 수신된 진동수를 파원의 진동수와 비교하여 컴퓨터는 경찰관에게 이 속력을 신속하게 계산하여 표시할 수 있다.

14.5.1 음속 굉음

초음속으로 날아가는 제트비행기를 생각해 보자. 움직이는 음원의 속력이 음속에 접근함에 따라 음원 앞에 있는 파동들은 모두 함께 가까워지게 된다(그림 14.10a). 비행기가 음속으로 이동하면 파동은 이를 앞지르지 못하고 앞쪽으로 쌓인다. 초음속일

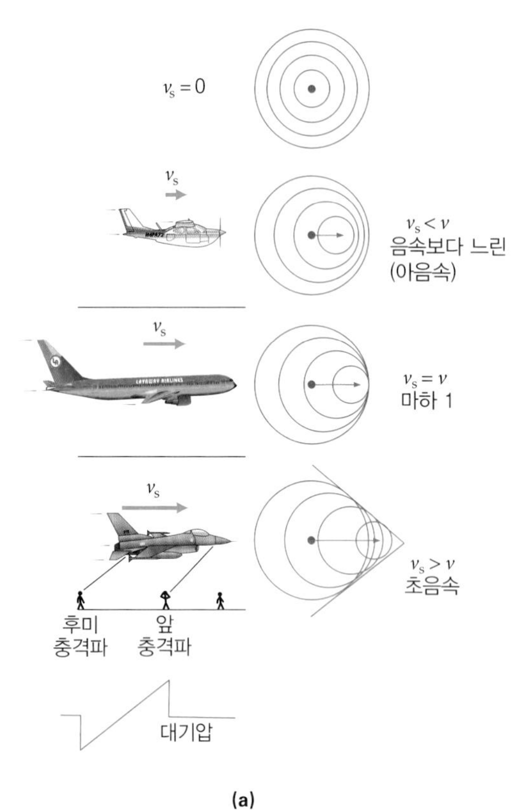

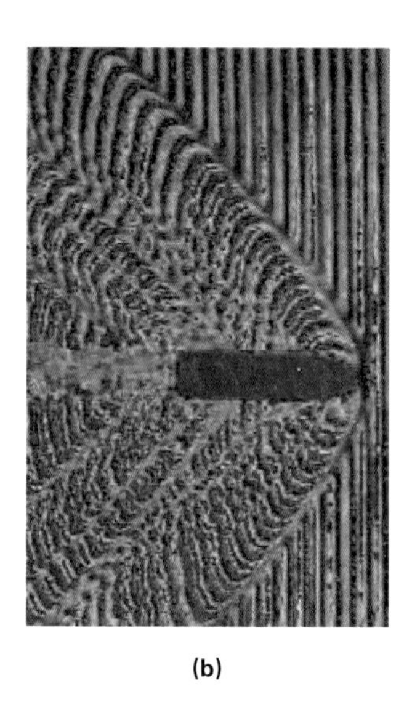

▲ 그림 14.10 **선수파와 음속 굉음.** (a) 비행기가 공기 중에서 음속을 초과하여 속력이 v_s일 때 소리 파동은 압력 마루 또는 충격파를 만든다. 끌려가는 충격파가 지상 위를 지나가면 관측자는 음속 굉음을 듣는다(실제로 두 개의 음속 굉음, 왜냐하면 충격파는 비행기의 앞뒤에 만들어지기 때문이다). (b) 공기 중의 음속보다 더 빠른 총알. 충격파(및 총알 뒤의 교란)를 유의하라.

때는 파동은 겹쳐진다. 이렇게 많은 파동이 겹쳐지게 되면 수많은 보강간섭이 만들어져 큰 압력 마루 또는 **충격파**(shock wave)를 형성한다. 물 위에서 수면파의 속력보다 더 빠른 속력으로 움직이는 배의 앞부분에서 만들어지는 파동과 유사하므로 이러한 파는 때때로 선수파(bow wave)라 한다. 또 다른 예로 아주 빠르게 날아가는 총알의 충격파를 그림 14.10b에 보여주고 있다.

초음속으로 이동하는 항공기의 경우 충격파가 옆으로 빠져나와 각도가 항공기의 속도에 따라 좌우로 원뿔 모양으로 아래로 내려간다(그림 14.10a 참조). 이 압력 마루가 지상에 있는 관측자를 지나갈 때 크게 밀집된 에너지가 **음속 굉음**(sonic boom)이라는 것을 만든다. 충격파가 비행기의 앞뒤에서 만들어지기 때문에 실제로는 이중 음속 굉음이다. 어떤 조건 하에서 충격파는 창문을 깰 수 있고 지상에 있는 구조물에 다른 형태의 피해를 줄 수 있다.

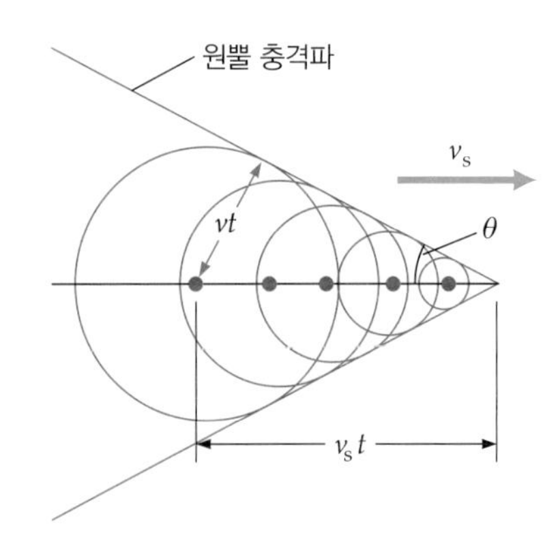

▲ 그림 14.11 **충격파와 마하수**. 음원의 속력(v_s)이 공기 중의 음속(v)보다 클 때 간섭 구형 음파는 원뿔형 충격파를 형성하여 2차원으로 볼 때 V자 모양의 압력 마루로 나타난다. 각도 θ는 $\sin\theta = v/v_s$로 주어지며, 역수 비율은 v_s/v를 마하수라고 한다.

음원에 대한 음속의 비율인 v_s/v는 **마하수**(Mach number, $\boldsymbol{M}$)로, 초음속을 연구하는 데 이것을 사용한 오스트리아의 물리학자 에른스트 마흐(Ernst Mach, 1838~1916)의 이름을 딴 것이다. 그림 14.11의 기하학적 표현에서 $\sin\theta = (vt/v_s t) = v/v_s = 1/M$을 볼 수 있다. 따라서 다음과 같다.

$$M = \frac{v_s}{v} = \frac{1}{\sin\theta} \tag{14.11}$$

만약 비행기가 단지 음속의 속력으로 날고 있다면, $v_s = v$와 M은 1이다. M값이 1보다 작으면 아음속(음속보다 작음), 1보다 크면 초음속(음속보다 큼)을 나타낸다.

후자의 경우 마하수는 비행기의 속력을 음속의 곱으로 말해준다. 예를 들어 마하수가 2이면 음속의 2배를 의미한다. $\sin\theta \leq 1$이기 때문에 $M \geq 1$이지 않는 한 충격파는 없다.

더 작은 규모로 여러분은 아마도 작은 음속 굉음, 즉 채찍의 갈라지는 소리를 들어본 적이 있을 것이다. 채찍의 끝이 초음속 속력으로 움직이고 있기 때문이다. 그 균열은 사실 공기가 채찍의 끝부분을 마지막으로 뒤집어서 생기는 압력이 줄어든 영역으로 다시 돌진해내는 소리이다.

14.6 악기와 소리 특성

악기는 정상파와 경계면 조건의 좋은 예를 제공한다. 13.5절에서 배운 바와 같이 팽팽한 줄 위에 존재할 수 있는 특정한 자연파 또는 정상파 진동수가 있다(예를 들어 기타의 줄). 처음에 줄의 장력을 조정하여 특정(기본) 진동수로 만든다. 그런 다음 줄의 유효 길이는 손가락 위치와 압력에 따라 달라진다.

정상파는 공기 기둥에도 존재할 수 있다. 여러분 중 누군가는 소다수 병의 열린 윗부분을 가로질러 불어보면서 청각적인 음을 만들어 낸 경험이 있을 것이다. 병을 가로질러 부는 것은 병 안의 공기 기둥의 기본 모드를 만든다. 신호음의 진동수는 공기 기둥의 길이에 따라 달라진다. 병에 액체가 많아지면 공기 기둥이 짧아지고 진동수가 높아진다. 병의 열린 끝에는 배(최대 공기분자 운동)가, 액체 표면이나 빈 병의 바닥에는 마디(분자 운동 없음)가 있을 것이다.

정상파는 관악기에서 기본적으로 만들어진다. 파이프의 길이가 고정되어 있고 열려 있거나 닫혀 있는 파이프 오르간을 생각해 보자(그림 14.12a). 열린 끝에서 정상파의 경계 조건은 분자들이 자유롭게 움직일 수 있어야 하고 배 운동을 한다. 마찬가지로 닫힌 끝도 분자 이동을 허용할 수 없으므로 정상파를 위한 마디 운동이어야 한다. 이러한 파는 횡파처럼 보일 수 있지만, 종파인 음파를 실제로 기술할 수 있다는 것을 깨닫는 것이 중요하다. 따라서 분자 운동은 실제로 파이프의 축과 평행하며 진동하는 끈의 조각처럼 파이프에 수직이 아니다.

팽팽한 줄에 대한 13.5절과 유사하지만 음파에 대한 적절한 경계 조건을 가진 분석은 두 가지 유형의 파이프(길이 L)의 자연 진동수에 대해 다음과 같이 표현할 수 있다.

$$f_n = \frac{v}{\lambda_n} = n\left(\frac{v}{2L}\right) = nf_1 \qquad n = 1, 2, 3, \ldots \tag{14.12}$$

(양쪽 끝이 열린 파이프)

와

$$f_m = \frac{v}{\lambda_m} = m\left(\frac{v}{4L}\right) = mf_1 \qquad m = 1, 2, 3, \ldots \tag{14.13}$$

(한쪽 끝이 닫힌 파이프)

여기서 v는 공기 중의 음속이다. 자연 진동수가 파이프의 길이에 의존하는 것을 유의

▶ **그림 14.12 정상파.** (a) 세로 정상파(여기서는 사인모양의 곡선으로 나타냄)는 파이프 내에서 진동하는 공기층으로 만들어진다. 열려 있는 파이프는 양쪽 끝에 배를 가진다. (b) 닫힌 파이프는 닫힌 끝(마디)과 열린 끝(배)을 가진다. (c) 현대의 파이프 오르간. 파이프는 열려 있거나 닫혀 있다.

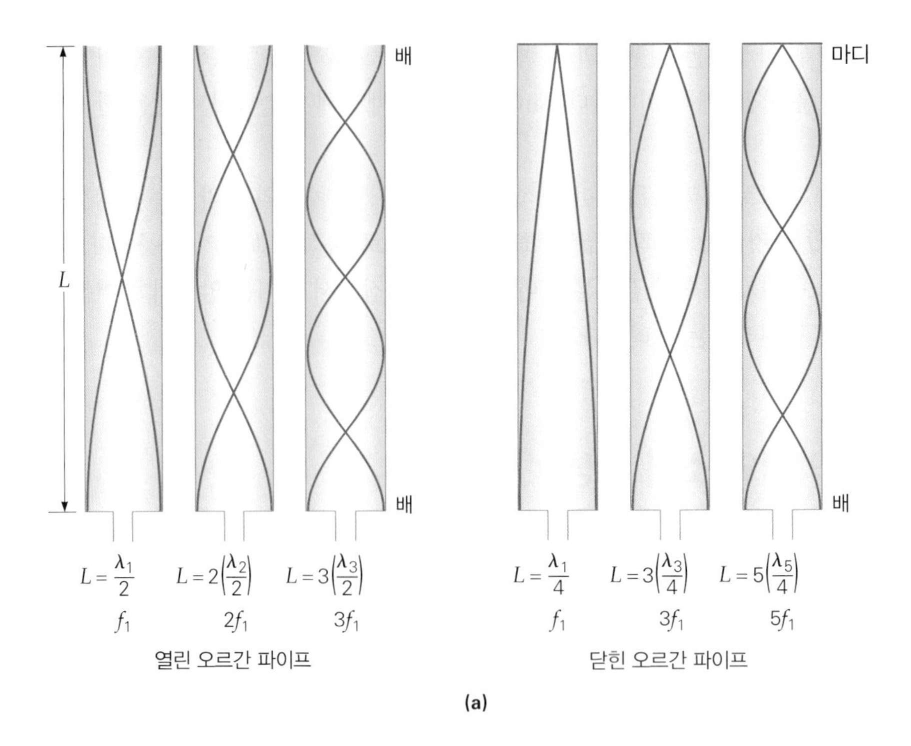

(a)

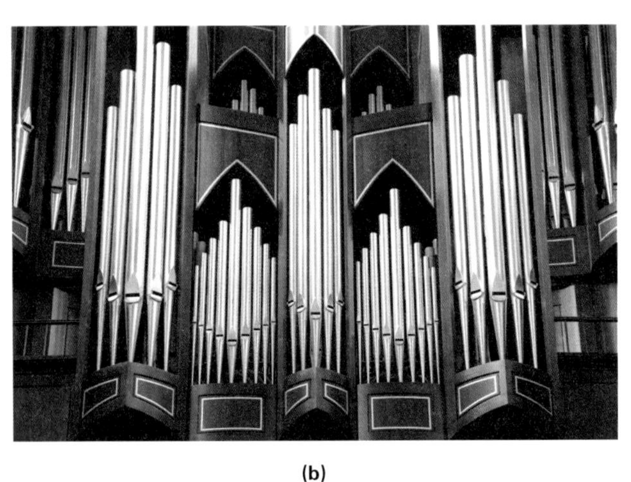

(b)

하라. 이것은 파이프 오르간에서 기본적인 진동수를 선택하는 데 매우 중요하다(그림 14.12b). (파이프의 직경 역시 중요한 인자이다. 그러나 여기서는 간단한 해석만 하므로 고려히지 않는다.)

같은 물리적 원리를 관악기와 금관악기에 적용한다. 모든 것에서 사람의 숨은 열려 있는 관에서 정상파를 만드는 데 사용한다. 대부분의 악기는 연주자가 관의 효과적인 길이를 변화하는 것을 허용하고, 따라서 금관악기에서는 공기가 공명하게 할 수 있도록 실제로 관의 길이를 변화시키는 슬라이드 또는 밸브의 도움과 목관악기에서는 관에 있는 구멍을 열고 닫음으로써 음을 만든다(그림 14.13).

13.5절에서 악보나 음색이 악기의 기본 진동인 진동수를 기준으로 한다는 것을 상기하자. 음악적 용어로 제1배음은 제2조화파이고, 제2배음은 제3조화파 등이다. 닫힌 오르간 파이프(식 14.13)는 짝수 조화파가 없음을 유의하자.

(a)

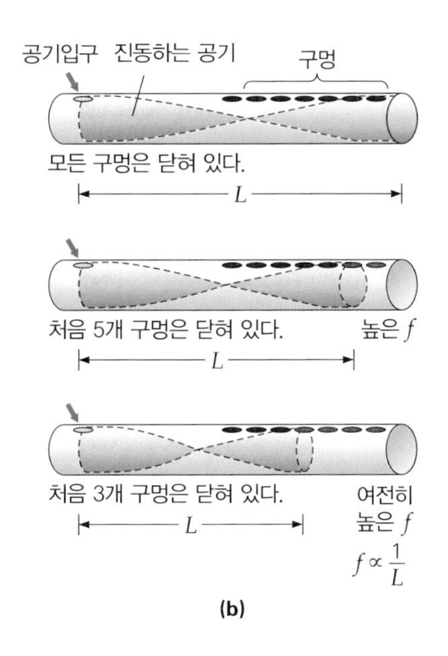

(b)

◀그림 14.13 **관악기.** (a) 클라리넷과 같은 관악기는 본질적으로 열린 관이다. (b) 공기 기둥의 유효 길이와 거기에 따른 소리의 음은 관을 따라 구멍을 열고 닫음으로써 변화시킬 수 있다. 진동수 f는 공기 기둥의 유효 길이 L에 반비례한다.

예제 14.5 **파이프 오르간–기본 진동수**

특정 열린 오르간 파이프의 길이는 0.653 m이다. 공기 중에서 음속이 345 m/s라고 한다면 이 파이프의 기본 진동수는 얼마인가?

풀이

문제상 주어진 값:

$L = 0.653$ m

$v = 345$ m/s (음속)

식 14.12에서 $n = 1$을 사용하면

$$f_1 = \frac{v}{2L} = \frac{345\ \text{m/s}}{2(0.653\ \text{m})} = 264\ \text{Hz}$$

이고, 또한 파장 $\lambda = 2L$이므로 $\lambda = 1.31$ m를 알 수 있으므로

$$f_1 = \frac{v}{\lambda_1} = \frac{345\ \text{m/s}}{1.31\ \text{m}} = 264\ \text{Hz}$$

임을 구할 수 있다.

감지하는 소리를 소리 파동의 물리적 특성을 설명하는 데 사용한 용어와 유사한 방법으로 설명한다. 물리적으로 파동은 세기, 진동수 그리고 파형으로 일반적으로 특징지어진다. 귀의 감각기능을 설명하는 용어로는 소리 크기, 높낮이 그리고 음질이다. 이러한 일반적인 관계를 표 14.3에 나타내었다. 그러나 대응관계가 완벽하지 않다. 물리적 특성은 객관적이고 직접적으로 측정이 가능해야 한다. 감각적인 효과는 주관적이고 사람에 따라 다르다(온도계로 측정하는 온도와 사람이 만져서 측정하는 온도를 생각해 보라).

표 14.3 소리의 지각과 물리적 특성 사이의 일반적인 관계

감각 효과	물리적 파동 특성
소리 크기	세기
높낮이	진동수
질(음질)	파형(조화파)

소리의 세기와 데시벨 눈금으로 측정한 것은 14.3절에 나타내었다. 소리의 크기는 세기와 관련되어 있다. 그러나 사람의 귀는 다른 진동수의 소리에 다르게 반응한다. 예를 들어 세기는 같지만 진동수가 다른 두 음에 대해서 소리의 크기가 다르다고 판단한다.

진동수와 높낮이는 가끔 같은 뜻으로 사용된다. 그러나 객관적, 주관적 차이가 있다. 동일한 낮은 진동수의 음을 두 가지 세기 등급으로 소리를 낸다면 대부분의 사람

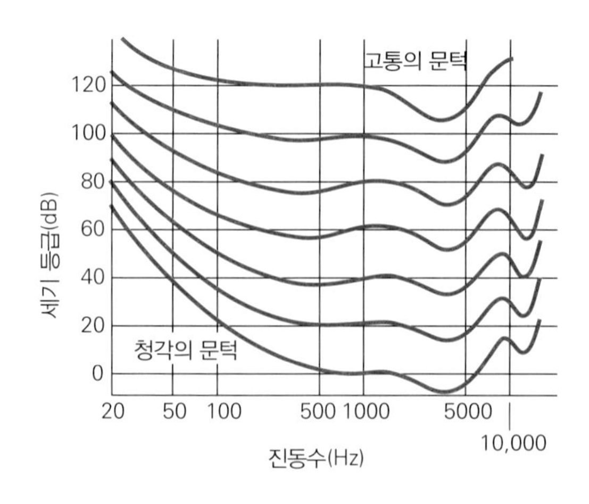

▶ **그림 14.14 음세기 등고선.** 비록 다른 진동수와 다른 세기 등급일지라도 곡선은 같은 소리 세기로 판단되는 음을 나타내었다. 예를 들어 가장 낮은 곡선에서 0 dB에서 1000 Hz 음은 40 dB에서 50 Hz 음과 소리 세기가 같다. 진동수 눈금은 큰 진동수 범위를 적용하기 위해서 로그 눈금을 사용하였다.

은 더 강한 소리는 보다 낮은 높낮이 또는 진동수를 가진다고 말한다.

그림 14.14에 보여준 세기 등급 대 진동수의 그래프에서 곡선을 음세기 등고선(또는 연구자 이름을 따서 플레처-먼슨 곡선이라 한다)이라 한다. 이러한 곡선은 사람이 같은 소리 세기라고 판단하는 세기-진동수의 결합을 나타내는 점을 연결하였다. 맨 위의 곡선은 고통의 문턱(120 dB)의 데시벨 등급이 소리의 진동수와 관계없이 정상적인 듣기 범위에서 크게 벗어나지 않는다. 그 반면에 가장 낮은 곡선을 나타내는 청각의 문턱은 진동수에 따라 크게 변한다. 2000 Hz 진동수의 음에 대해서 청각의 문턱은 0 dB이다. 그러나 20 Hz 음은 듣기 위해서는 70 dB 이상의 세기 등급이 있어야 한다(가장 아래 곡선의 외삽된 y 절편).

곡선에서 극소가 있다는 것이 흥미롭다. 청각의 곡선에서 2000~5000 Hz 범위에서 큰 극소점이 보이고 귀는 4000 Hz 근방에서는 아주 민감하다. 4000 Hz 진동수의 음은 0 dB 이하의 세기 등급에서도 들을 수 있다. 곡선에서 다른 극소 또는 민감한 영역은 12000 Hz이다.

극소는 귓구멍에서 닫힌 관(닫힌 파이프와 유사함)의 공명의 결과로 발생한다. 구멍의 길이는 4000 Hz 기본 공명 진동수를 갖도록 되어 있어서 아주 민감하게 된다. 닫힌 구멍에서 다음 자연 진동수는 제3조화파이며(식 14.13 참조), 기본 진동수의 세 배 또는 대략 12000 Hz가 된다.

예제 14.6 사람 귓구멍–정상파

사람의 귓구멍을 길이가 2.54 cm인 원통형 관이라고 생각하자. 가장 낮은 소리의 공명 진동수는 얼마인가? 현실감을 위해 귓구멍의 공기가 정상 체온보다 약간 낮거나 30°C 보다 낮다고 가정하자.

풀이

문제상 주어진 값:

$L = 2.54\text{ cm} = 0.0254\text{ m}$

$T = 30°\text{C}$

먼저, 30°C에서 음속은

$$v = (331 + 0.6T_{\text{C}})\text{ m/s} = [331 + 0.6(30)]\text{ m/s} = 349\text{ m/s}$$

이고, 따라서

$$f_1 = \frac{v}{4L} = \frac{349\text{ m/s}}{4(0.0254\text{ m})} = 3.44 \times 10^3\text{ Hz} = 3.44\text{ kHz}$$

이다. 그림 14.14의 곡선과 비교해 보라. 이 진동수 근방에서 곡선의 극소가 있음을 알 수 있다.

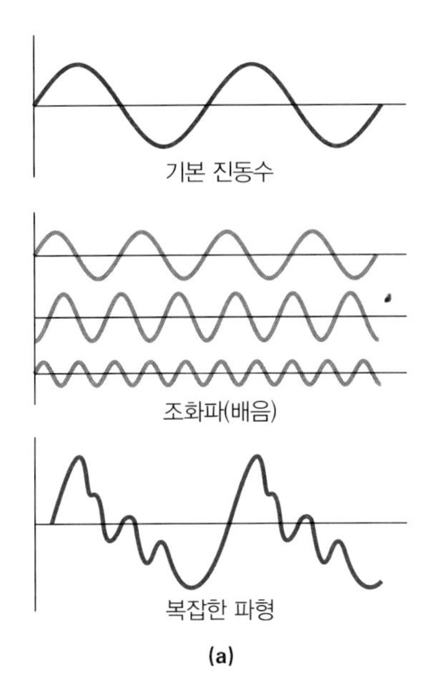

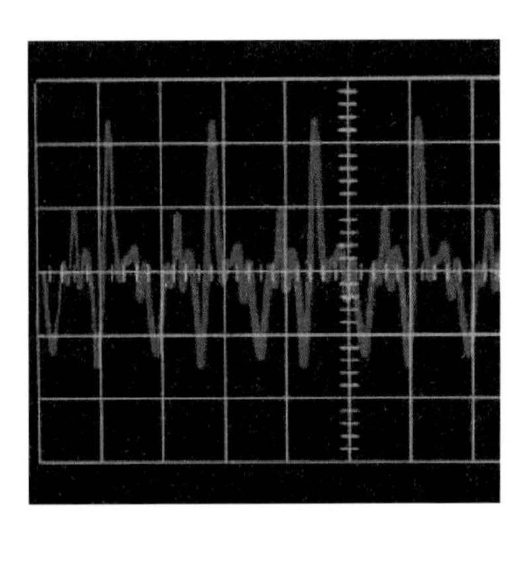

◀그림 14.15 **파형과 음질.** (a) 진동수와 진폭이 다른 소리가 중첩되면 복잡한 파형을 만든다. 조화파 또는 배음은 소리의 음질을 결정한다. (b) 현악기의 파형을 오실로스코프에 나타내었다. 기본 진동수(큰 봉우리)와 몇 개의 높은 진동수(작은 진동수, 가까운 결합 봉우리)에 중첩된 것임을 주목하라.

음색의 **질**(quality)은 기본적으로 세기와 진동수가 같으면서 다른 음색이라면 구별할 수 있는 특성을 가졌다. 음색의 질은 파형, 특히 조화파(배음)의 존재와 상대적인 세기에 의존한다(그림 14.15). 목소리의 음색은 입안의 공명 구멍에 크게 의존한다. 어떤 사람은 다른 사람과 같이 기본 진동수와 세기가 같은 음색으로 노래할 수 있다. 그러나 배음을 다르게 조합하여 다른 음질의 두 가지 목소리를 만든다.

음계의 음표는 특정 진동수에 해당된다. 예를 들어 264 Hz의 진동수는 중간 C(또는 C4)라고 불리는 음계에 근접되어 있다. 어떤 음이 악기에서 연주되면 그 진동수는 기본 진동수인 제1조화파의 진동수이다. 따라서 각 음에 대해 여러 가지 배음이나 조화파가 있다. 악기의 음질을 결정하는 모든 배음에서 기본 진동수는 지배적이다. 13.5절에서 만들어지는 배음이 어떻게 악기를 연주하느냐에 달려 있다는 것을 기억하라. 바이올린 줄을 뜯거나 켜거나 어떤 것을 하더라도 고유한 음질은 구별할 수가 있다.

연습문제

통합 연습문제(Integrated Exercises, IEs)는 두 부분으로 이루어진다. 첫 번째 부분은 일반적으로 기본 원칙과 추론에 기초한 개념적 답변 선택을 요구한다. 두 번째 부분은 연습의 첫 번째 부분에서 이루어진 개념적 선택과 관련된 정량적 계산을 필요로 한다. 기호(•)은 문제의 난이도를 의미한다. 쉬움(•), 보통(••), 어려움(•••)

14.1 소리파

14.2 소리의 속력

1. • 공기 중에서 (a) 10°C와 (b) 20°C일 때 음속은 얼마인가?

2. • 수중 음파 탐지기는 해저 지도를 만드는 데 사용된다. 초음파 신호가 2.0초 후에 수신되면 그 위치의 해저면 깊이는 얼마나 되는가?

3. • 액체에서 음파의 속력에 대한 표현은 $v=\sqrt{Y/\rho}$이다. 이 식이 차원적으로 올바른 것인지 보여라. 고체에서도 음파의 속력을 이 식 $v=\sqrt{Y/\rho}$를 사용하는 데 올바른지 반복해서 보여라.

4. •• 의료용 초음파는 약 20 MHz의 진동수를 사용하여 반사

에 의해 사람의 몸 상태와 질병을 진단한다. 파장 크기 이하의 물체와 구조는 이러한 파장을 이용하여 검출할 수 있다. (a) 조직 내 음속의 속력이 1500 m/s일 경우 가장 작은 감지 가능한 물체의 길이를 계산하라. (b) 만약 침투 깊이가 약 200 λ라면, 이 파는 얼마나 깊이 조직으로 침투할 수 있을까?

5. •• 바다에서 돌고래는 먹이를 찾기 위해 초음파 소리를 보낸다. 만약 초음파를 보낸 돌고래가 0.12초 후에 먹이의 메아리를 받는다면, 돌고래로부터 먹이까지의 거리는 얼마나 먼가?

6. •• 인체 조직에서 음속은 1500 m/s이다. 초음파 시술에는 3.50 MHz 기구를 사용된다. (a) 만약 초음파의 유효 깊이가 250 λ이라면, 깊이는 몇 미터나 될까? (b) 초음파가 들어가서 유효 깊이의 물체에 부딪친 다음 반사되어 나올 때까지 왕복하는 데 걸리는 시간은? (c) 검출할 수 있는 가장 작은 것은 초음파의 한 파장 정도이다. 이 크기는 몇 미터인가?

7. IE •• 절벽이 여러 개 늘어선 산을 등반할 때 한 등산객이 첫 번째 절벽에서 돌을 떨어뜨려 돌에 부딪히는 소리를 듣는 데 걸리는 시간을 재어 높이를 측정한다. (a) 첫 번째 절벽의 두 배 높이인 두 번째 절벽에서 떨어진 돌멩이에서 나오는 소리의 측정 시간은 첫 번째 절벽에서 나오는 소리 시간보다 몇 배가 되는가? (1) 두 배 이하, (2) 두 배, (3) 두 배 이상. 그 이유는? (b) 첫 번째 절벽에서 떨어지는 돌에 대해 측정된 시간이 4.8초이고, 대기 온도가 20°C인 경우 절벽의 높이는 얼마나 되는가? (c) 만약 세 번째 절벽의 높이가 첫 번째 절벽의 세 배라면, 그 절벽에서 떨어진 돌이 땅에 닿기 위해 측정된 시간은 얼마일까?

8. ••• 30°C의 공기를 통해 전파되는 소리는 수직의 차가운 곳을 통과하여 4.0°C의 공기로 전달된다. 만약 소리가 2500 Hz의 진동수를 가지고 있다면, 그 진동수는 몇 퍼센트까지 경계를 넘나들 때 파장을 변화시키는가?

14.3 소리 세기와 소리 세기 준위

9. IE • (a) 점 음원으로부터의 거리가 3배인 경우, 소리 세기는 원래 값의 몇 배가 되는가? (1) 3, (2) 1/3, (3) 9, (4) 1/9. 그 이유는? (b) 소리 세기를 반으로 줄이려면 점 음원으로부터의 거리를 얼마나 늘려야 하는가?

10. • 다음 소리의 세기를 세기 준위인 데시벨로 나타내라.
(a) 10^{-2} W/m^2, (b) 10^{-6} W/m^2, (c) 10^{-15} W/m^2

11. IE •• (a) 만약 음원의 힘이 두 배로 증가하면, 음원에서 일정 거리에서의 세기 준위는? (1) 증가, (2) 두 배, (3) 감소. 그 이유는? (b) 5.0 W와 10 W 음원으로부터 각각 10 m 거리에 있는 세기 준위는 얼마인가?

12. •• 점 음원은 7.5 kW의 비율로 모든 방향으로 방사하면서 방출한다. 점 음원으로부터 5.0 m 떨어진 곳에서의 세기는 얼마인가?

13. •• 각각 주어진 위치에서 60 dB의 세기 준위를 개별적으로 생성할 수 있는 20명의 사람이 모두 동시에 말을 한다고 가정하자. 그 위치에서 총 소리의 세기는 얼마인가?

14. •• 사람은 특정 진동수에 대해 30 dB의 청력 손실을 가진다. 고통의 문턱의 세기를 가진 이 진동수에서 들리는 소리의 세기는 얼마인가?

15. •• 소리의 세기가 23 dB인 경우 (1) 만 배, (2) 백만 배, (3) 십억 배로 증폭된 후 소리의 세기 준위는 얼마인가?

16. IE •• 개 짖는 소리는 40 dB의 세기 준위를 가지고 있다. (a) 만약 같은 개 두 마리가 짖고 있었다면 세기 준위는? (1) 40 dB 미만, (2) 40~80 dB 사이, (3) 80 dB. (b) 세기 준위는 얼마인가?

17. •• 점 음원으로부터 12.0 m 거리에서 세기 준위는 70 dB로 측정된다. 음원으로부터 어느 거리에서 세기 준위가 40 dB이 될까?

18. •• 한 전자상거래 회사의 사무실은 50대의 컴퓨터를 가지고 있는데, 이것은 40 dB의 음 세기 준위를 발생시킨다. 사무장은 25대의 컴퓨터를 제거하여 소음을 절반으로 줄이려고 한다. 그는 목표를 달성했는가? 25대의 컴퓨터가 생성하는 세기 준위는 얼마인가?

14.4 소리 현상

14.5 도플러 효과

19. • 대기 온도가 0°C일 경우, 60 km/h로 운전하는 사람이 800 Hz의 진동수를 내는 공장 호루라기 소리를 향해 접근할 때 들을 수 있는 진동수는 얼마인가?

20. •• 철도 건널목 근처에 서 있는 동안 당신은 기차 경적 소리를 듣는다. 경적 소리의 진동수는 400 Hz이다. 기차가 90.0 km/h로 운행 중이고 대기 온도가 25°C인 경우, (a) 열차가 접근하고 있을 때와 (b) 열차가 지나간 후 들을 수 있는 진동수는 얼마인가?

21. •• 구급차 사이렌의 진동수는 700 Hz이다. 구급차가 90.0 km/h의 일정한 속력으로 서 있는 사람에게 접근할 때의 진동수와 구급차가 멀어질 때 정지해 있는 이 사람이 들을 수 있는 진동수는 얼마인가?

22. IE •• 전투기가 마하 1.5의 속력으로 비행한다. (a) 만약 제트기가 마하 1.5보다 더 빠르게 날게 되면 원뿔형 충격파의 반각 θ는? (1) 증가, (2) 같다, (3) 감소. 그 이유는? (b) 마하 1.5에서 제트기에 의해 형성된 원뿔형 충격파의 반각은 얼마인가?

23. •• 관찰자는 두 개의 동일한 음원(진동수 100 Hz) 사이를 움직이고 있다. 이 사람이 한쪽으로 접근할 때 다른 한쪽으로 물러서는 속력은 10.0 m/s이다. (a) 관찰자가 각 음원으로부터 듣는 진동수는 얼마인가? (b) 관찰자의 초당 맥놀이의 횟수는? (실온이라 가정하자.)

24. ••• 박쥐는 약 35.0 kHz의 진동수를 내며 먹이를 찾기 위해 음파 위치를 이용한다. 만약 박쥐가 허공을 맴돌다 12.0 m/s의 속력으로 정지 곤충을 향해 날아간다면, (a) 공기 온도가 20°C일 때 곤충이 받는 진동수는 얼마인가? (b) 박쥐에 의해 반사된 소리의 진동수는 얼마인가? (c) 만약 그 곤충이 처음에 박쥐로부터 바로 멀리 움직인다면, 이것이 진동수에 영향을 주는가? 설명하라.

14.6 악기와 소리 특성

25. • 오르간 파이프의 처음 세 개의 자연 주파수는 126 Hz, 378 Hz, 630 Hz이다. (a) 파이프가 양쪽 다 열린 파이프인가, 한쪽이 닫힌 파이프인가? (b) 공기 중의 소리 속력 340 m/s라 하면 파이프의 길이는?

26. • 사람의 귓속은 길이가 약 2.5 cm이다. 이때 귀는 한쪽 끝은 열려 있고 다른 쪽은 닫혀 있다. (a) 20°C에서 귀 관의 기본 진동수는 얼마인가? (b) 귀가 가장 민감한 진동수는? (c) 사람의 귀 관이 2.5 cm 이상일 경우 기본 진동수는 (a)의 진동수보다 높은가, 낮은가? 이에 대해 설명하라.

27. •• 양쪽이 열린 오르간 파이프와 한쪽 끝이 닫힌 오르간 파이프 둘 다 파이프 길이가 0.52 m이다. 온도가 20°C라고 한다면, 각 파이프의 기본 진동수는 얼마인가?

28. •• 한쪽 끝이 닫힌 오르간 파이프의 길이는 1.10 m이다. 수직으로 세워진 파이프 관에 이산화탄소 기체(공기보다 밀도가 높으므로 파이프 안에 있음)가 채워져 있다. 이때 60.0 Hz의 소리굽쇠는 기본 모드에서 정상파를 만드는 데 사용한다. 그렇다면 이산화탄소가 채워진 관에서 소리의 속력은 얼마인가?

29. IE •• 모든 구멍이 닫혀 있을 때, 플루트는 본질적으로 양끝이 열려 있는 관으로, 마우스피스에서 맨 끝까지의 길이를 측정할 수 있다. 구멍이 열리면 관의 길이가 마우스피스에서 해당 구멍까지 효과적으로 측정된다. (a) 마우스피스의 위치는? (1) 마디, (2) 배, (3) 마디도 배도 아니다. 그 이유는? (b) 플루트에서 가장 낮은 기본 진동수가 262 Hz인 경우, 20°C에서 플루트의 최소 길이는 얼마인가? (c) 플루트의 길이를 따라 구멍을 열어 440 Hz의 진동수로 연주한다면 열린 구멍과 마우스피스 사이의 거리는 얼마가 되는가?

30. ••• 양쪽이 열린 오르간 파이프의 기본 모드 길이가 50.0 cm를 갖는다. 두 번째 파이프는 한쪽 끝이 닫혀 있고 기본 모드는 같다. 둘 다 소리를 낼 때 2.00 Hz의 맥놀이 진동수를 듣는다. 한쪽 끝이 닫힌 파이프의 가능한 길이를 결정하라. 실온을 가정하자.

전하, 전기력, 전기장
Electric Charge, Forces and Field

CHAPTER 15

극적인 번개가 치는 것은 전기력에 의해 발생되며, 이 장의 핵심이다.

번개처럼 순식간에 엄청난 양의 에너지를 전달하는 자연 과정은 거의 없다(이 장의 처음 사진). 그러나 대부분의 사람은 가까운 거리에서 그 힘을 경험해 본 적이 없다. 그렇지만 미국에서는 매년 수백 명의 사람들이 번개를 맞는다.

적어도 물리적 맥락에서 비슷한 경험을 했다고 깨닫게 되면 놀랄지도 모른다. 거실 카펫 위를 걸어가서 금속 문 손잡이를 만졌을 때 충격을 받은 적이 있는가? 비록 규모면에서는 차이가 있지만 물리적 과정(정전기의 방전)에서 볼 때 흡사 번개가 치는 것과 같고, 이 경우 작은 번개가 된다.

물론 분명히 전기는 위험할 수 있지만 '가정'에서 없어서는 안 되는 것이며, 집 또는 사무실에서 그 유용성은 당연시 된다. 실제로 전기에너지에 대한 우리의 의존은 전기가 예기치 않게 꺼질 때 분명해지며, 우리 삶에서 전기가 어떤 역할을 하는지 단적으로 일깨워준다. 그러나 20세기 초에는 오늘날 우리 주위에 존재하는 전기적 응용이 하나도 없었다.

물리학자들은 이제 그 전기가 나중에 배울 자기와 관련이 있다는 것을 안다(20장). 이 장에서 전기에 대해서 배울 것이고 시작은 전하부터 배우도록 하자.

15.1 전하

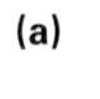

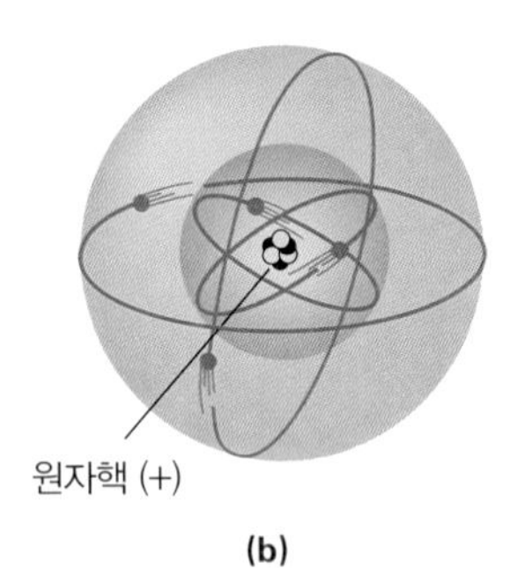

▲ 그림 15.1 **원자의 가장 단순한 모형.** (**a**) 수소원자의 소위 태양계 모형 (**b**) 베릴륨 원자의 소위 태양계 모형에서 태양 주위를 궤도 운동하는 행성과 유사하게 원자핵 (양전하를 가진) 주위를 궤도 운동하는 전자(음전하를 가진)가 있다. 원자의 전자 구조는 실질적으로 이것보다는 훨씬 더 복잡하다.

기본적으로 전기는 전하를 띤 물체들 사이의 상호작용에 대한 것을 포함한다. 이것을 입증하기 위해 물체의 전하가 정적 상태 또는 정지된 경우가 가장 간단한 상황인 정전기적으로 시작된다.

질량과 같이 **전하**(electric charge)는 물질의 기본적 성질이다. 전하는 원자를 구성하는 입자, 즉 전자와 양성자와 관련되어 있다. 그림 15.1에 나타낸 바와 같이 원자의 태양계 모형은 원자의 구조를 태양과 태양 주위를 도는 행성의 구조로 본다. 전자는 핵 주위를 돌고 있는 것으로 보고 원자질량의 대부분을 차지하고 있는 핵은 양성자와 전기적으로 중성인 중성자로 되어 있다. 행성과 항성 사이의 중력 대신 전자의 궤도 운동을 유지하는 힘은 전기력이다. 중력과 전기력 사이에는 중요한 차이점이 있다.

차이점 중의 하나는 질량은 오직 한 종류만 있어서 중력은 인력만 있다. 그러나 전하는 양(+)과 음(−)의 부호로 구별하는 두 가지 종류가 있다. 양성자는 양전하를 갖고 전자는 음전하를 갖는다. 두 가지 전하의 조합은 인력이나 척력인 알짜 전기력을 발생시킬 수 있다.

고립된 전하 입자에 대한 전기력의 방향은 **전하-힘의 법칙**(charge-force law)이라 불리는 다음과 같은 원리에 의해 주어진다.

같은 부호의 전하는 반발하고(척력) 다른 부호의 전하는 끌어당긴다(인력).

즉, 두 전하의 부호가 음(−)이거나 양(+)이면 서로 반발하지만 그 반면에 두 전하가 반대부호를 가지면 서로 끌어당긴다(그림 15.2). 인력과 척력은 뉴턴의 제3법칙에 따라 크기는 같고 방향은 반대이며 다른 물체에 작용한다(4.3절 참조).

전자와 양성자의 전하는 크기가 같고 부호는 반대임을 유의하자. 전자의 전하 크기는 e라고 약자를 쓰며 전하의 기본 단위이다. 왜냐하면 자연에서 관측된 가장 작은 전하이기 때문이다.

전하의 SI 단위는 전기력과 전하 사이의 관계(15.3절)를 밝힌 프랑스의 물리학자이며 공학자인 샤를 드 쿨롱(Charles A. de Coulomb, 1736~1806)의 이름을 따서 쿨롱(C)이라 한다. 전자, 양성자 및 중성자의 전하와 질량을 표 15.1에 나타내었다. 전하량은 $e = 1.602 \times 10^{-19}$ C임을 알 수 있다. 일반적으로 전하의 기호는 q 또는 Q

표 15.1 아원자 입자의 성질(질량과 전하)

입자	전하	질량
전자	-1.602×10^{-19} C	9.109×10^{-31} kg
양성자	$+1.602 \times 10^{-19}$ C	1.673×10^{-27} kg
중성자	0	1.675×10^{-27} kg

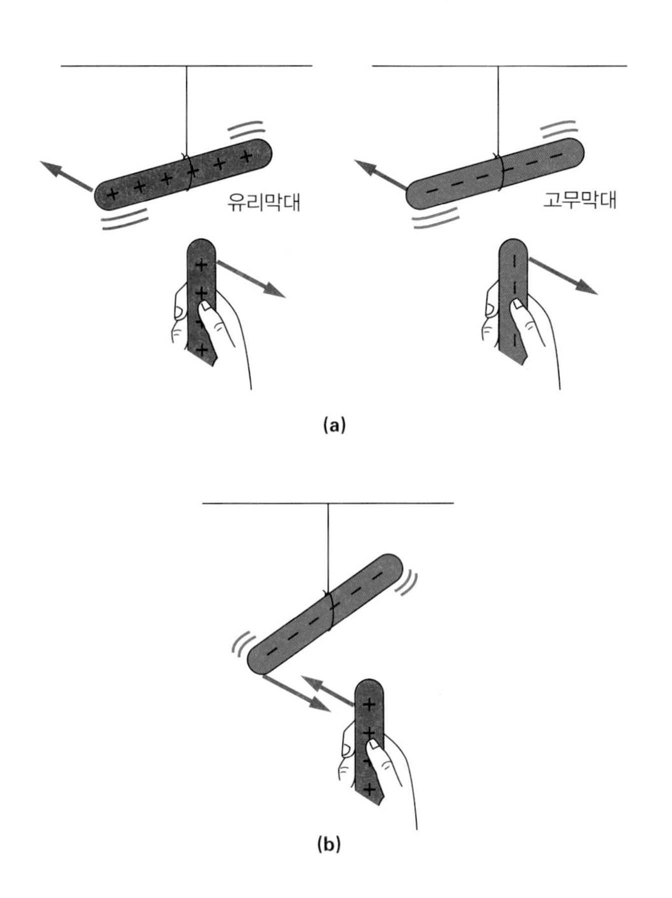

◀그림 15.2 **전하-힘의 법칙 또는 전하의 법칙.** **(a)** 같은 부호의 전하는 반발한다. **(b)** 부호가 다른 전하는 당긴다.

로 쓸 것이다. 따라서 전자에 대한 전하는 $q_e = -e = -1.602 \times 10^{-19}$ C 라 쓰고, 양성자의 전하는 $q_p = +e = +1.602 \times 10^{-19}$ C으로 쓴다.

다른 용어는 대전된 물체를 논의할 때 자주 사용된다. 물체가 **알짜 전하**(net charge)를 가졌다고 말하는 것은 양전하 또는 음전하가 과잉 전하를 가졌다는 것을 의미한다(그러나 정말로 알짜 전하를 의미할 때 보통 물체의 '전하'라고 말하는 것이다). 15.2절에서 보겠지만 과잉 전하는 양성자가 아니라 전자의 이동에 의해서 만들어진다(양성자는 원자핵에 구속되어 있고 상황에 따라 고정된 상태를 유지한다).

예를 들어 물체가 $+1.602 \times 10^{-18}$ C의 (알짜) 전하를 가졌다고 가정하자. $10 \times 1.6 \times 10^{-19}$ C $= 1.6 \times 10^{-18}$ C이기 때문에 10개의 전자를 떼어냈다는 뜻이다. 즉, 물체의 총 전자는 모든 양성자의 양전하와 더 이상 완전히 상쇄되지 않고 그 결과로 알짜 양전하가 된다. 원자 수준에서 이 상황은 물체를 구성하는 몇 개의 원자는 전자가 부족하다. 이렇게 양전하를 띤 원자를 **양이온**이라 한다. 과잉 전자를 가지는 원자를 **음이온**이라 한다.

1쿨롱의 알짜 전하를 가지는 물체는 일상적인 상황에서 거의 볼 수 없다. 그러므로 **마이크로 쿨롱**(μC, 10^{-6} C), **나노 쿨롱**(nC, 10^{-9} C), 그리고 **피코 쿨롱**(pC, 10^{-12} C)을 보통 사용한다.

물체의 전하가 보통 전자가 부족하거나 전자의 과잉에 의해 야기될 것이다. 이 경우 알짜 전하가 한 전자에 대한 전하의 정수배로만 존재해야 한다. 다시 말하면 어떤 물체에 대한 알짜 전하가 "량(quantized)", 즉 전자에 대한 정수배로만 발생할 수 있다(적절한 부호로). 따라서 물체의 (알짜) 전하에 대해서는 다음과 같이 쓸 수 있다.

$$q = \pm ne$$
전하의 SI 단위: 쿨롱(C) (15.1)
여기서 $n = 1, 2, 3, \ldots$

전기 현상을 취급할 때 또 다른 중요한 원리는 **전하의 보존**(conservation of charge)이다.

고립계의 알짜 전하는 일정하게 유지된다.

예를 들어 계가 처음에 전기적으로 중성인 두 물체로 이루어져 있고 어떤 전자가 한 물체에서 다른 물체로 이동된다고 가정해 보자. 전자가 더해진 물체는 알짜 음전하를 가지고, 전자수가 줄어든 물체는 같은 크기의 알짜 양전하를 가진다. 그러나 계의 알짜 전하는 영이다. 만약 우주를 하나로 본다면 전하의 보존은 우주의 알짜 전하가 일정하다는 것을 의미한다. 이 원칙은 0이 아닌 알짜 전하가 있더라도 고립계에 적용된다는 점을 인식하는 것이 중요하다. 즉, 알짜 전하는 그대로 유지되지만 0이 될 필요는 없다(예제 15.1 참조).

전하 보존은 전하 입자의 생성이나 소멸되는 것은 아니라는 점을 유의하자. 사실 물리학자들은 오랫동안 원자나 핵 수준에서 전하 입자가 생성되고 소멸될 수 있다는 것을 알고 있었다. 우주 전체를 고려하면 전하 보존은 우주의 알짜 전하가 일정하다는 것을 의미한다. 따라서 이러한 전하 입자는 부호가 동일한 전하와 부호가 반대인 전하의 쌍으로만 생성되거나 소멸되어야 한다.

예제 15.1 카펫에서–양자화된 전하

건조한 날에 카펫이 깔린 바닥에서 사람이 발을 끌며 걸었을 때 카펫은 알짜 양전하를 얻는다. (a) 사람이 갖는 전자는? (1) 부족, (2) 과잉. (b) 만약 카펫에서 얻은 전하량이 2.15 nC이라면 얼마나 많은 전자가 이동했는가?

풀이

문제상 주어진 값:

$$q_{카펫} = +(2.15\ \mathrm{nC})\left(\frac{10^{-9}\ \mathrm{C}}{1\ \mathrm{nC}}\right) = +2.15\times10^{-9}\ \mathrm{C}$$

$$q_e = -1.60\times10^{-19}\ \mathrm{C}\ (표\ 15.1)$$

(a) 카펫이 알짜 양전하를 가지고 있으므로 전자를 잃었다는 것이고 사람은 전자를 얻은 것이다. 따라서 사람의 전하는 음전하이고 과잉된 전자를 가졌다는 것을 의미한다. 답 (2).

(b) 전자 한 개의 전하량을 알고 있으므로 과잉된 전자수를 알 수 있다. 사람의 알짜 전하는

$$q = -q_{카페} = -2.15\times10^{-9}\ \mathrm{C}$$

이다. 따라서

$$n = \frac{q_{you}}{q_e} = \frac{-2.15\times10^{-9}\ \mathrm{C}}{-1.60\times10^{-19}\ \mathrm{C}/전자}$$
$$= 1.34\times10^{10}\ 전자$$

알 수 있듯이 알짜 전하는 일상의 상황에서도 엄청난 수의 전자(여기서 130억 이상)를 수반할 수 있는데, 그 이유는 전자 한 개의 전하가 매우 작기 때문이다.

15.2 정전기적 대전

전기력으로 인력과 척력에 따라 두 종류의 전하가 존재한다는 것은 쉽게 설명할 수 있다. 이러한 것이 어떻게 진행되는지 알기 전에 전기적으로 도체와 부도체에 대해서 알아보자. 이 두 가지 물질 그룹을 구별하는 것은 전하를 전도하거나 전달하는 능력이다. 특히 금속 같은 물질은 좋은 **전도체**(conductors)이다. 유리, 고무 그리고 대부분의 플라스틱 같은 물질은 **부도체**(insulators) 또는 약한 전도체이다.

도체에서 원자의 최외각 전자(**가전자**)는 약하게 구속되어 있다. 그 결과 원자로부터 쉽게 떼어낼 수 있고 도체 내에서 움직이거나 다 같이 도체를 떠날 수도 있다. 즉, 가전자는 영구적으로 특별한 원자에 구속되어 있지 않다. 그러나 부도체에서는 가장 약하게 결합된 전자라도 너무 세게 구속되어서 원자로부터 떼어내기가 쉽지 않다. 따라서 전하는 쉽게 통과하지 못할 뿐만 아니라 부도체로부터 쉽게 떼어내지도 못한다.

반도체(semiconductors)라 불리는 '중간' 단계의 물질이 있다. 전하를 전도하는 그 능력은 부도체와 도체 사이의 중간이다. 반도체 특성의 설명은 이 책의 범위를 벗어난다. 하지만 1940년대 초에 과학자들이 트랜지스터, 즉 반도체 물질을 만들기 시작했다는 것은 흥미롭다. 반도체는 처음에는 트랜지스터, 그 다음에는 고체 회로 그리고 결국 오늘날의 초고속 컴퓨터 기술에서 사용할 수 있는 현대적인 컴퓨터 마이크로 칩을 만드는 데 사용되었다.

이제 도체와 부도체 간의 전기적 차이를 알았고, 물체에 대한 전하 부호를 결정하는 방법을 조사해 보자. 검전기는 전하를 결정하는 데 사용되는 가장 간단한 장치 중의 하나이다(그림 15.3). 가장 기본적인 형태를 보면, 한쪽 끝이 금속구로 되어 있고 금속 막대로 연결되어 있다. 금속 막대는 단단한 금속 조각에 부착되어 있는데, 이 금속 조각에는 호일 '잎(박막)'이 붙어 있고 금으로 만들어졌다.

대전된 물체를 구에 가까이 가져갔을 때 구의 전자는 대전된 물체에 의해 끌리거나 반발하게 된다. 따라서 만약 음으로 대전된 막대를 구에 가까이 가져간다면 구의

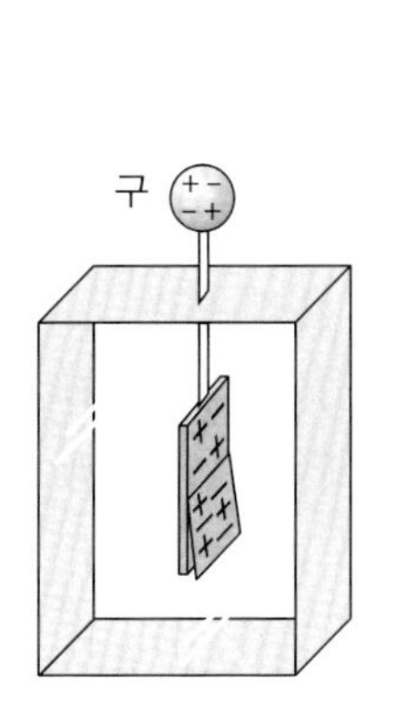

(a) 중성인 검전기는 전하가 균등하게 분포되어 있다. 얇은 금속판(금속박막)은 수직하게 있다.

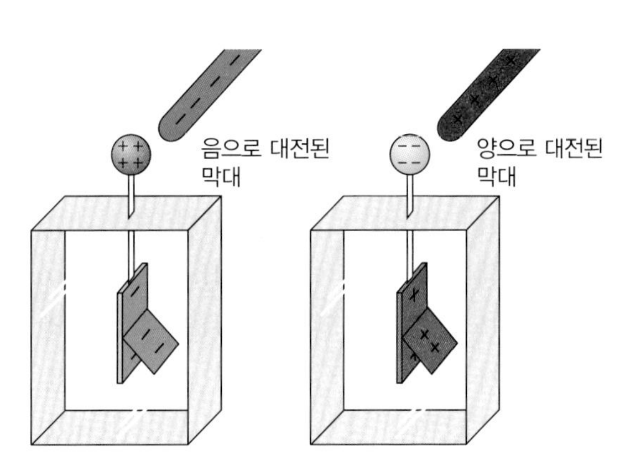

(b) 정전기력은 얇은 금속판(금속박막)을 떨어지게 만든다(오직 과잉 전하 또는 알짜 전하만 보인다).

◀그림 15.3 **검전기.** 검전기는 물체에 전하가 있는지 여부를 결정하는 데 사용될 수 있다. 대전된 물체가 구 가까이에 오면 잎은 금속 조각으로부터 멀어진다.

전자는 반발하여 구에는 양전하가 남게 된다. 전자는 금속 사각형과 호일 잎(박막)으로 밀려 내려와서 같은 전하를 띠기 때문에 호일 잎은 벌어지게 된다(그림 15.3b). 유사하게 양으로 대전된 막대를 구에 가까이 가져가면 호일 잎 역시 벌어지게 된다. (왜 그런지 설명할 수 있는가?)

검전기에서 알짜 전하가 이러한 순간에도 영이 되는 것을 유의하라. 검전기는 고립되어 있으므로 오직 전하의 분포만 변할 뿐이다. 그러나 검전기에 알짜 전하를 주는 것이 가능한데, 이 모든 것은 **정전기 대전**(electrostatic charging)을 포함한다고 말한다. 다음과 같은 유형의 대전 과정을 이용하여 정전기 대전을 수행하는 방법을 고려해 보자.

15.2.1 마찰에 의한 대전

마찰에 의한 대전 과정은 부도체 물질을 옷이나 모피로 문지르고 전하의 이동에 의하여 전하를 띠게 된다. 예를 들어 딱딱한 고무막대를 모피로 문지르면 막대는 알짜 음전하를 가지게 된다. 유리막대를 비단으로 문지르면 막대는 알짜 양전하를 갖게 된다. 이러한 과정을 **마찰에 의한 대전**(charging by friction)이라 한다. 전하의 이동은 물질 사이의 마찰 접촉에 의한 것으로, 예상한대로 대전된 전하량 및 부호는 해당 물질의 특성에 따라 달라진다.

예제 15.1은 알짜 음전하를 얻게 되는 마찰 대전의 예를 보여주었다. 문의 손잡이 같은 금속 물체에 손이 닿으면 불꽃에 의해 번쩍거린다. 손이 접근하면 손잡이는 양전하로 바뀌고, 손의 전자를 당기게 된다. 전자가 움직이고 서로 충돌하여 공기 중의 원자는 들뜬 상태가 되고 빛을 내보내면서 바닥 상태가 된다(에너지를 잃다). 빛은 손과 손잡이 사이의 작은 번개인 불꽃으로 보게 된다.

15.2.2 전도에 의한 대전(접촉)

대전된 막대를 검전기에 가까이 가져가면 대전된 막대가 드러나지만, 우리가 본 바와 같이 막대 위의 전하 부호와 상관없이 금속 박막이 벌어지기 때문에 막대 위의 전하 부호는 몰라도 된다. 그러나 검전기에 먼저 알고 있는 전하를 준다면 전하의 부호를 결정할 수 있다. 예를 들어 그림 15.4a에 나타낸 것처럼 음으로 대전된 물체로부터 검전기에 전자를 전달할 수 있다. 막대의 전자들은 서로 반발하는데 그중의 일부 전자는 검전기로 이동한다. 금속 박막은 지속적으로 벌어져 있게 된다. 이 검전기는 **접촉에 의한 대전**(charged of contact) 또는 **전도**(conduction)에 의해 대전되었다(그림 15.4b). 전도는 전자가 이동하는 짧은 시간 동안에 전하의 흐름을 말한다. 음으로 대전된 검전기는 이제 대전된 물체의 알려지지 않은 부호를 결정하는 데 사용될 수 있다. 전자가 많아지면 박막은 더욱더 벌어진다(그림 15.4c).

양으로 대전된 막대는 구에서 전자를 당겨서 금속 박막으로부터 전자를 멀리 밀어내서 박막은 오므라들게 된다(그림 15.4d).

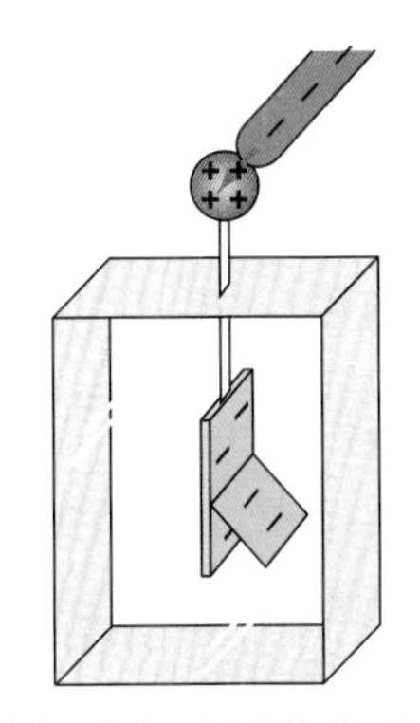

(a) 중성인 검전기에 음으로 대전된 막대를 갖다 댄다.

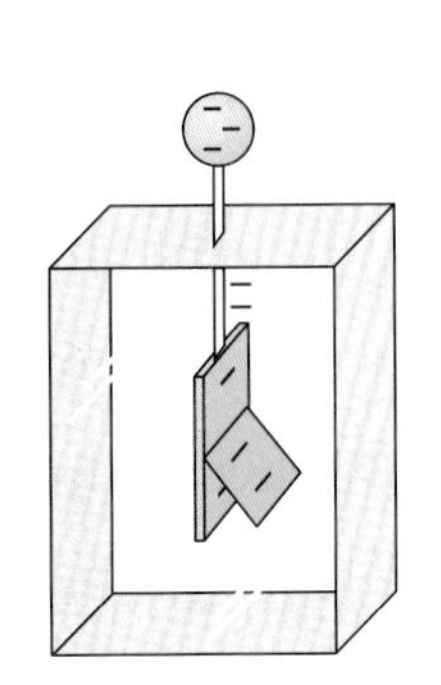

(b) 전하는 구로 이동하고 검전기는 알짜 음전하를 갖는다.

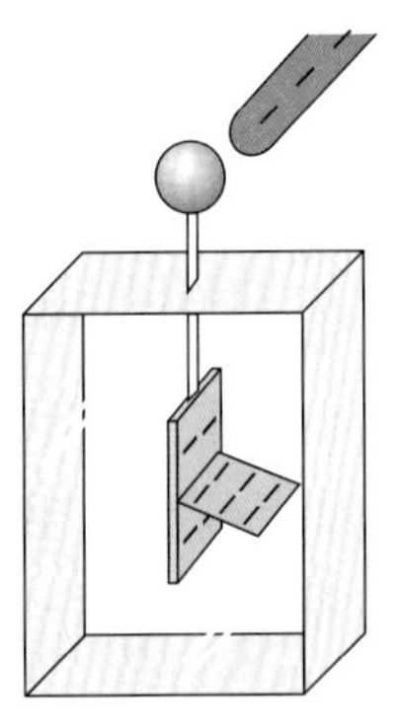

(c) 음으로 대전된 막대는 전자를 밀어서 박막은 더 벌어지게 된다.

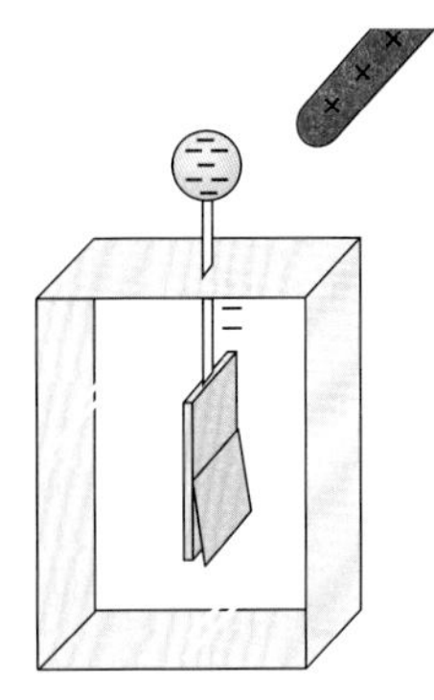

(d) 양으로 대전된 막대는 전자를 당겨서 박막은 오므라든다.

▲그림 15.4 **전도에 의한 대전.** (a) 대전된 막대를 구에 갖다 대도 검전기는 처음에는 중성이다(그러나 전하는 분리되어 있다). (b) 전하는 검전기로 이동한다. (c) 같은 전하를 가진 막대를 구에 가까이 가져가면 박막은 더 벌어진다. (d) 반대로 대전된 막대를 가까이 가져가면 박막은 오므라든다.

15.2.3 유도에 의한 대전

음으로 대전된 고무막대(이미 마찰에 의해 대전된다)를 이용해 검전기를 양으로 대전시킬 수 있다. 이것은 **유도**(induction)라고 불리는 과정을 통해 이루어질 수 있다. 대전되지 않은 검전기에서 시작하여, 먼저 손가락으로 구를 만지면 구를 접지한 역할이 되고 구에서 지면으로 빠져나갈 수 있는 경로를 제공하게 된다(그림 15.5). 그리고 음으로 대전된 막대를 구에 가까이 가져가면(접촉은 하지 않음) 막대는 구에 있는 전자를 손가락과 몸을 통해 지면(여기서 접지를 의미)으로 가도록 밀치게 된다. 대전된 막대를 근처에 두고 손가락을 치우면 검전기에는 알짜 양전하를 가지게 된다. 이것은 막대를 치울 때 지면으로 이동한 전자가 되돌아오는 경로가 없어서 전자가 되돌아오지 못하기 때문이다.

15.2.4 분극에 의한 전하 분리

접촉에 의한 대전과 유도에 의한 대전은 그 물체에서 또는 그 물체로부터 전하를 이

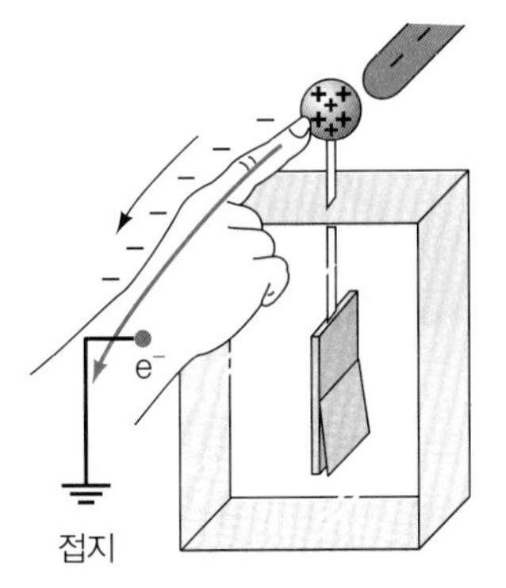

(a) 음으로 대전된 막대 근처에서 반발하여 전자는 손가락을 통해 접지된 곳으로 이동한다.

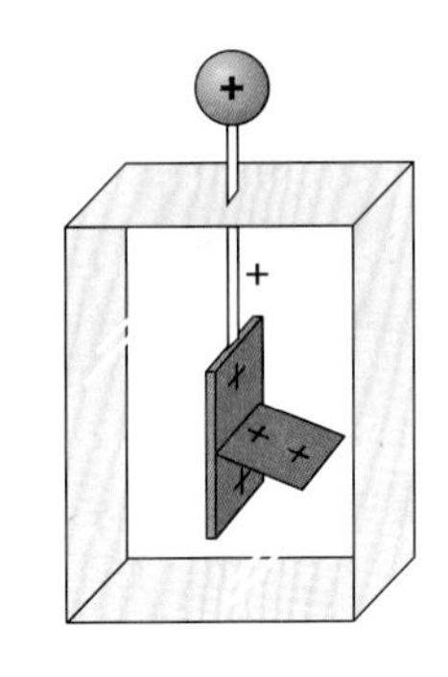

(b) 먼저 손가락을 치우고 나중에 막대를 치우면 검전기는 양전하로 대전된다.

◀그림 15.5 **유도에 의한 대전.** (a) 손가락으로 구를 접촉해서 갖다 대면 전하가 이동하는 접지의 경로가 생긴다. e^-는 전자를 나타낸다. (b) 손가락을 치우면 검전기는 막대의 반대인 알짜 양전하를 가진다.

동시킴으로써 물체에 알짜 전하를 생성한다. 그러나 알짜 전하를 영으로 유지하는 동안에 물체 내에서 전하를 움직이는 것은 가능하다. 예를 들어 앞에서 설명한 유도 과정은 초기에 **분극**(polarization) 또는 양과 음의 전하의 분리를 야기한다. 만약 물체가 접지되어 있지 않다면 전기적으로 중성이 되지만 양쪽 끝에 동일한 부호와 반대부호를 갖는 구역을 가지게 된다. 이러한 상황에서 물체가 **분극화**됐다고 한다. 분자 수준에서 이렇게 분극된 분자[**전기쌍극자**(electric dipoles)라고 부름—각각의 부호를 하나씩 갖는 두 개의 극]는 영구적일 수 있다. 즉, 전하 분리를 유지하기 위해 근처에 대전된 물체가 필요하지 않다. 이러한 경우의 좋은 예는 물 분자이다.

영구 전기쌍극자와 비영구 전기쌍극자의 예와 그들 사이에 작용하는 힘을 그림 15.6에 나타내었다. 풍선을 스웨터에 문지른 후 이 풍선을 벽에 대면 벽면에 풍선이 왜 붙는지를 이해할 수 있다. 풍선은 마찰에 의해서 대전된다. 그리고 풍선을 벽 가까이 가져가면 벽은 분극이 된다.

벽의 표면에 있는 반대부호의 전하에 의해서 알짜 인력이 작용하게 된다. 정전기력은 옷이 달라붙게 할 때와 같이 불편해 질 수 있고, 정전기 불꽃이 일어나 불이 붙거나 가연성 기체가 있는 곳에서 폭발을 일으키기도 해서 매우 위험할 수 있다. 전하를 방전시키기 위해 많은 트럭이 금속 체인을 매달아 땅에 닿게 한다. 그러면 정전기력에 도움이 될 수 있다. 예를 들면 굴뚝에 사용되는 정전기적 집진기 때문에 우리가 숨 쉬는 공기를 깨끗하게 한다. 이들 장치에서 전기 방전으로 입자(연료의 연소에 의해 만들어짐)가 알짜 전하를 가지도록 한다. 대전된 입자는 대전된 표면에 붙잡히도록 하여 제거할 수 있다. 더 작은 규모로 정전기 공기청정기를 가정에서 사용할 수 있다.

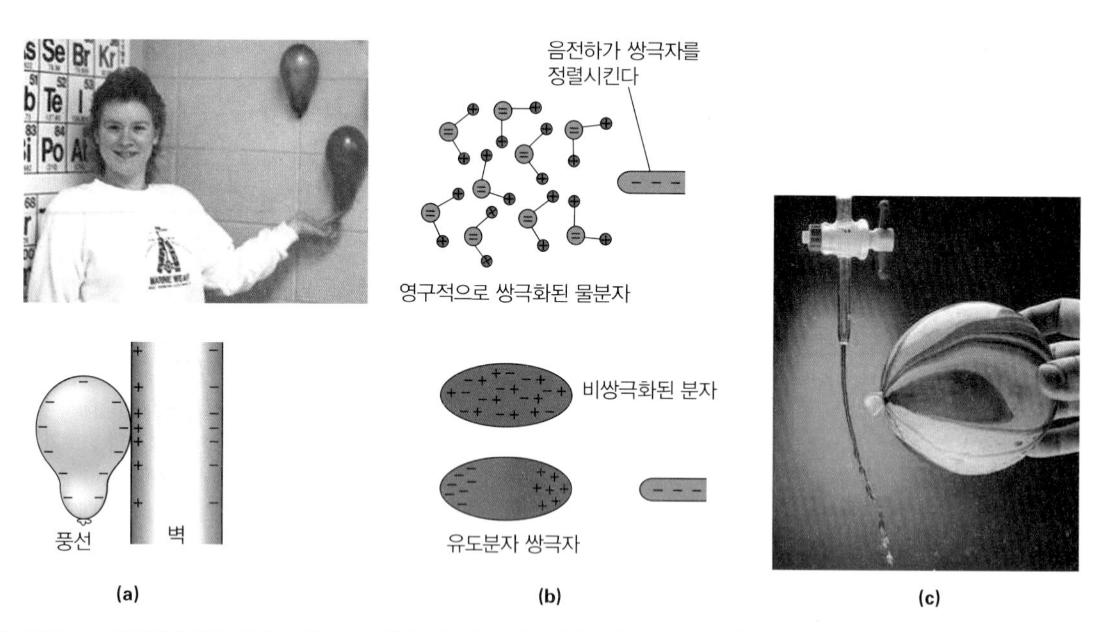

▲ 그림 15.6 **분극.** (a) 풍선이 마찰에 의해서 대전되고 벽에 붙여둘 때 벽은 분극된다. 즉, 반대의 전하가 벽의 표면에 유도되어 풍선을 정전기적 인력에 의해서 벽에 붙는다. 풍선의 물질(고무)이 부도체이기 때문에 풍선에 있는 전자는 풍선을 떠날 수가 없다. (b) 물과 같은 몇 가지 분자는 원래부터 분극되어 있다. 즉, 물은 영구히 음전하와 양전하가 분리되어 있다. 그러나 보통 때는 쌍극자가 아닌 일부 분자라도 대전된 물체를 가까이 하면 일시적으로 분극될 수 있다. 전기력은 전하를 분리하고 그 결과로 일시적인 분자 쌍극자를 유도한다. (c) 물줄기가 대전된 풍선 쪽으로 휘어진다. 음으로 대전된 풍선은 물 분자의 양극 끝을 당긴다. 그것이 물줄기를 휘게 하는 원인이 된다.

15.3 전기력

상호작용하는 전하의 전기력 방향은 전하-힘 법칙에 의해 주어진다. 그러나 그들의 **크기**는 얼마인가? 쿨롱은 이것을 연구하였으며, 두 점전하(매우 작음) q_1과 q_2 사이에 작용하는 전기력은 두 전하의 곱에 비례하고 그들 사이의 거리 r의 제곱에 반비례한다는 것을 발견했다. 즉, $F_e \propto |q_1||q_2|/r^2$이다(주의: $|q|$는 q의 크기를 나타낸다). 이 관계는 두 개의 점질량 사이에 작용하는 중력($F_g \propto m_1 m_2/r^2$)과 수학적으로 유사하다(7.5절 참조).

쿨롱의 측정은 비례상수인 k에 대한 실험적인 값을 제공하므로, 전기력은 **쿨롱의 법칙**(Coulomb's law)으로 알려진 식으로 쓰일 수 있다.

$$F_e = \frac{kq_1q_2}{r^2} \text{ (점전하, } q\text{는 크기)} \tag{15.2}$$

여기서 $k = 8.988 \times 10^9\ \text{N}\cdot\text{m}^2/\text{C}^2 \approx 9.00 \times 10^9\ \text{N}\cdot\text{m}^2/\text{C}^2$이다.

식 15.2는 그림 15.7a와 같이 두 개의 대전된 입자 사이에 힘을 준다. 일반적으로 몇 개의 전하에서 그림 15.7b와 같이 힘의 계산은 수학적인 벡터 합을 포함한다. 다음의 예제는 쿨롱의 법칙의 정량적 사용에 대해 약간의 이해력을 제공한다.

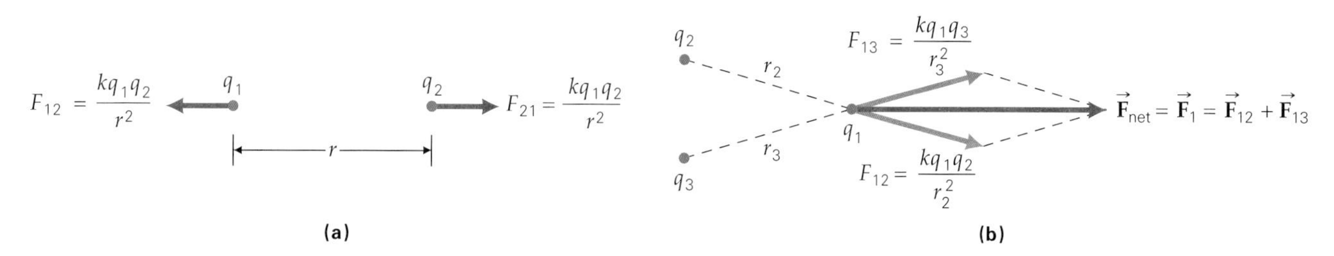

▲ 그림 15.7 **쿨롱의 법칙.** (a) 두 점전하의 상호작용에 의한 정전기력은 크기가 같고 방향이 반대이다. (b) 두 개 또는 많은 점전하가 놓여 있는 경우에 특별한 전하에 작용하는 힘은 모든 다른 전하에 의해서 만들어지는 힘의 벡터의 합이다. (주의: 이런 경우 모든 전하는 같은 부호를 가졌다. 이것이 사실이라는 것을 말해줄 수 있는가? 그들의 부호를 말할 수 있는가? q_3에 의해서 q_2에 만들어지는 힘의 방향은 어디인가?)

예제 15.2 쿨롱의 법칙–삼각법을 포함한 벡터 합

(a) 두 점전하 -1.0 nC과 $+2.0$ nC이 0.30 m 거리만큼 떨어져 있다(그림 15.8a). 각 입자에 작용하는 전기력은 얼마인가? (b) 세 개의 점전하가 그림 15.8b에 나타낸 것처럼 놓여 있다. q_3에 작용하는 전기력은 얼마인가?

풀이

문제상 주어진 값:

$$q_1 = -(1.0\,\text{nC})\left(\frac{10^{-9}\,\text{C}}{\text{nC}}\right) = -1.0\times10^{-9}\,\text{C}$$

$$q_2 = +(2.0\,\text{nC})\left(\frac{10^{-9}\,\text{C}}{\text{nC}}\right) = +2.0\times10^{-9}\,\text{C}$$

$$r = 0.30\ \text{m}$$

(a) 쿨롱의 법칙은 각각의 전하에 대해 힘의 크기를 나타낸다. 주어진 값을 이용해서 구하면 다음과 같이 계산한다.

$$F_{12} = F_{21} = \frac{kq_1q_2}{r^2}$$

$$= \frac{(9.00\times10^9\,\text{N}\cdot\text{m}^2/\text{C}^2)(1.0\times10^{-9}\,\text{C})(2.0\times10^{-9}\,\text{C})}{(0.30\,\text{m})^2}$$

$$= 0.20\times10^{-6}\,\text{N} = 0.20\,\mu\text{N}$$

쿨롱의 법칙은 오직 힘의 크기만 나타낸다. 그러나 전하의 부호가 서로 반대이므로 힘은 그림 15.8a에 나타낸 바와 같

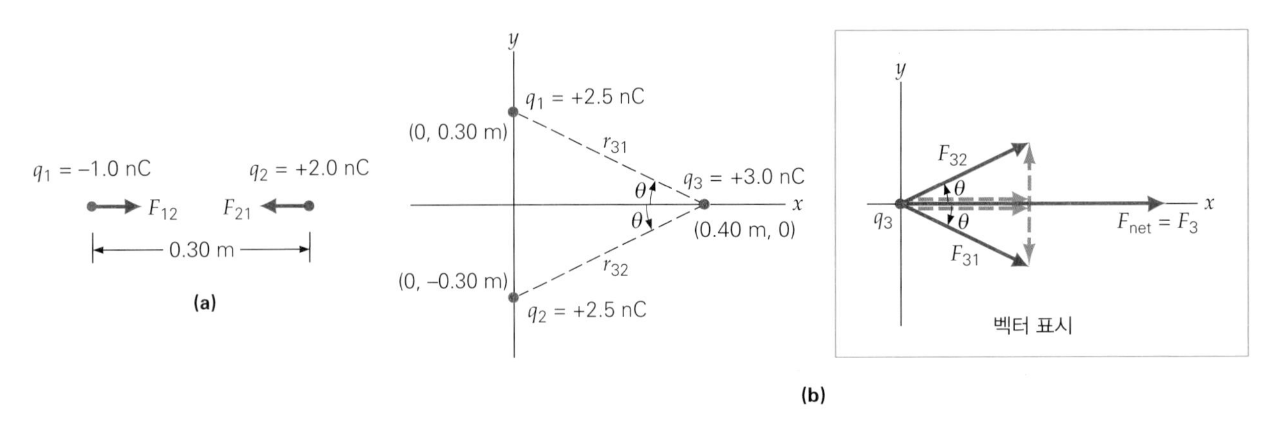

▲ 그림 15.8 **정전기력.** 이 전하들과 전하 구성은 알짜 전기력을 찾기 위해 벡터 사용을 강조한다.

이 인력이 작용한다.

(b) 알짜힘을 구하기 위해 $\vec{\mathbf{F}}_{31}$과 $\vec{\mathbf{F}}_{32}$의 힘을 삼각법과 성분을 이용하여 벡터로 계산한다. 모두 양전하이기 때문에 그림 15.8b에 있는 벡터 표시에서 보여준 대로 힘은 척력이다. $q_1 = q_2$이고 전하들은 q_3와 같은 거리에 있으므로 $\vec{\mathbf{F}}_{31}$과 $\vec{\mathbf{F}}_{32}$의 크기는 같다. 그림으로부터 $r_{31} = r_{32} = 0.50$ m임을 알 수 있다. (이 값을 어떻게 알 수 있는가?) 쿨롱의 법칙인 식 15.2로부터

$$F_{32} = \frac{kq_2q_3}{r_{32}^2} = \frac{(9.00\times10^9\ \text{N}\cdot\text{m}^2/\text{C}^2)(2.5\times10^{-9}\ \text{C})(3.0\times10^{-9}\ \text{C})}{(0.50\ \text{m})^2} = 0.27\times10^{-6}\ \text{N} = 0.27\ \mu\text{N}$$

이다. $\vec{\mathbf{F}}_{31}$과 $\vec{\mathbf{F}}_{32}$의 방향을 고려하면 대칭성에 의해서 y 성분이 상쇄되는 것을 알 수 있다. 그래서 $\vec{\mathbf{F}}_3$(q_3에 작용하는 알짜힘)은 양의 x축에 작용하고 $F_{31} = F_{32}$이기 때문에 힘의 크기는 $F_3 = F_{31x} + F_{32x} = 2F_{31x}$이다. 삼각형에서 각도 θ는 $\theta = \tan^{-1}\left(\frac{0.30\ \text{m}}{0.40\ \text{m}}\right) = 37°$이다. 따라서 $\vec{\mathbf{F}}_3$는

$$F_3 = 2F_{32}\cos\theta = 2(0.27\ \mu\text{N})\cos 37° = 0.43\ \mu\text{N}$$

의 크기를 가지고 양의 x축 방향(오른쪽)으로 작용한다.

전기력과 중력에 대한 표현식의 수학적 형태는 아주 비슷하지만, 예제 15.3과 같이 두 힘의 상대적 크기에 큰 차이가 있다.

예제 15.3 원자 내부 – 전기력과 중력의 크기 비교

주어진 거리에서 양성자와 전자 사이의 중력보다 전기력은 얼마나 더 큰지 그 비를 구하면? (필요한 모든 값은 표 15.1에 있다.)

풀이

문제상 주어진 값:

$q_e = -1.60 \times 10^{-19}$ C
$q_p = +1.60 \times 10^{-19}$ C
$m_e = 9.11 \times 10^{-31}$ kg
$m_p = 1.67 \times 10^{-27}$ kg

힘의 크기를 나타내면 $F_e = (kq_eq_p)/r^2$와 $F_g = (Gm_em_p)/r^2$이다. 비율을 구하면 다음과 같다.

$$\frac{F_e}{F_g} = \frac{kq_eq_p}{Gm_em_p} = \frac{(9.00\times10^9\ \text{N}\cdot\text{m}^2/\text{C}^2)(1.60\times10^{-19}\ \text{C})^2}{(6.67\times10^{-11}\ \text{N}\cdot\text{m}^2/\text{kg}^2)(9.11\times10^{-31}\ \text{kg})(1.67\times10^{-27}\ \text{kg})} = 2.27\times10^{39}$$

양성자와 전자 사이의 정전기력은 중력의 10^{39}배 이상이다. 이 엄청난 비율로 대전된 입자 사이의 중력은 일반적으로 전기공학에서 무시될 수 있다는 것을 분명히 해야 한다.

15.4 전기장

중력과 같이 전기력은 원거리 작용하는 힘이다. 점전하 사이의 전기력이 미치는 범위는 무한하므로($F_e \propto 1/r^2$이고 r이 무한대로 접근하면 영이 된다), 대전된 입자의 배열이나 조합이 가까이에 위치한 다른 전하에도 영향을 미칠 수 있다는 것이 근거이다.

힘이 공간에 작용한다는 발상은 초기 연구자들이 받아들이기 어려웠고, 현대적인 개념인 **역장**, 즉 간단하게 장이 도입되었다. 그들은 전하의 모든 배치를 둘러싸고 있는 **전기장**(electric field)을 상상한다. 그들에게 이 장은 주변 공간에 대한 전하 배열의 전기적 영향을 나타낼 것이다. 전기장은 전하가 존재하는 공간에 대해 무엇이 다른가를 나타낸다. 전하가 다른 전하들이 만드는 전기장과 상호작용하여 전기력을 만들어내는 것이지 전하가 직접 다른 전하들과 상호작용하는 것이 아니라는 개념을 사용한다.

전기장의 개념은 다음과 같다. 전하의 배치는 주위의 공간에 전기장을 만든다. 다른 전하가 이 전기장 내에 있으면 전기장은 그 전하에 힘을 가하게 된다. 다시 말하면

> 전하 구성은 전기장을 만들 수 있으며, 이 전기장은 다시 그 장의 다른 전하들에 전기력을 가한다.

전기장은 크기뿐만 아니라 방향을 가지고 있으므로 벡터장($\vec{\mathbf{E}}$)이다. 일단 전기장 영역 어디든 배치된 전하에 가해지는 힘(방향 포함)을 구할 수 있다. 그러나 **주의 깊게 살펴보면 전기장은 힘이 아니다**.

크기(E, 때로는 장의 세기)는 단위 전하당 가해지는 전기력의 크기로 정의된다. 전기장의 세기 결정은 다음의 '생각된' 과정을 사용하여 그려질 수 있다. 매우 작은 전하(**시험전하**)를 원천 전하 근처 위치에 놓는다고 하자. 이제 시험전하에 작용하는 힘을 결정하고 그 전하에 따라 나눈다. 즉, **쿨롱당** 그 위치에서 작용하는 힘을 찾는다. 그런 다음 시험전하를 제거하는 것을 생각해 보자. 그 위치에서의 힘은 사라지지만 그 전기장은 그대로 남아 있다. 왜 그러한가? 이 전기장은 주변 대전체에 의해 생성되며 이 대전된 전하가 남아 있기 때문이다. 여러 위치에서 이 과정을 반복하면 전기장의 세기 E의 '지도'가 나오지만 아직 방향에 대한 결과를 얻지 못했다. 따라서 이 시점에서 '지도'는 불완전하다.

전기장의 방향은 시험전하에 가해지는 힘의 방향에 의해 지정된다. 따라서 시험전하가 양의 값인지 음의 값인지에 따라 달라진다. 전기장의 방향 결정에 양의 시험전하(q_+)를 사용하는 것이 관례이다(그림 15.9). 즉,

> 어느 위치에서든 $\vec{\mathbf{E}}$의 방향은 그 위치에서 작은 **양**의 시험전하에서의 힘의 방향에 있다.

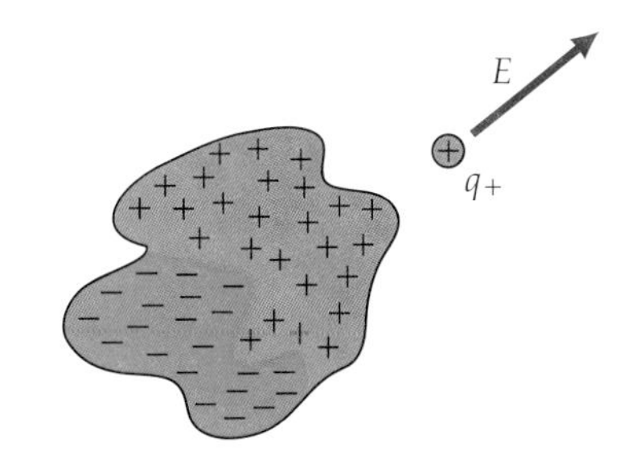

▲그림 15.9 **전기장 방향.** 관례상 전기장($\vec{\mathbf{E}}$)의 방향은 양의 시험전하가 받는 힘과 같은 방향이다. 방향은 시험전하를 놓았을 때 가속되는 방향이다. 여기서 '전하계'는 시험전하 위치에서 위와 오른쪽에 알짜 전기장을 만든다. 이 특정 계에서 부과되는 부호와 위치에 주목하여 이 방향을 설명할 수 있는가?

전하 배치에 따른 전기장의 크기와 방향이 알려지면 '원천' 전하를 무시하고 전하가 만드는 전기장으로 말할 수 있다. 이러한 전하 간 전기적 상호작용을 시각화 하는 방법은 종종 계산을 용이하게 한다.

수학적으로 요약하면, 어느 위치에서나 **전기장**(electric field) $\vec{\mathbf{E}}$는 다음과 같이 정의된다.

$$\vec{\mathbf{E}} = \frac{\vec{\mathbf{F}}_{q_+}}{q_+} \tag{15.3}$$

전기장의 SI 단위: N/C

일단 $\vec{\mathbf{E}}$가 알려지면 어떤 전하 q에 가해지는 힘은 단지 힘의 크기를 원하는 경우 식 15.3인 $\vec{\mathbf{F}} = q\vec{\mathbf{E}}$를 풀어서 결정할 수 있다.

단일 점전하 같은 특별한 경우에 쿨롱의 법칙을 이용할 수 있다. 원천 전하로부터 거리 r되는 위치에 있는 시험 점전하에 만들어지는 전기장의 크기를 구하기 위해서 식 15.3을 사용할 수 있다. 그 결과는 다음과 같다.

$$E = \frac{F_{q_+}}{q_+} = \frac{(kqq_+/r^2)}{q_+} = \frac{kq}{r^2}$$

전기장은 시험전하 q_+가 아닌 다른 전하에 의해 만들어지기 때문에 반드시 시험전하는 제거되어야 한다는 점에 유의하라. 따라서 점전하의 전기장은 다음과 같이 주어진다.

$$E = \frac{kq}{r^2} \quad \text{(점전하 } q\text{에 대한 전기장의 크기)} \tag{15.4}$$

양전하 주위에 있는 전기장 벡터는 그림 15.10a에 나타나 있다. 양의 시험전하가 해당 방향에서 힘을 느끼기 때문에 방향은 양전하로부터 멀어진다는 점에 유의하라. 식 15.4에서 표시한 대로 r이 증가함에 따라 전기장의 크기(화살표의 길이에 비례)가 감소한다.

전기장을 만드는 전하가 두 개 이상일 경우 어느 지점에서나 총 또는 알짜 전기장은 **전기장에 대한 중첩의 원리**(superposition principle for electric fields)를 이용해서 구할 수 있고 다음과 같이 정리된다.

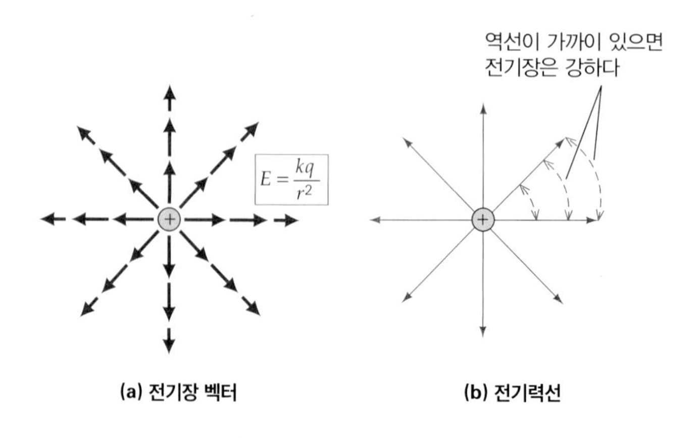

▶ 그림 15.10 **전기장.** (**a**) 양의 점전하의 전기장은 작은 양의 시험전하에 만들어지는 힘의 방향과 같이 바깥을 가리킨다. 점전하로부터 만들어지는 전기장의 특성인 거리에 역제곱 관계를 반영하듯이 전하로부터 거리가 증가하면 전기장의 크기(벡터의 길이)는 감소한다. (**b**) 이런 간단한 경우에 벡터는 양의 점전하가 만드는 전기장 선의 모양과 쉽게 연결되어 있다.

전하의 배치에 대해서 임의의 지점에서 총 또는 알짜 전기장은 각 전하에 만들어지는 전기장의 벡터 합이다.

이 원리의 적용은 다음 예제에서 보여준다.

예제 15.4 일차원에서 전기장–중첩에 의해 영이 되는 전기장

두 개의 점전하를 그림 15.11과 같이 x축 상에 놓여 있다. 축에서 전기장이 영이 되는 지점을 구하라.

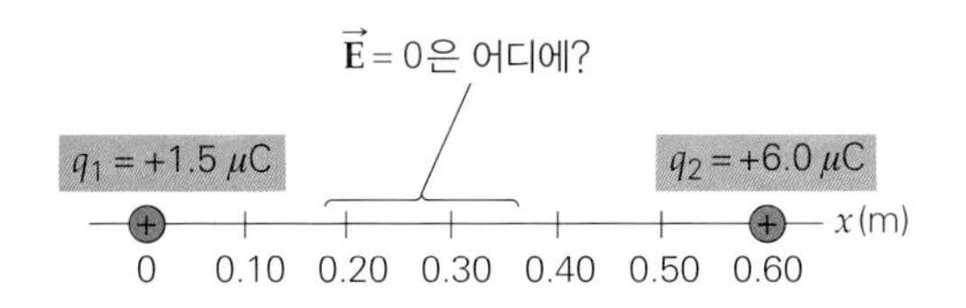

▲ 그림 15.11 일차원에서 전기장

풀이

문제상 주어진 값:

$d = 0.60$ m (전하 사이의 거리)

$q_1 = +1.5\ \mu C = +1.5 \times 10^{-6}$ C

$q_2 = +6.0\ \mu C = +6.0 \times 10^{-6}$ C

두 개의 전하 모두 양의 부호를 갖기 때문에 q_2의 전기장은 오른쪽으로 향한다. 따라서 그 지점에서는 전기장이 영이 될 수가 없다. 비슷하게 q_1의 전기장은 왼쪽으로 향하기 때문에 전기장이 영이 될 수 없다. 그러므로 영이 될 수 있는 지점은 두 전하 사이에 있다. 이 지점에서 두 전기장의 크기가 같다면 영이 되는 지점을 찾을 수 있다. 전기장의 크기를 같게 하고 x를 풀면

$$E_1 = E_2 \quad \text{또는} \quad \frac{kq_1}{x^2} = \frac{kq_2}{(d-x)^2}$$

이다. 상수 k를 소거하고 이 식을 다시 정리한다. 이때 $q_2/q_1 = 4$를 대입하고 양변에 제곱근을 취하라.

$$\frac{1}{x^2} = \frac{(q_2/q_1)}{(d-x)^2} \quad \text{또는} \quad \frac{1}{x} = \frac{2}{d-x}$$

이 식을 풀면 $x = d/3 = 0.20$ m이다. (왜 제곱근의 음의 값은 사용하지 않는가? 한 번 생각하라.) q_1에 가깝게 되는 결과는 물리적인 의미를 준다. 이것은 q_2의 전하가 크기 때문에 두 전기장의 크기가 같게 되고, 따라서 영인 전기장의 위치는 q_1에 가까워야 한다.

예제 15.5 이차원에서 전기장 $\vec{E}$–중첩의 원리에 의해 벡터 성분 사용

그림 15.12a는 세 점전하가 x-y좌표 평면에 놓여 있는 것을 나타낸다. (a) 원점에서의 전기장의 방향은 몇 사분면에 있는가? (1) 1사분면, (2) 2사분면, (3) 3사분면. 그 이유를 설명하라. (b) 이들 전하에 의한 원점에서의 전기장의 크기와 방향을 계산하라.

풀이

문제상 주어진 값:

$q_1 = -1.00\ \mu C = -1.00 \times 10^{-6}$ C

$q_2 = +2.00\ \mu C = +2.00 \times 10^{-6}$ C

$q_3 = -1.50\ \mu C = -1.50 \times 10^{-6}$ C

$r_1 = 3.50$ m

$r_2 = 5.00$ m

$r_3 = 4.00$ m

(a) $\vec{E}_1$과 $\vec{E}_2$는 x축의 양의 방향이고, $\vec{E}_3$는 y축의 양의 방향이다. 원점에서 알짜 전기장은 두 축이 양의 방향이므로 이 세 전기장을 벡터적으로 합하면 된다. 따라서 $\vec{E}$는 1사분면에 놓이고 (그림 15.12b), 올바른 답은 (1)이다.

(b) 세 전기장의 크기를 쿨롱의 법칙으로부터 구하자.

$$E_1 = \frac{kq_1}{r_1^2} = \frac{(9.00\times10^9\ \text{N}\cdot\text{m}^2/\text{C}^2)(1.00\times10^{-6}\ \text{C})}{(3.50\ \text{m})^2}$$
$$= 7.35\times10^2\ \text{N/C}$$

$$E_2 = \frac{kq_2}{r_2^2} = \frac{(9.00\times10^9\ \text{N}\cdot\text{m}^2/\text{C}^2)(2.00\times10^{-6}\ \text{C})}{(5.00\ \text{m})^2}$$
$$= 7.20\times10^2\ \text{N/C}$$

$$E_3 = \frac{kq_3}{r_3^3} = \frac{(9.00\times10^9\ \text{N}\cdot\text{m}^2/\text{C}^2)(1.50\times10^{-6}\ \text{C})}{(4.00\ \text{m})^2}$$
$$= 8.44\times10^2\ \text{N/C}$$

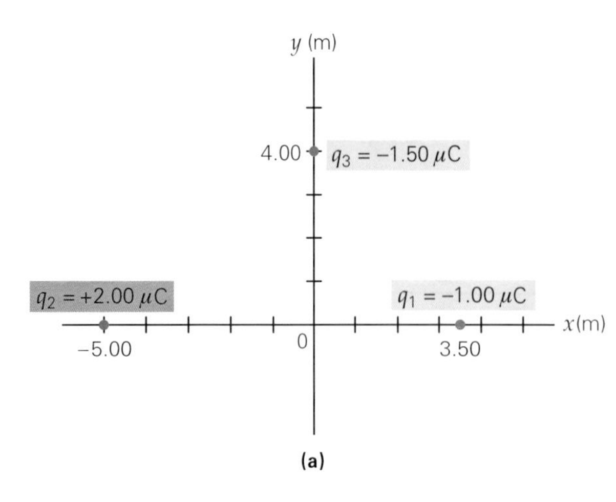

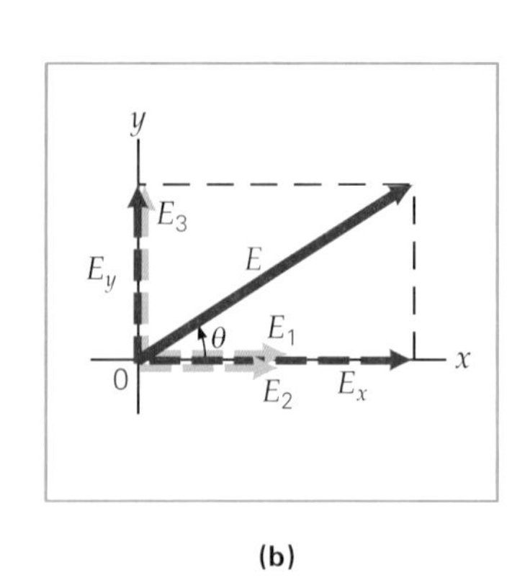

▲ 그림 15.12 **전기장 구하기.** 벡터의 합은 성분을 사용해야 한다.

따라서 전기장의 성분은

$$E_x = E_1 + E_2 = +7.35\times10^2\text{ N/C} + 7.20\times10^2\text{ N/C}$$
$$= +1.46\times10^3\text{ N/C}$$

와

$$E_y = E_3 = +8.44\times10^2\text{ N/C}$$

이다. 성분의 형태로 나타내면 다음과 같다.

$$\vec{\mathbf{E}} = E_x\hat{\mathbf{x}} + E_y\hat{\mathbf{y}} = (1.46\times10^3\text{ N/C})\,\hat{\mathbf{x}} + (8.44\times10^2\text{ N/C})\,\hat{\mathbf{y}}$$

$\vec{\mathbf{E}}$에 대한 다른 표현은 크기-각도 형태로 나타낼 수 있다.

$$E = 1.69\times10^3\text{ N/C}(\theta = +30°)$$
(+x축으로부터)

15.4.1 전기력선(전기장선)

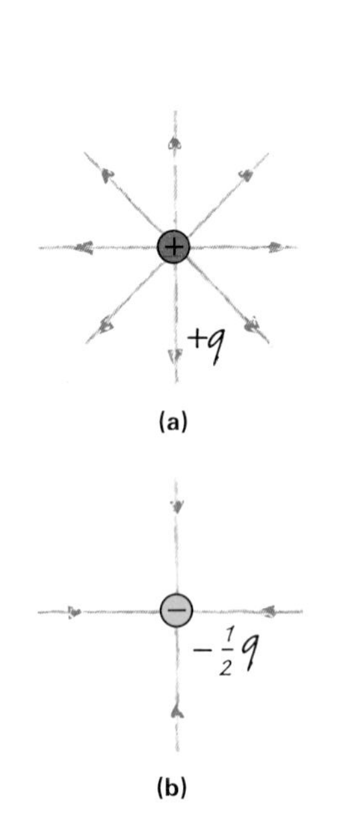

▲ 그림 15.13 **전기력선 그리기**

전기장을 그림으로 표현하는 편리한 방법은 전기력선을 사용하는 것이다. 또는 전기장이 힘을 나타내는 것이 아니라 장을 나타내기 때문에 더 정확히 말하자면 **전기장선**(electric field lines)이다. 우선 그림 15.10a와 같이 양의 점전하 주위의 전기장 벡터를 고려하자. 그림 15.10b에는 이러한 벡터를 연결하였다. 이것은 양의 점전하에 의해서 만들어지는 전기력선의 모양을 나타낸다. 전하에 가까이 가면 전기장이 증가하기 때문에 전기력선은 서로 가깝게 된다(간격이 줄어든다). 또 전기력선의 어떤 지점에서 전기장의 방향은 전기력선의 접선 방향이다(전기력선은 일반적인 전기장 방향을 가리키도록 화살표가 있다). 전기력선은 절대 교차하지 않는다. 만약 그렇다면 교차점에서 한 전하를 놓으면 힘이 두 방향으로 작용한다는 것을 의미한다. 즉, 물리적으로 이해할 수 없는 결과이다.

전기력선을 그리고 해석하는 일반적인 규칙은 다음과 같다.

1. 전기력선이 가까워질수록 전기장은 더 세어진다.
2. 어떤 지점에서 전기장의 방향은 전기력선의 접선 방향이다.
3. 전기력선은 양전하에서 시작해서 음전하에서 끝난다.
4. 전하에서 나오거나 들어가는 전기력선의 개수는 전하의 크기에 비례한다(그림 15.13).

5. 전기력선은 절대로 교차하지 않는다.

원칙적으로 중첩의 원리는 전하의 모든 구성에 대해 전기력선 모양에 대한 '지도'를 가능하게 해준다. 그 결과 지도는 (이전의 벡터 화살표 그림에 대한) 동등한 대안이며, 전기장의 영역을 시각적으로 표현한다. 예를 들어 예제 15.6의 전기쌍극자로 인한 모양을 고려해 보자. **전기쌍극자**(electric dipole)는 크기가 같고 부호가 반대인 전하(또는 '극')로 구성된다. 쌍극자의 알짜 전하가 0이기는 하지만 전하가 분리되어 있으므로 전기장을 만든다. 만약 전하들이 같은 위치에 있다면 그들에 의한 전기장은 없을 것이다.

예제 15.6 전기쌍극자로 인한 전기장 모양 구성

전기쌍극자에 의해 만들어지는 전형적인 전기력선을 만들어라. 단, 중첩의 원리와 전기력선의 규칙을 이용하라.

풀이

문제상 주어진 값: 크기가 같고 부호가 반대인 두 전하로 구성된 전기쌍극자. 두 전하 사이의 거리 d

전기쌍극자는 그림 15.14a에 나타내었다. 두 개의 전기장을 그리기 위해 동일한 첨자를 사용하여 전기장을 나타내면 다음과 같다. $\vec{\mathbf{E}}_+$와 $\vec{\mathbf{E}}_-$

전하 q_+에 가까운 A 위치에서 시작하자. $\vec{\mathbf{E}}_+$는 항상 q_+로부터 바깥을 향하고 $\vec{\mathbf{E}}_-$는 항상 q_-를 향한다는 것을 안다. A는 q_+에 아주 가까이 있으므로 $E_+ > E_-$이다. 이러한 두 사실로부터 A점에서 두 전기장을 정성적으로 그릴 수 있다. A점의 전기장 벡터 합 $\vec{\mathbf{E}}_\mathbf{A}$을 평행사변형법으로 구한다.

전기력선을 따라가려 하고 있기 때문에 $\vec{\mathbf{E}}_\mathbf{A}$의 방향은 다음 위치인 B를 가리킬 것이다. B점에서는 크기가 줄고 (왜?) $\vec{\mathbf{E}}_+$와 $\vec{\mathbf{E}}_-$의 방향을 약간 바꾸어 준다. 같은 방법으로 계속 진행하면 C와 D에서 어떻게 전기장을 구하는지 알 것이다. D점은 쌍극자축(두 전하를 연결한 선)을 수직 이등분한 선상에 있으므로 특히 이 선상에서 전기장 $\vec{\mathbf{E}}$는 아래로 향한다. E, F 그리고 G점에서도 계속해서 같은 방법을 통해 그릴 수 있을 것이다.

마지막으로 전기력선을 그리기 위해서 쌍극자의 양전하에서 시작한다. 왜냐하면 전기력선은 양전하에서 나오기 때문이다. 전기장 벡터가 전기력선에 접선을 가지므로 이러한 조건을 만족하는 선을 그린다(또 다른 전기력선을 그리고 그림 15.14b에 나타낸 완전한 쌍극자 전기장 모양과 비교해 보면 충분히 이해할 수 있을 것이다).

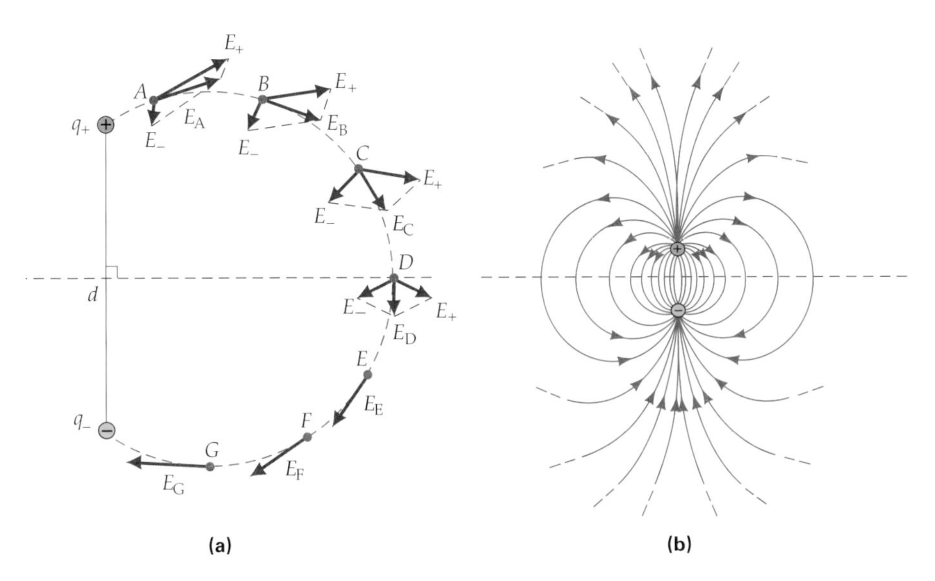

▲ 그림 15.14 쌍극자에 의해 그려진 전기력선

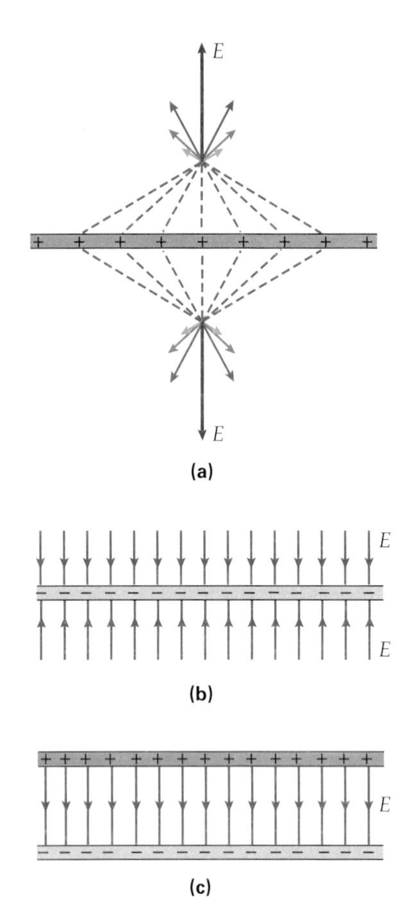

▲ 그림 15.15 **매우 큰 평행판에 의한 전기장.** (a) 양으로 대전된 판 위로 알짜 전기장의 방향은 위로 향하고 있다. 여기서 판의 여러 지점의 전기장의 수평 성분은 상쇄된다. 판의 아래쪽에서 전기장 $\vec{E}$ 방향은 아래로 향한다. (b) 음으로 대전된 판에는 전기장의 방향(판의 양쪽 면이 보여준)이 반대로 되어 있다. (c) 양쪽 판의 전기장을 중첩시키면 판의 바깥은 제거되고 판 사이는 균일한 전기장이 만들어진다.

전기장 그림 그리기에 대해 제공하는 것 외에도 쌍극자는 자연에서 자주 발생하기 때문에 그 자체로도 중요하다. 예를 들어 전기쌍극자는 물 분자와 같은 중요한 극성 분자의 모형 역할을 할 수 있다(그림 15.7).

그림 15.15a는 양으로 대전된 큰 판에 의해서 만들어지는 전기력선의 모양을 그리는 데 중첩의 원리를 사용했다는 것을 보여준다. 전기장은 판의 양쪽 면에서 수직하게 바깥쪽으로 가리킨다. 그림 15.15b는 판이 음으로 대전되었을 때, 그 차이는 전기장 방향이라는 결과를 보여준다. 이 두 개를 함께 두면 전기장은 가까이 떨어져 있고 반대로 대전된 두 판 사이에 전기장이 있다는 것을 알 수 있다. 그 결과가 그림 15.15c의 모양이다. 전기장의 수평 성분이 소거되기 때문에 (판의 끝은 멀리 떨어져 있다고 할 때) 전기장은 균일하고 양에서 음으로 가리킨다(판 사이에 둔 양의 시험 전하에 작용하는 힘의 방향을 생각하자).

두 개의 가까이 있는 판 사이의 전기장의 크기에 대한 식의 유도는 이 책의 범위를 벗어난다. 그러나 그 결과는

$$E = \frac{4\pi kQ}{A} \quad \text{(두 평행판 사이의 전기장)} \qquad (15.5)$$

이다. 여기서 Q는 판 하나의 총 전하 크기이고, A는 판 하나의 단면적이다. 평행판은 보통 전자회로에 응용된다. 16장에서 간단한 모양으로 나타낸 평행판의 쌍으로 이루어진 축전기라고 하는 중요한 회로 소자를 곧 배우게 될 것이다. 구름 대 땅의 대전에 의한 번개는 다음 예제와 같이 대전된 두 평행판으로 생각하여 근사적으로 추정할 수 있다.

예제 15.7 평행판–폭풍우 구름에 대한 전하 추정

습한 공기를 이온화하는 데 필요한 전기장(크기) E는 약 1.0×10^6 N/C이다. 전기장이 이 값에 도달하면 최한 구속된 전자가 분자로부터 떨어져 나오게 되면서 번개가 치게 된다. 구름층의 밑면과 지면을 평행판 축전기의 두 '판'으로 그려서 이러한 대기 상황을 간단한 모형으로 만들어 보자. 전형적으로 번개가 치는 동안 구름은 음전하이고 지면은 양전하를 띠게 된다. 관련 면적(지면과 구름)을 한 변이 10마일인 정사각형으로 만들도록 하자. 전기장이 낙뢰를 위해 획득한 값에 도달할 때 아래 구름 표면의 총 음전하의 크기를 계산하라.

풀이

문제상 주어진 값:

$E = 1.0 \times 10^6$ N/C
$d = 10$ mi $\approx 1.6 \times 10^4$ m

정사각형 면적에 $A = d^2$을 사용하고 각 면에 대한 전하 크기에 대해 식 15.5를 푼다.

$$Q = \frac{EA}{4\pi k} = \frac{(1.0\times10^6\ \text{N/C})(1.6\times10^4\ \text{m})^2}{4\pi(9.0\times10^9\ \text{N}\cdot\text{m}^2/\text{C}^2)} = 2300\ \text{C}$$

이 표현은 구름과 땅 사이의 거리가 한 변의 크기보다 훨씬 작다면 정당화될 수 있다. 그래서

식 15.5에서 가정한 바와 같이 '가장자리'를 무시할 수 있다. 이 전하량은 보통 누군가가 카펫을 가로질러 갈 때 발생하는 마찰 정전기 전하에 비해 엄청 크다.

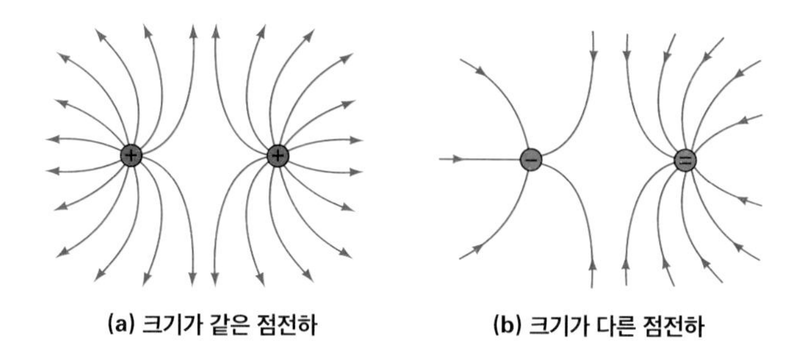

◀그림 15.16 **전기장.** (a) 같은 점전하와 (b) 크기가 다른 점전하에 대한 전기장

크기가 같거나 다른 전하 배치에 대한 전기장 패턴을 그림 15.16에 나타내었다. 이 그림은 어떻게 정성적으로 그려졌는지 알 수 있을 것이다. 전기력선은 양전하에서 시작하고 음전하에서 끝난다는 것에 유의하라(그러나 주변에 음전하가 없으면 무한히 간다). 전하의 크기에 비례하여 전하에서 나오거나 전하에서 끝나는 전기력선의 수를 세어보면 알 수 있다.

15.5 도체와 전기장

대전된 도체가 만드는 전기장은 몇 가지 흥미로운 성질을 갖고 있다. 정전기학의 정의에 의해서 전하는 정지해 있다. 그러나 도체는 자유롭게 움직이는 전하를 가지고 있으므로 전자는 전기력이 없고, 이것은 전기장이 없다는 것이다. 따라서 다음의 결론을 얻는다.

대전된 도체 **내부**에는 전기장이 영이다.

도체에 있는 과잉 전하는 가능한 한 서로 멀리 떨어지려고 하는 경향이 있다. 왜냐하면 전자들은 매우 유동적이기 때문이다. 그래서 다음과 같이 표현한다.

고립된 도체에 있는 **과잉** 전하는 도체 표면에만 존재한다.

전기장과 도체의 다른 성질은, 도체 표면의 전기장은 전기장의 접선 성분을 가질 수 없다는 것이다. 만약 그렇지 않다면 정적 상황에 반대로 전하는 표면을 따라 움직일 수 있게 된다. 따라서

대전된 도체 표면의 전기장은 표면과 수직이다.

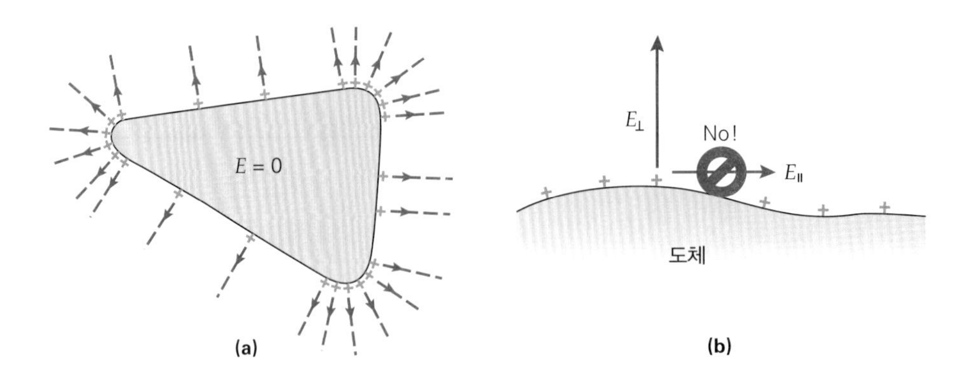

▶ 그림 15.17 **전기장과 도체.** (**a**) 정전 조건에서 도체 내부의 전기장은 0이다. 과잉 전하는 도체 표면에 존재한다. 불규칙한 모양의 도체에 대해서 과잉 전하는 그림에 나타낸 것과 같이 큰 곡률(가장 날카로운 점)을 가진 곳에 모인다. 표면 근처의 전기장은 표면에 수직하고 전하가 많은 곳은 전기장도 강하다. (**b**) 정전 조건 하에서 전기장은 도체 표면에서 접선 성분을 가질 수가 없다.

마지막으로 불규칙한 모양의 도체에 있는 과잉 전하는 표면이 크게 구부러진 곳(뾰족한 점)에 아주 가까이 모인다. 이곳에 전하가 모이므로 전기장 역시 이들 지점에서 가장 크다. 즉,

> 과잉 전하는 대전된 도체에서 뾰족한 점 또는 곡률이 큰 지점에 모아지는 경향이 있다. 그 결과로 전기장은 가장 크다.

이러한 속성은 그림 15.17에 요약되어 있다. 이 설명은 정전 조건 하에 있는 도체에만 적용이 된다는 것을 유의하라. 시간에 따라 조건이 변할 때 전기장은 부도체 내부와 도체 내부에 전기장이 존재할 수 있다.

대부분의 전하가 왜 곡률이 큰 표면에 모이는지 이해하기 위해서 도체 표면에 있는 전하들 사이에 작용하는 힘을 고려해 보자(그림 15.18a). 표면이 거의 평편한 곳에는 이러한 힘이 표면과 평행하게 방향을 가진다. 반대편에 있는 이웃한 전하에 의해 만들어지는 평행한 힘이 상쇄될 때까지 전하는 멀리 퍼진다. 뾰족한 끝에서는 전하 사이의 힘이 표면에 거의 수직한 방향이다. 그래서 전하가 표면에 평행하게 움직이게 하는 경향이 거의 없어진다. 그러므로 표면에서 큰 곡률을 가진 영역의 전하 농도가 높다는 것을 알 수 있다.

뾰족한 점을 갖는 도체에 큰 농도의 전하가 있다면 재미있는 상황이 생긴다(그림

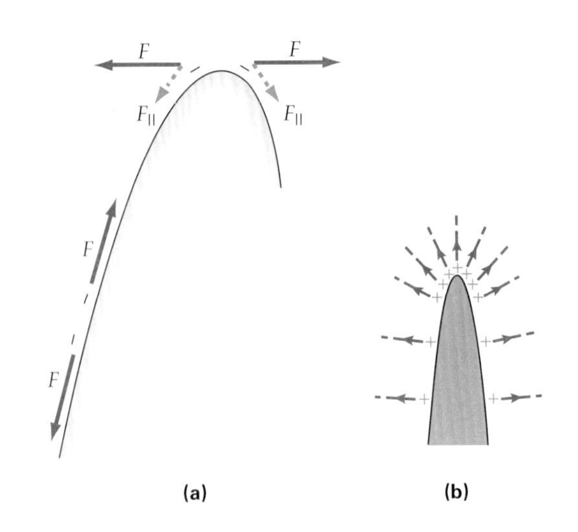

▶ 그림 15.18 **곡률 표면에서 전하의 농도.** (**a**) 평평한 표면에서 과잉 전하 사이의 반발력은 표면에 평행하고 전하를 멀리 밀어내는 경향이 있다. 그 반대로 뾰족한 표면에서는 이러한 힘이 표면과 어떤 각도로 방향을 가진다. 표면과 평행한 성분은 더 작아지고 그 지점에 전하가 모이도록 한다. (**b**) 극단적으로 보면 날카롭고 뾰족한 금속 바늘은 끝부분에 촘촘한 전하 농도를 가지고 있다. 이것은 뾰족한 부분의 끝 위의 위치에 큰 전기장을 만들고, 이는 피뢰침의 원리가 된다.

15.18b). 이 점 위의 전기장은 공기분자를 이온화시킬 수 있는 (분자에 있는 전자를 끌어당기거나 밀치는) 만큼 크게 작용한다. 이때 자유전자는 전기장에 의해 더 가속되고 다른 분자를 때려서 2차 이온화를 발생한다. 전자 '눈사태'인 이 결과가 눈에 보이는 섬광 방전이다. 예를 들어 여러분이 카펫을 문지르며 알짜전하를 축적할 때, 여러분의 손가락을 문손잡이로 향하게 한다. 무슨 일이 생길까?

연습문제

통합 연습문제(Integrated Exercises, IEs)는 두 부분으로 이루어진다. 첫 번째 부분은 일반적으로 기본 원칙과 추론에 기초한 개념적 답변 선택을 요구한다. 두 번째 부분은 연습의 첫 번째 부분에서 이루어진 개념적 선택과 관련된 정량적 계산을 필요로 한다. 기호(•)은 문제의 난이도를 의미한다. 쉬움(•), 보통(••), 어려움(•••)

15.1 전하

1. • 과잉 전자가 10만 개 있는 물체의 알짜 전하가 얼마인가?

2. •• 알파 입자는 헬륨원자의 핵이다. (a) 두 개의 알파 입자에 대한 전하가 얼마나 될까? (b) 알파 입자를 중성 헬륨원자로 만들기 위해 몇 개의 전자를 추가해야 하는가?

3. **IE** •• 털로 문질러진 고무막대는 -4.8×10^{-9} C의 전하를 얻는다. (a) 털에 생기는 전하의 부호는 무엇인가? (1) +, (2) 0, (3) −. 그 이유는? (b) 털에 생기는 전하량은 얼마인가? 막대로 이동하거나 막대에서 이동하는 질량은 얼마인가? (c) 고무막대가 얼마나 많은 질량을 잃었거나 혹은 얻었는가?

15.2 정전기적 대전

4. • 처음에 대전되지 않은 검전기에 양으로 대전된 물체를 가까이 가져와서 유도에 의해 대전시켰다. 3.22×10^8개의 전자가 섭지선을 통해 땅으로 흘러간 다음 접지선을 제거하면 검전기에 있는 알짜 전하는?

15.3 전기력

5. • 두 개의 동일한 점전하가 일정한 거리만큼 떨어져 있다. (a) 한 전하의 전하량을 두 배로, 다른 전하는 전하량을 반으로 줄이고, (b) 두 전하의 전하량을 반으로 줄이고, (c) 한 전하는 전하량을 반으로 줄이고, 다른 하나는 그대로 두는 경우, 두 전하 사이에 작용하는 전기력의 크기는 어떻게 변화될까?

6. • 고립계는 2.0 nm로 분리된 전자와 양성자로 구성된다. (a) 전자에 가해지는 힘의 크기는 얼마인가? (b) 고립계에서 알짜힘은 얼마인가?

7. • 두 전하 사이의 거리가 100 cm가 될 때까지 가까이 가져오니 전기력이 정확하게 5배 증가하게 되었다. 두 전하의 처음 떨어져 있던 거리는 얼마인가?

8. •• q_1과 q_2 두 개의 전하가 각각 원점과 (0.50 m, 0)에 위치한다. 만약 (a) 임의의 부호인 전하 q_3가 q_1, q_2와 같은 크기의 전하를 갖는다면, 정전 평형 상태가 되는 x축에서의 위치는? (b) 임의의 부호인 전하 q_3가 q_1, q_2와 같은 크기의 전하를 갖지 않는다면, 정전 평형 상태가 되는 x축에서의 위치는? (c) $q_1 = +3.0\ \mu$C과 $q_2 = -7.0\ \mu$C이면 임의의 부호인 전하 q_3가 정전 평형 상태가 되는 x축에서의 위치는?

9. •• 동일한 양의 점전하 두 개가 직선상에 고정되어 있고, 전자가 같은 선상에 놓여 있다. 두 점전하 사이의 거리는 30.0 cm이고, 각 전하량은 4.5 pC이다. (b) 전자에 가해지는 힘을 5.0 cm 간격으로 가장 왼쪽 전하로부터 5.0 cm에서 시작하여 가장 오른쪽 전하로부터 5.0 cm를 끝으로 해서 계산하라. (b) 계산된 값을 이용하여 전자 대 전자 위치에 대한 힘을 그래프로 나타내어라. 그래프로부터 전자가 가장 작은 힘을 받는 곳을 추측할 수 있는가?

10. ••• 그림 15.19와 같이 네 개의 전하가 정사각형의 모서리에

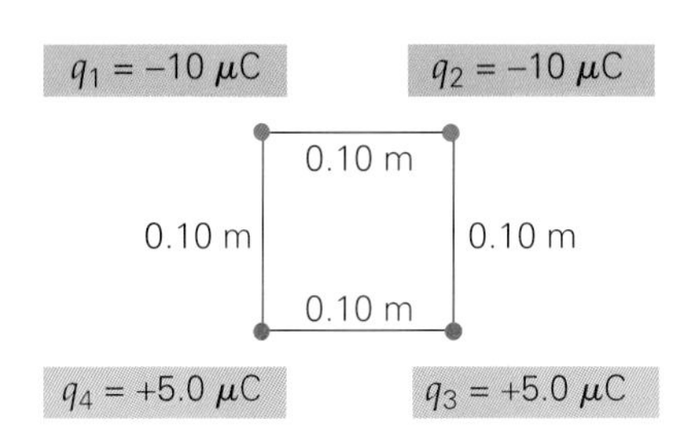

▲ 그림 15.19 **정사각형에 놓인 전하.** (연습문제 10, 17, 19)

위치한다. (a) 전하 q_2에 가해지는 힘의 크기와 방향은 무엇인가? (b) 전하 q_4에 가해지는 힘의 크기와 방향은 무엇인가?

15.4 전기장

11. **IE•** (a) 전하로부터의 거리가 2배일 경우 처음 전기장의 크기와 비교할 때 전기장의 크기는? (1) 증가, (2) 감소, (3) 같다. (b) 만약 전하로 인한 전기장이 1.0×10^{-4} N/C일 경우 전하로부터 두 배 거리에 있는 새로운 전기장의 크기는 얼마인가?

12. • 전자에 두 전기력이 작용하는데 하나는 위쪽으로 2.7×10^{-14} N이 작용하고, 다른 하나의 전기력은 오른쪽으로 3.8×10^{-14} N이 작용한다. 전자의 위치에 있는 전기장의 크기는 얼마인가?

13. • 양성자로부터 일정 거리 떨어진 위치에서의 전기장의 크기가 1.0×10^5 N/C이다. 이때 거리는 얼마인가?

14. •• 지구 표면 가까이에 있는 양성자의 무게를 지탱할 전기장의 크기와 방향을 구하고, 또 전자에 의한 전기장의 크기와 방향을 구하라.

15. •• 세 전하 $+2.5\ \mu$C, $-4.8\ \mu$C 그리고 $-6.3\ \mu$C가 각각 (-0.20 m, 0.15 m), (0.50 m, -0.35 m) 그리고 (-0.42 m, -0.32 m)에 위치한다. 원점에서의 전기장을 구하라.

16. •• 그림 15.20과 같이 삼각형의 중심에서의 전기장은 얼마인가?

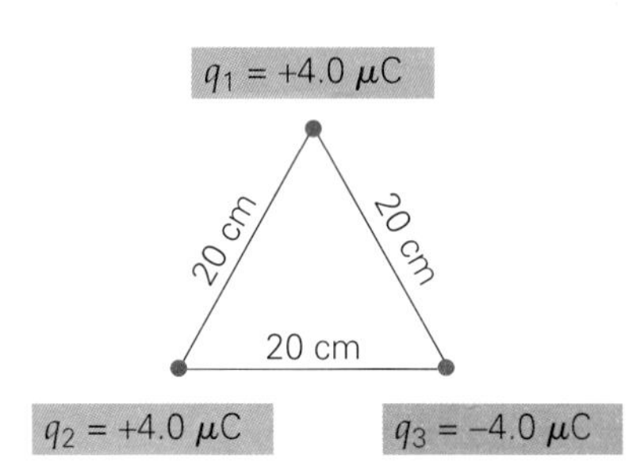

▲ 그림 15.20 삼각형에 놓인 전하

17. •• 그림 15.19와 같이 정사각형의 중심에서의 전기장은 얼마인가?

18. •• 매우 큰 평행판이 양과 음전하로 균일하게 대전되어 있다. 만약 평행판 사이에 전기장이 1.7×10^6 N/C이라면, (a) 각 판의 전하 밀도는 얼마인가? (μC/m^{2}로 나타낸다.) (b) 한 변이 15.0 cm일 경우 각 판의 총 전하량은 얼마인가?

19. ••• 그림 15.19의 q_3에서 연장된 선을 따라 q_2에서 4.0 cm 지점의 전기장을 계산하라.

15.5 도체와 전기장

20. **IE•** 고체 도체구는 두께가 있는 구형 전도 껍질로 둘러싸여 있다. 이때 총 전하 $+Q$를 구 중심에 놓고 발산한다고 가정한다. (a) 정전 평형에 도달한 후 껍질의 내부 표면의 전하 부호는? (1) 음전하, (2) 중성, (3) 양전하. (b) Q에 대하여 도체구 내부의 전하는 얼마인가? (c) 도체구의 표면은? (d) 구 껍질 안쪽 표면은? (e) 구 껍질 바깥쪽 표면은?

21. •• 연습문제 20에서 전기장의 크기를 구하라. (a) 도체구 내부에서, (b) 도체구와 구 껍질 사이에서, (c) 구 껍질 내부 표면에서, (d) 구 껍질 바깥 표면에서. (단, Q, r, k를 사용하라.)

22. •• 금속 바늘은 매우 뾰족하지만 약간 둥근 끝이 있는 긴 원통형이다. 바늘에 전자가 많이 모이는 경우 전하 분포 및 외부 전기력선을 그려라.

23. •• 동일한 한 쌍으로 이룬 처음에 중성인 얇은 사각형 금속판이 있다. 한 변의 길이는 5.00 cm이고, 두 판 사이의 거리는 2.00 mm이다. 수평 방향으로 금속판을 배열하고, 균일한 전기장의 크기가 500 N/C을 갖고 수직으로 외부에서 장을 걸었다. 몇 초 후 상단 금속판의 표면이 양전하로 되어 있다는 것을 알 수 있다. (a) 외부 전기장의 방향은 위인가, 아래인가? (b) 다른 세 개의 금속판 표면의 전하 부호는? (c) 판들 사이의 전기장의 방향과 세기를 구하라. (d) 금속판의 각 표면의 전하량은 얼마인가?

24. ••• 길이 15.5 cm의 가벼운 비전도성 끈에서 음전하 코르크공(질량 6.00×10^{-3} g, 전하량 -1.50 nC)을 수직으로 매달아 놓았다. 이 기구에 수평 방향으로 균일한 전기장을 가한다. 공은 수직 왼쪽으로 12.3°의 각도로 기울어진다. (a) 외부 전기장의 방향은? (b) 전기장의 크기를 구하라.

25. ••• 두 판이 간격을 두고 (수직) 평행하게 놓여 있고 전자는 우측 판에서 처음 속도 1.63×10^4 m/s로 이동한다. 2.10 cm 떨어진 다른 평행판에 도달한 속도는 4.15×10^4 m/s이었다. (a) 각 평행판의 전하 부호는? (b) 평행판 사이의 전기장의 방향은? (c) 판의 한 변의 길이가 25.4 cm인 정사각형인 경우 각 판의 전하량을 구하라.

CHAPTER 16

전위, 에너지, 전기용량

Electric Potential, Energy and Capacitance

위험한 경고 문구는 이 장에서 살펴볼 전압이라는 중요한 전기적 개념을 포함한다.

이 사진에 나오는 표지판은 에너지 발전소의 굳게 잠긴 철조망 뒤에 있는 변압기에 대한 경고이다. 이것은 확실히 위협적으로 보이고 분명히 피해야 할 것으로 보인다. 그렇다면 '전압'이란 무엇인가? 항상 해로울까? '고전압'은 무엇을 의미하는가? 일반 가정용 전원도 220볼트에서 작동하고 위험한 충격을 줄 수 있다는 것은 아마 알고 있을 텐데, 그런 경고 문구가 있어야 하지 않을까? 다른 전기 현상에 대한 설명과 함께 이 장과 다음 장에서 이러한 질문들에 대한 답을 찾을 수 있다. 이 장에서는 전위와 전위차(전압)에 대한 기본 사항과 몇 가지 다른 중요한 전기량에 대한 논의를 시작하겠다.

또한 이 장에서는 실질적인 응용에 대해서도 논의될 것이다. 예를 들어 치과에서 사용하는 X-선 장치는 전자를 가속하기 위해 매우 높은 전압에서 작동한다. 심장마비 환자에게 이용하는 인공 심장 박동기는 심장에 일정한 주기로 자극을 가하는 것으로 필요한 전기에너지를 일시적으로 저장하기 위해 축전기를 사용한다. 이번 장과 다음 장에서는 가전제품, 의료기기, 전기에너지 분배 시스템 등 전기의 실용적 용도를 소개할 것이다.

16.1 전기적 퍼텐셜 에너지와 전위차

15장에서는 전기장—벡터량이라는 관점에서 전기적 영향을 분석하였다. 역학에 대하여 초기에 배웠던 벡터 접근법—힘을 가진 뉴턴의 법칙(벡터)을 사용했다는 것을 상기하라. 역학에 대한 스칼라량은 운동에너지와 퍼텐셜 에너지와 같은 개념을 채택하면서 에너지(보존) 접근방식으로 이끌었다. 많은 경우에 에너지 접근방식은 벡터(힘) 접근방식에 비해 문제를 해결하는 데 더 간단하고 쉽게 접근이 가능하게 했다. 앞서 언급했듯이 이 장의 원칙은 에너지를 전기장과 관련시켜 확장하는 방법을 보여준다.

16.1.1 전기적 퍼텐셜 에너지

전기적 퍼텐셜 에너지를 조사하려면 간단한 전기장 패턴이라 할 수 있는 크고 서로 반대 부호의 전하로 대전된 두 평행판 사이에 생긴 전기장에서 시작해 보자. 15장에서 본 바와 같이 두 평행판 사이에서의 전기장은 크기와 방향에서 균일하다(그림 16.1a). 그림과 같이 작은 양전하 q_+가 음극판 (A)에서 양극판 (B)로 직접 전기장에 대해 등속으로 이동한다고 가정하자. 이를 위해서는 외력 F_{ext}를 전하에 가해야 한다. 이 힘은 전하에서의 전기력과 동일한 크기를 가져야 하며, $F_{ext} = q_+E$임을 알 수 있다. 이 힘과 전하 변위는 같은 방향이기 때문에 외력에 의해 한 일은 $W_{ext} = F_{ext}(\cos 0°)d = q_+Ed$이다.

이제 양전하가 판 B에서 정지 상태에서 이동한다고 가정하자. 이 전하는 운동에너지를 얻으면서 판 A쪽을 향해서 가속할 것이다. 이 운동에너지는 전하에 가해진 일의 결과로 생긴 것이다. 판 B의 처음 에너지가 운동에너지가 0이기 때문에, 이것은 어떤 형태의 퍼텐셜 에너지였을 것이다. 따라서 A에서 B로 움직일 때 전하의 **전기적 퍼텐셜 에너지**(electric potential energy) $\boldsymbol{U_e}$는 증가한다. 즉, $U_B > U_A$이다. 이 전하는 외력에 의한 일과 같고, 또 $\Delta U = U_B - U_A = q_+Ed$이다.

이 전기장은 지구 표면에서의 균일한 중력장과 유사하다. 물체를 수직으로 거리 h만큼 들어 올렸을 경우 중력 퍼텐셜 에너지의 변화는 양의 값($U_B - U_A$)이고 차이는 외력이 한 일의 양과 같다. 등속도에서 외력은 물체의 무게와 같아야 한다. 또는 $F_{ext} = w = mg$(그림 16.1b)이다. 따라서 중력에 의한 퍼텐셜 에너지는 증가하고, $\Delta U_g = U_B - U_A = F_{ext}h = mgh$이다.

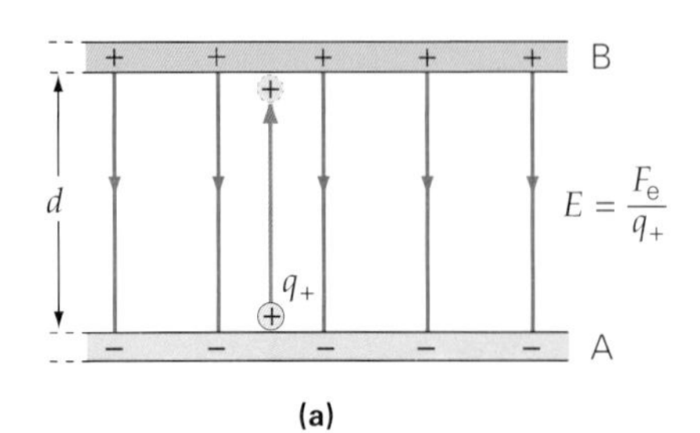

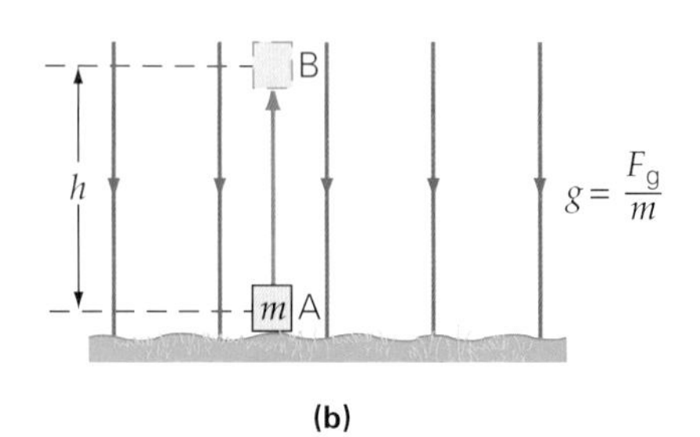

▶ 그림 16.1 **균일한 전기장과 중력장에서의 퍼텐셜 에너지 변화.** (a) 양전하 q_+가 전기장과 반대 방향으로 움직이기 위해서는 외력이 양의 일을 해주어야 하며, 이로 인해 전기 퍼텐셜 에너지가 증가한다. (b) 질량이 m인 물체를 중력과 반대 방향으로 들어 올리기 위해서는 외력이 양의 일을 해주어야 하며, 이로 인해 중력 퍼텐셜 에너지가 증가한다.

16.1.2 전위차

어느 위치에서든 전기장은 단위 양의 시험전하당 전기력으로 정의된다. 이 정의를 사용하여 전기장 $\vec{\mathbf{E}}$를 계산하면 시험전하 의존성이 제거되며 $\vec{\mathbf{F}} = q\vec{\mathbf{E}}$에서 해당 위치에 놓인 시험전하 q에 대한 힘을 찾을 수 있다. 비슷한 방식으로(그러나 스칼라) 임의의 두 점 사이의 **전위차**(electric potential difference, ΔV)는 움직이는 단위 양의 시험 전하당 전기적 퍼텐셜 에너지로 정의된다.

$$\Delta V = \frac{\Delta U_e}{q_+} \quad \text{(전위차)} \tag{16.1}$$

여기서 전위차의 SI 단위는 J/C이다. 이 단위는 처음으로 전지를 만든 이탈리아 과학자인 알렉산드로 볼타(Alessandro Volta, 1745~1827)의 이름을 따서 **볼트**(V)라 명명하고 다음과 같이 표기한다. 1 V = 1 J/C. 전위차는 일반적으로 **전압**(voltage)이라 한다.

전위차는 전기적 퍼텐셜 에너지의 차이를 이용하여 정의하였지만 이것은 전기적 퍼텐셜 에너지와 같지 않다는 것을 유의하라. 전위차는 단위 전하당 전기적 퍼텐셜 에너지의 차이로 정의한다. 따라서 움직인 전하의 양과는 무관하고 전기장과 같이 전위차는 매우 유용한 물리량이다.

만일 ΔV가 주어지면 임의의 전하가 움직일 때의 전기적 퍼텐셜 에너지 변화 ΔU_e를 계산할 수 있다. 이것을 알아보기 위해서 균일한 전기장이 만들어진 두 평행판 사이의 전위차를 계산하자.

$$\Delta V = \frac{\Delta U_e}{q_+} = \frac{q_+ Ed}{q_+} = Ed \quad \text{(평행판 사이의 전위차)} \tag{16.2}$$

여기서 움직이는 전하 q_+는 제거됨을 유의하라. 이것은 ΔV는 대전된 판의 특성에만 의존하기 때문이다. 즉, 대전된 판에 의해 만들어진 전기장(E)와 거리(d)에만 의존한다. 이 결과는 다음과 같이 전위라는 말로 설명할 수 있다. 서로 다른 부호의 전하로 대전된 평행판의 경우 양으로 대전된 판은 음으로 대전된 판보다 ΔV만큼 더 높은 전위를 갖는다.

전위 그 자체(V)를 정의하지 않고 전위차(또는 전압)를 정의하였다는 것을 유의하라. 좀 이상해 보이지만 이에 대해서는 상당한 이유가 있다. 그것은 전위와 전위차 중 실제 물리적으로 의미가 있는 것은 전위차이며 실제로 측정하는 양이다. 그러나 전위 V는 정확한 방법으로 측정할 수 없다. 그것은 기준점을 어떻게 정의하느냐에 달려 있다. 이것은 전위에 임의의 상수를 더하거나 뺄 수 있다는 것을 의미한다. 하지만 이렇게 하더라도 전위차에는 영향이 없다.

이 개념은 퍼텐셜 에너지(ΔU)의 변화만 중요한 퍼텐셜 에너지의 역학적 형태에 대하여 배우면서 접하게 되었다. 0이 되는 기준점을 선택한 경우에만 퍼텐셜 에너지(U)의 특정값을 결정할 수 있다. 예를 들어 중력의 경우 중력 퍼텐셜 에너지가 0인 지점으로 보통 지구 표면을 취한다. 하지만 지구에서 무한히 멀리 떨어져 있는 지점에서의 중력 퍼텐셜 에너지가 0이라 정의하는 것이 더 정확하고 때로는 더 편리하다(7.5절 참조).

이러한 개념은 전기적 퍼텐셜 에너지와 전위에도 적용된다. 대전된 두 평행판 중 음으로 대전된 판의 전위를 0으로 취한다. 그리고 점전하의 경우에도 알겠지만 때때로 전하로부터 무한히 떨어진 지점에서의 전위를 0으로 취하는 것이 편리하다. 어떤 경우라도 전위차는 영향을 받지 않는다.

예제 16.1 양성자를 움직이는 에너지 방법–전기적 퍼텐셜 에너지 대 전위

하나는 음으로 대전된 판과 다른 하나는 양으로 대전된 두 평행판에서 양성자를 음으로 대전된 판으로부터 양으로 대전된 판으로 이동시킨다고 가정하자(그림 16.2a). 두 판 사이의 거리는 1.50 cm, 판 사이의 균일한 전기장은 1500 N/C이다. (a) 양성자의 전기적 퍼텐셜 에너지의 변화량은 얼마인가? (b) 평행판 사이의 전위차(전압)는 얼마인가? (c) 만약 양으로 대전된 판(그림 16.2b)에서 정지로부터 움직이기 시작하여 음으로 대전된 판에 도달할 때의 속력은 얼마인가?

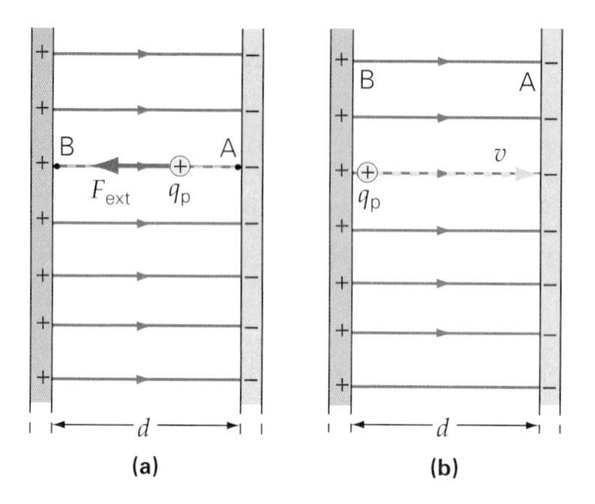

▲ 그림 16.2 **전하의 가속.** (a) 양성자가 음극판으로부터 양성자의 퍼텐셜 에너지가 증가하는 양극판 쪽으로 가속운동을 한다. (예제 16.1을 보라.) (b) 양성자가 양극판으로부터 방출될 때, 양성자는 음극판을 향해 가속하면 전기적 퍼텐셜 에너지가 감소하고 운동에너지가 증가한다.

풀이

문제상 주어진 값:

$E = 1500\,\text{N/C}$

$q_p = +1.60 \times 10^{-19}\,\text{C}$

$m_p = 1.67 \times 10^{-27}\,\text{kg}$

$d = 1.50\,\text{cm} = 1.50 \times 10^{-2}\,\text{m}$

(a) 양성자를 양으로 대전된 판 쪽으로 이동시키기 위해 양의 일을 한 것은 전기적 퍼텐셜 에너지는 증가한다.

$$\Delta U_e = q_p E d = (+1.60 \times 10^{-19}\,\text{C})(1500\,\text{N/C})(1.50 \times 10^{-2}\,\text{m}) = +3.60 \times 10^{-18}\,\text{J}$$

(b) 전위차 또는 전압은 단위 전하당 전기적 퍼텐셜 에너지의 변화이므로 식 16.1에서

$$\Delta V = \frac{\Delta U_e}{q_p} = \frac{+3.60 \times 10^{-18}\,\text{J}}{+1.60 \times 10^{-19}\,\text{C}} = +22.5\,\text{V}$$

이다. 따라시 양으로 대진된 판이 음으로 대전된 판보나 전위차가 22.5 V 더 높다고 말할 수 있다.

(c) 양성자가 갖는 총 에너지는 일정하다. 따라서 $\Delta K + \Delta U_e = 0$이다. 양성자의 처음 운동에너지는 없다($K_0 = 0$). 그 결과 $\Delta K = K - K_0 = K$이다. 따라서 운동에너지의 변화(얻음)는 전기적 퍼텐셜 에너지의 변화(잃음)와 반대가 되며, 또는

$$\Delta K = K = -\Delta U_e$$

결과적으로

$$\frac{1}{2} m_p v^2 = -\Delta U_e$$

이다. 음으로 대전된 판에 도달했을 때 양성자의 전기적 퍼텐셜 에너지는 음의 값이다. 그러므로 $\Delta U_e = -3.60 \times 10^{-18}$ J이다. 양성자의 속력을 구하면 다음과 같다.

$$v - \sqrt{\frac{2(-\Delta U_e)}{m_p}} = \sqrt{\frac{2[-(-3.60 \times 10^{-18}\,\text{J})]}{1.67 \times 10^{-27}\,\text{kg}}} = 6.57 \times 10^4\,\text{m/s}$$

비록 양성자가 얻는 운동에너지는 작지만 양성자의 질량이 작기 때문에 양성자는 큰 속력을 얻게 된다.

예제 16.1에서는 결과가 경로에 따라 달라지는지 여부를 물을 수 있다. 그림 16.3과 같이 양성자를 A판에서 B판으로 이동시키는 일은 경로에 관계없이 동일하다. A에서 B까지 (A에서 B′로 뿐만 아니라) 다른 구불구불한 경로는 전하 이동에 수직으

로 작용하는 힘에 의한 일은 없으므로 직선 경로와 동일한 일이 필요하다.

이 차이를 이해하려면 양성자 대신 전자를 움직인 경우 예제 16.1이 어떻게 달라지는지 고려해 보자. 전자는 음전하이므로 B판에 끌리고, 따라서 외력은 전자의 변위와 반대로 작용할 것이다. 따라서 전자를 움직이기 위해서는 그것에 대해 음의 일이 이루어져야 하고, 전기적 퍼텐셜 에너지를 감소시켜야 한다. 양성자와는 달리 전자는 양으로 대전된 판에 끌린다(높은 전위로). 만약 이동한다면, 그것은 더 높은 전위를 가진 쪽으로 이동하게 될 것이다. 그래서 양성자는 전위가 낮은 영역을 향해 이동하기 시작했을 것이다. 그럼에도 불구하고 양성자와 전자는 모두 결국 전기적 퍼텐셜 에너지를 잃고 운동에너지를 얻게 된다.

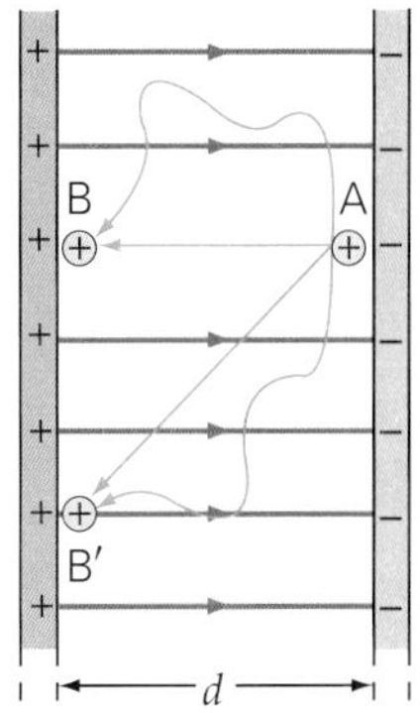

▲그림 16.3 **전기적 퍼텐셜 에너지와 전위차는 경로에 무관하다.** A에서 B 또는 A에서 B′처럼 전기장 내의 임의의 두 점 사이를 양성자가 움직일 때 전기력이 양성자에 한 일의 양은 경로에 무관하다. 균일한 장에서 보면, 그 결과는 어떤 형태의 전기장에도 적용된다.

전기장 내에서의 대전된 입자의 운동을 전위라는 물리량을 사용하여 요약해보면 다음과 같다.

양으로 대전된 물체는 전위가 낮은 쪽으로 가속된다. 그리고 전기적 퍼텐셜 에너지는 잃고 운동에너지는 얻는다.

음으로 대전된 물체는 전위가 높은 쪽으로 가속된다. 그리고 전기적 퍼텐셜 에너지는 잃고 운동에너지는 얻는다.

16.1.3 점전하에 의한 전위차

균일하지 않은 전기장 내의 두 점 사이의 전위차는 식 16.1에서 정의한 것을 이용하여 구할 수 있다. 그러나 이 경우 전기장의 세기가 위치에 따라 변하기 때문에 (해준 일) 이 책에서는 그 계산을 자세히 다루지는 않을 것이다. 여기서는 균일하지 않은 전기장을 통해서 알아볼 것이다(그림 16.4). 점전하 q로부터 거리 r_{A}와 r_{B}만큼 떨어진 두 점 사이의 전위차는 다음과 같이 나타낸다.

$$\Delta V = \frac{kq}{r_{\mathrm{B}}} - \frac{kq}{r_{\mathrm{A}}} \quad \text{(점전하에서만)} \tag{16.3}$$

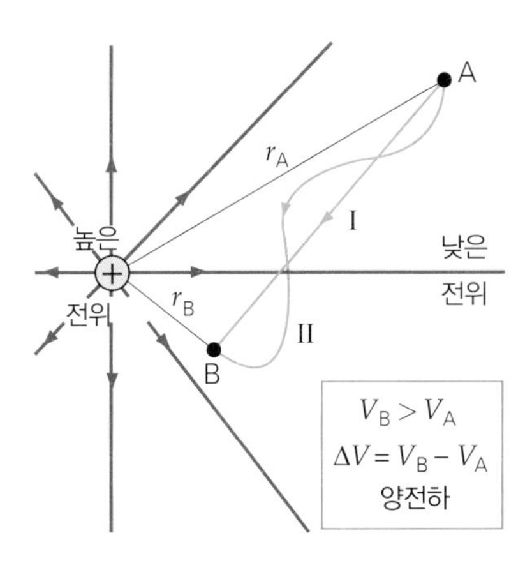

▲그림 16.4 **점전하에 의한 전기장과 전위.** 양의 시험전하를 이용해서 양전하 쪽으로 가까이 갈수록 전위는 증가하는 것을 보여준다. 따라서 B는 전위가 A의 전위보다 높다. 또한 전위차는 경로에 무관하다.

그림 16.4에서 점전하는 양전하이다. B점이 A점 보다 점전하에 더 가까우므로 두 점 사이의 전위차는 양이다. 즉, $V_{\mathrm{B}} - V_{\mathrm{A}} > 0$ 또는 $V_{\mathrm{B}} > V_{\mathrm{A}}$이다. 그러므로 B점에서의 전위는 A점에서의 전위보다 높다. 이것은 전위차를 정의할 때 양의 시험전하를 움직일 때 해준 일로 정의하였기 때문이다. 여기서 A로부터 B로 양의 시험전하를 움직이기 위해서는 양의 일을 해주어야 한다. 일반적으로 양전하에 더 가까이 가면 전위는 증가한다. 평행판 사이와 마찬가지로 경로 II에서 한 일은 경로 I에서 한 일과 같다.

그러나 만약 점전하가 음전하라면 결과는 어떻게 될까? 이 경우 B점은 A점에서보다 전위가 낮게 되며, 이것은 양의 시험전하를 A에서 B로 움직일 때 외력이 한 일이 음이기 때문이다(왜?).

요약하면 전위의 변화는 다음과 같은 규칙을 따른다.

양전하에 가까워지거나 음전하로부터 멀어지면 전위는 높아진다.

그리고

양전하로부터 멀어지거나 음전하에 가까워지면 전위는 낮아진다.

점전하로부터 매우 멀리 떨어진 곳에서의 전위를 보통 0으로 선택한다(7장에서 질점에 대한 중력 퍼텐셜 에너지를 다룬 경우와 같이). 이 경우 점전하로부터 거리 r만큼 떨어진 위치에서의 전위 V는

$$V = \frac{kq}{r} \quad \text{(점전하에 대한 전위)} \tag{16.4}$$

이다. 이 수식이 전위 V를 나타내지만, 실제 물리적 의미가 있고 중요한 것은 전위가 아니라 전위차(ΔV)라는 것을 명심하라.

16.1.4 점전하의 구성에 의한 전기적 퍼텐셜 에너지

7장에서 질점계의 중력 퍼텐셜 에너지는 이미 배웠다. 전기력과 중력의 표현은 수학적으로 유사하며, 전하가 질량을 대신한다는 점을 제외하고는 퍼텐셜 에너지에 대한 표현도 유사하다(그러나 전하가 두 가지 부호로 이루어진다는 것을 기억하라). 두 질량의 경우 힘이 항상 인력이 작용하기 때문에 상호 중력 퍼텐셜 에너지는 음의 값을 갖는다. 전기적 퍼텐셜 에너지에 대해 전기력은 인력과 척력이 작용하기 때문에, 그 결과는 양 또는 음의 값을 가진다.

예를 들어 양의 점전하 q_1이 공간상에 고정되어있는 경우를 생각해 보자. 두 번째 양의 점전하 q_2가 아주 먼 거리로부터 (즉, 초기조건 $r \to \infty$) 거리 r_{12}까지 가져온다고 가정해 보자(그림 16.5a). 이 경우에 필요한 일은 양이다. 그러므로 두 전하로 이루어진 계는 전기적 퍼텐셜 에너지를 얻는다. 먼 거리에서의 전위(V_∞)를 점전하의 경우에서처럼 0으로 취한다(전위가 0인 점은 임의로 잡을 수 있다). 따라서 식 16.3으로부터 전기적 퍼텐셜 에너지의 변화는 다음과 같다.

$$\Delta U_e = q_2 \Delta V = q_2(V_1 - V_\infty) = q_2\left(\frac{kq_1}{r_{12}} - 0\right) = \frac{kq_1q_2}{r_{12}}$$

V_∞(그리고 U_∞)를 0으로 선택한 경우, 전기적 퍼텐셜 에너지의 변화는 $\Delta U_e = U_{12} - U_\infty = U_{12}$이다. 0의 기준을 선택함에 따라 결론은 임의의 두 전하계와 관계된 전기적 퍼텐셜 에너지는

$$U_{12} = \frac{kq_1q_2}{r_{12}} \quad \text{(두 전하의 전기적 퍼텐셜 에너지)} \tag{16.5}$$

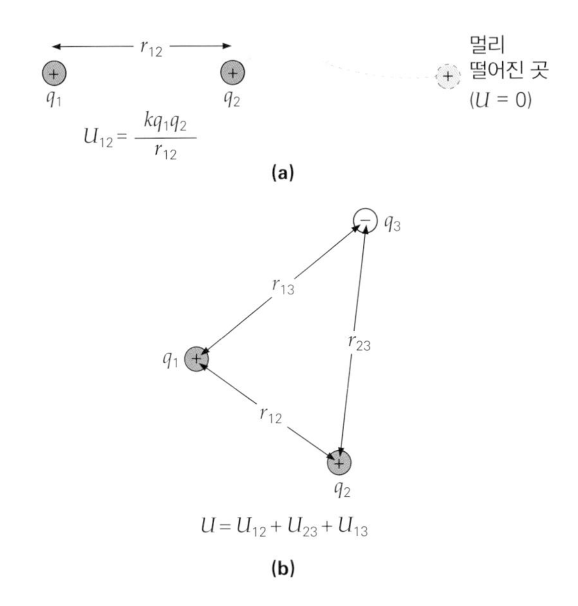

◀그림 16.5 **점전하들의 상호 전기적 퍼텐셜 에너지.** (a) 멀리 떨어져 있는 양의 점전하를 r_{12}까지 가져오면 전기적 퍼텐셜 에너지가 증가한다. 이것은 서로 척력이 작용하는 양전하를 가져오기 위해서는 외부에서 양의 일을 해주어야 하기 때문이다. (b) 여러 개의 점전하로 이루어진 계의 총 전기적 퍼텐셜 에너지는 각각의 전하쌍이 갖는 전기적 퍼텐셜 에너지의 대수합이다.

이다. 따라서 두 전하 부호가 같으면 서로 밀치면서 떨어져 움직이며 전기적 퍼텐셜 에너지를 잃으면서 운동에너지를 얻을 것이다. 반대로 전자와 양성자처럼 서로 다른 부호의 전하를 더욱 멀리 떼어 놓기 위해서는 외부에서 양의 일을 해주어야 하며, 이것은 용수철을 당기는 것과 유사하다.

에너지는 스칼라이므로 여러 개의 점전하로 이루어진 계의 총 전기적 퍼텐셜 에너지(U)는 그 계 내에 있는 모든 전하쌍이 갖는 전기적 퍼텐셜 에너지의 대수합이다.

$$U = U_{12} + U_{23} + U_{13} + U_{14} \cdots \tag{16.6}$$

그림 16.5b와 같이 3개의 전하가 있는 경우 총 전기적 퍼텐셜 에너지를 계산하기 위해서는 식 16.6의 첫 세 항이 필요하다. 전하의 부호는 예제 16.2의 생명의 분자에서 보여주는 것처럼 수학적으로 전하의 부호를 그대로 사용한다는 점에 유의하라.

예제 16.2 생명의 분자–물 분자의 전기적 퍼텐셜 에너지

잘 알겠지만 물 분자는 생명의 근원이다. 물의 다양한 특성(물이 지구 표면의 액체인 이유와 동일)은 영구 극성분자이기 때문이라는 사실과 관계한다(15.4절의 전기쌍극자 참조). 전하를 갖는 물 분자를 간단한 모식도로 그림 16.6에 나타내었다. 수소원자와 산소원자 사이의 거리는 9.60×10^{-11} m이고, 수소–산소 결합의 사이각(θ)는 104°이다. 물 분자의 총 전기적 퍼텐셜 에너지는 얼마인가?

풀이

문제상 주어진 값:

$q_1 = q_2 = +5.20 \times 10^{-20}$ C

$q_3 = -10.4 \times 10^{-20}$ C

$r_{13} = r_{23} = 9.60 \times 10^{-11}$ m

$\theta = 104°$

기하학적으로부터 $\frac{(r_{12}/2)}{r_{13}} = \sin\left(\frac{\theta}{2}\right)$. r_{12}에 대해 풀면

$$r_{12} = 2r_{13}\left(\sin\frac{\theta}{2}\right) = 2\,(9.60 \times 10^{-11}\ \text{m})\,(\sin 52°) = 1.51 \times 10^{-10}\ \text{m}$$

이제 각 쌍의 상호 전기적 퍼텐셜 에너지를 구하자. $U_{13} = U_{23}$이기 때문에 좀 쉽게 풀 수 있다. (왜 그런지 설명할 수 있는가?) 식 16.5를 이용해 한 쌍씩 계산하면 다음과 같다.

$$\begin{aligned} U_{12} &= \frac{kq_1q_2}{r_{12}} \\ &= \frac{(9.00 \times 10^9\ \text{N}\cdot\text{m}^2/\text{C}^2)(+5.20 \times 10^{-20}\ \text{C})(+5.20 \times 10^{-20}\ \text{C})}{1.51 \times 10^{-10}\ \text{m}} \\ &= +1.61 \times 10^{-19}\ \text{J} \end{aligned}$$

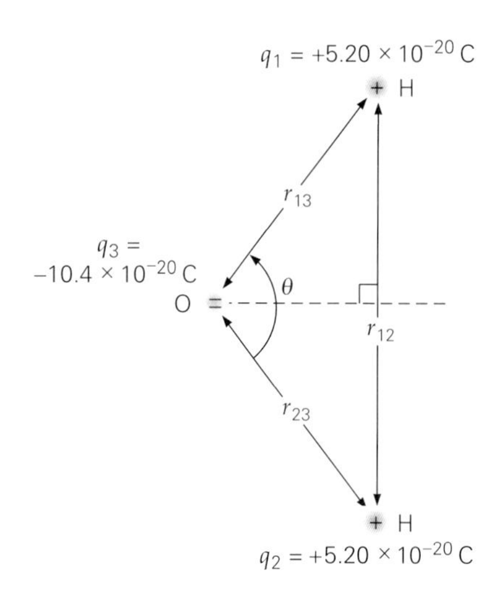

▲그림 16.6 **물 분자의 정전기적 퍼텐셜 에너지.** 분자 내의 원자들이 전자를 서로 공유하기 때문에 물 분자에 나타난 전하가 평균 전하량을 갖는다. 이것은 물 분자 끝의 전하량이 전자나 양성자의 전하량보다 작을 수 있는 이유이다.

와

$$U_{13} = U_{23} = \frac{kq_2 q_3}{r_{23}}$$
$$= \frac{(9.00 \times 10^9 \text{ N}\cdot\text{m}^2/\text{C}^2)(+5.20 \times 10^{-20}\text{ C})(-10.4 \times 10^{-20}\text{ C})}{9.60 \times 10^{-11}\text{ m}}$$
$$= -5.07 \times 10^{-19}\text{ J}$$

따라서 총 전기적 퍼텐셜 에너지는

$$U = U_{12} + U_{13} + U_{23}$$
$$= (+1.61 \times 10^{-19}\text{ J}) + (-5.07 \times 10^{-19}\text{ J}) + (-5.07 \times 10^{-19}\text{ J})$$
$$= -8.53 \times 10^{-19}\text{ J}$$

이다. 여기서 음의 부호는 물 분자가 결합을 끊기 위해서 양의 일이 필요하다는 것을 의미한다.

16.2 등전위면과 전기장

16.2.1 등전위면

양전하가 전기장에 수직으로 이동한다고 가정하자(그림 16.7a의 경로 I처럼). 전하를 A에서 A′으로 이동할 때 전기장이 한 일의 양은 0으로 전기장은 일하지 않는다. 일하지 않았기 때문에 전하의 전기적 퍼텐셜 에너지는 변하지 않을 것이다. 또는 $\Delta U_{AA'} = 0$이다. 따라서 점 A와 A′—경로 I의 다른 모든 점도 마찬가지이다—는 같은 전위 V를 갖고 있다. 즉,

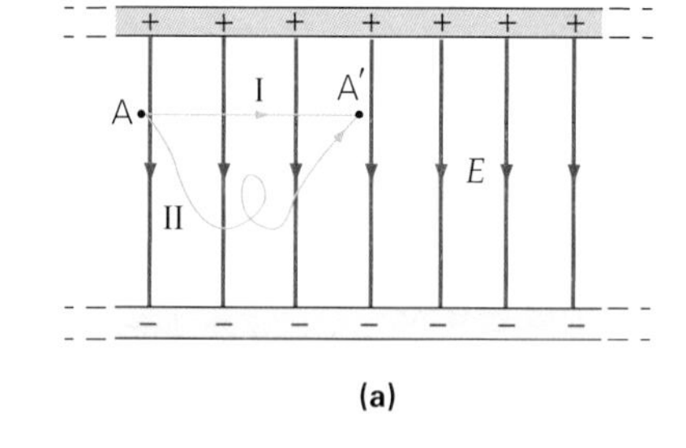

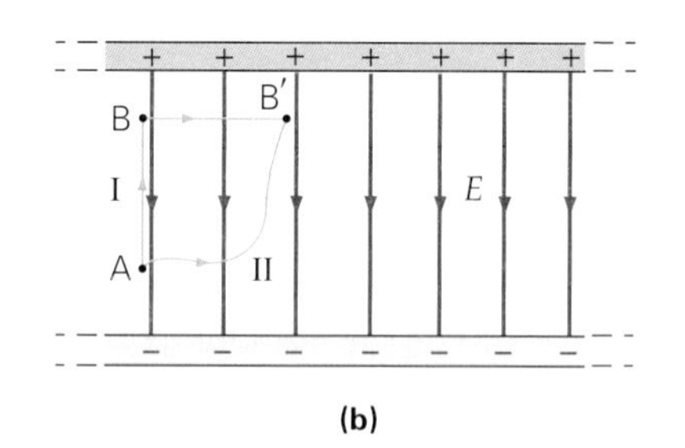

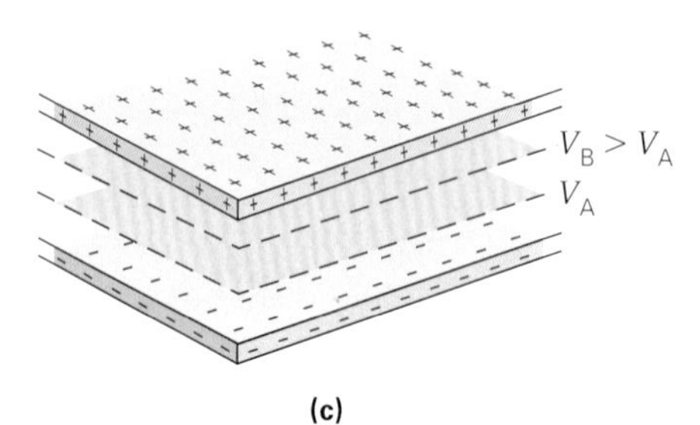

▶그림 16.7 **평행판 사이에서의 등전위면.** (a) 전하를 이동하면서 한 일은 0이다(경로 I과 경로 II를 비교). (b) 전하가 전위가 높은 곳으로 일단 이동하면 (A점에서 B전으로) 그 전하는 전기장과 수직 방향으로 움직이면서 (B에서 B′으로 움직이는 것과 같이) 새로운 등전위면에 머물 수 있게 된다. 경로 I이나 경로 II를 따라 움직일 때의 전위 변화는 동일하므로 전위차는 경로에 무관하다. (왜?) (c) 평행판 사이에서의 등전위면은 판에 평행한 평면이다. 예로 두 개의 등전위면 $V_B > V_A$를 그림에 나타내었다.

$$\Delta V_{AA'} = V_{A'} - V_A = \frac{\Delta U_{AA'}}{q} = 0 \quad \text{또는} \quad V_A = V_{A'}$$

이 결과는 실제로 평행판과 평행하고 경로 I을 포함하는 평면의 모든 점에 대해 유지된다. 전위가 일정한 이 평면과 같은 표면은 **등전위면**(equipotential surface) (또는 단순히 등전위)이다. 등전위라는 말은 '같은 전위'를 의미한다. 이 특별한 경우와는 달리 등전위면은 일반적으로 평면이 아니다.

등전위면을 따라 전하를 이동하기 위한 일은 필요하지 않으므로 일반적으로 다음과 같이 표현할 수 있다.

등전위면은 항상 전기장과 수직이다.

행한 일은 경로와 독립적이기 때문에 경로 I, 경로 II 또는 A에서 A′까지의 다른 경로를 취하든 동일하다(그림 16.7a). 전하가 처음과 같은 등전위면으로 되돌아가는 한 그것에 대해 한 일은 0이며 전위도 같다.

만약 양전하가 그림 16.7b의 경로 I과 같이 전기장 $\vec{\mathbf{E}}$와 반대 방향으로 이동하면—등전위에 대해 직각 방향으로 이동—전하가 갖는 전기적 퍼텐셜 에너지는 증가하며 전위도 증가한다. B점에 도달했을 때 전하는 A점보다 높은 전위를 갖는 다른 등전위면 상에 놓이게 된다. 전위를 A에서 B′으로 이동시킬 때 한 일의 양은 A에서 B로 이동시킬 때 한 일의 양과 같다. 따라서 B와 B′은 같은 등전위면 상에 존재한다. 평행판 사이에서의 등전위면은 판과 평행한 평면이다(그림 16.7c).

등전위면에 대한 이해를 돕기 위해 중력과의 유사성을 생각해 보자. 만약 물체를 높이 $h = h_B - h_A$만큼 들어 올릴 때(그림 16.8에서 A에서 B로), 외력이 한 일은 mgh가 되고 이는 양의 값을 갖는다. 따라서 높이 h_B에 점선으로 표시한 평면은 중력 퍼텐셜 에너지가 같은 면을 의미한다. 즉, h_A의 높이에 있는 평면도 중력 퍼텐셜 에너지가 같은 면을 나타내지만 h_B에 있는 평면에서보다 낮은 중력 퍼텐셜 에너지를 갖고 있다. 그러므로 동일한 중력 퍼텐셜 에너지를 갖는 평면은 지구의 표면과 평행하다. 동일한 고도(보통 해수면에 대한 상대적인 값으로 나타냄)를 따라 그린 등고선이 있는 지형도(그림 16.9a와 b)는 사실 동일한 중력 퍼텐셜 에너지를 나타내는 지도라 할 수 있다. 점전하 주위의 등전위면이 (그림 16.9a, b) 언덕 근처에서의 중력 위치 분포와 정성적으로 유사함을 유의하라(그림 16.9c와 d).

전기장과 전위 사이의 수학적 관계를 알아보기 위해서 균일한 전기장의 경우를 생

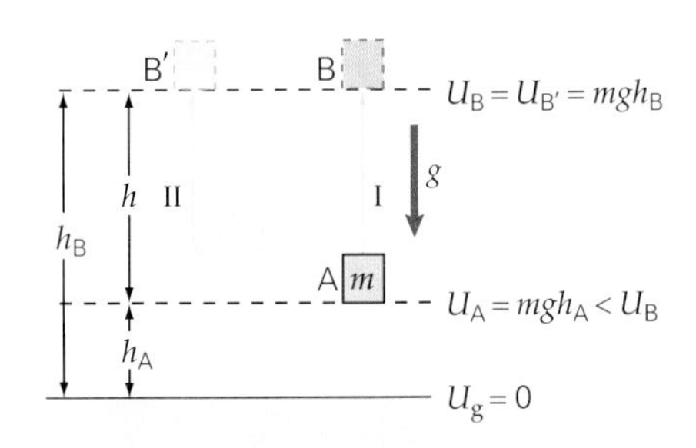

◀ 그림 16.8 **중력 퍼텐셜 에너지와의 유사성.** 물체를 균일한 중력장에서 들어 올리는 것은 중력 퍼텐셜 에너지를 증가시킨다. 즉, $U_B - U_A$. 주어진 높이에서 물체의 퍼텐셜 에너지는 그 (중력) 등전위면에 남아 있는 한 일정하다.

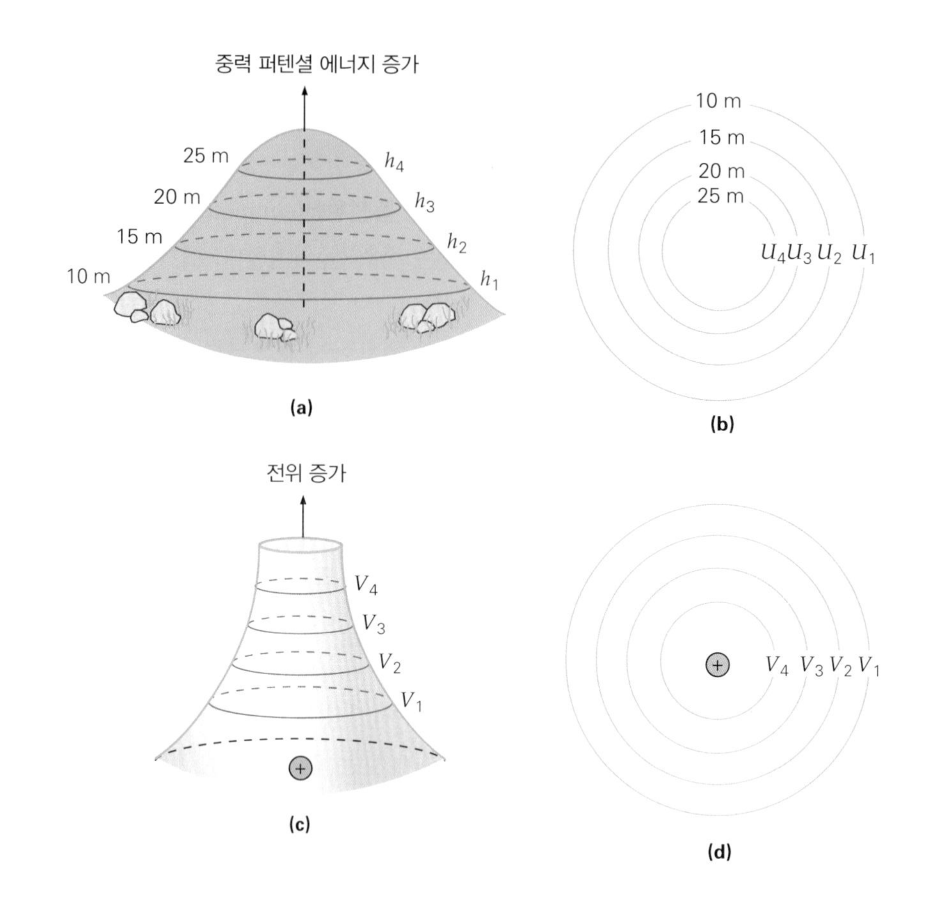

▶ 그림 16.9 **지형도-등전위면에 대한 중력 퍼텐셜 에너지의 유사성.** (a) 대칭을 이루는 언덕으로 각각의 고도에서 분할된 단면. 각각의 분할면에서는 중력 퍼텐셜 에너지가 일정하다. (b) (a) 분할면의 지형도. 등고선은 언덕으로 올라갈수록 중력 퍼텐셜 에너지가 점차적으로 증가함을 나타낸다. (c) 점전하 q 주위의 전위 V는 중력 퍼텐셜 에너지와 비슷한 분포를 갖는다. 전하 q로부터 같은 거리에 있는 모든 점에서는 전위 V가 같다. (d) 점전하 주위의 등전위면은 전하를 중심으로 하는 구의 표면이다. (2차원의 경우에는 원) 양전하에 근접할수록 등전위면에서의 전위는 증가한다.

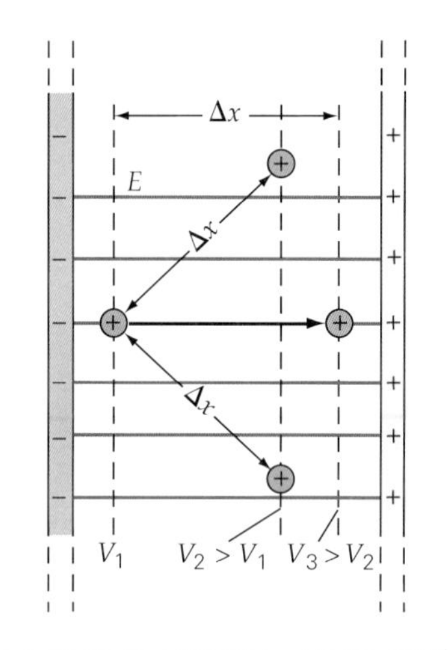

▲ 그림 16.10 **전위차(ΔV)와 전기장($\vec{\mathbf{E}}$) 사이의 관계.** 전기장의 방향은 전위가 최대로 감소하는 방향이며, 이는 전위가 최대로 증가하는 방향의 반대 방향이다(여기서 최대는 검은색 수평 화살 방향이며 기울어진 화살은 아니다. 왜?). 전기장의 크기는 거리에 따른 전위 변화율의 최댓값으로 주어진다.

각해 보자(그림 16.10). 두 등전위면(그림에서 V_1과 V_2로 표시)의 전위차(ΔV)는 식 16.2를 유도할 때와 같은 방법으로 계산할 수 있다. 그 결과는

$$\Delta V = V_3 - V_1 = E \cdot \Delta x \tag{16.7}$$

이다. 따라서 등전위면 1에서 시작하여 전기장과 반대쪽으로 등전위면 3에 도달할 때의 전위차(ΔV)는 전기장의 세기(E)와 거리(Δx)에 의존하여 증가할 것이다. 또한 주어진 거리 Δx의 경우 등전위면에 수직으로 이동하며 전기장 반대쪽으로 이동할 때 전위차는 최대가 된다. 등전위면 1에 시작하여 거리 Δx만큼 임의의 방향으로 이동한다고 생각해 보자. 전위차가 최대로 되기 위해서는 수직으로 이동하여 등전위면 3에 도달하는 것이다. 등전위면 2에 도달하는 것처럼 등전위면 1과 수직이 아닌 다른 방향으로 이동한다면 그때의 전위차는 수직으로 움직이는 경우보다 작을 것이다.

이 결과는 일반적인 원리로 요약할 수 있다.

> $\vec{\mathbf{E}}$의 방향은 전위 V가 가장 빠르게 감소하거나 V가 가장 빠르게 증가하는 방향과 반대로 동등하게 감소하는 방향이다.

그래서 수학적으로 어떤 위치에서든 $\vec{\mathbf{E}}$의 크기는 거리에 따른 전위의 최대 변화율이다. 또는

$$E = \left|\frac{\Delta V}{\Delta x}\right|_{\max} \tag{16.8}$$

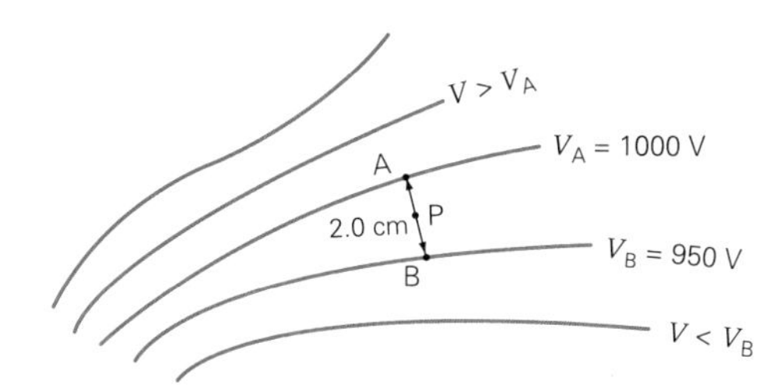

◀그림 16.11 **전기장의 크기 추정.** 어떤 지점에서 미터당 전위 변화의 크기는 그 지점에서 전기장의 세기를 알 수 있다.

여기서 전기장의 단위는 V/m이다. 앞의 15.4절에서 전기장 E의 단위는 N/C으로 표현할 수 있었다. 따라서 1 V/m = 1 N/C이며, 이는 차원 해석을 통해 알 수 있다.

식 16.8의 사용에 대한 모식도는 그림 16.11에 나타나 있다. 그림 16.11의 P 지점에서 $\vec{\mathbf{E}}$의 추정치가 필요하다고 가정해 보자. P의 양쪽에서 1.0 cm의 값을 알아야 한다(표시함). 이들로부터 전기장이 A에서 B까지 높은 전위에서 낮은 전위로 대략적으로 가리킨다는 것으로 알 수 있으며, 그 대략적인 크기는 전위가 거리에 따라 변하는 비율이다. 또는

$$E = \left|\frac{\Delta V}{\Delta x}\right|_{\max} = \frac{(1000\,\text{V} - 950\,\text{V})}{2.0 \times 10^{-2}\,\text{m}}$$
$$= 2.5 \times 10^{3}\,\text{V/m}$$

실제 많은 상황에서 유용한 것은 전기장이 아니고 전위차(보통 전압이라고 한다)이다. 예를 들어 D전지 손전등 배터리는 단자 전압이 1.5 V로 단자 간 전위차 1.5 V를 유지할 수 있다는 의미다. 대부분의 자동차 배터리는 약 12 V의 단자 전압을 가진다. 몇 가지 일반적인 전위차 또는 전압은 표 16.1에 수록되어있다.

표 16.1 일반적인 전위차(전압)

원천물질	전압(ΔV)
신경세포	100 mV
가정용 축전기	1.5~9.0 V
자동차 축전기	12 V
가정용 전기(미국)	110~120 V
가정용 전기(한국, 유럽)	220~240 V
자동차 점화장치(점화 플러그)	10000 V
실험실 발전기	25000 V
고전압 송전선	300 kV 이상
뇌우 시 구름과 지표 사이	100 MV 이상

16.2.2 정의된 전자-볼트

전위의 개념은 분자, 원자, 원자핵, 소립자 물리학 등에서 에너지를 나타내는 **전자–볼트**(electron-volt, **eV**)로 유용한 단위로 사용된다. 전자–볼트는 전자(또는 양성자)가 얻은 운동에너지로 전위차, 즉 정확히 1 V의 전압을 통해 가속된다. 운동에너지

는 얻고 반면에 전기적 퍼텐셜 에너지는 잃어버리지만 그 크기는 같다. 따라서 전자가 얻은 운동에너지를 주울로 표시하면

$$\Delta K = -\Delta U_e = -(e\Delta V) = -(-1.60 \times 10^{-19}\ \text{C})(1.00\ \text{V})$$
$$= +1.60 \times 10^{-19}\ \text{J}$$

이다. eV와 J의 변환관계(3개의 유효숫자로)는 다음과 같다.

$$1\ \text{eV} = 1.60 \times 10^{-19}\ \text{J}$$

eV는 원자나 핵의 규모에서의 전형적인 에너지이다. 따라서 이 거리에서는 J 대신 eV로 에너지를 표현하는 것이 편리하다. 전위차를 걸어 가속시킨 대전 입자의 운동에너지는 eV 단위로 표현할 수 있다. 예를 들어 양성자가 1000 V의 전위차로 가속되는 경우 운동에너지는 1 eV 양성자의 1000배 또는 $\Delta K = e\Delta V = (1\ e)(1000\ \text{V}) = 1000\ \text{eV} = 1\ \text{keV}$이다.

전자-볼트는 $\pm e$의 전하량을 갖는 입자로 정의한다. 그래서 임의의 전하량을 갖는 입자의 에너지는 eV로 쉽게 표현할 수 있다. 만약 α입자처럼 $+2e$의 전하량을 갖는 입자가 1000 V의 전위차를 통해 가속되었다면 이 입자의 운동에너지는 $\Delta K = e\Delta V = (2\ e)(1000\ \text{V}) = 2000\ \text{V} = 2\ \text{keV}$의 에너지를 얻게 된다.

때때로 eV보다 큰 단위가 필요하다. 핵과 입자 물리학에서 MeV 또는 GeV의 에너지를 가진 입자를 흔히 보게 된다. $1\ \text{MeV} = 10^6\ \text{eV}$와 $1\ \text{GeV} = 10^9\ \text{eV}$

eV는 SI 단위가 아니므로 주의해야 한다. 예를 들어 에너지를 계산할 때 eV는 먼저 J로 변환되어야 한다. 따라서 운동에너지가 10.0 eV인 전자의 속력을 결정하려면 먼저 J로 변환해야 한다.

$$K = (10.0\text{eV})(1.60 \times 10^{-19}\ \text{J/eV}) = 1.60 \times 10^{-18}\ \text{J}$$

SI 단위계에서 질량은 kg으로 표현한다. 마지막으로 속력을 구하면 다음과 같다.

$$v = \sqrt{2K/m} = \sqrt{2(1.60 \times 10^{-18}\ \text{J}) / 9.11 \times 10^{-31}\ \text{kg}} = 1.87 \times 10^6\ \text{m/s}$$

전자-볼트는 주로 현대물리학에서 사용되며, 이 책의 후반부 단원에서 사용될 것이다.

16.3 전기용량

평행한 두 금속판이 서로 다른 부호의 전하로 대전되면 이들은 전기에너지를 저장한다(그림 16.12). 두 개의 도체로 이루어진 도체 쌍을 **축전기**(capacitor)라 한다(모든 도체 쌍이면 적합하다—평행판이 될 필요는 없다). 한쪽 도체판에서 다른 쪽 도체판으로 전하를 이동시키기 위해서는 일을 해주어야 하므로 에너지가 저장되는 것이다. 처음 대전이 되지 않은 상태에서 하나의 전자가 한쪽에서 다른 쪽으로 이동되었다고 생각하자. 그 다음 두 번째 전자를 이동시키는 것은 더 어렵다. 왜냐하면 처음 옮긴 전

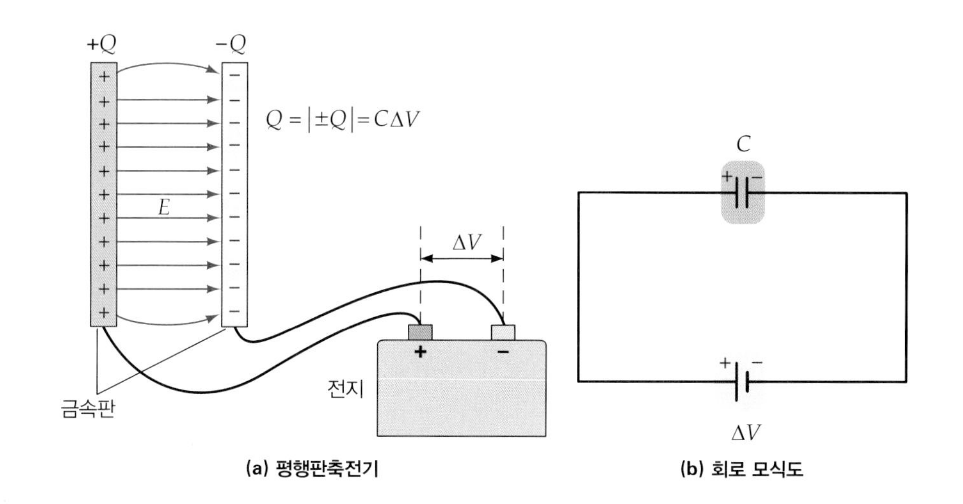

◀그림 16.12 **축전기와 회로도.** (a) 두 개의 평행판 도체판이 축전기에 의해 충전된다. 이때 전자는 양의 도체로부터 도선을 따라 음의 도체로 이동한다. 충전하는 동안 축전기는 일을 하고 이 에너지는 전기장에 저장된다. (b) 이 그림은 (a)의 충전 과정을 나타내는 것으로 전지의 최종 전압은 (ΔV)로 축전기는 (C)로 표시하였다. 전지는 긴 선과 짧은 두 개의 평행선으로 표시하며, 이때 긴 선은 양극 단자를 나타내고 짧은 선은 음극 단자를 나타낸다. 축전기는 서로 같은 길이의 두 평행선으로 표시한다.

자는 두 번째 전자에 척력을 가하여 전자가 오는 것을 방해하고, 반대쪽에 생긴 두 개의 양전하는 이 전자에 인력을 가하여 전자가 옮겨 가는 것을 방해하기 때문이다. 따라서 전하의 분리는 더 많은 전하가 판에 축적됨에 따라 점점 더 많은 일이 필요하다.

평행판축전기를 충전시킬 때 필요한 일은 전지에 의해 빠르게(보통 마이크로초 안에) 발생한다. 전지에 대해서는 17장에서 다루기 때문에 논의하지는 않지만, 여기서는 전지가 양의 전하로 대전된 판에서 전자를 떼어내어 음으로 대전된 판으로 도선을 따라 밀어 올리는 '펌프' 역할을 한다는 것만 알면 된다. (이후 참조를 위해 그림 16.12b –첫 번째 전기회로도) 일을 하는 과정에서 전지는 저장된 화학적 에너지의 일부를 잃게 된다. 여기서 관심을 갖는 것은 그 결과이다. 즉, 전하의 분리와 축전기의 판 사이에 생기는 전기장이다. 전지는 두 판 사이의 전위차와 같아질 때까지 전하의 이동은 계속할 것이다. 축전기는 전지로부터 분리할 때 전하가 제거될 때까지 에너지가 저장된 상태로 유지된다.

Q를 두 판에 있는 전하량이라 하자(물론 축전기의 알짜 전하는 0이다). 축전기의 경우 두 판 사이의 전압(전위차)은 판에 있는 전하량 Q에 비례한다. 또는 $Q \propto \Delta V$이다. 이 비례관계는 **전기용량**(capacitance)이라고 하는 상수 C를 사용하여 방정식으로 만들 수 있다.

$$Q = C \cdot \Delta V \quad \text{또는} \quad C = \frac{Q}{\Delta V} \quad \text{(전기용량의 정의)} \tag{16.9}$$

전기용량의 SI 단위: C/V 또는 패럿(F)

여기서 C/V는 19세기의 유명한 물리학자 마이클 패러데이(Michael Faraday)의 이름을 따서 **패럿**(farad)이라고 이름 붙여져 있어 1 C/V = 1 F이다. 패럿은 매우 큰 단위(예제 16.3 참조)이므로 **마이크로패럿**(1 μF = 10^{-6} F), **나노패럿**(1 nF = 10^{-9} F) 그리고 **피코패럿**(1 pF = 10^{-12} F)을 일반적으로 사용한다.

전기용량은 단위 전압당 저장되는 전하량으로 나타낸다. 전기용량이 큰 축전기는 전기용량이 작은 축전기에 비해 단위 전압당 많은 전하를 축적할 수 있다는 것을 나타낸다. 따라서 만약 두 개의 다른 축전기에 같은 전지를 연결한다면 전기용량이 큰 축전기에 많은 전하가 축적되고 큰 전기에너지가 저장된다.

전기용량은 크기, 모양, 도체 사이의 거리 등 축전기의 기하학적인 요소(16.5절 참조)에만 의존하며 축적된 전하량과는 관계없다. 이것을 이해하기 위해서 이제 평행판축전기라 불리는 평행판을 고려해 보자. 판 사이의 전기장은 식 16.5로부터 다음과 같이 표현한다.

$$E = \frac{4\pi kQ}{A}$$

판 사이의 전위차는 식 16.2로부터 다음과 같이 계산할 수 있다.

$$\Delta V = Ed = \frac{4\pi kQd}{A}$$

따라서 평행판축전기의 전기용량은

$$C = \frac{Q}{\Delta V} = \left(\frac{1}{4\pi k}\right)\frac{A}{d} \quad \text{(평행판에서만)} \qquad (16.10)$$

보통 전기용량은 식 16.10의 괄호 안에 있는 표현 대신 **자유공간에서의 유전율**(permittivity of free space, ε_0)을 이용하여 나타내는 것이 일반적이다. k를 알 때 유전율은 다음과 같은 값을 갖는다.

$$\varepsilon_0 = \frac{1}{4\pi k} = 8.85\times10^{-12}\,\frac{\mathrm{C}^2}{\mathrm{N\cdot m}^2} \quad \text{(자유공간에서의 유전율)} \qquad (16.11)$$

ε_0는 자유공간(진공)의 전기적 특성을 나타낸다. 비록 공기 중에서의 유전율이 이보다 0.05% 더 크지만 진공에서의 유전율과 같다고 생각할 것이다.

식 16.10을 ε_0을 이용해서 다시 쓰면 다음과 같다.

$$C = \frac{\varepsilon_0 A}{d} \quad \text{(평행판에서만)} \qquad (16.12)$$

다음 예제 16.3에서 전기용량이 1.0 F인 축전기가 얼마나 크며 비현실적인가를 알아볼 것이다.

예제 16.3 평행판축전기−1패럿이 얼마나 큰가?

판의 거리가 1.0 mm인 경우 1.0 F의 전기용량을 갖기 위해 공기가 채워진 평행판축전기의 판 면적은 얼마인가? 이러한 축전기를 만든다는 것이 현실적으로 가능한가?

풀이

문제상 주어진 값:

$C = 1.0\ \mathrm{F}$

$d = 1.0\ \mathrm{mm} = 1.0\times10^{-3}\ \mathrm{m}$

식 16.12를 이용해서 면적을 구하면 다음과 같다.

$$A = \frac{Cd}{\varepsilon_0} = \frac{(1.0\ \mathrm{F})(1.0\times10^{-3}\ \mathrm{m})}{8.85\times10^{-12}\ \mathrm{C}^2/(\mathrm{N\cdot m}^2)} = 1.1\times10^{8}\ \mathrm{m}^2$$

이것은 한 변이 10^4 m가 넘는 정사각형이 될 것이다. 이렇게 큰 평행판축전기를 만드는 것은 분명히 비현실적이며, 1.0 F는 매우 큰 전기용량임을 알 수 있다. 그러나 전기용량이 큰 축전기를 만드는 방법이 있으며, 16.4절에서 볼 것이다.

축전기에 의한 에너지 저장에 대한 도출된 표현은 $\Delta V = (1/C)Q \propto Q$이기 때문에 전하량과 판 사이의 전압에 비례한다는 사실에 근거한다. 따라서 평균전압 $\overline{\Delta V}$에 걸쳐 총 전하량 Q를 이동하는 것은 전지로 고려하여 전지에 의한 일 W_{batt}(그리고 축전기에 저장된 에너지 U_{C})를 확인할 수 있다. 전압은 전하량에 따라 선형적으로 변화하기 때문에 축전기가 처음에 충전되지 않았다고 가정할 때 $\overline{\Delta V}$는 다음과 같다.

$$\overline{\Delta V} = \frac{\Delta V_{\text{final}} + \Delta V_{\text{initial}}}{2} = \frac{\Delta V + 0}{2} = \frac{\Delta V}{2}$$

U_{C}는 W_{batt}와 같고 정의에 의하면 $W_{\text{batt}} = Q\overline{\Delta V}$와 같으므로 U_{C}에 대한 표현은

$$U_{\text{C}} = W_{\text{batt}} = Q \cdot \overline{\Delta V} = \frac{1}{2} Q \cdot \Delta V$$

이다. $Q = C \cdot \Delta V$이기 때문에 이 식은 여러 형태로 다시 쓸 수 있다.

$$U_{\text{C}} = \frac{1}{2} Q \cdot \Delta V = \frac{Q^2}{2C} = \frac{1}{2} C(\Delta V)^2 \quad \text{(축전기에 저장된 에너지)} \qquad (16.13)$$

일반적으로 전기용량과 전압은 잘 알려진 값이기 때문에 $U_{\text{C}} = \frac{1}{2} C(\Delta V)^2$ 형태가 가장 실용적이다. 의학 분야에서 축전기의 중요한 용도 중 하나는 다음 예제 16.4에서 논의할 심장 제세동기이다.

예제 16.4 구조용 축전기–심장 제세동기에 에너지 저장

심장마비 시 심장은 세동이라고 불리는 불규칙한 방법으로 뛸 수 있다. 그것을 정상 박동으로 되돌리는 한 가지 방법은 심장 제세동기가 공급하는 전기에너지로 충격을 주는 것이다(그림 16.13). 원하는 효과를 내기 위해서는 약 300 J의 에너지가 필요하다. 일반적으로 제세동기는 이 에너지를 5000 V 전원 공급기에 의해 충전된 축전기에 저장한다. (a) 필요한 전기용량은 얼마인가? (b) 축전기에 충전된 전하량은 얼마인가?

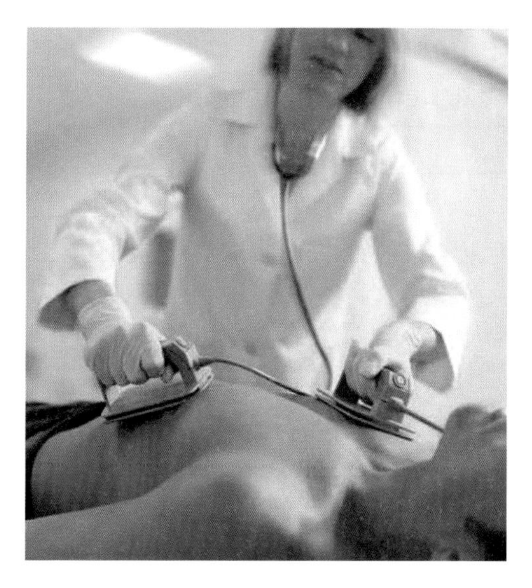

▲ 그림 16.13 **작동 중인 축전기: 제세동기.** 축전기에서 방전시켜 심장 근육을 통해 흐르는 전하(따라서 에너지)는 심장 세동 중 정상적인 심장 박동을 회복시킬 수 있다.

풀이

문제상 주어진 값:

$U_{\text{C}} = 300\ \text{J}$
$\Delta V = 5000\ \text{V}$

(a) 여기서 식 16.13의 유용한 형태는 $U_{\text{C}} = \frac{1}{2} C(\Delta V)^2$이다. C를 구하면 다음과 같다.

$$C = \frac{2U_{\text{C}}}{(\Delta V)^2} = \frac{2(300\ \text{J})}{(5000\ \text{V})^2} = 2.40 \times 10^{-5}\ \text{F} = 24.0\ \mu\text{F}$$

(b) 따라서 축전기의 판에 충전된 전하량은

$$Q = C \cdot \Delta V = (2.40 \times 10^{-5}\ \text{F})(5000\ \text{V}) = 0.120\ \text{C}$$

이다.

16.4 유전체

대부분의 축전기에는 평행판 사이에 종이나 플라스틱과 같은 절연체로 채워져 있다. 이러한 절연 물질을 **유전체**(dielectric)라 하며, 몇 가지 유용한 역할을 한다. 첫 번째로 두 도체판의 접촉을 방지한다. 두 판이 접촉되면 충전에 의해 분리되어 있던 전자가 양전하 쪽으로 되돌아가 전하를 중성화시켜 저장되었던 전기에너지도 잃게 된다. 두번째로 유전체는 얇은 금속판과 같이 쉽게 구부릴 수 있는 얇은 도체판을 말아 원통형으로 만들어 소형의 축전기를 만들 수 있도록 한다(그림 16.14). 마지막으로 유전체는 축전기에 저장할 수 있는 전하량을 증가시킨다. 즉, 축전기의 전기용량을 증가시키고 더 큰 에너지를 저장할 수 있도록 한다. 이러한 유전체의 성능은 재료의 종류에 따라 다르며, 그 재료의 **유전상수**(dielectric constant, κ)로 나타낼 수 있다. 몇 가지 물질의 유전상수를 표 16.2에 나타내었다.

유전체가 축전기의 전기적 특성에 미치는 영향은 그림 16.15에 설명되어 있다. 축전기를 완전히 충전시켜 전기장 $\vec{\mathbf{E}}_0$를 생성시킨 다음 전지와의 연결을 끊고 유전체를 사이에 끼운다(그림 16.15a). 유전체 내에서는 전기장이 분자에 일을 하여 전기쌍극자가 전기장의 방향으로 배열되도록 한다(그림 16.15b). (이 분자 분극은 전기장에 의해 영구적이거나 일시적으로 유도될 수 있다. 어느 경우든 효과는 같다.)

따라서 유전체는 두 판 사이의 전기장을 부분적으로 상쇄 '역' 전기장(그림 16.15c

(a)

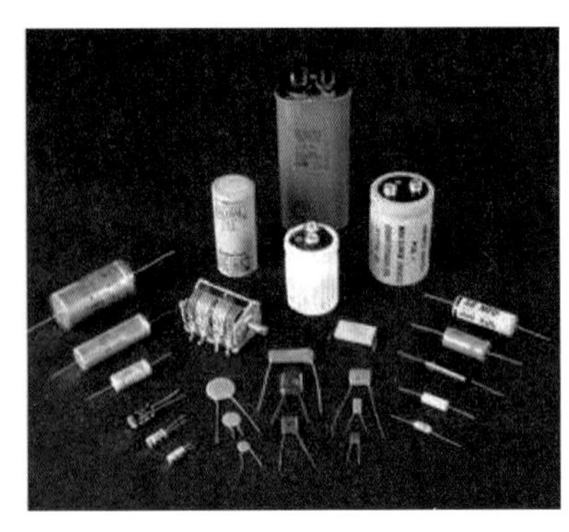

(b)

▲ 그림 16.14 **여러 가지 축전기.** (a) 축전기 판 사이의 유전 물질이 판을 서로 밀착시켜 전기용량을 증가시킨다. 게다가 판은 작고 더 실용적인 축전기로 말 수 있다. (b) 인쇄 회로 보드에 각기 다른 회로 요소와 함께 사용하는 원통형 축전기.

표 16.2 몇 가지 물질에 대한 유전상수

물질	유전상수(κ)
진공	1.0000
공기	1.00059
종이	3.7
폴리에틸렌	2.3
폴리스탈린	2.6
테프론	2.1
유리	3~7
파이렉스	5.6
베이클라이트	4.9
실리콘 오일	2.6
물	80
스트론튬 티탄산	233

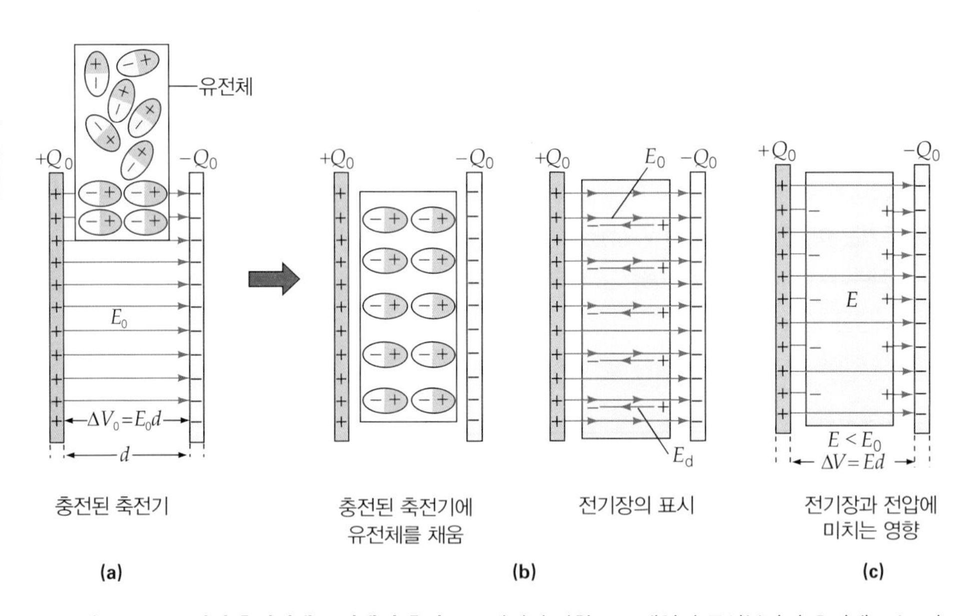

▲ 그림 16.15 **고립된 축전기에 유전체의 효과.** (a) 임의의 방향으로 배열된 극성분자의 유전체(또는 비극성의 유전체)를 충전된 평행판축전기의 두 판 사이로 끼운다. 유전체가 들어갈 때 판의 전하는 유전체를 끌어당기면서 일을 한다(판의 전하와 분극된 전하 사이에는 인력이 작용함을 알 수 있다). (b) 유전체가 두 판 사이로 들어가면 극성분자의 경우에는 영구쌍극자가 전기장의 방향으로 배열하며, 비극성분자의 경우에는 전기장에 의해 분극이 일어나 전기쌍극자가 전기장의 방향으로 배열하여 반대 방향의 전기장 $\vec{\mathbf{E}}_d$가 생긴다. (c) 대전된 판 때문에 쌍극자가 만드는 전기장은 부분적으로 상쇄된다. 전기장과 외부에서 걸어준 전압은 모두 알짜 효과는 줄어든다. 충전된 전하량은 일정하게 유지되기 때문에 전기용량은 증가한다.

에서 $\vec{\mathbf{E}}_d$)을 만든다. 따라서 두 판 사이의 알짜 전기장($\vec{\mathbf{E}}$)은 감소하며, 전위차도 감소한다($\Delta V = Ed$이기 때문에). 물질의 유전상수 κ는 그 물질을 채웠을 때의 전압(ΔV)과 진공일 때의 전압(ΔV_0)의 비로 정의한다. 전위차는 전기장에 비례하기 때문에 이 비율은 전기장의 비와 같다.

$$\kappa = \frac{\Delta V_0}{\Delta V} = \frac{E_0}{E} \quad \text{(축전기의 전하량이 일정)} \tag{16.14}$$

κ는 무차원이고 $\Delta V < \Delta V_0$이기 때문에 1보다 크다. 전지가 연결되어 있지 않으므로 축전기는 따로 분리되어 있으므로 유전체를 삽입해도 전하량 Q_0는 영향을 받지 않는다. $\Delta V = \Delta V_0/\kappa$이므로 유전체를 채운 축전기의 전기용량은 진공일 때의 전기용량보다 κ배만큼 크다. 이 효과에서 동일한 양의 전하가 낮은 전압에서 충전되어 있는 효과가 있으므로 전기용량이 증가하는 것이다. 수학적으로 이 주장은 다음과 같이 되어 전기용량의 정의를 적용한다.

$$C = \frac{Q}{\Delta V} = \frac{Q_0}{(\Delta V_0/\kappa)} = \kappa\left(\frac{Q_0}{\Delta V_0}\right) \quad \text{또는} \quad C = \kappa C_0 \tag{16.15a}$$

따라서 고립된 축전기에 유전체를 삽입하면 전기용량이 더 커진다. 하지만 저장된 에너지는 어떻게 될까? 에너지 입력이 없고 (전지 분리) 축전기가 분자 쌍극자를 정렬(회전)하여 작용하기 때문에, 저장된 에너지는 다음과 같이 실제로 κ배율만큼 떨어진다(그림 16.16a).

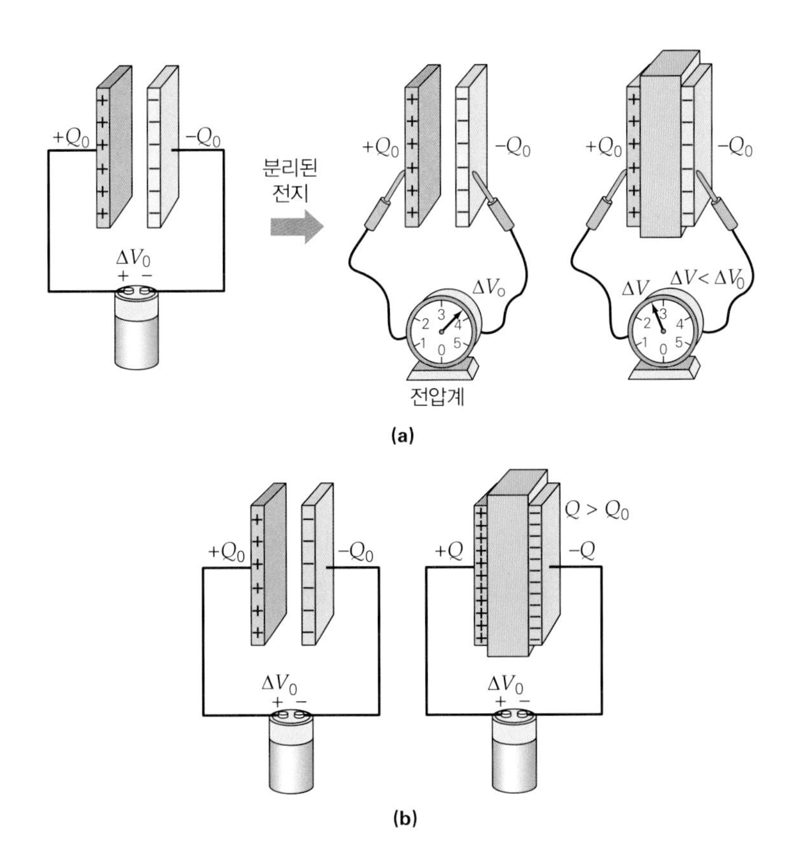

◀그림 16.16 **유전체와 전기용량.** (a) 유전체를 채우지 않은 축전기가 전지에 의해 전하량 Q_0와 전위차 ΔV_0가 되도록 충전한다(왼쪽). 전지를 떼고 두 판 사이의 전위차를 측정하면 ΔV_0가 된다(중앙). 그러나 두 판 사이를 유전체로 채우고 전압을 측정하면 전위차는 $V = V_0/\kappa$로 떨어지고 저장된 에너지는 감소한다(오른쪽). (그림의 전압으로부터 유전상수를 계산할 수 있다.) (b) (a)처럼 축전기를 충전한다. 그러나 이때 전지는 연결되어 있다. 유전체를 채우더라도 전위차는 변하지 않고 ΔV_0로 유지된다. 그러나 판에 충전된 전하량은 증가하고 에너지도 증가한다. 그림에도 불구하고 전기용량은 κ배씩 증가한다.

$$U_C = \frac{Q^2}{2C} = \frac{Q_0^2}{2\kappa C_0} = \frac{(Q_0^2/2C_0)}{\kappa} = \frac{U_0}{\kappa} < U_0 \quad \text{(전지 분리)}$$

그러나 축전기에 전지가 연결된 상태에서 유전체를 채우면 상황은 달라진다. 이 경우 두 판 사이의 전압은 일정하게 유지되며 전지는 축전기에 더 많은 전하를 공급한다(그림 16.16b). 전지가 전하에 일을 하므로 축전기에 저장되는 에너지는 증가한다. 전지가 연결된 상태에서 축전기에 충전되는 전하는 κ배만큼 증가한다. $Q = \kappa Q_0$이다. 이 경우 다시 전기용량이 증가하지만, 이제는 같은 전압에 더 많은 전하가 저장되기 때문이다. 수학적으로 이 주장은 다음과 같이 되어 전기용량의 정의를 적용한다.

$$\begin{aligned} C &= Q/\Delta V = (\kappa Q_0)/\Delta V_0 \\ &= \kappa(Q_0/\Delta V_0) = \kappa C_0 \qquad \text{또는} \quad C = \kappa C_0 \end{aligned} \tag{16.15b}$$

요약하면 다음과 같다.

유전체의 효과는 축전기에 유전체가 삽입되는 조건에 관계없이 전기용량을 κ배로 증가시키는 것이다.

일정한 전압을 유지하면서 유전체를 삽입한 경우 전지의 에너지가 소모되면서 축전기에 저장되는 에너지는 증가한다. 이를 확인하려면 이들 조건에서 축전기에 저장된 에너지를 계산하면 된다.

$$\begin{aligned} U_C &= \frac{1}{2}C(\Delta V)^2 = \frac{1}{2}\kappa C_0(\Delta V_0)^2 \\ &= \kappa\left(\frac{1}{2}C_0(\Delta V_0)^2\right) = \kappa U_0 > U_0 \end{aligned} \quad \text{(전지 연결)}$$

유전체가 삽입된 평행판축전기의 경우, 식 16.12에 의해 주어진 전기용량은 κ배만큼 증가한다.

$$C = \kappa C_0 = \frac{\kappa \varepsilon_0 A}{d} \quad \text{(평행판축전기에서)} \tag{16.16}$$

이 관계식은 때때로 $C = (\varepsilon A)/d$로 쓰이며, $\varepsilon = \kappa\varepsilon_0$는 물질의 **유전상수**(dielectric permittivity)이다. $\varepsilon > \varepsilon_0$임을 유의하라.

일정한 전압 조건하에서 전기용량의 변화는 예제 16.5에 나타낸 바와 같이 판 위 또는 밖으로 흐르는 전하를 관찰하여 판의 움직임을 간접적으로 관찰하는 데 사용될 수 있다.

예제 16.5 **가변 축전기–동작 센서로서의 전하 운동**

압축 가능한 유전체로 채워진 평행판축전기를 가정해 보자(압축된 경우 그 유전상수가 바뀌지 않는 것으로 가정). 압축되지 않은 판 사이의 간격은 3.00 mm이고 판의 면적이 0.750 cm^2인 축전기가 12 V 전지에 연결된다. (a) 만약 압축되지 않은 축전기의 전기용량이 1.10 pF일 때 유전상수는 얼마인가? (b) 압축되지 않은 조건에서 판에 얼마나 많은 전하가 저장되는가? (c) 만약 축전기가 간격이 2.00 mm가 되도록 압축된 경우, 전하가 축전기로 흘러들어올 것인가 또는 나갈 것인가? (d) 전류계는 17장에서 볼 수 있듯이 도선에서의 전하 이동을 측정하는 데 사용하는 전기기기이다. 이러한 압축 중에 전기기기로 얼마의 전하를 측정할 것인가?

풀이

문제상 주어진 값:

$$\Delta V = 12.0\ \text{V}$$
$$d = 3.00\ \text{mm} = 3.00\times10^{-3}\ \text{m}$$
$$A = 0.750\ \text{cm}^2 = 7.50\times10^{-5}\ \text{m}^2$$
$$C = 1.10\ \text{pF} = 1.10\times10^{-12}\ \text{F}$$
$$d' = 2.00\ \text{mm} = 2.00\times10^{-3}\ \text{m}$$

(a) 식 16.12로부터 공기가 채워진 축전기의 전기용량은

$$C_0 = \frac{\varepsilon_0 A}{d} = \frac{(8.85\times10^{-12}\ \text{C}^2/\text{N}\cdot\text{m}^2)(7.50\times10^{-5}\ \text{m}^2)}{3.00\times10^{-3}\ \text{m}} = 2.21\times10^{-13}\ \text{F}$$

이다.

유전체는 전기용량을 증가시키므로 유전상수는 다음과 같다.

$$\kappa = \frac{C}{C_0} = \frac{1.10\times10^{-12}\ \text{F}}{2.21\times10^{-13}\ \text{F}} = 4.98$$

(b) 처음 전하량은 다음을 구할 수 있다.

$$Q = C\cdot\Delta V = (1.10\times10^{-12}\ \text{F})(12.0\ \text{V}) = 1.32\times10^{-11}\ \text{C}$$

(c) 판이 가까워질수록 전기용량이 증가하고 일정한 전압에서 더 많은 전하가 저장되기 때문에 저장된 전하 변화는 양전하가 축전기로 흐르게 되므로 전류계가 축전기로의 흐름을 감지한다.

(d) 압축 조건 하에서 전기용량은

$$C' = \frac{\kappa\varepsilon_0 A}{d'} = \frac{(4.98)(8.85\times10^{-12}\ \text{C}^2/\text{N}\cdot\text{m}^2)(7.50\times10^{-5}\ \text{m}^2)}{2.00\times10^{-3}\ \text{m}} = 1.65\times10^{-12}\ \text{F}$$

이다. 전압이 일정하게 유지되므로 $Q' = C'\cdot\Delta V = (1.65\times10^{-12}\ \text{F})\ (12.0\ \text{V}) = 1.98\times10^{-11}\ \text{C}$이다. 따라서 전하량의 차이는 다음과 같다.

$$\Delta Q = Q' - Q = (1.98\times10^{-11}\ \text{C}) - (1.32\times10^{-11}\ \text{C}) = +6.60\times10^{-12}\ \text{C}$$

여기서 +부호가 보여주는 것은 분명히 전하량이 증가된 것임을 알 수 있다.

16.5 축전기의 직렬연결과 병렬연결

축전기들은 기본적으로 직렬 또는 병렬의 두 가지 방법으로 연결할 수 있다. 직렬연결에서 축전기는 머리와 꼬리를 연결하는 것이다(그림 16.17a). 병렬연결일 때 축전기의 한쪽과 연결된 선을 모두 공통으로 한 선에 연결한다. (함께 연결된 모든 '꼬리'와 함께 연결된 모든 '머리'를 생각해 보자; 그림 16.17b)

16.5.1 축전기의 직렬연결

축전기가 직렬연결로 되어 있을 때 전하량 Q는 모든 축전기에서 동일해야만 한다. 이것이 사실이어야 하는 이유를 보려면 그림 16.18을 검토해 보자. 판 A와 판 F만 전지에 연결되어 있다는 점에 유의하라. 도선으로 연결된 판 B와 판 C는 전지와 분리되어 있으므로 그들의 전체 전하는 항상 0이어야 한다. 그러므로 만약 전지가 $+Q$

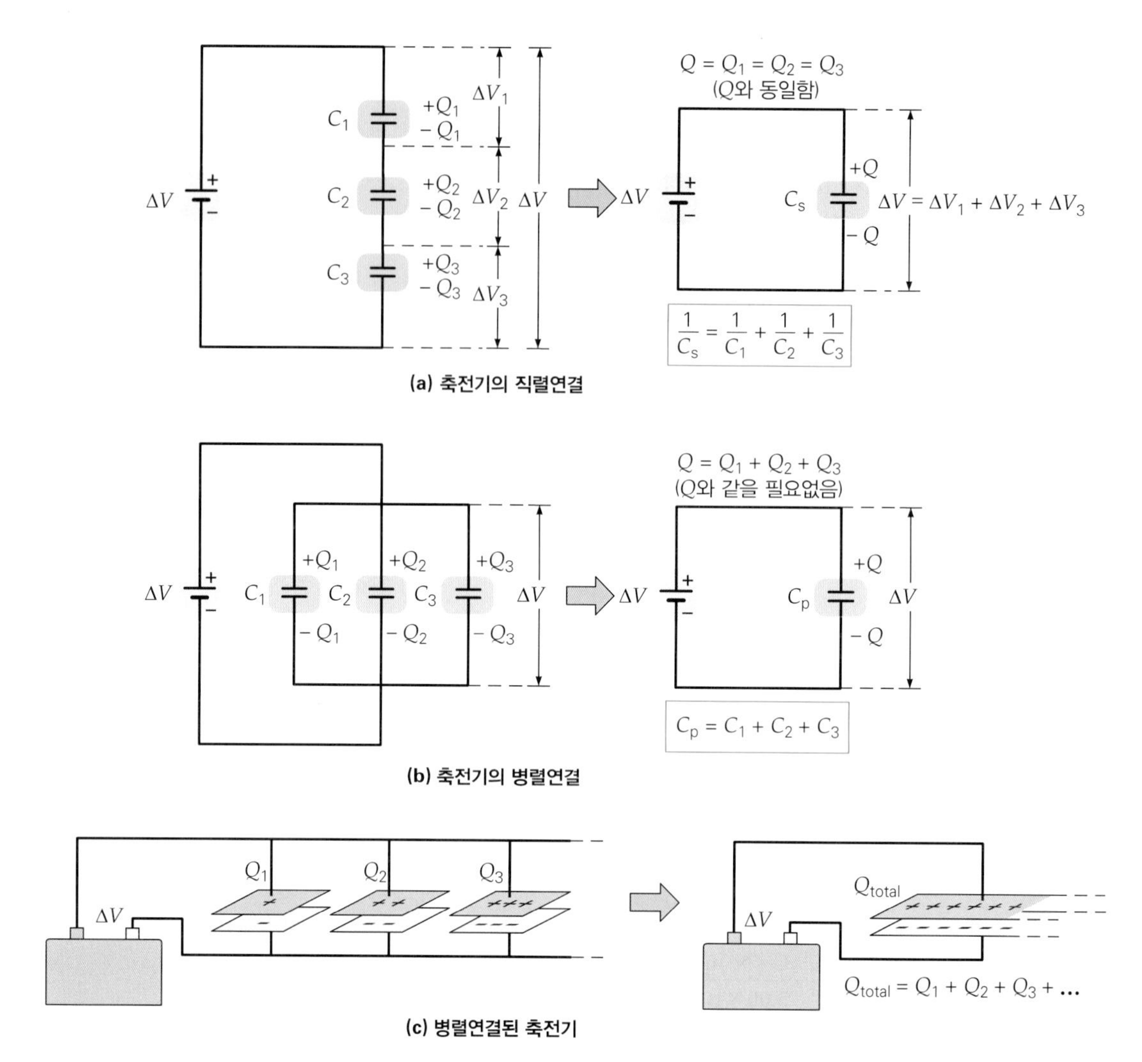

▲ 그림 16.17 **축전기의 직렬연결과 병렬연결.** (a) 직렬연결된 축전기는 모두 같은 전하량으로 충전되며, 각 축전기에서의 전위차의 합은 전지의 전압과 같다. 직렬연결된 축전기의 등가전기용량은 C_s이다. (b) 병렬연결된 축전기의 경우 축전기의 양단에 걸리는 전위차는 모두 같으며 충전된 총 전하량은 각각의 축전기에 충전된 전하량의 합과 같다. 병렬연결된 축전기의 등가전기용량은 C_p이다. (c) 병렬연결의 경우 충전된 총 전하량이 각각의 충전 전하량의 합이라는 것을 쉽게 알 수 있으며, 이것은 더 넓은 판으로 이루어진 축전기라 생각할 수 있다.

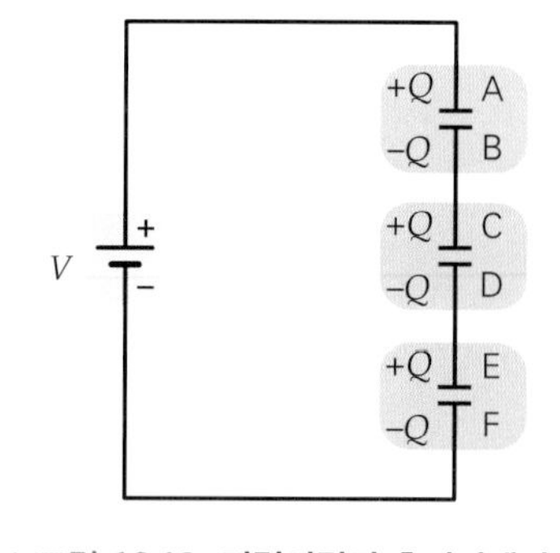

▲ 그림 16.18 **직렬연결된 축전기에서의 전하.** 도선으로 연결된 판 B와 판 C의 전체 전하는 항상 0이다. 축전기가 $+Q$의 전하를 판 A에 주었다면 판 B에는 $-Q$의 전하가 유도되며 판 C에는 $+Q$가 유도되어야만 한다. 이와 같은 과정이 직렬연결된 모든 축전기에서 일어나기 때문에 모든 축전기는 같은 전하량으로 충전된다.

의 전하를 판 A에 주었다면 판 B에는 $-Q$의 전하가 유도되며, 이것은 판 C에 있는 전하를 소비하면서 유도된 것이다. 따라서 판 C에는 $+Q$가 된다. 판 C에 있는 전하는 $+Q$는 또다시 판 D에 $-Q$가 유도된다. 이와 같은 과정이 직렬연결된 모든 축전기에서 일어난다.

또한 모든 축전기에서의 전압강하를 더하면(그림 16.17a), 총량은 전지의 전압과 동일해야 한다. 따라서 직렬연결에서 $\Delta V = \Delta V_1 + \Delta V_2 + \Delta V_3 + \cdots$이다. 직렬인 **등가전기용량($C_s$)**는 직렬 결합을 대신해 동일한 전압에서 동일한 전하와 에너지를 저장할 수 있는 단일 축전기의 값으로 정의한다. 축전기의 결합은 Q의 전하를 ΔV의 전압에서 저장하기 때문에 $C_s = Q/\Delta V$ 또는 $\Delta V = Q/C_s$를 따른다. 그러나 개개의 축전기에 걸리는 전압은 $\Delta V_1 = Q/C_1$, $\Delta V_2 = Q/C_2$, $\Delta V_3 = Q/C_3$ 등과 같다. 이것을 전압의 합 식에 대입하면 다음의 식을 얻는다.

$$\frac{Q}{C_s} = \frac{Q}{C_1} + \frac{Q}{C_2} + \frac{Q}{C_3} + \cdots$$

공통인 Q를 소거하면, 그 결과는 다음과 같다.

$$\frac{1}{C_s} = \frac{1}{C_1} + \frac{1}{C_2} + \frac{1}{C_3} + \cdots \quad \text{(직렬 등가전기용량)} \qquad (16.17)$$

이것은 C_s가 항상 직렬연결된 축전기의 전기용량 중 가장 작은 것보다도 더 작다는 것을 의미한다. 예를 들면 $C_1 = 1.0\ \mu\text{F}$과 $C_2 = 2.0\ \mu\text{F}$을 사용하면 가장 작은 값인 $1.0\ \mu\text{F}$보다 작은 $C_s = 0.67\ \mu\text{F}$이다.

이것에 대한 추론은 다음과 같다. 직렬에서는 모든 축전기가 같은 전하를 가지고 있으므로 충전된 전하량은 $Q = C_i \cdot \Delta V_i$이다(첨자 i는 직렬회로의 개개의 축전기를 의미한다). $\Delta V_i < \Delta V$이므로 직렬연결에서 축전기에 저장된 전하량은 개개의 축전기가 같은 전지에 연결되었을 때 저장되는 전하량보다 작다. 직렬연결에서 전기용량이 가장 작은 축전기의 양단에 가장 높은 전압이 걸린다는 것이 이치에 맞는다. C가 작다는 것은 단위 전압당 작은 전하가 저장된다는 것을 의미하기 때문이다. 모든 축전기에 걸리는 전체 전압 비율은 더욱 커져야만 한다.

16.5.2 축전기의 병렬연결

축전기를 병렬연결하면(그림 16.17b) 축전기에 걸린 전압은 전지에서의 전압과 같다. $\Delta V = \Delta V_1 = \Delta V_2 = \Delta V_3 = \cdots$이고, 저장된 총 전하량은 각각의 축전기에 저장된 전하량의 합이고(그림 16.17c), $Q_{\text{total}} = Q_1 + Q_2 + Q_3 + \cdots$이다. 여러 개의 축전기를 병렬연결하면 축전기에 한 개의 축전기를 연결하였을 때보다 단위 전압당 더 큰 전하량이 저장되기 때문에 병렬연결에서 등가전기용량은 병렬연결된 개개의 축전기의 전기용량보다 클 것이다. 개개의 축전기에 저장된 전하량은 $Q_1 = C_1 \cdot \Delta V$, $Q_2 = C_2 \cdot \Delta V$ 등으로 주어진다. 병렬연결에서 **등가전기용량(C_p)**와 같은 전기용량을 갖는 축전기가 전지에 연결되어 있을 때 저장된 전하량은 총 전하량과 같으므로 $C_\text{p} = Q_{\text{total}}/\Delta V$ 또는 $Q_{\text{total}} = C_\text{p} \cdot \Delta V$이다. 이것을 총 전하량을 나타내는 식 $Q_{\text{total}} = Q_1 + Q_2 + Q_3 + \cdots$에 대입하면

$$C_\text{p} \cdot \Delta V = C_1 \cdot \Delta V + C_2 \cdot \Delta V + C_3 \cdot \Delta V + \cdots$$

을 얻는다. 양변의 공통 ΔV를 소거하면 다음과 같이 주어진다.

$$C_\text{p} = C_1 + C_2 + C_3 + \cdots \quad \text{(병렬 등가전기용량)} \qquad (16.18)$$

병렬연결인 경우 등가전기용량 C_p는 각각의 축전기 전기용량의 합이고 등가전기용량은 개개의 축전기 전기용량 중 가장 큰 것보다도 더 크다. 병렬연결된 축전기는 모두 같은 전압이 걸리고 전기용량이 큰 축전기에는 더 많은 전하가 저장되기 때문이다. 직렬과 병렬연결된 축전기를 비교하기 위해서 예제 16.6을 풀어보자.

예제 16.6 직렬과 병렬연결된 축전기

하나의 축전기는 전기용량이 2.50 μF이고 다른 축전기의 전기용량은 5.00 μF인 두 개의 축전기가 주어져 있고, 이들 축전기는 12.0 V 전원에 (a) 직렬연결, (b) 병렬연결되어 있을 때 각각의 축전기에 저장된 전하량과 총 전하량을 구하라.

풀이

문제상 주어진 값:

$C_1 = 2.50\ \mu\text{F} = 2.50\times10^{-6}\ \text{F}$

$C_2 = 5.00\ \mu\text{F} = 5.00\times10^{-6}\ \text{F}$

$\Delta V_{\text{batt}} = 12.0\ \text{V}$

(a) 직렬연결에서 등가전기용량은 다음과 같다.

$$\frac{1}{C_s} = \frac{1}{2.50\times10^{-6}\ \text{F}} + \frac{1}{5.00\times10^{-6}\ \text{F}} = \frac{3}{5.00\times10^{-6}\ \text{F}}$$

그러므로

$$C_s = 1.67\times10^{-6}\ \text{F}$$

[참고: C_s는 예상한 것처럼 가장 작은 전기용량보다 더 작다.]

직렬연결에서 각 축전기에는 같은 전하가 저장되기 때문에(총 전하량도 같다) 다음과 같다.

$$Q_{\text{total}} = Q_1 = Q_2 = C_s\cdot\Delta V_{\text{batt}} = (1.67\times10^{-6}\ \text{F})(12.0\ \text{V})$$
$$= 2.00\times10^{-5}\ \text{C}$$

(b) 여기서 병렬 등가전기용량 관계는 다음과 같다.

$$C_p = C_1 + C_2 = 2.50\times10^{-6}\ \text{F} + 5.00\times10^{-6}\ \text{F} = 7.50\times10^{-6}\ \text{F}$$

[참고: C_p는 예상한 것처럼 가장 큰 전기용량보다 더 크다.]

총 전하량은

$$Q_{\text{total}} = C_p\cdot\Delta V_{\text{batt}} = (7.50\times10^{-6}\ \text{F})(12.0\ \text{V}) = 9.00\times10^{-5}\ \text{C}$$

이다. 병렬연결에서 각 축전기는 같은 전압인 전지 전압 12.0 V가 걸리므로

$$Q_1 = C_1\cdot\Delta V_{\text{batt}} = (2.50\times10^{-6}\ \text{F})(12.0\ \text{V}) = 3.00\times10^{-5}\ \text{C}$$
$$Q_2 = C_2\cdot\Delta V_{\text{batt}} = (5.00\times10^{-6}\ \text{F})(12.0\ \text{V}) = 6.00\times10^{-5}\ \text{C}$$

이다. 총 전하량은 개개의 축전기에 충전된 전하량의 합과 같다는 것을 확인할 수 있고, 계산 결과와도 일치한다는 것을 알 수 있다.

예제 16.7에 나타낸 것처럼 축전기 연결은 일반적으로 직렬연결과 병렬연결 모두를 포함한다. 이 경우 회로는 병렬 및 직렬 전기용량 식을 사용하여 하나로 만들기 위해 전체 등가전기용량이 될 때까지 단순화하면 된다. 각 개별 축전기에 대한 결과를 찾기 위해 원래의 연결에 도달할 때까지 계산을 반복하면 된다.

예제 16.7 앞으로, 그리고 뒤로–축전기의 직렬–병렬의 결합

그림 16.19a와 같이 회로에 3개의 축전기가 연결된다. (a) 전기용량 값을 확인하여 각 축전기에 걸리는 전압을 비교할 때 올바른 것은? (1) $\Delta V_3 > \Delta V_2 > \Delta V_1$, (2) $\Delta V_3 < \Delta V_2 = \Delta V_1$, (3) $\Delta V_3 = \Delta V_2 = \Delta V_1$, (4) $\Delta V_3 = \Delta V_2 > \Delta V_1$ (b) C_3에 저장된 에너지와 $C_1 + C_2$에 저장된 총 에너지를 비교할 때 올바른 것은? (1) $U_3 > U_{1+2}$, (2) $U_3 = U_{1+2}$, (3) $U_3 < U_{1+2}$ (c) 각 축전기에 저장된 에너지를 구하라.

풀이

문제상 주어진 값: 그림 16.18에 제시된 값.

(a) C_1과 C_2는 병렬이므로 전압이 같다. 따라서 $C_1 + C_2 = 0.30\ \mu$F이고 이 값은 C_3보다 작다. 이때 $C_1 + C_2$와 C_3는 직렬연결이므로 전압강하로 인해 (2)가 올바른 비교이다.

(b) $C_1 + C_2$와 C_3는 직렬연결이므로 전하량이 같다는 것을 알 수 있다. 직렬로 보면 가장 낮은 전기용량은 에너지 저장량이 가장 많으므로 올바른 선택은 (3)이다. 즉, $U_3 < U_{1+2}$이다.

(c) 병렬연결에 대한 전기용량을 계산하는 것을 먼저 하자.

$$C_p = C_1 + C_2 = 0.10\ \mu\text{F} + 0.20\ \mu\text{F} = 0.30\ \mu\text{F}$$

이제 그림 16.19b처럼 부분적으로 축소된 것을 보여준다. 다음 단계로 C_p와 C_3는 직렬연결이므로 총 또는 등가전기용량은 다음과 같이 계산한다.

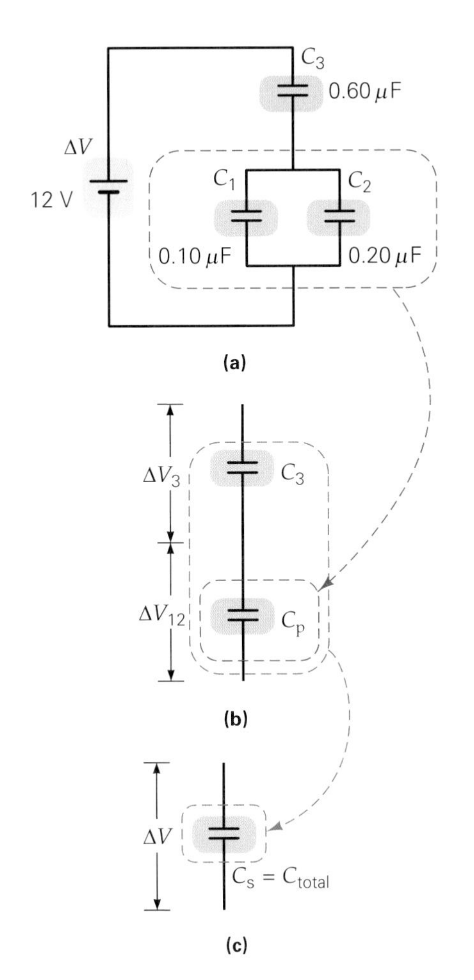

▲ 그림 16.19 **회로의 축소화.** 전기용량이 결합되면 축전기의 조합은 단일한 등가전기용량으로 줄어든다.

$$\frac{1}{C_s} = \frac{1}{C_3} + \frac{1}{C_p} = \frac{1}{0.60\,\mu\text{F}} + \frac{1}{0.30\,\mu\text{F}} = \frac{1}{0.60\,\mu\text{F}} + \frac{2}{0.60\,\mu\text{F}}$$
$$= \frac{1}{0.20\,\mu\text{F}}$$

그러므로

$$C_s = 0.20\,\mu\text{F} = 2.0\times10^{-7}\,\text{F}$$

이것은 회로가 그림 16.19c에서 1개의 등가축전기로 축소했을 때 배열의 등가전기용량이다. 문제를 하나의 전기용량으로 처리하면 해당 축전기의 전하량은 다음과 같다.

$$Q = C_s\cdot\Delta V = (2.0\times10^{-7}\,\text{F})(12\,\text{V}) = 2.4\times10^{-6}\,\text{C}$$

이것은 C_3와 C_p는 직렬이기 때문에 이 또한 전하량 Q와 같다. 이 사실은 C_3의 전압을 계산하는 데 사용할 수 있다.

$$\Delta V_3 = \frac{Q}{C_3} = \frac{2.4\times10^{-6}\,\text{C}}{6.0\times10^{-7}\,\text{F}} = 4.0\,\text{V}$$

따라서 각 연결 조건에 만족한다면,

$$\Delta V = \Delta V_{12} + \Delta V_3 = 12\,\text{V}$$

이다. 그러므로 다음을 얻는다.

$$\Delta V_{12} = \Delta V - \Delta V_3 = 12\,\text{V} - 4.0\,\text{V} = 8.0\,\text{V}$$

(d) 각 축전기에 저장된 에너지는 다음과 같음을 알 수 있다.

$$U_1 = \frac{1}{2}C_1\cdot(\Delta V_1)^2 = \frac{1}{2}(0.10\times10^{-6}\,\text{F})(8.0\,\text{V})^2$$
$$= 3.2\times10^{-6}\,\text{J} = 3.2\,\mu\text{J}$$
$$U_2 = \frac{1}{2}C_2\cdot(\Delta V_2)^2 = \frac{1}{2}(0.20\times10^{-6}\,\text{F})(8.0\,\text{V})^2$$
$$= 6.4\times10^{-6}\,\text{J} = 6.4\,\mu\text{J}$$
$$U_3 = \frac{1}{2}C_3\cdot(\Delta V_3)^2 = \frac{1}{2}(0.60\times10^{-6}\,\text{F})(4.0\,\text{V})^2$$
$$= 4.8\times10^{-6}\,\text{J} = 4.8\,\mu\text{J}$$

축전기 1과 2에 저장된 총 에너지는 9.6 μJ이므로 축전기 3에 저장된 에너지보다 크다.

연습문제

통합 연습문제(Integrated Exercises, IEs)는 두 부분으로 이루어진다. 첫 번째 부분은 일반적으로 기본 원칙과 추론에 기초한 개념적 답변 선택을 요구한다. 두 번째 부분은 연습의 첫 번째 부분에서 이루어진 개념적 선택과 관련된 정량적 계산을 필요로 한다. 기호(•)은 문제의 난이도를 의미한다. 쉬움(•), 보통(••), 어려움(•••)

16.1 전기적 퍼텐셜 에너지와 전위차

1. • 평행한 두 판이 12 V의 전지에 의해 충전했다. 만약 판 사이에 전기장 1200 N/C이 걸려 있다면 판 사이의 거리는 얼마인가?

2. • 대전된 두 평행판 사이에서 양의 대전입자를 다른 판으로 이동시키는 데 $+1.6\times10^{-5}$ J의 일을 한다. (a) 두 판이 6.0 V의 전지에 연결되어 있다고 할 때, 이 입자의 전하량을 구하라. (b) 이 입자는 양(+)극판에서 음(−)극판으로 이동하는가 또는 음극판에서 양극판으로 이동하는가? 설명하라.

3. • (a) 전자는 균일한 전기장($E = 1000$ V/m)에 의해 수직 상향으로 가속된다. 전자가 정지 상태에서 0.10 cm 이동 후 전자의 속도를 구하라(단, 에너지 방법을 사용하라). (b) 전자가 전기적 퍼텐셜 에너지를 얻었는가? 또는 잃었는가?

4. IE •• (a) 양의 점전하로부터 원래 거리의 1/3에서, 전위는 어떤 인자에 의해 변화되었는가? (1) 1/3, (2) 3, (3) 1/9, (4) 9. 그 이유는? (b) $+1.0\ \mu$C 전하로부터 10 kV의 전위 값을 갖는 위치는? (b) 위치가 그 거리의 세 배라면 전위의 변화는 얼마일까?

5. •• 수소 원자의 보어 모델에 따르면, 단일 전자는 양성자에 대한 특정 반경의 원형 궤도에서만 존재할 수 있다. (a) 전자가 낮은 궤도에서 높은 궤도로 위치를 바꾸면 원자의 전위는 얼마나 변화하는가? (b) 높은 궤도에서 낮은 궤도로 위치를 바꾸면 원자의 전위는 얼마나 변화하는가? (c) 전자가 더 큰 궤도에서 아주 큰 거리로 위치를 바꾸면 원자의 전위는 얼마나 변할까?

6. •• 처음에 8 mm 떨어져 있는 두 전하(각각 전하량은 $-1.4\ \mu$C)가 있다. 만약 정지 상태에서 서로 멀리 떨어진다면 이때 운동에너지는 얼마인가?

7. •• 처음에 $+2.0\ \mu$C인 전하와 $-5.0\ \mu$C가 0.20 m의 거리를 두고 고정되어 있다가 0.50 mm 위치로 이동해서 고정되었다. (a) 이 전하가 이동하는 데 필요한 일은 얼마인가? (b) 전하가 이동하는 경로에 따라 일이 달라지는가?

8. •• 멀리 떨어져 있는 세 전하를 그림 16.20과 같이 전하를 배치하는 데 필요한 일을 구하라.

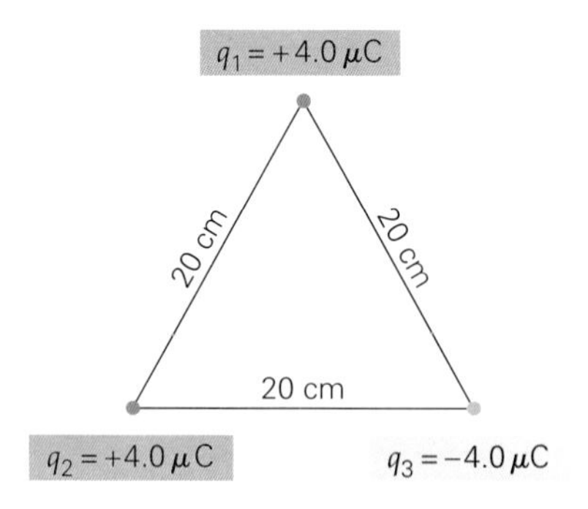

▲ 그림 16.20 **정삼각형에 놓인 전하**

9. ••• 그림 16.20에서 다음 질문에 대한 전위를 구하라. (a) 삼각형의 중심에서의 전위는? (b) q_2와 q_3 사이의 중점에서 전위는?

10. IE ••• 구형 컴퓨터 모니터에서 '전자총'으로부터 전위차를 갖고 정지 상태에서 가속되었다(그림 16.21). (a) 총의 왼쪽이 오른쪽과 비교할 때 전위의 크기는? (1) 높다, (2) 같다, (3) 낮다. 그 이유는? (b) 총의 전위차가 5.0 kV라면, 총에서 나오는 전자의 '총구 속력'은 얼마인가? (c) 만약 총이 25 cm 떨어진 스크린을 향한다면, 전자가 스크린에 도달하는 데 얼마나 걸리는가?

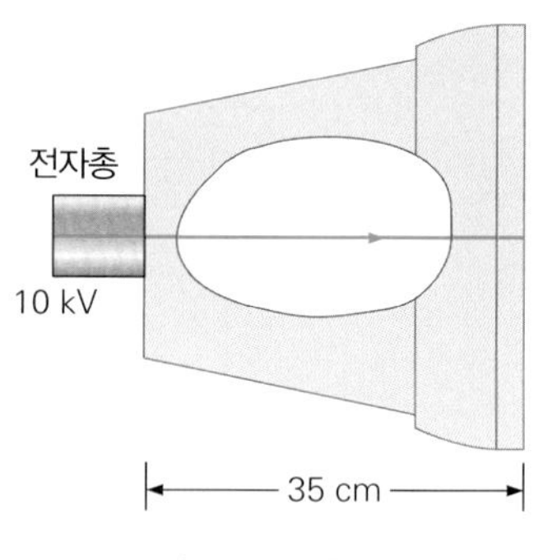

▲ 그림 16.21 **전자 속력**

16.2 등전위면과 전기장

11. • 10 kV/m의 균일한 전기장은 수직 상향으로 위치한다. 지면이 전위 0이라고 한다면 등전위면이 7.0 kV에 해당하는 지점은 지면에서 얼마나 떨어져 있는가?

12. • 두 판 사이의 거리가 20.0 mm이고, 24 V인 전지에 연결된 평행판에서 양극판에 비해 14 V의 전위를 가진 지점은 어디인가? 음극판에서 전위를 0으로 가정하자.

13. IE • 양(+) 점전하의 근거리에서 등전위면은 구이다. 어느 구가 더 높은 전위와 연관되어 있는가? (1) 작은 구면, (2) 큰 구면, (3) 같은 구면. (b) $+3.50\ \mu$C인 점전하로부터 12.6 m에서 14.3 m 떨어진 곳에서 전자를 이동하는 데 필요한 일의 양(eV)을 계산하라.

14. •• 정지 상태에서 전자 빔을 가속하기 위한 전압과 속력을 구하라. (a) 전자의 운동에너지 3.5 eV, (b) 전자의 운동에너지 4.1 keV, (c) 전자의 운동에너지 8.0×10^{-16} J.

16.3 전기용량

15. • 2.0 μF인 축전기를 단자에 연결했을 때 12 V 전지에서 흐르는 전하량은 얼마인가?

16. • 판의 면적이 0.425 m^2인 경우 평행판축전기가 9.00 nF의 전기용량을 갖기 위해 필요한 두 판 사이의 거리는?

17. •• 12 V 전지는 판의 면적 0.224 m^2 및 판 사이 거리 5.24 mm의 평행판축전기에 연결된 상태를 유지한다. (a) 축전기에

서의 전하량은 얼마인가? (b) 축전기에 저장된 에너지는 얼마인가? (c) 판 사이의 전기장은 얼마인가?

18. •• 현대식 축전기는 이전 축전기의 몇 배에 달하는 에너지를 저장할 수 있게 되었다. 1.0 F인 전기용량을 갖는 축전기에서 전지를 연결하지 않고 0.50 W의 작은 전구를 5.0초 동안 일정한 최대 전력으로 켜서 끊기 전에 불을 켤 수 있는 것으로 확인되었다. 전지의 단자 전압은 얼마인가?

19. ••• 간격이 1.5 mm, 전기용량이 0.17 μF인 평행판축전기가 있다. 이것을 100 V 전원 공급 장치에 연결하고 판을 4.5 mm의 거리로 당긴 경우 (a) 이 판 사이의 전기장은 얼마인가? (b) 축전기의 전하량은 얼마나 변하는가? (c) 저장된 에너지는 얼마나 변하는가? (d) 만약 판을 당기기 전에 전원공급을 끊었을 때 위의 값을 계산하라.

16.4 유전체

20. • 전기용량이 50 pF인 축전기를 유전상수 2.6인 실리콘 오일에 담갔다. 이 축전기를 24 V의 전지에 연결하였을 때 (a) 축전기에서의 전하량은 얼마일까? (b) 축전기에 저장된 에너지는 얼마일까?

21. **IE** ••• 평행판축전기의 판 사이에 공기가 채워져 있고 전기용량은 1.5 μF이다. 축전기는 12 V 전지에 연결하여 충전하였다. 그리고 전지를 제거한다. 판 사이에 유전체를 넣고 전위차를 측정하니 5.0 V였다. (a) 유전 물질의 유전상수를 구하라. (b) 축전기의 에너지 저장에 어떤 변화가 일어나는가? (1) 증가한다, (2) 감소한다, (3) 그대로 유지한다. (c) 유전체를 삽입했을 때 이 축전기의 에너지 저장량은 얼마나 변했는가?

16.5 축전기의 직렬연결과 병렬연결

22. • 전기용량이 0.40 μF, 0.60 μF인 두 축전기를 (a) 직렬로 연결하였을 때, (b) 병렬로 연결하였을 때 등가전기용량은 각각 얼마인가?

23. **IE** •• (a) 두 축전기를 직렬 또는 병렬연결인 경우에 전지를 연결하고자 한다. 병렬인 경우 직렬보다 전지로부터의 에너지가 얼마나 필요한가? (1) 더 많이, (2) 같다, (3) 적게. (b) 하나는 전기용량이 0.75 μF이고 다른 하나는 0.30 μF을 갖는 방전된 두 축전기를 직렬연결하고 전지 12 V에 연결하였다. 그런 다음 축전기를 분리해서 방전 및 병렬로 연결해서 동일한 전지에 다시 연결한다. 이들 두 경우의 에너지 손실을 계산하라.

24. **IE** •• 전기용량이 같은 세 개의 축전기를 병렬로 연결하고 전지를 연결한다. 전지로부터 총 전하량은 Q를 얻는다. 각 축전기에 있는 전하량은? (1) Q, (2) $3Q$, (3) $Q/3$. (b) 전기용량이 0.25 μF인 세 개의 축전기가 12 V 전지와 병렬로 연결한다. 각 축전기의 전하량은 얼마인가? (c) 전지로부터 얻은 총 전하량은?

25. 그림 16.22와 같이 4개의 축전기가 회로에 연결되어 있다. 이때 각각의 축전기에 저장된 전하량과 전압을 계산하라.

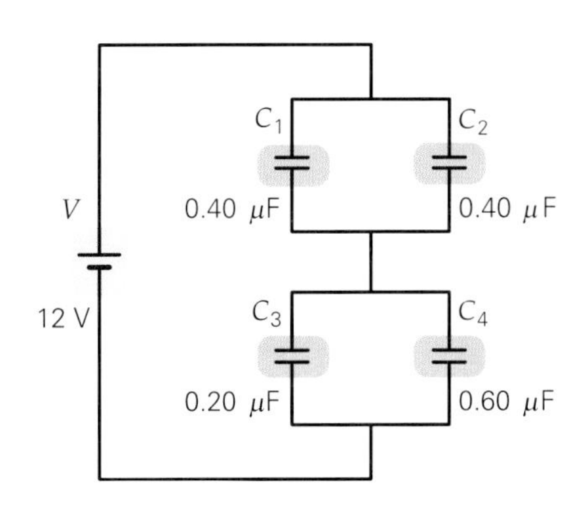

▲ 그림 16.22 직렬과 병렬 결합 회로

CHAPTER 17

전류와 저항

Electric Current and Resistance

끊어진 전선에서 불꽃은 전위차에 의해 공기 중에서 전류가 흐르면서 발생한다.

전기와 그 용도에 대해 생각해보면, 램프, 텔레비전, 컴퓨터와 같은 다양한 제품을 포함한 많은 호의적인 이미지들이 떠오를 것이다. 또한 번개, 전기충격, 과부하된 전기 콘센트에서 나오는 불꽃처럼 좋지 않은 이미지들을 생각할 수도 있다.

이러한 모든 이미지에 공통으로 포함된 것은 전기에너지의 개념이다. 가전제품의 경우 전선에 흐르는 전류를 통해 전기에너지가 공급되며, 번개나 불꽃의 경우는 이 장의 처음 사진처럼 공기를 통해 전도된다. 여기서 빛(에너지)은 공기 분자에 의해 방출된다. 이 분자들은 한 전극에서 다른 전극으로 공기를 통해 이동하는 전자와 충돌함으로써 들뜨게 된다.

이 장에서 전기회로에 관련된 기본원칙은 우리의 주된 관심사다. 이러한 원칙은 다음과 같은 질문에 대답할 수 있게 한다. 전류는 무엇이고 어떻게 이동하는가? 스위치를 켤 때 전기제품에 전류가 흐르도록 하는 것은 무엇인가? 전류는 왜 전구의 필라멘트는 밝게 하지만, 일반 전선에서는 이와 같은 영향을 주지 않는가? 이러한 기본적인 전기원리는 가전제품의 작동에서부터 자연의 화려한 불꽃놀이의 작용에 이르기까지 다양한 현상에 대한 이해를 가능하게 하도록 할 것이다.

17.1 전지와 직류

전기와 에너지를 배운 여러분은 아마도 전하의 흐름을 만드는 데 필요한 것이 무엇인지 추측할 수 있을 것이다(일반적으로 **전류**라고 불린다). 시작하기 전에 몇몇 유사한 것들이 도와줄 것이다. 물은 자연적으로 중력 퍼텐셜 에너지가 높은 쪽에서 퍼텐셜 에너지가 낮은 쪽으로 흐른다. 물의 흐름을 '추진'하거나 유발하는 것은 중력 퍼텐셜 에너지의 차이다. 또한, 열에너지(열)는 자연적으로 온도차(ΔT)때문에 뜨거운 쪽에서 차가운 쪽으로 흐른다. 마찬가지로 전기에서 전하의 흐름은 흔히 '전압'이라고 불리는 전위차 ΔV에 의해 발생된다.

도체, 특히 금속에서는 원자의 외각 전자의 일부가 비교적 자유롭게 움직일 수 있다(액체로 된 도체와 대전된 기체인 플라즈마의 경우 전자뿐만 아니라 양이온과 음이온 또한 이동이 가능하다). 전하를 이동시키기 위해서는 에너지가 필요하다. 이 전기에너지는 일반적으로 다른 형태의 에너지 변환을 통해 생성되며, 전압을 발생시킨다. 그러한 전위차를 만들고 유지할 수 있는 모든 장치는 **전원공급기**라 불리고 있다.

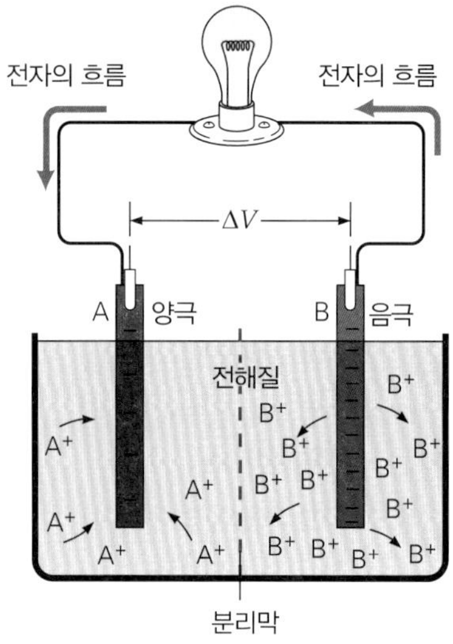

전자의 흐름
전자의 흐름
ΔV
A 양극
B 음극
전해질
B^+ B^+ B^+ B^+ B^+ B^+ B^+ B^+ B^+ B^+
A^+ A^+ A^+ A^+ A^+
분리막

▲ 그림 17.1 **전지의 작용.** 전해질 내의 두 금속으로 된 전극은 서로 다른 속도로 각각의 금속 이온을 전해질로 방출한다. 이때 음극은 양극보다 더 음전하를 많이 띠며, 양극은 음극보다 더 높은 전위를 갖는다. 이 전위차 또는 전압, ΔV는 화학적 작용에 의해 계속적으로 유지한다. 이 전압은 차례로 연결된 전선이나 전기제품에서 전류 또는 전하 흐름(여기서 전자)을 생성할 수 있다. 그림과 같이 양이온이 이동하며 이들 이온이 섞이는 것을 방지하기 위해 분리막(점선)이 필요하다.

17.1.1 전지의 작용

일반적인 유형의 전원공급 장치 중의 하나는 **전지**이다. 전지는 저장된 화학적 퍼텐셜 에너지를 전기에너지로 변환한다. 이탈리아의 과학자 알레산드로 볼타(Alessandro Volta, 1745~1827)가 1880년에 처음으로 실질적인 전지를 제작하였다. 간단한 전지는 전기가 통하는 용액인 전해질과 서로 다른 두 개의 금속 전극으로 이루어졌다. 적당한 전극과 전해질을 사용해서 이들 간의 화학적 작용의 결과로 두 전극 사이에 전위차가 발생한다(그림 17.1).

전지의 내부 작동은 그림에서 자세히 설명되어 있다. 내부 구조는 흥미롭지만, 여기서 전지는 단순히 단자 전체에 걸쳐 일정한 전위차(또는 전압)를 유지할 수 있는 '블랙박스'로 그려질 것이다. 전선과 전기기기 회로에 삽입되어 전선의 전자로 에너지를 전달할 수 있으며(화학에너지를 소모), 이는 회로 요소에 에너지를 전달할 수 있다. 전지 내의 에너지는 기계적인 운동(전기 팬), 열(히터), 빛(전등)과 같은 다른 형태로 변환된다. 발전기·광전지와 같은 다른 전원에 대해서는 뒤에서 알아볼 것이다.

전지의 역할을 시각적으로 도움을 받기 위해서 그림 17.2에서 중력과의 유사성을 생각해 보자. 펌프(전지와 유사함)는 물을 높은 곳으로 끌어 올린다. 따라서 물의 중력 퍼텐셜 에너지가 증가한다. 그런 다음 물은 수조(전선과 유사함)를 따라 연못으로 흘러 들어가 펌프로 되돌아간다. 아래로 내려갈 때 물은 바퀴에 작용하여 회전 운동에너지를 생성하는데, 전자가 전구 또는 팬과 같은 기기로 에너지를 전달하는 것과 유사하다. 우리가 펌프의 내부 작동을 알지 못하는 상태에서 펌프를 사용할 수 있듯이, 마찬가지로 전지의 내부 작동에 대해 무시하고 전하 이동의 원인이 되는 기능만 이해하자.

▲ 그림 17.2 **전지와 전구에 대한 중력과의 유사성.** 펌프는 연못의 물을 높은 곳으로 끌어 올려 물의 중력 퍼텐셜 에너지를 증가시킨다. 물은 다시 아래로 흐르며 수차에 일을 하며 에너지를 전달하고, 수차를 돌린다. 이 작용은 전구나 팬에 에너지를 전달하는 것과 유사하다.

17.1.2 기전력과 단자전압

전지가 회로에 연결되지 않았을 때 단자 사이의 전위차를 전지의 **기전력**(electromotive force, emf)이라 부르며, $\mathscr{E}$로 표시한다. 기전력은 힘이 아니고, 전위차 또는 전압이기 때문에 엄밀히 말해 잘못 붙여진 이름이라 할 수 있다. 힘과의 혼동을 피하기 위해 기전력을 단순히 emf라고 한다. 이것은 힘이 아니라 전압이기 때문에, 전지의 기전력은 전지를 통과하는 전하의 쿨롱당 전지에 의해 전달될 수 있는 에너지를 나타낸다. 따라서 전지가 1쿨롱의 전하에 대해 12 J의 일을 할 수 있다면, 기전력은 쿨롱당 12 J(12 J/C) 또는 12볼트(12 V)가 될 것이다.

실제로 기전력은 단자 사이의 최대 전위차를 나타낸다(그림 17.3a). 실제로 전지를 회로에 연결하여 전류가 흐르면 단자 사이의 전압은 기전력보다 약간 작은 값을 나타낸다. 이 전지의 '작동 전압'(ΔV)(전지를 나타내는 기호로는 그림 17.3b와 같이 서로 다른 길이의 두 평행선으로 나타낸다)을 **단자전압**(terminal voltage)이라 부른다. 전지는 실제로 작동하는 것이 중요하기 때문에 단자전압이 중요하다.

많은 조건 하에서 대부분의 실질적인 목적을 위해, 전지(또는 전원 공급 장치)의 기전력과 단자전압은 달리 명시되지 않는 한 동일하다고 가정할 것이다. 모든 차이는 그림 17.3b의 회로에 명백하게 표시된 전지의 **내부저항**(r)에 의해 기인한다(17.3절에서 정의한 저항은 전하 흐름을 방해하는 정도의 척도이다). 내부저항은 일반적으로 작으므로 단자전압은 본질적으로 기전력과 거의 같다.

전지는 매우 다양한 종류를 가지고 있다. 일반적인 것은 12 V 자동차 배터리인데 직렬로 연결된 6개의 2 V 셀로 구성되어 있다. 직렬은 각 셀(또는 전지)의 양극 단자가 다음 셀의 음극 단자에 연결됨을 의미한다(그림 17.4a의 3개 전지). 전지나 셀이 이런 방식으로 연결되면, 전압은 전체적으로 더 큰 전압을 만들기 위해 추가할 수 있다.

그러나 전지나 셀이 병렬로 연결된 경우 양극 단자도 음극 단자와 마찬가지로 서로 연결된다(그림 17.4b). 동일한 셀 또는 전지를 이러한 방식으로 연결하면, 배열의 전위차나 단자전압은 어느 하나의 전압과 동일하다.

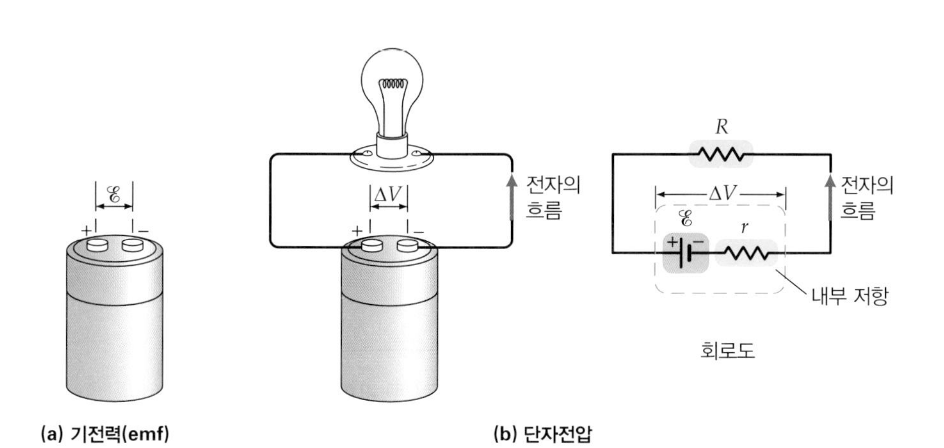

◀그림 17.3 **기전력과 단자전압.** (a) 전지의 기전력 $\mathscr{E}$는 두 단자 간의 최대 전위차이며, 이 값은 전지가 외부 회로와 연결되지 않았을 때 나타난다. (b) 전지가 외부 회로와 연결되어 전류가 흐를 때에는 내부저항(r)으로 인해 두 단자 사이의 전압(ΔV)은 기전력 $\mathscr{E}$보다 작다. 여기서 R은 전구의 저항이다.

▶ 그림 17.4 **전지의 직렬연결과 병렬연결.** (a) 전지를 직렬연결하였을 때 저항 양단에 걸리는 전압은 각 전지의 전압의 합이다. (b) 전지를 병렬연결하였을 때 저항 양단에 걸리는 전압은 전지 하나만 있을 때의 전압과 같다. 이때 각각의 전지는 저항에 흐르는 전류의 일부만을 공급한다.

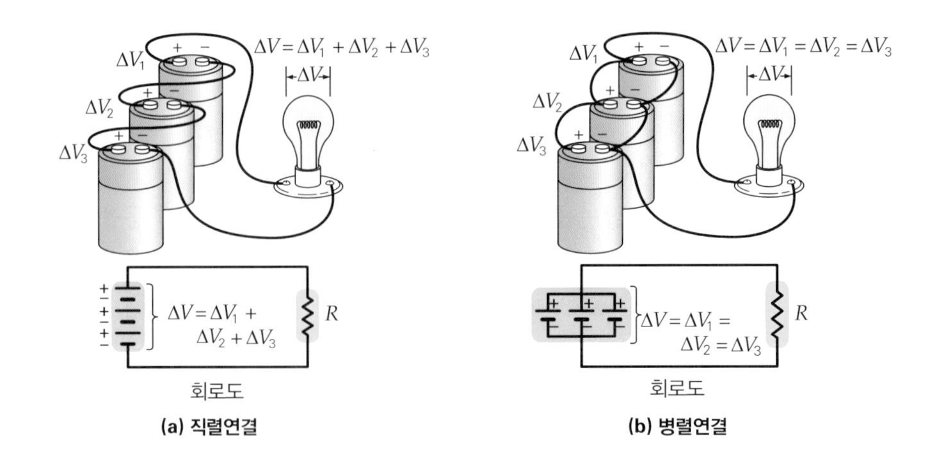

17.1.3 회로도와 기호

회로를 좀 더 쉽게 시각적으로 표현하고 분석하기 위해 전선, 전지, 전기기기 등을 특정 기호로 표시한 회로도를 그린다. 회로도에서 각각의 부품은 그들 고유의 기호로 표시한다. 그림 17.3b와 그림 17.4처럼 전지는 길이가 다른 두 개의 평행선으로 표시하며, 이때 긴 선은 양극을, 짧은 선은 음극을 나타낸다. 전구나 다른 전기기기처럼 전류의 흐름을 방해하는 모든 부품은 -ʌʌʌ-의 기호로 나타낸다(전기저항은 17.3절에서 다룰 것이며, 여기서는 다만 기호로만 나타낸다).

전선은 실선으로 표시하며 특별한 언급이 없는 한 전선의 저항은 무시한다. 선이 교차하더라도 교차점에 원형의 굵은 점이 표시되어 있지 않으면 전선은 접촉하지 않은 것으로 간주한다. 마지막으로 스위치는 열렸다(이때를 개방회로라 하며 전류는 흐르지 않는다), 닫혔다(폐회로라 하며 전류는 흐르게 된다)고 할 수 있는 브리지로 나타낸다. 이 기호들은 축전기(16장) 기호와 함께 그림 17.5에 정리하였다.

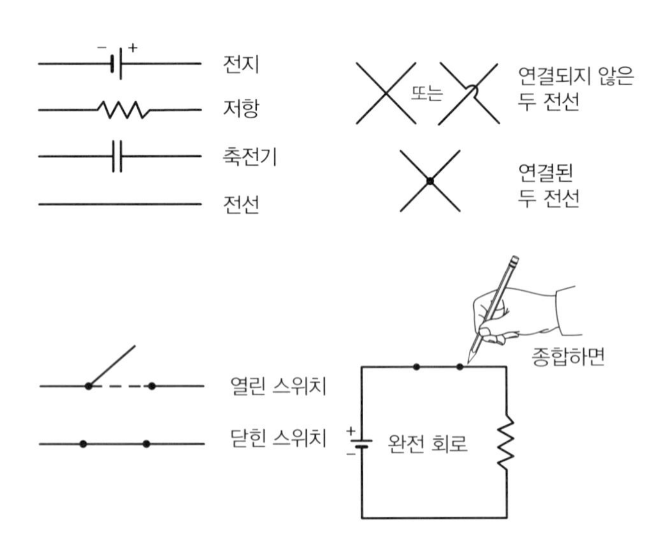

▲ 그림 17.5 **여러 가지 회로 기호들.** 표시된 기호는 회로도에 사용되는 표준 및 일반 기호이다.

17.2 전류와 유동속도

전류가 계속 흐르기 위해서는 전원과 **완전 회로**가 필요하다 — 지속적인 전도 경로에 주어지는 이름이다. 대부분의 실제 회로는 회로를 열거나 닫기 위한 스위치를 포함하고 있다. 스위치가 열리면 경로의 연속적인 흐름이 끊어지기 때문에 도선을 통한 전류의 흐름이 차단된다(이것은 개방회로라고 불린다).

17.2.1 전류

도선에서 이동하는 것은 전자들이므로 전자는 전지의 음극으로부터 멀어지는 방향으로 흐른다. 그러나 현실적으로 회로분석은 **전류** 측면에서 이루어진다. 전류 방향은 양전하가 흐르거나 흐르듯 보이는 방향이다. 도선에서는 전류 방향이 전자 흐름의 반대 방향이다(그림 17.6).

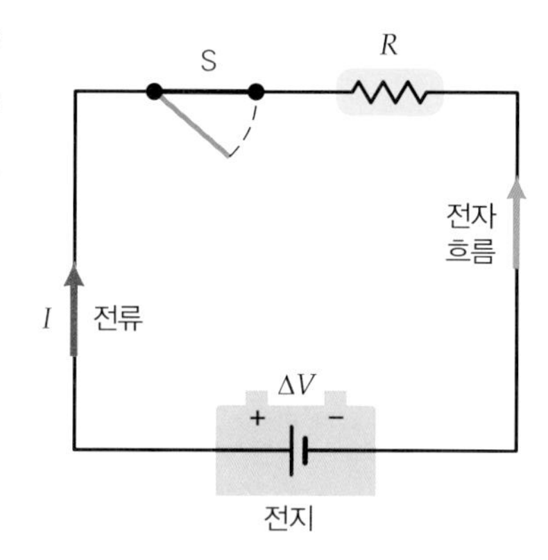

▲그림 17.6 **전류.** 관례적 이유로 회로분석은 전류로 이루어진다. 전류 방향은 양전하가 흐르거나 흐르듯 보이는 방향이다. 금속 도선에서는 전류 방향이 전자 흐름의 반대 방향이다.

전지는 회로나 그 회로의 구성 요소에 '전류를 전달'하는 것이라고 한다. 또는 회로(또는 그 구성 요소)가 전지에서 '전류를 끌어낸다'고 말하는 경우가 있다. 그리고 전류는 다시 전지로 돌아온다. 전지는 한 방향으로의 전류만 흐르게 한다. 한쪽 방향으로만 전하가 이동되는 것을 **직류전류**(direct current, dc)라고 한다. [만약 전류의 방향 또는 크기가 바뀐다면 이는 **교류**(alternating current, ac)라고 부른다. 전류의 형태는 21장에서 배울 것이다.]

정량적으로 **전류**(electric current, I)는 시간에 따른 알짜 전하 흐름률로 정의한다. 따라서 dc 조건과 일정한 전하 흐름을 가정하여 알짜 전하 Δq가 시간 간격 Δt에서 도선의 한 지점을 통과하면, 그 지점의 전류가 다음과 같이 정의된다.

$$I = \frac{\Delta q}{\Delta t} \quad (\text{전류}) \tag{17.1}$$

전류의 SI 단위: C/s 또는 A

전기와 자기 현상에 대한 초창기 연구자이며, 프랑스 물리학자인 암페어(Andre Ampere, 1775~1836)를 기념하여 C/s(coulomb per second)를 **암페어**(Ampere, A)라 부른다. 일상적인 사용에서 ampere는 줄여서 보통 amp로 쓴다. 따라서 10 A의 전류는 '10 amp'라 읽는다. 작은 전류는 **밀리암페어**(mA 또는 10^{-3} A), **마이크로암페어**(μA 또는 10^{-6} A) 또는 **나노암페어**(nA 또는 10^{-9} A)로 표현하고 보통 줄여서 각각 *milliamp*, *microamp*와 *nanoamp*라고 쓰기도 한다. 보통 가정용 회로에서는 전선이 수 암페어의 전류를 전달하는 것이 이상하지 않다. 전하와 전류 사이의 관계를 이해하기 위해 다음 예제 17.1을 생각해 보자.

예제 17.1 **전자의 계산-전류와 전하**

2.0분 동안 도선에 0.50 A의 일정한 전류가 흐른다고 가정하자. 이 시간 동안 도선을 통해 지나간 전하량은 얼마인가? 이때 전자의 수를 계산하라.

풀이

문제상 주어진 값:

$$I = 0.50\text{ A} = 0.50\text{ C/s}$$
$$\Delta t = 2.0\text{ min} = 1.2 \times 10^2\text{ s}$$

식 17.1로부터 계산하자. 전하량은

$$\Delta q = I\Delta t = (0.50\text{ C/s})(1.2\times10^2\text{ s}) = 60\text{ C}$$

이고, $q = ne$로부터 전자의 수(n)을 구하면

$$n = \frac{q}{e} = \frac{60\text{ C}}{1.6\times10^{-19}\text{ C/전자}} = 3.8\times10^{20}\text{ 전자}$$

이다(많은 수의 전자가 지나간다).

17.2.2 유동속도, 전자의 흐름 그리고 전기에너지 전달

전하의 흐름은 때때로 물의 흐름과 유사한 것처럼 설명하지만, 도체에서의 전하의 흐름은 물과 같은 방법으로 흐르는 것이 아니다. 도선의 양끝 사이에 전위차가 없으면 금속 내의 자유전자는 원자들과 초당 수많은 횟수로 충돌하며 매우 빠른 속력으로 임의의 방향으로 무질서하게 움직인다. 그 결과로써 알짜 전하 흐름이 없으므로 전류도 없다.

그러나 전위차(전압)가 도선에 인가되면(전지에 의한 것처럼) 전자는 움직이기 시작한다. 이것은 전자가 도선의 한쪽 끝에서 다른 쪽 끝으로 똑바로 움직인다는 것을 의미하는 것은 아니다. 전자들은 여전히 무작위로 움직이지만, 이제 그들의 속도에 아주 작은 성분이 추가되었다(전지의 양극 방향으로). 따라서 전자들의 속도는 평균적으로 양극 단자를 향한다(그림 17.7).

이때 알짜 전자 흐름은 **유동속도**(drift velocity)라고 불리는 평균속도로 특징지어진다. 유동속도는 무질서한 전자 속도보다 더 작다. 일반적으로 유동속도는 1 mm/s 정도이다. 이런 속력으로 전자가 1 m의 도선을 따라 이동하는 데 약 17분 정도 걸린다. 그러나 전등은 스위치를 켜는(폐회로) 순간에 불이 들어오며, 전화 통화할 때 전달되는 전자 신호는 거의 순간적으로 수 km의 도선을 이동한다. 어떻게 그럴 수가 있는가?

도선에 전위차가 인가될 때 **전도체를 통한** 전자들은 거의 동시에 영향을 받는다. 이것은 전압 때문에 각 전자에 가하는 힘이 도선에서 빛의 속력으로 이동한다. 그러

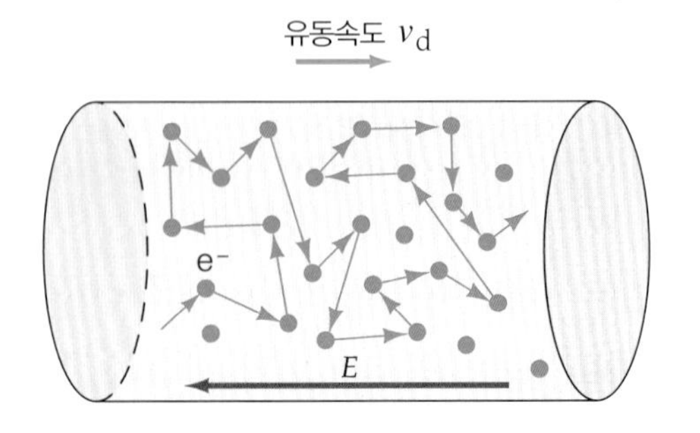

▶ 그림 17.7 **유동속도.** 전압이 없는 금속(여기 도선의 한 부분)에서 전자 운동은 무작위다. 그러나 도선에 전지를 연결하여 폐회로를 형성하면 전기장의 반대 방향으로, 즉 전위가 높은 쪽으로 크기는 작지만 전자의 알짜 이동이 일어난다. 이 알짜 운동의 속도를 전자의 유동속도라고 한다.

므로 이 속력은 매우 빠르고 일상의 거리에 걸쳐서 도선의 모든 곳에서 바로 전류가 흐르는 것처럼 보인다! 이것은 전류가 회로 내의 모든 부분에서 동시에 흐르기 시작한다는 것을 의미한다. 즉, 스위치에서 전자가 먼 곳으로부터 도달하기를 기다릴 필요가 없다는 것이다. 따라서 전구의 예에서 스위치가 켜지는 순간에 필라멘트 안에 있는 전자는 거의 바로 움직이기 시작하여 에너지를 전달하고 지체없이 빛을 낸다.

17.3 저항과 옴의 법칙

전압(전위차)이 폐회로에서 금속 도체의 양단에 걸어주면 전류는 어떤 인자에 의하여 결정될 것인가? 예상한 바와 같이 보통 전압이 높을수록 전류 또한 커진다. 그러나 다른 인자가 전류에 영향을 미친다. 전류에 대해 상당한 저항을 제공하는 물체는 저항기라고 불리며 지그재그 기호 -ᴧᴧᴧ-로 표현된다. 이 기호는 인쇄회로기판에 사용하는 색 띠가 있는 원기둥의 저항기(그림 17.8)로 헤어드라이어나 전구와 같은 전기기기에 이 저항기를 사용한다.

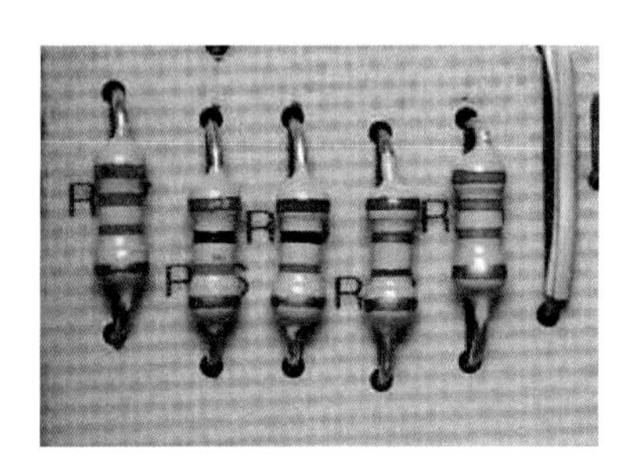

▲그림 17.8 **사용된 저항기들.** 일반적으로 많은 전기 소자가 사용되는 인쇄회로기판에 서로 다른 값을 갖는 저항들이 포함될 수 있다. 줄이 쳐진 원기둥이 저항이고 줄의 색을 이용하여 저항값을 표시한다.

그러면 어떻게 저항을 정량화할 수 있겠는가? 만약 물체 양단에 큰 전압을 걸어도 작은 전류가 흐른다면 그 물체는 큰 저항을 갖고 있는 것은 분명하다. 이 개념을 염두해 두고, 어떤 물체의 전기적 저항은 물체에 인가된 전압과 이로 인한 물체에 흐르는 전류의 비율로 정의한다.

$$R = \frac{\Delta V}{I} \quad (\text{전기저항의 정의}) \qquad (17.2)$$

저항의 SI 단위: V/A 또는 Ω

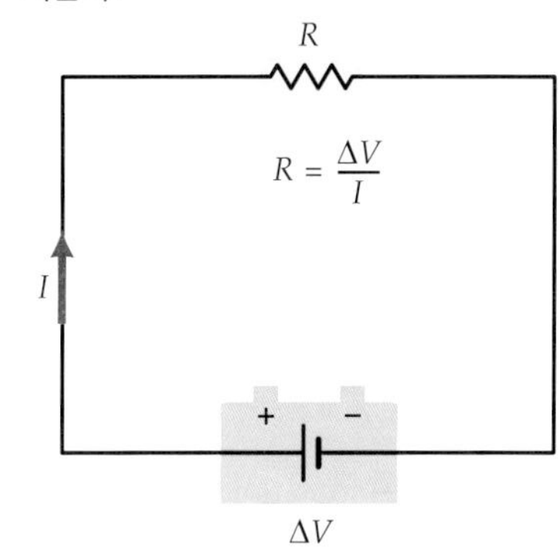

▲그림 17.9 **저항 측정.** 원칙적으로 어떤 물체의 전기저항은 인가한 전압을 흐르는 전류로 나눔으로써 결정할 수 있다.

저항의 단위는 V/A이고, 전류와 전압과의 관계를 발견한 독일의 물리학자 게오르그 옴(Georg Ohm, 1789~1854)을 기념하기 위해 **옴**(Ω)이라 한다. 큰 저항값은 킬로옴(kΩ)과 메가옴(MΩ)으로 나타낸다. 원칙적으로 저항을 결정하는 방법을 보여주는 개략적인 회로도는 그림 17.9에 나와 있다.

일부 재료의 경우 저항은 전압 범위에서 일정할 수 있다. 일정한 저항을 나타내는 저항체는 **옴의 법칙**(Ohm's law)을 따른다고 말하고 또는 **옴성**(ohmic)인 것이다. 이 법칙은 많은 물질, 특히 금속이 이 성질을 갖고 있다는 것을 발견한 옴의 이름을 따서 명명되었다. 옴성 재료의 전압-전류 그래프는 기울기 R인 직선이다(그림 17.10). 특별한 언급이 없다면 저항기는 옴의 법칙을 따른다고 가정할 것이다. 하지만 **R이 일정할 경우**에만 인가전압에 정비례한다는 점을 기억하라.

$$\Delta V = IR \quad (\text{옴의 법칙: } R\text{은 일정}) \qquad (17.3)$$

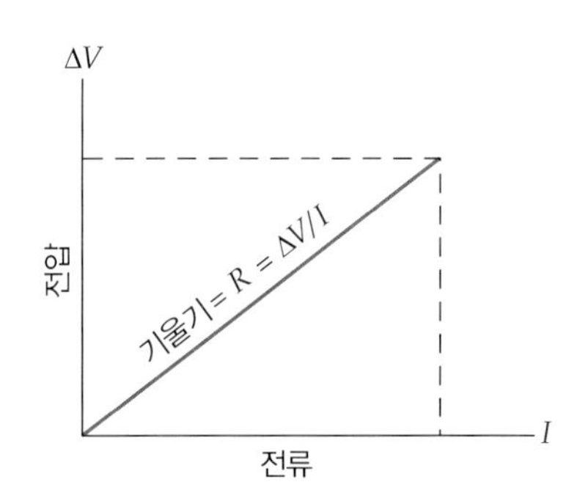

▲그림 17.10 **옴의 법칙.** 물체가 옴의 법칙(저항 일정)을 만족한다면 전압 대 전류 그래프는 물체의 저항, R을 기울기로 하는 직선이다.

그러나 옴의 '법칙'은 예를 들어 에너지 보존 법칙과 같은 의미에서 기본 법칙이 아니라는 것을 명심하라. 재료는 반드시 일정한 저항을 가져야 한다는 '법칙'은 없다. 실제로 전자공학의 발전은 반도체와 같은 재료에 바탕을 두고 있는데, 이 소재는 가

변 저항이나 비선형(비옴성) 전압-전류 관계를 가지고 있다. 예제 17.2는 인체의 저항이 어떻게 삶과 죽음의 차이를 만들 수 있는지를 보여준다.

예제 17.2 **집에서 위험-인체 저항**

물과 전기 전압에 노출된 집의 모든 방은 위험을 초래할 수 있다. 사람이 샤워를 마치고 우연히 노출된 120 V가 흐르는 전선(아마도 헤어드라이어의 전선 피복이 벗겨진)을 손으로 만지면 어떻게 되겠는가? 사람의 몸은 물에 젖었을 때 300 Ω의 낮은 저항을 나타낸다. 이 값을 이용하여 사람의 몸에 흐르는 전류를 계산하라.

풀이

문제상 주어진 값:

$\Delta V = 120\ \text{V}$

$R = 300\ \Omega$

바닥은 0 V이고 사람 몸은 120 V이므로 식 17.2로부터

$$I = \frac{\Delta V}{R} = \frac{120\ \text{V}}{300\ \Omega} = 0.400\ \text{A} = 400\ \text{mA}$$

이다.

계산에서 얻어낸 전류는 일반적인 기준에서는 작은 전류이지만 인체에서는 큰 전류이다. 10 mA 이상의 전류가 흐르면 심각한 근육 수축을 유발할 수 있고, 100 mA는 심장을 멈추게 할 수 있다. 따라서 이 전류는 치명적일 수 있다(18.5절 참조).

17.3.1 저항에 영향을 미치는 인자

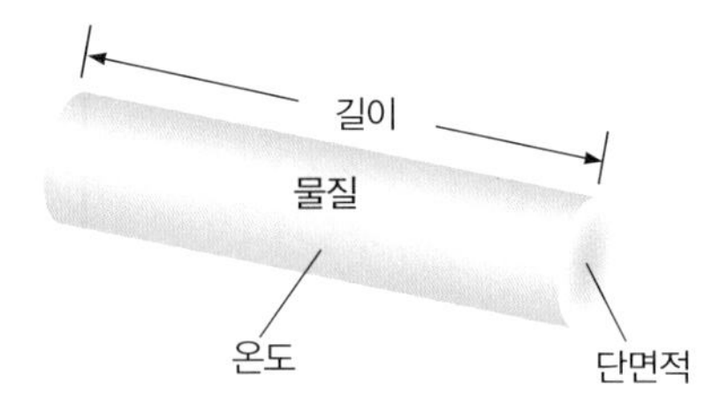

▲ 그림 17.11 **저항 인자.** 원기둥 도체의 전기저항에 직접적으로 영행을 미치는 물리적 인자는 다음과 같다. **(a)** 물질의 종류, **(b)** 길이(L), **(c)** 단면적(A) 그리고 **(d)** 온도(T).

원자 수준에서 물질 내의 원자들과 전자가 충돌하면 저항은 증가한다. 따라서 어떤 물체의 저항은 그것을 구성하는 물질의 종류에 따라 일부 변화한다. 그리고 그 물체의 기하학적인 인자 또한 저항에 영향을 미친다. 요약하면, 전선과 같이 일정한 단면을 갖는 물체의 저항은 다음의 4가지 인자에 의존한다. (1) 물질의 종류, (2) 길이, (3) 단면적, (4) 온도(그림 17.11).

예상한 바와 같이 물체의 저항(R)은 단면적(A)에 반비례하고 길이(L)에 비례한다. 즉, $R \propto L/A$이다. 예를 들어 4.0 m 길이의 전선은 2.0 m 길이의 같은 전선에 비해 2배 큰 저항을 갖지만, 단면적이 0.50 mm^2인 전선의 저항은 같은 길이의 단면적이 0.25 mm^2인 전선의 저항의 절반이다. 이러한 기하학적인 인자에 따른 저항의 변화는 파이프에서 단면적과 길이에 따른 유체의 흐름의 경우와 유사하다. 파이프가 길수록 유체 흐름에 대한 저항은 커지며, 단면적이 클수록 단위 시간당 흐를 수 있는 유체의 양은 커진다.

17.3.2 비저항

물체의 저항은 그 물질의 원자 성질에 의해 부분적으로 결정되며, 물질의 **비저항**(resistivity, ρ)에 의해 정량적으로 설명된다. 비례 관계($R \propto L/A$) 대신에 비저항이 비례상수이므로 저항을 등식으로 쓸 수 있게 한다. 나중에 고려될 온도 의존성을 제외하고, 저항 식을 나타내면 다음과 같다.

표 17.1 여러 가지 물질에 대한 비저항(20°C)과 온도계수

	비저항온도계수 $\rho(\Omega\cdot m)$	온도계수 $\alpha(1/°C)$		비저항온도계수 $\rho(\Omega\cdot m)$	온도계수 $\alpha(1/°C)$
도체			**반도체**		
알루미늄	2.82×10^{-8}	4.29×10^{-3}	탄소	3.6×10^{-5}	-5.0×10^{-4}
구리	1.70×10^{-8}	6.80×10^{-3}	게르마늄	4.6×10^{-1}	-5.0×10^{-2}
철	10×10^{-8}	6.51×10^{-3}	실리콘	2.5×10^{2}	-7.0×10^{-2}
수은	98.4×10^{-8}	0.89×10^{-3}			
니크롬(니켈·크롬합금)	100×10^{-8}	0.40×10^{-3}			
			부도체		
니켈	7.8×10^{-8}	6.0×10^{-3}	유리	10^{12}	
백금	10×10^{-8}	3.93×10^{-3}	고무	10^{15}	
은	1.59×10^{-8}	4.1×10^{-3}	나무	10^{10}	
텅스텐	5.6×10^{-8}	4.5×10^{-3}			

$$R = \rho\left(\frac{L}{A}\right) \quad \text{(균일한 단면적)} \qquad (17.4)$$

비저항의 SI 단위: $\Omega\cdot m$

비저항(ρ)의 단위는 옴-미터($\Omega\cdot m$)이다. 따라서 물체의 길이와 단면적이 주어지는 한 물질의 비저항(물질의 종류 등)을 알기 때문에, 식 17.4를 사용하여 일정한 단면적을 갖는 저항을 계산할 수 있다.

몇몇 도체, 반도체 및 부도체의 비저항 값이 표 17.1에 주어져 있다. 비저항은 온도 의존성이 있으므로 이 값들은 20°C에서만 엄격히 적용된다. 대다수 일반적인 전선은 10^{-6} m^2 또는 1 mm^{2}의 단면적을 갖는 구리나 알루미늄으로 되어 있다. 길이가 1.5 m라면 구리 전선은 0.025 Ω(= 25 mΩ)이라는 것을 알 수 있다. 이것은 회로에서 전선의 저항이 왜 무시될 수 있는지를 잘 설명해 준다. 이 저항값은 대부분 가전기기의 저항값에 비하여 매우 작다.

생체조직에서 이러한 저항값의 크기에 대한 느낌을 얻기 위해 예제 17.3을 고려해 보자.

예제 17.3 전기뱀장어—생체 전기로 요리?

전기뱀장어가 대략 원통형 모양의 긴 물고기의 머리와 꼬리에 접촉시켜 그 위에 600 V의 전압을 가한다고 하자. 만약 물고기의 길이가 20 cm이고 직경이 2.0 cm라 가정하였을 때, 물고기를 죽일 수 있는 0.80 A의 전류가 흘렀다면 물고기의 평균 비저항은 얼마인가?

풀이

문제상 주어진 값:

$L = 20\text{ cm} = 0.20\text{ m}$
$d = 2.0\text{ cm} = 2.0\times10^{-2}\text{ m}$
$\Delta V = 600\text{ V}$
$I = 0.80\text{ A}$

물고기의 단면적은

$$A = \pi r^2 = \pi\left(\frac{d}{2}\right)^2 = \frac{\pi(2.0\times10^{-2}\ \text{m})^2}{4} = 3.1\times10^{-4}\ \text{m}^2$$

이다. 물고기의 전체 저항은 $R = \Delta V/I = 600\ \text{V}/0.80\ \text{A} = 7.5 \times 10^2\ \Omega$이다. 따라서 식 17.4로부터 비저항의 값을 구할 수 있다.

$$\rho = \frac{RA}{L} = \frac{(7.5\times10^2\ \Omega)(3.1\times10^{-4}\ \text{m}^2)}{0.20\ \text{m}} = 1.2\ \Omega\cdot\text{m} = 120\ \Omega\cdot\text{cm}$$

이 계산한 값을 표 17.1의 값과 비교하면, 예상한 바와 같이 물고기의 몸체는 금속에 비해 저항이 훨씬 크다는 것을 알 수 있다. 이 값은 심장근육과 같은 인체조직에서 얻은 비저항과 비슷하다. – 심장근육의 비저항은 약 175 Ω·cm이다.

많은 물질의 경우 특히 금속은 온도 변화가 그리 크지 않다면 물질의 비저항은 온도에 따라 거의 직선적으로 변화한다. 따라서 온도변화가 기준 온도 T_0(보통 20°C)로부터 $\Delta T = T - T_0$만큼 일어났을 때, 온도 T에서의 비저항은 다음과 같이 주어진다.

$$\rho = \rho_0(1 + \alpha\Delta T) \quad \text{(비저항의 온도변화)} \qquad (17.5a)$$

여기서 α는 상수로 물질의 **비저항의 온도계수**이고 ρ_0는 온도 T_0일 때의 물질의 비저항이다.

식 17.5a는 다시 쓰면 다음과 같다.

$$\Delta\rho = \rho_0\alpha\Delta T \qquad (17.5b)$$

여기서 $\Delta\rho$는 온도 변화량이 ΔT일 때의 비저항의 변화량이다. 비율 $\Delta\rho/\rho_0$는 무차원이기 때문에 α는 1/°C 또는 °C^{-1}의 단위를 갖는다. 물리적으로 α는 1°C당의 비저항 변화비율($\Delta\rho/\rho_0$)을 나타낸다. 여러 가지 물질의 경우 비저항의 온도계수를 표 17.1에 함께 나타내었다. 정상적인 온도 범위에서 이 계수들은 일정하다고 가정할 것이다. 하지만 반도체나 부도체의 경우 온도계수는 물질 종류에 따라 차이가 크며, 상수가 아니고 온도에 따라 변한다는 점을 유의해라.

저항과 비저항은 비례하기 때문에(식 17.4), 물체의 저항은 그 재료의 비저항과 같은 온도의존성을 가진다. 따라서 저항의 온도의존성은 다음과 같이 주어진다.

$$R = R_0(1 + \alpha\Delta T) \ \text{또는}\ \Delta R = R_0\alpha\Delta T \quad \text{(저항의 온도변화)} \qquad (17.6)$$

여기서 $\Delta R = R - R_0$, 기준 값인 20°C에서의 저항 R_0로부터의 변화량을 나타낸다.

17.3.3 초전도

대다수의 금속을 포함한 많은 물질은 양의 비저항 온도계수를 갖고 있으며, 온도가 감소함에 따라 저항도 감소한다. 온도를 낮춤으로써 전기저항을 얼마나 감소시킬 수 있는지에 대해 의문을 가질 수 있다. 경우에 따라 저항이 단순히 0에 접근하는 작은 값이 아니고 정확히 측정할 수 있는 값인 진짜 0에 도달할 수 있다. 이런 현상을 **초전도**(superconductivity)라 한다[네덜란드 물리학자 헤이커 카메를링 오너스(Heike Kamerlingh Onnes)에 의해 1911년 처음 발견되었다]. 최근까지 요구된 온도는 100 K 이하이다. 따라서 현재 실질적인 사용은 연구실이나 산업 장비처럼 고도의 기술이 집약된 연구실의 장치나 의학 장비(MRI 같은)에 한정되어 있다.

그러나 상온에 가까운 초전도 물질을 발견할 수 있다면 초전도성은 중요한 일상 응용의 잠재력을 가지고 있다. 저항이 없을 때는 높은 전류와 매우 높은 자기장이 가능하다(19장). 초전도 전자석을 모터와 엔진에 사용한다면 효율이 증가하여 같은 에너지를 사용해도 더 큰 능률을 얻을 수 있을 것이다. 초전도 물질은 또한 저항 손실이 없이 전력을 전송하는 데 사용할 수 있다. 어떤 연구원들은 초고속 초전도 컴퓨터 메모리를 상상한다. 전기저항이 없다는 것은 거의 끝없는 가능성을 열어준다. 신소재가 개발되면서 앞으로 초전도체 응용이 훨씬 더 많아지게 될 것이다.

17.4 전력

회로에 전류가 지속적으로 흐를 때 전자는 전지와 같은 전원으로부터 에너지를 받게 된다. 이 전하들은 회로 구성 소자들을 통과할 때 물질의 원자와 충돌하며(저항을 받음) 에너지를 잃는다. 충돌로 전달된 에너지는 그 소자의 온도를 증가시킬 수 있다. 이와 같이 전기에너지는 적어도 부분적으로 열에너지로 변환될 수 있다.

그러나 전기에너지는 빛(전구)이나 기계 운동(전기 모터)과 같은 다른 형태의 에너지로도 변환될 수 있다. 에너지 보존 법칙에 따라서 에너지 형태에는 관계없이 전지로부터 전하가 받는 총 에너지는 회로 내의 소자로 완전히 전달되어야 한다(도선에서 에너지 손실은 무시한다). 즉, 전원 또는 전지로 되돌아오는 전하는 전원으로부터 받았던 모든 에너지를 잃고 다시 전원으로부터 에너지를 받을 준비가 되어 있는 것이다. 그리고 이러한 과정이 반복되는 것이다.

전원의 전압(ΔV)으로부터 전하량 Δq에 의해 얻어진 에너지는 그것에 대해 한 일과 같다. 즉, $W = \Delta q \cdot \Delta V$이다. Δt의 시간 동안에 에너지가 전달되는 비율(한 일)은 일정하지 않을 수 있다. 따라서 에너지 전달 평균 변화율 또는 **평균 전력**(average electric power)은 $\overline{P} = (W/\Delta t) = (\Delta q \cdot \Delta V)/\Delta t$이다. 특별한 경우로 전류와 전압이 일정할 때(전지와 마찬가지로) 평균 전력은 일정하다. 일정한 전류(직류)에 대하여 전류는 $I = \Delta q/\Delta t$ (식 17.1)이다. 따라서 직류(dc) 조건에서 앞의 식을 다음과 같이 다시 쓸 수 있다.

$$P = I \cdot \Delta V \quad (\text{직류 전력}) \tag{17.7a}$$

여기서 전력의 SI 단위를 다시 쓰면 와트(W)이다. 암페어(I) 곱하기 볼트(ΔV)는 단위 시간당 주울(J/s) 또는 와트(W)이다.

$R = \Delta V/I$를 사용하기 때문에, 전력은 다음과 같은 세 가지 형태로 쓰일 수 있다.

$$P = I \cdot \Delta V = \frac{(\Delta V)^2}{R} = I^2 R \quad (\text{직류 전력}) \tag{17.7b}$$

17.4.1 주울 열

전류가 흐르는 저항기에서 소비되는 열을 **주울 열**(joule heat) 또는 **전력 손실**(I^2R losses)이라고 한다. 많은 경우(전기 전송선과 같은) 주울 열은 에너지 손실로 바람직하지 않다. 그러나 다른 경우에는 전기에너지를 열에너지로 변환하는 것이 목적일 수 있다. 가열을 응용한 것은 전기난로, 헤어드라이어, 몰입 히터, 토스터기의 가열 요소(버너)가 포함된다.

전기기기는 일반적으로 전기 사양을 표시한다(그림 17.12). 일부 가전제품의 전력 등급이 표 17.2에 제시되어 있다. 대부분의 일반적인 전기제품은 정상 작동 전압이 240 V로 표시되어 있지만, 가정용 전압은 220 V에서 240 V까지 사용할 수 있으며 '정상'으로 간주한다. 전자제품 및 제품 작동에 대한 자세한 내용은 예제 17.4를 참조하도록 하자.

▲ 그림 17.12 **가전제품의 전기 사양.** 싱크대 쓰레기 처리 전기 사양

표 17.2 가전제품에 대한 소비전력(240 V에서)

제품	전력	제품	전력
개별 냉방기	1~3 kW	휴대용 가열기	1~2 kW
중앙 냉방기	4 kW[a]	전자레인지	1000 W
믹서기	500 W	라디오	10~20 W
건조기	3 kW[a]	냉장고	500 W
세탁기	800 W	전기스토브	6 kW[a]
커피메이커	1000 W	전기오븐	4.5 kW[a]
접시 닦기	1200~1500 W	텔레비전	200 W
전기난로	200 W	토스터기	850 W
헤어드라이어	1500 W	온수기	4.5 kW[a]

[a] 이와 같이 높은 전력 가전제품은 일반적으로 전류를 줄이기 위해 240 V 주택 전원장치에 배선한다.

예제 17.4 **위험한 수리–혼자 하지 마라!**

115 V에서 1200 W의 전력을 소비하는 헤어드라이어가 있다. 필라멘트의 한쪽 끝부분이 끊어졌다. 끊어진 한쪽을 제거한 후 나머지를 다시 연결하여 수리하였다. 그 결과 필라멘트는 원래의 길이보다 10% 짧아졌다. 수리 후 드라이어의 소비전력은 얼마일까?

풀이

문제상 주어진 값:

$P_1 = 1200\ \text{W}$

$\Delta V_1 = \Delta V_2 = 115\ \text{V}$

$$L_2 = 0.900\ L_1$$

수리 후 필라멘트는 원래 저항의 90%를 가진다. 왜냐하면 저항은 길이에 비례한다(식 17.3). 수리 후의 저항($R_2 = \rho L_2/A$)을 원래의 저항($R_1 = \rho L_1/A$)으로 나타내보자.

$$R_2 = \rho\frac{L_2}{A} = \rho\frac{0.900\ L_1}{A} = 0.900\left(\rho\frac{L_1}{A}\right) = 0.900\ R_1$$

전압이 같으므로 전류는 증가할 것이다. 즉, $\Delta V_2 = I_2 R_2 = \Delta V_1 = I_1 R_1$이다. 따라서 수리 후 흐르는 전류를 원래의 전류로 나타내면 다음과 같다.

$$I_2 = \left(\frac{R_1}{R_2}\right)I_1 = \left(\frac{R_1}{0.900\,R_1}\right)I_1 = (1.11)I_1$$

이는 수리 후 전류가 수리 전에 비해 약 11% 정도 증가함을 보여준다.

원래의 전력은 $P_1 = I_1 \cdot \Delta V = 1200$ W이고 수리 후의 전력은 $P_2 = I_2 \cdot \Delta V$이다. 두 전력의 비는 다음과 같이 주어진다.

$$\frac{P_2}{P_1} = \frac{I_2 \cdot \Delta V}{I_1 \cdot \Delta V} = \frac{I_2}{I_1} = 1.11$$

이때 P_2에 대해 풀면

$$P_2 = 1.11\,P_1 = 1.11(1200\ \text{W}) = 1330\ \text{W}$$

여기서 수리 후 드라이어의 소비전력은 약 130 W 증가하였다. 결과적으로 전력이 제조업체의 전력 등급을 초과하여 드라이어가 녹거나 더 심한 경우 화재가 발생할 수 있으므로, 수리는 이렇게 해서는 안 된다.

17.4.2 킬로와트시: 에너지 단위

사람들은 종종 납부하는 전기요금에 대해 불평한다. 그러나 실제로 무엇에 대한 대가로 지불하는가? 판매되고 있는 것은 전기에너지인데, 보통 **킬로와트시**(kilo-watt-hour, kWh)의 단위로 측정된다. 하지만 kWh란 무엇인가? 일률은 일이 행해지거나 에너지가 전달되는 비율이기 때문에, 일률에 대한 대가를 지불하지 않고 에너지에 대한 대가를 지불하는 것이기 때문이다. 이와 유사하게 수도요금은 물 사용 비율이 아니라 사용된 물의 양에 대해 지불된다.

전력은 $P = \Delta E/\Delta t$로 정의하기 때문에, Δt 동안 전달된 에너지는 $\Delta E = P \cdot \Delta t$이다. 따라서 에너지는 와트초의 단위를 가진다고 말한다(다른 단위로 J이다). 그러나 요금 목적상 전달되는 에너지는 주울(J)로 표현하면 수가 크기 때문에 단위의 선택은 kWh이다. 따라서 kWh는 더 큰 (청구하기에 더 편리한) 에너지의 단위를 말한다. 아래에서도 알 수 있듯이 1 kWh는 360만 J에 해당한다.

$$\begin{aligned} 1\ \text{kwh} &= (1\ \text{kw})(1\ \text{hr}) = (1000\ \text{W})(3600\ \text{s}) = (1000\ \text{J/s})(3600\ \text{s}) \\ &= 3.6 \times 10^6\ \text{J} \end{aligned}$$

따라서 전기기기를 작동하기 위해 사용한 전기에너지 때문에 전력회사에 요금을 지불하는 것이다.

17.4.3 전기 효율 및 천연 자원

미국 내에서 생산되는 전기에너지의 약 25%가 빛을 내는 데 사용된다. 냉장고는 생산되는 에너지의 약 7%를 소비한다. 이와 같이 매우 큰 (그리고 증가하는) 전기에너지 소비로 인해 연방 정부와 많은 주 정부는 냉장고, 냉동고, 냉방기, 보일러 같은 전

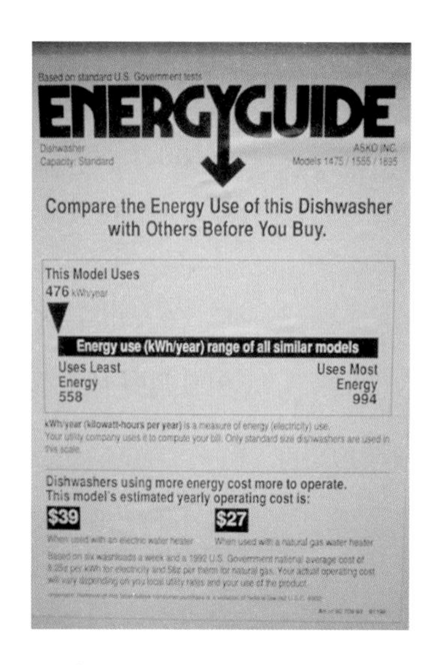

▲그림 17.13 **에너지 안내서.** 이를 통해 소비자는 연간 평균 비용 측면에서 전자제품의 효율성을 알 수 있다.

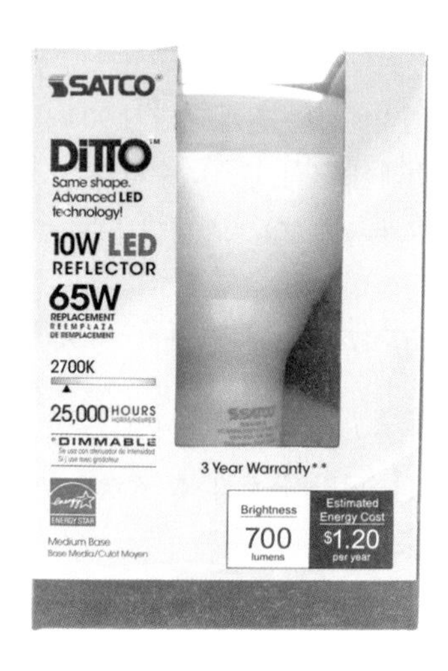

▲그림 17.14 **교체된 LED.** LED 전구가 똑같은 가시광선 출력을 가진 구식 백열전구보다 몇 배나 더 효율적인지 라벨을 통해 알 수 있는가?

기제품에 최소 에너지 효율을 지정하게 되었다(그림 17.13). 많은 가정이 백열전구로부터 형광등으로 마침내 LED(*L*ight *E*mitting *D*iodes)로 바뀌게 되어(그림 17.14) 시간이 지남에 따라 초기비용 및 더 많은 비용을 쉽게 회수할 수 있는 동시에 상당한 에너지 절약을 제공하고 있다.

에너지 효율이 높은 새로운 가전제품이 점차로 에너지 효율이 낮은 모델을 대체함에 따른 결과, 에너지 소비를 상당히 절약할 수 있다는 의미를 갖는다. 절약된 에너지는 직접적으로 연료와 천연자원의 사용을 줄이고 공해 및 기후변화와 같은 환경적 위험의 감소로 이어진다.

연습문제

통합 연습문제(Integrated Exercises, IEs)는 두 부분으로 이루어진다. 첫 번째 부분은 일반적으로 기본 원칙과 추론에 기초한 개념적 답변 선택을 요구한다. 두 빈째 부분은 연습의 첫 번째 부분에서 이루어진 개념적 선택과 관련된 정량적 계산을 필요로 한다. 기호(•)은 문제의 난이도를 의미한다. 쉬움(•), 보통(••), 어려움(•••)

17.1 전지와 직류

1. • (a) 1.5 V 전지 세 개를 직렬로 연결한다면 전지의 총 전압은 얼마인가? (b) 만약 이들 전지를 병렬로 연결한다면 총 전압은 얼마인가?

2. • 6.0 V 전지 2개와 12 V 전지 1개가 직렬로 연결되어 있다. (a) 이 연결에서 총 전압은 얼마인가? (b) 이 세 개의 전지를 어떻게 연결하면 12 V의 전압을 얻을 수 있는가?

3. IE •• 각각 1.5 V 정격의 AA 건전지 4개가 주어진다. 이들 건전지는 2개씩 묶는다. 배열 A에서는 각 쌍에 있는 두 개의 건전지를 직렬로 연결한 다음 쌍들은 병렬로 연결한다. 배열 B에서 각 쌍의 두 건전지는 병렬로 연결한 다음 쌍들은 직렬로 연결한다. (a) 배열 B와 비교하여 배열 A의 총 전압은? (1) 더 높다, (2) 같다, (3) 더 낮다. (b) 각 배열에 대한 총 전압은 얼마인가?

17.2 전류와 유동속도

4. • 30 C의 알짜 전하가 2.0분 안에 전선의 단면적을 통과한다. 전선에서 전류는 얼마인가?

5. • 3.0 V의 니켈-카드뮴(NiCd) 전지를 연결하면 0.50 mA가 흐르는 작은 장난감 자동차가 있다. 10분 동안 자동차를 작동시켰을 때 (a) 장난감 자동차에 흐르는 전하량은 얼마인가? (b) 전지에서 소비되는 에너지는 얼마인가?

6. •• 1.25분 동안 20 C의 알짜 전하가 전선의 일정 위치를 통과했다. 만약 전선에 흐르는 전류가 두 배가 되면 그 부분에 30 C의 전하가 통과하는 데 걸리는 시간은 얼마가 되겠는가?

7. IE••• 일부 양성자가 왼쪽으로 이동하는 동시에 일부 전자가 같은 위치를 지나 오른쪽으로 이동하는 것을 상상해 보라. (a) 알짜 전류는 어느 방향으로 진행하는가? (1) 오른쪽, (2) 왼쪽, (3) 진행 방향 없음, (4) 답 없음. (b) 4.5초 안에 6.7 C의 전자가 오른쪽으로 흐르면서 동시에 8.3 C의 양성자가 왼쪽으로 흐른다. 양성자로 인한 전류의 방향과 크기는? (c) 전자로 인한 전류의 방향과 크기는? (d) 전체 전류의 방향과 크기는?

17.3 저항과 옴의 법칙

8. • 12.0 V로 표시된 전지와 6.00 Ω 저항기가 연결된 회로에 1.90 A의 전류가 흐른다(그림 17.15). (a) 전지의 단자전압은 얼마인가? (b) 내부저항은 얼마인가?

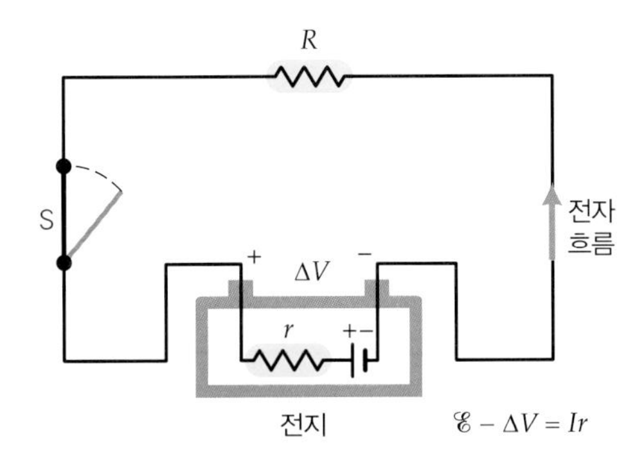

▲그림 17.15 **기전력과 단자전압**

9. • 2.0 Ω인 저항을 통해 0.50 A 전류를 흐르게 하기 위한 이상적인 전지(내부저항은 무시)의 단자전압은 얼마인가?

10. IE• 한 도시에서는 구리 대신 집에서 알루미늄 도선을 사용하려고 한다. (a) 알루미늄 도선의 저항이 구리와 같기를 바란다면(길이는 같다고 가정) 알루미늄 도선의 단면적이 구리의 단면적보다 커야 하는지, 작아야 하는지? (1) 지름이 더 커야 한다, (2) 지름이 더 작아야 한다, (3) 지름이 같아야 한다. (b) 저항을 같게 만드는 데 필요한 알루미늄 두께와 구리 두께의 비율을 계산하라.

11. •• 단면적이 같은 두 구리 도선에서 길이가 각각 2.0 m, 0.50 m이다. (a) 동일한 전원 공급 장치에 연결된 경우 짧은 도선의 전류와 긴 도선의 전류 비율은? (b) 두 도선에 동일한 전류를 흐르게 하려면 두 도선의 단면적의 비율은 얼마일까?

12. •• 전기난로 버너 가열 소자에 연결된 도선은 길이가 0.75 m이고, 단면적은 2.0×10^{-6} m^2이다. (a) 만약 도선이 철로 만들어졌고 380°C에서 작동되는 경우 그 작동 저항은 얼마인가? (b) 난로가 꺼졌을 때 도선의 저항은 얼마인가?

13. •• 구리선은 20°C에서 25 mΩ의 저항을 가진다. 도선에 전류가 흐를 때 전류에 의해 열이 발생하며 도선의 온도가 27°C로 증가한다. (a) 도선의 저항은 얼마나 변하였는가? (b) 만약 처음 전류가 10.0 mA이었다면 나중 전류는 얼마인가?

14. •• 특정 용도의 경우 20°C에서 0.25 mΩ 저항을 가지려면 20 m 길이의 알루미늄 도선이 필요하다. (a) 도선의 지름은 얼마인가? (b) 만약 도선의 길이를 반으로 줄이고 얼음물 욕조에 넣어져 있다면 도선의 저항은 얼마일까?

15. IE•• 도선을 쭉 당겨서 길이가 늘어나면 단면적이 줄어드는 반면, 도선의 총 부피는 일정하게 유지된다. (a) 도선을 잡아당긴 후의 저항은 처음 상태의 저항보다 어떨까? (1) 더 커진다, (2) 같다, (3) 더 작아진다. (b) 지름이 2.0 mm이고 도선의 길이가 1.0 m인 구리선을 잡아당겼다. 단면적은 감소하고 부피는 그대로 유지하는 동안 길이가 25% 증가하였다. 처음과 나중 저항 비를 계산하라.

17.4 전력

16. • DVD 플레이어의 정격은 120 V에서 100 W이다. 이 장치의 저항은 얼마인가?

17. • 저항이 12 Ω인 냉장고에서 전류는 13 A이다(냉장고가 작동될 때). 냉장고에 전달되는 전력은 얼마인가?

18. • 전기 온수기는 240 V의 전원에 연결했을 때 50 kW의 열에너지를 내도록 설계되어 있다. 이때 저항은 얼마인가?

19. IE•• 회로의 저항기는 120 V에서 작동하도록 설계되었다.

(a) 이 저항기를 60 V의 전원에 연결하면 열을 발생하기 위한 전력은 몇 배로 되는가? (1) 2배, (2) 4배, (3) 1/2배, (4) 1/4배. 이유는? (b) 만약 전원이 120 V에서 90 W로 설계되어 있을 때 저항기를 30 V 전원에 연결한다면 전력이 얼마나 될까?

20. •• 용접 기계는 240 V에서 18 A의 전류를 흘린다. (a) 이 기계의 전력은 얼마인가? (b) 저항은 얼마인가? (c) 실수로 120 V 콘센트에 연결되었을 때 콘센트의 전류는 10 A이었다. 이 기계는 옴의 법칙이 적용되는 오옴성인지 답하라.

21. •• (a) 120 V 전원에 연결했을 때, 분당 15 kJ의 열을 발생시킬 경우, 몰입형 가열 코일의 저항은 얼마인가? (b) 만일 분당 10 kJ의 열을 발생시키려면 저항을 얼마로 하는가?

22. •• 120 V 에어컨은 15 A의 전류가 흐른다. 만약 20분 동안 작동했다면 (a) 얼마나 많은 에너지(kWh)가 필요한가? (b) 만약 전기사용료가 $0.15/kWh라면, 20분 동안 작동된 전기사용료는 얼마인가? (c) 만약 처음 에어컨 초기 구입비용이 $450이었다면 하루 평균 4시간 가동될 때 운영비가 가격과 같을 때까지 얼마나 걸리는가?

23. •• 길이가 5.0 m이고 지름이 3.0 mm인 도선이 100 Ω의 저항을 가진다. 도선에 15 V의 전위차를 걸었다면 (a) 도선의 전류는 얼마인가? (b) 도선의 비저항은 얼마인가? (c) 도선에서 열이 발생하는 전력은 얼마인가?

24. •• 20 Ω인 저항기를 4개의 건전지(1.5 V)에 연결하였다. 건전지의 연결이 (a) 직렬로 연결되어 있을 때, (b) 병렬로 연결되어 있을 때 저항에서의 매 분당 열손실은 몇 주울(J)인가?

25. •• 한 학생이 몰입형 가열기를 사용하여 차를 마시기 위해 0.30 kg의 물을 20°C에서 80°C까지 가열한다. (a) 75% 열효율을 갖는 가열기가 물을 가열하는 데 2.5분이 걸리는 경우 저항은 얼마인가? (b) 가열기에 흐르는 전류는 얼마인가? (120 V 전압을 가정한다.)

26. 전구의 출력은 120 V에서 작동할 때 60 W이다. 등화관제 중에 전압이 절반으로 떨어지고 전력이 20 W로 줄어들 경우, 등화관제 시 최대 전력에서 전구의 저항과의 비율은?

27. ••• (a) 만약 전기료가 $0.12/kWh일 경우, 다음 가전제품에 대한 1개월(30일) 전기에너지 비용을 구하라. 시간의 30%를 작동하는 중앙 에어컨, 0.50h/월 사용하는 믹서, 8.0시간/월 사용하는 접시세척기, 15분/일 사용하는 전기오븐, 시간의 15%를 작동하는 냉장고, 10시간/월 사용하는 스토브, 그리고 120시간/월 사용하는 TV. (b) 각 가전제품이 총 월 전기 비용에 기여하는 비율을 %로 나타내라. (c) 각 가전제품이 작동 중일 때 각 가전제품의 저항과 전류를 구하라(표 17.2).

CHAPTER 18

기초 전기회로
Basic Electric Circuits

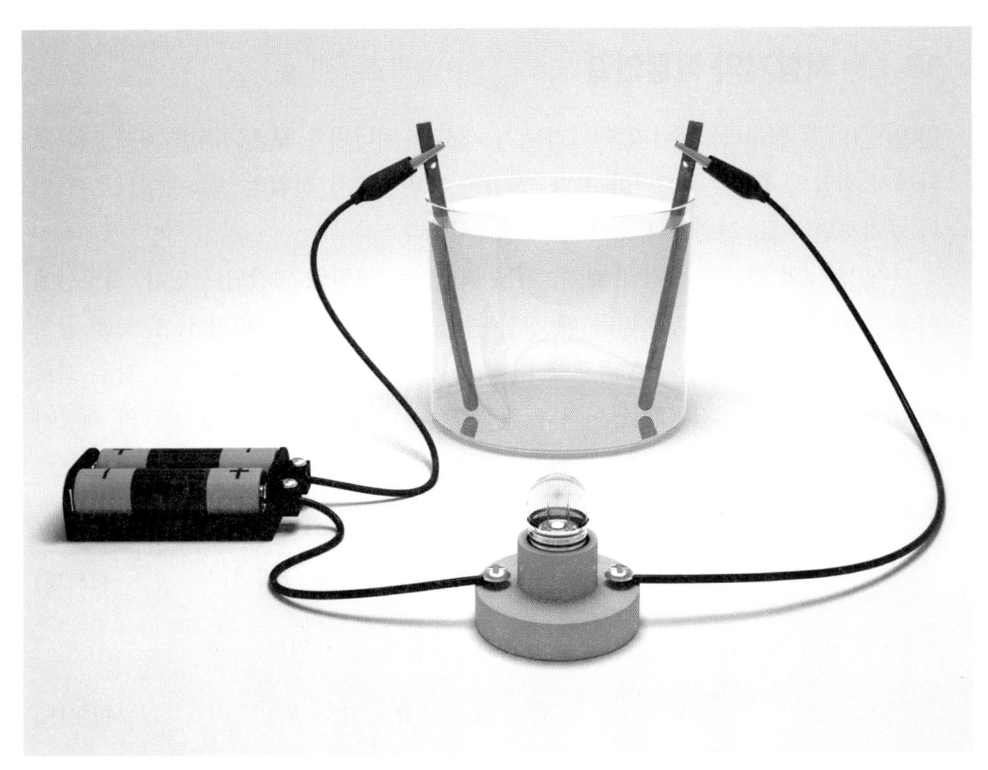

이 사진은 전류가 흐르는 회로를 완성하는 데 대전된 입자가 포함된 물질(소금물)을 사용할 수 있다는 것을 보여준다.

금속 도선은 보통 회로 요소들 사이의 연결선이라고만 여겨진다. 그러나 이 장의 처음 사진의 회로가 보여주는 것처럼 도선만이 전기 전도체인 것은 아니다. 전구가 불이 켜지는 것을 유의하라. 따라서 전지, 도선, 전극 및 소금물로 구성된 회로는 완전히 연결된 폐회로를 이루고 있어야 한다. 결론은 해결책 자체가 도체여야 한다는 것이다. 액체 전도체를 포함하는 회로는 산업용 또는 연구용으로 실제 사용되고 있다. 예를 들어 이것들은 화학 물질을 합성하거나 정화하는 데 사용될 수 있다.

전기회로는 끓는 물에서부터 빛을 제공하는 것, 심장박동기에 이르기까지 많은 종류가 있으며, 특정한 목적을 제공한다. 앞에서 설명한 원칙을 바탕으로 이 장에서는 전기회로의 분석과 적용을 강조한다. 예를 들어 회로가 설계한 대로 올바르게 작동하는지 확인하거나 안전 문제가 없는지 확인하는 데 이러한 분석이 유용할 수 있다. 예상했듯이 회로 분석은 회로도에 크게 의존할 것이다(이 회로도 중 일부는 17장에서 배웠다). 우선 전구와 같은 저항 요소가 연결될 수 있는 몇 가지 방법을 살펴보도록 하자.

18.1 직렬, 병렬 및 직렬-병렬 연결에서의 저항기

앞에서 논의한 바에 의하면 회로도에서 저항 기호 -⩘⩘-는 토스터, 전구 또는 컴퓨터와 같은 모든 유형의 기기를 회로 요소로 나타낼 수 있다. 목적상 달리 명시되지 않는 한 모든 요소는 옴의 법칙(저항 일정)을 따른다고 가정하고, 도선에서의 저항은 무시될 것이다. 회로 요소를 연결할 수 있는 두 가지 기본 방법이 있다. 직렬과 병렬연결이다. (16.5절의 축전기에 대해 표시된 바와 같이) 먼저 직렬연결부터 보자.

18.1.1 저항기의 직렬연결

전압이 (단위 전하당) 에너지를 나타내기 때문에 에너지가 보존되려면 폐회로의 순환에서 전압의 총합은 0이어야 한다. 전압은 전위차로서 전위의 변화량이므로 전위가 증가하면 +로, 전위가 감소하면 −로 표시한다.

그림 18.1a의 회로를 생각해 보자. 이들 저항기는 직렬로 연결되어 있다. 회로상에서 시계 방향으로 폐경로를 따를 때 전압 증가(전지)와 감소(저항기 1, 2, 3)를 합치면 다음과 같다. $+\Delta V_B - \Delta V_1 - \Delta V_2 - \Delta V_3 = 0$. 더욱이 직렬연결의 경우 회로상의 어느 곳에서도 전하가 쌓이거나 전하가 누설되지 않기 때문에 각각의 저항기를 통과하는 전류는 모두 같아야 한다. 그리고 각각의 저항은 옴의 법칙을 따르므로 $\Delta V_i = IR_i$이다. 앞의 식은 다음과 같이 쓸 수 있다.

$$\Delta V_B - \sum(\Delta V_i) = 0 \quad \text{또는} \quad \Delta V_B = \sum(IR_i) \quad (\text{직렬}) \tag{18.1a}$$

3개의 직렬 저항기의 특별한 경우 18.1a는 다음과 같이 된다.

$$\Delta V_B = IR_1 + IR_2 + IR_3 = I(R_1 + R_2 + R_3) \tag{18.1b}$$

등가 직렬 저항(equivalent series resistance, R_s)은 실제 저항기를 대신하면서 동일한 전류를 유지할 수 있는 **하나의 저항기**의 저항값으로 정의된다. 그림 18.1b에서 이것

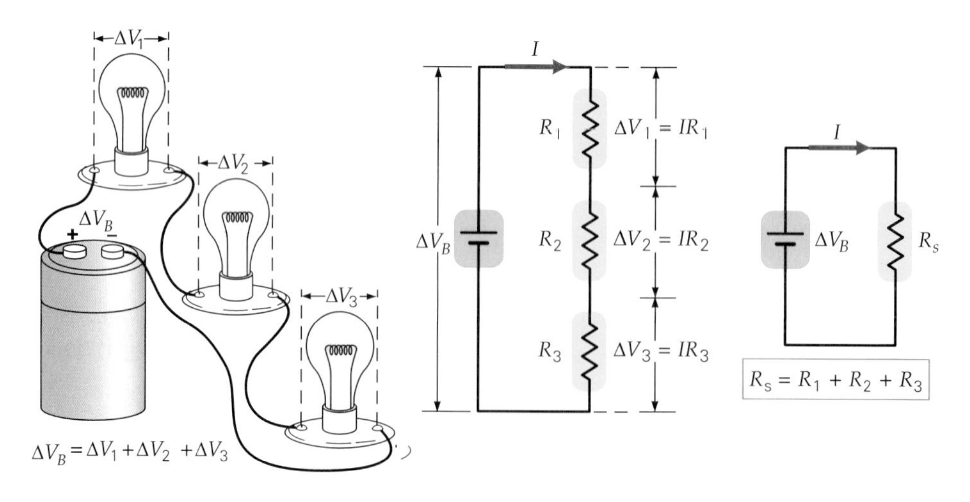

▶그림 18.1 **저항기의 직렬연결.** **(a)** 저항기(전구의 저항)가 직렬연결된 경우 각 저항기를 통과하는 전류는 동일하며, 각 저항기에서의 전압의 총합 $\Sigma\Delta V_i$는 전지의 전압 ΔV_B와 같다. **(b)** 직렬연결할 때 등가 저항은 각 저항의 합과 같다.

은 $\Delta V_B = IR_s$ 또는 $R_s = \Delta V_B/I$이다. 따라서 3개의 직렬 저항기에 대한 등가 저항기는 다음과 같다.

$$R_s = \Delta V_B/I = R_1 + R_2 + R_3$$

예를 들어 각 저항기가 10 Ω의 저항을 갖는다면, 결과적으로 등가 저항 R_s는 30 Ω이다.

이런 결과는 여러 개의 직렬연결된 저항들을 일반화할 수 있다.

$$R_s = R_1 + R_2 + R_3 + \cdots = \sum R_i \quad \text{(등가 직렬 저항)} \tag{18.2}$$

직렬연결에서 등가 저항은 연결된 저항기의 가장 큰 저항보다도 크다는 것을 유의하라.

직렬연결은 두 가지의 주요 단점이 있으므로 가정용 배선 등 많은 회로에서 보통 사용하지 않는다. 첫 번째는 그림 18.1a의 전구 중 하나의 필라멘트가 끊어질 경우(또는 하나의 전구만 끌 때) 발생하는 상황을 고려한다면 명확하다. 이런 경우 더 이상 폐회로가 아니기 때문에 모든 전구가 꺼지게 된다. 이런 상황을 회로가 열렸다고 말한다. 그래서 **열린회로**는 전지 전압이 있더라도 전류가 0이기 때문에 등가 저항은 무한대가 된다.

두 번째 단점은 각 저항기의 작동 전력이 다른 저항기에 의존한다는 것이다. 예를 들어 만일 그림 18.1a에서 네 번째 전구를 직렬로 추가한다면 어떤 일이 생길까? 각각의 전구에 걸리는 전압이 낮아지고, 이때 통과하는 전류도 감소하게 된다. 따라서 모든 전구는 낮은 전력이 전달될 것이다. 이것은 전구가 밝지 못하고 어둡게 될 것이다. 분명한 것은 이런 상황은 가정용 배선에서는 적절하지 않다는 것이다. 이들 단점을 다음 병렬회로에서 논의될 장점과 비교해 보라.

18.1.2 저항기의 병렬연결

저항기는 **병렬**(parallel)로 연결할 수 있다(그림 18.2a). 이런 경우 모든 저항기(여기서 전구)는 공통 연결선에 연결된다. 즉, 저항의 한쪽은 모두 전지의 한쪽에 연결되고, 저항의 다른 한쪽도 모두 전지의 다른 한쪽에 연결된다. **저항기가 전원에 병렬로 연결되었을 때 각각의 저항기에서의 전압은 전원의 전압과 동일하다.** 가정용 전기배선이 병렬연결이라는 것은 놀랄 일이 아니다(18.5절 참조). 병렬로 연결되었을 때 각각의 가전제품은 정격전압에서 작동되며, 가전제품 하나를 꺼도 다른 제품에는 아무런 영향을 미치지 않기 때문이다.

직렬연결과는 달리 병렬연결은 전류가 여러 개의 다른 경로로 분리되어 흐른다(그림 18.2). 따라서 전하 보존에 의해 전지에서 나가는 총 전류(I_B)는 분리된 전류의 합과 같아야 한다. 구체적으로 세 개의 저항기를 병렬로 연결한 경우, $I_B = I_1 + I_2 + I_3$로 표기한다. 일반적으로 전류는 저항과 반비례하여 저항기에 따라 분리된다. 따라서 가장 큰 전류는 최소 저항의 경로로 흐르지만 어떤 저항기도 총 전류(I_B)를 흐르게 하지는 않는다.

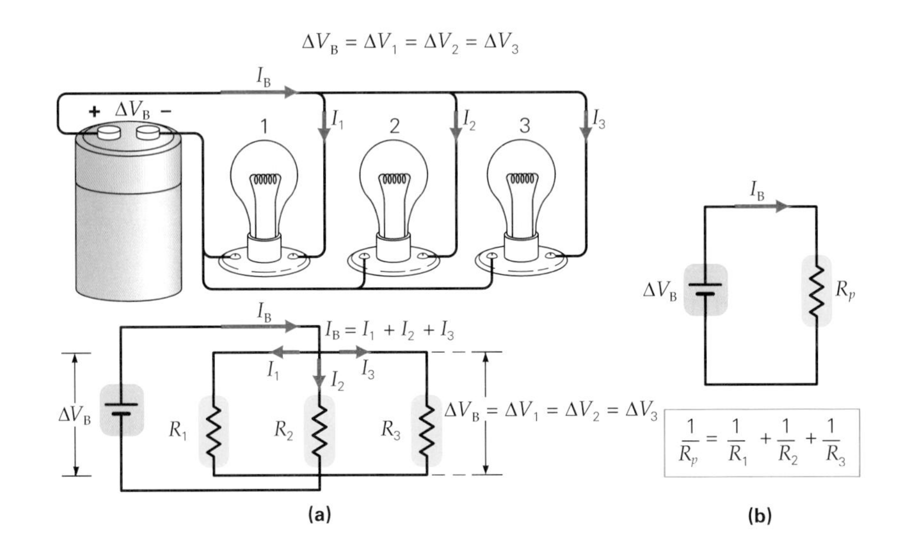

▶ 그림 18.2 **저항기의 병렬연결.** (a) 저항기가 병렬연결되었을 때 각 저항기에서의 전압은 동일하고, 전지를 통과하는 전류는 각각의 저항기로 분기되어 흐른다. (b) 병렬연결할 때 등가 저항 R_p에 대한 표현은 역수 성질을 갖는다.

등가 병렬 저항(equivalent parallel resistance, R_p)은 모든 저항기를 대신하고 동일한 전체 전류를 유지할 수 있는 단일 저항기의 저항값이다. 따라서 $R_p = \Delta V_B/I_B$ 또는 $I_B = \Delta V_B/R_p$이다. 앞에서 언급한 바와 같이 각 저항기에 걸쳐 전압이 동일해야 한다. 어떤 병렬 저항기를 통과하는지에 관계없이, 주어진 전하가 동일한 전기적 퍼텐셜 에너지를 잃게 된다.

모든 전압이 동일하고 전지 전압과 같으므로 각 저항기의 전류는 $I_i = \Delta V_B/R_i$(첨자 i는 임의의 저항을 나타낸다)이다. 각 전류를 $I_B = I_1 + I_2 + I_3$로 쓸 수 있다.

$$I_B = I_1 + I_2 + I_3 = \frac{\Delta V_B}{R_1} + \frac{\Delta V_B}{R_2} + \frac{\Delta V_B}{R_3}$$

$I_B = \Delta V_B/R_p$이기 때문에 다음과 같다.

$$\frac{\Delta V_B}{R_p} = \Delta V_B\left(\frac{1}{R_1} + \frac{1}{R_2} + \frac{1}{R_3}\right)$$

따라서 R_p에 대한 표현은 다음과 같다.

$$\frac{1}{R_p} = \frac{1}{R_1} + \frac{1}{R_2} + \frac{1}{R_3}$$

이 결과는 병렬연결된 저항의 수에 상관없이 일반화하면 다음과 같다.

$$\frac{1}{R_p} = \frac{1}{R_1} + \frac{1}{R_2} + \frac{1}{R_3} + \cdots = \Sigma\left(\frac{1}{R_i}\right) \quad \text{(등가 병렬 저항)} \qquad (18.3a)^*$$

두 개의 저항기만 병렬로 연결된 특별한 경우에 유용한 관계는 식 18.3a를 이용해서 R_p를 구할 수 있다. 이것은 빠르게 계산하는 데 유용하게 쓸 수 있지만, 반드시 두 개의 저항기에만 사용할 수 있으니 주의해야 한다.

---

* 식 18.3a는 R_p가 아니고 $1/R_p$로 주어진다. R_p를 풀려면 역수를 구해야 한다. 단위 분석은 단위가 전환될 때까지 옴이 아님을 보인다. 평소처럼 계산과 함께 단위를 사용하면 실수할 가능성이 줄어든다.

$$R_p = \frac{R_1 R_2}{R_1 + R_2} \quad \text{(병렬연결인 두 저항기)} \tag{18.3b}$$

결과는 등가 저항 R_p가 **연결된 저항기의 가장 작은 저항보다도 항상 작다**는 것이다. 예를 들어 1.0 Ω, 6.0 Ω과 12.0 Ω인 저항기가 병렬연결된 경우 등가 저항은 0.8 Ω이다(직접 확인해 보자). 하지만 왜 이런 일이 일어날까?

이 방법이 타당하다는 것을 나타내려면, 6.0 Ω 저항기(R_1)에 연결된 12 V 전지(단자전압 ΔV_B)를 고려해 보자. 이 회로에 흐르는 전류(I_1)은 $I_1 = \Delta V_B / R_1$을 이용해서 구하면 2.0 A이다. 이제 6.0 Ω 저항기에 병렬로 12.0 Ω인 저항기(R_2)를 연결한다면 무슨 일이 생기는지를 생각해 보자. 이때 6.0 Ω의 저항기를 통과하는 전류는 변함없이 그대로 2.0 A를 유지할 것이다. 그러나 추가된 저항기에 1.0 A의 전류가 흐른다는 것을 알 수 있다($I_2 = \Delta V_B / R_2$). 따라서 분리되기 전인 전체 전류는 1.0 A + 2.0 A = 3.0 A이다. 이제 두 번째 저항을 연결하는 전반적인 결과를 고려해 보자. 병렬로 연결하면 전지에 의해 제공되는 총 전류가 증가한다. 전압은 증가되지 않고 회로의 등가 저항(처음의 저항 6.0 Ω 보다 작은)이 감소하기 때문이다. 다시 말해 병렬로 저항이 추가되면 추가될수록 흐르는 총 전류는 계속해서 증가하기 때문에 회로의 등가 저항은 감소하는 것과 같다. 따라서 병렬로 저항기가 추가될 때 등가 저항은 항상 감소하게 된다. 반면에 병렬 저항을 제거하면 항상 등가 병렬 저항이 증가하게 된다.

이 병렬연결은 추가되는 저항값과는 무관하다. 중요한 것은 새로운 저항을 연결하여 새로운 전류의 경로를 만드는 것이다. (12 Ω 대신에 2.0 Ω이나 2.0 MΩ이 연결되어도 등가 저항은 감소하게 된다. 아무리 작아도 등가 저항의 감소는 항상 일어난다.)

이러한 병렬과 직렬 연결 계산이 일반적으로 어떻게 사용되는지 확인하려면 예제 18.1을 생각해 보자.

예제 18.1 저항기의 직렬과 병렬 연결 계산

세 개의 저항기 (1.0 Ω, 2.0 Ω, 3.0 Ω)이 (a) 직렬(그림 18.1a)로, (b) 병렬(그림 18.2a)로 연결되었을 경우의 등가 저항은 얼마인가? (c) 각 연결에서 전지 12 V를 걸었을 때 흐르는 전류는 얼마인가? (d) 각 연결에 대한 각각의 저항기에 흐르는 전류를 구하고, 이때의 전압을 구하라.

풀이

문제상 주어진 값:

$R_1 = 1.0\ \Omega$

$R_2 = 2.0\ \Omega$

$R_3 = 3.0\ \Omega$

$\Delta V_B = 12\ \text{V}$

(a) 직렬연결에서 등가 저항은 다음과 같다.

$$R_s = R_1 + R_2 + R_3 = 1.0\ \Omega + 2.0\ \Omega + 3.0\ \Omega = 6.0\ \Omega$$

(예상한 것처럼 가장 큰 저항보다도 더 크다.)

(b) 병렬연결에서 등가 저항은 다음과 같다.

$$\frac{1}{R_p} = \frac{1}{R_1} + \frac{1}{R_2} + \frac{1}{R_3} = \frac{1}{1.0\ \Omega} + \frac{1}{2.0\ \Omega} + \frac{1}{3.0\ \Omega}$$

$$= \frac{6.0}{6.0\ \Omega} + \frac{3.0}{6.0\ \Omega} + \frac{2.0}{6.0\ \Omega} = \frac{11}{6.0\ \Omega}$$

따라서 역수를 취한 후 정리하면 다음과 같다.

$$R_p = \frac{6.0\ \Omega}{11} = 0.55\ \Omega$$

(예상한 것처럼 가장 작은 것보다 더 작다.)

(c) 직렬연결에서 등가 저항과 전지의 전압으로부터 전류를 구하면 다음과 같다.

$$I_B = \frac{\Delta V_B}{R_s} = \frac{12\ \text{V}}{6.0\ \Omega} = 2.0\ \text{A}$$

병렬연결에서도 유사하게 계산하면 총 전류는 다음과 같다.

$$I_B = \frac{\Delta V_B}{R_q} = \frac{12\ \Omega}{0.55\ \Omega} = 22\ \text{A}$$

(d) 직렬연결에서 각 저항기에 흐르는 전류가 같으므로($I_B = I_1 = I_2 = I_3$) 직렬로 연결된 각 저항기의 전압을 구할 수 있다.

$$\Delta V_1 = I_B R_1 = (2.0\ \text{A})(1.0\ \Omega) = 2.0\ \text{V}$$

$$\Delta V_2 = I_B R_2 = (2.0\ \text{A})(2.0\ \Omega) = 4.0\ \text{V}$$

$$\Delta V_3 = I_B R_3 = (2.0\ \text{A})(3.0\ \Omega) = 6.0\ \text{V}$$

직렬에서 각 저항기에 흐르는 전류가 같으므로 큰 저항기에 걸리는 전압은 전지 전압 내에서 큰 비율을 차지한다. 점검해보면 전지전압과 각 저항기에 걸리는 전압의 합이 같다는 것을 확인할 수 있다.

한편, 병렬연결에서 각 저항기에 12 V의 전압이 걸리므로 ($\Delta V_B = \Delta V_1 = \Delta V_2 = \Delta V_3$) 각 저항기에 흐르는 전류를 구할 수 있다.

$$I_1 = \frac{\Delta V_B}{R_1} = \frac{12\ \text{V}}{1.0\ \Omega} = 12\ \text{A}$$

$$I_2 = \frac{\Delta V_B}{R_2} = \frac{12\ \text{V}}{2.0\ \Omega} = 6.0\ \text{A}$$

$$I_3 = \frac{\Delta V_B}{R_3} = \frac{12\ \text{V}}{3.0\ \Omega} = 4.0\ \text{A}$$

다시 점검해 보면 각 전류의 합은 전류가 분리되기 전의 총 전류와 같다는 것을 확인할 수 있다.

병렬연결에서는 각 저항기에 걸리는 전압이 같으므로 저항이 가장 작은 저항기가 전체 전류 중 가장 큰 비율을 차지한다(전체 전류가 흐르는 것은 아니다).

18.1.3 직렬-병렬 연결에서의 저항기

회로에서 저항기는 직렬-병렬이 조합된 다양한 형태로 연결될 수 있다. 그림 18.3에 나타낸 바와 같이 전원이 하나인 직렬-병렬 저항기 회로는 직렬과 병렬에서의

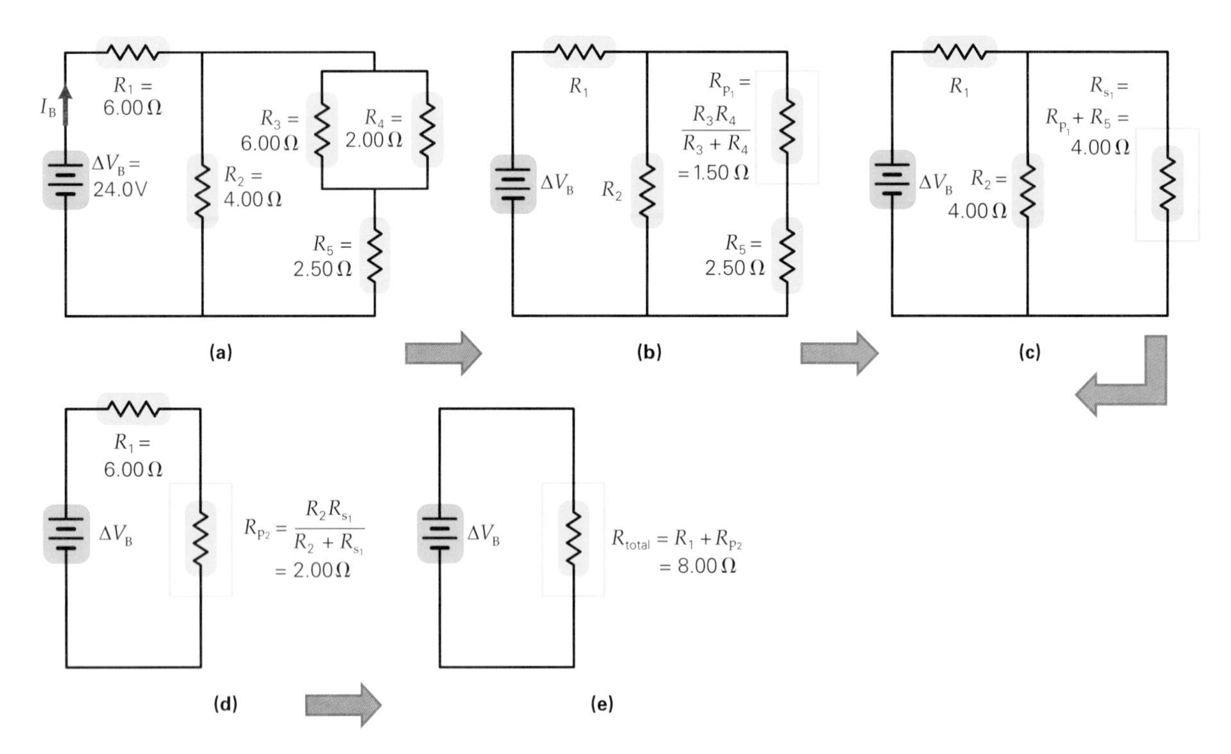

▲ 그림 18.3 **직렬-병렬 연결 조합과 회로의 축소.** 직렬과 병렬 연결이 조합된 회로를 축소하여 하나의 전원과 하나의 저항기(등가 저항)로 이루어진 단일 폐회로로 단순화하는 과정이다.

결과를 적용하여 그 전원에 등가 저항을 갖는 하나의 저항기로 연결된 단일 폐회로로 만들 수 있다.

그러한 조합 회로(각 회로 요소에 대한 전압, 전류 및 전력 등의 결정을 위한)를 분석하는 절차는 다음과 같다.

1. 직렬연결된 부분과 병렬연결된 부분을 구분하고 각각의 경우 식 18.2와 식 18.3을 이용하여 각 부분의 등가 저항을 구한다.
2. 각각의 분리된 부분을 1단계에서 계산한 그 부분에서의 등가 저항을 갖는 하나의 저항으로 바꾼다. 하나의 저항기(전체 회로의 등가 저항)만이 남는 단일 회로가 될 때까지 1단계와 2단계를 계속 반복한다.
3. $I_B = \Delta V_B / R_{total}$을 이용하여 단일 회로에 통과하는 총 전류를 구한다.
4. 2단계 축소 과정의 역으로 등가 저항 대신 축소되기 전 단계의 저항 배열로 되돌린다.

그 다음 앞서 계산한 전류를 이용하여 각각의 저항기를 통과하는 전류와 전압을 구한다. 이 과정을 처음의 저항기 연결 상태에 도달할 때까지 계속한다.

이러한 과정을 실제로 알아보기 위해 예제 18.2를 고려해 보자.

예제 18.2 저항기의 직렬-병렬 조합-같은 전압 또는 같은 전류?

그림 18.3a에서 R_1에서 R_5의 저항기에 흐르는 전류와 각 저항기에 걸리는 전압은 얼마인가?

풀이

문제상 주어진 값: 그림 18.3a에서 나타낸 값

회로도의 오른쪽에 있는 병렬연결 부분은 식 18.3을 이용해서 등가 저항 R_{p1}을 구한다(그림 18.3b).

$$\frac{1}{R_{p1}} = \frac{1}{R_3} + \frac{1}{R_4} = \frac{1}{6.00\ \Omega} + \frac{1}{2.00\ \Omega} \quad \text{따라서} \quad R_{p1} = 1.50\ \Omega$$

이때 회로의 오른쪽에서 R_{p1}과 R_5은 직렬연결이 된다. 식 18.2를 사용해서 이 부분의 등가 저항 R_{s1}을 구한다(그림 18.3c).

$$R_{s1} = R_{p1} + R_5 = 1.50\ \Omega + 2.50\ \Omega = 4.00\ \Omega$$

R_2와 R_{s1}이 병렬연결이기 때문에 R_{p2}(식 18.3a)로 축소시킬 수 있다(그림 18.3d).

$$\frac{1}{R_{p2}} = \frac{1}{R_2} + \frac{1}{R_{s1}} = \frac{1}{4.00\ \Omega} + \frac{1}{4.00\ \Omega} \quad \text{따라서} \quad R_{p2} = 2.00\ \Omega$$

이것은 직렬연결이 R_{p2}와 R_1만 남는다. 따라서 회로의 전체 등가 저항(R_{total})은 다음과 같다(그림 18.3e).

$$R_{total} = R_1 + R_{p2} = 6.00\ \Omega + 2.00\ \Omega = 8.00\ \Omega$$

그러므로 전지는 다음과 같은 총 전류를 전달한다.

$$I_B = \frac{\Delta V_B}{R_{total}} = \frac{24.0\ \Omega}{8.00\ \Omega} = 3.00\ \text{A}$$

이제 지금까지의 과정을 되돌려서 실제 회로를 다시 보자. R_1과 R_{p2}는 직렬연결이므로 전지를 통과하는 전류와 같다(그림 18.3d에서 $I_B = I_1 = I_{p2} = 3.00$ A). 이들 저항기에 걸리는 전압을 구하면 다음과 같다.

$$\Delta V_1 = I_1 R_1 = (3.00\ \text{A})(6.00\ \Omega) = 18.0\ \text{V}$$

$$\Delta V_{p2} = I_{p2} R_{p2} = (3.00\ \text{A})(2.00\ \Omega) = 6.00\ \text{V}$$

R_{p2}는 R_2와 R_{s1}으로 구성되기 때문에(그림 18.3c와 d), 이 두 저항에서는 6.00 V 전압이 걸리게 된다. 따라서 각 저항기에 흐르는 전류는 다음과 같다.

$$I_2 = \frac{\Delta V_2}{R_2} = \frac{6.00\ \text{V}}{4.00\ \Omega} = 1.50\ \text{A}$$

$$I_{s1} = \frac{\Delta V_{s1}}{R_{s1}} = \frac{6.00\ \text{V}}{4.00\ \Omega} = 1.50\ \text{A}$$

다음으로 그림 18.3b에서 $I_{s1} = I_{p1} = I_5 = 1.50$ A는 직렬이기 때

문에 각각의 저항기에 걸리는 전압은

$$\Delta V_{p1} = I_{s1} R_{p1} = (1.50\ \text{A})(1.50\ \Omega) = 2.25\ \text{V}$$

$$\Delta V_5 = I_{s1} R_5 = (1.50\ \text{A})(2.50\ \Omega) = 3.75\ \text{V}$$

이다.

마지막으로 R_3와 R_4에 걸리는 전압은 ΔV_{p1}과 같다. 따라서

$$\Delta V_{p1} = \Delta V_3 = \Delta V_4 = 2.25\ \text{V}$$

전압과 저항을 알고 있으므로 마지막 두 전류 I_3와 I_4는 다음과 같이 구할 수 있다.

$$I_3 = \frac{\Delta V_3}{R_3} = \frac{2.25\ \text{V}}{6.00\ \Omega} = 0.375\ \text{A}$$

$$I_4 = \frac{\Delta V_4}{R_4} = \frac{2.25\ \text{V}}{2.00\ \Omega} = 1.13\ \text{A}$$

전류 I_{s1}는 R_3와 R_4 분기점에서 나뉘어 흐를 것이다. 확인해 보면 $I_3 + I_4$는 오차범위 내에서 I_{s1}과 같다는 것을 알 수 있다.

18.2 다중 고리 회로와 키르히호프의 규칙

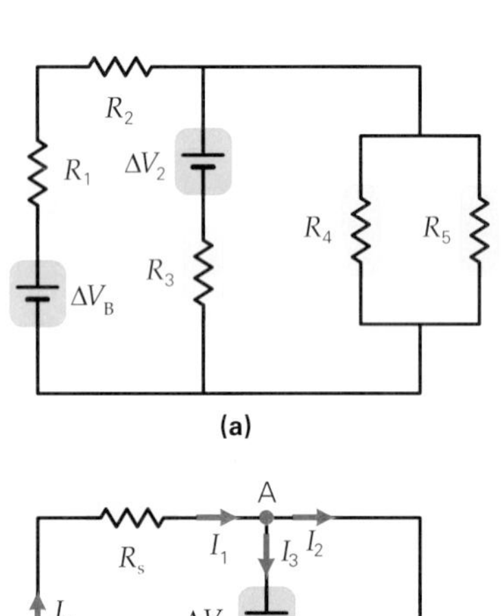

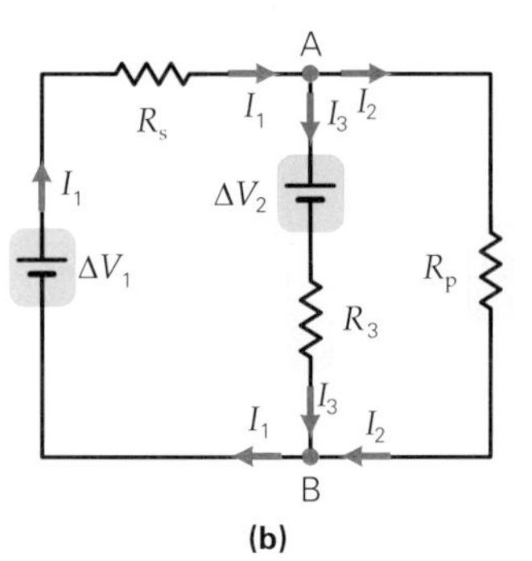

▲ 그림 18.4 **다중 고리 회로.** 일반적으로 전원을 2개 이상 포함하는 회로는 직렬이나 병렬 연결의 방법으로는 단일 폐회로로 단순화되지 않는다. 그러나 **(a)**와 **(b)**에서처럼 회로의 일부분을 축소하는 것은 가능하다. A나 B와 같은 접합점에서 전류는 분리되거나 모인다. 두 접합점 사이의 경로를 분기라고 불린다. **(b)**에서 3개의 분기가 생긴다. 즉, 3개의 다른 경로를 통해서 접합점 A로부터 접합점 B에 도달할 수 있다(예제 18.3 참조).

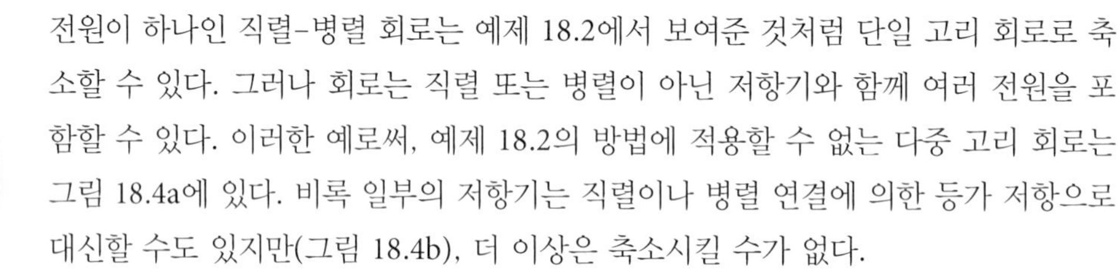

전원이 하나인 직렬-병렬 회로는 예제 18.2에서 보여준 것처럼 단일 고리 회로로 축소할 수 있다. 그러나 회로는 직렬 또는 병렬이 아닌 저항기와 함께 여러 전원을 포함할 수 있다. 이러한 예로써, 예제 18.2의 방법에 적용할 수 없는 다중 고리 회로는 그림 18.4a에 있다. 비록 일부의 저항기는 직렬이나 병렬 연결에 의한 등가 저항으로 대신할 수도 있지만(그림 18.4b), 더 이상은 축소시킬 수가 없다.

이러한 형태의 회로를 분석하기 위해서는 더 일반적인 방법이 필요하다. 즉, **키르히호프의 규칙**(Kirchhoff's rules)을 적용해야 한다. 이 법칙은 전하와 에너지의 보존을 포함하고 있다. (특별히 언급하진 않았지만 키르히호프의 규칙은 이미 18.1절의 직렬과 병렬 연결의 경우에 적용되었다.) 일단은 다음과 같은 몇 가지 용어를 도입하는 것이 유용하다.

- 3개 이상의 도선이 결합되는 지점을 **접합점**(junction) 또는 **마디**(node)라고 한다(예를 들면 그림 18.4b의 점 A).
- 다른 두 개의 접합점을 연결하는 경로를 **분기**(branch)라고 한다. 분기는 하나 또는 여러 개의 회로 요소를 포함할 수 있고 두 개의 접합점 사이에서는 분기가 3개 이상 있을 수 있다.

18.2.1 키르히호프의 분기점 정리

키르히호프의 제1규칙(Kirchhoff's first rule) 또는 **분기점 정리**(junction theorem)라는 임의의 분기점에서 전류의 대수합은 0이므로 다음과 같다.

$$\sum I_i = 0 \quad (\text{분기점에서의 전류의 합}) \tag{18.4}$$

이것은 분기점으로 들어오는 전류(+부호로 표시)와 분기점에서 나가는 전류(−부호로 표시)의 합이 0이라는 것을 의미한다. 이 규칙은 단순히 전하 보존을 표현한 것이다. 즉, 모든 분기점에서 전하는 축적될 수 없다. 예를 들어 그림 18.4b의 경우 분기

점 A에서 전류의 대수합은

$$I_1 - I_2 - I_3 = 0$$

이다. 또는 등식으로

$$I_1 = I_2 + I_3$$

들어오는 전류 = 나가는 전류

(이 규칙은 18.1절에서 병렬연결된 저항을 분석할 때 적용되었다.)

때때로 전류는 회로도에서 접점으로 향하는지 또는 접점에서 나가는 방향인지 분명하지 않을 수 있다. 이러한 경우 방향은 단순히 가정한다. 그러면 방향 걱정 없이 전류가 계산된다. 가정된 방향 중 일부가 실제 결과 방향과 반대인 경우, 이에 대한 부정적인 답변이 나올 것이다. 다시 말해서 수학적 결과는 실제 전류의 방향과 반대라는 것을 보여줄 것이다.

18.2.2 키르히호프의 고리 정리

키르히호프의 제2규칙(Kirchhoff's second rule) 또는 **고리 정리**(loop theorem)는 임의의 폐회로에서 회로 요소를 통과할 때 일어나는 전위차(전압)의 대수합은 0이므로 다음과 같다.

$$\sum \Delta V_i = 0 \quad (\text{고리에서 전압의 합}) \tag{18.5}$$

따라서 에너지가 보존된다는 것으로 임의의 폐회로 고리를 한 바퀴 돌 때 전압 상승(전위의 증가)과 전압 강하(전위의 감소)의 합이 같다(이 법칙은 18.1절에서 직렬 연결된 저항을 분석할 때 적용되었다).

회로 요소를 통과하도록 선택한 방향은 그 방향에 따라 전압 상승 또는 전압 강하를 발생시킨다는 점을 유의하라. 따라서 전압에 대한 부호 규약을 설정하는 것도 중요하다. 여기서 사용하는 규약은 그림 18.5에 설명되어 있다. 만약 음극으로부터 양극으로 전지를 지나가면(그림 18.5a) 전압이 상승되며, 이것은 양으로 표시한다. 그리고 반대 방향으로, 즉 양극에서 음극으로 전지를 지나가면 전압은 하강하고 음으로 표시될 것이다. (전지를 통과하는 전류는 전지 전압의 부호와는 아무런 관련이 없다는 것에 주목하라. 전압의 부호는 단지 전지를 지나가는 방향에 의존한다.)

저항기를 지나면서 일어나는 전압은 지정된 전류의 방향과 같은 방향으로 지나가면 전위가 낮아져 음으로 표시한다(그림 18.5b). 그리고 저항기를 지정된 전류의 방향과 반대 방향으로 지나가면 전위가 높아져 양으로 표시한다.

이러한 부호 규약을 종합하면 해당 합을 위해 선택한 방향에 관계없이 폐회로 고리 주위의 전압을 합칠 수 있다. 두 경우 모두 식 18.5가 동일하다는 것을 분명히 해야 한다. 이것은 회전 방향을 반대로 하면 처음 방향에서 식 18.5로 얻은 결과에 -1을 곱한 것이 된다는 것을 생각하면 알 수 있다. 물론 이 경우 식 또는 물리적으로 아무런 변화가 없다.

고리 정리를 적용할 때 저항기에 걸친 전압 부호는 그 저항기의 전류 방향에 기초

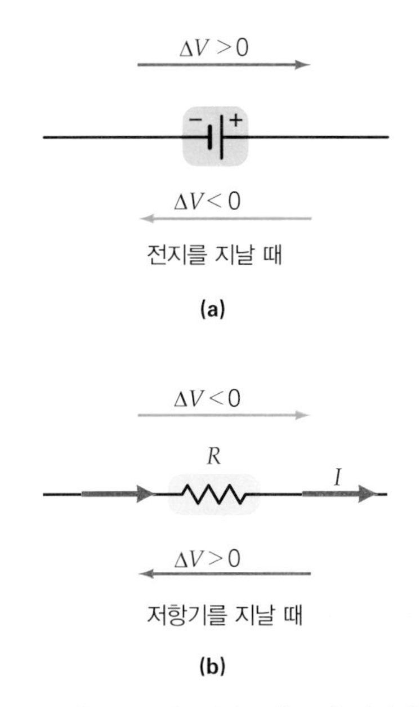

▲ 그림 18.5 **키르히호프의 고리 정리에 대한 부호 규약.** (a) 전지를 음극에서 양극으로 지나가면 전지의 전압을 양으로 표시하고, 양극에서 음극으로 지나가면 전지의 전압을 음으로 표시한다. (b) 저항기를 지정된 전류의 방향과 반대 방향으로 지나가면 저항기 양단의 전압을 양으로 표시하고, 반대로 지정된 전류의 방향으로 지나가면 저항기 양단의 전압을 음으로 표시한다.

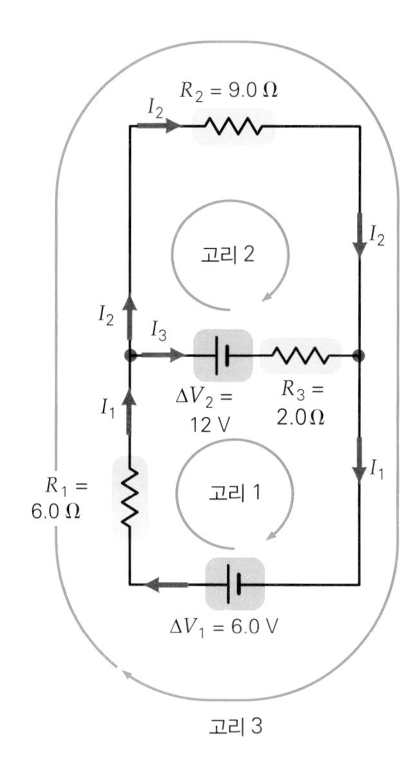

▲ 그림 18.6 **키르히호프의 규칙 적용.** 회로상의 각각의 분기에 흐르는 전류와 방향을 지정한다. 이때 전류는 접합점 근처에 표시하는 것이 편리하다. 모든 분기가 최소 한 번 이상 지나갈 수 있도록 고리를 정하고 지나가는 방향을 표시한다. 각각의 접합점에서 키르히호프의 분기점 정리를 적용하여 얻은 전류 방정식을 적는다. 각각의 고리에서 키르히호프의 고리 정리를 적용하여 얻은 전압 방정식을 적는다. 이때 부호의 결정에 조심해야 한다.

한다. 그러나 전류의 방향이 분명하지 않은 상황이 올 수 있다. 이러한 경우 전압 부호를 어떻게 처리하는가? 답은 간단하다—전류 방향을 가정하고, 이 가정된 방향에 따라 전압 부호 규약을 따르면 된다. 이것은 모든 전압의 부호가 수학적으로 일치한다. 실제 방향이 선택한 것과 반대인 경우 전압은 자동으로 이를 반영한다.

18.2.3 키르히호프의 규칙의 적용

이 책에서는 이러한 원칙을 적용할 때 다음과 같은 일반적인 단계를 사용할 것이다.

1. 회로에서 각각의 분기(branch)에 흐르는 전류와 방향을 부여한다. 이때 전류와 방향을 접합점 근처에 표시하는 것이 편리하다.
2. 그림 18.6과 같이 고리 정리를 적용할 고리(loop)와 그 방향을 표시한다. 모든 분기는 반드시 적어도 한 고리에는 포함되어야 한다.
3. 접합점에서 키르히호프의 제1규칙(분기점 정리)을 적용한다. (이 단계에서는 전류로만 표시되는 연립방정식을 얻는다. 이때 두 개의 다른 접합점으로부터 얻은 식은 중복되는 같은 식일 수도 있다.)
4. 모든 분기를 통과하는 데 필요한 폐회로 고리를 그려라. 그리고 각각의 고리를 따라 이동하며 키르히호프의 제2규칙(고리 정리)을 적용한다. 각각의 저항에서는 $\Delta V = IR$을 이용하고, 저항과 전지에서 전압의 부호는 앞에서 설명한 규약을 따라 정한다.

만약 이와 같은 순서를 적절히 적용하면, 결과는 미지의 전류에 관한 일련의 방정식이 될 것이다. 미지의 전류 개수와 일치할 수 있는 충분한 방정식이 있을 것이다. 식이 더 많거나 더 적을 수는 없다. 즉, 결과는 N개의 미지의 전류가 있을 경우 N개의 방정식을 얻게 된다. 이들 식을 풀면 미지의 전류를 구할 수 있다. 필요 이상으로 더 많은 고리를 설정하면 필요 없는 식이 얻어진다. 각각의 분기를 한 번만 지나도록 고리를 설정하면 된다. 이 순서는 복잡한 것처럼 보이지만 다음의 예제 18.3에서 알 수 있듯이 간단하다.

예제 18.3 **분기 전류–키르히호프의 규칙과 에너지 보존 이용**

그림 18.6에 나타낸 회로에서 각 분기점을 지나는 전류를 모두 구하라.

풀이

문제상 주어진 값:

$\Delta V_1 = 6.0\ \text{V},\ \Delta V_2 = 12\ \text{V}$

$R_1 = 6.0\ \Omega,\ R_2 = 9.0\ \Omega,\ R_3 = 2.0\ \Omega$

그림과 같이 전류의 방향과 고리를 선택하자. (이때 전류의 방향은 바뀌어도 상관없다. 미리 방향을 가정한 후 전류를 구하고 그 값의 부호를 보면 처음 정한 방향이 맞는지 틀리는지를 알 수 있다.) 모든 분기에는 전류가 흐르며, 모든 분기는 적어도 어느 고리에는 포함된다(어떤 분기는 두 개의 분기에 포함되지만 그것은 상관없다).

왼쪽의 접합점에서 키르히호프의 제1규칙(분기점 정리)을 적용하면 다음과 같다.

$$I_1 - I_2 - I_3 = 0 \quad \text{또는} \quad I_1 = I_2 + I_3 \qquad (1)$$

고리 1의 주위를 따라 앞서 부호 규약을 만족하는 키르히호프의 고리 정리를 적용하면 다음과 같다.

$$\sum_{\text{loop 1}} \Delta V_i = +\Delta V_1 + (-I_1R_1) + (-\Delta V_2) + (-I_3R_3) = 0 \quad \text{(2a)}$$

저항과 전지의 값을 대입하여 정리하면 다음과 같다.

$$3I_1 + I_3 = -3 \quad \text{(2b)}$$

편의상 단위는 생략한다.

고리 2에서 고리 정리를 적용하면 다음과 같다.

$$\sum_{\text{loop 2}} \Delta V_i = +\Delta V_2 + (-I_2R_2) + (+I_3R_3) = 0 \quad \text{(3a)}$$

또한 저항과 전지의 값을 대입하여 정리하면 다음과 같다.

$$9I_2 - 2I_3 = 12 \quad \text{(3b)}$$

식 (1), (2a) 그리고 (3a)는 미지수 3개를 갖고 식이 3개인 연립방정식이다. 이 방정식을 풀어 전류를 구할 수 있다. I_1을 소거하기 위해 식 (1)을 식 (2a)에 대입하면

$$3(I_2 + I_3) + I_3 = -3$$

I_2에 대해 I_3의 관점에서 이 식을 풀면 다음과 같이 간단하게 정리된다.

$$I_2 = -1 - \frac{4}{3}I_3 \quad \text{(4)}$$

I_2를 소거하기 위해 식 (4)를 식 (3a)에 대입하면 다음과 같다.

$$9\left(-1 - \frac{4}{3}I_3\right) - 2I_3 = 12$$

이로부터 I_3를 풀면 다음과 같은 값이 나온다.

$$-14I_3 = 21 \quad \text{또는} \quad I_3 = -1.5\text{ A}$$

음의 부호는 처음에 가정한 I_3 전류의 방향이 틀렸다는 것을 의미한다.

식 (4)에 I_3의 값을 대입하면 I_2를 다음과 같이 구할 수 있다.

$$I_2 = -1 - \frac{4}{3}(-1.5\text{ A}) = 1.0\text{ A}$$

따라서 식 (1)로부터

$$I_1 = I_2 + I_3 = 1.0\text{ A} - 1.5\text{ A} = -0.5\text{ A}$$

여기서 음의 부호는 I_1 전류가 처음 가정한 방향과 반대 방향으로 흐른다는 것을 의미한다.

지금까지 구한 결과를 정리하면 다음과 같다.

$$I_1 = -0.5\text{ A}$$
$$I_2 = 1.0\text{ A}$$
$$I_3 = -1.5\text{ A}$$

18.3 RC 회로

지금까지는 일정한 전류를 가진 회로만 고려했다. 일부 직류(dc) 회로에서는 일정한 방향을 유지하면서 시간에 따라 전류가 변화할 수 있다. 다양한 조합의 저항기, 축전기, 전원 등으로 구성된 **RC 회로**의 경우가 그러하다.

18.3.1 저항기를 통해 축전기 충전

그림 18.7에서 방전된 축전기를 전지에 의해 충전하는 것을 나타내고 있다. 여기서 축전기가 충전되는 최대 전하량은 Q_0이고 전지 전압은 ΔV_0이다. 시간에 따른 충전 과정은 그림 18.7a에서 C에 나타나 있다. 시간 $t = 0$에서 축전기는 전하가 없고 축전기 양단에 걸리는 전압도 없다. 고리 정리에 의하여 이것은 저항기에는 전지 전압이 걸리기 때문에 초기 전류(최댓값) $I_0 = \Delta V_0 / R$가 흐르는 것을 알 수 있다. 축전기가 충전하면 축전기 판의 전압이 증가하여 전체 전압에 대한 저항기에 걸리는 전압은 감소하고 또 전류도 감소한다. 축전기가 완전히 충전되면 전류는 더 이상 흐르지 않게 된다. 이때 저항기의 전압은 0이고 축전기의 전압은 최대인 ΔV_0가 된다. 따라

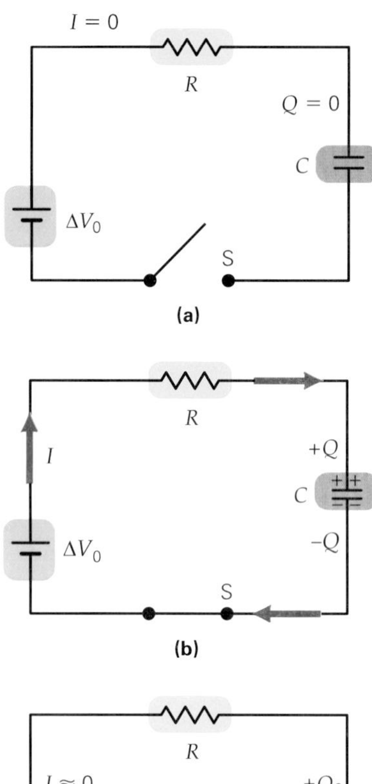

▲ **그림 18.7 직렬 RC 회로에서 축전기 충전.** **(a)** 초기에는 전류가 흐르지 않고 축전기에 전하가 없다. **(b)** 스위치를 닫으면 축전기가 최대로 충전될 때까지 전류가 흐른다. 이때 시상수 $\tau(=RC)$이다. **(c)** 시간이 τ보다 훨씬 많이 지나면 흐르는 전류는 거의 0이며, 이때 축전기는 완전히 충전되었다고 한다.

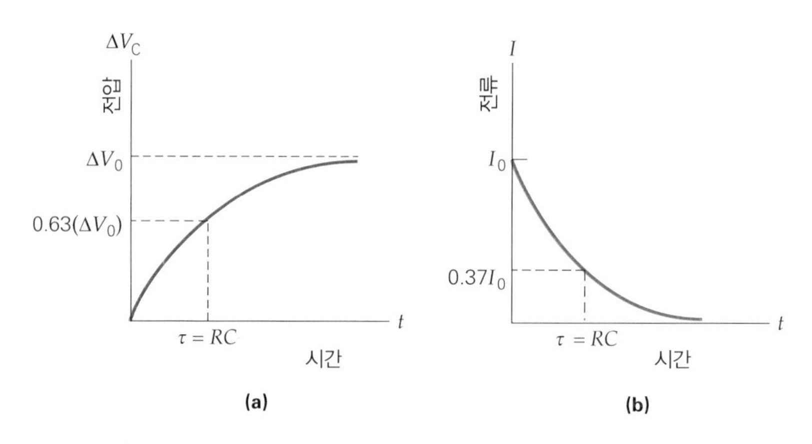

▲ **그림 18.8 직렬 RC 회로에서의 축전기 충전.** **(a)** 직렬 RC 회로에서 축전기 충전될 때 축전기에 걸리는 전압은 비선형적으로 증가하며, 시간이 시상수일 때 최대 전압(ΔV_0)의 63%에 도달한다. **(b)** 이 회로의 전류는 초기에 최댓값($I_0 = \Delta V_0/R$)을 가지며, 지수적으로 감소하고 시상수에서 초기전류의 37%까지 떨어진다.

서 최대 축전기 전하량은 $Q_0 = C \cdot \Delta V_0$로 주어진다(16장 참조).

저항값이 크면 전류가 감소하고 축전기의 충전 시간이 오래 걸리기 때문에 축전기가 얼마나 빨리 충전되는지 결정하는 하나의 요인이다. 다른 하나는 전기용량이다. 전기용량이 크면 더 많은 전하를 충전하기 때문에 충전 시간이 오래 걸린다. 이 회로의 분석은 이 책의 범주를 벗어나는 수학이 필요하다. 그러나 축전기가 충전됨에 따라 그 전체의 전압은 시간에 따라 지수적으로 증가한다는 것을 알 수 있다.

$$\Delta V_C = \Delta V_0[1 - e^{-t/(RC)}] \quad (RC \text{ 회로에서 축전기 충전 전압}) \qquad (18.6)$$

여기서 e는 근사적으로 2.718이다(무리수 e는 자연로그의 밑수이다*). 시간 t에 따른 ΔV_C의 그래프는 그림 18.8에 나타내었다. 예상한 바와 같이 ΔV_C는 처음에 0이고 축전기의 최대 전압 ΔV_0에 도달하는 데에는 긴 시간이 필요하다.

그림 18.8b는 시간에 따라 전류가 감소하는 것을 보여준다. 그리고 자세한 분석은 전류가 지연되며 감소하는 것을 설명하기 위해 다음과 같은 식을 제공한다.

$$I = I_0 e^{-t/(RC)} \quad (RC \text{ 회로에서 축전기 충전 전류}) \qquad (18.7)$$

예상한 것처럼 전류가 시간에 따라 지수적으로 감소하고 초기에 가장 큰 값을 갖는다는 것을 유의해라.

식 18.6에 따르면, 축전기가 완전히 충전되는 데에는 이론적으로 무한대의 시간이 걸릴 것이다. 그러나 실제 대부분의 축전기는 상대적으로 짧은 시간에 완전히 충전된다는 것을 알고 있다. 그래서 특정값을 이용하여 축전기의 충전 시간을 표현하는 것이 관례이다. 이 값을 **시상수**(time constant, τ)라 부르고 다음과 같이 정의한다.

$$\tau = RC \quad (RC \text{ 회로에 대한 시상수}) \qquad (18.8)$$

(RC의 단위는 초(s)임을 알 수 있다.) 시상수만큼 시간이 경과하였을 때, 즉 $t = \tau$

* 지수함수에 대한 검토는 부록 I을 참조하라.

$= RC$, 축전기에 걸리는 전압이 최댓값의 63%을 갖는다. 이것은 RC를 갖는 시간 t을 대입하면 ΔV_C(식 18.6)을 계산해서 보일 수 있다.

$$\Delta V_C = \Delta V_0(1 - e^{-\tau/\tau}) = \Delta V_0(1 - e^{-1}) \approx \Delta V_0\left(1 - \frac{1}{2.718}\right)$$
$$= 0.63\,(\Delta V_0)$$

$Q \propto \Delta V_C$이기 때문에 시간이 시상수 $t = \tau$일 때 축전기에 충전된 전하량 또한 최대 전하량의 63%를 갖는다. 이때 전류는 초깃값(최대) I_0의 37%로 떨어진다는 것을 알 수 있다.

시상수의 2배의 시간이 경과하면($t = 2\tau = 2RC$) 축전기는 최대치의 86%까지 충전되며, $t = 3\tau = 3RC$일 때 최댓값의 95%까지 충전할 수 있음을 알 수 있다. 일반적으로 볼 때 시상수의 5배가 되면 축전기는 완전히 충전되었다고 말할 수 있다.

18.3.2 저항기를 통해 축전기 방전

그림 18.9a는 저항기를 통해 방전되는 축전기를 나타낸다. 이 경우 축전기에 걸리는 전압은 ΔV_0의 초깃값으로부터 시작해서 시간에 따라 지수적으로 감소하며, 전류 또한 같은 변화를 나타낸다. 축전기에 걸리는 전압의 변화는 다음과 같은 식으로 표현된다.

$$\Delta V_C = \Delta V_0 e^{-t/(RC)} \quad (RC \text{ 회로에서 축전기 방전 전압}) \qquad (18.9)$$

시간이 시상수만큼 지난 후 축전기 전압은 원래의 값의 37%가 된다(그림 18.9b). 회로에 흐르는 전류는 식 18.7과 같이 지수적으로 감소한다. 중요한 의학적 용도로 사용하는 심장 제세동기의 축전기는 저장된 에너지가 약 0.1초의 방전 시간 동안에 심장(저항 R)으로 전달된다(전류의 흐름). RC 회로는 또한 심장의 박동을 계속시키는 심장박동기의 중요 구성요소로 축전기를 충전하고, 그 에너지를 심장에 전달하는 역할을 반복하는 것으로써 그 주기는 시상수로 조절한다. 카메라와 관련된 또 다른 실제 응용은 예제 18.4에서 생각해 보자.

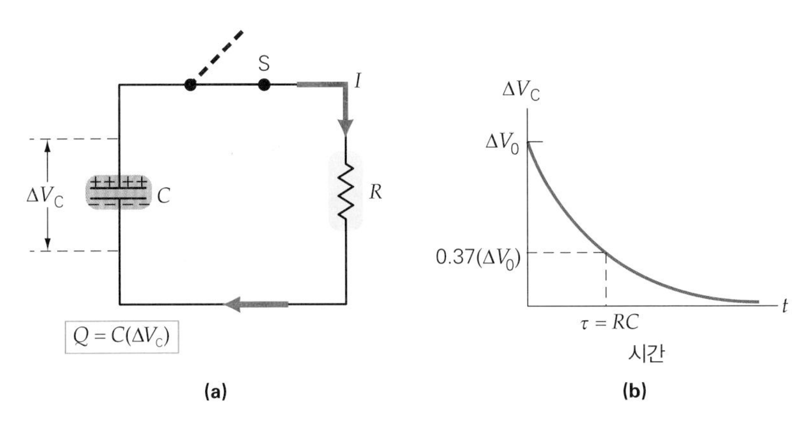

▲ 그림 18.9 **직렬 RC 회로에서 축전기 방전.** (a) 초기에 축전기는 최대로 충전되어 있다. 스위치를 닫으면 축전기는 방전을 시작하며 회로에는 전류가 흐른다. (b) 이때 축전기 양단에 걸리는 전압은 (회로에 흐르는 전류도 마찬가지임) 비선형적으로 감소하며, 시간이 시상수 τ일 때 초기전압의 37%로 떨어진다.

예제 18.4 **카메라에서 RC 회로-플래시**

대다수의 카메라에 내장된 플래시가 터질 때 나오는 빛의 에너지는 축전기에 저장된 에너지에 의한 것이다. 이 축전기는 보통 9.00 V의 전압을 갖는 수명이 긴 전지를 이용하여 충전된다. 플래시가 한 번 터지면, 축전기 내부 RC 회로를 통해서 빨리 재충전되어야 한다. 축전기의 전기용량이 0.100 F이라 하자. 만약 5초 안에 최대 충전의 80%(플래시가 다시 터지는 데 필요한 최소 충전)까지 재충전되기 위해서는 저항이 얼마여야 하는가?

풀이

문제상 주어진 값:

$$C = 0.100\ \mathrm{F}$$
$$\Delta V_{\mathrm{B}} = \Delta V_0 = 9.00\ \mathrm{V}$$
$$\Delta V_{\mathrm{C}} = 0.80(\Delta V_0) = 7.20\ \mathrm{V}$$
$$t = 5.00\ \mathrm{s}$$

충전 축전기의 경우 $\Delta V_{\mathrm{C}} = \Delta V_0(1 - e^{-t/\tau})$에 값을 대입하면 다음과 같다.

$$7.20 = 9.00(1 - e^{-5.00/\tau})$$

이 식을 정리하면 $e^{-5.00/\tau} = 0.20$이 되고, 다시 역수를 취하면 양의 지수를 얻을 수 있다.

$$e^{-5.00/\tau} = 5.00$$

시상수를 구하기 위해 양변에 자연로그를 취하면 $e^a = b$라면 $a = \ln b$이다.) 다음과 같이 정리가 된다. 계산기에서 $\ln 5.00 = 1.61$임을 보인다. 그러므로

$$\frac{5.00}{\tau} = \ln 5.00 = 1.61 \quad \text{따라서} \quad \tau = RC = \frac{5.00}{1.61} = 3.11\,\mathrm{s}$$

이다. R을 구하면 다음과 같다.

$$R = \frac{\tau}{C} = \frac{3.11\,\mathrm{s}}{0.100\,\mathrm{F}} = 31.1\,\Omega$$

예상한 것처럼 시상수는 5초보다 짧다. 왜냐하면 최대 전압의 80%에 도달하기 위해서는 63%까지 도달하는 시상수보다 길어야 하기 때문이다.

18.4 전류계와 전압계

이전의 회로 분석에서 전압과 전류가 측정된 것으로 가정했다. 그러나 어떻게 측정했는가? 어떤 계측기가 사용되며 회로에 어떻게 연결되어 있는가? 이 절에서는 전류계와 전압계의 두 가지 주요 계측기에 초점을 맞춘다.

최근까지 이러한 계측기는 전류를 측정하기 위해 자기력을 사용하는 검류계의 민감한 기계적 (아날로그) 움직임에 기초했다(그림 18.10). 그러나 오늘날 전자 디지털 멀티미터가 흔하게 사용된다(그림 18.11). 일반적으로 전압, 전류 및 종종 저항을 측

▲ 그림 18.10 **검류계-전류계와 전압계의 기본 장치.** 검류계는 바늘이 편향(아날로그)되고, 이것이 전류에 비례하는 전류 민감 장치이다.

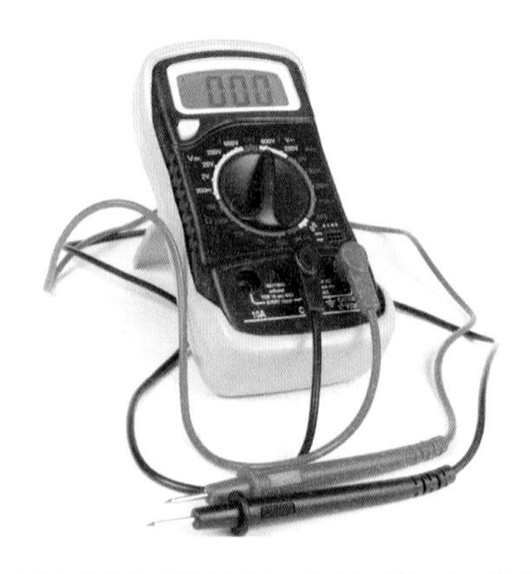

▲ 그림 18.11 **현대적 디지털 멀티미터.** 이 계측기는 내부 디지털 회로 덕분에 광범위한 값에 걸쳐 전압, 전류 및 저항을 측정할 수 있다.

정할 수 있다. 기계적 검류계 대신 전자 회로를 사용하여 디지털 신호를 분석하고 전압, 전류, 저항을 계산한 다음 측정된 값을 작은 화면에 표시한다.

우리가 초점을 맞추는 것은 계측기들이 무엇을 측정하고, 어떻게 회로에 배치하여 측정을 하는가에 관한 것이므로 내부 작업과 세부 사항은 다루지 않을 것이다.

18.4.1 전류계

전류계는 회로 요소에서 전류를 측정하는 기기이다. 전류는 회로 요소를 통해 흐르기 때문에 그림 18.12와 같이 관련된 요소와 직렬로 배치해야 한다(전류계의 기호는 원 안에 A를 쓴다). 관련 요소 바로 앞 또는 바로 뒤에 있는 도선은 단락된 것으로 간주할 수 있으며, 전류계를 연결하여 이들 값을 측정할 수 있다. 전류에 크게 영향을 주지 않으려면 전류계에 큰 저항이 없어야 한다. 사실 이상적 전류계는 저항이 0이어야 한다. 달리 명시되지 않는 한, 이것은 하나의 가정일 것이다. 실질적으로 볼 때 전류계가 회로 요소를 가로질러 병렬로 연결되면 저항이 거의 없으므로 이를 통해 큰 전류를 끌어들이고 파괴되거나 손상될 가능성이 높다는 점에 유의해야 한다.

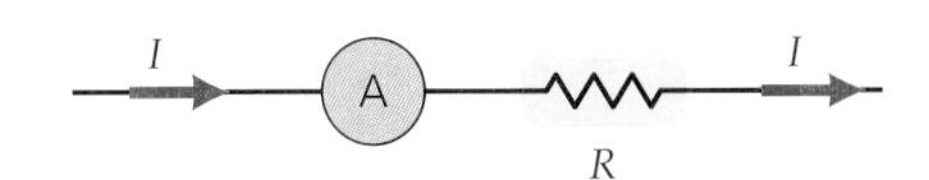

▲ 그림 18.12 **직류 전류계.** R은 전류가 측정되고 있는 저항기의 저항이다(전류계의 기호는 원 안에 A를 쓴다). 저항기와 직렬로 배치해야 하므로 전류계의 저항은 매우 낮아야 측정 중인 전류가 변화하지 않는다.

18.4.2 전압계

전압계는 회로 요소 양단에 걸린 전위차를 측정하는 계측기이다. 그림 18.13과 같이 관련 요소와 **병렬**로 연결되어야 한다(전압계에 대한 기호는 원 안에 V를 표시한다). 실제로 전위차를 측정하기 위해 전압계는 관련 요소 직전과 직후에 연결한다. 정확한 측정을 위해 전압계는 측정되는 전압을 변화시킬 수 있는 어떤 전류도 회로 요소에서 멀리 떨어져서는 안 된다는 점을 분명히 해야 한다. 그러므로 전압계는 매우 큰 저항을 가져야 한다. 사실 이상적인 전압계는 무한한 저항을 가진다. 달리 명시되지 않는 한, 이것은 추정이 될 것이다. 실제적인 관점에서 전압계가 회로 요소와 직렬로 잘못 연결되어 있으면 저항이 매우 크기 때문에 회로 내 전류가 기본적으로 0으로 떨어져서 전압 측정이 이루어지지 않는 한 전압계는 전류계와 달리 즉각적인 손상은 없을 것이다.

전압계와 전류계의 올바른 사용에 대한 자세한 내용은 다음의 예제 18.5를 참조하도록 하자.

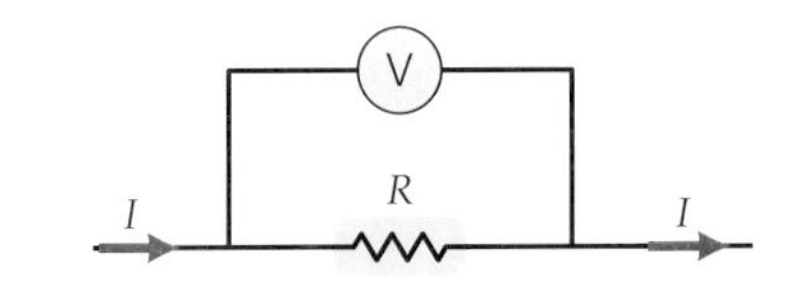

▲ 그림 18.13 **직류 전압계.** R은 전압(양단의 전위차)을 측정해야 하는 저항기의 저항이다(전압계에 대한 기호는 원 안에 V를 표시한다). 저항기와 병렬로 연결해야 하므로 전압계의 저항은 매우 커야 한다. 이것은 전압계가 저항기에서 전류가 흐르지 않도록 해야 한다. 즉, 전압이 변화될 수 있기 때문이다.

예제 18.5 **전류계와 전압계를 사용하여 저항 측정**

두 개의 저항기가 있다. R_1은 알 수 없는 저항이고, R_2는 6.00 Ω의 저항을 가지고 있다. 이 저항기들은 전지에 직렬로 연결되어 있다. (a) 전지와 R_2의 전압을 모두 측정하기 위해 이상적인 전압계를 연결하는 방법을 설명하라. (b) 전지가 12.0 V이고 R_2의 전압이 3.00 V로 측정되었다고 가정하자. R_1의 저항은 얼마인가?

풀이

문제상 주어진 값:

$R_2 = 6.00\ \Omega$

$\Delta V_B = 12.0\ \mathrm{V}$

$\Delta V_2 = 3.00\ \mathrm{V}$

(a) 전압계는 여러 회로 요소에 연결되어 있으므로, 전지의 경우 전압계를 양극과 음극에 연결해야 한다. 저항기의 경우 전압계는 양단에 병렬로 연결한다. 그래야 병렬에서 전위차가 같으므로 저항기의 전압을 확인할 수 있다.

(b) 이 단일 고리의 전류는 모든 요소에 동일한 전류가 흐르기 때문에 전류는 쉽게 얻을 수 있다. R_2를 통과하는 전류는

$$I_2 = \frac{\Delta V_2}{R_2} = \frac{3.00\ \text{V}}{6.00\ \Omega} = 0.50\ \text{A}$$

이다. R_1을 결정하기 위해서는 전압과 전류가 모두 필요하다. 전압은 고리 정리를 적용하여 고리를 통한 전체 전압의 합은 0이다. $\sum_i \Delta V_i = +\Delta V_B - \Delta V_1 - \Delta V_2 = 0$이고 이 식에 값을 대입하면 다음과 같다.

$$+12.0\ \text{V} - \Delta V_1 - 3.00\ \text{V} = 0 \quad \text{따라서} \quad \Delta V_1 = 9.00\ \text{V}$$

그러므로 R_1은

$$R_1 = \frac{\Delta V_1}{I_2} = \frac{9.00\ \text{V}}{0.50\ \text{A}} = 18.0\ \Omega$$

이다.

연습문제

통합 연습문제(Integrated Exercises, IEs)는 두 부분으로 이루어진다. 첫 번째 부분은 일반적으로 기본 원칙과 추론에 기초한 개념적 답변 선택을 요구한다. 두 번째 부분은 연습의 첫 번째 부분에서 이루어진 개념적 선택과 관련된 정량적 계산을 필요로 한다. 기호(•)은 문제의 난이도를 의미한다. 쉬움(•), 보통(••), 어려움(•••)

18.1 직렬, 병렬 및 직렬-병렬 연결에서의 저항기

1. • 저항 값이 각각 10 Ω, 20 Ω, 30 Ω인 저항기 3개를 연결한다. (a) 최대 등가 저항을 얻으려면 저항기들을 어떻게 연결해야 하며, 이 최댓값은 얼마인가? (b) 최소 등가 저항을 얻으려면 어떻게 연결해야 하며, 이 최솟값은 얼마인가?

2. • 두 개의 동일한 저항기(R)를 병렬로 연결한 다음, 40 Ω의 저항기는 직렬로 연결한다. 만약 총 등가 저항이 55 Ω이라 하면 R 의 값은 얼마인가?

3. • 저항 값이 각각 5.0 Ω, 10 Ω, 15 Ω인 저항기 3개가 9.0 V의 전지와 직렬 연결되어 있다. (a) 이 회로의 등가 저항은 얼마인가? (b) 각각의 저항기에 흐르는 전류는 얼마인가? (c) 15 Ω인 저항기에서 전력은 얼마인가?

4. IE •• 저항 R을 갖는 도선의 길이를 두 개의 동일한 길이로 절단하였다. 그런 다음 절단된 두 도선을 함께 비틀어(병렬) 원래 도선의 절반 길이의 도체를 만들었다. (a) 짧아진 도체의 저항은? (1) $R/4$, (2) $R/2$, (3) R. 그 이유를 설명하라. (b) 만약 원래 도선의 저항이 27 μΩ이고, 이 도선을 3등분해서 이들 도선을 함께 비틀어서(병렬) 도체를 만들었다면 짧아진 도체의 저항은 얼마인가?

5. •• 2개의 8.0 Ω 저항기는 병렬로 연결되고, 또한, 2개의 4.0 Ω 저항기도 병렬로 연결되어 있다. 이들 두 조합을 12 V 전지에 직렬로 연결하였다. 각각의 저항기에 흐르는 전류와 전압을 구하라.

6. •• 그림 18.14에서 A점과 B점 사이의 등가 저항을 구하라.

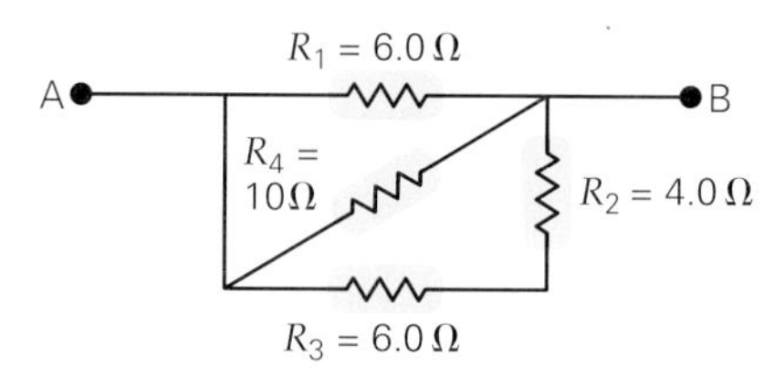

▲ 그림 18.14 **직렬-병렬연결 조합**

7. •• 그림 18.15의 회로에서 (a) 각각의 저항기에 흐르는 전류를 구하라. (b) 각각의 저항기에 걸리는 전압을 구하라. (c) 전체 회로의 전력을 구하라.

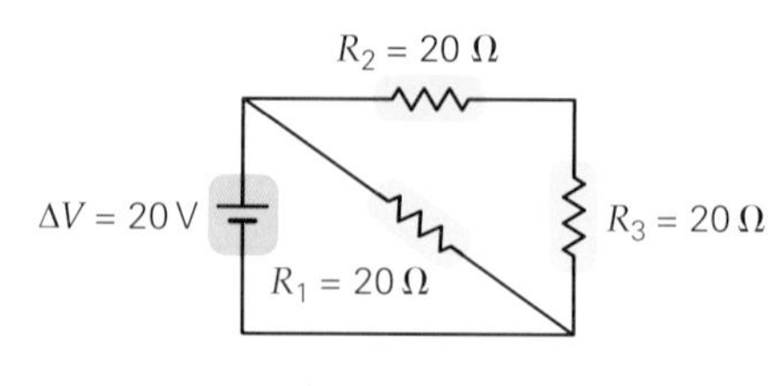

▲ 그림 18.15 **회로 축소**

8. IE •• 그림 18.16에서 2.0 Ω인 저항기를 아래 분기에 있는 저항기와 직렬로 연결했다고 가정하자. (a) 회로를 다시 그리고 원래 회로에 있는 전류와 비교할 때 어떻게 변화할지

예측하면 (증가, 감소, 그대로 유지)할 것이다. 그 이유를 설명하라. (b) 새로운 회로에서 각 분기에 흐르는 전류를 구하라.

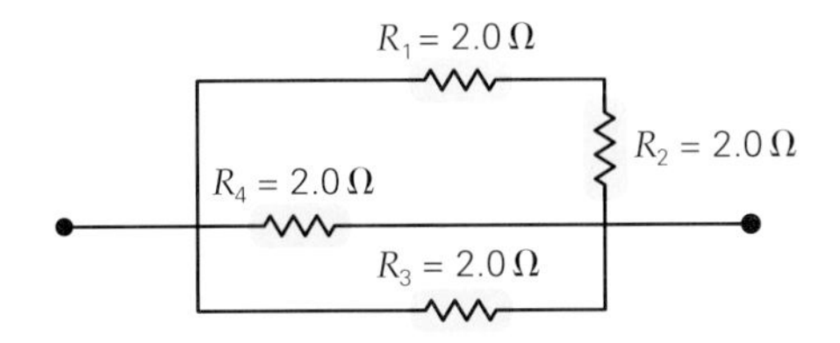

▲ 그림 18.16 **직렬-병렬 조합**

9. ••• 그림 18.17에 주어진 정격 전력(와트)을 가진 전구는 그림과 같이 회로에 연결하였다. (a) 각 저항기에 흐르는 전류는 얼마인가? (b) 각 전구에 공급되는 전력을 구하라(전구의 저항이 정상 작동 전압과 같도록 하라).

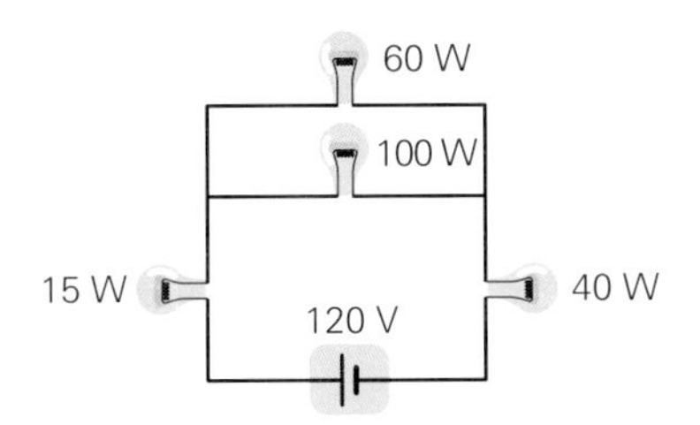

▲ 그림 18.17 **전력(와트)**

10. ••• 그림 18.18에 보인 회로에서 (a) 각 저항기에 흐르는 전류를 구하라. (b) 각 저항기에 걸리는 전압을 구하라. (c) 각 저항기에서의 전력을 구하라. (d) 전지에 의한 전체 전력을 구하라.

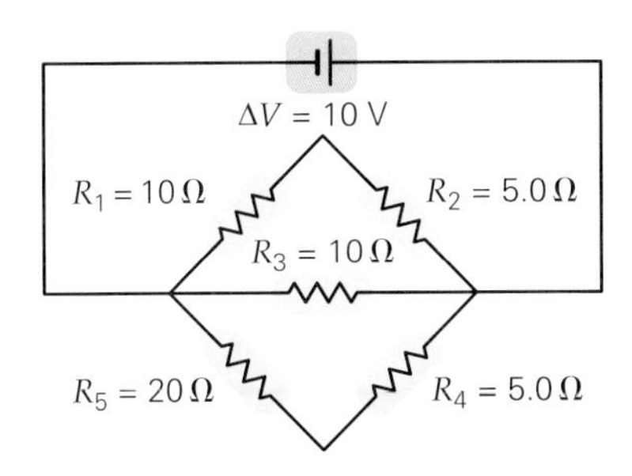

▲ 그림 18.18 **저항기와 전류**

18.2 다중 고리 회로와 키르히호프의 규칙

11. • 키르히호프의 규칙을 이용해서 그림 18.15의 각 저항기에 흐르는 전류를 구하라.

12. 키르히호프의 규칙을 이용해서 그림 18.19에 보인 각 저항기에 흐르는 전류를 구하라.

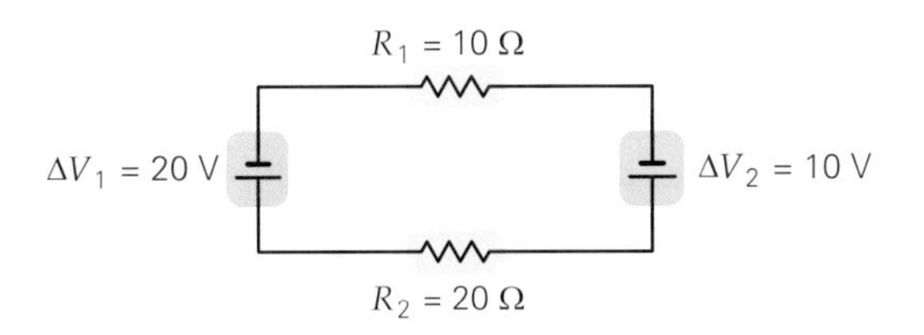

▲ 그림 18.19 **단일 고리 회로**

13. ••• 그림 18.20에 보인 회로에서 각 저항기에 흐르는 전류를 구하라.

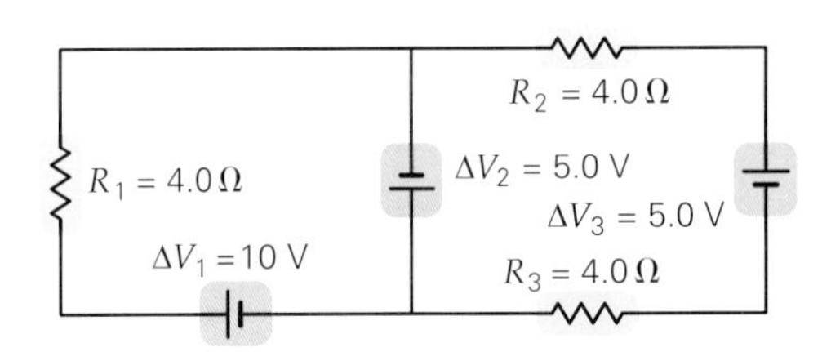

▲ 그림 18.20 **이중 고리 회로**

14. ••• 다중 고리 회로는 그림 18.21에 나타내었다. 각 분기점에서 전류는 얼마인가?

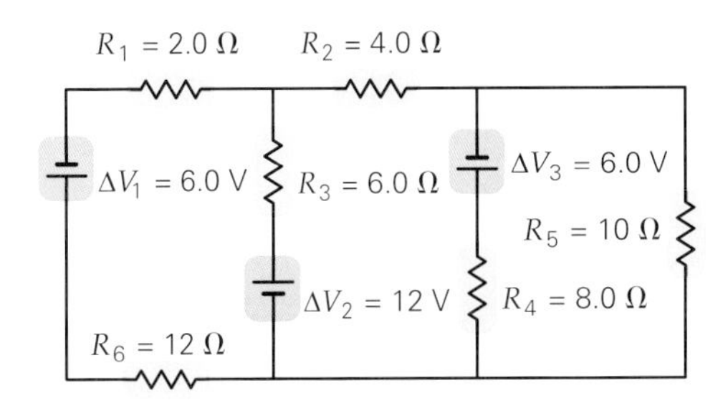

▲ 그림 18.21 **삼중 고리 회로**

18.3 RC 회로

15. •• 충전된 축전기가 초기 저장 에너지의 4분의 1까지 방전되는 데 걸리는 시간 상수는?

16. •• 초기에 24 V로 충전된 3.00 μF인 축전기는 저항기와 직렬로 연결되면 방전된다. (a) 완전히 충전되었을 때 이 축전기에는 얼마나 에너지가 저장될까? (b) 최대 에너지의 절반만 가지고 있을 때 축전기의 전압은 얼마인가? (c) 0.50초 방전 후 축전기가 에너지의 50%만 남도록 하려면 저항을 얼마로 해야 할까? (d) 이때 저항기의 전류는 얼마인가?

17. •• $C = 40\ \mu$F와 $R = 6.0\ \Omega$이 있는 직렬 RC 회로에는 24 V 전원이 있다. (a) 이 회로에서 스위치를 잠시 닫은 후 $t = 4\tau$ 동안 축전기에 얼마나 충전되었을까? (b) 매우 오랜 시간이 지난 후, 축전기와 저항기의 전압은?

18. ••• 3.0 MΩ 저항기는 처음에 충전되지 않은 0.28 μF 축전기와 직렬로 연결된다. 그리고 4개의 1.5 V 전지(직렬로)에 연결하였다. (a) 회로의 최대 전류는 얼마이며, 언제 발생하는가? (b) 4.0초 후 회로 내 최대 전류의 몇 %가 되는가? (c) 축전기의 최대 전하량은 얼마이며, 언제 발생하는가? (d) 4.0초 후 회로 내 최대 전하량의 몇 %가 되는가? (e) 시상수가 경과한 후 축전기에 저장된 에너지의 양은 얼마인가?

18.4 전류계와 전압계

19. •• 전압계는 35 kΩ의 저항을 가지고 있다. (a) 회로도를 그리고, 전압계가 10 Ω의 저항기에 적절하게 연결되었을 때 6.0 V의 이상적 전지와 직렬로 연결된 10 Ω의 저항기에서의 전류를 구하라. (b) 동일한 조건에서 10 Ω 저항기에서의 전압을 구하라.

자기 Magnetism

CHAPTER 19

자기력은 고속 열차를 떠 있게 해서 레일과의 마찰을 없애는 역할을 한다.

대부분의 사람은 자기를 떠올릴 때 자석이 어떤 물체를 끌어당기는 모습으로 이야기하며, 당기는 힘을(인력) 상상하는 경향이 있다. 예를 들어 클립은 자석에 끌리고, 냉장고에 붙일 수 있는 기념품 자석을 본 적이 있을 것이다. 그러나 밀어내는 자기력(척력)이 떠오를 가능성은 적다. 그러나 척력은 존재하며, 인력만큼 유용할 수 있다. 이와 관련해서 이 장의 처음 사진은 흥미로운 예를 보여준다. 언뜻 보기에는 차량이 평범한 열차처럼 보인다. 그러나 바퀴가 어디 있을까? 사실 이것은 보통의 열차가 아니고 초고속 자기부상열차이다. 이 열차는 레일과 물리적으로 접촉하고 있지 않고, 강력한 자석이 만든 척력으로 레일 위에 떠 있다. 분명한 장점은 바퀴가 없으므로, 바퀴가 구를 때 생기는 마찰도 없다.

그러나 이 자기력은 어디서 오는 걸까? 몇 세기 동안 자석의 성질은 초자연적인 것으로 인식되어왔다. 로드스톤(lodestones)이라 불리는 원래의 천연 자석은 고대 그리스의 마그네시아 지방에서 발견되었다. 자기는 후에 현재 전자기학이라고 불리는 연구 영역에서 전기와 연관되어 있다는 것이 밝혀졌다. 전자기에 의해 기술된 힘은 모터와 발전기와 같은 용도에서 일상적으로 사용된다.

이제 전기력과 자기력은 실제로 같은 힘의 다른 표현이라는 것이 알려져 있다. 그러나 처음에는 개별적인 힘으로 고려하는 것이 유익했다.

19.1 영구 자석, 자극 및 자기장

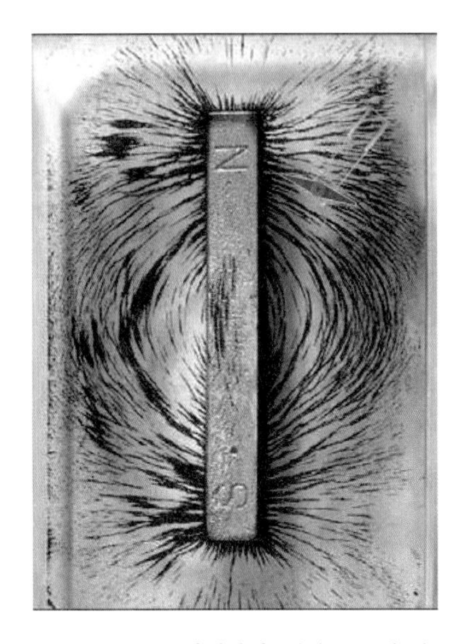

▲ 그림 19.1 **막대자석.** 쇳가루 모양(작은 나침반 바늘처럼 작용)은 막대자석의 극 또는 힘의 중심을 나타낸다. 나침반의 방향은 이 극을 북극(N)과 남극(S)으로 결정한다(그림 19.3).

보통 막대자석의 특징 중의 하나는 끝 부분에 **극**(poles)이라고 부르는 힘의 두 중심이 있다는 것이다(그림 19.1). 전기적 전하에서 사용하는 ±부호와 혼동을 피하기 위해서 자극은 북(N)극과 남(S)극으로 붙여서 쓴다. 이들 용어는 방향을 알기 위해 오래 전부터 나침반을 사용한 데서 유래되었다. 역사적으로 나침반 바늘의 북극은 지구의 북쪽을 향하는 끝자락으로 정의되었다. 그리고 나침반 자석의 남쪽 끝자락은 남극으로 정의된다. 나침반 바늘의 북극이 지구의 북극 지역에 끌리기 때문에 이 정의의 혼란스러운 결과가 나올 수 있는데, 이는 지리적 북극 지역이 실제로 **남극의 자극**이라는 것을 의미한다.

두 개의 막대자석을 이용해서 자극 사이에 작용하는 힘에 대해 알아볼 수 있다. 실험 결과는 각 극이 다른 자석의 반대 극에 끌리고 다른 자석의 같은 극에 의해 밀어내는 것이다. 이러한 결과를 **자극–힘의 법칙**(pole-force law) 또는 **자극의 법칙**(law of poles)이라 한다(그림 19.2).

같은 자극끼리는 서로 밀어내고, 다른 자극끼리는 서로 끌어당긴다.

막대자석의 두 자극처럼 두 개의 반대 자극은 **자기쌍극자**를 형성한다. 언뜻 보기에 막대자석의 자기장은 전기쌍극자가 만드는 전기장과 유사한 양상을 보인다. 그러나 이 둘 사이에는 근본적인 차이점이 있다. 영구자석은 한 개의 극을 가질 수 없고 항상 두 개의 극을 가진다. 막대자석을 절반으로 자르면 두 개의 고립된 극을 만들 수 있을 것으로 생각할 수 있다. 그러나 쪼개진 막대는 S극과 N극을 모두 가진 두 개의 짧은 막대자석이 된다. 이론적으로는 단일자극(또는 **자기홀극**)이 존재할 수 있지만 실험적으로 발견된 적은 없다.

따라서 전하와 유사한 것이 자기에서는 나타나지 않는다는 사실이 자기장과 전기장의 근본적 차이에 대한 강한 암시를 준다. 예를 들어 자기의 근원은 전기장과 같이 전하이다. 그러나 자기장은 회로의 전류와 원자핵에서 궤도운동(또는 스핀운동)하는

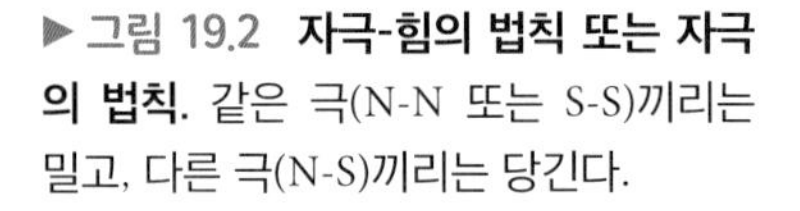

▶ 그림 19.2 **자극-힘의 법칙 또는 자극의 법칙.** 같은 극(N-N 또는 S-S)끼리는 밀고, 다른 극(N-S)끼리는 당긴다.

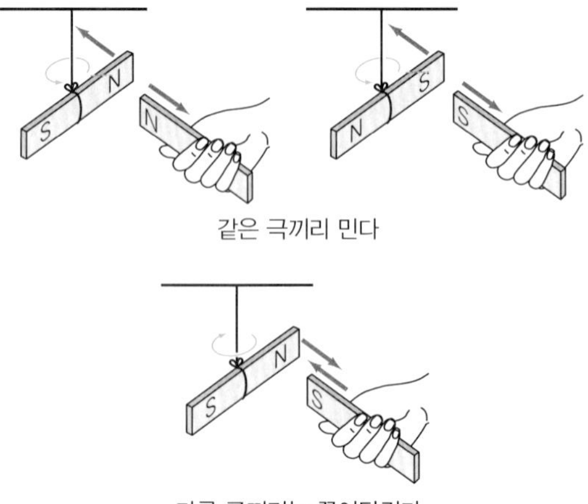

전자와 같이 전하가 움직일 때만 생성된다. 따라서 막대자석의 자기장 원천은 전자의 궤도운동 또는 스핀운동이다.

19.1.1 자기장 방향

막대자석의 자기장을 분석하기 위해서 전기력에 관한 쿨롱의 법칙(15.3절)과 유사한 수식으로 자극 간의 자기력을 표현하려 하였다. 사실 쿨롱은 전하 대신에 자극을 사용해 쿨롱의 법칙을 발견하였다. 그러나 이러한 접근은 자기홀극이 존재하지 않으므로 사용되지 않는다. 대신 현실적인 설명에서는 자기장이라는 개념을 사용한다.

전하가 전기장을 만들고 전기장은 전기력선으로 표현할 수 있다는 것을 상기하자. 전기장(벡터)은 어떤 지점에서 단위 전하가 받는 힘의 크기로 정의한다($\vec{E} = \vec{F}_e / q_0$). 마찬가지로 자기적 상호작용도 **자기장**(magnetic field)으로 표현할 수 있고, 자기장은 기호 $\vec{\mathbf{B}}$로 표시되는 벡터이다. 전하 근처에 전기장이 있는 것처럼 자기장은 영구자석 근처에서 발생한다. 그림 19.1에서처럼 자석 주위의 자기장 모양은 자석을 덮은 종이나 유리 위에 쇳가루를 뿌리면 나타난다.

자기장은 벡터이기 때문에 크기(또는 세기)와 방향이 정해져야 한다. 주어진 위치에서 $\vec{\mathbf{B}}$의 방향은 다음과 같이 지구의 자기장을 사용하여 보정된 나침반을 이용하여 정의한다.

> 어떤 위치에서 $\vec{\mathbf{B}}$의 방향은 나침반이 그 지점에 있을 때 나침반의 북극을 가리키는 방향이다.

이것은 나침반을 장의 여러 위치로 이동시킴으로써 자기장을 그리는 편리한 방법을 제공한다. 임의의 지점에서 나침반의 바늘은 그곳에서의 자기장 방향으로 정렬한다. 만약 나침반의 바늘이 가리키는 방향(북쪽 끝)으로 움직일 때 나타나는 궤적이고 그림 19.3a에 나타낸 것이 **자기력선**(magnetic field line)이 된다. 나침반의 북쪽 끝은 막대자석의 북극을 가리킬 것이며, 자기력선은 N극에서 S극을 가리킨다는 것을 유의하라.

요약하면 자기력선의 해석을 지배하는 규칙은 전기력선에 적용되는 규칙과 매우 유사하다.

> 자기력선이 서로 가까워질수록(촘촘함) 자기장은 더 강해진다. 자기장 $\vec{\mathbf{B}}$의 방향은 자기력선의 접선 방향이고 이 방향은 나침반의 북쪽 끝이 가리키는 방향과 같다.

그림 19.3의 막대자석의 극 영역에 쇳가루의 밀도 농도에 주목하라. 이것은 자기력선이 촘촘하게 있다는 것을 나타내고 다른 지점보다 자기장이 더 강하다는 것을 나타낸다. 자기장 방향의 예로서 그림 19.3a의 스케치에서 자석의 중간 바로 바깥쪽

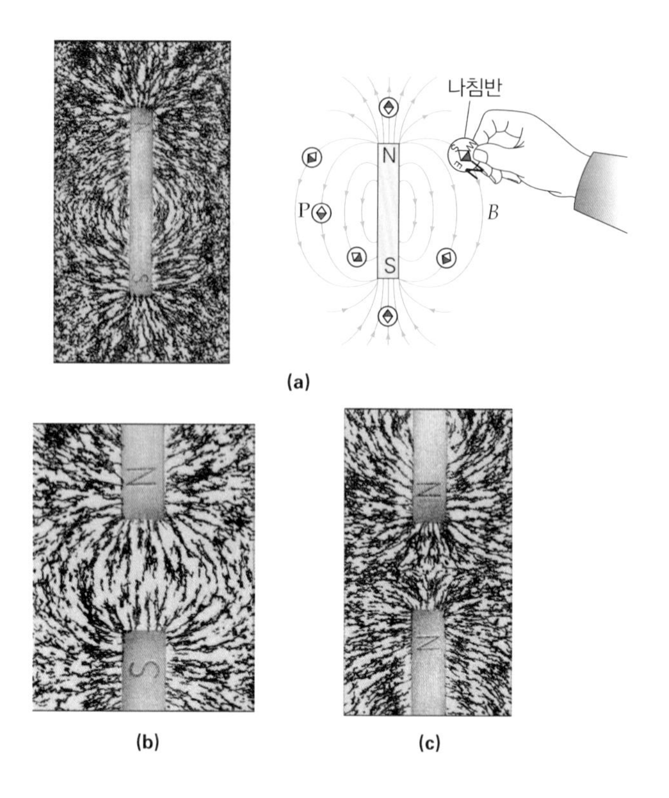

▶ 그림 19.3 **자기장.** (a) 자기력선의 윤곽은 쇳가루나 나침반을 사용하면 알 수 있다. 쇳가루는 아주 작은 나침반과 같은 역할을 하여 자기력선에 따라 정렬한다. 자기력선이 밀집되어 있을수록 자기장의 세기는 강하다. (b) 서로 다른 극을 가까이 했을 때 나타나는 쇳가루 윤곽으로 자기력선이 모아진다. (c) 서로 같은 극을 가까이 했을 때 나타나는 쇳가루 윤곽으로 자기력선이 퍼진다.

에 있는 자기장이 P지점의 자기력선에 접하는 것을 관찰한다.

근처에 있는 두 개의 막대자석은 각각의 자기장 벡터 합인 알짜 자기장을 생성한다. 예를 들어 그림 19.3b에서 두 자기장이 같은 방향에 있으므로 가까운 극 사이의 영역은 강한 자기장을 나타낸다. 그림 19.3c는 근처의 두 N극이 밀쳐내는 경향이 있는 반대 자기장을 생성할 때 약한 합성 자기장을 보여준다.

$\vec{\mathbf{B}}$의 크기는 다음 절에서 논의하겠지만 움직이는 전하에 가해지는 자기력의 관점에서 정의된다.

19.2 자기장의 세기와 자기력

그림 19.4와 같은 실험에서 입자에 대한 자기력의 결정인자 중 하나가 전하를 가리킨다는 것을 보여준다. 즉, 물체의 전기적 특성과 물체가 자기장에 반응하는 방식 사이에는 연관성이 있다. 앞서 설명한 바와 같이 이러한 상호작용을 **전자기**(electromagnetism)라고 한다. 다음과 같은 전자기 상호작용을 고려해 보자. 양전하가 균일한 자기장 내에 일정한 속도로 들어간다고 가정하자. 또한, 단순하게 하기 위해 입자의 속도가 자기장과 수직이라 하자(그림 19.4a와 같이 말굽자석의 극 사이에 아주 균일한 자기장이 존재한다). 대전 입자가 이 자기장으로 들어가면 입자는 위로 둥글게 굽은 경로로 휘게 되고, 이 경로는 그림 19.4b와 같이 사실상 원형 경로의 일부를 갖는다(균일한 자기장일 때).

원운동(7.3절)으로부터 입자가 원의 호를 따라 움직이기 위해서는 구심력이 작용

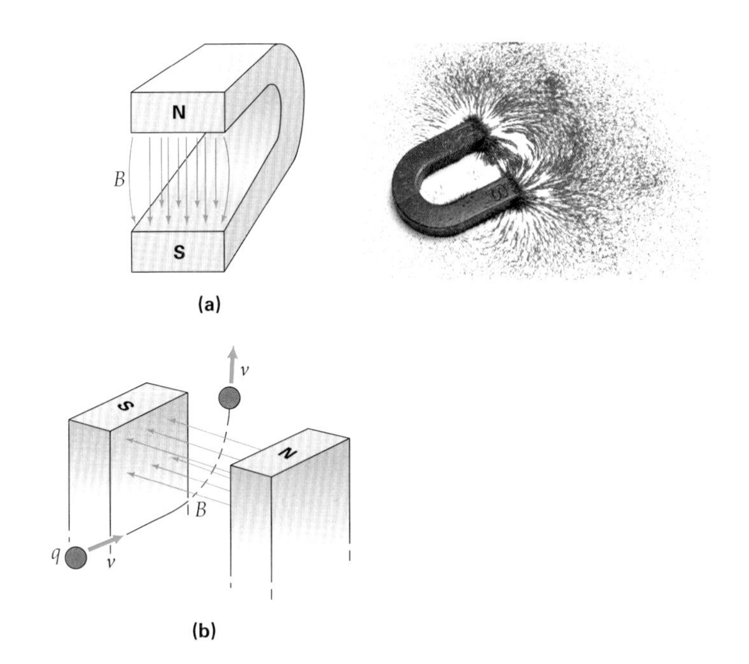

◀그림 19.4 **움직이는 전하에 작용하는 힘.** (a) 말굽자석은 영구 막대자석을 구부려 만든 것으로 그림에서 볼 수 있듯이 극 사이에 상당히 균일한 자기장이 형성되며, 사진에서 보이는 쇳가루가 이를 잘 보여준다. (b) 대전된 입자가 자기장에 들어갈 때 그 입자는 자기력이 작용하며, 그 방향은 입자의 편향에 의해 결정된다.

해야 한다. 이 구심력이 입자의 속도에 수직이라는 것을 상기하라. 하지만 여기서 이 힘을 제공하는 것은 무엇인가? 물론 전기장은 없다. 중력은 입자를 휘게 하기에는 그 크기가 너무 작고, 혹시 작용한다고 하더라도 위쪽의 원모양이 아닌 아래 방향의 포물선 모양으로 입자를 휘게 한다. 이것은 명백히 움직이는 대전 입자와 자기장 간의 상호작용에 의한 자기력이 생기기 때문이다. 따라서 자기장은 움직이는 대전 입자에 힘을 가할 수 있다.

세부적인 측정으로 볼 때, 이 자기력 F_m의 크기는 입자의 전하량과 속력에 비례한다. 입자의 속도($\vec{\mathbf{v}}$)가 자기장($\vec{\mathbf{B}}$)에 수직이라 할 때 자기장의 크기 또는 자기장 세기 B는 다음과 같이 정의한다.

$$B = \frac{F_m}{qv} \quad (\vec{\mathbf{v}}\text{가 } \vec{\mathbf{B}}\text{에 수직일 때만 성립}) \qquad (19.1)$$

자기장의 SI 단위: N/(A·m) 또는 T(tesla)

$\vec{\mathbf{B}}$의 크기는 단위 전하(쿨롱) 및 단위 속도(m/s)당 대전 입자에 가해지는 자기력을 나타낸다. 이러한 정의로부터 B의 단위는 N/(C·m/s) 또는 1 A = 1 C/s 이기 때문에 N/(A·m)이다. 이 조합 단위는 자기의 초기 연구자인 니콜라 테슬라(Nikola Tesla, 1856~1943)의 이름을 따서 **테슬라**(tesla, **T**)로 부른다. 다시 말해 1 T = 1N/(A·m)이다.

영구자석과 같은 대부분 매일 접하는 자기장의 세기는 1 T보다 훨씬 작다. 이런 상황으로 볼 때, 일반적으로 1 mT = 10^{-3} T 또는 1 μT = 10^{-6} T로 자기장의 세기를 표현하는 것이다. 지질학자 또는 지구물리학자들이 주로 사용하는 단위인 **가우스**(Gauss, G)는 SI 단위가 아니며, 그 크기는 1 G = 10^{-4} T = 0.1 mT이다. 예를 들어 지구자기장의 크기는 십분의 일 G 또는 백분의 일 mT이다. MRI와 같은 많은 실험실 장비 및 의료용 기기는 3 T의 자기장을 활용하며, 초전도 자석은 25 T 이상의 자기장을 생성할 수 있다.

자기장의 세기를 알고 있는 경우 어떤 속력으로 움직이는 대전 입자에 대한 자기력의 크기는 식 19.1을 다시 정리해 확인할 수 있다.

$$F_m = qvB \quad (\vec{\mathbf{v}}\text{가 } \vec{\mathbf{B}}\text{에 수직일 때만 성립}) \qquad (19.2)$$

좀 더 일반적인 경우 자기장과 입자의 속도는 서로 수직이 아니다. 이 경우 힘의 크기는 다음과 같이 속도 벡터와 자기장 벡터 사이의 (가장 작은) 각도(θ)에 의존한다.

$$F_m = qvB \sin\theta \quad (\text{대전 입자에서 자기력}) \qquad (19.3)$$

따라서 $\vec{\mathbf{v}}$와 $\vec{\mathbf{B}}$가 같은 방향($\theta = 0°$) 또는 반대 방향($\theta = 180°$)인 경우 $\sin 0° = \sin 180° = 0$이므로 자기력은 0이다. 두 벡터가 수직인 경우 $\sin 90° = 1$이므로 최댓값은 qvB이다.

19.2.1 오른손-힘 규칙

움직이는 대전 입자에 작용하는 자기력의 방향은 자기장에 대한 입자 속도의 상대적 방향에 의해 결정된다. 실험에서 **오른손-힘 규칙**(right-hand force rule)에 의해 정해짐이 밝혀졌고, 그림 19.5a에 나타내었다.

> 오른손 손가락이 입자의 속도 $\vec{\mathbf{v}}$를 향하게 한 뒤 손가락을 자기장 $\vec{\mathbf{B}}$ 방향으로 (가장 작은 각으로) 감아쥐고 엄지를 쭉 펴면 엄지는 양전하가 받는 자기력 $\vec{\mathbf{F}}_m$의 방향을 가리킨다. 음전하의 경우 자기력은 엄지의 반대 방향을 향한다.

때로는 오른손의 손가락이 오른 나사를 회전하는 것과 같이 $\vec{\mathbf{v}}$를 정렬될 때까지 물리적으로 돌리거나 $\vec{\mathbf{B}}$로 회전하는 것을 상상하는 것이 편리하다. 물리적으로 동등한 몇 가지 일반적인 대안은 그림 19.5c와 d에 나타나 있다. 어느 것을 사용하든 상관

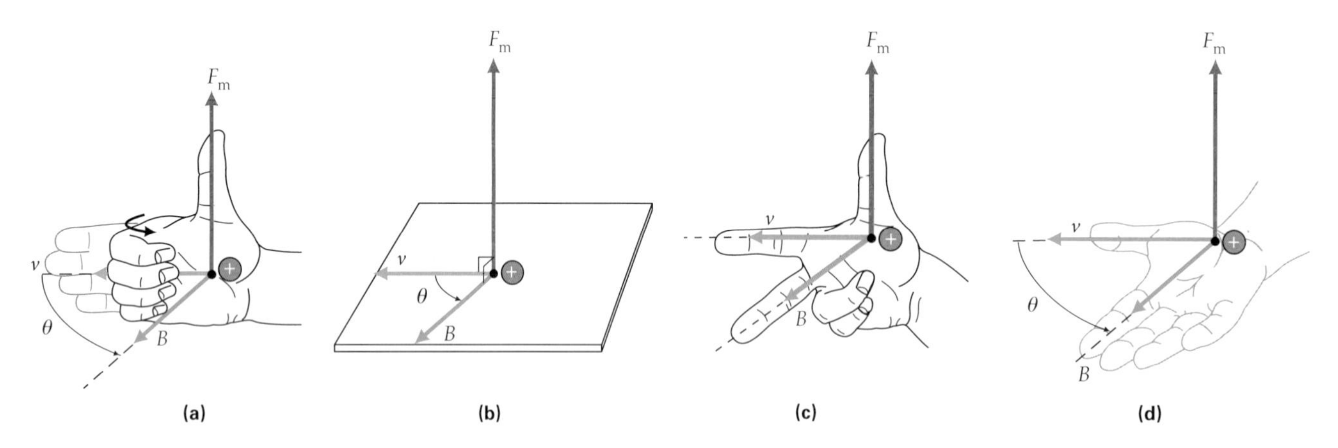

▲ 그림 19.5 **자기력의 방향을 결정하기 위한 오른손-힘 규칙.** (a) 오른손 손가락이 속도 $\vec{\mathbf{v}}$를 향하게 한 뒤 자기장 $\vec{\mathbf{B}}$ 방향으로 감아쥐고 엄지손가락을 쭉 펴면 양전하가 받은 자기력 $\vec{\mathbf{F}}_m$의 방향을 가리킨다. (b) 자기력은 $\vec{\mathbf{v}}$와 $\vec{\mathbf{B}}$가 이루는 평면에 항상 수직이다. 따라서 입자의 운동 방향에 항상 수직이다. (c) 오른손 검지가 $\vec{\mathbf{v}}$ 방향을, 중지가 $\vec{\mathbf{B}}$ 방향을 가리킬 때 엄지가 가리키는 방향이 양전하에 작용하는 힘 $\vec{\mathbf{F}}$의 방향이다. (d) 오른손 손가락이 $\vec{\mathbf{B}}$ 방향을, 엄지가 $\vec{\mathbf{v}}$ 방향을 가리킬 때 손바닥이 가리키는 방향이 양전하에 작용하는 힘 $\vec{\mathbf{F}}$의 방향이다.

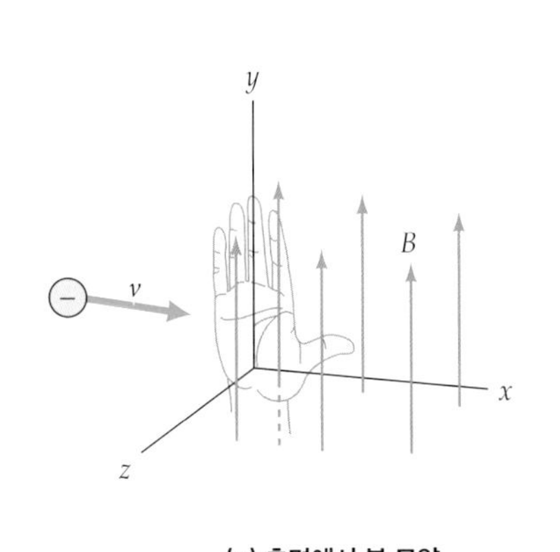

(a) 측면에서 본 모양

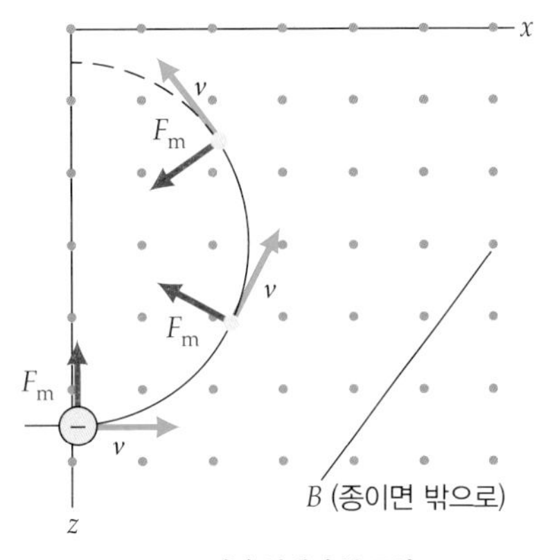

(b) 위에서 본 모양

◀그림 19.6 **자기장 내에서 대전 입자의 경로.** **(a)** 균일한 자기장으로 들어가는 대전 입자는 전하가 음이기 때문에 오른손 규칙에 의해 z방향으로 꺾인다. **(b)** 자기장 내에서 힘은 항상 입자의 속도에 수직이다. 만약 균일한 자기장이고 자기장 방향에 수직하게 입자가 들어가면 그 입자는 원형 경로로 운동한다.

없다. 다만 가장 편한 것을 선택하고 입자가 음전하가 되면 결과를 뒤집어야 한다는 것을 기억하라.

자기력은 $\vec{\mathbf{v}}$와 $\vec{\mathbf{B}}$가 이루는 평면에 대해서 항상 수직임을 유의하라(그림 19.5b). 자기력은 입자에 대해 일을 하지 않는다. (5.1절에서 일에 대한 정의로부터 힘과 변위가 직각이면 $W = Fd(\cos 90°) = 0$이기 때문이다.) 따라서 자기력은 입자 속력을 변화시키지 못하고 (즉, 운동에너지를 변화시키지 못하고) 단지 방향만 변화시킨다.

오른손–힘 규칙은 3차원으로 생각하는 것을 포함하기 때문에, 종이의 평면 안쪽으로 향하는 방향을 문자 ×로 지정하는 것이 일반적이다. 평면 밖으로 가리키는 방향은 문자 •으로 표시된다. 이들 기호는 화살의 앞쪽과 뒤쪽을 보면 표시를 이해할 수 있다. 이 표기법은 그림 19.6에 나타나 있다. 앞의 논의에 따르면 직각으로 균일한 자기장으로 들어가는 대전 입자는 원호(즉, 등속 원운동)를 따른다.

예제 19.1 원을 그리며 돌기–움직이는 전하에 가해지는 힘

전하량이 -5.0×10^{-4} C이고 질량이 2.0×10^{-9} kg인 입자가 1.0×10^3 m/s의 속력으로 $+x$방향 쪽으로 움직이고 있다. 이 입자가 $+y$방향을 향하는 0.2 T의 균일한 자기장에 입사된다(그림 19.6a). (a) 이 입자가 자기장에 입사되는 순간 어느 방향으로 휘는가? (b) 자기장에 입사되는 순간 입자에 작용하는 힘의 크기를 구하라. (c) 이 입자가 자기장 속에서 그리는 원의 반경을 구하라.

풀이

문제상 주어진 값:

$q = -5.0 \times 10^{-4}$ C
$v = 1.0 \times 10^3$ m/s($+x$방향)
$m = 2.0 \times 10^{-9}$ kg
$B = 0.2$ T($+y$ 방향)

(a) 오른손–힘 규칙에 의해 양전하에서의 힘은 $+z$방향일 것이다(그림 19.6a에서 손바닥의 방향을 참조). 전하가 음이기 때문에 힘은 실제로 이것과 반대로 작용하기 때문에 입자는 $-z$방향으로 휘기 시작할 것이다.

(b) 자기력의 크기는 식 19.3에 의해 구할 수 있다. 특히 힘의 크기만 구하면 되기 때문에 q의 부호는 사용하지 않는다.

$$\begin{aligned} F_m &= qvB\sin\theta \\ &= (5.0\times10^{-4}\ \text{C})(1.0\times10^3\ \text{m/s})(0.20\ \text{T})(\sin 90°) \\ &= 0.10\ \text{N} \end{aligned}$$

(c) 자기력은 입자에만 작용하는 힘이므로 이 힘이 알짜힘이다(그림 19.6b). 이 알짜힘이 원의 중심을 향하므로 입자에 구심력이 작용한다. 따라서 뉴턴의 제2법칙에 의해 $\vec{\mathbf{F}}_c = m\vec{\mathbf{a}}_c$이

다. 여기서 자기력은 $\theta = 90°$이기 때문에 식 19.2로부터 qvB이다. 또 구심 가속도의 크기는 $a_c = v^2/r$이므로 다음과 같이 쓸 수 있다.

$$qvB = \frac{mv^2}{r} \quad 또는 \quad r = \frac{mv}{qB}$$

이 식에 주어진 값을 대입하면 다음과 같이 계산된다.

$$r = \frac{mv}{qB} = \frac{(2.0\times10^{-9}\,\text{kg})(1.0\times10^{3}\,\text{m/s})}{(5.0\times10^{-4}\,\text{C})(0.20\,\text{T})}$$
$$= 2.0\times10^{-2}\,\text{m} = 2.0\,\text{cm}$$

19.3 응용: 자기장 내에서 대전 입자

앞의 논의에서는 자기장에서 움직이는 대전 입자가 자기력을 갖는다는 것을 보여주었다. 이 자기력이 몇 가지 흥미로운 응용분야에서 어떤 역할을 하는지 구체적으로 살펴보자.

19.3.1 속도선택기와 질량분석기

원자나 분자의 질량을 어떻게 측정할지 생각해 본 적이 있는가? **질량분석기**(mass spectrometer, 줄여서 'mass spec')는 자기장과 전기장을 이용해 질량을 측정한다. 질량분석기는 실제로 실험실에서 큰 역할을 하고 있다. 예를 들어 살아 있는 유기체의 생화학 연구에서 수명이 짧은 분자를 추적할 때 사용된다. 질량분석기는 또 큰 유기 분자의 구조를 결정할 수도 있고 스모그를 함유한 공기와 같은 복잡한 혼합물의 조성을 분석할 수도 있다. 법의학자들은 질량분석기를 사용하여 교통사고에서 페인트 자국 같은 미량 물질을 식별한다. 고고학에서 이 장비는 원자를 분리하여 고대 암석과 인간 유물의 연대를 추정하는 데 사용된다. 병원에서 질량분석기는 수술 중 투여되는 마취 가스의 적절한 균형을 유지하기 위해 필수적이다. 실제로 질량분석기로 측정하는 것은 이온의 질량, 즉 대전된 분자이다. 그림 19.7의 도식화된 그림에서 볼 수 있듯이 원자와 분자로부터 전자를 제거하여 $+q$의 대전된 이온빔이 생성된다. 그 후 좁은 슬릿에 빔이 통과한다. 이때 빔의 이온들은 속력 분포를 가진다. 따라서 만약 이온들이 모두 분석기에 들어갔다면 속력이 다른 이온은 다른 경로를 취할 것이다. 이온이 분석기에 들어가기 전에 특정 이온 속력을 선택해야 한다. 이것은 속도

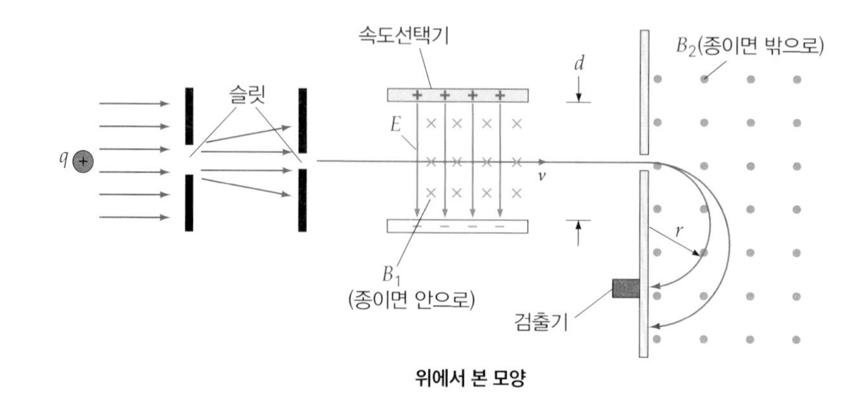

▶ 그림 19.7 **질량분석기의 원리.** 속도선택기를 통과한 이온 중 오직 특정한 속도($v = E/B_1$)를 가진 이온들만 자기장 B_2에 입사된다. 이 이온들은 원운동을 하며 원의 반경은 전하량과 질량에 의해서만 결정된다. 이온의 전하량이 같다면 두 개의 다른 반경은 질량이 다른 두 개의 이온이 있음을 의미한다.

선택기를 사용하여 수행할 수 있다. 속도선택기는 서로 수직인 자기장과 전기장으로 구성된다.

속도선택기는 어떤 특정된 속력의 입자는 휘지 않고 똑바로 움직이게 한다. 이 방법이 어떻게 작동하는지 보기 위해 그림 19.7과 같이 두 장과 직각으로 교차하는 곳을 통과하는 양이온을 고려해 보자. 여기서 전기장은 아래쪽으로 힘($F_e = qE$)을 가하고, 자기장은 위쪽으로 힘($F_m = qvB_1$)을 가한다(각 힘의 방향이 올바르다는 것을 증명할 수 있다). 만약 이온이 휘지 않는다면 입자에 작용하는 두 힘의 알짜힘이 0이어야 한다. 따라서 두 힘의 크기는 같고 방향은 반대이다. 이들 힘의 크기를 같게 하면 $qE = qvB_1$로 주어지고 다음과 같이 선택된 속력을 구할 수 있다.

$$v = \frac{E}{B_1} \quad \text{(속도선택기 결과)} \tag{19.4a}$$

만약 두 평판이 평행하면 평판 사이의 전기장은 $E = \Delta V/d$이다. 여기서 ΔV는 평판 사이에 걸린 전위차고 d는 평판 사이의 거리이다. 따라서 식 19.4a을 좀 더 실질적인 형태로 나타내면 다음과 같다.

$$v = \frac{\Delta V}{B_1 d} \quad \text{(대체된 속도선택기 결과)} \tag{19.4b}$$

원하는 속력은 판 사이의 ΔV를 변화하므로 해서 보통 얻는다.

속도선택기를 통과한 입자빔은 슬릿을 통해 입자 속도에 수직인 또 다른 자기장 ($\vec{\mathbf{B}}_2$)에 입사한다. 이때 입자는 휘게 되어 원운동을 하게 된다. 이 경우의 해석은 예제 19.1과 동일하다. 따라서 다음의 힘을 받는다.

$$F_c = ma_c \quad \text{또는} \quad qvB_2 = m\frac{v^2}{r}$$

식 19.4b를 이용하면 입자의 질량은 다음과 같이 주어진다.

$$m = \left(\frac{qdB_1B_2}{\Delta V}\right)r \quad \text{(질량분석기에서 결정된 질량)} \tag{19.5}$$

괄호 안의 양은 일정하다(모든 이온이 같은 전하량을 갖는다고 가정). 따라서 이온의 질량이 클수록 원의 반경은 커진다. 반경이 다른 두 경로를 그림 19.7에 나타내었다. 이것은 빔이 실제 두 개의 다른 질량으로 구성되었음을 뜻한다. 이 그림은 빔이 실제로 두 개의 다른 질량의 이온을 포함하고 있음을 보여준다. 반원을 그린 후 이온이 검출기에 부딪히는 위치를 기록하여 반경을 측정하면 식 19.5에서 이온의 질량을 측정할 수 있다.

설계가 조금 다른 질량분석기에서 검출기가 일정한 곳에 고정되어 있다. 이 설계에서는 시간에 따라 변화하는 자기장(B_2)을 사용하고 있어 컴퓨터가 시간에 따른 검출기의 값을 기록하고 저장한다. 이 경우 m은 B_2에 비례함에 유의하라. 이것을 보기 위해서 식 19.5를 다시 쓰면 $m = (qdB_1 r/\Delta V)B_2$이다. 괄호 안의 양이 일정하므로 $m \propto B_2$이다. 따라서 B_2가 변하면 컴퓨터와 연계된 검출기의 데이터로부터 이온들의 질량과 상대적인 개수(즉, 백분율)를 결정할 수 있다.

▶ 그림 19.8 **질량분석기.** 분자의 개수가 세로축에, 분자의 질량은 가로축에 표시된 질량분석기에서 측정된 값을 나타낸 그래프이다. 질량스펙트럼과 같은 이러한 형태는 큰 분자의 조성이나 구조를 결정하는 데 도움을 준다. 질량분석기는 복잡한 혼합물에 포함된 극히 작은 양의 분자들을 확인하는 데 사용할 수 있다.

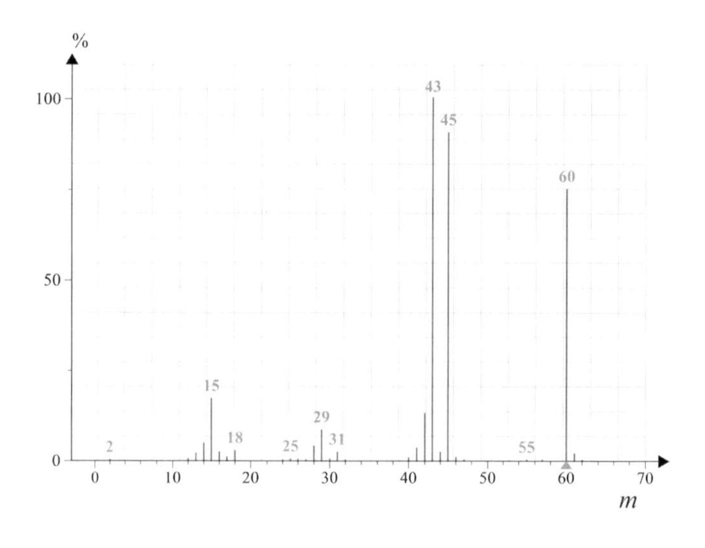

설계에 관계없이 질량 분석 결과인 질량스펙트럼(이온들의 질량 대 개수 그래프)이 오실로스코프 또는 컴퓨터 스크린에 표시되고, 분석과 저장을 위해 디지털화 된다(그림 19.8). 이제 질량분석기를 이용한 예제를 생각해 보자.

예제 19.2 분자의 질량 – 질량분석기

한 전자가 그림 19.7의 질량분석기에 들어가지 전에 메테인 분자에서 제거된다. 속도선택기를 통과한 이온의 속도는 1.0×10^3 m/s이다. 그런 다음 자기장 세기가 6.70×10^{-3} T인 자기장 영역으로 들어간다. 거기서부터 원형 경로를 따라 빔 입구에서 5.00 cm 떨어진 곳에 부딪힌다. 이 분자의 질량을 구하라(단, 제거된 전자의 질량은 무시한다).

풀이

문제상 주어진 값:

$$q = +e = 1.60 \times 10^{-19}\ \text{C}$$
$$r = (5.00\ \text{cm})/2 = 0.0250\ \text{m}$$
$$B_2 = 6.70 \times 10^{-3}\ \text{T}$$
$$v = 1.00 \times 10^3\ \text{m/s}$$

이온의 구심력($F_c = mv^2/r$)은 자기력($F_m = qvB_2$)과 같으므로 다음과 같이 표현된다.

$$\frac{mv^2}{r} = qvB_2$$

m에 대해 이 식을 정리하고 값을 대입한다.

$$m = \frac{qB_2 r}{v} = \frac{(1.60 \times 10^{-19}\ \text{C})(6.70 \times 10^{-3}\ \text{T})(0.0250\ \text{m})}{1.00 \times 10^3\ \text{m/s}}$$
$$= 2.68 \times 10^{-26}\ \text{kg}$$

19.4 전류가 흐르는 도선에서의 자기력

자기장 내에서 움직이는 대전 입자는 자기력을 받게 된다. 전류는 움직이는 전하로 이루어져 있으므로 전류가 흐르는 도선이 자기장 내에 놓이게 되면 당연히 자기력을 받는다. 전류를 구성하는 전하에 작용하는 자기력을 모두 합하면 도선에 작용하는 전체 자기력이 된다.

그림 19.9와 같이 관례적으로 전류의 방향은 도선의 전류가 양전하의 운동에 의

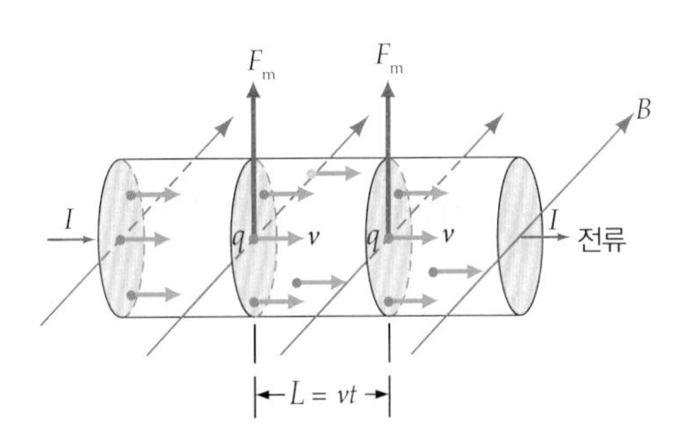

◀그림 19.9 **도선 일부에 작용하는 힘.** 전류는 움직이는 전하로 이루어져 있으므로 전류가 흐르는 도체에 자기장은 힘을 작용한다. 전하가 움직이는 방향과 자기장의 방향이 90°이므로 전류가 흐르는 도체에 최대의 자기력이 작용한다.

한 것이라고 가정함을 상기하라. 그림과 같이 $\theta = 90°$이므로 자기력은 최대이다. 어떤 시간 t에서 전하 q_i(즉, 전자)가 평균적으로 길이 $L = vt$만큼 움직였다고 가정하자. 여기서 v는 평균유동속도(average drift velocity)이다. 길이 L인 도선 안에서 움직이는 모든 전하(총 전하 $= \sum_i q_i$)에 같은 방향으로 자기력이 작용하므로 이 길이의 도선에 작용하는 전체 힘의 크기는 (자기장이 균일하다고 가정하면) 식 19.2에 의해 다음과 같다.

$$F_m = \Sigma(q_i vB) = vB(\Sigma q_i)$$

또한 v 대신에 L/t를 대입하여 정리하면 다음과 같다.

$$F_m = (\Sigma q_i)\left(\frac{L}{t}\right)B = \left(\frac{\Sigma q_i}{t}\right)LB$$

그러나 $(\sum q_i)/t$은 전류(I)이므로 도선의 전류로 표시하면 다음과 같이 쓸 수 있다.

$$F_m = ILB \quad \text{(전류와 자기장이 수직일 경우만 성립)} \qquad (19.6)$$

이 결과는 도선에서 최대 힘을 나타낸다. 만약 전류가 자기장과 θ의 각을 이루면 도선에 작용하는 힘은 줄어든다. 일반적으로는 균일한 자기장에서 전류가 흐르는 도선에 작용하는 자기력은 다음과 같다.

$$F_m = ILB \sin\theta \quad \text{(전류가 흐르는 도선에 작용하는 자기력)} \qquad (19.7)$$

만약에 전류가 자기장과 같은 방향이거나 정반대 방향이면 도선에 작용하는 힘은 없다는 것을 유의하라.

전류가 흐르는 도선에 작용하는 자기력의 방향은 역시 오른손 규칙으로 결정된다. 대전된 입자의 경우와 마찬가지로 전류가 흐르는 도선에 대해서도 여러 가지 표현 방법에서 가장 흔한 방법 중 하나인 오른손-힘 규칙으로 나타낼 수 있다.

> 오른손의 엄지손가락을 제외한 네 손가락들이 전류 I의 방향으로 향하게 하고 그 손가락들을 자기장 $\vec{\mathbf{B}}$ 방향으로 감아쥐면, 쭉 펼친 엄지손가락은 도선에 작용하는 자기력의 방향을 가리킨다.

이 설명에 대한 것은 그림 19.10a, b에 나타내었다.

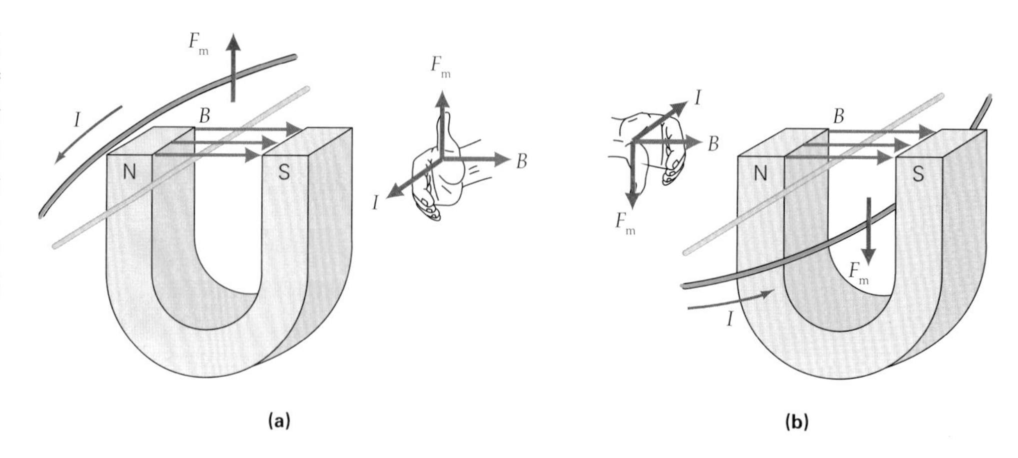

▶ 그림 19.10 **전류가 흐르는 도선에 대한 오른손-힘 규칙.** 힘의 방향은 오른손의 손가락을 전류 I의 방향으로 향하게 한 다음 $\vec{\mathbf{B}}$ 방향으로 감아쥔다. 이때 쭉 펼친 엄지손가락은 도선의 자기력 방향을 가리킨다. **(a)** 힘이 위쪽으로, 그리고 **(b)** 전류의 방향이 뒤바뀌었을 때 힘은 아래쪽으로 내려간다.

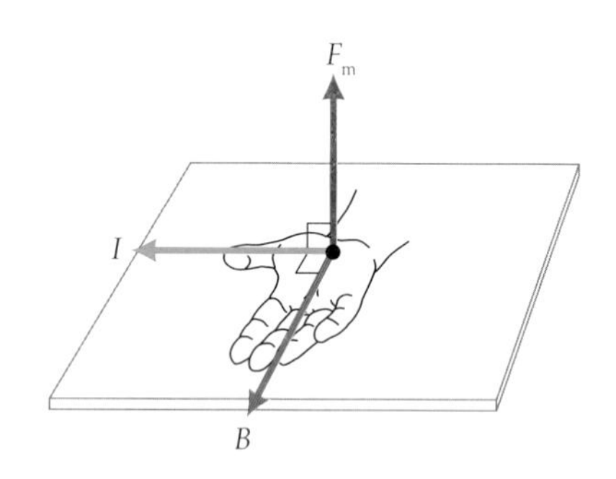

▲ 그림 19.11 **전류가 흐르는 도선에 대한 오른손-힘 규칙의 다른 표현.** 오른손 손가락을 자기장 $\vec{\mathbf{B}}$방향으로 쭉 펴고 엄지를 전류 방향으로 향하게 하면 손바닥은 자기력 방향을 향한다. 이 표현은 동등한 규칙으로 그림 19.10의 방향과 같은 방향임을 확인해야 한다.

오른손 규칙의 다른 표현이 그림 19.11에 나타나 있다. 여기서 오른손 손가락들이 자기장 방향으로 쭉 펴고 엄지손가락이 도선에 흐르는 전류 방향을 가리키면 오른손 손바닥은 도선에 작용하는 자기력의 방향을 가리킨다. 물론 두 표현은 모두 개별 전하를 위한 **오른손-힘 규칙이 확장**된 것이기 때문에 같은 방향을 제시한다.

19.4.1 전류 고리에 작용하는 돌림힘

도선에 힘을 가하는 것 외에도 그림 19.12a에 나타낸 균일한 자기장에 있는 직사각형 고리에 전류가 흐르면 돌림힘을 가할 수 있다(전원을 연결하는 도선은 보이지 않는다). 그림에 보이는 것처럼 전류 고리가 반대편을 관통하는 축 주위로 자유롭게 회전할 수 있다고 가정하자. 회전축이 통과하는 두 가장자리 도선에 작용하는 알짜힘이나 돌림힘은 없다. 이들 면에 작용하는 두 힘의 크기는 같으나 방향이 반대이며, 또한 두 힘이 고리 면에 놓여 있기 때문이다. 그러나 회전축에 평행한 두 도선에 작용하는 두 힘의 크기는 같고 방향이 반대여서 알짜힘을 만들지는 않지만 알짜 돌림힘을 발생시킨다(8.2절 참조).

돌림힘이 어떻게 작용하는지를 알기 위해 그림 19.12a의 측면도인 그림 19.12b를 고려하자. 회전축에 평행한 길이 L인 각 도선에 작용하는 자기력의 크기는 $F_m = ILB$이다. 이 힘에 의해 생성되는 돌림힘(8.2절)은 $\tau = r_\perp F_m$이고, 여기서 $r_\perp$는 회전축으로부터 힘이 작용하는 선까지의 수직거리(또는 지레팔)이다. 그림 19.12b로부터

▶ 그림 19.12 **전류 고리에 작용하는 힘과 돌림힘.** **(a)** 그림과 같이 자기장 내에 놓인 전류 직사각형 고리는 각 측면의 자기력에 의해 작용한다. 그러나 회전축에 평행한 측면에 작용하는 자기력만이 고리에서 돌림힘을 만든다. **(b)** 측면 모습은 돌림힘이 작용하는 모양을 보여준다.

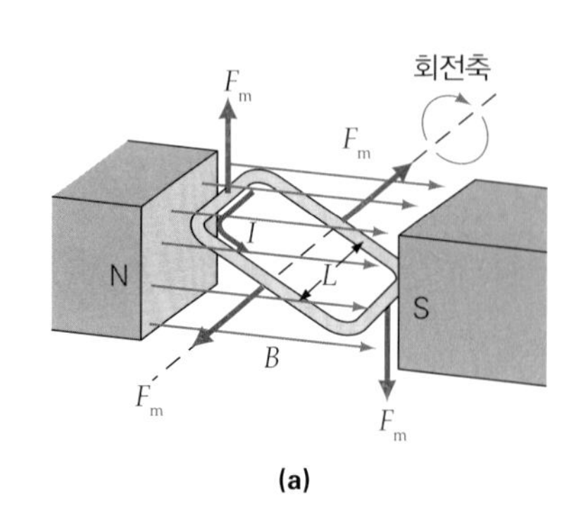

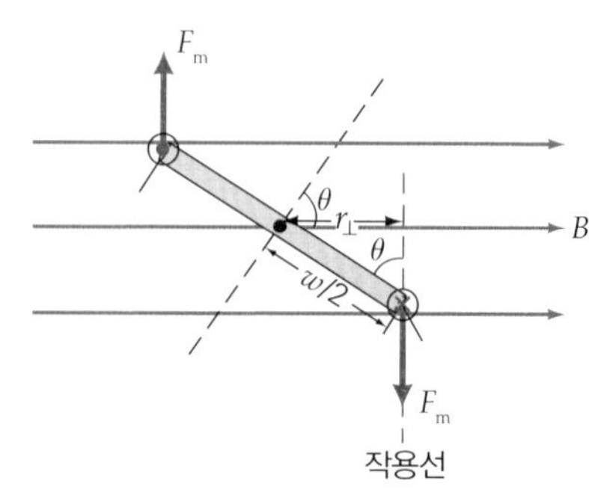

$r_{\perp} = \frac{1}{2}w\sin\theta$이며, w는 환선의 폭이고 θ는 환선이 이루는 평면에 수직인 선과 자기장이 이루는 각도이다. 알짜 돌림힘은 두 힘에 의한 돌림힘의 합력으로, 따라서 이 결과는 한쪽의 두 배이다.

$$\tau = 2r_{\perp}F_{\mathrm{m}} = 2\left(\tfrac{1}{2}w\sin\theta\right)F_{\mathrm{m}} = wF_{\mathrm{m}}\sin\theta$$
$$= w(ILB)\sin\theta$$

여기서 wL은 직사각형 고리의 면적(A)이다. 따라서 회전축이 하나인 전류 고리에 작용하는 돌림힘은

$$\tau = IAB\sin\theta \quad \text{(전류 고리에 작용하는 돌림힘)} \qquad (19.8)$$

(직사각형 고리에 대해서만 적용해서 풀었지만, 식 19.8은 실제로 어떤 형태이든 평평한 면적을 갖는 고리이면 다 적용된다.)

코일이 직렬로 연결된 N개의 고리로 구성되어 있다면 (여기서 $N = 2, 3, \ldots$)이 코일에 작용하는 돌림힘은 (각 고리에 흐르는 전류의 세기는 같음) 한 개의 고리에 작용하는 돌림힘의 N배가 된다. 따라서 코일에 작용하는 돌림힘은 다음과 같다.

$$\tau = NIAB\sin\theta \quad \text{(N개의 전류 고리로 된 코일에 작용하는 돌림힘)} \qquad (19.9)$$

코일의 **자기모멘트**(magnetic moment) $\vec{\mathbf{m}}$의 크기는 관례적으로 다음과 같이 나타낸다.

$$m = NIA \quad \text{(코일의 자기모멘트의 크기)} \qquad (19.10)$$

자기모멘트의 SI 단위: $\mathrm{A \cdot m^2}$

$\vec{\mathbf{m}}$의 방향은 관례적으로 전류 **방향**으로 오른손의 손가락을 감아쥐었을 때 엄지손가락이 가리키는 방향이다. 따라서 $\vec{\mathbf{m}}$은 항상 코일 평면에 수직이다(그림 19.13a). 식 19.10은 자기모멘트의 항으로 다시 쓰면 다음과 같다.

$$\tau = mB\sin\theta \quad \text{(코일에 작용하는 자기 돌림힘)} \qquad (19.11)$$

자기 돌림힘은 자기모멘트($\vec{\mathbf{m}}$)를 자기장 방향으로 정렬시키려는 경향을 갖고 있다. 이것을 보려면 돌림힘을 발생시기는 힘이 고리의 평면과 평행해져야 하는 $\sin\theta = 0$(즉, $\theta = 0°$)이 될 때까지 자기장 내의 코일이나 고리는 돌림힘을 받게 된다(그림 19.13b). 이 상황은 고리의 평면이 자기장과 수직할 때 나타난다. 따라서 만약 고리는 자기모멘트가 자기장과 각도를 이루고 정지 상태에서 시작한다면 고리는 0° 위치까지 고리를 회전시키는 각가속도를 가진다.

실제 코일의 회전관성으로 인해 코일을 평형 지점을 향해 반대 방향으로 가속시킨다(그림 19.13c). 다시 말하면 고리에 작용하는 돌림힘이 복원되어 자기모멘트가 자기장 방향을 중심으로 진동하게 하며, 이는 나침반의 바늘이 북극을 중심으로 진동을 하다가 최종에는 북극을 향하는 것과 같다.

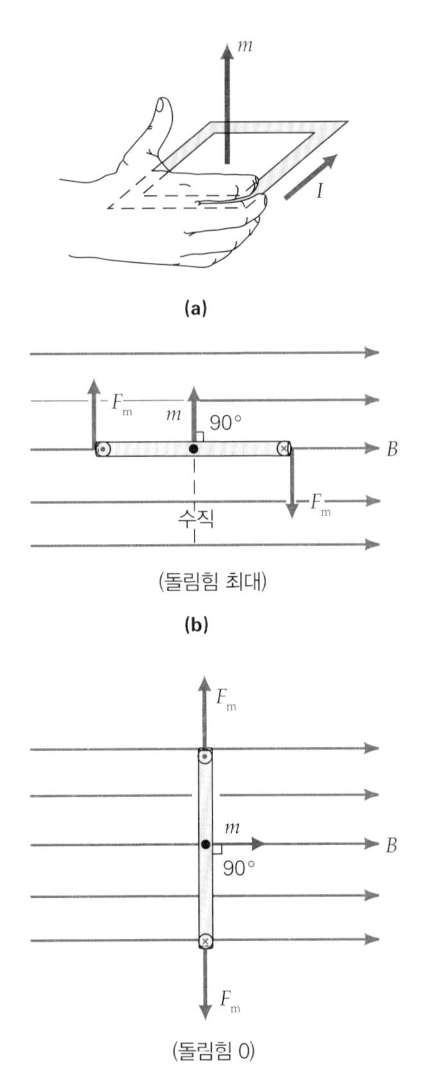

▲그림 19.13 **전류가 흐르는 고리의 자기모멘트.** (a) 오른손 규칙으로 전류 고리의 자기모멘트 $\vec{\mathbf{m}}$의 방향을 알 수 있다. 전류의 방향으로 손가락을 감아쥘 때 엄지손가락이 가리키는 방향이 $\vec{\mathbf{m}}$의 방향이다. (b) 최대 돌림힘을 일으키는 조건 (c) 돌림힘이 없는 조건. 고리가 자유롭게 회전할 수 있다면 고리의 자기모멘트는 외부 자기장 방향으로 정렬할 것이다.

예제 19.3 **자기 돌림힘-돌리는가?**

한 연구원이 구리선을 100회 고리로 감아 저항 0.50 Ω의 원형 코일을 만들었다. 코일의 직경은 10 cm이고 코일은 6.0 V의 전지에 연결하였다. (a) 코일의 자기모멘트(크기)를 구하라. (b) 코일이 균일한 자기장 0.40 T에 놓여 있을 때 받을 수 있는 최대 돌림힘의 크기를 구하라.

풀이

문제상 주어진 값:

$$N = 100\text{회}$$
$$r = d/2 = 5.0\,\text{cm} = 5.0\times10^{-2}\,\text{m}$$
$$R = 0.50\,\Omega$$
$$\Delta V = 6.0\,\text{V}$$

(a) 자기모멘트는 식 19.10으로 주어지며 면적과 전류를 알아야 한다.

$$A = \pi r^2 = (3.14)(5.0\times10^{-2}\,\text{m})^2 = 7.9\times10^{-3}\,\text{m}^2$$

$$I = \frac{\Delta V}{R} = \frac{6.0\,\text{V}}{0.50\,\Omega} = 12\,\text{A}$$

그러므로 자기모멘트는 다음과 같다.

$$m = NIA = (100)(12\,\text{A})(7.9\times10^{-3}\,\text{m}^2) = 9.5\,\text{A}\cdot\text{m}^2$$

(b) 최대 돌림힘의 크기는 식 19.11에서 구한다.

$$\tau = mB\sin\theta = (9.5\,\text{A}\cdot\text{m}^2)(0.40\,\text{T})(\sin 90^\circ) = 3.8\,\text{m}\cdot\text{N}$$

19.5 응용: 자기장 내에서 도선에 흐르는 전류

지금까지 배운 전자기 상호작용의 원리로 모터의 작동과 디지털 전자저울을 이해할 수 있다.

19.5.1 직류 전동기

전기 모터는 전기에너지를 역학적 에너지로 변환하는 장치이다. 직류 전동기의 기본을 이해하려면 균일한 자기장에서 전류가 흐르는 코일을 생각해 보면 된다. 자기 돌림힘의 복원 성질 때문에 완전한 회전을 일으키지는 못할 것이다(그림 19.14b). 이러한 코일의 연속 회전을 제공하려면 코일의 설계를 변경해야 한다. 어떻게든 반바퀴마다 전류의 방향을 바꾸어 돌림힘이 반대로 될 때 같은 방향으로 계속 가속이 된다. 예를 들어 이 역할은 두 개의 금속 반쪽 고리가 서로 절연된 분할 고리 정류자를 사용하여 회전할 수 있다(그림 19.14a).

어기서 코일의 도선 끝은 반쪽 고리에 고정되어 있어 서로 회전한다. 선류는 반쪽 고리가 브러시에 접촉할 때 정류자를 통해 코일로 흐른다. 그러면 반쪽 고리의 한쪽은 전기적으로 양극, 나머지 반은 전기적으로 음극이 되어 코일과 고리는 회전한다. 반쪽 고리들이 반 회전하게 되면 반쪽 고리들은 반대 극성의 브러시와 접촉된다. 이렇게 되면 극성이 바뀌기 때문에 코일의 전류 방향도 바뀌게 된다. 이처럼 자기력의 방향을 바꿔 같은 방향으로 돌림힘이 계속 발생하게 만든다(그림 19.14b의 시계 방향). 평형 위치에서 돌림힘이 발생하지 않지만 코일은 불안정한 평형 상태에 있고 또한 평형 위치를 통과할 정도의 충분한 회전관성을 가진다. 그 결과 돌림힘을 다시 받아 나머지 반주기를 회전할 수 있다. 모터 회전축의 원하는 매끄러운 회전을 제공하

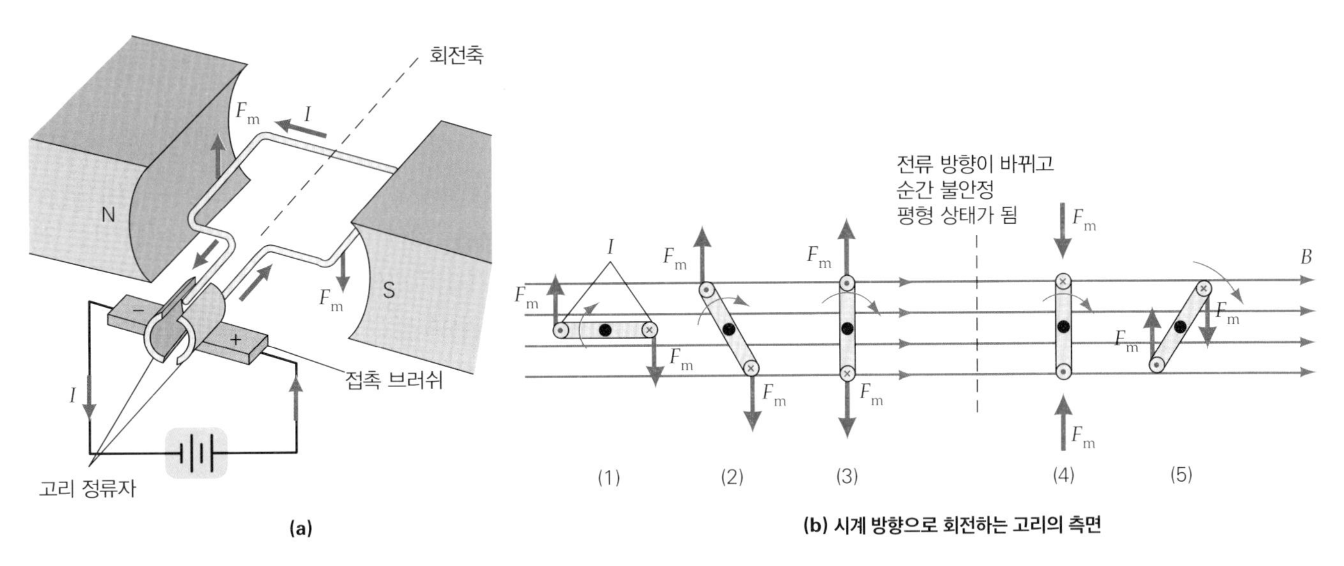

▲ 그림 19.14 **직류 전동기.** (a) 정류자는 반주기마다 전류의 방향을 바꾸어 코일이 계속 회전하게 한다. (b) 간단히 하기 위해 한 번 감은 코일에 대해 설명했지만 실제는 여러 번 감은 코일을 사용한다. (3)과 (4) 사이에서 전류의 극성이 바뀜에 유의하라.

기 위해 이 과정이 연속적으로 반복된다.

19.5.2 전자저울

전형적인 실험실 저울은 모르는 무게를 알고 있는 무게와 평형을 맞춤으로써 질량을 측정한다. 디지털 전자저울(그림 19.15a)은 다른 원리로 작동된다. 어떤 설계의 전자저울은 여전히 저울대를 사용하면 이 저울대의 한쪽 끝에 측정하고자 하는 물체를 담는 접시가 있다. 그러나 무게를 알고 있는 물체는 필요 없다. 대신 물체의 하향력과의 평형은 영구자석의 자기장 안에서 전류가 흐르는 코일에 작용하는 힘에 의해 주어진다(그림 19.15b). 코일은 자석의 원통 틈에서 아래 또는 위로 움직이고 하향력은 코일에 흐르는 전류에 비례한다. 접시에 있는 물체의 무게는 코일의 전류에 의해

(a)

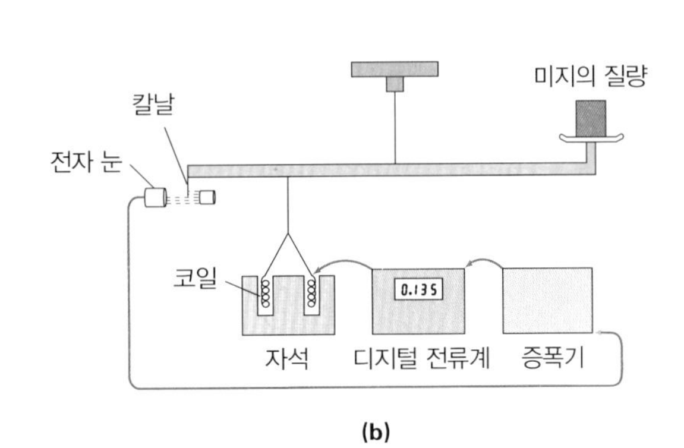

(b)

◀그림 19.15 **전자저울.** (a) 디지털 전자저울 (b) 전자저울의 원리 모식도. 균형력은 전자석에 의해 공급된다.

결정되며, 이 전류는 저울대가 평형을 유지하는 충분한 힘을 제공한다. 이 무게로부터 저울은 $m = w/g$와 그 지역의 g를 이용해 물체의 질량을 결정한다.

광센서와 전자 피드백 회로는 일반적으로 균형에 필요한 전류를 제어한다. 저울대가 평형을 이루어 수평이 되면 예리한 칸막이가 광원으로부터 오는 빛의 일부를 차단하며, 그 차단되지 않은 빛은 입사되는 빛의 양에 따라 저항이 변하는 빛 감응 전자 눈에 입사된다. 전자 눈의 저항이 증폭기가 코일에 보내는 전류의 세기를 조절한다. 따라서 저울대가 기울어 칸막이가 올라가 더 많은 빛이 전자 눈에 입사되면 코일의 전류는 증가하여 기울어지지 않도록 균형을 잡는다. 이러한 방식으로 빔은 전자적으로 거의 수평 평형 상태로 유지된다.

19.6 전자기: 자기장 원천으로서의 전류

전기와 자기 현상은 겉으로 보기에는 상당히 다르지만 실제로는 밀접하고 근본적으로 관련이 있다. 앞에서 배운 바와 같이 입자의 자기력은 전하에 따라 달라진다. 그러면 자기장 원천은 무엇인가? 1820년 덴마크 물리학자 한스 크리스티안 외르스테드(Hans Christian Oersted)가 그 답을 찾았는데, 그는 **전류가 자기장을 발생**한다는 것을 처음으로 발견하였다. 그의 연구는 전기와 자기의 관계에 대한 연구인 **전자기**(electromagnetism)라고 불리는 학문의 시작을 알렸다.

특히 외르스테드는 먼저 전류가 나침반 바늘의 편향을 만들 수 있다는 점을 주목했다. 이 특성은 그림 19.16과 같은 배열된 회로로 증명할 수 있다. 스위치가 열려 전류가 흐르지 않으면 바늘은 평소와 같이 지구의 북극을 가리킨다. 그러나 스위치가 닫히면 전류가 흐르고 나침반 바늘은 다른 방향을 가리켜 (전류에 의한) 여분의 자기장이 바늘에 분명히 영향을 주고 있음을 알려준다.

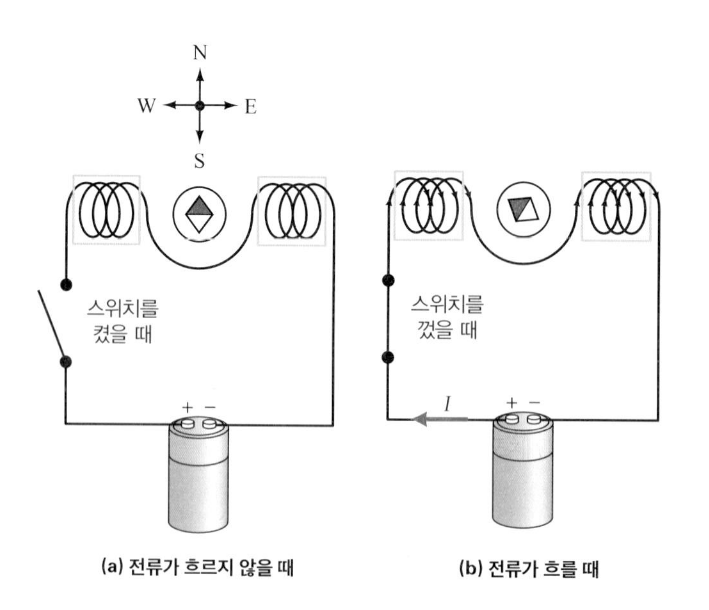

▶ 그림 19.16 **전류와 자기장.** (a) 전류가 흐르지 않으면 나침반 바늘은 북극을 가리킨다. (b) 도선에 전류가 흐르면 바늘이 편향되므로 지구자기장에 또 다른 자기장이 중첩되었음을 알 수 있다. 이 그림에서 여분의 자기장 세기는 지구자기장 세기와 비슷하다. 어떻게 알 수 있을까?

전류가 흐르는 도선의 다양한 구성에 의해 만들어진 자기장의 방향과 크기를 알기 위해서는 이 책 범위를 넘어서는 수학이 필요하다. 여기서는 몇 가지 보편적인 전류 구성에 대한 자기장 결과를 제시한다.

19.6.1 전류가 흐르는 긴 직선 도선 근처의 자기장

전류 I가 흐르는 긴 직선 도선에서 수직거리 d만큼 떨어진 지점에서(그림 19.17) 자기장의 크기는 다음과 같다.

$$B = \frac{\mu_0 I}{2\pi d} \quad \text{(긴 직선 도선에 의한 자기장)} \tag{19.12}$$

여기서 $\mu_0 = 4\pi \times 10^{-7}$ T·m/A는 상수—**자유공간의 투자율**(the magnetic permeability of free space)이다.

긴 직선 도선에서 자기력선은 도선을 중심으로 한 동심원을 나타낸다(그림 19.17a). 그림 19.17b와 같이 긴 직선 도선에서 전류에 의한 $\vec{\mathbf{B}}$의 방향은 **오른손 규칙**(right-hand source rule)에 의해 주어진다.

오른손으로 긴 직선 도선을 감아쥐고 엄지손가락을 쭉 펴서 전류(I)의 방향과 일치시키면 굽어진 다른 손가락들은 자기력선의 회전 방향을 가리킨다.

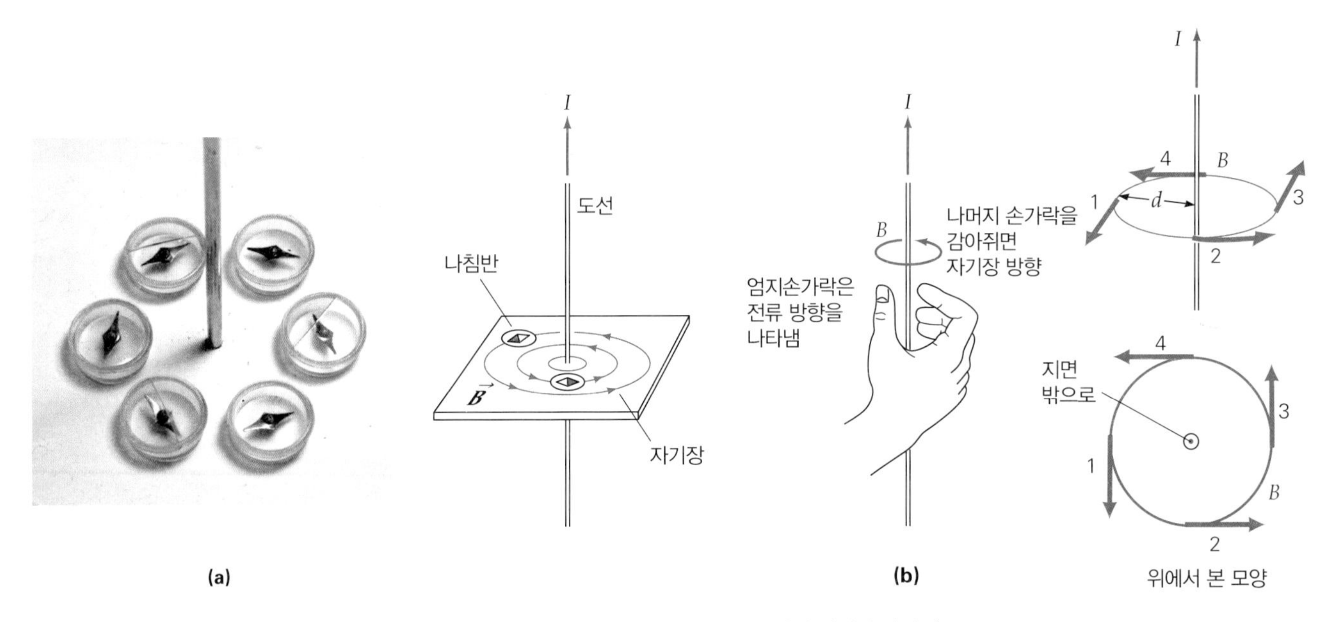

▲ 그림 19.17 **전류가 흐르는 긴 직선 도선 근처의 자기장.** (a) 나침반의 패턴으로 드러난 것처럼 자기력선은 도선 둘레에 동심원을 형성한다. (b) 자기장의 회전 방향은 오른손 규칙에 의해 주어지며 자기장의 방향은 자기력선의 접선 방향이다.

예제 19.4 전류가 흐르는 도선으로부터 자기장

가정용 전선에서 허용되는 최대 전류는 15 A이다. 이 전류가 무한히 긴 전선에서 서쪽에서 동쪽으로 흐른다고 하자(그림 19.18). 이 전선 바로 아래 1.0 cm에서 발생하는 자기장의 크기와 방향을 구하라.

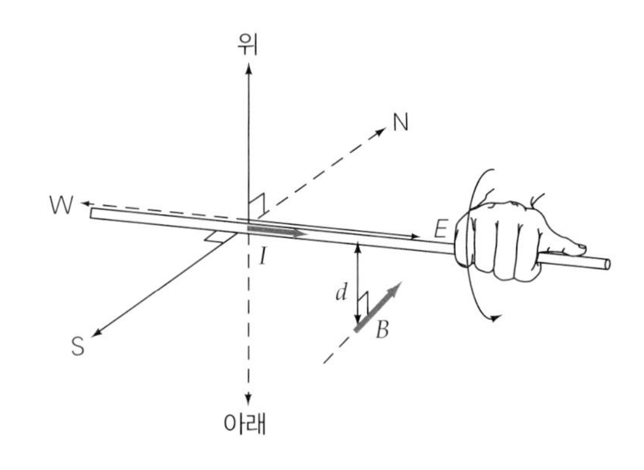

▲ 그림 19.18 **자기장.** 오른손 규칙의 한 표현을 사용하여 전류가 흐르는 긴 직선 도선에 의해 생성되는 자기장의 크기와 방향을 구한다.

풀이

문제상 주어진 값:

$I = 15\ \text{A}$

$d = 1.0\ \text{cm} = 0.010\ \text{m}$

식 19.12로부터 전선 1.0 cm 밑의 자기장의 크기는 다음과 같다.

$$B = \frac{\mu_0 I}{2\pi d} = \frac{(4\pi \times 10^{-7}\ [\text{T}\cdot\text{m}]/\text{A})(15\ \text{A})}{2\pi(0.010\ \text{m})} = 3.0 \times 10^{-4}\ \text{T}$$

오른손 규칙에 따르면 전선 바로 아래의 자기장 방향은 북쪽이다.

19.6.2 원형 코일의 중심에서 자기장

감은 횟수가 N, 반지름이 r인 전류 고리에 전류 I가 흐를 때(그림 19.19a는 원형 고리를 나타낸다) 자기장의 크기는 다음과 같다.

$$B = \frac{\mu_0 NI}{2r} \quad (N\text{번 감은 원형 코일의 중심에서 자기장}) \quad (19.13\text{a})$$

이 경우 (그리고 나중에 취급되겠지만 솔레노이드와 같은 모든 원형 전류 형태에서) 직선 도선의 오른손 규칙과는 약간 다른 (그러나 같은 것이지만) 다음과 같은 규칙으로 결정하는 것이 편리하다(그림 19.19a).

> 만약 전류가 흐르는 코일/고리를 오른손에 쥐어서 네 손가락이 전류 방향으로 감아쥐면, 코일/고리 영역 내부의 자기장 방향은 쭉 편 엄지손가락이 가리키는 방향이다.

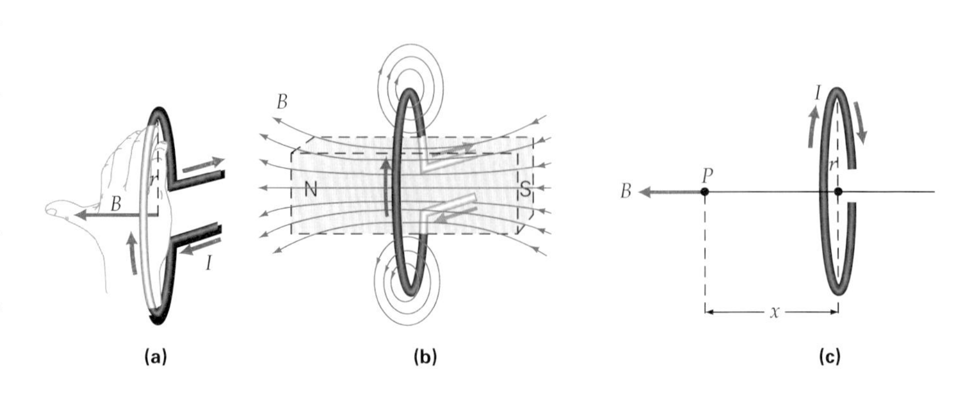

▶ 그림 19.19 **전류가 흐르는 원형 고리에 의한 자기장.** (a) 고리 내부에 있는 자기장의 방향은 오른손 규칙에 의해 주어진다. 전류 방향으로 네 손가락이 고리를 감싸고 있는 상태에서 엄지손가락은 고리 내부의 $\vec{\mathbf{B}}$ 방향을 가리킨다. 고리의 중심에 있는 자기장이 고리의 평면에 수직이라는 점에 유의하라. (b) 전류가 흐르는 원형 고리의 전체 전기장은 막대자석의 자기장과 유사하다. (c) 전류가 흐르는 고리의 중심축에서 자기장이다. 자세한 내용은 교재 논의를 참조하라.

모든 경우에 자기력선은 항상 닫힌 곡선이며, 그 방향은 오른손 규칙에 의해 결정된다. 앞에서 본 바와 같이 $\vec{\mathbf{B}}$의 방향은 자기력선에 접하고 위치에 따라 달라진다. 고리의 전체 자기장 형태는 막대자석의 형태와 기하학적으로 유사하다는 점에 유의하라(그림 19.19b에서 겹쳐 표시하고 그림자처럼 나타난다). 이것은 우연이 아니며 이 장 후반부에서 논의될 것이다.

일반적으로 N번 감긴 고리로 구성된 원형 도선 코일의 중심축에서(그림 19.19c는 하나의 고리에 대해 이 위치 P를 보여준다) 반지름이 r이고 전류 I가 흐르는 $\vec{\mathbf{B}}$의 크기는 고리의 중심으로부터의 거리 x에 따라 달라진다.

$$B = \frac{\mu_0 NIr^2}{2(r^2 + x^2)^{3/2}} \quad \text{(}N\text{번 감긴 고리 원형 코일의 중심축에서 자기장)} \qquad (19.13\text{b})$$

19.6.3 전류가 흐르는 솔레노이드 안에서의 자기장

솔레노이드는 그림 19.20과 같이 많은 원형 고리를 가진 긴 도선을 감아 코일 또는 나선형으로 감은 형태로 구성된다. 솔레노이드의 반지름이 길이(L)에 비해 작을 경우 내부 자기장이 솔레노이드의 길이 방향과 평행하고 크기가 일정하다. 솔레노이드의 자기장이 막대자석의 자기장과 매우 유사함에 유의하라.

일반적으로 내부 자기장의 방향은 원형에 대한 오른손 규칙에 의해 주어진다. 만약 솔레노이드가 감긴 횟수가 N이고 흐르는 전류가 I라 하면, 중심 근처에서의 자기장의 크기는 다음과 같다.

$$B = \frac{\mu_0 NI}{L} \quad \text{(솔레노이드의 중심 근처 자기장)} \qquad (19.14)$$

솔레노이드의 내부 자기장은 코일이 촘촘히 감긴 정도 또는 코일 밀도 N/L에 따라 결정된다는 점에 유의하라. 이를 정량화하기 위해 단위 길이당 감긴 횟수 n을 $n = N/L$로 정의한다. n의 단위는 m^{-1}이다. 식 19.14는 n을 이용해서 $B = \mu_0 nI$으로 다시 쓸 수 있다.

솔레노이드가 크고 상당히 균일한 자기장이 필요한 자기장 용도에 얼마나 적합한지 알아보려면 예제 19.5를 참조하라.

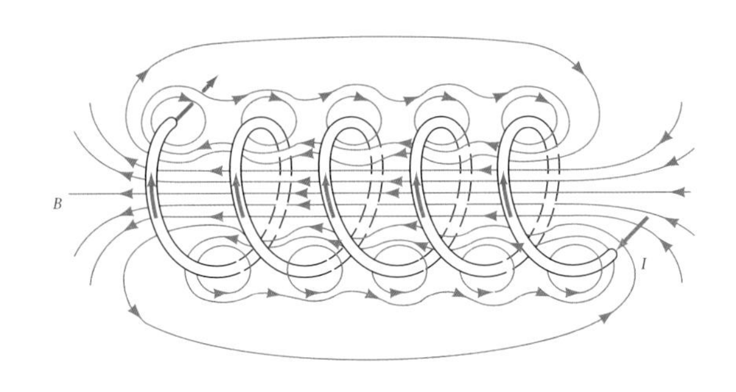

◀그림 19.20 **솔레노이드의 자기장.** 솔레노이드의 자기장은 솔레노이드의 중심축 근처에서 상당히 균일하다. 내부 자기장의 방향은 오른손 규칙을 적용하여 결정할 수 있다.

예제 19.5 도선 대 솔레노이드 – 자기장 집속

솔레노이드는 길이 0.30 m, 감긴 횟수가 300회, 전류는 15.0 A이다. (a) 중심 근처에서 자기장의 크기는 얼마인가? (b) 동일한 전류가 흐르는 예제 19.4의 단일 도선 근처의 자기장과 비교 및 설명하라.

풀이

문제상 주어진 값:

$I = 15.0\ \text{A}$

$N = 300$회

$L = 0.30\ \text{m}$

(a) 식 19.14로부터 다음의 값을 얻는다.

$$B = \frac{\mu_o NI}{L} = \frac{(4\pi\times10^{-7}\ \text{T}\cdot\text{m/A})(300)(15.0\ \text{A})}{0.30\,\text{m}} = 6\pi\times10^{-3}\ \text{T}\approx 18.8\ \text{mT}$$

(b) 이 자기장은 예제 19.4의 도선에 의해 생성된 자기장보다 60배 이상 크다. 나선형으로 여러 고리를 서로 가깝게 감으면 같은 전류를 사용하면서 자기장을 증가시킨다. 이는 솔레노이드의 자기장이 300개의 고리에서 나오는 자기장의 벡터 합이기 때문이며, 각각 고리 자기장 방향은 모두 같으므로 동일한 전류에 대해 더 큰 알짜 자기장을 생성하게 된다.

예제 19.6 평행한 두 도선에서 자기장과 자기력, 척력 또는 인력?

두 개의 길고 평행한 도선은 그림 19.21a에 나타낸 것과 같이 같은 방향으로 전류가 흐른다. (a) 이 도선들 사이에 작용하는 자기력은? (1) 인력 (2) 척력 또한 자기력을 그려보아라. (b) 도선 1의 전류는 5.0 A이고, 도선 2의 전류는 10 A이다. 둘 다 길이가 50 cm이고, 3.0 mm로 분리되어 있다. 다른 도선의 위치에 있는 각 도선에 의해 생성되는 자기장의 크기를 구하라. (c) 각 도선이 다른 도선에 가하는 자기력의 크기를 구하라.

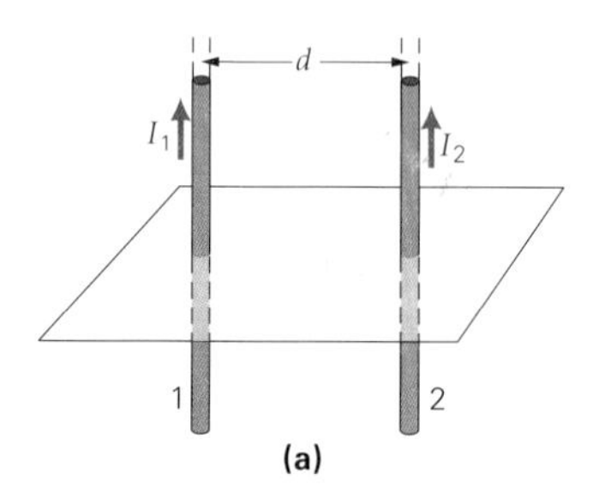

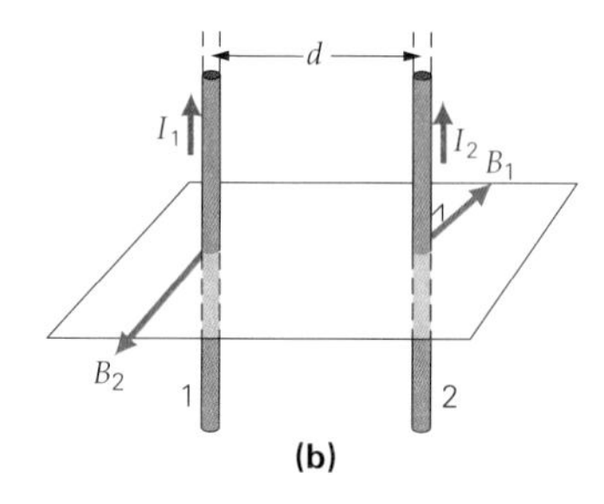

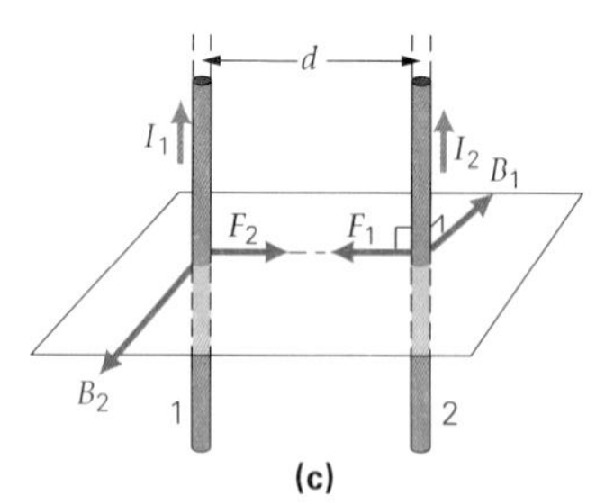

▲그림 19.21 **평행하게 전류가 흐르는 두 도선의 상호 작용.** **(a)** 두 개의 평행한 도선은 같은 방향으로 전류가 흐른다. **(b)** 도선 1은 도선 2의 근처에 자기장을 생성하며, 그 반대인 경우도 마찬가지다. **(c)** 도선은 같은 조건이지만 작용하는 힘은 척력이 가해진다.

풀이

문제상 주어진 값:

$I_1 = 5.0\ \text{A}$

$I_2 = 10\ \text{A}$

$d = 3.0\ \text{mm} = 3.0\times10^{-3}\ \text{m}$

$L = 50\ \text{cm} = 0.50\,\text{m}$

(a) 한 도선을 선택하고 이 도선에 의해 다른 도선이 있는 곳에서 생성되는 자기장의 방향을 구한다. 그림 19.21b에서 도선 1을 선택하였다. 다음에 도선 2에 오른손 규칙을 사용하여 힘의 방향을 구한다. 그 결과는 그림 19.21c와 같이 인력이 작용한다.

(b) 도선 2의 위치에서 도선 1로 인한 자기장의 크기는 다음과 같다.

$$B_1 = \frac{\mu_0 I_1}{2\pi d} = \frac{(4\pi\times10^{-7}\ T\cdot\text{m/A})(5.0\ \text{A})}{2\pi(3.0\times10^{-3}\ \text{m})} = 3.3\times10^{-4}\ \text{T}$$

도선 1의 위치에서 도선 2로 인한 자기장의 크기는 다음과 같다.

$$B_2 = \frac{\mu_0 I_2}{2\pi d} = \frac{(4\pi \times 10^{-7}\, T \cdot \mathrm{m/A})(10\ \mathrm{A})}{2\pi(3.0 \times 10^{-3}\ \mathrm{m})} = 6.6 \times 10^{-4}\ \mathrm{T}$$

(c) 도선 2에 의해 생성된 자기장에 의한 도선 1의 자기력의 크기는 다음과 같다.

$$F_1 = I_1 L B_2 = (5.0\ \mathrm{A})(0.50\ \mathrm{m})(6.6 \times 10^{-4}\ \mathrm{T}) = 1.7 \times 10^{-3}\ \mathrm{N}$$

도선 1에 의해 생성된 자기장에 의한 도선 2의 자기력의 크기는 다음과 같다.

$$F_2 = I_2 L B_1 = (10\ \mathrm{A})(0.50\ \mathrm{m})(3.3 \times 10^{-4}\ \mathrm{T}) = 1.7 \times 10^{-3}\ \mathrm{N}$$

예상했던 대로 힘은 뉴턴의 제3법칙을 만족하므로 크기가 같다.

예제 19.6에서와 같은 평행한 두 도선 사이에 작용하는 자기력은 A(암페어)의 표준을 결정하는 데 있어 기초가 된다. 국립표준기술연구소(NIST)는 암페어를 다음과 같이 정의한다.

> 1 A는 자유 공간에서 정확히 1 m의 거리로 분리된 두 개의 긴 평행선 각각에서 유지될 경우 단위 길이당 작용하는 자기력이 정확히 2×10^{-7} N/m인 힘을 발생시키는 전류이다.

19.7 자성 물질

왜 어떤 물질들은 자성을 띠거나 쉽게 자화되는 반면 다른 물질들은 그렇지 않은가? 막대자석에는 전류가 흐르지 않지만 어떻게 자기장을 만들 수 있는가? 이 질문들에 답하기 위해 몇 가지 기본적인 것부터 논의를 시작해 보자. 자기장을 생성하기 위해서는 전류가 필요하다는 것을 잘 알고 있다. 막대자석과 솔레노이드를 비교해 보면 (그림 19.1과 그림 19.21), 막대자석의 자기장은 내부 전류에 의해 생성되었다고 여길 수도 있을 것이다. 보이지 않는 내부 전류는 원자핵을 중심으로 하는 전자의 궤도 운동이나 스핀에 의한 것이다. 그러나 원자구조를 자세히 분석하면 **궤도 운동**에 의해 생성된 자기장은 없거나 매우 작다.

그러면 자성 물질은 자기의 근원이 무엇인가? 현대 양자이론에 따르면 철로 된 막대자석에 의해 생성되는 영구자석은 **전자의 스핀**에 의한 것이다. 고전역학에서는 전자의 스핀을 축을 회전하는 지구의 자전에 비유한다. 그러나 이 비유는 실제로는 적용되지 않는다. 전자의 스핀은 양자역학의 결과이지, 고전역학에서는 비유할 만한 것이 없다. 하지만 정성적인 사고와 추론에 의해 자전하는 전자가 자기장을 생성한다고 생각해도 큰 문제는 없다. 사실 자전하는 전자는 전류 고리(그림 19.19b)와 유사한 아주 미세한 자기장을 생성한다. 이 형태는 작은 막대자석의 자기장과 유사해서 자기적 측면에서 말하자면, 전자를 아주 미세한 나침반 바늘로 취급해도 무방하다.

다수의 전자를 가지는 다전자 원자에서는 전자의 스핀은 서로 정반대로 평행하게 쌍을 이루어 배열한다. 이 경우 자기장은 완전히 상쇄되어 그 물질은 비자성이 되며

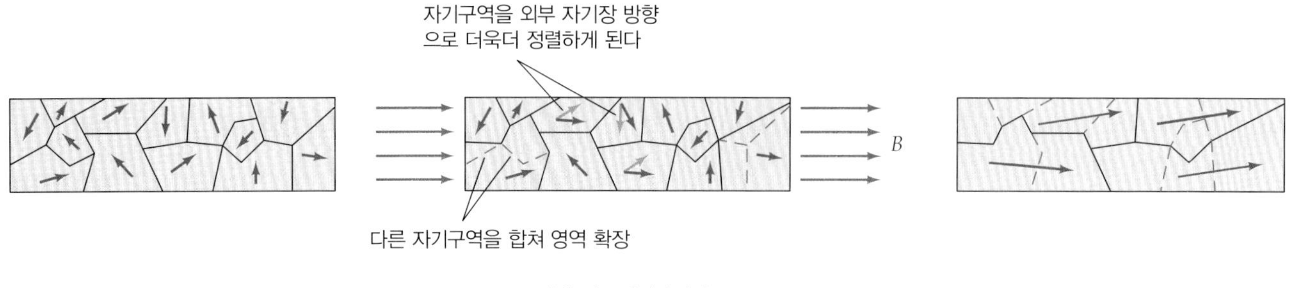

▲ 그림 19.22 **자기구역.** (a) 외부 자기장이 없으면 강자성 물질의 자기구역은 무질서하게 분포하여 비자화 상태이다. (b) 외부 자기장이 인가되면 자기장과 평행한 자기구역들은 다른 자기구역들과 합쳐지면서 확장된다. 또 어떤 자기구역들의 방향은 자기장 방향으로 회전한다. (c) 결과적으로 물질은 자화된 상태가 된다.

알루미늄이 이에 해당한다.

그러나 **강자성물질**(ferromagnetic materials)이라고 알려진 물질에서는 각 원자 내의 전자스핀들은 서로 상쇄되지 않고 영구적인 자기모멘트를 가진다. 그리고 이 원자들의 자기모멘트는 이웃 원자들의 자기모멘트와 평행하도록 서로 강하게 결합해 **자기구역**(magnetic domains)이라고 하는 한 영역을 형성하며, 같은 자기구역 내에서 전자의 스핀모멘트가 거의 평행하므로 꽤 큰 (알짜) 자기장을 생성한다. 자연 상태에서 강자성물질은 많지 않다. 대표적인 물질은 철(Fe), 코발트(Co), 니켈(Ni)이고 갈륨(Ga) 또는 네오디뮴(Nd) 등의 희토류 합금도 강자성을 나타낸다.

자화되지 않는 강자성물질에서 자기구역은 무질서하게 배열하고 있어 알짜자화는 없다(그림 19.22a). 그러나 강자성물질(철 막대처럼)이 외부 자기장에 놓이게 되면 자기구역의 방향과 크기가 변화한다(그림 19.22b). 전자를 작은 나침반이라고 생각하면 전자는 외부 자기장에 따라 정렬하기 시작한다. 외부 자기장과 철 막대는 서로 반응하기 시작하므로 철은 다음과 같은 두 가지 효과를 나타낸다.

1. 자기모멘트 방향이 외부 자기장 방향과 같은 자기구역들은 그렇지 않은 자기구역들을 합쳐서 확장되므로 자기구역 간의 경계가 이동한다.
2. 어떤 자기구역들의 자기모멘트는 외부 자기장 방향으로 약간 회전해서 자기장 방향으로 더 정렬한다.

외부 자기장을 제거하면 철 영역은 원래 외부 자기장 방향으로 어느 정도 정렬된 상태를 유지하게 되므로 자체적인 영구 자기장이 생성된다.

이제 왜 자화되지 않은 철조각이 자석에 끌리고 또 철침이 자기장에 정렬하는지를 알았다. 실제 철 조각은 유도된 자석이 된다(그림 19.22c).

19.7.1 전자석과 자기투자율

강자성 물질은 전자석을 만들 때 사용되며 전자석은 철심 주위로 도선을 감아 만든 것이다(그림 19.23a). 코일에 전류가 흘러 철심 내부에 자기장을 만들면 철심은 코일

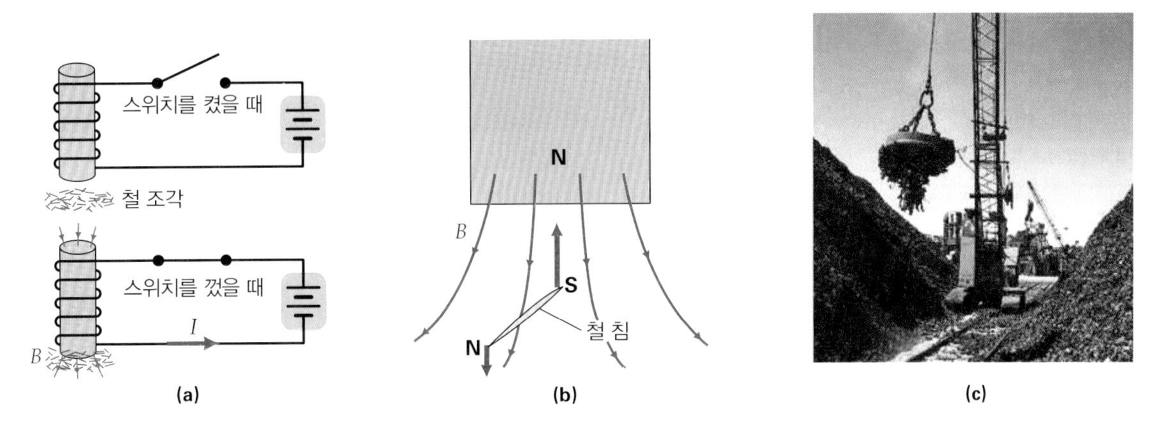

▲ **그림 19.23 전자석.** **(a)** 위쪽 회로에 전류가 흐르지 않으면 자기력은 없다. 그러나 아래쪽 회로에 전류가 흐르면 자기력이 생겨 철심이 자화된다. **(b)** (a)의 전자석 밑에 있는 세부 모양이다. 철 조각은 전자석의 끝부분으로 끌린다. **(c)** 철재 금속들을 끌어 올리는 전자석의 모습이다.

에 의한 자기장보다 몇십 배 더 큰 자기장을 만든다. 전류를 흘리면 자기장이 생성되고, 흘리지 않으면 자기장은 없어진다. 전류가 흐르면 강자성 물질에 자기가 유도되고 (예를 들어 그림 19.23b에서 철침) 자기력이 충분하다면 많은 양의 철조각을 끌어올릴 수 있다(그림 19.23c). 전자석이 켜져 있을 때 (그림 19.23a의 아래 그림) 철심은 자화되어 철심의 자기장이 솔레노이드의 자기장에 추가되게 된다. 전체 자기장은 다음과 같이 나타낼 수 있다.

$$B = \frac{\mu NI}{L} \quad \text{(철심 솔레노이드 중심의 자기장)} \tag{19.15}$$

이 표현식은 자유 공간의 투자율인 μ_0 대신 μ를 포함하는 것을 제외하고 공기 중에서 솔레노이드 식 19.14의 자기장에 대한 표현과 거의 동일하다. 여기서 μ는 자유 공간이 철심 물질의 **자기투자율**(magnetic permeability)로 나타낸다. 자기투자율의 역할은 전기장에 대한 유전율과 유사하다(16장 참조). 자기투자율도 자유 공간에서의 투자율을 포함시켜 다음과 같이 정의한다.

$$\mu = \kappa_m \mu_0 \tag{19.16}$$

여기서 κ_m은 상대투자율(무차원)이라 하며 유전상수 κ와 유사하다.

강자성 물질의 경우 자유 공간에서 도선으로 감싼 것만으로 총 자기장이 그것을 훨씬 초과한다. 따라서 강자성 물질에 대해 $\mu \gg \mu_0$이고 $\kappa_m \gg 1$이다.

연습문제

통합 연습문제(Integrated Exercises, IEs)는 두 부분으로 이루어진다. 첫 번째 부분은 일반적으로 기본 원칙과 추론에 기초한 개념적 답변 선택을 요구한다. 두 번째 부분은 연습의 첫 번째 부분에서 이루어진 개념적 선택과 관련된 정량적 계산을 필요로 한다. 기호(•)은 문제의 난이도를 의미한다. 쉬움(•), 보통(••), 어려움(•••)

19.1 영구 자석, 자극 및 자기장

1. • 영구 막대자석(#1)은 수직 방향이기 때문에 북쪽 끝은 남쪽 끝 아래에 있다. 이 자석의 북쪽 끝은 동일한 수직 방향 자석(#2)에서 1.5 mN의 위쪽 자기력을 느끼고, 한쪽 끝은 #1의 북쪽 끝 바로 아래 2.5 cm에 위치한다. (a) 두 번째 자석의 자극 방향을 보여주는 그림을 만들어라. (b) 세 번째 동일한 자석 #3을 가져와서 수평으로 방향을 잡아서 북극의 북쪽 끝이 북극의 오른쪽에서 직접 #1과 2.5 cm에 가장 근접하도록 한다. 이제 자석 #1의 북쪽 끝의 자기력은 얼마인가?

2. •• xy 평면에 매우 좁은 자석 두 개가 놓여 있다. 자석 #1은 x축에 놓여 있고 북쪽 끝은 $y = +1.0$ cm인 반면 남쪽 끝은 $x = +5.0$ cm이다. 자석 #2는 자석 #1의 절반에 불과한 자기장을 생성한다. (a) 만약 나침반이 원점에 놓여 있다면 어떤 방향을 가리킬까? (b) 자석 #1이 극성으로 반전되는 상황을 위해 (a)를 반복하라.

19.2 자기장의 세기와 자기력

3. • 0.050 C의 전하가 수직으로부터 45°로 정렬된 0.080 T의 자기장에서 수직으로 움직인다. 전하에 작용하는 힘이 10 N이 된다면 그 전하의 속력은 얼마인가?

4. •• 양성자 빔은 입자 가속기에서 5.0×10^6 m/s의 속력으로 가속되어 균일한 자기장으로 수평하게 들어간다. 양성자의 속도에 수직으로 향하면 중력이 없고 빔이 수평으로 운동하면 자기장의 방향과 크기는 얼마인가?

5. •• 전자는 2.0×10^4 m/s의 속력으로 크기가 1.2×10^{-3} T의 균일한 자기장을 통해 움직이고 있다. (a) 전자의 속도와 자기장이 수직인 경우 전자에 미치는 자기력의 크기는? (b) 전자의 속도와 자기장이 이루는 각이 45°일 때 전자에 미치는 자기력의 크기는 얼마인가? (c) 전자의 속도와 자기장이 평행한 경우 전자에 미치는 자기력의 크기는? (d) 전자의 속도와 자기장이 반대 방향을 이루는 경우 전자에 미치는 자기력의 크기는?

6. ••• 양성자 빔이 3.0×10^5 m/s의 속력으로 입자 가속기에서 동쪽으로 빠져나간다. 그런 다음 빔 방향에 상대적인 수평 위 37°의 방향으로 0.50 T의 균일한 자기장에 들어간다. (a) 양성자가 자기장에 들어갈 때 양성자의 초기 가속도는 얼마인가? (b) 수평 아래 37°의 방향으로 한다면 양성자의 초기 가속도는 얼마인가? (c) 만약 빔 대신 전자로 할 때 전자가 37°로 위쪽으로 휜다면 양성자와 비교해 전자에 가해지는 힘의 차이가 있을 것인가? 그 이유를 설명하라. (d) (c)에서 양성자와 전자의 가속도 비율은 얼마인가?

19.3 응용: 자기장 내에서 대전 입자

7. • 속도선택기에서 1.5 T의 균일한 자기장은 큰 자석에 의해 생성된다. 두 평행판 사이의 거리는 1.5 cm이고 수직으로 전기장을 생성한다. 다음 질문에 대해 답하라. (a) 8.0×10^4 m/s의 속력으로 이동하는 단일 전하인 이온이 똑바로 통과하기 위한 판 사이의 전압은 얼마인가? (b) 전하량이 두 배인 이온이 같은 속력으로 똑바로 통과한다면 전압은 얼마인가?

8. •• 깊은 종양을 치료하는 시험 기법에서는 불안정한 양전하를 띤 파이온(pion; π^+, 질량이 2.25×10^{-25} kg인 기본 입자)이 피부를 뚫고 종양 부위에서 분해되어 암세포를 죽일 수 있는 에너지를 방출한다. 파이온이 필요한 운동에너지가 10 keV인 경우, 전기장의 세기가 2.0×10^3 V/m인 속도선택기를 사용할 때 자기장의 세기는 얼마인가?

9. •• 질량분석기에서는 1.0 kV/m의 전기장에 수직인 100 mT의 자기장을 사용해 특정 속도를 갖는 $2e$인 이온을 선택한다. 이 동일한 자기장은 반지름이 15 mm인 원형 경로를 따라 원운동을 하는 데 사용한다. 다음 질문에 대하여 풀어라. (a) 이온의 질량, (b) 이온의 운동에너지, (c) 이온의 운동에너지가 원형 경로에서 증가하는가? 설명하라.

19.4 전류가 흐르는 도선에서의 자기력

19.5 응용: 자기장 내에서 도선에 흐르는 전류

10. • (a) 그림 19.24에서 도선에 흐르는 전류의 방향을 구하라. 각각의 경우에 자기력 방향을 나타내었다.
(b) 각각의 경우 도선에 5.5 A의 전류가 흐르는 직선 도선

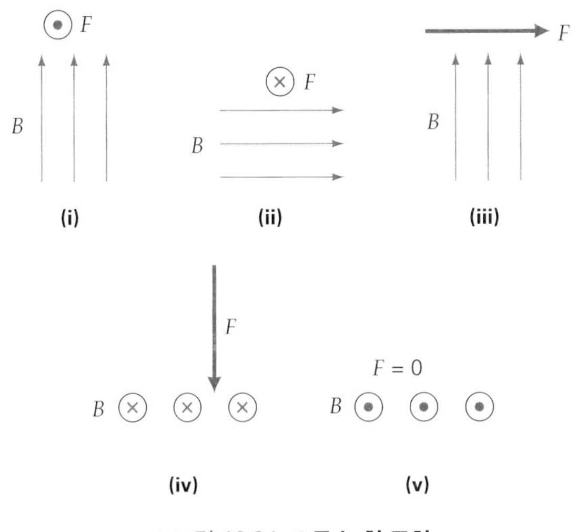

▲ 그림 19.24 **오른손-힘 규칙**

의 길이가 15 cm이고 자기장의 세기가 1.0 mT인 경우 자기력의 크기를 구하라.

11. • 2.0 m 길이의 직선 도선은 전류의 방향에서 37° 각도로 50 mT의 균일한 자기장에 20 A의 전류가 흐른다. 도선에 작용하는 자기력을 구하라.

12. •• 도선은 0.40 T의 균일한 자기장으로 $+x$ 방향으로 10 A의 전류가 흐른다. (a) 만약 자기장이 $+x$ 방향일 경우 단위 길이당 자기력의 크기와 도선에서 힘의 방향을 구하라. (b) 만약 자기장이 $+y$ 방향일 경우 단위 길이당 자기력의 크기와 도선에서 힘의 방향을 구하라. (c) 만약 자기장이 $+z$ 방향일 경우 단위 길이당 자기력의 크기와 도선에서 힘의 방향을 구하라. (d) 만약 자기장이 $-y$ 방향일 경우 단위 길이당 자기력의 크기와 도선에서 힘의 방향을 구하라. (e) 만약 자기장이 $-z$ 방향일 경우 단위 길이당 자기력의 크기와 도선에서 힘의 방향을 구하라. (f) 만약 자기장이 $+x$축 위와 xy 평면에서 45°의 각도에 있는 경우 단위 길이당 자기력의 크기와 도선에서 힘의 방향을 구하라.

13. •• 도선은 $+x$ 방향으로 10 A의 전류가 흐른다. (a) 자기장의 성분이 $B_x = 0.020$ T, $B_y = 0.040$ T, $B_z = 0$인 경우 도선에서 단위 길이당 자기력을 구하라. (b) 만일 자기장의 x 성분을 0.050 T로 바꾸면 도선에서 단위 길이당 자기력을 구하라. (c) 만일 자기장의 y성분을 -0.050 T로 바꾸면 도선에서 단위 길이당 자기력을 구하라.

14. •• 그림 19.25의 도선이 지면 바깥을 향하는 1.0 T의 자기장 안에서 굽어있다. 만약 $x = 50$ cm이고 전류가 5.0 A이라면 도선에 작용하는 알짜힘을 구하라.

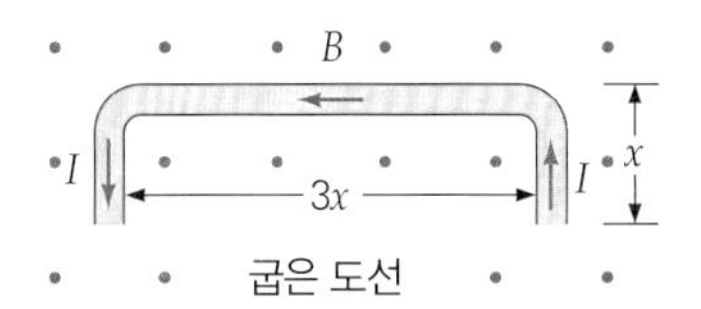

▲ 그림 19.25 **자기장 내에서 전류가 흐르는 도선**

15. ••• 단면적이 0.20 m^2인 직사각형 고리에 0.25 A의 전류가 흐른다. 고리는 0.30 T의 균일한 자기장에 수직인 축을 중심으로 자유롭게 회전할 수 있다. 고리의 평면은 자기장 방향으로 30°에 있다. (a) 고리의 돌림힘의 크기는 얼마인가? (b) (a)의 돌림힘을 2배로 하려면 자기장을 얼마로 해야 하는가? (c) (a)의 돌림힘을 2배로 하려면 전류만 변화시킬 때 얼마로 해야 하는가? (d) (a)의 돌림힘을 2배로 하려면 단면적만 변화시킬 때 얼마로 해야 하는가? (e) 각도만 변화시켜 (a)의 돌림힘을 2배로 할 수 있는가? 설명하라.

19.6 전자기: 자기장 원천으로서의 전류

16. • 반지름이 15 cm, 50회 감긴 코일의 중심에서 자기장은 0.80 mT이다. 전류와 감긴 횟수를 동일하게 유지하면서 자기장의 세기를 두 배로 늘리려면 코일 면적이 어떻게 되어야 하는가?

17. • 반경 15 cm의 25회 감긴 코일의 중심 바로 위 7.5 cm에서 자기장은 0.80 mT이다. 코일에 흐르는 전류를 구하라.

18. • 물리학 실험실에서 한 학생이 긴 도선으로부터 일정한 거리에서 자기장의 크기가 4.0 μT라는 것을 발견하였다. 만약 도선에 흐르는 전류가 5.0 A라 하면, 도선으로부터 떨어진 거리는 얼마인가?

19. •• 그림 19.26과 같이 길고, 평행한 두 도선에 8.0 A와 2.0 A의 전류가 흐른다. (a) 도선 사이의 중간 지점에서 자기장의 크기는 얼마인가? (b) 두 도선 사이에서 자기장이 0인 곳은 어디인가?

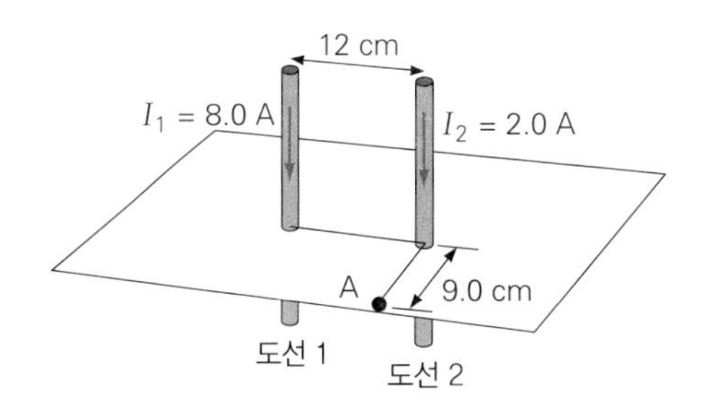

▲ 그림 19.26 **평행한 두 도선에 흐르는 전류**

20. •• 0.20 m만큼 떨어져 길고 평행한 두 도선에 같은 방향으로 1.5 A의 전류가 흐르고 있다. 그림 19.27과 같이 각 도선에서 바깥쪽으로 0.15 m 떨어진 곳에서의 자기장의 크기와 방향을 구하라.

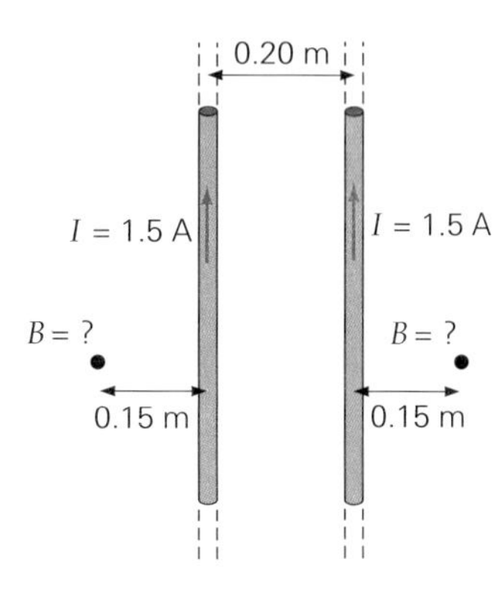

▲ 그림 19.27 **자기장 합**

21. •• 반경 5.0 cm의 원형 고리 4개의 코일은 코일의 평면 위에서 볼 때 시계 방향으로 2.0 A의 전류가 흐른다. 코일의 중심에 있는 자기장은 얼마인가?

22. •• 반경 5.0 cm의 원형고리에 1.0 A의 전류가 흐른다. 또 다른 원형고리는 첫 번째와 동심원이며 반지름은 10 cm이다. 이들 고리의 중심에 있는 그 자기장은 처음보다 두 배나 더 크지만 정반대 방향이다. 두 번째 고리의 전류는 얼마인가?

23. •• 솔레노이드가 200회/cm 감겨 있다. 외부 층에 절연 도선을 첫 번째 층 위에 180회/cm 감았다. 솔레노이드가 작동 중일 때 안쪽 코일은 10 A의 전류가 흐르고 바깥쪽 코일은 안쪽 코일의 전류와 반대 방향으로 15 A가 흐른다(그림 19.28). (a) 이 구성에 대한 중심에 있는 자기장의 방향은? (b) 중심에서 자기장의 크기는 얼마인가?

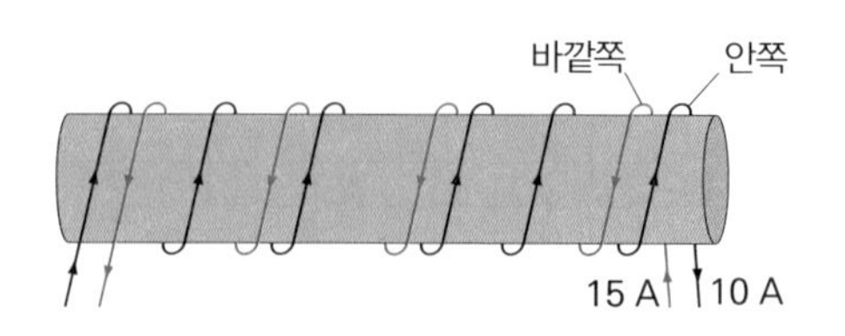

▲ 그림 19.28 **두 층으로?**

24. •• 두 개의 길고 곧은 평행한 도선에 전류가 같은 방향으로 흐르고 있다. 도선 사이의 힘이 올바른지 여부를 확인하려면 오른손 규칙을 사용해서 선택하라. (1) 인력, (2) 척력. (b) 도선이 24 cm 떨어져 있고 단위 길이당 24 mN/m의 힘이 발생하는 경우 각각에서 전류를 구하라. (c) 두 도선 사이의 중간 부분에서 자기장의 세기는 얼마인가?

19.7 자성 물질

25. •• 길이 50 cm의 솔레노이드는 도선을 100회 감았으며 0.95 A의 전류가 흐른다. 자기장이 0.71 T인 내부를 완벽하게 채운 강자성 코어를 가지고 있다. (a) 물질의 자기투자율 및 (b) 상대투자율을 구하라.

CHAPTER 20

전자기유도와 전자기파

Electromagnetic Induction and Waves

이 풍차들은 전자기유도의 원리를 이용하여 바람으로부터 재생 가능한 전기에너지를 공급한다.

19장에서 보았듯이 전류는 자기장을 생성한다. 그러나 전기와 자기의 관계는 거기서 그치지 않는다. 이 장에서는 적절한 조건에서 자기장이 전기장과 전류를 생성할 수 있음을 보여줄 것이다. 이것은 어떻게 된 걸까? 19장에서는 일정한 자기장만을 고려했다. 일정한 자기장 내에 정지해 있는 고리에서는 전류가 생성되지 않는다. 그러니 시간에 따라 자기장이 변화하거나 고리가 자기장 안 또는 밖으로 이동하거나 회전하면 고리에서 전류가 생성된다.

이러한 상호관계의 가장 유용한 응용 프로그램 중 하나는 대체 에너지와 재생 가능한 에너지원을 공급한다는 것이다. 이 장의 처음 사진처럼 풍력발전소에서는 지구상에서 가장 오래되고 간단한 에너지 중 하나인 바람이 '청정' 전기에너지를 생성하는 데 사용된다. 풍차 발전기는 공기의 운동에너지 일부를 전기에너지로 전환한다.

하지만 이 마지막 단계가 어떻게 이루어지는가? 에너지의 최종 원천 — 화석연료의 연소; 원자로에서 나오는 열, 바람, 파동 또는 낙하하는 물 등 — 이 무엇인가에 관계없이 전기에너지로의 전환은 자기장과 전자기유도의 개념에 의해 일어난다. 이 장에서는 전자기유도의 기본 원리를 검토할 뿐만 아니라 몇 가지 실제 적용에 대해서도 논의한다. 마지막으로 전자기복사의 생성과 전자기파는 전자기유도와 밀접하게 관련되어 있음을 보여줄 것이다.

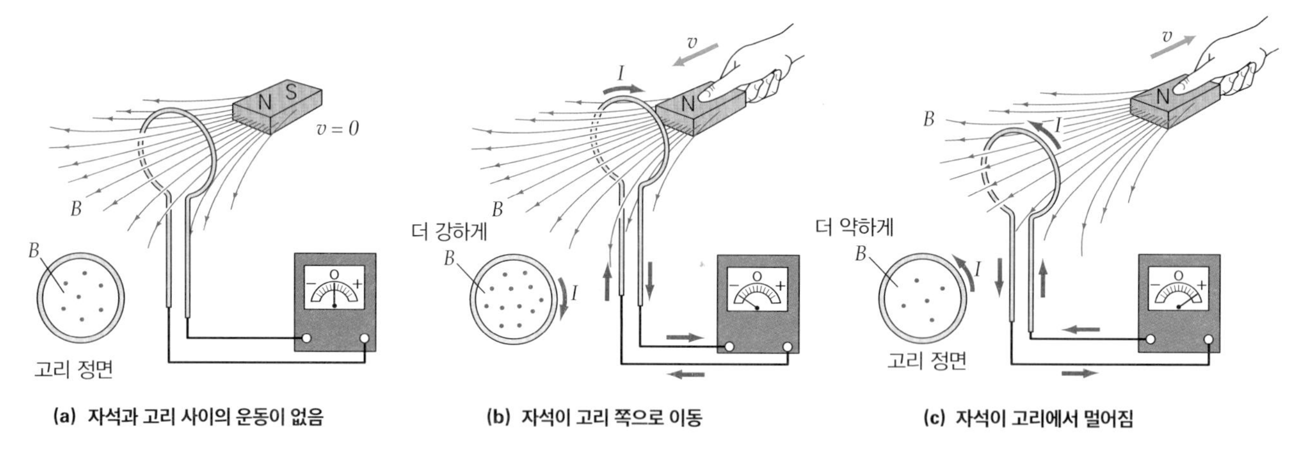

▲ 그림 20.1 **전자기유도.** (a) 전류와 고리 사이에 상대적인 운동이 없으면 고리를 통과하는 자기력선의 수가 일정해 검류계의 바늘이 편향되지 않는다. (b) 자석을 고리 쪽으로 움직이면 고리를 통과하는 자기력선의 수가 증가하여 유도전류가 검출된다. (c) 자석을 고리 쪽에서 멀리 떨어뜨리면 고리를 통과하는 자기력선의 수가 감소한다. 이때 유도전류의 방향은 (b)와 반대이다. 검류계의 바늘이 편향되는 방향을 주목하라.

20.1 유도기전력: 패러데이의 법칙과 렌츠의 법칙

17.1절에서 emf라는 용어는 전류를 발생시킬 수 있는 전위차인 기전력을 의미한다는 것을 상기하라. 자석이 전도성 고리 근처에 정지되어 있을 때, 그 고리에서 기전력을 유도하지 않는 것이 실험적으로 관찰된다(그림 20.1a). 그러나 그림 20.1b와 같이 자석이 고리 쪽으로 이동하면 검류계 바늘의 편향은 전류가 고리에서 생성되지만, 자석의 움직임 중에만 생성됨을 나타낸다. 더욱이 자석을 그림 20.1c와 같이 고리에서 멀어지게 되면 검류계의 바늘은 반대 방향으로 편향되어 현재 방향의 반대로 나타내지만, 이는 자석의 움직임 중에만 발생한다.

유도전류의 존재를 나타내는 실험도 정지된 고리를 향해 자석이 접근하거나 멀리 이동하는 경우에 발생한다. 따라서 유도 효과는 고리와 자석의 상대적인 움직임에 따라 달라진다. 또한 유도전류의 크기는 그 움직임의 속력에 따라 결정된다. 그러나 실험적으로 주목할 만한 예외가 있다. 그림 20.2와 같이 고리가 균일한 자기장에서 이동(회전하지는 않음)되면 전류가 유도되지 않는다. 이 상황은 이 절의 뒷부분에서 논의될 것이다. 또 다른 방법은 근처의 다른 고리에서 전류를 변화시키는 것이다. 그림 20.3a의 스위치를 닫으면 오른쪽 고리의 전류는 짧은 시간에 0에서 어떤 값까지 증가하게 된다. 이 전류가 증가하는 시간 동안 왼쪽 고리에서 자기장이 0에서 어떤 값까지 증가하게 된다.

이 과정이 진행되는 동안 검류계의 바늘이 움직여 왼쪽 고리에 유도전류가 발생된다는 것을 알 수 있다. 오른쪽 고리의 전류가 일정한 값을 유지하면 생성된 자기장의 세기도 일정하게 되고 왼쪽 고리의 전류는 0으로 떨어진다. 유사하게 오른쪽 고리의 스위치가 열릴 때 전류와 자기장은 0으로 감소하게 되고(그림 20.3b) 검류계 바늘이 반대로 움직여 왼쪽 고리의 전류가 반대 방향으로 흐르는 것을 알 수 있다.

그림 20.1과 그림 20.3에서 모두 일어나고 있는 **전자기유도**(electromagnetic in-

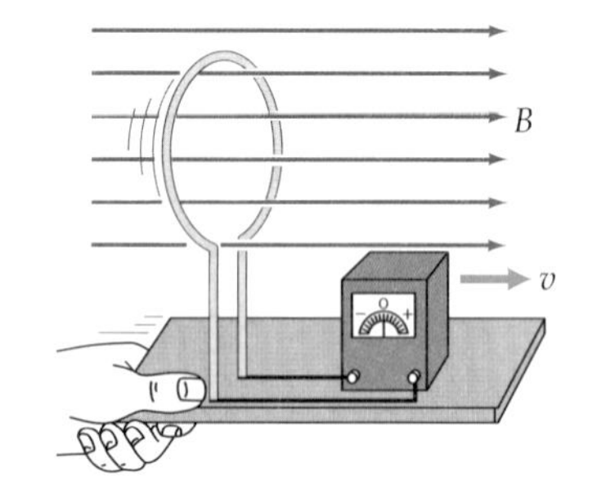

▲ 그림 20.2 **상대운동과 유도 없음.** 고리가 균일한 자기장과 평행하게 움직일 때 고리를 통과하는 자기력선 수의 변화가 없으므로 유도전류도 없다.

duction)의 과정을 간단하게 요약하면 다음과 같다.

> 고리 또는 폐회로의 면을 통과하는 자기력선의 수가 변화하면 유도기전력이 생성된다.

1800년대 중반에 전자기유도를 조사하던 마이클 패러데이(Michael Faraday)의 상세한 실험에 따르면 전자기유도에 있어서 중요한 인자는 고리나 회로단면을 통과하는 자기력선의 수의 **시간변화율**이다. 즉, 유도된 기전력은 고리 또는 회로의 단면을 통과하는 자기력선의 수가 시간에 따라 변화할 때마다 고리 또는 폐회로에 생성되며, 그 크기는 얼마나 빠르게 변화되는지와 관련이 있다.

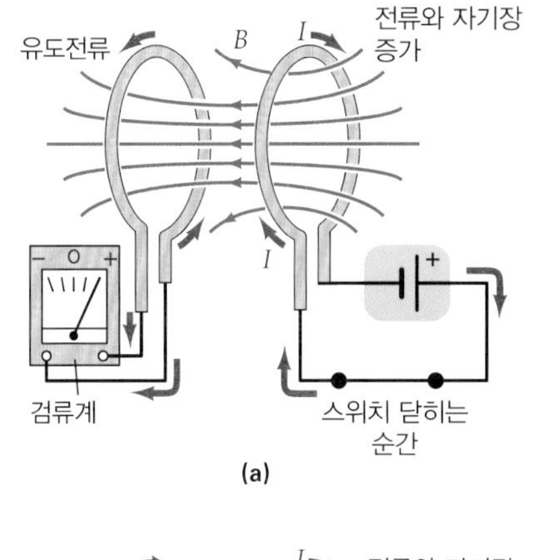

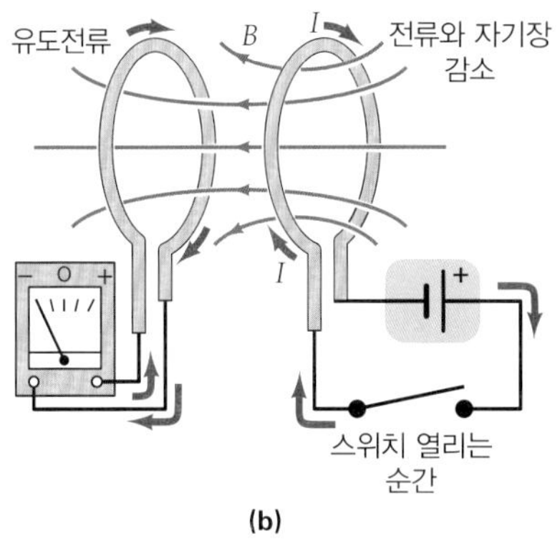

▲그림 20.3 **상호 유도.** (a) 오른쪽 회로의 스위치를 닫아 전류가 흐르게 되면 다른 고리에서 자기장이 변화하여 유도전류가 흐른다. (b) 스위치가 열리면 자기장은 사라지고 왼쪽 회로의 자기장은 감소된다. 이 회로에서의 유도전류는 반대 방향으로 흐른다. 유도전류는 고리를 통과하는 자기장의 세기가 변화하거나 사라질 때 발생한다.

20.1.1 자기선속

유도기전력을 결정하려면 고리를 통과하는 자기력선의 수를 정량화 해야 한다. 균일한 자기장에 놓여 있는 고리를 생각하자(그림 20.4a). 고리를 통과하는 자기력선의 수는 고리의 단면적, 자기장에 상대적인 방향 및 해당 자기장의 세기에 따라 달라진다. 고리의 방향을 설명하기 위해 **면적 벡터**($\vec{\mathbf{A}}$)의 개념이 사용된다. 면적 벡터의 방향은 고리 평면에 수직이고, 그 크기는 면적과 같다. 자기장($\vec{\mathbf{B}}$)과 면적 벡터($\vec{\mathbf{A}}$) 사이의 각도, θ는 이들 사이의 각도이다. 예를 들어 그림 20.4a에서 $\theta = 0°$이면 두 벡터는 같은 방향, 즉 고리 면과 자기장이 수직임을 의미한다.

면적에 따라 달라지지 않는 자기장에서는 특정 면적(여기서 고리 면적)을 통과하는 자기력선의 수가 **자기선속**(magnetic flux, Φ)에 비례하고, 다음과 같이 정의한다.

$$\Phi = BA\cos\theta \quad \text{(균일한 자기장에서 자기선속)} \tag{20.1}$$

자기선속의 SI 단위: $\text{T}\cdot\text{m}^2$ 또는 Wb(Weber)

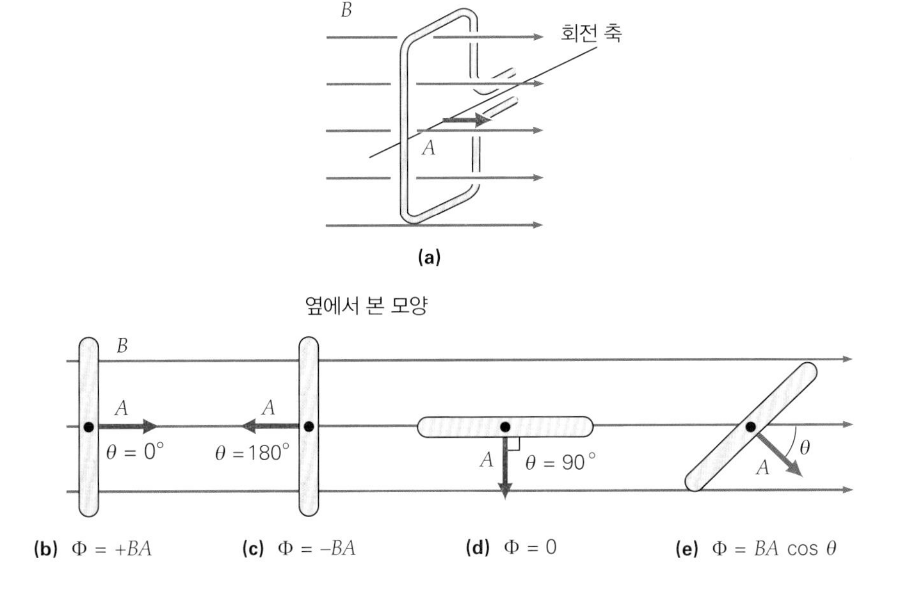

◀그림 20.4 **자기선속.** (a) 자기선속(Φ)은 면적(A)을 통과하는 자기력선의 수의 척도이다. 이 면적은 벡터 $\vec{\mathbf{A}}$로 표현하며, 고리 평면에 수직이다. (b) 고리의 평면이 자기장과 수직($\theta = 0°$)일 때 $\Phi = \Phi_{max} = +BA$이다. (c) $\theta = 180°$일 때 자기선속은 같은 크기를 갖지만 방향은 반대이다. $\Phi = -\Phi_{max} = -BA$. (d) $\theta = 90°$일 때 $\Phi = 0$이다. (e) $\vec{\mathbf{A}}$가 자기장과 θ의 각도를 이룰 때 자기력선에 대한 유효면적은 작아진다. 따라서 자기선속은 감소한다. 일반적으로 $\Phi = BA\cos\theta$이다.

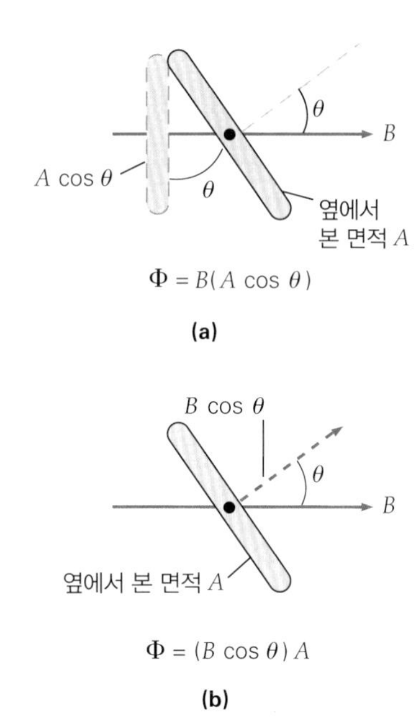

▲그림 20.5 **고리를 통과하는 자기선속: 두 가지 대안적 해석.** (a) 축소된 면적($A\cos\theta$)을 통과하는 자기장의 크기(B)의 항으로 자기선속(Φ)을 정의하는 것 대신 (b) A를 통과하는 자기장의 수직 성분($B\cos\theta$)의 항으로 정의할 수 있다. 어떤 경우든 Φ는 A를 통과하는 자기력선의 수의 척도이며 $\Phi = BA\cos\theta$로 주어진다.

여기서 자기선속의 SI 단위는 $\text{T}\cdot\text{m}^2$이고, 이 조합 단위는 웨버(Wb)(Wilhelm Eduard Weber를 기념하여)로 나타내며, $1\text{ Wb} = 1\text{ T}\cdot\text{m}^2$이다.

자기장에 대한 고리의 방향을 이를 통과하는 자기력선의 수에 영향을 주며 식 20.1의 코사인 항이 이를 의미한다. 몇 가지 가능한 방향을 고려해 보자.

- 만약 $\vec{\mathbf{B}}$와 $\vec{\mathbf{A}}$가 평행($\theta = 0°$)하면 자기선속은 +이고 $\Phi_{\max} = \Phi_{0°} = BA\cos 0° = +BA$로 최댓값을 가진다. 이때 고리를 통과하는 자기력선의 수는 최대가 된다(그림 20.4b).
- 만약 $\vec{\mathbf{B}}$와 $\vec{\mathbf{A}}$가 서로 반대($\theta = 180°$)라 하면, 자기선속은 다시 최댓값을 가지나 부호는 −이고, $\Phi_{180°} = BA\cos 180° = -BA = -\Phi_{\max}$이다(그림 20.4c).
- 만약 $\vec{\mathbf{B}}$와 $\vec{\mathbf{A}}$가 수직($\theta = 90°$)이라면, 고리의 평면을 통과하는 자기력선이 없어 자기선속은 0이고, $\Phi_{90°} = BA\cos 90° = 0$이다(그림 20.4d).
- $\vec{\mathbf{B}}$와 $\vec{\mathbf{A}}$의 사이각인 상황이라면 자기선속이 최댓값보다는 작지만 0은 아니다(그림 20.4e).

$A\cos\theta$는 자기력선에 수직한 고리의 **유효면적**으로 해석할 수 있다(그림 20.5a). 또는 그림 20.5b와 같이, $B\cos\theta$는 고리 전체 면적인 A를 통해 자기장의 수직 성분으로 볼 수 있다. 즉, 식 20.1은 수학적으로 $\Phi = (B\cos\theta)A$ 또는 $\Phi = B(A\cos\theta)$로 분류할 수 있다. 물론 어느 쪽이든 답은 같다.

20.1.2 패러데이의 법칙과 렌츠의 법칙

정량적인 실험으로부터 패러데이는 코일(N번 감은 고리)에 유도된 emf($\mathscr{E}$)가 모든 고리를 통과한 자기력선 수의 시간 변화율 또는 모든 고리를 통과한 자기선속(전체)의 시간 변화율에 의존한다고 판단했다. 이 의존 관계는 패러데이의 전자기유도법칙이라 하고 수학적으로 나타내면 다음과 같다.

$$\begin{aligned}\mathscr{E} &= -\frac{\Delta(N\Phi)}{\Delta t}\\ &= -N\frac{\Delta\Phi}{\Delta t} \quad \text{(유도기전력에 대한 패러데이의 법칙)} \qquad (20.2)\end{aligned}$$

여기서 $\Delta\Phi$는 한 개의 고리를 통과하는 자기선속의 변화이다. N개의 고리로 이루어진 코일에서 전체 자기선속의 변화는 $N\Delta\Phi$이다.

−부호는 지금까지 언급되지 않았던 유도기전력의 **방향**을 나타내기 위해 식 20.2에 포함되어 있다. 러시아 물리학자 하인리히 렌츠(Heinrich Friedrich Emil Lenz, 1804~1865)는 유도기전력의 방향을 나타내는 법칙을 발견했다. **렌츠의 법칙**은 다음과 같이 명시되어 있다.

> 고리나 코일에 유도된 기전력은 그것이 만들어내는 전류가 그 고리나 코일을 통과하는 자기선속의 변화에 반대하는 자기장을 생성하는 방향을 가지고 있다.

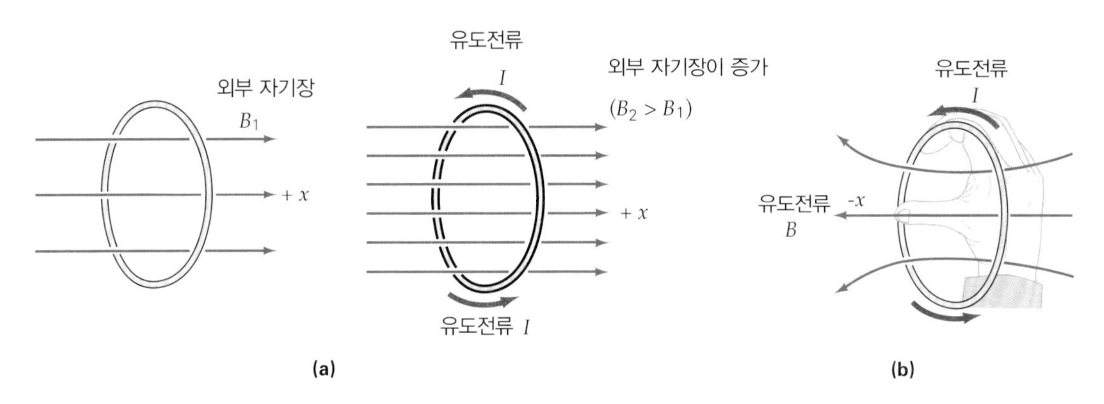

▲ 그림 20.6 **유도전류의 방향 찾기.** (a) 오른쪽을 향하는 외부 자기장의 세기가 증가한다. 유도전류는 이 전류에 의한 자기장이 자기선속의 변화에 저항하는 방향으로 생성된다. (b) 오른손 규칙으로 유도전류의 방향을 결정할 수 있다. 여기서 유도 자기장의 방향은 왼쪽이어야 한다. 오른손의 엄지손가락이 왼쪽을 향하게 하면 나머지 손가락들은 유도전류의 방향을 가리킨다.

이것은 유도전류로 인한 자기장이 고리를 통과한 자기선속이 변화하지 않도록 하기 위한 방향으로 되어있다는 것을 의미한다. 즉, 자기선속이 $+x$ 방향으로 증가하면 유도전류에 의한 자기장은 $-x$ 방향을 가질 것이다(그림 20.6a). 이 효과는 자기선속의 증가를 상쇄시키거나 **변화에 반대**한다는 것이다.

본질적으로 유도전류에 의한 자기장은 기존의 자기선속을 유지하려고 한다. 이 효과는 물체가 속도의 변화에 저항하는 경향에 비유하여 '전자기관성'이라고 부르기도 한다. 유도전류가 자기선속의 변화를 지속적으로 막을 수 없다. 그러나 선속이 변화하는 동안 유도된 자기장은 그 변화에 반대로 발생할 것이다.

유도전류 방향은 **유도전류 오른손 규칙**(induced-current-hand rule)에 의해 주어진다. 오른손의 엄지손가락이 유도 자기장의 방향을 가리키면서 나머지 손가락을 감아쥔 방향이 유도전류의 방향이 된다(그림 20.6b와 예제 20.1을 참조). 이 규칙은 전류에 의해 생성되는 자기장의 방향을 찾는 데 사용되는 오른손 규칙의 변형으로 생각하면 된다(19장 참조). 일반적으로 유도 자기장 방향을 안다면(예를 들어 그림 20.6b의 $-x$ 방향) 이를 생성한 전류의 방향을 결정한다. 렌츠의 법칙의 적용은 예제 20.1에 설명되어있다.

예제 20.1 렌츠의 법칙과 유도전류

(a) 막대자석의 S극이 조그만 코일로부터 멀어지고 있다(그림 20.7a). 코일 뒤쪽에서 자석의 S극을 바라볼 때 (그림 20.7b) 유도전류의 방향은? (1) 시계반대 방향, (2) 시계 방향, (3) 유도전류는 없다. (b) 코일 면적 위의 자기장이 처음에는 40.0 mT로 일정하고, 코일의 반경은 2.0 mm이며 코일에 100회 감겨 있다고 가정하자. 만약 막대자석이 0.75초 이내에 제거될 경우 코일의 평균 유도기전력의 크기를 구하라.

풀이

문제상 주어진 값:

$B_i = 40.0\ \text{mT} = 0.0400\ \text{T}$

$B_f = 0$

$r = 2.00\ \text{mm} = 2.00 \times 10^{-3}\ \text{m}$

$N = 100$회

$\Delta t = 0.750\ \text{s}$

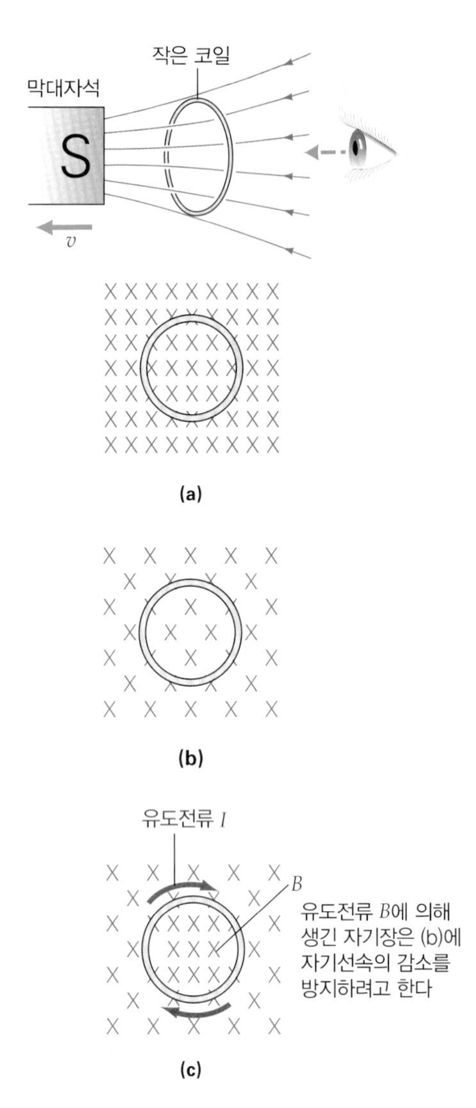

▲ 그림 20.7 **유도전류에 막대자석을 사용.** (a) 막대자석의 S극은 고리로부터 당겨진다. (b) 고리의 오른쪽에서 보면 자기장은 관측자로부터 멀어지거나 종이면 안쪽을 향하되 감소하는 것으로 보인다. (c) 종이면 안쪽으로 향하는 자기선속의 감소를 방지하기 위해서 시계 방향의 전류가 유도되며, 이 유도전류에 의한 자기장은 종이면 안쪽을 향한다.

(a) 처음에 코일의 평면을 향하는 자기선속이 존재하고 있었으나(그림 20.7b) 나중에 자석이 코일에서 멀어지면서 자기선속이 없어졌다. 즉, 자기선속이 변화하였으므로 유도기전력이 발생한다. 따라서 (3)은 답이 될 수 없다. 자석이 빠져나가면서 자기장은 약해지지만 그 방향은 변하지 않는다. 종이면의 안쪽을 향하는 자기장을 만들어 이러한 자기선속의 감소에 저항하는 전류가 흐르도록 유도기전력이 발생한다. 따라서 오른손 규칙(그림 20.7c)으로부터 기전력과 전류는 시계 방향이 되어야 하므로 답은 (2)이다.

(b) 코일을 통과한 처음 자기선속은 식 20.1($\theta = 0°$)을 이용해서 구할 수 있다. 면적 $A = \pi r^2 = \pi(2.00 \times 10^{-3}\ \text{m}^2 = 1.26 \times 10^{-5}\ \text{m}^2$이다. 그러므로 한 개의 고리를 통과한 처음 자기선속 Φ_i는 양의 값이고 다음과 같이 주어진다.

$$\Phi_i = B_i A \cos\theta = (0.0400\ \text{T})(1.26 \times 10^{-5}\ \text{m}^2)\cos 0°$$
$$= 5.03 \times 10^{-7}\ \text{T}\cdot\text{m}^2$$

최종 자기선속은 0이므로 $\Delta\Phi I = \Phi_f - \Phi_i = 0 - \Phi_i = -\Phi_i$이다. 따라서 식 20.2로부터 유도기전력의 크기는 다음과 같다.

$$|\mathscr{E}| = N\frac{|\Delta\Phi|}{\Delta t} = (100\ \text{회})\frac{[5.03 \times 10^{-7}(\text{T}\cdot\text{m}^2)/\text{회}]}{(0.750\ \text{s})}$$
$$= 6.70 \times 10^{-5}\ \text{V}$$

렌츠의 법칙은 에너지 보존법칙을 포함하고 있다. 고리의 면적을 통과한 자기장이 증가하고 있는 경우를 생각하자. 렌츠의 법칙과 반대로 유도전류에 의해 생성된 자기장이 자기선속을 원래의 크기만큼 유지시키지 않고 자기선속이 증가하게 된다. 이와 같이 증가된 자기선속은 더 큰 유도전류를 만들 것이다. 이 유도전류는 유도 자기선속을 만들고 다시 계속해서 더 큰 유도전류와 더 큰 유도 자기선속을 끝없이 만들 것이다. 이같은 황당한 상황은 에너지 보존에 위배된다.

고리에 유도된 기전력의 **방향**을 힘의 관점에서 이해하기 위해 움직이는 자석의 경우를 생각하자(그림 20.1b). 전류 고리는 막대자석과 유사한 자기장을 생성함을 상기하자(그림 19.3과 그림 19.5). 유도전류는 고리에 자기장을 생성하고 고리는 막대자석의 운동에 반대되는 극성을 가진 막대자석과 같은 역할을 한다(그림 20.8). 막대자석을 고리로부터 멀리하면 고리에서 자기력이 생겨 자석이 멀리 가지 못하도록 할 수 있다는 것을 보여줄 수 있어야 한다 – 전자기관성이 작용하고 있다.

자기선속 Φ(식 20.1)을 식 20.2에 대입하면 그 결과는 다음과 같다.

$$\mathscr{E} = -N\frac{\Delta\Phi}{\Delta t} = -N\frac{\Delta(BA\cos\theta)}{\Delta t} \tag{20.3}$$

이 표현에서 다음과 같은 경우 고리/코일의 유도기전력이 발생한다는 결론을 내릴 수 있다.

1. 자기장의 세기가 변화되는 경우
2. 고리의 면적이 변화하는 경우
3. 고리의 평면과 자기장의 방향 사이의 각도가 변화되는 경우

(1)은 회로 근처에서 시간에 따라 변하는 전류에 의한 자기장 또는 코일 근처 자석의 움직임에 의해 생성된 자기장과 같이 시간에 따라 변하는 자기장에 의해 자기선속이 변하는 경우이다. (2)는 고리의 면적 변화 때문에 자기선속도 변화하는 경우이다. 마지막으로 (3)은 고리의 방향(법선) 변화 때문에 자기선속이 변하는 경우이다. 이 경우는 자기장 내에서 코일이 회전하는 경우에 생길 수 있다.

한 개의 고리를 통과하는 자기력선의 변화는 그림 20.4에 차례대로 잘 나타나 있다. 자기장 내에서 코일을 회전시키는 것은 유도기전력을 얻는 일반적인 방법으로 20.2절에서 다시 언급할 것이다.

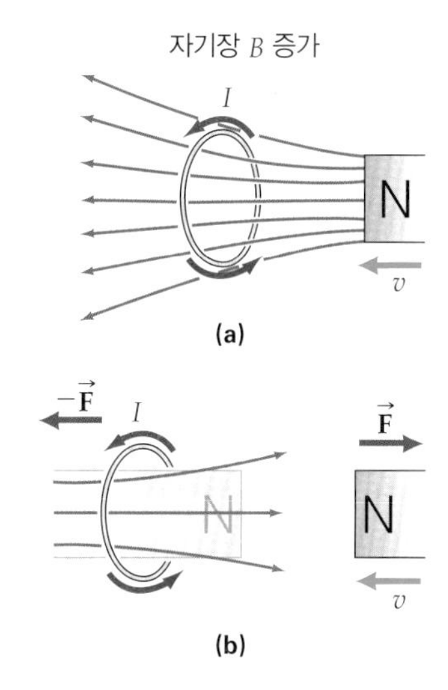

▲그림 20.8 **힘의 관점에서 본 렌츠의 법칙.** (a) 막대자석의 N극이 고리 쪽으로 빨리 움직이면 그림과 같이 전류가 유도된다. (b) 유도전류가 흐르는 동안 고리는 실제 막대자석의 N극 가까이 N극을 가진 막대자석처럼 행한다. 따라서 자기 척력이 작용한다. 이것은 렌츠의 법칙을 해석하는 다른 방법이다. 자기선속을 변화시키지 않으려는 전류가 유도된다. 이 경우 막대자석을 멀리 두려 해 자기선속의 초깃값 0을 유지하고자 한다.

예제 20.2 유도전류 – 장비에 대한 잠재적 위험?

교류 조건에서 작동하는 전자석 근처에서 전기기기가 빠르게 변화하는 자기장에 있을 경우 기기는 손상되거나 파괴될 수 있다. 만약 유도전류가 충분히 크면 계측기를 손상시킬 수 있다. 이러한 전자석 근처에 있는 오디오 스피커의 코일을 생각해 보자(그림 20.9). 전자석이 이 코일을 1/120초마다 방향을 반대로 바꾸는 1.00 mT의 최대 자기장을 노출시킨다고 가정하자.

스피커의 코일은 100개의 원형 고리(반지름 3.00 cm)로 구성되며, 총 저항은 1.00 Ω을 가진다고 가정하자. 스피커 제조업체에 따르면 코일의 평균 전류가 25.0 mA를 초과해서는 안 된다고 한다. (a) 1/120초 간격 동안 코일의 평균 유도기전력의 크기를 계산하라. (b) 유도전류가 스피커 코일을 손상시킬 가능성이 있는지, 유도전류를 구하라.

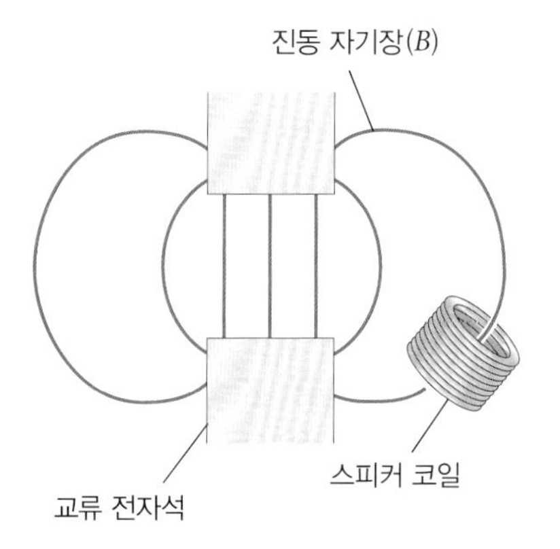

▲그림 20.9 **기구의 위험?** 스피커 코일은 교류 전자석에 가깝다. 코일의 자기선속이 변화하면 유도기전력이 생성되어 코일의 저항에 따라 유도전류가 발생한다.

풀이

문제상 주어진 값:

$$B_i = +1.00\,\text{mT} = +1.00\times10^{-3}\,\text{T}$$
$$B_f = -1.00\,\text{mT} = -1.00\times10^{-3}\,\text{T}$$
$$\Delta t = 1/120\ \text{s} = 8.33\times10^{-3}\,\text{s}$$
$$N = 100\,\text{회}$$
$$R = 1.00\,\Omega$$
$$r = 3.00\,\text{cm} = 3.00\times10^{-2}\,\text{m}$$

(a) 고리 면적은 $A = \pi r^2 = \pi(3.00\times10^{-2}\ \text{m})^2 = 2.83\times10^{-3}\ \text{m}^2$이다. 따라서 한 개의 고리를 통과한 자기선속은 식 20.1에 의해 구할 수 있다.

$$\Phi_i = B_i\,A\cos\theta$$
$$= (1.00\times10^{-3}\,\text{T})(2.83\times10^{-3}\,\text{m}^2/\text{loop})(\cos 0°)$$
$$= 2\ 83\times10^{-6}\,\text{T m}^{-2}/\text{회}$$

최종 자기선속은 초기의 음이기 때문에 한 개의 고리를 통과한 자기선속의 변화량은 다음과 같다.

$$\Delta\Phi = \Phi_f - \Phi_i = -\Phi_i - \Phi_i = -2\Phi_i$$
$$= -5\ 66\times10^{-6}\,\text{T}\cdot\text{m}^2\text{회}$$

따라서 코일을 구성하는 100개의 모든 고리에 대해 평균 유도기전력(식 20.2)은 다음과 같다.

$$\mathscr{E} = N\frac{|\Delta\Phi|}{\Delta t} = (100\,\text{회})\left[\frac{5.66\times10^{-6}(\text{T}\cdot\text{m}^2/\text{회})}{8.33\times10^{-3}\,\text{s}}\right]$$
$$= 6.79\times10^{-2}\,\text{V}$$

(b) 이 전압은 일상적 기준으로 볼 때 작지만 스피커 코일의 저항이 작다는 점을 유의하고, 코일의 평균 유도전류는 다음과 같다.

$$I = \frac{\mathscr{E}}{R} = \frac{6.79\times10^{-2}\,\text{V}}{1.00\,\Omega} = 6.79\times10^{-3}\,\text{A} = 67.9\ \text{mA}$$

이는 허용된 평균 스피커 전류를 초과하므로 스피커의 코일이 손상될 수 있다.

기전력과 전류는 도체가 자기장 내에서 움직일 때 유도될 수 있다. 이런 상황에서 생기는 유도기전력은 **운동 기전력**(motional emf)이라 한다. 어떻게 유도되는지를 알기 위해 그림 20.10a의 경우를 생각하자. 금속 막대가 위로 움직이면 회로의 면적은 $\Delta A = L\Delta x$만큼 증가한다(그림 20.10a). 금속 막대가 일정한 속력으로 움직이면 Δt시간 동안 움직인 거리는 $\Delta x = v\Delta t$이고, 즉 $\Delta A = Lv\Delta t$이다. 자기장과 회로 면적의 법선이 이루는 각(θ)는 항상 0°이다. 면적이 변화하므로 자기선속이 변한다. $\Phi = BA\cos 0° = BA$이므로 $\Delta\Phi = B\Delta A$ 또는 $\Delta\Phi = BLv\Delta t$이다. 그러므로 패러데이의 법칙에 의해 운동 기전력의 크기, $\mathscr{E}$는 $|\mathscr{E}| = |\Delta\Phi/\Delta t| = BLv\Delta t/t = BLv$이다. 이것이 전기에너지 생성의 기본 원칙이다. 자기장에서 도체를 움직이면 도체에 대한 일이 전기에너지로 전환된다.

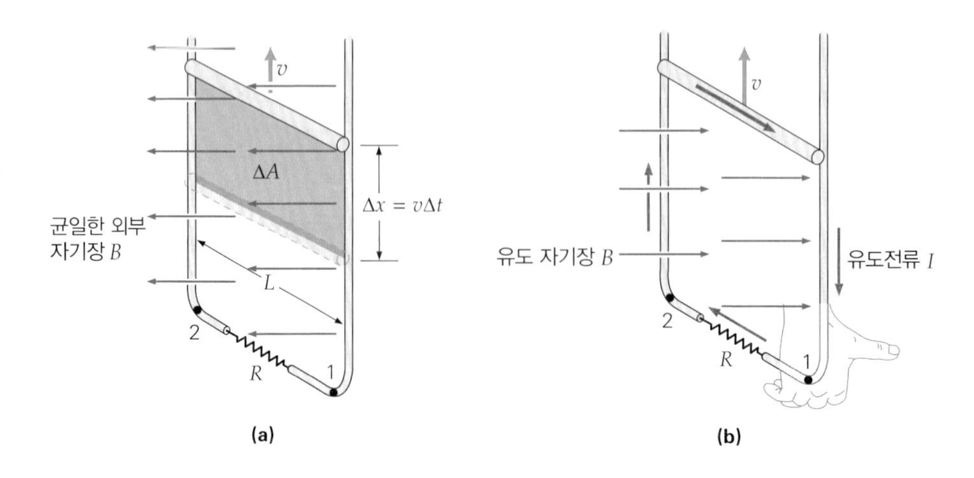

▶ 그림 20.10 **운동 기전력.** (a) 금속 막대가 금속 틀(ㄷ자 도선)을 따라 위로 올라가면 사각 고리의 면적은 시간에 따라 변화한다. 고리에서 자기선속이 변화하기 때문에 전류가 유도된다. (b) 왼쪽으로 향하는 자기선속의 증가에 저항하여 유도전류가 흐르고 이 전류에 의한 자기장은 오른쪽을 향한다.

20.2 발전기와 역기전력

고리에서 기전력을 유도하는 한 가지 방법은 자기장에서 고리 방향의 변화를 통해서 유도된다(그림 20.4). 이것이 발전기의 작동원리이다.

20.2.1 발전기

발전기는 역학적 에너지를 전기에너지로 변환하는 장치이다. 기본적으로 발전기의 기능은 모터의 역기능이다.

전지는 직류임을 상기하라. 즉, 전압의 극성(즉, 전류의 방향)이 변하지 않는다. 그러나 대부분의 발전기는 교류를 만들며 교류는 전압의 극성이 주기적으로 바뀐다. 전기에너지는 교류의 형태로 공급되어 가정과 공장에서 사용한다.

교류 발전기(ac generator)는 특히 자동차에서 교류기라 부른다. 간단한 교류 발전기의 요소는 그림 20.11에 나타나 있다. 회전자라 불리는 고리는 물이나 증기가 터빈 날개에 부딪히는 것과 같은 어떤 외부 힘에 의해 자기장 내에서 기계적으로 회전한다. 날개가 차례로 회전하면 고리가 회전한다. 이것은 고리의 자속 변화를 초래하고, 고리의 유도기전력이 발생한다.

고리의 끝은 분할 링과 브러시를 통해 외부 회로에 연결한다. 그 결과는 회로에서 교류이다. 실제로 발전기는 회전자에 많은 고리를 갖는 코일 또는 권선을 가지고 있다는 점에 유의하라.

고리가 일정한 각속력(ω)로 회전할 때 고리의 면적 벡터와 자기장 벡터가 이루는 각도(θ)는 $\theta = \omega t$이다. 이때 고리를 통과하는 자속이 시간에 따라 변화하여 유도기전력이 발생하게 된다. 식 20.1로부터 자속(한 고리와 $t = 0$에서 $\theta = 0$이라는 가정)은 시간에 따라 변화한다. 즉, $\Phi = BA \cos\theta = BA \cos\omega t$이다. 이 결과를 이용하면 시간에 따라 변하는 유도기전력은 패러데이의 법칙으로부터 계산할 수 있다(고리 N회).

$$\mathscr{E} = -N\frac{\Delta\Phi}{\Delta t} = -NBA\left(\frac{\Delta(\cos\omega t)}{\Delta t}\right)$$

여기서 B와 A는 일정한 값이기 때문에 시간 변화에서 제외한다. 이 책의 범위를 벗어나는 방법을 사용하면 유도기전력은 $\mathscr{E} = (NBA\omega)\sin\omega t$이다. 괄호 안의 값인 $NBA\omega$는 $\sin\omega t = 1$일 때마다 발생하는 최대 기전력의 크기이다. $NBA\omega$가 기전력의 최댓값인 $\mathscr{E}_{max}$로 표시되면 이전 식을 다음과 같이 간단하게 쓸 수 있다.

$$\mathscr{E} = (NBA\omega)\sin\omega t = \mathscr{E}_{max}\sin\omega t \quad \text{(교류발전기 출력)} \qquad (20.4a)$$

식 20.4에서 볼 수 있듯이 사인 함수는 ± 1 사이에서 변화하며, 시간에 따라 기전력의 극성이 변한다(그림 20.12). 기전력은 $\theta = 90°$ 또는 $\theta = 270°$일 때 최댓값을 가진다. 즉, 고리의 평면이 전기장에 평행하고 자속이 0일 때 기전력은 최대(크기)가 된다. 자기선속 자체가 순간적으로 0이기는 하지만 부호 변화로 인해 빠르게 변화하

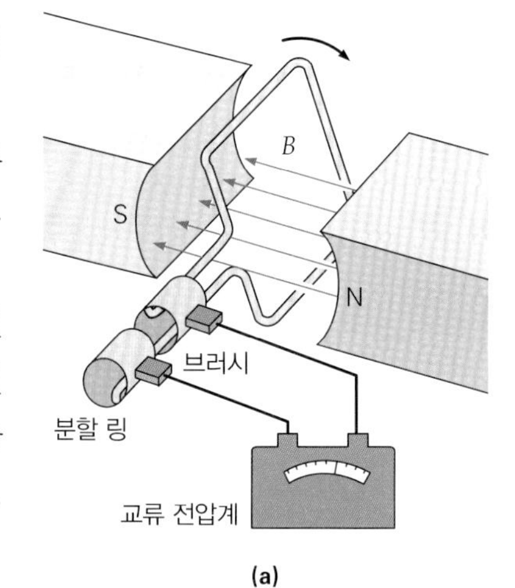

(a)

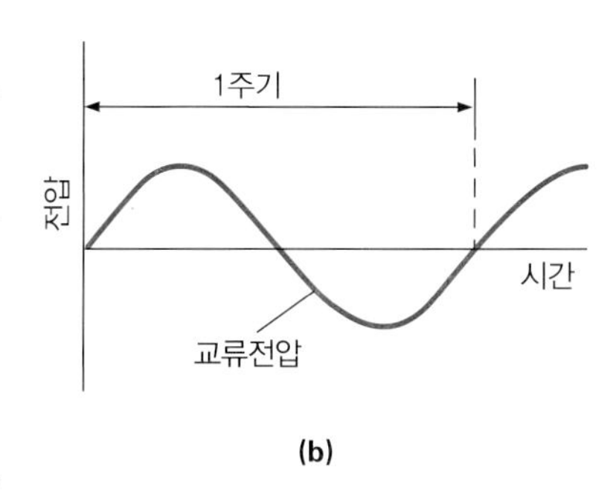

(b)

▲그림 20.11 **간단한 교류 발전기.** (a) 자기장 내에서 고리의 회전 (b) 반주기마다 극성이 바뀌는 전압 출력. 이 교류전압은 그림과 같이 브러시·미끄럼 링 배열에 의해 측정된다.

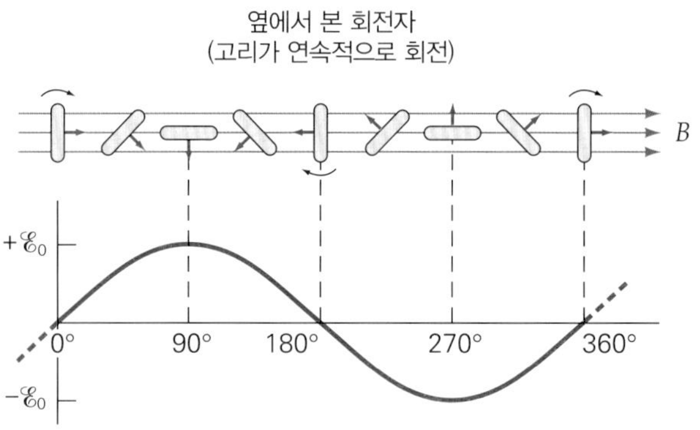

▶ **그림 20.12 교류 발전기 출력**. 한 주기 동안 고리의 회전 위치를 측면에서 보면 발전기의 출력은 시간에 따라 자기선속이 사인 그래프로 변화한다. 유도기전력은 자기선속의 변화가 가장 빠를 때 최대를 보이며, 이때는 자기선속이 0이 되고 부호가 변화된다.

고 있으므로 이러한 각도에서 자기선속의 변화율이 가장 크다. 자기선속의 가장 큰 값을 생성하는 각도($\theta = 0°$와 $\theta = 180°$)에 근접하여 자속은 대략 일정하며, 따라서 유도기전력은 그 각도에서 0이다.

이러한 발전기에 연결된 회로에서 유도전류는 역시 주기적으로 방향을 변경한다. 보통 각속력(ω)보다는 회전자의 진동수(f)[헤르츠, Hz]로 표현하는 것이 일반적이다. $\omega = 2\pi f$에 의한 관계가 있으므로 식 20.4a는 다음과 같이 다시 쓸 수 있다.

$$\mathscr{E} = (NBA\omega)\sin(2\pi ft) = \mathscr{E}_{\max}\sin(2\pi ft) \quad \text{(교류 발전기 출력)} \qquad (20.4b)$$

한국과 대부분의 남북 아메리카 대륙의 교류진동수는 60 Hz이다. 50 Hz의 진동수는 유럽과 다른 일부 나라에서 흔하게 쓰고 있다. 식 20.4와 식 20.5는 기전력의 **순간값**을 제공한다는 것을 명심해야 한다. 따라서 발전기의 출력 전압은 회전 주기의 절반에 걸쳐 $+\mathscr{E}_{\max}$에서 $-\mathscr{E}_{\max}$까지 변화한다. 그러나 대부분의 실제 교류회로의 경우 교류 전압과 전류의 시간 평균값이 더 중요하다. 이 개념은 21장에서 자세하게 논의할 것이다. 여러 인자들이 교류 출력에 어떻게 영향을 미치는가를 알려면 다음의 예제 20.3을 자세히 살펴보면 된다.

예제 20.3 교류 발전기–재생 가능한 전기에너지

농부가 농장에 전력을 공급하기 위해 수력발전기를 설치하였다. 그는 자기장에서 60 Hz로 발전기의 회전자 위에서 회전하는 반경 20 cm의 1500개의 원형 고리로 구성된 코일을 만든다. 120 V의 평균 전압을 생산하기 위해서는 최대 기전력 170 V를 생성해야 한다(이 개념은 21장에서 좀 더 자세하게 논의할 것이다). 이런 일이 일어나기 위해 필요한 발전기 자기장의 세기는 얼마인가?

풀이

문제상 주어진 값:

$\mathscr{E}_{\max} = 170\ \text{V}$

$N = 1500$회

$r = 20\ \text{cm} = 0.20\ \text{m}$

$f = 60\ \text{Hz}$

발전기의 최대 기전력은 $\mathscr{E}_{\max} = NBA\omega$이다. $\omega = 2\pi f$이고 원형에 대한 면적 $A = \pi r^2$이기 때문에, 최대 기전력을 다시 쓰면 다음을 얻는다.

$$\mathscr{E}_{\max} = NB(\pi r^2)(2\pi f) = 2\pi^2 NBr^2 f$$

B에 대해 풀면 다음과 같다.

$$B = \frac{\mathscr{E}_{\max}}{2\pi^2 Nr^2 f} = \frac{170\ \text{V}}{2\pi^2(1500)(0.20\ \text{m})^2(60\ \text{Hz})}$$

$$= 2.4 \times 10^{-3}\ \text{T}$$

20.2.2 역기전력

전동기(모터)는 전기에너지를 기계에너지로 전환하는 것이 주된 역할이지만, 발전기와 마찬가지로 동시에 기전력을 발생시킨다. 발전기처럼 전동기도 자기장 내에서 회전하는 회전자가 있다. 전동기의 경우 이 유도기전력($\mathscr{E}_b$)은 외부 전원의 극성과 반대이고, 회전자의 전류를 감소시키고자 하므로 **역기전력**(back emf)이라 부른다.

만약 ΔV가 외부 전압인 경우 외부 전압과 역기전력($\mathscr{E}_b$)은 반대 극성이므로 전동기를 구동하는 알짜 전압은 ΔV보다 작다. 따라서 전동기를 구동하는 알짜 전압은 $\Delta V_{net} = \Delta V - \mathscr{E}_b$이다. 만약 전동기 회전자의 저항을 R이라 하면 전동기가 구동될 때 회전자에 흐르는 전류는 $I = \Delta V_{net}/R = (\Delta V - \mathscr{E}_b)/R$이다. 역기전력에 대하여 풀면 다음과 같다.

$$\mathscr{E}_b = \Delta V - IR \quad \text{(전동기의 역기전력)} \qquad (20.5)$$

전동기의 역기전력은 회전자의 회전속력에 비례하며 회전자가 정지 상태에서 정상 상태로 구동되는 동안 역기전력은 0에서 최고값까지 변한다. 회전 시작 직후는 역기전력이 0이므로 회전을 시작할 때 최대의 전류가 흐른다(식 20.5에서 $\mathscr{E}_b = 0$). 일반적으로 전동기는 드릴 비트와 같은 것을 돌리려고 한다. 즉, 역학적 부하가 있다. 부하가 없을 때 회전자의 속력은 역기전력이 외부 전압과 거의 같을 때까지 증가한다. 그 결과 코일의 전류가 작아서 마찰과 열손실을 극복하기에 충분하다. 정격 부하 조건에서 역기전력은 외부 전압보다 작다. 부하가 클수록 전동기 회전 속력이 느려지고 역기전력이 더 작아진다. 만약 전동기가 과부하가 걸리고 매우 천천히 돈다면 역기전력이 매우 작아져 과도한 전류가 흘러($\mathscr{E}_b$가 감소하면 ΔV_{net}가 증가하기 때문) 전동기의 코일이 타버린다. 역기전력은 내부 전류를 제한함으로써 전동기가 안정적으로 구동되게 하는 매우 중요한 역할을 한다.

도식적으로 직류 전동기 회로의 역기전력은 구동 전압에 반대 극성을 가진 '유도 전지'로 나타낼 수 있다(그림 20.13). 역기전력이 전동기의 전류에 어떤 영향을 미치는지 확인하려면 다음 예제를 생각해 보자.

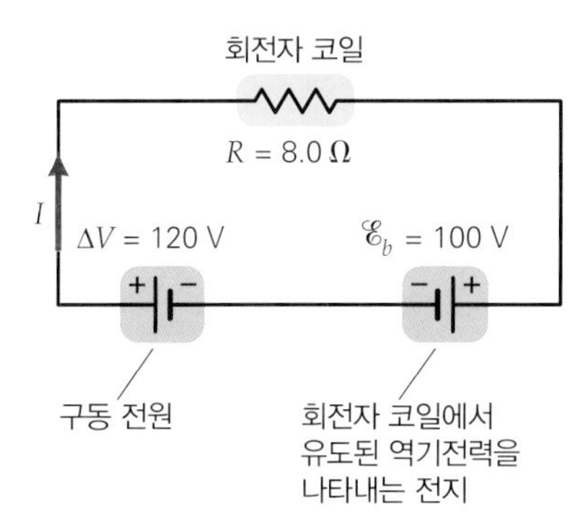

▲ 그림 20.13 **역기전력.** 직류 전동기의 회전자에서 역기전력은 구동 전압과 반대 극성을 갖는 전지로 표현할 수 있다.

예제 20.4 **속력을 내다 – 직류 전동기에서 역기전력**

직류 전동기는 권선 저항이 8.00 Ω이고 외부 전압이 120 V에서 구동된다. 정격 부하에서 전동기가 최대 속력으로 회전할 때 역기전력이 100 V이었다(그림 20.13). (a) 전동기가 작동하기 위한 시작 전류를 구하라. (b) 정격 부하에서 회전자의 회전 전류를 구하라.

풀이

문제상 주어진 값:

$R = 8.00\ \Omega$

$\Delta V = 120\ \text{V}$

$\mathscr{E}_b = 100\ \text{V}$

(a) 식 20.5로부터 권선에서 전류는

$$I_s = \frac{\Delta V}{R} = \frac{120\ \text{V}}{8.00\ \Omega} = 15.0\ \text{A}$$

이다.

(b) 전동기가 최대 속력에 도달할 때 역기전력이 100 V이다. 따라서 전류는 줄어든다.

$$I = \frac{\Delta V - \mathscr{E}_b}{R} = \frac{120\ \text{V} - 100\ \text{V}}{8.00\ \Omega} = 2.50\ \text{A}$$

역기전력이 거의 없거나 없는 상태에서 처음 작동 전류가 비교적 크다. 건물의 중앙 집중 냉방기와 같은 큰 전동기가 작동을 시작하면 전동기에 큰 전류가 흐르므로 전등불이 순간적으로 희미해진다. 전동기가 처음 작동할 때 저항을 순간적으로 전동기 코일에 직렬로 연결하여 전동기의 코일이 순간적인 큰 전류로 인해 타버리는 것을 방지한다.

20.3 변압기와 전력 송전

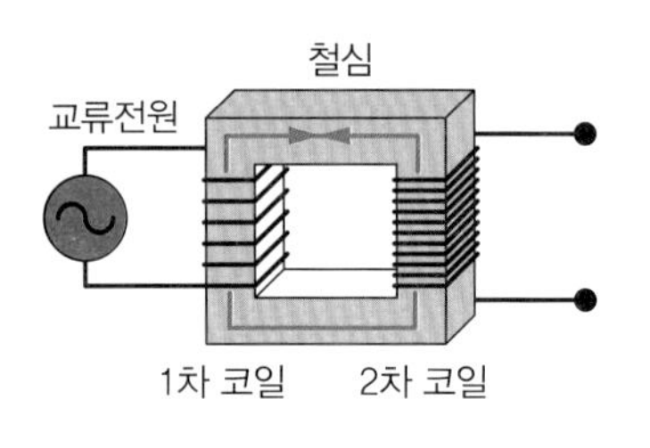

(a) 승압 변압기: 고전압(저전류) 출력

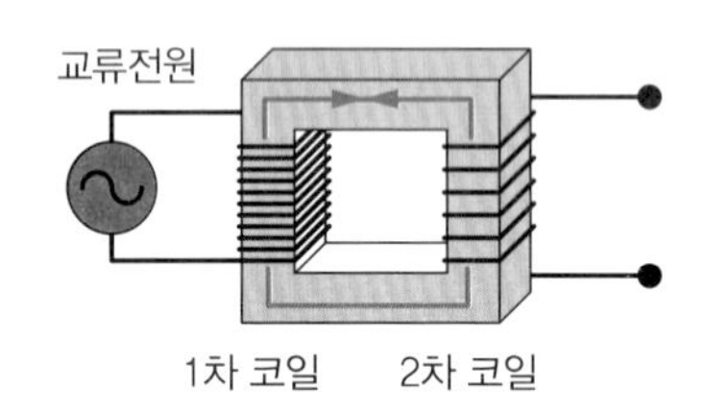

(b) 강압 변압기: 저전압(고전류) 출력

▲ 그림 20.14 **변압기.** (a) 승압 변압기는 1차 코일보다 2차 코일에 감긴 수가 더 많다. (b) 강압 변압기는 1차 코일에 감긴 수가 2차 코일보다 더 많다.

일반적으로 전기에너지는 전력선을 통해서 먼 거리까지 전달된다. 이 선에서 발생하는 I^2R의 손실(주울 열)을 최소화시켜야 한다. 송전선의 저항은 일정하므로 I^2R의 손실을 줄이기 위해서는 전류를 감소시켜야 한다. 그러나 발전기에서 공급하는 전력은 출력 전류와 전압의 곱($P = IV$)이고 출력 전압은 일정하므로 (220 V와 같이) 전류를 감소시키면 공급하는 에너지, 즉 전력이 줄어들게 된다. 전력 수위를 유지하면서 전류를 줄일 방법이 없어 보일 수 있다. 다행히 전자기유도는 전압을 증가시켜 전력 손실을 줄이는 동시에 전달된 전력이 근본적으로 변하지 않는 전류를 감소시켜 준다. 이것은 **변압기**(transformers)라고 불리는 장치를 사용하여 이루어진다.

단순한 형태의 변압기는 동일한 철심에 절연 도선을 감은 두 코일로 구성되어 있다(그림 20.14a). 교류 전압이 입력 코일 또는 **1차 코일**에 인가될 때 교류전류가 번갈아 가면서 자기선속을 만든다. 이 자기선속은 철심에 집중되어 있고 외부로는 거의 누설되지 않는다. 이 조건에서 동일한 자기선속은 출력 코일 또는 **2차 코일**에 교류전압과 전류가 유도된다. (변압기의 설계에서 18장에서와 같이 기전력을 전압으로 취급하는 것이 일반적이다. 따라서 이 논의를 위해 기호 ΔV가 $\mathscr{E}$ 대신 사용된다.)

1차 코일에 인가된 전압에 대한 2차 코일에 유도된 전압의 비는 두 코일에 감긴 수의 비에 따라 결정된다. 패러데이의 법칙에 의해 2차 코일에 유도된 전압은 $\Delta V_s = -N_s(\Delta\Phi/\Delta t)$이고, 여기서 N_s는 2차 코일에 감긴 수이다. 1차 코일에서도 자기선속의 변화로 발생되는 유도 역기전력은 $\Delta V_p = -N_p(\Delta\Phi/\Delta t)$이고, 여기서 N_p는 1차 코일의 감긴 수이다.

만약 1차 코일의 저항을 무시한다면 1차 코일의 역기전력은 외부에서 1차 코일에 인가된 전압과 같다. 따라서 입력 전압에 대한 출력 전압의 비는

$$\frac{\Delta V_s}{\Delta V_p} = \frac{-N_s(\Delta\Phi/\Delta t)}{-N_p(\Delta\Phi/\Delta t)}$$

이고, 최종 정리해 보면 다음과 같다.

$$\frac{\Delta V_s}{\Delta V_p} = \frac{N_s}{N_p} \quad \text{(변압기의 전압비)} \qquad (20.6)$$

만약 변압기가 이상적, 즉 효율이 100%(에너지 손실이 없다)라면 입력 전력과 출

력 전력은 같다. $P_p = I_p \Delta V_p = P_s = I_s \Delta V_s$. 약간의 에너지 손실이 있지만 잘 설계된 변압기는 95% 이상의 효율을 가진다(변압기 에너지 손실은 간단하게 논의할 것이다). 식 20.6으로부터 이상적인 경우를 가정하면, 변압기는 전압과 전류는 권선비와 관계한다.

$$\frac{I_p}{I_s} = \frac{\Delta V_s}{\Delta V_p} = \frac{N_s}{N_p} \quad \text{(변압기에서 전류비)} \tag{20.7}$$

따라서 실제로 변압기의 작동을 출력 전압과 전류에 대해서 요약하면 다음과 같다.

$$\Delta V_s = \left(\frac{N_s}{N_p}\right)\Delta V_p \quad \text{(출력 변압기 전압)} \tag{20.8a}$$

와

$$I_s = \left(\frac{N_p}{N_s}\right) I_p \quad \text{(출력 변압기 전류)} \tag{20.8b}$$

그림 20.14a와 같이 2차 코일이 1차 코일보다 많이 감겨 있다면($N_s/N_p > 1$), 전압은 $\Delta V_s > \Delta V_p$이기 때문에 '승압'이다. 이 경우를 **승압 변압기**(step-up transformer)라 부른다. 전압이 증가하는 동안 전력이 일정하게 유지되기 위해 2차 코일의 전류는 감소됨을 유의하라. 그러나 만약 2차 코일이 1차 코일보다 감긴 수가 더 적으면 전압은 낮아지지만 전류는 증가하기 때문에 이 변압기는 **강압 변압기**(step-down transformer)라 부른다(그림 20.14b). 입력단자를 출력단자로, 출력단자는 입력단자로 바꿀 수 있게 설계함으로써 승압 변압기를 강압 변압기로도 사용할 수 있다.

예제 20.5 변압기 정렬 – 승압 또는 강압 구성

600 W의 이상 변압기는 1차 코일에 50회 감겨 있고 2차 코일에는 100회 감겨 있다. (a) 이 변압기는 어떤 변압기인가 (1) 승압, (2) 강압. (b) 만약 1차 코일에 120 V의 교류전원에 연결한다면, 출력 전압과 전류는 얼마인가?

풀이

문제상 주어진 값:

$N_p = 50$

$N_s = 100$

$\Delta V_p = 120$ V

(a) 승압 또는 강압은 전류에 대한 것이 아니고 전압에 대한 것이다. 전압은 감긴 수에 비례하므로 2차 코일의 감긴 수가 1차보다 더 많다. 따라서 승압 변압기이다.

(b) $N_s = 2N_p$이기 때문에 감은 수 비율이 2인 2차 코일의 전압은 식 20.8a을 이용해서 구할 수 있다.

$$\Delta V_s = \left(\frac{N_s}{N_p}\right)\Delta V_p = (2)(120\text{ V}) = 240\text{ V}$$

이상적 변압기이므로 입력 전력과 출력 전력이 같다. 1차 측에서 입력 전력은 $P_p = I_p \Delta V_p = 600$ W이므로 입력 전류는 다음과 같다.

$$I_p = \frac{600\text{ W}}{\Delta V_p} = \frac{600\text{ W}}{120\text{ V}} = 5.00\text{ A}$$

전압이 두 배로 승압되므로 출력 전류는 1/2로 줄어들어야 한다. 식 20.8b로부터

$$I_s = \left(\frac{N_p}{N_s}\right) I_p = \left(\frac{1}{2}\right)(5.00\text{ A}) = 2.50\text{ A}$$

이다.

많은 요인이 결합하여 실제 변압기가 얼마나 '이상적'으로 되는지를 결정한다. 첫째, 모든 자기선속이 2차 코일로 가는 것은 아니기 때문에 자기선속의 누출이 있다. 둘째, 1차에서 교류 전류는 코일에 자속이 변화하고 있음을 의미한다. 결과적으로 이 것은 1차에서 유도된 기전력을 발생시킨다. 이 효과를 **자체유도**라고 한다. 이 자체유도된 기전력은 전동기의 역기전력과 유사한 방식으로 1차 전류를 반대로 제한한다. 이상적인 변압기를 방해하는 세 번째 것은 변압기의 권선 저항에 의한 주울 열이다. 마지막으로 철심 자체에 대한 유도의 영향을 고려한다. 자기선속을 증가시키기 위해 철심은 투자율이 높은 물질(철과 같은)로 사용하는데, 그러한 물질은 좋은 전도체이다. 철심의 자기선속 변화로 인해 철심에 기전력이 유도되고, 그 결과 철심에 **맴돌이 전류**가 생성된다. 이러한 맴돌이 전류는 철심을 가열하여 에너지 손실(I^2R 손실)을 일으킨다. 맴돌이 전류로 인한 에너지 손실을 줄이기 위해 변압기 철심은 절연물질로 코팅한 얇은 철판을 비전도성 접착제로 붙여 쌓아서 만든다. 철판 사이의 절연층은 맴돌이 전류를 차단하여 에너지 손실을 크게 줄인다.

20.3.1 전력 송전과 변압기

장거리 송전의 경우 변압기는 발전소의 전류 출력을 감소시켜 송전 전선의 주울 열 손실을 줄이고 전압을 증가시키는 방법을 제공한다. 발전소의 전압 출력은 우선 증가하여 전류를 감소시키고, 그러한 형태로 에너지는 소비자 근처의 지역 변전소로 장거리로 전달된다. 이때 전압이 강압되고 전류가 증가한다. 정격 전압과 전류로 가정과 사업장에 전기를 공급하기 전에 변전소와 전신주에서 강압하게 된다. 다음 예제는 전력 전송을 위해 전압을 승압시킬 수 있는 이점(전류를 낮추는 동안)을 분명히 보여준다.

예제 20.6 손해 보는 것–고전압에서 전력 전송

소규모 수력 발전소가 10 A와 440 V로 전기에너지를 만들고 있다. 전압을 4400 V로 승압시켜(이상적 변압기에 의해) 총 저항 20 Ω인 40 km 송전선로를 통해 에너지를 송전하려고 한다. (a) 만약 전압을 승압시키지 않았다면 송전에서 발생한 전력의 몇 %가 손실되었을 것인가? (b) 전압을 승압해서 송전할 경우 실제로 손실되는 전력은 몇 %인가?

풀이

문제상 주어진 값:

$$I_p = 10\ \mathrm{A}$$
$$\Delta V_p = 440\ \mathrm{V}$$
$$\Delta V_s = 4400\ \mathrm{V}$$
$$R = 20\ \Omega$$

(a) 발전기에서 출력 전력은

$$P_{out} = I_p \Delta V_p = (10\ \mathrm{A})(440\ \mathrm{V}) = 4400\ \mathrm{W}$$

이다. 10 A의 전류를 전송할 경우 전선의 전력 손실은 다음과 같다.

$$P_{loss} = I^2 R = (10\ \mathrm{A})^2 (20\ \Omega) = 2000\ \mathrm{W}$$

따라서 생산 전력 대 손실 전력의 비율은 아래와 같이 된다.

$$\%\ 전력\ 손실 = \frac{P_{loss}}{P_{out}} \times 100\% = \frac{2000\ \mathrm{W}}{4400\ \mathrm{W}} \times 100\% = 45\%$$

(b) 전압을 4400 V로 승압했을 때 출력 전류는 (a)의 값으로부터 1/10로 줄일 수 있다. 따라서 2차 전류는 다음과 같다.

$$I_s = \left(\frac{\Delta V_p}{\Delta V_s}\right) I_p = \left(\frac{440\ \text{V}}{4400\ \text{V}}\right)(10\ \text{A}) = 1.0\ \text{A}$$

전류의 제곱에 비례하기 때문에 전력손실은 1/100로 줄어들게 된다.

$$P_{loss} = I^2 R = (1.0\ \text{A})^2 (20\ \Omega) = 20\ \text{W}$$

따라서 전력 손실률은 1/100으로 낮출 수 있다.

$$\%\text{전력손실} = \frac{P_{loss}}{P_{out}} \times 100\% = \frac{20\ \text{W}}{4400\ \text{W}} \times 100\% = 0.45\%$$

20.4 전자기파

전자기파(또는 **전자기 복사**)는 11.4절에서 열전달의 한 수단으로 고려되어왔다. 전자기파는 전기장과 자기장으로 이루어져 있으므로 이제 전자기 복사의 생성과 특성을 이해할 수 있다.

스코틀랜드 물리학자 제임스 클러크 맥스웰(James Clerk Maxwell, 1831~1879)은 최초로 전기와 자기현상을 결합하거나 통일시킨 공로로 인정받고 있다. 맥스웰은 이 책의 범위를 벗어난 수학을 이용하여 전기장과 자기장 모두를 지배하는 식을 얻어 전자기파의 존재를 예언하였다. 그는 또 진공 중에서의 전자기파의 속력을 계산하였는데, 사실 그의 계산 결과는 실험 결과와 잘 일치하였다. 대부분의 수식은 다른 사람들에 의해 개발되었지만(예를 들어 패러데이의 유도법칙), 이러한 기여때문에 이 수식들(네 개의 방정식)은 **맥스웰 방정식**이라고 알려져 있다.

근본적으로 맥스웰은 전기장과 자기장이 어떻게 하나의 **전자기장**으로 생각할 수 있는지를 보여주었다. 두 개의 별개인 장은 어느 한쪽이 적절한 조건 하에서 다른 한쪽을 만들 수 있다는 점에서 대칭적으로 연관되어 있다. 이 대칭성은 맥스웰 방정식을 보면 잘 알 수 있다(볼 수는 없지만). 그 결과만을 정성적으로 다음과 같이 요약한다.

시간에 따라 변화하는 자기장은 시간에 따라 변화하는 전기장을 생성한다.

시간에 따라 변화하는 전기장은 시간에 따라 변화하는 자기장을 생성한다.

첫 번째 결과는 20.1절의 관측을 요약한 것이다. 변화하는 자기선속은 기전력을 유도하여 전류가 흐르도록 한다. 두 번째 결과는 (구체적으로 논의하지는 않는다) 전자기파가 매질없이 스스로 퍼져간다는 특성에 매우 중요한 것이다. 두 현상이 합쳐져 전자기파가 진공에서 진행할 수 있게 한다. 하지만 물결파와 같이 다른 모든 파는 진행하기 위해 반드시 매질이 필요하다.

맥스웰의 이론에 따르면 진동하는 전자와 같이 **가속** 운동하는 대전입자는 반드시 전자기파를 발생한다. 이 전자는 10^6 Hz(1 MHz)로 진동하는 전기진동자인 라디오 송신기의 금속안테나에 있는 많은 전자 중 하나일 수 있다. 각 전자가 진동하면 계속해서 가속과 감속되므로 전자기파가 방출한다(그림 20.15a). 많은 전자의 진동

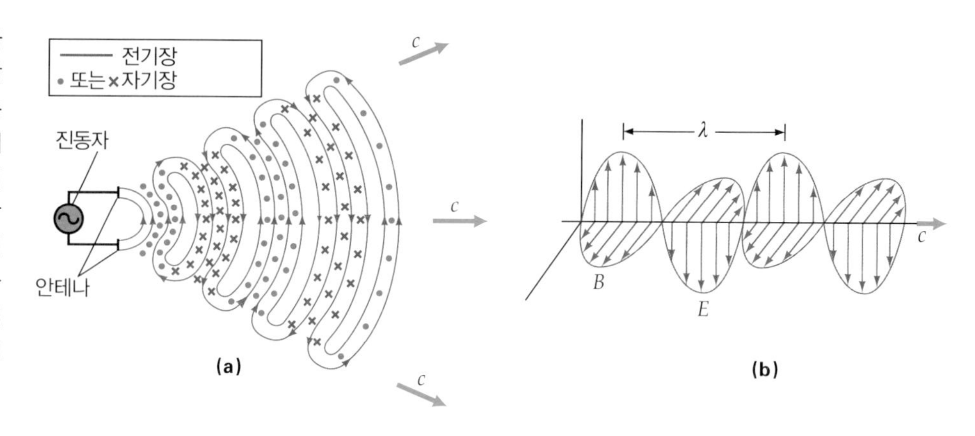

▶ 그림 20.15 **전자기파의 발생원.** 전자기파는 가속 운동을 하는 전하에 의해 발생한다. (**a**) 금속안테나의 전하(전자)는 진동하는 전압원에 의해 움직인다. 안테나의 극성과 방향이 주기적으로 바뀌기 때문에 교번하는 전기장과 자기장이 밖으로 퍼져나간다. 전기장과 자기장은 퍼져나가는 방향이 수직이다. 따라서 전자기파는 횡파이다. (**b**) 파원으로부터 멀리 떨어지면 처음에 굽었던 파면이 평면으로 된다.

은 안테나 근처에 시간에 따라 변화하는 전기장과 자기장을 만든다. 전기장은 그림 20.15a에서 빨간색으로 나타내며, 종이면에 평행하고 연속해서 방향을 바꾼다. 자기장 역시 같은 행동을 한다(종이면 안쪽과 밖으로 나오고 파란색으로 나타낸다).

전기장과 자기장은 에너지를 싣고 외부로 빛의 속력으로 퍼져나간다. 이 속력은 c로 표기하는데 유효숫자 3개를 써서 진공에서의 빛의 속력 $c = 3.00 \times 10^8$ m/s이다. 전파원으로부터 매우 먼 거리에서 전자기파는 평면파가 된다(어느 한 순간을 그림 20.15b에 나타낸다).

여기서 전기장($\vec{\mathbf{E}}$)과 자기장($\vec{\mathbf{B}}$)은 서로 수직이고 시간에 따라 정현적으로 변화한다. 장 벡터 둘 다 진행파의 방향에 수직이다. 따라서 전자기파는 횡파이다. 맥스웰의 이론에 따르면 전기장이 변화하면 자기장이 생성되며 그 역도 성립한다. 이 과정이 반복되면서 우리가 빛이라고 부르는 움직이는 전자기파가 생겨나고, 왜 이 파동을 지탱하기 위해 매체가 필요하지 않는지 설명한다. 맥스웰의 분석에서 중요한 결과는 다음과 같다.

> 진공 중에서 전자기파는 진동수나 파장에 관계없이 일정한 속력으로 움직이고, c는 대략 3.00×10^8 m/s이다.

극도로 높은 빛의 속력이란 소리와는 달리 일상의 거리에 대해서는, 빛의 전달에 의한 시간 지연을 무시할 수 있다는 것을 말한다. 그러나 행성 간 여행의 경우 이러한 지연이 문제가 될 수 있다.

20.4.1 전자기파의 종류

전자기파는 진동수(또는 **파장**)의 범위에 의해 분류된다. 13장에서 파의 진동수와 파장은 반비례한다는 것을 상기하라. 전자기파의 경우 이 관계는 $\lambda = c/f$이며, 여기서 빛의 속력 c가 일반적인 파의 속력 v 대신에 대체된 것이다. 따라서 진동수가 높을수록 파장은 짧고 그 반대의 경우도 성립한다. 전자기파의 스펙트럼은 연속적이어서 여러 종류의 복사에 대한 구분점이 명확하지는 않다(그림 20.16). 표 20.1에 전자기

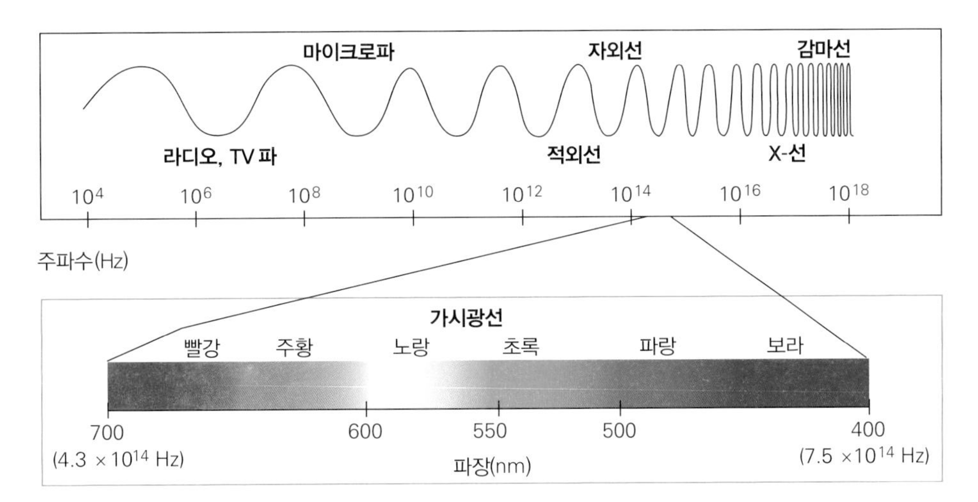

◀그림 20.16 **전자기 스펙트럼.** 진동수 또는 파장 스펙트럼은 여러 영역으로 나뉜다. 가시광선은 전체 스펙트럼에서 매우 좁은 영역을 차지한다. 가시광선의 파장을 보통 나노미터($1 \text{ nm} = 10^{-9} \text{ m}$)로 표시한다(그림에서 파장의 축척 비율은 맞지 않다).

표 20.1 전자기파의 분류

파의 종류	진동수 범위(Hz)	파장 범위(m)	공급원
전력파	60	5.0×10^6	발전소
라디오파-AM	$0.53 \times 10^6 \sim 1.7 \times 10^6$	570~186	전기회로/안테나
라디오파-FM	$88 \times 10^6 \sim 108 \times 10^6$	3.4~2.8	전기회로/안테나
TV	$54 \times 10^6 \sim 890 \times 10^6$	5.6~0.34	전기회로/안테나
마이크로파	$10^9 \sim 10^{11}$	$10^{-1} \sim 10^{-3}$	특수진공관
적외선	$10^{11} \sim 10^{14}$	$10^{-3} \sim 10^{-7}$	고온 또는 따스한 물체, 별
가시광선	$4.0 \times 10^{14} \sim 7.0 \times 10^{14}$	10^{-7}	태양, 별, 램프
자외선	$10^{14} \sim 10^{17}$	$10^{-7} \sim 10^{-10}$	매우 뜨거운 물체, 별, 특수램프
X-선	$10^{17} \sim 10^{19}$	$10^{-10} \sim 10^{-12}$	고속전자 충돌, 원자스펙트럼
감마선	10^{19} 이상	10^{-12} 이하	핵반응, 붕괴

파의 여러 종류에 대하여 범위를 분류해 놓았다. 일상 언어에서는 '빛'이라는 단어가 '보이는 전자기파'라는 뜻으로 받아들여지지만 물리학에서는 '빛'이라는 단어가 어떤 전자기파 형태를 의미하는 것으로 받아들여지는데, 이는 기본 구조가 같고 진동수와 파장만 다르기 때문이다.

20.4.1.1 전력파

진동수가 60 Hz인 전자기파는 전력송전선에 흐르는 교류 전류로부터 발생한다. 그리고 이 파의 파장은 5000 km로 매우 길다. 이와 같이 매우 낮은 진동수를 가진 전자기파는 실제 사용되지 않고 있다. 가끔 오디오 기기에 60 Hz의 웅웅거리는 소리를 만들거나 정밀 전자기기에 원하지 않는 전기 잡음을 발생시킨다. 이 전자기파가 건강에 영향을 끼칠 것인지에 대해 더욱 진지한 관심을 불러일으켰다. 초기연구에서 저진동수의 전자기장이 세포나 조직에 생물학적으로 나쁜 영향을 미칠 수도 있다고 제안하기도 했으나 근래의 조사에 의하면 큰 문제가 없는 것으로 밝혀졌다.

20.4.1.2 라디오파와 TV파

라디오파와 TV파는 일반적으로 500 Hz에서 1000 Hz까지의 진동수를 사용한다. AM(*amplitude modulated*) 라디오 대역은 530 kHz에서 1710 kHz(1.71 MHz)까지이다. 더 높은 진동수인 54 MHz가 단파(short-wave) 대역에 사용한다. TV 대역은 54 MHz에서 890 MHz의 범위를 갖는다. FM(*frequency-modulated*) 라디오 대역은 88 MHz에서 108 MHz의 범위를 갖는다. 휴대폰은 음성신호를 전달하기 위해 UHF(ultrahigh-frequency) 대역을 사용한다.

20.4.1.3 마이크로파

기가 헤르츠(GHz)의 영역을 갖는 마이크로파는 특수진공관(크립톤이나 마그네트론이라 부름)에서 만들어진다. 마이크로파는 보통 통신, 오븐 그리고 레이더 응용에 사용한다. 레이더는 항법 및 유도에서의 역할 외에도 도플러 효과(14.5절)를 이용하여 야구공 속력 및 자동차 속력을 측정하는 데 사용되는 스피드 건에 대한 기본을 제공한다.

20.4.1.4 적외선 복사

전자기 스펙트럼의 적외선(IR) 영역은 가시광선 스펙트럼의 낮은 진동수 또는 긴 파장 끝에 인접해 있다. 예를 들어 따뜻한 물체는 적외선을 방출하는데 그 물체의 온도에 의존한다(27장 참조). 상온의 물체는 원적외선을 방출한다. 적외선 복사는 때로 '열복사'라고도 한다. 이처럼 적외선램프는 긴장된 근육의 통증을 완화하는 등 치료적 응용에 광범위하게 사용되며, 음식을 따뜻하게 유지하는 데도 사용된다.

20.4.1.5 가시광선

가시광선은 전자기파 스펙트럼의 매우 좁은 영역을 차지하고 진동수 범위는 약 4×10^{14} Hz에서 7×10^{14} Hz까지이다. 파장 범위로 본다면 700 nm에서 400 nm까지이다(그림 20.16)[1 nanometer(nm) $= 10^{-9}$ m]. 이 영역의 복사선만이 사람의 눈의 망막에 있는 수용체를 활성화 시킨다. 물체로부터 방출되거나 반사되는 가시광선은 우리에게 주위 세상에 대한 시각적 정보를 제공한다. 가시광선 및 광학은 22장에서 25장을 통해서 논의할 것이다. 흥미로운 것은 모든 동물의 눈은 각각 고유의 가시광선 범위를 가지고 있다는 것이다. 예를 들어 뱀은 적외선만 시각적으로 감지하며, 많은 곤충은 자외선까지도 볼 수 있다.

20.4.1.6 자외선 복사

태양 스펙트럼은 자외선(UV)의 성분을 가지고 있는데, 자외선의 진동수 범위는 가시 영역의 보라색 끝을 벗어난다. UV는 또한 특수램프와 매우 뜨거운 물체에 의해 인공적으로 생성된다. 더욱이 피부를 태우기도 하지만 만약 너무 많이 쬐면 피부가 그을리고 심하면 피부암이 발생할 수 있다. 자외선이 태양으로부터 지구에 도달하면 30~50 km 상공의 대기층에 존재하는 오존(O_3)층에 흡수된다. 오존층은 보호하는 역할을 하므로 염화불화탄소 기체(흔히 냉장고에 사용되는 프레온과 같은)와 같은 물질은 대기권 상층에서 오존과 반응해 오존층이 파괴될 우려가 있다.

20.4.1.7 X-선

전자기파 스펙트럼의 자외선 영역을 지나 매우 중요한 X-선 영역이 있다. X-선은 주로 의학적인 분야를 떠올리게 한다. 1895년 독일의 물리학자 빌헬름 뢴트겐(Wilhelm Röentgen, 1845~1923)이 음극선관에서 방출되는 이상한 복사선에 의해 형광 종이가 밝게 빛나는 것을 보고 우연히 발견하였다. 당시에 이 빛이 확실히 신비로운 것이었기 때문에 X-복사선 또는 줄여서 **X-선**이라 부른다.

X-선관의 기본적 구성원은 그림 20.17에 나타내었다. 일반적으로 수천 볼트인 가속 전압은 밀봉된 진공관 안의 전극 사이에 인가된다. 가열된 음극으로부터 전자는 양극 쪽으로 가속된다. 전자가 양극과 충돌하면 손실된 운동에너지의 일부가 전자기 에너지로 변환되며 이것이 X-선이다.

27장에서 논의되겠지만, 전자기 복사선에 의해 전달되는 에너지는 진동수에 따라 달라진다. 높은 진동수 X-선은 매우 높은 에너지를 갖고 있어, 암, 피부 그을림 그리고 다른 나쁜 영향을 준다. 그러나 강도가 낮으면 가시광선으로 볼 수 없는 인체와 물체의 내부 구조를 비교적 안전하게 볼 수 있다.

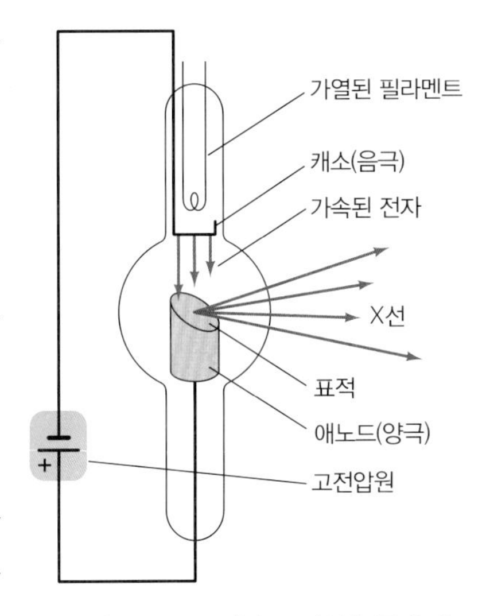

▲ 그림 20.17 **X-선관**. 고전압을 통해 가속된 전자는 표적 전극과 충돌한다. 전극 표면에서 전자는 급속히 멈춰 표적 금속의 전자와 반응한다. 이러한 제동 과정에서 에너지는 X-선 형태로 방출된다.

20.4.1.8 감마선

전자기파 스펙트럼의 가장 높은 진동수 범위의 전자기파는 감마선(γ-선)이다. 이 높은 진동수 복사선은 핵반응, 입자 가속기, 특정 유형의 핵붕괴(방사능)에서 생성된다. 감마선은 29장에서 좀더 자세하게 논의될 것이다.

연습문제

통합 연습문제(Integrated Exercises, IEs)는 두 부분으로 이루어진다. 첫 번째 부분은 일반적으로 기본 원칙과 추론에 기초한 개념적 답변 선택을 요구한다. 두 번째 부분은 연습의 첫 번째 부분에서 이루어진 개념적 선택과 관련된 정량적 계산을 필요로 한다. 기호(•)은 문제의 난이도를 의미한다. 쉬움(•), 보통(••), 어려움(•••)

20.1 유도기전력: 패러데이의 법칙과 렌츠의 법칙

1. • 단면적에 수직인 0.15 T의 자기장이 1.2×10^{-2} T·m^{2}의 자기선속을 생성하는 경우 원형 고리의 직경은?

2. • 원형 고리(반지름 20 cm)가 0.15 T인 균일한 자기장 내에 있다. 고리 평면의 법선과 자기선속이 1.4×10^{-2} T·m^{2}인 자기장 사이의 각도는 얼마인가?

3. • 전류가 1.5 A인 이상적인 솔레노이드는 반경이 3.0 cm이고 회전 밀도가 250회/m이다. (a) 자기장의 중심에 있는 고리 중 하나만 통과한 자기선속은 얼마인가? (b) (a)에서 자기선속을 두 배로 증가시키기 위해 필요한 전류는?

4. •• 한 변의 길이가 40 cm인 정사각형 고리 면적에 수직인 균일한 자기장 내에 있다. 만약 이 자기장의 세기가 초기에 100 mT이고 0.010초 이내에 0으로 감소한다면, 고리에서 유도된 평균 기전력의 크기는 얼마인가? (b) 만약 고리의 변의 길이가 20 cm 밖에 되지 않는다면 평균 기전력은 얼마인가?

5. •• 단일 고리를 통한 자기선속이 30 T·m^{2}로 증가하면 도선

에 평균 40 A의 전류가 유도된다. 도선의 저항이 2.5 Ω이라고 가정할 때, (a) 자기선속이 증가한 시간은 몇 초인가? (b) 만약 전류가 20 A에 불과했다면 자기선속이 증가하는 데 얼마나 걸렸을까?

6. IE •• 한 소년이 금속 막대를 들고 일정한 속력으로 북쪽으로 움직이고 있다. 막대의 길이는 동서로 향하면 지면과 평행하다. (a) 다음 중 막대기에 유도기전력이 없는 경우는? (1) 적도, (2) 지구 자기극 부근, (3) 적도와 극 사이의 어디인가? (b) 지구의 자기장이 북극 부근 1.0×10^{-4} T, 적도 부근 1.0×10^{-5} T라고 가정해 보자. 소년이 각 위치 근처에서 북쪽으로 1.3 m/s의 속력으로 달리고 막대 길이가 1.5 m인 경우 각 위치의 막대에서 유도된 기전력을 계산하라.

7. •• 그림 20.10의 금속 막대가 길이가 20 cm이고 0.30 T의 자기장에서 10 m/s의 속력으로 움직이고 있으며, 금속 틀이 절연물질로 덮여 있다고 가정하자. (a) 막대에 유도된 기전력의 크기를 구하라. (b) 막대에서 유도전류를 구하라. (c) 만약 절연물질이 없는 회로(막대와 틀)에 총 저항이 0.15 Ω인 경우 위의 질문에 대한 계산을 다시 하라.

8. 10회 감고 0.055 m^{2}의 면적을 갖는 고정된 코일을 수직으로 자기장에 놓는다. 이 자기장은 10 Hz의 진동수에서 방향과 크기로 진동하며 최댓값은 12 T이다. (a) 자기장이 한 방향으로 최댓값에서 다른 방향으로 최댓값으로 이동하는 동안 코일에 유도된 평균 기전력은 얼마인가? (b) (a)에서 한 주기 동안에 코일에 유도된 평균 기전력은 얼마인가? (c) 완전한 주기 동안 유도된 기전력이 최대 크기를 가질 것으로 예상되는 시간은? 최솟값은 얼마인가? 두 가지 답에 대하여 설명하라.

20.2 발전기와 역기전력

9. • 한 학생이 한 번에 10 cm의 정사각형 고리를 사용하여 간단한 ac 발전기를 만든다. 그런 다음 고리는 0.015 T의 자기장에서 60 Hz의 신동수로 회전한다. (a) 출력 최대 기전력은 얼마인가? (b) 만약 학생이 고리를 추가하여 출력 최대 기전력을 10배 더 크게 만들고 싶다면 총 몇 개를 사용해야 하는가?

10. •• ac 발전기는 60 Hz의 회전 진동수로 작동하며 최대 100 V의 기전력을 생성한다. $t = 0$에서 출력이 0이라고 가정하자. (a) $t = 1/240$초에서 순간 기전력은 얼마인가? (b) $t = 1/120$초에서 순간 기전력은 얼마인가? (c) 임의의 시간 t에서 순간 기전력에 대한 식을 구하라. (d) 다시 0 V가 되는 시간은? (e) 이 발전기가 120 Hz에서 작동한다면 얼마나 많은 최대 기전력을 생산할 것인가?

11. •• 교류 발전기의 회전자는 100번 감았다. 각 고리는 가로 8.0 cm, 세로 12 cm의 직사각형 모양이다. 발전기는 출력 사인 전압으로 진폭이 24 V이다. (a) 만약 발전기에서 자기장이 250 mT이면 회전자의 진동수는 얼마인가? (b) 만약 자기장은 두 배로 하고 진동수는 반으로 줄인다면 출력 진폭은 얼마인가?

12. IE •• 모터는 2.5 Ω의 저항을 가지며 110 V 선에 연결되어 있다. (a) 모터의 작동 전류에 해당하는 것은? (1) 44 A보다 높다, (2) 44 A, (3) 44 A보다 낮다. (b) 만약 작동되는 모터의 역기전력이 100 V라면 작동 전류는 얼마인가?

13. ••• 240 V 직류 모터에는 저항이 1.50 Ω인 회전자가 있다. 이 모터가 작동하면 16.0 A의 전류를 얻는다. (a) 모터가 정상적으로 작동 중일 때 역기전력은 얼마인가? (b) 시동 전류는 얼마인가? (회로에 추가되는 저항은 없다고 가정하자.) (c) 시동 전류를 25 A로 제한하려면 직렬 저항은 얼마인가?

20.3 변압기와 전력 송전

14. • 이상적인 변압기는 8.0 V~2000 V 단계로, 4000번 감긴 2차 코일은 2.0 A가 흐른다. (a) 1차 코일에 감긴 수를 구하라. (b) 1차 코일에서의 전류를 구하라.

15. •• 컴퓨터의 외장 하드 드라이브 전원 공급 장치의 변압기가 드라이브 전원 공급에 필요한 120 V 입력 전압(일반 가정용에서)으로부터 5.0 V 출력 전압으로 바꾸었다. (a) 1차 코일의 감은 수와 2차 코일의 감은 수의 비율을 구하라. (b) 드라이브가 작동 중일 때 10 W 정격이고, 변압기가 이상적인 경우 드라이브가 작동 중일 때 1차 및 2차 전류는?

16. • 이상적 변압기는 1차 코일에 840번 감고, 2차 코일에는 120번 감겨 있다. 1차 코일이 110 V에서 2.50 A를 갖는다면 2차 코일의 (a) 전류와 (b) 출력 전압은 얼마인가?

17. IE •• 소형 기기와 함께 사용되는 변압기의 사양은 입력, 120 V, 6.0 W; 출력, 9.0 V, 300 mA로 표시된다. (a) 이 변압기의 상태는? (1) 이상적이다, (2) 이상적이지 않다. (b) 변압기의 효율(%)은 얼마인가?

18. •• ac 발전기는 1차 코일에 150번 감은 승압 변압기를 통해 440 V에서 10000 V 전력선에 20 A를 공급한다. 공급되는 전기는 0.80 Ω/km의 저항으로 80.0 km의 송전선을 통

해 전달된다. 승압 전압에 의해 5.00시간 동안 전력량이 얼마나 절약되는가?

19. •• 발전기에서 나오는 전력은 1.2 Ω/km의 저항을 갖는 175 km 길이의 전력선을 통해 전달된다. 발전기의 출력은 작동 전압 440 V에서 50 A이다. 이 출력은 44 kV에서 송전을 위해 한 번 승압해서 증가한다. 송전 도중 주울 열로 손실되는 전력은 얼마인가? (b) 220 V의 출력 전압을 공급하기 위해서는 공급 지점에서 변압기의 감긴 수의 비율은 얼마인가?

20.4 전자기파

20. • 작은 마을에는 오직 두 개의 AM 라디오 방송국이 있는데, 하나는 920 kHz이고 다른 하나는 1280 kHz이다. 각 방송국에 의해 전달되는 라디오파의 파장은 얼마인가?

21. • 레이저 빔이 지구에서 달의 반사경까지 이동한 후 돌아오는 데 얼마나 걸리는가? 지구에서 달까지의 거리는 2.4×10^5 mi이다(이 실험은 1970년대 초의 아폴로 로켓이 달에 가서 달 표면에 레이저 반사체를 설치해서 행해졌다).

22. 어떤 종류의 라디오 안테나는 길이가 수신할 파장의 1/4과 같으므로 쿼터 파장 안테나라고 불린다. 만약 당신이 각 대역의 중간 진동수를 이용하여 AM과 FM 라디오 대역의 안테나를 만들려고 한다면, 안테나 길이를 얼마로 해야 하는가?

교류 회로
AC Circuits

CHAPTER 21

이 사진에서 보여주는 거의 모든 부품은 제대로 작동하기 위해 교류 전원에 의존한다.

직류(dc) 회로는 많은 곳에서 사용되고 있으나 이 장의 처음 사진의 항공관제탑은 많은 전기부품에 있어 교류(ac)를 사용한다. 가정이나 사무실에 공급하는 전력 또한 교류이고, 매일 사용하는 대부분의 부품과 전기제품도 교류 전류를 필요로 한다.

이렇게 교류 전류를 의존하는 것에는 여러 가지 이유가 있다. 우선, 거의 모든 전기에너지 발전기는 전자기 유도를 통해서 전기에너지를 생산하고, 교류 출력을 만든다(20장). 더욱이 교류 형태로 생산된 전기에너지는 변압기의 사용을 통해 장거리에 걸쳐 경제적으로 송전될 수 있다. 그러나 가장 중요한 이유는 교류 전류가 다양한 전기부품에서 활용할 수 있는 전자기 효과를 생성하기 때문일 것이다. 예를 들어 라디오가 방송국의 진동수를 맞출 때, 이것은 교류 회로의 특별한 공명 특성을 이용한다.

직류 회로의 전류를 확인하려면 저항값이 주된 관심사다(18장). 물론 교류 회로에도 저항이 존재하지만, 추가적인 요인이 전류의 흐름에 영향을 미칠 수 있다. 예를 들어 직류 회로의 축전기는 무한 저항과 동일하다. 그러나 교류 회로에서는 교류 전압이 지속적으로 축전기를 충전하고 방전한다. 그러한 조건에서는 전류가 축전기를 포함하더라도 회로에 존재할 수 있다. 더욱이 도선을 감싼 코일은 전자기 유도 원리에 의해 전류의 흐름을 방해할 수 있다(렌츠의 법칙; 20.1절).

이 장에서는 교류 회로의 원리를 배울 것이다. 좀 더 일반화된 형태의 옴의 법칙(Ohm's law)과 교류 회로에 적용되는 전력의 표현을 확장할 것이다. 마지막으로 회로의 공명 현상과 용도를 배울 것이다.

21.1 교류 회로의 저항

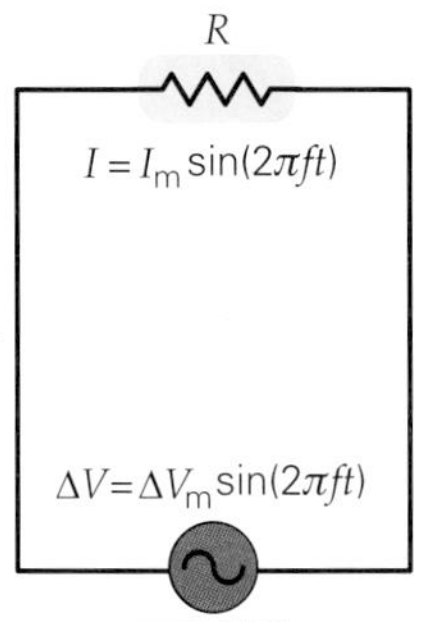

R

$I = I_m \sin(2\pi ft)$

$\Delta V = \Delta V_m \sin(2\pi ft)$

교류 전원

▲ 그림 21.1 **순 저항 회로.** 교류 전원이 한 개의 저항으로 구성된 회로에 사인파 전압을 공급한다. 저항 양단에 걸린 전압과 저항을 통과하는 전류는 가해진 교류 전압의 진동수에 맞춰 사인파로 변화한다.

교류 회로는 교류 전원(발전기나 가정용 교류 전원)과 한 개 이상의 전기소자로 구성된다. 한 개의 저항을 갖는 교류 회로가 그림 21.1에 나타나 있다. 만약 교류 전원의 전압(전위차)은 ΔV_m의 최대 전압이 사인함수로 변화한다면, 발전기로부터(20.2절) 저항 양단에서의 전압 ΔV_R도 사인함수로 변화하며 다음과 같다.

$$\Delta V_R = \Delta V_m \sin(\omega t) = \Delta V_m \sin(2\pi ft) \tag{21.1}$$

여기서 ω는 전압의 각진동수(rad/s)이며 진동수 f(Hz)와 $\omega = 2\pi f$의 관계가 있다. 따라서 저항 양단에 걸린 전압은 $\pm\Delta V_m$ 사이에서 진동한다. 여기서 ΔV_m은 **최대 전압**(peak voltage)이고 전압의 진폭을 나타낸다.

21.1.1 교류 전류와 저항에 대한 전력

교류 조건에서 저항을 통해 흐르는 전류의 방향과 크기는 진동한다. 옴의 법칙으로부터 저항에서 교류 전류는 시간의 함수로써 다음과 같다.

$$I = \frac{\Delta V_R}{R} = \left[\frac{\Delta V_m}{R}\right]\sin(2\pi ft)$$

ΔV_m은 저항 양단에 걸리는 최대 전압을 나타내기 때문에 대괄호 안은 저항기에 흐르는 최대 전류 I_m으로 나타낸다. 따라서 이 식은 다시 정리해서 쓰면 다음과 같다.

$$I = I_m \sin(2\pi ft) \tag{21.2}$$

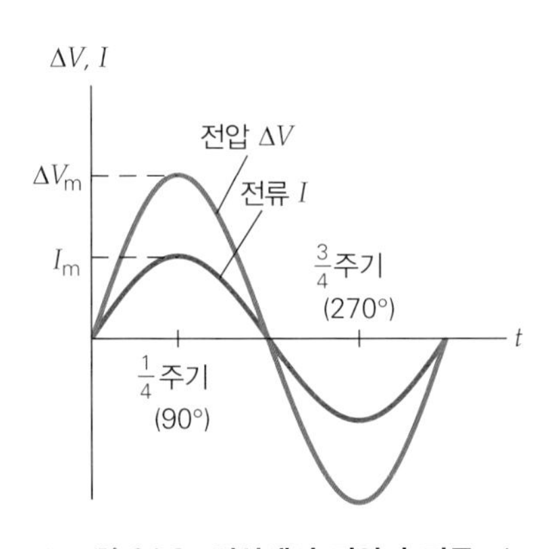

▲ 그림 21.2 **위상에서 전압과 전류.** 순 저항으로 구성된 교류 회로에서 전압과 전류의 위상은 같다.

여기서 $I_m = \Delta V_m/R$는 **최대 전류**(peak current)이다.

그림 21.2는 저항의 전류와 전압이 시간에 따라 변화하는 것을 나타낸다. 이들의 위상이 일치되고 있음을 유의하라. 즉, 이들은 동시에 0, 최댓값, 최솟값을 가진다. 전류는 양과 음의 값을 모두 가지며 한 주기 동안 전류의 방향이 바뀜을 알 수 있다. 음과 양의 방향으로 같은 시간 동안 전류가 흐르므로 **평균 전류는 영**이다. 수학적으로 사인함수의 한 주기 동안(360°)의 평균값이 0이기 때문이다. 시간에 대한 평균을 문자 위에 바(bar)를 붙여 표시한다면, $\overline{\sin\theta} = \overline{\sin 2\pi ft} = 0$을 이용하며 마찬가지로 $\overline{\cos\theta} = 0$이다.

평균 전류가 0이라고 해도 주울 열(I^2R 손실)이 없는 것은 아니다. 이것은 저항의 전기에너지 소모가 전류의 방향에 의존하지 않기 때문이다. 시간에 따른 함수로 순간 소비 전력은 순간 전류(식 21.2)로부터 얻을 수 있다. 따라서 다음과 같다.

$$P = I^2R = \left(I_m^2 R\right)\sin^2(2\pi ft) \tag{21.3}$$

전류의 부호가 바뀔지라도 전류의 제곱값은 항상 양의 값을 갖는다. 그러므로 I^2R의 평균은 0이 아니다. I^2의 평균값은 $\overline{I^2} = I_m^2\overline{\sin^2(2\pi ft)}$ 이다. 삼각함수 관계식인 반각공식 $\sin^2\theta = (1/2)(1-\cos[2\theta])$을 이용하면, $\overline{\sin^2\theta} = (1/2)\left(\overline{1-\cos[2\theta]}\right)$이

다. 그러나 $\overline{\cos[2\theta]} = 0$ ($\overline{\cos\theta} = 0$처럼)이다. 그러므로 $\overline{\sin^2\theta} = (1/2)$이다. 따라서 $\overline{I^2} = I_m^2\overline{\sin^2(2\pi ft)} = (1/2)I_m^2$이다. 그래서 평균 전력은 다음과 같다.

$$\bar{P} = \overline{I^2}R = \frac{1}{2}I_m^2R \tag{21.4}$$

교류 조건에서도 직류와 같은 형태로 쓰고, 관례적으로 평균 전력은 다음과 같이 정의된 특별한 형태의 '평균' 전류를 사용한다.

$$I_{rms} = \sqrt{\overline{I^2}} = \sqrt{\frac{1}{2}I_m^2} = \frac{I_m}{\sqrt{2}} \approx 0.707 I_m \tag{21.5}$$

I_{rms}는 **rms 전류**(rms current) 또는 **실효 전류**(effective current)라 한다(여기서 rms는 제곱 평균 제곱근을 나타내는 *root-mean-square*로 전류 평균값의 제곱근을 의미한다). rms 전류는 교류 전류와 동일한 전력을 생성하는 일정한 (직류) 전류값을 나타내며, 실효 전류라고 부른다. 식 21.5에 제곱을 취할 때, $I_m^2 = 2I_{rms}^2$이다. 따라서 평균 전력(식 21.4)을 다시 쓰면 다음과 같다.

$$\bar{P} = \frac{1}{2}I_m^2R = I_{rms}^2R \quad \text{(저항에 대한 평균 전력)} \tag{21.6}$$

저항기에서 소비되는 평균 전력(주울 열)은 시간에 따라 변화(진동)하는 전력의 평균에 불과하며, 그림 21.3에 나타낸 것과 같은 최대 전력의 1/2이다.

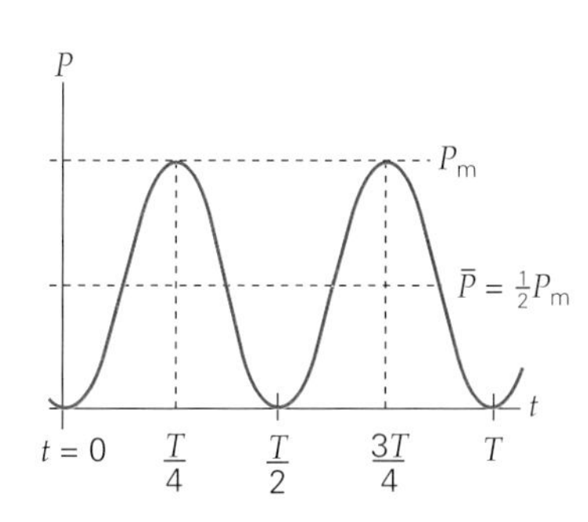

▲ 그림 21.3 **저항기에서 시간에 따른 전력 변화.** 전류와 전압 모두 방향(부호)에서 진동하지만, 그 곱(전력)은 항상 양의 값을 가진 채 진동한다. 평균 전력은 최대 전력, P_m의 반이다.

21.1.2 교류 전압

저항기에 대한 전압과 전류의 최댓값은 $\Delta V_m = I_mR$의 관계를 갖는다. rms 전류에 대해 이와 유사한 식을 사용하는 경우, **rms 전압**(rms voltage) 또는 **실효 전압**(effective voltage)은 다음과 같다.

$$\Delta V_{rms} = \frac{\Delta V_m}{\sqrt{2}} \approx 0.707 V_m \tag{21.7}$$

교류 조건에서 저항기의 경우 제곱 평균 제곱근(rms) 값을 나타낸다는 점을 염두에 두면 직류와 같은 관계를 사용할 수 있다. 따라서 저항기만을 포함하는 교류 회로의 경우 전류와 전압의 rms 값 사이의 관계는 다음과 같다.

$$\Delta V_{rms} = I_{rms}R \quad \text{(저항기 양단의 rms 전압)} \tag{21.8}$$

식 21.8과 21.6을 결합하면 저항기의 교류 전력에 대한 세 가지 표현이 나온다.

$$\bar{P} = I_{rms}^2R = I_{rms}\Delta V_{rms} = \frac{(\Delta V_{rms})^2}{R} \quad \text{(저항기에 대한 교류 전력)} \tag{21.9}$$

교류 전기량을 처리할 때 rms 값을 측정하고 지정하는 것이 관례이다. 예를 들어 가정용 전압 220 V는 실효값이므로 $(\Delta V_m) = \sqrt{2}\Delta V_{rms} \approx 1.414(220\text{ V}) = 311\text{ V}$이다. 즉, 최대 전압은 311 V이다. 이러한 개념의 사용은 예제 21.1을 참조하라.

예제 21.1 **밝은 전구–rms 및 최댓값**

구식 백열등 60 W 전구가 달린 램프가 120 V 콘센트에 꽂혀있다. (a) 램프에 흐르는 전류의 실효값과 최댓값은 얼마인가? (b) 이들 조건 하에서 전구의 저항은 얼마인가?

풀이

문제상 주어진 값:

$$\bar{P} = 60\,\text{W}$$
$$\Delta V_{\text{rms}} = 120\,\text{V}$$

(a) 전류의 실효값(rms)은

$$I_{\text{rms}} = \frac{\bar{P}}{\Delta V_{\text{rms}}} = \frac{60\,\text{W}}{120\,\text{V}} = 0.50\,\text{A}$$

이고, 최대 전류는 식 21.5로부터 구하면 다음과 같다.

$$I_{\text{m}} = \sqrt{2} I_{\text{rms}} = (1.41)(0.50\,\text{A}) = 0.71\,\text{A}$$

(b) 전구의 저항은 위에서 구한 실효값을 이용해서 구하면 된다.

$$R = \frac{\Delta V_{\text{rms}}}{I_{\text{rms}}} = \frac{120\,\text{V}}{0.50\,\text{A}} = 240\,\Omega$$

21.2 용량 리액턴스

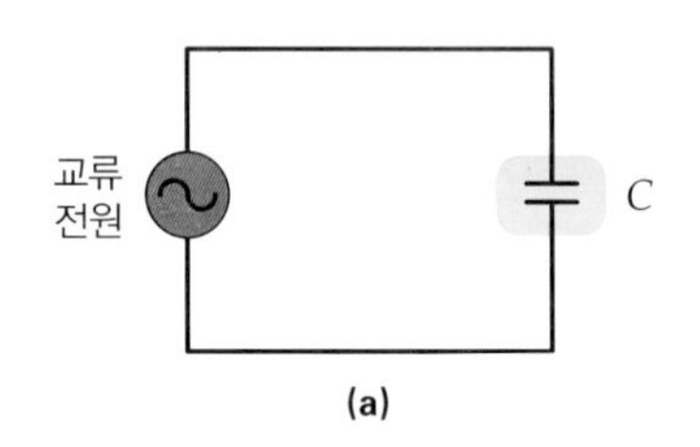

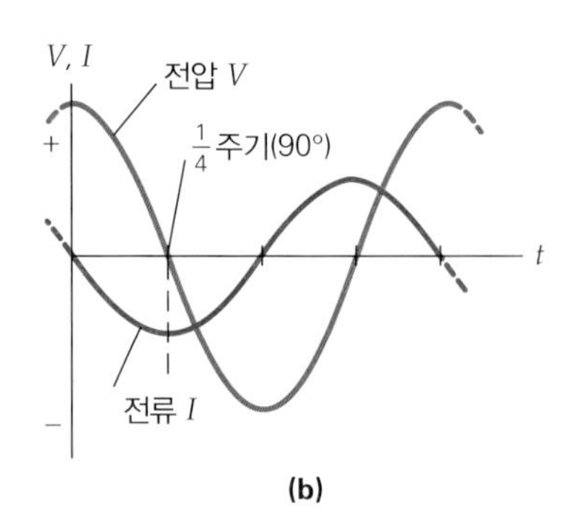

▲ **그림 21.4 순 용량성 회로.** **(a)** 교류 회로에는 축전기만 있다. **(b)** 이 경우에 전류가 전압을 90°, 또는 1/4주기 앞선다. 1/2주기 동안의 변화를 그림 21.5에서 보여준다.

16장의 논의에서는 축전기가 직류 전원에 연결된 상황(RC 회로처럼)을 고려하였다. 이 상황에서 전류는 축전기를 충전하거나 방전하는 데 필요한 짧은 시간 동안만 존재한다. 축전기의 전극 판에 전하가 축적되면 축전기 전압이 증가하여 외부 전압에 반대로 작용해서 전류를 감소시킨다. 축전기가 완전히 충전될 때 전류는 0으로 떨어진다.

축전기가 교류 전원에 의해 구동될 때 상황은 달라진다(그림 21.4a). 이들 조건 하에서 축전기는 전류의 흐름을 제한하지만 완전히 차단하지는 못한다. 각 반 주기마다 전류와 전압이 극성이 바뀌므로 축전기가 번갈아가면서 충전되고 방전되기 때문이다. 축전기만 있는 회로의 교류 전류 및 전압-시간 그래프가 그림 21.4b에 나타나 있다. 축전기의 상태가 시간에 따라 어떻게 변하는지 살펴보도록 하자(그림 21.5).

- 그림 21.5a에서 $t = 0$은 임의의 최대 전압의 시간으로 선택된다($\Delta V = \Delta V_{\text{m}}$). 시작 시 축전기는 표시된 극성으로 완전히 충전된다($Q_{\text{m}} = C \cdot \Delta V_{\text{m}}$). 극판이 완전히 전하가 축적되어 전류가 흐르지 않는다.
- 전압이 감소하기 때문에($0 < \Delta V < \Delta V_{\text{m}}$) 축전기는 방전을 시작하고, 시계 반대 방향으로 전류가 흐른다(음의 전류; 그림 21.4b와 21.5b를 비교하라).
- 전압이 0으로 떨어지면 전류는 최대가 되어 축전기는 완전히 방전된다(그림 21.5c). 이것은 주기의 1/4이 지났을 때 일어난다($t = T/4$).
- 교류 전원의 극성이 바뀌고 전압의 크기가 증가한다. 축전기는 충전이 되기 시작하지만 극성은 바뀐다(그림 21.5d). 극판이 완전히 방전되어 있으면 전류흐름에 방해가 없으므로 전류는 최대가 된다. 그러나 극판에 충전이 되면 전류의 흐름을 방해하기 시작하여 전류는 감소한다.

• 주기의 반($t = T/2$)이 지났을 때, 축전기는 완전히 충전되었지만 극성은 반대여서 시작과는 정반대의 상황이 된다(그림 21.5e). 전류는 0이고 전압은 최대이지만 처음의 극성과는 반대이다.

다음 나머지 반주기 동안(그림에는 없음), 그 과정이 반대이고 회로는 처음 상태로 돌아간다. 전류가 최대일 때 전압이 최대가 되지 않음(즉, 위상이 같지 않다)을 유의하라. 전류가 전압보다 1/4주기 앞서 최댓값에 도달한다. 축전기의 전류와 전압 사이의 위상 관계는 일반적으로 다음과 같이 명시된다.

순 용량성 교류 회로에서 전류는 전압보다 위상이 90° 또는 1/4주기 앞선다.

따라서 교류 상황에서 축전기는 충전 과정에 어느 정도 방해하지만 완전히 차단하지 못한다. 그러나 직류 회로에서는 완전히 차단한다. 전류에 대한 이 '용량적 방해'의 정량적 측정을 **용량 리액턴스**(capacitive reaction, X_C)라고 한다.

$$X_C = \frac{1}{\omega C} = \frac{1}{2\pi f C} \quad \text{(용량 리액턴스)} \tag{21.10}$$

용량 리액턴스의 SI 단위: Ω 또는 s/F

여기서 $\omega = 2\pi f$, C는 전기용량 그리고 f는 진동수(Hz)이다. 저항처럼 리액턴스도 옴(Ω)으로 측정된다(단위 분석을 이용해서 Ω과 s/F이 동등함을 보일 수 있다).

식 21.10은 리액턴스가 전기용량(C)와 전압 진동수(f)는 반비례하는 것을 보여준다. 이 두 가지 의존은 모두 다음과 같이 이해할 수 있다.

전기용량(C)에 대한 의존성을 이해하려면 축전기가 '전압당 저장된 충전($Q = C/\Delta V$)'을 의미한다는 점을 기억하라. 주어진 진동수와 전압의 경우 전기용량이 클수록 축전기에는 더 많은 전하를 축적할 수 있다. 이를 위해서는 더 큰 충전량 또는 전류가 필요하다. 전기용량이 클수록 주어진 진동수에서 전하 흐름(즉, 용량 리액턴스 감소)에 대한 방해가 덜 작용한다.

진동수 의존성을 이해하려면 전압의 진동수가 클수록 각 주기마다 충전할 수 있는 시간이 짧아진다는 사실을 고려하라. 충전 시간이 짧다는 것은 전하가 극판에 축적될 수 있는 양이 적어 전류에 대한 방해가 적다는 것을 의미한다. 그래서 진동수를 증가시키면 용량 리액턴스가 감소한다.

특수한 경우에 사실이라고 알려진 결과를 주는지는 항상 일반적인 관계를 체크하는 것이 좋다. 축전기의 특수한 경우 f가 0에 가까워질수록 용량 리액턴스는 무한대가 된다는 점에 유의하라. 직류 조건에서는 전류가 없으므로 예상한 대로이다. 용량 리액턴스는 저항과 유사한 형태에 의해 축전기 및 전류에 걸친 전압과 관련된다.

$$\Delta V_{\text{rms}} = I_{\text{rms}} X_C \quad \text{(축전기 양단 전압)} \tag{21.11}$$

용량 리액턴스를 계산해 보려면 예제 21.2를 풀어보자.

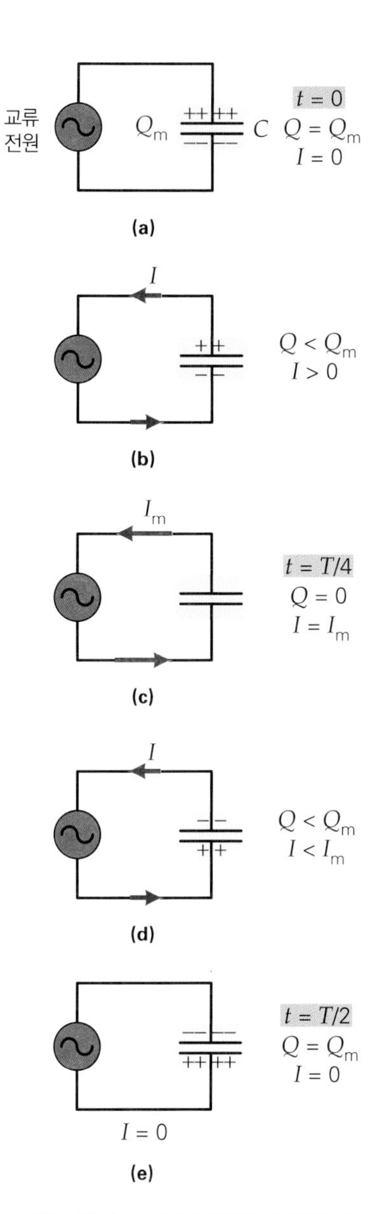

▲그림 21.5 **교류 조건하의 축전지.** 이 abcd회로는 축전기와 교류 전원만 포함된 회로의 전압, 전하 및 전류를 보여준다. 다섯 개의 회로도는 그림 21.4b의 그래프에서 첫 1/2주기 동안만을 그린 것이다.

예제 21.2 **교류 조건에서의 용량 리액턴스 및 축전기 전류**

15.0 μF의 축전기가 120 V, 60 Hz의 전원에 연결되어 있다. (a) 용량 리액턴스는 얼마인가? (b) 회로에 흐르는 전류의 실효값과 최댓값은 얼마인가?

풀이

문제상 주어진 값:

$$C = 15.0\ \mu\text{F} = 15.0\times10^{-6}\ \text{F}$$
$$\Delta V_{\text{rms}} = 120\ \text{V}$$
$$f = 60\ \text{Hz}$$

(a) 용량 리액턴스는 다음과 같다.

$$X_{\text{C}} = \frac{1}{2\pi fC} = \frac{1}{2\pi(60\ \text{Hz})(15.0\times10^{-6}\ \text{F})} = 177\ \Omega$$

(b) 그러면 rms 전류는

$$I_{\text{rms}} = \frac{\Delta V_{\text{rms}}}{X_{\text{C}}} = \frac{120\ \text{V}}{177\ \Omega} = 0.678\ \text{A}$$

이다. 그리고 최대 전류는

$$I_{\text{m}} = \sqrt{2}I_{\text{rms}} = \sqrt{2}(0.678\ \text{A}) = 0.959\ \text{A}$$

이다. 따라서 전류는 초당 60번 진동하며, 최댓값은 0.959 A 이다.

21.3 유도 리액턴스

유도 계수는 회로 요소가 렌츠의 법칙에 의해 시간에 따라 변화하는 전류를 나타내며 방해하는 정도의 척도이다. 모든 회로 요소는 약간의 유도 계수를 갖지만, 저항이 거의 없는 도선을 여러 번 감은 코일은 실제 유도 계수만 가지고 있다. 이 코일을 시간에 따라 변하는 전류가 있는 회로에 연결할 때 **유도기**(inductor)라 하며, 회로에 연결되면 시간에 따라 변하는 전류에 방해하는 역기전력을 발생한다. 코일에 흐르는 전류가 변화하면 자기장과 자기선속도 변하므로 역기전력은 이 변화에 방해하는 유도기전력이다. 이처럼 자체가 변화하는 자기장 때문에 역기전력이 유도기에서 발생하므로 이런 현상을 자체 유도(self induction)라 한다.

N번 감긴 고리로 구성된 코일의 자체 유도기전력은 패러데이의 법칙(식 20.2)에 의해 주어진다: $\mathscr{E} = -N(\Delta\Phi/\Delta t)$. 코일을 통과하는 자기선속의 시간변화율 $N(\Delta\Phi/\Delta t)$은 코일에 흐르는 전류의 시간변화율 $\Delta I/\Delta t$에 비례한다. 이것은 전류가 자기장을 생성해 자기선속의 변화를 일으키기 때문이다. 따라서 역기전력은 전류의 시간변화율에 비례하고 반대로 방향을 정한다. 이 관계는 비례상수 L을 이용하여 나타내면 다음과 같다.

$$\mathscr{E} = -L\frac{\Delta I}{\Delta t} \tag{21.12}$$

여기서 L은 코일의 **유도 계수**(inductance)라 한다(좀 더 알맞게 쓰면 자체 유도 계수). L의 단위는 V·s/A임을 유도할 수 있는데, 이 조합 단위를 미국의 물리학자이며 전자기유도의 연구가인 조셉 헨리(Joseph Henry, 1797~1878)의 이름을 따서 **헨리**(henry, **H**, 1 H = 1 V·s/A)라고 한다. mH와 같이 보편적으로 사용하는 아주 작은 단위도 있다(1 mH = 10^{-3} H).

교류 조건에서 유도기가 전류의 흐름을 방해하는 정도는 유도 계수와 전압 진동수에 의존한다. 이것은 **유도 리액턴스**(X_L)로 정량적으로 나타낸다.

$$X_L = \omega L = 2\pi f L \quad (\text{유도 리액턴스}) \tag{21.13}$$

유도 리액턴스의 SI 단위: Ω 또는 H/s

여기서 f는 $\omega = 2\pi f$와 같이 교류 전원의 진동수이고 L은 유도 계수이다. 용량 리액턴스와 같이 유도 리액턴스도 옴(Ω)으로 측정되고 H/s와 동등하다.

유도 리액턴스는 코일 유도 계수(L)와 전압 진동수(f)에 비례한다. 유도 계수는 감긴 수, 코일의 직경, 길이, 철심 재료 등에 의존하는 코일의 특성이다. 전압 진동수가 리액턴스에 중요한 역할을 하는 것은 코일에서 전류가 더 빨리 변하면 자기선속의 변화율이 더 커지기 때문이다. 이것은 전류의 변화를 방해하기 위해 자체 역기전력이 더 크게 유도됨을 의미한다.

X_L의 관점에서 유도기 전체의 전압은 다음과 같은 방법으로 전류 및 유도 리액턴스와 관련된다.

$$\Delta V_{\text{rms}} = I_{\text{rms}} X_L \quad (\text{유도기 양단 전압}) \tag{21.14}$$

하나의 유도기에 연결된 교류 전원(유도기 기호가 표시된다)과 회로 내 유도기 및 전류에 걸친 전압의 시간 변화 그래프를 포함하는 회로는 모두 그림 21.6에 나타내었다.

유도기가 교류 전원에 연결되어 있을 때 최대 전압은 전류가 0이 될 때 갖는다. 또한 전압이 0으로 떨어지면 전류는 최대가 된다. 이것은 전압의 극성이 바뀔 때 유도기가 렌츠의 법칙에 의해 변화에 방해하는 역기전력을 유도하고 이 역기전력이 전류를 흐르게 하기 때문이다. 유도기에서 전류는 전압에 1/4주기 뒤처지며, 이것을 다음과 같이 표현한다.

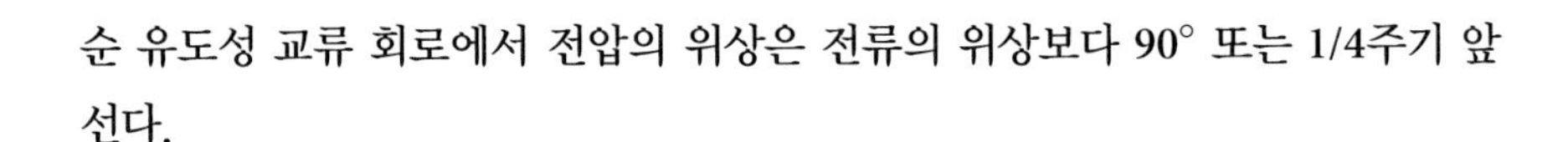
순 유도성 교류 회로에서 전압의 위상은 전류의 위상보다 90° 또는 1/4주기 앞선다.

순 용량성 회로와 순 유도성 회로에서 전류와 전압의 위상관계가 서로 반대이다.

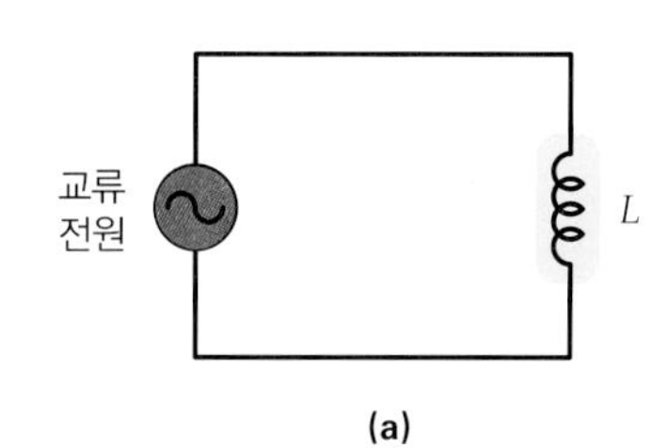

(a)

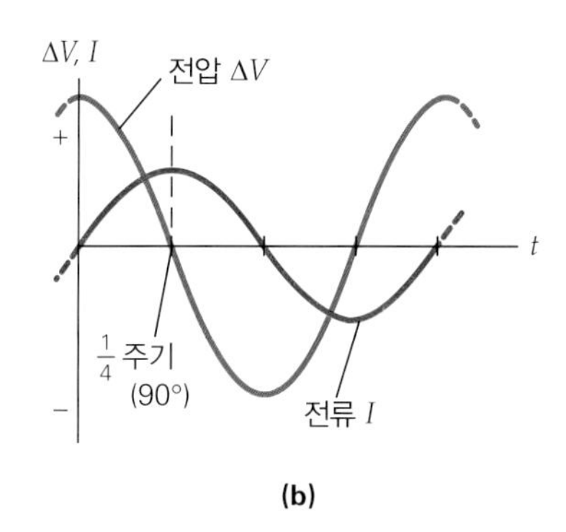

(b)

▲**그림 21.6 순 유도성 회로.** (a) 유도기만 갖는 교류 회로 (b) 전압은 전류의 위상보다 90° 또는 1/4주기 앞선다.

예제 21.3 저항 없이 전류를 억제–유도 리액턴스

125 mH인 유도기가 120 V, 60 Hz의 교류 전원에 연결되어있다. (a) 유도 리액턴스는 얼마인가? (b) 이 회로에 흐르는 전류의 실효값을 구하라.

풀이

문제상 주어진 값:

$L = 125\ \text{mH} = 0.125\ \text{H}$

$\Delta V_{\text{rms}} = 120\ \text{V}$

$f = 60\ \text{Hz}$

(a) 유도 리액턴스는 다음과 같다.

$$X_L = 2\pi f L = 2\pi(60\,\text{Hz})(0.125\,\text{H}) = 47.1\ \Omega$$

(b) 따라서 전류의 실효값을 계산하면 다음과 같다.

$$I_{\text{rms}} = \frac{\Delta V_{\text{rms}}}{X_L} = \frac{120\ \text{V}}{47.1\ \Omega} = 2.55\ \text{A}$$

21.4 임피던스: RLC 회로

앞의 절에서는 순 용량성 또는 순 유도성 회로만 다루었고 저항기가 없는 것으로 간주되었다. 그러나 실제 상황에서는 연결된 회로에서 최소한 어느 정도의 저항이 있으므로 순수하게 이루어진 회로를 갖는 것이 불가능하다. 따라서 저항, 용량 리액턴스 그리고 유도 리액턴스 모두 결합해서 전류의 흐름을 방해한다.

21.4.1 RC 직렬 회로

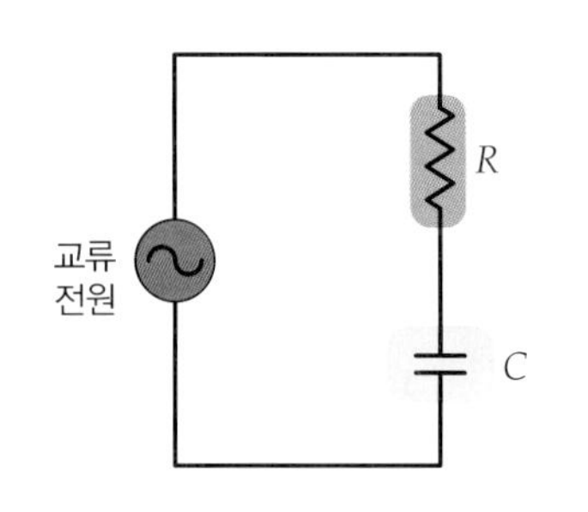

(a) RC 회로도

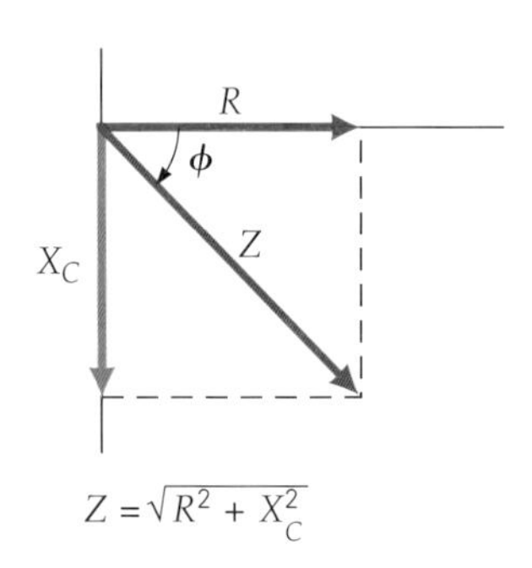

$Z = \sqrt{R^2 + X_C^2}$
(b) 위상자 도표

▲ 그림 21.7 **RC 직렬회로.** (a) RC 직렬회로 (b) 임피던스 Z는 저항 R 위상자(벡터처럼)와 용량 리액턴 X_C 위상자의 합(피타고라스 정리를 이용)이다. 위상각 ϕ는 RC 회로에 대한 실질적인 전압이 전류를 지연시킬 때 음의 값이다.

교류 회로가 직렬로 연결된 전원, 저항기 및 축전기로 구성된다고 가정하자(그림 21.7a). 전류와 전압 사이의 위상 관계는 회로 요소마다 다르다. 따라서 회로 내 전류에 대한 전반적인 임피던스를 찾기 위한 특별한 그래프를 이용하는 방법이 필요한데, 이 그래프를 **위상자 도표**(phase diagram)라고 한다.

RC 회로에 대한 그림 21.7b와 같은 위상에서 저항과 용량 리액턴스를 위상자라고 하는 벡터로 나타내었으며, **위상자**는 벡터로 크기와 방향을 갖는다. 위상자는 직각좌표계를 사용하여 다음과 같이 그린다. 저항에 대해 전압과 전류의 위상이 같으므로 저항의 위상자를 양의 x축을 따라 그린다(즉, 0°). 축전기 양단에 걸리는 전압은 전류보다 위상이 90° 뒤처지므로 (즉, −90 °) 용량 리액턴스 위상자는 음의 y축을 따라 그린다.

위상자의 합이 실제로 전류의 흐름을 방해하고, 이 합을 회로의 **임피던스**(impedance, **Z**)라고 한다. 각도 ϕ는 **위상각**(phase angle)이라 한다. 이 각은 전압과 전류 사이의 위상각의 차이를 측정한 것이다. 이 RC 회로의 경우 전압이 전류를 이끌기 때문에 음(x축 아래)이다. 피타고라스의 정리를 이용하여 그림 21.7b에서 Z를 구하면 다음과 같다.

$$Z = \sqrt{R^2 + X_C^2} \quad \text{(RC 직렬 회로의 임피던스)} \tag{21.15}$$

임피던스의 SI 단위: Ω

옴의 법칙은 교류 회로에 적용되는 대로 저항 R 대신 임피던스 Z를 사용한다. 저항만을 포함하는 회로에 사용되는 $\Delta V = IR$에 대한 일반화로써 다음과 같이 표현한다.

$$\Delta V_{rms} = I_{rms} Z \quad \text{(교류 회로에서 옴의 법칙)} \tag{21.16}$$

위상자가 RC 회로를 분석하는 데 사용되는 방법을 알아보기 위해 예제 21.4를 풀어보자. 회로 소자에 걸친 전압 간의 위상차로 설명되는 키르히호프의 고리 정리를 명백히 위반하는 예제 21.4의 (b)에 특히 주의하라.

예제 21.4 **RC 임피던스와 키르히호프의 고리 정리**

RC 직렬 회로는 100 Ω의 저항과 15.0 μF의 전기용량을 가진다. (a) 120 V, 60 Hz 전원에 의해 구동되는 회로의 (rms) 전류는? (b) 각 회로 소자와 결합된 두 소자의 (rms) 전압을 계산하라. 회로 전원의 전압과 비교하라. 키르히호프의 고리 정리를 만족하는가? 이유를 설명하라.

풀이

문제상 주어진 값:

$$R = 100\ \Omega$$
$$C = 15.0\ \mu\text{F} = 15.0 \times 10^{-6}\ \text{F}$$
$$\Delta V_{\text{rms}} = 120\ \text{V}$$
$$f = 60\ \text{Hz}$$

(a) 예제 21.2에서 이 진동수에서 축전기의 리액턴스는 $X_C = 177\ \Omega$이다. 이제 식 21.15는 회로 임피던스를 구하는 데 이용할 수 있다.

$$Z = \sqrt{R^2 + X_C^2} = \sqrt{(100\ \Omega)^2 + (177\ \Omega)^2} = 203\ \Omega$$

$\Delta V_{\text{rms}} = I_{\text{rms}} Z$를 이용하면, rms 전류는 다음과 같다.

$$I_{\text{rms}} = \frac{\Delta V_{\text{rms}}}{Z} = \frac{120\ \text{V}}{203\ \Omega} = 0.591\ \text{A}$$

(b) 저항기에 걸친 rms 전압($Z = R$)에 대해 먼저 식 21.17을 사용하면

$$\Delta V_{\text{R}} = I_{\text{rms}} R = (0.591\ \text{A})(100\ \Omega) = 59.1\ \text{V}$$

이고 축전기에 걸린 전압은 ($Z = X_C$)

$$\Delta V_{\text{C}} = I_{\text{rms}} X_{\text{C}} = (0.591\ \text{A})(177\ \Omega) = 105\ \text{V}$$

이들 두 rms 전압의 대수적 합은 164 V이고 전원의 rms 전압은 120 V이므로 값이 같지 않다. 그러나 그렇다고 해서 키르히호프의 고리 정리가 위배된 것은 아니다. 사실 위상차를 설명한다면 전원 전압은 축전기와 저항기의 결합된 전압과 동일하다. 결합 전압은 두 전압 사이의 90° 위상 차이를 고려하여 적절히 계산해야 한다. 피타고라스 정리를 이용하여 총 전압을 얻을 수 있다.

$$\Delta V_{(\text{R+C})} = \sqrt{(\Delta V_{\text{R}})^2 + (\Delta V_{\text{C}})^2}$$
$$= \sqrt{(59.1\ \text{V})^2 + (105\ \text{V})^2} = 120\ \text{V}$$

따라서 개별 전압이 적절하게 결합되었을 때 키르히호프의 규칙은 여전히 유효하다. 그러나 전압은 일반적으로 위상에 어긋나기 때문에 '벡터 유사' 방식으로 전압을 합하기 때문에 주의해야 한다.

21.4.2 RL 직렬 회로

그림 21.8에 나타낸 바와 같이 RL 직렬 회로의 분석은 RC 직렬 회로와 유사하다. 그러나 유도기 양단의 전압이 전류보다 위상이 90° 앞서기 때문에 유도 리액턴스 위상자를 양의 y축을 따라 그린다. 양의 위상각 ϕ는 유도기의 경우처럼 전압이 전류를 이끈다는 것을 의미한다. 따라서 RL 직렬 회로에서 임피던스는 다음과 같이 주어진다.

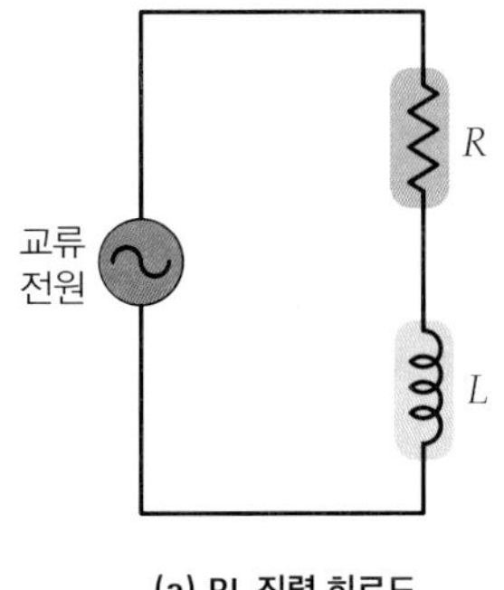

(a) RL 직렬 회로도

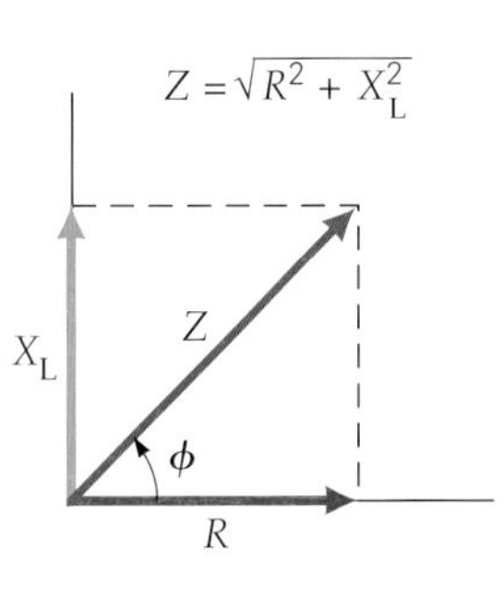

(b) 위상자 도표

◀그림 21.8 **RL 직렬 회로.** (a) RL 직렬 회로. (b) 임피던스 Z는 저항 R과 유도 리액턴스 X_L의 위상자 합이다.

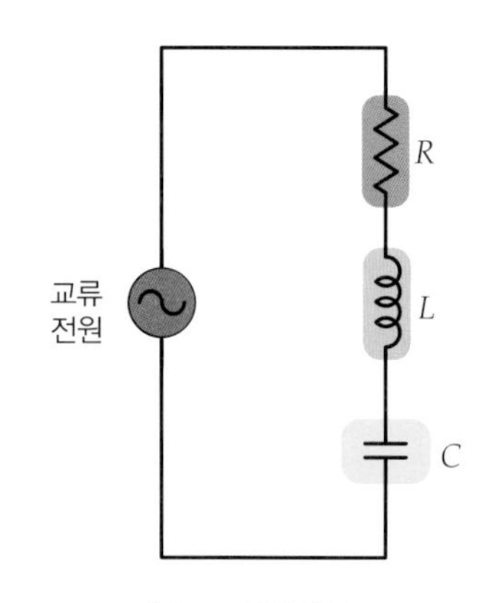

(a) RLC 직렬 회로도

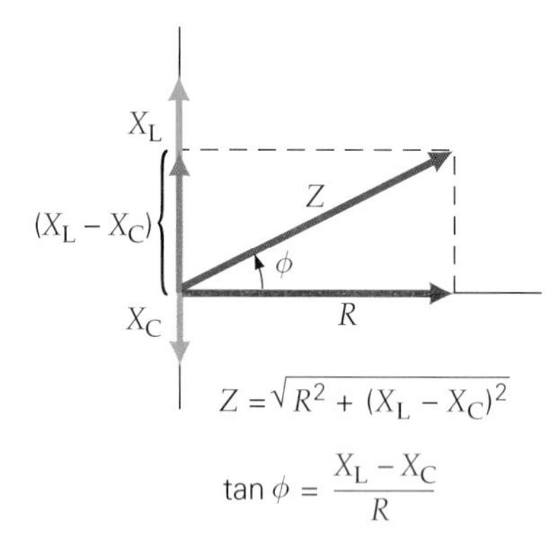

(b) 위상자 도표

▲ 그림 21.9 **RLC 직렬 회로.** (a) RLC 직렬 회로, (b) 임피던스 Z는 저항 R과 총 (알짜) 리액턴스 $X_L - X_C$의 위상자 합이다. 이 위상자 도표는 $X_L > X_C$인 경우를 그렸다. 따라서 ϕ는 여기서 양(즉, x축 위로)이다.

$$Z = \sqrt{R^2 + X_L^2} \quad \text{(RL 직렬 회로 임피던스)} \tag{21.17}$$

21.4.3 RLC 직렬 회로

일반적으로 교류 회로는 그림 21.9의 직렬연결을 보여준 것처럼 저항기, 유도기 및 축전기라는 세 가지 회로 요소를 모두 포함할 수 있다. 다시 전체 회로 임피던스를 결정하기 위해 위상자 합 방법을 사용해야 한다. 수직 성분들을 합하면(즉, 유도 리액턴스와 용량 리액턴스) 총 리액턴스, $X_L - X_C$가 주어진다. 뺄셈을 한 것은 X_L과 X_C 사이의 각도가 180°이기 때문이다. 회로에서 임피던스는 저항과 총 리액턴스의 위상자 합이다. 위상자 도표에 피타고라스 정리를 이용하면 RLC 직렬 회로의 임피던스에 대하여 다음과 같이 나타낼 수 있다.

$$Z = \sqrt{R^2 + (X_L - X_C)^2} \quad \text{(RLC 직렬 회로 임피던스)} \tag{21.18}$$

회로에서 전압과 전류 사이의 위상각 ϕ는 임피던스 위상자(Z) 사이의 각이다. 즉, 회로 내 전원 전압과 전류 상이의 위상각 ϕ는 총 임피던스 위상자(Z)와 $+x$축이 이루는 각으로 그림 21.9b에 나타나 있다.

$$\tan\phi = \frac{X_L - X_C}{R} \quad \text{(RLC 직렬 회로에서 위상각)} \tag{21.19}$$

만약 X_L이 X_C보다 크다면 (그림 21.9b) 위상각이 양이고 임피던스의 비저항성 부분(즉, 리액턴스)이 유도기가 더 우세하기 때문에, 이 회로는 유도성이라고 말한다. 또한 만약 X_C가 X_L보다 크다면 위상각이 음이고, 용량 리액턴스가 유도 리액턴스보다 우세하기 때문에 이 회로는 용량성이라고 말한다. RLC 직렬 회로에 적용된 위상자 분석을 보여주는 예제 21.5를 참조하라.

예제 21.5 이제 다 함께 – RLC 회로에서 임피던스

RLC 직렬 회로가 $R = 25.0\ \Omega$, $C = 50.0\ \mu\text{F}$, $L = 0.300\ \text{H}$로 구성되어 있고, 이 회로는 120 V, 60 Hz의 전원에 연결한다. (a) 총 임피던스를 구하라. (b) 회로에서 rms 전류를 구하라. (c) 회로에서 전류와 전압 사이의 위상각을 구하라.

풀이

문제상 주어진 값:

$$R = 25.0\ \Omega$$
$$C = 50.0\ \mu\text{F} = 5.00 \times 10^{-5}\ \text{F}$$
$$L = 0.300\ \text{H}$$
$$\Delta V_{\text{rms}} = 120\ \text{V}$$
$$f = 60\ \text{Hz}$$

(a) 각 리액턴스는 다음과 같이 구할 수 있다.

$$X_C = \frac{1}{2\pi fC} = \frac{1}{2\pi(60\ \text{Hz})(5.00\times10^{-5}\ \text{F})} = 53.1\ \Omega$$

$$X_L = 2\pi fL = 2\pi(60\ \text{Hz})(0.300\ \text{H}) = 113\ \Omega$$

$$Z = \sqrt{R^2 + (X_L - X_C)^2} = \sqrt{(25.0\ \Omega)^2 + (113\ \Omega - 53.1\ \Omega)^2} = 64.9\ \Omega$$

(b) $I_{\text{rms}} = \dfrac{\Delta V_{\text{rms}}}{Z} = 1.85\ \text{A}$

(c) 위상각에 대해 풀면 다음과 같다.

$$\phi = \tan^{-1}\left(\frac{X_L - X_C}{R}\right) = \tan^{-1}\left(\frac{113\ \Omega - 53.1\ \Omega}{25.0\ \Omega}\right) = +67.3°$$

유도 리액턴스가 용량 리액턴스[(a) 참조]보다 크고 이 회로는 자연적으로 유도성이 있으므로 양의 위상각이 예상된다.

이제 교류 회로의 임피던스, 전압 및 전류를 억제하는 데 위상자 도표의 유용성을 높이 평가해야 한다. 그러나 ϕ의 용도와 의미에 대해서는 여전히 궁금할 것이다. 그 중요성을 설명하기 위해 RLC 회로의 전력 손실을 조사하자. 이 분석이 위상자 도표의 사용에 따라 어떻게 달라지는지 주의 깊게 살펴보도록 한다.

21.4.4 RLC 직렬 회로에 대한 전력 인자

RLC 회로의 전력을 고려할 때, 기억해야 할 중요한 사실은 모든 전력 손실(주울 열)이 저항기에서만 발생할 수 있다는 것이다. **축전기와 유도기에서는 전력 손실이 없다**. 이것은 이상적이라 볼 수 있고 둘 다 저항이 없으며 둘 중 어느 것도 주울 열을 나타내지 않기 때문이다. 따라서 축전기와 유도기는 단순히 에너지를 저장하고 손실 없이 에너지를 되돌려준다.

저항기에 의해 소비되는 평균(rms) 전력은 $P_{\text{rms}} = I_{\text{rms}}^2 R$이다. 이 rms 전력은 rms 전류와 전압의 측면에서도 표현할 수 있지만, 적절한 전압은 저항기 전체에 걸쳐 있는 전압으로 유일한 소비 소자이기 때문이다. 따라서 RLC 직렬 회로에서 소비되는 평균 전력은 저항기에 의해 소비되는 전력과 같다. $\bar{P} = P_{\text{R}} = I_{\text{rms}}\Delta V_{\text{R}}$.

저항기의 전압은 위상자 삼각형에 해당하는 전압 삼각형을 만들어 확인할 수 있다(그림 21.10). RLC 회로의 각각의 구성 요소에 대한 rms 전압은 다음과 같다. $\Delta V_{\text{R}} = I_{\text{rms}}R$, $\Delta V_{\text{L}} = I_{\text{rms}}X_{\text{L}}$ 그리고 $\Delta V_{\text{C}} = I_{\text{rms}}X_{\text{C}}$. 여기서 마지막 두 개의 전압을 합하면 $(\Delta V_{\text{L}} - \Delta V_{\text{C}}) = I_{\text{rms}}(X_{\text{L}} - X_{\text{C}})$이다. 따라서 (임피던스) 위상자 삼각형의 각 변에 회로의 rms 전류를 곱한 경우 전압 위상자 삼각형이 된다(그림 21.10b). 저항기의 양단에 걸린 전압은 다음과 같다.

$$\Delta V_{\text{R}} = \Delta V_{\text{rms}} \cos\phi \tag{21.20}$$

여기서 $\cos\phi$는 **전력 인자**(power factor)라고 한다. 다시 식 21.11로부터 다음과 같이 쓸 수 있다.

$$\cos\phi = \frac{R}{Z} \quad \text{(RLC 직렬 회로 전력 인자)} \tag{21.21}$$

회로의 평균 전력은 전력 인자를 이용해서 다시 쓸 수 있다.

$$\bar{P} = I_{\text{rms}} \cdot \Delta V_{\text{rms}} \cdot \cos\phi \quad \text{(RLC 직렬 회로의 평균 전력)} \tag{21.22}$$

전력은 저항에서만 소비되기 때문에 $\left(\bar{P} = I_{\text{rms}}^2 R\right)$, 식 21.22는 다음과 같이 고쳐서 다시 쓸 수 있다.

$$\bar{P} = I_{\text{rms}}^2 Z \cos\phi \quad \text{(RLC 직렬 회로의 평균 전력)} \tag{21.23}$$

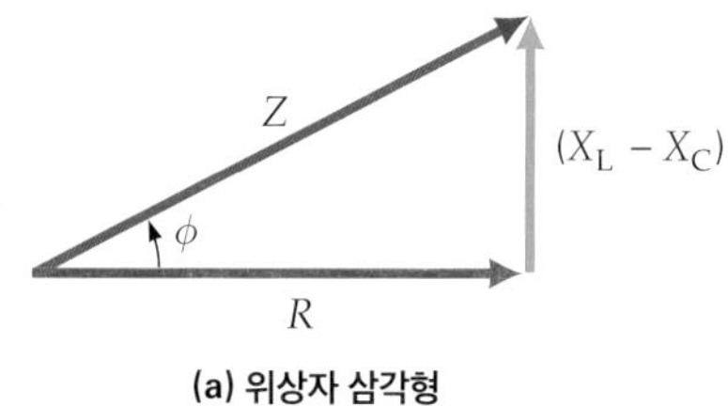

(a) 위상자 삼각형

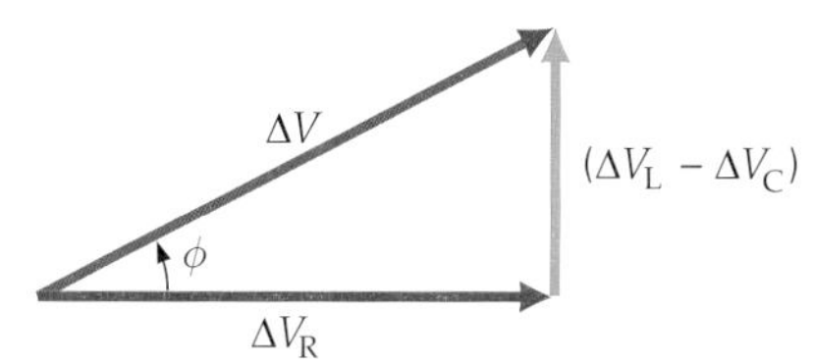

(b) 전압 삼각형

▲그림 21.10 **위상자와 전압 삼각형.** 직렬 회로에서 rms 전류는 각 소자에서 같고, 각 소자 전압은 임피던스(리액턴스 또는 저항)에 비례한다. 임피던스 위상자 삼각형 **(a)**는 등가 전압 삼각형 **(b)**와 같이 바꿀 수 있다. 두 도표는 $X_{\text{L}} > X_{\text{C}}$인 경우에 해당된다.

$\cos\phi$는 $+1(\phi = 0°)$에서 최대이고 $0(\phi = 90°)$에서 최소가 됨을 기억하라. $\phi = 0°$일 때 회로는 **순저항성**이라고 하며 최대 전력 소비가 발생한다(마치 회로에 저항만 있는 것처럼—실제로는 유도기와 축전기를 포함한다). 위상각이 어느 쪽으로 (+ 또는 −) 증가하더라도 $[\cos(-\phi) = \cos\phi]$ 전력 인자는 감소하며 회로는 유도성 또는 용량성이 된다. 만약 위상각이 $\pm 90°$이면 회로는 순수한 유도성이거나 순수한 용량성이 된다. 이 경우 회로는 오직 유도기와 축전기만으로 되어 있어 전력 손실이 없다.

사실 회로는 항상 저항이 있으므로 순수한 유도성이나 용량성이 될 수는 없다. 그러나 RLC 회로에 유도기나 축전기가 있더라도 21.5절과 같이 회로에 순수한 저항성만 나타나도록 할 수 있다.

21.5 RLC 회로 공명

앞에서 논의한 것으로부터 전력 인자($\cos\phi$)가 1이 되면 회로에 최대 전력이 전달된다는 것을 알았다. 이 상황에서 임피던스가 최소로 되므로 회로 전류는 최대가 된다. 이것은 특정한 진동수에서 유도 리액턴스와 용량 리액턴스가 같아 상쇄되기 때문이다. 크기가 같고 위상이 반대, 즉 180° 차이가 생긴다.

이러한 고유 진동수를 구하는 비결은 유도 리액턴스와 용량 리액턴스가 모두 진동수에 의존하기 때문에 총 임피던스 역시 진동수에 의존한다는 사실이다. RLC 직렬 임피던스에 대한 식을 나타내면 $Z = \sqrt{R^2 + (X_L - X_C)^2}$ 로부터, 임피던스는 $X_L = X_C$일 때 진동수 f_0로 표시하고 이 진동수가 최소임을 알 수 있다. 리액턴스로부터 $2\pi f_0 L = 1/(2\pi f_0 C)$에서 f_0을 풀면 다음과 같다.

$$f_0 = \frac{1}{2\pi\sqrt{LC}} \quad \text{(RLC 직렬 회로 공명 진동수)} \qquad (21.24)$$

이 진동수는 최소 임피던스의 조건을 만족시켜 회로의 전류와 전력 소비를 최대화하는데, 이는 최대 진폭을 생성하기 위해 적절한 진동수에서 그네를 타는 것과 유사한 상황이며, f_0을 회로의 **공명 진동수**(resonance frequency)라고 한다. 용량 리액턴스 및 유도 리액턴스-진동수의 그래프는 그림 21.11a에 나와 있다. 전원 진동수의 함수로서 X_C와 X_L에 대한 그래프는 값이 같을 때 고유 진동수 f_0에서 교차한다.

RLC 직렬 회로의 공명은 물리적으로 설명할 가치가 있다. 축전기와 유도기의 전압이 항상 180° 위상차를 갖거나 반대 극성을 가지고 있다는 것을 알았다. 다른 말로 하면 그 값은 상쇄되려고 하지만 값이 같지 않기 때문에 완전 상쇄되지 않는다. 부분적으로만 상쇄되는 경우 저항기의 전압은 전원의 전압보다 작다. 이러한 조건에서 축전기와 유도기의 결합에 걸쳐 알짜 전압이 남아 있어 저항기의 최댓값(키르히호프의 고리 정리)보다 적게 남기 때문이다. 이 경우 저항기에서 소비되는 전력은 최댓값(공명에 도달하는 값)보다 작다.

그러나 회로가 공명 진동수로 구동되면 축전기 및 유도기 전압이 상쇄되고 전원

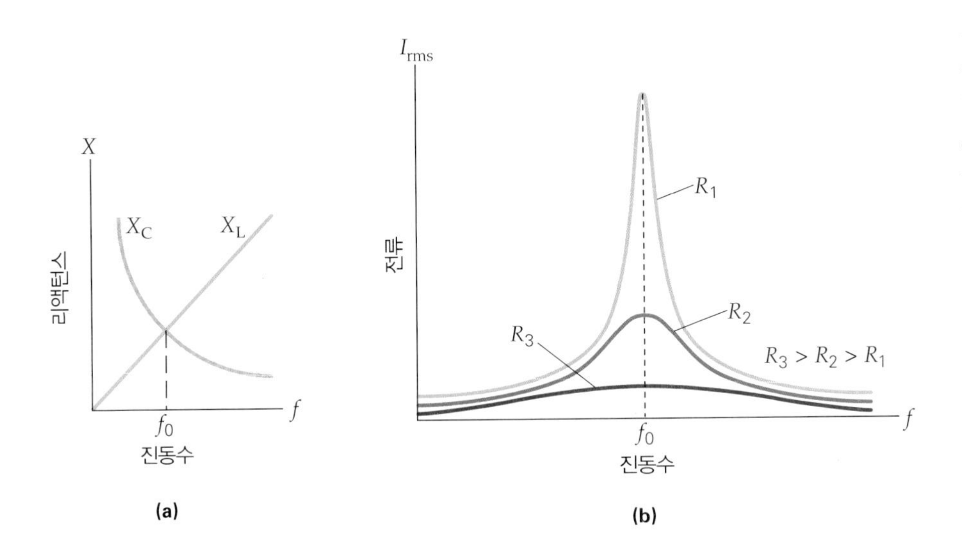

◀그림 21.11 **RLC 직렬 회로의 공명 진동수.** (a) 공명 진동수(f_0)에서 용량 리액턴스와 유도 리액턴스는 같다. 두 리액턴스 대 진동수의 그래프는 X_C와 X_L의 교점을 나타낸다. (b) rms 회로 전류 대 진동수의 그래프에서 전류는 f_0에서 최대이다. 곡선은 회로에서 저항이 감소할수록 좁아지면서 뾰족하고 높아진다.

전압이 저항기의 양단에 나타난다. 이 특별한 경우, 전력 인자는 1이 되고, 저항기는 가능한 최대 전력을 소비한다. 이 전력 전송은 저항기의 값에 의존한다는 점에 유의하라. rms 전류–구동 진동수의 그래프가 여러 가지 다른 저항값에 대해 그림 21.11b에 나타나 있다. 예상대로 최대 전류는 회로의 공명(자연) 진동수 f_0와 동일한 구동 진동수에서 발생하지만, 회로의 저항이 감소함에 따라 곡선이 더 날카로워진다(진동수의 폭이 좁고 진폭이 더 커진다).

21.5.1 공명 응용

공명 회로는 다양한 용도를 가지고 있다. 한 가지 일반적인 용도는 **전파 수신기**(radio wave receiver)이다. 각 방송국에는 파동이 전송되는 진동수가 할당되어 있다. 이것들이 안테나에서 수신되면, 그들의 진동하는 전기장과 자기장은 안테나 안의 전자를 진동 운동하게 만든다. 즉, 일반적인 교류 전압 공급원이 하는 것처럼 수신기 회로에서 교류 전류를 발생시킨다.

주어진 지리적 영역에서는 보통 여러 개의 서로 다른 무선 신호가 한 번에 안테나에 도달하지만, 좋은 수신기 회로는 진동수가 공명 진동수 또는 그 근처에 있는 신호만을 선택적으로 택한다. 대부분의 라디오는 공명 진동수를 변화시켜 다른 방송국을 맞추도록 해 준다. 초기 라디오는 가변 축전기가 이 역할을 위해 사용되었다(그림 21.12). 소형 라디오의 얇은 판 사이에 고분자 유전체가 있는 전자 소자에 더 작은 가변 축전기가 나중에 사용되었다. 유전체 박막은 전기용량을 증가시켜 제조자가 훨씬 더 작은 축전기를 만들 수 있게 했다. 오늘날 진동수 조정이 필요한 대부분의 현대 전자 장치들은 가변 축전기 대신 고체 소자를 사용한다.

▲그림 21.12 **가변 축전기.** 고정 극판 사이의 회전 극판을 돌림으로써 겹치는 면적을 변화시키면 전기용량을 변화시킬 수 있다. 이러한 축전기는 옛날 라디오의 동조 회로에 많이 사용되었다.

한편, 무선 통신이나 텔레비전에 나오는 것과 같은 높은 진동수 전자기파를 방출하려면 전류가 방출 안테나의 높은 진동수에서 진동해야 한다. 이는 안테나를 RLC 회로에 연결함으로써 달성할 수 있다. 이런 상황에서 이 회로를 **방송 회로**(broadcast circuit)라고 한다. 그러한 회로에서 전류는 유도 및 용량성 소자에 의해 결정되는 진동수에서 진동한다. RLC 회로의 저항이 작을 때 회로는 본질적으로 LC 회로이며 전류가 식 21.24에 의해 주어진 회로의 '자연(natural)' 진동수에서 진동한다. 도선의 진동 전자는 이 진동수에서 전자기 복사를 방출하며, 용량 또는 유도 리액턴스를 변경하여 조정할 수 있다. 라디오가 수신 진동수를 변경할 때 발생하는 실제적인 예를 다음 예제 21.6을 통해서 알아보자.

예제 21.6 AM 대 FM-라디오 수신에서의 공명

(a) 920 kHz 진동수로 AM 방송국 방송인 뉴스를 듣고 있다가 99.7 MHz로 FM 대역의 음악 방송국으로 전환했다고 가정해 보자. 전환했을 때 일정한 인덕턴스를 가정하여 수신 회로의 전기용량을 효과적으로 변경했다. 이때 축전기의 전기용량의 변화로 옳은 것은? (1) 증가한다. (2) 감소한다. (b) 일정한 인덕턴스를 가정할 때 라디오 수신 회로의 전기용량을 얼마나 변화시켜야 하는가?

풀이

문제상 주어진 값:

$f_0 = 920\ \text{kHz}$

$f'_0 = 99.7\ \text{MHz} = 99.7 \times 10^3\ \text{kHz}$

(a) FM 방송국은 AM 방송국보다 훨씬 높은 진동수로 방송하기 때문에 FM 대역에서 신호를 수신하려면 수신기의 공명 진동수를 늘려야 한다. 공명 진동수의 증가는 인덕턴스가 고정되기 때문에 전기용량을 줄여야 한다. 따라서 답은 (2)이다.

(b) 식 21.24로부터 두 공명 진동수는 다음과 같이 쓸 수 있다.

$$f_0 = \frac{1}{2\pi\sqrt{LC}} \quad \text{와} \quad f'_0 = \frac{1}{2\pi\sqrt{LC'}}$$

진동수의 비율을 구하면

$$\frac{f_0}{f'_0} = \frac{2\pi\sqrt{LC'}}{2\pi\sqrt{LC}} = \sqrt{\frac{C'}{C}}$$

전기용량의 비율을 구하기 위해 제곱을 취해 다시 정리하자.

$$\frac{C'}{C} = \left(\frac{f_0}{f'_0}\right)^2 = \left(\frac{920\ \text{kHz}}{99.7 \times 10^3\ \text{kHz}}\right)^2 = 8.51 \times 10^{-5}$$

따라서 $C' = 8.51 \times 10^{-5}$ C이고 전기용량은 거의 1만분의 1의 비율로 줄어들었다($8.51 \times 10^{-5} \approx 10^{-4}$).

연습문제

통합 연습문제(Integrated Exercises, IEs)는 두 부분으로 이루어진다. 첫 번째 부분은 일반적으로 기본 원칙과 추론에 기초한 개념적 답변 선택을 요구한다. 두 번째 부분은 연습의 첫 번째 부분에서 이루어진 개념적 선택과 관련된 정량적 계산을 필요로 한다. 기호(•)은 문제의 난이도를 의미한다. 쉬움(•), 보통(••), 어려움(•••)

21.1 교류 회로의 저항

1. • 120 V의 rms 전압과 240 V의 rms 전압을 갖는 회로가 있다. 회로에서 각각의 최대 전압을 구하라.

2. • 평균 전력 15 W을 생산하려면 10 Ω 저항기에 교류 rms 전류가 얼마나 흐르는가?

3. • 헤어드라이어는 120 V 콘센트에 꽂으면 전력이 1200 W이다. (a) rms 전류를 구하라. (b) 최대 전류를 구하라. (c) 저항을 구하라.

4. •• 교류 전압이 25.0 Ω 저항기에 인가되어 500 W의 전력을 소비한다. 이때 저항기 양단에 걸리는 (a) rms 전류와 최대 전류를 구하라. (b) rms 전압과 최대 전압을 구하라.

5. •• 교류 전원의 rms 전압은 120 V이다. 이 전압은 4.20 ms 동안 최댓값으로부터 0으로 된다. 이때 전압을 시간의 함수로 나타내라.

6. •• 40 W, 120 V인 전구에서 rms 전류와 최대 전류를 구하라. 이 전구에서 저항은 얼마인가?

7. •• 저항기 양단에 걸리는 교류 전압이 $\Delta V = (60\ \text{V})\sin(40\pi t)$

일 때 저항기에 흐르는 전류는 $I = (8.0\text{ A})\sin(40\pi t)$이었다. (a) 저항값을 구하라. (b) 교류 전원의 진동수와 주기를 구하라. (c) 저항기에서 소비되는 평균 전력을 구하라.

8. ••• 저항기에 흐르는 전류는 $I = (12.0\text{ A})\sin(380t)$이다. (a) 전류의 진동수는 얼마인가? (b) rms 전류를 구하라. (c) 저항기에서의 평균 전력은 얼마인가? (d) 저항기 양단에 걸린 전압을 시간의 함수로 나타내라. (e) 저항기에서의 전력을 시간의 함수로 나타내라. (f) (e)에서 얻은 rms 전력은 (c)에서 구한 답과 같은지 증명하라.

21.2 용량 리액턴스

21.3 유도 리액턴스

9. • 60 Hz의 교류 전원에 연결된 2.0 μF인 축전기에 2.0 mA의 전류가 흐르고 있다. 이 축전기의 용량 리액턴스는 얼마인가?

10. • 출력 120 V 및 60 Hz의 교류 발전기에 연결된 50 μF 축전기만 포함하는 회로의 전류는 얼마인가?

11. •• 120 V, 60 Hz인 전원이 있는 회로의 가변 축전기는 처음에는 0.25 μF의 전기용량을 갖는다. 그런데 전기용량이 0.40 μF로 증가하였다. (a) 용량 리액턴스가 얼마나 변화했는지 백분율로 구하라. (b) 이 회로에 흐르는 전류는 얼마나 변했는지 백분율로 구하라.

12. •• (a) 유도 리액턴스가 400 Ω인 250 mH 유도기에서 진동수를 구하라. (b) 0.40 μF인 축전기의 용량 리액턴스가 같다면 진동수는 얼마인가?

13. •• 150 mH의 유도기가 60 Hz의 전원에 연결되어 1.6 A의 전류가 흐른다. (a) 전원 전압의 실효값을 구하라. (b) 전류와 전압 사이의 위상각은 얼마인가?

14. •• 한 개의 축전기가 120 V, 60 Hz 전원에 연결된 회로이다. (a) 만약 회로에 0.20 A의 전류가 흐르면 이때 전기용량은 얼마인가? (b) 만약 전원의 진동수가 반으로 줄면 전류는 얼마인가?

21.4 임피던스: RLC 회로

21.5 RLC 회로 공명

15. • 60 Hz 회로에서의 코일은 저항이 100 Ω이고 0.45 H의 유도 계수를 갖는다. (a) 코일의 리액턴스를 구하고, (b) 회로의 임피던스를 구하라.

16. •• RL 직렬 회로에서 저항은 100 Ω이고 유도 계수가 100 mH을 가진다. 120 V, 60 Hz 전원에 구동된다. (a) 이 회로의 용량 리액턴스와 임피던스를 구하라. (b) 이 회로의 전류를 구하라.

17. IE •• RC 직렬 회로는 100 Ω의 저항과 용량 리액턴스 50 Ω을 갖는다. (a) 위상각의 부호는? (1) 양, (2) 0, (3) 음. (b) 이 회로의 위상각을 구하라.

18. IE •• RLC 직렬 회로에서 어떤 진동수를 가지고 구동되고, $R = X_C = X_L = 40\ \Omega$이다. (a) 이 회로는 어떤 상태인가? (1) 유도성, (2) 용량성, (3) 공명. 그 이유에 대해 설명하라. (b) 진동수를 두 배로 증가시켜 구동되는 회로에서 임피던스는 얼마인가?

19. •• RLC 직렬 회로에서 240 V, 진동수는 60 Hz인 전원에 연결했다. 저항기, 유도기, 축전기는 저항/리액턴스는 저항이 500 Ω, 유도 계수는 500 mH 그리고 전기용량은 3.5 μF이다. (a) 이때 전력 소비는 얼마인가? (b) 동일한 회로에서 공명이 일어날 때 얼마나 많은 전력이 소모되는가?

20. •• 라디오 수신기의 동조 회로는 0.50 mH의 고정 유도 계수와 가변 축전기를 가지고 있다. (a) 회로가 980 kHz의 라디오 방송에 고정된 경우 전기용량은 얼마인가? (b) 1280 kHz에서 방송국의 방송을 조정하는 데 필요한 전기용량의 값은?

21. •• 소형 용접기는 60 Hz에서 120 V의 전원을 사용한다. 전원이 작동 중일 때 1200 W의 전력이 필요하며, (a) 전력 인자는 0.75이다. 이 기계가 연결된 회로의 임피던스는 얼마인가? (b) 작동하는 동안 기계에 흐르는 rms 전류를 구하라.

22. •• 25 Ω인 저항기, 0.80 μF인 축전기, 그리고 250 mH인 유도기로 구성된 RLC 직렬 회로가 있다. 회로가 12 V의 고정 rms 전압 출력으로 가변 진동수 전원에 연결되었다. 회로가 공명 조건에 있을 때 각 소자의 양단에 걸리는 rms 전압을 구하라.

23. IE ••• 그림 21.13의 회로가 공명 상태일 경우 회로의 임피

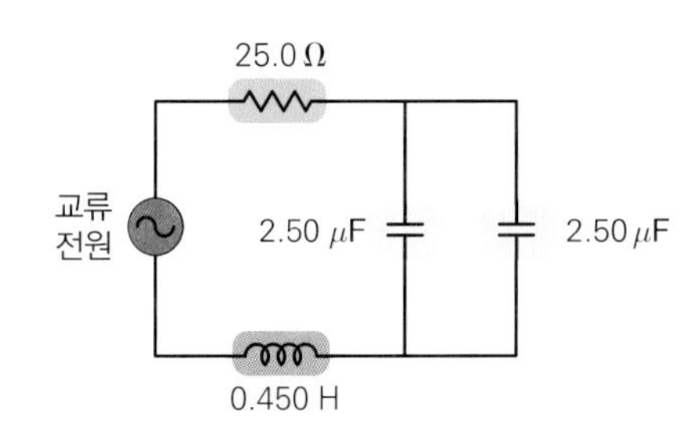

▲ 그림 21.13 공명에 맞추다

던스는? (1) 25 Ω 보다 크다, (2) 25 Ω이다, (3) 25 Ω보다 작다. 그 이유를 설명하라. (b) 만약 구동 진동수가 60 Hz인 경우 회로의 임피던스는 얼마인가?

24. ••• RLC 직렬 회로에는 저항/리액턴스 값이 다음과 같다: $R = 50\ \Omega$, $L = 0.15$ H, $C = 20\ \mu$F. 회로는 120 V, 60 Hz 전원으로 구동된다. (a) 가능한 최대 전류의 백분율로 나타낼 때 회로의 전류는? (b) 회로가 공명할 때 전달되는 전원의 백분율로 표현되는 회로에 전달되는 전력은?

빛의 반사와 굴절

Reflection and Refraction of Light

CHAPTER 22

잔잔한 수면은 물 위를 스치듯 발톱을 빼고 활공하는 대머리 독수리의 완벽한 반사 영상을 만든다.

우리는 시각적 세계에 살고 있다. 이 장의 처음 사진이 보여주는 것 같이 발톱을 빼고 거울 같은 호수 물 표면 위를 활공하는 대머리 독수리의 반사된 상처럼 눈길을 사로잡는 영상들에 둘러싸여 있다. 쉽게 설명할 수 없는 이런 현상들이 어떻게 생기는지 알려질 때까지는 이런 상들이 생기는 것은 당연지사로 여기기로 한다. 광학은 빛과 시각에 대한 공부이다. 인간의 시각은 파장이 400nm에서부터 700nm인 파장을 가진 가시광선에 대하여 인지할 수 있다(그림 20.16). 반사와 굴절 같은 광학현상은 모든 전자기파가 공유하는 성질이다.

이 장에서는 반사, 굴절, 전반사 그리고 분산의 기본적인 광학적 현상을 알아보기로 한다. 반사의 원리는 거울들이 작용하는 것으로 설명할 수 있고 반면에 굴절은 렌즈의 성질을 설명할 수 있다. 이것들과 다른 광학적 원리들의 도움으로 우리는 매일같이 경험하는 많은 광학적 현상들을 이해할 수 있고—왜 유리 프리즘은 색을 가진 스펙트럼으로 빛을 퍼지게 하는지, 왜 신기루는 생기는지, 어떻게 무지개가 만들어지는지 그리고 왜 수영장이나 호수에 서 있는 사람의 다리는 짧아 보이는지 이해할 수 있다. 현재는 생소하지만 점점 더 유용성이 커져 탐구해야 할 분야가 있는데, 그중에서 가장 인지도가 있는 분야가 섬유광학

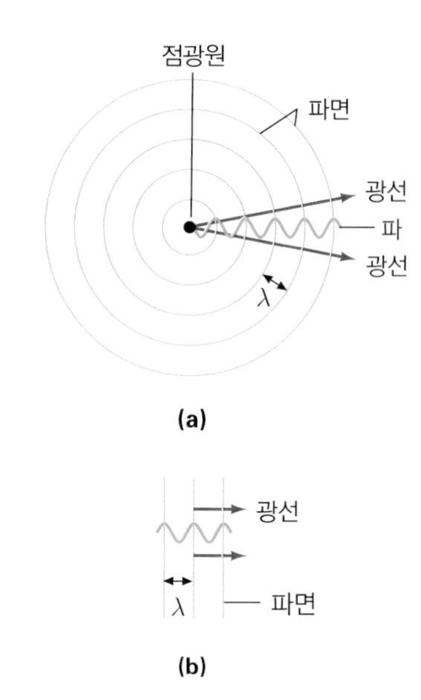

▲그림 22.1 **파면과 광선**. 파면은 같은 위상에 있는 파 위에 이웃하는 점들을 연결하여 정의하고, 파의 마루나 골을 따라 이웃하는 점들에 의해 정의된다. 파가 진행하는 방향으로 파면에 수직한 선을 광선이라고 부른다. **(a)** 점광원 가까이에서 파면은 이차원적으로 원이고 삼차원적으로는 구이다. **(b)** 광원에서 멀리 있으면 파면은 근사적으로 선형 또는 평면이고 광선은 거의 평행광선이다.

이고 지금도 많은 연구가 이루어지고 있다.

선과 각을 포함한 기하학적 접근으로 빛의 성질의 많은 부분을 조사할 수 있으며, 특히 빛이 어떻게 전파하는지를 알 수 있다. 이런 목적을 위해 20장에서 논의한 전자기파의 물리적(파동) 성질을 염두에 둘 필요는 없다 기하광학 원리는 여기에서 소개할 것이고 23장에서 렌즈와 거울을 배우면서 아주 상세하게 응용할 것이다.

22.1 파면과 광선

파동은 전자기적 또는 다른 어떤 파동도 파면으로 기술할 수 있다. 파면은 선 또는 위상이 같은 파동의 이웃하는 부분으로 정의한다. 만약에 점광원으로부터 바깥쪽으로 이동해 나가는 원형 파동의 마루 중의 하나를 따라 원호를 그리면 그 원호 위에 놓여 있는 모든 입자들은 위상이 같다(그림 22.1a). 전체 파동에 걸쳐 하나의 호는 동등하게 적용된다. 삼차원적인 구면파의 경우, 하나의 점 음원이나 광원으로부터 방출된 소리 또는 빛의 파면은 원이기 보다는 구면이다.

광원이나 음원으로부터 아주 멀리 떨어지면 원 또는 구면의 작은 조각의 곡률은 아주 작다. 그런 조각은 마치 우리가 지구의 표면을 국부적으로 평평하다고 보는 것과 같이 근사적으로 선형파면(이차원적) 또는 **평면파면**(plane wave front) (삼차원적)으로 취급한다(그림 22.1b). 평면파면은 또 광채가 나는 크고 평평한 표면에 의해서도 직접적으로 만들어질 수 있다. 균일한 매질에서 파면은 음원이나 광원으로부터 바깥쪽으로 매질의 특성에 맞는 속력으로 전파한다. 이것은 14.2절에서 소리파의 경우에서 알았다. 이와 똑같은 것이 소리파보다 훨씬 빠른 속력을 가진 빛에서도 일어난다. 빛의 속력은 진공에서 가장 크다. $c = 3.00 \times 10^8$ m/s. 실질적인 용도를 감안하여 공기에서 빛의 속력은 진공에서와 같다.

파면을 이용한 파동의 기하학적인 기술은 파동이 실질적으로 진동하고 있다는 것을 무시하는 경향이 있다. 이것도 13장에서 취급한 것과 같은 식이다. 이와 같이 단순화하여 **광선**(ray)이라는 새로운 개념을 이끌어내도록 하였다. 그림 22.1과 같이 일련의 파면에 수직이고 파동의 에너지 흐름 방향으로 향하는 것을 광선이라고 부른다. 주목할 것은 광선은 파동의 에너지 흐름의 방향을 가리킨다. 평면파는 매질 속을 광선의 방향으로 직선 이동한다고 가정한다. 즉, 광선은 파면과 직각을 이룬다. 빔은 광선의 무리로 대신하거나 단순히 단일 광선으로 취급한다(그림 22.2). 광선으로 빛을 대신하는 것은 광학적 현상을 기술하는 데 적절하고 매우 편리하다.

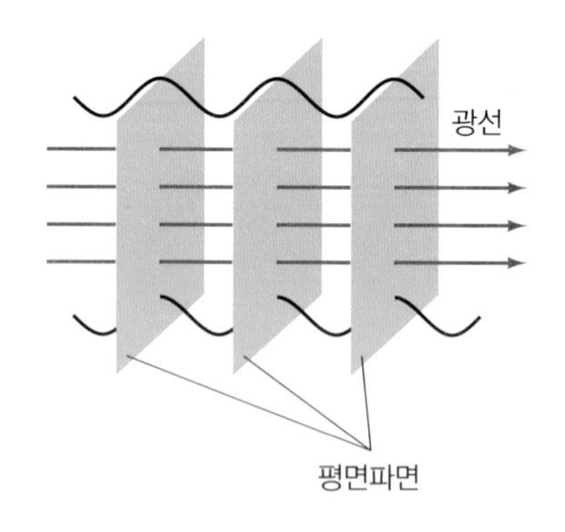

▲그림 22.2 **광선**. 평면파가 파면에 수직인 방향으로 이동한다. 광선 빔은 평행광선의 무리(또는 단일 광선)로 대신할 수 있다.

우리는 주변에 있는 물체를 어떻게 볼까? 물체로부터 나오는 광선 때문에 물체를 보거나 물체로부터 나오는 것처럼 보이는 광선이 우리 눈에 들어와 물체를 본다(그림 22.3). 눈으로 들어온 광선들은 망막에 물체의 상을 형성한다(23장). 광원의 경우처럼 물체로부터 직접 빛이 나오거나 물체에 의해 또는 다른 광학계에 의해 빛은 반사하거나 굴절한다. 그러나 우리 눈과 뇌는 함께 작용하여 실질적으로 광선들이 물체로부터 나온 것인지 또는 물체로부터 나온 것처럼 보이는 것인지 말할 수가 없다. 이것은 마술사들이 불가능한 착시현상으로 우리 눈을 속일 수 있는 것이다.

반사와 굴절과 같은 현상을 설명하기 위해 파면과 광선의 기하학적인 표시를 사용하는 것을 **기하광학**(geometrical optics)이라고 한다. 그러나 어떤 다른 현상, 즉 빛의 간섭 같은 것은 이런 방식으로 설명할 수 없다. 그것은 빛의 파동성질을 이용하여 설명해야만 한다. 이런 현상들은 24장에서 생각하기로 하자.

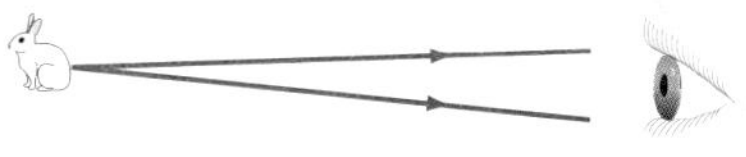

(a)

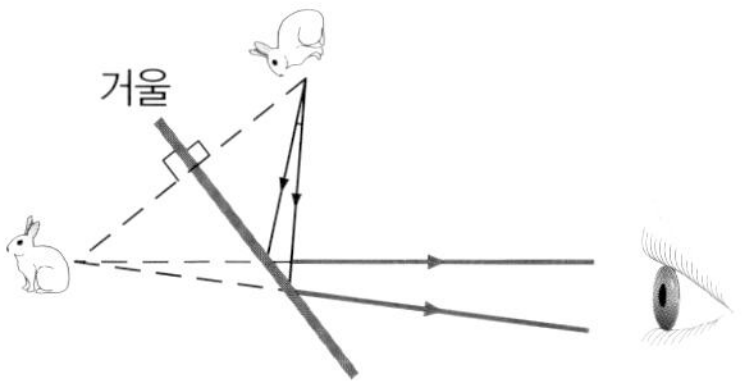

거울

(b)

▲그림 22.3 **우리가 물체를 볼 수 있는 것은.** (a) 물체로부터 나온 광선 또는 (b) 광선이 마치 물체로부터 나온 것처럼 우리 눈이 받아들이기 때문에 물체를 볼 수 있다.

22.2 반사

빛의 반사는 아주 중요한 광학현상이다. 만약 빛이 주변에 있는 물체에 의해 우리 눈에 반사되어 나타나지 않으면 물체를 전혀 볼 수 없다. **반사**(reflection)는 빛의 흡수와 재방출을 포함하고 있으며 반사 매질을 구성하고 있는 원자들의 복합적인 전자기적 진동을 통해 이루어진다. 그러나 이런 현상들은 쉽게 광선을 이용하여 기술할 수 있다.

표면에 입사하는 광선은 **입사각**(angle of incidence, $\boldsymbol{\theta_i}$)에 의해 정의된다. 이 각은 반사면에 수직인 선을 기준으로 측정한다(그림 22.4). 유사하게 반사된 광선은 **반사각**(angle of reflection, $\boldsymbol{\theta_r}$)으로 기술한다. 마찬가지로 수직인 선을 기준으로 측정한다. 이들 각 사이의 관계는 **반사의 법칙**(law of reflection)에 의해 정의된다. **입사각과 반사각은 같다**. 또는

$$\theta_i = \theta_r \quad \text{(반사의 법칙)} \tag{22.1}$$

두 가지 또 다른 특성의 반사는 입사광선이나 반사광선 그리고 수직인 법선이 모두 같은 평면에 때로는 반사면이라고 부르는 데 놓여 있고, 입사광선과 반사광선은 서로 법선의 반대쪽에 놓여 있다. 반사면이 매끄럽고 평편하면 평행하게 입사하는 광선들의 반사광선들은 역시 서로 평행하다(그림 22.5a). 이것을 **정반사** 또는 **규칙반사**(specular or regular reflection)라고 부른다. 아주 고른 물 표면에서 반사되는 반사형태가 정(규칙)반사의 한 예이다(그림 22.5b). 그러나 만약 반사면이 거친 면에 반사되는 광선들은 서로 평행하지 못하다. 왜냐하면 반사면의 불규칙성 때문이다(그림 22.6).

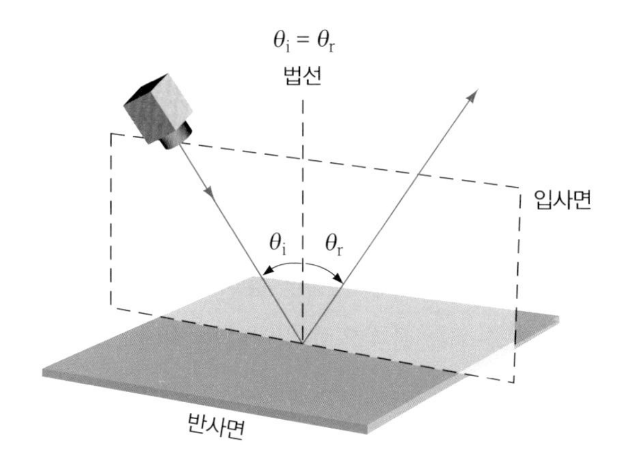

◀그림 22.4 **반사의 법칙.** 반사의 법칙에 따라 입사각(θ_i)은 반사각(θ_r)과 같다. 각은 법선에서부터 측정한다(법선은 반사면에 수직인 선이다). 법선과 입사광선과 반사광선은 항상 같은 평면에 놓여 있다.

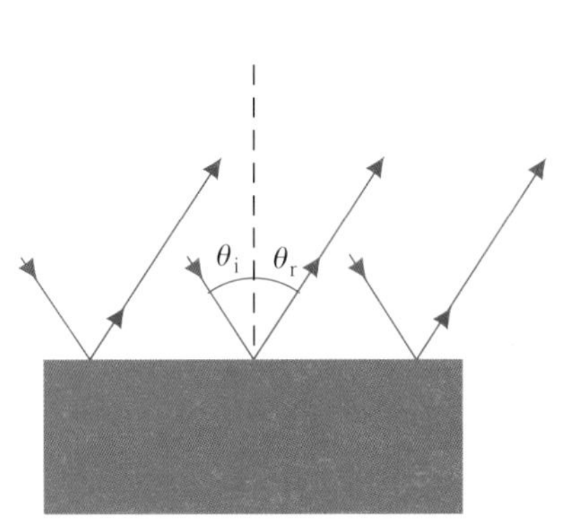

(a) 정반사(규칙반사) (광선그림표)

(b) 정반사(규칙반사) (사진)

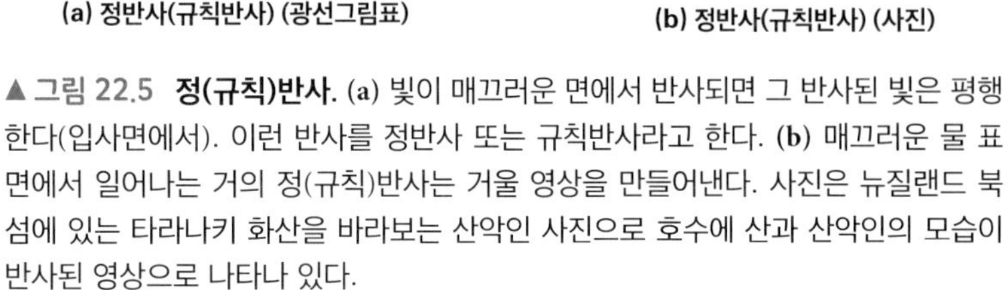

▲ 그림 22.5 **정(규칙)반사.** (a) 빛이 매끄러운 면에서 반사되면 그 반사된 빛은 평행한다(입사면에서). 이런 반사를 정반사 또는 규칙반사라고 한다. (b) 매끄러운 물 표면에서 일어나는 거의 정(규칙)반사는 거울 영상을 만들어낸다. 사진은 뉴질랜드 북섬에 있는 타라나키 화산을 바라보는 산악인 사진으로 호수에 산과 산악인의 모습이 반사된 영상으로 나타나 있다.

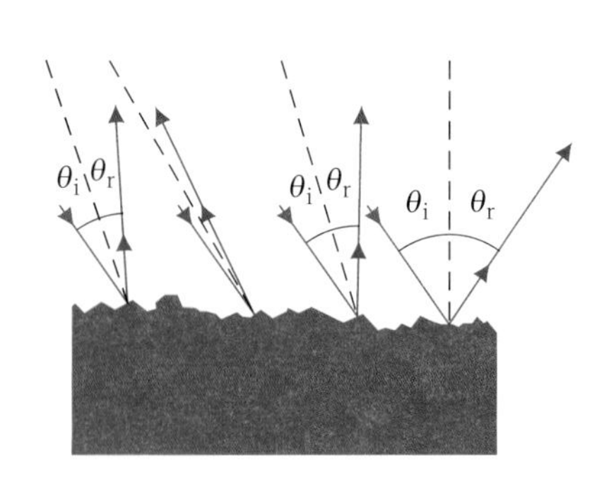

▲ 그림 22.6 **난(불규칙)반사.** 비교적 거친 면에서 반사된 광선은, 예를 들면 이 책의 면에서 반사된 광선은 서로 평행하지 않다. 이런 반사를 난반사 또는 불규칙반사라고 한다(여기서 주목할 것은 개개의 반사광선에 반사의 법칙은 국부적으로 적용된다는 것이다).

이런 형태의 반사를 **난반사** 또는 **불규칙반사**(diffuse or irregular reflection)라고 한다. 이 책의 면에서 반사되는 것은 난반사 또는 불규칙반사의 예이다. 왜냐하면 종이는 미시적으로 매우 거칠기 때문이다. 만약 종이가 완벽하게 고르다면 상당한 눈부심으로 (여러 가지 것들의 상) 종이에 쓰여 있는 단어 하나도 읽을 수가 없다.

그림 22.5a와 그림 22.6에서 정반사와 난반사 모두가 국부적으로 여전히 적용될 수 있는 것을 유의하자. 그러나 반사의 형태는 반사면에서 상을 볼 수 있는지 혹은 없는지를 결정한다. 정반사에서 반사된 평행광선은 우리가 광학기기 예를 들어 눈이나 카메라로 볼 때 상을 형성한다. 난반사는 상을 맺지 못한다. 왜냐하면 광선이 여러 다양한 방향으로 반사되기 때문이다.

일반적으로 표면의 거친 정도가 빛의 파장보다 크면 반사는 난반사이다. 그러므로 아주 좋은 거울을 만들기 위해서는 유리(금속 박막을 입힌) 또는 금속은 적어도 표면의 불균질도를 빛의 파장과 거의 같은 정도로 연마해야만 한다.

여러분은 어두운 밤에 비에 젖은 도로를 운전할 때 앞이 잘 보이지 않는 아주 불편한 경험을 했을 것이다. 도로는 안 보이고 건물에서 나오는 불빛이나 자동차에서 비추는 전조능의 불빛으로 생기는 여러 형태의 불빛이 도로에 펼쳐진 것만을 보았을 것이다. 이런 현상은 어떤 조건에서 왜 생겼을까? 만약 도로가 건조했다면 도로 표면에서 일어나는 반사는 모두 난(불규칙)반사였을 것이다. 왜냐하면 도로 표면이 거칠기 때문이다. 그러나 도로가 젖은 상태에서는 도로 표면에 있는 틈으로 물이 차서 상대적으로 도로 표면을 매끄럽게 하고(그림 22.7a) 정상적인 경우 일어나는 난반사를 규칙(정)반사로 바뀌게 한다. 그래서 도로 표면에 불빛에 반사된 상을 명확하지 않고 퍼지게 하고 자동차 전조등 불빛으로 일어나는 정반사로 인해 도로를 보기 어렵게 만든다(그림 22.7b).

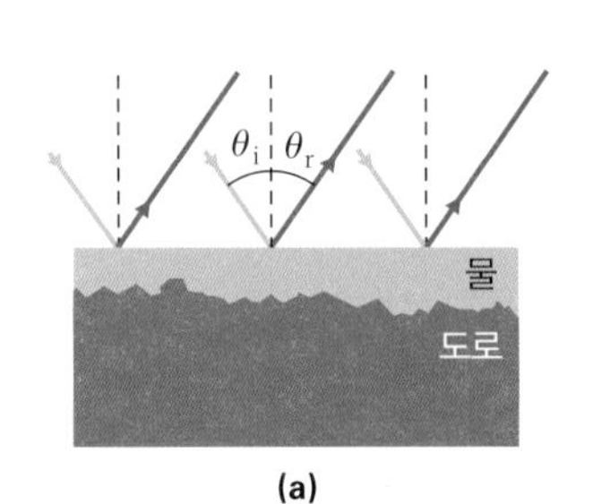

(a)

(b)

▲ 그림 22.7 **난(불규칙)반사가 정반사로 되는 예.** (a) 물기 없이 건조한 도로 위에서 일어나는 난반사는 길 표면에 있는 물에 의해 규칙반사로 바뀐다. (b) 도로가 보이는 대신 운전자에게는 가로등이나 건물 등의 반사에 의해 생긴 상이 보인다.

예제 22.1 반사된 광선 추적하기

두 개의 거울 M_1과 M_2가 있다. 이들은 서로 수직하게 놓여 있다. 그림 22.8에서처럼 한 거울로 빛이 입사했다.
(a) 반사된 빛의 광선의 경로를 그려라.
(b) 거울 M_2에 의해서 반사된 후 광선이 나가는 방향을 찾아라.

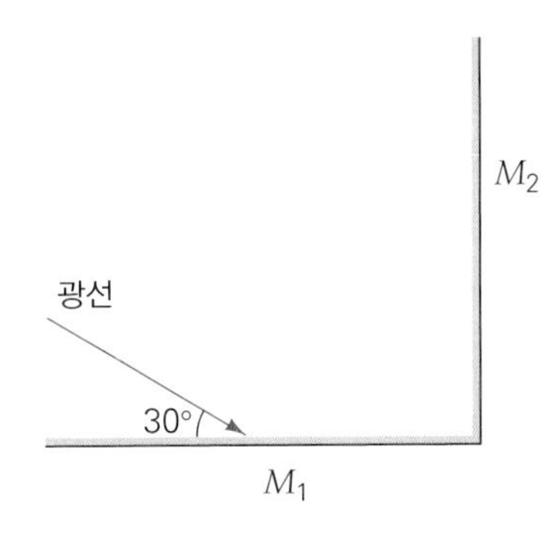

▲ 그림 22.8 광선을 추적하자

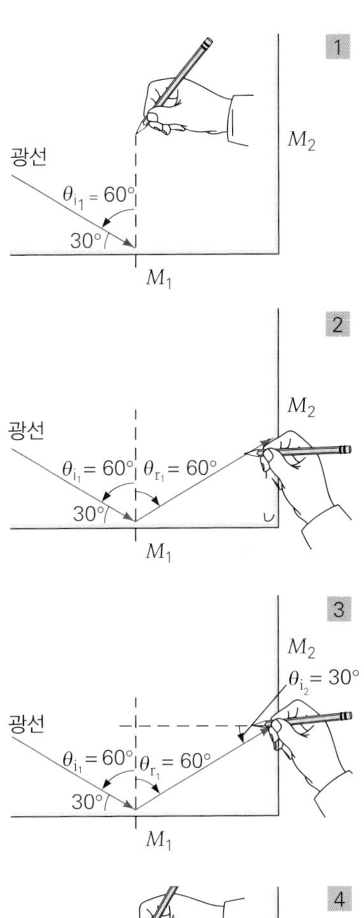

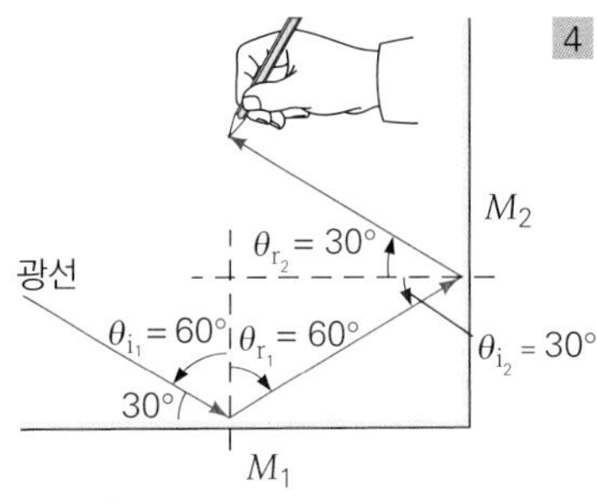

▲ 그림 22.9 반사된 광선 추적(예제 22.1)

풀이

문제상 주어진 값:

$\theta = 30°$ (첫 번째 거울 M_1을 기준으로 잰 각)

(a) 1. 입사각과 반사각은 모두 법선(반사면에 수직인 선)에서부터 측정한다. 거울 M_1에 법선을 그리고 그 선에 입사광선이 법선과 거울 M_1이 닿는 점까지 그린다. 기하학으로부터 입사각이 $\theta_{i_1} = 60°$인 것을 알 수 있다.

2. 반사의 법칙에 따라 M_1에서 반사된 각은 역시 $\theta_{r_1} = 60°$임을 알 수 있다. 그 다음 반사된 빛을 거울 M_2에 닿을 때까지 그린다.

3. M_2에 또 법선을 거울 M_2에 닿을 때까지 그린다. 마찬가지로 기하학으로부터(삼각형에 초점을 맞추자) M_2의 입사각은 $\theta_{i_2} = 30°$이다. (왜 그럴까?)

(b) M_2에서 반사된 각은 $\theta_{r_2} = \theta_{i_2} = 30°$이다. 이 각이 두 거울에 의해서 반사된 빛의 최종 방향이다.

만약에 방향이 지금과 반대라면 어떻게 되는가? 즉, 먼저 거울 M_2로 입사하고 반사하여 (b)에서 주어진 것과 거꾸로 진행한다면 모든 광선이 그대로 되돌아 진행하는가? 실제로 그렇다. 이것을 증명하기 위해 똑같은 방법으로 그림을 그려 증명해 보자. 빛은 진행 방향이 가역적이다.

22.3 굴절

굴절(refraction)은 파가 한 매질에서 다른 매질로 통과하는 경계면에서 파동의 방향이 바뀌는 것을 말한다. 일반적으로 매질 사이의 경계면을 입사할 때는 파동의 일부 에너지는 반사되고 일부는 투과된다. 예를 들어 공기 중으로 이동하는 빛이 유리 같은 투명한 물질로 입사하면 부분적으로 반사하고 부분적으로 투과한다(그림 22.10). 그러나 투과한 빛의 방향은 입사한 빛의 방향과 달라서 빛은 굴절되었다고 말한다. 다시 말해 파의 이동 방향이 바뀌었다.

이와 같은 방향의 변화는 빛이 서로 다른 매질에서 서로 다른 이동속력을 가지는 것이 원인이 된다. 직감적으로 빛이 단위 부피당 원자가 많은 매질을 통과하는 데 더 오랜 시간이 걸릴 것으로 기대할 수도 있다. 그리고 빛의 속력은 실로 밀도가 좀 더 큰 매질에서 좀 더 느리다. 예를 들어 물에서 빛의 속력은 진공에서의 빛의 속력의 75%에 해당한다.

파의 진행 방향에서 변화는 **굴절각**(angle of refraction)으로 기술한다. 그림 22.11에서 매질 1과 매질 2로 된 매질 경계면에서의 빛의 굴절을 보여준다. θ_1은 입사각이고 θ_2는 굴절각이다. 우리는 θ_1과 θ_2를 θ_i와 θ_r과 혼동을 피하기 위해 입사각과 굴절각을 표시하는 데 사용한다. 빌레브로르트 스넬(Willebrord Snell, 1580~1626)이란 네덜란드의 물리학자는 각(θ)과 두 매질에서 빛의 속력(v) 사이의 관계로 다음과 같이 나타낸다.

$$\frac{\sin\theta_1}{\sin\theta_2} = \frac{v_1}{v_2} \quad \text{(스넬의 법칙)} \tag{22.2}$$

이 관계식이 **스넬의 법칙**(Snell's law) 또는 **굴절의 법칙**(law of refraction)으로 알려진 식이다. 여기서 θ_1와 θ_2는 언제나 매질 경계면에서 법선과 이루는 각이다.

그래서 빛이 한 매질에서 다른 매질로 통과하려면 이들 매질에서 빛의 속력이 다

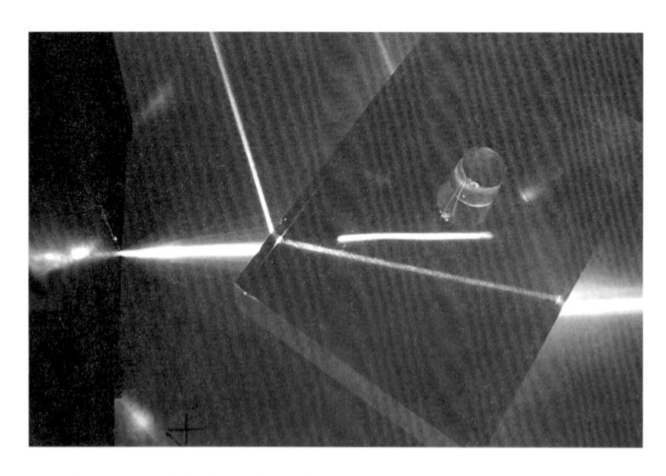

▲ 그림 22.10 **반사와 굴절.** 광선 빔이 삼각형 프리즘으로 왼쪽에서부터 입사한다. 빔의 일부는 반사하고 일부는 굴절한다. 굴절한 빔은 유리-공기 면인 바닥에서 부분적으로 반사하고 부분적으로 굴절한다(오른쪽).

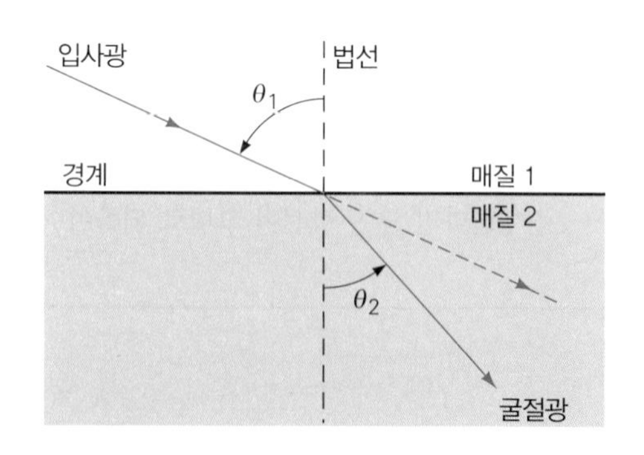

▲ 그림 22.11 **굴절.** 다른 매질로 빛이 들어오면 빛은 방향을 바꾼다. 굴절각 θ_2는 굴절한 광선의 방향을 나타내고, 입사각은 θ_1과는 다르다(그러나 두 각 다 법선으로부터 측정된다).

표 22.1 굴절계수(λ = 590 nm)[a]

물질	n
공기	1,00029
물	1.33
얼음	1.31
에틸 알코올	1.36
용융석영	1.46
사람의 눈	1.336~1.406
폴리스티렌	1.49
기름(전형적인 값)	1.50
유리(종류에 따라 다름)[b]	1.45~1.70
크라운(crown)	1.52
플린트(flint)	1.66
지르콘(Zircon)	1.92
다이아몬드	2.42

[a] 1 nm은 10^{-9} m.

[b] 크라운 유리는 수산화나트륨 석회 규산염 유리; 플린트 유리는 리드-알칼리 규산염 유리. 플린트 유리가 크라운 유리보다 훨씬 더 분산적이다(22.5).

르기 때문에 굴절한다. 빛의 속력은 진공에서 가장 빠르므로 다른 매질에서 빛의 속력(c)과 비교하는 것이 편리하다. 이것은 **굴절률**(index of refraction, n)이라고 부르는 비로 정의한다.

$$n = \frac{c}{v} \quad \left(\frac{\text{진공에서 빛의 속력}}{\text{매질에서 빛의 속력}}\right) \quad \text{(굴절률)} \qquad (22.3)$$

이와 같은 속력의 비로써 굴절률은 단위가 없는 양이다. 여러 종류의 물질에 대한 굴절률을 표 22.1에 주어졌다. 이 값은 특정 파장에 대한 값이다. 파장이 특별하게 정해지는 것은 빛의 속력과 굴절률이 파장에 따라 약간씩 다르기 때문이다. (이것이 빛의 분산의 원인이 되는 것이고, 이 점에 대해서는 22.5절에서 취급하기로 한다.) 특별한 언급이 없으면 표에서 주어진 굴절률 n은 이 장에 소개된 예제와 연습문제에서 사용하기로 한다.

n이 1보다 항상 큰 값임을 알았을 것이다. 이것은 진공에서 빛의 속력이 어떤 매질 내에서의 빛의 속력보다 크기 때문이다($c > v$).

빛의 진동수(f)는 빛이 다른 매질로 들어가도 변화하지 않는다. 그러나 물질 안에서 파장(λ_m)은 진공에서의 빛의 파장(λ)과 다르다. 다음 식으로 쉽게 나타낼 수 있다.

$$n = \frac{c}{v} = \frac{\lambda f}{\lambda_m f}$$

또는

$$n = \frac{\lambda}{\lambda_m} \qquad (22.4)$$

매질에서 빛의 파장은 $\lambda_m = \lambda/n$이다. $n > 1$이므로 $\lambda_m < \lambda$가 된다. 따라서 파장은 진공에서 가장 길다.

예제 22.2 **물에서 빛의 속력 : 굴절계수**

파장 632.8 nm인 He–Ne 레이저 빛이 공기에서 물로 이동한다. 물에서 이 레이저 빛의 파장과 속력은 얼마인가?

풀이

문제상 주어진 값:

$n = 1.33$(표 22.1)

$\lambda = 632.8\text{ nm}$

$c = 3.00 \times 10^8\text{ m/s}$ (공기에서 빛의 속력)

$n = c/v$ 이므로

$$v = \frac{c}{n} = \frac{3.00 \times 10^8\text{ m/s}}{1.33} = 2.26 \times 10^8\text{ m/s}$$

이다. $1/n$은 $v/c = 1/1.33 = 0.75$임을 주목하라. 그러므로 v는 진공에서의 빛의 속력의 75%가 된다. 또 $n = \lambda/\lambda_m$, 따라서

$$\lambda_m = \frac{\lambda}{n} = \frac{632.8\text{ nm}}{1.33} = 476\text{ nm}$$

이다.

실제로 굴절률은 진공에서보다는 공기에서 측정한다. 그 이유는 공기에서 빛의 속력이 거의 진공에서의 빛의 속력(c)에 가깝기 때문이다. 그리고

$$n_{air} = \frac{c}{v_{air}} \approx \frac{c}{c} = 1$$

(표 22.1에서 $n_{air} = 1.00029$, 그래서 보통 $n_{air} = 1$로 취급한다.)

스넬의 굴절 법칙의 좀 더 실용적인 형태는 다음과 같이 쓸 수 있다.

$$\frac{\sin\theta_1}{\sin\theta_2} = \frac{v_1}{v_2} = \frac{c/n_1}{c/n_2} = \frac{n_2}{n_1}$$

또는

$$n_1 \sin\theta_1 = n_2 \sin\theta_2 \quad \text{(굴절의 법칙)} \tag{22.5}$$

여기서 n_1과 n_2는 첫 번째와 두 번째 매질의 굴절률이다.

식 22.5는 굴절률을 측정하는 데 사용할 수 있다는 것에 주목하라. 만약 첫 번째 매질이 공기라면 $n_1 \approx 1$이고 $n_2 \approx \sin\theta_1/\sin\theta_2$이다. 그래서 오직 입사각과 굴절각만을 측정하면 물질의 굴절률을 결정할 수 있다. 반면 만약에 물질의 굴절률이 알려졌으면 스넬의 법칙을 이용하여 입사각과 굴절각을 알 수 있다.

또한 굴절각의 사인값은 굴절률의 역비례한다는 것을 주목하자. $\sin\theta_2 \approx n_1 \sin\theta_1/n_2$. 그러면 주어진 입사각에 대해 굴절률이 크면 클수록 $\sin\theta_2$는 작아지고, 굴절각이 작으면 작을수록 굴절각 θ_2는 작아진다.

더 일반적으로 다음과 같은 관계가 성립한다.

- 만약 두 번째 매질이 좀 더 광학적으로 밀도가 첫 번째 매질 보다 높다고 하면 ($n_2 > n_1$). 광선은 그림 22.12a에서처럼 법선 쪽으로 굴절한다($\theta_2 > \theta_1$).

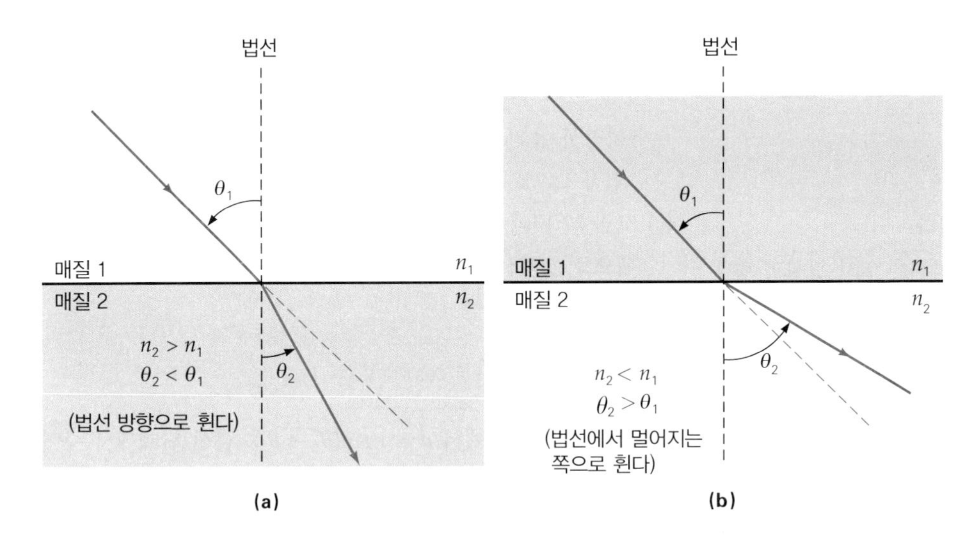

◀그림 22.12 **굴절계수와 광선의 편향.** **(a)** 두 번째 매질이 첫 번째 매질보다 광학적으로 더 밀도가 높다면($n_2 > n_1$), 광선은 빛이 공기로부터 물로 입사하는 경우처럼 법선을 향해 굴절된다. **(b)** 두 번째 매질이 광학적으로 밀도가 덜 조밀하다면($n_2 < n_1$), 광선은 법선에서 멀어지는 방향으로 굴절한다. (이것은 만약 (a) 부분에서 반대로 광선을 추적하는 경우인데, 즉 매질 2로부터 매질 1로 진행하는 광선의 경우다.)

- 만약 두 번째 매질이 광학적으로 첫 번째 매질보다 광학적 밀도가 덜 조밀하다고 하면 ($n_2 < n_1$) 법선에서 멀어지는 쪽으로 굴절한다($\theta_2 > \theta_1$). 그림 22.12b에서 보여주고 있다.

예제 22.3 테이블 유리 덮개-굴절에 대한 것

공기 중을 이동하는 빛이 입사각 45°로 커피 테이블의 유리 덮개를 입사했다(그림 22.13). 유리의 굴절률은 1.5이다. (a) 유리를 투과한 빛의 굴절각은 얼마인가? (b) 유리를 통과한 빛이 입사한 광선과 평행한 것을 증명하라. 즉, $\theta_4 = \theta_1$이다. (c) 만약 유리가 2.0 cm 두께라면 유리로 들어간 광선과 유리를 통과해 나온 광선의 횡적으로 이동된 변위는 얼마인가? (변위는 두 광선 사이의 수직거리로 그림에서 d로 표시하였다.)

풀이

문제상 주어진 값:

$\theta_1 = 45°$
$n_1 = 1.0$ (공기)
$n_2 = 1.5$
$y = 2.0$ cm

(a) 식 22.5인 스넬의 법칙을 이용하고 공기의 굴절률을 $n_1 = 1.0$으로

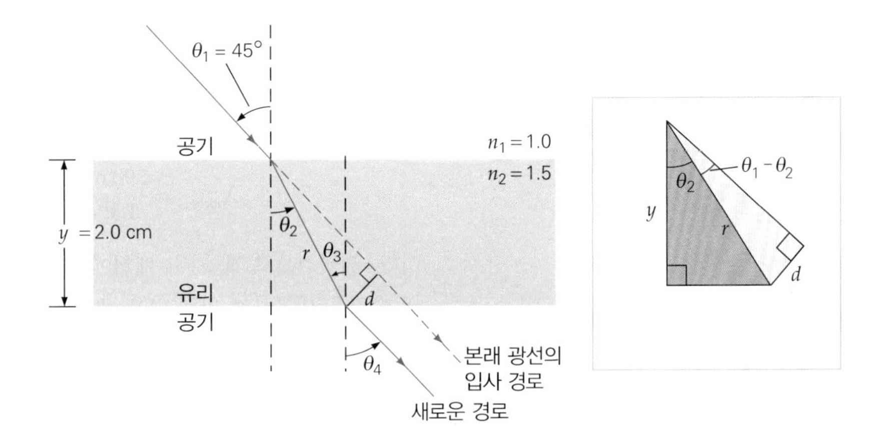

▲그림 22.13 **두 번 굴절.** 유리에서 굴절한 광선은 횡으로(옆으로) 입사광선으로부터 d만큼 이동하고 유리를 통과한 광선은 본래의 광선과 평행하게 진행한다.

$$\sin\theta_2 = \frac{n_1 \sin\theta_1}{n_2} = \frac{(1.0)\sin 45°}{1.5} = \frac{0.707}{1.5} = 0.47$$

이다. 그러므로

$$\theta_2 = \sin^{-1}(0.47) = 28°$$

여기서 광선은 법선을 향해서 굴절한다.

(b) 만약 $\theta_1 = \theta_4$이면 유리를 뚫고 나온 광선은 입사 광선과 평행하다. 스넬의 법칙을 이용하면 양쪽 면에서 광선은

$$n_1 \sin\theta_1 = n_2 \sin\theta_2$$

그리고

$$n_2 \sin\theta_3 = n_1 \sin\theta_4$$

이고 그림에서 $\theta_2 = \theta_3$이다. 그러므로

$$n_1 \sin\theta_1 = n_1 \sin\theta_4$$

또는

$$\theta_1 = \theta_4$$

따라서 유리로 나온 광선은 입사광선과 평행한 방향이지만 횡적으로 또는 입사광선에 수직한 거리 d만큼 이동한다.

(c) 그림 22.13에 삽입된 것에서 보다시피 d를 구하기 위해 분홍색으로 그려진 삼각형에서 주어진 값을 이용하여 먼저 r을 구해야 한다. 그러면

$$\frac{y}{r} = \cos\theta_2 \quad \text{또는} \quad r = \frac{y}{\cos\theta_2}$$

노란색 삼각형에서 $d = r\sin(\theta_1 - \theta_2)$. 앞선 단계에서 주어진 r을 대입해서 계산하면 다음과 같다.

$$d = \frac{y\sin(\theta_1 - \theta_2)}{\cos\theta_2} = \frac{(2.0\text{ cm})\sin(45° - 28°)}{\cos 28°} = 0.66\text{ cm}$$

예제 22.4 사람의 눈 – 굴절과 파장

사람 눈의 수정체 렌즈의 간단한 구조는 굴절률이 $n_{\text{convex}} = 1.386$인 수정체의 제일 바깥층에 피질을 가지고 있다. 수정체 내부의 굴절률은 1.406이고(그림 25.1b) 만약 단색광선(즉, 단일 진동수이다. 또는 파장을 가진 광선)이 파장 590 nm인데 이 광선이 공기로부터 눈의 전면을 향해 수정체에 입사되었다고 한다. 이때 각 층, 즉 공기에서, 피질에서, 수정체 내부의 핵 부분에서 빛의 속력과 진동수와 파장을 구하라. 먼저 수치를 감안하지 말고 각각의 경우를 비교한 후 계산에 의해 얻어진 결과를 타당한 이유를 들어 설명하라.

풀이

먼저 상대 굴절률이 필요하다. 여기서 $n_{\text{air}} < n_{\text{convex}} < n_{\text{nucleus}}$이다. 앞에서 배운 것처럼 진동수는 위의 세 매질(공기, 피질, 핵)에서 모두 같다. 그래서 진동수는 빛의 속력과 파장을 이용하면 구할 수 있다. 공기에서의 값이 제일 쉽다(왜 그러한가). 파장과 진동수의 관계식(식 13.22)에서

$$f = f_{\text{air}} = f_{\text{cortex}} = f_{\text{nucleus}} = \frac{c}{\lambda} = \frac{3.00\times10^8\text{ m/s}}{590\times10^{-9}\text{ m}}$$
$$= 5.08\times10^{14}\text{ Hz}$$

이다. 매질에서 빛의 속력은 주파수 정의에 의해 $v = c/n$으로 굴절계수와 관계되는데 낮은 굴절률은 높은 전파속력을 의미한다. 그러므로 빛의 속력은 공기매질($n = 1.00$)에서 최고값이고 수정체 핵($n = 1.406$)에서는 최저가 된다.

피질에서의 빛의 속력은

$$v_{\text{cortex}} = \frac{c}{n_{\text{cortex}}} = \frac{3.00\times10^8\text{ m/s}}{1.386} = 2.16\times10^8\text{ m/s}$$

이고 핵에서 빛의 속력은

$$v_{\text{nucleus}} = \frac{3.00\times10^8\text{ m/s}}{1.406} = 2.13\times10^8\text{ m/s}$$

이다. 매질 내에서 빛의 파장은 매질의 굴절률($\lambda_m = \lambda/n$)에 의존한다는 것을 알았다. 굴절률이 적으면 적을수록 파장은 길어진다. 그러므로 빛의 파장은 공기 중에서 제일 길고($n = 1.00$이고 $\lambda = 590$ nm) 핵에서 제일 짧다($n = 1.406$).

각막 피질에서 파장은 식 22.4에서 정의한 것을 이용하면

$$\lambda_{\text{cortex}} = \frac{\lambda}{n_{\text{cortex}}} = \frac{590\text{ nm}}{1.386} = 426\text{ nm}$$

이고, 핵에서 파장은

$$\lambda_{\text{nucleus}} = \frac{590\text{ nm}}{1.406} = 420\text{ nm}$$

이다. 결과적으로 세 가지 매질에서 굴절률과 주파수 그리고 빛의 속력을 비교하기 위해 다음 표에 모아 놓았다.

	n	f(Hz)	v(m/s)	λ(nm)
공기	1.00	5.08×10^{14}	3.00×10^8	590
피질	1.386	5.08×10^{14}	2.16×10^8	426
핵	1.406	5.08×10^{14}	2.13×10^8	420

굴절은 일상생활에서 흔히 볼 수 있으며 많은 현상을 설명하는 데 사용될 수 있다.

신기루(mirage): 이 현상의 가장 흔한 예는 아주 더운 여름날 때때로 고속도로에서 일어나는 현상이다. 빛의 굴절은 공기층이 서로 다른 온도를 가지고 있어 일어나는 것이다(길바닥에 가까운 공기는 더 뜨겁고 더 낮은 밀도를 가지고 더 낮은 굴절률을 갖는다). 이런 굴절률의 변화는 고속도로가 젖어 있는 것으로 보이고, 물체의 상이 자동차처럼 거꾸로 된 상으로 나타난다(그림 22.14a). 신기루라는 용어는 일반적으로 사막에서 목마른 사람이 실제로 거기에 존재하지 않는 물웅덩이를 보는 것을 떠올릴 수 있다. 이런 광학적 착시는 심리적으로 사람을 속이는데, 물웅덩이를 보는 영상처럼 무의식적으로 우리 눈이 겪은 과거의 경험으로 인해 길 위에 물이 있다고 결론짓게 만든다.

그림 22.14b에서 자동차에서 빛이 우리 눈에 도달하는 두 가지 방법이 있다. 먼저 자동차에서 우리 눈에 직접 들어오는 수평광선이 있고, 그래서 우리는 자동차가 도로 위에 있는 것으로 본다. 또 자동차에서 나오는 광선이 길 표면을 향해 이동하면서 층층으로 된 공기에 의해 순차적으로 굴절이 될 것이다. 도로 표면을 부딪친 광선은 다시 굴절되어 우리 눈을 향해 이동한다.

차가운 공기는 좀 더 높은 밀도를 가지고 그래서 보다 큰 값의 굴절계수를 가진다. 도로 표면을 향해 이동하는 광선은 점차적으로 커지는 굴절각을 가지고 굴절하게 되는데, 그것은 광선이 도로 표면에 도달할 때까지 굴절한다. 그런 다음 광선은 다시 굴절하는데, 그때는 줄어드는 굴절각을 가지고 굴절하여 눈에 도달하게 된다. 결과적으로 우리는 도로 표면에 있는 자동차 밑으로 정반대로 뒤집힌 자동차의 상을 보게 된다. 다른 말로 도로 표면이 거의 거울처럼 작용한다. '물웅덩이'는 실제로 굴절되고 있는 하늘빛이고－하늘의 상(像)이다. 서로 다른 온도를 가진 이런 공기층은 서로 다른 굴절률이 만들어지는 원인이 되는데, 그로 인해 연속적으로 변화하는 굴절 결과로 뜨거운 공기가 올라가는 것으로 '보이도록' 한다.

이것의 반대가 바다에서의 신기루(루밍 효과: looming effect)이다. 바다에서는 위

(a)

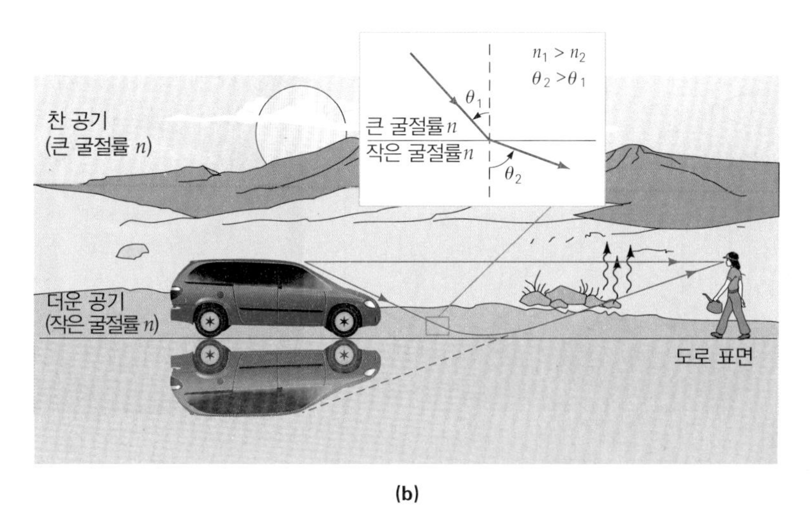

(b)

▲ 그림 22.14 **굴절작용.** (a) 신기루로 젖은 도로에 뒤집어 보이는 자동차. (b) 신기루는 물체로부터 나온 빛이 도로 표면 가까이에 서로 다른 온도를 가진 공기층으로 인한 굴절로 생기는 것이다.

층의 공기가 아래 층의 공기보다 덥다. 이것은 그림 22.14b에서 보여주는 것과 반대로 굴절이 일어난다. 그래서 물체가 바다 위에 떠 있는 것으로 보인다.

있어야만 할 곳에 없다: 여러분들은 물속에서 어떤 것을 잡으려고 하는 동안 굴절 효과를 경험하였을 것이다. 예를 들어 물고기를 들 수 있다(그림 22.15a). 우리는 물체에서 나온 광선이 우리 눈에 직선으로 도달하는 것에 익숙해 있다. 그러나 물속에 있는 물체로부터 눈에 도달한 광선은 공기–물의 경계에서 방향이 변한다(그림에서 광선은 법선에서 멀어지는 쪽으로 굴절되는 것을 주목하라). 결과적으로 물체는 실제 위치보다 물의 표면에 가깝게 나타난다. 그러므로 우리는 물속에서 물체를 잡으려고 하면 놓치게 되는 경향이 있다. 똑같은 이유로 컵 안에 젓가락이 구부러져 보이고(그림 22.15b), 물이 채워져 있는 컵에 동전이 실제 위치보다 더 물 표면에 가깝게 있는 것으로 보이며(그림 22.15c), 물속에 서 있는 사람의 다리가 실제 길이보다 짧아 보인다. 겉보기 깊이와 실제 깊이 사이의 상관관계는 계산할 수 있다.

대기 효과: 수평선 위에 태양이 때로는 납작하게 아래 위로 눌린 모습으로 보인다. 즉, 좌우의 폭이 아래 위의 폭보다 길게 태양이 나타나 보인다(그림 22.16a). 이 효과는 수평선을 따라 밀도가 높은 공기에서 온도와 밀도의 변화로 인해 생긴 결과이다. 이런 변화들은 수직 방향으로 압도적으로 많이 생긴다. 그래서 태양의 위와 아래에서 나오는 빛이 서로 다른 굴절률과 공기 밀도를 가진 곳을 통과하므로 두 세트의 광선이 서로 다르게 굴절한다.

대기에 의한 굴절은 낮의 길이를 길게 만드는데 말하자면 우리에게 태양을 (또는 달 그것이 해당 물체이라면) 태양이 수평선 위로 실제로 떠오르기 전에 볼 수 있게

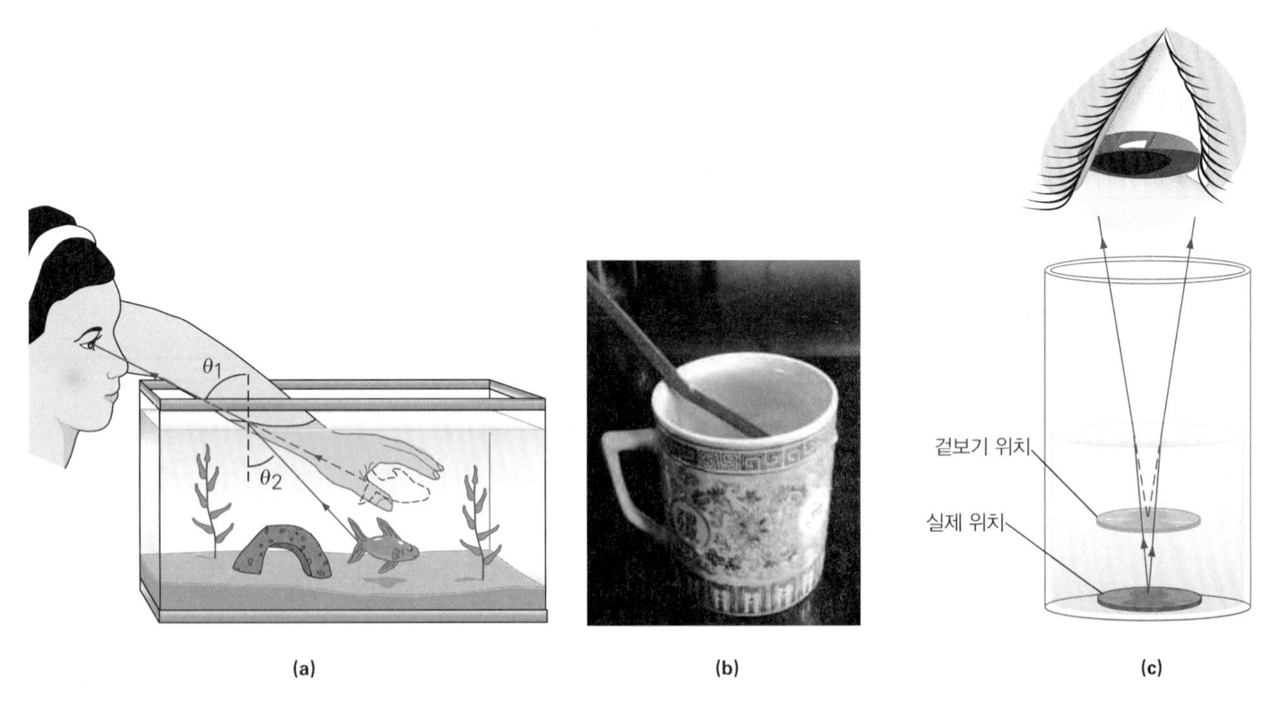

▲ 그림 22.15 **굴절 효과.** (a) 빛이 직선으로 이동한다고 생각하는 경향이 있어 빛의 굴절로 물고기는 생각한 것보다 더 아래쪽에 있다. (b) 젓가락은 공기–물 경계면에서 구부러져 나타난다. 만약 컵이 투명하면 다른 굴절을 볼 것이다. (c) 굴절때문에 동전이 실제 위치보다 가깝게 있는 것으로 나타난다.

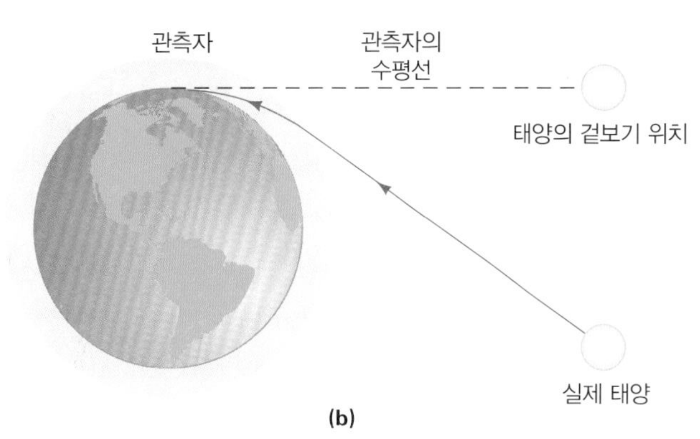

(a) (b)

▲ 그림 22.16 **대기의 효과.** (a) 수평선 위에 있는 태양은 대기 굴절효과로 위 아래가 눌려서 나타난다. (b) 해가 뜨고 지기 전에 태양이 잠깐 보일 수 있는데, 그것은 대기 굴절 때문이다(그림은 이해를 돕기 위해 많이 과장되게 표시하였다).

하고 해가 실제로 지고 나서 수평선 아래에 있는데도 볼 수 있게 한다(양쪽 지고 뜨는 때 20분 정도씩). 지구 가까이에 있는 밀도가 높은 공기는 빛을 수평선 너머로 우리를 향해 굴절하게 한다(그림 22.16b).

반짝이는 별은 대기의 와류에 의한 것이다. 대기와류는 별빛을 왜곡하게 만든다. 와류는 무작위 방향으로 빛을 굴절시키고 별을 반짝이게 만든다. 수평선 위에 별은 바로 머리 위에 떠 있는 별보다 훨씬 더 반짝인다. 왜냐하면 빛이 더 많이 대기를 통과하기 때문이다. 그러나 행성은 별만큼 반짝이지 않는다. 이것은 행성보다 별이 훨씬 더 멀리 있기 때문이다. 그래서 별들은 점광원으로 나타난다. 지구 대기 밖에서는 별은 반짝이지 않는다.

22.4 내부 전반사와 광섬유광학

빛이 광학적으로 밀도가 더 높은 매질에서 그보다 낮은 광학적 밀도를 가진 매질로 이동하면, 예를 들면 빛이 물로부터 공기가 있는 쪽으로 이동할 때 흥미있는 현상이 일어난다. 알다시피 이러한 경우에 광선은 법선으로부터 멀어지는 쪽으로 굴절할 것이다(굴절각이 입사각보다 크다). 더욱이 스넬의 굴절법칙은 입사각이 크면 클수록 굴절각이 커진다고 기술하고 있다. 즉, 입사각이 증가하면 굴절광선은 법선으로부터 더 발산한다.

그러나 이렇게 되는 데에도 한계가 있다. 어떤 입사각에서는 그것을 **임계각**(critical angle, θ_c)이라고 부르는데, 이 임계각은 굴절각이 90°인 각으로 굴절한 광선이 굴절 경계면을 따라 놓여 있다. 그러나 입사각이 임계각보다 클 경우는 어떻게 될까? 만약 입사각이 임계각보다 크면 ($\theta_1 > \theta_c$) 빛은 전혀 굴절하지 않지만 안쪽으로 반사한다(그림 22.17). 이 조건을 **내부 전반사**(total internal reflection)라고 한다. 반사 과정은 거의 100% 효율적이다(매질에서 약간 빛의 흡수는 있다). 전반사 때문에 유리 프리즘은 거울로 사용할 수 있다

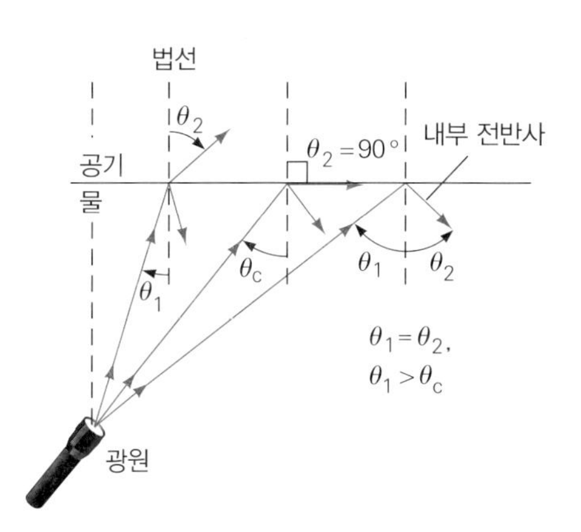

▲ 그림 22.17 **내부 반사.** 빛이 광학적으로 낮은 밀도를 가진 매질로 입사하면 법선에서 멀어지는 쪽으로 굴절한다. 임계각(θ_c), 빛이 매질의 경계면(두 매질이 공유하는 경계면) 표면을 따라 굴절한다. 임계각보다 큰 각($\theta_1 > \theta_c$)에서는 내부 전반사가 있다.

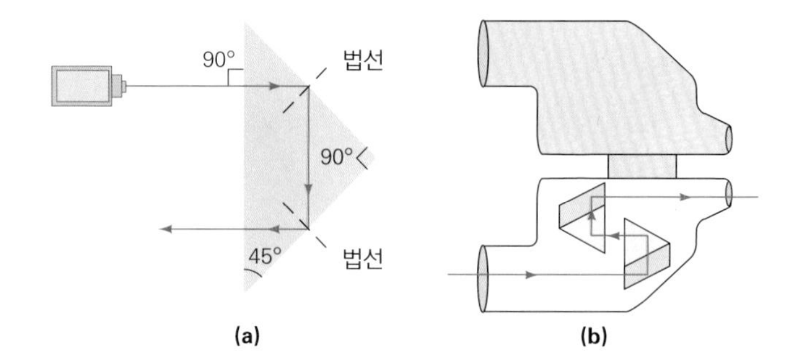

▶ **그림 22.18 프리즘에서의 내부 전반사.** (a) 유리의 임계각이 45°보다 작으므로 45°와 90°로 된 프리즘은 빛을 180°까지 반사하기 위해서 사용한다. (b) 쌍안경에서 프리즘에 의한 빛의 내부 전반사는 프리즘에 의해 빛이 '접혀지기' 때문에 망원경보다 길이를 짧게 만든다.

(그림 22.18). 요약하면 $n_1 > n_2$인 데서는 반사와 굴절이 $\theta_1 \le \theta_c$인 모든 각에서 일어나지만 투과하거나 굴절한 광선은 $\theta_1 > \theta_c$에서 사라진다.

임계각에 대한 표현은 스넬의 법칙으로부터 얻을 수 있다. 만약 광학적으로 밀도가 높은 매질에서 $\theta_1 = \theta_c$이면 $\theta_2 = 90°$이고, 따라서

$$n_1 \sin\theta_1 = n_2 \sin\theta_2 \quad \text{또는} \quad n_1 \sin\theta_c = n_2 \sin 90°$$

이고 $\sin 90° = 1$이므로 임계각을 표현하면 다음과 같다.

$$\sin\theta_c = \frac{n_2}{n_1} \quad (\text{임계각, } n_1 > n_2) \tag{22.6}$$

만약에 두 번째 매질이 공기라면 $n_2 \approx 1$이고 공기로 들어가는 매질 경계면에서 임계각은 $\sin\theta_c = 1/n$로 주어진다. 여기서 n은 첫 번째 매질의 굴절계수이다.

예제 22.5 수영장 물속에서 보이는 시야–임계각

(a) 물속에서 이동하여 물-공기 경계면으로 입사하는 빛의 임계각은 얼마인가? (b) 수영장으로 잠수한 다이버가 물 표면에서 밖을 각도 $\theta < \theta_c$에서 본다면 어떻게 보일까?

풀이

문제상 주어진 값:

$n_1 = 1.33$(표 22.1 물의 굴절률)

$n_2 \approx 1$(공기)

(a) 임계각은 다음과 같다.

$$\theta_c = \sin^{-1}\left(\frac{n_2}{n_1}\right) = \sin^{-1}\left(\frac{1}{1.33}\right) = 48.8°$$

(b) 그림 22.17을 사용하여 수영장 밖으로 모든 각으로 나오는 광선에 대해 역으로 광선 추적을 하라. 그러면 물 위의 180° 전경에서 들어오는 빛이 48.8°를 반각(半角)으로 하는 원뿔로 이루어진 시야만 볼 수 있다. 결과적으로 물 위에 있는 물체는 모두 왜곡되어서 나타난다. 물밑에서의 전경은 그림 22.19에서 보여준다. 이제 여러분은 새가 물고기를 잡으려면 왜 몸을 수평선 가까이 낮게 하는지 이유를 설명할 수 있는가?

▲ 그림 22.19 **파노라마처럼 일그러진** 하와이에 있는 수영장의 수면을 물속에서 본 모습

(a)

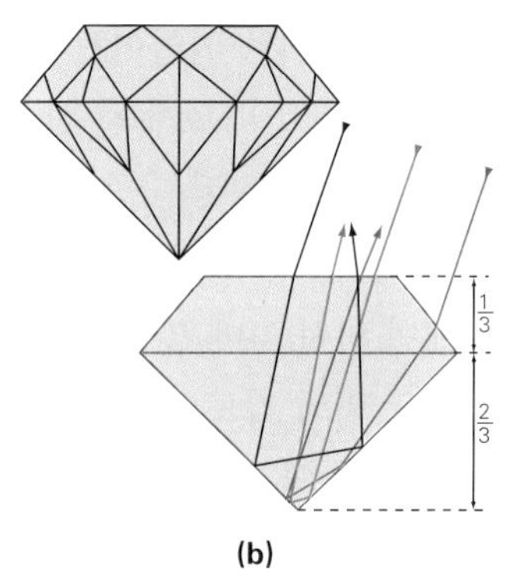

(b)

◀그림 22.20 **다이아몬드의 광채.** (a) 내부 전반사가 다이아몬드의 광채를 유발한다. (b) 다이아몬드 앞면의 잘려진(cut) 면의 모양이나 그 절단면의 대응하는 깊이와의 비율이 다이아몬드의 광채를 만드는 데 결정적인 요소다. 만약 돌이 표면을 받치는 뒷부분의 뾰족한 부분이 아주 좁거나 너무 길고 얇아 깊이가 너무 깊으면 아래 잘린 면으로 빛이 굴절에 의해 손실되게 된다.

내부 전반사는 가공된 다이아몬드가 광채가 더 나도록 한다. (광도는 보는 사람에게 되돌아오는 빛의 양을 측정하는 것이다. 빛이 다이아몬드 뒷면으로 빠져나간다면 광도가 감소한다. 즉, 반사가 전반사가 아닌 경우) 다이아몬드–공기 면에 대한 임계각은 다음과 같다.

$$\theta_c = \sin^{-1}\left(\frac{1}{n}\right) = \sin^{-1}\left(\frac{1}{2.42}\right) = 24.4°$$

소위 광도가 있는 다이아몬드의 잘려진 면은 여러 작은 깎은 면을 가지고 있다(모두 58면으로 윗면이 33면이고 아래 면이 25면이다). 윗부분에서 들어오는 빛이 임계각보다 큰 각으로 아래 깎은 면에 닿으면 내부로 반사가 일어난다. 그러면 빛은 윗부분의 깎은 면으로 나와서 다이아몬드의 광채를 만든다(그림 22.20).

22.4.1 광섬유광학

분수대가 아래에서 위로 빛이 비춰질 때 빛은 휘어진 물줄기를 따라 전달된다. 이 현상은 처음으로 1870년에 영국의 과학자 존 틴들(John Tyndall, 1820~1893)에 의해 시범으로 보여졌다. 틴들은 빛이 물의 흐름의 곡선경로를 따라 전달된다는 것을 보여주었다. 빛이 물의 흐름을 따라 내부 전반사를 하기 때문에 이 현상이 관찰된다.

내부 전반사는 **광섬유광학**(fiber optics)의 기본이 된다. 현대 기술 분야의 중심에는 빛을 전달하는 투명한 광섬유의 사용이 있다. 다중 내부 전반사는 비록 관이 구부러져 있더라도 투명한 관(마치 물줄기 흐름처럼)을 따라 빛을 전달하는 것을 가능하게 만든다(그림 22.21). 그림에서 빛 관의 지름이 작으면 작을수록 더 많은 내부 전반사를 일으킨다는 것을 주목하자. 지름이 작은 광섬유는 1 cm에 수백 번의 내부 전반사를 만들 수 있다.

내부 전반사는 아주 효율적인 과정이다. 구리로 된 전선과 비교하면 광섬유는 아주 먼 거리까지 훨씬 적은 정보손실로 빛을 전달할 수 있다.

이러한 손실들은 본래 광섬유의 불순물로 인한 것이고, 이 불순물은 빛을 산란시킨다. 투명한 물질들은 서로 다른 전달율을 가진다. 광섬유는 최대 전달효율을 가진

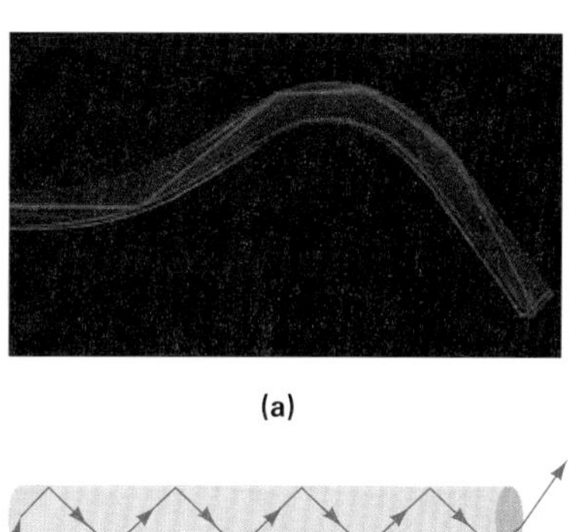
(a)

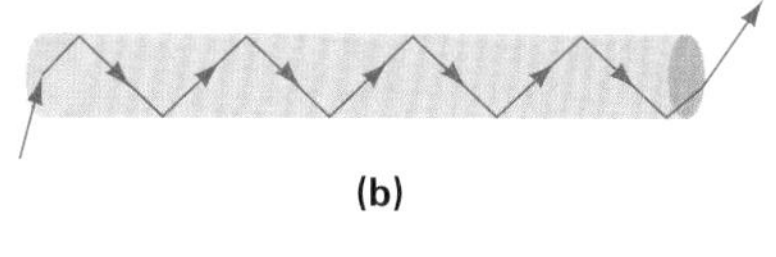
(b)

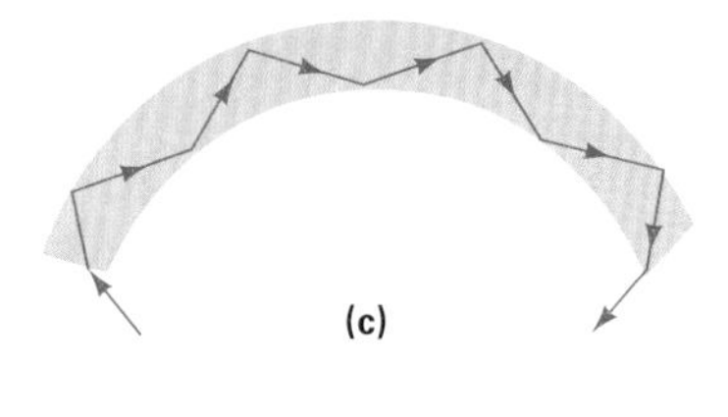
(c)

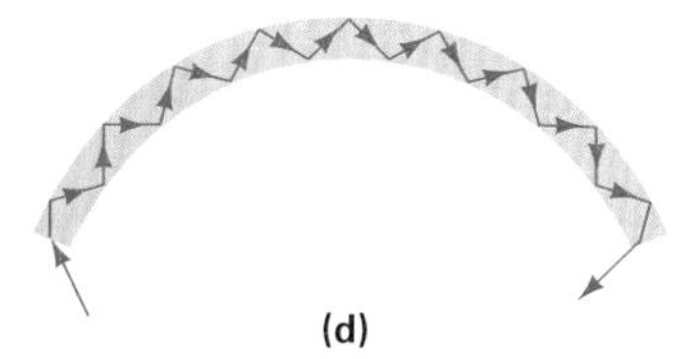
(d)

▲그림 22.21 **빛 관(파이프).** (a) 광섬유에서의 내부 전반사. (b) 빛이 투명한 물질로 된 원통형의 한끝으로 그 원통형을 이루는 물질의 임계각보다 큰 각으로 입사하면 빛은 그 빛 관의 길이 끝까지 내부 전반사를 한다. (c) 빛은 구부러진 빛 관에서도 그 관을 따라 내부 전반사에 의해 빛이 전달된다. (d) 막대기나 광섬유의 지름이 작으면 작을수록 단위 길이당 반사 횟수는 증가한다.

특별한 플라스틱과 유리로 만들어진다. 최대의 효율은 적외선 복사에서 얻을 수 있다. 왜냐하면 24.5절에서 배우게 될 산란이 적기 때문이다.

다중 거울의 반사와 비교된 다중 내부 전반사의 최대 효율은 아주 좋은 평면 반사 거울에 의해 묘사될 수 있다. 이 평면거울의 경우는 약 95%의 반사율인 최상의 반사율을 가진다. 매번 반사 후에 빛의 강도는 입사 빛의 95%가 된다. 반사 후에 빛의 강도는 먼저 반사된 빛의 강도의 95%이다($I_1 = 0.95I_0$; $I_2 = 0.95I_1 = 0.95^2I_0$; $\cdots$). 그러므로 n번 반사된 후의 반사 빛의 강도는

$$I = 0.95^n I_0$$

이다. 여기서 I_0는 첫 번째 반사가 있기 전에 빛의 본래 강도이다. 따라서 14번 반사가 일어난 후에는

$$I = 0.95^{14} I_0 = 0.49 I_0$$

이다. 다시 말해 14번 반사 후에 강도는 절반 이상(49%)으로 줄어든다. 100번 반사하면 $I = 0.006I_0$이고 강도는 본래 강도의 오직 0.6% 밖에 안 된다. 이것을 1 km 이상되는 광섬유에서 반사가 수천 번 일어난 다음 초기 강도의 약 75%가 되는 것과 비교하라.

지름이 약 10 μm (10^{-5} m)인 광섬유가 묶여서 지름이 4에서 10 mm되고 길이가 수 미터에 달하는 것으로 광섬유의 응용에 따라 만들어진다(그림 22.22a). 1 cm^2의 단면적을 가진 광섬유 다발은 50 000개의 개별 광섬유가 포함될 수 있다(각 광섬유는 서로 부딪치지 않기 위해 개별 코팅이 필요하다).

광섬유광학의 응용은 아주 중요하고 흥미 있는 것이 많이 있다. 통신, 컴퓨터 네트워크 그리고 의학적 응용이 있다(그림 22.22b). 전기적 신호를 빛 신호로 바꾸어 광전화선과 컴퓨터 네트워크를 통해 수송된다. 그러면 다른 끝에서 빛 신호는 다시 전기적 신호로 바뀐다. 광섬유는 전류가 흐르는 전선에서보다 손실이 적다. 특히 고주파에서는 더욱 그렇다. 그래서 더 많은 데이터를 수송할 수 있다. 또한 광섬유는 금

(a)

(b)

▲ 그림 22.22 **광섬유다발.** (a) 수백 또는 수천 개 이상의 가는 광섬유가 함께 묶여 하나의 광섬유로 작동하도록 한다. (b) 키홀(keyhole) 현미경 수술을 위해 사용되는 광섬유 관절경이다. 화면은 신체 내부 면이 관절경으로 보이는 장면을 나타낸다.

속선 보다 더 가볍고 더 융통성이 있어 전자기적 교란에 의해 영향을 받지 않는다(전자기장). 왜냐하면 그것들은 절연체 물질로 만들어졌기 때문이다.

22.5 분산

단일 진동수(단일 파장)를 가진 빛을 단색광이라고 부른다(그리스어로 "*mono*"는 "하나"라는 말이고 "*chrom*"은 "색"을 의미한다). 모든 진동수를 또는 색을 포함하고 거의 같은 강도를 가진 것들로 이뤄진 볼 수 있는 빛(예를 들어 태양 빛)은 백색광이라는 용어를 붙인다. 그림 22.23a에서처럼 백색광으로 된 빛이 유리 프리즘을 통과하면 빛이 여러 색들의 스펙트럼으로 퍼져 나오거나 분산된다. 이 현상은 뉴턴이 태양빛이 모든 색의 혼합이라고 믿게 한 현상이다. 빛이 프리즘으로 입사하면 빛을 구성하는 서로 다른 파장에 준하는 색 성분들은 약간씩 서로 다른 각으로 굴절하여 스펙트럼으로 퍼져 나오는 것이다.

스펙트럼의 발생은 유리의 굴절률이 파장에 따라 약간씩 다른 것을 나타내고 그것은 모든 투명한 매질(그림 22.23b)에서 마찬가지다. 그 이유는 분산매질에서 빛의 속력은 파장에 따라 조금씩 서로 다른 사실과 관계된다. 매질의 굴절률 n은 그 매질에서 빛의 속력의 함수이므로, 굴절률은 파장에 따라 다르다. 그것은 서로 다른 파장의 빛은 서로 다른 각으로 굴절한다는 굴절 법칙을 따른다. 설사 입사각이 같다 하더라도 굴절각은 파장에 따라 다르다.

우리는 앞서 말한 내용을 빛의 서로 다른 파장에 대하여 각기 다른 굴절률을 가지므로 투명한 매질에서의 굴절은 파장에 따라 빛을 분리하는 원인이 되는데, 그런 물질을 분산적이라고 말하고 빛의 **분산**(dispersion)을 나타낸다고 정리해서 말할 수 있

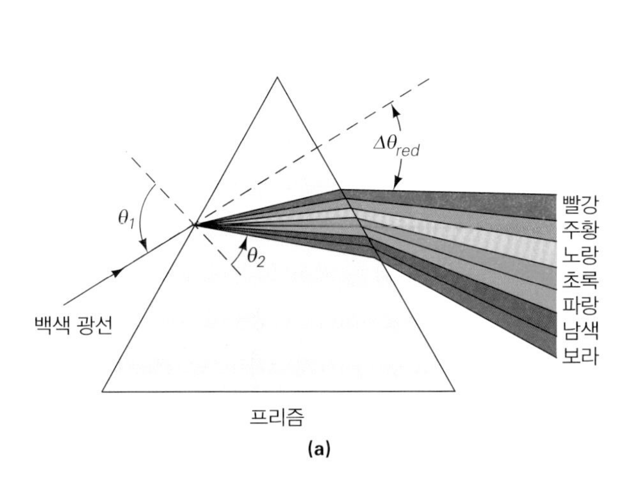

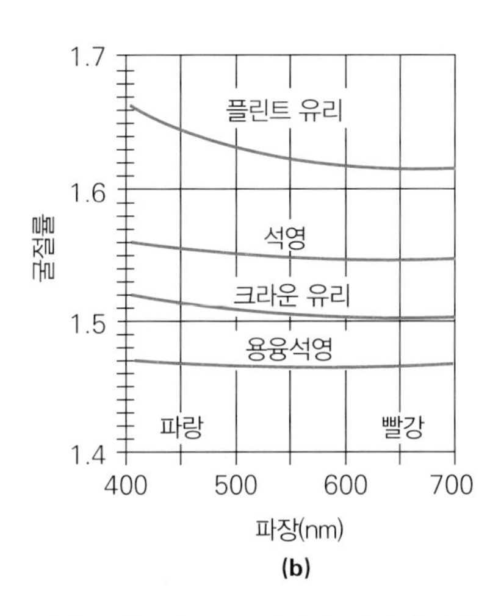

▲ 그림 22.23 **분산.** (a) 백색광선은 유리 프리즘을 통해 여러 색으로 이루어진 스펙트럼으로 분산된다. 분산 매질에서 파장에 따라 굴절률은 약간씩 다르다. 가장 긴 파장인 빨간색은 가장 작은 굴절률을 가지고 가장 적게 굴절한다. 입사광선과 투과되어 나온 광선 사이의 각은 그 광선의 편이 각이라고 한다(여기서 각들은 현상을 분명하게 보여 주기 위하여 모두 과장되었다). (b) 몇 개의 보통 물질들에 대한 파장에 따른 굴절률의 변화를 보여준다.

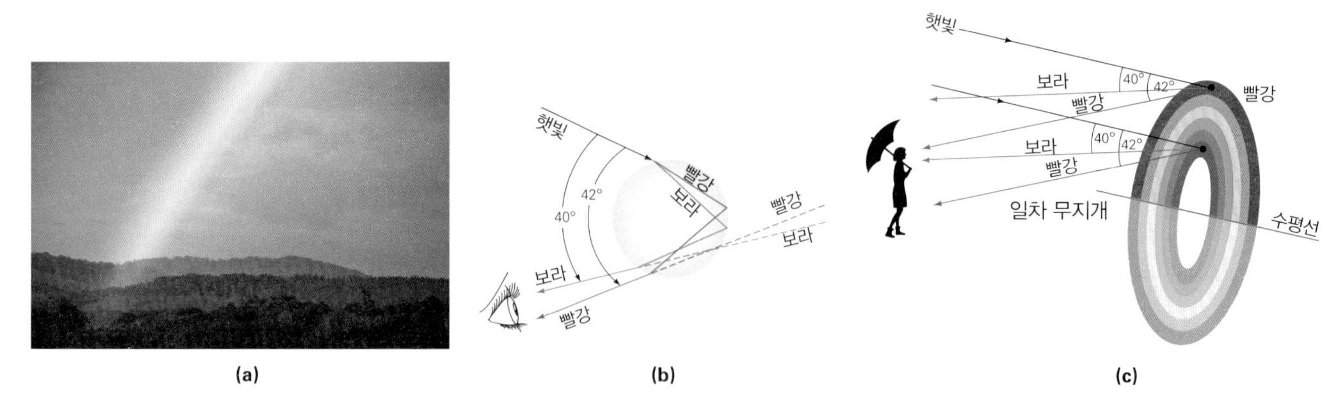

▲ 그림 22.24 **무지개.** (a) 무지개는 굴절과 분산 그리고 태양 빛이 대기 중에 있는 물방울 내에서 발생하는 내부반사로 인해 생기는데 무지개의 기본 일차색은 수직으로 위쪽이 빨간색이고 제일 아래쪽이 보라색이다. (b) 여러 가지 다양한 대기에 있는 작은 물방울에 의해 여러 방향으로 반사되어 나온다. (c) 관측자는 빨간색을 무지개 제일 윗부분에서 볼 수 있고 제일 아랫부분에서 보라색을 볼 수 있다.

다. 분산은 서로 다른 매질에 따라 다르다(그림 22.23b). 또한 파장에 따라 다른 굴절률의 차는 아주 적기 때문에 일반적인 목적으로는 어떤 특정 파장에서의 값을 대체하여 사용한다(표 22.1).

분산물질로 대표적인 것이 다이아몬드이다. 그것은 유리보다 다섯 배나 더 분산한다. 내부 전반사에 의하여 나타나는 광도 외에도 가공 다이아몬드 면에서 색 또는 '발광' 같은 것을 볼 수 있는데, 그것은 굴절된 빛의 분산에 의한 결과이다.

분산은 렌즈 색수차의 원인이다. 색수차에 대해서는 23.5.2에서 자세히 취급할 것이다. 카메라 광학계는 이 수차를 최소화 하기 위해 가끔 여러 개의 렌즈로 구성하여 사용한다.

또한 다른 분산의 예로는 무지개를 들을 수 있다. 무지개는 일련의 아름다운 색을 연출한다(그림 22.24a). 무지개는 (두 번) 굴절, 분산 그리고 물방울 내에서의 빛의 반사로 인해 생긴다. 무지개를 만드는 빛은 먼저 굴절하고 개개의 물방울에 의해 분산되고 그 다음에 물방울의 뒷면에서 다시 반사된다. 결국 굴절과 분산을 거쳐 다시 물방울 밖으로 나오면 빛은 서로 다른 방향으로 퍼지고 그러면서 다양한 색의 스펙트럼을 만들어내는 것이다(그림 22.24b). 그러나 물에서의 반사와 굴절의 조건 때문에 물방울로 들어오고 나가는 광선 사이의 각은 보라색 광선에 대해 40°~42° 이내인 아주 좁은 범위에 있다.

빨간색이 무지개 제일 윗부분을 차지하는 것은 짧은 파장을 가진 빛은 우리 눈이 잘 인지하지 못하고 그냥 지나치기 때문이다(그림 23.24c). 보랏빛이 무지개 제일 밑에 있는 이유는 좀 더 긴 파장을 가진 빛이 우리 눈을 거쳐나가며 인지되기 때문에 비슷한 이유로 짧은 파장을 가진 보랏빛이 긴 파장을 가진 빨간색보다 적게 남게 되는 것이다.

기본 또는 일차 무지개는 때때로 두 번째 흐린 이차 무지개를 동반하게 되는데, 이것은 물방울 내에서 두 번 반사가 일어나면서 발생되는 현상이다.

연습문제

통합 연습문제(Integrated Exercises, IEs)는 두 부분으로 이루어진다. 첫 번째 부분은 일반적으로 기본 원칙과 추론에 기초한 개념적 답변 선택을 요구한다. 두 번째 부분은 연습의 첫 번째 부분에서 이루어진 개념적 선택과 관련된 정량적 계산을 필요로 한다. 기호(•)은 문제의 난이도를 의미한다. 쉬움(•), 보통(••), 어려움(•••)

22.1 파면과 광선

22.2 반사

1. • 평면거울 표면에 30° 각으로 입사한 빛이 입사했다. 이 입사광선과 반사광선 사이의 각은 얼마인가?

2. IE • 평면거울 표면에 대해 각 α로 입사한 광선이 있다. (a) 반사된 빛이 거울 면에 법선과 이루는 각은 (1) α, (2) $90° - \alpha$ 또는 (3) 2α? (b) 만약 $\alpha = 33°$이면 반사광선과 법선 사이의 각은 얼마인가?

3. IE •• 두 개의 동일한 폭 w를 가진 거울이 서로 거울 면을 평행하게 마주하고 d만큼 떨어져 있다. (a) 광선이 한쪽 끝으로 입사해서 반사된 빛이 다른 거울의 제일 먼 곳에 도달했다고 하면 (1) 입사각은 $\sin^{-1}(w/d)$, (2) $\cos^{-1}(w/d)$, (3) $\tan^{-1}(w/d)$? (b) 만약 $d = 50$ cm이고 $w = 50$ cm이면 입사각은 얼마인가?

4. •• 광선이 평면거울에 입사각 35°로 입사했다. 만약 거울이 작은 각 θ만큼 회전한다면 반사된 광선은 얼마나 회전하는가?

5. ••• 그림 22.25에 있는 평면거울에 그림처럼 입사한 광선이 반사해서 입사광선과 평행하게 되려면 각 α와 θ_i은 얼마여야 하는가?

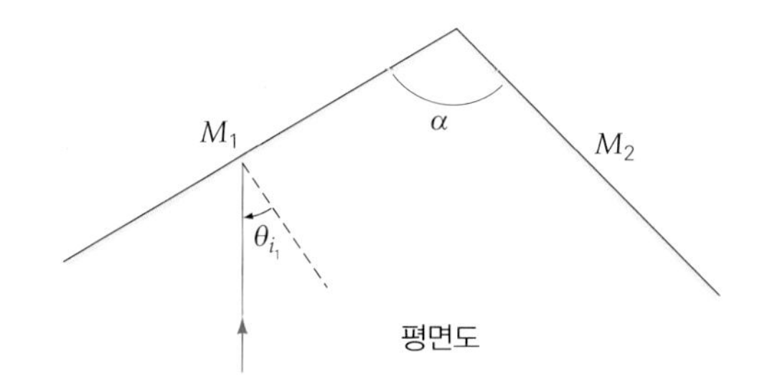

▲ 그림 22.25 **두 평면거울이 서로 각 α로 있다**

22.3 굴절

22.4 내부 전반사와 광섬유광학

6. • 사람 눈의 수정체 렌즈의 핵을 통과하는 빛의 속력이 2.13×10^8 m/s이었다면 수정체 핵의 굴절률은 얼마인가?

7. • 공기에서 광선이 입사각 50°로 투명한 플라스틱에 입사했다. 굴절각이 35°였다고 하면 플라스틱의 굴절률은 얼마인가?

8. IE • 물속에 들어있는 크라운 유리로 만든 용기에 빛이 통과한다면 (a) 굴절각은 얼마인가? (1) 입사각보다 크다. (2) 입사각과 같다. (3) 입사각보다 작다. 각각에 대해 설명하라. (b) 굴절각이 20°라면 입사각은 얼마인가?

9. IE • 내부 전반사를 하는 빛이 (a) (1) 공기에서 물로 또는 (2) 물에서 공기로 인지진행 방향을 결정하고 각각에 대해 설명하라. (b) 공기에서 물의 임계각은 얼마인가?

10. •• 공기에서 광선이 평편한 표면을 가진 방해석으로 된 토막 표면에 입사했다. 광선 중 일부는 방해석 표면의 법선과 굴절각 30°에서 방해석을 통과했고 일부는 반사되었다고 한다. 반사각은 얼마인가?

11. •• 엑시머(excimer) 레이저가 각막염을 치료하기 위한 각막 수술에 사용되었다. 이 레이저는 공기에서 파장 193 nm을 발산하고 각막의 굴절률은 1.376이라고 한다. 각막 안에서 이 빛의 진동수는 얼마인가?

12. IE •• 굴절률이 4/3인 A 물질에서 굴절률이 5/4인 B 물질로 빛이 통과하였다. 물질 A에서의 파장은 물질 B에서 파장보다 (1) 크다, (2) 같다 또는 (3) 작다를 설명하고 물질 B와 A에서 파장의 비는 얼마인가?

13. •• 물체가 물에 잠겨 있으면 실제로는 본래의 위치보다 물 표면에 가깝게 보인다. (a) 무슨 이유때문에 이러한 착시현상이 일어날까? (b) 그림 22.26을 이용해 작은 굴절각에 대한 가시 깊이가 $d' = d/n$임을 증명하라. 여기서 n은 물의 굴절률이다. [작은 각에 대해서 $\tan\theta \approx \sin\theta$를 이용하라.]

14. •• 만약 관측자가 똑바로 아래 방향을 바라본다면 기름이 담겨 있는 통 속에 놓여 있는 물체의 가시 깊이와 실제 깊이의 비는 얼마인가?

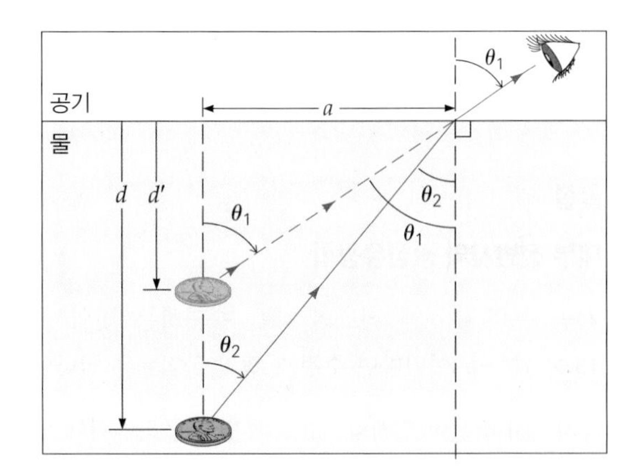

▲ 그림 22.26 **겉보기 깊이?** 작은 각에 대한 상황에서만 적용되는데 가시적으로 분명하게 이해를 돕기 위해 그림에 나타난 모든 각이 과장되었다.

15. IE •• 다이버가 물속에서 바로 위로 밖을 바라볼 때 태양의 고도(태양과 물 수평선이 이루는 각도)가 45°이다. (a) 실제로는 태양의 고도가 이 값보다 크거나 같거나 적다. 각각에 대해 옳고 그름을 설명하고 (b) 태양의 실제 고도는 얼마인지 계산하라.

16. •• 물속에 잠긴 다이버의 물에 젖은 다이버 몸 표면에 입사각 40°와 50°으로 입사한 빛이 물 밖으로 나갔다. 해변가에 있는 사람이 다이버 몸 표면에서 나오는 빛을 두 경우 다 볼 수 있을까. 선택한 답에 합리적인 해석을 하라.

17. IE •• 빛이 45°−90°−45° 프리즘을 통해 내부 전반사가 되었다(그림 22.27).
(a) 이와 같은 배열과 관련되는 것은 (1) 프리즘의 굴절률 (2) 프리즘을 둘러싸고 있는 매질의 굴절률 또는 (3) 프리즘과 주위 매질의 굴절률 둘 다인지 각 경우에 대해 설명하라.
(b) 만약 프리즘이 공기 중에 있는 경우와 물속에 잠겨 있는 경우 각각에 대해 프리즘의 최소 굴절률은 얼마인가 계산하라.

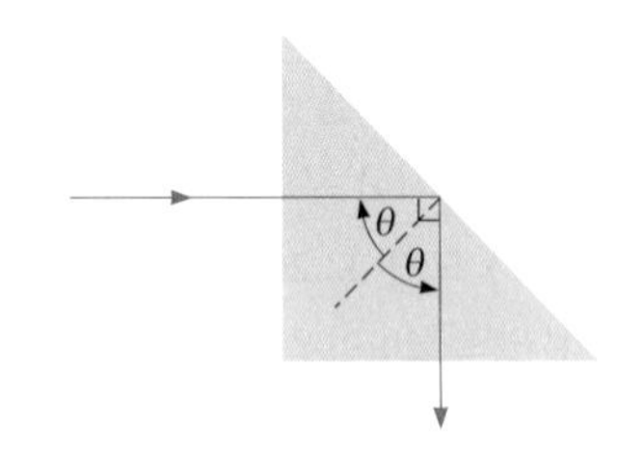

▲ 그림 22.27 **프리즘에서의 내부 전반사**

18. •• 동전이 풀장 바닥에 있다. 풀장 바닥에서 물 바닥에서 물 표면까지는 1.5 m이고 풀장 벽에서 0.90 m 떨어져 있다(그림 22.28). 벽에서 물 표면으로 빛이 입사한다면 벽에서 몇 도 각으로 입사해야만 바닥에 있는 동전을 비출 수 있는가?

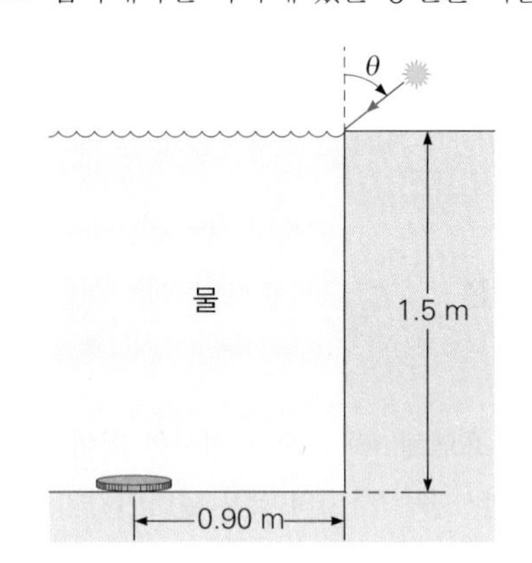

▲ 그림 22.28 **동전을 찾자**

19. •• 공기 중에서 파장이 550 nm인 녹황색 빛이 납작한 크라운 유리 조각에 40°로 입사했다.
(a) 이 빛의 굴절각은 얼마인가?
(b) 유리 속에서 빛의 파장은 얼마인가?
(c) 유리 속에서 빛의 속도는 얼마인가?

22.5 분산

20. • 백색광선이 공기로부터 투명한 매질로 입사각 40°로 입사했다. 빨간색과 파란색의 굴절각은 각각 28.15°와 27.95°이라고 한다. 이 두 색에 대한 굴절률은 얼마인가?

21. •• 파장 670과 425 nm를 가진 빨간색과 푸른색 성분의 광선이 입사각 30°로 용융수정으로 된 평판(slab)에 부딪혔다. 굴절로 인해 색이 각 0.00131 rad로 분리되었다. 만약 빨간 빛의 굴절률이 1.4925이라면 푸른빛의 굴절률은 얼마인가?

CHAPTER 23

거울과 렌즈
Mirrors and Lenses

선글라스의 볼록면에 바로 선 축소된 상이 만들어졌다.

만약 화장실 또는 자동차에 거울이 없거나 안경이 존재하지 않는다면 우리 생활은 어떻게 달라질 것인가? 이 세상에 어떤 종류의 광학적 영상, 예를 들어 사진, 영화, TV도 없는 그런 세상을 상상해 보자. 만약에 멀리 있는 행성과 별을 관측하는 망원경이 없다면 우주에 대해서 조금도 알지 못했을 것을 생각해 보자—또는 박테리아나 세포를 보는 현미경이 없었다면 생물학이나 의학 분야에서 규명될 수 있는 것이 거의 없었을 것이다. 우리는 일상에서 거울과 렌즈에 얼마나 의존하고 있는지 종종 잊고 있다.

최초의 거울은 아마도 물웅덩이의 반사하는 표면이었을 것이다. 이후 사람들은 연마된 금속과 유리가 반사하는 특성을 가진다는 것을 발견했다. 사람들은 유리를 통해서 사물을 볼 때 물체가 유리 없이 곧바로 볼 때보다 유리의 모양에 따라 다르게 보인다는 것을 알았다. 어떤 경우에는 위의 선글라스에 나타난 상처럼 흥미롭게도 물체가 축소되어 맺힌다. 마침내 유리를 렌즈로 모양을 만드는 것을 배웠고, 지금은 당연하게 사용하고 있는 많은 광학기기 개발을 이끄는 길을 열었다.

거울과 렌즈의 광학적 성능은 22장에 소개한 바와 같이 반사와 굴절의 원리에 기초를 두고 있다. 이 장에서는 거울과 렌즈의 원리를 배울 것이다. 그중에서도 통상적인 평면거울에 나타난 당신의 상은 정립상이고 크기가 당신의 크기와 같은 반면, 왜 사진 속의 상이 정립상이고 축소되는지 발견하게 될 것이다—그러나 거울에 나타난 상에서는 머리를 빗을 때 사용한 손과 다른 손으로 머리를 빗는 것으로 보인다.

23.1 평면거울

거울은 잘 반사하는 표면을 말하는데, 보통 연마된 금속 또는 어떤 금속을 코팅한 유리로 만들어진다. 예를 들어 창문과 같이 코팅이 안 된 유리조차도 거울처럼 작용한다. 그러나 유리의 한쪽 면을 주석, 수은, 알루미늄 또는 은의 화합물로 코팅하면 유리의 반사율이 증가하고 빛이 코팅을 통과하지 못하게 된다. 거울은 앞면을 코팅하든가 또는 뒷면을 코팅한다. 대부분의 거울은 뒷면이 코팅되어 있다.

거울을 똑바로 바라보면 자신과 주위의 물체의 상이 보인다(겉보기에는 거울면의 다른 쪽에서). 거울면의 모양에 따라 크기, 방향 그리고 상의 종류에 영향을 미친다. 일반적으로 상은 반사(거울) 또는 굴절(렌즈)에 의해서 만들어지는 물체의 시각적 대응물이다.

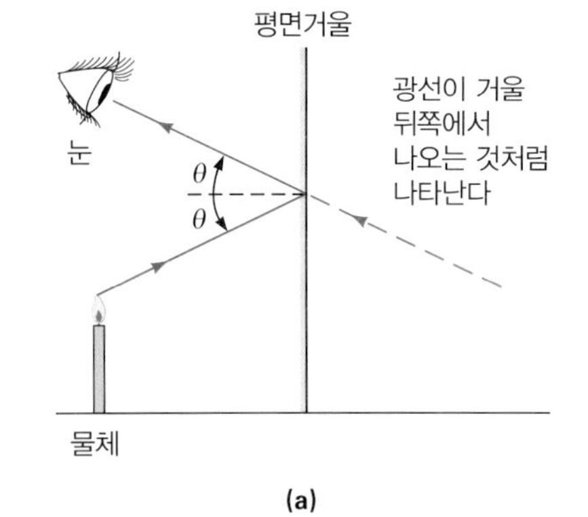

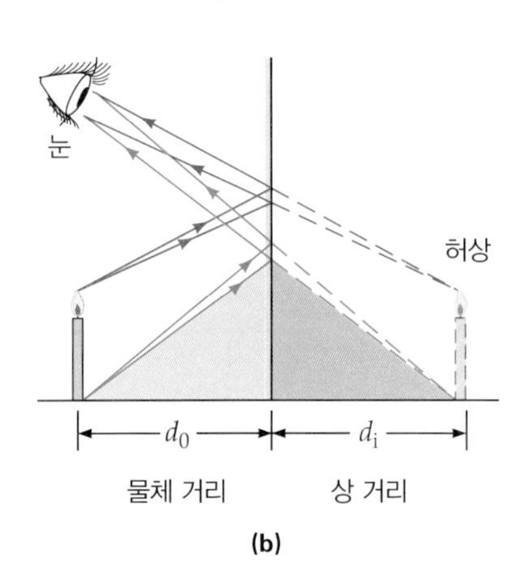

▲그림 23.1 **평면거울에서 만들어지는 상.** **(a)** 물체에서 나오는 광선이 반사법칙에 따라 거울에서 반사한다. **(b)** 물체의 다양한 점에서 나오는 광선이 상을 만든다. 두 개의 분홍색 삼각형이 같기 때문에 상 거리 d_i(거울로부터 상까지 거리)는 물체 거리 d_0와 같다. 즉, 상은 물체가 거울 앞에 있는 것만큼 거울 뒤에 같은 거리에 맺힌다. 광선은 상 위치에서 발산하는 것처럼 보인다. 이 경우에 상은 허상이라고 말한다.

평평한 면을 가진 거울을 **평면거울**(plane mirror)이라 한다. 어떻게 상이 평면거울에서 만들어지는지를 광선 도식으로 그림 23.1에서 설명하였다. 상은 거울의 뒤쪽 또는 안쪽에 결상된다. 물체에서 나와 눈으로 향하는 광선을 거울이 반사시킬 때 (그림 23.1a) 광선은 원래부터 거울 뒤쪽에서 나오는 것처럼 보이기 때문이다. 물체의 꼭대기와 바닥에서 반사된 빛을 그림 23.1b에 나타냈다. 실제로 거울에 향하는 물체의 모든 점에서 나오는 광선은 반사되고 완전한 물체의 상이 맺힌다.

이러한 방법으로 만들어지는 상은 거울의 뒤쪽에 나타난다. 이런 상을 **허상**(virtual image)이라고 한다. 광선이 허상으로부터 나오는 것처럼 보이지만 실제로는 그렇지 않다. 빛 에너지가 실제로 상에서 나오거나 통과하지는 않는다. 그러나 구면거울(23.2절에서 논의)은 실제로 빛이 상을 통과하는 지점인 거울 앞에서 상이 맺힐 수 있다. 이런 형태의 상을 **실상**(real image)이라고 한다. 실상의 예는 교실에서 오버헤드 프로젝터에서 만들어지는 상이다.

그림 23.1b에서 거울로부터 물체와 상의 거리를 주목하라. 거울에서부터 물체의 거리를 물체 거리(d_0)라 부르고 거울 뒤에 나타나는 상의 거리는 상 거리(d_i)라 부른다. 합동인 삼각형의 기하학과 $\theta_i = \theta_r$(22.2절)인 반사법칙으로부터 $d_0 = |d_i|$인데, 이것은 평면거울에서 만들어지는 상은 물체와 거울 앞 사이의 거리와 똑같은 거리만큼 거울 뒤에 나타난다(연습문제 5 참조). 상 거리 $|d_i|$에 절댓값 부호가 붙은 것에 대한 자세한 설명은 뒤에서 설명하기로 하고 여기서는 단순히 부호의 편리성 때문이라는 것만 말해두기로 한다.

우리는 상의 다양한 특성에 관심이 많다. 이러한 특성 중에 두 가지는 물체의 높이와 방향에 비교되는 상의 높이와 방향이다. 둘 다 **횡배율**(lateral magnification factor, M)을 구하는 데 필요하고, 이것은 상(h_i)과 물체(h_0)의 높이의 비로 정의된다.

$$M = \frac{\text{상의 크기(높이)}}{\text{물체의 크기(높이)}} = \frac{h_1}{h_0} \quad \text{(횡배율)} \tag{23.1}$$

물체로 사용되는 촛불은 우리에게 상의 중요한 특성인 방향—즉, 상이 물체의 방향이 정립(바로 서 있는)인지 또는 도립(거꾸로 서 있는)인지에 대해서 알려준다(광선 도식에서 화살표는 이러한 목적에 편리한 표기이다). 평면거울에 대해서 상은 항상 정립이다. 이것은 상이 물체와 같은 방향임을 의미한다. h_i와 h_0가 같은 부호(둘 다 양수이거나 둘 다 음수)를 가진다고 말한다. 따라서 M은 양수이다. M이 높이의 비율이기 때문에 차원이 없는 양이라는 것에 유의하라.

그림 23.2에서 상과 물체가 크기(높이)가 같은 것을 볼 수 있고, 평면거울에 대해서는 $M = (h_i/h_0) = +1$이다. 상은 정립이며(M은 양수), 배율은 없다. 즉, 평면거울에서 보는 상은 물체의 크기와 같은 크기이다. 일반적으로 M의 부호는 물체에 대한 상의 방향을 나타내고 M값은 모든 광학소자에 대한 배율을 의미한다.

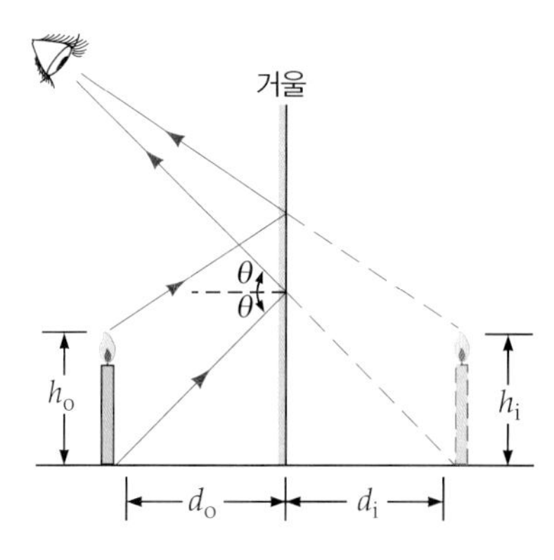

▲그림 23.2 **배율**. 횡 또는 높이(수직) 배율은 $M = h_i/h_0$로 나타낸다. 평면거울에서는 $M = 1$이고 이것은 $h_i = h_0$, 즉 상은 물체의 높이와 같음을 의미하고 또 상이 정립이라는 것을 의미한다.

구면거울(뒤에서 설명)과 같은 다른 모양의 거울에서는 배율 M이 음인 경우 도립상을 맺을 수 있고, M의 절댓값이 1보다 크거나 작은 경우 상이 확대되거나 축소될 수 있다.

평면거울에서 반사된 상의 또 다른 특성은 소위 좌우반전이다. 거울 앞에서 자신을 보고 오른손을 들면 상은 왼손을 드는 것으로 보인다. 그러나 이러한 좌우반전은 실제로 앞뒤반전에 의해 만들어진다. 예를 들어 얼굴을 남쪽으로 향하면 뒤통수는 북쪽을 향하게 된다. 그 반면에 상에서 얼굴은 북쪽을 향하고 뒤통수는 남쪽을 향하게 된다. 이것이 앞뒤반전이다. 당신은 친구 중의 한 명에게 거울 없이 얼굴을 마주보고 서 있으라고 부탁함으로써 이러한 반전을 설명할 수 있다. 친구가 오른손을 들면 그 손은 나에게는 왼쪽에 해당하는 것을 볼 수 있다.

평면거울이 만드는 상의 중요한 특성을 표 23.1에 요약해 놓았다.

표 23.1 평면거울에 의해 만들어진 상의 특성

$d_0 = \lvert d_i \rvert$	상 거리는 물체 거리와 같다. 상은 물체가 있는 거울 앞쪽 거리만큼 거울 뒤에 맺힌다.
$M = +1$	상은 허상이고, 정립이며 확대되어 있지 않다.

예제 23.1 전신 – 거울의 최소 길이

어떤 사람이 자신의 완전한(머리에서 발끝까지) 상을 보려면 평면거울의 최소 수직 길이는 얼마인가(그림 23.3)?

풀이

이 길이를 결정하기 위해서 그림 23.3에 나타난 상황을 고려하자. 최소 길이의 거울에서 사람의 머리 꼭대기에서 나온 빛은 거울의 꼭대기에서 반사되고, 사람의 발에서 나오는 빛은 거울의 밑에서 눈으로 반사된다. 그때 거울의 길이 L은 거울의 꼭대기와 밑에서 거울면에 수직한 수평 점선 사이의 거리이다.

그러나 이러한 선들은 빛의 반사에서 법선이다. 반사법칙에 의하면 이 선은 입사광과 반사광 사이의 각을 반으로 나누게 되고, 즉 $\theta_i = \theta_r$이다. 그때 점선의 법선을 한쪽 변으로 하는 각각의 삼각형은 합동이므로 바닥에서 사람의 눈의 위치까지 거울의 길이는 $h_1/2$이다. 여기서 h_1은 사람의 발끝에서 눈까지 높이이다. 같은 방법으로 거울의 작은 윗부분의 길이는 $h_2/2$이다(사람의 눈과 거울의 꼭대기 사이의 수직거리). 그러면

$$L = \frac{h_1}{2} + \frac{h_2}{2} = \frac{h_1 + h_2}{2} = \frac{h}{2}$$

이다. 여기서 h는 사람의 총 길이이다.

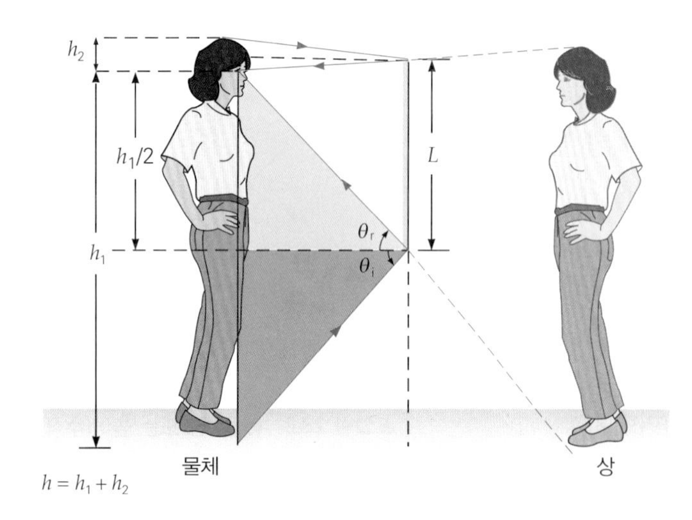

◀ 그림 23.3 **전신 보기.** 사람이 자신의 완전한 (머리에서 발끝까지) 상을 보기 위해서 평면거울의 최소 높이 또는 수직 길이는 사람의 키의 반이 된다는 것이 밝혀졌다.

따라서 사람이 평면거울에서 자신의 전신상을 보기 위해서는 거울의 최소 길이 또는 수직 길이는 사람의 키의 반이 되어야 한다. 이러한 결론을 증명하기 위해서 간단한 실험을 할 수 있다. 신문과 테이프를 구하고 거울의 전체 길이를 측정하라. 신문으로 전신상을 볼 수 없을 때까지 점점 거울을 덮어라. 전신상을 보는데 오직 키의 반 길이의 거울이 필요하다는 것을 알게 될 것이다.

마술사가 청중을 바보로 만드는 데 거울은 첫 번째 꼽는 장비다. 무대 위에 있는 물체를 갑자기 사라지게 하는 데 사용되는 장비가 거울이다. 가장 유명한 것은 '사라진 코끼리'로 해리 후디니(Harry Houdini)가 뉴욕시에 있는 히포드롬(Hippodrom) 극장에서 1918년에 연출했던 것이다(그림 23.4a). 코끼리가 사라질 때가 되면 서로 직각이 되게 만들어 놓은 두 개의 커다란 평면거울을 해당 위치로 재빠르게 밀어가는 것이다(그림 23.4b). 섬광등(strobe) 빛을 사용해서 청중이 거울의 이동을 보지 못하도록 하는 것이 트릭이다. 그림에서처럼 거울이 적절하게 위치하면 무대 양쪽 벽에서 거울은 무대의 측면 벽에서 빛을 반사(진한 붉은 선)하여 무대 배경의 패턴과 일치하는 가상 이미지를 형성한다. 그래서 청중은 무대에서 코끼리를 볼 수 없었다. 관객들의 눈에 띄지 않은 코끼리는 재빨리 무대 밖으로 안내되었다.

(a)

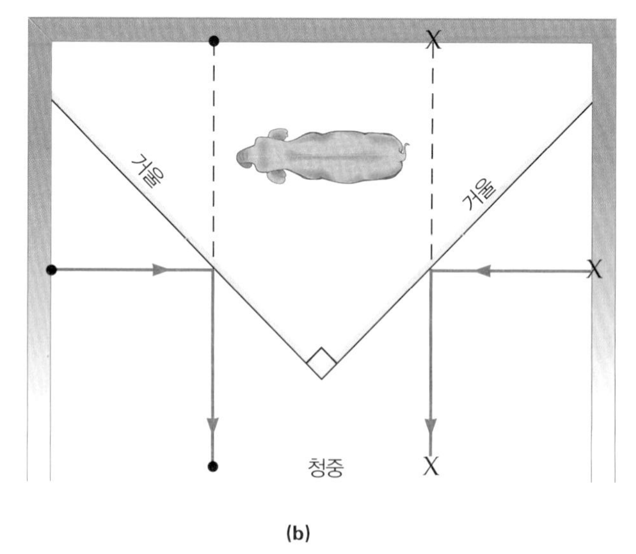

(b)

▲ 그림 23.4 **모든 것은 거울로 만들어졌다.** (a) 후디니(Houdini)가 권총을 쏘면 코끼리가 사라졌다. (b) 코끼리를 숨기는 데 두 개의 커다란 평면거울이 서로 직각을 이루는 장비를 사용하였다.

23.2 구면거울

구면거울(spherical mirror) 이름이 말해주는 대로 기하학적으로 구 모양의 반사면이다. 그림 23.5는 반경 R인 구의 일부분을 잘라낸다면 절단된 부분은 구면거울의 모양을 하고 있음을 보여준다. 잘려진 부분의 내부 또는 외부는 반사 표면이 될 수 있다. 내부 표면에서 반사하면 그 부분은 **오목거울**(concave mirror)로 작용한다(오목거울이 들어간 면을 가지고 있다는 것을 기억하기 위해서 동굴의 안을 들여다본다고 생각하라). 바깥 면에서 반사하면 잘린 부분은 **볼록거울**(convex mirror)로 작용한다.

구의 절단 부분의 정점에서 거울의 표면을 지나 구면거울의 중심을 통과하는 방사상 직선(그림 23.5)을 광축이라 한다. 구의 중심에 해당하는 광축에 놓여 있는 한 점을 **곡률중심**(center of curvature, ***C***)이라 한다. 정점과 곡률중심 사이의 거리는 구의 반경과 같고 **곡률반경**(radius of curvature, ***R***)이라 한다.

빛이 오목거울의 광축과 가까이 평행하게 입사할 때 반사광은 **초점**(focal point, ***F***)이라 하는 공통점에서 교차 또는 수렴한다. 그 결과로 오목거울은 **수렴거울**(converging mirror)로 작용한다(그림 23.6a). 반사법칙 $\theta_i = \theta_r$가 각 광선에서 만족하는 것을 주목하라.

유사하게 볼록거울의 광축에 가까이 평행한 빛은 마치 거울 뒤에 있는 초점에서 반사된 빛이 나오는 것처럼 반사해서 발산한다(그림 23.6b). 따라서 볼록거울은 **발산거울**(diverging mirror)로 작용한다(그림 23.7). 여러분의 뇌는 광선이 발산하는 곳에 실제로 상이 없더라도 상이 있는 것으로 추정한다.

구면거울의 광축 근처를 지나는 평행 광선의 초점(F)에서 정점 사이의 거리를 **초점 거리**(focal length, ***f***)라 한다(그림 23.6). 초점 거리는 다음의 간단한 식에 의해 곡

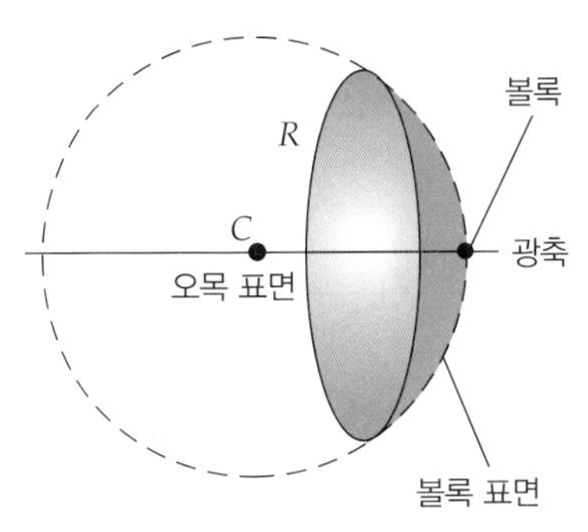

▲그림 23.5 **구면거울.** 구면거울은 구의 절단 부분이다. 구의 절단 부분인 바깥(볼록) 표면 또는 내부(오목) 표면은 반사하는 표면이 될 수 있다.

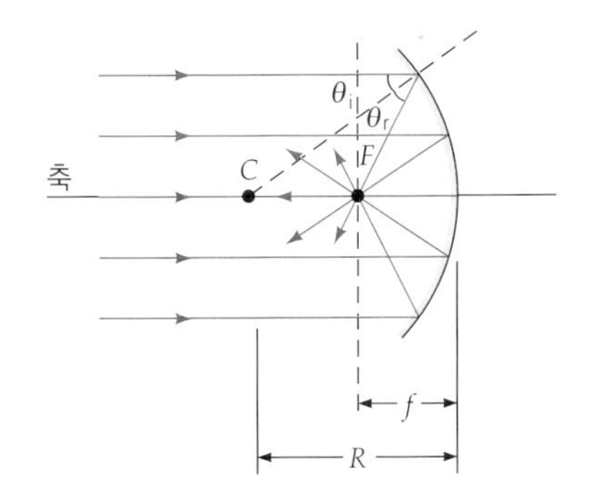

(a) 오목 또는 수렴 거울

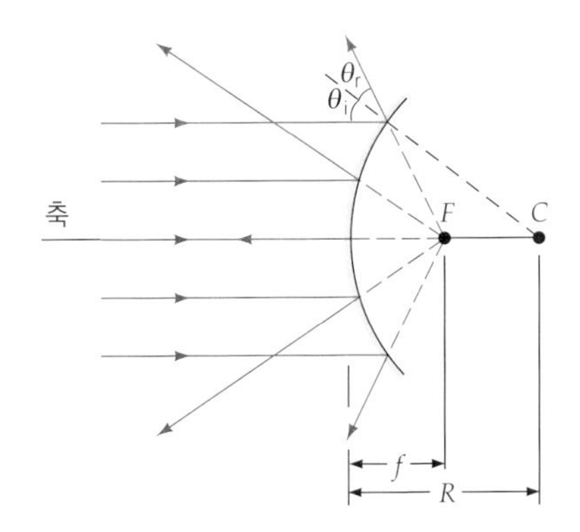

(b) 볼록 또는 발산 거울

▲그림 23.6 **초점.** (a) 오목 구면거울의 광축에 평행하고 가까운 광선은 초점 F에 수렴한다. (b) 볼록 구면거울의 광축에 평행하고 가까운 광선은 마치 거울 뒤에 있는 초점으로부터 발산하는 것처럼 반사한다. 각 그림에서 모든 광선이 반사법칙 $\theta_i = \theta_r$를 만족하는 것을 기억하라.

▲그림 23.7 **발산거울.** 그림 23.6b에서 편의점이나 상점에 설치되어 있는 감시거울에서 볼 수 있는 것처럼 광선을 역추적함으로써 발산(볼록) 구면거울은 찌그러졌지만 넓은 부분을 비춰준다.

률반경과 관련되어 있다.

$$f = \frac{R}{2} \quad \text{(구면거울의 초점 거리)} \tag{23.2}$$

앞의 결과는 오직 광선이 광축에 가까이 할 때, 즉 상맺힘에 필요로 하는 모든 각이 아주 작은 각이라는 가정에 대해서만 유용하다. 광축과 멀리 있는 광선은 다른 초점에 맺히고, 그 결과 상의 왜곡이 약간 생긴다. 광학에서 이러한 왜곡은 구면 수차의 예이다. 어떤 망원경은 구면보다 포물선 모양을 하는 거울을 사용해서 광축에 평행한 모든 광선을 초점에 모으도록 하여 구면수차를 줄여준다.

23.2.1 광선 추적

구면거울에 의해 만들어지는 상의 특성은 기하광학(22장)으로부터 결정할 수 있다. 그 방법은 물체의 한 점 또는 여러 곳에서 나오는 광선을 그리는 것을 포함하고 있다. 반사법칙 $\theta_i = \theta_r$이 적용되고 또 다음과 같이 거울 구조에 대해서 세 개의 주요 광선이 정의된다(그림 23.8과 예제 23.2).

① **평행광선**(parallel ray)은 광축에 평행하게 입사하고 초점 *F*를 통과하게 반사하는(또는 통과하게 나타나는) 광선이다(마치 모든 광선이 축에 가깝고 평행하게 행동한다).

② **주광선**(chief ray) 또는 **방사광선**(radial ray)은 구면거울의 곡률중심(*C*)을 통과하여 입사하는 광선이다. 주광선은 거울 표면에 수직으로 입사하기 때문에 이 광선은 입사 경로를 따라 되반사하고 *C*를 통과한다.

③ **초점광선**(focal ray)은 초점을 통과하여 지나가고 광축에 평행하게 반사하는 광선이다(말하자면 역평행광선이다).

이와 같은 세 가지 주요 광선 중 2개만 사용하면 상의 위치(상 거리)와 상의 크기(확대 또는 축소), 방향(정립 또는 도립), 형태(실상 또는 허상)를 결정할 수 있다. 광선의 원점을 보통 비대칭 물체의 끝(예를 들면 화살의 끝 또는 촛불의 불꽃)을 사용한다. 상에 대응되는 점은 광선이 교차하는 점이다. 이것은 상이 정립인지 도립인지 쉽게 보여준다.

그러나 물체 위의 어떤 점으로부터 나오는 광선을 적절하게 선택해 상을 찾는 데 사용되어야 한다는 것에 유의하라. 눈에 보이는 물체의 모든 점은 점광원처럼 행동한다. 예를 들면 촛불에서 불꽃은 스스로 빛을 방출하고 촛불 표면의 많은 다른 지점은 빛을 반사한다.

수렴(오목)거울

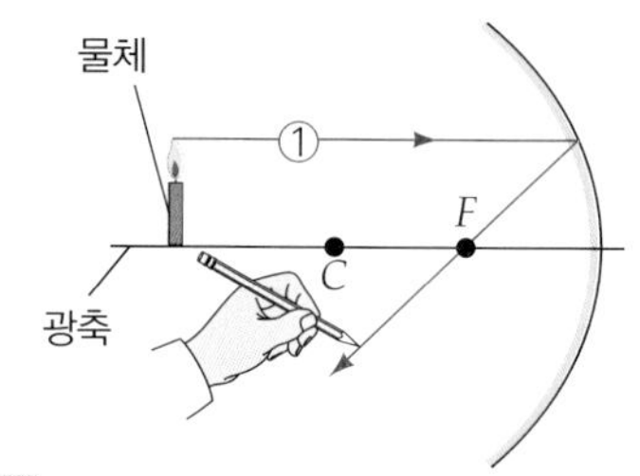

1 평행광선

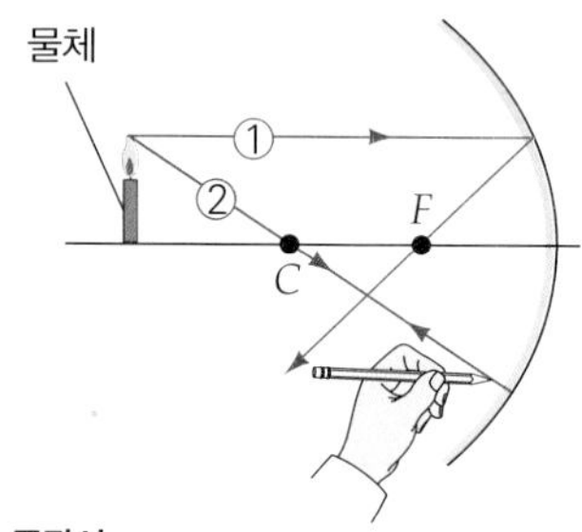

2 주광선

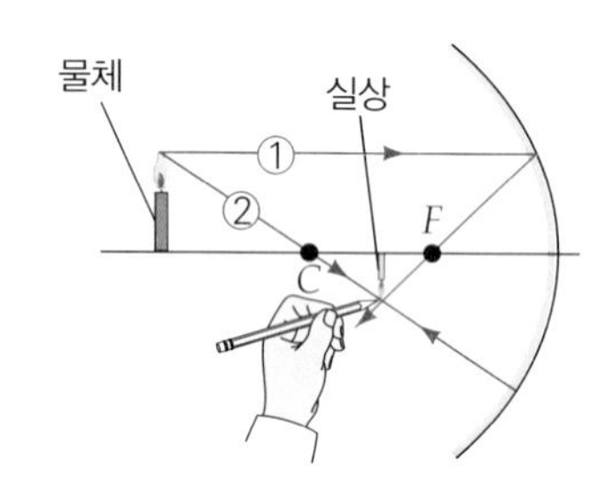

3 상이 맺히는 곳

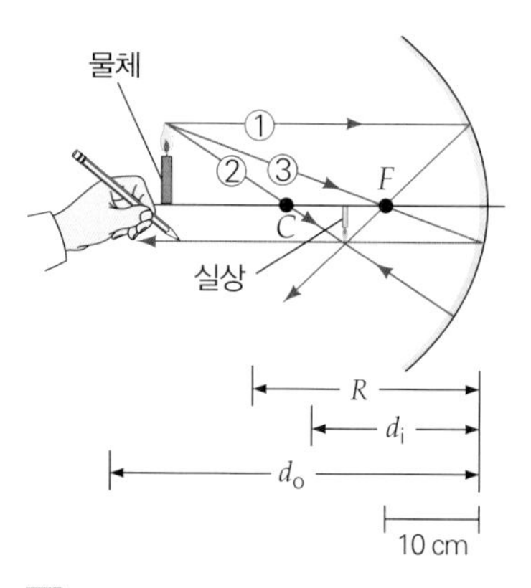

4 초점광선은 상을 확인하기 위해서 사용할 수도 있다.

▲ 그림 23.8 **거울 광선 추적.** 광선은 상의 특성을 결정하는 데 사용된다(예제 23.2 참조).

예제 23.2 **거울 광선 작도 그림**

반지름이 24.0 cm인 오목 구면거울 앞 39.0 cm 지점에 물체가 놓여 있다. (a) 거울에 의해서 만들어지는 상의 위치를 알기 위해 광선 그림을 사용해서 설명하라. (b) 상의 특성을 논하라.

풀이

문제상 주어진 값:

$R = 24.0$ cm

$d_0 = 39.0$ cm

(a) 상의 위치를 알기 위해서 상의 그림을 사용하라고 했기 때문에 제일 먼저 해야 할 일은 그림의 축척을 결정해야 한다. 그림에서 1 cm가 10 cm에 상응한다면 거울 앞에 3.9 cm되는 지점에 물체를 그린다.

처음에 광축, 거울, 물체(촛불) 그리고 곡률중심(C)을 그린다. 식 23.2로부터 $f = 24/2$ cm $= 12$ cm, 그리고 초점(F)은 정점에서 곡률중심까지의 반이다.

상의 위치를 알기 위해서 그림 23.8에 1–4단계를 따르면 된다.

1 첫 번째 광선 그리기는 평행광선이다(그리기에서 ①). 불꽃의 끝에서 광축에 평행한 광선을 그린다. 반사 후 이 광선은 초점 F를 지난다.

2 그 다음에 주광선을 그린다(그리기에서 ②). 불꽃의 끝에서 곡률중심 C를 통과하는 광선을 그린다. 이 광선은 원래 방향에 따라 다시 반사된다. (왜?)

3 이러한 두 광선이 교차하는 것을 볼 수 있다. 교차점은 촛불의 상의 끝이다. 이 점에서 촛불의 끝에서 광축까지 가면서 상을 그린다. 그림에서 측정하면 상 거리 $d_i = 17$ cm이다.

4 상의 위치를 알기 위해서는 단 2개의 광선이 필요하다. 그러나 이중 점검을 하기 위해서 3번째 광선을 그린다면 이 경우에 초점광선(그리기에서 ③)은 상에서 다른 2개의 광선이 교차된 지점에 같이 지나가야 한다(아주 신중히 그린다면). 불꽃의 끝에서 초점 F를 통과하는 초점광선은 반사 후에 광축과 평행하게 진행한다.

(b) (a)부분에서 그려진 광선 그림으로부터 상이 명백히 실상임을 알 수 있다(반사광이 거울 앞에서 교차하기 때문에). 그 결과로 실상은 오목거울 앞에 거리 d_i에 있는 스크린(예를 들면 흰 종이의 일부분)에서 볼 수 있다. 상은 도립(촛불의 상은 아래로 향한다)이고 물체보다 작다.

한 예로 똑같은 세 개의 광선을 이용한 광선 그림을 볼록(발산)거울에 대해서 예제 23.4에서 소개하기로 한다.

수렴거울은 항상 실상을 맺지 못한다. 구면 수렴거울의 상 특성은 물체 거리에 따라 변한다. 극적인 변화는 두 점에서 생기는데, 그 두 점은 곡률중심 C와 초점 F이다. 이 점들이 광축을 세 구역으로 나눈다: $d_0 > R$, $R > d_0 > f$, $R = 2f$(그림 23.9a)이다.

물체가 거울로부터 멀리 떨어진 지점($d_0 > R$)에서부터 거울 쪽으로 가까이 움직인다고 하자:

- $d_0 > R$인 경우는 예제 23.2에 보여주었다.
- $d_0 = R = 2f$일 때는 상은 실상이고, 도립이며, 물체와 같은 크기이다.
- $R > d_0 > f$일 때는 확대되고, 도립인 실상이 만들어진다(그림 23.9b). 물체가 곡률중심 C의 안쪽에 있으면 상은 확대된다.
- $d_0 = f$일 때는 물체는 초점에 있다(그림 23.9c). 반사광선은 평행하고 상은 소위 무한대에서 만들어진다. 초점 F는 실상과 허상의 교차점이다.

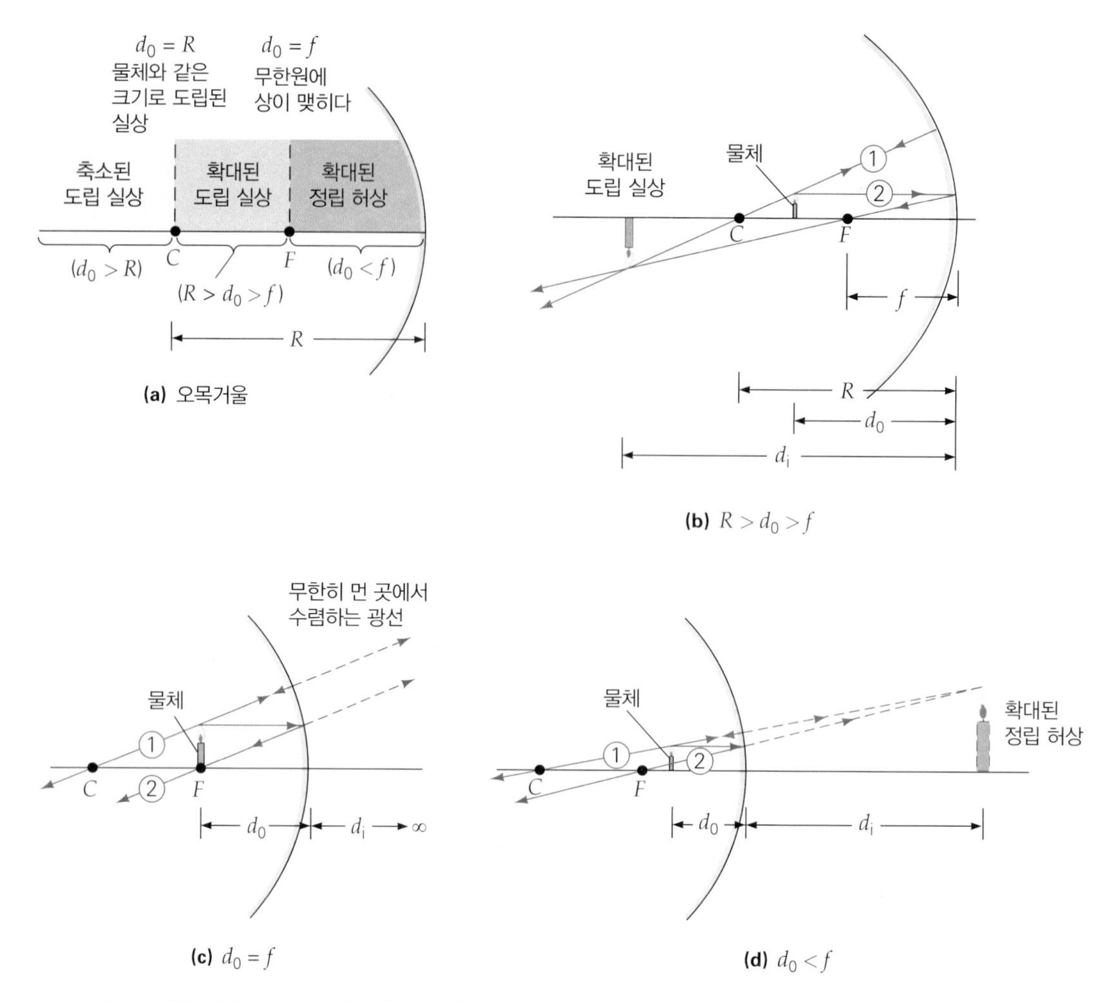

▲ 그림 23.9 **수렴거울.** (a) 오목거울 또는 수렴거울에서 물체는 곡률중심(C)과 초점(F) 또는 이 두 점 중에 한 점에 의해 정의되는 세 영역 중 한 위치에 놓여 있다. $d_0 > R$일 때는 예제 23.2에서 광선 작도그림에서 상은 실상이고 도립이며 물체보다 작다. (b) $R > d_0 > f$일 때 실상이고 도립이며 확대된 상이다. (c) 물체가 초점 F 또는 $d_0 = f$일 때 상은 무한대에 맺힌다. (d) $d_o < f$일 때 허상이고 정립이며 확대된 상이다.

- $d_0 < f$일 때는 물체는 초점 안에 있다(초점과 거울 표면 사이). 확대되고 정립인 허상이 만들어진다(그림 23.9d).

$d_0 > f$(그림 23.9a와 b)이면 상은 실상이고, $d_0 < f$(그림 23.9d)이면 상은 허상이다. $d_0 = f$이면 상은 무한원에서 만들어진다(그림 23.9c). 즉, 물체가 무한원에 있으면—물체에서 나와 거울에도 광선은 기본적으로 서로 평행하다—상은 초점면에 만들어진다. 이와 같은 사실은 수렴거울의 초점 거리를 쉽게 결정할 수 있게 한다. (b) $R > d_0 > f$일 때는 상은 역시 실상이고, 도립이지만 크게 또는 확대되었다. (c) 물체가 초점 F에 있으면 또는 $d_0 = f$이면 상은 소위 무한원에서 만들어진다. (d) $d_0 < f$이면 상은 허상이고 정립이며 확대된다.

이미 알아본 바와 같이 상의 위치, 방향 그리고 크기는 광선 그림으로부터 대략적으로 그림을 그려서 정할 수가 있다. 그러나 이러한 특성은 분석 방법으로 더욱 더 정확하게 결정할 수가 있다. 기하학으로부터 물체 거리(d_0), 상 거리(d_i) 그리고 초점 거리(f)가 서로 관련되어 있고 이 관계식이 **구면거울 방정식**(spherical mirror equation)이다.

$$\frac{1}{d_0} + \frac{1}{d_i} = \frac{1}{f} = \frac{2}{R} \quad (\text{구면거울 방정식}) \tag{23.3}$$

식 23.2에서 $f = R/2$이기 때문에 이 방정식이 곡률반경 R, 또는 초점 거리 f, 두 개의 항으로 쓸 수 있음을 유의하라. R과 f는 양수 또는 음수가 될 수 있다는 것도 알아볼 것이다.

만약 d_i가 구면거울에 대해서 구하는 양이라면 구면거울 방정식을 다음의 형태로 변환해 사용하는 것이 편리하다.

$$d_i = \frac{d_0 f}{d_0 - f} \tag{23.3a}$$

여러 가지 물리량의 부호는 식 23.3을 응용할 때 매우 중요하다. 표 23.2에 요약된 부호 규약을 사용하게 될 것이다. 실물에 대해서 양의 d_i는 실상을 나타내고 음의 d_i는 허상에 해당한다.

횡배율(lateral magnification factor, $\boldsymbol{M}$) 또는 배율인자라고 부르기도 하고 또는 단순히 배율이라고도 하며 식 23.1로 정의되고, 이것은 구면거울에 대해서 해석적으로도 구할 수 있다. 여기서도 간단한 기하학을 사용하여 상과 물체 거리로 표현할 수 있다.

$$M = \frac{h_i}{h_0} = -\frac{d_i}{d_0} \quad (\text{배율인자}) \tag{23.4}$$

표 23.2 구면거울에 대한 부호 규약

초점 거리(f)	
오목(수렴)거울	f(또는 R)은 양수
볼록(발산)거울	f(또는 R)은 음수
물체 거리(d_0)	
물체가 거울 앞에 있다(실물체)	d_0는 양수
물체가 거울 뒤에 있다(허물체)	d_0는 음수
상 거리(d_i)와 상의 형태	
상이 거울 앞에 맺힌다(실상)	d_i는 양수
상이 거울 뒤에 맺힌다(허상)	d_i는 음수
상의 배위(M)	
상은 물체에 대해서 정립이다	M은 양수
상은 물체에 대해서 도립이다	M은 음수

* 두 개 이상의 거울이 결합되는 경우에 있어서 첫 번째 거울에 의해서 맺힌 상이 두 번째 거울에 대한 물체가 된다. 그 다음 거울에 대해서도 같은 방법으로 이어진다. 만약에 이 상-물체가 두 번째 거울 뒤에 놓이게 되면 이때 상은 두 번째 거울에 대한 허물체가 된다. 따라서 물체 거리는 음의 부호를 따른다. 이것은 렌즈 결합하는 데 아주 중요한 사항이라 여기서 잠시 설명의 완성도를 위해 언급했지만 23.3절에서 다시 취급할 것이다.

▶ 그림 23.10 **구면거울 방정식.** 광선으로 만들어지는 닮은 꼴 삼각형을 이용하여 구면거울 방정식과 횡배율 방정식을 유도할 수 있다.

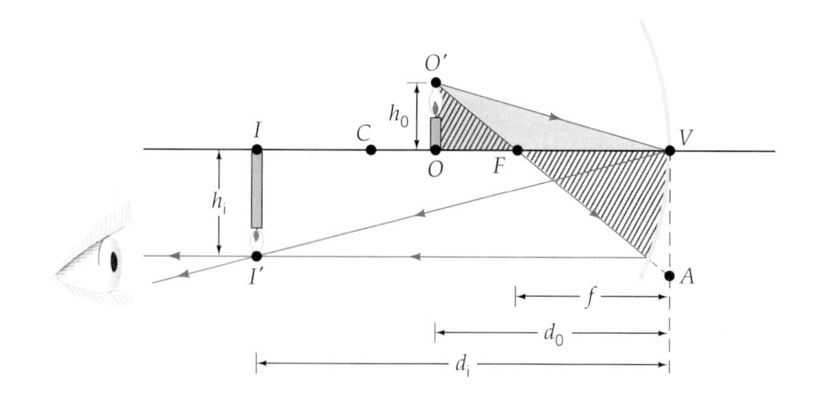

(식 23.3과 23.4의 유도는 이 교재 내용에서 필수적인 것은 아니다.)

M에 대해서 양의 값은 정립상이고, 그 반면에 음의 M은 도립상을 의미한다. 역시 $|M| > 1$이면 상은 확대 또는 물체보다 크고 $|M| < 1$이면 상은 축소 또는 물체보다 작다. $|M| = 1$이면 상은 물체와 같은 크기이다.

구면거울 방정식의 유도(선택) 구면거울 방정식 (23.3)과 식 (23.4)의 유도 과정을 간단히 살펴보자. 그림 23.10에서 보여주는 기하학적 도형과 반사의 법칙을 이용하면 유도할 수 있다. 물체 거리와 상 거리(d_0, d_i), 물체 높이와 상의 높이(h_0, h_i)를 밑변과 높이로 하고 이들 삼각형의 빗변을 입사 광선과 거울에서 반사된 광선으로 하는 삼각형(O′VO와 $I'VI$)이 생긴다. 여기서 이 두 삼각형은 반사의 법칙에 따라 정점 V에서 각은 동일하다. 따라서

$$\frac{h_i}{h_0} = -\frac{d_i}{d_0} \tag{1}$$

이다. 이 방정식은 식 23.4이고 식 23.1의 정의로부터 얻은 것이다. 음의 부호가 삽입된 것은 상이 도립되었으므로 h_i가 음의 부호를 갖는다.

F를 지나는 (초점)광선은 유사한 삼각형을 형성한다. 삼각형 $O'FO$과 AVF는 거울이 거울의 반지름에 비해 아주 작다는 가정에서 닮은 삼각형으로 볼 수 있다(왜 이 두 삼각형이 닮은 삼각형일까). 이 삼각형의 밑변은 $VF = f$와 $OF = d_0 - f$이다. 만약 VA가 h_i라면

$$\frac{h_i}{h_0} = -\frac{VF}{OF} = \frac{f}{d_0 - f} \tag{2}$$

이다. 다시 음의 부호가 들어간 것은 상이 도립되었음을 의미한다. 그래서 식 (1)과 식 (2)에서

$$\frac{d_i}{d_0} = \frac{f}{d_0 - f} \tag{3}$$

식을 대수적으로 간결하게 하면

$$\frac{1}{d_0} + \frac{1}{d_i} = \frac{1}{f}$$

이것이 구면거울 방정식이다(식 23.3).

예제 23.3과 예제 23.4는 이들 방정식과 부호 규약이 구면거울에 대해 어떻게 사용되는지 보여준다. 일반적으로 이 방법에서는 주어진 물체에 대한 상을 찾는 것으로 어디에 상이 맺히고 (d_i)상의 특성(M)에 대한 것을 답하는 것이다. 상의 특성은 물체에 대해 상이 정립 또는 도립 그리고 커지거나 줄어든(즉, 확대되거나 축소된) 것인지를 말해주는 것이다.

예제 23.3 **상의 종류는? 수렴거울의 특성**

오목거울의 곡률반경이 30 cm이다. 물체가 거울로부터 (a) 45 cm, (b) 20 cm, (c) 10 cm에 놓여 있다면 상은 어디에 맺히는가? 그리고 상의 특성은 무엇인가? (상이 실상인지 허상인지, 정립인지 도립인지 그리고 확대인지 축소인지 구체적으로 밝혀라.)

풀이

문제상 주어진 값:

$R = 30$ cm 그래서 $f = 2/R = 15$ cm

(a) $d_0 = 45$ cm

(b) $d_0 = 20$ cm

(c) $d_0 = 10$ cm

(a) 이 경우에 물체 거리는 곡률반경보다 크다($d_0 > R$). 그리고

$$\frac{1}{d_0}+\frac{1}{d_i}=\frac{1}{f} \quad \text{또는} \quad \frac{1}{d_i}=\frac{1}{f}-\frac{1}{d_0}=\frac{1}{15\text{ cm}}-\frac{1}{45\text{ cm}}=\frac{2}{45\text{ cm}}$$

이고, 그러면

$$d_i=\frac{45\text{ cm}}{2}=+22.5\text{ cm} \quad \text{그리고} \quad M=-\frac{d_i}{d_0}=-\frac{22.5\text{ cm}}{45\text{ cm}}=-\frac{1}{2}$$

이다. 따라서 상은 실상이고(양의 d_i), 도립이고(음의 M) 그리고 크기가 물체의 반이다($|M| = 1/2$).

(b) 여기서 $R = 2f > d_0 > f$이며 물체는 초점과 곡률반경 사이에 있다.

$$\frac{1}{d_i}=\frac{1}{15\text{cm}}-\frac{1}{20\text{cm}}=\frac{1}{60\text{cm}}$$

따라서

$$d_i = +60 \text{ cm} \quad \text{그리고} \quad M=-\frac{60\text{cm}}{20\text{cm}}=-3.0$$

이 경우에 상은 실상이고(양의 d_i), 도립이며(음의 M) 크기가 물체의 3배이다($|M| = 3.0$)

(c) 이 경우에 $d_0 < f$이며 물체는 초점보다 안에 있다. 설명하기 위해서 식 23.3의 변환식을 사용하면

$$d_i=\frac{d_0 f}{d_0-f}=\frac{(10\text{ cm})(15\text{c m})}{10\text{ cm}-15\text{ cm}}=-30\text{ cm}$$

이고, 그러면

$$M=-\frac{d_i}{d_0}=-\frac{(-30\text{ cm})}{10\text{ cm}}=+3.0$$

이다. 이 경우에 상은 허상이고(음의 d_i), 정립이며(양의 M) 크기가 물체의 3배이다($|M| = 3.0$).

d_i 표현식의 분모로부터 d_0가 f보다 작을 때는 항상 d_i가 음수가 됨을 알 수 있다. 따라서 물체가 수렴거울의 초점 안에 있다면 항상 허상이 만들어진다.

23.2.2 문제 풀이 힌트

상의 특성을 알기 위해 구면거울 방정식을 이용하기 위해서 도움이 되는 것은 첫째로 주어진 상황에 맞는 광선그림을 주어진 계측을 염두에 두지 말고 간단히 스케치해두는 것이다. 이와 같은 과정에서 상의 특성을 파악할 수 있어 옳지 않는 부호를 적용하는 잘못을 피할 수 있다. **광선그림과 수학적 풀이가 일치해야만 한다.**

예제 23.4 큰 차이-발산렌즈의 특성

물체(이 경우는 촛불)가 초점 거리가 −15 cm인 발산거울 20 cm 앞에 놓여 있다(표 23.2에 부호 규약을 참조). (a) 광선 그림을 이용하여 상의 특성이 (1) 실상, 정립, 확대된 (2) 허상, 정립, 확대된 (3) 실상, 정립, 축소된 (4) 허상, 정립, 축소된 (5) 실상, 도립, 확대된 또는 (6) 허상, 도립, 축소된 것인지 결정하라. (b) 거울 방정식을 이용하여 상의 특성과 위치를 구하라.

풀이

문제상 주어진 값:

$d_0 = 20$ cm

$f = -15$ cm

(a) 개념적 추론. 이 거울이 볼록하고 초점(F)와 곡률중심(C)는 거울 뒤쪽에 있다. 방정식 23.2에서 $R = 2f = 2(-15\text{ cm}) = -30$ cm이다. 따라서 곡률중심 C는 정점으로부터 초점 거리의 두 배가 되는 곳에 놓여 있다(그림 23.11).

여기서 필요한 광선은 가장 중요한 광선 세 개 중에 두 개면 된다. 평행광선 ①은 촛불 불꽃 제일 꼭대기에서 시작한다. 그리고 광축과 평행하게 진행하고 거울 면에서 반사하여 발산하는데 발산 방향은 마치 광선이 초점에서부터 나오는 것처럼 보이는 방향이다. 주광선 ②는 불꽃 끝에서 나와 곡률중심 C를 통과하여 다시 입사한 방향으로 되반사하지만 마치 C점에서 나오는 것 같다. 반사 후에 이 두 개의 광선이 서로 발산해서 서로 교차하지 않는다. 그러나 이 두 광선은 거울 뒤에 공통되는 한 점에서부터 나온 광선처럼 보인다. 그 점이 바로 촛불의 불꽃 제일 윗부분에 해당한다. 초점광선 ③ 역시 상 맺힘에 역할을 하고 같은 상점에서 세 광선이 모두 나오는 것을 그림 23.11에서 알 수 있다.

이 상은 허상이고 (반사광선들이 실제로 상점에서 나오지 않았다) 정립(바로 선)상이고 축소(상이 실체보다 크기가 작다)되었다. 그러므로 답은 (4)이다. 또 상 거리는 $d_i = -9.0$ cm이고, 배율은 다음과 같다.

$$M = \frac{h_i}{h_0} \approx \frac{0.5\text{ cm}}{1.2\text{ cm}} = +0.4$$

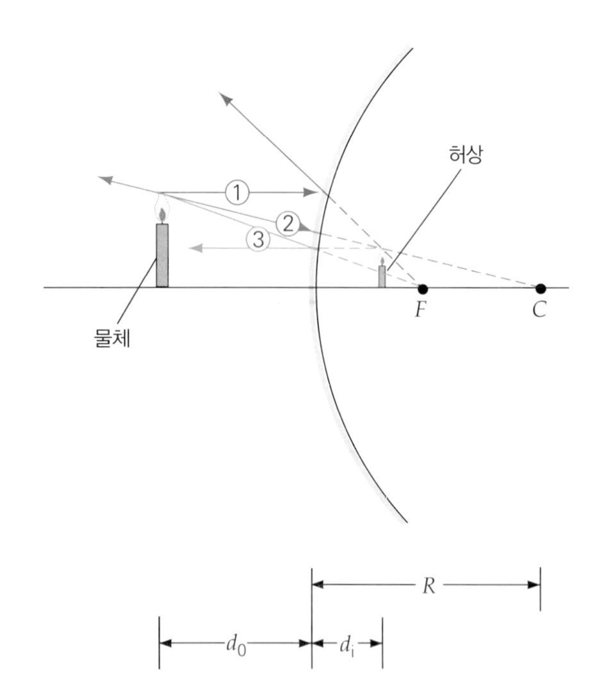

▲ 그림 23.11 **발산거울.** 발산거울에 의해 반사된 광선 추적도.

(b) 정량적 추론과 풀이. 주의할 것은 볼록거울에 대해서 초점 거리는 음수이다(표 23.2).

식 23.3을 이용하여

$$\frac{1}{20\text{ cm}} + \frac{1}{d_i} = \frac{1}{-15\text{ cm}}$$

또는

$$\frac{1}{d_i} = \frac{1}{-15\text{ cm}} - \frac{1}{20\text{ cm}} = -\frac{7}{60\text{ cm}}$$

이다. 그러므로

$$d_i = -\frac{60\text{cm}}{7} = -8.6\text{cm}$$

이므로 확대율은

$$M = -\frac{d_i}{d_0} = -\frac{-8.6\text{cm}}{20\text{cm}} = +0.43$$

이다. 따라서 상은 허상(d_i는 음의 수)이고, 바로 선 상으로(M은 양의 수) 그리고 축소된 상($|M| = 0.43$)이다. 이 결과는 앞에서 광선 추적으로 구한 값과 일치한다. 실물체에 대한 발산(블록)거울의 상은 항상 허상이다. (이것을 광선 그림이나 거울 방정식을 사용하여 검증할 수 있는가?)

23.2.3 구면거울 수차

기술적으로 구면거울에 대한 상의 특성에 대한 묘사는 물체가 광축 근방에 있을 때, 즉 입사와 반사가 작은 각으로 일어날 때만 수렴한다. 만약 조건들이 만족되지 않으면 모든 광선이 같은 면에 수렴되지 않기 때문에 상은 흐리게 (초점을 벗어난) 또는 왜곡된다. 그림 23.12에 그려진 것처럼 광축에서 멀리 벗어난 평행광선은 초점으로 수렴하지 않는다. 입사광선이 축에서 멀어지면 멀어질수록 반사광선은 초점에서 더욱더 벗어난다. 이러한 효과를 **구면수차**(spherical aberration)라 한다.

구면수차는 포물면 거울에는 나타나지 않는다(포물면 거울의 이름이 말하듯이 포물면 거울은 포물면의 형태를 하고 있다). 그런 거울의 광축으로 평행하게 입사하는 모든 광선은 공통 초점을 가진다. 그런 이유로 포물면 거울은 대부분의 천체망원경에 사용된다(25장). 그러나 이런 거울들은 구면거울보다 만들기가 어려워서 제작비용이 훨씬 비싸게 든다.

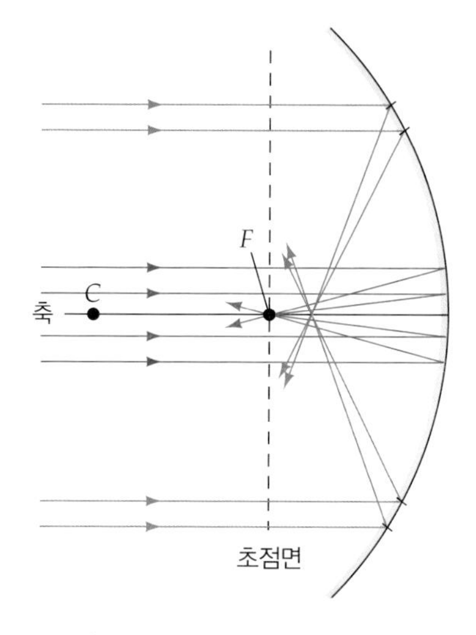

▲그림 23.12 **거울의 구면 수차.** 작은 각 근사에 따르면 거울의 축과 평행하고 주위에 있는 광선은 초점에 수렴한다. 그러나 근축광선이 아닌 평행한 광선이 반사될 때는 그 광선들은 초점 앞에 수렴한다. 구면수차라 부르는 이러한 효과는 상을 흐리게 한다.

23.3 렌즈

렌즈라는 말은 라틴어 렌틸(Lentil)에서 유래되었는데, 렌틸은 일명 렌즈 콩으로 둥글고 평평한 식용 콩으로 형태가 렌즈의 모양과 유사하다. 광학 **렌즈**(lens)는 유리나 플라스틱 같은 투명한 물질로 만들어진다. 일반적으로 표면의 한 면 또는 양면이 구면 모양을 하고 있다. 양 볼록 구면렌즈(양 표면이 볼록한)와 양 오목 구면렌즈(양 표면이 오목한)를 그림 23.13에 그려놓았다. 렌즈는 통과하는 빛을 굴절시켜서 상을 만들 수 있다.

양 볼록렌즈는 **수렴렌즈**(converging lens)의 예이다. 렌즈 축에 평행하게 입사하는 광선은 렌즈의 반대편에 있는 초점 F에 수렴한다(그림 23.14a). 이러한 사실은 수렴렌즈의 초점 거리를 실험적으로 결정하는 방법을 제공한다. 여러분은 돋보기(양 볼록 또는 수렴렌즈)로 태양광선을 모아 복사에너지가 모아지는 것을 목격한 적이 있을 것이다(그림 23.14b).

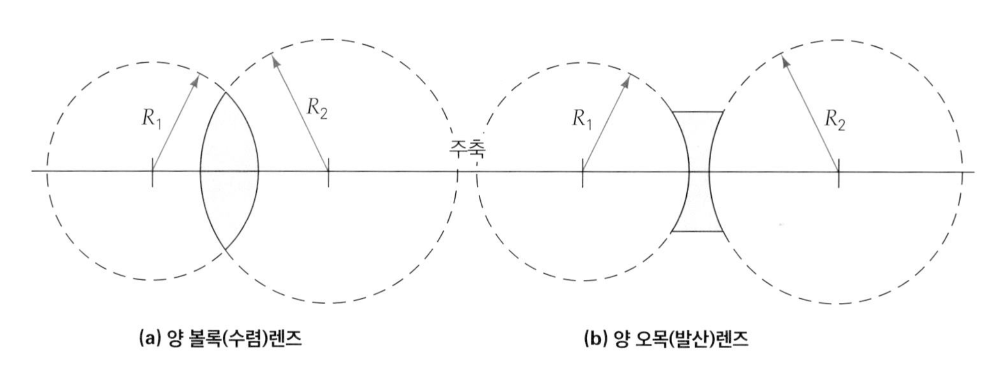

▲그림 23.13 **구면렌즈.** 구면렌즈는 2개의 구로 정의되는 표면을 가지고 있으며, 표면은 볼록이거나 오목이다. (a) 양 볼록렌즈와 (b) 양 오목렌즈를 나타내었다. 만약 $R_1 = R_2$이라면 렌즈는 구면대칭이 된다.

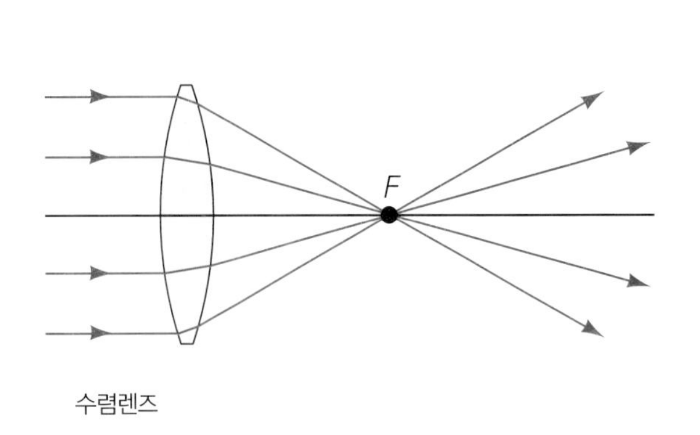

(a) 양 볼록(수렴)렌즈

(b)

▲ 그림 23.14 **수렴렌즈.** (a) 얇은 양 볼록렌즈에서 축에 평행한 광선은 초점 F에 수렴한다. (b) 돋보기(수렴렌즈)는 불을 붙일 수 있도록 태양광선을 한 점으로 모을 수 있다. 집에서는 시도하지 마라.

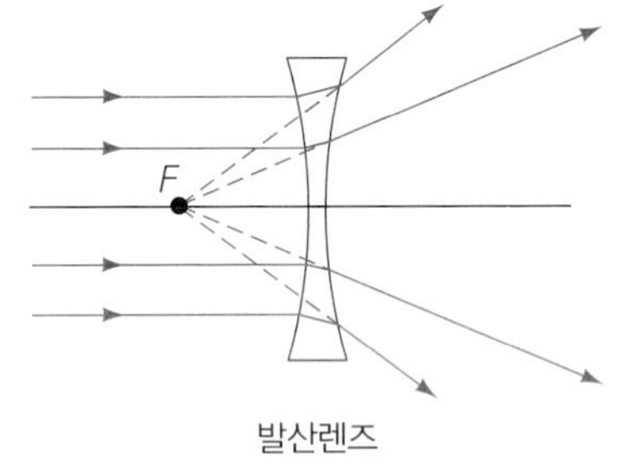

양 오목(발산)렌즈

▲ 그림 23.15 **양 오목(발산)렌즈.** 양 오목렌즈 또는 발산렌즈의 축에 평행한 광선은 렌즈의 입사 쪽에 있는 초점으로부터 발산하는 것처럼 보인다.

양 오목렌즈는 발산렌즈의 예이다. 입사하는 평행광선은 마치 렌즈의 입사 쪽에 있는 초점으로부터 발산하는 것처럼 렌즈를 통과하여 나오게 된다(그림 23.15).

여러 모양의 수렴렌즈와 발산렌즈가 있다(그림 23.16). 볼록과 오목 메니스커스(meniscus) 렌즈가 교정용 안경에 가장 흔하게 사용되는 모양이다. 일반적으로 수렴렌즈는 주변보다 가운데가 더 두껍고 발산렌즈는 주변보다 가운데가 더 얇다. 우리는 양 표면이 같은 곡률반경을 가지는 구면대칭인 양 볼록렌즈와 양 오목렌즈에 국한하여 논의할 것이다.

빛이 렌즈를 통과하면 굴절하여 횡으로 경로가 바뀐다(예제 22.4와 그림 22.13). 만약 렌즈가 두껍다면 이러한 변위가 아주 크게 일어나서 렌즈의 특성에 대한 해석이 복잡하게 된다. 이와 같은 문제는 얇은 렌즈에서는 일어나지 않는데, 그것은 투과된 빛의 굴절 변위가 무시할만하기 때문이다. 이 장에서는 얇은 렌즈에 대해서만 설명하기로 한다. 얇은 렌즈는 렌즈의 초점 거리에 비해 렌즈 두께가 무시할만하다고 가정한 렌즈이다.

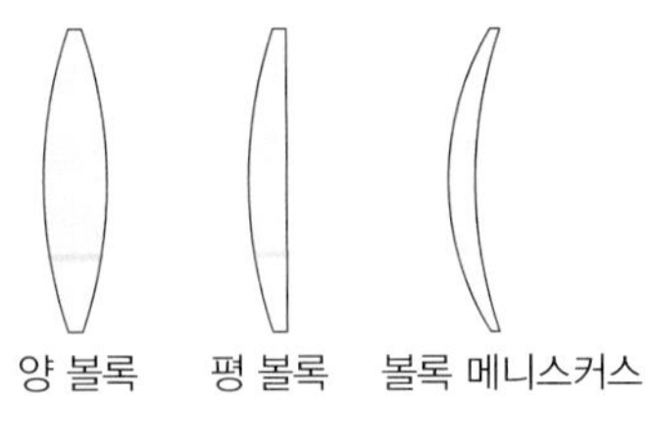

수렴렌즈

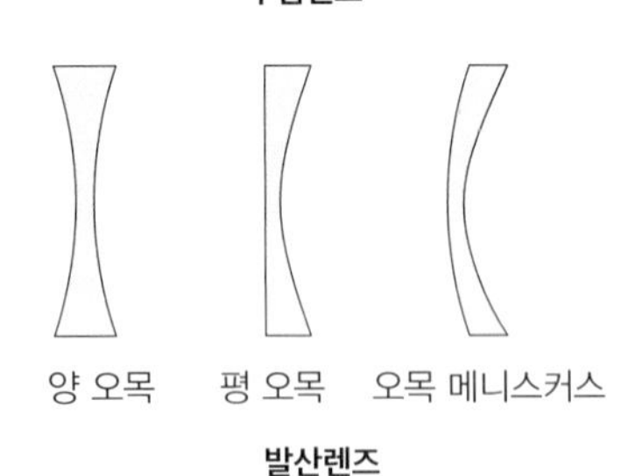

발산렌즈

▲ 그림 23.16 **렌즈의 모양.** 렌즈의 모양은 아주 다양하고 보통 수렴과 발산으로 구분되어진다. 일반적으로 수렴렌즈는 주변보다 가운데가 더 두껍고, 발산렌즈는 주변보다 가운데가 더 얇다.

구면모양의 렌즈는 각 렌즈의 표면에 대해시 곡률중심(C), 곡률반경(R), 초점(F) 그리고 초점 거리(f)를 가진다. 초점은 얇은 렌즈의 양쪽에 똑같은 거리에 있다. 그러나 구면렌즈에 대해서 초점 거리는 구면거울과 같이 $f = R/2$와 같은 간단한 관계가 아니다. 초점 거리는 렌즈의 굴절률에 의존하기 때문에 렌즈의 초점 거리는 곡률반경보다는 특정된 성질을 갖는다. 이것에 대해서는 23.4절에 논의하겠다.

렌즈에 대한 광선 그림을 그리는 일반적인 규칙은 구면거울과 유사하다. 그러나 약간의 보완이 필요하다. 왜냐하면 빛이 렌즈를 통과하기 때문이다. 렌즈의 양쪽은 물체쪽과 상쪽으로 구분된다. 물체 쪽은 물체가 놓여 있는 쪽이고, 상 쪽은 렌즈의 반대쪽이다(실상이 만들어지는 곳). 물체의 한 점에서 나오는 3개의 광선은 다음과

같이 그려진다(예제 23.5에서 그림 23.17):

① **평행광선**은 입사할 때 광축과 평행하게 입사하는 광선으로 굴절한 후 수렴렌즈의 상면에 놓여 있는 초점을 통과한다(또는 발산렌즈의 물체면에서는 초점으로부터 발산하는 것으로 나타난다).

② **주광선** 또는 **중심광선**은 렌즈의 중심을 통과하는 광선으로 빛의 진행 방향을 변화하지 않는다. 왜냐하면 렌즈가 얇기 때문이다.

③ **초점광선**은 수렴렌즈의 경우 물체면에 있는 초점을 통과하는 광선이고 굴절 후 렌즈의 광축과 평행하게 진행한다(또는 발산렌즈의 상면에 있는 초점을 통과한 것으로 나타나고, 굴절 후에는 렌즈의 광축과 평행하게 진행한다).

구면거울에서는 단지 두 개의 광선만으로 상을 결정했다(그러나 광선추적이 올바르게 됐는지 추적하기 위해서는 세 번째 광선까지 상을 결정하는 데 사용하는 것이 바람직하다).

예제 23.5 렌즈 광선 추적

어떤 물체가 초점 거리가 20 cm인 얇은 양 볼록렌즈 앞 30 cm에 놓여 있다. (a) 상의 위치를 알기 위해서 광선 그림을 사용해서 설명하라. (b) 상의 특성을 논하라.

풀이

문제상 주어진 값:

$d_0 = 30$ cm

$f = 20$ cm

(a) 상의 위치를 파악하기 위해서 광선 그림을 사용하도록 요구하였기 때문에(앞의 그림을 그려보아라), 첫 번째 결정해야 하는 것은 그림의 축척이다. 이번 예제에서 10 cm를 1 cm로 축척하였다. 그러면 물체는 그림에서 거울 앞에서 3.00 cm 되는 지점에 있다. 처음에 광축, 렌즈, 물체(촛불) 그리고 초점(F)를 그린다. 간단하고 굴절이 렌즈의 중심에서 일어나도록 작도하기 위해서 렌즈의 중심을 통과하는 절단선을 그린다. 실제로는 렌즈와 공기-유리와 유리-공기 경계면에서 일어난다.

다음의 그림 23.17에서 1-4 단계를 따라 광선 추적은 다음과 같다.

1 처음 광선 그리기는 평행광선(그리기의 ①) 불꽃의 꼭대기로부터 수평광선을 그린다(광축에서 평행). 렌즈를 통과한 후 이 광선은 상 쪽의 초점을 통과한다.

2 그 다음 중심광선을 그린다(그리기의 ②). 불꽃의 꼭대기로부터 렌즈의 중심을 통과하는 광선을 그린다. 이 광선은 상 쪽으로 변화 없이 그대로 통과한다.

3 상 쪽에서 두 광선이 교차하는 것이 확실하게 보인다. 교차점이 촛불의 꼭대기의 상 지점이다. 이 점에서부터 광축까지 가면서 촛불의 상을 그려라.

4 상의 위치를 알기 위해서는 2개의 광선만 필요하지만 3번째 광선을 그린다면 이 경우는 초점광선이며(그리기의 ③), 2개의 광선이 교차하는 상의 같은 점을 통과할 것이다(그림을 조심스럽게 그린다면). 불꽃의 꼭대기로 나와서 물체 쪽에 있는 초점 F를 통과하는 광선은 상 쪽에서 광축과 평행하게 지나간다.

(b) (a) 부분의 광선 그림으로부터 상은 실상이다(광선이 상 쪽에서 교차하거나 수렴하기 때문에). 그 결과로 이 실상은 렌즈로부터 d_i 떨어진 지점에 있는 스크린(예를 들어 흰 종이의 일부분)에서 볼 수 있다. 상 역시 도립이고(촛불의 상이 아래로 향하고 있다) 물체보다 크다. 이 경우에 $d_0 = 30$ cm이고 $f = 20$ cm이고, 따라서 $2f > d_0 > f$이다. 유사한 광선 그림을 사용하면 이 범위에 있는 어떤 d_0에 대해서 상은 실상이고 확대되었으며 도립이라는 것을 증명할 수 있다. 실제로 교실에 있는 오버헤드 프로젝터는 이러한 경우에 해당된다.

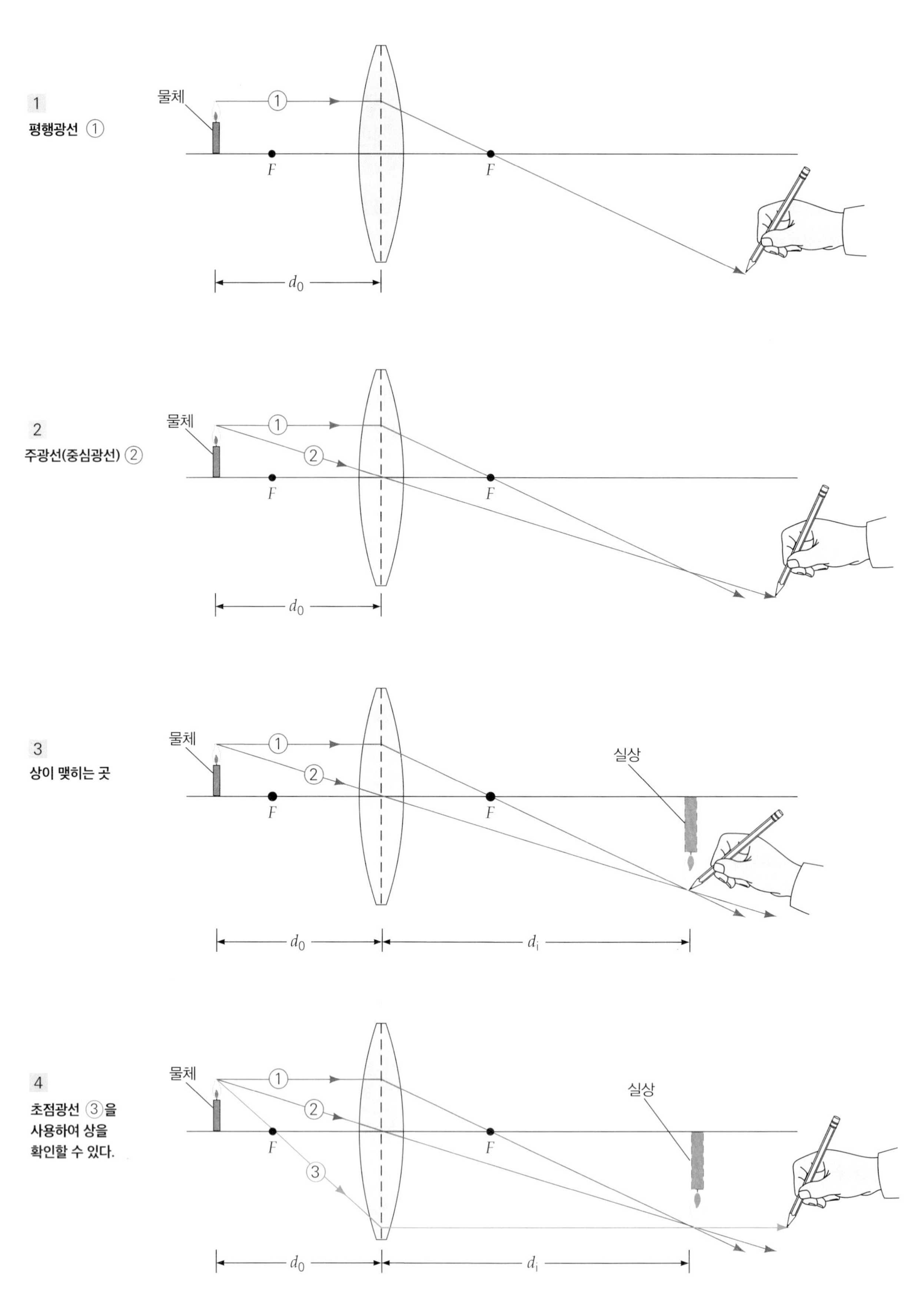

▲ 그림 23.17 **광선 추적.** 광선은 상의 특성을 결정하기 위해서 사용된다(예제 23.5 참조).

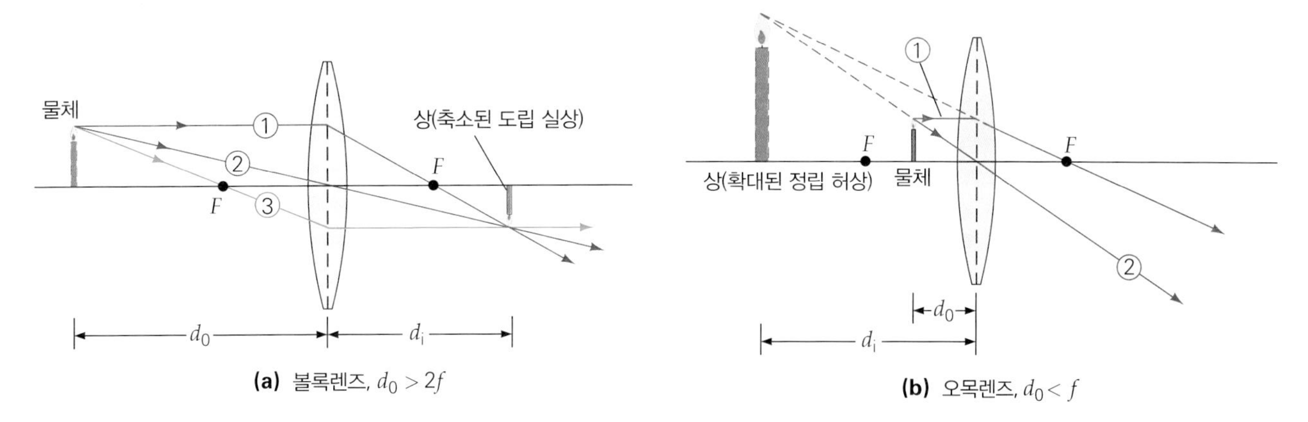

▲ 그림 23.18 **렌즈 의한 광선 추적.** (a) $d_0 > 2f$일 때 수렴렌즈에서 실상이다. 상은 축소된 도립 실상이다. (b) $2f > d_0 > f$인 수렴되는 렌즈에 대한 광선 추적이다. 상은 확대된 정립 허상이다.

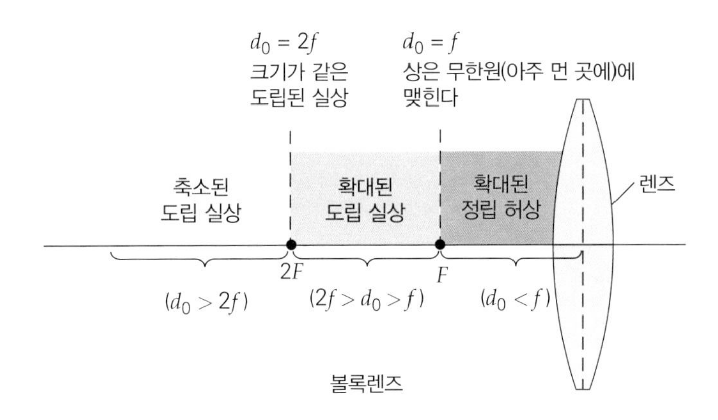

◀ 그림 23.19 **수렴렌즈.** 볼록 또는 수렴 렌즈에 대해서 물체는 초점 거리(f)와 초점 거리의 2배($2f$) 또는 이 두 점 중에 하나로 정의되는 세 영역의 한 위치에 놓여 있다. $d_0 > 2f$이면 상은 실상, 도립 그리고 축소되어 있다(그림 23.13a). $2f > d_0 > f$이면 예제 23.4에 있는 광선 그림에서처럼 상은 역시 실상, 도립 그러나 크게 또는 확대되어있다. $d_0 < f$일 때 상은 허상, 정립 그리고 확대되어 있다(그림 23.18b).

그림 23.18에서 수렴렌즈에 대하여 다른 물체 거리 변화에 따른 광선 그림을 보여주고 있다. 만약 실물체의 상이 물체가 놓여 있는 렌즈면 반대편에 맺혔다면 실상이다(그림 23.18a). 허상은 물체가 있는 면과 같은 면에 맺힌 것이다(그림 23.18b).

수렴렌즈에 대해 영역을 구분하는 것은 물체 거리로 나누는데 그것은 그림 23.9a에서 수렴거울에 대해 나누었던 것과 같은 방법으로 나눈다. 여기서 수렴렌즈에 대한 물체 거리 $d_0 = 2f$는 수렴거울에 대해 $d_0 = R = 2f$와 매우 같은 의미를 가진다(그림 23.19).

발산렌즈에 대한 광선 그림은 뒤에 다시 언급할 것이다. 발산거울과 마찬가지로 발산렌즈도 실물체에 대해 허상만을 만든다.

그림 23.9a에서 수렴거울에 대해 정의했듯이 수렴렌즈에 대해서 물체 거리에 따른 영역을 유사하게 정의할 수 있다. 여기서 수렴렌즈에서 $d_0 = 2f$인 물체 거리는 수렴거울의 $d_0 = R = 2f$ 아주 유사하다(그림 23.19).

발산렌즈에 대한 광선 그림을 간단히 논의하겠다. 발산거울과 같이 발산렌즈는 실물체의 허상만 만들 수 있다.

얇은 렌즈의 상 거리와 특성은 해석적으로 구할 수 있다. 얇은 렌즈에 대한 방정식은 구면거울에 대한 것과 같다. **얇은 렌즈 방정식**(thin lens equation)은

$$\frac{1}{d_0} + \frac{1}{d_i} = \frac{1}{f} \quad \text{(얇은 렌즈 방정식)} \tag{23.5}$$

이다. 구면거울의 경우처럼 얇은 렌즈 방정식의 변환식

$$d_i = \frac{d_0 f}{d_0 - f} \tag{23.5a}$$

은 d_i를 구하는 데 빠르고 쉬운 길이다.

구면거울과 같이 **횡배율**은 다음과 같이 주어진다.

$$M = \frac{h_i}{h_0} = -\frac{d_i}{d_0} \quad \text{(배율인자)} \tag{23.6}$$

얇은 렌즈 방정식에서 부호 규약은 표 23.3에 주어졌다.

표 23.3 얇은 렌즈에 대한 부호 규약

초점 거리(f)	
수렴렌즈(양렌즈)	f는 양수
발산렌즈(음렌즈)	f는 음수
물체 거리(d_0)	
물체가 렌즈 앞에 있다(실 물체)	d_0는 양수
물체가 렌즈 뒤에 있다(허 물체)*	d_0는 음수
상 거리(d_i)와 상의 형태	
상이 렌즈의 상 쪽에 생긴다–물체와 반대쪽(실상)	d_i는 양수
상이 렌즈의 물체 쪽에 생긴다–물체와 같은 쪽(허상)	d_i는 음수
상의 배율(M)	
상은 물체에 대해서 정립이다	M은 양수
상은 물체에 대해서 도립이다	M은 음수

* 2개(또는 여러 개)의 렌즈를 결합했을 때 첫 번째 렌즈에 의해 만들어진 상은 2번째 렌즈의 물체로 취급한다(그 다음에 계속해서 마찬가지로 취급하면 된다). 만약 이런 상–물체가 2번째 렌즈 뒤에 생기면 허 물체로 취급하고 물체 거리를 음의 값(−)으로 한다.

거울에 대해 했던 것처럼 렌즈의 경우에도 문제를 해결하는 데 먼저 해석적으로 하기 전에 광선그림을 이용하는 것이 도움이 된다.

예제 23.6 세 가지 상–수렴렌즈의 역할

양 볼록렌즈의 초점 거리가 12 cm이다. 물체가 렌즈로부터 (a) 60 cm, (b) 15 cm, (c) 8.0 cm에 있을 때 상은 어디에 맺히며 상의 특성은 무엇인가?

풀이

문제상 주어진 값:

$2f > d_0 > f$

(a) $d_0 = 60$ cm

(b) $d_0 = 15$ cm

(c) $d_0 = 8.0$ cm

(a) 물체 거리가 초점 거리의 2배보다 크다($d_0 > 2f$). 식 23.5를 사용하면

$$\frac{1}{d_0} + \frac{1}{d_i} = \frac{1}{f}$$

또는

$$\frac{1}{d_i} = \frac{1}{f} - \frac{1}{d_0} = \frac{1}{12\text{ cm}} - \frac{1}{60\text{ cm}}$$
$$= \frac{5}{60\text{ cm}} - \frac{1}{60\text{ cm}} = \frac{4}{60\text{ cm}} = \frac{1}{15\text{ cm}}$$

이고, 그러면

$$d_i = 15\text{ cm이고 } M = -\frac{d_i}{d_0} = -\frac{15\text{ cm}}{60\text{ cm}} = -0.25$$

이다. 상은 실상이고(양의 d_i), 도립이며(음의 M) 크기가 물체의 4분의 1이다($|M| = 0.25$). 카메라는 물체 거리가 $2f$ 보다 클 때($d_0 \gg 2f$) 이러한 배열을 사용한다.

(b) 여기서 $2f > d_0 < f$이다. 식 23.5를 사용하면

$$\frac{1}{d_i} = \frac{1}{12\text{ cm}} - \frac{1}{15\text{ cm}} = \frac{5}{60\text{ cm}} - \frac{4}{60\text{ cm}} = \frac{1}{60\text{ cm}}$$

이다. 따라서

$$d_i = +60\text{ cm 그리고 } M = \frac{d_i}{d_0} = -\frac{60\text{ cm}}{15\text{ cm}} = -4.0$$

이다. 상은 실상이고(양의 d_i), 도립이며(음의 M) 크기가 물체의 4배이다($|M| = 4.0$). 이러한 상황은 오버헤드 프로젝터나 슬라이드 프로젝터에 사용한다($2f > d_0 < f$). 이 경우에 대한 광선그림은 그림 23.17과 비슷하다.

(c) 이 경우에 $d_0 < f$이다. 변환식(식 23.5a)을 사용하면

$$d_i = \frac{d_0 f}{d_0 - f} = \frac{(8.0\text{ cm})(12\text{ cm})}{8.0\text{ cm} - 12\text{ cm}} = -24\text{ cm}$$

이고, 그러면

$$M = -\frac{d_i}{d_0} = -\frac{(-24\text{ cm})}{8.0\text{ cm}} = +3.0$$

이다. 상은 허상이고(음의 d_i), 정립이며(양의 M) 크기가 물체의 3배이다($|M| = 3.0$). 이러한 상황은 간단한 현미경 또는 돋보기의 예이다($d_0 < f$).

이미 본대로 수렴렌즈는 다방면으로 용도가 많다. 물체 거리에 따라 (초점 거리에 상대적으로) 렌즈는 카메라, 프로젝터 또는 돋보기도 사용될 수 있다.

예제 23.7 반쪽 상?

그림 23.20a에서처럼 수렴렌즈가 스크린에 상을 맺었다. 그런데 그림 23.20b처럼 렌즈의 반을 장애물로 가렸다. 결과적으로 (a) 본래 상의 윗부분 반쪽만 스크린에 보일까, (b) 본래 상의 아래 부분 반만 보일까, (c) 여전히 장애물로 안 가렸을 때처럼 상 전체가 보일까 답하라.

풀이

답은? 순간 생각하기에 렌즈의 반이 가려졌으므로 상의 반이 안 나타날 것으로 생각되지만 물체에서 나오는 모든 광선은 렌즈의 모든 부분을 통과하게 되므로 안 가려진 상반부의 렌즈만으로도 스크린에 온전한 상을 만들어 낼 수 있다. 답은 (c)이다.

이것을 주광선(그림 23.20b)을 이용하여 광선그림으로 쉽게 확인할 수 있다. 또한 간단히 안경의 반을 가리고 보아도 사물 전체를 볼 수 있는 것과 같다. 다중초점인 안경의 경우 돋보기 부분을 가리면 당연히 책을 읽는 데 지장이 있으므로 이런 경우를 제외하고는 다 볼 수 있다.

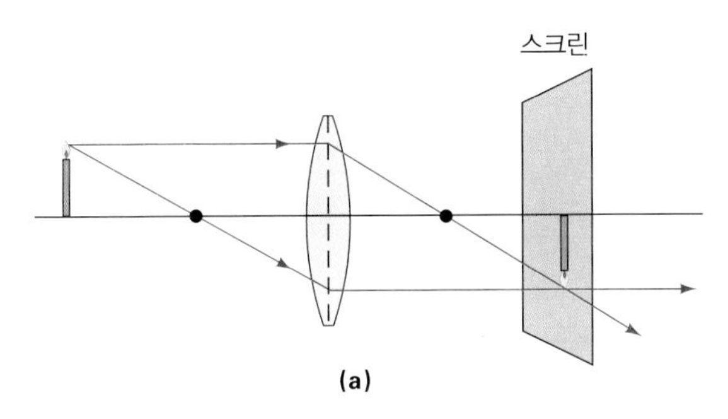

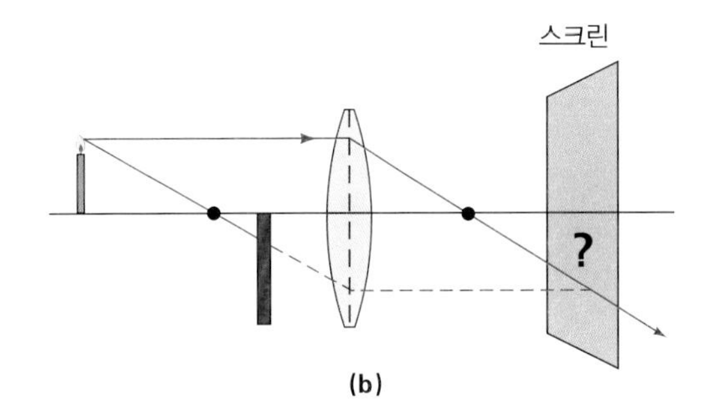

▲ 그림 23.20 **렌즈 반을 불투명한 장애물로 가리면 렌즈 앞에 놓인 물체의 상도 반만 맺힐까?** (a) 수렴렌즈에 의한 상 맺힌다. (b) 수렴렌즈를 장애물로 반을 가리면 물체의 상은 어떻게 되는가?

23.3.1 렌즈의 결합

예를 들어 현미경이나 망원경(25장)처럼 많은 광학 장비는 렌즈를 결합하거나 복합 렌즈계를 사용한다. 2개 또는 여러 개의 렌즈를 결합할 때는 렌즈 각각을 순서적으로 고려함으로써 최종적인 상을 결정할 수 있다(즉, 첫 번째 렌즈에 의해 만들어지는 상은 두 번째 렌즈의 물체가 되는 등). 이러한 이유로 이들을 실생활 응용에 대한 구체적인 특성을 고려하기 전에 렌즈 결합의 원리를 소개한다.

첫 번째 렌즈가 두 번째 렌즈 앞에 상을 만든다면, 그 상은 2번째 렌즈의 실물체(양의 d_0)로 취급한다(그림 23.21a). 그러나 만약 렌즈가 충분히 가까이 있으면 첫 번째 렌즈의 상은 광선이 두 번째 렌즈를 통과하기 전에 만들어지지 못한다(그림 23.21b). 이 경우에 첫 번째 렌즈에 의해 맺힌 상은 두 번째 렌즈에 대해서 허물체로 취급된다. 허물체 거리는 렌즈 방정식에서 (−)로 취급한다(표 23.3).

결합렌즈계의 총 배율은 결합렌즈의 각각 배율의 곱이 되는 것을 알 수 있다. 예를 들어 그림 23.19와 같은 2개의 렌즈계에서

$$M_{\text{total}} = M_1 M_2 \tag{23.7}$$

이다. 여기서 M_1과 M_2의 부호는 곱에 의해서 최종 상이 정립인지 도립인지 여부를 아는 M_{total}의 부호를 나타낸다(연습문제 30).

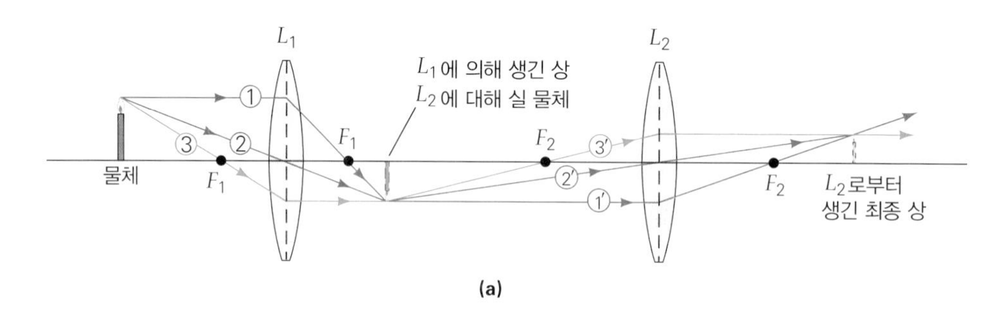

(a)

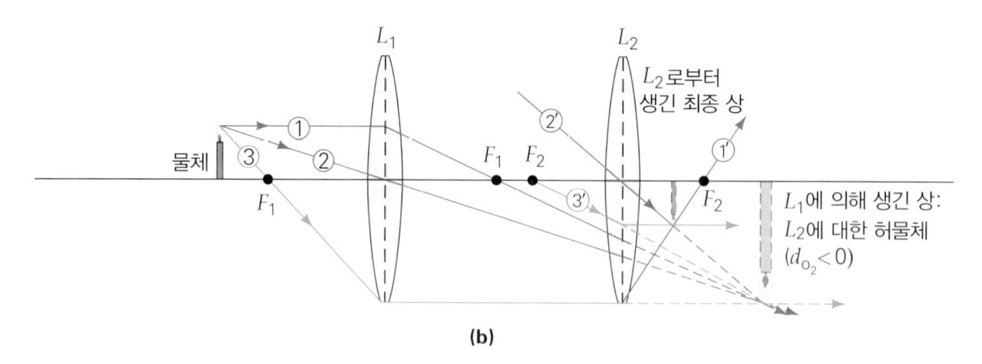

(b)

▲ 그림 23.21 **렌즈 결합.** 결합 렌즈계에 의해 만들어지는 최종 상은 한 렌즈의 상을 인접한 렌즈의 물체로 취급함으로써 찾을 수 있다. **(a)** 첫 번째 렌즈(L_1)의 상이 두 번째 렌즈(L_2) 앞에 만들어진다면 두 번째 렌즈의 물체는 실물체라고 말할 수 있다(광선 ①′, ②′ 그리고 ③′은 L_1에 대해서 각각 평행광선, 주광선 그리고 초점광선임을 주목하라). **(b)** 만약 광선이 상을 만들기 전에 두 번째 렌즈를 통과한다면 두 번째 렌즈의 물체는 허물체라고 말하고 두 번째 렌즈에 대한 물체 거리는 음수이다.

예제 23.8 특별 제공–렌즈 콤비와 허물체

그림 23.21b에서 보여주는 것처럼 두 개의 같은 렌즈가 있다. 물체가 L_1 렌즈 앞 20 cm 되는 곳에 있다고 가정하자. L_1 렌즈의 초점 거리는 15 cm이고 L_2 렌즈의 초점 거리는 12 cm이다. 이 두 번째 렌즈 L_2는 첫 번째 렌즈 L_1로부터 26 cm 떨어져 있다. 최종상의 위치와 특성을 구하라.

풀이

문제상 주어진 값:

$d_{o_1} = +20\text{ cm}$

$f_1 = +15\text{ cm}$

$f_2 = +12\text{ cm}$

$D = 26\text{ cm}$(렌즈와 렌즈 사이 거리)

먼저 얇은 렌즈 방정식(식 23.5)과 얇은 렌즈의 횡배율(식 23.6)을 이용하여 첫 번째 렌즈 L_1에 대해서 구하면

$$\frac{1}{d_{i_1}} = \frac{1}{f_1} - \frac{1}{d_{o_1}}$$

$$= \frac{1}{15\text{ cm}} - \frac{1}{20\text{ cm}} = \frac{4}{60\text{ cm}} - \frac{3}{60\text{ cm}} = \frac{1}{60\text{ cm}}$$

또는

$d_{i_1} = 60\text{ cm}$ (렌즈 L_1로부터) 실상이고

$$M_1 = -\frac{d_{i_1}}{d_{o_1}} = -\frac{60\text{ cm}}{20\text{ cm}} = -3.0 \quad \text{(확대된 도립 상)}$$

이다.

렌즈 L_1에 의해 맺힌 상은 렌즈 L_2에 대해 물체가 된다. 이 상은 60 cm − 26 cm = 34 cm로 두 번째 렌즈 오른쪽 34 cm 되는 곳에 있다. 그러므로 이 물체는 허물체가 되고 부호 규약 표 23.3에 따라 렌즈 L_2에 대한 물체 거리 d_{o_2}는 −34 cm(허물체 거리는 음의 부호를 갖는다).

렌즈 L_2에 대해 얇은 렌즈 공식은

$$\frac{1}{d_{i_2}} = \frac{1}{f_2} - \frac{1}{d_{o_2}} = \frac{1}{12\text{ cm}} - \frac{1}{(-34\text{ cm})} = \frac{23}{204\text{ cm}}$$

또는

$$d_{i_2} = \frac{204\text{ cm}}{23} = 8.9\text{ cm} \text{(실상)}$$

$$M_2 = -\frac{d_{i_2}}{d_{o_2}} = -\frac{8.9\text{ cm}}{-34\text{ cm}} = 0.26 \text{ (정립 축소)}$$

이다. (여기서 L_2에 대해 허물체가 도립(거꾸로 선)되었으므로 최종 상은 정립(바로 선)이다.) 따라서

$$M_{\text{total}} = M_1 M_2 = (-3.0)(0.26) = -0.78$$

이다. 배율 계산까지 모든 부호는 끝까지 준수해야 한다. 최종상은 렌즈 L_2 오른쪽(상) 면에 8.9 cm되는 곳에 초기물체에 대해 도립된 ($M_{\text{total}} < 0$과 $|M_{\text{total}}| = 0.78$)로 축소된 도립상이다.

23.4 렌즈 제작자 방정식

그림 23.16에서 다양한 모양을 한 렌즈를 소개했다. 렌즈의 굴절은 렌즈 면의 모양과 렌즈의 굴절률에 따라 달라진다. 이들 성질이 결합해서 렌즈의 초점 거리가 결정된다. 얇은 렌즈의 초점 거리는 렌즈 제작자의 방정식에 의해 얻어진다. 얇은 렌즈 초점 거리는 공기($n_{\text{air}} = 1$) 중에서 **렌즈 제작자 방정식**(lens maker's equation)에 의해 주어진다.

$$\frac{1}{f} = (n-1)\left(\frac{1}{R_1} + \frac{1}{R_2}\right) \quad \text{(공기 중에 놓여 있는 얇은 렌즈에 대해서)} \tag{23.8}$$

여기서 n은 렌즈 재료의 굴절률이고 R_1과 R_2는 각각 렌즈 첫 번째(앞쪽)와 두 번째(뒤쪽) 표면의 곡률반경이다(첫 번째 표면은 물체에서 나온 광선이 처음 입사하는 면이다).

렌즈 제작자 방정식을 사용하는 데에도 부호 규약이 요구되며 일반적인 경우를 표

표 23.4 렌즈 제작자 방정식에 대한 부호 규약

볼록 표면	R은 양(+)
오목 표면	R은 음(−)
평면(평평한) 표면	$R = \infty$
수렴(볼록)렌즈	f는 양(+)
발산(오목)렌즈	f는 음(−)

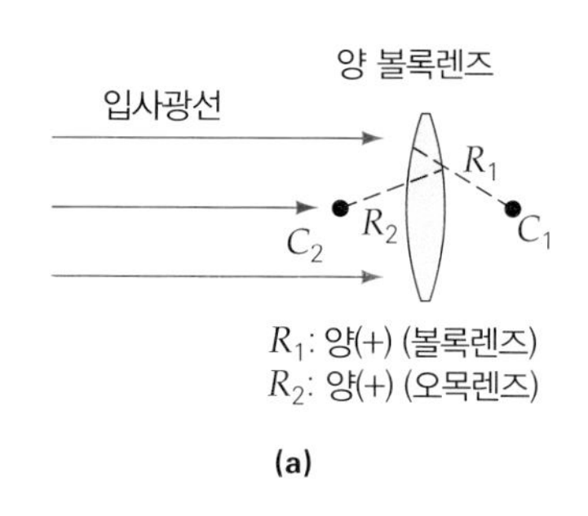

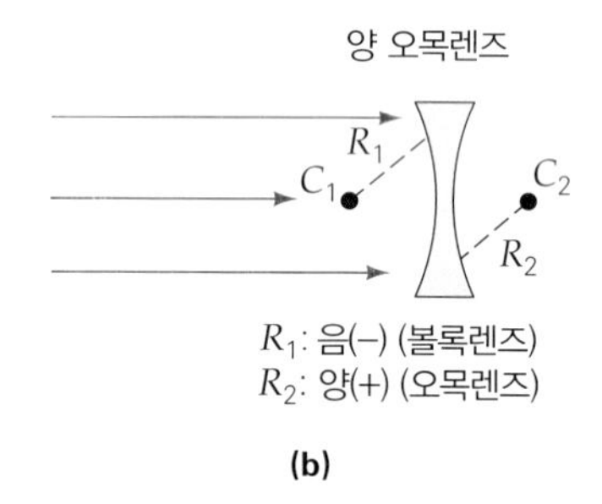

▲ 그림 23.22 **곡률 중심.** (a) 양 볼록렌즈와 (b) 양 오목렌즈는 곡률반경의 부호를 정하는 2개의 곡률중심을 가지고 있다. 표 23.4를 보라.

23.4에 요약하였다. 부호는 오직 표면의 모양, 즉 볼록 또는 오목의 모양에 의존한다(그림 23.22). 그림 23.22a에서 양 볼록렌즈의 R_1과 R_2는 양(+)이다(양표면이 볼록하다). 그리고 그림 23.22b에서 양 오목렌즈의 R_1과 R_2는 음(−)이다(양표면이 오목하다).

만약에 렌즈가 공기 말고 다른 매질에 둘러싸여 있다면 식 23.8에서 첫 번째 괄호는 $(n/n_m) - 1$이 된다. 여기서 n과 n_m은 각각 렌즈 재료의 굴절률과 렌즈를 둘러싼 매질의 굴절률이다. 공기 중에서는 수렴렌즈인데 물속에 그 렌즈를 집어넣으면 발산렌즈가 되는 이유를 알 수 있다. 만약 $n_m > n$이면 f가 음(−)이고 렌즈는 발산한다.

23.4.1 렌즈의 능률, 디옵터

렌즈 제작자 방정식(식 23.8)이 초점 거리의 역수 $1/f$로 주어지는 것을 주목하라. 안경사는 디옵터(약자로 D)라는 단위로 **렌즈의 능률**(P)을 표현하는 역수 관계를 사용한다. 렌즈의 능률은 단위를 미터로 하는 초점 거리의 역수이다.

$$P\,(\text{디옵터}) = \frac{1}{f\,(\text{반드시 단위는 미터(m)로 표시})} \tag{23.9}$$

따라서 $1\text{ D} = 1\text{ m}^{-1}$이다. 곡률반경을 미터로 나타내면 렌즈 제작자 방정식은 렌즈의 디옵터 굴절력($1/f$)을 나타낸다.

만약에 안경을 쓴다면 안경 렌즈에 대한 검안사의 처방전은 디옵터로 쓰여 있음을 알 수 있다. 수렴렌즈와 발산렌즈는 각각 양(+)의 렌즈와 음(−)의 렌즈로 간주한다. 따라서 만약 안경사가 +2.0디옵터 교정렌즈를 처방한다면 그것은 수렴렌즈이고 초점 거리는

$$f = \frac{1}{P} = \frac{1}{+2.0\text{ D}} = \frac{1}{+2.0\text{ m}^{-1}} = +0.50\text{ m} = +50\text{ cm}$$

이다. 디옵터로 렌즈의 굴절력이 커지면 커질수록 초점 거리는 더 짧아지고 더 강하게 수렴하거나 발산한다. 따라서 강하게 처방된 렌즈(렌즈 굴절력이 큰)는 약하게 처방된 렌즈(보다 작은 굴절력)보다도 더 짧은 f를 가진다.

예제 23.9 **볼록 메니스커스 렌즈–수렴 또는 발산**

그림 23.16에서 보여준 볼록 메니스커스 렌즈는 볼록면이 반지름 15 cm와 오목 면의 반지름 20 cm이다. 이 렌즈는 크라운 유리로 만들어졌고 공기 중에 놓여 있다. (a) 이 렌즈는 (1) 수렴렌즈인가, (2) 발산렌즈인가? 이유를 들어 설명하라.
(b) 이 렌즈의 렌즈 굴절력과 초점 거리는 얼마인가?

풀이

(a) 크라운 유리의 굴절률은 표 22.1에서 $n = 1.52$이다. 볼록 메니스커스 렌즈는 제1면이 볼록이고, 따라서 R_1이 양(+)의 수이다. 그리고 제2면은 오목이므로 R_2는 음(−)의 수이다. $R_1 = 15\text{ cm} < |R_2| = 20\text{ cm}$이고 $1/R_1 + 1/R_2$는 양(+)이 된다. 그러므로 식 23.8에 따라 렌즈는 수렴(+)렌즈가 된다. 그래서 답은 (1)이다.

(b) 문제상 주어진 값:

$R_1 = 15\text{ cm} = 0.15\text{ m}$

$R_2 = -20\text{ cm} = -0.20\text{ m}$

$n = 1.52$ (표 22.1에서 크라운 유리)

식 23.8에서

$$\frac{1}{f} = (n-1)\left(\frac{1}{R_1} + \frac{1}{R_2}\right)$$
$$= (1.52-1)\left(\frac{1}{0.15\,\text{m}} + \frac{1}{-0.20\,\text{m}}\right) = 0.86\,\text{m}^{-1}$$

이다. 그러므로

$$f = \frac{1}{0.867\,\text{m}^{-1}} = +1.15\,\text{m}$$

이고, 렌즈 굴절력은

$$P = \frac{1}{f} = +0.867\,\text{D}$$

이다.

23.5 렌즈수차

23.5.1 구면수차

지금까지 렌즈에 대한 전반적인 광학 현상은 근축(광축에 가까운 영역) 광선에 대한 것에 국한되었다. 그러나 구면거울이나 렌즈에서는 **구면수차**(spherical aberration)를 나타내는데, 그것은 렌즈의 서로 다른 부분을 광선이 통과하면서 하나의 공통되는 초점면에 함께 모이지 못해서 수차가 생긴다. 일반적으로 광축 가까이 통과하는 광선은 렌즈의 가장자리 부분을 통과하는 광선보다 적게 굴절을 하고 보다 먼 곳에 모인다(그림 23.23a). 구면수차를 효율적으로 줄이기 위해서 렌즈 앞에 조리개를 두어 광축 근처로 들어오는 광선만을 렌즈에 투과되도록 한다. 또한 다른 방법으로는 수렴렌즈와 발산렌즈를 결합해서 사용하여 한 렌즈에서 생긴 수차를 다른 렌즈의 광학적 성질을 이용하여 수차를 상쇄되게 할 수도 있다.

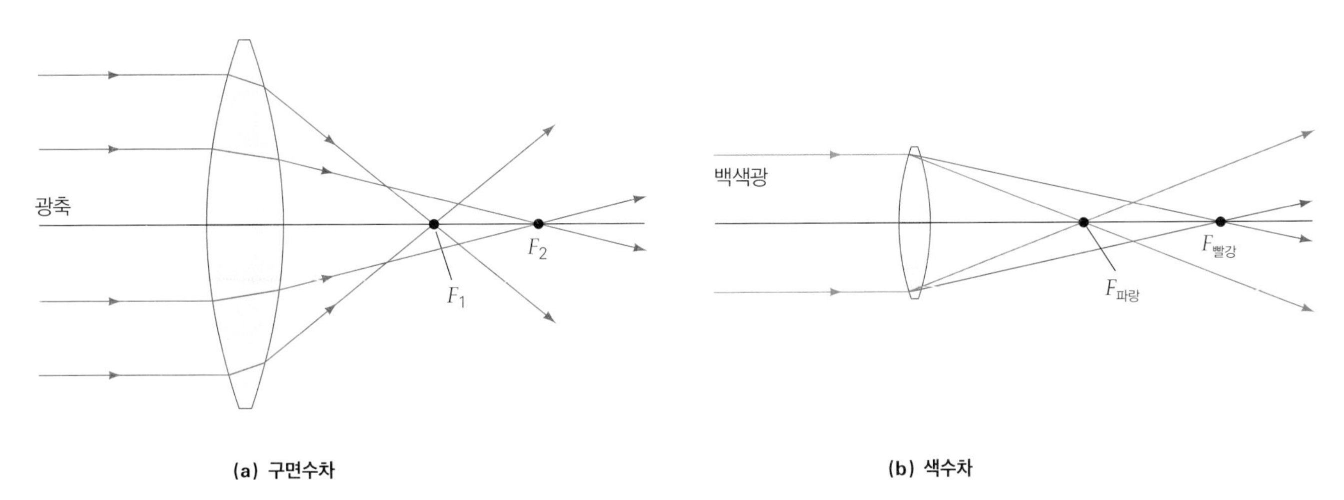

▲ 그림 23.23 **렌즈수차.** (a) 구면수차. 일반적으로 광선이 렌즈를 통과할 때 렌즈 가장자리를 통과하는 것보다 축에 가깝게 통과할수록 굴절이 적게 일어나고 렌즈 가장자리를 통과하는 광선보다 축에 근접하게 통과하는 광선이 렌즈로부터 더 먼 거리의 한 점에 모인다. (b) 색수차. 빛의 분산으로 파장(색)에 따라 각각 서로 다른 면에 초점을 맺게 되는데, 이로 인해 상의 전반적인 왜곡이 생긴다.

23.5.2 색수차

색수차(chromatic aberration)는 렌즈물질의 굴절률이 빛의 모든 파장에 대해 같지 않아서 생기는 현상이다. 백색광선이 렌즈로 입사하면 서로 다른 파장의 굴절된 광선은 공통 초점을 가지지 못하고 서로 다른 색의 상이 다른 위치에 놓이게 된다(그림 23.23b). 이런 분산수차를 최소화할 수는 있지만 아주 없엘 수는 없다. 이것은 서로 다른 물질로 만들어진 렌즈를 결합한 복합렌즈계를 사용하여 한 렌즈가 만든 분산효과를 그 반대 분산효과를 가진 다른 렌즈로 거의 상쇄되도록 만들 수 있다. 이런 복합 이중 렌즈계를 무색수차[색지움(achromatic)이라는 단어는 색을 가지지 않는다는 의미를 나타낸다] 겹렌즈라고 하는데, 이것은 어떤 두 개의 선택된 파장 또는 색에 대한 상이 일치하도록 만드는 것이다.

23.5.3 비점수차

빛의 원형 빔은 렌즈 축을 따라 렌즈에 원형영역을 비춘다. 수렴렌즈로 입사하는 평행 빔은 초점으로 수렴된다. 그러나 축에서 빗겨 들어오는 원형 빔은 렌즈에 타원형 영역을 비춘다. 따라서 이 타원의 장축을 따라 들어오는 광선과 타원의 단축을 따라 들어오는 광선은 렌즈를 통과한 후 서로 다른 점에 초점을 맺게 된다. 이것을 **비점수차**(astigmatism)라고 한다.

다른 초점면에 있는 서로 다른 초점으로 인해 (두 면 모두) 흐릿하게 된다. 예를 들어서 점에 대한 상은 더 이상 점으로 보이지 않게 되고 오히려 두 개의 분리된 짧은 선으로 나타난다(퍼져서 크기가 있는 점). 이와 같은 비점수차를 줄이기 위해 렌즈의 조리개를 사용하여 유효 면적을 줄이거나 상쇄시킬 수 있는 원통형 렌즈를 사용하기도 한다.

연습문제

통합 연습문제(Integrated Exercises, IEs)는 두 부분으로 이루어진다. 첫 번째 부분은 일반적으로 기본 원칙과 추론에 기초한 개념적 답변 선택을 요구한다. 두 번째 부분은 연습의 첫 번째 부분에서 이루어진 개념적 선택과 관련된 정량적 계산을 필요로 한다. 기호(•)은 문제의 난이도를 의미한다. 쉬움(•), 보통(••), 어려움(•••)

23.1 평면거울

1. • 평면거울 앞 2.5 m 되는 곳에 카메라를 가지고 서서 당신의 모습을 당신이 가지고 있는 카메라로 찍고 싶다. 명확한 상을 얻기 위해 얼마나 떨어진 거리에다 카메라 초점을 맞추면 될까.

2. • 길이가 5.0 cm인 어떤 물체가 거울로부터 40 cm 되는 지점에 놓여 있다. (a) 물체에서 상까지 거리, (b) 상의 그기, (c) 상의 배율을 구하라.

3. •• 강아지가 평면거울 앞 3.0 m 되는 곳에 앉아 있다. (a) 강아지의 상의 위치를 거울을 기준으로 어디인지 정하라. (b) 만약 거울에서 강아지가 속력 1.0 m/s로 거울 방향으로 점프했다면 얼마나 빨리 거울에 맺힌 자신의 상에 접근할 수 있을까.

4. IE •• (a) 댄스 스튜디오에 서로 마주 보는 벽에 각각 평면거울이 부착되어 있다. 당신이 거울과 거울 사이에 있다면 당

신은 평면거울에 맺힌 당신의 상을 (1) 하나, (2) 둘, (3) 다중상으로 관측할 수 있다. 각 경우에 대해 설명하라.

(b) 만약 당신이 북쪽 벽에 장착된 거울로부터 3.0 m 되는 곳에 서 있고 거울이 장착된 남쪽 벽으로부터는 5.0 m 되는 곳에 서 있다고 한다. 양쪽 거울에 생긴 첫 번째, 두 번째 상 거리는 각각 얼마인가.

5. •• 평면거울에서 $d_0 = |d_i|$(상 거리와 물체 거리가 같은 것)을 증명하라.

23.2 구면거울

6. IE • 물체가 볼록거울 앞에 100 cm 되는 곳에 있다고 한다. 이때 볼록거울의 곡률반경은 80 cm이다. (a) 광선 추적을 이용해 상이 (1) 실상인지 허상인지 알아보고, (2) 정립(바로 된)상인지 도립(거꾸로 된)상인지 (3) 상이 확대되었는지 축소되었는지 알아보고 (b) 상 거리와 횡배율을 구하라.

7. • 볼록거울 앞에 50 cm 되는 곳에 물체가 있다. 이 물체의 상은 거울 뒤 20 cm 되는 곳에 생긴다고 한다. 이 거울의 초점 거리는 얼마인가. 또한 횡배율은 얼마인가?

8. • 물체 크기가 3.0 cm이다. 이 물체가 곡률반경이 30 cm인 볼록거울 앞 40, 30, 15와 5.0 cm 되는 곳에 놓여 있다고 하면 이 거울에 의해 맺혀진 상의 특성을 말하라.
(a) 광선추적 (b) 거울 방정식

9. •• 거울 방정식과 횡배율 식을 이용하여 물체 거리 $d_0 = R = 2f$인 볼록거울에 대해 상이 도립실상이 맺히고 크기는 상과 물체의 크기가 같음을 증명하라.

10. •• 수직 길이가 6.0 cm 되는 병이 곡률반경이 50 cm 되는 볼록거울 앞 75 cm 되는 곳에 놓여 있다. 상의 위치를 구하고 상의 특성을 설명하라.

11. IE •• 구면거울 앞 5.0 cm에 놓여 있을 때 허상의 배율이 +5.0이다. (a) 거울은 (1) 오목, (2) 볼록, (3) 평평한(flat)이다. 각각에 대해 설명하라. (b) 거울의 곡률반경을 구하라.

12. IE •• 곡률반경이 100 cm인 볼록거울 앞에 사람의 얼굴이 있다. 배율이 +1.5라면 상 거리는 얼마인가?

13. IE •• 거울로부터 30 cm 되는 곳에 물체의 상이 거울로부터 20 cm 되는 곳에 놓여 있는 스크린에 맺혔다고 한다. (a) 거울은 (1) 오목, (2) 볼록, (3) 평평하다. 각각에 대해 설명하라. (b) 초점 거리는 얼마인가?

14. IE •• 볼록거울이 거울 앞 50 cm 되는 곳에 놓인 물체의 상 배율이 +3.0이다. (a) 이 거울에 맺힌 상이 (1) 정립허상, (2) 정립실상, (3) 도립허상, (4) 정립허상인지 설명하고 (b) 거울의 곡률반경을 구하라.

15. •• 어린아이가 지름이 9.0 cm 되는 반사되는 크리스마스트리에 달린 공을 보고 있다. 그런데 그 공에 비친 어린아이의 얼굴은 실제 크기의 반만한 크기로 보였다. 어린아이의 얼굴은 공에서부터 얼마큼 떨어져 있을까 계산하라.

16. •• 지우개가 달린 15 cm 길이의 연필이 있다. 볼록거울 광축에 지우개를 대고 연필심은 거울 앞쪽 20 cm 되는 곳에 위치해 있고, 거울의 곡률반경은 30 cm이다. 그렇다면 (a) 광선 추적도를 이용한 그림을 그려 상의 위치를 구하라. (b) 거울 공식을 이용하여 상의 위치와 특성을 결정하라.

17. IE •• 약 총 높이가 3.0 cm 되는 것이 거울 앞 12 cm되는 곳에 놓여 있다. 거울에 맺힌 상은 크기가 9.0 cm인 정립상이 만들어졌다. (a) 거울이 (1) 오목, (2) 볼록, (3) 평평한지 설명하고 (b) 거울의 곡률반경은 얼마인가?

18. ••• 물체 거리 d_0가 0에서부터 ∞이다.(a) (1) 상 거리 d_i와 물체 거리 d_0에 대한 (2) 수렴거울에 대해 배율(M)대 물체 거리 d_0에 대한 도표를 만들고 (b) (a)와 같은 문항을 발산 거울에 대해 완성하라.

23.3 렌즈

19. • 초점 거리 10.0 cm인 수렴렌즈 앞 50.0 cm 되는 곳에 물체가 놓여 있다. 상 거리와 배율을 구하라.

20. • 수렴렌즈의 초점 거리가 20.0 cm이다. 렌즈로부터 2.0 m 되는 곳에 있는 스크린에 상을 맺었다. 이때 물체 거리와 상의 수직 배율은 얼마인가?

21. IE •• 초점 거리 22 cm 되는 수렴렌즈 앞에 크기가 4.0 cm인 물체가 놓여 있다. 물체는 렌즈로부터 15 cm 떨어져 놓여 있다. (a) 광선추적도를 이용하여 (1) 상이 실상인지 허상인지, (2) 정립인지 도립인지, (3) 확대된 상인지 축소된 상인지 알아보고, (b) 상 거리와 배율을 구하라.

22. •• 초점 거리가 −18 cm인 오목렌즈 앞에 물체가 놓여 있다. 이 렌즈에 의해 맺힌 상의 위치와 특성을 구하고 만약 물체 거리가 (a) 10 cm, (b) 25 cm 경우 각각에 대해 광선추적도를 통해 상의 위치를 도식으로 완성하라.

23. •• 볼록렌즈의 초점 거리가 0.12 m이다. (a) 확대된 상과 배율 2.0 (b) 허상과 확대된 상의 배율 2.0을 얻기 위해 축에

놓여 있는 물체의 위치를 계산하라. 각각의 경우를 광선 그림으로 완성하라.

24. •• 물체 거리 d_0가 0에서부터 ∞이다. (a) (1) 상 거리 d_i와 물체 거리 d_0 (2) 수렴렌즈에 대해 배율(M)대 물체 거리(d_0)에 대한 도표를 만들고 (b) (a)에 같은 것을 발산렌즈에 대해서도 도표를 그려라.

25. •• 사진사가 보름달을 찍기 위해 단일렌즈의 초점 거리가 60 mm인 단일렌즈 카메라를 이용하였다. 감광판 센서에 맺힌 달의 상의 지름이 얼마나 되는가? (달에 대한 자료는 이 책 뒤에 있다.)

26. •• 스크린으로부터 80 cm 되는 곳에 물체가 있다. (a) 초점 거리가 20 cm인 수렴렌즈로 이 물체의 상을 스크린에 명확하게 만들기 위해서 물체로부터 얼마나 떨어진 거리에 렌즈를 놓으면 될까? (b) 상의 배율은 얼마인가?

27. •• 그림 23.24를 보고 얇은 렌즈 공식과 얇은 렌즈의 배율 공식을 유도하라.

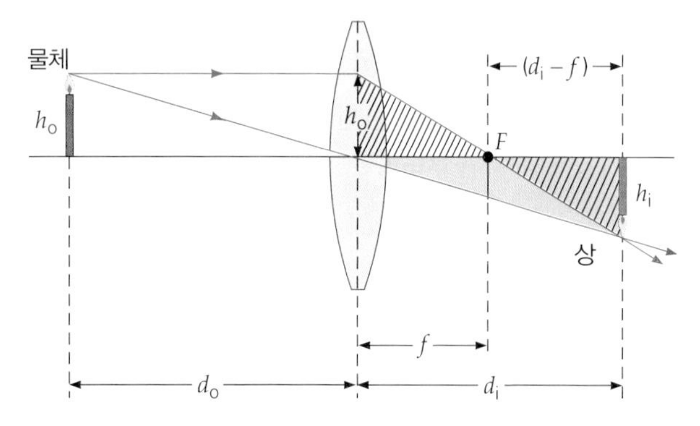

▲ 그림 23.24 **얇은 렌즈 방정식.** 얇은 렌즈 방정식과 횡배율을 유도하기 위한 기하학. 두 개의 닮은꼴 삼각형을 이용하고 연습문제 24를 보라.

28. •• 근시교정을 위해 오목렌즈 처방을 한다. 만약 학생이 18 cm 떨어진 곳에 물리책을 놓으면 책을 읽을 수 있다. 만약 책을 35 cm 되는 곳에 놓아도 읽을 수 있기 위해서는 렌즈의 초점 거리를 얼마짜리를 사용하면 되는지 계산하라.

29. IE •• 생물학과 학생이 시료 벌레의 배율이 +5.00이 되는 상태에서 실험을 하려고 한다. (a) 렌즈는 (1) 볼록, (2) 오목, (3) 평평한 것을 사용하여야 한다면 각각의 경우에 대해 옳고 그름에 대한 이유를 설명하라. (b) 벌레가 만약 렌즈로부터 5.00 cm 떨어져 있다면 렌즈의 초점 거리는 얼마여야 하는가?

30. ••• 결합렌즈에 대해 총 횡배율이 $M_{total} = M_1 M_2$임을 증명하라. (힌트: 확대율의 정의를 고려한다.)

CHAPTER 24

물리광학: 빛의 파동성질

Physical Optics: The Wave Nature of Light

공작 꼬리의 아름다운 색채는 빛의 파동 성질로 설명될 수 있다.

어떤 물체에서 내는 화려한 빛이 우리가 알고 있는 본래 그 물체의 색이 아닐 때 왜 그런 색이 나올까 항상 궁금해진다. 예를 들면 유리로 만든 프리즘은 그 자체의 색은 맑고 투명하지만 그 프리즘에 백색광을 투과시켰을 때 모든 색깔의 빛이 나온다. 무지개를 만드는 물방울과 같이 프리즘은 그 자체의 색을 만들지 못한다. 단지 백색광을 여러 색깔의 빛으로 분해할 뿐이다.

반사와 굴절현상은 **기하광학**(geometrical)(22장)을 이용하여 아주 손쉽게 분석했으며, 광선그림(23장)을 통해 빛이 거울을 통해 반사할 때 그리고 렌즈를 통해 투과할 때 어떤 일이 일어나는지 보았다. 그러나 사진에서 보여주는 공작 꼬리에 나타나는 간섭무늬 같은 빛의 또 다른 성질은 빛을 하나의 광선으로 보는 관점에서는 설명할 수 없다. 빛을 광선으로 보는 개념은 빛의 파동적인 요소를 무시한 설명 방법이기 때문이다. 그 밖의 빛의 파동적인 성질에는 회절이나 편광이 있다.

물리광학(physical optics) 또는 **파동광학**(wave optics)은 기하광학에서 생략하였던 파동적인 성질을 다룬다. 빛의 파동적인 성질은 빛을 광선으로 다루어 분석할 수 없었던 많은 현상에 대한 설명을 가능하게 한다. 이 장에서는 간섭이나 회절 같은 빛의 파동적인 성질에 대해 논의할 것이다.

파동광학은 빛이 작은 물체를 만날 때 혹은 구멍을 통과할 때 어떻게 빛이 전파되는가를 설명할 수 있다. 이런 경우는 CD나 DVD 또는 다른 기구들의 작은 홈에서 볼 수 있다. '물체 또는 구멍이 작다'라는 것은 그 크기가 빛의 파장 정도의 크기일 때를 말한다.

24.1 영의 이중 슬릿 실험

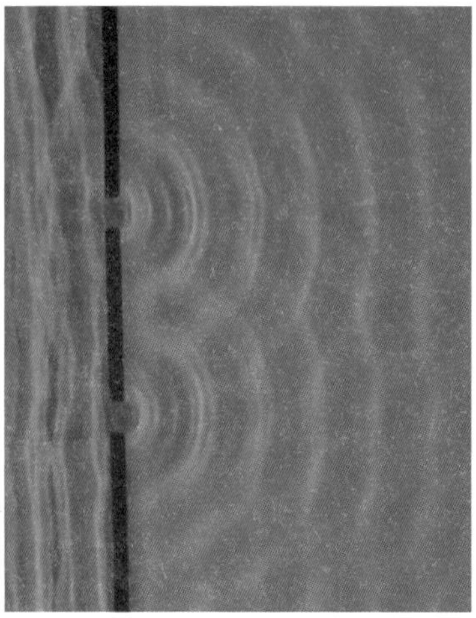

▲그림 24.1 **수면파의 간섭.** 잔물결을 일으키는 탱크에서 수면파의 보강 및 상쇄간섭 무늬를 만든다.

빛이 파동으로 작용한다고 말했지만 아직 이런 주장에 대한 증명은 하지 않았다. 빛의 파동성을 어떻게 입증할 것인가? 간섭현상을 이용한 한 가지 방법이 영국의 과학자 토마스 영(Thomas Young, 1773~1829)에 의해 고안되었다. 이를 **영의 이중 슬릿 실험**(Young's double-slit experiment)이라 하며, 영은 이 실험을 통해 빛의 파동성을 입증할 수 있을 뿐만 아니라 빛의 파장도 측정할 수 있었다. 파동이라면 간섭과 회절 같은 파동 고유의 특성을 갖는데 이 실험을 통해 빛이 파동임을 보일 수 있다.

중첩된 파는 보강될 수도 상쇄될 수도 있음을 13.4절과 14.4절에서 파동의 간섭에 대한 논의를 통해 배웠다. 총체적인 보강간섭은 두 파의 마루가 겹쳐질 때 일어난다. 만약 한 파의 마루와 다른 파의 골이 겹쳐지면 상쇄간섭이 일어난다. 수면파 같은 곳에서 이런 간섭은 쉽게 관측되는데 보강과 상쇄간섭이 어우러져 선명한 회절무늬가 나타난다(그림 24.1).

빛(가시광선)의 간섭은 쉽게 볼 수는 없는데 그 이유는 빛의 파장이 상대적으로 짧은 파장(10^{-7} m)을 갖기 때문이고 빛이 일반적으로 단색광(단일 진동수를 갖는 파)이 아니기 때문이다. 안정적인 간섭무늬는 가간섭성 파원(coherent source)에 의한 경우에만 가능하다. 여기서 가간섭성 파원이란 하나의 파가 다른 파에 대해 일정한 위상관계를 가지는 빛파(광파)를 만들어내는 것을 말한다.

예를 들면 한 점에서 보강간섭이 일어났다면, 그 점에서 두 파의 위상은 결맞음(in-phase)이어야만 한다. 그 파들이 만날 때 마루는 항상 마루와 겹치며 골은 항상 골과 겹친다. 시간에 대해 이 위상차가 진행되면 간섭무늬는 변할 것이고 안정된 간섭무늬는 성립되지 않는다.

일반적인 광원은 원자가 무작위로 들뜨고 나서 방출되는 파는 그 진폭과 진동수가 변동한다. 그러므로 두 광원에서 나온 빛은 비간섭성이어서 안정된 간섭무늬가 만들어지지 않는다. 간섭은 생겨나지만 두 파 사이의 간섭되는 파들 사이의 위상 차이가 빠르게 변화하기 때문에 간섭효과가 뚜렷이 보이지 않는다. 두 가간섭성 파원을 얻기 위해 한 개의 좁은 슬릿을 갖는 장애물을 단일 파원 앞에 놓는다. 그리고 두 개의 좁은 슬릿을 갖는 장애물 하나를 그 다음에 첫 번째 장애물 앞에 대칭적으로 놓는다(그림 24.2a).

단일 슬릿을 통해 진행하는 파는 결맞음파이다. 그리고 두 개의 슬릿을 통과하여 갈라진 빛은 하나의 단일파가 둘로 나뉘어서 두 개의 가간섭성 광원 역할을 한다. 원래의 광원으로부터 나온 빛이 두 개의 슬릿을 통과하면서 무작위로 변하더라도 빛의 위상차는 일정할 것이다. 레이저빔은 가간섭성 광원이며, 이에 의한 빛은 안정된 간섭무늬를 더욱 쉽게 관찰할 수 있게 한다. 일련의 극대 위치, 즉 밝은 간섭무늬의 위치를 슬릿으로부터 멀리 떨어진 스크린에서 관측할 수 있다(그림 24.2b).

영의 실험에 대한 분석을 돕기 위해 단일 파장의 빛(단색광)을 사용한다고 하자. 빛이 슬릿을 통과할 때 회절(13.4절, 14.4절과 이 장의 24.3절) 또는 빛의 퍼짐 때문

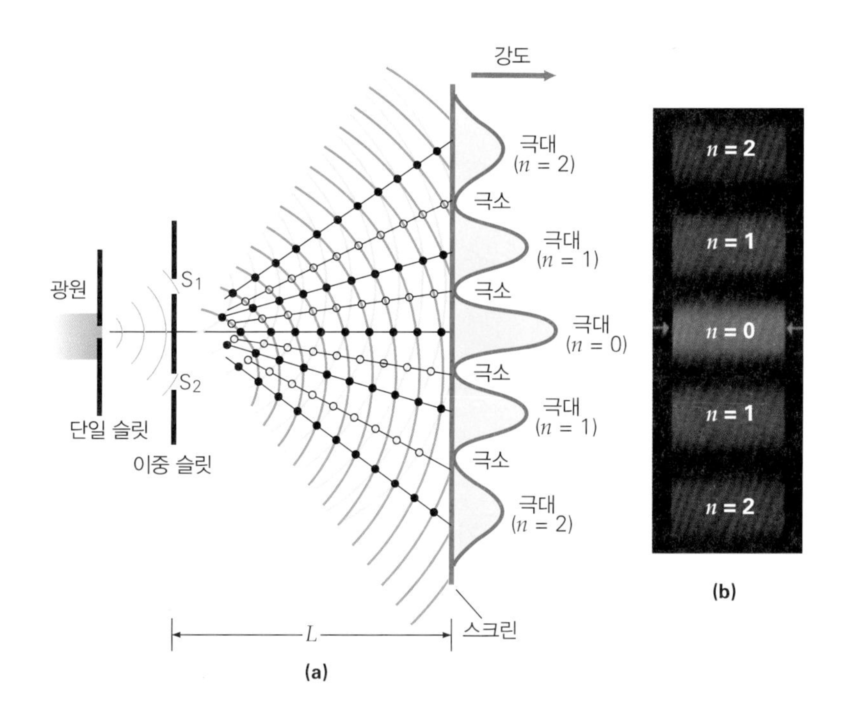

◀그림 24.2 **영의 이중 슬릿 간섭실험.** (a) 두 개의 슬릿으로부터 나온 가간섭파를 보이고 있다. 좁은 슬릿에서 회절이 생겨 파들이 퍼진다. 파들이 간섭하면서 교대로 밝은 무늬(극대)와 어두운 무늬(극소)를 스크린에 만든다. (b) 간섭무늬. 중앙 극대($n = 0$)를 중심으로 무늬가 대칭적으로 이루어져 있다.

에 그림 24.2a에서 보여주는 것처럼 간섭이 일어난다. 두 개의 가간섭성 '광원'으로부터 생긴 간섭파는 안정된 간섭무늬를 스크린에 만든다. 중앙에 가장 밝은 극대(그림 24.3a)와 위아래로 대칭적으로 한 번은 어두운 극소(그림 24.3b)와 한 번은 밝은 극대(그림 24.3c)가 반복되는데, 극대가 보강간섭, 극소가 상쇄간섭이 발생된 곳이다. 이런 간섭무늬는 빛의 파동성을 분명히 나타내주는 증거이다.

빛의 파장을 측정하기 위해 그림 24.4에서 보여주는 영의 실험의 기하학(그림 24.4)을 살펴볼 필요가 있다. 스크린과 슬릿 사이의 거리를 L, 스크린 위의 임의의 점을 P라고 하자. 점 P는 스크린의 중앙 가장 밝은 점에서부터 y인 위치에 있으며, 두 슬릿 가운데에서 스크린 중앙에 그어진 수직선과의 각도는 θ이다. 두 슬릿 S_1과 S_2는 거리 d만큼 떨어져 있다. 슬릿 S_2에서부터 P까지 거리는 S_1에서 P까지 거리보다

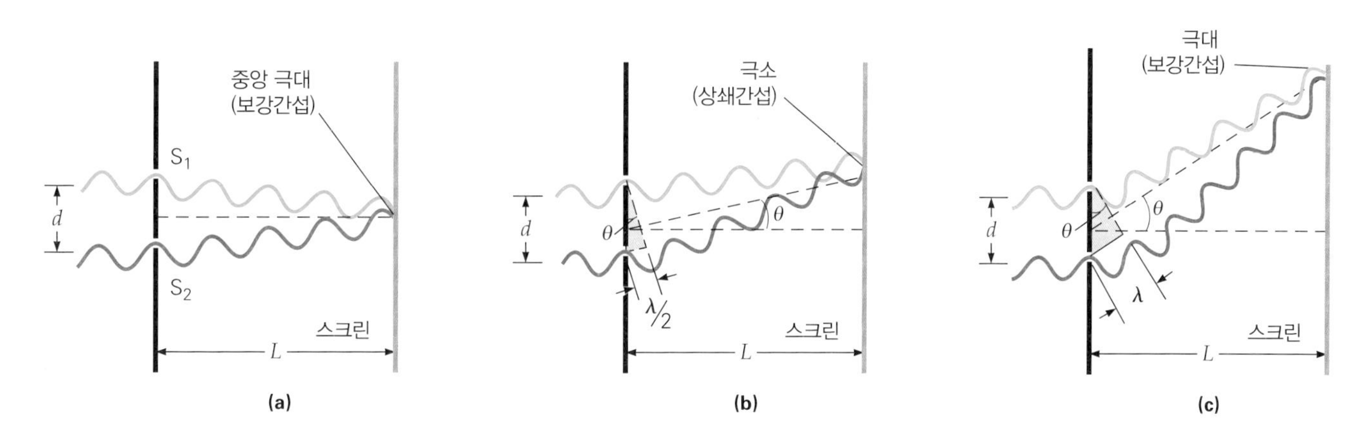

▲그림 24.3 **간섭.** 극대와 극소는 두 슬릿으로부터 나온 빛이 진행한 거리의 차(경로차)에 의해 생겨난다. (a) 가운데 가장 밝은 중앙 극대 위치에서 경로차는 0이다. 그래서 파동은 결맞음 상태에 있어 보강간섭이 일어난다. (b) 첫 번째 극소의 위치는 경로차가 $\lambda/2$인 곳에서 이루어진다. 파의 상쇄간섭이 일어난다. (c) 첫 번째 극대의 위치는 경로차가 λ일 때 이루어지며, 보강간섭이 일어난다.

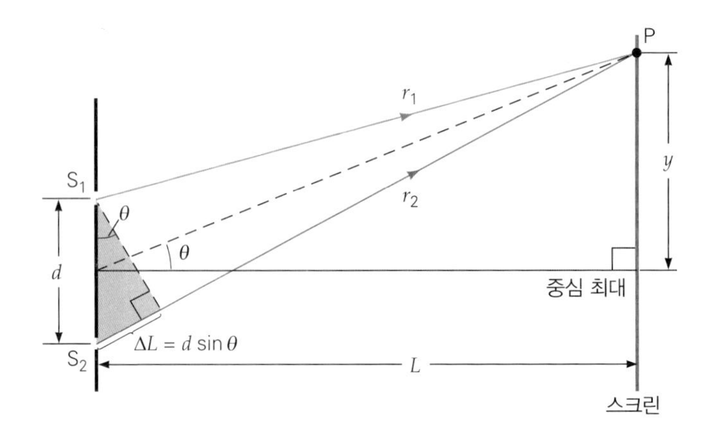

▶ **그림 24.4 영의 이중 슬릿 실험에 대한 기하학적 고찰**. 두 슬릿으로부터 출발하여 점 P에 도달하는 빛의 경로차는 $r_2 - r_1 = \Delta L$이다. 이는 어두운 색의 삼각형으로 표시한 그림에서 한 변에 해당한다. 슬릿이 있는 장애물과 스크린은 평행하므로 어두운 색으로 그린 삼각형에서 S_2와 장애물이 이루는 각도는 r_2와 스크린이 이루는 각도와 같다. L이 y에 비해 아주 크다면, 그 각은 점선과 스크린이 이루는 각도와 거의 같다. 어두운 색의 삼각형과 스크린 중앙, 점 P 그리고 슬릿의 중앙이 이루는 삼각형과 거의 닮은꼴이다. 슬릿 S_1에서의 각도 θ는 큰 삼각형의 θ와 거의 같다. 그러므로 $\Delta L = d \sin \theta$이다. (그림에서 축척은 실제와 같지 않다. $d \ll L$을 가정하자.)

크다. 그림에서 보인 바와 같이 경로차(ΔL)는 근사적으로 다음과 같다.

$$\Delta L = d \sin \theta$$

그림 24.4의 그림 설명에서 기술한 바와 같이 $d \ll L$일 때 그림에서 색칠한 작은 삼각형과 큰 삼각형은 닮음 삼각형이므로 작은 삼각형의 각 θ는 큰 삼각형의 θ와 거의 같다는 것을 간단한 기하학적 논의를 통해 증명할 수 있다.

두 파의 위상차와 경로차에 대한 관계는 14.4절에서 음파를 설명할 때 이미 논의하였다. 이 조건들은 빛을 포함한 어떤 파에 대해서도 성립된다. 보강간섭은 두 파의 경로차가 파장의 정수배가 되는 곳에서 일어난다.

$$\Delta L = n\lambda, \quad n = 0, 1, 2, 3, \ldots \qquad (24.1)$$

(보강간섭의 조건)

마찬가지로 상쇄간섭은 경로차가 반파장의 정수배일 때 일어난다.

$$\Delta L = \frac{m\lambda}{2}, \quad m = 1, 3, 5, \ldots \qquad (24.2)$$

(상쇄간섭의 조건)

그러므로 그림 24.4에서 극대(보강간섭이 되는 곳)는 다음의 조건을 만족한다.

$$d \sin \theta = n\lambda, \quad n = 0, 1, 2, 3, \ldots \qquad (24.3)$$

(보강간섭의 조건)

여기서 n을 **차수**라 부른다. 0차수($n = 0$)는 중앙의 제일 밝은 극대에 해당한다. 제1차수($n = 1$)는 중앙극대를 중심으로 양쪽에 나타나는 첫 번째 극대이다. 제2차수, 제3차수도 같은 방법으로 차례로 결정된다. 경로차가 차례로 변함에 따라 위상차도 따라서 변해가고, 그 결과로 간섭의 형태(보강 또는 상쇄간섭)도 변해간다.

파장은 보강간섭(중앙극대를 제외)이 일어나는 차수에 대해 d와 θ를 측정하여 구할 수 있다. 식 24.3에 의해 $\lambda = (d \sin \theta)/n$이기 때문이다.

각 θ는 중앙극대를 기준으로 하여 옆에 다른 극대의 위치를 가리키는 각이다. 간섭무늬 사진으로 이 각도는 측정할 수 있는데, 이에 대한 설명을 그림 24.2b에서 하였다. 만약 θ가 작다면($y \ll L$), $\sin\theta \approx \tan\theta = y/L$이 된다.* 식 24.3에서 $\sin\theta$ 대신에 y/L을 대입하면 y에 대해 풀면, 중앙극대에서부터 각각 양쪽의 n차의 밝은 곳까지의 거리에 대한 아주 좋은 어림값을 구할 수 있다.

$$y_n \approx \frac{nL\lambda}{d}, \quad n = 0,\ 1,\ 2,\ 3,\ \cdots \tag{24.4}$$

(작은 θ일 경우에 한해 축에서 극대까지 수직거리)

유사한 분석을 극소에 대해서도 할 수 있다.

식 24.3에서 0차수(중앙극대)를 제외하고 그 외 극대의 위치는 파장과 관련되어 있다. 즉, 파장(λ)이 다르면 이에 대응되는 θ와 y값도 달라진다. 우리가 백색광을 사용할 때 중앙극대는 모든 파장의 빛이 중앙극대에 똑같은 위치에 모이므로 흰색이 되지만 다른 차수의 극대들은 여러 색의 퍼진 색 스펙트럼을 이룬다. y는 파장 λ($y \propto \lambda$)에 비례하므로 주어진 한 차수에 대해서 빨간색은 파란색보다 중앙에서 먼 쪽에 위치해 있다(이는 빨간색의 파장이 파란색의 파장보다 길기 때문이다).

어떤 특정한 차수에서 색 극대위치를 관측하여 영은 가시광선의 색깔별 파장을 결정할 수 있었다. 여기서 간섭무늬의 크기 또는 퍼짐, y_n은 슬릿의 간격 d에 반비례함을 유의하라. d가 작아질수록 간섭무늬가 훨씬 더 퍼지며 d가 커질수록 간섭무늬는 압축되어 우리 눈에는 하나의 백색점으로 보이게 된다(모든 극대가 중앙에 모여).

상쇄간섭이란 말의 상쇄는 에너지가 **파괴**된다는 것을 의미하는 것이 아니다. 상쇄간섭은 빛 에너지가 어떤 특별한 위치(극소)에 있지 않다는 것을 의미한다. 에너지 보존법칙에 의해 다른 어느 곳(극대)에 존재해야 한다. 이는 소리파의 경우에도 마찬가지로 관측되고 있다.

예제 24.1 빛의 파장 측정-영의 이중 슬릿 실험

그림 24.4와 비슷한 실험으로 단색광을 0.050 mm 간격으로 분리된 두 좁은 슬릿에 통과시킨다. 간섭무늬는 슬릿과 1.0 m 떨어진 흰색 벽에서 관측할 수 있다. 2차수의 극대는 $\theta_2 = 1.5°$인 곳이었다. (a) 만약 슬릿 간격을 좁히면 2차수의 극대는 (1) 1.5° 보다 더 큰 각도에서, (2) 1.5° 에서, (3) 1.5° 보다 작은 각에서 관측할 수 있다. 답을 고르고 설명하라. (b) 빛의 파장은 얼마인가? 그리고 두 번째와 세 번째 밝은 점 사이의 거리는 얼마인가? (c) 만약 $d = 0.040$ mm 라면 θ_2는 얼마인가?

풀이

(a) 보강간섭의 조건 $d\sin\theta = n\lambda$에 따라 차수 n에서 극대의 경우 주어진 파장 λ에 대해 d와 $\sin\theta$의 곱은 상수이다. 그 결과 d가 감소하면 $\sin\theta$는 증가해서 문제 (a)의 답은 (1)이다.

(b, c) 문제 (b)와 (c)에서 식 24.3을 사용하여 파장을 구할 수 있다. $L \gg d$이므로, 즉 1.0 m $\gg$ 0.050 mm이므로 θ는 매우 작다. 우리는 식 24.4로부터 y_2와 y_3를 계산할 수 있고 두 번째 밝은 곳과 세 번째 밝은 곳 사이의 거리($y_3 - y_2$)를 결정할 수 있다. 그러나 주어진 빛의 파장에 대한 밝은 위치들은 (작은 θ에 대해) 같은 간격을 유지한다. 즉, 이웃하는 밝은 점들 사이의 간격은 일정하다.

---

* $\theta = 10°$에 대한 $\sin\theta$와 $\tan\theta$ 값은 1.5% 밖에 안 된다.

(b, c) 문제상 주어진 값:

$L = 1.0 \text{ m}$

$n = 2$

$d = 0.050 \text{ mm} = 5.0 \times 10^{-5} \text{ m}$

(b) $\theta_2 = 1.5°$

$d = 5.0 \times 10^{-5} \text{ m}$

(c) $d = 4.0 \times 10^{-5} \text{ m}$

(b) 식 24.3을 이용하여

$$\lambda = \frac{d \sin\theta}{n} = \frac{(5.0\times10^{-5}\text{ m})\sin 1.5°}{2} = 6.5\times10^{-7}\text{ m} = 650\text{ nm}$$

를 구한다. 파장은 650 nm이다. 이는 주황색(그림 20.18을 보라)에 해당한다. 식 24.4와 일반적인 접근으로 n번째 밝은 곳과 $n+1$번째 밝은 곳 사이의 간격은

$$y_{n+1} - y_n = \frac{(n+1)L\lambda}{d} - \frac{nL\lambda}{d} = \frac{L\lambda}{d}$$

을 얻는데, 연속된 밝은 곳의 사이 간격은

$$y_3 - y_2 = \frac{L\lambda}{d} = \frac{(1.0\text{ m})(6.5\times10^{-7}\text{ m})}{5.0\times10^{-5}\text{ m}} = 1.3\times10^{-2}\text{ m}$$

$$= 1.3\text{ cm}$$

이다.

(c) $\sin\theta_2 = \dfrac{n\lambda}{d} = \dfrac{(2)(650\times10^{-9}\text{ m})}{(4.0\times10^{-5}\text{ m})} = 0.0325$

그래서 $\theta_2 = \sin^{-1}(0.0325) = 1.9° > 1.5°$

(a)에서 이유를 설명한 것처럼 줄어드는 d값에 대해 θ_2는 1.5°보다 크다.

24.2 박막에서 간섭

백색광선이 기름의 얇은 막이나 비누 거품 막에서 반사로 인해 무지개 같은 색을 보이는 것은 어떤 이유로 그런지 생각해 보았는가? (그림 24.5) 이 효과—**박막에서 일어나는 간섭**—는 박막의 반대편에서 반사된 빛의 간섭으로 일어나는 현상이다.

그러나 먼저 우린 빛의 반사에 의해 빛의 파동에 대한 위상이 어떻게 영향을 받는지에 대해 알아야 한다. 13장에서 로프의 한 펄스는 고정된 지지대에 의해 반사되었을 때 180°의 위상변화[또는 반파장($\lambda/2$) 이동]를 하며 자유롭게 움직이는 지지대에

▶ 그림 24.5 **비누 거품에서 무지개색을 볼 수 있다**. 얇은 필름에서 다중간섭에 의해서 생기는 여러 가지 색상을 비누 거품에서 볼 수 있다(아쉽지만 여기서는 흑백으로 표시하였다).

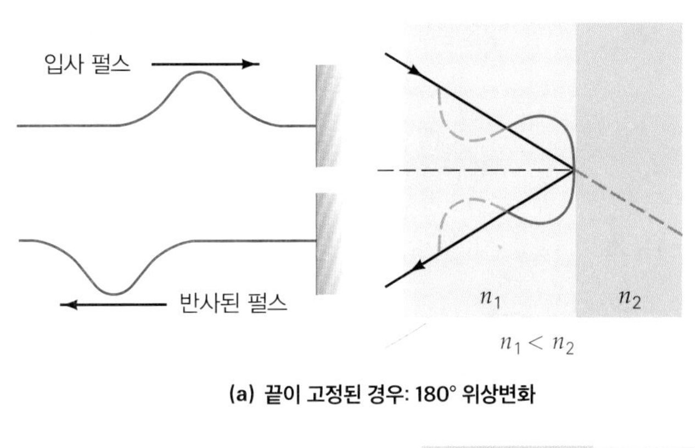

(a) 끝이 고정된 경우: 180° 위상변화

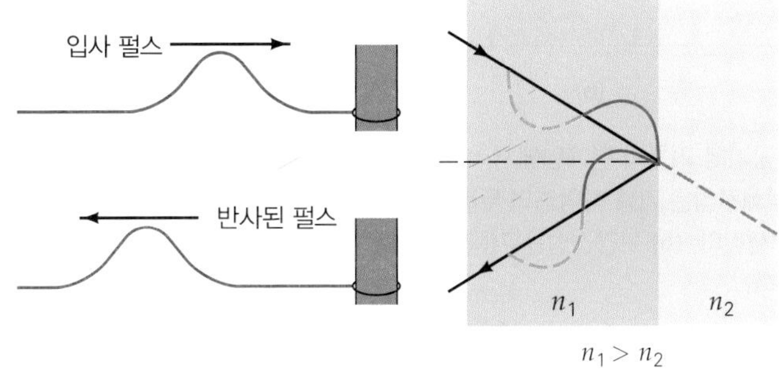

(b) 끝이 고정되어 있지 않은 경우: 0° 위상변화(위상변화가 없다)

◀**그림 24.6 반사와 위상 변환.** 광파가 반사 과정에서 겪는 위상변화는 줄에서 일어나는 맥놀이와 유사하다. **(a)** 한쪽 끝이 고정되어 있는 줄에서 일어난 맥놀이에서는 고정된 줄 끝에서 반사되어 이동하며 위상이 180 또는 $\lambda/2$로 바뀌고 입사하는 광파가 굴절률이 입사물질보다 보다 높은 매질 면에서 반사되었을 때 광파의 위상 또한 그렇게 바뀐다. **(b)** 한쪽 끝이 고정되어 있지 않은 경우 줄에서 반사될 때 맥놀이에서 위상 이동은 영이다(즉, 위상 이동이 없다). 광파는 유사하게 입사매질보다 굴절률이 낮은 매질에서 반사되면 위상변화가 없다.

의한 반사 때에는 위상변화가 일어나지 않았음을 배웠다(그림 24.6). 비슷하게 그림에서 보여주듯 빛이 반사할 때 위상변화는 두 물체의 경계에서 굴절률(n)에 따라 달라진다.

- $n_1 < n_2$이면 빛은 경계에서 반사할 때 180° 위상변화를 한다.
- $n_1 > n_2$이면 빛은 반사할 때 위상의 변화가 없다.

왜 우리가 비눗방울이나 기름막(물 위에 뜬 기름이나 젖은 도로 표면의 기름)에서 현란한 색을 볼 수 있는지 이해하기 위해 그림 24.7에서 얇은 막에 의한 단색광 반사를 생각해 보자. 박막에서 파동 경로의 길이는 입사한 파의 각도에 관계된다(왜?). 그러나 문제를 쉽게 풀고 그림으로 쉽게 나타내기 위해 약간 각도를 주었지만, 수직으로 빛이 입사된다고 가정하자.

기름 박막은 공기보다 더 큰 굴절률을 갖는다. 그리고 빛은 공기-기름 경계면에서 반사(그림에서 파 1)를 하는데, 이때 위상이 180°로 이동된다. 기름층을 투과한 빛은 다시 기름-물의 경계면에서 반사한다. 일반적으로 기름의 굴절률이 물의 굴절률보다 커서(표 22.1), 즉 $n_1 > n_2$이므로 이 단계에서 반사된 파는(그림에서 파 2) 위상의 변화가 없다.

만약 기름막에서 빛의 경로길이(기름막의 두께가 t라면 두께의 두 배 $2t$, 즉 아래위로)가 빛의 파장의 정수배라면, 예를 들어 그림 24.7a처럼 $\lambda' = \lambda/n$이 기름에서 빛의 파장일 때 $2t = 2(\lambda'/2) = \lambda'$라면 두 경계면에서 반사된 빛은 보강간섭을 일으킨다. 그러나 유의할 것은 윗면(파 1)에서 반사된 빛은 180° 위상이동을 겪는다는 것

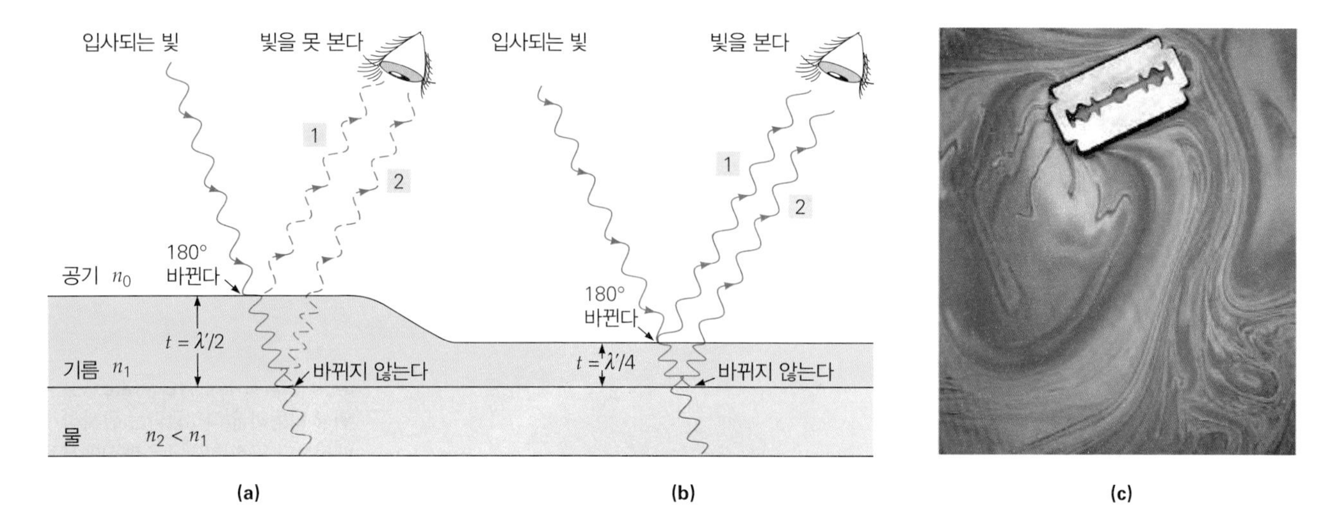

▲ 그림 24.7 **박막에서 간섭.** 물 위에 뜬 기름에서 빛은 공기와 기름의 경계면에서 180° 위상 이동을 하며 반사하고 기름과 물 사이에서는 위상 이동 없이 반사한다. λ'은 기름에서 빛의 파장이다. **(a)** 상쇄간섭은 기름 박막층의 두께가 수직으로 입사된 빛(그림은 설명을 위해 약간 비스듬히 입사된 것처럼 그렸다)에 대해 최소 두께 $\lambda'/2$를 가질 때 생긴다. **(b)** 보강간섭은 기름층의 두께가 최소 $\lambda'/4$를 가질 때 발생한다. **(c)** 기름층에서 박막간섭. 막의 두께 차이가 여러 색깔의 반사된 빛을 낸다.

이다. 그 결과 실제적으로 두 면에서 반사된 빛의 위상은 서로 결이 맞지 않아(out of phase) 이 조건에서는 상쇄간섭이 일어난다. 즉, 이 파장에서 반사된 빛은 관측되지 않는다(이 빛은 그냥 투과되는 것이다).

같은 방식으로 만약 박막 안에서 파의 경로길이가 그림 24.7b에서 반파장의 홀수의 정수배$[2t = 2(\lambda'/4) = \lambda'/2]$이고, 여기서 λ'은 기름에서 파장이고 반사된 파는 실제로 위상이 맞고(in-phase) (파 1의 180° 위상이동의 결과로) 보강간섭이 일어난다. 이 파장으로 반사된 빛은 기름 막 위에서 관측되게 된다.

기름막과 비눗방울의 두께는 위치마다 다르다. 특정 위치에서 백색광 내에 어느 특별한 빛깔의 빛만이 반사 후에 보강간섭을 일으킨다. 그 결과 여러 화려한 색이 나타난다(그림 24.7c). 자연에서 볼 수 있는 화려한 간섭의 예로 공작새의 화려한 색은 깃털의 섬유층 때문에 생겨난다. 잇따르는 층들에서 반사된 빛은 보강간섭을 일으켜서 깃털에는 색소가 거의 없음에도 밝은색들을 띠게 된다. 보강간섭의 조건은 빛의 입사각과도 관계되기 때문에 보는 각도와 새의 움직임에 따라 변한다(그림 24.8).

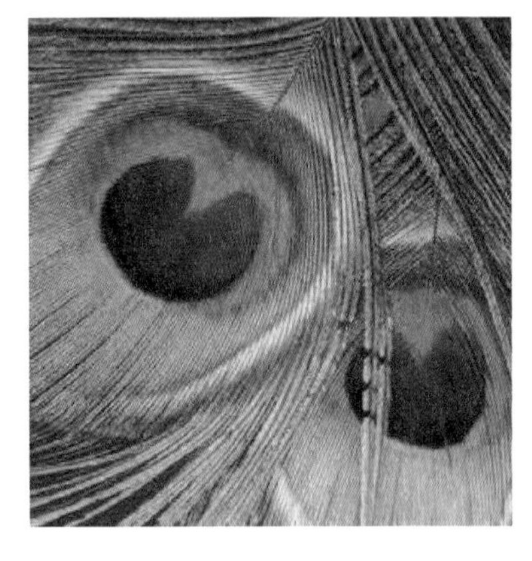

▲ 그림 24.8 **박막에서 간섭.** 공작 깃털에서 생기는 다중 층에서 일어나는 간섭 현상은 밝은색을 나타내고(그림에서는 어두운 색으로 처리되었다), 벌새의 찬란하게 빛나는 목의 색은 같은 방법으로 만들어진 것이다.

공기에서 비누 거품은 제일 윗부분보다 아래로 내려올수록 지구 중력 때문에 비누막이 약간씩 두꺼워 진다. 이와 같은 점차적인 비누 거품의 윗부분에서 아래로 이어지는 두께 변화가 여러 다른 색상의 보강간섭의 원인이 된다.

실제적인 박막간섭의 응용으로 렌즈의 무반사 코팅이 있다. 여러분은 카메라나 쌍안경에 사용된 막으로 도포(코팅)된 광학렌즈 표면이 청록색을 띠는 것을 볼 수 있다(그림 24.9a). 그 코팅은 렌즈를 여러분들이 반사된 빛에서 볼 수 없는 모든 색에 대해 무반사(비반사화)되게 만든다. 입사광선은 거의 대부분 렌즈를 통해 투과된다. 모든 광학기기는 빛이 최대로 투과되게 하는 것이 바람직한데, 특히 빛의 밝기가 낮은 조건에서는 더욱 그렇다.

(a)

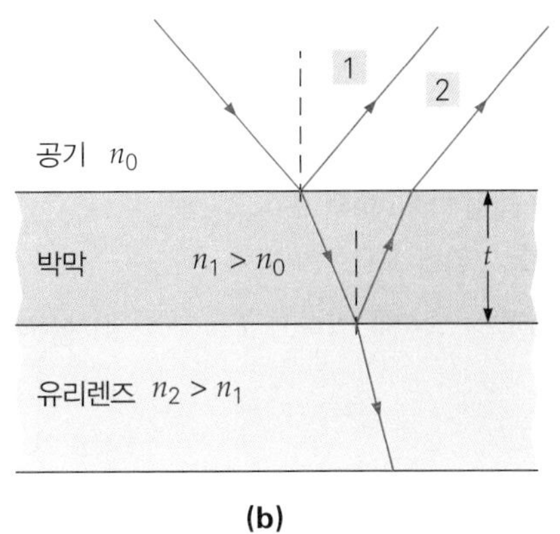

(b)

◀그림 24.9 **무반사 코팅.** (a) 렌즈 표면에 떠 있는 청록색은 무반사 코팅으로 인해 생긴 것이다. (b) 유리 렌즈 위의 얇은 박막에 대해서 필름의 굴절률이 유리보다 적을 때 각 접촉면에서 180° 위상이동이 있다. 필름의 제일 윗면과 바닥면에서 반사된 빛끼리 간섭이 일어난다. 그림에서 보여주는 반사된 빛과 굴절된 빛의 각도는 실제 상황보다 많이 과장된 것으로 현상의 이해를 돕기 위해 과장되게 나타낸 것이다. 실제는 아주 작은 각으로 영에 가깝다.

이 경우 박막 코팅은 빛이 유리렌즈를 투과하는 양을 증가시키기 위해 반사된 빛끼리 상쇄간섭을 일으키도록 한다(그림 24.9b). 박막의 굴절률은 공기와 유리 사이의 값($n_0 < n_1 < n_2$)이어야 한다. 결과적으로 입사된 빛의 위상이동은 박막(film)의 양쪽면에서 일어난다.

이 경우 반사된 빛의 보강간섭에 대한 조건은

$$\Delta L = 2t = m\lambda' \quad \text{또는} \quad t = \frac{m\lambda'}{2} = \frac{m\lambda}{2n_1}, \quad m = 1, 2, \ldots \tag{24.5}$$

$$(n_0 < n_1 < n_2\text{일 때 보강간섭 조건})$$

이다. 그리고 상쇄간섭에 대한 조건은 다음과 같다.

$$\Delta L = 2t = \frac{m\lambda'}{2} \quad \text{또는} \quad t = \frac{m\lambda'}{4} = \frac{m\lambda}{4n_1}, \quad m = 1, 3, 5, \ldots \tag{24.6}$$

$$(n_0 < n_1 < n_2\text{일 때 상쇄간섭 조건})$$

상쇄간섭에서 $m = 1$ 일 때 박막의 **최소** 두께는

$$t_{\min} = \frac{\lambda}{4n_1} \quad (n_0 < n_1 < n_2\text{에 대해 박막의 최소 두께}) \tag{24.7}$$

이다. 무반사 코팅은 또한 태양광 셀의 표면에 적용된다. 태양광 셀은 빛을 전기적 에너지로 바꾼다(27.2절 참조). 이와 같은 코팅의 두께는 입사되는 빛의 파장에 관련되기 때문에 반사에 의한 전반적인 에너지 손실은 30%에서 10%까지 감소된다. 따라서 반사율이 줄어든다는 것은 그만큼 셀이 태양 빛을 집광하는 효율이 증가한다는 것을 말한다.

만약 박막의 굴절률이 공기와 유리의 굴절률보다 크다면, 공기와 박막의 경계에서 반사할 때만 위상이 180° 이동된다. 그 결과 $2t = (m\lambda')$는 실제적으로 상쇄간섭을 만들고 $2t = m\lambda'/2$인 경우 보강간섭을 만든다(왜?).

예제 24.2 무반사 코팅-박막 간섭

무반사 렌즈를 만들기 위해 유리렌즈($n = 1.60$)에 불화 마그네슘($n = 1.38$)의 얇고 투명한 막을 입힌다. (a) 파장 550 nm의 수직으로 입사한 빛에 대해 무반사되는 렌즈를 만들기 위해 최소한의 박막 두께는 얼마인가? (b) 996 nm의 두께가 무반사 렌즈를 만들기 위한 박막의 두께는 얼마인가?

풀이

문제상 주어진 값:

$n_0 = 1.00$(공기)

$n_1 = 1.38$(박막)

$n = 1.60$(유리렌즈)

$\lambda = 550$ nm

(a) $n_2 > n_1 > n_0$이기 때문에

$$t_{\min} = \frac{\lambda}{4n_1} = \frac{550\text{ nm}}{4(1.38)} = 99.6\text{ nm}$$

의 얇은 두께($\approx 10^{-5}$ cm)이다. 원자의 직경이 약 10^{-10} nm 또는 10^{-1} nm 정도이므로 두께는 약 원자가 $10^3 = 1000$개 정도의 두께이다.

(b) $t = 996\text{ nm} = 10(99.6\text{ nm}) = 10\,t_{\min} = 10\left(\frac{\lambda}{4n_1}\right) = 5\left(\frac{\lambda}{2n_1}\right)$

이 의미는 이 박막의 두께는 무반사 조건(상쇄간섭)을 만족하지 않는다. 실제로 지금의 값은 보강간섭의 조건(식 24.5)의 $m = 5$에 해당한다. 이런 코팅은 더운 날씨에 차 유리창이나 집 유리창에 적외선을 차단하는 데 유용하다. 왜냐하면 반사는 최대가 되고 투과는 최소가 되기 때문이다.

24.2.1 광학평판과 뉴턴원무늬

박막간섭의 현상은 거울이나 렌즈 같은 광학기구가 얼마나 평평하고 고른지를 검사하는 데 사용한다. 광학평판은 유리판을 갈고 연마하여 가능한 평평하게 만든다. 평평한 정도는 이와 같이 만들어진 두 개의 평판을 작은 각도로 포개어 두 평판 사이에 작은 쐐기꼴의 공기층을 만들어 검사할 수 있다(그림 24.10a).

위쪽 평판의 아랫면에서 반사되어 나온 빛(파 1)과 바닥평판의 윗면에서 반사되어 나온 빛(파 2)은 간섭이 된다. 파 2는 공기와 유리판 사이에서 반사될 때 180° 위상 이동이 이루어짐을 기억하라. 그러나 파 1은 위상 이동이 없다. 그 결과 두 판의 지지대(점 O)에서 어느 정도 떨어진 위치에서 보강간섭의 조건은 $2t = \frac{m\lambda}{2}(m = 1, 3, 5, \ldots)$이며, 상쇄간섭의 조건은 $2t = m\lambda(m = 0, 1, 2, \ldots)$이다. 두께 t는 간섭이 보강인가 상쇄인가를 결정한다. 만약 판이 평평하고 평탄하면 밝고 어두운 간섭무늬가 규칙적으로 나타난다(그림 24.10b).

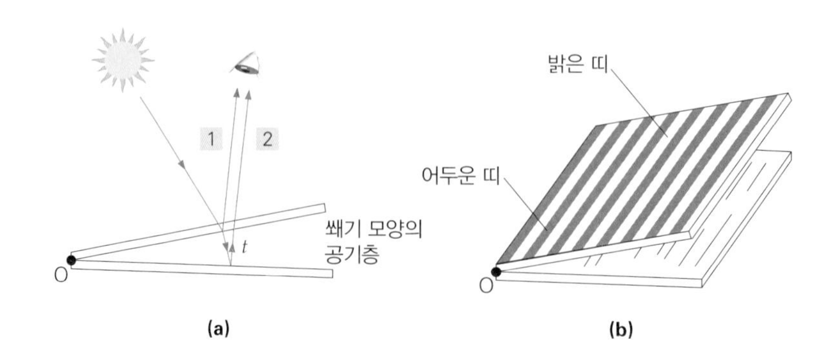

▶ 그림 24.10 **광학적 평편도.** (a) 광학적 평판은 반사하는 표면의 평편도를 검사하기 위해 사용된다. 광학적 평판과 검사하려는 평판 사이의 쐐기모양의 공기층이 생기도록 위치해 놓는다. 파들은 두 평판에서 반사되어 간섭한다. 쐐기모양의 공기층의 두께는 어떤 한 점이 검은 간섭무늬 띠에 속할 것인가 밝은 간섭무늬에 속할 것인가를 결정한다. (b) 만약 평판이 고르고 평평하다면 규칙적 또는 대칭적인 간섭무늬를 보인다. $t = 0$인 O점에서 어두운 띠가 생기는 점을 주목하자.

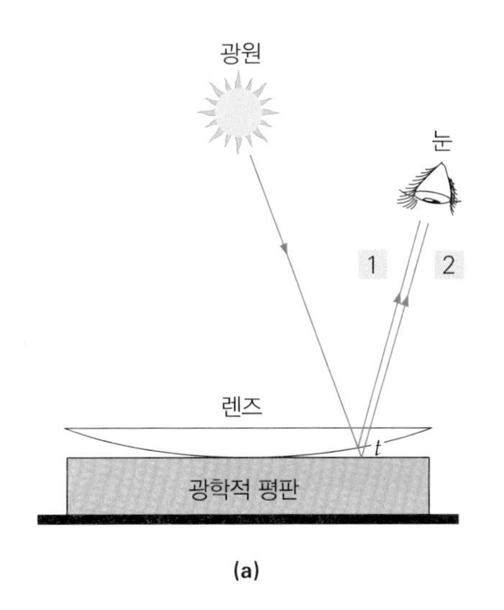

(a)

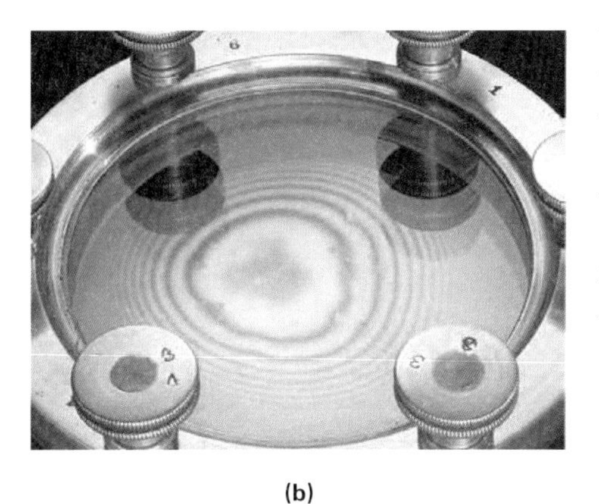

(b)

◀그림 24.11 **뉴턴의 고리들.** (a) 광학평판 위에 놓인 렌즈 사이에는 쐐기모양의 공기층을 형성하는데 이 쐐기모양의 공기층이 공기층의 위쪽에서 반사된 빛(파 1)과 바닥에서 반사된 빛(파 2)의 간섭을 야기한다. (b) '뉴턴 고리'라고 부르는 동심원들의 모습을 한 간섭무늬. 무늬의 중심이 어두운 것에 유의하라. 동심원이 조금 찌그러진 것은 렌즈가 완벽하지 않기 때문이다.

이런 무늬는 두 평판 사이의 경로길이가 균일하게 변하기 때문에 생겨난다. 이런 무늬가 규칙적이지 않으면 적어도 한 개의 평판이 불균일함을 의미한다. 한 번 평판이 좋은 것이라고 판명되면 이것을 정밀한 거울 같은 반사판의 평편도를 검사하기 위해 사용될 수 있다.

180° 위상 이동의 명백한 직접적 증거는 그림 24.10b에서 볼 수 있다. 두 평판의 지지대($t = 0$)에서 첫 번째 어두운 띠가 나타난다. 만약 위상 이동이 없다면 $t = 0$은 $\Delta L = 0$에 대응하므로 여기서 밝은 띠가 나타나야 한다. 첫 번째 띠가 어두운 띠라는 것이 광학적으로 밀도가 더 높은 매질에서 반사할 때 위상 이동이 있다는 증거이다.

렌즈의 대칭성과 표면의 거칠기를 검사할 때도 유사한 방법을 사용한다. 곡면 렌즈를 광학적 평판 위에 올려놓으면, 광학적 평판과 렌즈 사이에 원의 중심에서 동경 방향으로 대칭적인 쐐기모양의 공기층이 생겨난다(그림 24.11a). 공기층 쐐기의 두께는 다시 빛의 보강간섭과 상쇄간섭에 대한 조건을 결정하므로, 이 경우에 규칙적인 간섭무늬란 동심원 고리모양의 밝고 어두운 무늬이다(그림 24.11b). 이들을 '**뉴턴 원무늬**'라 하며 뉴턴이 처음 이 간섭 현상에 대해 설명하였다. 렌즈와 광학평판이 접촉해 있는 점($t = 0$)에서는 마찬가지로 어둡다. (왜?) 렌즈 표면이 평평하지 않으면 일그러진 줄무늬가 나타난다. 뉴턴원무늬의 반경은 렌즈의 곡률을 계산하는 데 사용한다.

24.3 회절

기하광학에서 빛은 광선으로 나타내고 빛이 이동하는 것은 직선으로 표시한다. 그러나 만약 이 모형이 실제 빛의 본질이라면 영의 이중 슬릿 실험과 같은 간섭효과는 없었을 것이다. 대신에 스크린에는 밝은 두 개의 슬릿의 상이 있고 빛이 안 들어온 아주 잘 구획된 그림자 영역만이 있어야 한다. 그러나 우리가 간섭무늬를 볼 수 있는

▶ 그림 24.12 **수면파의 회절**. 해변가에서 찍은 사진에서 열린 장애물을 통과할 때 대양에서 온 수면파가 단일 슬릿에 의한 회절이 일어나는 장면을 극적으로 보이고 있다. 해변은 동그라미 모습의 파 전면의 모습과 같게 된다.

데, 그것은 빛이 직선 경로에서 분산되고 어두운 그림자가 되어야 할 영역까지 빛이 들어간다는 것을 의미한다. 파는 슬릿을 통과하며 실제로 퍼진다. 이러한 퍼짐을 **회절**이라 한다. 회절은 일반적으로 파가 좁은 구멍이나 날카로운 모서리를 지날 때 생겨난다. 수면파의 회절은 그림 24.12에서 보인다(그림 13.16).

그림 13.16에서 보이듯 회절의 크기는 구멍의 크기 또는 물체와 연관된 파장과 관계된다. 일반적으로 **열려있는 곳(개구부)의 넓이나 물체에 비해 파장이 길면 길수록 회절도 커진다.** 파의 파장보다 훨씬 큰 개구부의 폭($w \gg \lambda$)으로는 회절이 전혀 없다—파는 퍼짐 없이 그냥 이동한다(그림 13.16a). (개구부의 가장자리 주변에 어느 정도 회절이 있다.) 개구부 폭 w과 파장이 거의 같으면($w \approx \lambda$) 두드러지게 회절이 생긴다—즉, 파는 퍼져나가고 원래의 경로 방향에서 편향된다. 파의 일부분은 원래의 방향으로 진행하지만 나머지는 개구부 주위로 휘어지고 퍼지게 된다(그림 13.16b).

소리의 회절은 매우 명백하다(14.4절 참조). 어떤 사람이 직접 눈에 띄지 않는 다른 방에서 또는 길모퉁이에서 당신에게 이야기할 때 반사가 없을 때도 그 소리를 잘 들을 수 있다. 가청음파의 파장은 수 센티미터에서 수 미터 정도이다. 그러므로 물체의 폭과 개구부의 폭은 소리의 파장과 같은 정도의 길이이거나 보다 작다. 그래서 회절은 이들 조건에서 쉽게 일어난다.

▶ 그림 24.13 **작용 중인 회절현상**. 소나무 사이로 통과하는 햇살에 의해 만들어지는 회절무늬.

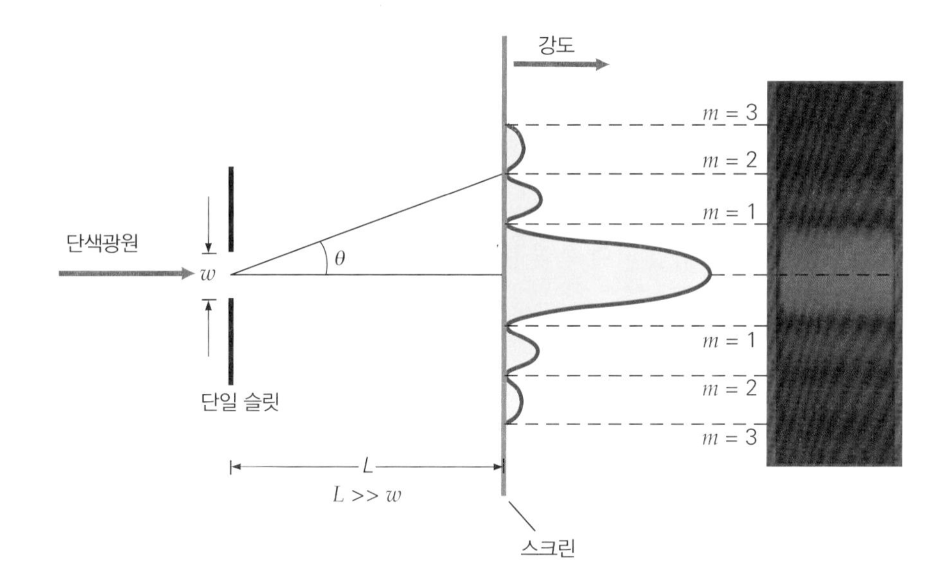

◀그림 24.14 **단일 슬릿 회절.** 단일 슬릿에 의한 빛의 회절은 회절무늬가 폭이 넓은 밝은 무늬가 중앙에 있고 양옆으로 그보다 훨씬 폭이 좁은 밝은 무늬 띠가 좌우 대칭으로 생긴다. 차수라고 정의되는 m은 극소 또는 어두운 무늬의 위치를 일컫는다.

그러나 가시광선의 파장은 10^{-7} m 정도이다. 그러므로 이런 파에서는 회절현상이 눈에 띄지 않고, 특히 문과 같이 큰 개구부에서도 소리에 대해서는 충분히 회절현상을 감지할 수 있지만 빛에 대해서는 큰 구멍이라 회절현상은 눈에 잘 띄지 않는다. 그러나 소나무 사이로 태양광선에 의해 만들어지는 회절현상을 쉽게 목격할 수 있다(그림 24.13).

단일 슬릿 회절에서 보였던 것과 같이 장애물에 하나의 슬릿이 있는 경우를 살펴보자(그림 24.14). 폭 w인 슬릿에 단색광이 통과한다고 하자. 중앙극대를 포함한 회절무늬와 일련의 대칭되는 부극대(보강간섭 영역)가 슬릿으로부터 길이 $L(L \gg w)$만큼 떨어진 스크린상에 나타난다.

따라서 회절무늬는 슬릿을 지나는 파면 상에 다양한 점이 하나의 광원 역할을 한 결과로 생긴 것이다. 이들 파의 간섭은 회절의 극대 극소를 야기하는 것이다. 복합적인 분석은 여기서는 생략하고 단순한 기하학적 도형을 이용하여 극소 영역(상쇄간섭 영역)을 규정할 수 있는 관계는 식 (24.8)을 만족한다.

$$w \sin\theta = m\lambda, \quad m = 1, 2, 3, \ldots \quad \text{(회절의 극소 조건)} \qquad (24.8)$$

여기서 θ는 어느 특정 극소(어두운 곳)의 각이며 $m = 1, 2, 3, \ldots$으로 표시하고, 중앙의 밝은 곳을 중심으로 양쪽에 있고 m은 차수다. ($m = 0$은 없다. 왜일까?)

이 결과가 영의 이중 슬릿 실험의 경우와 같은 형태의 공식(식 24.3)이긴 하지만 그때의 위치는 극대를 지정하는 공식인 반면에 지금 것은 극소를 지정하는 공식이라는 것이 아주 중요하다. 또한 슬릿의 폭(w)이 공식에 포함되어 있음을 유의하라. 물리적으로 이는 단일 슬릿에 의한 회절이지 이중 슬릿에 의한 간섭이 아니다.

$y \ll L$일 때 아주 작은 각에 의한 근사에서 $\sin\theta \approx \tan\theta = y/L$로 쓸 수 있다. 이 경우 중앙 극대에서 극소까지의 거리는 다음과 같은 관계가 있다.

$$y_m = m\left(\frac{L\lambda}{w}\right), \quad m = 1, 2, 3, \ldots \quad \text{(극소의 위치)} \qquad (24.9)$$

식 24.9에서 정성적으로 다음과 같은 재미있고도 유익한 사실들을 예상할 수 있다.

- 주어진 슬릿 폭(w)에 대해 파장(λ)이 클수록 회절무늬는 폭이 넓어진다(더 퍼진다).
- 주어진 파장(λ)에 대해 슬릿 폭(w)이 좁을수록 회절무늬는 폭이 더 넓어진다.
- 중앙극대의 폭은 양옆 극대 폭의 두 배이다.

이와 같은 결과를 자세히 살펴보자. 슬릿을 좁혀 가면 중앙극대와 양 측면의 극대는 점점 퍼져 크게 된다. 식 24.9는 슬릿의 폭이 아주 작을 때는 (작은 각에 대한 근사 때문에) 적용할 수 없다. 만약 슬릿 폭이 빛의 파장 정도까지 작게 되면 중앙의 밝은 곳은 전체 스크린으로 퍼져나간다. 즉, 회절은 사용된 슬릿의 폭이 빛의 파장과 거의 같게 되면 회절은 극적으로 명확해진다. 회절효과는 $\lambda/w \approx 1$일 때 또는 $w \approx \lambda$일 때 쉽게 관측된다.

반대로 주어진 파장에 대해 슬릿의 폭이 커지면 회절무늬의 퍼짐이 줄게 된다. 슬릿의 폭이 파장보다 훨씬 더 클 때($w \gg \lambda$) 극대들은 점점 모여 사실상 밝은 곳들의 구분이 없어진다. 회절무늬는 슬릿의 상을 나타내는 중앙극대 주위에 흐릿한 그늘을 만든다. 이런 형태의 무늬는 커튼을 드리운 어두운 방에 커튼 구멍 사이로 햇빛이 드리울 때 나타나는 상에서 관측될 수 있다. 이런 관측은 실험 과학자들이 빛의 파동적 성질을 연구하게 된 계기가 되었다. 물리광학에서 제공한 회절의 설명 때문에 이 개념은 여러 분야에서 받아들여지게 되었다.

중앙 밝은 곳의 폭은 양옆 극대 폭의 두 배이다. 양옆의 첫 번째 극소($m = 1$)와 극소 사이의 거리 또는 값 $2y_1$은 $y_1 = L\lambda/w$과 식 24.9에서 얻을 수 있다.

$$2y_1 = \frac{2L\lambda}{w} \quad \text{(중앙극대의 폭)} \tag{24.10}$$

같은 방법으로 양옆 극대의 폭은 다음과 같다.

$$y_{m+1} - y_m = (m+1)\left(\frac{L\lambda}{w}\right) - m\left(\frac{L\lambda}{w}\right) = \frac{L\lambda}{w} = y_1 \tag{24.11}$$

그러므로 중앙극대의 폭은 측면의 극대 폭의 두 배이다.

예제 24.3 단일 슬릿 회절–파장과 중앙극대

단색광이 폭이 0.050 mm인 슬릿을 지난다. (a) 회절무늬의 퍼짐은 일반적으로 (1) 파장이 길 때 커진다. (2) 파장이 작을 때 커진다. (3) 모든 파장에서 같다. (b) 스크린이 슬릿에서 1.0 m 떨어져 있을 때 파장이 각각 $\lambda = 400$ nm와 550 nm일 때 각각 세 번째 극소를 볼 수 있는 각도와 중앙극대의 폭을 구하라.

풀이

(a) 회절의 조건에 의하면 쉽게 답을 얻을 수 있다. 답은 (1)이다.

(b) 문제상 주어진 값:

$\lambda_1 = 400\text{ nm} = 4.00 \times 10^{-7}\text{ m}$
$\lambda_2 = 550\text{ nm} = 5.50 \times 10^{-7}\text{ m}$
$w = 0.050\text{ mm} = 5.0 \times 10^{-5}\text{ m}$
$m = 3$
$L = 1.0\text{ m}$

파장이 $\lambda = 400$ nm의 경우:
식 24.8로부터 다음을 얻는다.

$$\sin\theta_3 = \frac{m\lambda}{w} = \frac{3(4.00\times10^{-7}\,\mathrm{m})}{5.0\times10^{-5}\,\mathrm{m}} = 0.024$$

그래서 $\theta_3 = \sin^{-1} 0.024 = 1.4°$

식 24.10에서

$$2y_1 = \frac{2L\lambda}{w} = \frac{2(1.0\,\mathrm{m})(4.00\times10^{-7}\,\mathrm{m})}{5.0\times10^{-5}\,\mathrm{m}} = 1.6\times10^{-2}\,\mathrm{m}$$
$$= 1.6\,\mathrm{cm}$$

를 구할 수 있다.

파장이 $\lambda = 550$ nm의 경우:

$$\sin\theta_3 = \frac{m\lambda}{w} = \frac{3(5.50\times10^{-7}\,\mathrm{m})}{5.0\times10^{-5}\,\mathrm{m}} = 0.033$$

그래서 $\theta_3 = \sin^{-1}0.033 = 1.9°$

$$2y_1 = \frac{2L\lambda}{w} = \frac{2(1.0\,\mathrm{m})(5.50\times10^{-7}\,\mathrm{m})}{5.0\times10^{-5}\,\mathrm{m}} = 2.2\times10^{-2}\,\mathrm{m}$$
$$= 2.2\,\mathrm{cm}$$

24.3.1 회절격자

단색광이 한 쌍의 이중 슬릿을 지나갈 때 간섭에 이어 회절로 생긴 극대와 극소를 보았다. 슬릿의 수를 증가시킬 때 밝은 영역은 더욱 선명해 (폭이 좁아지고) 어두운 영역은 넓어진다. 아주 좁은 이 극대는 광원의 광학적 분석과 다른 여러 응용에 매우 유용하게 쓰인다. 그림 24.15는 슬릿 간격이 촘촘한 많은 수의 슬릿으로 만든 **회절격자**(diffraction grating)에 단색광을 입사시키는 전형적인 실험모습을 보여주고 있다. 회절격자를 정의하는 데 두 가지 인수가 있다. 즉, 서로 연속적으로 이웃하는 슬릿 사이의 간격인 슬릿 분리거리 d(= **격자상수**)와 개개의 슬릿 폭 w이다. 결과적으로 생긴 회절과 간섭의 무늬는 그림 24.16에서 보여준다.

만약에 광선이 격자를 투과하면 투과격자라고 한다. 그러나 반사격자도 흔히 사용된다. 매우 촘촘한 트랙을 가진 콤팩트디스크(CD)는 반사격자 역할을 하고 우리에게 친숙한 무지개 빛 광택을 낸다(그림 24.17). 상업적인 원판(master)격자는 광학적으로 평평한 판에 알루미늄 박막의 피복을 입혀 그 반사판 금속의 일부분을 일정한 간격으로 평행하게 제거시켜 만든다. 정확한 회절격자는 특정각도에서 교차하는 두

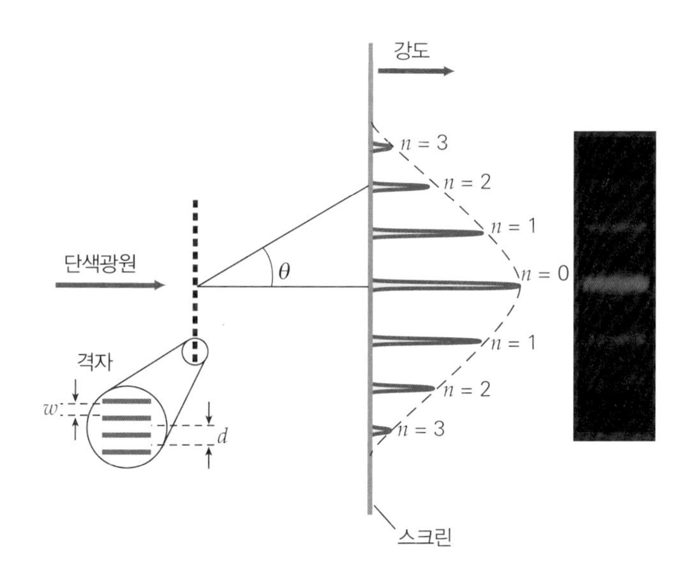

◀ 그림 24.15 **회절격자.** 회절격자는 명확하게 정의되는 회절-간섭무늬를 만든다. 격자판은 두 가지 인수에 의해 정의된다. 즉, 슬릿 분리거리 d와 슬릿 폭 w이다. 다중 슬릿 간섭과 단일 슬릿 회절의 결합은 밝은 점들의 여러 차수에 따른 세기분포를 결정한다.

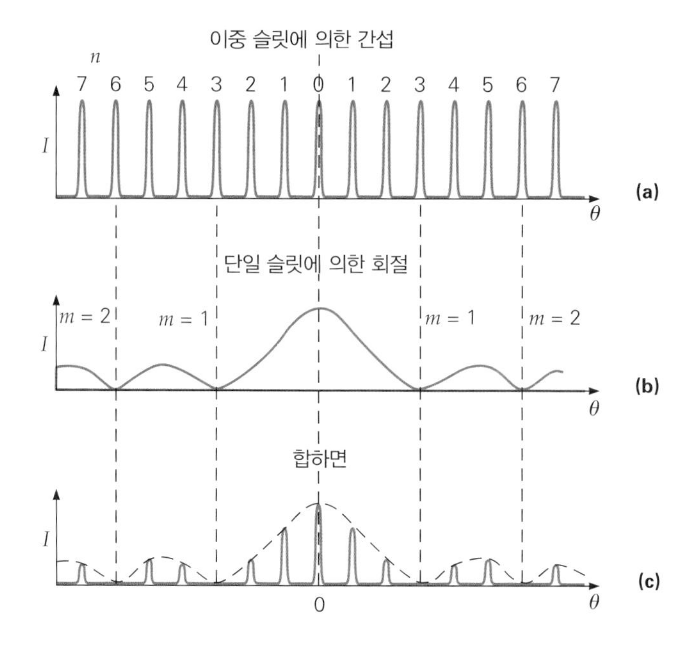

▶ 그림 24.16 **회절과 간섭의 세기분포.** (a) 간섭은 회절무늬의 극대 위치를 결정한다. $d \sin\theta = n\lambda$, $n = 0, 1, 2, 3, \ldots$ (b) 회절은 회절무늬의 극소 위치를 결정한다. $w \sin\theta = m\lambda$, $m = 1, 2, 3, \ldots$ 그리고 위치에 따른 상대적인 빛의 강도 분포를 알려준다. (c) 회절과 간섭의 조합(곱)은 전체적인 강도 분포를 결정한다.

▲ 그림 24.17 **회절효과.** CD의 좁은 홈은 반사회절격자처럼 작용하여 화려한 색을 발현한다.

개의 가간섭성 레이저빔을 사용하여 만든다. 레이저빔은 감광성의 물질층에 조사되고, 이를 부식(etch)되게 한다. 정밀한 격자는 1 cm당 30000선 또는 그 이상으로 만들기 때문에 대단히 만들기 힘들고 비싸다. 대부분의 실험기구로 사용하는 격자는 높은 정밀도의 원판 격자를 플라스틱 주물로 복제한 복제 격자이다.

단색광을 비추었을 때 밝은 간섭무늬를 보이는 곳은 이중 슬릿의 경우에 밝은 곳이 되는 조건과 같다는 것을 보여줄 수 있다.

$$d \sin\theta = n\lambda, \quad n = 0, 1, 2, 3, \ldots \quad (\text{회절격자 간섭극대}) \tag{24.12}$$

여기서 n을 **차수**라 부르며 θ는 주어진 특별한 파장에 대해 극대가 일어나는 각도이다. 0차수의 밝은 곳은 중앙극대에 해당한다. 이웃하는 슬릿 사이의 간격(d)은 선의 수 또는 격자의 단위 길이당 슬릿 개수($d = 1/N$)에서 얻는다. 예를 들어 $N = 5000$ 선의 수/cm라면 다음을 얻는다.

$$d \approx \frac{1}{N} = \frac{1}{5000/\text{cm}} = 2.0 \times 10^{-4}\ \text{cm}$$

만약 격자에 입사하는 빛이 백색광(여러 색이 혼합된 빛)이라면, 극대는 여러 색깔의 빛을 갖는다(그림 24.18a). 제0자수에서는 빛을 이루는 성분들이 각각 편향되지

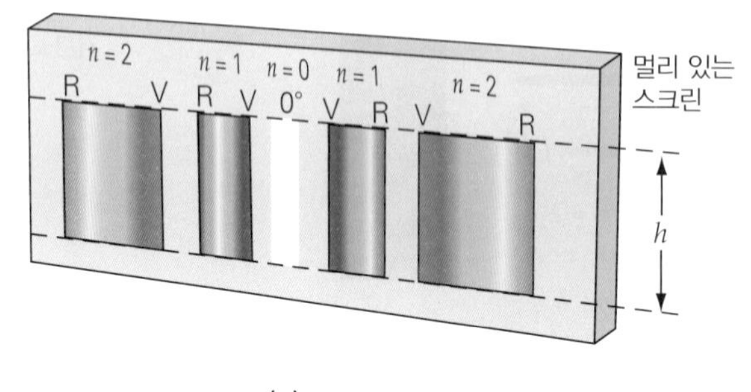

(a)

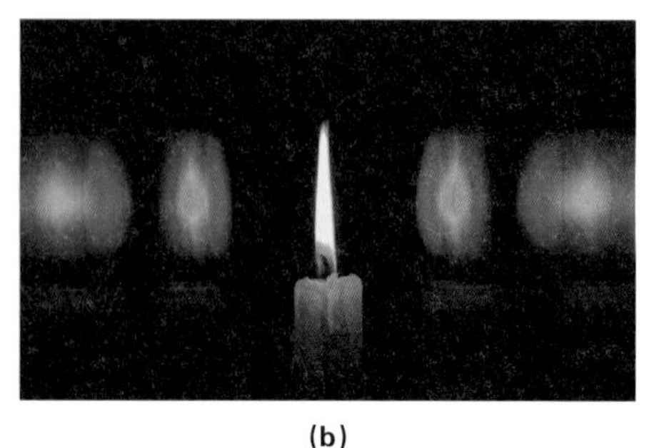

(b)

▶ 그림 24.18 **분광기.** (a) 중앙 양쪽의 밝은 곳에 각기 다른 파장 성분(R = 빨간색, V = 보라색)이 분리되어 있다. 이런 편향은 빛의 파장과 $\theta = \sin^{-1}(n\lambda/d)$의 관계가 있기 때문이다. (b) 촛불을 사용하여 얻어진 회절무늬.

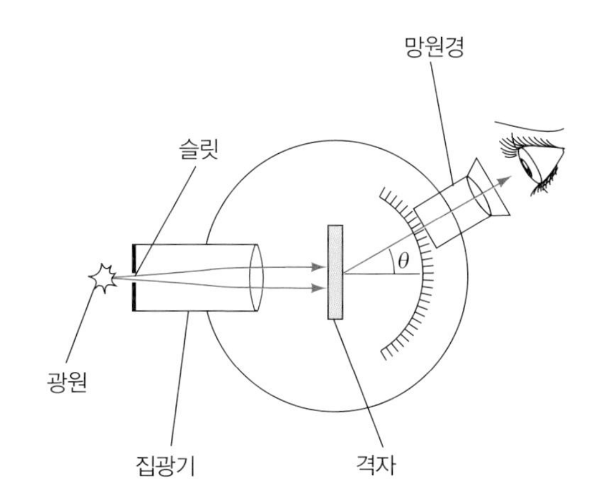

◀그림 24.19 **분광계.** 분광계는 사용한 광원 빔의 파장을 결정하기 위해 격자판이 사용된다. 각 파장의 회절각을 계측하고 광원을 이루고 있는 서로 다른 파장을 나누어 사용한 광원을 분석하는 데 사용한다.

않으므로 (모든 파장에 대해서 $\sin\theta = 0$이므로) 중앙에서의 색은 흰색이다. 그러나 차수가 높아지면 색은 분리되는데 이는 극대의 위치가 (식 24.12에 따라) 파장과 관련되기 때문이다. 파장이 길수록 더 큰 θ를 갖고 그림 24.18b와 같은 스펙트럼을 만들어낸다.

회절격자를 사용해서는 한정된 수의 스펙트럼 차수를 얻을 뿐이다. 차수의 수는 광원의 파장과 격자상수(d)와 관련되어 있다. 식 24.12에서 θ는 90° 넘을 수 없으므로(즉, $\sin\theta \leq 1$) 다음의 조건을 얻는다.

$$\sin\theta = \frac{n\lambda}{d} \leq 1 \quad \text{또는} \quad n_{\text{max}} \leq \frac{d}{\lambda}$$

격자에 의해 만들어진 선명한 분광선은 **분광계**라 부르는 기기에 사용된다(그림 24.19). 이 분광계를 사용하여 물질에 여러 가지 파장을 가진 빛을 쬐어 그 물체가 어떤 파장의 빛을 많이 흡수하는지 또는 투과하는지를 알 수 있다. 그래서 그 물질의 흡수성을 관측할 수 있고 물질의 특성을 결정할 수 있다.

예제 24.4 회절격자 - 격자상수와 분광 차수

어떤 특별한 회절격자가 파장이 500 nm인 빛에 대해 32°에서 분광 차수 $n = 2$를 만들었다.

(a) 1 cm당 얼마나 많은 격자 선이 있겠는가?

(b) $n = 3$인 차수의 빛은 어떤 각도에서 관측되는가?

(c) 관측될 수 있는 최고 차수는?

풀이

문제상 주어진 값:

(a) $\lambda = 500\text{ nm} = 5.0 \times 10^{-7}\text{ m}$

$n = 2$일 때 $\theta = 32°$

(b) $n = 3$

(c) $\theta_{\text{max}} = 90°$

(a) 식 24.12를 사용하여 격자의 간격을 구한다.

$$d = \frac{n\lambda}{\sin\theta} = \frac{2(5.00 \times 10^{-7}\text{ m})}{\sin 32°} = 1.887 \times 10^{-6}\text{ m}$$

$$= 1.89 \times 10^{-4}\text{ cm}$$

그러므로 1 cm당 격자선의 수는 다음과 같다.

$$N = \frac{1}{d} = \frac{1}{1.89 \times 10^{-4}\text{ cm}} = 5300\text{ lines/cm}$$

(b)

$$\sin\theta = \frac{n\lambda}{d} = \frac{3(5.00 \times 10^{-7}\text{ m})}{1.89 \times 10^{-6}\text{ m}} = 0.794$$

그러므로 다음과 같다.

$$\theta = \sin^{-1} 0.794 = 52.6°$$

(c)

$$n_{max} = \frac{d \sin\theta_{max}}{\lambda} = \frac{(1.89 \times 10^{-6}\ \text{m})\sin 90°}{5.00 \times 10^{-7}\ \text{m}} = 3.8$$

즉, $n = 3$ 차수는 보이지만 $n = 4$ 차수는 보이지 않는다는 것을 의미한다.

24.3.2 X-선 회절

원래 어떤 전자기파의 파장도 적절한 간격을 갖는 회절격자에 의해 그 파장을 결정할 수 있다. 20세기 초반에 X-선의 파장을 결정하기 위해 회절을 이용하였다. X-선의 파장은 10^{-10} m 또는 0.1 nm (이것은 가시광선 파장보다 훨씬 짧은 파장이다) 정도가 될 것이라는 실험적인 증거는 있었지만 이를 알아낼 수 있는 좁은 간격의 회절격자를 만들기란 불가능하였다. 1913년경 독일의 물리학자 막스 폰 라우에(Max von Laue, 1879~1960)는 결정체인 고체에서 원자들은 일정한 간격으로 원자가 배열되어 있고 그 원자 사이의 간격이 약 0.1 nm 정도 되어 결정을 마치 회절격자처럼 취급할 수 있다는 것을 제안했다(그림 24.20). X-선을 결정고체에 조사시키면 정말로 회절무늬가 관측된다(그림 24.20b).

그림 24.20a는 소금 같은 결정 내의 원자로 이루어진 판 층에 의한 회절을 보여주고 있다. 경로 차는 $2d \sin\theta$이다. 여기서 d는 결정의 내부 판 층 사이의 거리이다. 따라서 보강간섭에 대한 조건은 다음과 같다.

$$2d \sin\theta = n\lambda, \quad n = 1, 2, 3, \ldots \qquad (24.13)$$

(보강간섭, X-선 회절)

이 관계는 브래그 법칙이라고 알려져 있다. 영국의 물리학자 브래그(W. L. Bragg, 1890~1971)에 의해 처음 유도되었다. 여기서 θ는 법선으로부터 구해진 각도가 아니며 광학에서 사용한 표기 방법을 따라 정해진다. X-선 회절은 물론 단순한 결정격자

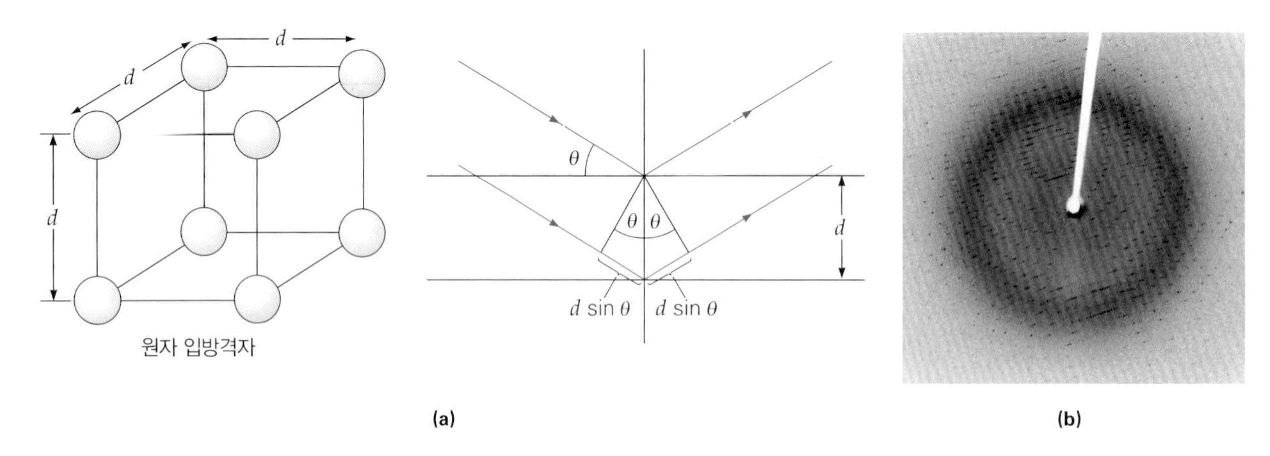

▲ 그림 24.20 **결정에서 회절.** (a) 결정격자에서 원자들의 배열은 회절격자처럼 행동한다. 그리고 X-선은 원자들의 판층에서 회절된다. 격자 간 간격이 d인 경우 이웃하는 판 사이의 X-선의 경로차는 $2d \sin\theta$이다. (b) 결정의 X-선 회절무늬(3C1pro, SARS 단백질).

의 구조를 알아내는 데 사용되지만 단백질이나 DNA 같은 커다랗고 복잡한 생물학적 분자들을 관측하는 데도 사용된다. X-선의 짧은 파장은 분자 내의 원자간 거리와 비교될 정도로 작으므로 분자 내의 원자의 구조를 알아내는 방법에도 사용된다.

24.4 편광

편광된 빛이라는 말을 생각하면 우린 편광렌즈(또는 폴라로이드)로 만든 선글라스를 떠올리게 된다. 왜냐하면 이 선글라스가 편광의 가장 보편적인 응용 중 하나이기 때문이다. 어떤 것이 편광되었다는 말은 그것이 우선적으로 선호하는 방향이나 배위(orientaion)를 가지고 있다는 뜻이다. 빛의 파동의 경우 편광은 횡파(전기장)진동의 방향을 일컫는 말이다.

20.4절에서 빛은 전기장과 자기장(각각 $\vec{\mathbf{E}}$와 $\vec{\mathbf{B}}$)이 전파 방향에 수직(횡으로)하게 진동하는 전자기파임을 배웠다. 대부분의 광원에서 나오는 빛은 광원의 원자에서 방출되는 많은 수의 전자기파로 구성되어 있다. 각 원자에서 방출되는 빛은 원자의 진동 방향에 대응하는 특유의 방향을 갖는 파를 만들어낸다. 그러나 전형적인 광원으로부터 나오는 많은 전자기파는 많은 원자에서 생성되기 때문에 방출된 빛에는 무작위로 배위를 가지는 많은 전기장 $\vec{\mathbf{E}}$가 존재한다. $\vec{\mathbf{E}}$의 배위가 무작위적일 때 그 빛은 편광되지 않은 빛이라 한다. 이런 상황을 그림 24.21a에서처럼 전기장 벡터로 개략적으로 설명할 수 있다.

빛이 진행하는 방향으로 볼 때 전기장 $\vec{\mathbf{E}}$는 모든 방향으로 동등하게 분포한다. 그러나 빛이 진행하는 방향에서 평행하게 보면, 두 방향(2차원 좌표계에서 x와 y방향처럼)에서 무작위적 또는 같은 분포로 표현할 수 있다. 여기서 수직 방향의 화살표는

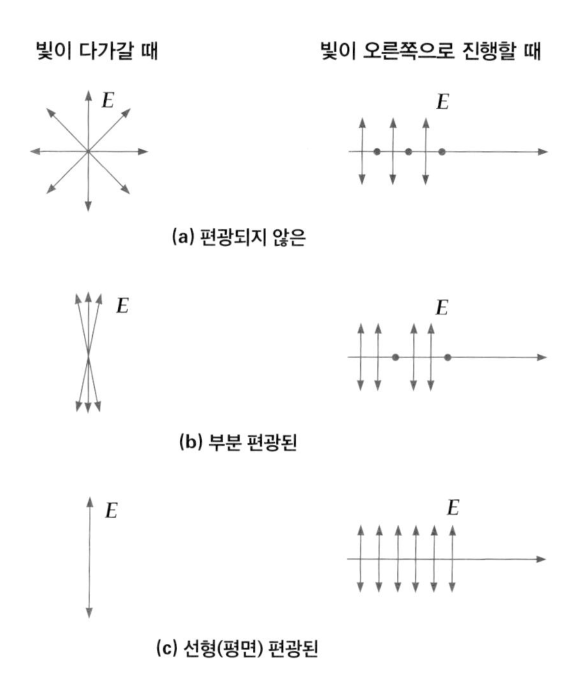

◀그림 24.21 **편광.** 편광은 전기장의 진동평면의 방향에 의해 설명된다. (a) 전기장 벡터들이 무작위적인 방향을 가질 때 빛은 편광되지 않는다. 점은 전기장 방향이 지면에 수직하게 됨을 표시한다. 수직의 화살표는 전기장 방향이 아래–위로 향함을 뜻한다. 편광되지 않은 빛을 화살표의 수와 점의 수가 같게 놓이므로 표시했다. (b) 전기장 벡터의 우선 방향이 있을 때 빛은 부분적으로 편광되었다고 말한다. 그림에서는 점의 수가 화살표의 수보다 더 적다. (c) 벡터들이 한 평면상에 놓여 있을 때 빛은 평면편광 또는 선편광되어 있다고 한다. 이 그림에서는 점들이 보이지 않는다.

진행 방향에서 $\vec{E}$의 벡터성분을 나타내며 점은 지면을 뚫고 나가고 들어오는 방향이다. 이 표현 방식은 이 절의 전체에 쓰일 것이다.

만약 전기장 벡터에서 우선되는 방향이 있으면 그 빛을 부분적으로 편광된 빛이라고 말한다. 그림 24.20b에서 전기장 방향 벡터는 수평 방향보다 수직 방향으로 더 많이 있다. 만약 전기장이 오직 한 평면에서만 진동하면 빛은 평면 편광 또는 선형 편광되어 있다고 한다. 그림 24.21c에서 $\vec{E}$가 모두 수직 방향이고 수평 방향이 없다. 편광이 빛이 횡파라는 증거인 것에 주목하라. 소리와 같은 종파는 매질의 분자들이 전달 방향의 수직으로 진동하지 않기 때문에 편광과 같은 성질을 가질 수 없다.

빛은 많은 방법으로 편광된다. 선택 흡수와 반사 그리고 이중굴절에 의한 편광은 여기서 취급하기로 하겠다. 산란에 의한 편광은 24.5절에서 다루겠다.

24.4.1 선택 흡수에 의한 편광(이색성)

예를 들면 전기석 같은 어떤 종류의 결정들은 다른 방향에 비해 어느 특정 방향에서 전기장 $\vec{E}$ 성분 중 한 성분을 더 흡수하는 흥미로운 현상을 보인다. 이 성질을 **이색성**(dichroism)이라 한다. 만약 이색성이 있는 결정이 충분히 두껍다면 더 강하게 흡수한 성분은 완벽하게 흡수될 것이다. 그 경우 광물을 빠져나오는 빛은 선형 편광된 빛이 나온다(그림 24.22).

또 다른 이색성을 갖는 결정은 황화 퀴닌 과요오드 화합물이다[1852년 이 물질의 편광성질에 대해 연구했던 영국의 과학자 헤라파트(W. Herapath)의 이름을 따 **헤라파타이트**(herapathite)라 부른다]. 이 결정은 현재의 편광기의 발전에 실제적인 중요한 역할을 했다. 1930년경 미국의 과학자 랜드(Edwin H. Land, 1909~1991)는 투명한 셀룰로이드에 얇고 바늘 모양의 이색성 결정을 가지런히 배열하는 방법을 발견했다. 그 결과 얇은 판 모양의 편광물질이 가능해졌는데 이것의 상업적 이름이 **폴라로이드**(Polaroid)이다.

셀룰로이드 대신에 합성된 중합체를 사용함으로써 더 좋은 편광필름이 개발되었다. 제조공정을 거치는 동안 이 필름은 중합체의 긴 분자사슬을 정렬시키기 위해 늘인다. 적당한 처치를 하면 바깥쪽(원자가) 전자는 분자사슬 방향으로 움직일 수 있다. 그 결과 분자사슬의 평행한 방향의 $\vec{E}$를 갖는 빛은 흡수되지만 분자사슬에 수직

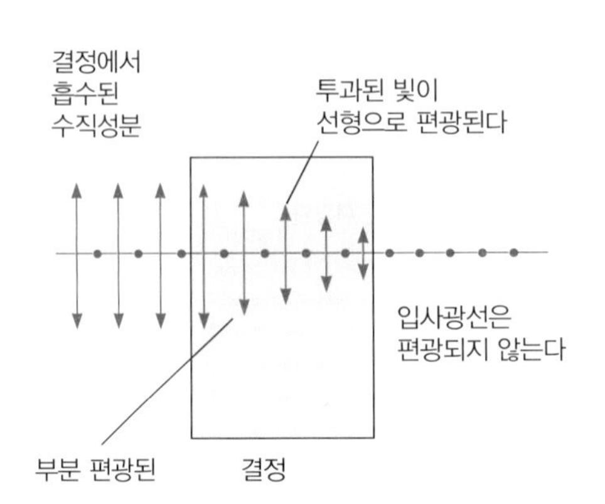

▶ 그림 24.22 **선택적 흡수(이색성).** 이색성 결정은 다른 성분에 비해 특정한 한 편광성분만을 선택적으로 흡수한다(그림에서는 수직성분). 만약 결정이 충분히 두껍다면 이 결정을 빠져나오는 빛은 선형 편광되어 있다.

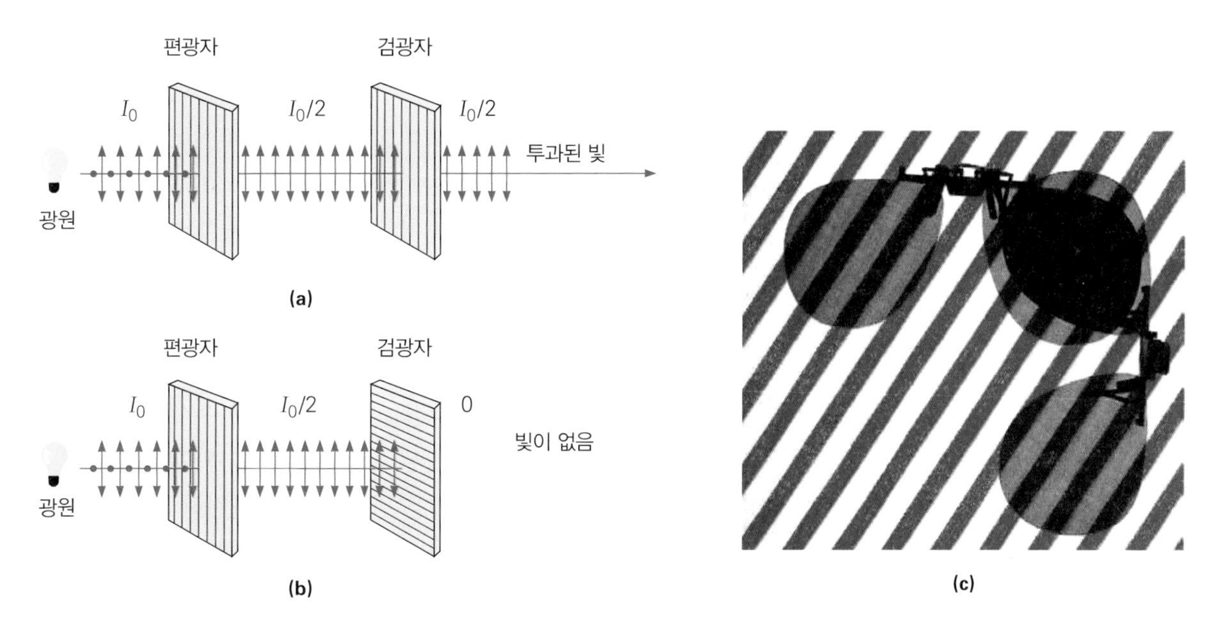

▲ 그림 24.23 **편광판.** (a) 두 개의 편광판을 그들의 투과축이 같도록 배열해 놓았을 때 나오는 빛은 편광된다. 첫 번째 판을 편광기, 두 번째 판을 검광판으로 취급할 수 있다. (b) 판들 중 하나를 90° 회전시켰을 때, 그래서 두 판의 투과축이 서로 수직일 때(교차편광판) 거의(이상적으로는 완전히) 빛이 투과되지 않는다. (c) 편광 선글라스를 수직으로 포개 놓았을 때.

한 방향의 빛은 그냥 투과된다. 분자사슬의 방향에 수직한 방향을 **투과축**(transmission axis) 또는 **편광 방향**(the polarization direction)이라 한다. 편광되지 않은 빛이 이 편광박판에 오면 이 박판은 편광기처럼 작용해 투과된 빛은 편광된 빛이 된다(그림 24.23).

두 전기장 $\vec{\mathbf{E}}$ 벡터성분 중 한 성분이 흡수되므로 편광기를 통과한 빛의 세기는 입사된 빛의 세기보다 절반($I_0/2$)으로 줄게 된다. 사람의 눈은 편광된 빛과 편광되지 않은 빛의 차이를 구별해내지 못한다. 빛이 편광되어 있는지 아닌지를 알기 위해 우리는 또 다른 편광판인 검광판(analyzer)을 사용해야만 한다. 그림 24.23a에서 본 바와 같이 검광판의 투과축이 편광판에 수직이라면 거의 빛이 투과되지 못할 것이다(이상적인 경우 전혀 투과되지 않는다).

일반적으로 투과된 빛의 세기는 다음과 같이 주어진다.

$$I = I_0 \cos^2 \theta \quad \text{(말루스의 법칙)} \tag{24.14}$$

여기서 θ는 편광기의 투과축과 검광판의 투과축 사이의 각이다. 이 식은 이를 발견한 프랑스의 물리학자 말루스(E. L. Malus, 1775~1812)의 이름을 따서 **말루스의 법칙**(Malus' law)이라고 한다.

3차원 영화를 볼 때 각기 다른 편광축을 갖는 편광렌즈를 사용한다. 약간의 거리를 둔 두 개의 카메라를 사용해 찍은 영상을 역시 두 개의 영사기를 통해 약간씩 다른 영상을 스크린에 투영시킨다. 각각의 영사기에서 나온 빛을 서로 수직되게 선편광시킨다. 그러면 사람의 한 눈은 한 영사기에서 나온 빛을 그리고 다른 눈은 다른 프로젝터에서 나온 빛을 각기 따로 본다. 보이는 두 영상에서 원근의 차이(또는 시야 각도의 차이)를 받아들이고 이를 평상시 보는 것처럼 입체감이 있는 것처럼 또는 삼차원 영상처럼 해석한다.

24.4.2 반사에 의한 편광

비편광된 빛이 유리 같은 평평하고 투명한 판에 닿을 때 빛은 부분적으로 반사하고 부분적으로 투과한다. 반사된 빛은 입사된 빛의 각도에 따라 완전히 편광되거나 부분적으로 편광되거나 아니면 비편광된 빛이 될 것이다. 0° 또는 입사면에 수직인 경우 비편광된다. 입사각이 0°로부터 변하면 반사된 빛과 굴절된 빛 둘 다 부분적으로 편광된다. 예를 들어 입사면(입사, 반사, 굴절 광선을 포함한 면)에 수직한 전기장 $\vec{\mathbf{E}}$ 성분은 더욱더 강하게 반사되어 부분적으로 편광된 빛을 만든다(그림 24.24a).

그러나 빛이 어떤 특별한 각도일 때 반사된 빛은 반사에 대해 완전히 편광된다(그림 24.24b). (그러나 이 각에서도 굴절된 빛은 단지 부분적으로 편광된다.)

스코틀랜드의 물리학자 브루스터(David Brewster, 1781~1868)는 반사와 굴절각이 직각을 이룰 때 반사되는 빛은 완전히 편광되는 것을 발견했다. 이런 완전 편광이 이루어지는 입사각을 **편광각**(polarizing angle, θ_p) 또는 **브루스터각**(Brewster angle)이라고 하는데, 이 각은 두 매질의 굴절률과 관계된다. 그림 24.25b에서 반사와 굴절된 빛은 90°이며 입사각은 편광각이 된다. 굴절의 법칙에 의해(22.3절 참조)

$$n_1 \sin\theta_1 = n_2 \sin\theta_2$$

$\theta_1 + 90° + \theta_2 = 180°$ 또는 $\theta_2 = 90° - \theta_1$이므로 $\sin\theta_2 = \sin(90° - \theta_1) = \cos\theta_1$.

그러므로

$$\frac{\sin\theta_1}{\sin\theta_2} = \frac{\sin\theta_1}{\cos\theta_1} = \tan\theta_1 = \frac{n_2}{n_1}$$

이 된다.

$\theta_1 = \theta_p$ 조건으로

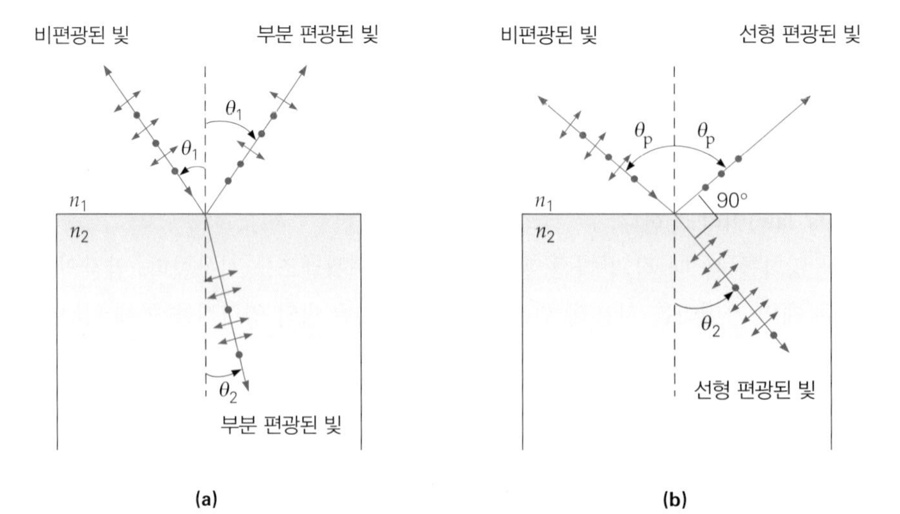

▶ 그림 24.24 **반사에 의한 편광.** (a) 빛이 매질의 경계에 닿으면 반사된 빛과 굴절된 빛은 보통 부분적으로 편광된다. (b) 반사된 빛과 굴절된 빛이 90° 각을 이룰 때 반사된 빛은 선형 편광된다. 그리고 굴절된 빛은 부분적으로 편광된다. 이런 경우는 $\theta_1 = \theta_p = \tan^{-1}(n_2/n_1)$일 때 발생한다.

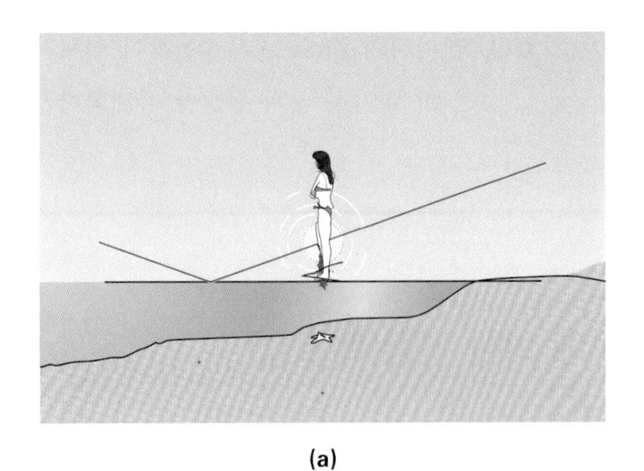

(a)

(b)

◀그림 24.25 **눈부심 줄이기.** (a) 수평면에서 반사되는 빛은 수평 방향으로 부분 편광된다. 안경을 투과축이 수직이 되게 두면 태양빛이 수평면으로 편광된 성분은 안경을 투과하지 못하므로 눈부심이 줄어든다. (b) 카메라 필터도 같은 맥락으로 사용된다. 오른쪽에 있는 사진은 그런 필터를 사용해서 찍은 것이다. 물 표면에서 반사가 줄어든 것을 주목하라.

$$\tan\theta_p = \frac{n_2}{n_1} \quad \text{또는} \quad \theta_p = \tan^{-1}\left(\frac{n_2}{n_1}\right) \qquad (24.15)$$

만약 처음 매질이 공기($n_1 = 1$)이고, 두 번째 매질의 굴절률이 $\theta_p = n_2/1 = n_2 = n$, 여기서 n은 두 번째 매질의 굴절률이다.

이제 우린 편광렌즈로 만든 선글라스가 왜 발명되었는지 그 이유를 이해할 수 있다. 빛은 편평한 표면에서 반사될 때 부분적으로 편광된다. 편광의 방향은 대부분 표면에 평행한 방향이다(그림 24.25b에서 수평 방향을 보라). 반사된 빛은 너무 강해서 눈부심을 일으킨다(그림 24.25a). 이와 같은 눈부심 효과를 줄이기 위해서 편광안경은 투과 축을 수직하게 배위를 두면 반사로 인해 부분편광된 빛이 어느 정도는 흡수된다. 편광 필터는 카메라에 부착해서 간섭이나 눈부심이 없는 깨끗한 영상을 제공하게 한다(그림 24.25b).

예제 24.5 반사에 의한 브루스터 편광각

셀렌화아연(ZnSe = Zinc Selenide)은 출력이 강한 CO_2 레이저 창에 사용된 물질이다. ZnSe는 파장 10.6 μm에 대해 굴절률이 2.40이고 CO_2는 굴절률이 1.00이다. 반사된 레이저 광선이 최대 편광이 되기 위해서 입사각은 얼마여야 하는가?

풀이

문제상 주어진 값:

$n_1 = 1.00$

$n_2 = 2.40$

θ_p는 브루스터 편광각이다. 식 24.15에서

$$\theta_p = \tan^{-1}\left(\frac{n_2}{n_1}\right) = \tan^{-1}\left(\frac{2.40}{1.00}\right) = 67.4°$$

CO_2 레이저의 ZnSe 창은 이 각이 입사각이 되도록 설치하는데, 그것은 이 레이저 빛의 편광을 극대화하기 위해서다.

24.4.3 이중굴절에 의한 편광(복굴절)

단색광이 유리를 통과해 지나갈 때 그 속도는 모든 방향에서 동일하며 하나의 굴절률에 의해 결정된다. 매질의 이런 성질을 등방성이라 하는데 모든 방향에 대해 같은 광학적 성질을 갖는다는 의미를 갖는다. 수정이나 방해석 그리고 얼음 같은 결정 물질들은 비등방성 물질이다. 즉, 물질 내에서 방향에 따라 물질의 굴절률이 달라지므로 빛의 속도는 방향에 따라 그 값이 달라진다. 비등방성은 몇 가지 흥미로운 광학적 성질을 나타낸다. 그중 **복굴절**(birefringence)이라 부르는 이중굴절 현상과 편광현상이 포함되어 있다.

예를 들면 비편광된 빛이 복굴절성 결정인 방해석($CaCO_3$, 탄산칼슘)에 입사되는 과정을 그림 24.26에 그렸다. 빛이 특별한 광석의 결정축에 대해 어떤 각도로 입사되면 빛은 이중으로 굴절되어 두 성분 또는 두 광선으로 분리된다. 이들 두 광선은 서로 상대적으로 수직하게 선형 편광되어 있다. 한 광선을 **정상**(o) **광선**이라 하고 일직선으로 결정을 통과하며 이 광선에 대한 매질의 굴절률은 n_o이다. **이상**(e) **광선**으로 부르는 두 번째 광선은 매질에서 굴절되며 이 광선에 대한 매질의 굴절률은 n_e이다. 결정의 특별한 축을 그림 24.26a에 점선으로 그려져 있는데, 이를 광축이라 한다. 이 방향을 따라 투과하는 광선은 아무런 이상 현상이 목격되지 않는다.

어떤 투명한 물질은 선형 편광된 빛의 편광평면을 회전시키는 기능을 갖고 있는 것이 있다. 이런 성질을 **광학적 활성**(optical activity)이라 부르는데, 이는 물질의 분자구조에 의해 생기는 것이다(그림 24.27a). 광학적 활성 분자를 갖는 물질로는 보통의 단백질 아미노산 그리고 설탕 등이 있다.

유리와 플라스틱은 응력을 줄 때 광학적 활성을 갖는다. 투과된 빛의 편광이 심하게 회전한 곳이 가장 응력을 많이 받는 곳이다. 교차편광판을 통하여 물체에 응력이

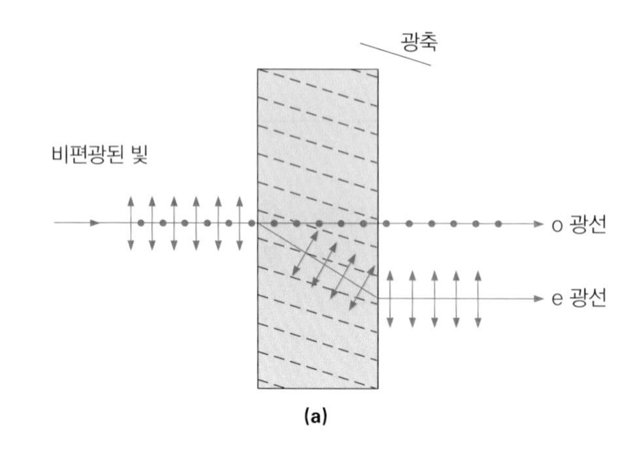

▶ 그림 24.26 **이중굴절 또는 복굴절.** (a) 비편광된 빛이 복굴절성 결정에 수직으로 그리고 (그림에서 점선으로 표시된) 결정의 특별한 방향과 적당한 각도를 이루며 입사할 때 빛은 이중으로 분리된다. 정상(o) 광선과 이상(e) 광선은 각각에 대해 상대적으로 수직하게 편광면이 이루어져 있다. (b) 방해석 결정을 통해 본 이중굴절.

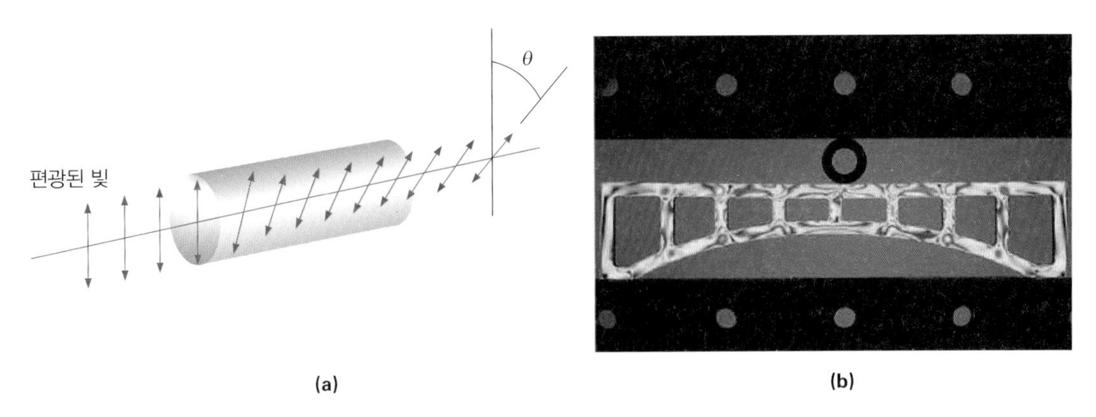

▲ **그림 24.27 광학적 활성과 응력탐색.** (a) 어떤 물질은 선형 편광된 빛의 편광 방향을 회전시키는 특성을 갖고 있다. 물질의 분자구조 때문에 생기는 이런 특성을 광학적 활성이라고 한다. (b) 유리나 플라스틱에 응력이 가해지면 광학적 활성이 생긴다. 교차편광판을 통해 물질을 보아 가장 응력이 강하게 작용하는 부위를 찾을 수 있다. 공학자들은 구조물에서 어느 부위가 가장 하중을 받는가를 알기 위해 플라스틱 모형을 만들어 시험한다. 그림에서는 현수교의 다리 부분의 모형을 가지고 분석했다.

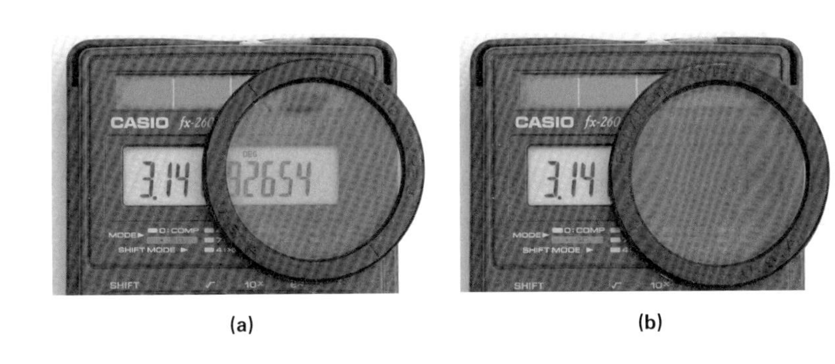

◀ **그림 24.28 액정표시장치(LCD).** (a) 원형편광자의 투과 축과 계산기 편광자가 서로 평행하게 놓여 있다. (b) 원형편광자가 90° 회전되었다.

가장 강하게 가해진 부분을 찾을 수 있다. 이런 탐색방법을 **광학적 응력 분석**이라 한다(그림 24.27b).

오늘날 **액정표시장치**(LCD)는 시계, 계산기, 텔레비전 그리고 컴퓨터 스크린 등에 빠질 수 없는 것이다. LCD로 가장 보편적인 것이 트위스트 네마틱 디스플레이(twisted nematic display)로 편광된 빛을 이용한 것이다. 편광자는 이 성질을 검사하는 데 사용된다(그림 24.28).

24.5 대기에서 빛의 산란

빛이 공기 중에 분자와 같은 퍼져 있는 입자에 입사되었을 때 빛의 일부는 흡수되고, 그런 후 모든 방향으로 재복사한다. 이 과정을 **산란**이라 한다. 대기에서 햇빛의 산란은 파란 하늘, 붉은빛의 아침 여명과 노을 같은 하늘빛의 편광 같은 재미있는 현상을 야기한다.

대기산란에 의해 하늘빛은 편광이 된다. 비편광 빛인 햇빛이 공기분자에 입사하면 빛의 전기장은 분자의 전자들을 진동하게 만든다. 이 진동은 매우 복잡하지만 어쨌든 분자 내 전자는 가속되어 방송국의 안테나에서 전자를 진동시켜 전자기파를 만들

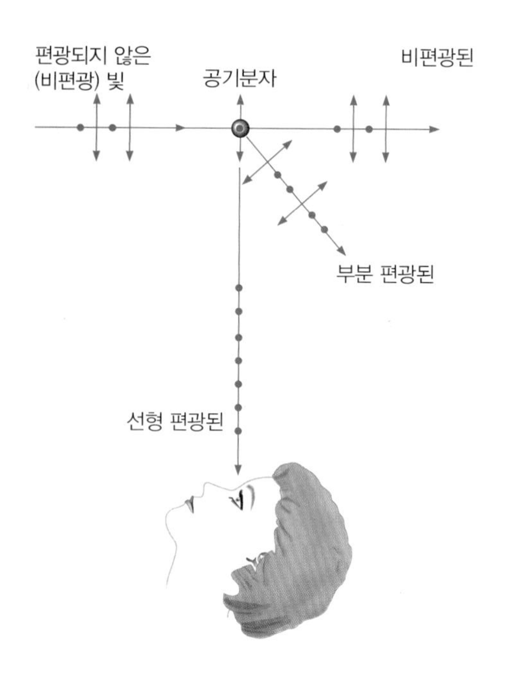

▶ **그림 24.29 산란에 의한 편광.** 공기 중에 기체분자에 입사된 비편광파가 산란되면 입사광선의 방향과 수직으로 빛이 수직 편광된다. 임의의 각으로 산란된 빛은 부분 편광되고 관측자는 입사하는 태양 빛에 수직한 각에서 선형 편광된 빛을 받는다.

어내는 것처럼 복사한다(20.4절 참조). 방출된 복사의 세기는 진동에 대해 수직한 선이 가장 강하게 복사된다. 태양 빛이 통과하는 방향에 대해 90° 방향으로 보는 관측자는 선형 편광된 빛을 받게 된다. 왜냐하면 횡파에서는 빛이 진행하는 방향으로 전기장 성분이 존재하지 않아 관측자는 선형 편광된 빛을 보게 된다. 다른 각도에서 보면 두 성분이 모두 존재하지만 더 강한 성분 때문에 편광필터를 통해 보면 부분 편광되어 있는 것으로 나타난다.

편광이 가장 강한 방향은 태양과 직각을 이루고 있는 지역이기 때문에 해가 뜰 때나 질 때 우리 머리 바로 위 하늘에서 가장 큰 편광을 볼 수 있다. 하늘빛이 편광되어 있는지는 편광필터(또는 편광 선글라스 렌즈)로 하늘을 보고 필터를 회전시켜서 관측할 수 있다. 하늘의 다른 영역에서 들어오는 빛은 편광 정도에 따라 서로 다른 양이 대기로 투과된다. 벌과 같은 벌레들은 편광된 하늘빛을 탐지하여 태양을 기준으로 날아가는 방향을 결정하는 것으로 알려져 있다.

24.5.1 왜 하늘은 푸른가?

공기분자에 의한 햇빛의 산란으로 인해 하늘빛은 푸르다. 이 효과는 편광과는 관계없고 선택적 흡수와 관련되어 발생한다. 진동자로써 공기분자는 파랑-보라색 영역의 공명진동수를 가지고 있다. 그래서 햇빛이 산란될 때 가시광선의 스펙트럼에서 붉은색 영역보다 푸른색 영역이 더 많이 산란된다.

공기분자 입자들처럼 지름이 빛의 파장보다 매우 작은 입자들에서 산란된 빛의 세기는 파장의 4제곱에 반비례($1/\lambda^4$)한다. 파장과 산란된 빛의 세기와의 관계를 나타내는 이 관계식을 만족하는 산란을 **레일리 산란**(Rayleigh scattering)이라 하는데, 이 관계를 유도한 영국의 물리학자 레일리(Sir Rayleigh, 1842~1919)경의 이름이 붙여졌다. 이런 역관계에서 짧은 파장, 즉 가시광선의 스펙트럼에서 푸른색 쪽의 빛이 긴 파장 또는 스펙트럼의 붉은색의 빛보다 더 많이 산란되는 것을 예상할 수 있다. 산란된 푸른빛은 대기에서 다시 재산란이 일어나 결국 땅까지 오게 된다. 이것이 하늘이 푸르게 보이는 이유이다.

예제 24.6 **빨강과 파랑-레일리(Rayleigh) 산란**

가시광선 스펙트럼 대 파란색 끝자락(400 nm)에 있는 빛과 빨간색 끝자락(700 nm) 중 공기 분자에 의해 어떤 것이 더 많이 산란되는가?

풀이

레일리 산란은 $I \propto 1/\lambda^4$이고, 여기서 I는 특정 파장에 대한 산란된 세기이다. 따라서 비례식으로

$$\frac{I_{\text{blue}}}{I_{\text{red}}} = \left(\frac{\lambda_{\text{red}}}{\lambda_{\text{blue}}}\right)^4$$

이다. 여기에 문제에서 준 파장을 대입하면

$$\frac{I_{\text{blue}}}{I_{\text{red}}} = \left(\frac{\lambda_{\text{red}}}{\lambda_{\text{blue}}}\right)^4 = \left(\frac{700\text{ nm}}{400\text{ nm}}\right)^4 = 9.4 \quad \text{또는} \quad I_{\text{blue}} = 9.4 I_{\text{red}}$$

이다. 여기서 파란색이 거의 빨간색보다 10배 더 많이 산란된다는 것을 보여준다.

24.5.2 왜 해가 뜰 때와 해가 질 때 하늘은 붉은가?

아름다운 붉은 석양과 여명을 자주 볼 수 있다. 태양이 지평선 부근에 있을 때 햇빛은 지구표면의 더 밀도가 높은 대기를 더 길게 통과하게 된다. 그 결과 빛은 더 많이 산란되기 때문에 가장 산란이 덜 되어 지구 표면에 도달하는 붉은색의 빛을 보게 된다. 이것이 붉은 노을의 이유이다. 그러나 백색광이 공기분자만의 산란으로 인해 생기는 지배적인 색은 주황색이다. 그러므로 태양이 뜰 때와 질 때 붉은색으로의 이동은 다른 종류의 산란이 작용한 것이다(그림 24.30).

◀그림 24.30 **밤에 붉은 하늘.** 흑백사진으로 수면 위에 떠 있는 붉은 일몰. 붉은 하늘은 대기 중의 기체에 의한 산란과 작은 고체 입자들에 의해 생긴다. 붉은색의 태양을 맨눈으로 볼 수 있는 것은 스펙트럼의 푸른색 쪽 영역의 빛이 시선 방향으로 산란되었기 때문이다.

붉은 노을은 대기의 공기와 동시에 작은 먼지입자들에 의해 햇빛이 산란되기 때문이라는 것이 밝혀졌다. 이 입자들이 푸른 하늘색의 필수조건은 아니지만 짙은 붉은색의 여명이나 노을에는 필수적이다(화산이 폭발한 후 장엄한 노을이 수개월 동안 지속되는데, 이는 화산 폭발로 수 톤의 특이 물질을 뿜어내 대기 중에 엄청난 양의 작은 입자들이 있기 때문이다). 붉은 노을은 서쪽 방향에 고기압의 기단이 있을 때 발생하는데, 이는 저기압일 때 보다 고기압일 때 먼지의 밀도가 더 높기 때문이다. 마찬가지로 붉은색의 여명은 대부분 동쪽에 고기압의 기단이 자리 잡았을 때 생긴다.

연습문제

통합 연습문제(Integrated Exercises, IEs)는 두 부분으로 이루어진다. 첫 번째 부분은 일반적으로 기본 원칙과 추론에 기초한 개념적 답변 선택을 요구한다. 두 번째 부분은 연습의 첫 번째 부분에서 이루어진 개념적 선택과 관련된 정량적 계산을 필요로 한다. 기호(•)은 문제의 난이도를 의미한다. 쉬움(•), 보통(••), 어려움(•••)

24.1 영의 이중 슬릿 실험

1. • 파동의 간섭을 공부하기 위해 한 학생은 파장이 0.5 m인 똑같은 음파가 나오는 두 개의 스피커를 사용했다. 한 점에서 두 스피커까지 거리가 0.75 m 다르다. 그 점에서 음파는 보강간섭을 하겠는가 아니면 상쇄간섭을 하겠는가? 또한 두 스피커까지 거리가 1.0 m 다르다면 어떻게 되겠는가?

2. • 슬릿이 0.075 mm 간격으로 평행하게 떨어져 있다. 이 슬릿으로 파장이 480 nm인 단색광을 내보냈다. 이때 생긴 무늬의 중앙극대의 중심과 중앙극대 옆에 첫 번째 극대의 중심 사이의 각거리는 얼마인지 구하라.

3. • 이중 슬릿 실험에서 단색광을 사용하였다. 중앙극대와 2차 극대 사이의 각 거리가 0.160°이다. 만약 슬릿의 간격이 0.350 mm이라면 광원의 파장은 얼마인가.

4. •• (a) 이중 슬릿 실험에서 사용한 광원의 파장이 줄어들었다면 서로 이웃하는 극대 사이의 거리가 (1) 증가, (2) 감소, (3) 그대로이다. 설명하라. (b) 만약 이중 슬릿 사이의 간격이 0.20 mm라고 하고 슬릿으로부터 1.5 m 떨어져 놓여 있는 스크린에 생긴 간섭무늬에서 서로 이웃하는 극대가 0.45 cm 떨어져 있다고 하면 광원의 파장과 색은 무엇인가? (c) 만약 파장이 550 nm라고 하면 이웃하는 극대 사이의 거리는 얼마인가?

5. •• 단색광선을 이용한 이중 슬릿 실험에서 슬릿과 스크린 사이의 거리가 1.50 m이다. 이차 극대와 중앙극대 사이의 각 거리가 0.0230 rad이다. 만약 슬릿 간격이 0.0350 mm라면 (a) 광원의 색과 파장 (b) 이 극대의 횡축 이동 변위는 얼마인가?

6. IE •• (a) 이중 슬릿 실험에서 슬릿과 스크린 사이의 거리가 증가한다면 이웃하는 극대 사이의 간격은 (1) 증가, (2) 감소, (3) 그대로이다. 설명하라. (b) 녹황색($\lambda = 550$ nm) 빛을 1.75×10^{-4} m 간격을 가진 이중 슬릿에 실험에 사용하였다. 만약 스크린이 이중 슬릿으로부터 2.0 m 떨어져 있다면 이웃하는 극대 사이의 간격은 얼마인가? (c) 또한 스크린이 슬릿으로부터 3.0 m 떨어져 있다면 어떻게 되는가?

7. •• 632.8 nm 파장을 가진 광원을 이중 슬릿에 사용하였다. 중앙의 밝은 무늬 중심서부터 두 번째 어두운 무늬까지가 4.5 cm가 되었다. 이때 스크린은 슬릿으로부터 2.0 m 떨어져 있는 곳에 놓여 있다. 슬릿 사이의 간격은 얼마인가?

8. ••• 두 가지 서로 다른 파장을 이중 슬릿 실험에 사용하였다. 첫 번째 광원에 대한 삼차 극대의 위치는 주황색($\lambda =$ 600 nm) 광원에 대한 것으로 그 위치는 다른 색 광원에 대해서는 4차 극대와 일치한다. 다른 색 광원의 파장은 얼마인가?

24.2 박막에서 간섭

9. •• 태양광 셀이 파장 550 nm에 대해 투명한 물질로 된 곳은 반사가 일어나지 않는(비반사) 필름으로 디자인되었다. (a) 필름의 두께가 태양광판 셀의 필름 밑의 물질의 굴절률에

따라 달라져야 하는지 아닌지 설명하라. (b) 만약 $n_{solar} > n_{film}$과 $n_{film} = 1.22$이면 필름의 최대 두께는 얼마인가? (c) 계산을 $n_{solar} < n_{film}$의 경우 $n_{film} = 1.40$에 대해 계산하라.

10. •• 두 개의 평판이 아주 작은 간격으로 분리되어 있다(그림 24.31). 만약 위쪽 평판이 헬륨–네온(He–Ne) 레이저($\lambda = 632.8$ nm)광원으로 비추었다면 어떤 최소 간격에서 (a) 광원의 빛이 보강되게 반사되고 (b) 상쇄반사가 될까? [단, $t = 0$은 (b)에 대한 답이 아니다.]

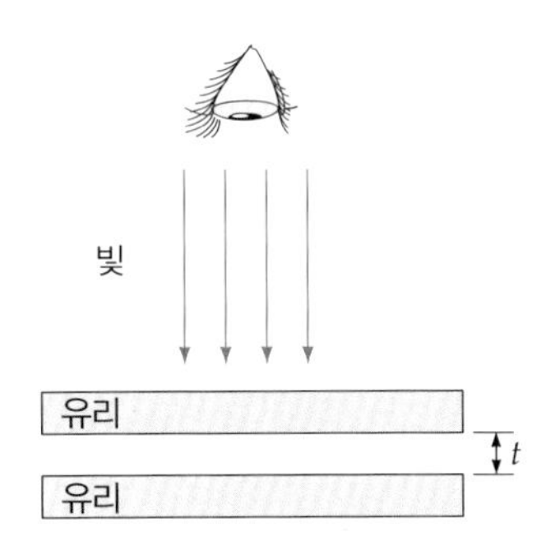

▲ 그림 24.31 **반사 또는 투과?**

24.3 회절

11. • 단일 슬릿에 대한 회절무늬의 2차 극소가 0.32°에서 생기게 되려면 슬릿의 폭은 얼마여야 하는가? 광원의 파장은 550 nm이다.

12. • 슬릿 폭이 0.025 mm에 파장 680 nm인 붉은색 광원으로 비추었다. 만약 스크린이 슬릿에서 1.0 m되는 곳에 있다면, 이때 생긴 회절무늬에서 (a) 중앙극대의 폭과 (b) 중앙극대 옆으로 생기는 사이드극대의 폭은 얼마나 되는가?

13. • 베니션 블라인드는 근본적으로 회절격자이다. 그러나 가시광선에 대한 것이 아니고 파장이 훨씬 긴 광원에 대한 것이다. 이 블라인드의 널조각 사이의 간격이 2.5 cm라고 한다. (a) 어떤 파장에 대해 1차 극대가 각 10°에서 생길 수 있는가? (b) 이것은 어떤 형태의 복사에너지인가?

14. IE •• (a) 만약 단일 슬릿에 사용하는 광원의 파장이 증가하면 중앙극대의 폭이 (1) 증가, (2) 그대로, (3) 감소? 그 이유는? (b) 만약 슬릿의 폭이 0.45 mm이고 광원의 파장이 400 nm이다. 또 슬릿으로부터 스크린 사이의 거리는 2.0 m이다. 이때 중앙 극대의 폭은 얼마인가? (c) 만약 파장이 700 nm이라면 얼마인가?

15. •• 어떤 결정체가 단색 X–광선에 대해 1차 극대의 회절 각이 25°이다. 이 X–광선의 주파수는 5.0×10^{17} Hz이다. 이 결정구조의 격자 간격은 얼마인가?

16. •• 회절격자가 6000 lines/cm이고 광원 헬륨–네온 레이저($\lambda = 632.8$ nm)로 비추었다. 얼마나 많은 부극대(side maxima)가 생길까? 또한 어떤 각에서 부극대가 관측될까?

17. •• CD는 일정한 간격의 조밀한 트랙으로 되어 있어 이것을 반사 회절격자로 사용한다. 산업공인 표준치수는 트랙 대 트랙 사이의 간격을 1.6 μm로 한다. 만약 헬륨–네온(He–Ne) 레이저($\lambda = 632.8$ nm)가 이 CD에 수직으로 입사한다면 회절무늬의 눈에 보이는 극대가 생기는 모든 각을 계산하라.

18. IE •• 400 nm에서 700 nm까지를 가시광선이라고 한다. 이 광선을 8000줄/cm인 회절격자에 비추었다면 (a) 중앙극대로부터 관측되는 첫 번째 극대에 대해 푸른색은 (1) 보다 가깝게 생기고, (2) 보다 멀리, 또는 (3) 붉은색과 같은 위치에 생긴다. 설명하라. (b) 1차수 극대를 푸른색과 붉은색에 대해 각각 계산하라.

24.4 편광

19. IE • 만약 비편광파가 한 쌍으로 된 편광자와 검광자에 입사했다고 하자. 이때 검광자로 본래의 빛의 강도가 30% 투과되었다고 한다. 편광자와 검광자의 투과 축 사이의 각은 얼마인가?

20. IE • 공기 중에서 어떤 물질로 빛이 입사했다. (a) 만약 어떤 물질의 굴절률이 증가한다면 브루스터 편광각은 (1) 증가, (2) 감소, (3) 그대로이다. 각각에 대해 타당성을 설명하라. (b) 굴절계수 1.6과 1.8에 대해 편광각은 얼마인가?

21. •• 공기에서 유리판($n = 1.62$)으로 광선이 입사한다. 그리고 반사된 광선은 모두 편광되었다고 하자. 이 빛에 대한 굴절각은 얼마인가?

22. •• 어떤 매질에 대해 브루스터 편광각이 33°이다. 같은 매질 경계면에서 내부 전반사에 대한 임계각은 얼마인가?

23. IE •• (a) 플린트유리($n = 1.66$)의 물속에서 편광각(브루스터)이 (1) 크다, (2) 적다, (3) 공기에서와 같다. 설명하라. (b) 공기와 물속에서의 편광각은 각각 얼마인가?

24. ••• 평판 크라운 유리($n = 1.52$)가 물로 덮여 있다. 공기에서 전파하는 빛이 물 위에 입사해서 일부 투과되었다. 빛이 어떤 각으로 입사하면 물–유리 경계면에서 최대로 선형 편광이 일어날 수 있을까? 수학적 풀이를 이용하여 설명하라.

24.5 대기에서 빛의 산란

25. IE •• 햇빛이 공기 분자에 의해 산란되었다. 이때 파장 550 nm인 산란된 빛이 다른 색에 대해 강도가 5.0배 크다. (a) 다른 색 파장에 비해 (1) 이것보다 길다, (2) 같다, (3) 550 nm보다 짧다. 각 경우에 대해 타당성을 설명하라. (b) 다른 색의 파장은 얼마인가?

시각과 광학기기
Vision and Optical Instruments

CHAPTER 25

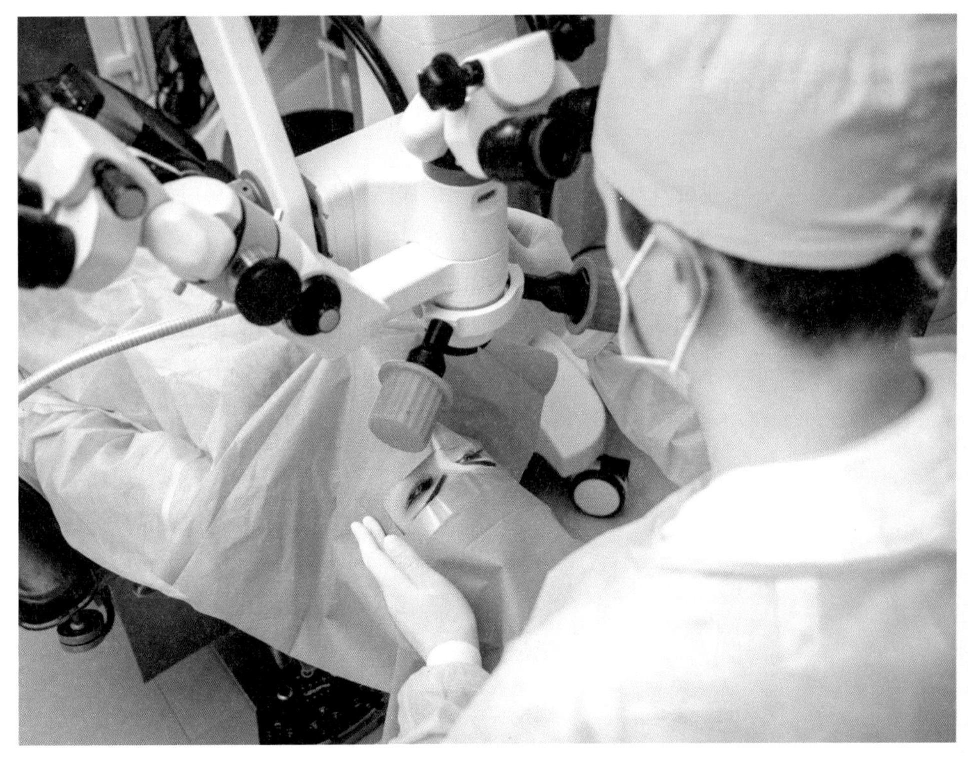

시력 결함을 교정하기 위한 안과 레이저 수술

시각은 우리 주변 세상의 정보를 받아들이는 가장 주요한 수단 중의 하나이다. 그러나 많은 이들이 물체의 상이 항상 선명하고 초점이 맞게 보는 건 아니다. 그래서 안경이나 다른 보조 도구를 필요로 한다. 지난 수십여 년 동안 콘택트렌즈 치료와 시력 결함을 교정하는 수술이 엄청 발전해 왔다. 이 장의 처음 사진에서 보듯 레이저 수술이 대표적인 예이다. 시력에 나쁜 영향을 미칠 수 있는 찢어진 망막의 재생, 눈에 생긴 양성종양 제거 및 혈관의 비정상적 성장의 억제 등이 레이저 수술로 가능해졌다.

광학기기는 인간의 눈으로 감지할 수 있는 한계 영역 그 이상을 관찰하도록 가능하므로 우리의 시력을 증대시킨다. 거울과 렌즈는 현미경이나 망원경을 포함해 다양한 광학기기에 사용된다.

최초의 확대용 렌즈는 작은 구멍에 갇혀 있는 물방울이었다. 17세기가 되어서야 장인들은 간단한 현미경이나 확대경에 사용하기 위한 렌즈를 연마하여 만들었으며, 당시 이것은 식물을 연구하는 데 주로 사용되었다. 곧이어 두 개의 렌즈를 이용한 복합 현미경이 개발되었다. 이 현미경으로는 물체를 2000배까지 확대할 수 있었고, 이로써 우리의 시야를 마이크로의 세계까지 넓히게 되었다.

1609년경 갈릴레오는 렌즈를 이용하여 천체망원경을 제작하였으며, 이 망원경을 이용하여 달에 있는 계곡과 산, 태양의 흑점 그리고 목성 주위의 4개의 큰 달을 관측할 수 있었다. 현재는 다중렌즈와 거울(아주 큰 렌즈나 거울의 형태를 만들기 위해)을 이용한 거대 망원경이 우리의 시계를 과거 속으로 저 멀리 있는, 그래서 그곳에서부터 빛이 우리에게 도달하는 데 수년이 걸릴 정도로 멀리 있는 은하가 있는 데까지 확장하게 되었다.

이러한 장비가 발명되지 않았다면 우리의 지식은 얼마나 결핍되었을까? 박테리아는 여전히 알려지지 않았을 것이며, 행성, 별 그리고 우주는 여전히 신비로운 빛을 내는 점으로 남았을 것이다.

23장에서는 거울과 렌즈에 대한 기하광학을 다루었고, 24장에서는 빛의 파동성을 알아보았다. 이러한 원리는 시력과 광학기기를 배우는 데 응용될 것이다. 이 장에서는 기본적인 광학기기라 할 수 있는 인간의 눈에 대해 배울 것이다—인간의 눈이 없다면 어떤 광학기기도 무용지물일 것이다. 또한 현미경과 망원경을 다루고 이들의 분해능 한계에 미치는 인자들이 무엇인지 함께 알아볼 것이다.

25.1 인간의 눈

인간의 눈은 모든 광학기기 중에서 가장 중요하다고 할 수 있다. 왜냐하면 눈이 없다면 세상을 볼 수 없으며, 광학에 대한 연구 자체도 존재할 수 없었을 것이기 때문이다. 인간의 눈은 여러 면에서 간단한 카메라(그림 25.1)와 유사하다. 이 간단한 카메라는 수렴렌즈로 이루어져 있으며, 이 렌즈는 이미지를 카메라 광통의 뒤쪽에 있는 빛에 민감한 필름(종래의 카메라)이나 CCD(디지털카메라)에 맺히도록 한다(23장에서 배운 것을 돌이켜 보면 멀리 떨어진 물체의 경우 수렴렌즈는 물체보다 작은 도립

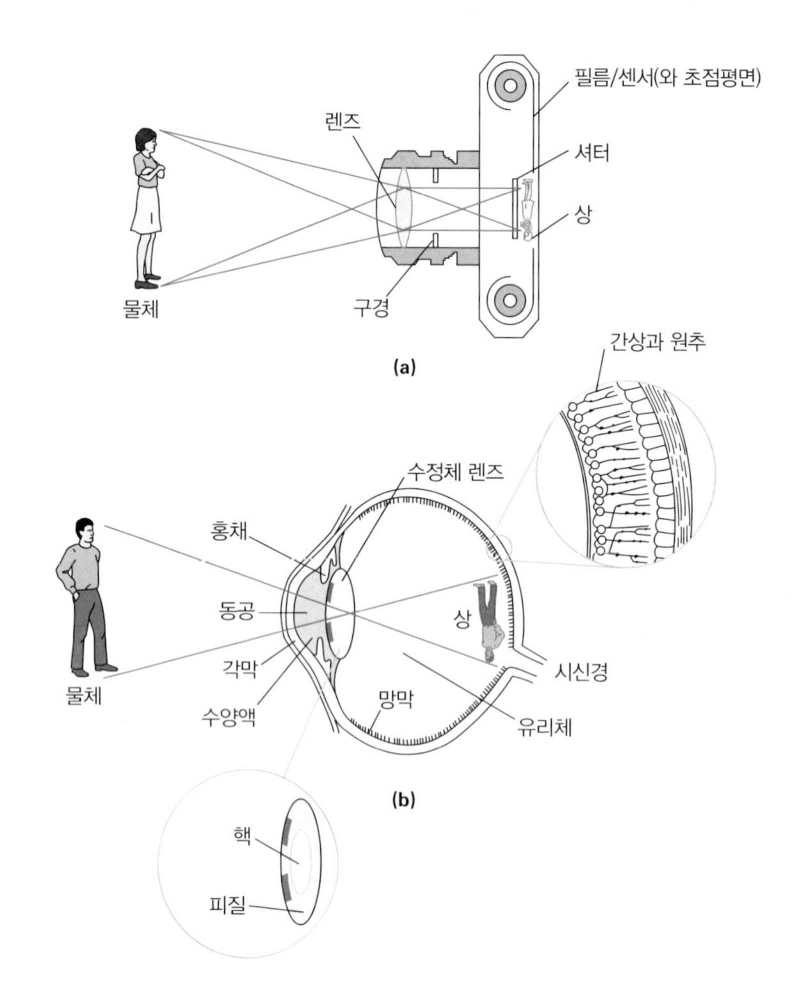

▶ 그림 25.1 **카메라와 눈의 유사성.** (a) 간단한 카메라는 (b) 인간의 눈과 몇 가지 관점에서 유사하다. 카메라의 경우에는 상이 필름 또는 카메라에 있는 디지털 센서에 맺히지만 눈의 경우에는 망막에 상이 맺힌다. (그림에서는 눈에 나타나는 복합굴절 현상은 나타내지 않았다. 왜냐하면 다중 굴절 매질이 포함되기 때문이다.) 비교 설명을 위해서는 본문을 참조하도록 하자.

실상을 만든다). 그리고 카메라에는 조절이 가능한 조리개구경과 카메라로 들어가는 빛의 양을 조절하기 위한 셔터가 있다.

눈의 경우에는 이미지가 안구의 뒷면에 있는 빛에 민감하게 작용하는 망막에 맺힌다. 눈꺼풀은 카메라의 셔터라 생각할 수 있다. 그러나 노출시간을 조절하는 카메라의 셔터는 보통 매우 짧은 시간 동안만 열리는 반면, 인간의 눈꺼풀은 보통 열려 있어 눈은 연속하여 빛에 노출된다. 인간의 신경계는 셔터와 유사한 기능을 수행한다. 즉, 매초 20~30번 정도의 속도로 눈에 맺힌 이미지의 정보를 분석한다. 따라서 눈은 매초 비슷한 속도로 상을 찍는 영화나 비디오카메라와 더 닮았다고 할 수 있다.

비록 눈의 광학기능은 비교적 간단하지만 생리학적 기능은 매우 복잡하다. 그림 25.1b에서 보여주는 것처럼 눈동자는 거의 구형의 형태로 내경은 약 1.5 cm이고, 유리액이라는 투명한 젤리 같은 물질로 채워져 있다. 눈동자에는 공막이라는 흰색의 물질로 둘러싸여 있으며, 그중 일부가 흰자로 보이는 것이다. 빛은 굴곡진 투명한 조직의 각막으로 들어가 투명한 유리액을 통과한다. 각막 뒤에는 원형의 조리개인 홍채가 있으며, 이 홍채의 중심에 동공이 있다. 홍채는 눈동자 색깔을 나타내는 색소를 갖고 있으며, 이 속에 있는 색소가 눈동자의 색깔을 결정한다. 홍채에 붙어있는 근육의 작용으로 동공의 지름이 2~8 mm로 변할 수 있으며, 이를 통하여 눈으로 들어가는 빛의 양이 제어된다.

홍채의 후방에는 수정체렌즈가 있다. 이것은 수렴렌즈로서 아주 미세한 유리섬유로 구성되어 있다(핵을 둘러싸고 있는 피질은 그림 25.1b에 넣었다). 눈의 근육으로 인하여 렌즈에 당기는 힘이 걸리면 섬유들은 서로 미끄러져 모양이 바뀌고, 그로 인해 초점길이가 바뀌어 상이 망막에 선명하게 비치도록 한다. 이때 도립(거꾸로 된)의 상이 맺히는 것을 주목하라(그림 25.1b). 그러나 우리는 거꾸로 된 상을 보지는 않는다. 이것은 우리의 뇌가 작동하여 똑바로 된 상을 보기 때문이다.

안구의 뒤쪽 내부 면은 빛에 민감하게 작용하는 망막이다. 이 망막으로부터 광신경을 통하여 망막에 맺힌 정보가 뇌로 전달된다. 이 망막은 신경과 두 가지 형태의 빛 수용체인 간상세포와 원추세포로 구성되어 있다. 간상세포는 원추세포보다 빛에 더 민감하며 빛의 세기가 낮은 데서 빛의 어둡고 밝은 정도를 구별하며(암순응시각), 원추세포는 밝은 빛이 들어올 때 빛의 진동수를 구별하고, 뇌는 이 진동수로부터 색을 인식한다(색각). 대부분의 원추세포는 황반이라는 망막의 중심부에 뭉쳐 있고, 원추세포보다 더 많은 수의 간상세포는 황반 주위에 있으며 망막에 불균일하게 분포하고 있다.

눈이 초점을 맞추는 방법은 카메라에서 초점을 맞추는 방법과 다르다. 카메라의 렌즈는 일정한 초점거리를 갖고 있으며, 서로 다른 거리의 물체를 찍을 때 상거리, 즉 필름으로부터 렌즈까지의 거리를 변화시켜 선명한 상이 필름에 맺히도록 한다. 눈의 경우에는 상거리가 일정하며, 수정체에 붙어있는 근육의 작용으로 초점거리를 변화시켜 물체까지의 거리에 관계없이 망막에 선명한 상이 맺히도록 한다. 눈이 멀리 떨어진 물체에 초점을 맞추었을 때 근육은 이완되어 수정체는 얇아지고 약 20디옵터(D) 정도 된다. 즉, 23장에서 배운 바와 같이 디옵터는 m(미터)로 표시한 초점거리의 역수이다. 따라서 20 D는 초점거리가 $f = 1/(20\ \text{D}) = 0.050\ \text{m} = 50\ \text{mm}$이다.

눈이 가까이 있는 물체에 초점을 맞출 때에는 렌즈는 두꺼워지고, 렌즈의 곡률반경 및 초점거리는 감소한다. 가장 가까이 있는 물체를 관찰할 때 렌즈의 도수는 30 D($f = 33$ mm)까지 증가한다. 물론 어린아이의 경우에는 더 증가할 수 있다. 수정체의 초점거리를 조절하는 것을 우리는 눈의 조절이라 한다. (가까이 있는 물체를 쳐다보다가 멀리 있는 물체를 쳐다보면서, 얼마나 빨리 눈이 조절되는지 알아보라. 거의 순간적으로 눈의 조절이 일어난다.)

표 25.1 나이에 따른 정상인 눈의 근점

나이(년)	근점(cm)
10	10
20	12
30	15
40	25
50	40
60	100

선명하게 초점이 맺힐 수 있는 거리의 한계는 원점과 근점으로 알려져 있다. 여기서 원점은 눈이 선명하게 관찰할 수 있는 물체까지의 최대 거리로 정상인 눈의 경우 거의 무한대이다. 그리고 근점은 눈이 선명하게 관찰할 수 있는 물체까지의 가장 가까운 거리로, 이것은 수정체가 얼마나 두꺼워질 수 있느냐에 의해서 결정된다. 나이가 들어갈수록 수정체의 탄성력도 감소하여 눈의 조절력도 감소한다. 일반적으로 정상인 눈의 경우 근점은 나이가 들수록 점차적으로 눈으로부터 멀어진다. 나이에 따른 근점의 변화를 표 25.1에 소개하였다.

어린아이들은 눈으로부터 약 10 cm 떨어진 물체까지 선명히 볼 수 있으며, 젊은이나 청년의 경우에는 12~15 cm 떨어진 물체까지 선명하게 볼 수 있다. 그러나 나이가 40이 되면 선명하게 볼 수 있는 물체까지의 거리는 25 cm 이상으로 증가한다. 여러분은 어른들이 책을 읽을 때 눈으로부터 책을 멀리 놓고 읽는 것을 본 적이 있을 것이다. 이와 같이 나이가 들수록 근점이 눈으로부터 멀어지는 것은 비정상이 아니다. 이것은 대부분의 정상인 눈에서 거의 같은 속도로 변하기 때문에 정상적으로 일어나는 눈의 노화 과정으로 볼 수 있다.

25.1.1 시력결함

정상인 눈이 있다는 것은 다시 말해 결함이 있는 눈도 있다는 것을 나타낸다. 사실 여러 사람이 안경이나 콘택트렌즈를 착용하고 있는 것을 볼 때 이것은 사실이다. 많은 사람이 정상적인 거리(25 cm 무한대)에서 초점을 맞추도록 조절할 수 없는 눈을 가지고 있다. 이들은 가장 흔한 두 종류의 결함인 근시 또는 원시 결함을 갖고 있다. 통상 이들은 안경, 콘택트렌즈 또는 수술에 의해서 교정될 수 있다(그림 25.2a).

근시(nearsightedness or myopia)는 가까이 있는 물체는 선명히 볼 수 있는 반면 멀리 있는 물체는 선명히 볼 수 없다. 즉, 원점이 무한대보다 작다. 물체가 원점 뒤에 있을 때 빛은 망막 앞에 초점을 맺는다(그림 25.2b). 따라서 망막의 상은 초점이 맞지 않아 선명하지 않고 퍼진다. 물체가 점점 가까워지면 상은 망막 쪽으로 움직이게 되며, 물체가 원점에 도달하게 되면 선명한 상이 망막에 맺힌다.

근시는 일반적으로 안구가 너무 길거나(수평 방향으로 타원형으로 생김) 각막의 곡률이 너무 크기(불룩하게 부풀어진) 때문에 일어난다. 전자는 망막이 각막–렌즈계로부터 너무 먼 거리에 위치해 있고 후자는 안구가 먼 데 있는 물체로부터 오는 빛을 각막 앞에 한 점으로 수렴한다. 이유와 상관없이 상은 망막 앞 초점에 맺힌다.

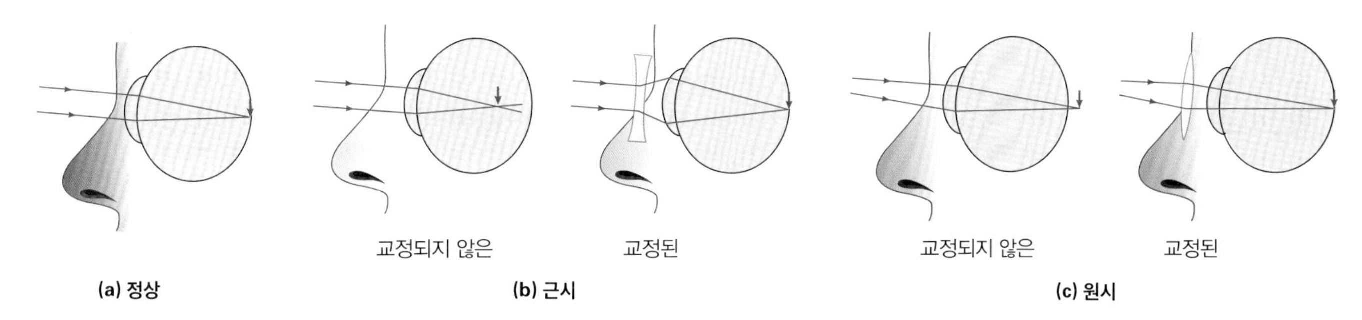

▲ 그림 25.2 **근시와 원시.** (a) 정상인 눈은 근점과 원점 사이에 있는 물체의 상이 망막에 선명하게 맺힌다. 이 상은 도립실상으로 항상 물체보다 작다. (왜 그럴까?) 여기서 그림에는 표시되어 있지 않지만 위로 향하는 화살표로 멀리 떨어져 있으며 빛은 그 화살의 양 끝으로부터 나온다. (b) 근시인 눈의 경우에는 물체의 상이 망막의 전방에 맺힌다. 이것은 오목렌즈를 이용하여 교정할 수 있다. (c) 원시의 경우에는 물체의 상이 망막 후방에 맺힌다. 이것은 볼록렌즈를 이용하여 교정할 수 있다.

적당한 발산렌즈(오목렌즈)를 이용하면 교정이 가능하다. 오목렌즈는 들어오는 빛이 각막에 도달하기 전에 발산시켜 상이 망막에 선명히 맺히도록 한다. 교정렌즈의 광학적 목적은 환자의 원점에 멀리(무한원) 있는 물체의 상을 맺도록 하는 것이다.

원시(farsightedness or hyperopia)는 멀리 있는 물체는 잘 볼 수 있는 반면, 가까이 있는 물체는 명확하게 볼 수 없다. 즉, 근점이 정상인 눈보다 먼 곳에 있다. 물체가 근점보다도 더 가까이 있을 때 빛은 망막 뒤에 초점을 맺는다(그림 25.2c). 원시는 일반적으로 안구가 너무 짧거나 각막의 불충분한 곡률 또는 모양체근(눈의 수정체 조절 근육)의 약화와 수정체의 탄성이 떨어져서 발생한다. 만약 나이가 들어 노화 때문에 원시가 되는 것을 노안이라 한다.

원시는 적당한 볼록렌즈를 이용하면 교정이 가능하다. 수렴렌즈(볼록렌즈)는 들어오는 빛을 굴절시켜 빛이 망막에 수렴하도록 한다. 그래서 상이 망막에 맺힌다.

교정렌즈의 광학적 목적은 환자의 근점에서 25 cm(정상적인 눈의 근점)에 물체의 상을 맺도록 하는 것이다. 앞에서 언급했던 바와 같이 만약 이런 것이 노화 현상 일환으로 생기면 노안이라고 부른다.

예제 25.1 근시의 교정 – 발산렌즈 이용

(a) 시력측정사가 근시를 가진 사람에게 안경이나 콘택트렌즈를 처방하려 한다(그림 25.3). 일반적인 안경의 경우에는 눈앞에 약간(수 cm) 떨어져 위치하게 되고 콘택트렌즈는 바로 눈에 접해 있다. 처방된 콘택트렌즈의 도수는 안경의 도수와 비교할 때 (1) 같다, (2) 더 크다, (3) 더 작다 중 어느 것이 맞는가? (b) 근시인 사람이 눈으로부터 78.0 cm 이상 떨어져 있는 물체를 선명히 볼 수가 없다. 이 사람이 멀리 있는 물체를 선명하게 보기 위해서 안경을 쓰거나 콘택트렌즈를 사용할 때 각각 필요한 렌즈의 도수를 구하라. 이때 안경렌즈는 눈으로부터 2.00 cm 전방에 위치한다고 가정하라.

풀이

문제상 주어진 값:

$d_\mathrm{i} = 78\ \mathrm{cm} = 0.780\ \mathrm{m}$(원점)

$d = 2.0\ \mathrm{cm} = 0.0200\ \mathrm{m}$(안경유리에서 눈까지 거리)

(a) 근시의 경우 눈을 교정하기 위해서는 오목렌즈를 사용한다(그림 25.3). 이 렌즈는 멀리 떨어져 있는 물체($d_0 = \infty$)의 상을 눈의 원점 d_f에 맺히도록 해야 한다. 눈은 이 상을 물체로 여기므로 이 상은 눈의 조절거리 내에 위치하기 때문에 선명하게 물체를 관찰할 수 있다. 상거리는 렌즈로부터

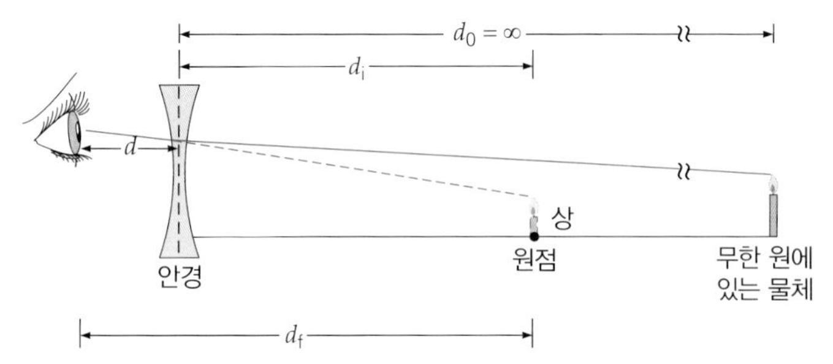

▲ 그림 25.3 **근시의 교정**. 오목렌즈를 이용한다. 보통의 안경으로 교정하는 것을 그림에 표시하였다. 콘택트렌즈의 경우에는 렌즈가 바로 눈앞에 있다($d = 0$).

측정되기 때문에 콘택트렌즈가 더 긴 상거리를 갖게 된다. 즉, 콘택트렌즈의 경우 $d_i = -(d_f)$이고 보통 안경의 경우에는 $d_i = -(d_f - d)$이다. 여기서 d는 눈으로부터 안경렌즈까지의 거리이다. d_i가 음의 수라는 것에 주목하자. 렌즈의 도수(power)는 $P = 1/f$이다(식 23.9). 만약 상거리 d_i와 물체거리 d_0를 구할 수 있다면, 여기서 얇은 렌즈 방정식(식 23.5)은 P를 알기 위해 사용할 수 있다.

$$P = \frac{1}{f} = \frac{1}{d_0} + \frac{1}{d_i} = \frac{1}{\infty} + \frac{1}{d_i} = \frac{1}{d_i} = -\frac{1}{|d_i|}$$

즉, d_i가 길수록 P는 작아진다. 그래서 콘택트렌즈는 일반적인 안경보다 렌즈 능력이 큰 렌즈를 사용해야 하므로 답은 (3)이다.

(b) 교정렌즈가 작동하는 원리를 이해하면 이 문제의 계산은 간단하다.

안경의 경우(그림 25.3에서 규격에 맞지 않지만)

$$d_i = -(d_f - d) = -(0.780 \text{ m} - 0.0200 \text{ m}) = -0.760 \text{ m}$$

이다. 따라서 $d_i = -0.750$ m와 얇은 렌즈의 경우에 해당하는 식을 이용하면

$$P = \frac{1}{f} = \frac{1}{d_0} + \frac{1}{d_i} = \frac{1}{\infty} + \frac{1}{-0.760 \text{ m}} = -\frac{1}{0.760 \text{ m}} = -1.32 \text{ D}$$

이다. 즉, 음수로서 이것은 오목렌즈를 나타내고 렌즈의 도수는 1.32 D이다. 콘택트렌즈의 경우($d = 0$)이고

$$d_i = d_f = 0.780 \text{ m}$$

이므로 $d_i = -0.780$ m이다. 따라서 필요로 하는 렌즈의 도수는

$$P = \frac{1}{\infty} + \frac{1}{-0.780 \text{ m}} = -\frac{1}{0.780 \text{ m}} = -1.28 \text{ D}$$

이다. 콘택트렌즈가 낮은 렌즈의 도수를 가지며 (a)의 결과와 일치한다.

만약 근시인 사람의 원점이 발산렌즈를 사용하여 변한다면(예제 25.1 참조) 근점에도 영향을 미칠 것이다. 이로 인해 가까이 있는 물체를 보기가 어려워진다. 그러나 이 경우에는 **이중 초점렌즈**(그림 25.4)를 이용하여 해결할 수 있다. 이중 초점렌즈는 벤자민 프랭클린(B. Franklin)이 두 개의 렌즈를 서로 붙이는 방법을 이용하여 발명하였다. 이중 초점렌즈는 렌즈의 두 부분이 서로 다른 곡률을 갖도록 연마하거나 직접 주조하여 제작할 수 있다. 이러한 이중 초점렌즈를 이용하면 근시와 원시를 동시에 교정할 수 있다. 또한 삼중 초점렌즈도 제작이 가능하다. 즉, 렌즈의 상부는 멀리

▶ 그림 25.4 **이중 초점 안경**. 근시나 원시 둘을 동시에 이중 초점으로 취급할 수 있다(윗부분은 근시 아랫부분은 원시).

있는 물체를 쳐다볼 때 이용하고, 하부는 가까이 있는 물체를 쳐다볼 때 이용하며, 그 중간에 있는 물체는 렌즈의 중간 부분을 이용하여 선명하게 볼 수 있다.

최근에 발달된 기술로는 특별히 제작된 콘택트렌즈 처방이나 레이저 시술로 하는 근시교정을 들 수 있다. 두 기술 모두 정상이 아닌 각막의 모양을 교정하여 굴절 특성을 바꾸어 주는 것이다.

예제 25.2 원시의 교정–수렴렌즈(볼록렌즈) 이용

원시인 어떤 사람의 왼쪽 눈의 근점은 75 cm이고, 오른쪽 눈의 근점은 100 cm이다. (a) 만약 이 사람에게 콘택트렌즈를 처방한다면 왼쪽 눈에 맞는 렌즈의 도수는 오른쪽 눈에 맞는 렌즈의 도수와 비교할 때 (1) 더 크다, (2) 같다, (3) 더 작다 중 어느 것이 맞는가? (b) 이 사람이 25 cm 떨어진 물체를 선명하게 보기 위해 필요한 렌즈의 도수를 각각 구하라.

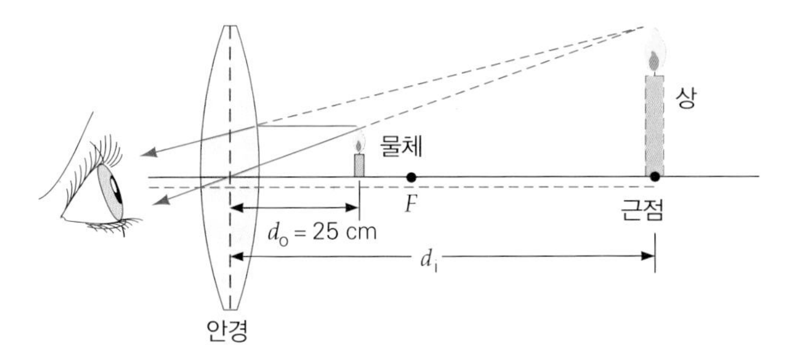

▲ 그림 25.5 **돋보기안경과 원시의 교정.** 물체가 정상인 눈의 근점(25 cm)에 있는 물체를 수렴렌즈로 된 돋보기안경으로 보면 상은 훨씬 더 멀리에 생기지만 상의 위치는 눈의 원근조절 범위 내(멀어진 근점)에 있다.

풀이

문제상 주어진 값:

$d_{i_L} = -75\text{ cm} = -0.75\text{ m}$(왼쪽 상 거리)

$d_{i_R} = -100\text{ cm} = -1.0\text{ m}$(오른쪽 상 거리)

$d_0 = 25\text{ cm} = 0.25\text{ m}$

(a) 정상인 사람의 근점은 25 cm이다. 원시인 눈의 교정을 위한 볼록렌즈는 그 눈의 근점에 있는 물체의 상이 정상인 눈의 근점에 생성되도록 하여야 한다. 오른쪽 눈에 비하여 왼쪽 눈의 근점이 75 cm로 정상위치인 25 cm에 더 가까우므로 왼쪽 눈의 렌즈가 더 작은 도수를 가져야 하기 때문에 답은 (3)이다.

(b) 구별을 위해 왼쪽 눈은 L, 오른쪽 눈은 R의 첨자를 이용한다. 그리고 상거리 d_i는 음수이다. 그 이유를 생각해 보라.

일반적으로 이 문제처럼 두 눈의 광학 특성은 서로 달라 두 눈은 서로 다른 도수의 렌즈 처방이 필요하다. 이 경우 각각의 렌즈는 정상인 눈의 근점(d_0)인 0.25 m에 있는 물체의 상을 눈의 근점에 생기도록 하여야 한다. 이때 생긴 상은 각 렌즈가 눈의 조절 범위 내에 있는 실물체로 여기게 된다. 이것은 어른들이 책을 읽을 때 독서용 안경을 착용하는 경우와 유사하다(그림 25.5).

생성된 상은 허상(즉, 상이 물체 쪽에 생성됨)이므로 상거리 d_i는 음수이다. 콘택트렌즈는 눈에서 물체까지의 거리와 렌즈에서 물체까지 거리가 같다. 그러면

$$P_L = \frac{1}{f_L} = \frac{1}{d_0} + \frac{1}{d_{i_L}} = \frac{1}{0.25\text{ m}} + \frac{1}{-0.75\text{ m}} = \frac{2}{0.75\text{ m}}$$

$$= +2.7\text{ D}$$

$$P_R = \frac{1}{f_R} = \frac{1}{d_0} + \frac{1}{d_{i_R}} = \frac{1}{0.25\text{ m}} + \frac{1}{-1.0\text{ m}} = \frac{3}{1.0\text{ m}} = +3.0\text{ D}$$

예상한 바와 같이 왼쪽 눈의 렌즈가 오른쪽보다 더 낮은 도수를 갖는다.

시력의 결함으로 자주 나타나는 또 다른 예로는 **난시**(astigmatism)를 들 수 있다. 이것은 각막이나 수정체 렌즈가 정확히 원이 되지 않기 때문에 나타난다. 따라서 이 눈은 서로 다른 초점면에 있는 각기 다른 초점거리를 갖는다(그림 25.6a). 따라서 점이 선으로 보일 수도 있고, 선은 한쪽 방향으로는 선명하게 보이지만 다른 방향으로는 흐리게 보이거나 두 방향의 선이 모두 흐리게 보일 수도 있다. 난시의 검사는 그

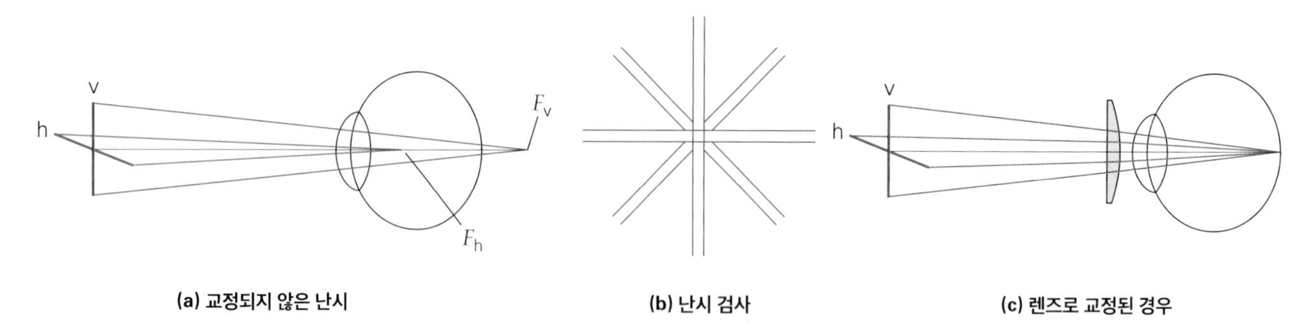

(a) 교정되지 않은 난시 (b) 난시 검사 (c) 렌즈로 교정된 경우

▲ 그림 25.6 **난시.** 눈에서 굴절을 일으키는 부분이 구형이 아닌 불완전한 형태가 되면 그 렌즈는 위치에 따라 초점거리가 다를 수 있다. (a) 난시가 생기는 것은 수직면(빨간색)과 수평면(파란색)이 서로 다른 위치 F_v와 F_h에 초점을 만들기 때문이다. (b) 난시가 있는 눈으로 볼 때는 모든 선이 흐릿하게 보인다. (c) 난시를 교정하기 위해서는 평볼록 원통렌즈와 같은 비구형 렌즈를 사용한다.

림 25.6b에 나타나 있다.

난시는 각막이나 수정체의 경우 곡률이 작은 면에 더 큰 곡률을 갖는 렌즈를 이용하여 교정할 수 있다(그림 25.6c). 밝을 때는 난시의 정도가 완화된다. 이것은 빛이 밝을 때는 눈의 동공이 작아지므로 빛은 각막의 가장자리는 통과하지 못하고 광축 근처의 빛만이 눈을 통과하기 때문이다.

여러분들은 시력이 20/20이라는 것을 들어보았을 것이다. 그러면 이것은 무엇을 나타낼까? 시력은 시각이 물체거리에 따라 얼마나 영향을 받는가를 나타내는 것이다. 보통 이 숫자는 주어진 거리에 놓여 있는 문자가 배열된 차트(시력측정용 차트)를 이용하여 결정하고, 그 결과는 분수로 표시한다. 즉, 분자는 문자 E와 같은 표준부호를 시력을 측정하고자 하는 눈으로 선명하게 볼 때 눈과 부호 사이의 거리를 나타내고, 분모는 정상인 눈으로 그 부호를 선명하게 볼 수 있는 거리를 나타낸다. 20/20(측정/정상)이라는 시력 등급의 측정치는 눈이 완전히 정상이라는 것을 나타내며, 이것은 20 ft 떨어져 있는 표준크기의 문자를 정상의 눈과 같이 선명하게 볼 수 있다는 것을 나타낸다. 그보다 더 잘 볼 수 있는 것도 가능하다(실제로도 그렇다). 예를 들면 20/15인 시력 등급을 가진 사람은 정상인 눈을 가진 사람이 15 ft 떨어져 있는 물체를 보는 것만큼 20 ft 떨어진 곳에서 명확하게 볼 수 있다. 그러나 20/30 시력 등급은 20 ft에서 정상적인 눈을 가진 사람이 30 ft에서 볼 수 있는 만큼을 볼 수 있다는 것을 나타낸다.

25.2 현미경

현미경은 물체를 확대해서 보는 데 사용하며, 정상적으로 식별할 수 없는 모양을 보거나 더 자세하게 보려고 할 때 사용한다. 여기서는 두 가지 종류의 현미경을 알아보고자 한다.

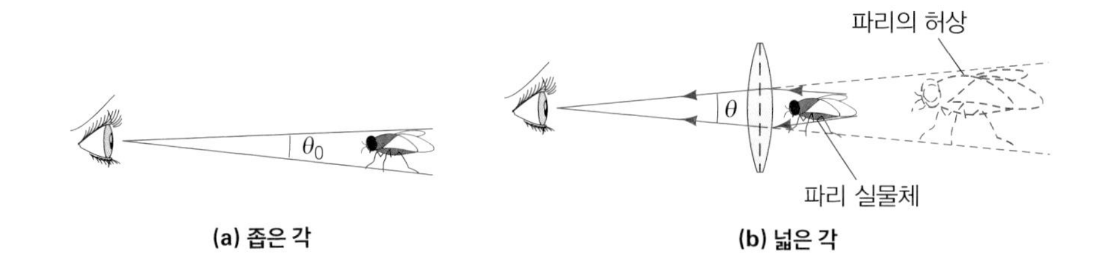

◀그림 25.7 **확대와 각도.** (a) 물체가 얼마나 크게 보이느냐 하는 것은 그 물체의 각 크기와 관계가 있다. (b) 이 각도와 보이는 상의 크기는 수렴렌즈에 의해 증가한다.

25.2.1 확대경(간단한 현미경)

멀리 있는 물체를 바라보면 그 물체는 매우 작게 보인다. 그 물체가 우리 눈과 가까워지면 그것은 점점 더 크게 보인다. 물체가 얼마나 크게 보이는 가는 망막에 맺힌 상의 크기에 좌우된다. 물체의 크기는 물체가 만드는 시선과 각도와 관계가 있다. 이 각도가 클수록 상은 더 크게 보인다(그림 25.7).

우리가 어떤 것을 자세히 관찰하거나 더 선명하게 보기 위해서는 그것을 눈에 가까이하여 시야각이 커지도록 한다. 예를 들어 이 책을 눈에 가까이하면 책에 있는 그림을 더 자세히 관찰할 수 있다. 이 책이 여러분 눈의 근점에 위치할 때 책에 있는 내용을 더 잘 볼 수 있다. 눈의 조절을 통해 책을 눈에 가깝게 적정거리로 이동하면 책에 있는 사진이나 글씨가 더 커보이기도 하지만 이 책을 너무 가까이 가져가 근점 안으로 들어가면 상이 흐려진다는 것을 금방 알 수 있다.

확대경(magnifying glass)은 간단한 볼록렌즈로서 근점보다도 더 가까이 있는 물체의 상이 선명하게 맺히도록 한다(그림 23.18b). 이와 같이 물체가 근점보다도 가까이 있을 때 물체의 상은 큰 시야각을 이루고 그로 인해 더 크게 보인다. 즉, 확대된다. 이 렌즈는 눈이 초점을 맞추는 근점을 훨씬 넘어서 허상을 맺는다. 손잡이가 있는 확대경을 이용할 때 확대경의 위치를 상이 선명하게 보일 때까지 자유롭게 이동할 수 있다.

그림 25.8에 나타낸 바와 같이 확대경을 쓰면 물체의 허상에 의해 만들어진 시야각이 훨씬 크다. 확대경을 통하여 관찰된 상의 확대 정도는 이 각도에 의해 결정된다. 이 각도의 확대 정도를 각 배율이라 하며 m으로 표시한다. 이 **각배율**(angular magnification)은 그 물체를 확대경을 통하여 볼 때의 시야각(θ)과 맨눈으로 볼 때 물체의 각 크기(시야각, θ_0)의 비로 정의한다.

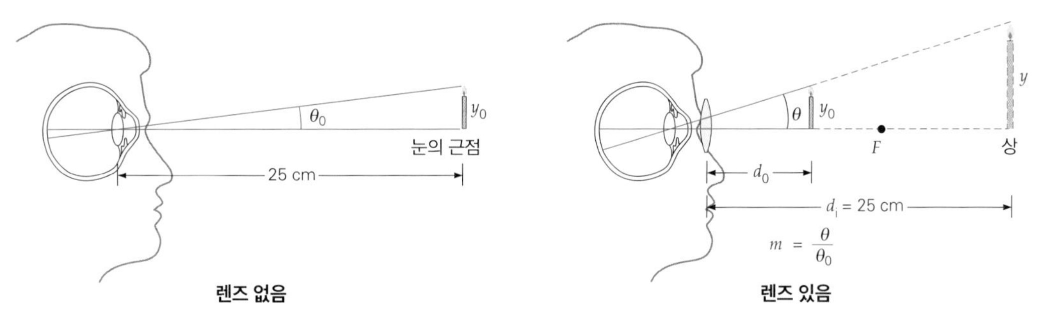

▲그림 25.8 **각 배율.** 렌즈의 각배율(m)은 렌즈를 통하여 본 물체의 각 크기와 렌즈 없이 볼 때 물체의 각 크기의 비이다: $m = \theta/\theta_0$. 물체(렌즈 없이)와 상(렌즈 있이), 두 경우 모두 최대 확대는 근점(25 cm)이다.

$$m = \frac{\theta}{\theta_0} \quad \text{(각배율)} \tag{25.1}$$

이 배율 m은 통상의 배율 M(수직 배율)과 같은 정의가 아니다. 여기서 M은 높이의 비로 $M = h_i/h_0$이다(23.1절 참조).

최대의 각배율은 눈의 근점, 즉 $d_i = -25$ cm에 상이 있을 때 얻어진다. 왜냐하면 상이 선명하게 보이는 가장 가까운 곳이 근점이기 때문이다. (여기서 25 cm는 정상인 눈의 근점을 가정한 것이다. 그리고 음의 부호는 23장과 같이 상이 허상이기 때문에 붙인 것이다.) 얇은 렌즈의 경우 적용되는 식 23.5를 이용하면, 이에 상응하는 물체거리를 다음과 같이 구할 수 있다.

$$d_0 = \frac{d_i f}{d_i - f} = \frac{(-25\text{ cm})f}{-25\text{ cm} - f}$$

또는

$$d_0 = \frac{(25\text{ cm})f}{25\text{ cm} + f} \tag{25.2}$$

여기서 f는 cm로 표시된 렌즈의 초점거리이다.

물체를 바라볼 때의 시야각과 물체의 크기(높이)는 다음과 같은 관계를 갖는다(그림 25.8).

$$\tan\theta_0 = \frac{y_0}{25} \quad \text{및} \quad \tan\theta = \frac{y_0}{d_0}$$

각도가 작다 가정하면, 즉 $\tan\theta \approx \theta$의 근사식을 적용할 수 있으며 위의 식은 다음과 같이 된다.

$$\theta_0 \approx \frac{y_0}{25} \quad \text{및} \quad \theta \approx \frac{y_0}{d_0}$$

따라서 최대의 배율은 다음과 같이 쓸 수 있다.

$$m = \frac{\theta}{\theta_0} = \frac{y_0/d_0}{y_0/25} = \frac{25}{d_0}$$

식 25.2의 d_0를 이 식으로 치환하면 다음의 식을 얻는다.

$$m = \frac{25}{25f/(25+f)}$$

이 식은 다음과 같이 간단히 표현할 수 있다.

$$m = 1 + \frac{25\text{ cm}}{f} \quad \text{(근점 25 cm에 상이 생겼을 때의 배율)} \tag{25.3}$$

여기서 f는 cm로 표시된 렌즈의 초점거리이다. 따라서 초점거리가 짧은 렌즈일수록 각배율이 커진다.

식 25.3을 유도할 때 맨눈으로 물체를 바라보는 경우 물체는 근점에 있는 것으로 간주하였다. 이것은 확대경을 통하여 물체를 바라볼 때 확대경에 의해 생긴 허상이 눈의 근점에 생기는 것으로 간주한 것과 같다. 하지만 우리 눈은 근점과 원점 사이에 있는 모든 물체에 초점을 맞출 수 있다. 극단적인 경우로는 상이 무한히 멀리 맺히는 경우로 이때에는 수정체에 연결된 눈의 근육이 충분히 이완되어 수정체렌즈가 얇아진다. 무한히 먼 곳에 상이 생기기 위해서 물체는 렌즈의 초점에 위치해야 한다. 이 경우에는

$$\theta \approx \frac{y_0}{f}$$

이므로 각배율은 다음과 같다.

$$m = \frac{25\text{ cm}}{f} \quad \text{(무한히 멀리 생긴 상에 대한 배율)} \qquad (25.4)$$

수학적으로는 초점거리가 작은 렌즈를 사용한다면 배율을 원하는 값으로 얼마든지 증가시킬 수 있다. 그러나 물리적으로는 렌즈의 수차 때문에 제한을 받아 확대경에 사용되는 렌즈의 배율은 물체 크기의 3 또는 4이다(3 × 또는 4 ×).

예제 25.3 **초보 홈즈(Holmes)－확대경의 배율**

셜록홈즈가 초점거리가 12 cm인 볼록렌즈를 이용하여 범죄 현장에서 발견된 의류의 섬유를 관찰한다. (a) 이 렌즈로 얻을 수 있는 최대 배율은 얼마인가? (b) 눈을 편안하게 하고 관찰할 때의 배율은 얼마인가?

풀이

문제상 주어진 값:

$f = 12\text{ cm}$

(a) 근점이 25 cm라 가정하면 식 25.3으로부터 m의 값을 얻는다.

$$m = 1 + \frac{25\text{ cm}}{f} = 1 + \frac{25\text{ cm}}{12\text{ cm}} = 3.1\times$$

(b) 상이 멀리 생기는 경우의 배율을 나타내는 식 25.4로부터 m의 값을 얻는다.

$$m = \frac{25\text{ cm}}{f} = \frac{25\text{ cm}}{12\text{ cm}} = 2.1\times$$

25.2.2 복합현미경

복합현미경(compound microscope)을 이용하면 단일 렌즈를 이용하는 확대경에 비해 훨씬 큰 배율을 얻을 수 있다. 복합현미경은 보통 두 개의 볼록렌즈로 구성되어 있으며 이들 둘 다 상을 확대하는 데 기여한다(그림 25.9a). 비교적 짧은 초점거리($f_0 < 1$ cm)를 갖는 렌즈를 **대물렌즈**라 한다. 이 렌즈는 그 렌즈의 초점 바로 밖에 있는 물체로부터 생긴 확대된 도립실상을 만든다. 또 다른 볼록렌즈는 대안렌즈로 더 긴 초점거리(f_e는 보통 수 cm)를 갖으며, 대물렌즈에 의해 생긴 상이 대안렌즈의 초점 바로 안에 생기도록 위치한다. 이 렌즈는 확대된 도립허상을 형성하며 우리 눈은 이 상을 본다. 즉, 대물렌즈는 확대된 실상을 만들고 대안렌즈는 앞서 다룬 단순한 확대용 렌즈라 할 수 있다.

이 현미경의 **총 배율**(m_{total})은 두 렌즈의 배율을 곱한 것이다. 대물렌즈에 의해 만

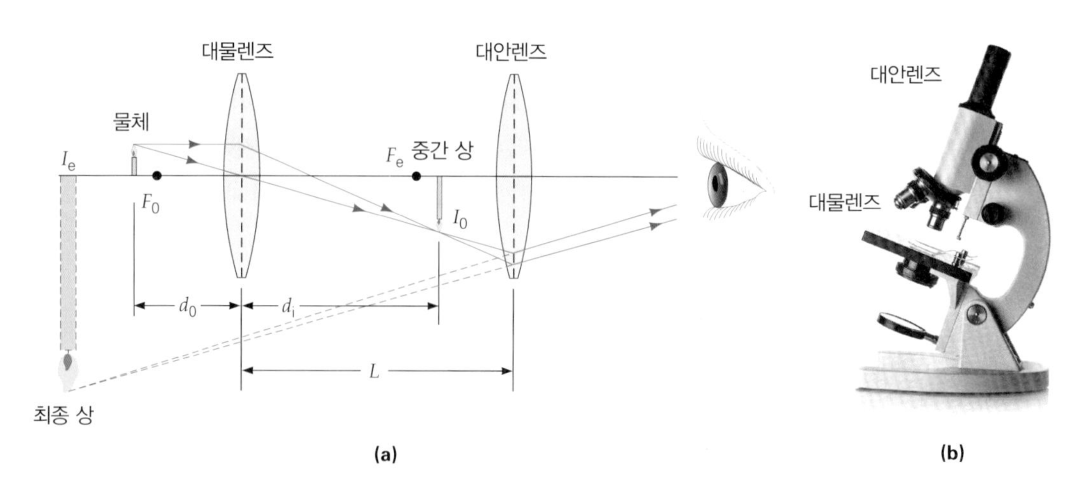

▲ **그림 25.9 복합현미경.** (a) 복합현미경의 광학계에서 대물렌즈에 의해 생긴 실상은 대안렌즈의 초점(f_e) 바로 안에 생기며, 이 상이 대안렌즈에 대해 물체로 작용한다. 대안렌즈를 통해 보는 관측자는 확대된 상을 관찰한다. (b) 복합현미경

들어진 상은 실제 물체에 비해 M_0배 확대된 것($M_0 = -d_i/d_0$)이다. 그림 25.9a에서 알 수 있는 바와 같이 대물렌즈의 경우 상까지의 거리는 두 렌즈 사이의 거리 L과 거의 같아 $d_i \approx L$이라 할 수 있다. 이것은 대안렌즈의 초점거리가 두 렌즈 사이의 거리보다 훨씬 짧기 때문이고 대물렌즈에 의해 생긴 상 I_0는 대안렌즈의 초점 바로 안에 있는 대물렌즈에 의해 생기기 때문이다. 또한 물체는 대물렌즈의 초점에 근접하게 위치하기 때문에 $d_0 \approx f_0$이다. 이와 같은 근사를 이용하면 다음과 같다.

$$M_0 \approx -\frac{L}{f_0}$$

식 25.4는 무한원에 생긴 상의 경우에 해당하는 배율로

$$m_e = \frac{25\,\text{cm}}{f_e}$$

이다.

총 배율은

$$m_{\text{total}} = -\frac{(25\,\text{cm})L}{f_0 f_e} \quad \text{(복합현미경의 각배율)} \tag{25.5}$$

이다. 여기서 f_0, f_e 및 L의 단위로는 모두 cm를 사용해야 한다.

복합현미경의 각배율은 음수이다. 이것은 바라보는 최종 상이 실물과 방향이 바뀐 도립상이라는 것을 지적하는 것이다. 그러나 보통 배율을 표시할 때는 $-100\times$라 쓰지 않고 $100\times$로 양수를 이용한다.

예제 25.4 복합현미경 – 배율 구하기

초점거리가 10 mm인 대물렌즈와 초점거리가 4 cm인 대안렌즈로 이루어진 어떤 광학 현미경이 있다. 두 렌즈 간의 거리가 20 cm 떨어져 있다. 이때 이 현미경의 배율을 구하라.

풀이

문제상 주어진 값:

$f_0 = 10\ \text{mm} = 1.0\ \text{cm}$

$f_e = 4.0\ \text{cm}$

$L = 20\ \text{cm}$

현미경의 배율은 식 25.5를 이용하여 구할 수 있다.

$$m_{\text{total}} = -\frac{(25\ \text{cm})L}{f_0 f_e} = -\frac{(25\ \text{cm})(20\ \text{cm})}{(1.0\ \text{cm})(4.0\ \text{cm})} = -125\times$$

대물렌즈가 대안렌즈보다 더 작은 초점거리를 갖고 있음을 기억하라. 그리고 음의 부호는 최종 상이 도립상임을 나타낸다.

그림 25.9b에 최신식 복합현미경의 사진이 있다. 이 현미경에서는 대안렌즈의 교환이 가능하여 배율이 5× 또는 100×인 렌즈로 바꾸어 사용할 수 있다. 생물학이나 의학에서 사용되는 표준현미경은 보통 배율이 5× 또는 10×인 렌즈를 대안렌즈로 사용한다. 그리고 현미경에는 회전이 가능한 뭉치가 있어 이를 회전하면서 대안렌즈로 10×, 43×, 97×와 같이 배율이 서로 다른 렌즈를 사용할 수 있다. 이들 대물렌즈와 5× 또는 10×인 대안렌즈를 사용하면 최소 50×부터 최대 970×의 다양한 배율을 얻을 수 있다. 복합현미경으로부터 얻을 수 있는 최대 배율은 약 2000×이다.

불투명한 물체를 관찰할 때는 빛을 물체 위에서 비추며, 유리판 위에 놓여 있는 세포나 얇은 조직과 같이 투명한 시편을 관찰할 때는 광원을 시료의 아래에 설치하여 빛이 시료를 통과하도록 한다.

28.1장에서 전자현미경에 대해 알아볼 것이다. 전자현미경은 사람의 눈으로 분리해볼 수 있는 것에 5000 000배보다 더 미세구조를 분해해 볼 수 있다.

25.3 망원경

망원경은 거울과 렌즈의 광학적 원리를 이용하여 어떤 멀리 있는 물체를 더 자세하게 보도록 하거나 흐리거나 멀리 있는 물체를 보게 한다. 근본적으로 두 종류의 망원경–굴절과 반사–렌즈나 거울을 각각 이용하여 빛을 모아 수렴시키는 특성을 가진다.

25.3.1 굴절망원경

굴절망원경(refracting telescope)에 깔린 원리는 복합현미경의 원리와 비슷하다. 굴절망원경에서 중요한 부품으로는 그림 25.10에 나타낸 바와 같이 대물렌즈와 대안렌즈이다. 대물렌즈는 긴 초점거리를 갖는 큰 수렴렌즈이며, 이동이 가능한 대안렌즈는 상대적으로 짧은 초점거리를 갖는다. 멀리 떨어져 있는 물체로부터 들어오는 빛은 평행광선이기 때문에 물체의 상(I_0)이 대물렌즈의 초점(f_0)에 맺는다. 이 상은 대안렌즈에 대해 물체로 작용하고 대안렌즈를 움직여 이 상이 대안렌즈의 초점(f_e) 바로 안으로 들어오게 하면 매우 확대된 도립허상(I_e)이 생기고 이것이 관측자에게 보이는 것이다.

눈이 편안한 상태에서 관측하기 위해서는 대안렌즈를 움직여 상(I_e)이 대안렌즈로

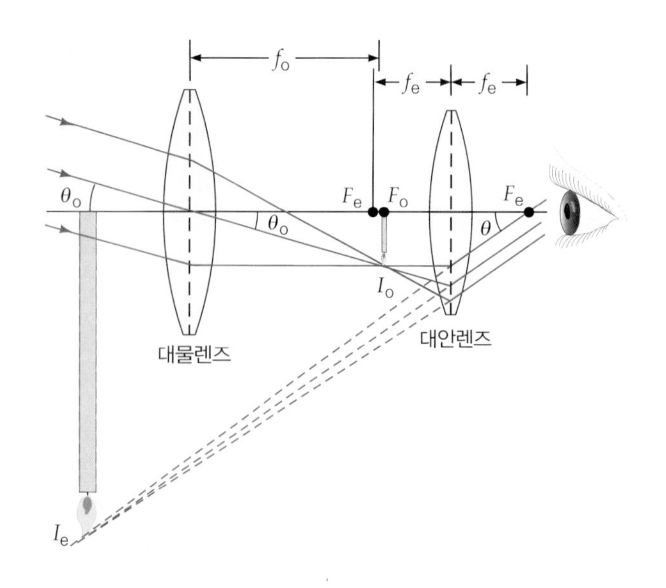

▶ 그림 25.10 **굴절 천체망원경.** 천체망원경의 경우 멀리 떨어진 물체로부터 온 빛은 대물렌즈의 초점(f_0)에 중간상(I_0)을 만든다. 대안렌즈를 움직여 이 상이 대안렌즈의 초점(f_e) 또는 바로 안에 위치하게 한다. 관측자는 대안렌즈(f_e)에 의해 아주 멀리 떨어진 곳에 생긴 확대된 상을 본다. (I_e), 여기서는 그림으로 보여 주기 위해서 한정된 거리에 있는 것으로 나타냈다.)

부터 멀리 떨어져 생기도록 한다. 즉, 대물렌즈에 의해 생긴 상(I_0)이 대안렌즈의 초점(f_e) 바로 안에 오도록 한다. 그림 25.10에 나타낸 바와 같이 두 렌즈 사이의 거리는 두 렌즈의 초점거리의 합($f_0 + f_e$)으로 이것이 망원경의 광경통 길이가 되는 것이다. 따라서 무한원에 생긴 최종 상에 초점이 맞추어진 **굴절망원경의 배율**은 다음과 같다.

$$m = -\frac{f_0}{f_e} \quad \text{(굴절망원경의 각배율)} \qquad (25.6)$$

여기서 음의 부호는 23.3절에서 다룬 바와 같이 최종 생기는 상이 도립상임을 표시하기 위해 들어간 것이다. 따라서 배율이 큰 망원경을 만들기 위해서는 대물렌즈의 초점거리를 가능한 한 최대로 만들고, 대안렌즈의 초점거리는 가능한 한 줄이는 것이다.

그림 25.10에 나타낸 망원경은 천체망원경이라 불린다. 천체망원경으로 관측된 최종상은 도립상이다. 그러나 이것은 천문학자들에게는 큰 문제가 되지 않는다? (왜 그럴까?) 그러나 지구에서 우리가 망원경으로 멀리 있는 물체를 관측할 때는 위아래가 바뀐 도립상보다는 똑바로 된 정립상이 생기는 것이 편리하다. 최종 상이 정립상으로 나타나는 망원경을 지상망원경이라 한다. 정립상은 여러 가지 방법으로 얻을 수 있으며 두 가지 예를 그림 25.11에 나타내었다.

그림 25.11a에 그려진 망원경의 경우에는 대안렌즈로 오목렌즈를 이용하였다. 이러한 지상망원경은 갈릴레오(Galileo)에 의해 1609년에 처음으로 제작되었기 때문에 갈릴레오 망원경이라 한다. 대물렌즈에 의해 생긴 거꾸로 된 실상이 대안렌즈의 왼쪽에 생기고, 상은 대안렌즈에 대한 허물체로 작용한다(23.3절 참조). 발산렌즈는 대물렌즈가 만든 상의 확대되고 거꾸로 된 허상(도립허상)을 형성한다. 그러므로 최종 관측되는 상은 확대된 정립허상이다[이 상은 두 번 거꾸로 된 상이어서 결국은 마지막 상은 바로 선 상(정립 허상)이다]. 발산렌즈와 음의 초점거리 때문에 식 25.6에 의해 양의 m이 되어 정립상임을 나타낸다.

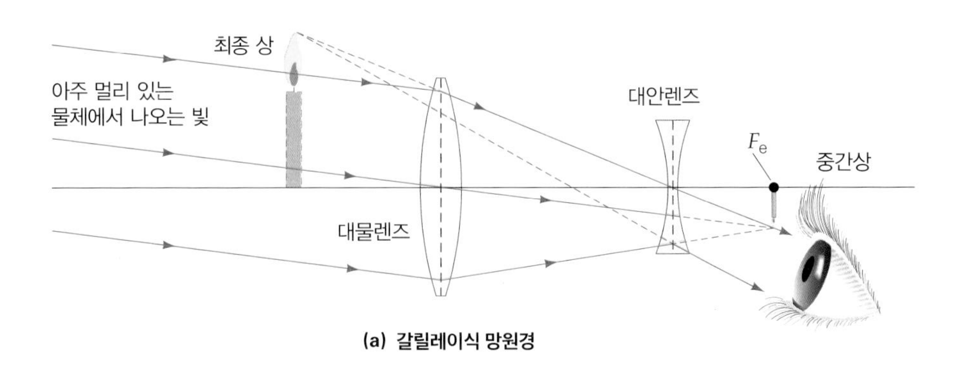

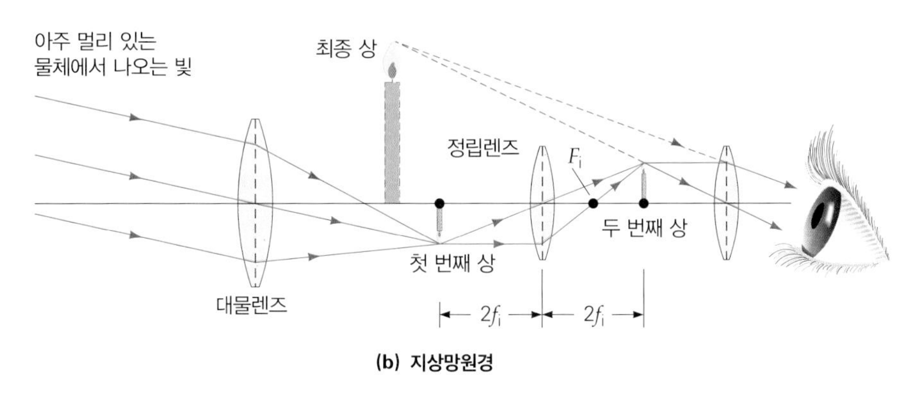

◀그림 25.11 **지상망원경.** (a) 갈릴레이식 망원경: 발산렌즈를 대안렌즈로 사용하여 정립 허상을 만든다. (b) 정립허상을 만드는 또 다른 망원경으로는 천체망원경에서 대물렌즈와 대안렌즈 사이에 수렴 정립렌즈(erecting lens)를 사용하는 것이다. 이 부품의 추가로 망원경의 길이가 길어지지만 내부 전반사 프리즘을 사용하여 길이를 줄여준다.

또 다른 형태의 지상망원경은 그림 25.11b에 나타낸 바와 같이 정립 또는 도립렌즈라 하는 제3의 렌즈를 대물렌즈와 대안렌즈 사이에 배치한다. 만약 대물렌즈에 의해 생긴 멀리 있는 물체의 상이 중간에 있는 정립렌즈 초점거리의 두 배가 되는 곳($2f_i$)에 생기면 이 렌즈는 단지 상은 확대하지 않고 상만 뒤집어 준다. 따라서 식 25.6으로 주어지는 망원경의 배율을 나타내는 식은 여전히 적용된다.

그러나 이와 같은 방법으로 똑바로 된 상을 얻기 위해서는 망원경의 길이가 정립렌즈의 초점거리의 4배만큼 더 증가해야 한다(렌즈 양쪽이 $2f_i$). 이렇게 편리성이 결여된 길이를 늘리는 대신에 내부 전반사용 프리즘을 사용하면 망원경 길이를 줄일 수 있다. 이것이 프리즘 쌍안경의 배경 원리이다. 쌍안경은 이중 망원경으로 눈 하나에 하나의 망원경이 해당된다(그림 25.12).

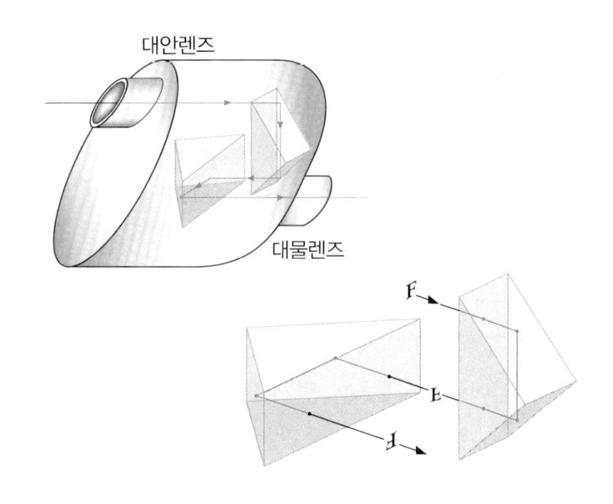

◀그림 25.12 **프리즘 쌍안경.** 쌍안경의 한쪽 부분만 단면으로 보여준다. 여기서 내부 전반사 프리즘의 사용으로 물리적 길이를 전체적으로 줄여준 것을 알 수 있다.

예제 25.5 천체망원경 – 더 긴 지상망원경

어떤 천체망원경의 대물렌즈의 초점거리가 30 cm이고, 대안렌즈의 초점거리가 9.0 cm이다. (a) 이 망원경의 배율은 얼마인가? (b) 초점거리가 7.5 cm인 정립렌즈(도립상을 정립상으로 바꾸는 렌즈)를 이용하여 이 천체망원경을 정립상이 생기는 지상망원경으로 바꾸면 이 망원경의 광경통 길이는 얼마가 되겠는가?

풀이

문제상 주어진 값:

$f_0 = 30$ cm(대물렌즈 초점거리)

$f_e = 9.0$ cm(대안렌즈 초점거리)

$f_i = 7.5$ cm(중간렌즈 초점거리)

(a) 망원경의 배율은 식 (25.6)을 이용하여 풀 수 있다.

$$m = -\frac{f_0}{f_e} = -\frac{30\text{ cm}}{9.0\text{ cm}} = -3.3\times$$

여기서 음수는 최종상이 도립상임을 나타낸다.

(b) 대물렌즈와 대안렌즈 사이의 거리를 망원경의 광통경의 길이라 하면 대물렌즈의 초점길이와 대안렌즈의 초점길이의 합이 그 망원경의 광경통 길이가 된다.

$$L_1 = f_0 + f_e = 30\text{ cm} + 9.0\text{ cm} = 39\text{ cm}$$

정립렌즈를 사용하면 망원경의 광경통 길이는 정립렌즈의 초점거리의 4배만큼 길어진다. $L_2 = 4f_i$ 따라서 광경통의 총 길이는

$$L = L_1 + L_2 = 39\text{ cm} + 4f_i = 39\text{ cm} + 4(7.5\text{ cm}) = 69\text{ cm}$$

이다. 따라서 정립상이 나타나는 망원경의 광경통 길이는 69 cm로 도립상이 나타나는 망원경의 광경통 길이 39 cm보다 더 길지만 배율은 3.3×로 같다. (왜 그럴까?)

25.3.2 반사망원경

태양, 달 또는 주위의 행성을 자세히 관측하기 위해서는 배율이 커야 한다. 그러나 가장 큰 배율의 망원경을 이용하여도 별은 희미하게 빛을 내는 점으로 나타난다. 멀리 떨어진 별이나 은하들을 관측하기 위해서는 배율을 증가시키는 것보다는 빛을 많이 모으는 것이 중요하다. 즉, 빛을 많이 모아 관측하고 그 빛의 스펙트럼을 분석하는 것이다. 멀리 떨어진 광원에서 나오는 빛의 강도는 때때로 매우 약하다. 이런 경우에는 광원에서 나오는 빛을 사진건판에 장시간에 걸친 노출로 초점에 모아야만 광원을 발견할 수 있다.

14.3절에서 배운 바와 같이 빛의 강도는 단위시간 동안 단위 면적당 에너지를 나타낸다. 따라서 관측하고자 하는 물체의 크기가 커지면 더 많은 빛에너지를 모을 수 있다. 따라서 망원경을 이용하면 희미한 물체를 예를 들어 멀리 있는 은하를 관측할 수 있는 거리가 증가한다. (점광원으로부터 나오는 빛의 강도는 관측자와 광원 사이 거리의 제곱에 반비례한다.) 그러나 큰 렌즈를 제작한다는 것은 유리의 품질, 가공과 연마 측면에서 많은 어려움이 있다. 복합렌즈 계를 제작하기 위해서는 수차를 줄여야 하며, 매우 큰 렌즈는 자체 중량으로 인해 휘거나 변형될 수 있어서 그로 인해 수차가 증가한다. 현재 사용하고 있는 대물렌즈 중에서 가장 큰 것은 지름이 102 cm(40인치)로서, 위스콘신 주의 윌리암스 만(Williams Bay)에 있는 여키스(Yerkes) 천문대에 설치된 굴절망원경의 대물렌즈이다.

굴절망원경이 가지는 이런 문제들은 반사망원경을 사용하면 어느 정도 해결할 수 있다. 반사망원경은 타원형의 곡률을 갖는 매우 큰 오목거울을 이용한다(그림

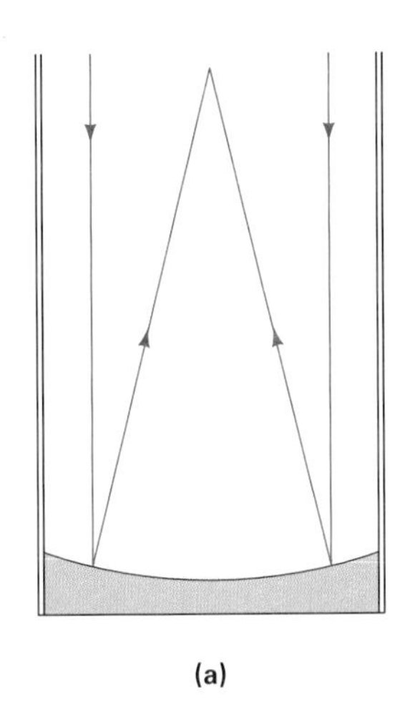

(a)

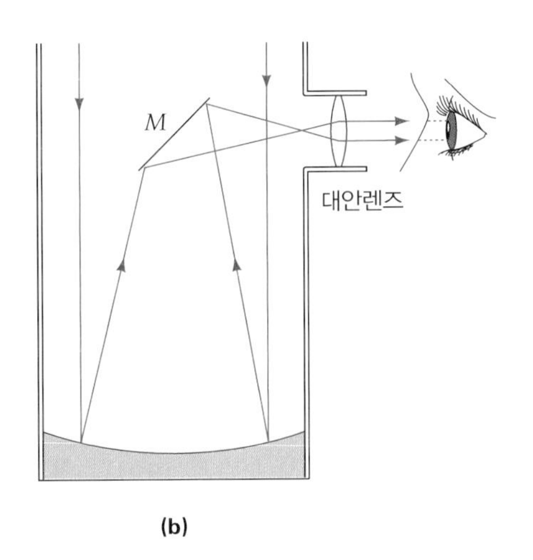

(b)

◀그림 25.13 **반사망원경.** 망원경에 오목거울을 사용하여 멀리 있는 물체의 상을 맺도록 빛을 수렴한다. **(a)** 상이 주초점에 맺힌다. **(b)** 오목거울의 주초점에 작은 거울이나 렌즈를 사용하여 망원경 밖으로 멀리 있는 물체의 상을 초점에 맺도록 하는데, 이런 구조를 뉴턴식 초점이라고 부른다.

25.13). 타원형의 곡률을 갖는 거울은 구면수차가 나타나지 않는다. 거울의 경우에는 색수차가 없다. (왜 그런가?) 그리고 빛은 거울 표면에서 반사되기 때문에 품질이 좋은 유리가 필요하지 않다. 즉, 한 표면만 가공, 연마한 후 은코팅하면 된다.

가장 큰 반사망원경은 대형 쌍안경 망원경(LBT)으로 미국 아리조나 그라함(Graham) 산에 있는 국제 천문대이다(그림 25.14a). 각 거울의 지름이 8.4 m이다.

이같이 반사망원경이 굴절망원경에 비해 장점이 있긴 하지만, 반사망원경 또한 단점이 있다. 큰 렌즈에서처럼 큰 거울은 또한 자체의 중량이 크기 때문에 주저앉거나 휘게 될 수 있다. 그리고 큰 중량의 거울을 복잡하게 지지해야 하므로 지지대 등 부대설비가 거대해지기 때문에 설치비용이 많이 든다.

망원경이 갖는 이런 단점은 새로운 기술을 적용함으로써 어느 정도 해결되었다. 한 가지 방법은 작은 거울 여러 개를 배열하여 하나의 큰 오목거울처럼 작동하도록 하는 것이다. 이러한 예로는 칠레에 있는 유럽남반구 천문대에서도 지름이 8.2 m인 거울 4개를 이용하여 지름이 16 m인 거울에 해당하는 극대망원경(VLT: Very Large Telescope)이 있다.

2025년까지 초대형 마젤란 망원경(Giant Magellan Telescope, GMT)이 완성될 계획이다. 이 망원경은 지름이 8.4 m인 거울 7개로 단일 주경이 만들어지는데, 이 단일 주경의 유효 지름은 24.5 m이다(그림 25.14b).

(a)

(b)

◀그림 25.14 **대형반사망원경.** **(a)** 8.2 m 지름을 갖는 두 개의 거울을 이용한 쌍안경식 반사망원경으로 아리조나 그라함(Graham) 산에 설치되어 있다. **(b)** 거울 하나의 지름이 8.4 m인 7개의 거울로 하나의 주경을 만들어 유효 거울 지름을 24.5 m되게 하는 거대 마젤란 망원경(GMT, Giant Magellan Telescope)을 만들 계획이다.

▲ 그림 25.15 **허블우주망원경(HST).** 2009년 5월에 허블우주망원경은 마지막 봉사미션 동안 우주왕복선 아틀란티스호의 화물칸에 우뚝 서 있다.

우주를 관측할 수 있는 또 다른 방법으로는 지구 주위의 궤도에 망원경을 설치하는 것이다. 대기권 밖에서는 대기에서의 굴절 및 대기의 난류에 의해 별빛이 반짝이는 현상이 일어나지 않기 때문에 대도시 근처에 설치된 망원경에서 나타나는 배경효과가 나타나지 않는다. 1990년 허블우주망원경(HST: Hubble Space Telescope)이 지구궤도에 설치되었다. 비록 이 망원경에 있는 반사거울의 지름은 2.4 m 밖에 되지 않지만, 대기의 영향을 받지 않는 우주에 설치되어 있기 때문에 허블우주망원경은 지구에 설치된 다른 망원경들에 비해 7배 선명한 상을 얻고 있다. 결함이 있는 HST 광학적 디자인 때문에 1993년에 수리되었고 재보수는 다시 2009년에 이루어졌다(그림 25.15). 수차례 보수로 1993년 초기 것보다 HST는 90배나 성능이 강력하게 보완되었다.

마지막으로 가시범위가 아닌 복사에너지인 라디오파, 적외선 복사, 자외선 복사, X-선, 감마선 등이 사용되는 망원경도 있다는 것을 알기를 바란다.

25.4 회절과 분해능

빛의 회절현상 때문에 현미경이나 망원경을 이용하여 근접한 두 물체를 구별하는 데에는 한계가 있다. 이런 효과는 폭이 w인 좁은 슬릿으로부터 멀리 떨어져 있는 두 광원이 있을 때를 생각하면 이해할 수 있다(그림 25.16). 두 광원은 서로 다른 두 개의 별을 나타낸다고 할 수 있다. 회절이 일어나지 않는다면 두 광원의 상은 2개의 밝은 점으로 스크린에 나타날 것이다. 24.3절에서 배운 바와 같이 슬릿에서는 빛의 회절이 일어나기 때문에 스크린에 나타나는 상은 중앙이 밝고 양쪽으로 갈수록 밝고 어두운 것이 교대로 나타나면서 점차로 어두워지는 상이 나타날 것이다. 만약 두 광원 사이의 거리가 작다면 중앙의 밝은 부분이 서로 중첩되어 각각의 상을 구별할 수 없다. 두 광원을 구별하기 위해서는 가운데의 밝은 부분이 구분될 수 있도록 최소한 어느 정도는 떨어져 있어야 한다.

일반적으로 두 광원의 상을 구별하려면 한 광원으로부터 나타난 중앙의 밝은 부분

▶ 그림 25.16 **분해능.** 슬릿 앞에 있는 두 광원이 회절무늬를 만든다. **(a)** 슬릿에서 광원 사이의 각거리가 충분히 커 두 광원의 회절무늬가 서로 분명히 구분되어 보이는 경우에 상이 분해될 수 있다고 한다. **(b)** 만약 광원 사이의 각거리가 작아지게 되면 두 광원의 회절무늬 강도의 최댓값이 서로 가까워지는데, 이때 이 최댓값이 분리될 수 있을 때 상은 겨우 분해할 수 있다고 한다.

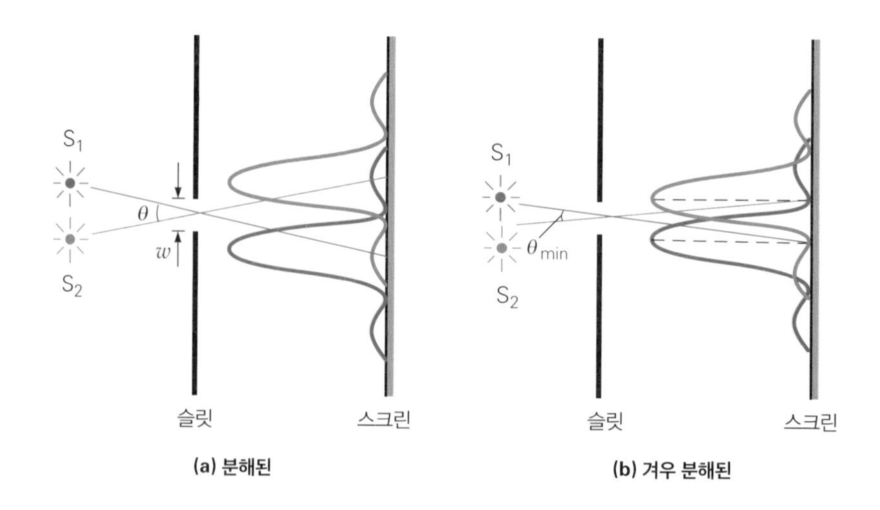

이 다른 회절무늬의 첫 번째 어두운 부분 이상으로 떨어져 있어야 한다. 두 상을 구별하기 위한 이 분해능기준은 영국의 물리학자인 레일리(Rayleigh)경(1842~1919)에 의해 제안되었기 때문에 **레일리 기준**(Rayleigh criterion)이라 한다.

> 두 상을 구별하기 위한 기준은 한 상의 중앙에 생긴 가장 밝은 부분이 다른 상의 중앙으로부터 가장 가까이 있는 어두운 부분의 중앙과 같아야 한다.

레일리 기준은 두 광원과 슬릿이 이루는 각분리 θ로 표현할 수 있다(그림 25.16). 단일 슬릿으로부터 나타나는 회절무늬에서 중앙으로부터 첫 번째 나타나는 어두운 부분(즉, $m = 1$)의 중심은 다음과 같은 기준을 만족한다.

$$w \sin\theta = m\lambda = (1)\lambda \quad \text{또는} \quad \sin\theta = \frac{\lambda}{w}$$

그림 25.16에 따르면, 이것이 레일리 기준에서 두 상을 구별할 수 있는 최소의 각도 θ_{min}이다. 일반적으로 가시광선 영역에서는 빛의 파장이 슬릿의 폭보다 훨씬 작다($\lambda < w$). 따라서 각도 θ가 작으므로 $\sin\theta \approx \theta$이다. 이 경우 **분해능 최소각**($\boldsymbol{\theta_{\text{min}}}$)은 다음과 같다.

$$\theta_{\text{min}} = \frac{\lambda}{w} \quad \text{(단일슬릿의 경우 분해능 최소각)} \tag{25.7}$$

여기서 w는 슬릿의 폭이고, λ는 빛의 파장이며, θ_{min}은 차원이 없는 수치이므로 라디안으로 표시된다. 따라서 두 상을 구별하기 위해서는 두 물체와 슬릿이 이루는 각도가 λ/w 보다 커야 한다.

카메라, 현미경 또는 망원경의 개구(openings)는 일반적으로 원형이다. 따라서 이 경우에는 중앙부가 밝고 주위로 갈수록 밝기가 교대하면서 어두워지는 원형의 회절무늬가 나타난다(그림 25.17). 원형구경의 장애물을 쓰는 경우 두 물체의 상을 구별할 수 있는 분해능기준을 나타내는 최소 각 θ_{min}은 식 25.7과 약간 다르게 다음과 같이 표현된다.

$$\theta_{\text{min}} = \frac{1.22\lambda}{D} \quad \text{(원형구경의 장애물의 경우 분해능 최소각)} \tag{25.8}$$

여기서 D는 구경의 지름이고 θ_{min}은 역시 라디안으로 표시된다.

현미경, 망원경 또는 눈의 홍채의 경우에는 모두 원형구경을 통해 빛이 들어온다고 생각할 수 있으므로 식 25.8이 적용된다. 식 25.7과 25.8을 보면 θ_{min}이 작으면 작을수록 분해능이 더 우수하다. 분해능을 나타내는 최소각 θ_{min}가 작아야 서로 근접한 두 물체를 구별할 수 있다. 따라서 구경은 가능한 한 커야 한다. 이것은 우리가 망원경의 경우 분해능 향상을 위해 큰 렌즈나 거울을 사용하는 또 다른 이유이다.

현미경에서는 두 점광원 사이의 실제 거리(s)를 훨씬 더 편리하게 정의할 수 있다. 그것은 물체가 보통 대물렌즈의 초점에 근접하게 있으므로 근사치를 적용하면

$$\theta_{\text{min}} = \frac{s}{f} \quad \text{또는} \quad s = f\theta_{\text{min}}$$

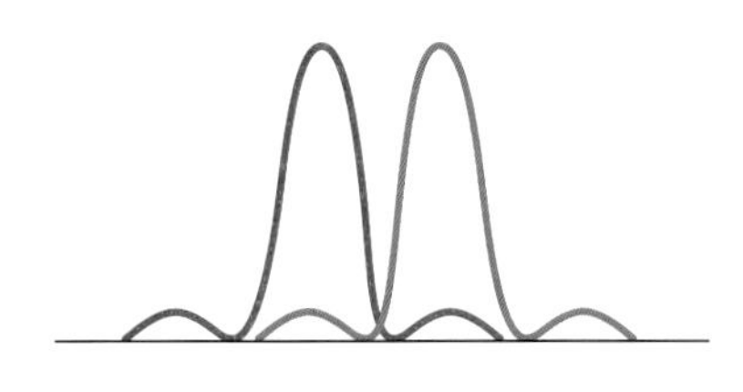

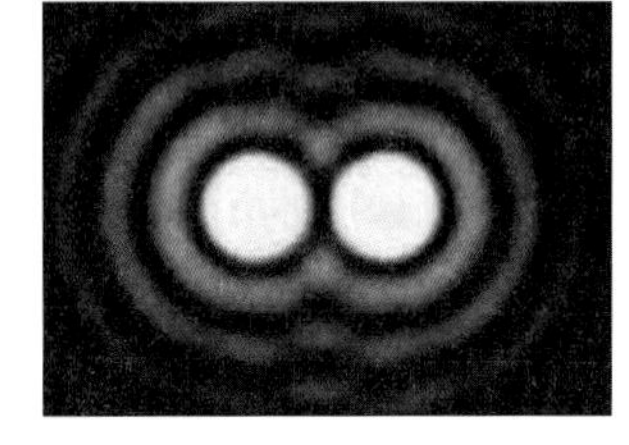

(a)

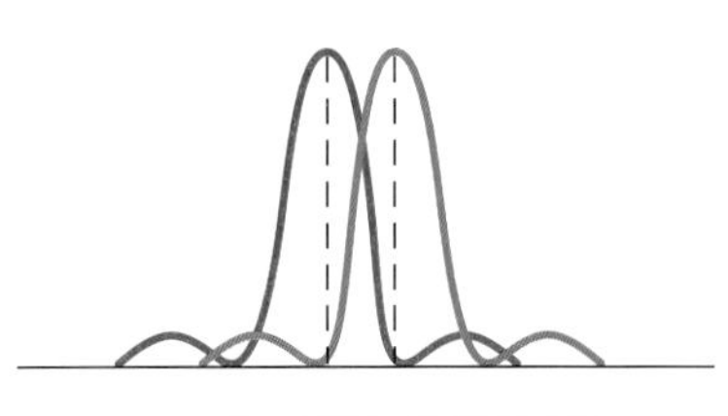

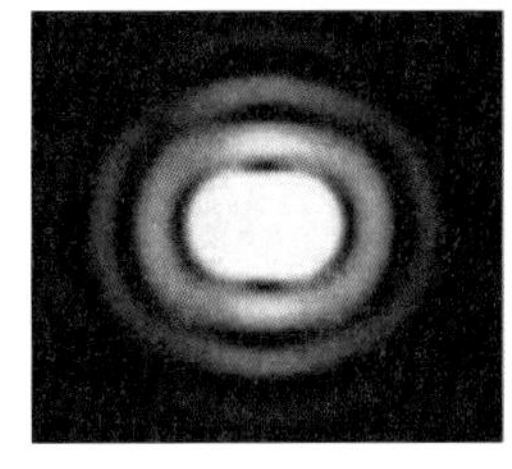

(b)

▲그림 25.17 **원형구경 분해능.** (a) 두 물체의 각거리가 충분히 커 상이 잘 분리될 수 있다(그림 25.16a와 비교). (b) 레일리 기준: 한 상의 회절무늬의 중앙극대가 다른 상의 회절무늬의 제1극소에 포개지는 경우(그림 25.16b와 비교)로 이런 경우는 두 상이 명백하게 각각의 상으로 분리되지는 않았다.

이다. 여기서 f는 렌즈의 초점거리이고 θ_{min}은 라디안으로 표시된다. (s는 θ_{min}에 의해 만들어지는 호의 길이다. 그리고 $s = r\theta_{min} = f\theta_{min}$ 또한 r은 호의 반지름이다.) 식 25.8을 사용하여 호의 길이를 구하면 다음과 같다.

$$s = f\theta_{min} = \frac{1.22\lambda f}{D} \quad \text{(현미경의 분해능)} \qquad (25.9)$$

현미경으로 만들어진 두 상점이 분리되어지는 상점 사이의 최소 거리를 현미경의 분해능이라고 부른다. 여기서 주목할 것은 s와 λ가 직접 비례한다는 것에 주목하자. 그러니까 파장이 짧으면 짧을수록 분해능이 좋아진다는 말이다. 실제로 현미경의 분해능은 대물렌즈가 시편구조의 미세함을 분해할 수 있는 성능을 말한다. 또 다른 실제 예는 그림 25.17에서 보여준다.

예제 25.6 우주에서 본-중국의 만리장성

중국의 만리장성은 원래 2400 km이다. 성곽 바닥 넓이는 6.0 m이고 성곽 위의 폭은 3.7 m이다. 성곽의 수백 킬로미터는 원형이 보존되어 있다(그림 25.18). 지구 상공 200 km 궤도를 선회하는 우주인이 육안으로 볼 수 있는 유일한 사람이 만든 축조물로 만리장성이라고 가끔 회자되고는 한다. 만약 사람의 동공지름이 낮에 가시광선 파장 550 nm에 대해 4.0 mm라고 하면 만리장성이 레일리 기준에 따라 보일지를 결정하라(지구 대기로 인한 어떤 효과도 무시한다).

▲ 그림 25.18 **만리장성.** 중국 만리장성의 성곽 위에 있는 보행자 통로이다. 중국 북부 국경 경계를 따라 요새화 하기 위해 축성된 것이다.

풀이

문제상 주어진 값:

$D = 4.0\ \text{mm} = 4.0 \times 10^{-3}\ \text{m}$

$\lambda = 550\ \text{nm} = 5.50 \times 10^{-7}\ \text{m}$

$s = 6.0\ \text{m}$(성곽 폭)

$r = 200\ \text{km} = 2.0 \times 10^{5}\ \text{m}$(거리)

만리장성의 긴 길이에도 불구하고 성곽 각 폭이 우주인의 눈의 최소 분해 가능한 각보다 크지 않으면 우주인의 육안으로는 볼 수 없다. 성곽의 각 폭은 $s = r\theta$로부터 구할 수 있고, 여기서 s는 관측할 수 있는 최대 가능한 성곽의 폭이고 r은 우주인으로부터 성까지 거리이다. 식 25.8을 사용해 가능성을 알 수 있다.

성에 대한 θ와 우주인의 눈에 대한 θ_{min}을 구하면 된다.

$$\theta = \frac{s}{r} = \frac{6.0\,\text{m}}{2.0\times10^{5}\,\text{m}} = 3.0\times10^{-5}\,\text{rad}$$

$$\theta_{min} = \frac{1.22\lambda}{D} = \frac{1.22(5.50\times10^{-7}\,\text{m})}{4.0\times10^{-3}\,\text{m}} = 1.7\times10^{-4}\,\text{rad}$$

따라서 $\theta \ll \theta_{min}$이므로 우주인의 육안으로는 보이지 않는다.

이 결론은 실제로 2003년에 중국의 우주인 양 리웨이(Yang Liwei)가 중국에서 최초로 우주비행을 했는데 그가 지구로 돌아와서 우주에서 만리장성을 보지 못했다고 기자회견을 통해 발표했다. 그 후 같은 사실을 2004년에 NASA에서도 확인했다.

식 25.8에서 복사 파장이 짧을수록 높은 분해능을 얻을 수 있다는 것에 주목하자. 그래서 주어진 망원경 대물렌즈로 좋은 분해능을 얻으려면 파장이 짧은 보라색 빛을 이용하는 것이 빨간색 빛을 이용하는 것보다 좋은 결과를 얻을 수 있다. 현미경에서는 빛의 파장을 짧은 파장을 이용해서 분해능을 높이는 것이 가능하다. 이것은 현미경 대물렌즈를 특별히 고안된 **유침 대물렌즈**(oil immersion lens)를 사용한다. 이 렌즈는 대물렌즈와 시료 사이에 투명한 기름방울을 채워 사용한다. 기름에서 빛의 파장은 $\lambda_m = \lambda/n$이고 여기서 λ는 공기에서 빛의 파장이고 n은 기름의 굴절률이다. n은 기름의 경우 1.50보다 크기 때문에 파장이 훨씬 줄어들고 이로 인해 분해능을 높일 수 있다.

연습문제

통합 연습문제(Integrated Exercises, IEs)는 두 부분으로 이루어진다. 첫 번째 부분은 일반적으로 기본 원칙과 추론에 기초한 개념적 답변 선택을 요구한다. 두 번째 부분은 연습의 첫 번째 부분에서 이루어진 개념적 선택과 관련된 정량적 계산을 필요로 한다. 기호(•)은 문제의 난이도를 의미한다. 쉬움(•), 보통(••), 어려움(•••)

25.1 인간의 눈

1. • (a) 수렴렌즈의 초점거리가 20 cm라면 도수는 얼마인가? (b) 발산렌즈의 초점거리가 −50 cm라면 도수는 얼마인가?

2. IE• 근시인 사람의 원점이 90 cm이다. (a) 어떤 종류의 콘택트렌즈를 (1) 수렴, (2) 발산, (3) 이중초점 중 먼 데 있는 물체를 더 명확하게 보기 위해서 안경사에게 처방받아야 하나 설명하고, (b) 렌즈의 도수는 디옵터로 얼마인가?

3. •• 근시인 사람의 원점이 200 cm이다. 이를 교정하기 위해 사용해야 할 콘택트렌즈의 종류와 초점거리는 얼마인가?

4. •• 원시인 눈을 가진 환자의 시력을 교정하기 위해서 환자의 근점을 85 cm에서 25 cm까지 효율적으로 움직이면서 안경사는 콘택트 수렴렌즈를 처방한다. (a) 이 렌즈의 도수는, (b) 먼 거리에 있는 물체를 명확하게 보기 위해서 이 환자는 콘택트렌즈를 끼워야 하나 아니면 빼야 하나 설명하라.

5. IE•• 어떤 사람이 물체가 12.5 m보다 멀리 있을 때 그 물체를 명확하게 보지 못한다. (a) 이 사람이 (1) 근시, (2) 원시, (3) 난시인가 설명하라. (b) 이 사람이 멀리 있는 물체를 잘 보기 위해서 착용해야 할 안경의 종류와 도수를 구하라.

6. •• 근시인 여자가 한쪽 눈의 원점이 2.00 m에 있다. (a) 교정 안경을 눈에서 2.00 cm 떨어지도록 썼다. 이때 여자가 멀리 있는 물체를 명확히 보기 위해서 착용해야 할 안경의 도수는 얼마여야 하는가? (b) 콘택트렌즈를 사용하면 렌즈의 도수는 얼마가 되어야 하는가?

7. •• 원시안인 사람에게 눈앞 25 cm 되는 곳에 책을 두고 잘 읽을 수 있기 위해 도수가 2.8 D인 안경을 썼다. 안경이 없이는 책을 얼마나 멀리 놓아야 잘 읽을 수 있는가?

8. •• 성인이 이중초점 렌즈(그림 25.4)를 썼다. 안경의 위쪽 반은 초점거리가 −0.850 m이고 아래쪽 부분은 초점거리가 +0.500 m이다. 이 사람의 원점과 근점은 얼마인가?

25.2 현미경

9. • 생물학과 학생이 작은 곤충을 자세히 보고 실험하기 위해 수렴렌즈를 사용한다. 만약 렌즈의 초점거리가 12 cm이라면 최대 각 배율은 얼마인가?

10. • 초점거리가 10 cm인 확대경으로 물체를 볼 때 학생은 눈의 피로를 최소화하기 위해 어느 위치에 확대경을 두어야 하나? 또한 확대 배율은 얼마인가?

11. IE• 수사관은 범죄자의 지문을 정확히 보기 위해 확대경의 최대의 확대배율을 원한다. (a) 수사관은 렌즈를 사용해야 하는데 (1) 긴 초점거리, (2) 짧은 초점거리, (3) 크기가 큰 렌즈에 대한 타당성을 설명하라. (b) 만약 그 수사관이 사용한 렌즈의 초점거리가 +28 cm과 +40 cm이면 지문의 최대 확대 배율은 얼마인가?

12. •• 정상적인 눈으로 확대경의 각배율 1.5×이라고 하면 이 렌즈의 도수는 얼마인가?

13. •• 복합현미경의 대물렌즈의 초점거리가 8.0 mm이고 대물렌즈를 이루고 있는 렌즈 사이의 간격이 15 cm라고 한다. 이 현미경의 총 배율이 −360×이 되려면 대안렌즈의 도수가 얼마여야 하는가?

14. •• 복합현미경이 초점거리 0.50 cm인 대물렌즈와 초점거리 3.25 cm인 대안렌즈를 가지고 있다. 이 두 렌즈의 간격은 22 cm이다. (a) 이 현미경의 총 확대율은 얼마인가. (b) 대안렌즈 자체가 단순 확대경이라고 하면 확대율이 총 확대율의 몇 %가 되는지 비교해 보라.

15. IE •• 초점거리가 3.0 cm인 대안렌즈를 사용한 복합현미경이 초점거리가 0.45와 0.35 cm인 두 렌즈가 서로 15 cm 있게 사용하려고 한다. (a) 어떤 것을 대물렌즈로 사용해야 하는가? (1) 보다 긴 초점거리를 가진 렌즈, (2) 보다 짧은 거리를 가진 렌즈, (3) 어느 것이든지, 각 경우에 대한 적정성을 설명하라. (b) 이 현미경으로 만들어 낼 수 있는 두 개의 가능한 총 확대 배율은 얼마인가?

16. •• 시료가 렌즈능력이 +250 D인 현미경 대물렌즈로부터 5.0 mm 되는 곳에 놓여 있다. 확대율 −100× 되게 보려면 대안렌즈의 확대능력은 얼마여야 하는가?

25.3 망원경

17. • 천체망원경의 대물렌즈 초점거리가 60 cm이고 대안렌즈 초점거리가 15 cm이다. (a) 이 망원경의 배율, (b) 길이는 얼마인가?

18. •• 망원경의 각배율이 −50×이고 경통길이가 1.02 m이다. 대물렌즈와 대안렌즈의 초점거리는 얼마인가?

19. •• 지상망원경의 대물렌즈와 대안렌즈의 초점거리가 각각 42와 6.0 cm이다. (a) 망원경의 경통길이가 1.0 m라면 정립렌스의 초섬거리는 얼마여야 하는가? (b) 무한원에 있는 물체에 대해 망원경의 배율은 얼마나 되는가?

20. 두 개의 대물렌즈와 두 개의 대안렌즈를 가지고 망원경을 만들어야 한다. 대물렌즈는 각 초점거리가 60.0 cm와 40.0 cm이고 대안렌즈의 초점거리는 0.90 cm와 0.50 cm이다. (a) 최대의 확대율을 얻기 위해서 당신이 선택할 대물렌즈와 대안렌즈의 조합은? 또한 최소의 확대율을 얻기 위한 조합은? 각 경우를 선택하고 이유를 설명하라. (b) 가능한 최소 최대의 확대율은 얼마인가?

25.4 회절과 분해능

21. • 두 개의 동일한 점광원에 의해 단일 슬릿으로 생긴 회절무늬의 분해능 최소각이 0.0065 rad이다. 만약 슬릿의 폭이 0.10 mm를 사용했다면 광원의 파장은 얼마인가?

22. • 팔로마 산에 있는 헤일 망원경으로 회절로 인한 분해능의 한계는 얼마인가? 헤일 망원경의 거울 직경은 200 in이고 광원의 파장은 550 nm이다. 이 값을 유럽남부천문대(ESO) 망원경(거울의 직경은 8.20 m 또는 323 in이다)의 것과 비교하라.

23. IE •• 사람의 눈으로 보이는 시계는 서로 다른 색의 작은 물체를 구분할 수 있으므로 눈의 분해능이 측정된다. (a) 사람의 눈이 물체의 구조를 가장 잘 분해할 수 있는 색상은 (1) 붉은색, (2) 노란색, (3) 파란색 또는 (4) 어떤 색인가 설명하라. (b) 사람의 눈의 동경의 최대 직경은 밤에 약 7.0 mm이다. 파장 400과 700 nm을 가진 광원의 최소 분해각은 각각 얼마인가?

24. •• 자동차 전조등이 1.7 m 떨어져 있는 점광원이다. 관측자가 자동차 전조등을 두 개로 분리해서 볼 수 있으려면 관측자로부터 자동차까지의 최대 거리는 얼마인가?

25. •• 현미경의 대물렌즈가 직경이 2.50 cm이고 초점거리가 0.80 mm이다. (a) 만약 광선의 파장이 450 nm(파란색)으로 시료를 비추었다면, 시료의 서로 다른 두 개의 구조를 구분할 수 있는 최소 각거리는 얼마인가? (b) 이 렌즈의 분해능은 얼마인가?

상대론
Relativity

CHAPTER 26

먼 은하로부터 나오는 빛은 우리에게 도달하는 데 수십억 년이 걸리고 여행 중 행성 간 중력장과의 만남으로 인해 방향 변화와 왜곡을 겪는다.

이 장의 처음 사진은 우주에 관한 매우 놀랄만한 것들을 보여주고 있다. 밝게 빛나는 것은 수백만 또는 수조 개의 별들로 구성된 은하들이다. 이들은 지구로부터 수백만 광년 떨어져 있다. 이 사진에서 거미집처럼 보이는 희미한 호는 사진에 나타난 은하들보다 더 멀리 떨어져 있는 은하들로부터 온 것이다. 그러나 이러한 빛다발에 관한 매우 놀랄만한 사실은 빛이 우리에게 도달하기까지 수백만 년이 걸린다는 사실이 아니고 그 빛이 도달하기 위해 이동한 빛의 경로이다. 보통 빛이 직진으로 이동한다고 생각하는데, 먼 은하에서 나오는 빛은 은하의 중력장에 의해 방향이 바뀌어 사진 속의 호를 만든다.

빛이 중력의 영향을 받는다는 사실은 알버트 아인슈타인(Albert Einstein)의 일반 상대성 이론에서 예측되었다. 상대론은 빛의 속력에 근접하는 속력을 포함한 물리 현상의 분석에서 유래되었다. 사실 현대 상대론은 우리들로 하여금 공간, 시간 그리고 중력에 대해 다시 생각하게 만들었다. 상대론은 약 300년 동안 과학을 지배해 온 뉴턴의 개념들에 성공적으로 도전하였다.

상대론이 미친 영향은 물리적 실체의 두 극한과 관련된 과학 분야에서 매우 컸다. 첫째는 원자핵과 입자물리학의 아원자 영역으로 이 영역에서는 시간 간격과 거리가 믿기 어려울 정도로 작다(29장과 30장). 또 다른 영역은 우주론적 영역으로 시간 간격과 거리가 상상할 수 없을 정도로 매우 크다. 우주의 탄생, 진화 그리고 우주의 종말에 관한 모든 현대 이론은 상대론의 이해와 밀접하게 연관되어 있다.

이 장에서 매우 빠르게 움직이는 물체에 대해서 관측된 시간과 길이의 변화, 에너지–질량의 등가 그리고 중력에 의한 빛의 휘어짐을 아인슈타인의 상대론이 어떻게 설명하는지를 배우게 될 것이다. 이 모든 현상은 고전적인 뉴턴의 관점에서는 이상하게 보이는 현상들이다.

26.1 고전 상대론과 마이켈슨-몰리 실험

물리학은 주변의 세계에 대한 설명과 관련이 있으며 관찰과 측정에 의존한다. 자연의 한 측면은 일관성이 있고 변하지 않는다고 본다. 즉, 자연이 따르는 근본 원리는 일관성이 있어야 하고 또한 물리 원리는 관측에 따라 변화하지 말아야 한다. 이러한 일관성은 예를 들어 운동의 법칙처럼 어떤 법칙으로 취급해서 강조하고 있다. 시간이 지나면서 물리적 법칙이 유효하다는 것이 증명되었을 뿐만 아니라 모든 관측자에게도 마찬가지다.

마지막 문장은 물리적 원리나 법칙이 관측자의 기준틀에 의존하지 말아야 함을 의미한다. 측정이나 실험을 행할 때 특정한 계나 좌표계에 대해 기준을 정한다. 흔히 정지한 것으로 간주되는 실험실을 기준으로 정한다. 이제 행인이 관찰한 것과 같은 동일한 실험을 상상해 보자(실험실에 대해 상대적으로 이동). 실험 노트를 비교할 때 실험자와 관측자는 실험의 결과와 내재된 물리적 원리가 동일함을 발견해야 한다. 즉, 물리학자들은 관찰자와 상관없이 자연의 법칙은 동일하다고 믿는다. 측정된 양과 설명이 다를 수 있고 설명은 다를 수 있지만, 이러한 양이 준수하는 법은 모든 관찰자에게 동일해야 한다.

여러분은 정지하고 있고, 두 대의 자동차가 각각 60 km/h와 90 km/h의 속력으로 직선 도로에서 같은 방향으로 이동하는 것을 관찰한다고 가정하자. 우리가 거의 말하지 않더라도, 이러한 속력은 기준틀인 지면에 대해 측정되는 것으로 가정된다. 그러나 60 km/h의 속력으로 움직이는 자동차에 탄 여성은 또 다른 자동차가 그녀의 기준틀에 대해 30 km/h의 속력으로 움직인다고 관측할 것이다. (90 km/h의 속력으로 움직이는 자동차에 탄 관측자는 무엇을 관측할 것인가?) 즉, 각자는 상대적인 속도—그이 또는 그녀 자신의 기준틀에 대한 속도—를 관측한다.

상대속도 측정에서 사실 정지한 기준틀은 없는 것 같다. 관측자가 어떤 기준틀과 같이 움직이고 있다면, 그 기준틀이 정지한 것으로 간주할 수 있다. 그러나 **관성 기준틀**과 **비관성 기준틀**을 구별할 수 있다. **관성 기준틀**(inertial reference frame)은 뉴턴의 제1법칙이 유지되는 기준틀이다. 즉, 관성 기준틀에서 알짜힘을 받지 않는 물체는 가속되지 않는다. 뉴턴의 제1법칙이 이 기준틀에서 성립되기 때문에 뉴턴의 제2법칙인 $\vec{\mathbf{F}}_{\text{net}} = m\vec{\mathbf{a}}$도 역시 성립된다.

반대로 **비관성 기준틀**(noninertial reference frame)은 (관성틀에서 상대적으로 가속되는 기준틀) 물체에 작용하는 알짜힘이 없으면 물체가 가속되는 것으로 보인다. 그러나 물체가 아니고 기준틀이 가속됨에 유의하라. 비관성 기준틀로부터 측정이 이루어지면 뉴턴의 제2법칙은 정확히 운동을 기술하지 못할 것이다. 비관성 기준틀의 좋은 예가 정지 상태로부터 가속되는 자동차이다. 자동차의 비관성 기준틀에서 볼 때 마찰이 없는 계기판 위의 컵은 어떤 힘이 작용하지 않아도 뒤쪽으로 가속되는 것으로 나타난다. 사실 비관성 기준틀에 있는 관측자는 컵의 겉보기 가속도를 설명하기 위해 뒤로 향하는 실제로 존재하지 않는 가상의 힘을 생각할지도 모른다. 그러나 보행로에 있는 관측자의 관성 기준틀에서 보면 자동차가 컵으로부터 가속될 때 (마찰이 없으면 컵에 작용하는 알짜힘이 없으므로 뉴턴의 제1법칙에 따라) 컵은 움직이지 않는다.

관성 기준틀에 대해 일정한 속도로 움직이는 어떤 기준틀도 그 자체가 관성 기준틀이다. 일정한 상대속도가 주어지면 한 기준틀을 다른 기준틀과 비교할 때 가속도 효과는 나타나지 않는다. 이 경우 $\vec{\mathbf{F}}_{\text{net}} = m\vec{\mathbf{a}}$는 상황을 분석하기 위해 양쪽 기준틀에 있는 관측자에 의해 사용될 수 있고 관측자 모두 같은 결론에 도달할 것이다. 즉, 뉴턴의 제2법칙이 두 기준틀 모두에서 성립된다. 따라서 적어도 역학의 법칙에 관해서는 관성틀임이 다른 것보다 선호되지 않는다. 이것은 **뉴턴(또는 고전) 상대론의 원리**[principle of Newtonian(or classical) relativity]라고 한다.

역학의 법칙은 모든 관성 기준틀에서 같아야 한다.

26.1.1 절대 기준틀: 에테르

1800년대에 전기와 자기 이론의 발달과 함께 아주 심각한 문제가 생겼다. 진공 중에서 빛은 속력 $c = 3.00 \times 10^8$ m/s로 진행하는 전자기파라고 맥스웰의 방정식(20.4절)을 통해 예언하였다. 그러나 빛의 어떤 기준틀에 대해 이 속력을 가지는가? 고전적으로 이 속력은 다른 기준틀에서 측정되었을 때 다를 것으로 예측되었다. 예를 들어 고속도로에서 당신에게 접근하는 다른 자동차의 경우와 유사하게 당신이 빛에 접근하게 되면 빛의 속력 c보다 더 크게 측정될 것이라고 기대할 수 있다.

그림 26.1a와 같은 상황을 생각해 보자. 지면에 대해 $\vec{\mathbf{v}}'$의 일정한 속도로 움직이는 트럭에 탄 사람이 트럭에 대해 $\vec{\mathbf{v}}_{\text{b}}$의 속도로 공을 던졌다고 가정하자. 그러면 소위 정지한 관측자(지면)는 공의 속도가 지면에 대해 $\vec{\mathbf{v}} = \vec{\mathbf{v}}' + \vec{\mathbf{v}}_{\text{b}}$이라 말할 수 있다. 트럭이 지면에 대해 동쪽으로 20 m/s의 속도로 움직이고 또 공이 동쪽으로 10 m/s의 속

◀그림 26.1 **상대 속도.** (a) 지면에 정지해 있는 관측자가 본 공의 속도는 $\vec{\mathbf{v}} = \vec{\mathbf{v}}' + \vec{\mathbf{v}}_{\text{b}}$이다. (b) 빛에 대해서도 동일하다면 속력은 $\vec{\mathbf{v}} = \vec{\mathbf{v}}' + \vec{\mathbf{c}}$ (즉, c보다 큰 크기)가 될 것이다.

도로 던져졌다고 생각하자. 그 공은 지면에 있는 관측자가 측정하였을 때 동쪽으로 20 m/s + 10 m/s = 30 m/s의 속도를 가질 것이다.

이제 트럭에 탄 사람이 그림 26.1b와 같이 동쪽에 한 줄기 빛을 투사하면서 손전등을 켰다고 가정해 보자. 뉴턴의 상대론에 따르면 $\vec{\mathbf{v}} = \vec{\mathbf{v}}' + \vec{\mathbf{c}}$이 되며 지면의 관측자에 의해 측정된 빛의 속도는 3.00×10^8 m/s보다 더 크게 된다. 그래서 일반적으로 고전적 상대론에 따르면 관찰자의 기준틀에 따라 빛의 속력은 어떤 값도 가질 수 있다.

뉴턴의 상대론을 가정했을 때 3.00×10^8 m/s의 특정 광속은 어떤 고유한 관성틀에 특정되어야 한다는 것을 따랐다. 이것은 확실히 다른 종류의 파동에 적용된다. 예를 들어 음파 속력은 상대적 공기 등에 관련된 것이다. 따라서 다른 알려진 모든 파동과 유사하게 빛에 대한 고유한 기준틀의 추측은 상당히 자연스러운 것처럼 보였다. 지구는 태양과 먼 곳의 별로부터 빛을 받으므로 빛에 대해 투명한 매질이 전 우주를 꽉 채우고 있다고 생각할 수 있다. 이 매질을 발광 에테르(luminiferous ether) 또는 간단하게 **에테르**(ether)라 한다. 이 에테르(아직 발견되지 않은)에 대한 생각은 19세기 후반에 유행하게 되었다. 맥스웰 자신도 에테르의 존재를 믿었는데 그의 글에서 인용한 것으로 증명된다.

> 에테르 구성에 관한 일관된 개념을 갖기에 어떤 어려움이 있더라도 우주와 태양계 공간이 비어 있지 않고 우리가 알고 있는 한 가장 크고 균일한 물체 또는 물질로 채워져 있다는 것은 의심할 여지가 없다.

그렇다면 빛의 전파를 기술하는 맥스웰의 방정식은 역학의 법칙처럼 뉴턴 상대성 원리를 충족시키지 못하는 것 같았다. 앞에서의 논의를 기본으로 선호되는 기준틀이 있을 것 같으며—절대적으로 정지해 있는 것으로 생각할 수 있는 것—그것이 에테르 기준틀이다.

그리하여 19세기 말에 과학자들은 에테르가 존재하는지 여부를 판단하기 시작했다. 만약 그렇다면 아마도 정말로 절대적인 정지틀이 마침내 확인될 것이다. 이것이 유명한 마이켈슨–몰리 실험(Michelson-Morley experiment)의 목적이었다.

1880년대에 미국의 과학자인 마이켈슨(A. A. Michelson)과 몰리(E. W. Morley)는 에테르에 대한 지구의 상대속도를 측정하도록 고안된 일련의 실험을 하였다. 사실 그들은 지구의 궤도 속도 때문에 생기는 광속 차이를 측정함으로써 이를 측정하고자 하였다. 에테르의 이론에 따르면 에테르(절대기준틀)에 대해 상대적으로 움직이면 광속이 c와 다르다는 것을 측정하게 된다. 그들의 실험 도구는 오늘날의 표준기구와 비교하면 형편없지만 그러한 측정을 할 수는 있었다. 그러나 그들은 지구 속도에 관계없이 광속 c를 얻어 아무런 소득이 없었다.—에테르 존재에 대한 무효한 결과!

26.2 특수 상대론의 가설과 동시성의 상대론

절대 에테르 기준틀을 검출하지 못한 마이켈슨–몰리 실험의 실패는 과학계를 곤경에 빠뜨렸다. 뉴턴 역학의 고전 상대론 결과(그림 26.1a, $v > v_b$)와 마이켈슨–몰리 실험(그림 26.1b, $v = c$) 사이의 불일치는 설명되지 않은 채로 남아 있었다. 많은 물리학자는 빛이 전파하는 매개체가 필요하지 않다는 것을 도저히 믿을 수 없었다. 아인슈타인은 1905년에 마침내 이러한 문제들을 해결했다. 흥미롭게도 아인슈타인이 그의 이론을 발전시킬 때 마이켈슨–몰리 실험에 대해 알고 있었는지를 기억할 수 없다고 한다.

사실 아인슈타인의 통찰력은 역학의 법칙이 상대성 원리를 따르는 유일한 원리가 아니어야 한다는 직관에 기초하고 있었다. 그는 자연은 대칭적이어야 한다고 추론하였다. 모든 물리적 법칙은 상대성 원리를 벗어날 수 없어야 한다. 아인슈타인의 관점에서 전자기 이론의 불일치는 절대적 고정 기준틀(에테르 기준틀)이 있다는 가정 때문이었다. 그의 이론은 모든 물리 법칙을 같은 토대 위에 두고 그러한 기준틀(에테르)의 필요성을 제거함으로써 관성 기준틀의 절대속력을 측정할 어떤 필요성도 제거한 것이다. 따라서 상대론이 기초한 두 가설 중 첫 번째는 뉴턴 상대론의 확장이다. 아인슈타인의 **상대성 원리**(principle of relativity) (때때로 특수 상대성 이론이라고 불린다)는 전기학과 자기학의 법칙을 포함해서 모든 물리 법칙에 적용된다.

모든 관성 기준틀에서 물리 법칙은 동일하다.

이 추론은 모든 관성틀은 물리적으로 동등해야 한다는 것을 의미한다. 즉, 역학적 법칙이 아닌 모든 물리의 법칙은 모든 관성 기준틀에서 같다. 그 결과 관성 기준틀 안에서만 시행된 어떠한 실험으로도 관측자는 그 기준틀의 운동을 검출할 수 없다. 즉, 절대 기준틀은 없다. 나중에 생각해 보면 이 생각은 타당해 보인다. 자연이 다른 현상을 지배하는 어떤 법칙보다 역학적 법칙에 더 호의적이라고 생각할 어떤 이유도 없다.

서로 다른 관성 관측자가 전자기의 법칙을 다르게 해석하지 않도록 하기 위해 전자기파(빛)의 법칙을 이 원리로 끌어들이면서 아인슈타인은 빛의 속력의 불변성이라고 불리는 결과를 낳았다.

진공에서 빛의 속력은 모든 관성 기준틀에서 같은 값을 가진다.

만약 그렇지 않다면 전자기파(빛)의 속력은 다른 관성틀에서 c와 측정 가능하게 달라져 특수 상대론 측정치를 위반하게 된다.

빛의 속력의 항상성은 **빛의 속력이 광원이나 관찰자의 속력에 독립적인 것을 의미한다.** 예를 들어 만약 당신 쪽으로 일정한 속도로 접근하는 사람이 손전등을 켠다면 두 사람 모두 상대속도에 관계없이 방출된 빛의 속력을 c로 측정할 것이다(그림

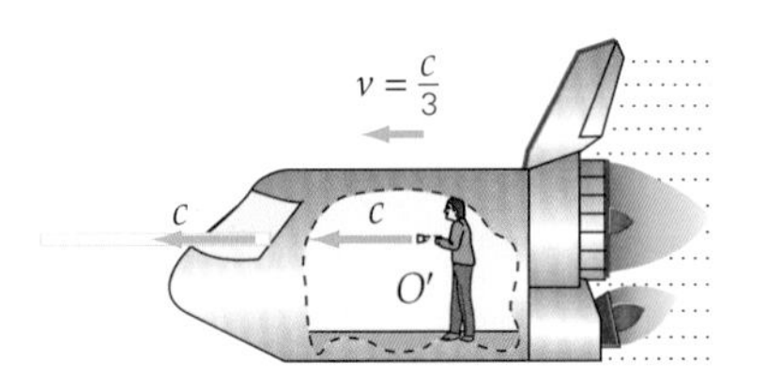

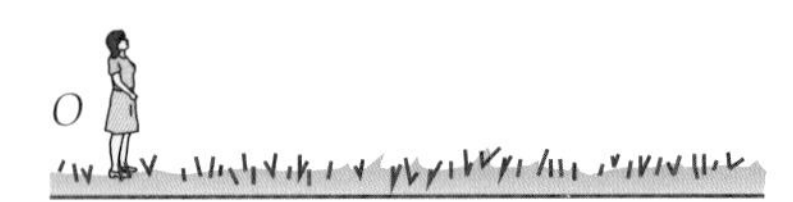

▲ **그림 26.2 빛의 속력의 불변성.** 각기 다른 관성 기준틀에서 두 관측자가 같은 빛의 속력을 측정한다. 관성틀 O'에서 관측자는 우주선 내부에서 빛의 속력인 c를 측정한다. 뉴턴 역학에 따르면 관성틀 O의 관측자는 이 빛의 속력을 $c + (c/3) = (4c/3) > c$로 측정할 것이다. 그러나 아인슈타인에 따르면 빛의 속력은 여전히 c이다.

26.2). 이 결론은 마이켈슨-몰리 실험이 아무런 결과를 얻지 못한 것과 일치한다. 절대 기준틀을 없애버림으로써 아인슈타인은 역학과 전자기학의 명백한 근본적인 차이점을 조화시킬 수 있었다.

어떤 이론이든 궁극적인 테스트는 과학적인 방법에 의해 제공된다. 아인슈타인 이론이 제공한 것이 무엇이고 또 실험적으로 증명될 수 있는가? 후자에 대한 답은 다음 절에서 논의하게 될 것과 같이 '그렇다'이다.

상대성 이론이 제자리에 있는 상태에서 그것의 함축된 의미 중 일부를 탐구할 수 있다. 많은 결과는 빛의 속력에 근접해야 구별이 가능하므로, 특수 상대론은 단순한 상황을 상상함으로써 더 잘 이해할 수 있다. 이것들은 종종 우리에게 어떤 현상이 예측되는지를 말해준다. 아인슈타인은 자신이 gedanken, 다시 말해 '사고(thought)'라고 부르는 실험, 즉 완전히 마음속에서 행해진 '실험'(experiments)을 채택함으로써 이 생각을 이용했다. 동시성과 길이 그리고 시간을 측정하는 방법과 관련된 일련의 유명한 실험부터 시작해 보자.

26.2.1 동시성의 상대성

일상생활에서 우리는 동시에 일어나는 두 사건이 있다면 모두에게도 동시에 일어날 거라 믿는다. 즉, 동시성의 개념을 절대적으로 믿는다. 무엇이 더 명백할 수 있을까? 동시적 사건은 같은 시간에 일어나고 모든 관측자에게 같지는 않을까? 그 답은 아니라는 것이다. 그러나 빛의 속도에 가까운 상대속도에 대해서 그렇지 않다는 것이다. 다시 말하면 일상의 속력에서는 동시성에 관한 불일치는 너무 작아서 관찰할 수가 없다.

두 사건이 동시에 일어나도록 되어 있는 관성 기준틀(O)을 생각하자. 예를 들어 폭죽 2개(x축의 A와 B에 있음)가 그 중간에 있는 스위치를 'ON' 위치로 돌렸을 때 폭발하도록 배열되어 있다고 가정하자(그림 26.3a). 정확히 두 폭죽 중간 지점 R에 있으면서 이 기준틀의 관측자가 빛을 감지하는 광수용기를 가지고 있다고 하자. 이 검출기는 폭발된 폭죽으로부터 오는 두 섬광이 동시에 도착하는지를 관측할 수 있는, 즉 사건이 동시에 일어난 것인지를 판단할 수 있다. (사실상 광수용기는 어디든지 설치할 수 있지만 동등하지 않은 진행거리 때문에 보정을 해야 한다. 이 같은 복잡한 것을 피하기 위해 모든 동시성 검출기는 두 사건의 중간 지점에 설치할 것이다.)

폭발 후 광수용기는 두 폭발이 기준틀 O에서 동시에 일어났다고 측정될 것이다. 그러나 같은 두 폭발을 다른 관성 기준틀 O'의 관측자가 관측하였다고 하자. 기준틀 O에서 보았을 때 다른 기준틀 O'는 속력 v로 오른쪽으로 움직이고 있다. 기준틀 O'의 관측자가 폭발 지점의 중간에 도착했을 때 광수용기가 중간을 지날지를 확신할 수 없어 x'축 상에 여러 개의 광수용기를 준비해 두었다.

그림 26.3b처럼 폭발 후 x축(지점 A와 B)과 x'축(지점 A'과 B') 모두에 불탄 표시가 있다. 이 표시는 기준틀 O'의 특정 광수용기 R'이 지점 A' B'의 중간에 위치했는지를 확인하는 데 사용될 것이다. 그러나 기준틀 O'의 관측자가 광수용기의 데이터

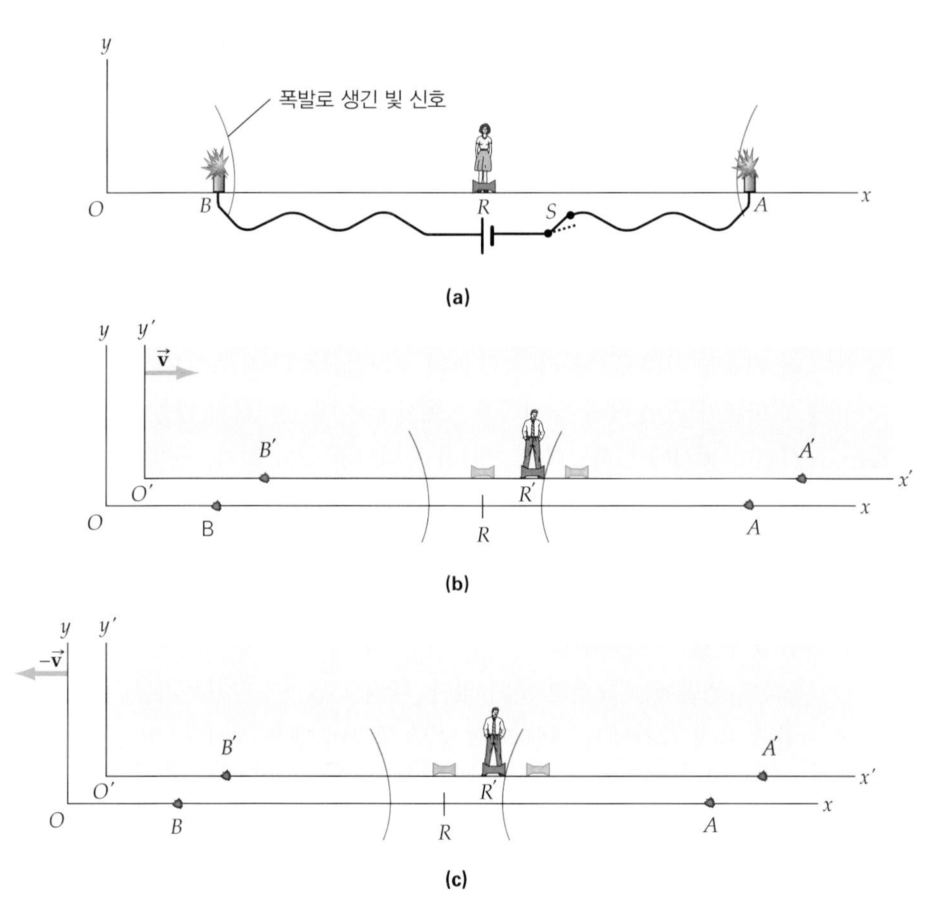

◀그림 26.3 **동시성의 상대론.** (a) 기준틀 O 에 있는 관측자는 동시에 폭발을 (A와 B에서) 일으킨다. 중앙에 위치한 광수용기 R은 두 신호가 동시에 도달한 것으로 기록한다. (b) O에 대해 상대적으로 움직이는 기준틀 O'에 있으면서 두 폭발의 중앙에 있는 관측자는 x'축에서 일어난 두 폭발에 의한 그을린 표시를 본다. 그러나 A의 폭발이 B의 폭발보다 먼저 일어난 것으로 본다. (c) O'의 관측자는 B 폭발 전에 A가 폭발하는 것을 본다. 그에게는 O는 왼쪽으로 움직인다.

를 점검할 때 두 폭발을 동시에 측정하지 않았음을 알게 될 것이다. 하지만 기준틀 O'의 결과로 기준틀 O의 관측자는 그의 결론을 의심하지 않는다. 관측자는 사건에 대해 나름대로 설명이 있다. 빛이 지점 R'에 도착하는 동안의 상황을 보았을 때 광수용기는 A를 향하고 B로부터 멀어진다. 결과적으로 기준틀 O'의 광수용기는 B의 섬광을 받기 전에 A의 섬광을 먼저 받는다.

그러면 어느 관측자가 옳은지에 대한 의문이 생긴다. 기준틀 O에 있는 관측자가 내린 결론에 반하는 것을 찾기도 어렵다. 그렇다면 기준틀 O'에 있는 관측자가 어떤 실수를 하지는 않았을까? 그가 폭죽에 대해 상대속도로 움직이고 있다는 것은 그에게는 확실한 사실이다. 왜 그는 이것을 깨닫지 않고 그의 움직임도 고려하지 못했을까? 그러면 그의 광수용기가 A에 가까워지고 또 B에서 멀어지지 않은 것일까? 그렇다면 B로부터 온 섬광 이전에 A의 섬광을 측정했다는 사실에 놀라지 않아야 한다. 그는 계산에 이러한 움직임을 고려해야 하고 섬광이 정말로 동시에 일어났다고 결론지을 것이다.

그러나 이렇게 생각하면 상대론의 가설을 무시하는 것이다. 이러한 '논리'의 흐름은 상황을 기준틀 O에서 본다는 것은(그림 26.3a, b), 관찰자는 정지하고 있는 '진짜' 기준틀이라는 유리한 관점에서 일어난 것을 보고 있다는 것이다. 그러나 특수 상대성 이론에 따르면 관성 기준틀이 다른 어떤 것보다 유효하지 않으며, 그 어떤 것도 절대적으로 정지된 것으로 간주할 수 없다. 기준틀 O'에 있는 관측자는 그가 움직이고 있다고 생각하지 않는다. 이 관측자에게 기준틀 O는 움직이고 있고 기준틀 O'는 정지하고 있다. 그는 폭죽이 v의 속력으로 왼쪽으로 움직이고 있음을 관측하지만 (그림 26.3c) 이 움직임이 그의 결론에 영향을 주지 못할 것이다. 그에게는 똑같은 거리 R'만큼 떨어진 폭발이 다른 시간에 R에 도달한다. 따라서 그 폭발은 동시에 일어난 것이 아니다.

기준틀 O'에 있는 관측자가 폭발이 동시에 일어난 것이라고 동의하도록 조정할 수 있는가 하고 궁금해 할 것이다. 그러나 이를 위해 R'에서 두 신호를 동시에 받을 수 있도록 기준틀 O의 관측자가 폭탄 A의 점화를 상대적으로 R보다 지연시켜야 한다. 이렇게 하더라도 두 폭발이 기준틀 O에서 동시에 일어나지 않았으므로 두 관측자는 두 사건이 동시에 일어났다고 여전히 동의하지 않아 결과는 변하지 않는다.

이 이상한 상황에 대해 무엇을 생각해야 할까? 비상대적인($v \ll c$) 세계에서 관측자 중 한 명은 틀렸을 것이다. 그러나 우리가 보았듯이 두 관측자는 측정을 정확히 하였다. 아무도 고장난 기기를 사용하지도 않았고 논리상 틀린 것도 없다. 그래서 결론은 두 사람 모두 옳다는 것이다.

게다가 폭죽의 폭발에는 특별한 것이 없다. 태권도 발차기, 비누 거품, 심장 박동 등 특정 시간에 특정 공간에서 어떤 '해프닝'도 똑같이 했을 것이다. 이러한 현상을 상대성 언어로 사건(공간과 시간의 위치에 의해 지정되는 사건)이라고 한다. 상대성 이론에 근거한 결과는 다음과 같다.

> 하나의 관성 기준틀에서 동시에 발생하는 사건은 다른 관성 기준틀에서 동시에 발생하지 않을 수 있다.

이 같은 사고(gedanken)실험은 아인슈타인으로 하여금 동시성이 절대 개념이라는 것을 포기하도록 하였다.

기준틀의 상대속도가 (일상 속력에서와 같이) 빛의 속력보다 훨씬 작은 경우, 이러한 동시성의 결여는 완전히 감지할 수 없다. **대부분의 상대론적 효과는 이 속성을 가지고 있다.** 즉, 실험에 포함된 속력이 빛의 속력보다 매우 작다면 익숙한 실험에서 벗어난 정도가 명확하지 않다. 그러한 빛의 속력을 경험하지 않았으므로 특수 상대성의 예측이 생소하다는 것에 놀라지 않는다. 사실 이것은 저속(low-speed) 세계에서 관찰되는 절대 동시성, 길이, 시간 간격 등에 대한 우리의 일상적인 가정들인데, 그것은 정확하지 않다!

26.3 시간과 길이의 상대론: 시간 팽창과 길이 수축

26.3.1 시간 팽창

아인슈타인의 다른 사고실험은 다른 관성 기준틀에서 시간 간격의 측정에 관계된다. 관성 기준틀에서 시간 간격을 비교하기 위해 그림 26.4a의 광 펄스 시계를 고안하였다. 시계에서 똑딱거림(시간 간격)은 광 펄스가 광원과 거울 사이를 왕복하는 데 걸리는 시간과 같다. O와 O'의 두 관성 기준틀에 있는 관측자가 동일한 광 펄스 시계를 가지고 있고, 이 시계는 서로에 대해 정지하고 있을 때 같은 빠르기로 동작한다고 하자. 두 시계 중 한 시계는 서로에 대해 정지하고 있는 관측자에 대해서 왕복 이동에 대한 시간 간격(Δt_0)은 진행한 전체 거리를 빛의 속력으로 나눈 것이다. 또

$$\Delta t_0 = \frac{2L}{c} \tag{26.1}$$

이제 O'이 O에 대해 오른쪽으로 등속 $\vec{\mathbf{v}}$로 상대적으로 움직인다고 하자. 그의 시계(O'에 정지)로 O'의 관측자는 같은 시간 Δt_0을 측정한다. 그러나 기준틀 O의 관측자에 의하면 O'의 시계는 움직이고 있고 광 펄스의 경로는 두 직각삼각형의 변을 이룬다(그림 26.4b). 그래서 O의 관측자는 그녀 시계의 펄스보다 더 긴 경로를 취한 O' 시계의 광 펄스를 본다. O 기준틀에서 보고 피타고라스 정리를 이용해서 계산하면 다음과 같이 주어진다.

$$\left(\frac{c\Delta t}{2}\right)^2 = \left(\frac{v\Delta t}{2}\right) + L^2$$

(주의: Δt는 O의 관측자에 의해 측정된 O' 시계의 시간 간격이다.) 모든 관측자에게 빛의 속력은 일정하므로 O에 있는 관측자가 측정하면 움직이는 시계의 빛은 그 경로를 가기 위해서 더 긴 시간을 소요한다. 즉, 기준틀 O에 있는 관측자에 대해 움직이는 시계는 더 늦은 속력으로 똑딱이므로 시계는 늦게 된다. 시간의 관계를 판단하기 위해 앞의 식을 Δt에 대하여 풀 수 있다.

$$\Delta t = \frac{2L}{c}\left[\frac{1}{\sqrt{1-(v/c)^2}}\right] \tag{26.2}$$

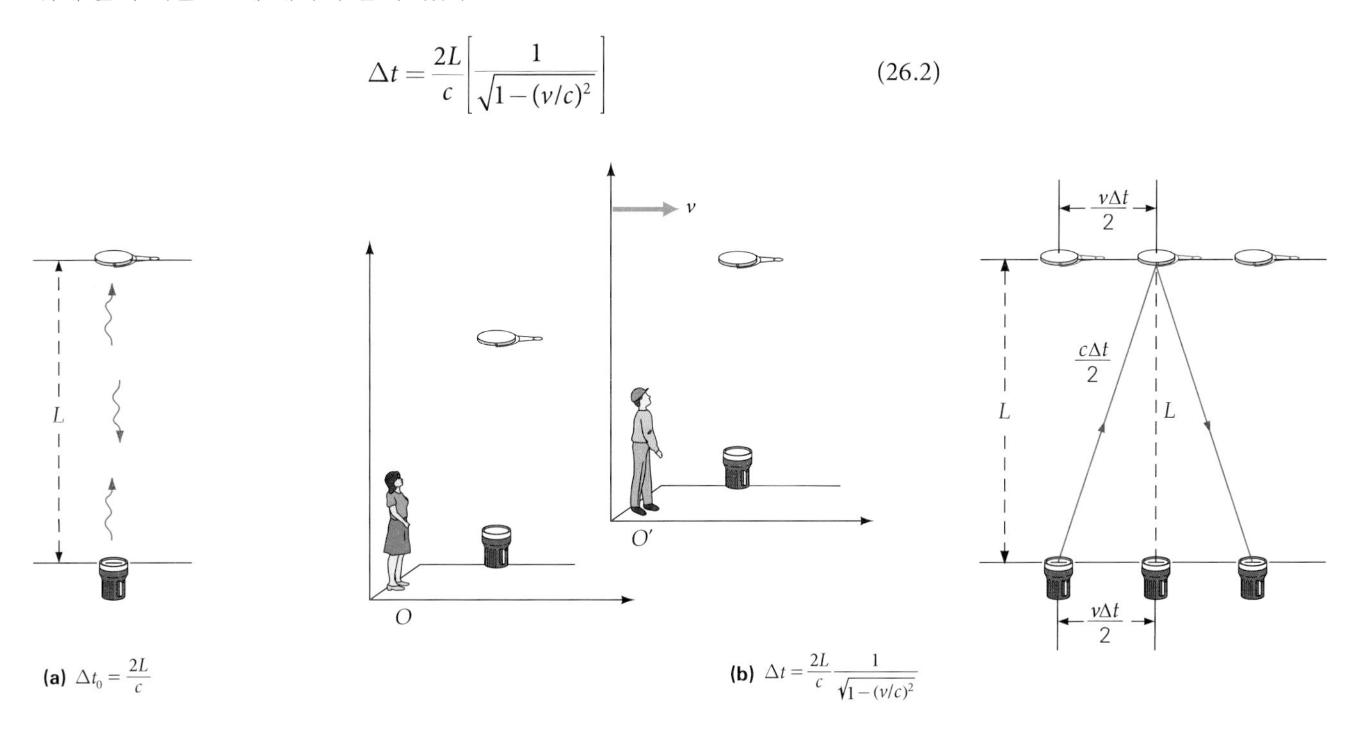

▲ 그림 26.4 **시간 팽창**. (a) 광 펄스의 왕복 이동 반사 단위로 시간을 측정하는 광 시계. 빛이 올라갔다 내려오는 데 걸리는 시간은 $\Delta t_0 = 2L/c$이다. (b) O에서 관측자는 O'상의 시계를 잴 때 이 시간 간격을 $\Delta t = (2L/c)\left[1/\sqrt{1-(v/c)^2}\right]$으로 측정한다. 따라서 움직이는 시계는 O의 관측자에 대해 느리게 간다.

그러나 시계에 대해 정지한 관측자에 의해 측정된 시간 간격은 $\Delta t_0 = 2L/c$ (식 26.1)이다. 따라서 식 26.1을 대입하면 다음과 같다.

$$\Delta t = \frac{\Delta t_0}{\sqrt{1-(v/c)^2}} \quad \text{(상대론 시간 팽창)} \qquad (26.3)$$

$\frac{1}{\sqrt{1-(v/c)^2}} > 1$이기 때문에 $\Delta t > \Delta t_0$이다. 그러므로 O의 관측자는 O'의 관측자가 동일한 시계(Δt_0)의 O'에 있는 것보다 O' 시계에서 더 긴 시간 간격(Δt)을 측정한다. 이 효과는 **시간 팽창**(time dilation)이라 한다. 똑딱거림의 더 긴 시간으로 O의 관측자에게 O'의 시계는 O의 시계보다 더 늦게 간다. 그 상황은 대칭적이고 상대적이다. O'의 관측자는 O 의 시계가 O'의 시계보다 더 늦게 간다고 말할 것이다.

움직이는 시계는 관측자의 자체 기준틀에서 정지하고 있는 시계보다 더 늦게 가는 것으로 관측된다.

이 효과는 모든 상대론적 효과와 마찬가지로 상대속력이 빛의 속력에 접근할 때만 중요하다. 이러한 조건에서 그림 26.4b를 사용하여 시간 간격이 동일한 것으로 나타나는 이유를 설명할 수 있는가?

이들 두 시간 간격을 구별하기 위해 **고유 시간 간격**(proper time interval)이라는 용어를 사용한다. 대부분의 상대적 측정(예: 길이 측정 참조)과 마찬가지로 여기서 용어 '고유(proper)'는 관찰자가 해당 관찰자에 대해 정지된 시계를 사용하여 측정한 시간 간격을 가리킨다. 앞의 전개에서 적절한 시간 간격은 Δt_0이다. 보다 공식적으로 다음과 같이 말한다.

두 사건 사이의 적절한 시간 간격은 관찰에 의해 측정된 간격이 동일한 위치에서 발생하는 것이다.

이것의 의미를 이해하려면 스스로에게 다음과 같이 물어보자. 광 펄스 시계의 두 사건은 무엇인가? 그들은 O' 시계에 대해 O'에서 같은 위치에 있는가? 그림 26.4에서 O의 관찰자는 O' 시계가 다른 위치에서 측정한 사건을 본다. 시계가 움직이고 있으므로 O에서 처음 사건(광 펄스의 출발)의 위치는 마지막 사건(광 펄스의 반사)의 위치와 다르다. 따라서 O의 관측자에 의해 관측된 시간 Δt는 고유 시간 간격이 아니다!

많은 상대성 식은 기호 γ(그리스 문자, 'gamma')을 다음과 같이 정의하면 더욱 간단하게 쓸 수 있다.

$$\gamma = \frac{1}{\sqrt{1-(v/c)^2}} \qquad (26.4)$$

$\gamma \geq 1$임을 유의하라. (언제 1과 같게 되는가?) 역시 v가 c에 접근하게 되면 극한적으로 γ는 무한대가 된다. 무한대의 시간은 물리적으로 불가능하므로 빛의 속력과 같

거나 커지는 것은 불가능하다. 표 26.1에 몇 가지 v의 값에 대한 (c의 분수로 표현된) γ 값을 나타내었다. 이 표는 속력을 쉽게 관찰해야 함을 명확하게 나타낸다. 예를 들어 $v = 0.10c$에서 γ는 1.00에서 단지 1%만 벗어날 뿐이다.

식 26.4를 이용하면 시간 팽창 관계(식 26.3)는 다음과 같이 보다 간단하게 쓸 수 있다.

$$\Delta t = \gamma \Delta t_0 \quad \text{(상대론적 시간 팽창)} \tag{26.5}$$

일정한 속력 $v = 0.60c$로 움직이는 계에서 정지하고 있는 시계를 관측한다고 하자. 그 속력에 대해 $\gamma = 1.25$이다. 따라서 그 시계로 20분이 경과하였다면 실험자인 본인의 시계로 $\Delta t = \gamma \Delta t_0 = (1.25)(20\text{분}) = 25$분임을 확인할 수 있을 것이다. 20분 간격은 사건이 (움직이는 시계와) 같은 위치에서 발생하였으므로 20분은 고유 시간 간격이다. 따라서 '움직이는' 시계는 상대적으로 움직이는 관찰자(당신)가 볼 때 더 느리게 (시계의 25분 경과와는 달리 20분 경과) 된다.

마지막으로 시간 팽창 효과가 인위적인 광 펄스 시계에만 적용될 수 없다. 그것은 모든 시계에 대해 옳아야만 하며 모든 시간에 대해서도 마찬가지이다(즉, 심장박동을 포함한 리듬과 진동수를 가지는 모든 것에 대해). 만약에 그렇지 않다면 기계적 시계는 시간 팽창을 나타내지 않아야 하며, 그렇다면 같은 관성 기준틀에서 기계 시계와 광 시계가 다른 비율로 가야 한다. 이것은 그 기준틀의 관측자가 기준틀 내에서 두 시계를 비교함으로써 그들이 움직이고 있는지를 알 수 있게 됨을 의미한다. 이것은 특수 상대성의 첫 번째 가설을 위반하기 때문에 모든 움직이는 시계는 그들의 속성에 관계없이 시간 팽창을 나타내야 한다. 예제 26.1은 자연에서 발생하는 시간 팽창의 실제 상황을 예시한다.

표 26.1 $\gamma = \dfrac{1}{\sqrt{1-(v/c)^2}}$ 의 몇 가지 값

v	γ	v	γ
0	1.00	0.800c	1.67
0.100c	1.01	0.900c	2.29
0.200c	1.02	0.950c	3.20
0.300c	1.05	0.990c	7.09
0.400c	1.09	0.995c	10.0
0.500c	1.15	0.999c	22.4
0.600c	1.25	c	∞
0.700c	1.40		

예제 26.1 지상에서 본 뮤온의 붕괴 – 실험적으로 입증된 시간 팽창

뮤온(muon)이라 불리는 아원자 입자보다 작은 입자는 지구 대기권에서 우주선(대부분 양성자)이 공기 분자를 구성하는 원자핵과 충돌할 때 생길 수 있다. 생성되기만 하면 그들은 c에 가까운 속력(약 $0.998c$)으로 지구 표면에 내려온다. 그러나 뮤온은 불안정해서 다른 입자로 붕괴된다. 정지한 뮤온의 평균 수명은 실험실에서 2.20×10^{-6} s로 측정되었다. 이 시간 동안 뮤온은 다음의 거리만큼 이동한다.

$$\begin{aligned} d &= v\Delta t = (0.998c)(2.20\times10^{-6}\text{ s}) \\ &= 0.998(3.00\times10^{8}\text{ m/s})(2.20\times10^{-6}\text{ s}) \\ &= 660\text{ m} = 0.660\text{ km} \end{aligned}$$

뮤온은 5 km에서 15 km 사이의 높이에서 생성되므로 매우 작은 양만 지구에 도달한다고 기대할 것이다. 그러나 상당한 양의 뮤온이 지구 표면에 도달한다. 시간 팽창을 이용해서 명백한 역설을 설명하라.

풀이

문제상 주어진 값:

$v = 0.998c$

$\Delta t_0 = 2.20 \times 10^{-6}$ s (뮤온 고유 수명)

고유 시간 간격 $\Delta t_0 = 2.20 \times 10^{-6}$ s 대신에 지구 관측자는 시간 간격이 γ 인자만큼 더 길어진 것으로 관측될 것이다. 식 26.4로부터 다음을 계산한다.

$$\gamma = \frac{1}{\sqrt{1-(v/c)^2}} = \frac{1}{\sqrt{1-(0.998c/c)^2}} = 15.8$$

식 26.5로부터 뮤온의 수명은 지구상의 관측자에 의하면 다음과 같다.

$$\Delta t = \gamma \Delta t_0 = (15.8)(2.20\times10^{-6}\text{ s}) = 3.48\times10^{-5}\text{ s}$$

뮤온의 이동 거리는 지구 관측자 입장을 따르면 다음과 같다.

$$d = v\Delta t = (0.998c)\Delta t$$
$$= 0.998(3.0\times10^{8}\ \text{m/s})(3.48\times10^{-5}\ \text{s})$$
$$= 1.04\times10^{4}\ \text{m} = 10.4\ \text{km}$$

이 거리는 대략 뮤온이 생성되는 높이와 일치한다. 따라서 예상되는 양보다 더 많은 양이 검출됨은 시간 팽창이 일어난다는 것을 확인할 수 있다.

26.3.2 길이 수축

기준틀에서 정지하고 있지 않은 긴 물체의 길이를 정확히 측정하기 위해 양 끝을 동시에 표시하는 데 주의를 기울여야 한다. 동시성을 검토하기 위해 언급되었던 두 개의 기준틀을 다시 생각하고 기준틀 O에서 x축 위에 놓여 있는 막대자를 생각하자(그림 26.5a).

만약 O에 있는 관측자가 양 끝을 동시에 표시하였다면 O'에 있는 관측자는 B 이전에 A 끝이 표시되는 것을 관측한다. 따라서 O'에 있는 관측자가 정확히 길이를 측

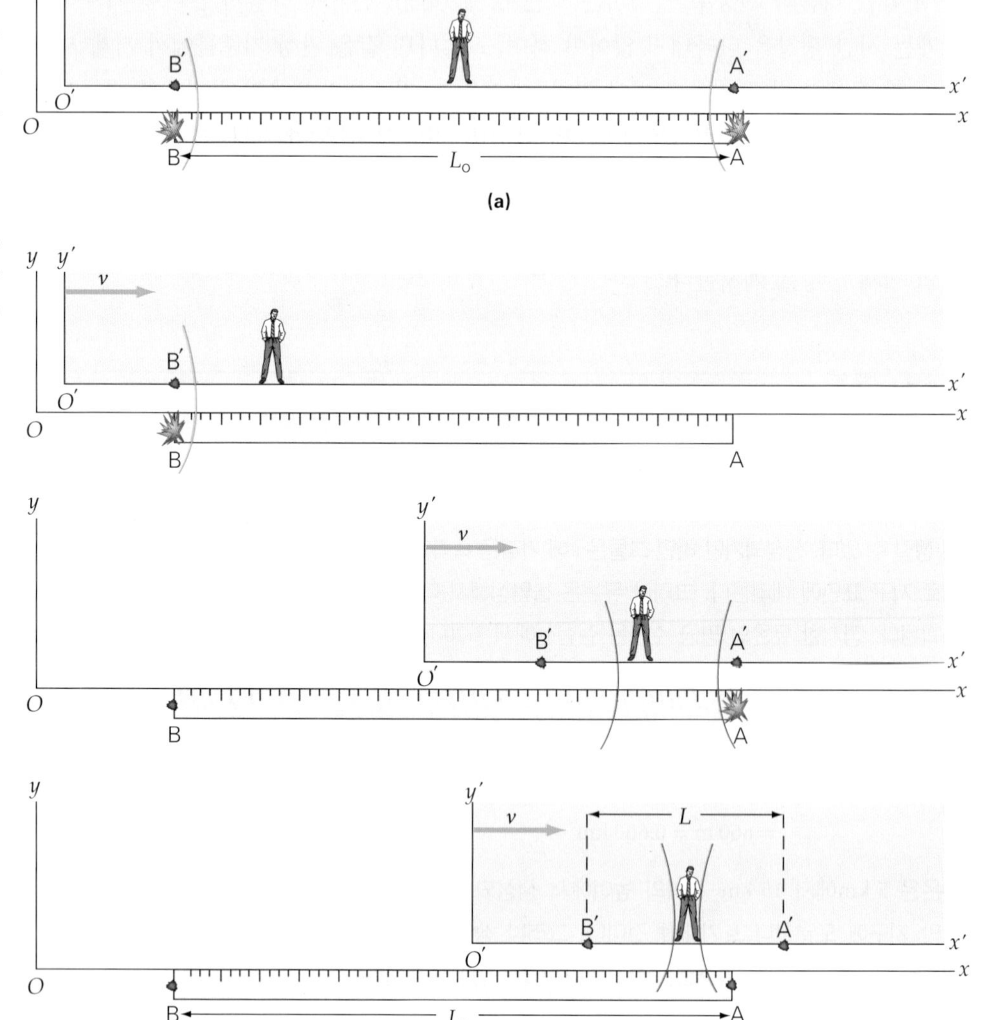

▶ 그림 26.5 **'정확한' 길이 측정 및 길이 수축.** 움직이는 길이를 정확히 측정하기 위해서 끝을 동시에 표시하여야 한다. **(a)** 기준틀 O에 있는 관측자가 양 끝을 표시하였을 때, O'에 있는 관측자는 이를 동의하지 않고 B 전에 A가 표시되는 것을 본다. **(b)** O의 관측자는 그의 관점에서 정확한 길이를 측정한다. O'의 관측자에 의해 측정된 길이는 O에서 정지하고 있는 관측자에 의해 측정된 정지 (또는 고유) 길이보다 짧다.

정하도록 하기 위해 O에 있는 관측자는 B보다 A를 늦게 표시해야 한다(그림 26.5b). O에 있는 관측자가 양쪽 기준틀(x축과 x'축 위)에 탄 흔적을 만들도록 폭발을 일으켰다고 하자. O'의 관측자가 폭발이 동시에 일어났다고 동의하도록 양 끝의 위치가 표시되었을 때 필요한 것은 O'에서 측정된 바와 같이 막대자의 길이를 재기 위해 두 위치를 빼는 것이다. O에 의해 측정된 길이보다 작아짐에 유의하라.

다시 "어느 관찰자가 정확한 측정을 하는가?"라는 질문을 받을 수도 있다. 지금쯤이면 답을 알 것이다. 바로 둘 다 정확하다. 모두가 자신들의 기준틀에서 정확한 측정을 한 것이다. 상대방이 정확히 측정했다고 생각하지 않고 대신에 모두가 자신의 측정에 만족할 것이다. 근본적으로 동시성이 절대적 개념을 갖는 것은 아니므로 길이수축에 관해 다음과 같은 정성적인 표현이 가능하다.

> 물체의 길이는 물체에 대해 정지하고 있는 관측자('고유' 관측자)에 의해 측정된 것 중 제일 크다. 만약 물체가 관성 기준틀의 관측자에 대해 움직이고 있다면 그 관측자는 고유 관측자가 관측한 길이보다 짧게 측정된다.

보통 이 효과는 빛의 속력 c와 비교할 때 느린 속력에서는 완전히 무시할 수 있다.

두 지점에 대해 정지하고 있는 관측자에 의해 측정된 지점 간의 길이를 L_0로 표시하고 **고유 길이**(proper length)라고 한다. 고유 길이(또는 정지 길이)는 가능한 가장 긴 길이이다. '고유'라고 하는 용어는 각 관측자가 그들의 관점에서 정확히 측정하였으므로 측정의 정확도와는 아무 관련이 없다.

사고실험은 길이 수축에 대한 수학적 표현을 개발하는 데 도움을 줄 수 있다. 기준틀 O에서 정지하고 있는 막대를 생각하자. 이것은 기준틀 O의 관측자가 이 막대의 길이에 관해 고유 관측자임을 의미한다. 따라서 그가 측정한 길이는 L_0이다. 막대자와 평행하게 일정한 속력 v로 움직이고 있는 O'의 관측자 역시 막대의 길이를 측정한다(그림 26.6). 막대의 두 끝이 그녀를 통과하는 데 소요되는 시간을 측정함으로써

◀그림 26.6 **길이 수축 표현의 유도.** O에 있는 관측자는 O'의 관측자가 막대 양끝을 통과하는 데 걸리는 시간을 측정한다. 마찬가지로 O'에 있는 관측자는 그 스스로가 막대 양끝을 통과하는 데 걸리는 시간을 측정한다. O'에 있는 관측자를 고유 시간 관측자라고 하는데, 이들 두 사건 사이에 가장 짧은 가능한 시간을 측정하기 때문이다. 두 관측자에 의해 관측된 막대의 길이는 같지 않다. O에 있는 관측자를 고유 길이를 측정한 사람이라고 한다. 이 관측자가 가능한 가장 긴 길이를 측정하기 때문이다.

길이를 측정한다. 그녀는 고유 시간을 측정하기 때문에 (이것을 어떻게 알까?) 측정한 시간은 Δt_0이고 기준틀에서 막대는 속력 v로 왼쪽으로 움직이고 있다. 그러므로 그녀의 관점에서 그 길이는 $L = v\Delta t_0$이다.

O의 관측자가 동일한 방법으로 막대의 길이를 측정한다고 가정하자. 그에게 O'의 관측자는 막대를 지나 오른쪽으로 움직이고 있다. 만약 그가 O'이 막대의 끝을 통과할 때 그의 시계로 시간을 측정한다면 그는 시간 간격 Δt를 측정한다. 그에게 막대의 길이는 고유 길이이다. 따라서 $L_0 = v\Delta t$이다. 그리고 측정된 길이를 나머지 길이로 나누면 다음과 같은 식을 얻는다.

$$\frac{L}{L_0} = \frac{v\Delta t_0}{v\Delta t} = \frac{\Delta t_0}{\Delta t} \tag{26.6}$$

그러나 $\Delta t = \gamma\Delta t_0$(식 26.5) 또는 $\Delta t_0/\Delta t = 1/\gamma$이다. 따라서 식 26.6은 다음과 같다.

$$L = \frac{L_0}{\gamma} = L_0\sqrt{1-(v/c)^2} \quad \text{(상대론적 길이 수축)} \tag{26.7}$$

$\gamma > 1$이기 때문에 예상대로 $L < L_0$이다. 이것은 **상대론적 길이 수축**(relativistic length contraction)이라 부른다.

예제 26.2 휘는 속력? 길이 수축과 시간 팽창

정지하고 있을 때 길이가 100 m인 우주선이 0.500 c의 일정한 속력으로 완전히 지나가는 것을 (즉, 앞부분에서 꼬리 부분까지) 지상의 관측자가 관측하였다(그림 26.7). 이 관측자가 관측한 비행선을 관측하고 있을 때 비행선에 있는 시계로 2.00초가 소요되었다. (a) 관측자가 측정한 비행선의 길이는 얼마인가? (b) 비행선 시계의 2.00초 간격 동안 관측자 시계로는 얼마의 시간 간격인가?

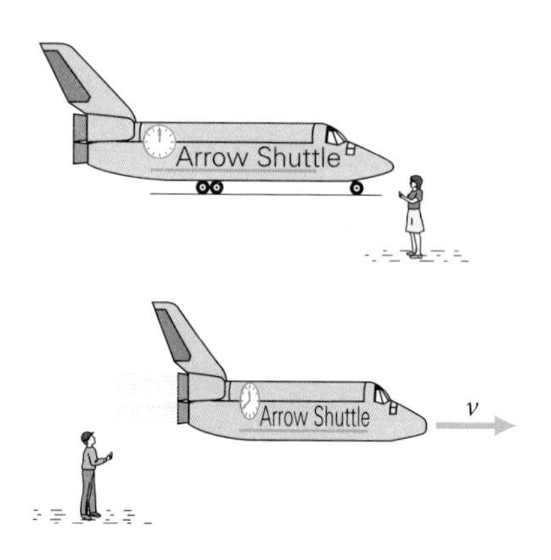

▲ 그림 26.7 **길이 수축과 시간 팽창**. 길이 수축의 결과 움직이는 물체는 운동 방향으로 더 짧거나 수축되는 것이 관측되고, 이동시계는 시간 팽창 때문에 더 느리게 가는 것이 관측된다.

풀이

문제상 주어진 값:

$L_0 = 100$ m (고유 길이)

$v = 0.500\,c$

$\Delta t_0 = 2.00$ s

(a) 계산 또는 표 26.1에 의해 $v = 0.500c$에 대해 $\gamma = 1.15$이고 수축된 길이는 다음과 같다.

$$L = \frac{L_0}{\gamma} = \frac{100\text{ m}}{1.15} = 87.0\text{ m}$$

(b) 관측자가 측정한 시간 간격 Δt가 고유 시간 간격 Δt_0보다 길다.

$$\Delta t = \gamma\Delta t_0 = 1.15(2.00\text{ s}) = 2.30\text{ s}$$

26.4 상대론적 운동에너지, 운동량, 전체 에너지와 질량-에너지 등가

특수 상대성의 영향은 보통 입자의 속력이 c에 접근하는 입자물리학에서 매우 중요하다. 고전 역학(낮은 속력)에서의 표현 식은 대부분 그런 속력만큼 부정확하다. 예를 들어 상대론적 운동에너지는 낮은 속력에서 일반적으로 사용되는 익숙한 $K = (1/2)mv^2$이 아니다. 아인슈타인은 운동에너지가 속력과 함께 증가하지만, 다른 방식으로 증가한다는 것을 보여주었다. 아인슈타인의 입증은 이 책의 수학적 범위를 벗어나지만, 속력 v로 움직이는 질량 m의 **상대론적 운동에너지**(relativistic kinetic energy)에 대한 결과물은 다음과 같다.

$$K = \left[\frac{1}{\sqrt{1-(v/c)^2}} - 1\right]mc^2 = (\gamma - 1)mc^2 \quad \text{(상대론적 운동에너지)} \qquad (26.8)$$

[$v \ll c$일 때 이 식은 보다 친숙한 $K = (1/2)mv^2$로 줄여서 쓴다는 것을 보여 줄 수 있다.]

식 26.8에 의하면 v가 c에 접근함에 따라 물체의 운동에너지는 무한대로 커진다. 다른 말로 표현하면 물체를 빛의 속력으로 가속시키기 위해 무한대의 에너지 또는 일이 필요하며 실제 이것은 불가능하다. 따라서 어떤 물체도 빛의 속력보다 더 빠르거나 같게 움직일 수 없다.

입자 가속기는 대전입자를 매우 빠른 속력으로 가속시킬 수 있다. 실험에서 측정된 이들 대전입자의 운동에너지는 식 26.8과 완벽하게 일치한다. 상대론적으로 정확한 운동에너지의 수식과 고전적 수식을 그림 26.8에 그래프로 나타내서 비교하였다. 그림에서 알 수 있듯이 낮은 속력에서 일치한다.

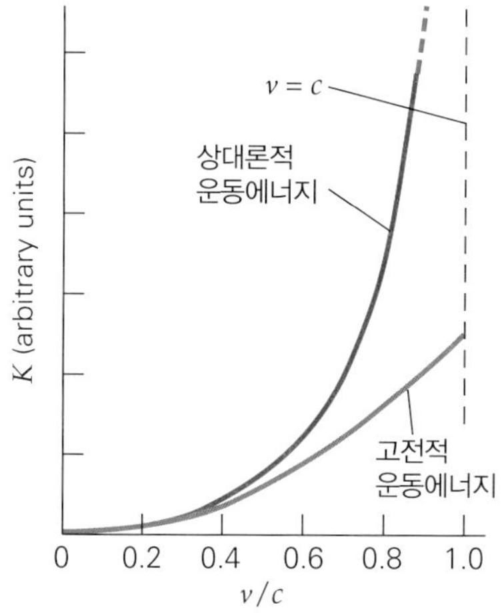

K (arbitrary units)
v = c
상대론적 운동에너지
고전적 운동에너지
0 0.2 0.4 0.6 0.8 1.0
v/c

▲ 그림 26.8 **상대론적 운동에너지-고전적 운동에너지.** 입자의 속력이 변함에 따라 상대론적으로 수정된 운동에너지와 고전적인 운동에너지의 그림을 그렸다. 고전적으로 나타낸 그래프는 $0.2c$보다 작은 속력에선 상대론적인 것과 그리 큰 차이를 보이지 않는다. 입자의 속력 v가 c에 가까이 접근할수록 그 차이는 커진다. 입자의 속력은 정확히 c의 값을 가질 순 없다. 운동에너지가 무한대가 되기 때문이다.

26.4.1 상대론적 운동량

운동에너지와 마찬가지로 물체의 운동량은 낮은 속력에서의 수식 ($\vec{\mathbf{p}} = m\vec{\mathbf{v}}$)과는 다르다. **상대론적 운동량**(relativistic momentum)에 대한 표현은 다음과 같다.

$$\vec{\mathbf{p}} = \frac{m\vec{\mathbf{v}}}{\sqrt{1-(v/c)^2}} = \gamma m\vec{\mathbf{v}} \quad \text{(상대론적 운동량)} \qquad (26.9)$$

상대론적 운동량은 벡터이고 전체 운동량은 상대론적 조건 하에서 보존된다.

26.4.2 상대론적 전체 에너지와 정지에너지: 질량과 에너지의 등가

고전역학에서 물체의 전체 역학적 에너지는 운동에너지와 퍼텐셜 에너지의 합이다. 퍼텐셜 에너지가 없으면(즉, 자유 물체) 전체 에너지는 순수한 운동에너지 또는 $E = K = (1/2)mv^2$이다. 그러나 아인슈타인은 그러한 물체의 **상대론적 전체 에너지**

는 다음과 같이 주어진다.

$$E = \frac{mc^2}{\sqrt{1-(v/c)^2}} = \gamma mc^2 \quad \text{(상대론적 전체 에너지)} \qquad (26.10)$$

따라서 상대론에 의하면 물체가 정지하고 있을 때 운동에너지는 없지만($K = 0$, $v = 0$), 0이 아닌 mc^2의 에너지를 가지고 있다. 물체가 항상 가지는 이 최소 에너지를 **정지에너지**(rest energy) E_0라 하고 $v = 0$인 식 26.10에 의해 주어진다.

$$E_0 = mc^2 \quad \text{(정지에너지)} \qquad (26.11)$$

따라서 $v = 0$일 때도 입자의 총 에너지는 0이 아니고, 즉 E_0이다. $K = (\gamma - 1)mc^2$이기 때문에 입자의 전체 에너지는 운동에너지와 정지에너지의 합으로 나타낼 수 있다. 이것을 보려면 상대론적 운동에너지에 관한 식 26.8은 다음과 같이 다시 나타낼 수 있다.

$$K = (\gamma - 1)mc^2 = \gamma mc^2 - mc^2 = E - E_0$$

따라서 식 26.10을 다르게 나타내면 다음과 같다.

$$E = K + E_0 = K + mc^2 \quad \text{(상대론적 전체 에너지–자유 입자)} \qquad (26.12)$$

입자의 전체 에너지와 정지에너지의 관계는 식 26.10에서 mc^2 대신에 E_0로 쓰면 다음과 같다.

$$E = \gamma E_0 \quad \text{(상대론적 전체 에너지–자유 입자)} \qquad (26.13)$$

다시 정리하면 $v = 0$ (즉, $K = 0$)이면 예상한 대로 $\gamma = 1$이고 $E = E_0$이다.

식 26.11은 아인슈타인의 유명한 **질량-에너지 등가**(mass-energy equivalence)로 나타낸다. 물체는 정지하고 있어도 에너지를 가진다. 즉, 정지에너지를 가진다. 결과적으로 질량은 에너지의 한 형태이다. 핵물리학과 입자물리학에서 질량을 에너지의 한 형태로 취급하지 않으면 전체 에너지가 보존된다는 것은 불가능하다.

질량–에너지 등가는 질량이 유용한 에너지로 마음대로 변환될 수 있음을 뜻하는 것은 아니다. 그렇게만 된다면 지구상에 질량이 풍부하므로 에너지 문제는 해결될 것이다. 그러나 열과 같은 다른 에너지처럼 질량의 중요한 변환은 실제 전기에너지를 생산히는 원자로에서만 일어난다(30장 참조).

물체의 (정지) 에너지는 질량에 의존한다. 예를 들어 전자의 질량은 9.109×10^{-31} kg이므로 정지에너지는 다음과 같다.

$$E_0 = mc^2 = (9.109 \times 10^{-31}\ \text{kg})(2.998 \times 10^8\ \text{m/s})^2 = 8.187 \times 10^{-14}\ \text{J}$$

입자물리와 핵물리에서 정지에너지를 흔히 전자–볼트(eV)로 나타내거나 (16장 참조) keV와 MeV처럼 그 곱으로 표현한다. 따라서 전자에 대해 정지에너지는 다음과 같다.

$$E_0 = (8.187\times10^{-14}\,\text{J})\left(\frac{1\,\text{eV}}{1.602\times10^{-19}\,\text{J}}\right) = 5.11\times10^5\,\text{eV}$$

$$= 511\,\text{keV} = 0.511\,\text{MeV}$$

상대론적 수식을 사용할 필요성이 있는지 고전적 수식으로도 할 수 있는지를 어떻게 아는가? 대충 물체의 속력이 빛의 속력에 10%와 같거나 작으면 비상대론적 역학의 운동에너지 오차는 1% 미만이다(고전적 수식은 상대론적인 것보다 작다). $v < 0.1c$에서 물체의 운동에너지는 정지에너지의 0.5%보다 작다. 따라서 보통 이러한 속력과 운동에너지 크기가 두 역학을 구분하는 기준임이 일반적으로 인정된다.

물체의 정지에너지 0.5%보다 작은 운동에너지 또는 광속의 10%보다 작은 속력에서 비상대론적 수식을 사용했을 때 오차는 1%보다 작으므로 이것이 비상대론적 수식을 사용하는 기준임이 일반적으로 인정된다.

예를 들어 50 eV는 정지에너지의 0.01%이므로 운동에너지가 50 eV인 전자는 비상대론적이다. 그러나 0.511 MeV의 운동에너지를 가진 전자는 운동에너지가 정지에너지와 같으므로 완전히 상대론적이다. 따라서 기준이 상대적이지만 중요한 것은 정지에너지에 대한 입자의 운동에너지이거나 빛의 속력에 대한 입자의 속력이다. 예제 26.3은 정확한 상대론적 표현을 사용하여 입자 에너지를 계산하는 방법을 보여준다.

예제 26.3 빠른 전자 – 가속도에 필요한 에너지

(a) 정지하고 있는 전자를 0.900 *c*까지 가속시키기 위해 얼마나 많은 일을 해주어야 하는가? (b) (a)에서 상대론적으로 옳은 답과 비상대론적 답은 얼마나 다른가?

풀이

문제상 주어진 값:

$v = 0.900\,c$

$E_0 = 0.500$ MeV

(a) 상대론적 운동에너지는 식 26.8에 의해 주어진다. 계산에 의한(또는 표 26.1) $\gamma = 2.29$이다. 따라서

$$K = (\gamma - 1)E_0 = (2.29 - 1)(0.511\text{ MeV}) = 0.659\text{ MeV}$$

결과적으로 0.659 MeV의 일이 0.900 *c*의 속력으로 전자를 가속시키기 위해 필요하다.

(b) 많은 경우 비상대론적 표현에도 에너지 단위로 표현된 질량을 사용하여 바로 적용할 수 있다.

$$K_{\text{nonrel}} = \tfrac{1}{2}mv^2 = \tfrac{1}{2}(mc^2)\left(\frac{v}{c}\right)^2 = \tfrac{1}{2}(0.511\text{MeV})(0.900)^2$$

$$= 0.207\,\text{MeV}$$

따라서 비상대론적 답은 $\Delta W = -0.452$ MeV, 즉 약 70%만큼 낮다.

(a)

(b)

▲그림 26.9 **등가의 원리.** (a) 밀폐된 우주선 안에서 우주인은 자신이 중력장 내에 있는지 아니면 가속계에 있는지를 구별할 수 있는 실험은 없다. (b) 마찬가지로 중력이 없는 관성틀에 있는지 또는 중력장에서 자유낙하를 하는지 구별할 수 없다.

26.5 일반 상대성 이론

특수 상대성은 관성 기준계에만 적용되고 가속되는 계에는 적용되지 않는다. 가속계는 1915년 아인슈타인에 의해 설명되었듯이 다른 접근이 요구되며, **일반 상대성 이론**(general theory of relativity)이라고 하는데, 이것은 중력 이론에 대한 많은 것을 함축하고 있다.

26.5.1 등가 원리

일반 상대성의 기본적 원리는 아인슈타인에 의해 처음으로 언급되었다. 그는 이것을 등가 원리라고 부르며 다음과 같이 표현된다.

> 균일한 중력장에서 관성 기준틀은 물리적으로 중력장 안에 있지는 않지만 균일하게 선형가속도가 되는 기준틀과 동등하다.

본질적으로 이것은 **폐쇄된 계에서 수행되는 어떤 실험도 중력장의 효과와 가속도의 효과를 구별할 수 없다는 것을 의미한다.** 즉, 가속계의 관찰자는 중력장과 가속도의 효과를 구별할 수 없다는 것을 발견할 것이다. 단순성을 위해 여기서는 선형 가속계(즉, 회전 가속이 없는 계)만 고려한다.

그림 26.9처럼 밀폐된 우주선을 타고 우주 비행사로 있다고 상상해 보자. 지구에 연필을 떨어뜨릴 때 연필이 바닥까지 가속하는 것을 관찰한다고 가정하자. 이것은 무엇을 의미하는가? 등가 원리에 따르면, 그것은 (a) 하향 중력장에 있거나 (b) 상승 가속계에 있다는 것을 의미할 수 있다(그림 26.9a). 우주선 안에서만 수행된 어떤 실험도 서로를 구분할 수 없다.

우주선이 우주 공간에 있어 $a = g$로 가속되는지 또는 우주선이 $a = -g$인 중력장에 있든지 연필은 같은 가속도로 측정된다. 밀폐된 계에서(밖을 볼 수 없다), 이 두 가지 선택을 구별할 수 있는 **실험은 없다**—그것들은 물리적으로 구별할 수 없다.

또 다른 예로 연필이 가속되지 않고 옆에 매달려 있다고 가정해 보자. 이것은 (a) 중력이 없는 관성 기준틀에 있거나 (b) 중력장 안에서 자유 낙하하고 있음을 뜻한다. 다시 밀폐된 우주선에서(그림 26.9b), 이것들을 구별할 방법이 없다—그것들은 **물리적으로 동등**하다.

26.5.2 빛과 중력

등가 원리는 중요한 예언을 하게 된다. 중력장이 빛을 휘게 만든다는 것이다. 이러한 예측이 어떻게 제기되었는지를 보기 위해 다른 사고실험을 생각해 보자. 빛이 위로 급히 가속되는 우주선을 가로지르는 것을 상상해 보자. 만약에 우주선이 정지하고 있다면 지점 A에서 우주선에 입사된 빛은 더 멀리 떨어진 벽의 지점 B에 도달할 것

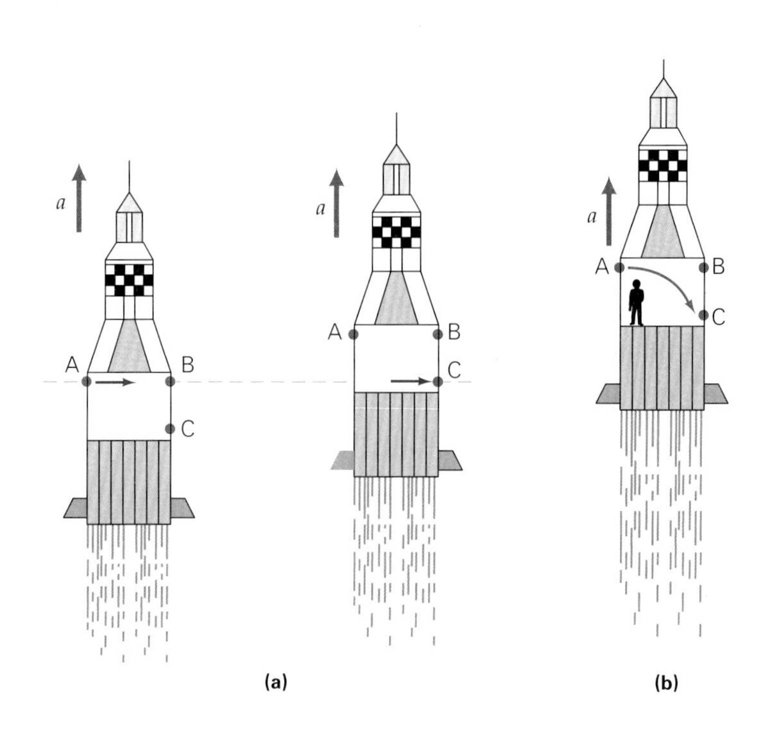

◀그림 26.10 **등가에 의해 예측된 중력에 의한 빛의 휘어짐.** (a) A에서 가속 로켓에 들어가는 빛은 C에 도달한다. (b) 가속되는 계에서 빛의 경로는 휘어진 것으로 나타난다. 가속에 의한 이 효과가 나타나므로 등가 원리에 의해 빛은 중력장에 의해서도 휘어져야 한다.

이다. 그러나 우주선이 가속되기 때문에 빛이 실제 지점 C에 도착한다(그림 26.10a).

우주선에 타고 있는 우주인의 관점에서 볼 때 (그림 26.10b) 빛의 길은 아래로 굽은 경로이다. 그녀에게는 등가 원리에 따라 가속도가 중력장과 구별될 수 있으므로, 그녀가 있는 중력장이 야구공의 경로와 마찬가지로 빛 경로를 휘어 놓은 것 같다.

대부분의 조건에서 지구의 중력장에서 빛이 휘는 것은 결코 관찰되지 않으므로 이 효과는 매우 작아야 한다. 그러나 이와 같은 예측은 1919년 일식에서 실험적으로 입증되었다. 먼 곳의 어떤 별은 수년 동안 태양 근처에 있지 않아 밤에 볼 수 있는데 이 별은 태양과 일정한 각을 유지하고 있다(그림 26.11a). 나머지 수년 동안 이 별들에

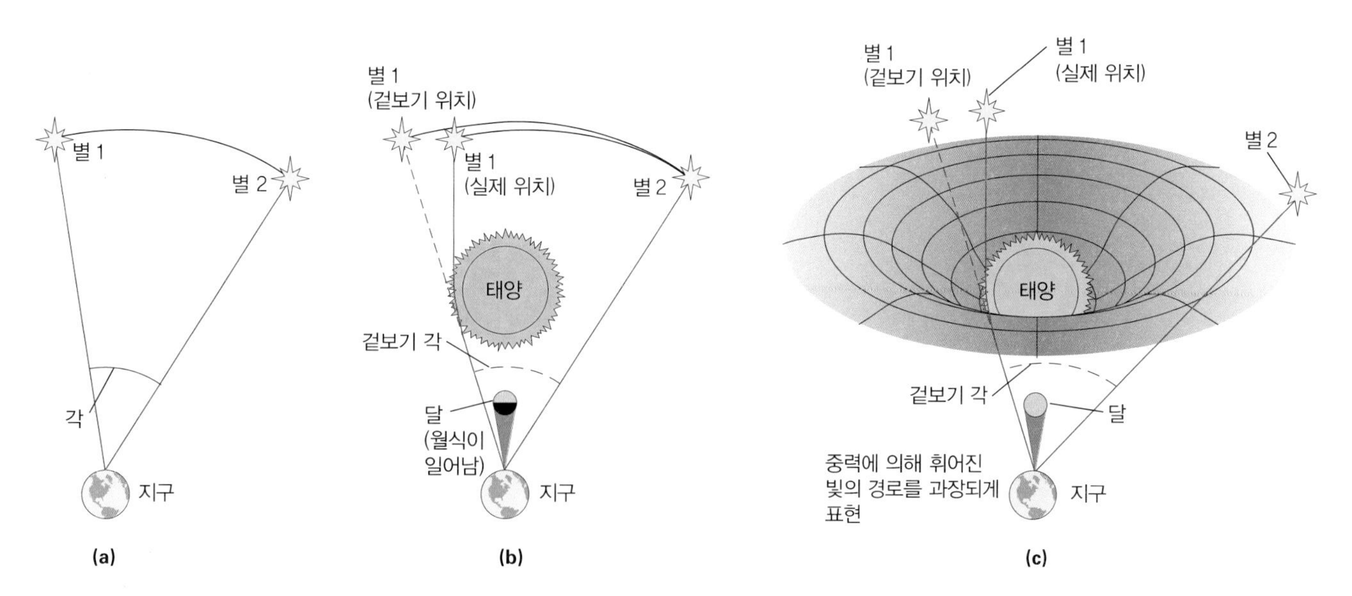

▲그림 26.11 **중력에 의한 빛의 끌어당김.** (a) 보통 멀리 있는 두 개의 별은 사이각을 가지는 것으로 측정된다. (b) 개기일식 동안에 태양 뒤에 있는 별은 별빛에 작용한 태양중력효과로 관측된다. 별은 개기일식이 없을 때 측정된 사이각보다 더 큰 각을 갖는다. (c) 일반 상대론은 중력장을 시공간의 휘어짐으로 본다.

서 온 빛은 강력한 중력장을 가진 태양 근처를 통과한다. 그러나 별빛은 태양의 이글거림에 의해 거의 감추어지기 때문에 지구상에서 빛의 휘어짐의 흔적을 어느 때는 볼 수 없었다.

그러나 개기일식 동안에는 낮에도 이 별들을 볼 수 있었다. 지구와 태양 사이에 달이 있게 될 때 달의 그림자 (월식) 안에 있는 관측자는 낮에는 보통 볼 수 없었던 별을 볼 수 있다(그림 26.11b). 만약 별빛이 태양을 통과할 때 휘게 된다면 별은 늘 있었던 위치와는 다른 겉보기 위치에서 보일 것이다. 그 결과 두 별 사이의 각이 보통 때보다 약간 크게 측정될 것이다(그림 26.11b). 아인슈타인의 이론은 1919년 개기일식 동안 별의 겉보기 위치와 태양의 중력효과가 없을 때의 위치와의 각도 차이는 약 1.75초($\approx 0.00005°$)로 예측하였다. 실험에서 측정한 각도 차이는 1.61 $\pm$ 0.30초이며 오차 범위 안에서 잘 일치하였다.

일반 상대성은 중력장을 그림 26.11c와 같이 공간과 시간을 휘게 만든 것으로 형상화하였다. 빛은 공이 휘어진 표면을 굴러가듯 시공간의 곡면을 따라간다.

26.5.3 중력 렌즈

빛에서 중력의 다른 효과는 **중력 렌즈**(gravitational lensing)이다. 1970년 후반 이중 퀘이사가 발견되었다(퀘이사는 매우 강력한 천문학적 전파의 파원이다). 그것이 이중 퀘이사라는 사실은 이상한 것은 아니고 두 개의 퀘이사에 관한 모든 것은 하나가 다른 것보다 더 약하다는 것 외에 정확히 같다. 추측하건대 하나의 퀘이사만 있고 지구와 퀘이사 사이 어디엔가 매우 무겁지만 광학적으로 희미한 물체가 빛을 휘게 하여 다중 이미지를 만든다고 제안하였다(그림 26.12a). 두 개의 퀘이사 사이에서 그런 희미한 은하의 후속 발견은 이 가설을 확인시켜 주었으며, 그 이후 '아인슈타인 십자가'(그림 26.12b)와 같은 다른 예들이 발견되었다.

중력 렌즈의 발견은 현대 천문학에서 일반 상대성의 새로운 역할을 가져다주었다. 먼 곳의 은하 또는 퀘이사의 다중상 그리고 그들의 상대적 밝기를 조사한 결과, 천

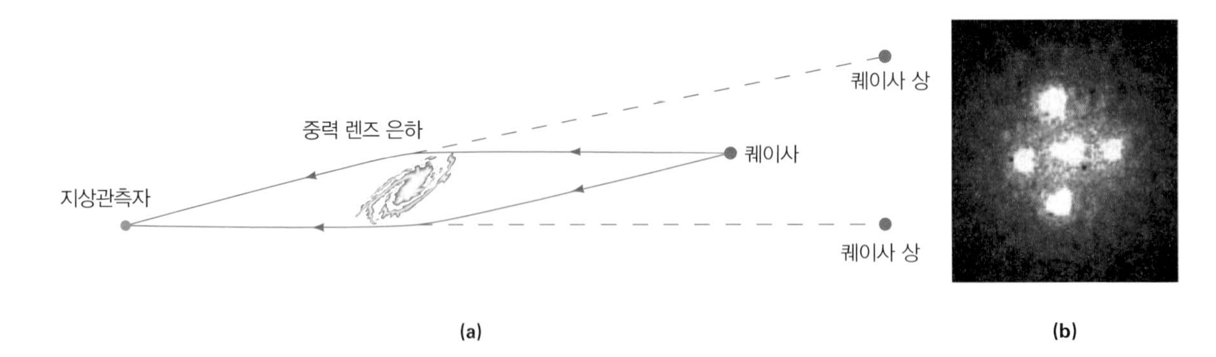

▲ 그림 26.12 **중력 렌즈.** (a) 은하나 은하군과 같이 매우 무거운 물체에 의해 빛이 휘어지면 이보다 더 멀리 있는 물체의 다중상이 생긴다. (b) NASA 허블우주망원경의 유럽우주국(European Space Agency)의 희미한 물체 카메라는 천문학자들에게 아인슈타인 십자가라고 불리는 이 '중력 렌즈' 효과를 찍은 가장 상세한 이미지 중 하나를 제공했다. 사진은 비교적 가까운 은하계가 중력 렌즈 역할을 하는 매우 먼 퀘이사의 영상 4개를 보여준다.

문학자들은 중력장으로 빛을 휘게 한 은하 또는 은하단에 관한 많은 정보를 얻을 수 있었다.

26.5.4 블랙홀

중력이 빛에 영향을 미친다는 생각은 검은 구멍 개념에서 매우 극단적인 응용을 발견하였다. **블랙홀**(black hole)은 중력 때문에 붕괴된 매우 무거운 별의 잔해로 구성되어 있다고 여겨지는 것으로 질량이 태양의 수배이다. 그러한 물체는 밀도가 매우 높고 중력장도 매우 강해서 어떠한 것도 탈출할 수 없다. 시공간이 휘어졌다는 것과 유사하게 블랙홀은 도식적으로 시공간의 직물에서 바닥이 없는 작은 패인 점으로 표현된다. 블랙홀은 은하 중심부의 전체 별 성단이 붕괴되거나 빅뱅 중에 우주의 시작과 같은 다른 방식으로도 생겨날 수 있을 것으로 추측된다. 여기서 논의는 별의 붕괴로 제한될 것이다.

블랙홀(구로 가정)의 반지름의 추정치는 탈출속력의 개념을 이용하여 얻을 수 있다. 7.6절에서 질량이 M이고 반지름이 R인 구형 물체의 표면을 영구히 떠나는 탈출속력은 다음과 같다.

$$v_{\text{esc}} = \sqrt{\frac{2GM}{R}} \tag{26.14}$$

만약 빛이 블랙홀로부터 탈출하지 않으면 그들의 탈출속력은 빛의 속력을 초과해야 한다. 빛이 탈출할 수 없는 블랙홀이 되는 구의 임계 반지름은 식 26.14에 $v_{\text{esc}} = c$을 대입하면 구할 수 있다. 빛이 빠져나갈 수 없는 지역의 임계 반지름 R_s은 이 개념을 처음 개발한 독일의 천문학자 카를 슈바르츠실트(Karl Schwarzschild, 1873~1916)의 이름을 딴 **슈바르츠실트 반지름**(Schwarzschild radius)이다.

$$R_s = \frac{2GM}{c^2} \quad \text{(슈바르츠실트 반지름)} \tag{26.15}$$

반지름 R_s인 구의 '표면'을 블랙홀의 **사상지평선**(event horizon)이라고 한다. 이 사상지평선 안에서 일어나는 어떠한 사건도 빛이 탈출할 수 없으므로 밖의 관찰자는 볼 수 없다. 따라서 사상지평선은 빛이 블랙홀로부터 탈출할 수 없는 한계 길이인 것이다. 사상지평선 안에서 일어나는 것에 관한 정보는 우리에게 도달할 수 없어 사상지평선 안은 어떨까? 하는 질문에 대해서는 대답할 수도 없다(적어도 현대물리학의 지식으로 얻는다).

예제 26.4 만약 태양이 블랙홀이라면 – 슈바르츠실트 반지름

만약 태양이 블랙홀로 붕괴된다면 슈바르츠실트 반지름은 얼마가 되겠는가? (태양의 질량은 2.0×10^{30} kg이다.)

풀이

문제상 주어진 값:

$M_s = 2.0 \times 10^{30}$ kg

$$G = 6.67 \times 10^{-11}\ \mathrm{N \cdot m^2/kg^2}$$
$$c = 3.00 \times 10^{8}\ \mathrm{m/s}$$

식 26.15로부터 슈바르트실트 반지름을 구하면 다음과 같다.

$$R_s = \frac{2GM_s}{c^2} = \frac{2(6.67\times10^{-11}\ \mathrm{N\cdot m^2/kg^2})(2.0\times10^{30}\ \mathrm{kg})}{(3.00\times10^{8}\ \mathrm{m/s})^2}$$
$$= 3.0\times10^{3}\ \mathrm{m} = 3.0\,\mathrm{km}$$

태양의 실제 반지름은 약 7×10^5 km이다. 그러나 태양이 블랙홀이 되지는 않을 것이라는 점에 유의하라.

연습문제

통합 연습문제(Integrated Exercises, IEs)는 두 부분으로 이루어진다. 첫 번째 부분은 일반적으로 기본 원칙과 추론에 기초한 개념적 답변 선택을 요구한다. 두 번째 부분은 연습의 첫 번째 부분에서 이루어진 개념적 선택과 관련된 정량적 계산을 필요로 한다. 기호(•)은 문제의 난이도를 의미한다. 쉬움(•), 보통(••), 어려움(•••)

26.1 고전 상대론과 마이켈슨-몰리 실험

1. • 당신으로부터 1.20 km 떨어진 사람이 총을 발사한다. 바람이 10.0 m/s로 불고 있다. (a) 바람이 당신을 향해 불고 있는 상황과 (b) 총을 쏜 사람을 향해 불고 있는 상황과 비교했을 때, 그 소리가 당신에게 도달하는 '바람 없는' 여행 시간과 얼마나 다른가? (소리의 속력을 345 m/s로 한다.)

2. • 쾌속정은 잔잔한 물속에서 50 m/s의 속력으로 이동할 수 있다. (a) 보트가 5.0 m/s의 유속 강에 있는 경우 강둑에서 관측자를 기준으로 보트 속력의 최댓값과 최솟값을 구하라. (b) 1000 m의 하류 이동(흐름)과 상류 이동(흐름과 함께)의 시간 차이는 얼마인가?

26.2 특수 상대론의 가설과 동시성의 상대론

3. • 그림 26.4a에서 사건 A와 B 사이의 거리가 6000 m라고 가정한다. 관측자는 표시된 대로 정확히 가운데에 배치되지만 동시에 신호를 수신하지는 않는다. 그녀의 검출기는 A로부터의 불빛보다 B에서 2.50 μs 전에 불빛을 수신한다. (a) B가 A의 원인이 되었을까? (b) 만약 시간 차이가 5.00 μs였다면 B가 A의 원인이 될 수 있었을까? 이 두 상황의 차이를 설명하라.

26.3 시간과 길이의 상대론: 시간 팽창과 길이 수축

4. • 우주선이 상대속도가 0.90c인 학생을 지나쳐 움직인다. 우주선 조정사가 시계에서 10분 경과한 것을 관측하면 학생의 시계에 따르면 시간이 얼마나 경과했는가?

5. • 당신이 15.0 m의 우주선을 타고 당신의 친구를 $c/3$의 상대속력으로 지나친다. 당신의 속도는 우주선의 길이 방향과 평행하다. (a) 당신의 친구가 관측한 우주선은 얼마나 길까? (b) 당신 친구의 상대속력은 얼마인가?

6. •• 뮤온의 고유 수명은 2.20 μs이다. 지상 관측자에 의해 수명이 34.8 μs로 측정되었을 때 관측자에 대한 뮤온의 상대속력을 c로 나타내라.

7. •• 태양계와 가까운 항성인 알파 센타우리(Alpha Centauri)는 약 4.3광년 떨어져 있다. 우주선이 지구에 비해 0.90 c의 일정한 속력으로 이 거리를 이동했다고 가정해 보자. (a) 지구 기반 시계에 따르면 그 여행은 얼마나 걸렸는가? (b) 여행자 시계대로 여행하는 데 얼마나 걸렸는가? (a)와 (b)에 대한 답 중 고유 시간 간격은 어느 것인가?

8. •• 올림픽 경기에서 장대높이뛰기 선수가 0.65 c의 속력으로 당신을 지나쳐 질주하고 있다. 그가 정지하고 있을 때, 그의 장대는 길이가 7.0 m이다. (a) 그의 상대 속도가 장대의 길이와 평행하다고 가정할 때, 그가 당신을 통과할 때 장대의 길이는 어느 정도라고 생각하는가? (b) 트랙을 기준틀로 잡을 때 관측자에 따라 트랙에서 주어진 위치를 통과하는 데 장대는 얼마나 걸리는가? (c) 장대를 기준틀로 잡고 (b)의 답을 다시 구하고, 두 답변이 다른 이유를 설명하라.

9. •• 한 학생이 교수(상대적으로 움직이고 있는)가 들고 있는 막대자의 길이가 12인치(in)(자신과 평행하게 방향을 잡은 경우)의 길이와 같다는 점을 주목할 때, (a) 그들의 상대속력은 얼마인가? (각 막대자와 평행한 방향으로 이동한다고 가정하자.) (b) 교수가 시계에 따라 이메일을 쓰는 데 5.00분이 걸린다면, 학생에 따라 이메일을 쓰는 데 얼마나 걸렸는가?

10. ••• (a) 평상시의 속력에서 길이 수축이 무시될 수 있다는 것을 알 수 있지만, 100 km/h로 주행할 때 5.00 m 길이의 자동차의 길이 수축(ΔL)을 결정하라. 원자핵의 지름은 10^{-15} m이다. (b) 이 자동차의 길이 수축이 0.0100 mm 이상을 측정할 수 있다고 가정하자. 이 효과를 감지하기 위해 필요한 최소 차량 속력은? [(a)에 대한 힌트: 길이 수축을 $x = v/c$로 표현하고, $x \ll 1$이면 $\sqrt{1-x^2} \approx 1-(x^2/2)$를 이용한다.]

26.4 상대론적 운동에너지, 운동량, 전체 에너지와 질량-에너지 등가

11. • 전자는 2.50 MV의 전위차를 통해 정지 상태에서 가속된다. 전자의 (a) 속력, (b) 운동에너지 그리고 (c) 운동량을 구하라.

12. • 일반 가정에서 연간 약 1.5×10^4 kWh의 전기를 사용한다. 일반 가정들이 사는 주택 250 000가구가 있는 도시에 1년간 에너지를 공급하려면 얼마나 많은 물질을 에너지로 전환해야 하는가? (효율은 33%로 가정한다.)

13. • 가까운 별을 여행하기 위해 우주선은 0.99 c로 이동하여 시간 팽창의 이점이 있다. 우주선의 질량이 3.0×10^6 kg이라면 정지에서 속력을 높이려면 얼마나 많은 일을 해야 하는가?

14. •• (a) 전자를 정지 상태에서 0.50 c로 가속하려면 얼마나 많은 일이 필요한가? (b) 이 속력을 가질 때 운동에너지가 얼마나 될까? (c) 운동량은 얼마인가?

15. •• 일정한 속력으로 움직이는 양성자는 총 에너지의 3.5배를 가지고 있다. 양성자의 (a) 속력, (b) 운동에너지, 그리고 (c) 운동량은 얼마인가?

16. IE •• 상 변화에는 숨은열의 형태로 에너지가 필요하다(11장). (a) 0°C에서 1 kg의 얼음을 0°C에서 물로 변환할 경우, 물은 얼음과 비교하여 질량은 어떨까? (1) 더 많다, (2) 같다, (3) 더 적다. 그 이유는? (b) 얼음과 물의 질량의 차이는 얼마인가? 이 차이를 감지할 수 있는가?

17. ••• (a) 총 에너지 E에 대한 상대론적 표현과 입자 운동량의 크기 p를 사용하여 두 양이 $E^2 = p^2c^2 + (mc^2)^2$에 의해 연관되어 있음을 보여라. (b) 1000 MeV의 운동에너지를 가진 양성자의 선형 운동량을 결정하라.

26.5 일반 상대성 이론

18. • 만약 태양이 블랙홀이 된다면, 태양의 슈바르츠실트 반지름과 같은 반지름을 가진 구라고 가정했을 때 평균 밀도는 얼마가 될까? 태양의 실제 평균 밀도와 비교하라.

19. • 문제 18에서 '블랙홀'인 태양의 중심에서 두 개의 슈바르츠실트 반지름의 거리에서의 탈출 속력은 얼마인가? 실제 태양의 반지름의 두 배 거리에서 탈출 속력과 비교하라.

20. •• 두 개의 블랙홀이 만나 하나의 더 큰 블랙홀로 '결합'한다고 가정하자. 각각 동일한 질량 M과 슈바르츠실트 반지름 R_s을 갖는 경우, 하나의 블랙홀의 슈바르츠실트 반지름을 R_s의 배수로 나타내라.

양자물리

Quantum Physics

CHAPTER 27

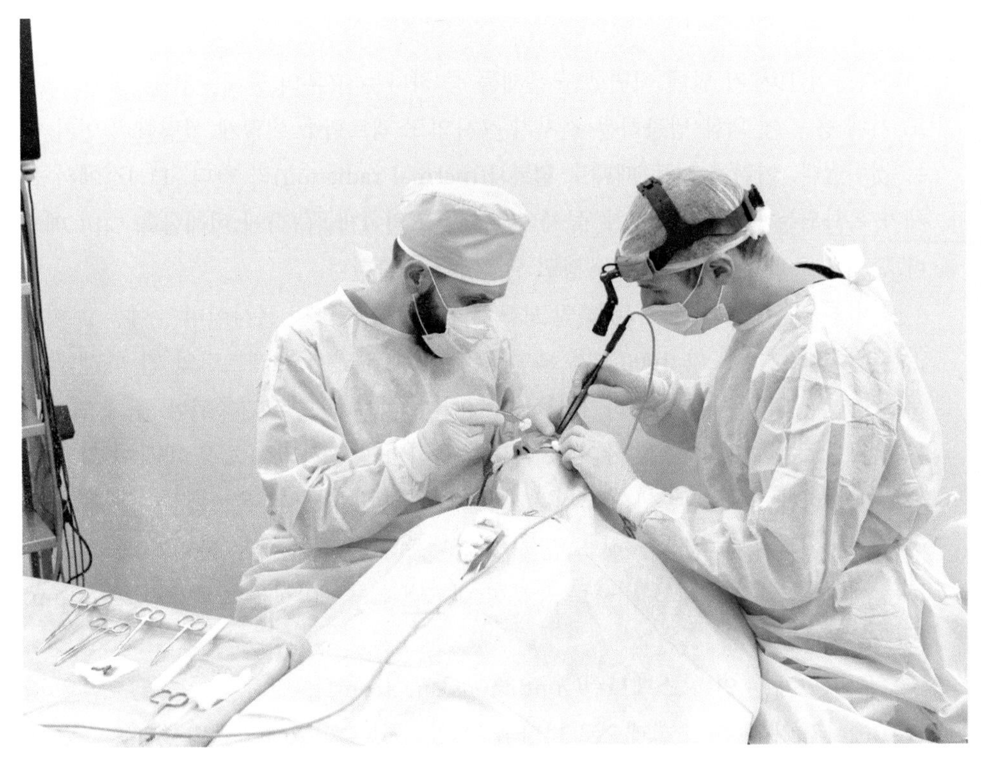

이 사진에서 보듯이 이제는 양자 역학을 기반으로 하는 레이저로 눈의 결함을 교정하는 데 사용된다.

레이저는 일상생활에 밀접하고 다양하게 사용된다. 예를 들어 바코드 인식기, DVD 플레이어, 컴퓨터 하드 드라이버 그리고 여러 종류의 수술 장비 등이 있다. 이 장의 처음 사진은 백내장 수술 중 눈 렌즈에 레이저 빔이 사용되는 것을 보여준다.

레이저는 물리학의 혁명을 가져온 원리를 실용적으로 응용한 것이다. 이들 원리는 20세기 초반에 발전된 것으로 물리학 역사를 통틀어 가장 생산적인 영역을 구축하였다. 예를 들어 특수 상대론(26장)은 어떤 물체가 빛의 속력에 가깝게 움직일 때의 상황을 제대로 설명하지 못했던 고전적(뉴턴 역학) 이론의 문제를 해결하였다. 그러나 고전적 이론으로는 설명하지 못하는 실험적 결과들로 인해 여전히 어려운 난관들은 남아 있었다. 이 문제를 제기하는 데 있어 과학자들은 종래와는 다른 접근방법을 통해 가설을 제안했으며 물리적 세계를 이해하는 데 있어 난해한 혁명적 사고방식을 갖도록 이끌었다. 이들 새로운 이론 중에 가장 핵심적인 것은 빛에너지가 불연속적인 양자화(quantized) 된다는 것이다. 이 개념과 관련된 다른 개념들로 인해 새로운 원리들을 만들어 낼 수 있었고, 소위 양자 역학(quantum mechanics)이라는 물리학의 새로운 분야를 개척할 수 있었다.

양자 이론은 입자가 파동적인 성질을 보이고, 파동은 빈번히 입자처럼 행동함을 알려준다. 따라서 물질의 파동–입자 이중성(wave-particle duality)이 태어났다. 양자 이론의 결과로부터 원자 크기나 그보다 작은 크기의 영역에서의 계산은 고전 이론처럼 정확히 결정되는 값을 구한다기보다는 확률과 관련한 값을 구해야 한다.

양자 역학을 구체적으로 취급하는 것은 수학적으로 아주 어렵다. 그러나 중요한 결과들의 일반적인 설명은 오늘날 알려진 물리학의 이해에 있어 필수적이다. 이 장에서는 양자물리의 중요한 발전 과정을 설명하고, 양자 역학에 대한 설명은 28장에서 할 것이다.

27.1 양자화: 플랑크의 가설

과학자들이 19세기 말에 직면했던 문제들 중 하나는 고온의 물체—고체, 액체, 고밀도 기체 등—에 의해 방출하는 전자기 복사의 스펙트럼을 어떻게 설명할 것인가 하는 것이었다. 이런 복사는 때때로 **열복사**(thermal radiation)라 한다. 11.4절에서 물체가 복사되는 빛의 세기는 그 물체의 절대온도의 4제곱(T^4)에 비례함을 이미 배웠다. 그러므로 모든 물체는 어느 정도 열복사를 방출한다.

그러나 상온에서 이 복사는 거의 모두 적외선(IR) 영역의 복사이며 눈에는 보이지 않는다. 그러나 온도가 1000 K가 되면 고체 물체는 가시 스펙트럼의 긴 파장 끝에서 상당한 양의 복사를 방출하기 시작할 것이며, 붉은 빛으로 관측된다. 붉게 달아오른 전기난로는 이것의 좋은 예이다. 온도가 올라가면 복사되는 빛은 파장이 짧은 쪽으로 이동하게 되어 주황색으로 바뀌게 된다. 2000 K 이상의 온도에서는 전구의 필라멘트의 색과 같은 흰색을 띤 노란색 빛을 내는데, 이때 물체는 우리가 볼 수 있는 모든 색의 빛을 각기 다른 비율로 충분히 내보낸다. 즉, 이것을 **스펙트럼**(spectrum)이라 부른다.

고온의 고체는 **연속 스펙트럼**(continuous spectrum)을 방출한다. 스펙트럼은 방출된 에너지 세기–파장 그래프로 나타낼 수 있고 고온의 고체에서 방출된 연속 스펙트럼은 그림 27.1에 나타내었다. 사실상 모든 파장은 존재하지만 물체의 온도에 따라 달라지는 특정된 색(파장 영역)이 존재한다는 점에 유의하라. 온도가 상승함에 따

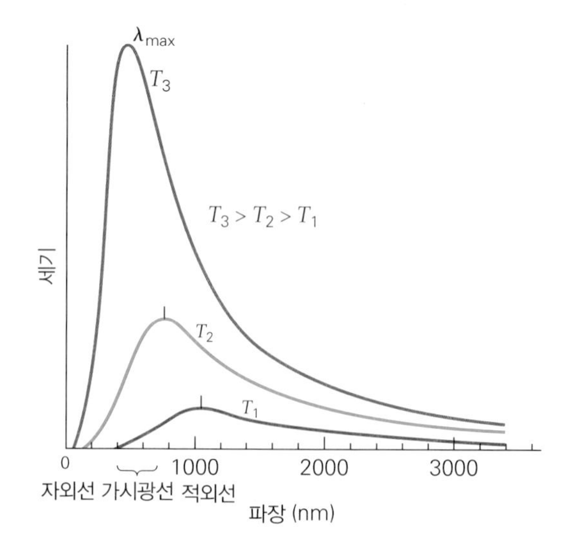

▶ 그림 27.1 **열복사 스펙트럼**. 물체 온도가 각각 다른 고온의 물체가 방출하는 열복사의 세기–파장에 대한 곡선이다. 온도가 증가함에 따라 최대 빛의 세기(λ_{max})와 관련된 파장은 짧아진다.

라 스펙트럼에는 두 가지 변화가 발생한다. 예상대로 모든 파장에서 더 많은 복사가 방출되지만 최대 세기 성분(λ_{max})의 파장은 짧아진다. λ_{max}와 T의 이러한 관계는 **빈의 변위 법칙**(Wien's displacement law)에 의해 실험적으로 설명된다.

$$\lambda_{max}T = 2.90\times10^{-3}\,\text{m}\cdot\text{K} \tag{27.1}$$

여기서 λ_{max}은 최대 빛의 세기에 해당하는 복사된 빛의 파장이며, T는 물체의 온도(캘빈)이다.

빈의 변위 법칙은 빛을 내는 물체의 온도를 알고 있을 때 그 물체가 주로 방출하는 빛의 파장을 확인할 수 있으며, 반대로 복사하는 물체가 방출하는 최대 빛의 세기의 파장을 알고 있을 때 그 물체의 온도를 결정해 준다. 뜨겁고 밀도가 높은 기체도 고체와 같은 종류의 스펙트럼을 방출하고, 빈의 변위 법칙을 따른다. 따라서 이 법칙은 예제 27.1에서 알 수 있듯이 별(고농도 기체)의 스펙트럼으로부터 온도를 추정하는 데 사용될 수 있다.

예제 27.1 태양의 색깔 – 뜨겁고 고농도 기체에 대한 빈의 변위 법칙

태양의 가시적 표면은 복사선이 빠져나가는 기체의 광구이다. 광구의 가장 바깥 표면층은 온도가 약 4500 K이며, 이보다 260 km 깊이에서 온도는 점차적으로 올라가 6800 K까지 상승한다. 태양의 광구가 빈의 변위 법칙에 따라 에너지를 방출한다고 가정하면, (a) 이러한 온도에서 최대 세기의 복사 파장은 얼마인가? 그리고 (b) 이들 파장에 대한 빛의 색깔은?

풀이

문제상 주어진 값:

$T_1 = 4500$ K
$T_2 = 6800$ K

(a) 빈의 변위 법칙에 따라 표면층에서의 파장을 구하면 다음과 같다.

$$\lambda_{max} = \frac{2.90\times10^{-3}\,\text{m}\cdot\text{K}}{4500\,\text{K}} = (6.44\times10^{-7}\,\text{m})(10^9\,\text{nm/m}) = 644\,\text{nm}$$

그리고 260 km 깊이에서의 파장을 구하면 다음과 같다.

$$\lambda_{max} = \frac{2.90\times10^{-3}\,\text{m}\cdot\text{K}}{6800\,\text{K}} = (4.26\times10^{-7}\,\text{m})(10^9\,\text{nm/m}) = 426\,\text{nm}$$

(b) 안쪽으로 들어갈수록 온도가 상승하므로 최대 빛의 세기에 해당하는 빛의 색은 빨간색에서 청색까지이다. 태양 표면에서는 주황색이며 깊이가 깊어질수록 온도가 올라가 청색이 된다. 태양에서는 사람이 볼 수 있는 모든 색을 보이나 주된 색은 노란색이다. 태양에서 복사된 빛에는 약간의 자외선(300 nm)이 있지만 이들 중 일부는 지구 대기의 오존층에서 흡수된다.

27.1.1 자외선 파탄과 플랑크의 가설

고전적으로 열복사는 물체의 표면 근처에 있는 원자들이 갖고 있는 전하들의 진동 때문에 생긴다. 이들 전하는 각기 다른 진동수들로 진동하기 때문에 복사 방출되는 빛은 연속 스펙트럼을 기대한다. 방사되는 빛의 스펙트럼을 설명하는 고전적 계산은 파장과 반비례하는 빛의 세기를 예측한다. 장파장에서 이 고전 이론은 실험값과 일

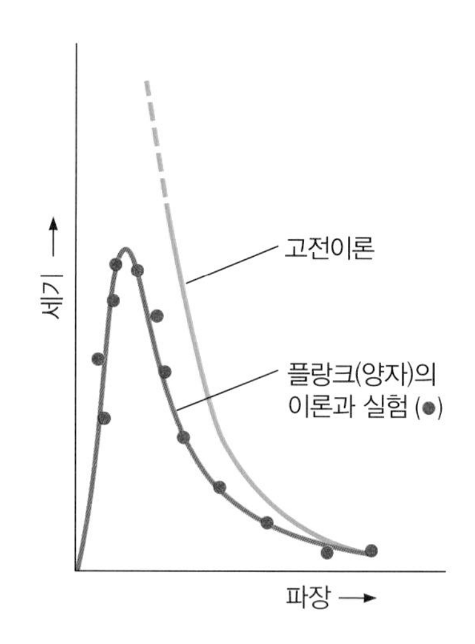

▲ 그림 27.2 **자외선 파탄**. 고전 이론의 예측에 따르면 흑체에서 나오는 열복사의 세기는 복사되는 빛의 파장의 역수에 관계되어야만 한다. 만약 이것이 실제로 벌어진다면, 파장이 0으로 갈 때 빛의 세기는 무한대가 되어야 한다. 이에 반해 플랑크의 양자 이론은 관측된 복사분포와 잘 일치한다(점, •).

치한다. 그러나 파장이 짧을 때에는 이러한 일치점이 사라진다. 실험적 관측과 반대로 고전 이론의 결과는 파장이 짧아짐에 따라 복사의 세기는 한정 없이 강해지기만 한다. 이것은 그림 27.2에 나타내었다. 이런 잘못된 예측을 자외선 파탄(ultraviolet catastrophe)이라고 불린다—자외선은 UV의 파장과 짧은 파장의 차이가 가장 뚜렷하므로, 이 가설은 방출된 에너지가 이러한 파장에서 제한 없이 커진다고 예측한다.

고전적 전자기 이론이 열복사 스펙트럼을 설명하지 못하자 독일의 물리학자 막스 플랑크(Max Planck, 1858~1947)가 새로운 이론을 공식화했다. 1900년에 플랑크는 그의 새로운 아이디어가 실제로 관측된 열복사 스펙트럼을 정확하게 예측했다는 것을 보여주었다(그림 27.2에서 실험에 의한 값과 실선으로 그려진 곡선을 비교해 보라). 그러나 플랑크의 이론은 매우 급진적인(당시) 생각에 의존했다. 그는 열진동자(빛을 방출하는 원자)가 에너지의 연속적인 분포가 아니라 분리된 또는 특정한 양의 에너지만을 가지고 있다고 가정해야 했다. 이런 가정에서만 그의 이론은 실험 결과와 일치될 수 있었다.

플랑크는 불연속적인 에너지 값들은 원자진동의 진동수 f와 관계가 있음을 발견했다.

$$E_n = n(hf), \quad n = 1, 2, 3, \ldots \quad \text{(플랑크의 양자화 가설)} \qquad (27.2)$$

여기서 기호 h는 **플랑크 상수**(Planck's constant)라 하고 이 상수의 실험값은 6.63×10^{-34} J·s이다. 원자진동자 에너지가 아무 값이나 가질 수 있는 것이 아니며, 이 가설은 에너지가 양자화(quantized) 되었다고 말한다. 즉, 불연속적인 양에서만 발생한다. 식 27.2에 따르면($n = 1$), 최소한 가능한 진동자 에너지는 $E_1 = hf$이다. 에너지의 다른 모든 값은 hf의 정수배이다. hf의 양을 에너지의 **양자**(quantum)라고 부른다[양자는 라틴어 quantus에서 유래된 것이며, 이는 '양(how much)'의 뜻을 갖는다]. 그 결과 플랑크는 원자에너지의 흡수 또는 방출할 때 단지 불연속적인 값 또는 hf의 값을 갖는 양, 즉 양자라고 하였다.

비록 이론적인 예측이 실험적인 값과 잘 일치하지만 플랑크 자신은 그 자신의 양자 가설에 대한 타당성을 이해하지 못했다. 그러나 양자화의 개념은 더욱 확장되어 고전적으로는 설명되지 않았던 다른 현상을 설명하는 데 사용되었다. 양자 가설은 플랑크의 망설임에도 그에게 1918년 노벨상을 안겨 주었다.

27.2 빛의 양자: 광자와 광전효과

빛 에너지의 양자화 개념은 (원자에너지 양자화에 대한 플랑크의 생각과는 대조적으로) 알베르트 아인슈타인이 그의 유명한 특수 상대성론을 발표했던 같은 해인 1905년 출판된 빛의 흡수와 방출에 관한 논문에서 소개되었다. 에너지 양자화는 전자기파(빛)의 근본적인 성질임을 설명했다. 만약 원자진동의 에너지가 양자화된다면, 에너지를 보존하기 위해서 원자에 의해 방출되거나 흡수된 복사도 양자화 되어야 한다고 생각했다. 예를 들어 처음에 $5hf$ (식 27.2에서 $n = 5$)인 원자는 에너지를 잃어 $4hf$가 된다는 것이다. 아인슈타인은 원자가 특정 양(또는 양자)의 빛에너지만이 방출되는 것이 의미 있는 것이라고 한다—이 경우에 $5hf - 4hf = hf$인 것이다. 그는 이 양자, 즉 빛의 에너지를 **광자**(photon)로 명명했다. 그러므로 그의 이론에 따라 각 광자는 정해진 양의 에너지 E를 가지며, 이 값은 빛의 진동수 f에 의존한다.

$$E = hf \quad \text{(광자에너지와 빛의 진동수)} \qquad (27.3)$$

이 생각은 빛을 파동적으로 보는 것이 아닌 불연속적인 에너지 덩어리, 즉 에너지를 입자로 취급하는 것을 의미한다. 식 27.3을 해석하는 한 가지 방법은 이 식이 빛의 파동적인 성질(진동수 f의 파동)과 빛의 입자적인 성질(에너지 hf를 갖는 광자) 사이의 수학적 연결이라 보는 것이다. 빛의 진동수 또는 파장이 주어질 때 식 27.3은 각 광자의 에너지를 계산하거나 그 반대도 가능하다.

아인슈타인은 이런 광자 개념을 가지고 고전적 설명이 되지 않았던 **광전효과**(photoelectric effect)를 설명하였다. 어떤 금속들은 빛에 대한 감광성을 갖고 있다. 즉, 금속표면에 빛을 쪼이면 전자를 방출한다. 쪼인 빛은 물질 내 전자들이 빠져나오게 할 수 있는 에너지를 공급한다. 광전효과 실험에 대한 개념도를 그림 27.3a에 보였다. 양극과 음극 사이에 가변의 전압을 걸어준다. 빛이 감광성의 음극(이때 전압을 접지 상태 또는 전위가 0으로 유지한다)을 때리면 음극에서 전자가 방출된다. 이 전자들은 빛을 흡수하여 빠져나오기 때문에 이때 방출된 전자를 **광전자**라고 한다. 이 전자들은 양의 전압 V를 유지한 양극에 이끌려 모인다. 그러므로 완전한 회로에서 전류는 전류계에 의해 측정된다.

광전자에 단색광(단일 파장)을 각기 다른 세기로 조사하였을 때 외부에서 걸어준 전압의 함수도 특성 곡선을 나타내었다(그림 27.3b). 양의 전압에서 양극판은 전자를 끌어들인다. 이 조건에서 광전류 I_p는 광전자 흐름의 비율을 나타내며, 이는 전압 변화에 따라 변하지 않는다. 양의 전압에서 전자는 양극판으로 끌리기 때문이며, 결국 모든 전자가 양극판에 다다른다. 고전적으로 예상되는 바는 I_p는 쪼여준 빛의 세기에 비례한다. 즉, 쪼여준 빛의 세기가 클수록 (그림 27.3b에서 $I_2 > I_1$) 더 많은 에너지가 자유전자에 허용된다.

광전자의 운동에너지는 전극 간의 전압을 역으로 걸어주었을 때 측정가능하다. 즉, 전자의 극을 바꾸어 $V < 0$으로 만들었을 때, 그래서 소위 지연전압(retarding-voltage) 조건일 때 가능하다. 이 경우 양극판은 전자들을 끄는 것이 아니라 오히려 밀어낸다. 전자들이 현재 음으로 대전된 양극판에 다가갔을 때 전자들의 초기 운동에너지는 전기 위치에너지로 바뀐다. 지연전압이 음의 값으로 더 커질 때 광전류는 감소한다. 이는 (에너지 보존 법칙에 의해) $e|\Delta V|$보다 더 큰 초기 운동에너지를 갖는 전자만이 음으로 대전된 양극에 모일 수 있으며 이 전자들이 광전류를 만든다. **정지전압**(stopping potential)이라고 불리는 지연전압 ΔV_0의 값에서, 광전류는 0으로 떨어진다. 비록 가장 빠른 광전자들일지라도 양극에 도달하기 전에 다시 튀어나가므로 전자들은 이 전압과 같거나 더 클 때 양극에 모이지 않는다. 즉, 광전자의 최대 운

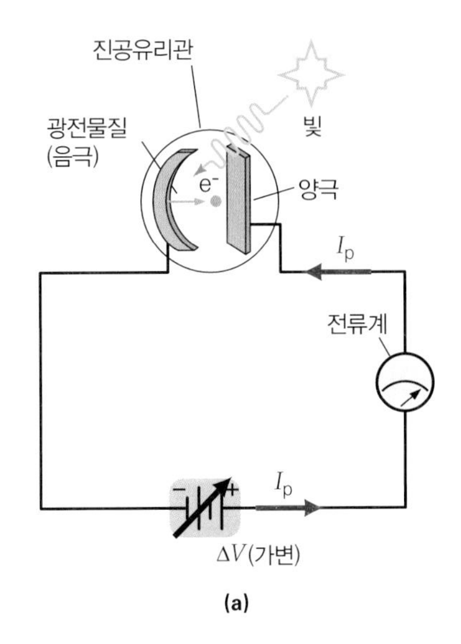

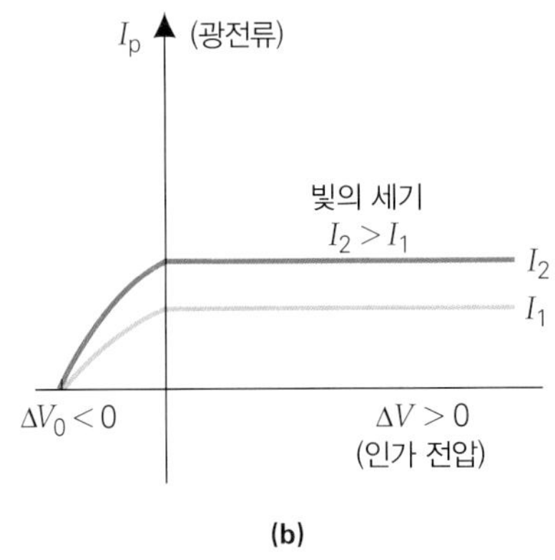

▲ 그림 27.3 **광전효과와 특성 곡선.** (a) 광진공관 내의 광전물질에 단색광을 입사시키면 전자가 방출된다. 그로 인해 회로에는 전류가 흐른다. (b) 두 다른 세기를 갖는 빛을 쪼여주었을 때 광전류를 외부의 전압에 대해 그린 그래프. 전류는 전압이 증가하더라도 일정하다. 그러나 전압을 역으로 걸어주었을 때 전류는 감소하여 정지전압 $|\Delta V_0|$ 이상일 때 전류는 흐르지 않는다. 이때 정지전압의 크기는 물체의 종류에 따라 다르지만 쪼여진 빛의 세기에는 무관하다.

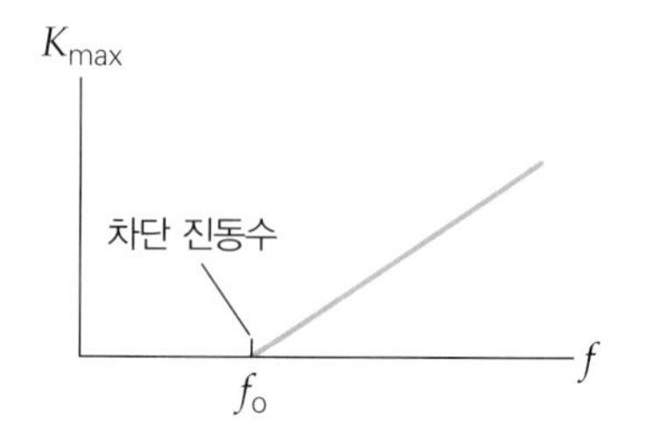

▲ 그림 27.4 **광전효과에서 최대 운동에너지 대 빛의 진동수.** 광전자의 최대 운동에너지(K_{max})는 입사된 빛의 진동수에 일차 함수로 증가한다. 차단 진동수 f_0 이하일 때는 빛의 세기가 아무리 크더라도 광전효과는 일어나지 않는다.

표 27.1 광전효과의 특성

특성	파동 이론으로 예측할 수 있는가?
1. 광전류는 빛의 세기에 비례한다.	예
2. 방출된 전자들의 최대 운동에너지는 빛의 진동수에만 관계되고 빛의 세기에는 무관하다.	아니오
3. 빛의 세기에 상관없이 차단진동수 f_0 이하에서는 광전효과가 생기지 않는다.	아니오
4. 광전류는 f_0보다 큰 진동수의 빛을 쪼여주면 빛의 세기가 아주 약하더라도 쪼여준 즉시 생긴다.	아니오

동에너지(K_{max})는 정지전압(ΔV_0)과 다음의 관계를 갖는다.

$$K_{max} = e \cdot \Delta V_0 \quad (\text{정지전압}) \tag{27.4}$$

실험적으로 입사된 빛의 진동수가 변할 때 최대 운동에너지는 진동수에 따라 일차적으로 증가한다(그림 27.4). 입사된 빛이 아무리 강해도 특정 **차단 진동수**(cutoff frequency) f_0보다 작은 진동수를 갖는 빛에 대해서는 더 이상 전자가 방출되지 않는다. 또 다른 흥미로운 관찰은 빛의 세기가 매우 낮더라도 물질이 진동수 $f > f_0$로 빛에 의해 쪼였을 때 지체 없이 전류가 흐르는 것을 볼 수 있는 것이다.

광전효과의 중요한 특성을 표 27.1에 요약해 놓았다. 이 특성 중 단지 하나만이 고전적인 파동 이론으로 이해 가능하며, 이에 반해서 아인슈타인의 광전자 개념으로는 이들 모든 결과에 대한 설명이 가능하다. 한 전자가 빛에너지의 광자를 흡수하면 광자에너지의 일부가 전자를 자유롭게 하고 나머지가 전자의 운동에너지로 바뀌게 된다. 전자를 자유롭게 하는 데 드는 일을 ϕ라 한다면 광자의 에너지 E를 흡수했을 때 에너지 보존 법칙에 따라 $E = K + \phi$ 또는 식 27.3을 이용해서 E 대신 다음과 같이 쓸 수 있다.

$$hf = K + \phi \tag{27.5}$$

여기서 에너지가 너무 작으므로 보통 에너지 단위는 eV를 사용한다(16.2절 참조).

가장 단단하게 구속된 전자는 최대 운동에너지 K_{max}을 가질 것이다. (왜?) 이 전자를 자유롭게 하는 데 필요한 최소 에너지는 그 물질의 **일함수**(work function, ϕ_0)라 한다. 따라서 만약 상황이 최소 구속 전자를 자유롭게 하는 것과 관련이 있다면 식 27.5는 다음과 같이 된다.

$$hf = K_{max} + \phi_0 \quad (\text{최소 구속 전자 제거}) \tag{27.6}$$

다른 구속된 전자들은 금속으로부터 자유롭게 하기 위해 최소의 에너지보다 더 많은 에너지를 필요로 할 것이고, 따라서 그들의 운동에너지는 K_{max}보다 적을 것이다. 이 개념은 에너지 보존과 관련하여 광전효과를 나타내는 그림 27.5에서 시각적으로 탐구한다. 광전효과에서 접하는 대표적인 값은 예제 27.2에 제시되어 있다.

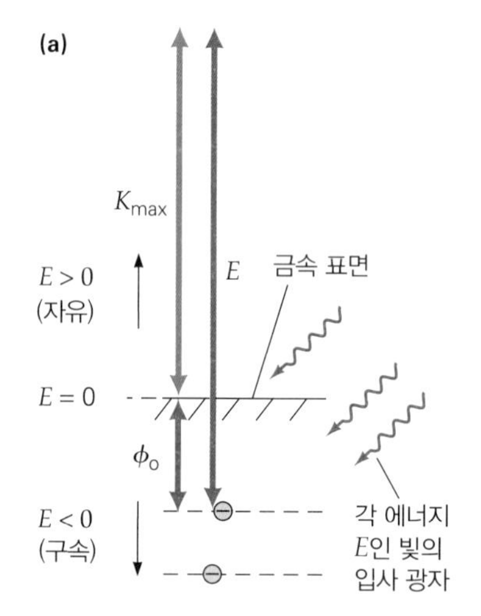

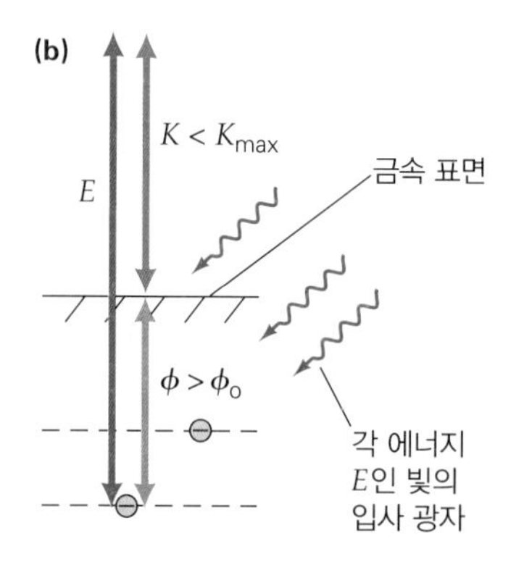

▲ 그림 27.5 **에너지 보존을 통한 광전효과의 시각화.** (a) 입사된 빛은 전자를 방출하고 광자의 에너지(hf) 중 일부는 전자에 일을 하며 나머지는 전자 운동에너지를 나타낸다. 최소 구속 전자는 최대 운동에너지를 가질 것이다. (b) 완전 구속된 전자는 최댓값보다 작은 운동에너지를 가질 것이다.

예제 27.2 **광전효과–전자 속력과 정지전압**

특정 금속의 일함수가 2.00 eV이다. 만약 그 금속에 파장이 550 nm인 빛을 쪼였다면 (a) 방출된 전자의 최대 운동에너지는 얼마인가? (b) 이 전자의 최대 속력은? (c) 정지전압은 얼마인가?

풀이

문제상 주어진 값:

$$\phi_o = (2.00\,\text{eV})(1.60\times10^{-19}\,\text{J/eV}) = 3.20\times10^{-19}\,\text{J}$$

$$\lambda = 550\,\text{nm} = 5.50\times10^{-7}\,\text{m}$$

(a) $\lambda f = c$을 이용해서 주어진 파장에서 광자에너지는 다음과 같다.

$$E = hf = \frac{hc}{\lambda} = \frac{(6.63\times10^{-34}\,\text{J}\cdot\text{s})(3.00\times10^{8}\,\text{m/s})}{5.50\times10^{-7}\,\text{m}} = 3.62\times10^{-19}\,\text{J}$$

따라서 식 27.6으로부터

$$K_{max} = E - \phi_0 = 3.62\times10^{-19}\,\text{J} - 3.20\times10^{-19}\,\text{J} = 4.20\times10^{-20}\,\text{J} = (4.20\times10^{-20}\,\text{J})\left(\frac{1\,\text{eV}}{1.60\times10^{-19}\,\text{J}}\right) = 0.263\,\text{eV}$$

(b) v_{max}는 $K_{max} = \frac{1}{2}mv_{max}^2$에서 구할 수 있다.

$$v_{max} = \sqrt{\frac{2K_{max}}{m}} = \sqrt{\frac{2(4.20\times10^{-20}\,\text{J})}{9.11\times10^{-31}\,\text{kg}}} = 3.04\times10^{5}\,\text{m/s}$$

(c) 정지전압은 $K_{max} = e\Delta V_0$에서 구할 수 있다.

$$\Delta V_0 = \frac{K_{max}}{e} = \frac{4.20\times10^{-20}\,\text{J}}{1.60\times10^{-19}\,\text{C}} = 0.263\,\text{V}$$

사실 빛의 아인슈타인 광자 모형은 모든 실험적 결과와 잘 일치한다. 광자 모형에서 빛의 세기의 증가는 광자수를 증가시킨다는 의미이다. 따라서 광전자(즉, 광전류)의 수가 증가한다. 그러나 빛의 세기의 증가가 한 광자의 에너지 변화를 의미하는 것은 아니다. 에너지는 오직 빛의 진동수에만 관계하기 때문이다. 그러므로 K_{max}는 빛의 세기에는 무관하며 입사된 빛의 진동수에만 직선적으로 비례하는데 실험적으로도 이와 같이 관측된다.

아인슈타인의 광자 견해도 **차단 진동수**(cutoff frequency)의 존재를 설명한다. 이론에서 광자에너지는 진동수에 의존하기 때문에 차단 진동수(f_0) 이하의 진동수를 갖는 광자는 가장 느슨하게 구속된 전자라도 물질에서 떼어내기에는 충분하지 않다는 것이다. 그러므로 그 진동수로는 전류가 흐르지 않는다. 차단 진동수에서는 전자가 방출되지 않으므로 차단 진동수는 식 27.6에서 $K_{max} = 0$으로 하면 구할 수 있다. $hf_0 = K_{max} + \phi_0 = 0$에서 진동수를 구하면 다음과 같다.

$$f_0 = \frac{\phi_0}{h} \quad \text{(문지방 또는 차단 진동수)} \qquad (27.7)$$

또한 차단 진동수 f_0는 **문지방 진동수**(threshold frequency)라고 하며, 이 문지방 진동수 이하에서는 가장 느슨하게 구속되어있는 전자의 결합에너지가 광자에너지보다 크다. (그림 27.5와 같은 개략도를 사용하여 어떻게 시각적으로 설명할 수 있는가?) 문지방 진동수 개념을 확인하려면 다음 예제를 풀어보자.

예제 27.3 **광전효과–문지방 진동수와 파장**

특정 금속의 일함수가 2.50 eV로 측정되었다. 광전자가 방출되는 최소 진동수는 얼마인가? 이때 파장은 얼마인가?

풀이

문제상 주어진 값:

$$\phi_0 = 2.50\ \text{eV} = 4.00 \times 10^{-19}\ \text{J}$$

문지방 진동수는 식 27.7을 이용해서 계산한다.

$$f_0 = \frac{\phi_0}{h} = \frac{4.00\times10^{-19}\ \text{J}}{6.63\times10^{-34}\ \text{J}\cdot\text{s}} = 6.03\times10^{14}\ \text{Hz}$$

진동수에 대한 파장(즉 문지방 파장)은 다음과 같이 구한다.

$$\lambda_0 = \frac{c}{f_0} = \frac{3.00\times10^{8}\ \text{m/s}}{6.03\times10^{14}\ \text{Hz}} = 4.98\times10^{-7}\ \text{m} = 498\ \text{nm}$$

어떤 진동수가 6.03×10^{14} Hz보다 작다면 또는 파장이 498 nm보다 크다면 광전자는 튀어나오지 않는다. 예를 들어 전자기파의 스펙트럼에서 이 진동수는 파란색과 녹색 중간에 위치한다. 만약 이 금속에 파란색 빛을 쪼이면 광전자는 튀어나올 것이고 녹색 빛을 쪼이면 광전자는 나오지 않는다.

27.3 양자적 '입자': 콤프턴 효과

1923년에 미국 물리학자 콤프턴(Arthur H, Compton, 1892~1962)은 빛이 광자로 이루어져 있다는 가설 하에 그라파이트(탄소) 블록으로부터 X-선의 산란을 설명하였다. 관측된 효과에 대한 그의 설명은 적어도 특정 유형의 실험에서는 빛에너지(X-선)가 파동이 아닌 광자로 정량화된다는 설득력 있는 추가적인 증거를 제공했다.

콤프턴은 단색광(단일 파장)의 X-선이 여러 종류의 물질과 산란할 때 산란 X-선의 파장이 입사 X-선의 파장보다 길어진다는 것을 관측했다. 게다가 산란 X-선의 변화된 파장은 산란각 θ와 관계되지만 물질의 종류에는 무관하다는 것이다. 이 현상은 **콤프턴 효과**(Compton effect)라고 알려져 있다(그림 27.6).

고전적 파동 모형에 따르면 산란된 물체의 원자 내 전자는 복사의 전기장 진동에 의해 가속되어 입사된 복사와 똑같은 진동수로 진동한다. 산란된(재복사) 빛은 방향에 무관하게 같은 진동수(파장)를 가져야 한다.

아인슈타인의 광자 이론에 따르면 각 광자의 에너지는 진동수 f에 비례한다. 그 결과 빛의 진동수 또는 파장의 변화는 곧 광자의 에너지 변화를 뜻한다. 파장이 증가한다는 것은 (또는 진동수가 감소한다는 것) 산란 광자의 에너지가 입사 광자의 에너지보다 작다는 것이다. 더구나 산란각에 따라 광자에너지가 증가하는 변화를 보이는 것은 마치 두 입자의 탄성 '충돌'(산란)을 생각나게 한다. 이들 광자라 부르는 두 양자적 '입자'들 간에 산란에서 같은 원리를 적용할 수 있을까?

이 아이디어를 추구하면서, 콤프턴은 한 개의 광자가 물질의 전자들과 충돌하는 것처럼 행동한다고 가정했다. 만약 입사된 광자가 초기에 정지해 있는 전자와 충돌한다면 그 광자는 전자에 에너지와 운동량을 전이시켜야 한다고 그는 그 이유를 설명했다. 그래서 이와 관련된 산란된 빛의 파동의 진동수는 물론 산란된 광자의 에너

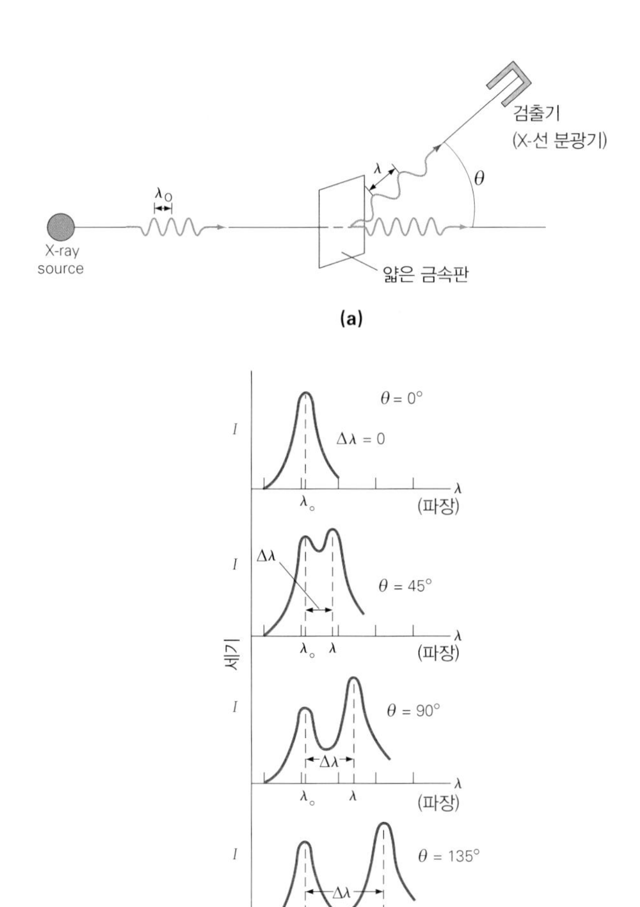

◀그림 27.6 **X-선 산란과 콤프턴 효과.** **(a)** 콤프턴 산란에서 X-선을 얇은 금속판 내의 전자에 산란시켰을 때 산란 파장(λ)은 입사된 파장(λ_0)보다 길다. 입사 X-선의 대부분은 상호작용 없이 그대로 지나간다(그리고 그 결과 파장의 변화도 없다). 산란된 전자는 보이지 않는데, 이는 전자들은 그대로 금속 내에 남아 있기 때문이다. **(b)** 파장의 변화는 산란각(θ)이 증가할수록 증가한다. 그림에서 모든 각도에 산란되지 않는 파장(λ_0)의 최대점(봉우리)이 나타남을 유의하라. 이 최대점(봉우리)은 원자에 구속된 전자와 광자 사이의 산란에 대응한다. 상대적으로 (전자에 비해) 질량이 큰 원자와 충돌한 광자는 다시 튀어나온다. 이런 상황에서 다시 튀어나온 광자는 에너지를 잃지 않고 입사된 것과 같은 에너지를 갖는다. 이동된 파장 최대점(봉우리)은 에너지 측면에서 자유전자로 취급될 수 있는 가장 작은 결합 전자로부터 산란하기 때문이다.

지($E = hf$이기 때문에)가 감소할 것으로 예상했다. 에너지와 선운동량 둘 다 보존됨으로써 광자 모형을 사용하여 전자에 의해 각 θ(입사 방향에서)에서 산란된 빛의 파장 변화는 다음과 같다.

$$\Delta\lambda = \lambda - \lambda_0 = \lambda_c(1 - \cos\theta) \quad \text{(콤프턴 산란)} \tag{27.8}$$

$$\lambda_c = \frac{h}{m_e c} = 2.43\times10^{-12}\,\text{m} = 2.43\times10^{-3}\,\text{nm}$$

여기서 λ_0는 입사된 빛의 파장이며, λ는 산란된 빛의 파장이다. 상수 λ_c를 전자의 **콤프턴 파장**(Compton wavelength)이라 한다. 그러나 콤프턴 산란은 어떤 입자에서도 발생할 수 있다. 따라서 양성자, 중성자 등에 대한 콤프턴 파장은 다르다. 콤프턴 파장은 산란 입자의 질량과 반비례하기 때문에 이 값들은 전자의 콤프턴 파장보다 훨씬 작다.

주어진 산란 대상의 경우 전자라고 말하되 파장의 변화는 입사 파장이 아닌 산란 각도에 의해서만 결정된다는 점을 유의하라. 또한 최대 파장은 $\theta = 180°$일 때 발생한다. 산란된 광자의 방향이 입사 광자의 방향과 완전히 반대이기 때문에 이 상황을 역산란이라 한다. 전자에서 산란하는 경우, 최대 파장 증가는 $\Delta\lambda_{max} = 2\lambda_c = 4.86$

$\times 10^{-3}$ nm이다(이를 확인하려면 식 27.8과 $\theta = 180°$의 경우 $\cos\theta = -1$이고 $1 - \cos\theta = 2$이다).

역산란이 생기는 동안 전자는 입사 광자 방향으로 전진해야 한다. (왜?) [힌트: 선운동량의 보존 적용] 광자에너지의 손실은 최대로 이루어지기 때문에, 전자가 운동에너지의 최대량을 얻는 것이어야 한다.

콤프턴 산란은 X-선과 감마선에 대해 가장 쉽게 관측할 수 있지만 UV광이나 가시광선과 같은 파장이 긴 다른 빛에는 무시할 수 있다. 파장이 매우 짧은 X-선과 감마선을 제외한 모든 종류의 빛에 대한 입사 파장에 비해 파장의 최대 변화는 극히 작기 때문이다. 다음 예제에서 콤프턴의 효과를 이용해 보자.

예제 27.4 X-선 산란-콤프턴 효과

1.35×10^{-10} m의 파장의 X-선 빔은 금속 박막 내에 전자에 의해 산란된다. 입사 방향에서 90°의 각도로 산란된 X-선이 검출되면 파장은 몇 %만큼 이동되는가?

풀이

문제상 주어진 값:

$\lambda_0 = 1.35 \times 10^{-10}$ m

$\theta = 90°$

식 27.8을 사용하여 비율 변화를 직접 계산할 수 있다. (여기서 $\cos 90° = 0$)

$$\frac{\Delta\lambda}{\lambda_0} = \frac{\lambda_c}{\lambda_0}(1-\cos\theta) = \frac{2.43\times10^{-12}\ \text{m}}{1.35\times10^{-10}\ \text{m}}(1-\cos 90°)$$

$$= 1.80\times10^{-2}$$

따라서 1.80%이다.

(파동 대신) 광자를 이용한 실험을 설명하는 데 성공함으로써 과학자는 분명히 경쟁하는 두 가지 모형을 갖게 되었다. 고전적으로 빛은 파동으로 이동하며, 파동 이론은 회절과 간섭 같은 현상을 만족스럽게 설명한다. 그러나 양자이론은 광전효과나 콤프턴 효과를 설명하는 데 필요하다. 이 두 가지 별개의 빛의 모형은 과학자들에게 다음과 같이 말할 수 있는 **파동-입자 빛의 이중성**(wave-particle duality of light)을 채택하였다.

모든 전자기적 현상을 설명하기 위해 빛은 어떤 경우는 파동으로 행동하고 때론 광자의 다발로 행동하는 것이다. 원자나 핵 또는 분자 같은 작은(양사화된) 계에서 작용할 때 광자 모형으로 취급해야 한다. 실생활에서는—예를 들어 회절과 간섭이 이루어지는 계—파동으로 보는 것이 유용하다.

27.4 수소 원자의 보어 이론

1800년대에 많은 실험적인 연구는 기체 방전관을 이용하였다. 예를 들어 수소, 네온 그리고 수은 증기가 들어있는 관이다. 일반적인 네온 '빛'은 실제로 기체 방전관

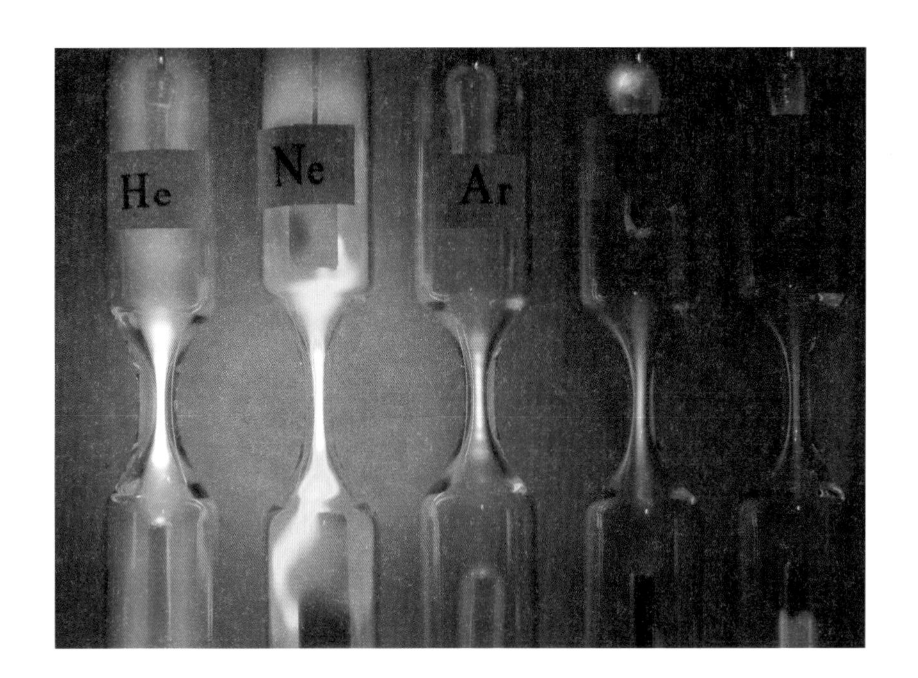

◀그림 27.7 **기체 방전관.** 빛이 나는 유리관은 기체 방전관이다. 다양한 기체의 원자들은 전기적으로 들떠 있을 때 빛을 방출하고, 각각의 기체들은 고유 파장으로 빛을 낸다.

이다(그림 27.7). 전구같이 뜨거운 필라멘트에 의해 나오는 백열은 모든 파장의 빛이 나오는 연속 스펙트럼을 갖는다. 그러나 기체 방전관에서 나오는 빛은 단지 몇 개의 파장만이 관측되는 불연속인 스펙트럼을 갖는다. 이러한 방출은 **휘선 스펙트럼**(bright-line spectra) 또는 **방출 스펙트럼**(emission spectra)으로 분류한다. 방출 스펙트럼에서 나오는 파장은 특정 기체의 원자 또는 분자의 특성을 보인다.

원자는 방출할 뿐만 아니라 흡수도 한다. 백색광을 저온 기체에 통과시킨다면 특정한 진동수 또는 파장을 갖는 에너지는 흡수된다. 이 경우 **어두운 선 스펙트럼**(dark-line spectrum) 또는 **흡수 스펙트럼**(absorption spectrum)이라 한다—연속 스펙트럼에 몇 개의 일련의 어두운 선이 포함되기 때문이다. 방출 스펙트럼에서 나타나지 않던 몇몇 특정 파장들은 이를 흡수하는 특정 원자나 분자와 관계되어 있다. 방출 또는 흡수된 파장의 형태를 살펴보아 시료에서 주어진 원자나 분자의 스펙트럼 형태와 비교해볼 수 있다. 이 방법을 **분광학적 분석**이라고 하며 물리학이나 화학, 생물학, 천체물리학에서 널리 사용되고 있다. 예를 들어 헬륨원소는 제일 먼저 태양에서 관측되었는데, 이는 과학자들이 태양 빛의 흡수 스펙트럼 형태를 분석했을 때 알려졌으며, 이 형태는 지구상의 어떤 형태와도 일치되지 않았다. 그 알려지지 않은 스펙트럼 형태는 헬륨의 스펙트럼 무늬였다.

1800년대에 이런 스펙트럼선들이 생기는 이유를 이해할 수 없었지만, 이 스펙트럼들이 원자의 전기적 구조를 알 수 있는 중요한 단서를 제공했다. 수소 원자는 상대적으로 단순한 가시적인 스펙트럼을 가졌기 때문에 가장 많은 주목을 받았다. 수소 원자는 하나의 전자, 하나의 양성자를 갖는 가장 단순한 구조를 갖는 원자이다. 19세기 후반 스위스의 과학자 발머(J. J. Balmer, 1825~1898)는 가시 영역에서 수소 원자의 네 개의 스펙트럼선의 파장을 제공하는 경험적 수식을 통해 알아냈다.

$$\frac{1}{\lambda} = R\left(\frac{1}{2^2} - \frac{1}{n^2}\right),\ n = 3,\ 4,\ 5,\ 6 \tag{27.9}$$

(수소의 가시 영역 스펙트럼)

여기서 R은 뤼드베리 상수(Rydberg constant)라고 하며, 스웨덴 물리학자 뤼드베리(Johannes Rydberg, 1854~1919)의 이름으로 불린다. 실험에 의해 결정되며 그 값은 $1.097 \times 10^{-2}\ \text{nm}^{-1}$이다. 가시 영역에서 수소 원자의 네 개의 스펙트럼선은 **발머 계열**(Balmer series)의 일부이다. R을 이용하여 수식은 그들의 파장을 예측하지만, 왜 그런지 이해할 수 없었다. 유사한 수식들이 적외선과 자외선 영역에서 다른 스펙트럼선에 잘 맞는 것으로 밝혀졌다.

스펙트럼선은 1913년 덴마크의 물리학자 보어(Niels Bohr, 1885~1962)에 의해 수소 원자 이론에 대한 연구 발표에 의해 설명되었다. 보어는 태양 주위를 돌고 있는 행성의 운동처럼 수소 원자 양성자 주위를 전자가(정상 상태) 원 궤도로 운동을 한다고 가정하였다. 전자와 양성자 사이의 전기적 인력이 원운동을 하도록 하는 구심력으로 작용한다. 구심력은 $F_c = mv^2/r$로 주어지고, 여기서 v는 전자의 궤도 속력이고 m은 질량 그리고 r은 궤도의 반지름이다. 양성자와 전자 사이의 힘은 쿨롱의 법칙인 $F_e = kq_1q_2/r^2 = ke^2/r^2$로 주어지며, 여기서 e는 양성자와 전자의 전하량이다. 이들 두 힘이 같다고 놓으면 다음과 같다.

$$\frac{mv^2}{r} = \frac{ke^2}{r^2} \tag{27.10}$$

원자의 총 에너지는 운동에너지와 위치에너지의 합이다. 16장으로부터 두 점전하의 전기적 위치에너지는 $U_e = kq_1q_2/r$로 주어진다. 양성자와 전자는 전하의 부호가 반대이므로 $U_e = -ke^2/r$이다. 총 에너지는 다음과 같다.

$$E = K + U_e = \frac{1}{2}mv^2 - \frac{ke^2}{r}$$

식 27.10을 이용해서 운동에너지는 $\frac{1}{2}mv^2 = ke^2/2r$로 쓸 수 있다. 이 관계를 이용해서 앞에서 표현한 총 에너지는 다음과 같이 나타낸다.

$$E = \frac{ke^2}{2r} - \frac{ke^2}{r} = -\frac{ke^2}{2r} \tag{27.11}$$

E는 원자의 총 에너지로 음의 값을 가짐을 유의하라. 이는 계가 구속되어 있음을 나타내고 있다. 반지름이 커지면 E의 값은 0에 가깝게 된다. $E = 0$이면 전자는 더 이상 원자에 구속되어 있지 않으며 전자를 잃은 원자는 이온화 되었다고 말한다.

지금까지의 관점에서는 단지 고전 물리만이 적용되었다. 그러나 현 단계의 이론에서 보어는 급진적인 가정을 한다. 즉, 원자의 스펙트럼선을 설명하기 위해 양자 개념을 도입한다.

보어는 전자의 각운동량이 양자화되어 있으며 또한 각운동량의 값이 $h/2\pi$값의 정수배로만 주어져야 한다는 가정을 하였다. 여기서 h는 플랑크 상수이다.

반지름이 r인 원 궤도 운동에서 질량 m인 물체의 각운동량이 mvr이라는 것은 이미 알고 있다(식 8.14). 그러므로 이 식으로부터 보어의 가정은 다음과 같이 쓸 수 있다.

$$L_n = mv_n r_n = n\left(\frac{h}{2\pi}\right), \quad n = 1, 2, 3, 4, \ldots \tag{27.12}$$

(각운동량의 양자화)

여기서 정수 n은 **주양자수**(principal quantum number)라 한다. 이 가정에 의해 전자의 궤도 속력은 식 27.12로부터 결정한다.

$$v_n = \frac{nh}{2\pi m r_n}, \quad n = 1, 2, 3, 4, \ldots$$

v_n을 식 27.12에 대입하고 r_n에 대해 풀면 다음과 같다.

$$r_n = \left(\frac{h^2}{4\pi^2 k e^2 m}\right) n^2, \quad n = 1, 2, 3, 4, \ldots \tag{27.13}$$

(수소 궤도 반지름의 양자화)

따라서 보어의 각운동량 양자화 가정 하에서 특정 반지름만 가능하다는 것을 알 수 있다. 즉, 궤도 크기 역시 양자화 된다. 이러한 궤도에 대한 에너지는 r_n(식 27.13)을 식 27.11에 대입하여 구할 수 있다.

$$E_n = -\left(\frac{2\pi^2 k^2 e^4 m}{h^2}\right)\frac{1}{n^2}, \quad n = 1, 2, 3, 4, \ldots \tag{27.14}$$

(수소에너지 양자화)

원자의 에너지가 양자화 되는 것을 나타내었다. 식 27.13과 27.14의 우측 괄호 안의 값은 상수이므로 정량화해서 수치로 환산된다. 반지름은 너무 작으므로 나노미터(nm)로 표시한다. 에너지 역시 전자–볼트(eV)로 나타낸다.

$$r_n = 0.0529\, n^2 \text{ nm}, \quad n = 1, 2, 3, 4, \ldots \tag{27.15}$$

(수소 원자의 궤도 반지름)

$$E_n = \frac{-13.6}{n^2}\text{ eV}, \quad n = 1, 2, 3, 4, \ldots \tag{27.16}$$

(수소 원자의 총 에너지)

이러한 결과는 수소 원자에만 적용되지만, 보어 모형은 합리적인 성공으로 핵 주위의 궤도에 양성자 Z를 포함한 단일 전자를 가진 원자에도 확장할 수 있다.

식 27.15와 27.16을 이용한 문제가 예제 27.5에 있다.

예제 27.5 보어 궤도–반지름과 에너지

수소 원자에서 주양자수 $n = 3$인 수소 원자에서 전자의 궤도 반지름과 에너지를 구하라.

풀이

$n = 3$일 때 식 27.15와 식 27.16을 이용해서 풀면 다음과 같다.

$$r_n = 0.0529\,n^2\text{ nm} = 0.0529(3)^2\text{ nm} = 0.476\text{ nm}$$

와

$$E_n = \frac{-13.6}{n^2}\text{ eV} = \frac{-13.6}{3^2}\text{ eV} = -1.51\text{ eV}$$

이 시점에서 보어는 자신의 수소에 대한 양자 모형에 여전히 문제가 있다는 것을 깨달았다. 고전 물리학에 따르면 전하가 가속될 때 전자기(빛) 에너지가 방출된다. 보어의 원 궤도는 전자가 구심 방향으로 가속되는 계이다. 그러므로 궤도 전자는 에너지를 잃어버리게 되어 나선형 궤도를 그리며 핵에 접근하게 된다. 이런 경우는 분명히 수소에서 일어나지 않는다. 그래서 보어는 또 다른 비고전적 가정을 하게 된다. 보어는 다음과 같은 가설을 내세웠다.

> 수소 원자의 전자는 불연속적인 특정 궤도에 구속되어 있을 때 에너지를 방출하지 않는다. 다만 더 낮은 에너지의 궤도로 내려갈 때만 에너지를 방출하고 에너지를 흡수할 때는 더 높은 에너지 궤도로 올라간다.

27.4.1 에너지 준위

수소 원자에서 전자에 허용되는 궤도는 일반적으로 에너지 측면에서 표현된다(그림 27.8). 이 교재에서 그 전자가 특별한 '에너지 준위' 또는 에너지 상태에 있다고 말한다. 주양자수는 이 특별한 에너지 준위에 정수로 표시한 것이다. 가장 낮은 에너지 준위($n = 1$)를 **바닥 상태**(ground state)라 한다. 바닥 상태 위의 에너지 준위를 **들뜬 상태**(excited states)라 한다.

수소 원자에서 전자는 보통 바닥 상태에 있으며 들뜬 상태로 올라가면 그에 합당한 충분한 에너지가 주어져야 한다. 에너지 준위는 특정한 에너지를 가지고 있으므로, 전자는 특정한 불연속적인 양의 에너지를 흡수해야만 들뜨게 할 수 있다.

만약 충분한 에너지가 흡수되면 전자가 더 이상 원자에 구속되지 않는 것이 가능하다. 즉, 원자가 이온화되는 것이 가능하다. 예를 들어 바닥 상태에 있는 수소 원자가 이온화 되려면 최소 13.6 eV가 필요하다. 이런 최소 에너지를 흡수할 때 원자의 최종 에너지는 0(자유롭다는 의미)이 된다. 이는 주양자수가 $n = \infty$임을 의미한다. 즉, 만약 수소가 처음에 들뜬 상태에 있었다면 원자가 이온화하는 데 필요한 에너지는 13.6 eV보다 더 작다. 어떤 상태에서 전자의 에너지가 E_n이면 원자에서 전자가 구속을 풀고 자유롭게 되는 데 필요한 에너지는 $-E_n$이다. 이 에너지는 **결합에너지**(binding energy)라고 한다. $-E_n$은 양의 값이며 초기에 전자가 주양자수 n일 때 원자를 이온화시키는 데 필요한 에너지임을 유의하라.

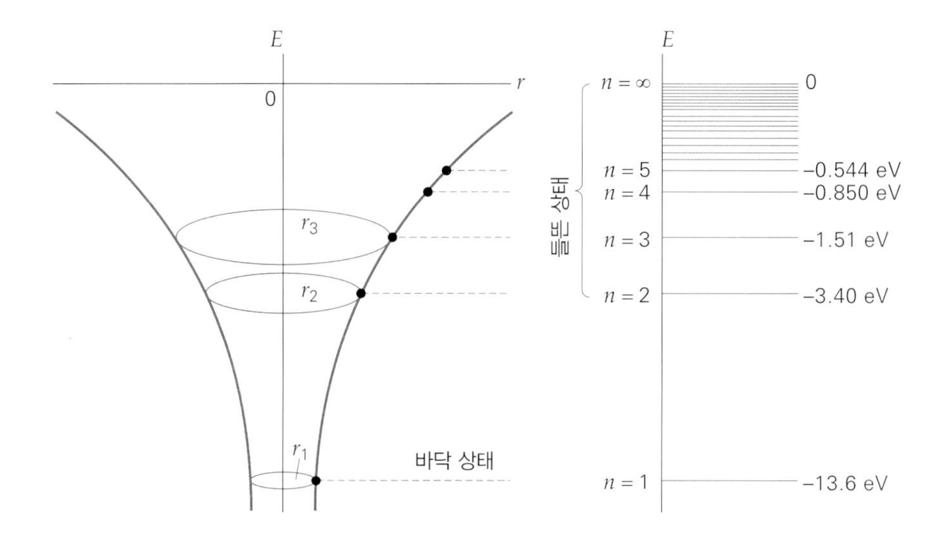

◀그림 27.8 **수소 전자의 궤도와 에너지 준위.** 보어 이론은 수소의 전자가 불연속적인 반지름을 갖는 특정 궤도만을 점유한다는 것을 예측한다. 각각의 허용된 궤도는 이에 대응하는 허용된 에너지를 갖는데, 이를 에너지 도표를 통해 편리하게 표현할 수 있다. 가장 낮은 에너지 준위($n = 1$)는 바닥 상태이며 그 위의 준위($n > 1$)를 들뜬 상태하고 한다. 궤도는 $1/r$에 비례하는 양성자의 전기적 위치에너지에서 나타내었다. 바닥 상태에서 전자는 위치에너지 우물의 가장 밑바닥에 있다.

전자는 보통 들뜬 상태를 오랫동안 유지할 수 없다. 즉, 아주 짧은 시간 동안 붕괴 또는 낮은 에너지 준위로 전이된다. 한 전자가 어떤 들뜬 상태에서 보내는 시간을 그 들뜬 상태의 수명(lifetime)이라 한다. 일반적으로 나노 초 또는 그 이하의 값을 가진다. 낮은 준위의 상태로 전이될 때 전자는 광자의 형태로 빛에너지를 방출한다. 광자의 에너지 ΔE는 준위 사이의 에너지 차와 같다. 그래서 수소 원자의 경우 이것은 다음과 같다.

$$\Delta E = \left| E_{n_i} - E_{n_f} \right| = \left(\frac{-13.6}{n_i^2} \text{ eV} \right) - \left(\frac{-13.6}{n_f^2} \text{ eV} \right)$$

또는

$$\Delta E = 13.6 \left[\frac{1}{n_\text{f}^2} - \frac{1}{n_\text{i}^2} \right] \text{eV} \quad \text{(수소 원자 광자에너지)} \qquad (27.17)$$

여기서 첨자 i와 f는 처음 상태와 나중 상태를 말한다. 보어 이론에 따르면 에너지 E인 광자는 에너지 차와 같을 때 방출된다. 그 결과 $E = \Delta E = hc/\lambda$이고 $\lambda = hc/\ \Delta E$이다. 그러므로 단지 특별한 크기의 파장을 갖는 빛만 방출된다. 이 특별하고 유일한 빛의 파장은 에너지 준위들 사이에서 여러 전이에 대응되며, 이로써 방출 스펙트럼의 존재를 설명할 수 있다.

주양자수 n_f는 방출 과정이 일어나는 동안 전자가 올라가 있는 마지막 준위에 해당한다. 발머 계열(가시 영역에서의 파장)은 $n_\text{f} = 2$와 $n_\text{i} = 3, 4, 5, 6$에 대응된다. 자외선 영역에서는 리만 계열이라 부르는 단 한 개의 계열이 있는데, $n_\text{f} = 1$ 바닥 상태가 마지막 상태이다. 적외선 영역에는 여러 계열이 있는데 가장 주목할 만한 계열은 최종 상태가 두 번째 들뜬 상태인 $n_\text{f} = 3$의 파셴 계열이다. (계열들의 이름은 이 스펙트럼을 발견한 사람의 이름이다. 그림 27.9)

보통 빛의 파장은 방출 과정 동안 관측된 것이다. 광자에너지와 빛의 파장은 아인슈타인 방정식(식 27.4)과 관련되어 있으므로 방출되는 빛의 파장, λ는 다음에서 구

▶ **그림 27.9 수소 방출 스펙트럼.** 전자가 바닥 상태로 돌아올 때 또는 그 이상의 에너지 준위 사이에서 일어나는 전이들. $n=2$ 로 가는 전이는 가시 영역(발머 계열)의 파장을 갖는 스펙트럼을 준다. 다른 준위들에서 전이는 (가시광선이 아닌) 다른 계열에 대응한다.

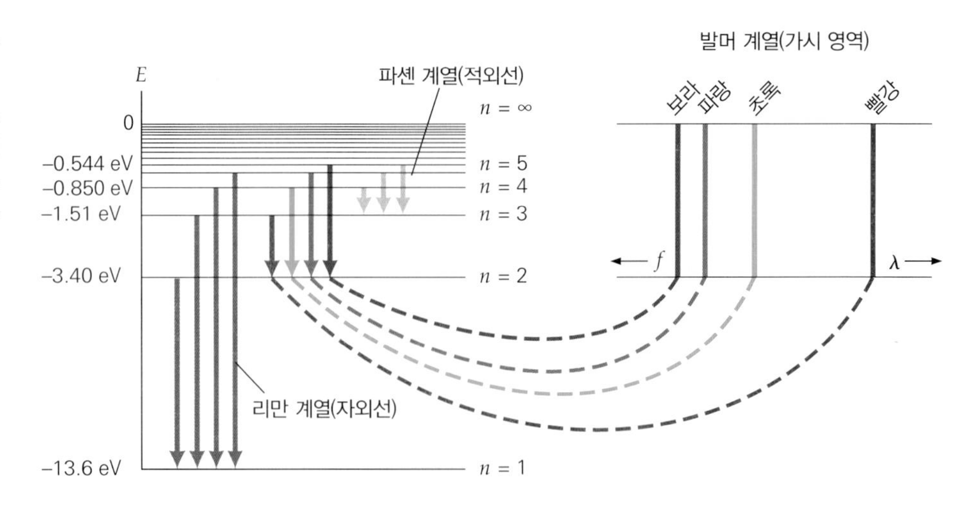

할 수 있다.

$$\lambda\,(\text{nm}) = \frac{hc}{\Delta E} = \frac{1.24\times10^{3}\ \text{eV}\cdot\text{nm}}{\Delta E\,(\text{eV})} \quad \text{(복사 파장 방출)} \qquad (27.18)$$

예제 27.6 발머 계열 조사–수소로부터 가시광선

수소 원자에서 $n=3$인 에너지 준위에서 $n=2$인 준위로 전이할 때 나오는 빛의 파장(또는 색깔)을 구하라.

풀이

문제상 주어진 값:

$n_{\text{i}} = 3$

$n_{\text{f}} = 3$

방출된 광자의 에너지는 원자의 에너지 변화의 크기와 같다.

$$\Delta E = 13.6\left(\frac{1}{n_{\text{f}}^{2}} - \frac{1}{n_{\text{i}}^{2}}\right)\text{eV} = 13.6\left(\frac{1}{2^{2}} - \frac{1}{3^{2}}\right)\text{eV} = 1.89\ \text{eV}$$

식 27.18을 이용해서 파장을 구하자.

$$\lambda = \frac{1.24\times10^{-3}\ \text{eV}\cdot\text{nm}}{\Delta E} = \frac{1.24\times10^{3}\ \text{eV}\cdot\text{nm}}{1.89\ \text{eV}} = 656\,\text{nm}\ (\text{붉은색})$$

보어 이론은 수소 원자에 대한 실험 결과와 아주 잘 일치했고 전자가 한 개인 헬륨 이온의 경우에도 잘 맞는다. 그러나 여러 개의 전자를 갖은 원자에 대해서는 잘 맞지 않는다. 보어 이론은 기본적으로 고전적 체계에 새로운 양자 이론을 접목시켰다는 의미에서 불완전한 이론이었다. 이 이론에서 수정된 개념을 포함했지만 원자에 대한 완전한 설명은 양자 역학이(28장) 발전되기 전까지 이루어지지 못했다. 그럼에도 불구하고 원자에서 불연속적인 에너지 준위의 개념은 형광과 같은 현상에 대해 정성적으로 이해하는 것이 가능해졌다.

형광(fluorescence)에서 들뜬 상태의 전자는 두 단계 혹은 그 이상의 단계로 바닥 상태로 돌아온다. 앞부분에서 보듯이 각 단계에서 광자가 방출된다. 따라서 각 단계에서 방출되는 에너지는 위로의 전이에 필요했던 원래의 에너지보다 작다. 그 결과 각각의 단계에서 방출된 광자의 파장은 원래 들뜨게 하기 위한 광자의 파장보다 더 길다. 예를 들면 많은 광석의 원자들은 자외선(UV)을 흡수해서 들뜨게 할 수 있는 데, 이 원자들이 낮은 에너지 상태로 되돌아올 때 가시광선 영역에서 형광을 발하거나 빛을 발한다(그림 27.10). 산호초부터 나비까지 다양한 생물체가 가시광선을 방출하는 형광 색소를 생산한다.

▲ 그림 27.10 **형광.** 광석은 눈에 보이지 않는 자외선을 쬐어줌(백라이트)으로써 가시광선의 빛을 발한다. UV에 의해 들뜬 원자가 여러 작은 단계의 에너지 준위를 거쳐 내려올 때 더 작은 에너지, 더 긴 파장의 빛인 가시광선을 만든다.

27.5 양자 역학의 성공: 레이저

유도 방출에 의한 빛의 증폭(light amplification by stimulated emission of radiation)의 약자인 **레이저**(laser)의 개발은 중요한 기술적 성공이었다. 뢴트겐의 X-선 발견이나 에디슨의 전등 발명과 같은 많은 발명품은 시행착오를 거치거나 우연에 의해 이루어졌지만, 레이저는 이론적인 바탕 위에 개발되었다. 양자물리학을 이용해서 레이저는 제조 가능성이 예측되었고 설계되며 마침내 응용되었다. 레이저는 광범위하게 응용성이 입증되고 있으며 이에 대해 이 절의 마지막에 논의하겠다.

원자에너지 준위의 존재는 레이저 작동을 이해하는 데 있어 아주 중요하다. 보통 전자는 들뜬 상태를 단지 10^{-8}초 정도만 유지하다가 즉시 바닥 상태로 내려오게 된다. 그러나 어떤 들뜬 상태는 수명이 이보다는 더 긴 시간을 갖는다. 이런 상대적으로 긴 수명을 갖는 원자 상태를 **준안정 상태**(metastable state)라고 한다.

예를 들어 **인광**(phosphorescence)에서 재료는 야광 시계 다이얼, 장난감 그리고 어둠 속에서 빛을 내는 다른 용도에도 사용된다. 인광 물질이 빛에 노출될 때 원자는 높은 에너지 준위로 올라간다. 많은 원자는 정상적으로 빨리 원 상태로 돌아온다. 그러나 어떤 원자들은 수초, 수분 또는 한 시간 이상까지 머물 수 있는 준안정 상태를 가진다. 결과적으로 물질은 상당한 시간 동안 빛을 낼 수 있다(그림 27.11).

▲ 그림 27.11 **인광과 준안정 상태.** 인광 물질 내의 원자들이 들뜰 때 그들의 일부는 즉시 바닥 상태로 돌아오지 않고 준안정 상태에서 보통의 원자들의 시간보다 오랫동안 머문다. 샌프란시스코의 과학박물관에는 인광 물질로 만든 벽과 바닥이 있다. 빛이 쪼인 후 약 30초간 빛을 발한다. 인광 물질이 빛에 처음 노출시켰을 때 생겼던 어린이들의 그림자를 그대로 보유한 사진이다.

레이저 동작에서 가장 중요한 고려대상은 방출 과정이다. 그림 27.12에서 보여주듯이 두 에너지 준위 사이에서 흡수, 복사의 자발적 방출이 생겨날 수 있다. 즉, 광자가 흡수되고 한 광자가 방출되는 것은 거의 순식간에 일어난다. 그러나 높은 에너지 준위가 준안정 상태일 때 소위 **유도 방출**(stimulated emission)이라 부르는 또 다른 방출 과정이 존재한다. 아인슈타인은 1919년 이 과정을 처음 제안했다. 만약 허용된 전이 에너지와 같은 값을 갖는 광자가 이미 준안정 상태에 있는 한 원자를 때렸을 때 낮은 에너지 상태로의 전이를 유도할 수 있다는 것이다. 이런 전이는 첫 번째 것

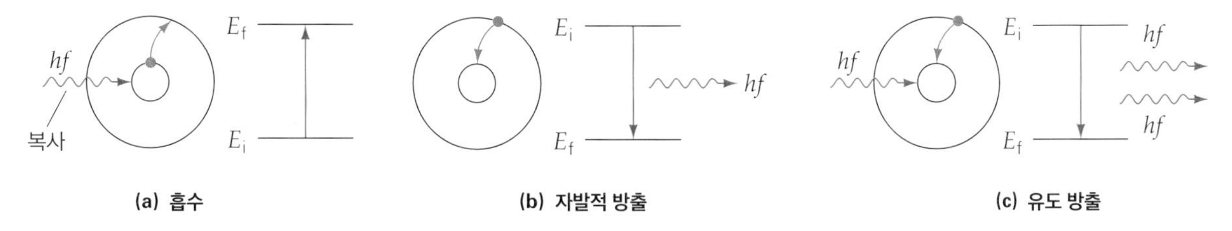

▲ 그림 27.12 **광자 흡수와 방출.** (a) 빛을 흡수할 때 하나의 광자를 흡수하면 원자는 높은 에너지 준위로 들뜬다. (b) 짧은 시간 동안 원자는 자발적 붕괴하여 하나의 광자를 방출하고 낮은 에너지로 전이한다. (c) 만약 아래쪽으로의 전이와 같은 에너지를 갖는 다른 광자가 원자를 때리면 유도 방출이 생겨난다. 그 결과 두 개의 똑같은 진동수를 갖는 광자(입사된 것과 새로이 생긴 것)가 생겨난다. 이들은 초기의 광자와 같은 방향으로 진행하며 위상도 같다.

과 동등한 역할을 하는 두 번째 광자를 만들어 낼 수 있다. 그러므로 같은 진동수와 위상을 갖는 두 광자가 같은 방향으로 떨어진다. 이런 유도 방출은 증폭 과정—즉, 한 개의 광자가 들어가서 두 개가 나오는—을 거친다. 그러나 이 과정은 무에서 유를 얻는 과정은 아니다. 왜냐하면 원자는 초기에 이미 들뜬 상태로 만들어 놓아야 하기 때문이며, 이를 위해 에너지가 필요하기 때문이다.

보통 빛이 물질을 지날 때 광자는 유도 방출을 일으키기보다는 그냥 흡수된다. 많은 원자는 대부분 들떠있지 않고 바닥 상태에 있기 때문이다. 그러나 물체에서 바닥 상태보다 들떠있는 준안정 상태에 더 많은 원자가 있도록 미리 준비해 놓을 수 있다. 이 조건을 **밀도 반전**(population inversion)이라고 한다. 이 경우 흡수되는 것보다 유도 방출되는 것이 더 많을 수 있으며, 결국 전체적으로 증폭된다. 이 특성을 기구로 만든 것이 레이저이다.

오늘날 여러 가지의 다른 파장의 빛을 만들어 낼 수 있는 여러 종류의 레이저들이 있다. 헬륨-네온(He–Ne) 기체 레이저는 가장 잘 알려진 레이저이다. 예를 들어 이 레이저($\lambda = 632.8$ nm)가 만들어내는 특유의 빨간색 빛은 바코드 스캐너에 흔히 사용된다. 헬륨 85%와 네온 15%가 섞인 혼합 기체를 사용한다. 기본적으로 헬륨은 에너지를 주는 데, 네온은 증폭하는 데 사용한다. 혼합 기체는 라디오 진동수 전원 공급 장치에 의해 생산된 전자들의 고전압 기체 방전 하에 있게 된다. 헬륨 원자들은 이들 전자와 충돌하여 들뜬다(그림 27.13a). 이 과정을 펌핑(pumping)이라 한다. 여기서 헬륨 원자는 계에서 에너지는 상승되어 바닥 상태보다 26.61 eV 더 큰 들뜬 상

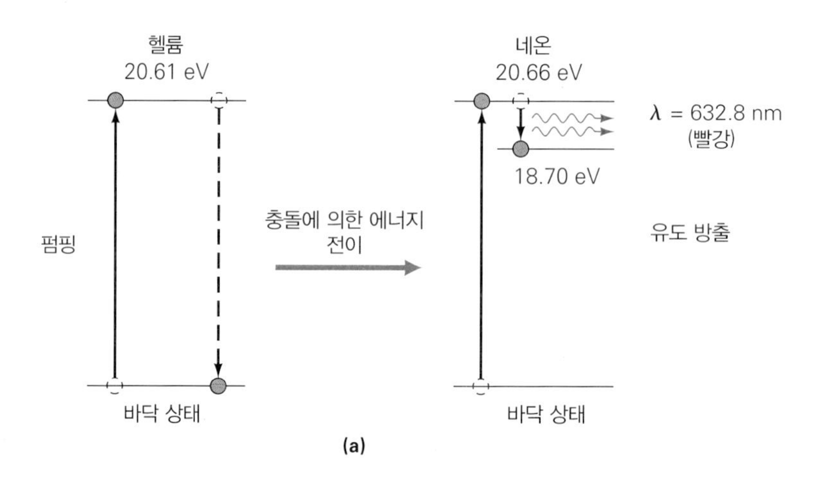

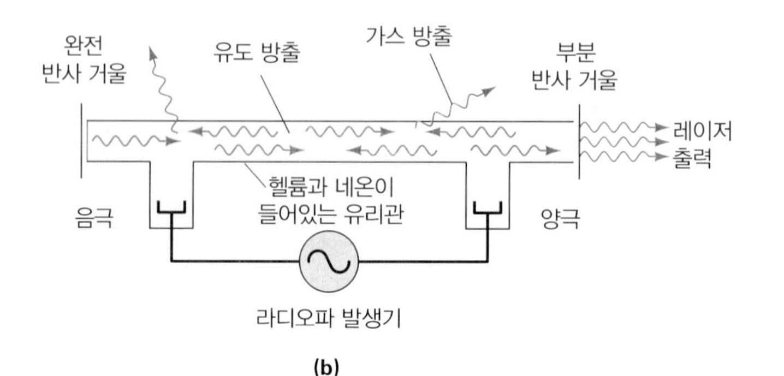

▶ 그림 27.13 **헬륨-네온 레이저.** (a) 헬륨은 전자들의 충돌로 들뜬다(펌핑). 이 에너지는 헬륨 원자에서 준안정 상태가 있는 네온 원자로 전이된다. 아래쪽으로 전이에 의해 생기는 광자가 다른 들뜬 네온 원자로부터 유도 방출시킨다. 이런 과정이 진행될 때 빨간색의 레이저 빔이 방출된다. (b) 레이저 관의 양쪽 끝에 거울을 달아 (유도 방출에 의해 발생된) 빛의 빔을 레이저 축의 방향으로 증가시킨다. 두 거울 중 하나는 반거울이어서 빛의 일부만이 밖으로 나갈 수 있다.

태에 있게 된다.

헬륨에서 들뜬 상태는 상대적으로 긴 수명인 약 10^{-4}초를 가지며 네온도 이와 거의 비슷한 값인 20.66 eV의 들뜬 상태를 갖는다. 이 수명은 매우 길어 들뜬 헬륨이 자발적 광자 방출을 하기 전에 바닥 상태의 네온과 충돌할 기회를 가질 수 있다. 그런 충돌이 생길 때 에너지는 네온으로 전달된다. 20.66 eV의 네온의 들뜬 상태의 수명 역시 상대적으로 매우 길다. 이런 네온의 준안정 상태에서 지연은 네온 원자의 밀도 반전을 발생시킨다. 즉, 네온이 18.70 eV의 낮은 쪽 상태로 떨어질 때 두 에너지 준위의 차이인 약 1.96 eV의 에너지를 갖는 파장이 632.8 nm인 붉은색의 광자가 방출된다.

이들 네온 원자들에 의해 방출된 유도 방출은 레이저 관 양쪽에 있는 거울에 반사되어 더욱 강해진다(그림 27.13b). 들뜬 네온 원자의 일부는 모든 방향으로 자발적으로 광자를 방출한다. 그리고 이들 광자들은 유도 방출을 일으킨다. 유도 방출에서 두 광자는 입사된 광자와 같은 방향으로 원자를 떠난다. 광자는 레이저 관의 축 방향으로 진행하다가 관의 끝에 있는 거울에서 반사되어 되돌아온다. 이런 반사가 반복되는 광자들은 더 많은 유도 방출을 하게 된다.

레이저 빛의 단색성, 가간섭성 및 방향성은 빛의 고유한 특성을 가진다(그림 27.14). 백열등과 같은 광원에서 나오는 빛은 무작위로 그리고 여러 진동수를 갖고 원자로부터 방출되고 그 결과 빛은 위상이 걸맞지 않으며 비간섭성이 된다. 이런 빛의 빔은 퍼지게 되고 세기가 감소된다. 그러나 레이저 빛의 성질은 빔의 증폭을 통하여 세기가 커지면서 매우 가늘게 만들 수 있다. 산업용 레이저의 응용은 그림 27.15에 나타내었다.

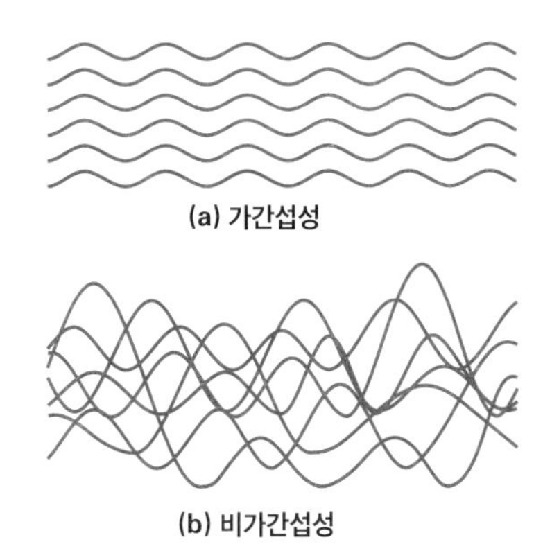

▲그림 27.14 **가간섭성 빛.** (a) 레이저 빛은 단색(단일 진동수, 단일 파장 또는 색)이며 모든 빛의 파가 같은 위상으로 고정된 가간섭성을 갖는다. (b) 백열전구의 필라멘트 같은 광원에서 나오는 빛은 무작위로 방출된다. 이런 빛은 많은 다른 파장의 빛이 섞여 있으며 비가간섭성의 빛 또는 평균적으로 위상이 맞지 않는 빛이다.

◀그림 27.15 **산업용 레이저 응용.** 산업용 레이저가 철판을 절단한다.

연습문제

통합 연습문제(Integrated Exercises, IEs)는 두 부분으로 이루어진다. 첫 번째 부분은 일반적으로 기본 원칙과 추론에 기초한 개념적 답변 선택을 요구한다. 두 번째 부분은 연습의 첫 번째 부분에서 이루어진 개념적 선택과 관련된 정량적 계산을 필요로 한다. 기호(•)은 문제의 난이도를 의미한다. 쉬움(•), 보통(••), 어려움(•••)

주의: 모든 경우에 방출 물체가 흑체로 '이상적'으로 행동한다고 가정할 것.

27.1 양자화: 플랑크의 가설

1. • 고온의 고체(흑체)는 27°C에 있다. 방출하는 빛에서 가장 세기가 센 빛의 파장은 얼마인가?

2. • 0°C 온도에서 열복사에 의해 방출되는 가장 강한 복사 성분의 파장과 진동수는?

3. •• '빨갛고 뜨거운' 물체는 1.0×10^{14} Hz의 진동수로 최대 열복사를 방출한다. 이 물체의 온도는 몇 도인가?

4. •• 흑체에서 가장 센 파장이 방출하는 동안 원자진동자의 최소 에너지는 3.5×10^{-19} J이다. 이 물체의 섭씨온도는 얼마인가?

5. •• 물체의 온도가 500°C이다. 만약 방출된 복사의 세기인 20 W/m^{2}이 전적으로 가장 강한 진동수 성분 때문이라면, 단위 시간 동안 얼마나 많은 양자 복사로 방출될 것인가?

27.2 빛의 양자: 광자와 광전효과

6. • 빛의 각 광자는 6.50×10^{-19} J의 에너지를 가지고 있다. 빛의 파장은 얼마인가? 이런 종류의 빛을 무엇이라 부르는가?

7. • UV 광원의 파장은 150 nm이다. 이때 광자에너지는 얼마인가? (a) J, (b) eV로 나타내라.

8. • 물질 표면에 200 nm의 파장인 빛을 쪼였을 때 광전자의 최대 운동에너지는 6.0×10^{-19} J이다. 이 물질의 일함수는 얼마인가?

9. • 일함수가 3.50 eV인 금속에서 전자를 방출할 수 있는 빛의 가장 긴 파장은 얼마인가?

10. •• 2.40 eV의 일함수를 가진 금속은 단색광의 빔을 비추었다. 정지전압이 2.50 V일 때 그 빛의 파장은 얼마인가?

11. •• 그림 27.16은 광전효과를 보이는 어떤 물질에서 정지전압과 진동수 사이의 관계를 그래프로 나타낸 것이다. 이 그래프를 이용하여 (a) 프랑크 상수와 (b) 이 물질의 일함수를 구하라.

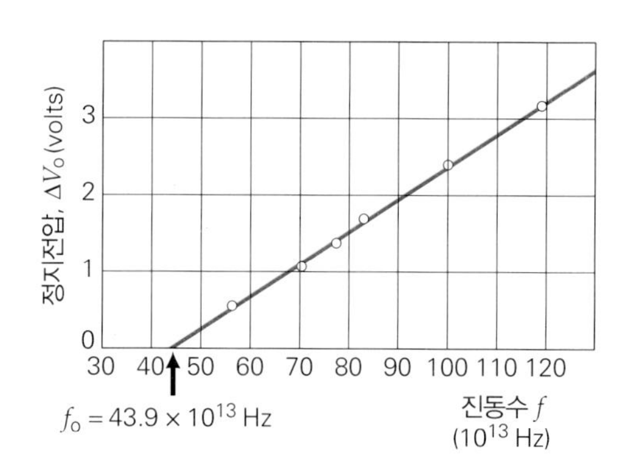

▲ 그림 27.16 **정지전압-진동수 그래프**

12. •• 250 nm의 파장을 갖는 빛이 금속에 입사했을 때 광전자의 최대 속력은 4.0×10^5 m/s이다. 이 금속의 일함수는 얼마인가(eV)?

13. •• 파장 420 nm의 청색광은 특정 물질에 입사하여 최대 운동에너지가 1.00×10^{-19} J인 광전자를 방출한다. (a) 정지전압은 얼마인가? (b) 물질의 일함수는 얼마인가? (c) 만약 적색광($\lambda = 700$ nm)을 대신 사용했다면 정지전압은 얼마인가? 설명하라.

14. ••• 물질을 적색광($\lambda = 700$ nm)으로 비춘 다음, 청색광($\lambda = 400$ nm)으로 비추면 청색광에서 발생하는 광전자의 최대 운동에너지가 적색광에서보다 두 배인 것을 알았다. 이 물질의 일함수는 얼마인가?

27.3 양자적 '입자': 콤프턴 효과

15. • 자유전자에서 발생하는 콤프턴 산란 이동이 최대일 때 산란각은 얼마인가?

16. • 파장이 0.280 nm의 단색광인 X-선이 금속 박막에 의해 산란된다. 산란 빔의 파장이 0.281 nm인 경우 산란각은 얼마인가?

17. **IE** •• 5.0 KeV의 에너지를 가진 광자는 자유전자에 의해 산란된다. (a) 되튄 전자의 에너지는 얼마인가? (1) 0, (2) 5.0 KeV 보다 작지만 0은 아니다. 설명하라. (b) 산란된 광자의 파장이 0.25 nm라면 되튄 전자의 운동에너지는 얼마인가?

18. •• 진동수가 1.210×10^{18} Hz인 X-선은 알루미늄 박막의 전자에서 산란된다. 산란된 X-선의 진동수는 1.203×10^{18} Hz이다. (a) 산란각은 얼마인가? (b) 전자의 되튐 속력은 얼마인가?

27.4 수소 원자의 보어 이론

19. • 수소 원자의 전자가 다음의 주양자수를 갖는 상태에 있을 때 수소 원자의 에너지를 구하라. (a) $n = 2$ 상태와 (b) $n = 3$ 상태

20. • 한 과학자가 "큰" 원자, 즉 우리의 일상적인 측정 단위에서 측정될 수 있을 정도의 큰 궤도를 가진 원자들을 연구한다. 수소 원자의 궤도 지름이 10^{-5} m 정도(즉, 사람의 머리카락 직경에 가까운)일 때 들뜬 상태를 주양자수로 나타내라.

21. •• 수소 원자가 바닥 상태에서 다음의 들뜬 상태가 되는 데 필요한 에너지를 구하라. (a) $n = 1$ 상태, (b) $n = 2$ 상태, (c) 각각 전이하는 데에서 나오는 빛의 유형을 분류하라.

22. IE •• 수소 원자는 13.6 eV의 이온화 에너지를 가진다. 이온화 에너지보다 더 큰 에너지를 가진 광자를 흡수할 때, 전자는 운동에너지를 갖고 방출될 것이다. (a) 만약 광자의 에너지가 두 배로 증가하면 방출되는 전자의 운동에너지는? (1) 두 배 이상, (2) 그대로 유지, (3) 두 배, (4) 두 배보다는 작지만 증가. 그 이유는? (b) 7.00×10^{15} Hz와 1.40×10^{16} Hz인 진동수의 빛과 관련된 광자는 수소 원자에 의해 흡수된다. 방출된 전자의 운동에너지는 얼마인가?

23. IE •• (a) 수소 원자의 다음 전이 중 방출되는 가장 긴 파장의 빛인 것은? (1) $n = 5$에서 $n = 3$, (2) $n = 6$에서 $n = 2$, (3) $n = 2$에서 $n = 1$. (b) 각 전이 과정에 대한 파장을 구하라.

24. •• 수소 원자는 486 nm의 파장을 갖는 빛을 흡수한다. (a) 원자가 얼마나 많은 에너지를 흡수했는가? (b) 이 전이의 초기 상태와 최종 상태의 주양자수는 얼마인가?

25. IE •• (a) 수소 원자에서 적색광을 흡수하는 전이는? (1) 1, (2) 2, (3) 3, (4) 4. (b) 이 과정의 초기와 최종 상태의 주양자수는? (c) 필요한 광자의 에너지와 빛의 파장은 얼마인가?

26. ••• 보어 궤도에서 전자의 궤도 속력이 $v_n = (2.2 \times 10^6 \text{ m/s})/n$이 됨을 보여라(유효숫자 2개).

27.5 양자 역학의 성공: 레이저

27. • 가상의 원자가 바닥 상태보다 2.0 eV와 4.0 eV 높은 두 개의 준안정 상태를 가졌다고 가정해 보자. 레이저에서 바닥 상태로만 전이되는 경우, (a) 각 들뜬 상태에서 방출될 때 빛의 파장은 얼마인가? (b) 전이에서 가시 영역을 갖는 에너지 준위는?

CHAPTER 28

양자 역학과 원자 물리

Quantum Mechanics and Atomic Physics

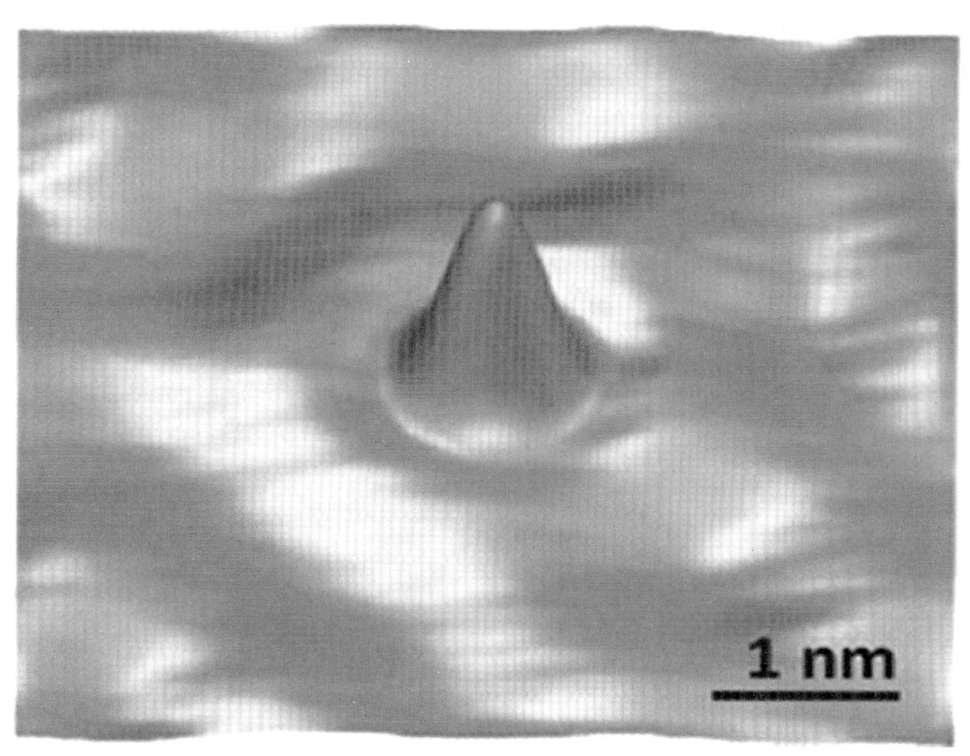

코발트 단원자의 영상은 터널링이라고 불리는 양자 역학 현상에 의해 가능하다.

20~30년 전만 해도 누군가 단원자 사진을 찍었다고 주장하면, 모두가 비웃었을 것이다. 오늘날에는 주사 터널링 현미경(STM; Scanning Tunneling Microscope)이라 불리는 장치를 이용하여 이 장의 처음 사진과 같은 단원자를 보여주는 영상을 만들어낼 수 있다. 이 영상에서 보여주는 모양은 구리 표면 위에 놓인 코발트(Co) 단원자를 나타낸다. STM은 물론 다른 현대적인 측정 장비들도 터널링(tunneling)이라 불리는 양자 역학적 현상에 의해 작동한다. 터널링은 양자 과정의 확률론적 특성과 입자의 파동 특성 등 아원자 영역의 몇 가지 기본적인 특징을 반영한다.

1920년대에 파동과 양자 개념의 통합에 기본을 둔 새로운 물리학이 도입되었다. **양자 역학**(quantum mechanics)이라 부르는 이 새로운 이론은 물질의 파동–입자의 이중성을 모순 없이 잘 설명하였다. 이는 과학적 사고에 혁명을 일으켰고, 오늘날 분자 세계, 원자, 핵 수준에서 일어나는 현상을 이해하는 데 기초를 제공하였다.

이 장에서는 양자 역학의 몇 가지 기본 개념에 대해서 논의한다.

28.1 물질파: 드 브로이 가설

광자는 빛의 속력으로 움직이기 때문에 반드시 광자를 질량이 없는 입자로서 상대론적으로 취급해야 한다. 이 광자의 에너지 E와 운동량 p는 $p = E/c$의 관계를 갖는다. 광자의 에너지는 $E = hf = hc/\lambda$로서의 관계가 파의 진동수와 파장의 측면에서 다시 사용한다는 점을 상기하자. 위의 두 식을 결합하면 광자의 운동량(p)의 크기는 빛의 파장의 역수 관계로 다음과 같이 나타낸다.

$$p = \frac{E}{c} = \frac{hf}{c} = \frac{h}{\lambda} \quad \text{(광자 운동량)} \tag{28.1}$$

20세기 초기에 프랑스 물리학자 드 브로이(Louis de Broglie, 1892~1987)는 파동과 입자 사이에는 대칭이 있다고 제안하였다. 그는 빛이 때때로 입자처럼 행동한다면, 아마도 전자와 같은 입자들이 때때로 파동처럼 행동하고 파동과 같은 성질을 보일 것이라고 추측했다. 1924년 드 브로이는 운동하는 입자는 그와 관련된 파동을 갖고 있다는 가설을 세웠다. 그는 입자의 파장은 $p = mv$인 질량과 입자와의 관계에서 주어진 운동량이 아닌 광자의 운동량(식 28.1)과 유사한 식에 의한 운동량 p의 크기와 관계가 있다고 제안하였다. 따라서 **드 브로이 가설**(de Broglie hypothesis)은 다음과 같다. 운동량 p를 가진 입자는 그것과 연관된 파동을 가지고, 파장은 다음과 같이 주어진다.

$$\lambda = \frac{h}{p} = \frac{h}{mv} \quad \text{(물질 입자)} \tag{28.2}$$

운동하는 입자와 관련된 파동은 **물질파**(matter waves) 또는 **드 브로이파**(de Broglie waves)라고 부르고, 어느 정도 입자의 운동을 이끌거나 영향을 미친다고 생각하였다. 전자기파는 광자와 관련된 파동이다. 그러나 전자와 같은 입자와 관련된 드 브로이파는 본래 다른 유형이고 전자기파가 아니라는 것을 판단할 수 있다.

말할 필요도 없지만 드 브로이 가설은 큰 회의론에 부딪혔다. 광자의 운동은 어느 정도 빛의 파동성에 의하여 지배된다는 생각은 합당하다고 보인다. 그러나 이 생각은 질량을 갖고 있는 입자의 운동에 확장하는 것은 받아들여지기 어려웠다. 게다가 그 당시에는 간섭이나 회절같이 입자가 파동성을 보인다는 증거도 없었다.

드 브로이는 그의 가설을 뒷받침하기 위하여 보어의 수소 원자 이론에서 보어가 가정한 각운동량의 양자화를 어떻게 해석할 수 있는지를 보여주었다. 궤도 운동을 하고 있는 전자의 각운동량이 $h/2\pi$의 정수배로 양자화되어 있다(27.4절 참조). 드 브로이는 자유 입자에 대하여 연관된 파가 진행파일 거라고 주장하였다. 그러나 수소 원자에 구속된 전자는 불연속적인 원궤도를 반복적으로 운동한다. 그 결과 관련된 물질파는 정상파가 될 것이라고 기대된다. 정상파가 생성되기 위해서는 정수배의 파장과 궤도의 원의 둘레는 같아야 한다. 원형 줄에서 정상파처럼 파동은 보강적으로 그 자신끼리 간섭되어야 한다(그림 28.1).

반지름 r_n의 보어 궤도의 원둘레는 $2\pi r_n$이다. 여기서 n은 정수 양자수이다. 드 브로

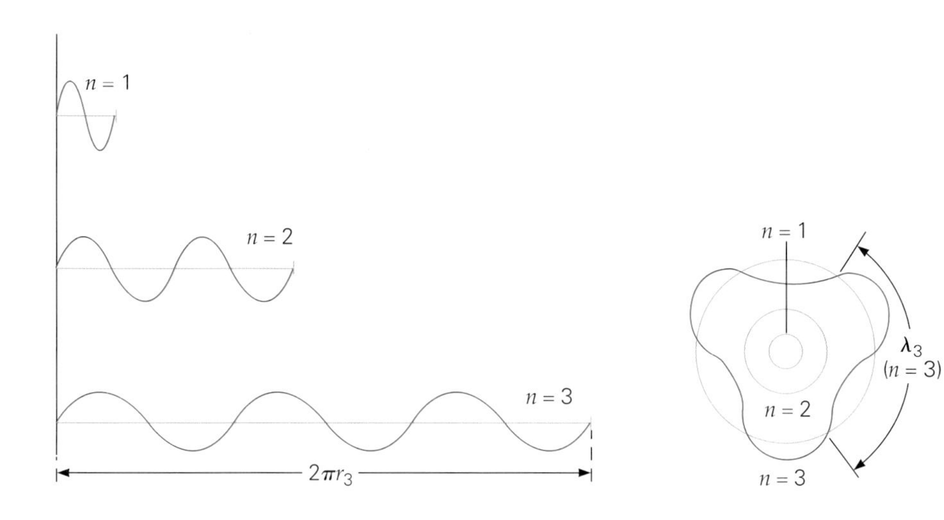

◀그림 28.1 **드 브로이파와 보어 궤도.** 팽팽한 줄에 나타나는 정상파와 비슷하게 드 브로이파는 보어 궤도 주변에 원형 정상파를 형성한다. 여기에 $n = 3$에 대해 표시된 반지름 r의 특정 궤도에 있는 파장의 수는 해당 궤도의 주요 양자수와 동일하다.

이는 전자 '파장'의 정수배와 원둘레를 다음과 같은 식으로 나타내었다. $2\pi r_n = n\lambda$, $n = 1, 2, 3, \ldots$. 식 28.2로부터 파장 λ를 대입하면 다음과 같은 식을 얻는다.

$$2\pi r_n = \frac{nh}{mv}$$

원 궤도의 입자에 대해 각운동량은 $L = mvr$이며, 위의 식을 재정리하여 각운동량 결과에 대한 표현이 다음과 같음을 상기한다.

$$L_n = mvr_n = n\left(\frac{h}{2\pi}\right), \quad n = 1, 2, 3, \ldots$$

따라서 각운동량 양자화는 전자가 파동과 같이 행동한다는 드 브로이 가설과 동등하다.

보어 이론에 의해 허용된 궤도 이외의 궤도에 대해서 궤도 전자에 대한 드 브로이파는 그 자체의 파에 겹쳐지지 않는다. 이 관측은 어떤 허용된 궤도에 있는 전자만이라는 보어의 가정과 잘 일치하고, 드 브로이파의 파장이 전자의 위치에 관련이 있다는 것을 의미한다. 이 개념이 실질적으로 현대 양자 역학의 기본이 되는 초석이다.

만약 입자가 파동성을 갖고 있다면, 왜 일상의 현상에서 파동성이 관측되지 않는 걸까? 그 이유는 회절 같은 효과는 파장 λ가 물질의 크기 또는 파가 통과하는 틈의 크기와 비슷할 때만 나타나기 때문이다(24.3절 참조). 만일 λ가 이 입자의 크기보다 매우 작다면 회절 현상은 무시해도 좋을 만큼 작다. 예제 28.1과 예제 28.2는 원자 세계와 우리가 살고 있는 일상적 세계 사이의 차이를 확인시켜 줄 것이다.

예제 28.1 공을 던질 때 야구선수는 회절 문제를 걱정해야 할까? 드 브로이 파장

투수가 40 m/s의 속력으로 정사각형의 스트라이크 존을 통하여 포수에게 공을 던진다. 사각형 스트라이크 존은 캔버스 천에 네 변을 길이 50 cm로 잘라낸 정사각형 구멍이고, 공의 질량이 0.15 kg이라면 (a) 공과 관련된 드 브로이 파장은 얼마인가? (b) 포수는 공이 캔버스 천의 정사각형 구멍을 통해 글로브로 들어올 때 나타나는 회절 현상을 기대해야 하는가?

풀이

문제상 주어진 값:

$v = 40$ m/s

$d = 50$ cm $= 0.50$ m

$m = 0.15$ kg

(a) 식 28.2는 야구공의 파장을 구할 수 있다.

$$\lambda = \frac{h}{mv} = \frac{6.63\times10^{-34}\ \text{J·s}}{(0.15\ \text{kg})(40\ \text{m/s})} = 1.1\times10^{-34}\ \text{m}$$

(b) 파가 구멍을 통해 지나갈 때 회절이 나타나려면 그 파의 파장은 구멍의 크기와 비슷하여야 한다. 그러나 위에서 계산한 파장 1.1×10^{-34} m는 구멍의 길이 50 cm에 비하여 매우 작으므로, 야구공이 포수 글로브에 들어올 때 파의 회절을 전혀 인식하지 못한다.

예제 28.1의 결과는 물질의 파동성은 실생활에서 관측되지 않는다는 것으로 전혀 이상하지 않다. 그러나 입자의 드 브로이 파장은 질량과 속도에 반비례한다. 따라서 매우 작은 질량을 가진 입자들이 매우 느린 속력으로 운동할 때는 예제 28.2에서 볼 수 있듯이 다른 이야기일 수 있다.

예제 28.2 **전혀 다른 공 게임 – 전자의 드 브로이 파장**

(a) 50.0 V의 퍼텐셜을 통하여 정지 상태로부터 가속된 전자의 드 브로이 파장은 얼마인가? (b) 위에서 구한 파장을 결정(crystal)에서 원자 사이의 일반적인 거리, 약 10^{-10} m와 비교해 보자. 이 전자들이 결정 내의 원자들 사이를 통과할 때 회절을 기대할 수 있겠는가?

풀이

문제상 주어진 값:

$\Delta V = 50.0$ V

$m = 9.11 \times 10^{-31}$ kg

(a) 전자에 의해 잃어버린 퍼텐셜 에너지 크기 $|\Delta U_e| = e\cdot\Delta U$와 전자가 얻은 운동에너지, 처음 운동에너지 $K_0 = 0$이기 때문에 $\Delta K = (1/2)\,mv^2$와 같아야 한다. 이들 식으로부터 전자의 속력을 구할 수 있다.

$$\frac{1}{2}mv^2 = e\cdot\Delta V \quad \text{또는} \quad v = \sqrt{\frac{2e\cdot\Delta V}{m}}$$

즉

$$v = \sqrt{\frac{2(1.60\times10^{-19}\ \text{C})(50.0\ \text{V})}{9.11\times10^{-31}\ \text{kg}}} = 4.19\times10^{6}\ \text{m/s}$$

따라서 전자의 드 브로이 파장은 다음과 같다.

$$\lambda = \frac{h}{mv} = \frac{6.63\times10^{-34}\ \text{J·s}}{(9.11\times10^{-31}\ \text{kg})(4.19\times10^{6}\ \text{m/s})} = 1.74\times10^{-10}\ \text{m}$$

(b) 이 결과는 결정의 원자 사이의 거리와 같은 크기 정도이기 때문에 회절을 관찰할 수 있다. 그러므로 결정격자를 통해 전자가 지나가는 것은 드 브로이의 가설을 증명할 수 있는 것이다.

28.2 슈뢰딩거 파동 방정식

드 브로이 가설은 입자가 그들의 행동을 지배하는 파와 관련됨을 예측하고 있다. 그러나 이들 파동의 형태는 알 수 없고 단지 파장만을 알 수 있다. 유용한 이론이 되려면 물질파의 수학적 형식의 방정식이 필요하다. 또한 이들 파가 어떻게 입자 운동을 지배하는지 알고자 한다. 1926년에 오스트리아 과학자인 에르빈 슈뢰딩거(Erwin

Schrödinger, 1887~1961)는 드 브로이 물질파와 이들의 해석을 설명하는 일반적인 방정식을 내놓았다.

진행하는 드 브로이파는 일반적인 파의 운동(13.2절)과 비슷한 방법으로 위치와 시간에 따라 변한다. 드 브로이파는 그리스 문자 ψ(psi, 프사이)로 나타내고 **파동 함수**(wave function)라 말한다. 파동 함수는 입자의 운동에너지, 위치에너지, 총 에너지와 관련이 있다. 보존적 역학계에 대해 생각하면서(5.5절), 총 역학적 에너지 E는 운동과 위치에너지의 합은 일정하다. 즉, $K + U = E =$ 일정. 슈뢰딩거는 파동 함수에 대해 비슷한 방정식을 제안한다. 슈뢰딩거 파동 방정식은 다음과 같이 일반적인 형태를 갖는다.

$$(K + U)\,\psi = E\psi \quad \text{(슈뢰딩거 파동 방정식)} \tag{28.3}$$

식 28.3은 ψ에 대해 풀 수 있지만, 우리에게 더 중요한 질문은 ψ의 물리적 의미와 관련이 있다. 양자 역학의 초기 발전 단계 동안에는 어떻게 ψ를 해석해야 하는지가 전혀 명확하지 않았다. 많은 사고와 연구 끝에 슈뢰딩거와 그의 동료들은 다음과 같은 가설을 세웠다.

한 입자의 파동 함수 ψ의 제곱은 주어진 위치에서 그 입자를 발견할 확률에 비례한다.

확률로서 ψ^2를 해석한 것은 보어 이론이 설명한 양성자로부터 불연속적인 거리에 있는 궤도에서만 전자를 발견할 수 있다는 수소 원자의 전자 개념을 바꿔놓은 것이다. 그 예로서 그림 28.2a와 같이 슈뢰딩거 파동 방정식을 풀어서 결정하듯이, 양

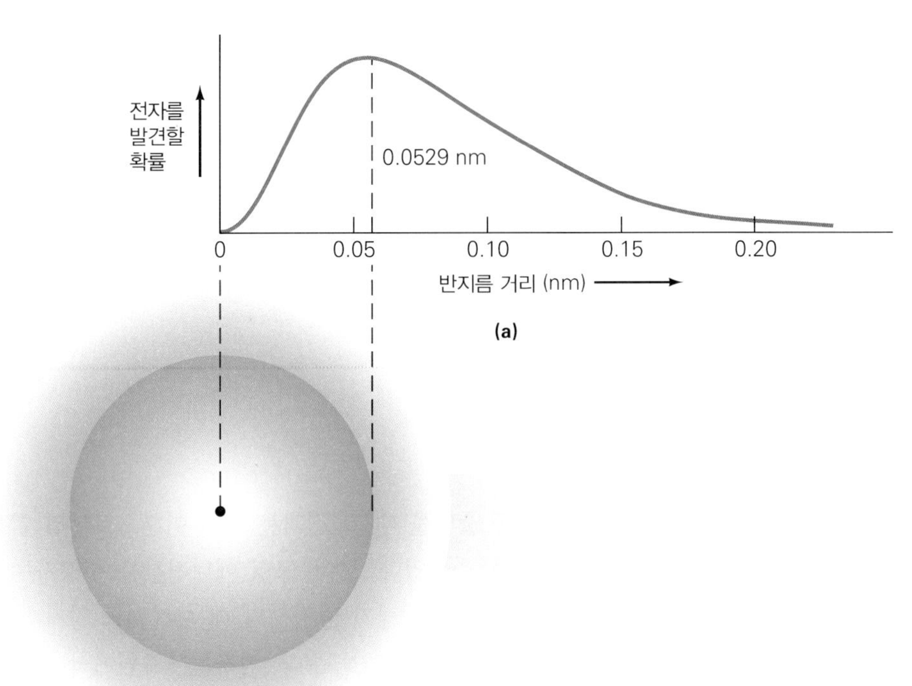

◀그림 28.2 **수소 원자 궤도에 대한 전자 확률.** (a) 파동 함수의 제곱은 특정한 위치에서 수소 전자를 발견할 확률이다. 여기서 바닥 상태($n = 1$)에 있다고 가정했고 확률은 양성자로부터의 반지름의 함수로 그렸다. 전자는 0.0529 nm의 거리에 존재할 확률이 가장 큰데, 이는 제1 보어 궤도의 반지름과 일치한다. (b) 확률 분포는 핵 주변의 전자 확률 구름의 개념을 낳는다. 구름의 밀도는 확률 밀도를 나타낸다.

성자로부터 주어진 거리에서 전자[바닥 상태($n = 1$)]를 찾을 수 있는 상대적 확률을 나타내었다.

최대 확률은 보어 반지름 0.0529 nm와 일치하지만, 전자가 양성자와 더 가깝거나 더 멀리 떨어져 있을 가능성이 작으므로 가능하다. 바닥 상태의 파동 함수는 양성자로부터 0.20 nm를 훨씬 먼 거리에 존재하지만, 이 거리에서의 전자를 발견할 가능성은 거의 없다는 점에 유의하라. 확률 밀도 분포는 핵 주변의 전자구름에 대한 개념을 준다(그림 28.2b). 이 구름이 위치에 따라 전자가 서로 다른 확률로 발견될 실제적인 확률 밀도 구름이다.

일상적인 경험에서 만나는 흥미로운 양자 역학적 결과는 터널링(tunneling)이다. 고전물리학에서 에너지에 따라서 입자들에게는 금지된 영역이 있다. 이 영역은 입자의 퍼텐셜 에너지가 총 에너지보다 더 큰 경우의 영역이다. 고전적으로 입자는 그러한 영역에는 허용되지 않는다. 왜냐하면 운동에너지가 음수가 되기 때문에 불가능하다($K = E - U < 0$). 이러한 상황에서 입자의 위치가 퍼텐셜 에너지 장벽에 의해 제한된다고 말한다.

그러나 어떤 경우 양자 역학에서는 장벽을 투과할, 그래서 입자가 장벽의 반대편에서 발견될 유한한 확률이 있다고 예측한다. 따라서 장벽을 통과해서 터널링하는 입자의 어떤 확률이, 특히 입자의 파동성을 보이는 원자 수준에서는 존재한다.

양자 역학적 터널링의 실질적인 결과는 1970년대 후반에 알게 되어 표면물리학 분야에 혁명을 일으킨 주사 터널링 현미경(scanning tunneling microscope; STM)이다. STM은 그것이 날카로운 끝부분을 표면에 매우 가깝게 위치시킴으로써 원자 수준의 이미지를 만들어낸다. 바늘침과 표면 사이에 전압이 가해져 진공 갭을 통한 전자 터널링이 가능하다. 터널링 전류는 이 틈 사이 거리에 매우 민감하다. 피드백 회로는 이 전류를 모니터링하고 탐침을 수직으로 이동하여 전류를 일정하게 유지한다. 분리 거리는 컴퓨터가 데이터를 받아 처리한다. 탐침이 연속적인 평행 이동으로 표면 위를 통과할 때 표면의 3차원 지도가 생성될 수 있으며, 개별 원자의 크기 순서로 분해능이 제공되어 이 장의 처음 사진에 보이는 것과 같은 상세한 표면 영상이 생성될 수 있다.

28.3 원자 양자수와 주기율표

28.3.1 수소 원자

수소 원자에 대한 슈뢰딩거 방정식을 풀었을 때 그 결과는 보어 이론으로부터 얻은 에너지 준위와 같은 에너지 준위를 예측하였다. 보어-모형 에너지값은 주양자수 n에만 의존한다는 것을 기억하라. 그러나 슈뢰딩거 방정식의 해는 ℓ(궤도 양자수)과 m_ℓ(자기 양자수)로 지정된 두 개의 다른 양자수를 준다. 전자는 3차원에서 운동할 수 있으므로 3개의 양자수가 필요하다.

양자수 ℓ은 **궤도 양자수**(orbital quantum number)이다. 이것은 전자의 궤도 각운동량과 관련이 있다. 각각의 n값에 대하여 양자수 ℓ은 0부터 최댓값 $n-1$까지 정수값을 가진다. 예를 들어 만약 $n=3$이라면 ℓ의 가능한 값은 0, 1, 2이다. 따라서 주어진 값에 대한 다른 ℓ값의 수는 n과 같고, 수소 원자에서는 에너지가 n에만 의존한다. 그림 28.4는 에너지는 같으나 각운동량이 서로 다른 3개의 궤도를 보여주고 있다. 동일한 n값을 갖는 궤도는 서로 다른 ℓ값을 갖고 있더라도 같은 에너지를 갖고 있기 때문에 에너지가 겹쳐 있다고 말한다.

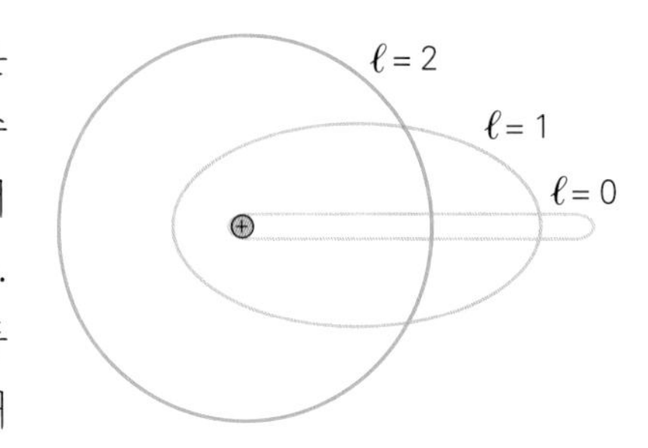

▲그림 28.3 **궤도 양자수 l.** 전자 궤도는 수소에서 두 번째 들뜬 상태를 나타낸다. 주양자수 $n=3$에 대하여 3개의 서로 다른 각운동량(3개의 서로 다른 모양의 궤도와 3개의 다른 ℓ에 대응)이 있으나 그들 모두의 총 에너지는 같다. 원 궤도가 최대 각운동량을 갖고, 가장 좁은 궤도가 고전적으로 양성자까지 도달하고 0의 각운동량을 갖는다.

양자수 m_ℓ은 **자기 양자수**(magnetic quantum number)이다. 이 이름은 시료에 외부 자기장이 가해진 실험으로부터 유래되었다. 수소 원자의 (n과 ℓ의 값으로 주어진) 한 개의 특정한 에너지 준위는 실제로 자기장이 주어졌을 때만 에너지에서 약간 차이가 있는 여러 개의 궤도로 구성되어 있다. 따라서 자기장이 없을 때는 부가적으로 에너지가 겹쳐져 있게 된다. 분명히 궤도를 기술하기 위해서는 n과 ℓ 이상의 것이 필요하다. 주어진 궤도 양자수 ℓ에 대하여 존재하는 준위 수를 계산하기 위하여 양자수 m_ℓ이 도입되었다. 자기장이 영(0)인 경우에 원자의 에너지는 자기 양자수에 의존하지 않는다.

자기 양자수 m_ℓ 공간에서 궤도 각운동량 $\vec{\mathbf{L}}$의 방향과 연관되어 있다(그림 28.5). 만약 외부 자기장이 없다면 $\vec{\mathbf{L}}$의 모든 방향은 같은 에너지를 갖는다. 각각의 ℓ값에 대하여 m_ℓ은 0부터 $\pm\ell$까지의 정수값, 즉 $m_\ell = 0, 1, 2, \ldots, \pm\ell$을 갖는다. 예를 들어 $n=3$, $\ell=2$로 기술되는 궤도는 $-2, -1, 0, +1, +2$의 m_ℓ값을 갖는다. 이 경우에 외부 자기장이 없다면 궤도 각운동량 $\vec{\mathbf{L}}$은 같은 에너지를 갖는 5개의 방향을 갖는다. 일반적으로 주어진 ℓ값에 대하여 $2\ell+1$개의 m_ℓ값이 존재한다. 예를 들어 $\ell=2$의 경우 $2\ell+1=(2\times 2)+1=5$이기 때문에 5개의 m_ℓ값을 갖는다.

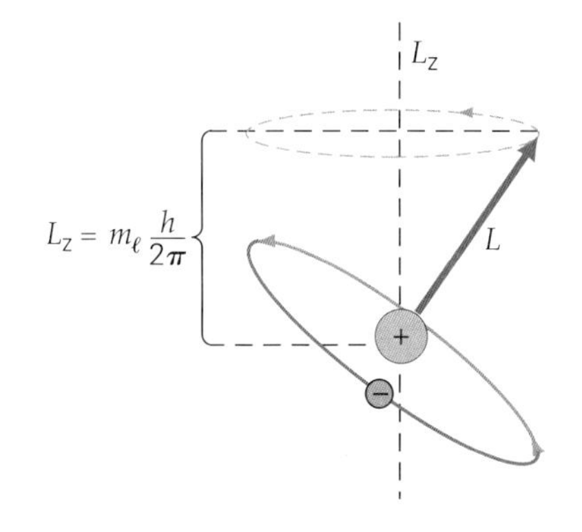

그러나 이 발견은 이야기의 끝이 아니었다. 높은 분해능 광학 분광기를 이용해서 수소의 각 방출 스펙트럼이 매우 가까운 두 개의 선으로 되어 있다는 것을 알 수 있고 각각 방출된 파장은 실제로 두 개다. 이 두 개의 갈라짐을 스펙트럼의 미세구조라고 부른다. 그래서 각각의 양자 상태를 완전히 기술하기 위해서는 네 번째의 양자수가 필요한데, 이를 스핀 양자수(spin quantum number) m_s라 한다. 이는 전자의 고유한 각운동량과 관련이 있어 전자스핀이라 부르고, 때로는 회전하는 물체와 연관된 각운동량과 유사하게 기술된다(그림 28.5). 각각의 에너지 준위는 단지 두 개의 준위로 나누어지기 때문에 전자의 고유한 각운동량(또는 간단히 스핀)은 '스핀 업'과 '스핀 다운'으로 부르는 두 개의 방향만을 가질 수 있다.

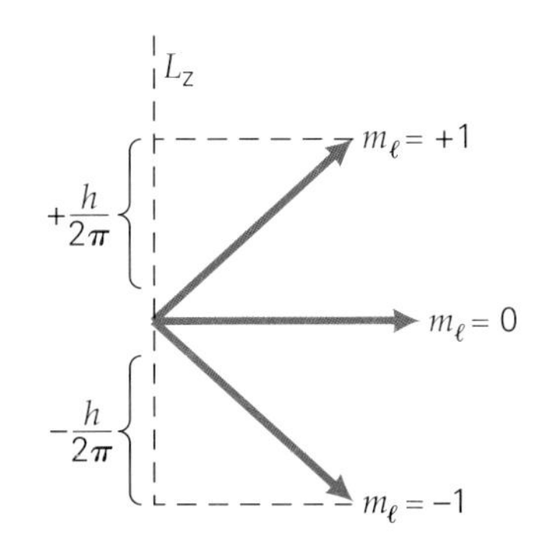

▲그림 28.4 **자기 양자수 m_ℓ.** $\vec{\mathbf{L}}$은 전자의 궤도와 관계된 벡터 각운동량이다. 궤도의 에너지는 평면의 방향에 의존하지 않기 때문에 m_ℓ값만 다르고 같은 ℓ값을 갖는 궤도는 같은 에너지를 갖는다. 주어진 ℓ값에 대하여 $2\ell+1$개의 가능한 방향이 있다. m_ℓ값은 $\ell=1$의 경우에 그림에서 나타낸 것처럼 주어진 방향에서 각운동량 벡터의 성분을 알려준다.

따라서 원자의 에너지 준위의 미세구조는 전자의 궤도 운동에 의하여 만들어진 원자 내부 자기장에 대하여 두 방향을 갖는 전자스핀에서 유래한다. 자기장 내의 자기모멘트(나침반처럼)와 유사하게, 원자는 전자스핀이 자기장과 반대로 정렬해 있을 때보다 자기장과 같은 방향으로 정렬해 있을 때 약간 더 작은 에너지를 갖는다. 그러나 스핀은 본질적으로 순수한 양자 역학적인 개념이지 회전하는 팽이와 유사한 것이 아니라는 사실을 기억하라. 이는 지금까지 알고 있는 전자는 크기를 갖지 않는, 즉 한 개의 점 입자로 간주하기 때문이다.

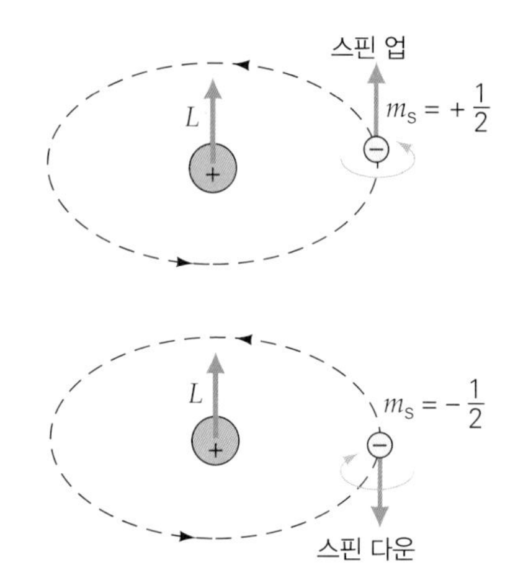

▲ 그림 28.5 **전자스핀 양자수 m_s.** 전자스핀은 업 또는 다운될 수 있다. 또한, 전자스핀은 엄밀히 양자 역학적 성질을 갖기 때문에 개념적인 이유를 제외하고, 거시적 물체의 물리적 스핀과 동일하게 취급해서는 안 된다.

예를 들어 $n = 3$, $\ell = 2$를 갖는 수소의 들뜬 상태에 대하여 m_ℓ의 각 값은 역시 두 개의 가능한 스핀 방향을 갖는다. 또한 $m_\ell = +1$일 때 4개 양자수의 2개의 가능한 세트가 있는데, $m_s = +1/2$을 갖는 $n = 3$, $\ell = 2$, $m_\ell = +1$ 상태와 $m_s = -1/2$인 $n = 3$, $\ell = 2$, $m_\ell = +1$ 상태이다. 2개의 세트는 거의 같은 에너지를 가질 것이다. 따라서 궤도의 에너지는 전자스핀 방향에 거의 무관하다. 이 조건은 근사적으로 다른 에너지 겹침을 야기한다. 종합하면 수소 원자의 여러 상태의 에너지는 주로 주양자수 n에 의하여 결정된다.

수소에 대한 4개 양자수를 표 28.1에 요약하였다. 원자핵이라고 부르는 양성자, 중성자 그리고 이들의 결합과 같은 입자들 역시 스핀을 갖고 있다.

표 28.1 수소 원자에 대한 양자수

양자수	기호	허용된 값	허용된 값의 수
주양자수	n	1, 2, 3, ...	무제한
궤도 각운동량 양자수	ℓ	0, 1, 2, 3, ..., $(n-1)$	n(n에 대해)
궤도 자기 양자수	m_ℓ	0, ±1, ±2, ±3, ⋯,±ℓ	$2\ell+1$(ℓ에 대해)
스핀 양자수	m_s	±1/2	2

28.3.2 다전자 원자

슈뢰딩거 방정식은 한 개 이상의 전자를 갖는 원자에 대해 정확하게 풀 수가 없다. 그러나 어느 정도 근사적으로 수소 원자의 양성자와 유사한 양자수 세트에 의하여 특성화된 상태를 점유하는 각 전자에서 해를 발견할 수 있다. 전자들 간의 척력 때문에 다전자 원자의 기술은 아주 복잡하다. 에너지는 주양자수 n뿐만 아니라 궤도 양자수 ℓ에도 의존한다. 이 조건 때문에 수소 원자에서 보여준 겹쳐진 에너지가 분리된다. 다전자 원자에서 원자 준위의 에너지는 일반적으로 4개 양자수 모두에 의존한다.

껍질을 구성하는 것으로 같은 n값을 공유하는 모든 전자 준위와 버금 껍질로써 껍질 내에 있는 같은 ℓ값을 공유하는 모든 전자 준위들을 언급하는 것이 일반적이다. 즉, 같은 n값을 갖는 전자 준위들은 같은 **껍질**(shell) 내에 있다고 말한다. 유사하게 같은 n, ℓ값을 갖는 전자들은 같은 **버금 껍질**(subshell) 내에 있다고 말한다. ℓ버금 껍질은 정수로 나타낼 수 있지만, 정수 대신 문자로 나타내는 것이 일반적이다. 문자 s, p, d, f, g, ...는 $\ell = 0, 1, 2, 3, 4$, ... 값에 각각 대응한다. f 다음에는 알파벳 순으로 표시한다.

다전자 원자에서 전자의 에너지는 n, ℓ(각각 껍질과 버금 껍질)에 모두 의존하므로 두 양자수는 원자의 에너지 준위를 구별할 때 사용한다. 이를 구별하는 규정은 다음과 같다. n을 나타내는 숫자를 먼저 쓰고, ℓ을 나타내는 문자를 그 다음에 붙여 쓴다. 예를 들어 $1s$는 $n = 1$, $\ell = 0$인 에너지 준위를 나타내고, $2p$는 $n = 2$, $\ell = 1$, $3d$는 $n = 3$, $\ell = 2$ 등을 표시한다. 또한 궤도를 나타내는 것으로써 m_ℓ을 언급하는 것이 일반적이다. 예를 들면 $2p$ 에너지 준위는 $m_\ell = -1, 0, +1$에 대응되는 3개의 궤

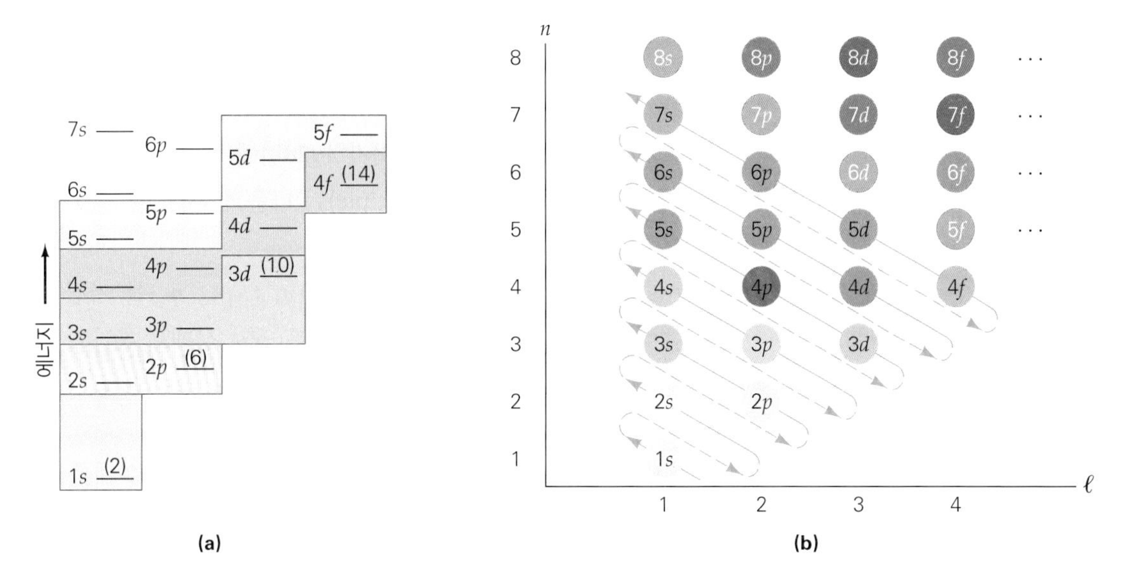

▲ 그림 28.6 **다전자 원자의 에너지 준위.** (a) 껍질-버금 껍질($n-1$) 차례는 에너지 준위 간격이 고르지 않다는 것을 보여주고 또한 에너지 준위 차례는 순서가 뒤바뀌어 있다는 것을 보여준다. 예를 들어 $4s$ 준위는 $3d$ 준위보다 아래에 있다. 버금 껍질 $2(2\ell + 1)$에 들어갈 수 있는 전자의 최대 수를 대표적 준위에 괄호로 나타내었다(수직으로 에너지 차이는 같은 비율로 그려지지 않았을 수도 있다). (b) 다전자 원자에너지 준위 순서를 기억하는 편리한 방법을 n대 ℓ 그래프로 나열해 놓았다. 대각선은 증가하는 순서의 에너지 준위를 알려준다.

도를 갖고 있다($\ell = 1$이기 때문에).

수소 원자 에너지 준위는 균일한 간격은 아니지만 순차적으로 증가한다. 다전자 원자의 경우에 에너지 준위는 균일한 간격이 아니고 또한 숫자의 순서도 일반적으로 뒤바뀌어 있다. 다전자 원자에 대한 껍질-버금 껍질($n-1$ 표시법) 에너지 준위 순서를 나타내었다(그림 28.6a).

$4s$ 준위는 $3d$ 준위보다 아래에 있다는 사실을 유의하라. 이런 변동은 부분적으로 전자들 간의 전기적인 힘에 기인한다. 게다가 바깥 궤도에 있는 전자들은 핵 근처에 있는 전자들에 의하여 핵의 인력으로부터 가려져 있다. 예를 들어 $4s(\ell = 0)$ 궤도인 많이 일그러진 타원 궤도(그림 28.3)에 있는 전자를 생각해 보자. 이 전자는 핵 근처에서보다 많은 시간을 보내고, 그래서 전자가 원형인 $3d(\ell = 2)$ 궤도에 있을 때보다 더 강하게 핵에 속박되어 있다. 에너지 준위의 순서를 기억하는 편리한 방법이 그림 28.6b에 주어졌다.

다전자 원자의 바닥 상태는 $1s$ 상태 또는 가장 낮은 에너지 준위에 한 개의 전자를 갖는 수소 원자의 바닥 상태와 유사성을 갖고 있다. 다전자 원자에서 바닥 상태는 여전히 가장 낮은 총 에너지를 갖고 있는데, 그러나 이 경우에는 에너지 준위들의 결합이다. 즉, 전자들은 가능한 가장 낮은 에너지 준위들에 있다. 그러나 어떻게 전자들이 이런 준위들을 채우는지 식별하기 위해서는 얼마나 많은 전자가 특정한 에너지 준위에 들어갈 수 있는지를 알아야 한다. 예를 들어 리튬(Li) 원자는 3개의 전자를 갖고 있는데 이들 전자는 모두 $1s$ 준위에 들어갈 수 있을까? 앞으로 보게 되겠지만, 그 대답은 파울리 배타 원리에서 제시된 대로 '아니오'이다.

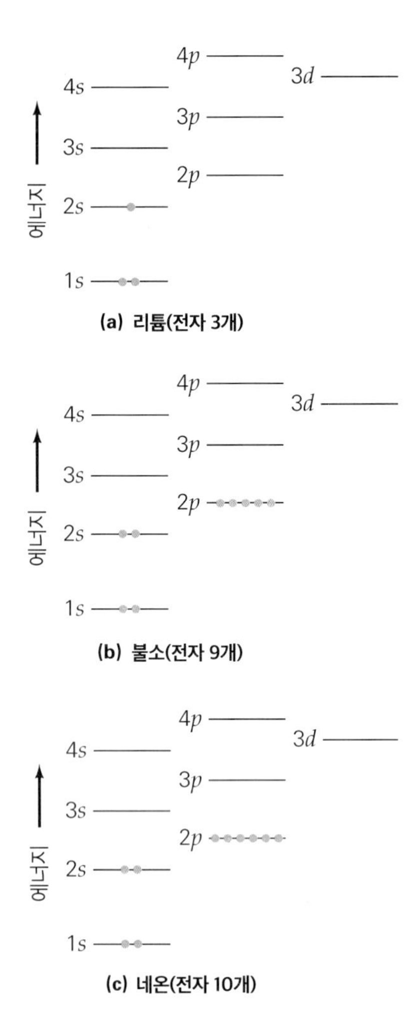

▲그림 28.7 **버금 껍질 채우기.** 파울리 배타 원리에 따른 바닥 상태에서 몇몇 들뜬 원자들에 대한 전자 버금 껍질 분포들, 전자스핀 때문에 s 버금 껍질도 최대 2개 전자를 허용할 수 있고, p 버금 껍질도 최대 6개 전자를 허용할 수 있다. 그러면 d 버금 껍질은 최대 몇 개의 전자를 허용할 수 있을까?

28.3.3 파울리 배타 원리

다전자 원자의 전자가 에너지 준위들 사이에서 어떻게 스스로 분배하는지를 오스트리아 물리학자 파울리(Wolfgang Pauli, 1900~1958)가 1928년에 제시한 원리에 의해 결정된다. **파울리 배타 원리**(Pauli exclusion principle)는 다음과 같다.

> 한 원자 내의 어떤 두 개의 전자가 같은 세트의 양자수(n, ℓ, m_ℓ, m_s)를 가질 수 없다. 즉, 한 원자 내에 있는 어떤 두 개의 전자도 같은 양자 상태로 존재할 수 없다.

이 원리는 주어진 에너지 준위에 들어갈 수 있는 전자의 수를 제한한다. 예를 들어 $1s(n=1,\ \ell=0)$ 준위는 두 개의 m_s값($m_s = \pm\frac{1}{2}$)을 갖는 오직 한 개의 m_ℓ값($m_\ell = 0$)을 갖는다. 따라서 $1s$ 준위에는 오직 두 개의 유일한 양자수의 세트(n, ℓ, m_ℓ, m_s)인 $(1, 0, 0, +\frac{1}{2})$과 $(1, 0, 0, -\frac{1}{2})$만을 가지므로 오직 두 개의 전자만이 $1s$ 준위에 들어갈 수 있다. 이 준위에 두 개의 전자가 들어가 있는 경우에 그 껍질은 꽉 차 있다고 말한다. 이외의 전자들은 파울리 배타원리에 의하여 들어갈 수가 없다. 바닥 상태에 있는 3개의 전자를 갖는 Li 원자의 경우에 세 번째 전자는 그 다음 높은 에너지 준위인 $2s$ 준위로 들어가야만 한다. 이 경우는 일부 다른 원자에 대한 바닥 상태 에너지 준위와 함께 그림 28.7에 설명되어있다. 또한 양자수와 상태들의 가능한 집합을 표 28.2에 나타내었다.

28.3.4 전자 배위

원자의 바닥 상태에서 전자구조는 그림 28.7에서 보여준 것처럼 가장 낮은 에너지 버금 껍질부터 전자들을 차례로 채워 넣으면 된다. [수소(H), 1개 전자, 리튬(Li), 3개 전자 등] 그러나 도표를 그리기보다는 **전자 배위**(electron configuration)라 불리

표 28.2 양자수와 상태의 가능한 집합

전자 껍질 n	버금 껍질 ℓ	표기	궤도(m_ℓ)	버금 껍질 내 궤도 수(m_ℓ) $=(2\ell+1)$	버금 껍질 내 상태수 $=2(2\ell+1)$	껍질의 총 전자수 $=2n^2$
1	0	1s	0	1	2	2
2	0	2s	0	1	2	8
	1	2p	1, 0, −1	3	6	
3	0	3s	0	1	2	18
	1	3p	1, 0, −1	3	6	
	2	3d	2, 1, 0, −1, −2	5	10	
4	0	4s	0	1	2	32
	1	4p	1, 0, −1	3	6	
	2	4d	2, 1, 0, −1, −2	5	10	
	3	4f	3, 2, 1, 0, −1, −2, −3	7	14	

는 기호를 써서 표현하는 것이 훨씬 유용하다.

이 표기에서 버금 껍질은 에너지가 증가하는 순서로 쓰고, 각 버금 껍질에서 전자의 개수는 위첨자로 쓴다. 예를 들어 $3p^5$는 $3p$ 버금 껍질에 5개의 전자가 채워져 있다는 것을 뜻한다. 그림 28.7에 나타낸 원자에 대한 전자 배위는 다음과 같이 쓸 수 있다.

Li(전자 3개)	$1s^2 2s^1$
F(전자 9개)	$1s^2 2s^2 2p^5$
Ne(전자 10개)	$1s^2 2s^2 2p^6$
Na(전자 11개)	$1s^2 2s^2 2p^6 3s^1$

전자 배위를 쓰는 데 있어서 한 개의 버금 껍질이 꽉 차면 그 다음 높은 에너지의 버금 껍질로 간다. 어떤 전자 배위에 있어서도 위첨자의 총합은 원자의 전체 전자수와 같다.

인접해 있는 버금 껍질 간의 에너지 간격은 그림 28.6a와 28.7에서 보여주는 것처럼 일정하지 않다. 그림 28.6a의 $4s$ 버금 껍질과 $3p$ 버금 껍질 사이처럼 s 버금 껍질과 바로 아래의 버금 껍질 사이에는 에너지 간격이 상대적으로 크다. 가장 낮은 버금 껍질인 $1s$은 버금 껍질이 $2s$ 바로 아래에 있는 것을 제외하고는 항상 s 버금 껍질 바로 아래의 버금 껍질은 p 버금 껍질이다. 그외의 버금 껍질 간의 간격, 예를 들어 3s 버금 껍질과 그 위에 있는 $3p$ 버금 껍질 사이 또는 $4d$와 $5p$ 버금 껍질 사이의 간격들은 상당히 작은 편이다.

에너지 준위 간의 이런 고르지 않은 간격 때문에 주기적으로 큰 에너지 간격을 주게 된다. 이를 전자 배위 표기에서 버금 껍질 간의 구분은 수직선으로 표시하였다.

$$\underset{(2)}{1s^2}\,|\,\underset{(8)}{2s^2 2p^6}\,|\,\underset{(8)}{3s^2 3p^6}\,|\,\underset{(18)}{4s^2 3d^{10} 4p^6}\,|\,\underset{(18)}{5s^2 4d^{10} 5p^6}\,|\,\underset{(32)}{6s^2 4f^{14} 5d^{10} 6p^6}\,|\ldots$$

(상태 수)

수직선 사이에 있는 버금 껍질들은 아주 작은 에너지 차이만 있다. 거의 같은 에너지를 갖는 버금 껍질들의 집합(예; $2s^2 2p^6$)을 **전자 주기**(electron period)라고 한다.

전자 주기는 원소 주기율표의 기초를 이룬다. 전자 배위에 대한 새로운 지식으로, 이제 원래 개발한 사람보다 주기율표를 더 잘 이해할 수 있는 위치에 서게 되었다.

28.3.5 원소의 주기율표

1860년쯤에 60개 이상의 화학 원소들이 발견되어 이 원소들을 어떤 규칙에 따라 배열하여 분류하려는 시도가 여러 번 있었으나 어떠한 것도 만족스럽지 못했다. 1800년대 초기에는 비슷한 화학적 성질이 주기적으로 반복되는 순서로 원소들의 일람표를 만들 수 있다는 것을 알았다. 이 개념으로부터 러시아 화학자 멘델레예프(Dmitrii Mendeleev, 1834~1907)는 1869년에 주기적 성질을 바탕으로 원소들의 배치표를 만들어 냈다. 그가 만든 **원소 주기율표**(periodic table of elements)의 현대판이 오늘날 사용되고 있고 모든 과학관 건물의 벽에 붙어 있는 것을 볼 수 있다(그림 28.8).

멘델레예프는 잘 알려진 원소들을 **주기**(period)라 불리는 행에 원자질량이 증가하는 순서로 배치하였다. 그는 이전 원소의 화학적 성질과 비슷한 원소를 만나게 되면 그 원소를 이전의 비슷한 성질의 원소 아래에 배치하였다. 이와 같은 방법으로 모든 원소는 수평 방향의 행으로 또한 **족**(group)이라 부르는 비슷한 화학적 성질을 갖는 원소들의 집단을 수직 방향으로 배열하였다. 후에 이 표는 일부 모순된 것을 해결하기 위해 원자번호 또는 양성자의 수가 증가하는 순서로 재배열하였다(원자의 핵 내의 양성자수는 그림 28.8의 각 원소의 위에 있는 숫자이다). 만약 원자질량을 사용하였다면 원자번호가 27인 Ni과 28인 Co의 순서가 서로 바뀌었을 것이다.

그 당시에 알려진 원소가 65개만을 사용했기 때문에 멘델레예프의 주기율표에는 빈칸들이 있었다. 이 빈칸에 들어갈 원소들은 발견될 예정이었는데 빈칸에 들어갈 원소들은 연속성이 있고 같은 족에 있는 다른 원소들과 비슷한 성질을 갖고 있었기 때문에 원소들의 질량과 화학적 성질을 예측할 수 있었다. 화학자들이 찾아야 할 원소들이 무엇인지를 보여준 주기율표를 멘델레예프가 고안한지 20년이 되지 않아서 3개의 원소를 발견하였다.

주기율표에는 수평 방향으로 7개의 행 또는 주기에 원소를 배열하였다. 제1주기에는 2개의 원소만 갖고 있다. 제2, 3주기에는 각각 8개의 원소가, 제4, 5주기에는 각각 18개의 원소가 있다. s, p, d, f 버금 껍질은 각각 최대 2, 6, 10, 14개의 전자 $[2(2\ell + 1)]$를 수용할 수 있음을 상기하라. 주기율표에서 이 숫자와 원소 배열 사이의 상관관계를 볼 수 있을 것이다.

주기율표의 주기성은 원자의 전자 배위에 의하여 이해될 수 있다. $n = 1$의 경우에 전자들은 두 개의 s 상태($1s$) 중의 하나에 있고, $n = 2$의 경우 전자들은 총 10개의 전자를 수용하는 $2s$와 $2p$ 상태를 채울 수 있다. 따라서 어떤 원소의 주기번호는 원자 내에서 전자를 갖고 있는 가장 높은 버금 껍질의 주양자수 n과 같다. 그림 28.8에 있는 원소의 전자 배위를 유의하라. 또한 앞에서 설명한 에너지 간격에 의하여 정의된 주기율표와 전자 주기(그림 28.9) 내의 주기와 비교해 보라. 일대일 상관관계가 있으므로 주기성은 원자의 에너지 준위로부터 비롯된다.

마지막 전자가(가장 약한 결합) s 또는 p 버금 껍질에 들어가는 원소를 화학자들은 주된 그룹원소라 부른다. 전이원소는 마지막 전자가 d 버금 껍질에 들어가고 내부 전이원소는 마지막 전자가 f 버금 껍질에 들어간다. 주기율표를 관리하기에 너무 넓게 배치되지 않도록 f 버금 껍질 원소들은 보통 주기율표 맨 아래의 두 개의 행으로 분리하여 배치한다. 이 두 행의 각각은 주기 내의 위치를 바탕으로 란타넘 계열과 악티늄 계열의 이름을 갖고 있다.

최종적으로 세로줄의 열 또는 족에 있는 원소들이 왜 비슷한 화학적 성질을 갖고 있는지를 이해할 수 있다. 화학반응 능력, 화합물을 형성하는 능력 같은 원자의 화학적 성질은 원자의 최외각 전자, 즉 가장 바깥에 있는 채워지지 않은 껍질에 있는 전자에 거의 전적으로 의존한다. 이러한 전자들을 가전자(valence electron)라고 부르

주기	주된-족원소 1 1A	2 2A	3 3B	4 4B	5 5B	6 6B	7 7B	8	9 8B	10	11 1B	12 2B	13 3A	14 4A	15 5A	16 6A	17 7A	18 8A
1	1 **H** 1.00794																	2 **He** 4.00260
2	3 **Li** 6.941	4 **Be** 9.01218											5 **B** 10.811	6 **C** 12.011	7 **N** 14.0067	8 **O** 15.9994	9 **F** 18.9984	10 **Ne** 20.1797
3	11 **Na** 22.9898	12 **Mg** 24.3050											13 **Al** 26.9815	14 **Si** 28.0855	15 **P** 30.9738	16 **S** 32.066	17 **Cl** 35.4527	18 **Ar** 39.948
4	19 **K** 39.0983	20 **Ca** 40.078	21 **Sc** 44.9559	22 **Ti** 47.88	23 **V** 50.9415	24 **Cr** 51.9961	25 **Mn** 54.9381	26 **Fe** 55.847	27 **Co** 58.9332	28 **Ni** 58.693	29 **Cu** 63.546	30 **Zn** 65.39	31 **Ga** 69.723	32 **Ge** 72.61	33 **As** 74.9216	34 **Se** 78.96	35 **Br** 79.904	36 **Kr** 83.80
5	37 **Rb** 85.4678	38 **Sr** 87.62	39 **Y** 88.9059	40 **Zr** 91.224	41 **Nb** 92.9064	42 **Mo** 95.94	43 **Tc** (98)	44 **Ru** 101.07	45 **Rh** 102.906	46 **Pd** 106.42	47 **Ag** 107.868	48 **Cd** 112.411	49 **In** 114.818	50 **Sn** 118.710	51 **Sb** 121.76	52 **Te** 127.60	53 **I** 126.904	54 **Xe** 131.29
6	55 **Cs** 132.905	56 **Ba** 137.327	57 ***La** 138.906	72 **Hf** 178.49	73 **Ta** 180.948	74 **W** 183.84	75 **Re** 186.207	76 **Os** 190.23	77 **Ir** 192.22	78 **Pt** 195.08	79 **Au** 196.967	80 **Hg** 200.59	81 **Tl** 204.383	82 **Pb** 207.2	83 **Bi** 208.980	84 **Po** (209)	85 **At** (210)	86 **Rn** (222)
7	87 **Fr** (223)	88 **Ra** 226.025	89 **†Ac** 227.028	104 **Rf** (261)	105 **Db** (262)	106 **Sg** (263)	107 **Bh** (262)	108 **Hs** (265)	109 **Mt** (266)	110 **Ds** (281)	111 **Rg** (272)	112 **Cn** (285)	113 **Nh** (286)	114 **Fl** (289)	115 **Mc** (290)	116 **Lv** (293)	117 **Ts** (294)	118 **Og** (294)

(3~12족: 전이원소, 13~18족: 주된-족원소)

범례: 금속 / 비금속 / 불활성 기체

내부 전이원소															
*란타넘 계열 (Lanthanide series)	58 **Ce** 140.115	59 **Pr** 140.908	60 **Nd** 144.24	61 **Pm** (145)	62 **Sm** 150.36	63 **Eu** 151.965	64 **Gd** 157.25	65 **Tb** 158.925	66 **Dy** 162.50	67 **Ho** 164.930	68 **Er** 167.26	69 **Tm** 168.934	70 **Yb** 173.04	71 **Lu** 174.967
†악티늄 계열 (Actinide series)	90 **Th** 232.038	91 **Pa** 231.036	92 **U** 238.029	93 **Np** 237.048	94 **Pu** (244)	95 **Am** (243)	96 **Cm** (247)	97 **Bk** (247)	98 **Cf** (251)	99 **Es** (252)	100 **Fm** (257)	101 **Md** (258)	102 **No** (259)	103 **Lr** (260)

참고: (1) 괄호 안의 숫자는 자연계에서 가장 흔하거나 가장 안정한 동위원소의 질량수이다. (2) 금속과 비금속을 구분 짓는 계단모양의 굵은 선 주위의 원소 중 일부는 비금속 속성을 가지나 겉보기에 금속 속성을 갖고 있다. 이런 원소들을 비금속 또는 반금속이라 부른다. 이를 지칭하는 일반적인 규약은 없다. Si, Ge, As, Sb와 Te를 이 부류에 넣는데 일부 사람들은 B, At, Po도 포함시킨다.

▲ 그림 28.8 **원소의 주기율표.** 원소들은 원자 또는 양성자수가 증가하는 순서로 배열되어 있다. 수평의 행을 주기라 부르고 수직의 열을 족이라 부른다. 같은 족에 있는 원소들은 비슷한 화학적 성질을 갖고 있다. 각각의 원자질량은 그 원소의 동위원소들의 평균값을 나타내고, 우리 주변에 존재하는 동위원소의 존재량을 반영하도록 가중치를 고려한 것이다. (괄호 안의 값은 가장 잘 알려진 질량수 또는 불안정 동위원소 중 가장 오래 사는 동위원소의 질량수를 나타내었다.)

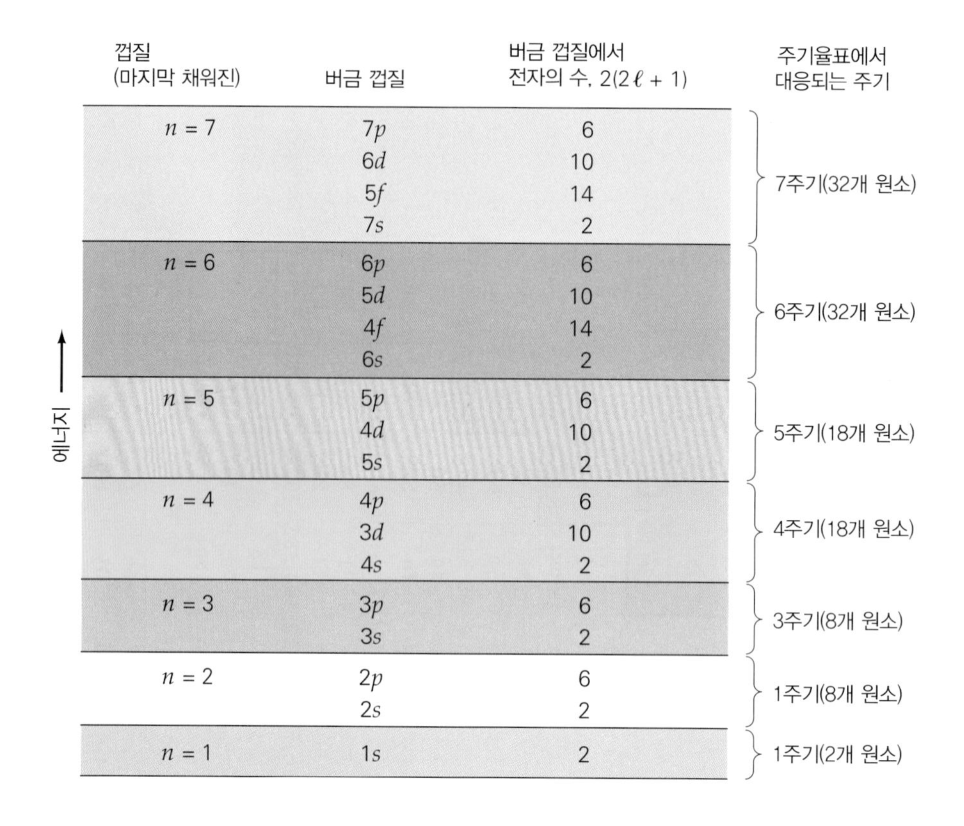

▶ 그림 28.9 **전자 주기.** 주기율표의 주기는 전자 배위와 관련이 있다. 마지막으로 채워진 껍질 n은 주기수와 같다. 전자 주기와 주기율표에서 이에 대응하는 주기는 원자의 연속적인 버금 껍질 ($4s$와 $3p$ 사이처럼) 간의 상대적으로 큰 에너지 간격에 의하여 정의된다.

는데, 이 전자들은 다른 원자들과 화학적 결합을 형성한다. 원소들이 주기율표에서 배열되는 방법 때문에 어떤 한 족에 속해 있는 모든 원자의 전자 배위는 비슷하다. 그래서 한 족 내에 속해 있는 원자들은 비슷한 화학적 성질을 갖게 될 것이라 기대되고 실제 그렇다.

예를 들어 주기율표 왼쪽에 처음 두 족이 있다. 각 족에 있는 원소들은 각각 s 버금 껍질에 한 개와 두 개의 최외각 전자를 갖는다. 이 원소들은 많은 유사성을 갖는 화합물을 형성하는 고반응성 금속이다. 오른쪽 맨 끝 족의 불활성기체는 완전히 채워진 버금 껍질(와 채워진 껍질)을 갖는 원소들이다. 이러한 원소들은 전자 주기의 맨 끝 또는 큰 에너지 간격을 갖기 바로 전에 위치해 있다. 이러한 기체들은 불활성이고 아주 특별한 조건에서만 화합물을 형성한다.

28.4 하이젠베르크의 불확정성 원리

양자 역학의 중요한 면은 측정과 정확성이 관련되어 있다. 고전 역학에서는 측정의 정확성의 한계가 없다. 예를 들어 만약 물체의 위치와 속도가 특정 시간에 정확하게 알려져 있다면, 그 물체가 나중에 어디에 있을 것인지 그리고 예전에 어디에 있었는지를 정확하게 결정할 수 있다(물체에 작용하는 모든 힘을 안다고 가정하면).

그러나 양자 역학은 그렇지 않음을 예측하고 측정의 정확성에 제한을 준다. 이런 아이디어는 슈뢰딩거 파동 이론을 보완한 양자 역학의 또 다른 접근을 전개한 독일

물리학자인 하이젠베르크(Werner Heisenberg, 1901~1976)에 의하여 1927년에 도입되었다. 위치와 운동량에 의한 **하이젠베르크 불확정성 원리**(Heisenberg uncertainty principle)를 다음과 같이 주장한다.

물체의 정확한 위치와 운동량을 동시에 아는 것은 불가능하다.

이 개념은 사고실험으로 설명할 수 있다. 전자의 위치와 운동량(예를 들어 속도)을 측정하기를 원한다고 가정하자. 전자를 보거나 발견하기 위해서는 그림 28.10처럼 적어도 한 개의 광자가 전자에 반사되어 눈(또는 검출기와 같은)에 도달해야 한다. 그러나 충돌 과정에서 광자의 에너지와 운동량의 일부가 전자로 전달되고 충돌 후에 전자는 되튀게 된다. 따라서 전자의 위치를 정확하게 찾는 과정에서 불확정도는 전자의 속도(또는 $\Delta\vec{\mathbf{p}} = m\Delta\vec{\mathbf{v}}$인 운동량) 측정에 도입하게 된다. 이 효과는 일상의 거시적 세계에서는 눈에 띄지 않는데, 빛으로 물체를 보는 것에 의해 발생하는 되튐은 무시할 수 있기 때문이다. 즉, 빛에 의해 가해지는 힘은 일상의 질량을 갖는 물체의 운동이나 위치를 눈에 띄게 변화시키지 못한다.

파동 광학에 따르면, 전자의 위치는 기껏해야 사용된 빛의 파장 λ 정도인 불확정성 Δx만큼 측정할 수 있다—즉, $\Delta x \approx \lambda$이다. 위치를 알기 위해 이용된 광자는 $p = h/\lambda$의 운동량을 갖는다. 광자가 전자에 충돌하는 동안 전달되는 운동량이 결정되지 않기 때문에 전자의 최종 운동량은 광자의 운동량 또는 $\Delta p \approx h/\lambda$ 정도의 불확정성을 갖고 있을 것이다. 이들 두 불확정성의 곱은 적어도 h보다는 크다는 것에 유의하라. 그렇기 때문에 다음과 같이 나타낸다.

$$(\Delta p)(\Delta x) \approx \left(\frac{h}{\lambda}\right)(\lambda) = h$$

이 식은 운동량과 위치를 동시에 측정할 때의 최소한의 불확정성 또는 최대 정확도와 관련이 있다. 실질적으로 불확정성은 사용된 빛(광자수)의 양, 측정 장치, 측정 기술에 따라서 훨씬 더 나빠진다. 더 자세하게 나타내면 두 불확정성의 곱은 $h/2\pi$와 같거나 크다는 것을 알았다. 따라서 그 결과는 다음과 같다.

$$(\Delta p)(\Delta x) \geq \frac{h}{2\pi}$$

(하이젠베르크 불확정성 원리) (28.4)

즉, 운동량과 위치를 동시에 측정할 때 최소 불확정성의 곱은 플랑크 상수 h를 2π로 나눈 정도의 크기(즉, 약 10^{-34} J·s)이다.

입자의 위치를 정확하게 알기 위해서는 (즉, Δx를 가능하면 작게 하기 위해서) 매우 작은 파장을 갖는 광자를 사용해야 한다. 그러나 광자는 운동량의 불확정성을 증가시키는 결과를 가져오는 큰 운동량을 갖는다. 극단적인 경우로 만약 입자의 위치를 정확하게 측정($\Delta x \to 0$)할 수 있으면 그 입자의 운동량($\Delta p \to \infty$)은 알 수가 없다. 따라서 위치와 운동량을 동시에 측정할 수 있는 정확성을 제한하는 것은 측정 과

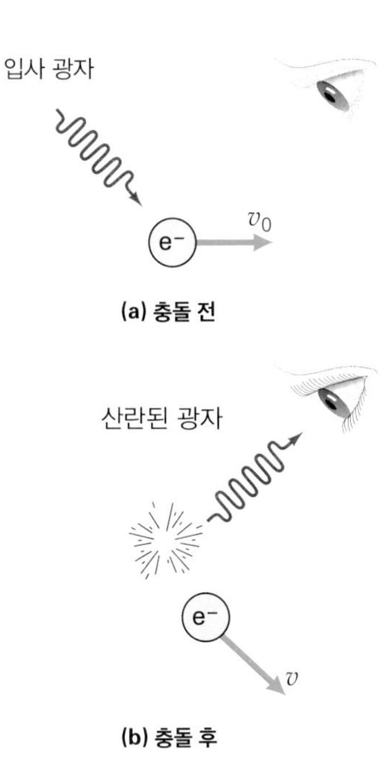

▲그림 28.10 **측정 불확정도.** (a) 전자의 위치와 운동량(속도)을 측정하기 위하여 적어도 한 개의 광자가 측정하고자 하는 전자와 충돌하여야 하고 사람의 눈이나 검출기 방향으로 산란되어야 한다. (b) 충돌 과정에서 광자의 에너지와 운동량은 전자로 전달되고, 전자속도의 불확정도를 야기시킨다.

정 그 자체이다. 하이젠베르크의 말에 의하면 "측정 장치는 관측자에 의하여 만들어졌기 때문에 측정하는 것은 자연 그 자체가 아니라 측정 방법에 의해 보이는 자연이다." 하이젠베르크 불확정성 원리가 미시적 세계와 거시적 세계에 어떻게 영향을 미치는지를 알기 위하여 예제 28.3을 고려해 보자.

예제 28.3 전자 대 총알–불확정성 원리

전자와 총알이 모두 같은 정밀도로 측정한 같은 속력을 갖는다. (a) 전자와 총알 중 어느 것이 위치의 불확정성이 더 작겠는가? (1) 총알, (2) 전자, (3) 둘 다 같다. (b) 만약 총알의 질량이 20 g이고 총알과 전자의 속력이 모두 300 m/s(0.010%의 불확정성)라면 전자와 총알의 위치의 불확정성을 계산하라.

풀이

문제상 주어진 값:

$m_e = 9.11 \times 10^{-31}$ kg

$m_b = 20$ g $= 0.020$ kg

$v_b = v_e = 300$ m/s $\pm$ 0.01%

(a) 위치의 최소 볼확정성은 운동량의 최소 불확정성과 관계가 있다. 총알과 전자의 속력이 같으므로 총알의 운동량이 훨씬 더 불확정성이 더 크다. ($\Delta\vec{\mathbf{p}} = m\Delta\vec{\mathbf{v}}$), 총알의 위치가 전자의 위치보다 더 적은 불확정성을 갖는다. 따라서 답은 (1)이다.

(b) 전자와 총알의 속력 불확정성은 $\pm$0.010%(또는 $\pm$0.00010)이기 때문에 불확정성은 $\pm$(300 m/s)(0.00010) $= \pm$0.030 m/s이다. 따라서 둘 다 속력 $v = 300 \pm 0.030$ m/s이다. 속력의 총 불확정성은 측정값의 위와 아래의 측정값을 고려해서 $\Delta v = 0.060$ m/s이므로 0.030 m/s의 두 배이다.

전자에 대한 위치의 최소 불확정성은 다음과 같이 계산한다.

$$\Delta x_e = \frac{h}{2\pi\Delta p} = \frac{h}{2\pi m_e \Delta v} = \frac{6.63\times10^{-34}\,\text{J}\cdot\text{s}}{2\pi(9.11\times10^{-31}\,\text{kg})(0.060\,\text{m/s})}$$

$$= 0.0019\,\text{m} = 1.9\,\text{mm}$$

이와 유사한 방법으로 총알의 위치에 대한 최소의 불확정성은 다음과 같다.

$$\Delta x_b = \frac{h}{2\pi m_b \Delta v} = \frac{6.63\times10^{-34}\,\text{J}\cdot\text{s}}{2\pi(0.020\,\text{kg})(0.060\,\text{m/s})} = 8.8\times10^{-32}\,\text{m}$$

총알의 위치 불확정성은 핵의 반지름보다 훨씬 작다는 것을 유의하라. 또한 총알 위치의 불확정성은 전자 위치의 불확정성보다 매우 작다. 이것은 일반적인 속력을 가진 물체의 위치에 대한 불확정성은 거의 무시할 정도라는 것을 말해준다. 그러나 전자의 경우는 이들 물체에 비해 아주 큰 값으로 측정 가능한 양인 것이다.

불확정성 원리의 동등한 다른 형태는 에너지와 시간에서의 불확정성이 있다. 위치와 운동량에서 나타난 것처럼 에너지 불확정성과 시간 불확정성의 곱은 $h/2\pi$이거나 이보다 더 커질 수 있다.

$$(\Delta E)(\Delta t) \geq \frac{h}{2\pi} \tag{28.5}$$

(하이젠베르크의 불확정성 원리의 다른 표현)

불확정성 원리의 형태는 물체의 에너지 불확정성 ΔE만큼 불확실해지며, 이는 시간을 측정할 때의 불확정성인 Δt에 의존한다는 것을 보여준다. 오랜 시간 동안 에너지 측정은 보다 더 정밀해져 왔다. 다시 한 번 말하지만 이 불확정성은 매우 가벼운 물체에만 중요한데, 특히 핵물리학과 기본 입자의 상호작용(29장과 30장)에서 매우 중요하다.

28.5 입자와 반입자

1928년에 영국 물리학자 폴 디락(Paul Dirac, 1902~1984)은 상대론적 생각을 포함하여 양자 역학을 확장시켰을 때 매우 새롭고 다른, 즉 **양전자**(positron)라 부르는 입자가 있다는 것을 예측하였다. 양전자는 전자와 같은 크기의 질량을 갖지만 양전하를 띠고 있다고 하였다. 반대 전하를 갖는 양전자는 전자의 **반입자**(antiparticle)라고 한다(반입자는 29장과 30장에서 좀 더 깊이 있게 논의할 것이다).

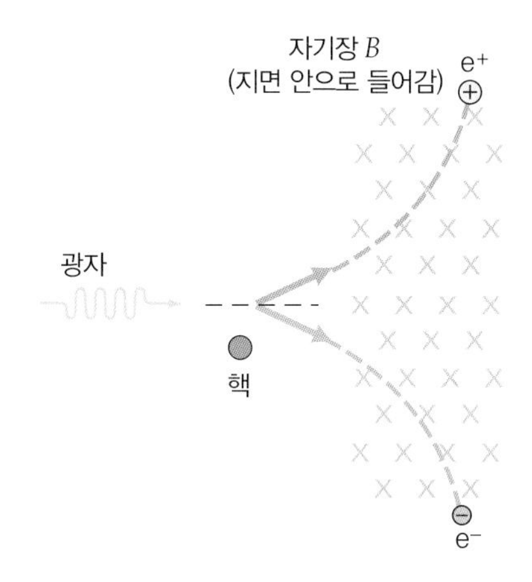

▲그림 28.11 **쌍생성.** 에너지가 큰 광자가 어떤 무거운 핵 근처를 지나갈 때 한 개의 전자(e^-)와 한 개의 양전자(e^+)가 생성될 수 있다.

1932년에 미국 물리학자 앤더슨(C. D. Anderson)이 우주-선(cosmic ray)으로 안개상자 실험을 할 때 양전자를 최초로 관측하였다. 자기장 내에서 입자 궤적의 곡률은 질량은 같지만 반대 전하를 갖는 두 종류의 입자가 있다는 것을 보여준다. 실제로 앤더슨이 양전자를 발견한 것이다.

전하 보존 때문에 양전하는 전자와 동시에만 생성될 수 있다(그래서 알짜 전하는 0이 된다). 이런 과정을 **쌍생성**(pair production)이라 부른다. 앤더슨 실험에서 양전자는 우주공간으로부터 온 높은 에너지를 갖는 X-선을 포함하고 있는 우주-선에 노출된 얇은 납판으로부터 발생하여 관측되었다. 쌍생성은 X-선 광자가 핵 근처에 다가올 때—앤더슨 실험에서는 납판 원자의 원자핵—나타난다. 이 과정에서 그림 28.12에서 보여주는 것처럼 광자가 사라지고 전자-양전자 쌍이 생성된다. 이 결과는 전자기파(광자)를 질량으로 바꾸는 직접적인 변환을 나타낸다. 에너지 보존 법칙에 의하면 (질량이 큰 근처 핵의 작은 되튐 운동에너지는 무시)

$$hf = 2m_ec^2 + K_{e^-} + K_{e^+}$$

이 되고, 여기서 hf는 광자의 에너지, $2m_ec^2$은 전자-양전자 쌍의 총 질량-에너지, K는 생성된 입자의 운동에너지를 표현한다.

이 쌍을 만드는 데 필요한 최소 에너지는 정적인 상태—K_{e^-}와 K_{e^+}가 0인—에서 만들어질 때 발생한다. 따라서 다음과 같은 값으로 계산된다.

$$E_{min} = hf = 2m_ec^2 = 1.022\,\text{MeV} \tag{28.6}$$

(최소 전자-양전자 생성 에너지)

(26.5절에서 정지 전자의 에너지는 0.511 MeV라는 것을 기억하자.) 이 최소 에너지는 쌍생성에 대한 **문턱에너지**(threshold energy)라 부른다.

그러나 만일 우주-선에 의하여 만들어진다면, 왜 자연에서 양전자가 흔히 발견되지 않는 걸까? 이는 양전자가 **쌍소멸**(pair annihilation)이라 불리는 과정에 의하여 생성되자마자 바로 소멸되기 때문이다. 활성화된 양전자가 나타나 물질을 통과하여 지나갈 때 충돌에 의하여 양전자는 운동에너지를 잃는다. 마지막으로 거의 정지 상태에서 전자와 결합하여 **포지트로늄 원자**(positronium atom)라 불리는 수소와 같은 원자를 형성하는데, 이 원자는 보통 질량중심을 두고 서로 원을 그리며 돈다. 포지트로늄 원자는 불안정하여 각각 0.511 MeV의 에너지를 갖는 두 개의 광자로 재빠르게 붕괴한다(그림 28.12). 쌍소멸은 쌍생성과 반대로 질량이 전자기적 에너지로 바뀌는

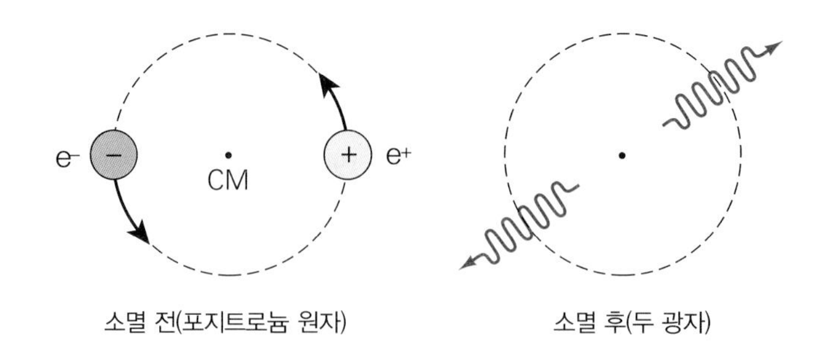

▶ 그림 28.12 **쌍소멸.** 한 개의 느린 양전자와 전자는 포지트로늄 원자라 불리는 한 개를 형성할 수 있다. 포지트로늄 원자의 소멸은 각각 0.511 MeV의 에너지를 갖는 두 광자의 출현으로 알게 된다. (왜 1.022 MeV를 갖는 한 개의 광자의 출현을 기대하지 않는 걸까?) (왼쪽 그림에서 CM은 포지트로늄의 질량중심을 나타낸다.)

소위 직접 변환이라 한다. 쌍소멸은 **양전자 방출 단층촬영**(PET, Positron Emission Tomography)이라 부르는 의료 진단용 장치의 기초가 된다.

보다 일반적으로 모든 입자는 반입자를 갖고 있다. 예를 들어 양성자와 같이 질량은 같고 음전하를 갖는 반양성자가 있다. 중성자처럼 중성인 입자조차도 반입자인 반중성자를 갖고 있다. 심지어 반입자가 우주의 일부 지역에서 우세하다고 생각할 수도 있다. 만일 그렇다면 이러한 지역에서는 반물질로 만들어진 원자들은 양전하를 갖는 궤도 운동하는 양전자(반전자)에 둘러싸인 반양성자와 반중성자로 구성된 음전하로 대전된 핵으로 구성되어 있을 것이다. 반물질의 영역과 일반 물질을 구별하는 것은 어려울 것이다. 왜냐하면 그들의 물리적 행동은 아마도 동일할 것이기 때문이다.

연습문제

통합 연습문제(Integrated Exercises, IEs)는 두 부분으로 이루어진다. 첫 번째 부분은 일반적으로 기본 원칙과 추론에 기초한 개념적 답변 선택을 요구한다. 두 번째 부분은 연습의 첫 번째 부분에서 이루어진 개념적 선택과 관련된 정량적 계산을 필요로 한다. 기호(•)은 문제의 난이도를 의미한다. 쉬움(•), 보통(••), 어려움(•••)

28.1 물질파: 드 브로이 가설

1. • 1000 kg의 자동차가 25 m/s로 주행하는 것과 관련된 드 브로이 파장은 얼마인가?

2. **IE** • 전자와 양성자가 같은 속력으로 움직이고 있다. (a) 양성자와 비교할 때 전자의 파장은? (1) 더 짧다, (2) 같다, (3) 더 길다. 그 이유는? (b) 만약 전자와 양성자의 속력이 100 m/s로 같다면, 이때 드 브로이 파장은 얼마인가?

3. •• 전자는 전위차를 통해 정지 상태에서 가속되며 드 브로이 파장은 0.010 nm이다. 이때 전위차는 얼마인가?

4. **IE** •• 4.5×10^4 m/s의 속력으로 이동하는 양성자는 37 V의 전위차를 통해 가속된다. (a) 드 브로이 파장은 전위차로 인해 어떻게 될까? (1) 증가, (2) 그대로 같다, (3) 감소. 그 이유는? (b) 양성자의 드 브로이 파장은 몇 퍼센트까지 변화하는가?

5. •• 대전된 입자는 주어진 전위차를 통해 가속된다. 만약 전압이 2배 증가하면 새로운 드 브로이 파장의 원래 값 대비 비율은 얼마인가?

6. •• 격자면 간격 0.215 nm의 결정 틈에 의해 회절되었을 때 50° 각도에서 1차 최대치를 나타내는 전자빔의 에너지는 얼마인가?

7. ••• (a) 태양의 궤도에 있는 지구의 드 브로이 파장은 얼마인가? (b) 지구를 커다란 '중력' 원자의 드 브로이 파동처럼 취급하면서 지구 궤도의 주양자수인 n은 얼마인가? (c) 만약 주양자수가 1이 증가한다면, 궤도의 반지름은 얼마나 변할 것인가? (원 궤도로 가정한다.)

28.2 슈뢰딩거 파동 방정식

8. • 핵에서 0.0500 nm보다 0.0400 nm 거리에서 전자를 찾을 확률이 두 배 높은 경우 0.0400 nm에서 0.0500 nm에서 파동함수의 절댓값의 비율은?

9. •• 핵에 있는 양성자를 1차원 상자에 갇힌 입자로 모형화 하자. 입자가 길이 7.11 fm(^{208}Pb 핵의 대략적인 지름)은 1차원 핵 안에 있다고 가정한다. (a) $K_n = n^2[h^2/(8\ mL^2)]$의 결과 식으로부터 바닥 상태에서 처음 두 개의 들뜬 상태에서 양성자의 에너지를 구하라. (b) 핵은 적절한 에너지의 광자를 흡수하여 바닥 상태에서 두 번째 들뜬 상태로 전환된다. 이것은 얼마나 많은 에너지를 소모하고 어떤 종류의 광자로 분류될 것인가? (광자가 흡수된 후 흡수핵의 되튐을 무시한다.)

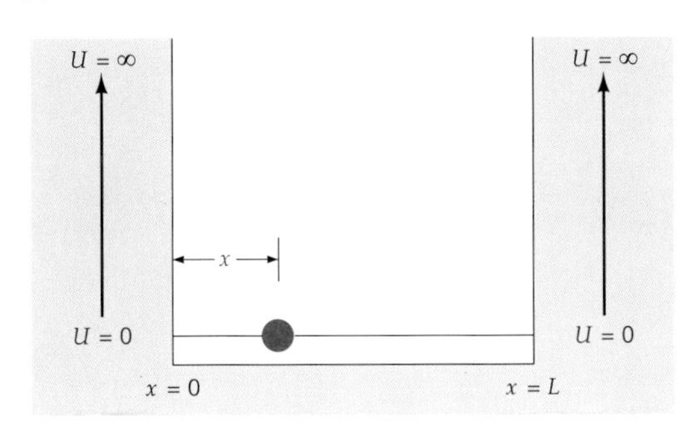

▲ 그림 28.13 **상자 안의 입자**

28.3 원자 양자수와 주기율표

10. • 다음과 버금 껍질에 대해 가능한 양자수 집합을 구하라. (a) $\ell = 2$, (b) $\ell = 3$.

11. • 원자 내에 전자는 자기 양자수가 $m_\ell = 2$인 궤도에 있다. 궤도에 대해 (a) ℓ과 (b) n이 될 수 있는 최솟값은 얼마인가?

12. •• 바닥 상태의 (a) 나트륨(Na)와 (b) 아르곤 원자의 버금 껍질에 있는 전자에 대한 도식도를 그려라.

13. •• 다음 각각의 원자에 대해 바닥 상태로부터 전자 배위를 작성하라.
(a) B, (b) Ca, (c) Zn, (d) Sn

14. ••• 전자스핀이 단 두 개가 아닌 세 개의 가능한 방향을 갖는다면 리튬의 전자 배위는 어떻게 다른가?

28.4 하이젠베르크의 불확정성 원리

15. IE• 전자와 양성자는 각각 3.28470×10^{-30} kg·m/s ± 0.00025×10^{-30} kg·m/s의 운동량을 가진다. (a) 양성자와 비교한 전자 위치의 최소 불확정도는? (1) 크다, (2) 같다, (3) 작다. 그 이유는? (b) 각 위치의 최소 불확정도를 계산하라.

16. •• 3.0×10^{-28} m/s의 속력 불확정도를 갖는다고 알려진 0.50 kg인 공의 위치에서의 최소의 불확정도는 얼마인가?

28.5 입자와 반입자

17. • 두 입자가 초기에 정지되어 있다고 가정할 때, 양성자-반양성자 쌍소멸에서 생성된 광자의 에너지는 얼마인가?

18. IE•• (a) 양성자-반양성자 쌍을 생성하기 위한 최소 광자 에너지는 중성자-반중성자 쌍에 대한 최소 광자 에너지와 비교하면? (1) 더 크다, (2) 같다, (3) 더 작다. (b) 양성자-반양성자 쌍과 중성자-반중성자 쌍을 생성하기 위한 최소 광자 진동수를 구하라(유효숫자는 4개로 한다).

CHAPTER 29

핵

The Nucleus

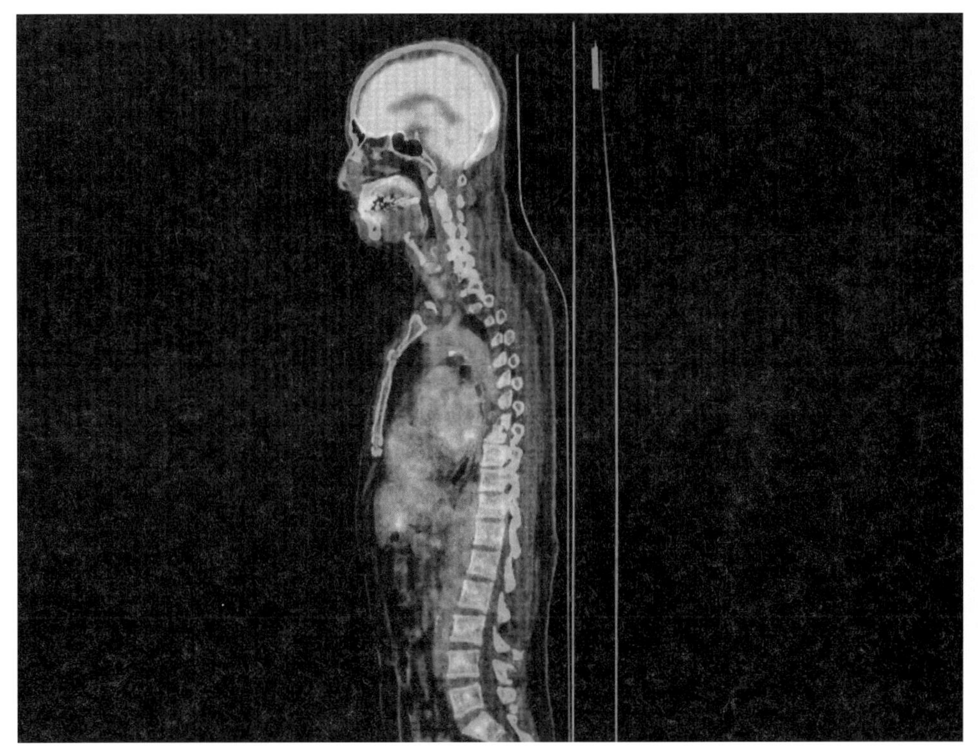

이 영상은 환자의 방사성 핵에서 방출되는 방사선을 검출해 만든 것이다.

이 장의 처음 사진처럼 사람의 신체 측면도는 방사성으로부터 나오는 방사선에 의해 만들어졌다. 방사선과 방사능은 가끔 걱정거리인 단어지만, 방사선을 유용하게 이용할 수 있어 그나마 다행이다. 예를 들어 고에너지 방사선에 피폭되면 암이 유발될 수 있으나 비교적 적은 선량에서는 같은 종류의 방사선이 암의 진단과 치료에 이용되기도 한다.

이 처음 사진에서 뼈 영상은 방사성 붕괴라고 부르는 불안정한 핵이 자발적으로 분열할 때 방출되는 방사선에 의해 만들어진 것이다. 그러면 무엇이 핵을 안정하게 하고, 어떤 것은 붕괴하는가? 무엇이 그것들의 붕괴와 방출하는 입자를 결정하는가? 이런 질문이 이 장에서 배우게 될 문제들이다. 그리고 방사선의 위험성이나 유용성 뿐만 아니라 검출하는 방법을 배울 것이다.

방사능과 핵의 안정성에 대한 이해는 핵의 성질, 구조, 에너지 그리고 에너지가 어떻게 방출되는지를 아는 데 도움이 될 것이다. 핵에너지는 주요 에너지원 중 하나이며, 30장에서 고려할 것이다. 이 장에서 핵심 내용은 핵과 이것의 성질과 특성을 이해하는 것이다.

29.1 핵의 구조와 핵력

많은 실험에서 원자들이 전자를 포함한다는 것을 보여준다. 원자는 보통 전기적으로 중성이기 때문에 전자의 모든 전하의 합과 크기가 같은 양전하를 포함해야 한다. 전자의 질량은 가장 가벼운 원자에서조차 원자의 질량보다 작으므로 대부분 원자의 질량은 양전하가 가진 것처럼 보인다.

이 관찰에 근거하여 1897년 전자의 존재를 실험적으로 입증한 영국의 물리학자인 톰슨(J. J. Thomson, 1856~1940)은 하나의 원자 모형을 제안하였다. 이 모형에서 전자들은 연속적으로 분포된 양전하로 이루어진 구 내부에 균일하게 분포하고 있다고 한다. 양전하에 있는 전자가 플럼 푸딩에서 건포도와 유사하므로 '플럼 푸딩(plum pudding)' 모형이라고 한다. 양전하의 영역은 그 반지름을 대략 원자 직경인 10^{-10} m 또는 0.1 nm 크기로 가정하였다. 그러나 잘 아는 것처럼 원자의 최근 모형은 아주 다르다. 이 모형은 중심핵에 실제로 모든 양전하, 즉 모든 질량이 있고 그 주위를 전자가 도는 것이다. 이러한 핵의 존재는 영국의 물리학자인 러더포드(Ernest Rutherford, 1871~1937)가 처음으로 제안하였다. 이 아이디어를 전자 궤도의 보어 이론과 결합하면 '태양계' 모형 또는 원자의 **러더포드-보어 모형**(Rutherfprd-Bohr model)이 된다.

러더포드는 1911년에 실험실에서 수행한 알파(α) 입자의 산란 결과를 보고 이와 같은 모형을 제시하였고, 알파 입자는 방사성 물질에서 자연적으로 방출하는 양으로 대전된 입자($q_\alpha = +2e$)이다(29.2절 참조). 이 입자의 빔을 얇은 금속 표적에 때리면 편향각과 산란된 입자의 비율이 관찰된다(그림 29.1).

알파 입자는 전자보다 7000배 더 무겁다. 톰슨 모형은 알파 입자가 그러한 금원자의 모형을 지날 때 가벼운 전자들과의 충돌로 약간 휘어야 한다(그림 29.2). 그렇지만 놀랍게도 러더포드는 상당한 각도로 산란되는 알파 입자를 관찰하였다. 8000개 산란 중 하나 정도는 알파 입자가 실제로 후방 산란을 했다. 즉, 대다수는 90° 이상으로 산란되는 것을 관찰하였다(그림 29.3).

계산에 의하면 톰슨 모형에서 후방 산란할 확률은 1/8000보다 훨씬 작아야 한다.

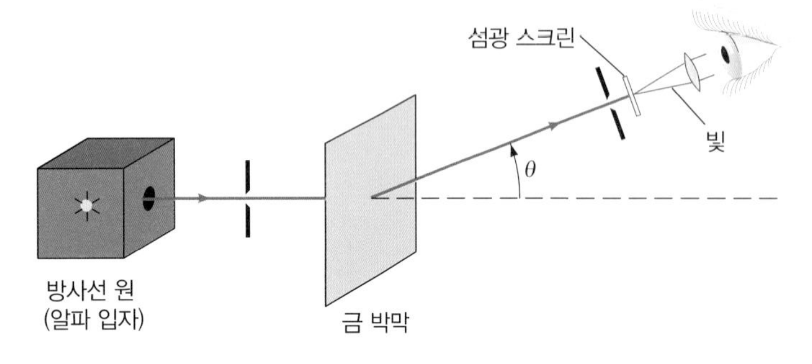

▲ 그림 29.1 **러더포드의 산란 실험**. 방사선 원으로부터 알파 입자의 빔이 얇은 박막에 있는 금 핵에 의해 산란되며 그 산란은 산란각 θ의 함수로 관찰된다. 관찰자는 섬광 스크린에 나타난 빛을 검출한다.

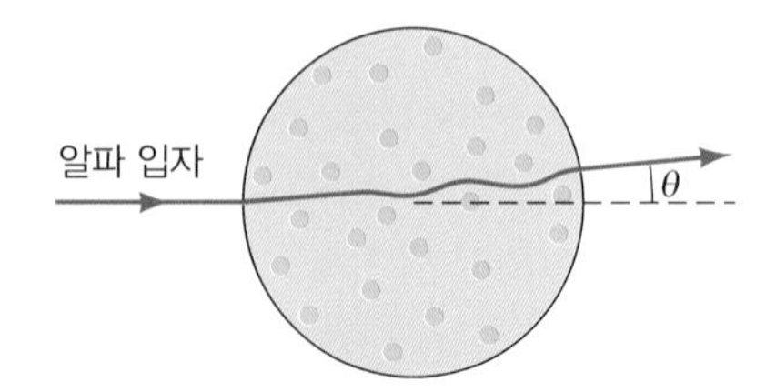

▲ 그림 29.2 **플럼 푸딩 모형**. 원자에 대한 톰슨의 플럼 푸딩 모형에서 무거운 알파 입자는 원자에 있는 전자와의 충돌에 의해 약간 휜다. 실험 결과는 아주 다르다는 것을 보인다.

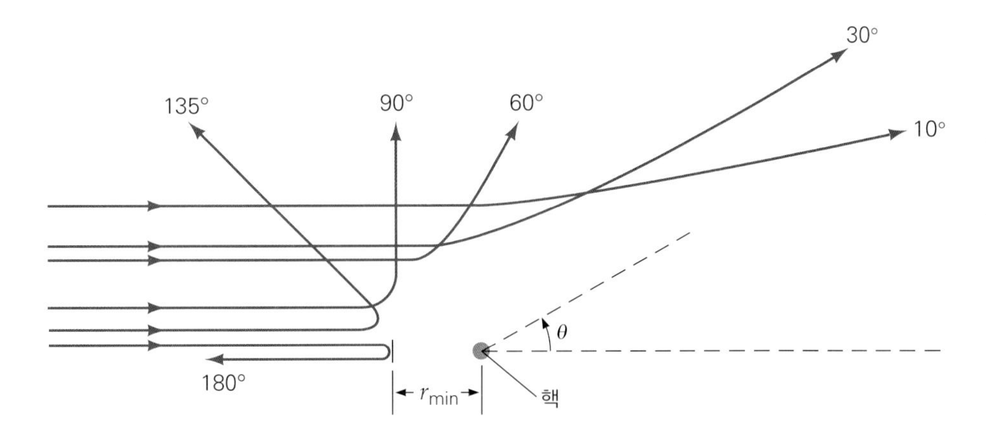

◀그림 29.3 **러더포드 산란.** 양전하를 띤 작고 단단한 원자핵은 관측된 산란을 설명한다. 핵과 정면충돌하는 알파 입자는 핵으로부터 거리 $r_{\rm min}$에서 뒤로 산란한다($\theta = 180°$, 이 그림에서 전자 궤도는 너무 멀어서 보이지 않는다).

러더포드가 후방 산란을 "종이로 만들어진 30 cm 공에 총을 쏘았을 때 총알이 되돌아와서 총을 쏜 사람을 맞히는 것처럼 믿을 수 없었다."라고 설명했다.

실험 결과로부터 러더포드는 핵에 대한 개념을 갖게 되었다. "이 후방 산란은 한 번 충돌의 결과여야 한다. 계산 결과, 원자질량의 대부분이 작은 핵에 집중되어 있지 않으면 그런 크기의 후방 산란을 얻는 것이 불가능하다는 것을 알았다. 그래서 전하를 가진 작은 질량중심을 갖는 원자의 개념을 갖게 되었다."

표적 원자의 모든 양전하가 작은 영역에 집중되어 있다면 이 영역에 근접한 알파 입자는 큰 편향력(전기적 척력)을 갖게 될 것이다. 이 양전기를 띤 핵의 질량은 알파 입자 핵의 질량보다 커야 하며, 이 모형에서 후방 산란은 플럼 푸딩 모형에서보다 훨씬 더 많이 일어난다.

간단한 조사로도 핵의 근사적 크기를 알 수 있다. 정면충돌하는 동안 알파 입자는 핵에 가장 가깝게(그림 29.3의 $r_{\rm min}$으로 표시된 거리) 접근한다. 즉, 핵에 접근한 알파 입자는 $r_{\rm min}$에서 정지하고 원래 길을 따라 되돌아 가속된다. 구형 전하분포를 가정하면 중심-중심 간 거리가 r만큼 떨어졌을 때 알파 입자(α)와 핵(n)의 전기 퍼텐셜 에너지는 $U_{\rm e} = kq_{\alpha}q_n/r = k(2e)(Ze)/r$(식 16.5)이 된다. 여기서 Z는 **원자번호**(atomic number) 또는 핵의 양성자수이다. 그러므로 핵의 전하는 $q_n = +Ze$이다. 에너지 보존에 의하여 입사된 알파 입자의 운동에너지는 되돌아오는 지점 $r_{\rm min}$에서 전기적 퍼텐셜 에너지로 완전히 변환된다. $q_{\alpha} = +2e$을 이용해서 두 식을 같게 하면,

$$\frac{1}{2}mv^2 = \frac{k(2e)Ze}{r_{\rm min}}$$

이다. 또한 $r_{\rm min}$을 풀면 다음과 같다.

$$r_{\rm min} = \frac{4kZe^2}{mv^2} \quad (\alpha\text{가 핵에 가장 접근한 거리}) \tag{29.1}$$

러더포드의 실험에서 선원으로부터 나오는 알파 입자의 운동에너지가 측정되었으며, Z는 금에 대해 79인 것이 알려져 있다. 식 29.1의 이들 값을 대입하여 계산하면 러더포드는 $r_{\rm min}$이 대략 10^{-14} m인 것을 알았다.

원자의 핵 모형이 유용하지만 핵은 양전하의 부피보다 크다. 핵은 실제로 구 형태

의 입자인 **핵자**(nucleons)—양성자와 중성자—로 이루어져 있다. 수소 원자의 핵은 한 개의 양성자이다. 러더포드는 어떤 핵도 수소 핵보다 가볍지 않다는 것을 확신한 후에 수소 원자의 핵을 양성자(protron, '처음'이라는 그리스어)라는 이름을 붙였다. **중성자**(neutron)는 양성자의 질량보다 아주 약간 더 큰 질량을 갖는 전기적으로 중성인 입자이다. 중성자의 존재는 1932년이 되어서야 실험적으로 입증되었다.

29.1.1 핵력

핵에서의 힘 중에는 핵자들 사이에 작용하는 인력인 중력이 있다. 그러나 15장에서 이 중력은 양전하를 갖는 양성자 사이의 척력인 전기력에 비해 무시할 만한 것으로 확인되었다. 이 척력을 생각해 보면 핵이 분리되어야 할 것으로 예상된다. 그렇지만 많은 원자의 핵들이 안정하다. 그러므로 전기적 척력을 극복하고 핵을 유지하게 하는 핵자 사이의 인력이 있어야 한다. 이 강한 인력을 **강한 핵력**(strong nuclear force) 또는 간단히 **핵력**(nuclear force)이라고 한다.

핵력의 정확한 표현은 복잡하다. 그러나 핵력의 몇 가지 일반적인 특징은 다음과 같다.

- 핵력은 강한 인력이며 핵자 사이의 정전기력이나 중력보다 크기가 훨씬 더 크다.
- 핵력이 미치는 범위는 아주 짧다. 즉, 핵자는 10^{-15} m 정도의 거리에 있는 가장 가까운 핵자와만 상호작용한다.
- 핵력은 전하와 무관하다. 즉, 그것은 어떤 두 개의 핵자—두 개의 양성자, 양성자와 중성자 또는 두 개의 중성자—사이에서 작용한다.

따라서 인접한 양성자들은 전기적으로 서로 밀어내며, 강한 핵력에 의해 서로 끌어당기는데 핵력이 더 강하다. 전기적으로 중성인 중성자는 근처의 양성자와 중성자를 끌어당기기만 한다.

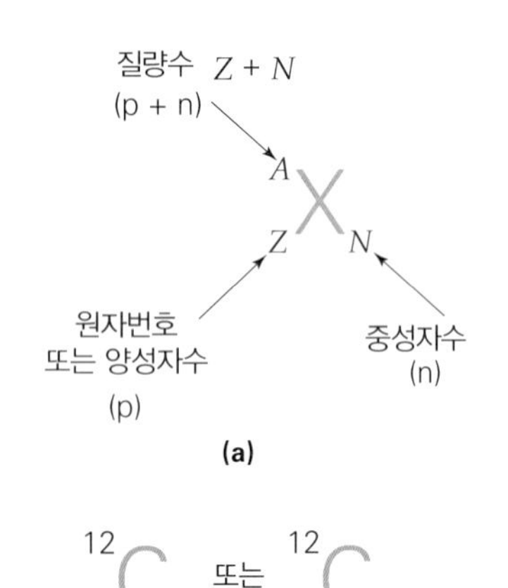

▲ 그림 29.4 **핵 표기법.** (a) 핵의 구성은 왼쪽에 질량수 A가 위첨자, 양성자수 Z가 아래첨자로 한 원소의 화학기호로 표시된다. 중성자수 N은 오른쪽에 아래첨자로 표기할 수 있으나 원소기호로부터 Z와 $N = A - Z$를 알 수 있으므로 Z와 N은 보통 생략한다. (b) 안정한 탄소 동위원소 핵에 대한 두 개의 가장 일반적인 핵 표기–C–12.

29.1.2 핵 표기법

핵의 구성을 설명하기 위해서는 그림 29.4a에 설명된 표기법을 사용하는 것이 편리하며, 이 표기법은 아래첨자와 위첨자가 있는 원소의 화학적 기호를 사용한다. 왼쪽의 아래첨자는 핵의 양성자수를 나타내는 원자번호(atomic number)라고 부른다. 기호 Z의 더 상세한 이름은 이 책에서 사용될 **양성자수**(proton number, Z)이다. Z는 전기적으로 중성인 원자에서 궤도 전자의 수와 같다.

원자에서 핵에 있는 양성자수는 원자가 속한 원소의 핵종을 결정한다. 그림 29.4b에서 양성자수 $Z = 6$은 핵이 탄소원자에 속한다는 것을 나타낸다. 따라서 양성자수는 어떤 화학적 기호를 사용하여야 할지를 결정한다. 전자들은 원자로부터 제거되거나(또는 더해져서) 이온을 형성할 수 있으나 이것이 원자의 핵종을 변화시키지는 않는다. 예를 들어 전자 하나가 제거된 질소 원자 N^+는 계속 질소–질소 이온이다. 원자의 핵종을 결정하는 것은 전자의 수라기보다는 양성자수이다.

화학기호의 왼쪽에 있는 위첨자는 핵에 있는 양성자와 중성자의 합인 **질량수**(mass number, ***A***)라고 한다. 양성자와 중성자는 거의 같은 질량을 가지고 있어서 핵의 질량수는 핵질량의 상대 비교를 나타낸다. 그림 29.4b의 탄소 핵에는 양성자 6개와 중성자 6개가 있기 때문에 질량수는 $A = 12$이다.

중성자수(neutron number, ***N***)는 때때로 화학기호의 오른쪽에 아래첨자로 표시한다. 그렇지만 아래첨자는 A와 Z로 계산할 수 있으므로 보통 생략한다. 즉, $N = A - Z$이다. 비슷하게 양성자수도 화학기호가 Z의 값을 나타내기 때문에 보통 생략한다.

어떤 원소의 모든 원자핵이 같은 양성자수를 갖지만 다른 중성자수를 가질 수도 있다. 예를 들어 탄소 원자의 핵은 6개나 7개의 중성자를 가질 수도 있다. 핵 표기는 이들 원자에 대해 각각 ${}^{12}_{6}C_6$, ${}^{13}_{6}C_7$로 표시한다. 같은 수의 양성자를 가지나 중성자수가 다른 핵의 원자들을 **동위 원소**(isotopes)라고 한다. 여기서 언급된 두 개는 유일하게 안정적인 탄소 동위 원소이다.

동위 원소들은 그 원소의 일원이다. 모두 같은 Z와 동일한 원소 이름을 가지며 핵의 중성자수, 그래서 질량에 의해 구별된다. 동위 원소는 일반적으로 질량수로 언급된다. 이 탄소의 동위 원소들은 각각 **C-12**와 **C-13**이라고 부른다. 불안정한 다른 탄소 동위 원소가 있다. 예로 ${}^{14}C$이다. 어떤 원소의 특별한 동위 원소를 **핵종**(nuclide)이라고 한다. 일반적으로 어떤 주어진 종류의 몇몇 동위 원소들은 안정하다. 그러나 안정된 동위 원소의 수는 0에서부터 여러 개까지 변할 수 있다. 예를 들어 탄소의 경우 ${}^{14}C$는 (수명이 길기는 하지만) 불안정하고 ${}^{12}C$와 ${}^{13}C$는 탄소의 안정한 원소이다.

중요한 동위 원소는 수소이며 3개의 동위 원소를 갖는다. 이 동위 원소들은 특별한 이름을 가지고 있다. ${}^{1}H$는 **수소**(hydrogen), ${}^{2}H$는 **중수소**(deuterium)라고 부른다. 이것은 산소와 결합하여 중수(D_2O)를 만든다. **삼중수소**(tritium)라고 부르는 수소의 세 번째 동위 원소인 ${}^{3}H$는 불안정하다.

29.2 방사능

대부분의 원소는 적어도 하나의 안정된 동위 원소를 갖는다. 이것들은 주위에서 가장 친밀한 안정된 핵종들의 원자들이다. 그러나 일부 핵종들은 불안정해서 자발적으로 붕괴하며, 에너지를 갖는 입자나 광자를 방출한다. 불안정한 동위 원소들은 방사성 또는 **방사능**(radioactivity)을 가지고 있다고 말한다. 예를 들어 삼중수소(${}^{3}_{1}H$)는 방사성 핵이다. 모든 불안정한 핵종 가운데 자연적인 건 몇 개 안 된다. 다른 것들은 인공적으로 만들어진다(30장).

방사능은 열, 압력, 화학적 작용 같은 정상적인 물리, 화학적 과정에 의해 영향받지 않는다. 이들 과정은 원천 방사능의 핵에 영향을 주지 않는다. 핵의 불안정은 핵 내의 인력이나 척력의 불균형으로 간단히 설명되지는 않는다. 이것은 어떤 동위 원소의 핵붕괴가 일정한 비율로 일어나는 것이 관찰되기 때문이다. 즉, 주어진 시료의

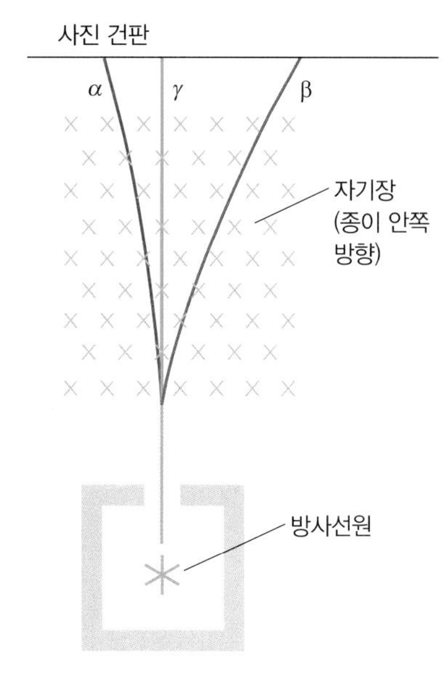

▲ **그림 29.5 핵 방사선.** 방사선원으로부터 다른 형태의 방사선은 자기장을 통과할 때 구별할 수 있다. 알파와 베타 입자는 휜다. 자기력에서 오른손 법칙을 이용하면 입자들은 양(+)으로 대전되었음을 알 수 있고, 베타 입자는 음(−)으로 대전되어 있다. 휠 때 곡선의 반지름으로부터 입자의 질량을 알 수 있다. 감마선은 휘지 않으며, 따라서 대전되어 있지 않다(그림은 과장된 표현).

핵종들은 동시에 모두 붕괴하지 않는다. 고전 이론에 따라 같은 종류의 핵종은 동시에 붕괴하여야 한다. 그러므로 방사능 붕괴는 양자 역학의 확률 효과가 역할을 한다는 것을 암시한다.

방사능은 프랑스 과학자인 베크렐(Henri Becquerel)이 발견하였다. 1896년 우라늄 화합물의 형광을 연구하던 중 화합물이 빛에 노출되어 활성화되지 않았고 형광을 내지 않았음에도 불구하고 시료 근처의 형광판이 검게 되는 것을 발견하였다. 명백히 형광판이 검게 된 것은 화합물 자체로부터 방출된 새로운 형태의 방사선에 의한 것이다. 1898년 피에르(Pierre)와 큐리(Marie Curie)는 우라늄 피치블랜드 광석으로부터 분리된 두 개의 방사성 원소인 라듐과 폴로늄을 발견했다고 발표하였다.

실험에 의해 방사성 동위 원소에 의해 방출된 방사선은 세 가지 다른 종류였다. 방사성 동위 원소로부터 방출된 방사선이 자기장을 통해 사진 건판으로 지나가도록 하는 상자에 방사성 동위 원소를 놓았을 때 여러 형태의 방사선이 건판을 조사하여 방사선의 형태가 식별될 수 있는 특성적인 점들을 만들어냈다(그림 29.5). 점들의 위치는 어떤 동위 원소들은 왼쪽으로 휘는 방사선을 방출한다. 일부는 오른쪽으로 휘는 방사선을 방출한다. 그리고 일부는 휘지 않는 방사선을 방출한다. 이 점들은 알파(alpha), 베타(beta), 감마(gamma) 방사선으로 알려진 것에 의한 것이다.

자기장에서 두 형태의 방사선이 반대 방향으로 휘어지는 것으로부터 양으로 대전된 입자들은 알파 붕괴와 관련되어 있고, 음으로 대전된 입자들은 베타 붕괴하는 동안 방출되는 것이 분명했다. 알파 입자가 훨씬 덜 휘기 때문에 알파 입자가 베타 입자보다 훨씬 무거워야 한다. 휘지 않는 감마선은 전기적으로 중성이어야 한다.

세 가지 형태의 방사선의 자세한 조사를 통해 다음과 같은 사실을 알 수 있다.

- **알파 입자**(alpha particles)는 두 개의 양성자와 두 개의 중성자를 포함하는 대전 입자($q = +2e$)이다. 이 입자는 헬륨 원자($^4_2$He)의 핵과 같다.
- **베타 입자**(beta particles)는 전자이다[양으로 대전된 전자, 즉 **양전자**(positron)]는 나중에 발견되었다.
- **감마선**(gamma rays)은 전자기파 에너지(광자)의 고에너지 양자이다.

몇몇 방사성 원소의 경우 두 개의 점이 판에서 발견되는데, 이는 원소가 두 가지 다른 모드로 인해 붕괴한다는 것을 나타낸다. 이러한 각 붕괴 모드에 대한 몇 가지 세부 사항을 살펴보자.

29.2.1 알파 붕괴

알파 입자가 방사성 핵종으로부터 방출될 때, 핵들은 두 개의 양성자와 두 개의 중성자를 잃게 되어 질량수(A)는 4만큼 줄어든다($\Delta A = -4$). 그리고 양성자수(Z)는 2만큼 줄어든다($\Delta Z = -2$). 어미핵(원래 핵)이 두 개의 양성자를 잃게 되며, 그 딸핵은 새로운 양성자수로 정의되는 다른 원소의 핵이 된다. 따라서 알파 붕괴 과정은 핵변환 과정의 하나이며, 그 과정에서 한 원소의 핵이 보다 가벼운 원소의 핵으로 변한다.

알파 붕괴를 하는 동위 원소, 즉 핵의 한 예는 폴로늄–214이다. 이 붕괴 과정은 다음과 같은 핵 반응식으로 나타낸다(보통 중성자수는 표시하지 않는다).

$$\underset{\text{폴로늄}}{{}^{214}_{84}\text{Po}} \rightarrow \underset{\text{납}}{{}^{210}_{82}\text{Pb}} + \underset{\text{알파 입자(헬륨 핵)}}{{}^{4}_{2}\text{He}}$$

질량수와 양성자수 각각의 합은 식의 각 변에서 같다는 것을 알 수 있음을 유의하라. $(214 = 210 + 4)$와 $(84 = 82 + 2)$이 조건은 모든 핵 과정에 두 보존 법칙이 실험적으로 입증된다는 사실이다. 첫 번째는 **핵의 보존**이다.

핵자의 총 수(A)는 핵 과정에서 일정하게 유지한다.

두 번째는 **전하의 보존**이다.

총 전하는 핵 과정에서 일정하게 유지한다.

이들 보존 법칙은 예제 29.1에서처럼 딸핵의 구성을 예측할 수 있도록 한다.

예제 29.1 **플루토늄의 딸핵–알파 붕괴와 친숙한 이름**

^{239}Pu 핵이 알파 붕괴하고 있다. 그 결과 딸핵은 무엇인가?

풀이

주기율표로부터 플루토늄의 양성자수는 94이다. 알파 붕괴에서 $\Delta Z = -2$이기 때문에 어미핵인 플루토늄–239($^{239}_{94}$Pu) 핵은 두 개의 양성자를 잃으며, 딸핵의 양성자수는 $Z = 94 - 2 = 92$이고, 이것은 우라늄의 양성자수이다. 따라서 이 붕괴에 대한 반응식은 다음과 같다.

$$^{239}_{94}\text{Pu} \rightarrow {}^{235}_{92}\text{U} + {}^{4}_{2}\text{He} \quad \text{또는} \quad {}^{239}_{94}\text{Pu} \rightarrow {}^{235}_{92}\text{U} + {}^{4}_{2}\alpha$$

반응식에서 헬륨 핵은 알파 입자 $^{4}_{2}\alpha$로 나타낸다.

실험으로부터 방사선원에서 나온 알파 입자의 운동에너지가 수 MeV라는 것을 알게 되었다(16.2절 참조). 예를 들어, ^{214}Po의 붕괴 과정에서 나오는 알파 입자의 에너지는 7.7 MeV이며, ^{238}U의 붕괴로부터 나오는 알파 입자의 에너지는 4.14 MeV이다. 각 선원으로부터 방출되는 알파 입자들이 러더포드의 핵 모형을 만들게 된 산란 실험에 사용되었다.

핵 밖에서는 전기적 척력이 알파 입자가 핵에 접근할수록 증가한다. 그렇지만 핵 안에서는 인력이 강한 핵력이 작용한다. 이 조건이 그림 29.6에 나타나 있다. 이것은 핵의 중심으로부터 거리 r의 함수로 그려진 퍼텐셜 에너지 U의 그래프이다. ^{238}U에 입사한 ^{214}Po 선원의 알파 입자(운동에너지 7.7 MeV)를 생각해 보자. 이 알파 입자는 전기적 퍼텐셜 에너지 장벽(높이는 7.7 MeV 초과)을 넘을 만한 운동에너지를

▶ 그림 29.6 **알파 입자에 대한 퍼텐셜 에너지 장벽.** 에너지 7.7 MeV을 갖는 방사성 폴로늄으로부터 방출되는 알파 입자는 ^{238}U의 정전 퍼텐셜 에너지 장벽을 극복할만한 충분한 에너지를 가지지 않으며 산란된다.

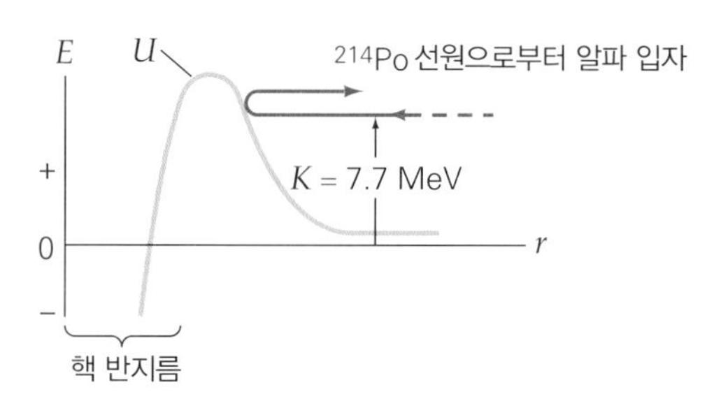

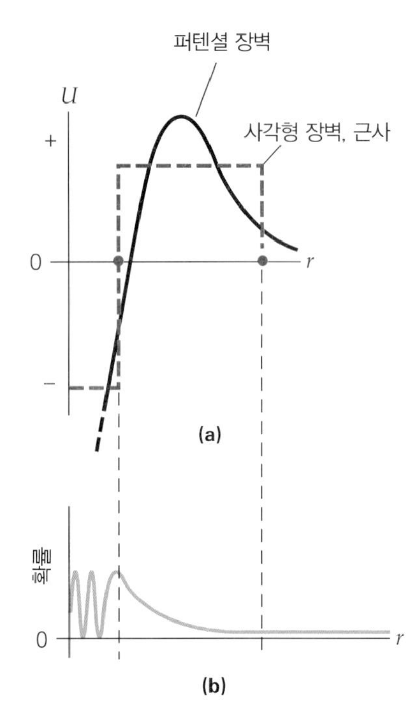

▲ 그림 29.7 **터널링 또는 장벽 투과.** (a) 알파 입자에 대해 핵에 의해 표시된 퍼텐셜 에너지 장벽은 사각형 장벽으로 근사할 수 있다. (b) 양자 역학적 계산에 따라 어떤 주어진 위치에서 알파 입자를 발견할 확률이 표시되어 있다. 입자가 처음에 핵 안에 있었다면 장벽을 터널링하여 핵 밖에서도 나타날 수 있을 것 같다. 전형적으로 이 사건은 아주 작으나 0은 아니며, 주기율표상에서 납 위의 원소에 대해 일어날 확률이다.

가지고 있지 않다. 따라서 러더포드 산란이 생긴다. 한편 ^{238}U은 알파 붕괴를 하며 4.4 MeV의 에너지를 갖는 입자를 방출하는데, 이것은 장벽의 높이보다 낮다. 이 낮은 알파 입자가 어떻게 안에서 밖으로 나올 수 있을까? 고전 이론에 따르면 이것은 에너지 보존을 위배하기 때문에 불가능한 일이다. 그러나 양자 역학은 이에 대한 설명을 할 수 있다.

양자 역학은 처음 핵 내의 알파 입자가 핵 밖에서 발견될 확률을 예측한다(그림 29.7). 이 현상은 알파 입자가 장벽을 뚫고 지나갈 확률이 있으므로 **터널링**(tunneling) 또는 **장벽 투과**(barrier penetration)라고 한다.

29.2.2 베타 붕괴

핵붕괴 과정에서 전자(베타 입자)의 방출은 핵의 양성자–중성자 모형에 모순되는 것처럼 보인다. 그러나 베타 붕괴에서 방출된 전자는 핵의 일부분이 아니다. 전자는 붕괴하는 동안 만들어진다. 여러 형태의 **베타 붕괴**(beta decay)가 있다. 음전자가 방출될 때 그 과정을 $\boldsymbol{\beta^-}$ **붕괴**라고 한다. 이런 형태의 베타 붕괴의 한 예는 ^{14}C의 붕괴이다.

$$\underset{\text{탄소}}{{}^{14}_{6}\mathrm{C}} \rightarrow \underset{\text{질소}}{{}^{14}_{7}\mathrm{N}} + \underset{\text{베타 입자(전자)}}{{}^{0}_{-1}\mathrm{e}}$$

어미핵(탄소–14)은 6개의 양성자와 8개의 중성자를 가지고 있는 반면, 딸핵(질소)은 7개의 양성자와 7개의 중성자를 갖는다. 전자는 핵자수가 0이고 전하수는 -1이다. 따라서 핵자수(14)와 전하(+6)는 보존된다.

이런 형태의 베타 붕괴에서 어미 핵종의 중성자수는 1만큼 줄어들며, 딸핵의 양성자수는 1만큼 증가한다. 그러나 핵자수는 변하지 않는다. 본질적으로 불안정한 핵 내의 중성자는 양성자와 전자(방출됨) 하나로 붕괴한다.

$$\underset{\text{중성자}}{{}^{1}_{0}\mathrm{n}} \rightarrow \underset{\text{양성자}}{{}^{1}_{1}\mathrm{p}} + \underset{\text{전자}}{{}^{0}_{-1}\mathrm{e}} \quad (\text{기본적 } \beta^- \text{ 붕괴})$$

β^- 붕괴는 보통 핵이 양성자에 비해 너무 많은 중성자를 갖기 때문에 불안정할 때 생긴다(29.5절 참조). 탄소에서 가장 무겁고 안정한 동위 원소는 7개의 중성자를 갖는 ^{13}C이다. 그러나 ^{14}C는 6개의 양성자를 갖는 핵에 비해 너무 많은 중성자(8)를 가지고 있어 불안정하다. β^- 붕괴는 동시에 중성자수를 감소시키고 양성자수를 증가

시키기 때문에 생성된 핵은 더 안정적이다. 이 경우 생성된 핵은 안정한 ^{14}N이다. 안정성과 정확성을 위해 베타 붕괴 시 **중성미자**(neutrino)로 불리는 또 다른 기본 입자가 방출된다는 점에 유의해야 한다. 간단히 하기 위해 핵붕괴 식에서는 쓰지 않을 것이다. 베타 붕괴의 중요한 역할은 30장에서 더 자세히 논의할 것이다.

베타 붕괴는 두 가지 모드 β^+와 β^-뿐만 아니라 **전자 포획**(*electro capture*, EC)이라고 부르는 세 번째 모드가 있다. 반면에 $\boldsymbol{\beta^+}$ **붕괴** 또는 **양전자 붕괴**(positron decay)는 양전자의 방출을 포함한다. 양전자는 e^+—전자의 반입자이다(28.5절 참조). 양전자는 기호로 $_{+1}^{0}e$이다. β^+ 붕괴의 알짜 효과는 양성자를 중성자로 바꾸는 것이다. β^- 붕괴 과정처럼 이 과정은 더 안정한 딸핵을 만든다. β^+ 붕괴의 한 예는 다음과 같다.

$$\underset{\text{산소}}{{}^{15}_{8}O_7} \rightarrow \underset{\text{질소}}{{}^{15}_{7}N_8} + \underset{\text{양전자}}{{}^{0}_{+1}e}$$

양전자 방출은 30장에서 논의하겠지만 β^- 붕괴에서와는 다른 형태의 중성미자도 함께 방출된다.

β^+ 붕괴와 경쟁하는 과정은 **전자 포획**(electron capture, **EC**)이다. 이 과정은 핵에 의한 궤도 전자의 흡수를 포함한다. 이 순수한 결과는 양전자 붕괴에서 만들어지는 것과 같은 딸핵이다. 따라서 경쟁하는 것으로 기술하였고, 두 과정이 일어날 확률이 있다. 전자 포획의 한 예는 다음과 같다.

$$\underset{\text{궤도 전자}}{{}^{0}_{-1}e} + \underset{\text{베릴륨}}{{}^{7}_{4}Be} \rightarrow \underset{\text{리튬}}{{}^{7}_{3}Li}$$

β^+ 붕괴에서처럼 양성자는 중성자로 바뀌나 EC(전자 포획)에서는 베타 입자가 방출되지 않음을 유의하라.

29.2.3 감마 붕괴

감마 붕괴(gamma decay)에서 핵은 전자기 에너지인 고에너지를 가진 광자의 감마(γ)선을 방출한다. 들뜬 상태에 있는 핵에 의한 감마선의 방출은 들뜬 원자에 의한 광자의 방출과 유사하다. 대부분 감마선에서 방출하는 핵들은 알파 붕괴, 베타 붕괴 또는 전자 포획(EC) 후에 들뜬 상태로 남겨진 딸핵이다.

핵들은 원자와 유사한 에너지 준위를 가지고 있다. 그러나 핵에너지 준위는 원자의 에너지 준위보다 훨씬 더 떨어져 있으며 더 복잡하다. 핵에너지 준위는 원자에서의 에너지 준위인 수 전자볼트(eV)보다는 킬로전자볼트(keV)나 메가전자볼트(MeV)만큼 분리되어 있다. 그 결과로 감마선은 가시광선의 에너지보다 훨씬 더 큰 에너지를 가지고 있으며, 감마선은 극도로 짧은 파장을 가지고 있다. 보통 들뜬 상태에 있는 핵은 위첨자에 *표를 붙여 표시한다. 예를 들어 들뜬 핵 상태(*로 표시된)로부터 더 낮은 에너지 상태로 붕괴하는 ^{61}Ni의 붕괴는 다음과 같이 쓴다.

$$\begin{array}{cccc} {}^{61}_{28}\text{Ni}^* & \rightarrow & {}^{61}_{28}\text{Ni} & + \quad \gamma \\ \text{니켈(들뜬)} & & \text{니켈} & \quad \text{감마선} \end{array}$$

감마 붕괴에서 질량과 양성자수는 변하지 않는다는 것을 유의하라. 딸핵은 간단히 말해서 더 작은 에너지를 갖는 어미핵이다.

29.2.4 방사선 투과와 붕괴 계열

핵방사선의 흡수 또는 투과하는 정도는 현대의 많은 응용에서 중요하다. 친근한 방사선의 사용은 암 치료이다. 방사선의 투과는 원자로에서 필요한 핵 차폐의 크기를 결정하는 데 중요하다. 음식 산업에서 음식물의 박테리아를 살균하기 위해 감마 방사선을 음식물에 쪼인다. 산업에서 방사선의 흡수는 제조과정에서 금속과 플라스틱 판의 두께를 조사하고 조절하는 데 사용된다.

세 가지 형태의 방사선(알파, 베타, 감마)은 아주 다르게 흡수된다. 이것들이 투과하는 길을 따라 전기적으로 대전된 알파와 베타 입자는 물질 내 원자의 전자와 상호작용하여 이것들의 일부를 이온화할 수 있다. 입자의 전하와 속력이 경로를 따라 잃는 에너지의 율(원자를 이온화하는 데 에너지가 필요하다), 즉 투과하는 정도를 결정한다. 투과하는 정도는 물질의 밀도 같은 물질의 성질에 의존한다. 일반적으로 여러 입자가 물질에 들어올 때 다음과 같은 일이 일어난다.

- 알파 입자는 두 개의 전하를 가지며, 비교적 큰 질량을 갖기 때문에 비교적 느리게 움직인다. 따라서 수 cm의 공기나 한 장의 종이로도 완전히 정지시킬 수 있다.
- 베타 입자는 전하 하나를 가지며 질량도 훨씬 작다. 그것들은 공기에서 수 m, 알루미늄에서 수 mm를 통과한 후 멈춘다.
- 감마선은 대전되어 있지 않기 때문에 알파나 베타 입자보다 더 많이 투과한다. 고에너지 감마선의 대부분은 납과 같은 밀도가 큰 물질을 수 cm 투과한다. 납은 보통 해로운 X-선이나 감마선을 차폐하는 데 사용된다. 광자는 콤프턴 산란, 광전 효과, 쌍생성의 결합에 의해 에너지를 잃을 수 있거나 감마선으로부터 제거된다(후자의 효과는 약 1 MeV 이상의 광자에너지에서만 일어난다. 27장 참조).

물질을 통과해서 지나가는 방사선은 상당한 손상을 줄 수 있다. 구조물질은 원자로나 우주 방사선에 피폭된 우주 차량에서처럼 강한 방사선에 노출되면 부서지기 쉽고 강도가 떨어질 수 있다. 생물 조직에서 방사선 손상은 주로 살아 있는 세포의 이온화에 기인한다. 우리는 지속적으로 환경과 우주의 방사성 동위원소로부터 나오는 정상적인 배경 방사선에 노출되어 있다. 이러한 방사선의 일상적인 수준에 피폭되어 세포에 영향을 주는 손상은 아주 낮아 해롭지 않다.

그러나 방사선 수준이 상당히 높은 작업장에서 일하는 사람들의 방사선 피폭에 대해서는 관심을 가져야 한다. 예를 들어 원자력 발전소에서 근무하는 직원은 흡수되

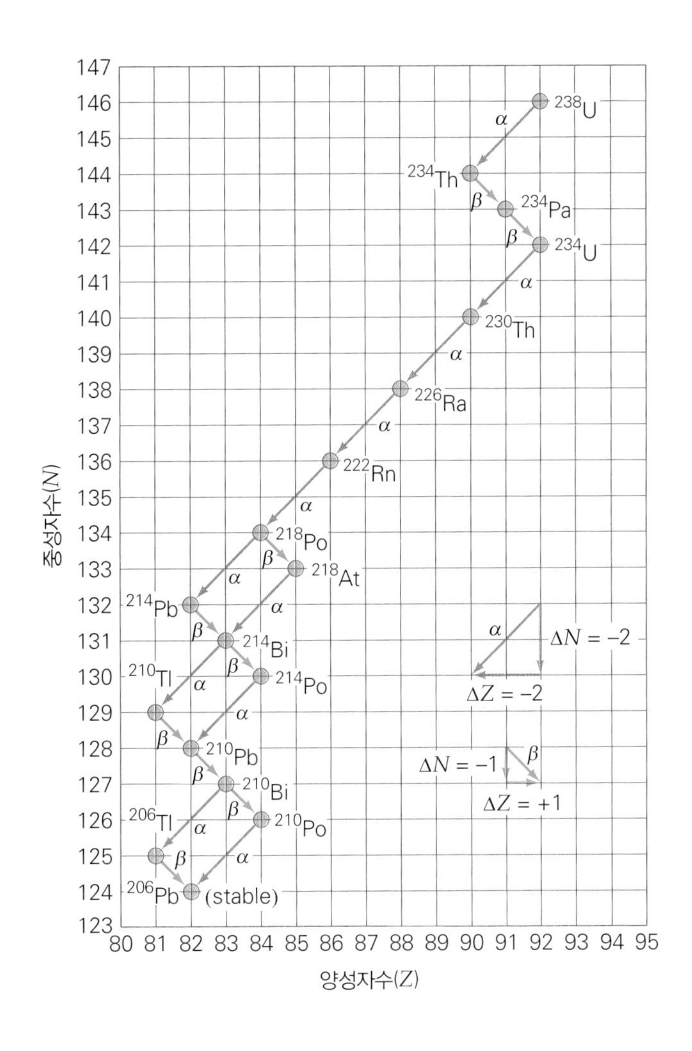

◀그림 29.8 **우라늄-238의 붕괴 계열.** Z에 대한 N의 이 그림에서 오른쪽으로부터 왼쪽으로 대각선 방향의 붕괴는 알파 붕괴 과정이고, 왼쪽에서 오른쪽으로의 붕괴는 β^- 붕괴 과정이다. 그 붕괴 계열은 안정한 핵 ^{206}Pb에 도달할 때까지 계속한다.

는 방사선을 계속 감시하고, 주어진 주기로 일을 할 수 있도록 시간 제약을 정해 엄격한 규칙을 따라야 한다. 높은 고도에서 비행하는 제트 여객기에서 많은 시간을 보내는 항공기 승무원들은 우주선으로부터 상당한 양의 피폭을 받을 수 있다.

많은 불안정한 핵종 중에 단지 소수만이 자연적인 것이다. 자연에서 발견되는 대다수의 방사성 핵종들은 무거운 핵들의 붕괴 계열의 생성물들이다. 계속해서 더 가벼운 핵으로 붕괴하는 붕괴 계열이 있다. 예를 들어 ^{238}U 붕괴 계열은 그림 29.8에 나타내었다. 이것은 납의 안정된 동위 원소 ^{206}Pb에 도달하면 붕괴를 중지한다. 계열에서 일부 핵종들은 두 방식으로 붕괴하며, 라돈(^{222}Rn)이 이 붕괴 계열의 일부이다. 방사성 기체는 환기가 잘 되지 않는 건물에 축적될 수 있기 때문에 보건 당국자들로부터 많은 걱정의 관심을 받아왔다.

29.3 붕괴율과 반감기

방사능 물질인 시료에 있는 핵은 한꺼번에 붕괴하지 않으며 핵종별로 특정한 비율로 무작위하게 붕괴되며 외부 환경에 영향을 받지 않는다. 특정한 불안정 핵이 언제 붕괴할지를 정확하게 말하는 것은 불가능하다. 그러나 주어진 시간 동안 시료에서 얼마나 많은 핵이 붕괴할 것인지는 결정할 수 있다.

방사성 핵종이 있는 시료의 **방사능**(activity, ***R***)은 1초 동안 붕괴하는 핵의 수로 정의한다. 주어진 양의 물질에서 방사능은 시간에 따라 감소하여 점점 더 작은 수의 방사성 핵이 남게 된다. 각 핵종은 그 자체의 특정한 감소율을 갖는다. 어미 핵종의 수(N)가 감소하는 비율은 존재하는 핵종의 수에 비례한다. 또한 수학적으로 나타낼 수 있다. 즉, $\Delta N/\Delta t \propto N$이고 다음과 같은 식으로 쓸 수 있다(비례상수와 함께).

$$\frac{\Delta N}{\Delta t} = -\lambda N$$

여기서 상수 λ는 **붕괴 상수**(decay constant)이다. 이 양의 SI 단위는 s^{-1}이고, 핵종에 의존한다. 붕괴 상수 λ가 크면 클수록 붕괴율은 더 커진다. 이 식에서 (−)의 부호는 N이 감소한다는 것을 의미하고, $\Delta N/\Delta t$는 음이어야 한다. 방사성 시료의 방사능(R)은 $\Delta N/\Delta t$의 크기이고, 또 초당 붕괴로 표시하는 붕괴율이고, 음의 부호는 없다(예제 29.2 참조).

$$R = \text{방사능} = \left|\frac{\Delta N}{\Delta t}\right| = \lambda N \tag{29.2}$$

미적분을 이용하여, 식 29.2는 $t = 0$의 수 N_0와 비교하여 남아 있는 어미핵(N)의 수에 대해 풀 수 있다. 증명 없이 그 결과는 다음과 같다.

$$N = N_0 e^{-\lambda t} \quad (\text{방사능 붕괴 법칙}) \tag{29.3}$$

따라서 붕괴하지 않은 어미핵의 수는 그림 29.9에 나타낸 것처럼 시간에 따라 지수함수로 감소한다. 이 그래프는 지수함수 $e^{-\lambda t}$로 붕괴하는 것을 기본적으로 보여준다($e \approx 2.718$로 자연로그의 밑수이다).

핵의 붕괴율은 보통 붕괴 상수보다는 **반감기**로 정의된다. **반감기**(half life, $t_{1/2}$)는 시료의 방사성 핵이 반으로 붕괴하는 데 걸린 시간이다. 이것은 그림 29.9에서 $N/N_0 = 1/2$에 대응하는 시간이다. 같은 시간 동안 방사능(초당 붕괴)은 붕괴하지 않은 수

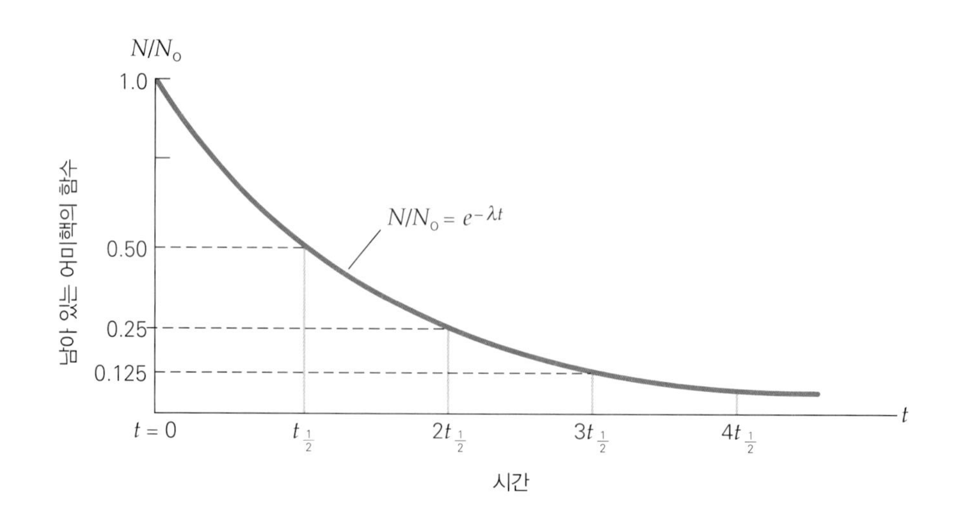

▶ 그림 29.9 **방사성 붕괴.** 방사성 시료에서 시간에 따라 남아 있는 어미핵의 비(N/N_0)는 지수함수 곡선을 따른다. 곡선의 모양과 감소 정도는 붕괴 상수 λ 혹은 반감기 $t_{1/2}$에 의존한다.

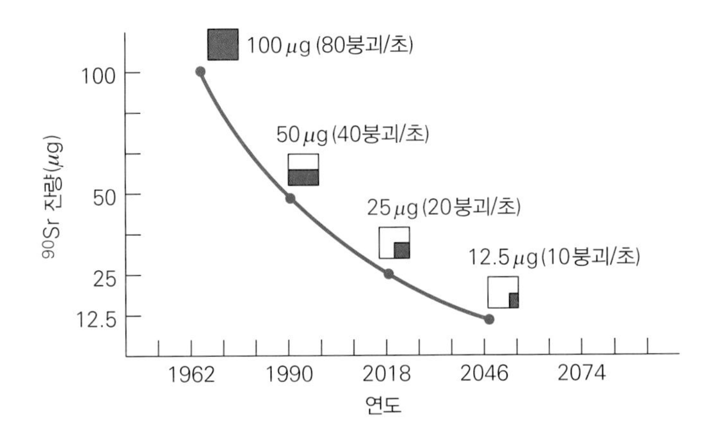

◀그림 29.10 **방사성 붕괴와 반감기.** 각 반감기 $t_{1/2} = 28\text{y}$ 후에 스트론튬-90에 대해 여기서 보인 것처럼 ^{90}Sr의 절반만이 남아 있으며, 다른 절반은 베타 붕괴에 의해 ^{90}Y로 붕괴한다. 유사하게 방사능(초당 붕괴)은 28년 후에 반만큼 감소한다.

에 비례하기 때문에 꼭 반이 된다. 이 비례 관계 때문에 붕괴율은 보통 반감기를 측정하는 데 사용된다. 다른 말로 보통 측정되는 것은 붕괴 입자가 방출되는 비율과 그 비율이 절반으로 떨어지는 시간이다.

예를 들어 측정된 붕괴율을 그림으로 나타냄으로써 그림 29.10은 스트론튬-90 (^{90}Sr)의 반감기가 28년이라고 결정될 수 있다. 반감기의 개념을 보이는 다른 방법은 어미 핵종 물질의 질량을 생각하는 것이다. 따라서 처음 ^{90}Sr 100 μg은 28년 후에 50 μg이 된다. 나머지 50 μg은 베타 붕괴로 붕괴한다.

$$\underset{\text{스트론튬}}{{}^{90}_{38}\text{Sr}} \rightarrow \underset{\text{이트륨}}{{}^{90}_{39}\text{Y}} + \underset{\text{전자}}{{}^{0}_{-1}\text{e}}$$

그 다음 28년 후에 이 스트론튬 핵의 절반은 붕괴되며, 25 μg의 ^{90}Sr만이 남게 된다. 그리고 계속 반감하게 된다.

방사성 핵종의 반감기는 표 29.1에서 보는 것처럼 크게 변한다. 아주 짧은 반감기를 갖는 핵종들은 일반적으로 핵반응(30장)으로 만들어진다. 이 핵종들이 지구가 형성될 때 존재했던 것이라면 그 이후로 계속 붕괴했을 것이다. 실제로 티크네티움(Tc)과 프로메티움(Pm, 표 29.1에는 게재되지 않는다)이 그 경우이다. 이들 원소는 안정하지 않아 반감기가 짧으므로 자연적으로는 존재하지 않는다. 그러나 실험실에서 만들어질 수 있다. 반대로 자연 방사성 원소인 ^{238}U의 반감기는 약 45억 년이다. 이것은 지구가 형성되었을 때 있었던 ^{238}U의 약 절반이 오늘날 존재한다는 것을 의미한다. 핵종의 반감기가 길면 길수록 더 느리게 붕괴하고, 붕괴 상수 λ는 더 작다. 따라서 반감기와 붕괴 상수는 반비례 관계가 있다. 즉, $t_{1/2} \propto 1/\lambda$이다. 수학적 관계를 보기 위해 식 29.3을 생각해 보자. $t = t_{1/2}$일 때 $N/N_0 = 1/2$이다. 그러므로 $N/N_0 = 1/2 = e^{-\lambda t_{1/2}}$이다. 그러나 $e^{-0.693} \approx 1/2$(계산기로 확인할 것)이기 때문에 지수를 비교하여 다음의 결과를 알 수 있다.

$$t_{1/2} = \frac{0.693}{\lambda} \quad \text{(붕괴 상수의 반감기)} \tag{29.4}$$

반감기의 개념은 예제 29.2에서 보는 것처럼 의학적 응용에서 중요하다.

표 29.1 몇 가지 방사성 핵종의 반감기(반감기 증가 순으로)

핵종	붕괴 형식	반감기
베릴륨-8 $\left({}^{8}_{4}\text{Be}\right)$	α	1×10^{-16} s
폴로늄-213 $\left({}^{213}_{84}\text{Po}\right)$	α	4×10^{-16} s
산소-19 $\left({}^{19}_{8}\text{O}\right)$	β^-	27 s
플루오린-17 $\left({}^{17}_{9}\text{F}\right)$	β^+, EC	66 s
폴로늄-218 $\left({}^{218}_{28}\text{Po}\right)$	α, β^-	3.05 min
테크네튬-104 $\left({}^{104}_{43}\text{Tc}\right)$	β^-	18 min
아이오딘-123 $\left({}^{123}_{53}\text{I}\right)$	EC	13.3 h
크립톤-76 $\left({}^{76}_{36}\text{Kr}\right)$	EC	14.8 h
마그네슘-28 $\left({}^{28}_{12}\text{Mg}\right)$	β^-	21 h
라돈-222 $\left({}^{222}_{86}\text{Rn}\right)$	α	3.82 days
아이오딘-131 $\left({}^{131}_{53}\text{I}\right)$	β^-	8.0 days
코발트-60 $\left({}^{60}_{27}\text{Co}\right)$	β^-	5.3 y
스트론튬-90 $\left({}^{90}_{38}\text{Sr}\right)$	β^-	28 y
라듐-226 $\left({}^{226}_{88}\text{Ra}\right)$	α	1600 y
탄소-14 $\left({}^{14}_{6}\text{C}\right)$	β^-	5730 y
플루토늄-239 $\left({}^{239}_{94}\text{Pu}\right)$	α	2.4×10^4 y
우라늄-238 $\left({}^{238}_{92}\text{U}\right)$	α	4.5×10^9 y
루비듐-87 $\left({}^{87}_{37}\text{Rb}\right)$	β^-	4.7×10^{10} y

예제 29.2 **'급성' 갑상선 – 반감기와 방사능**

갑상선 치료에 사용되는 아이오딘-131(^{131}I)의 반감기는 8.0일이다. 특정 시간에 병원 환자의 갑상선에는 약 4.0×10^{14}개의 아이오딘-131 핵이 존재한다. (a) 지금 갑상선에 있는 ^{131}I 방사능(R_0)은 얼마인가? (b) 1.0일 이후에 얼마나 많은 ^{131}I 핵이 남아 있을까?

풀이

문제상 주어진 값:

$t_{1/2} = 8.0\text{일} = 6.9 \times 10^5$ s

$N_0 = 4.0 \times 10^{14}$ 핵종(초기)

$t = 1.0$일

(a) 붕괴 상수는 반감기에 대한 관계식(식 29.4)으로부터 다음과 같다.

$$\lambda = \frac{0.693}{t_{1/2}} = \frac{0.693}{6.9 \times 10^5\ \text{s}} = 1.0 \times 10^{-6}\ \text{s}^{-1}$$

붕괴되지 않은 핵의 초기 수 N_0를 사용하여 초기 방사능 R_0를 구한다.

$$R_0 = \left|\frac{\Delta N}{\Delta t}\right| = \lambda N_0 = (1.0 \times 10^{-6}\ \text{s}^{-1})(4.0 \times 10^{14})$$

$$= 4.0 \times 10^8\ \text{붕괴/s}$$

(b) $t = 1.0$일이고, $\lambda = 0.693/t_{1/2} = 0.693/8.0\text{일} = 0.087\text{일}^{-1}$이므로

$$N = N_0 e^{-\lambda t} = (4.0 \times 10^{14}\ \text{핵종}) e^{-(0.087\text{일}^{-1})(1.0\text{일})}$$

$$= (4.0 \times 10^{14}\ \text{핵})\ e^{-0.087}$$

$$= (4.0 \times 10^{14}\ \text{핵})(0.917) = 3.7 \times 10^{14}\ \text{핵}$$

이다. 여기서 $e^{-0.087} \approx 0.917$ (유효숫자)

방사성 시료의 '강도'는 방사능 R로 나타낸다. 방사능의 기본 단위는 피에르(Pierre)와 마리 퀴리(Marie Curie)의 이름을 붙였다. **1큐리**(Ci)는 다음과 같이 정의된다.

$$1\ \text{Ci} = 3.70 \times 10^{10}\ \text{붕괴/초}$$

이 정의는 역사성을 띠고 있으며, 순수한 라듐 1.00 g의 방사능이다. 그러나 현재 SI 단위는 베크렐(Bq)이며, 1 Bq = 1붕괴/초와 같이 정의된다. 따라서 1 Ci = 3.70×10^{10} Bq이다.

오늘날에는 SI 단위의 사용을 강조하지만 방사선원의 '강도'는 여전히 Ci로 나타낸다. 큐리는 대단히 큰 단위여서 **밀리큐리**(mCi), **마이크로큐리**(μCi)나 더 작은 단위인 **나노큐리**(nCi)와 **피코큐리**(pCi) 등이 사용된다.

29.3.1 방사능 연대 측정

방사성 핵종들은 붕괴율이 일정하므로 핵 시계로 사용될 수 있다. 방사성 핵종의 반감기는 그 핵종이 미래에 얼마나 많이 존재할 것인지 추정하는 데 사용된다. 유사하게 지난 시간을 계산하는 데 반감기를 사용함으로써 과학자들은 알려진 방사능을 포함한 물체의 연대를 결정할 수 있다. 이와 같은 추정을 하려면 존재하는 핵종의 초기 양을 알아야 한다.

방사능 연대 측정의 원리를 보이기 위해 고고학에서 사용되는 아주 일반적인 방법인 ^{14}C으로 하는 방법을 보자. **탄소-14 연대 측정**은 한때 생물체의 일부였었던 물질과 그런 것(예로 나무, 뼈, 가죽, 양피지 같은 것들)으로 만들어지거나 포함된 물체의 잔류물에 사용된다. 이 과정은 생물체는 알려진 양의 ^{14}C를 포함하고 있다는 사실에 근거한다. 그 농도는 매우 작아서 ^{14}C의 원자 7.2×10^{11}개당 원자 ^{12}C 중의 하나 정도이다. 그래도 우리 몸에 있는 ^{14}C는 지구가 형성되었을 때 있었던 ^{14}C에 의한 것은 아니다. 이것은 ^{14}C의 반감기가 $t_{1/2}$ = 5730년으로 지구 나이에 비해 매우 짧기 때문이다.

생물체에 있는 ^{14}C 핵은 동위 원소가 우주선에 의해 대기에서 계속 만들어지기 때문에 있는 것이다. **우주선**은 태양이나 초신성이라고 부르는 태양계에 근접한 폭발하는 별과 같은 여러 원인에 의해 우리에게 도달하는 고속 대전 입자들이다. 이들 우주선은 실제로는 거의 양성자이다. 이것들이 상층 대기에 들어올 때 중성자를 만들게 된다(그림 29.11). 이 중성자들은 공기 중 질소 원자의 핵에 의해 흡수되어 양성자(p 또는 $^1_1$H)를 방출하며, ^{14}C를 만드는 반응을 한다.

$$^{14}_{7}\text{N} + ^{1}_{0}\text{n} \rightarrow ^{14}_{6}\text{C} + ^{1}_{1}\text{H}$$

이 ^{14}C는 중성자가 많으므로 β^- 붕괴 $\left(^{14}_{6}\text{C} \rightarrow ^{14}_{7}\text{N} + ^{0}_{-1}\text{e}\right)$를 한다. 입사 우주선의 강도는 시간에 따라 정확하게 일정하지 않지만 대기 중 ^{14}C의 농도는 대기 혼합과 고정된 붕괴율 때문에 비교적 일정하다.

^{14}C 원자는 산화되어 이산화탄소(CO_2)가 되며 공기 중 CO_2 분자의 일부분만이

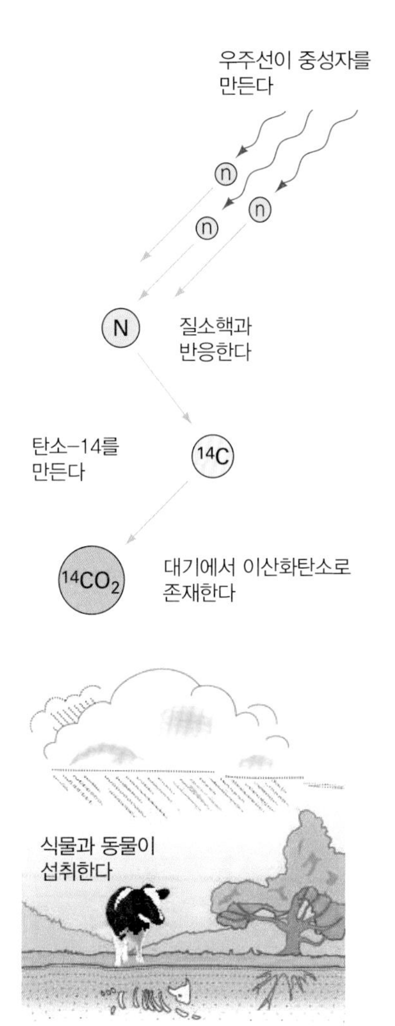

▲ 그림 29.11 **탄소-14에 의한 연대측정.** 대기 중에서 탄소-14의 형성과 생물권으로의 유입

방사능을 갖는다. 식물은 탄소 동화작용으로 방사성 CO_2를 섭취하며, 동물들은 식물을 섭취한다. 결과적으로 살아있는 유기물에서 CO_2의 농도는 대기 중 농도 7.2×10^{11}분의 1과 같다. 그러나 생물이 죽으면 그 생물의 ^{14}C는 더 이상 새로 보충하지 않아 ^{14}C의 농도는 감소한다. 따라서 생물체의 ^{14}C에 비해 죽은 물체에서의 농도는 생물체가 죽었던 때를 확증하는 데 사용된다. 방사능은 일반적으로 방사능으로 측정되기 때문에 지금 살아있는 유기물에서의 ^{14}C 방사능은 여하튼 발견되어야 한다. 다음의 예제 29.3은 이와 같은 것을 어떻게 해결하는지 그 방법을 보여준다.

예제 29.3 유기체–자연 탄소-14의 방사능

^{14}C에 대해 유기체의 ^{14}C의 농도가 대기 중과 같다면 살아있는 생물에서 발견되는 자연 탄소의 그램당 분당 붕괴로 평균 방사능을 결정하라.

풀이

문제상 주어진 값:

$$\frac{^{14}C}{^{12}C} = \frac{1}{7.2 \times 10^{11}} = 1.4 \times 10^{-12}$$

$$t_{1/2} = (5730\text{년})(5.26 \times 10^5\text{분/년}) = 3.01 \times 10^9\text{분}$$

탄소는 몰당 12.0 g을 가지고 있다.

반감기로부터 붕괴율은 다음과 같다.

$$\lambda = \frac{0.693}{t_{1/2}} = \frac{0.693}{3.01 \times 10^9\text{분}} = 2.30 \times 10^{-10}\text{분}^{-1}$$

탄소 1.0 g에 대해 몰수는 n = 1.0g/(12 g/몰) = 1/12몰이다. 따라서 원자의 수(N)은 다음과 같다.

$$N = nN_A = \left(\frac{1}{12}\text{몰}\right)(6.02 \times 10^{23}\text{C}) = 5.0 \times 10^{22}\text{ C 그램당 핵}$$

그램당 ^{14}C 핵의 수는 아래의 농도 인자로 주어진다.

$$N\left(\frac{^{14}C}{^{12}C}\right) = (5.0 \times 10^{22}\text{ C 핵/g})\left(1.4 \times 10^{-12}\frac{^{14}\text{C 핵}}{^{12}\text{C 핵}}\right) = 7.0 \times 10^{10}\ ^{14}\text{C 핵/g}$$

따라서 분당 탄소의 그램당 붕괴로 나타낸 방사능은 다음과 같다.

$$\left|\frac{\Delta N}{\Delta t}\right| = \lambda N = (2.30 \times 10^{-10}\text{분}^{-1})(7.0 \times 10^{10}\ ^{14}\text{C/g}) = 16\frac{^{14}\text{C 붕괴}}{\text{g·min}}$$

뼈나 옷조각 같은 가공품이 현재 일분당 탄소 그램당 8.0붕괴의 방사능을 갖는다면 원래의 살아있던 유기물은 약 한 반감기, 즉 5700년 전에 죽었다. 이것으로 그 가공품의 연대는 약 3700 B.C.라고 할 수 있다.

방사성 탄소 연대측정의 한계는 고고학 시료에서 아주 낮은 방사능을 측정할 수 있는 능력에 달려 있다. 현재의 기술은 시료의 크기에 의존하는데, 대략 40000~50000년의 연대측정 한계를 가지고 있다. 약 10번 반감기 후에, 방사능(시간당 그램당 두 개의 붕괴 이하)은 거의 측정될 수 없다.

또 다른 방사능 연대측정은 납-206(^{206}Pb)과 우라늄-238(^{238}U)을 사용하는 것이다. 이 연대측정법은 ^{238}U의 긴 반감기 때문에 지질학에서 광범위하게 사용된다(그림 29.8). 만일 암석 시료가 이들 방사능을 포함하고 있다면 납은 그 암석이 처음 생성되었을 때 거기에 있었던 우라늄의 붕괴 생성물로 가정한다. 따라서 $^{206}Pb/^{238}U$의 비는 암석의 연대를 측정하는 데 사용된다.

29.4 핵 안정과 결합에너지

지금까지는 불안정한 동위 원소의 성질을 논의하였지만, 이제부터는 안정한 동위 원소를 고려해 보자. 안정된 동위 원소들은 $Z = 43$(테크네튬)과 $Z = 61$(프로메티윰)을 제외하고는 1부터 83까지의 양성자수를 가지는 모든 원소에 대해 자연적으로 존재한다. 핵 안정성을 결정하는 핵 상호작용(힘)은 매우 복잡하다. 그러나 안정한 핵의 성질을 조사함으로써 핵 안정성에 대한 일반적인 기준을 얻을 수 있다.

29.4.1 핵군

먼저 고려해야 할 것 중 하나는 안정한 핵들에 있는 양성자와 중성자의 상대수이다. 핵 안정성은 양성자 사이의 쿨롱 반발력을 극복하는 우세한 핵력에 의존한다. 이 우세한 힘은 중성자에 대한 양성자의 비에 의존한다.

낮은 질량수를 갖는 안정한 핵(약 $A < 40$)에서 양성자에 대한 중성자의 비(N/Z)는 근사적으로 1이다. 즉, 양성자수와 중성자수는 같거나 근사적으로 같다. 이에 대한 예로써 ${}^{4}_{2}\mathrm{He}$, ${}^{12}_{6}\mathrm{C}$, ${}^{23}_{11}\mathrm{Na}$ 그리고 ${}^{27}_{13}\mathrm{Al}$이 있다. 약간 더 큰 질량수($A > 40$)를 갖는 안정한 핵에서 중성자수는 양성자수 보다 크다($N/Z > 1$). 핵이 무거워지면 무거워질수록 이 비는 더 커진다. 즉, 중성자수가 양성자수보다 더 커지면, N/Z 비는 A에 따라 증가한다.

이 경향은 안정한 핵에 대해 양성자수(Z)에 대한 중성자수(N)의 그림 29.12에 나타나 있다. 보다 무거운 안정한 핵은 $N = Z$ 선 위($N > Z$)에 있다. 무거운 핵의 예는 ${}^{62}_{28}\mathrm{N}$, ${}^{114}_{82}\mathrm{Sn}$과 ${}^{208}_{83}\mathrm{Pb}$이다.

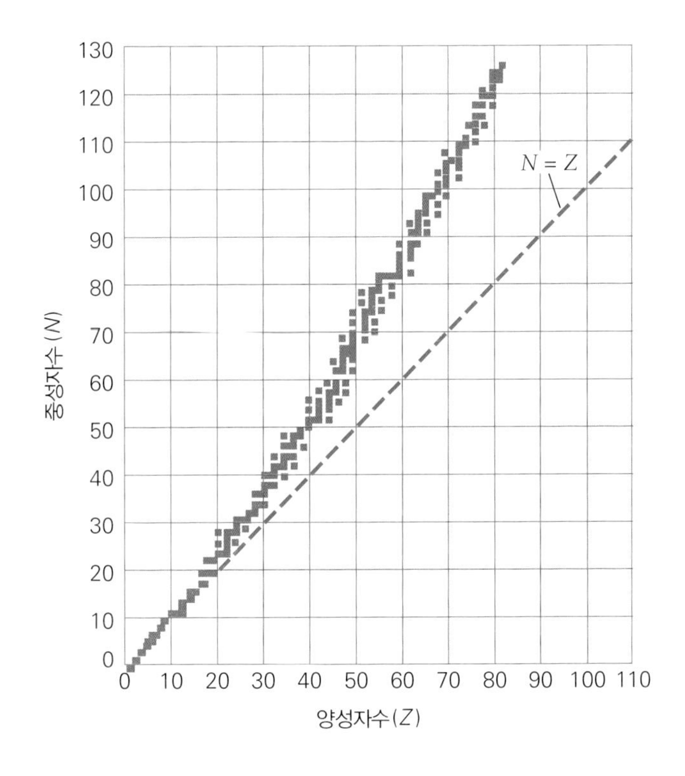

◀그림 29.12 **안정한 핵에서 Z-N의 그래프.** 질량수 $A < 40$($Z < 20$과 $N < 20$)를 갖는 핵에 대해 양성자수와 중성자수는 같거나 거의 같다. $A > 40$인 핵에 대해 중성자수가 양성자수보다 많다. 그래서 이 핵들은 $N = Z$ 선상에 놓이게 된다.

방사성 붕괴는 안정한 핵이 만들어질 때까지, 즉 생성된 핵이 그림 29.12의 안정 곡선에 있을 때까지 불안정한 핵의 양성자수와 중성자수를 '조정'한다. 알파 붕괴는 같은 양만큼 양성자수와 중성자수를 감소시키기 때문에 알파 붕괴만으로 곡선에 있는 안정 핵종보다 더 많은 중성자수를 갖는 핵이 된다. 그렇지만 알파 붕괴에 이어지는 β^- 붕괴는 이 붕괴의 효과가 중성자를 양성자로 바꾸기 때문에 안정한 원소로 만든다. 따라서 아주 무거운 불안정한 핵들은 안정한 핵에 도달할 때까지 알파, 베타 붕괴의 계열을 따라 붕괴한다(^{238}U에 대한 그림 29.8을 상기하라).

29.4.2 짝짓기

많은 안정된 핵들은 짝수의 양성자와 중성자수를 가지며, 극히 소수만이 양성자수와 중성자수가 모두 홀수이다. 안정된 동위 원소(표 29.2)를 보면, 168개의 안정한 핵은 짝수–짝수 결합이며, 107개는 짝수–홀수, 홀수–짝수 결합이고, 4개만이 양성자와 중성자수가 각각 홀수이다. 이들 4개가 가장 낮은 홀수의 양성자수를 갖는 원소의 동위 원소 4개가 있다. 즉, $^{2}_{1}$H, $^{6}_{3}$Li, $^{10}_{5}$B 그리고 $^{14}_{7}$N이다.

표 29.2 안정한 핵들의 짝짓기 효과

양성자수	중성자수	안정한 핵의 수
짝수	짝수	168
짝수	홀수	57
홀수	짝수	50
홀수	홀수	4

짝수–짝수 결합이 많은 것은 핵에서 양성자와 중성자가 짝을 이루려는 경향이 있다는 것을 나타낸다. 즉, 두 개의 양성자들은 짝을 이루며 별도로 두 개의 중성자도 짝을 이룬다. 위에서 언급한 4개의 핵 이외에 홀수–홀수의 핵은 모두 불안정하다. 또한 홀수–홀수와 짝수–홀수인 핵은 짝수–짝수인 핵보다 덜 안정한 경향이 있다.

짝짓기 효과(pairing effect)는 안정성에 대한 정성적 판단 기준을 제공한다. 예를 들어 알루미늄 동위 원소 $^{27}_{13}$Al (짝수–홀수)는 안정하나 $^{26}_{13}$Al(홀수–홀수)은 안정하지 않다.

핵 안정의 일반적인 판단 기준은 다음과 같이 요약될 수 있다.

1. 83보다 큰 양성자수($Z > 83$)를 갖는 모든 동위 원소들은 불안정하다.
2. (a) 대부분의 짝수–짝수 핵은 안정하다.
   (b) 많은 홀수–짝수 그리고 짝수–홀수인 핵은 안정하다.
   (c) 단지 네 개의 홀수–홀수인 핵이 안정하다($^{2}_{1}$H, $^{6}_{3}$Li, $^{10}_{5}$B 그리고 $^{14}_{7}$N).
3. (a) 40보다 작은 질량수를 갖는 안정한 핵($A < 40$)은 근사적으로 같은 수의 양성자와 중성자를 가진다.

(b) 40보다 큰 질량수를 갖는 안정한 핵($A > 40$)은 양성자보다 더 많은 중성자를 가진다.

29.4.3 결합에너지

핵 안정성의 중요한 정량적인 측면은 핵자의 결합에너지(binding energy)이다. 결합에너지는 알려진 핵질량과 함께 질량-에너지 등가를 고려함으로써 계산될 수 있다. 핵질량은 kg에 비해 너무 작아서 다른 표준 **원자질량단위**(atomic mass unit, **u**)가 사용된다. 원자질량단위와 kg 사이의 변환인자는 $1\ \text{u} = 1.66054 \times 10^{-27}$ kg이다.

여러 입자들의 질량은 보통 원자질량단위로 표시되며(표 29.3) 또는 에너지 등가이다. 에너지 등가는 아인슈타인의 질량-에너지 등가 관계인 $E = mc^2$을 반영한다. 다음 변환은 질량 1 u가 에너지 등가 931.5 MeV를 가지고 있음을 보여준다.

$$mc^2 = (1.66054 \times 10^{-27}\ \text{kg})(2.9977 \times 10^8\ \text{m/s})^2 = 1.4922 \times 10^{-10}\ \text{J}$$
$$= \frac{1.4922 \times 10^{-10}\ \text{J}}{1.602 \times 10^{-13}\ \text{J/Mev}} = 931.5\,\text{MeV}$$

이 값은 표 29.3의 첫 번째 항목처럼 나타내었다. 본문에서는 c^2으로 곱하는 것을 피하기 위해 필요할 때 편리한 변환인자로 931.5 MeV/u(4개의 유효숫자)를 사용할 것이다.

표 29.3 원자질량단위(u), 입자 질량과 에너지 등가

입자	질량(u)	질량(kg)	에너지 등가(MeV)
1 u 에너지 등가	1 (exact)	$1.660\,54 \times 10^{-27}$	931.5
전자	$5.485\,78 \times 10^{-4}$	$9.109\,35 \times 10^{-31}$	0.511
양성자	1.007 276	$1.672\,62 \times 10^{-27}$	938.27
수소 원자	1.007 825	$1.673\,56 \times 10^{-27}$	938.79
중성자	1.008 665	$1.675\,00 \times 10^{-27}$	939.57

표 29.3에서 양성자와 수소 원자는 각각 약간 다른 질량을 갖기 때문에 따로 열거하였다. 이 차이는 원자의 전자 때문에 생긴다. 실험적으로는 핵의 질량보다는 중성원자의 질량(핵자에 Z개의 전자를 합한)을 측정한다. 핵에너지의 계산에는 질량에서의 매우 작은 차가 포함되므로 전자의 질량은 중요하다.

핵 안정은 에너지의 관점에서 생각할 수 있다. 예를 들어 헬륨-4개의 핵자의 질량은 그것을 구성하는 핵자의 전체 질량과 비교하면 상당한 차이가 있다. 중성 헬륨 원자(2개의 전자를 포함)는 4.002 603 u의 질량을 갖는다. 2개의 전자와 2개의 중성자를 포함하는 수소 원자(^{1}H)의 총 질량은 다음과 같다.

$$2m(^1\text{H}) = 2.015\,650\,\text{u}$$
$$2m_n = 2.017\,330\,\text{u}$$
$$\text{총합} = 4.032\,980\,\text{u}$$

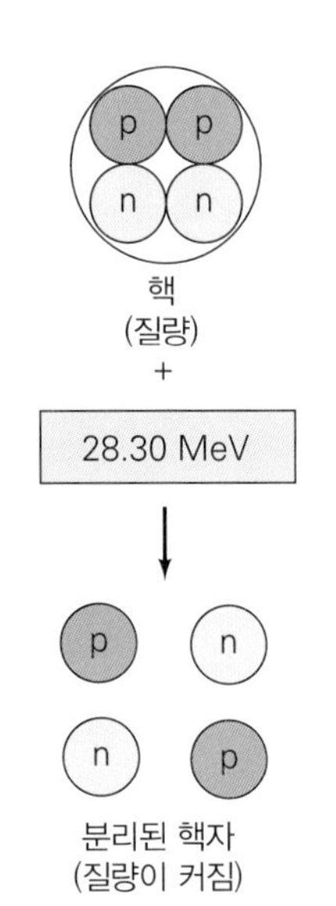

▲그림 29.13 **결합에너지.** 28.30 MeV가 헬륨 핵을 이것의 구성 성분인 양성자와 중성자로 분리하는 데 필요하다. 반대로 2개의 양성자와 2개의 중성자가 결합하여 헬륨 핵을 만들게 되면 28.30 MeV의 에너지가 방출될 것이다.

이 합의 값은 헬륨 원자의 질량(4.002603 u)보다 더 크다. 다시 말해 헬륨 핵은 그것을 이루는 각 부분의 합보다 양이 적다.

$$\Delta m = [2m(^1\text{H}) + 2m_n] - m(^4\text{He})$$
$$= 4.032980\,\text{u} - 4.002603\,\text{u} = 0.030377\,\text{u}$$

(두 개의 수소 원자는 2개의 전자를 포함하기 때문에 헬륨의 2개의 전자 질량을 뺌을 유의하라.) **질량 결손**(mass defect)이라고 하는 질량에서의 차이는 에너지 등가 (0.030377 u) (931.5 MeV/u) = 28.30 MeV을 갖는다. 이 에너지는 ^{4}He 핵의 **총 결합에너지**(total binding energy, E_b)이다. 일반적으로 한 핵에 대해 총 결합에너지(E_b)는 질량 결손 Δm과 다음과 같은 관계를 갖는다.

$$E_b = (\Delta m)c^2 \quad (\text{총 결합에너지}) \tag{29.5}$$

결합에너지의 다른 해석은 구성 핵자를 완전히 자유 입자로 분리하는 데 필요한 에너지를 나타낸다는 것이다. 이 개념은 헬륨 핵에 대한 그림 29.13에 나타내었다. 이 핵에 대해 최소한 28.30 MeV의 에너지가 그 핵을 4개의 핵자로 분리하는 데 필요하다.

안정적인 핵에 대한 **핵자당 평균 결합에너지**(average binding energy per nuclean)를 고려함으로써 핵력의 본질에 대하여 이해할 수 있다. 이 양은 핵의 총 결합에너지를 핵자의 총수로 나눈 것, 즉 E_b/A이다. 여기서 A는 질량수이다. 예를 들어 그림 29.13의 헬륨 핵(^{4}He)에 대해 핵자당 평균 결합에너지는 다음과 같다.

$$\frac{E_b}{A} = \frac{28.30\,\text{MeV}}{4} = 7.075\ \text{MeV/핵자}$$

원자에서 전자의 결합에너지(바닥 상태에 있는 수소 원자에 대해 13.6 eV)와 비교하면, 핵 결합에너지는 수백만 배 더 크며, 매우 강력한 결합력을 나타낸다.

예제 29.4 가장 안정한 핵–핵자당 결합에너지

철-56($^{56}_{26}$Fe)의 핵자당 평균 결합에너지를 계산하라.

풀이

문제상 주어진 값:

$m_{\text{Fe}} = 55.934939$ u

$m_{\text{H}} = 1.007825$ u

$m_{\text{n}} = 1.008665$ u

(핵질량보다는 철 원자와 수소 원자의 질량을 사용한다는 것에 대해 유의하자.)

질량 결손은 철 원자의 질량과 각 구성 핵자들의 질량 사이의 차이다. 구성 핵자들의 총 질량(여기서 26개의 수소 원자와 30개의 중성자)은 다음과 같다.

$$26m_{\text{H}} = 26(1.007\,825\,\text{u}) = 26.203\,450\,\text{u}$$
$$30m_{\text{n}} = 30(1.008\,665\,\text{u}) = 30.259\,950\,\text{u}$$
$$\text{총합} = 56.463\,400\,\text{u}$$

따라서 질량 결손은 다음과 같다.

$$\Delta m = 26m_{\text{H}} + 30m_{\text{n}} - m_{\text{Fe}}$$
$$= 56.463\,400\,\text{u} - 55.934\,939\,\text{u} = 0.528\,461\,\text{u}$$

총 결합에너지는 1 u의 에너지 등가를 사용하여 쉽게 계산된다.

$$E_b = (\Delta m)c^2 = (0.528\,461\,\text{u})(931.5\,\text{MeV/u}) = 492.3\,\text{MeV}$$

철 핵은 56개의 핵자로 이루어졌다. 그래서 핵자당 평균 결합에너지는 다음과 같이 계산된다.

$$\frac{E_b}{A} = \frac{492.3 \text{ MeV}}{56} = 8.791 \text{ MeV/ 핵자}$$

E_b/A를 여러 핵에 대해 계산하고 그것을 질량수에 대하여 그려보면 그림 29.14와 같은 곡선을 보여준다. E_b/A는 가벼운 핵에서 A의 증가에 따라 급하게 증가하며, 약 8.0 MeV/핵자에서($A = 15$ 근처) 평평하기 시작하여 가장 안정한 핵인 철 근처에서 최댓값 약 8.8 MeV/핵자가 된다(예제 29.4 참조). $A > 60$에서 E_b/A 값은 서서히 감소하여 평균적으로 핵자들이 덜 단단하게 결합되는 것을 보인다.

곡선에서 최대의 중요성을 과소평가할 수 없다. 곡선의 양쪽에서 무슨 일이 일어날 것인지 고려해 보자. 만약 무거운 핵이 가벼운 두 개의 핵으로 쪼개지면, 즉 **분열**(fission)이라 부르면 그 핵자들은 더 단단하게 결합되며 에너지가 방출될 것이다. 질량이 작은 쪽에서 두 개의 핵이 **융합**(fusion)이라는 과정으로 융합하면 더 단단하게 결합된 핵이 만들어지며 에너지가 방출될 것이다. 이 과정의 자세한 설명 및 응용은 30장에서 상세하게 논의할 것이다.

그림 29.14로부터 핵자당 평균 결합에너지는 $E_b/A \approx 8$ MeV/핵자와 크게 다르지 않음을 알 수 있다. 따라서 근사적으로 $E_b \propto A$이다. 즉, 총 결합에너지는 핵자의 총수에 비례한다. 이 비례 관계는 전기력과는 아주 다른 핵력의 특성을 보여준다. 인력인 핵력은 핵에서 모든 핵자 사이에 작용한다고 가정하자. 그러면 각각의 핵자 쌍들은 전체 결합에너지에 기여한다. 모든 조합을 생각하면 통계적으로 A개의 핵자를 포함하는 핵에는 $A(A-1)/2$개의 쌍이 있다. 따라서 전체 결합에너지에 $A(A-1)/2$의 기여가 있을 것이다. $A \gg 1$인 핵(무거운 핵)에서 $A(A-1) \approx A^2$이고, 결합에너지는 A의 제곱에 비례하는 것을 예상할 수 있다. 이것은 핵자-핵자의 힘이 장거리에 걸쳐 작용한다는 결과를 기대할 것이다. 그러나 실험에서 본 것처럼 $E_b \not\propto A^2$이다. 이 결

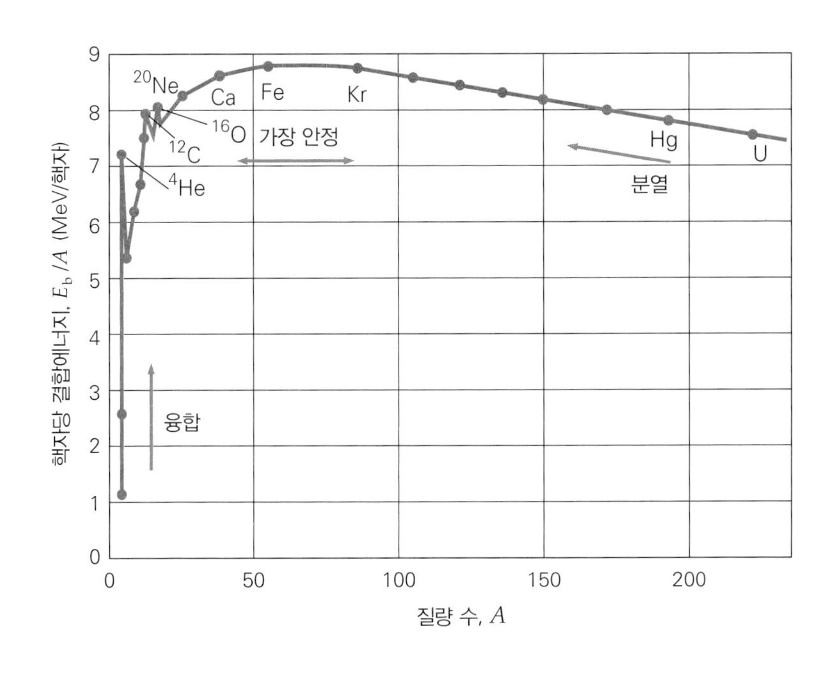

◀그림 29.14 **질량수에 대한 핵자당 결합에너지의 도표.** 핵자당 결합에너지(E_b/A)를 질량수 A에 대해 그리면 이 곡선은 철(Fe) 근처에서 최대가 된다. 이것은 이 영역에 있는 핵이 평균적으로 가장 단단하게 결합되어 있으며, 안정성이 가장 크다는 것을 나타낸다. 극도로 무거운 핵들은 에너지를 방출하며 분열될 수 있다. 극도로 가벼운 핵들은 융합에 의해 에너지를 방출할 수 있다.

과는 어떤 주어진 핵종이 모든 다른 핵종과 결합하지 않는다는 것을 나타낸다. 포화(saturation)라고 하는 이 현상은 핵력이 매우 짧은 거리에 걸쳐 작용하고 핵자들은 단지 가장 가까운 핵종들만 상호작용을 한다는 것을 의미한다.

29.4.4 마법수

원자에 채워진 껍질의 개념은 28장에서 조사되었다. 핵에서도 유사한 효과가 있다. 비록 핵 내의 개개의 핵자 '궤도'의 개념을 가시화하는 것은 어렵지만 실험적 증거는 양성자나 중성자의 수가 2, 8, 20, 28, 50, 82, 126일 때 '닫친 핵 껍질'의 존재를 나타낸다. 핵 껍질 모형에 대한 중요한 연구는 노벨 물리학 수상자인 독일 태생의 메이어(Maria Goeppert-Mayer, 1906~1972)가 하였다.

여러 가지 원소에서 안정한 동위 원소의 수는 그러한 **마법수**(magic number)의 확고한 증거를 제공한다. 만약 어떤 원소가 마법수의 양성자를 가진다면, 특히 많은 수의 안정한 동위 원소를 가진다. 양성자수가 마법수로부터 멀리 떨어진 원소는 단지 한두 개(또는 전혀 없거나)의 안정한 동위 원소를 갖는다. 예를 들어 13개의 양성자를 갖는 알루미늄은 1개의 안정한 동위 원소(^{27}Al)를 갖는다. 그러나 $Z = 50$(마법수)인 주석은 $N = 62$부터 $N = 74$까지 10개의 안정한 동위 원소를 갖는다. $Z = 49$인 인접한 인듐은 두 개의 안정한 동위 원소를 가지며, $Z = 51$인 안티몬도 역시 두 개의 안정한 동위 원소만 갖는다.

마법수에 대한 또 다른 실험적 증거는 결합에너지와 관련되어 있다. 고에너지 감마선 광자는 금속에서 광전 효과와 유사한 방식으로(광핵 효과라고 불리는 현상) 핵에서 단일 핵종을 떼어내는 데 사용될 수 있다. 실험적으로 주석처럼 마법수의 양성자를 갖는 핵종은 마법수의 양성자를 갖지 않은 핵종보다 핵에서 양성자를 떼어내는 데 2 MeV 더 많은 광자에너지를 요구한다. 따라서 마법수는 아주 큰 결합에너지를 가지며, 평균보다 더 높은 안정성을 나타내는 지표가 된다.

연습문제

통합 연습문제(Integrated Exercises, IEs)는 두 부분으로 이루어진다. 첫 번째 부분은 일반적으로 기본 원칙과 추론에 기초한 개념적 답변 선택을 요구한다. 두 번째 부분은 연습의 첫 번째 부분에서 이루어진 개념적 선택과 관련된 정량적 계산을 필요로 한다. 기호(•)은 문제의 난이도를 의미한다. 쉬움(•), 보통(••), 어려움(•••)

29.1 핵의 구조와 핵력

1. • 다음 핵의 중성 원자에 있는 양성자, 중성자, 전자의 수를 결정하라.
(a) ^{90}Zr (b) ^{208}Pb

2. • 칼륨 동위 원소는 아르곤-40과 동일한 수의 중성자를 가지고 있다. 이 칼륨의 동위 원소의 표기를 쓰라.

3. • 한 동위 원소는 질량번호가 235이고 다른 동위 원소는 질량번호가 238이다. 각각의 중성 원자에서 양성자, 중성자, 전자의 수는 얼마인가?

4. •• 핵의 반지름에 대한 실험적 표현은 $R = R_0 A^{1/3}$이다. 여기서 $R_0 = 1.2 \times 10^{-15}$ m와 A는 핵의 질량수이다. (a) 다음의 불활성 기체의 핵 반지름을 구하라. He, Ne, Kr, Xe, Rn (b) 이들 각 핵종과 관련된 핵의 밀도를 결정하여 비교하라.

29.2 방사능

5. IE• 삼중수소는 방사성 원소이다. (a) 어떤 붕괴가 예측되는가? (1) β^+, (2) β^-, (3) α. 그 이유는? (b) 정확한 붕괴 과정을 작성하고, 딸핵은 안정한가?

6. • 다음 핵들의 반응식을 작성하라. (a) ^{237}Np의 알파 붕괴, (b) ^{32}P의 β^- 붕괴, (c) ^{56}Co의 β^+ 붕괴, (d) ^{56}Co의 전자 포획, (e) ^{42}K의 γ 붕괴

7. • 납-209 핵은 알파-베타 붕괴와 베타-알파 붕괴를 한다. 각 붕괴 과정을 작성하라.

8. •• 다음의 핵붕괴 과정 식에서 빈칸을 채워라.

   a. $^{238}_{92}$____ $\rightarrow ^{234}_{90}$____ + ____

   b. $^{40}_{19}\text{K} \rightarrow ^{40}_{20}\text{Ca} +$ ____

   c. $^{236}_{92}\text{U} \rightarrow ^{131}_{53}\text{I} +$ ____ $\left(^{1}_{0}\text{n}\right) + ^{102}_{39}$ ____

   d. $^{23}_{11}\text{Na}^{*} \rightarrow \gamma +$ ____

   e. $^{11}\text{C} +$ ____ $\rightarrow$ ____B

9. ••• 넵티늄-237 붕괴 계열은 그림 29.15에 나타내었다. (a) 각 붕괴 과정에서 붕괴모드는 무엇인가? (b) 각 붕괴의 마지막 딸핵을 결정하라.

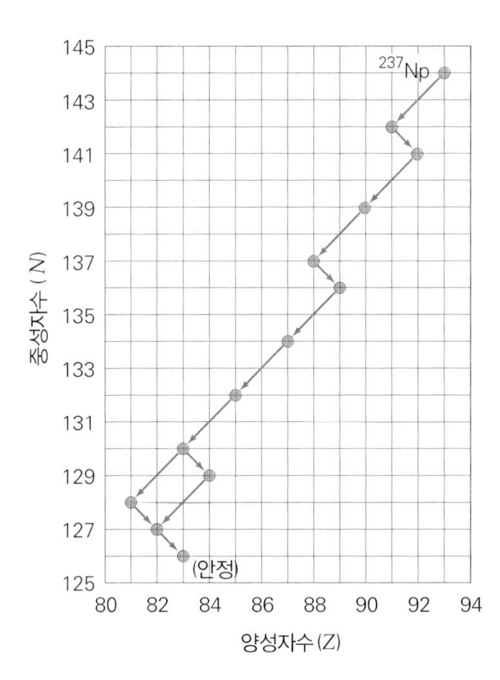

▲ 그림 29.15 **넵티늄-237 붕괴 계열**

29.3 붕괴율과 반감기

10. • 현재 베타선원이 20 mCi의 방사능을 가지고 있다. (a) 현 초당 붕괴로 나타난 붕괴율은 얼마인가? (b) 붕괴할 때마다 한 개의 베타 입자가 방출된다고 하면 분당 얼마나 많은 베타 입자가 방출되겠는가?

11. • 1.25 μCi의 알파 선원이 2.78 meV의 운동에너지를 갖고 알파 입자를 방출한다. 이때 만들어지는 에너지의 비율은 얼마인가(Watt)?

12. •• 방사능 삼중수소의 시료가 방사능의 80.0%를 잃는 데 필요한 시간을 계산하라(삼중수소의 반감기는 12.3년이다).

13. IE•• 탄소-14는 발굴된 뼈의 연대를 추정하는 데 사용된다. (a) 만약 뼈 A의 활동(붕괴/분)이 B의 활동보다 높다면, A는 B의 연대와 비교하면? (1) 더 오래되었다, (2) 더 짧다, (3) 같다. 그 이유를 설명하라. (b) A의 시료는 4.0베타 붕괴/(분·g)의 탄소를 가지고 있는 반면, B의 활성도는 1.0 베타 붕괴/(분·g)의 탄소에 불과한 것으로 밝혀졌다. 두 뼈의 연대 차이는 얼마나 될까?

14. •• 고대 양피지 위에 있는 몇 마리의 고대의 오리들이 동굴 안의 항아리에 봉인된 채로 발견된다고 가정해 보자. 만약 탄소-14가 그 양피지가 28650년된 것을 보여준다면, 원래의 탄소-14 원자의 몇 퍼센트가 여전히 표본에 남아 있는가?

15. •• 프랑슘-223($^{223}_{87}$Fr)의 반감기는 21.8분이다. (a) $^{223}_{87}$Fr의 25.0 mg 시료에는 초기에 얼마나 많은 핵이 있는가? (b) 이 핵의 초기 붕괴량은 얼마인가? (c) 1시간 49분 후에 얼마나 많은 핵이 존재할 것인가? (d) 나중에 시료의 붕괴량은 얼마가 될까?

16. •• 1898년 피에르와 마리 퀴리는 8톤의 우라늄 광석에서 10 mg의 라듐-226을 분리했다. 만약 이 시료가 박물관에 있었다면, (a) 2109년에 라듐이 얼마나 남을까? (b) 이 기간 동안 얼마나 많은 라듐 핵이 붕괴되는가?

17. ••• 미국의 고품질 우라늄-238 광석(고급 광석은 톤당 약 10 kg의 $^{238}U_3O_8$를 함유) 매장량은 약 50만 톤으로 추정된다. 지질학적 변화를 무시한 채, 약 48억 년 전 지구가 형성되었을 때 이 고급 광석에 존재하는 ^{238}U의 질량은 얼마인가?

29.4 핵 안정과 결합에너지

18. • 다음 핵의 쌍 중에서 중성자를 떼어내기가 더 쉬운 핵을 선택하라.

   (a) $^{16}_{8}$O 또는 $^{17}_{8}$O (b) $^{40}_{20}$Ca 또는 $^{42}_{20}$Ca

   (c) $^{10}_{5}$B 또는 $^{11}_{5}$B (d) $^{208}_{82}$Pb 또는 $^{209}_{83}$Bi

19. • $^2_1$H의 전체 결합에너지는 2.224 MeV이다. 이 정보를 사용하여 알려진 양성자와 중성자의 질량으로부터 ^{2}H 핵의 질량을 계산하라.

20. •• (a) ^{12}C 핵의 총 결합에너지는 얼마인가? (b) 핵자당 평균 결합에너지는 얼마인가?

21. •• 수소 중 어떤 동위 원소가 중수소 또는 삼중수소 핵자당 (a) 가장 높은 총 결합에너지와 (b) 가장 낮은 평균 결합에너지를 얼마나 가지고 있는가? 수학적으로 답하라.

22. •• (a) 질소-14 핵의 모든 핵은 완전히 분리하는 데 얼마나 많은 에너지가 필요한가? 원자 질소는 14.003 074 u의 질량을 가지고 있다. (b) 이 핵종의 핵자당 평균 결합에너지를 계산하라.

23. •• 알파 입자가 알루미늄-27 핵에서 온전하게 제거될 수 있다고 가정하자(m = 26.981 541 u). (a) 이 과정을 나타내는 방정식을 쓰고 딸핵을 결정하라. (b) 만약 딸 핵종이 22.989 770 u의 질량을 가지고 있다면, 이 작동을 하는 데 얼마나 많은 에너지가 필요한가?

24. •• $^{236}_{92}$U의 원자 질량은 235.043 925 u이다. 이 동위 원소에 대한 핵자당 평균 결합에너지를 구하라.

CHAPTER 30

핵반응과 소립자

Nuclear Reactions and Elementary Particle

중성미자 검출 실험실은 우주의 역사와 구조에 대한 자세한 내용을 밝혀내는 데 도움을 주고 있다.

이 장의 처음 사진은 남극의 아이스큐브 뉴트리노 천문대(IceCube Neutrino Observatory)의 외부 구조를 보여준다. 이곳은 얼음 팩과 상호작용을 통해 깊은 공간에서 중성미자라고 불리는 소립자들을 감지하도록 설계되었다. 과학자들은 이 기구와 거대 하드론 충돌기(LHC)와 같은 다른 기기로 빅뱅의 세부사항을 조사하고, 이러한 중성미자를 포함한 물질–소립자의 구성 원소를 지배하는 법칙과 우주의 본질을 더 잘 이해하기를 바라고 있다.

이 장은 연금술사들의 오래된 꿈, 즉 어떤 한 원소를 다른 원소로 전환하는 것과 관련된 핵반응을 생각하는 것으로 시작한다. 이것은 에너지 생성의 실용적인 응용뿐만 아니라 우리의 태양과 같은 별에서 엄청난 에너지의 줄기가 생성되는 방법에 대한 이해로 이어질 것이다. 마지막으로 소립자와 힘에 대한 현재의 이론을 조사한다.

30.1 핵반응

원자나 분자 사이의 일반적인 화학 반응은 궤도 전자만이 관여한다. 이때 원자의 핵은 그 과정에 관계하지 않으며 원자는 원래의 성질을 유지한다. 한편 **핵반응**(nuclear reaction)에서 원래의 핵들은 다른 원소의 핵들로 바뀐다. 과학자들은 고에너지 입자로 핵을 충돌시키는 실험 연구를 하는 동안 이런 형태의 반응을 처음으로 알게 되었다.

최초 인공 핵반응은 1919년 어니스트 러더포드(Ernest Rutherford)에 의해 수행되었다. 질소에 자연방사선원(^{214}Bi)으로부터 나오는 알파 입자로 충돌시켰다. 이 반응들에 의해 생성된 입자들은 양성자로 확인되었다. 러더포드는 질소 핵과 충돌하는 알파 입자가 때로는 양성자 하나를 만드는 반응을 유도할 수 있다고 결론을 내렸다. 질소 핵은 다음 반응에 의해 산소 핵으로 전환된다.

$$\begin{array}{ccccccc} {}^{14}_{7}\mathrm{N} & + & {}^{4}_{2}\mathrm{He} & \rightarrow & {}^{17}_{8}\mathrm{O} & + & {}^{1}_{1}\mathrm{H} \\ \text{질소} & & \text{알파 입자} & & \text{산소} & & \text{양성자} \\ (14.003074\,\mathrm{u}) & & (4.002603\,\mathrm{u}) & & (16.99133\,\mathrm{u}) & & (1.007825\,\mathrm{u}) \end{array}$$

(원자 질량은 나중을 위해 주어진다.)

이 특별한 반응과 유사한 많은 다른 반응에서 실제로 아주 짧은 수명(중간 또는 순간)을 갖는 들뜬 상태의 **복합핵**을 형성한다. 앞의 반응은 좀더 정확하게 다음과 같이 쓸 수 있다.

$${}^{14}_{7}\mathrm{N} + {}^{4}_{2}\mathrm{He} \rightarrow \left({}^{18}_{9}\mathrm{F}^{*}\right) \rightarrow {}^{17}_{8}\mathrm{O} + {}^{1}_{1}\mathrm{H}$$

중간핵은 불소 핵 ${}^{18}_{9}\mathrm{F}^{*}$이며, 들뜬 상태(*)에 있다. 복합핵은 입자를 방출하여 이 경우에는 양성자를 방출하여 과잉 에너지를 잃는다. 복합핵은 아주 짧은 시간 동안만 존재하기 때문에 핵반응 식으로부터 흔히 생략되어 진다.

복합핵을 수반하지 않는 많은 반응이 있다. 이 유형에서 개별 핵은 짧은 시간에 표적과 입사 입자 사이에 전달되며 임시 핵은 형성되지 않는다. 이런 종류의 반응을 **직접** 또는 **전이 반응**(direct or transfer reaction)이라고 한다. 출입 입자의 산란 패턴에 의한 복합핵 반응과 구별된다. 이러한 유형의 특이 사항은 픽업 반응(pickup reaction)으로, 핵이 다른 핵에 거의 방해받지 않고 표적 핵에 직접 추출된다. 이러한 유형의 반응의 예는 ${}^{12}_{6}\mathrm{C} + {}^{3}_{2}\mathrm{He} \rightarrow {}^{11}_{6}\mathrm{C} + {}^{4}_{2}\mathrm{He}$이다. 어떤 종류의 핵이 ${}^{12}_{6}\mathrm{C}$ 표적에서 픽업되었는지 알 수 있는가?

반응 세부 사항과 상관없이 러더포드가 발견한 것은 한 원소가 다른 원소로 변하는 방법이었다. 이것은 연금술사들의 오랜 꿈이었는데 그들의 주된 목표는 수은이나 납과 같은 보통의 금속들을 금으로 변환시키는 것이다. 오늘날 겉보기에는 유익한 변형과 많은 다른 변질들은 대전 입자를 고속으로 가속시키는 입자 가속기로 실행한다. 이 입자들이 표적 핵을 때릴 때 핵반응이 일어난다. 한 개의 양성자가 수은 핵과 충돌할 때 일어날 수 있는 한 가지 반응은 다음과 같다.

$$\begin{array}{ccccccc} {}^{200}_{80}\mathrm{Hg} & + & {}^{1}_{1}\mathrm{H} & \rightarrow & {}^{197}_{79}\mathrm{Au} & + & {}^{4}_{2}\mathrm{He} \\ \text{수은} & & \text{양성자} & & \text{금} & & \text{알파 입자} \\ (199.968\,321\mathrm{u}) & & (1.007\,825\mathrm{u}) & & (196.966\,56\mathrm{u}) & & (4.002\,603\mathrm{u}) \end{array}$$

여기서 수은은 금으로 바뀐다. 결국 현대 물리학자들은 연금술사들의 꿈을 충족시킨 것이다. 그렇지만 가속기에서 이렇게 작은 양의 금을 만드는 것은 금의 가치보다 훨씬 더 많은 비용이 든다.

앞서 언급된 것들과 같은 반응들은 다음과 같은 일반적인 형태를 갖는다.

$$\mathrm{A} + \mathrm{a} \rightarrow \mathrm{B} + \mathrm{b}$$

여기서 대문자는 핵을 나타내고 소문자는 입자를 나타낸다. 이런 반응들은 다음과 같이 표기하기도 한다.

$$\mathrm{A(a,\ b)B}$$

예를 들어 이 형태로 앞의 두 반응은 다음과 같이 더 간단하게 쓸 수 있다.

$$^{14}\mathrm{N}(\alpha,\ \mathrm{p})^{17}\mathrm{O}\text{와 } ^{200}\mathrm{Hg}(\mathrm{p},\ \alpha)^{197}\mathrm{Au}$$

주기율표(그림 29.9)에는 100개 이상의 원소가 있는데 오직 90개의 안정한 원소만이 지구에서 자연적으로 존재한다. 더 무거운 원소로부터 지속적으로 생성되는 연쇄붕괴 때문에 환경에는 불안정한 핵 물질을 가진 원소들이 존재한다. 플루토늄-239와 같이 우라늄보다 더 큰 양성자를 갖는 것들뿐만 아니라 테크네슘($Z = 43$)과 프로메티움($Z = 61$) 등은 계속 인공 핵반응에 의해 만들어진다(만일 테크네슘과 프로메티움이 지구가 형성되었을 때 존재했었다면 그것들은 붕괴된지 오래되었을 것이다). **테크네슘**(technetium)은 인공이라는 그리스어 **테크네토스**(technetos)로부터 붙여진 것이다. 테크네슘은 인공적인 방법에 의해 만들어진 최초의 미지 원소이었다. $Z = 118$ 까지의 Z를 갖는 원소들은 인공적으로 만들어진다.

30.1.1 질량-에너지의 보존과 Q값

모든 핵반응에서 총 상대론적 에너지 $E(= K + mc^2)$는 보존되어야 한다. 앞에서 논의한 러더포드 반응을 생각해 보자. $^{14}\mathrm{N}(\alpha,\ \mathrm{p})^{17}\mathrm{O}$. 총 상대론적 에너지 보존에 의하여

$$(K_\mathrm{N} + m_\mathrm{N}c^2) + (K_\alpha + m_\alpha c^2) = (K_\mathrm{O} + m_\mathrm{O}c^2) + (K_\mathrm{p} + m_\mathrm{p}c^2)$$

이고, 여기서 아래첨자는 특별한 입자나 핵을 나타낸다. 이 식을 다시 정리하면 다음과 같다.

$$K_\mathrm{O} + K_\mathrm{p} - (K_\mathrm{N} + K_\alpha) = (m_\mathrm{N} + m_\alpha - m_\mathrm{O} - m_\mathrm{p})c^2$$

이 반응의 **Q값**(Q value)은 운동에너지에서 변화로 정의한다. 그리고

$$\begin{aligned} Q &= \Delta K = K_\mathrm{f} - K_\mathrm{i} \\ &= (K_\mathrm{O} + K_\mathrm{p}) - (K_\mathrm{N} + K_\alpha) \quad (Q\text{값 정의}) \end{aligned} \tag{30.1}$$

만약 $Q > 0$이면, 반응 후 총 운동에너지가 증가하는 것임을 유의하라. 또한 $Q < 0$

이면 운동에너지가 감소하게 된다. 식 30.1은 질량으로 표현할 수 있다.

$$Q = (m_N + m_\alpha - m_O - m_p)c^2 \tag{30.2}$$

$A + a \rightarrow B + b$ 형태의 일반적인 반응에서 다음과 같이 나타낸다.

$$Q = \Delta K = (m_A + m_a - m_B - m_b)c^2 = (\Delta m)c^2 \tag{30.3}$$

(질량에 의한 Q값)

식 30.3로부터 Q에 대한 다른 해석은 그것이 반응의 초기 반응물과 마지막 생성물의 질량 등가 에너지의 차라는 것이다. 이것은 질량이 운동에너지로 변환될 수 있다는 사실을 반영한다. 질량차 Δm은 양이나 음일 수 있다. (주의: 질량차는 관례적으로 사용하는 것과 달리 $\Delta m = m_i - m_f$로 사용하고, 이것은 Q값이 ΔK와 관련이 있으므로 당연하다.) 따라서 그 계의 총 질량이 반응하는 동안 증가한다면 운동에너지는 감소하고, Q가 **음수**가 되어야 한다. 반응의 종류는 **흡열 반응**(endoergic reaction)이라 한다. 다른 한편으로는 만약 총 질량이 감소하고 운동에너지는 증가한다면 Q값은 양수이고 반응 종류로 **발열 반응**(exoergic reaction)이라고 한다.

Q가 음수이라면 반응이 일어나기 전에 최소한의 운동에너지를 요구한다. 이것을 알기 위해 러더포드의 원래 반응을 좀 더 상세하게 조사해 보자. $^{14}N(\alpha, p)^{17}O$ 반응식에 질량을 사용하면 다음과 같다.

$$\begin{aligned} Q &= (m_N + m_\alpha - m_O - m_p)c^2 \\ &= \left[(14.003\,074\,u + 4.002\,603\,u - 16.999\,133\,u + 1.007\,825\,u)\right]c^2 \\ &= (-0.001\,281\,u)c^2 \end{aligned}$$

또는 (29.4절로부터 질량-에너지 등가 인자를 사용하여) MeV인 값으로 나타내면 다음과 같다.

$$Q = (-0.001281u)(931.5\ MeV/u) = -1.193\ MeV$$

음수의 Q값을 갖는 반응은 흡열 반응이고, 이 반응에서는 반응하는 입자들의 운동에너지 일부가 질량으로 변한다. 양수의 Q값을 갖는 반응과 같이 다음 예제를 통해 알아보자.

예제 30.1 가능한 에너지원 – 반응의 Q값

다음 반응이 흡열 반응인지 발열 반응인지 결정하고 Q값을 구하라.

^2_1H	+	^2_1H	→	^3_2He	+	^1_0n
중수소		중수소		헬륨		중성자
(2.014 102 u)		(2.014 102 u)		(3.016 029 u)		(1.008 665 u)

풀이

Δm은 처음 질량에서 나중 질량을 뺀 것이다. Δm을 구하면 다음과 같다.

$$\begin{aligned} \Delta m &= 2m_D - m_{He} - m_n \\ &= 2(2.014\,102\,u) - 3.016\,029\,u - 1.008\,665\,u = +0.003\,51\,u \end{aligned}$$

따라서 총 질량이 감소되었으며, 총 운동에너지는 증가하였다. 그리고 반응은 발열이다. Q값은 다음과 같다.

$$Q = (+0.003\,51\,u)(931.5\ MeV/u) = +3.27\ MeV$$

방사성 붕괴(29장)는 한 개의 반응핵과 두 개 이상의 생성물을 갖는 특별한 형태의 핵반응이다. 방사성 붕괴의 Q값은 운동에너지가 생기기 때문에 항상 양의 값이다. 붕괴 반응에서 Q는 **붕괴에너지**(disintegration energy)라고 한다.

반응의 Q값이 음의 값일 때 입사 입자가 최소한 Q와 같은 운동에너지를 갖는다면, 즉 $K_{\min} \geq |Q|$이라면 반응이 일어날 것으로 생각할 수 있다. 그러나 운동에너지 모두가 질량으로 변한다면 입자는 반응 후에 정지하게 되는데, 이것은 선운동량 보존 법칙에 위배된다. 흡열 반응에서 선운동량이 보존되기 위해서 입사 입자의 운동에너지는 $|Q|$보다 더 커야 한다. 한 입자가 흡열 반응을 하기 위한 최소 운동에너지를 **문턱에너지**(threshold energy, $K_{\min}$)라고 한다. 비상대론적 에너지에 대한 문턱에너지는 다음과 같다.

$$K_{\min} = \left(1 + \frac{m_a}{M_A}\right)|Q| \quad \text{(문턱에너지)} \tag{30.4}$$

여기서 m_a 와 M_A 는 각각 입사 입자와 표적 핵의 질량이다. 문턱에너지의 계산은 예제 30.2에서 보여준다.

예제 30.2 질소를 산소로 전환－문턱에너지

$^{14}N(\alpha, p)^{17}O$ 반응에 대한 문턱에너지는 얼마인가?

풀이

문제상 주어진 값:

$m_a = m_\alpha = 4.002603$ u

$M_A = m_N = 14.003074$ u

$Q = -1.193$ MeV

식 30.4로부터 문턱에너지를 구하면 다음과 같다.

$$K_{\min} = \left(1 + \frac{m_\alpha}{M_N}\right)|Q| = \left(1 + \frac{4.002\,603\,\text{u}}{14.003\,074\,\text{u}}\right)|-1.193\,\text{MeV}|$$

$$= 1.534\,\text{MeV}$$

30.1.2 반응 단면적

흡열 반응에서 입사 입자가 여러 경쟁 반응에 대한 문턱에너지보다 더 많은 에너지를 가질 경우, 그중 하나가 발생할 수 있으며 확률도 다를 수 있다. 특정 반응이 일어날 확률의 측정은 그 반응에 대한 단면적이라 하고, 이 반응에 대한 확률은 많은 인자에 의존한다. 보통 그것은 초기 입자의 운동에너지에 의존하는데, 때때로 매우 극단적이다. 양으로 대전된 입사 입자에 대한 쿨롱 장벽(척력)의 존재는 주어진 반응의 확률이 입사 입자의 운동에너지에 따라 일반적으로 증가한다는 것을 의미한다.

전기적으로 중성인 중성자는 쿨롱 장벽에 영향을 받지 않는다. 결과적으로 중성자를 포함하는 반응의 단면적은 낮은 에너지의 중성자에 대해서도 아주 크다. $^{27}Al(n, \gamma)^{28}Al$ 같이 중성자를 포함한 반응은 중성자 포획 반응이라고 한다. 중성자의 에너지가 증가함에 따라 단면적은 그림 30.1에서 보인 것처럼 상당히 변한다. 공명이라고 하는 곡선상의 최고점은 형성된 핵에서 핵에너지 준위와 관계된다. 중성자

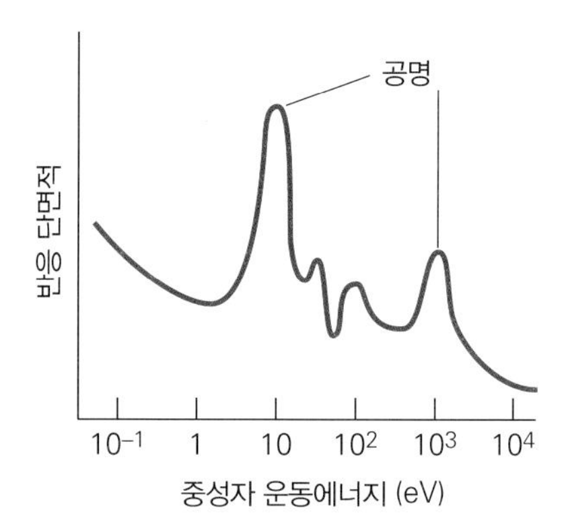

▲ 그림 30.1 **중성자 포획 단면적.** 중성자 포획 단면적-에너지의 전형적 그래프. 포획의 확률이 가장 큰 최고점을 공명이라고 한다. 이것들은 중성자가 임시로 포획될 때 형성된 복합핵에서의 에너지 준위에 대응한다.

의 에너지가 에너지 준위의 하나에 있는 마지막 핵을 만드는 것과 같다면 중성자 흡수가 일어날 확률이 비교적 높다. 일반적으로 핵은 앞서 언급한 약칭 표기법에서 보듯이 감마선을 방출하여 들뜨게 한다.

30.2 핵분열

인공적으로 무거운 원소를 만들려는 초기 시도에서 그 당시에 가장 무거운 것으로 알려진 우라늄에 중성자를 때렸다. 예기치 않은 일은 우라늄 핵이 몇 개의 생성물로 분열되는 것이다. 생성물들은 더 가벼운 원소의 핵으로 확인되었다. 이 과정은 세포분열의 생물학적 과정과 유사한 **핵분열**(nuclear fission)이라고 한다.

분열 반응(fission reaction)에서 무거운 핵은 중성자를 방출하며 두 개의 더 가벼운 핵으로 나누어진다. 처음 질량의 일부는 중성자와 분열 생성물들의 운동에너지로 변환된다. 일부 무거운 핵은 자발적이지만 아주 느리게 분열을 한다. 그러나 분열이 유도될 수 있으며, 이것은 실제 에너지 생산에서 중요한 과정이다. 예를 들어 ^{235}U 핵이 중성자를 흡수할 때, 다음과 같은 (복합핵) 반응으로 제논과 스트론튬으로 분열한다.

$$^{235}_{92}\mathrm{U} + {}^{1}_{0}\mathrm{n} \rightarrow \left({}^{236}_{92}\mathrm{U}^{*}\right) \rightarrow {}^{140}_{54}\mathrm{Xe} + {}^{94}_{38}\mathrm{Sr} + 2\left({}^{1}_{0}\mathrm{n}\right)$$

물방울 모형(liquid drop model)에 따라 흡수된 에너지 때문에 중간 핵(^{236}U)은 진동하며, 물방울과 같이 변형된다(그림 30.2). 핵자들이 두 덩어리로 나누어져 핵력이 약하게 되며, 두 핵자 덩어리 사이의 전기적 척력이 그것을 나누어지게 하거나 분열하게 한다.

^{235}U를 포함하는 앞의 반응이 유일한 것이 아님을 유의하라. 다음과 같은 다른 많은 가능한 결과가 있다(복합핵은 생략된다).

$$^{1}_{0}\mathrm{n} + {}^{235}_{92}\mathrm{U} \rightarrow {}^{141}_{56}\mathrm{Ba} + {}^{92}_{36}\mathrm{Kr} + 3\left({}^{1}_{0}\mathrm{n}\right)$$

와

$$^{1}_{0}\mathrm{n} + {}^{235}_{92}\mathrm{U} \rightarrow {}^{150}_{60}\mathrm{Nd} + {}^{81}_{32}\mathrm{Ge} + 5\left({}^{1}_{0}\mathrm{n}\right)$$

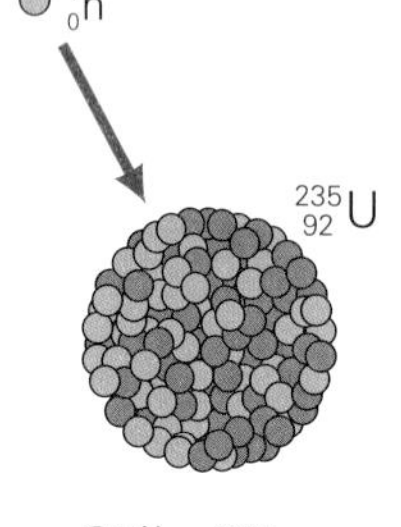
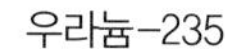
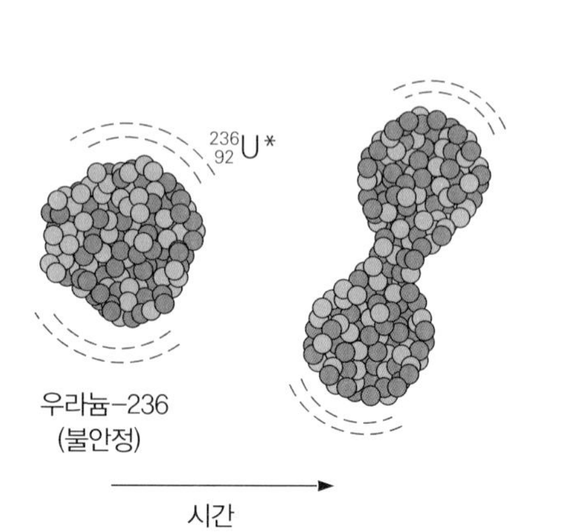
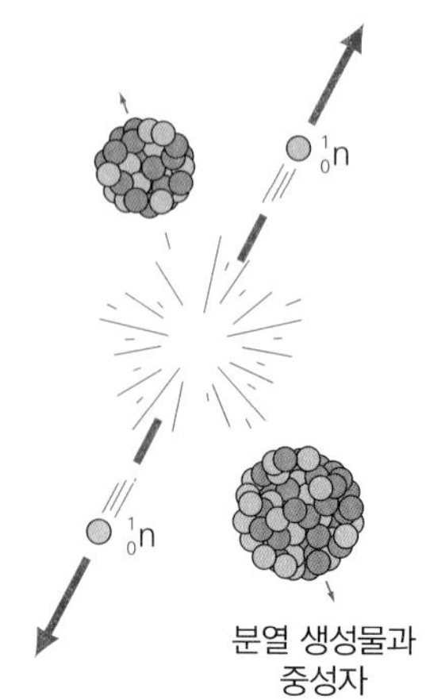

▶ 그림 30.2 **핵분열의 물방울 모형.** 입사된 중성자가 ^{235}U과 같은 분열성 핵에 의해 흡수될 때 불안정한 복합핵(^{236}U)이 격렬한 진동을 하며, 물방울 같이 떨어져서 두 개 이상의 중성자와 두 개의 방사성 물질을 만든다.

일부 특정 핵들만이 분열하고, 이것들 가운데 분열할 확률은 입사 중성자의 에너지에 의존한다. 예를 들어 ^{235}U와 ^{239}Pu의 분열에 대해 가장 큰 확률은 '느린' 중성자, 즉 1 eV 이하의 운동에너지를 갖는 중성자에서 생긴다. 이 값은 상온에서 기체 시료의 평균 운동에너지 정도에 따라 결정된다. 따라서 이러한 중성자를 열중성자라 한다. 그렇지만 ^{232}Th에 대해서는 1 MeV 이상의 에너지를 갖는 '빠른' 중성자가 가장 잘 분열을 일으킨다.

분열 반응에서 방출된 에너지는 안정핵의 E_b/A 곡선으로부터 추정할 수 있다(그림 29.14). 우라늄과 같은 큰 질량수(A)를 갖는 핵은 두 개의 핵으로 나누어지며 더 안정한 핵을 향해 이 곡선을 따라 안쪽 그리고 위쪽으로 이동한다. 결과적으로 핵자당 평균 결합에너지는 약 7.8 MeV부터 근사적으로 8.8 MeV까지 증가한다. 핵분열 생성물에서 핵자당 1 MeV 정도로 자유에너지가 된다. 첫 번째 분열 반응식에서 $140 + 94 = 234$ 핵자가 생성물에 결합되어 있다. 따라서 방출된 에너지는 근사적으로 (1 MeV/핵자) $\times$ 234핵자 $\approx$ 234 MeV이다. 얼핏 보면 이것은 234 MeV가 일상의 에너지와 비교했을 때 미약한 약 3.7×10^{-11} J에 불과하므로 큰 에너지는 아닌 것 같다. 사실 234 MeV는 ^{235}U 핵의 질량의 에너지 등가의 0.1%이다. 그럼에도 불구하고 백분율을 기준으로 화석연료인 석유나 석탄 같은 보통의 화학 반응에서 방출된 에너지에 비해 몇 배나 더 크다.

그러나 분열로부터 방출된 에너지의 총량은 이와 같은 분열의 상당한 양이 초당 일어날 때 얻어진다. 이것을 성취하는 한 가지 방법은 연쇄 반응이다. 예를 들어 두 개의 중성자가 방출되는 ^{235}U의 핵분열(스스로 분열하거나 외부 중성자에 의해 분열됨)을 생각하자(그림 30.3).

이상적으로 방출된 중성자는 두 번 이상의 분열 반응을 일으키고, 또 다시 네 개의 중성자를 방출한다. 이들 중성자는 계속해서 더 많은 반응을 일으킨다. 이 과정은

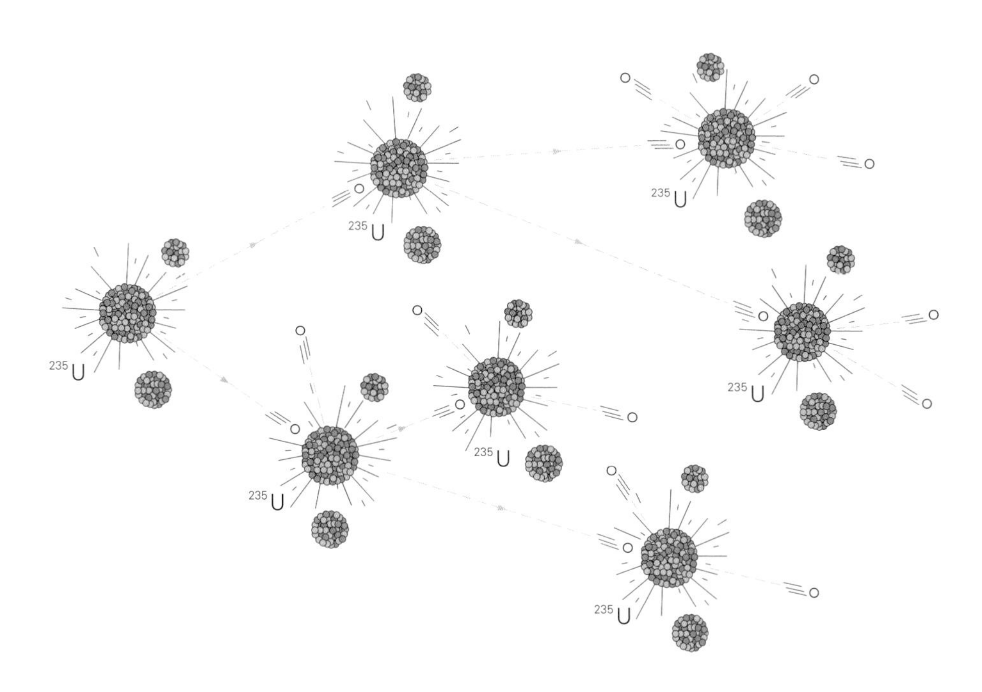

◀그림 30.3 **핵분열 연쇄 반응.** 한 개의 핵분열로부터 기인한 중성자들이 다른 핵분열을 일으킬 수 있으며, 이것들이 더 많은 핵분열을 일으킨다. 충분한 핵분열성 물질이 존재할 때 계속되는 반응이 자체에서 조정될 수 있다(연쇄 반응).

분열할 때마다 두 배의 중성자가 방출되고 중성자의 생성율은 결과적으로 시료로부터 방출되는 에너지가 지수적으로 증가한다. 이 경우 제2차 세계대전을 종식시키기 위해 투하된 것과 같은 '원자' 폭탄(A-bombs)에서 일어나는 것으로 연쇄 반응이 통제되지 않는다고 한다.

연쇄 반응을 유지하기 위해 적당한 양의 분열성 물질이 있어야 한다. 연쇄 반응의 유지에 요구되는 최소한의 질량을 **임계질량**(critical mass)이라고 하며, 시료의 질량이 임계질량 이상이면 각 분열에서 생긴 적어도 하나의 중성자는 계속해서 또 다른 핵을 분열시키게 된다.

천연 우라늄은 ^{238}U과 ^{235}U으로 이루어져 있다. ^{235}U의 자연 농도는 전체의 약 0.7%만 존재한다. 나머지 99.3%는 ^{238}U인데, 이것은 분열하지 않고 중성자를 흡수할 수 있으며 ^{235}U의 연쇄 반응을 중지시킬 수 있다. 시료에서 더 많은 분열성 ^{235}U을 얻기 위해, 임계질량을 감소하기 위해 ^{235}U을 농축할 수 있다. 이 농축은 원자로에 대해 3%부터 5%까지 핵무기에 대해 99% 이상까지 다양하게 한다.

통제되지 않는 연쇄 반응은 순식간에 일어나고, 빠르고 대단한 양으로 방출되는 에너지가 앞에서 언급한 원자 폭탄처럼 폭발을 야기할 수 있다(더 기술적이고 물리적으로 올바른 이름은 핵분열 폭탄이다). 이런 폭탄에서 여러 개의 미임계 연료 조각이 갑자기 임계질량을 형성하여 폭발한다. 그러면 그 연쇄 반응은 제어할 수 없으며 아주 짧은 시간에 많은 양의 에너지를 방출한다. 핵분열 과정으로부터 안정된 에너지를 얻기 위해 연쇄 반응이 통제되어야 한다. 이러한 조정은 원자로를 통해 통제할 수 있다.

30.2.1 원자로

원자로에 대한 일반적인 설계는 그림 30.4에 나타내었다. 원자로에서 다섯 개의 주요 부품이 있다. 즉, 연료봉, 노심, 냉각재, 제어봉 그리고 감속재이다. **노심**(core)이

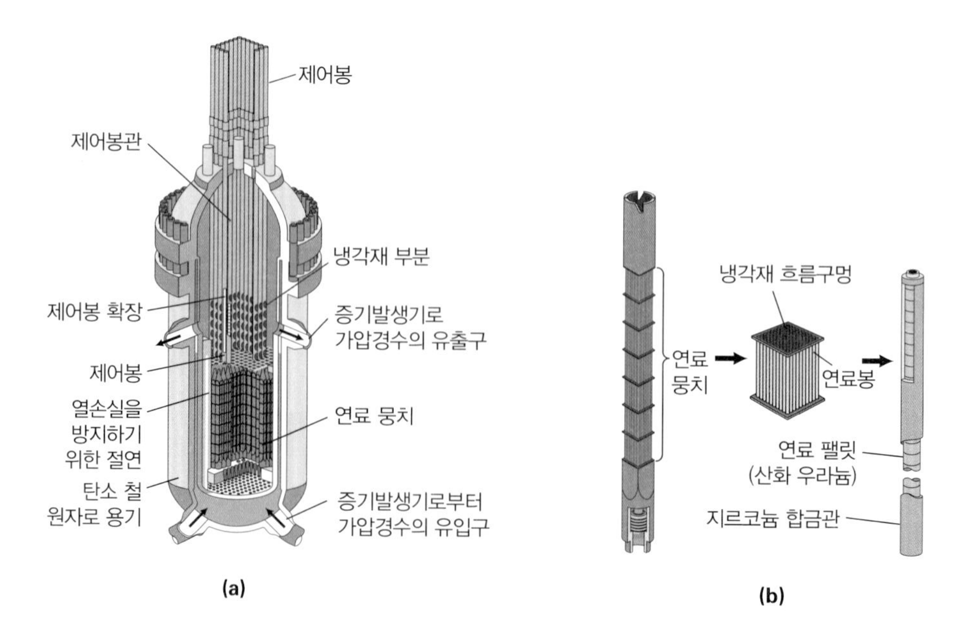

▶ 그림 30.4 **원자로.** (a) 원자로 용기의 개략적 그림 (b) 연료봉과 연료봉 뭉치

라고 부르는 원자로의 중심부에 위치한 산화 우라늄 형태의 덩어리로 채워진 관이 **연료봉**(fuel rods)이다. 일반 상업용 원자로는 약 200개의 봉 집합체로 묶여진 연료봉을 포함한다. **냉각재**(coolant)는 연쇄 반응 동안 만들어진 열에너지를 제거하기 위해 연료봉 주위를 흐른다. 미국에서 사용되는 원자로는 열을 제거하기 위한 냉각재로 보통의 물을 사용하는 경수 원자로이다. 그렇지만 보통 물의 수소 핵은 중성자를 포획하여 중수소를 만들며, 이것이 연쇄 반응에 의한 중성자를 제거한다. 따라서 이러한 손실을 상쇄하기 위해 농축 우라늄(3~5% ^{235}U)을 포함한 연료봉을 사용해야 한다.

따라서 연쇄 반응률은 원자로의 에너지 출력은 붕소 또는 카드뮴 **제어봉**(control rods)에 의해 제어되는데, 이것을 원자로 심에 넣거나 뺄 수 있다. 카드뮴과 붕소는 아주 높은 중성자 흡수 확률(단면적)을 가지고 있다. 이 제어봉이 연료막대 뭉치 사이에 삽입될 때 연쇄 반응에 의한 중성자가 제거된다. 제어봉은 연쇄 반응이 안정된 비율로 일어나도록 조절한다. 그 개념은 연쇄 분열 반응을 유지시키는 것으로 분열 시 평균적으로 하나 이상의 분열만을 만든다.

연료를 재장전하기 위해 혹은 연쇄 반응을 줄여 원자로를 정지시키는 비상시에 제어봉은 완전히 삽입되며 중성자들을 충분히 제거한다. 그러나 연쇄 반응이 정지했을 때도 연료봉에서 방사성 분열 생성물의 계속적인 붕괴로 인한 열이 축적되는 것을 방지하기 위해 물이 계속 순환되어야 한다. 그렇지 않으면 연료봉이 손상될 것이다. 부적절한 냉각으로 연료봉이 녹거나 깨지면 1979년 드리마일 아일랜드에서의 사고 원인이 된다. 그 원자로의 노심은 분열 생성물이 깨진 연료봉으로부터 방출되어 아직까지 상당히 방사능이 높다.

연료봉 뭉치를 통해 흐르는 물은 냉각수로써 뿐만 아니라 **감속재**(moderator) 역할도 한다. ^{235}U에 대한 분열 단면적은 느린 중성자에서 가장 크다. 그러나 분열로부터 방출된 중성자는 실제로 빠른 중성자이다. 이들의 속력은 물 분자와 충돌에 의해 감소하거나 완화되고 빠른 중성자를 필요한 열에너지로 감소시킨다.

30.3 핵융합

핵융합 반응(fusion reaction)에서 가벼운 핵들이 무거운 핵을 형성하도록 융합하며, 이 과정에서 에너지를 방출한다. 예를 들어 두 개의 중수소핵($^2_1$H)의 융합(D–D 반응이라고 부르는)을 예제 30.1에서 조사했다. 여기서 이 반응이 융합당 3.27 MeV의 에너지를 방출하는 것을 볼 수 있다. 다른 예는 중수소와 삼중수소의 융합(D–T 반응)은 다음과 같다.

$$\underset{(2.014\,102\,\mathrm{u})}{{}^2_1\mathrm{H}} + \underset{(3.016\,049\,\mathrm{u})}{{}^3_1\mathrm{H}} \rightarrow \underset{(4.002\,603\,\mathrm{u})}{{}^4_2\mathrm{He}} + \underset{(1.008\,665\,\mathrm{u})}{{}^1_0\mathrm{n}}$$

주어진 질량을 사용하면, 이 반응은 융합당 17.6 MeV의 에너지를 방출하는 것을 볼 수가 있다.

일반적으로 융합 반응은 단일 분열로부터 방출되는 200 MeV 이상과 비교할 때 더 적은 에너지를 방출한다. 그러나 같은 질량의 수소와 우라늄에서 우라늄 핵보다 더 많은 수소 핵을 가지고 있다. 결과적으로 킬로그램당 수소의 융합은 우라늄 분열로부터 방출된 에너지의 거의 세 배이다.

태양을 포함하여 대다수 별의 에너지원이 핵융합이기 때문에 어느 정도 우리 생활은 핵융합에 의존한다. 태양에너지 출력과 관련된 일연의 핵융합에서 중수소를 생성하는 양성자-양성자 융합으로 다음과 같이 나타낸다.

$$^1_1\text{H} + {}^1_1\text{H} \rightarrow {}^2_1\text{H} + \beta^+ + \nu$$

(여기서 ν로 나타내는 입자는 중성미자이고, 다음 절에서 논의한다.) 다음으로 또 다른 양성자는 이전에 생성된 중수소와 결합하여 헬륨 동위 원소를 생성하고 감마선을 방출한다.

$$^1_1\text{H} + {}^2_1\text{H} \rightarrow {}^3_2\text{He} + \gamma$$

마지막으로 이 두 개의 ^{3}He 핵은 스스로 융합되어 ^{4}He이 만들어 진다.

$$^3_2\text{He} + {}^3_2\text{He} \rightarrow {}^4_2\text{He} + {}^1_1\text{H} + {}^1_1\text{H}$$

양성자-양성자 순환이라고 부르는 이 일련의 순 결과는 네 개의 양성자($^1_1$H)가 한 개의 헬륨 핵과 두 개의 양전자(β^+), 두 개의 감마선(γ) 그리고 두 개의 중성미자(ν)를 생성하며 약 25 MeV의 에너지를 방출한다.

$$4\left({}^1_1\text{H}\right) \rightarrow {}^4_2\text{He} + 2\beta^+ + 2\gamma + 2\nu + Q \quad (Q = +24.7\,\text{MeV})$$

태양과 같은 항성에서 감마선 광자들은 핵의 표면으로 가는 도중에 핵들에서 산란된다. 산란으로(콤프턴 산란; 27.3절 참조) 각각의 광자가 단지 수 eV의 에너지를 가질 때까지 에너지가 감소하게 된다. 따라서 태양의 표면에 도달하면 광자는 대부분 가시광선 광자가 된다. 태양에서 융합은 태양 질량의 10%가 되는 중심에서만 일어난다. 그것은 약 50억 년 동안 계속해 왔으며, 근사적으로 또 다른 50억 년 동안 거의 지금까지 해온 것 같이 계속할 것이다. 예제 30.3에서 알 수 있듯이 태양의 일률을 공급하기 위해서는 초당 엄청난 수의 핵융합 반응이 필요하다.

예제 30.3 여전히 계속 진행 – 태양의 융합에너지

태양의 일률이 지구 표면에 $1.40 \times 10^3\ \text{W/m}^2$의 비율로 도달한다. 태양의 일률이 양성자-양성자 순환에 의해 만들어진다고 가정하자. 이때 초당 태양에 의해 잃어버리는 질량을 계산하라.

풀이

문제상 주어진 값: (부록 III에 나온 자료를 사용한다.)

$R_{\text{E-S}} = 1.50 \times 10^8\ \text{km} = 1.50 \times 10^{11}\ \text{m}$

$M_S = 2.00 \times 10^{30}\ \text{kg}$

$P_S/A = 1.40 \times 10^3\ \text{W/m}^2$

태양에너지가 모두 지나는 가상적 구의 표면적은 다음과 같다.

$$A = 4\pi R^2_{\text{E-S}} = 4\pi(1.50 \times 10^{11}\ \text{m})^2 = 2.83 \times 10^{23}\ \text{m}^2$$

따라서 태양의 전체 일률은

$$P_S = (1.40\times10^{3}\ \mathrm{W/m^2})(2.83\times10^{23}\ \mathrm{m^2})$$
$$= 3.96\times10^{26}\ \mathrm{W} = 3.96\times10^{26}\ \mathrm{J/s}$$

이고 초당 MeV로 변환하는 질량 손실률을 구하면

$$\frac{3.96\times10^{26}\ \mathrm{J/s}}{1.60\times10^{-13}\ \mathrm{J/MeV}} = 2.48\times10^{39}\ \mathrm{MeV/s}$$

이다. 따라서 931.5 MeV/u인 질량-에너지 등가를 사용해서 질량 손실률을 계산하면 다음과 같다.

$$\frac{\Delta m}{\Delta t} = \frac{(2.48\times10^{39}\ \mathrm{MeV/s})(1.66\times10^{-27}\ \mathrm{kg/u})}{931.5\mathrm{MeV/u}}$$
$$= 4\ 42\times10^{9}\ \mathrm{kg/s}$$

30.3.1 지구상에서 생성되는 에너지원으로서의 융합

여러 면에서 융합은 미래의 이상적인 에너지원인 것 같이 보인다. 충분한 중수소가 중수(D_2O)의 형태로 대양에 존재하며 수 세기 동안, 또 앞으로도 우리의 필요를 충족시킬 것이다. 또한 핵분열과 달리 핵융합은 방사성 폐연료봉을 발생시키지 않는다. 불안정한 원소의 융합 생성물들은 비교적 짧은 반감기를 가지고 있다. 예를 들어 삼중수소는 일부 분열 생성물들이 수백 또는 수천 년의 반감기를 갖는 것에 비해 단지 12.3년의 반감기를 갖는다.

그러나 제어된 융합으로 전력을 만드는 상업적 사용 이전에 미해결된 많은 기술적인 문제들이 해결되어야 한다. 중요한 문제는 핵 사이의 전기적 척력 때문에 융합 반응을 일으키기 위해서 매우 높은 온도가 필요하다는 것이다. 이러한 온도에서 그리고 지금까지 상업적 에너지 출력을 달성하기에 충분히 긴 시간 동안 요구되는 밀도에서 핵들을 구속하는 것은 달성되지 않았다. 그러나 제어되지 않은 핵융합은 **수소(H) 폭탄**의 형태로 입증되었다. 이 경우에 융합 반응은 작은 원자 폭탄에 의해 만들어진 폭발에 의해 만들어진다. 이 폭발이 융합 과정을 일으키는 데 필요한 밀도와 온도를 제공한다.

30.4 베타 붕괴와 중성미자

얼핏 보기에 베타 붕괴는 불안정한 핵이 전자(${}^{\ 0}_{-1}\mathrm{e}$) 또는 양성자 (${}^{\ 0}_{+1}\mathrm{e}$)를 방출하는 이체(어미핵과 딸핵 방출) 붕괴 과정으로 보인다:

$$\underset{(14.003\,242\,\mathrm{u})}{{}^{14}_{6}\mathrm{C}} \rightarrow \underset{(14.003\,074\,\mathrm{u})}{{}^{14}_{7}\mathrm{N}} + {}^{\ 0}_{-1}\mathrm{e} \quad \beta^{-}\ \text{붕괴}$$

$$\underset{(13.005\,739\,\mathrm{u})}{{}^{13}_{7}\mathrm{N}} \rightarrow \underset{(13.003\,355\,\mathrm{u})}{{}^{13}_{6}\mathrm{C}} + {}^{\ 0}_{+1}\mathrm{e} \quad \beta^{+}\ \text{붕괴}$$

그러나 구체적으로 분석할 때 이들 식이 에너지와 선운동량뿐만 아니라 다른 보존 법칙을 위배하는 것처럼 보인다.

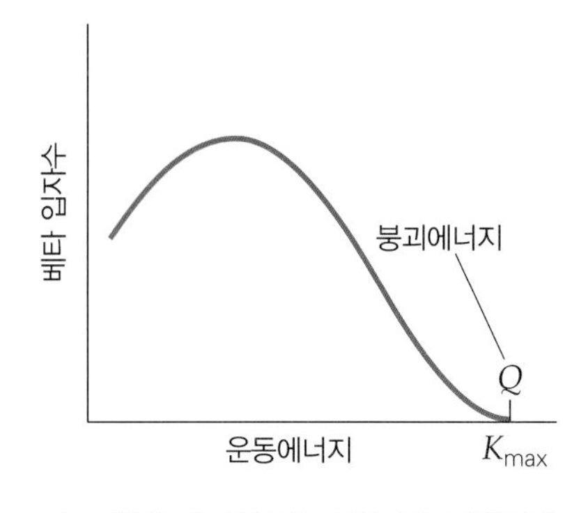

▲ 그림 30.5 **베타선 스펙트럼.** 일반적인 베타 붕괴 과정에서 모든 베타 입자가 에너지에 대해 설명할 수 없는 $K < Q$를 가지고 방출된다.

주어진 질량을 사용하여 질량결손으로부터 계산된 것처럼 β^- 과정에서 방출된 에너지(붕괴에너지)는 $Q = 0.156$ MeV이다. 그러므로 붕괴가 단지 두 개의 입자(전자와 딸핵)만을 포함한다면 딸핵보다 훨씬 가벼운 전자는 0.156 MeV보다 약간 적은 운동에너지를 가져야 한다. 그러나 그렇게 되질 않는다. 전자의 운동에너지를 측정해 보면 연속적인 에너지 스펙트럼이 $K_{max} \approx Q$까지 관측된다(그림 30.5). 즉, 방출된 에너지 Q의 일부를 전자가 운동에너지를 가진다. 이것만이 아니고, 방출된 β^-와 딸핵은 거의 반대 방향으로 붕괴 위치를 떠나지 않는다. 따라서 선운동량 보존도 어긋나게 나타나 보인다.

그러면 무엇이 문제인가? 오래 유지되어온 보존 법칙이 무효가 되지 않기를 바란다. 또 다른 설명은 이런 명백한 위반이 아직 인식되지 않았던 자연에 대해 우리에게 무언가를 말해주고 있다는 것이다. 이 명백한 어려움은 붕괴 중에 검출되지 않은 입자도 방출된다고 가정할 경우 해결할 수 있다. 그런 입자의 존재는 1930년 울프강 파울리가 처음으로 제안하였다. 페르미는 이 입자를 **중성미자**(neutrino) (이탈리아 말로 작은 중성인 것)로 명명했다. 전하가 보존되기 위해 중성미자는 전기적으로 중성이어야 된다. 중성미자는 관측이 불가능하므로 물질과 아주 약하게 상호작용하여야 한다. 실제로 과학자들은 중성미자가 강력보다는 아주 약한 상호작용, 소위 약 핵력(weak nuclear force)이라 부르는 두 번째 핵력을 통해 물질과 상호작용한다는 것을 발견하였다(30.5절 참조).

초기 실험 관측으로부터 중성미자는 질량이 0이고, 빛의 속력으로 움직인다는 것을 알았다. 질량이 없는(예를 들어 광자) 것에 대하여 $E = pc$에 의해 그들 총 에너지와 관련된 선운동량 p를 가진다는 것을 기억하라. 더욱이 중성미자는 스핀 양자수 1/2을 가지게 된다. 이러한 성질을 가진 입자가 마침내 검출된 1956년까지, 실험적으로 확고히 자리잡았기 때문에 중성미자의 존재는 비로소 나타났다.

따라서 앞의 두 가지 베타 붕괴 식은 이제 다음과 같이 올바르고 완전하게 쓸 수 있게 되었다.

$$^{14}_{6}\text{C} \rightarrow {}^{14}_{7}\text{N} + \beta^- + \bar{\nu}_e$$

와

$$^{13}_{7}\text{N} \rightarrow {}^{13}_{6}\text{C} + \beta^+ + \nu_e$$

여기서 ν는 중성미자의 기호이다. 기호 위의 선(bar)은 반중성미자(antineutrino)를 나타낸다. 특히 기호 위의 선은 일반적으로 반입자를 나타내는 데 사용한다. 두 개의 다른 중성미자가 베타 붕괴와 관련이 있다. 정의에 의해 중성미자(ν_e)는 β^+ 붕괴에서 방출되며, 반중성미자($\bar{\nu}_e$)는 β^- 붕괴에서 방출된다. 아래첨자 e는 중성미자가 전자-양전자 베타 붕괴와 관련이 있다는 것을 나타낸다. 30.5절에서 볼 수 있듯이 다른 유형의 중성미자는 약한 상호작용과 관련된 유사한 붕괴와 관련이 있다.

30.5 기본적 힘과 교환 입자

일상 활동에 포함된 힘은 일반적 물체를 구성하는 원자의 수가 많으므로 복잡하다. 예를 들어 두 물체 사이의 접촉력(보통 힘과 같은)은 기본적으로 그들의 표면을 구성하는 원자 내 전자 사이의 전기적 척력인 전자기력에 기인한다. 입자들 사이의 기본적인 상호작용을 보면 그것들은 단순해진다. 이 수준에서 잘 알려진 네 개의 **기본적인 힘**(fundamental forces)인 **중력**(gravitational force), **전자기력**(electromagnetic force), **강한 핵력**(strong nuclear force) 그리고 **약한 핵력**(weak nuclear force)이 있다.

이들 힘 중 가장 친근한 힘은 중력과 전자기력이다. 중력은 모든 입자 사이에 작용하는 반면 전자기력은 대전된 입자 사이에만 작용한다. 이 두 힘은 입자 사이의 거리의 제곱에 반비례하며 매우 긴 거리까지 힘이 작용한다.

이 힘을 고전적으로 기술하기 위해 장의 개념이 적용되었음을 기억하라. 그러나 현대물리학은 힘이 전달되는 방법에 대한 또 다른 더 근본적인 설명을 제공한다. 힘 전달 과정은 입자의 교환처럼 보인다. 예를 들어 척력은 공을 던지고 받은 여러분들 사이에 작용하는 힘과 비슷하다. 공을 던지고 다른 사람이 잡을 때 각각은 뒤로 밀리는 힘을 느낀다. 그 공을 보지 못하는 관찰자는 여러분과 다른 사람 사이에 척력이 있다고 결론짓는다.

힘을 전달하는 입자의 생성은 에너지 보존을 위배하는 것처럼 보인다. 그렇지만 불확정성 원리(28.4절) 때문에 에너지 보존을 위반하지 않고 외부의 에너지 입력이 없이 짧은 시간 동안 만들어질 수 있다. 따라서 긴 시간 간격(핵 규모로 볼 때 긴 것은 10^{-15} s을 의미)에 대해 에너지는 보존된다. 극단적인 짧은 시간 간격에 대해 불확정성 원리는 에너지에서의 큰 불확정성($\Delta E \propto 1/\Delta t$)을 허용한다. 입자의 생성이 허용된다. 그런데 에너지 보존은 잠시 위배될 수 있다. 그렇지만 생성된 입자는 그것이 검출되기 전에 흡수된다. 그런 방법으로 생성되고 흡수된 입자를 **가상 입자**(virtual particle)라고 한다. 이 경우에 가상이라는 말은 검출되지 않는다는 것을 의미한다.

현대적 관점에서 기본적인 힘은 가상 **교환 입자**(exchange particle)에 의해 운반되거나 전송된다. 네 가지 힘에 대한 교환 입자는 이 네 가지 힘에 대한 범위가 매우 다르기 때문에 질량이 달라야 한다는 점을 유의하라. 입자의 질량이 크면 클수록 그것을 생성하는 데 요구되는 에너지 ΔE는 더 커지며, 그것이 존재하는 시간 Δt는 더 짧아진다. 무거운 입자는 짧은 시간 동안만 존재할 수 있으므로 그것이 이동되는 거리에 따라서 관련된 힘의 범위는 작아야 한다. 즉, 요약하면 다음과 같다.

교환 입자와 관련된 힘의 범위는 그 입자의 질량에 반비례한다.

30.5.1 전자기력과 광자

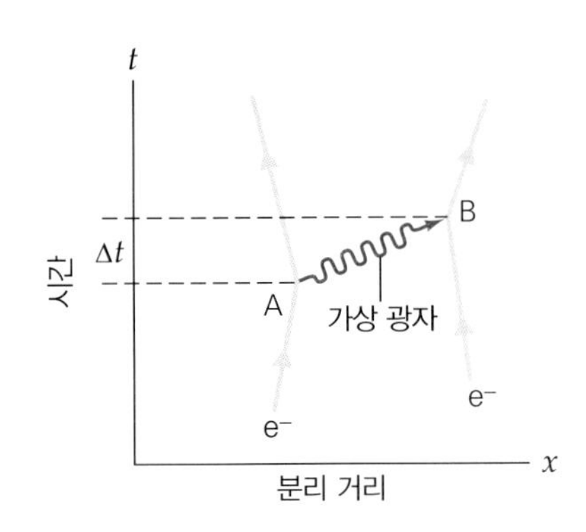

▲ 그림 30.6 **전자-전자 상호작용의 파인만 도표.** 상호작용하는 전자들이 가상 광자의 교환으로 에너지와 운동량이 변한다. 이 가상 광자는 불확정성 원리와 일치하는 시간 간격(Δt) 내에 A에서 만들어지고 B에서 흡수된다.

전자기력의 교환 입자는 **가상 광자**(virtual photon)이다. 질량이 없는 입자로서 광자는 전자기력에 맞는 것으로 알려진 무한 범위의 힘을 제공한다(대전된 두 입자 사이의 전기력은 두 입자 사이 거리의 제곱에 반비례하므로 결코 0이 아님을 기억하라).

교환 입자는 교환 아이디어가 전자들 사이의 전기적 척력을 설명할 수 있는 방법을 나타낸 그림 30.6처럼 **파인만 도표**(Feynman diagram)를 사용하여 시각적으로 그려질 수 있다. 이러한 **공간–시간** 도표는 양자 전기역학 이론에서 전자기 상호작용을 분석하는 데 사용한 미국의 과학자이며 노벨상을 받은 리처드 파인만(Richard Feynman, 1918~1988)의 이름을 붙인 것이다. 중요한 점은 도표의 정점(교차)이다. 한 개의 전자가 점 A에서 가상 광자를 생성하며, 다른 전자는 점 B에서 그것을 흡수한다. 각각의 전자는 광자 교환에 의해 에너지 및 운동량(방향 포함)의 변화를 겪는다. 실험자에게 이 과정은 전기적 척력으로 나타난다.

30.5.2 강한 핵력 및 중간자

1935년에 일본의 물리학자 유카와 히데키(Yukawa Hideki, 1907~1981)는 두 핵자 사이의 단거리에 강한 핵력이 **중간자**(meson)이라고 부르는 교환 입자와 관련이 있다고 제안하였다. 중간자 질량의 추정은 불확정성 원리로 할 수 있다. 만약 한 핵자가 중간자를 생성한다면, 중간자 질량의 등가에너지 $\Delta E = (\Delta m)c^2 = m_m c^2$와 같은 양의 에너지만큼 에너지 보존이 위배될 것이다. 여기서 m_m은 중간자의 질량이다.

불확정성 원리에 의해 중간자는 다음의 시간 동안 교환 과정에서 흡수되어야 한다.

$$\Delta t \approx \frac{h}{2\pi \Delta E} = \frac{h}{2\pi m_m c^2}$$

이 시간 동안 중간자는 핵력의 범위에서 거리 R만큼 이동할 것이다.

이 거리를 실험적으로 알려진 핵력의 거리($R \approx 1.4 \times 10^{-15}$ m)로 놓고, m_m에 대해 풀면 $m_m \approx 270\,m_e$로 주어진다. 여기서 m_e는 전자의 질량이다. 따라서 유카와의 중간자가 존재한다면, 중간자의 질량은 전자의 질량에 270배 정도 된다.

교환 과정에서 가상 중간자는 직접 관찰되지 않는다. 그것은 핵자–핵자 상호작용하는 동안 방출되어 다시 흡수되기 때문이다. 그러나 물리학자들은 충분한 에너지가 핵자 충돌에 의한 것이라면 실제 중간자가 그 충돌에서 가용한 에너지로부터 만들어질 수 있지 않을까? 궁금해했다. 유카와가 예언한 시기에 전자(m_e)와 양성자($1836m_e$) 사이의 질량을 갖는 입자는 없었다.

1936년에 약 $200\,m_e$의 질량을 갖는 새로운 입자가 우주선에서 발견되었을 때 유카와의 예언이 사실인 것처럼 보였다. μ 중간자, 지금은 **뮤온**(muon)이라고 부르는 입자는 두 개의 전하 ±e를 가지며, 질량은 $m_{\mu\pm} = 207\,m_e$이다. 그러나 더 조사한 결과에 따르면 이 뮤온이 유카와 이론의 강한 상호작용을 하는 입자와 같이 행동하지 않았다.

이 상황은 여러 해 동안 혼란과 논쟁의 원천이었다. 그렇지만 1947년에 우주선에서 이런 크기의 질량을 갖는 더 많은 입자가 발견되었다. 이 입자들(하나는 양전하, 하나는 음전하를 가진, 또 다른 입자는 전하가 없는 것)은 π(pi) 중간자(주 중간자에 대해)라고 부르며, 지금은 보통 **파이온**(pion)이라 한다. 측정 결과 파이온의 질량은 $m_{\pi^\pm} = 273m_e$, $m_{\pi^0} = 264m_e$이다. 더구나 파이온은 물질과 강한 상호작용을 하는 것으로 확인되었다. 파이온은 유카와 이론의 요구를 충족한다. 이 중간자는 입자가 강한 핵력의 전송에 대해 주로 책임이 있는 것으로 받아들여지고 있다. 음의 파이온 교환(강한 핵력)을 통해 상호작용하는 중성자와 양성자에 대한 파인만 도표를 그림 30.7에 나타내었다.

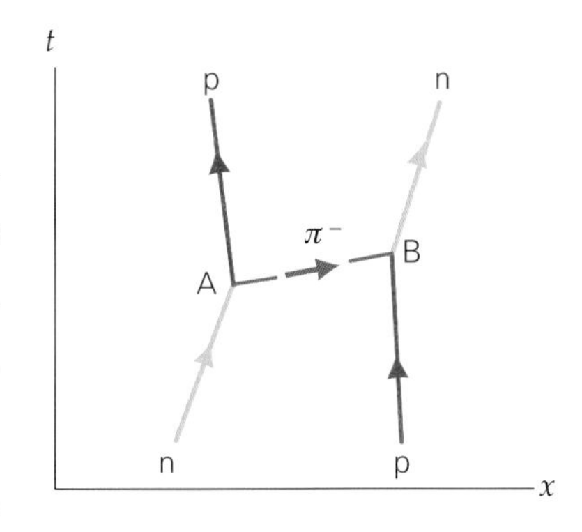

▲그림 30.7 **핵자-핵자 상호작용 대 파이온 교환에 대한 파인만 도표.** 강한 핵력을 통한 핵자-핵자 상호작용은 가상 파이온. 여기서 음의 파이온 교환을 통해 일어난다. 이 도표는 많은 가능한 n-p 상호작용의 하나를 보인다. 그것은 전하 교환 반응이라고 한다. 그 이유를 설명할 수 있는가? 중성자-중성자 상호작용에 대한 다른 가능한 도표는 무엇인가?

자유 파이온과 뮤온은 불안정하다. 예를 들어 입자는 10^{-8}초 이내에 뮤온과 또 다른 형태의 중성미자로 붕괴한다. $\pi^+ \rightarrow \mu^+ + \nu_\mu$. ν_μ는 **뮤온 중성미자**라고 부르며, 베타 붕괴에서 만들어진 전자 중성미자(ν_e)와 다르다. 뮤온도 두 종류의 중성미자를 방출하며 양전자와 전자로 붕괴할 수 있다.

30.5.3 약한 핵력과 W 입자

앞 절에서 논의한 베타 붕괴에서의 불일치는 또 다른 발견을 하게 했다. 전자와 중성미자가 불안정 핵으로부터 방출되지만 그것들은 붕괴하기 전 핵 내부에 존재하지 않는다. 엔리코 페르미는 이 입자들이 핵 붕괴하는 시점에 만들어진다고 제안하였다. β^- 붕괴에 대해 이것은 어떤 방법으로든 중성자가 세 개의 입자로 **전이**(transmuted)한다는 것을 의미한다. $n \rightarrow p^+ + \beta^- + \bar{\nu}_e$.

실험에 의해 자유 중성자가 약 10.4분의 반감기를 가지고 이 붕괴 형태로 붕괴한다는 것이 확정되었다. 그러나 어떤 힘이 이 방법으로 중성자가 붕괴하도록 하는가? 중성자는 붕괴할 때 핵 밖에 있으므로 강한 핵력을 포함하여 알려진 어떤 다른 힘도 작용하지 않는 것 같았다. 따라서 다른 기본적인 힘이 베타 붕괴에 작용하여야 한다. 붕괴율 측정으로부터 그 힘은 극도로 약하며 전자기력보다 더 약하다는 것이 확인되었다. 그러나 중력보다는 크다. 이 힘은 **약한 핵력**(weak nuclear force)이라고 한다.

원래 약한 상호작용은 측정할 수 없는 매우 국부적인 짧은 영역에 집중되어 있다라고 생각했다. 이제는 약력이 10^{-17} m의 범위를 가지고 있다는 것을 안다. 반면에 이 범위는 강력의 범위보다 훨씬 더 작지만 0은 아니다. 이것은 약력과 관련된 교환 입자(가상 힘 운반자)가 강력의 파이온보다 훨씬 무거워야 한다는 것을 의미한다. 약력과 관련된 가상 교환 입자를 **W 입자**(W particle)라고 부른다. W(*w*eak) 입자는 양성자보다 100배는 더 무거운 질량을 가지며 약력의 극도로 짧은 영역과 상호 관련되어 있다. W 입자의 존재는 실제(비가상적) 이 입자를 만들 만큼 충분한 에너지를 갖는 입자 가속기가 건설된 1980년대에 확인되었다.

약력은 중성미자에 작용하는 유일한 힘이며 이 입자가 왜 검출하기 어려운지를 설명한다. 이 분야의 연구는 약력이 다른 아원자의 변형과 관련이 있다는 것을 보여주었다. 일반적으로 약력은 핵 내 입자의 종류를 변형시키는 것으로 제한된다. 외부 세계에서 그것의 존재를 명백하게 하는 유일한 방법은 방출된 중성미자를 통해서다. 예를 들어 태양의 융합 반응은 계속해서 지구를 지나가는 중성미자를 만든다. 상당히 주목받을 만한 하나는 흔하지 않은 약력이 항성 초신성의 폭발동안 일어난다. 초신성에서 오래된 항성 중심의 붕괴가 거대한 에너지 방출을 일으키며 상당한 수의 중성미자가 나온다. 비교적 근접한(단지 1.5×10^{18} km 떨어져 있음) 초신성은 1987년에 관측되었으며 중성미자의 폭발이 검출되었다. 오늘날 중성미자 연구는 이 장의 처음 사진에 나타난 아이스큐브 연구소와 같은 검출기와 함께 앞으로 수년 동안 기초물리학에 중요한 역할을 할 성장 분야이다.

30.5.4 중력과 중력자

중력과 관련이 있는 교환 입자를 **중력자**(graviton)라고 한다. 아직까지는 질량이 없는 입자의 존재에 대한 확고한 증거가 없다. (왜 중력자는 질량이 없어야만 하는가?) 중력자를 검출하기 위한 현재의 실험에서 상대적으로 약한 상호작용 때문에 아직까지는 성공적이지 않았다. 네 가지 기본적인 힘들의 상대적 강도의 비교가 표 30.1에 주어져 있다.

30.6 소립자

물질의 기본 구성단위는 **소립자**(elementary particle)라고 부른다. 한때 원자는 더 이상 쪼갤 수 없는 입자이며 소립자라고 생각하던 때가 있었다. 20세기 초에 양성자, 중성자 그리고 전자가 원자의 구성 성분인 것으로 발견되었다. 이 세 개의 입자가 자연의 기본 입자이기를 희망했다. 그러나 물리학자들은 그 이후 엄청나게 다양한 아원자 입자들을 발견했고, 현재 이 목록을 다른 모든 '복합적' 입자들을 위해 더 작은 세트의 진정한 소립자 구성단위로 단순화하고 줄이기 위해 노력하고 있다.

여러 계들은 이 입자들의 여러 성질을 바탕으로 소립자를 분류하고 있다. 한 분류는 핵력 상호작용의 특성을 사용한 것이다. 강력이 아닌 약한 핵력을 겪으며 상호작용하는 입자를 **경입자**(lepton)라고 한다. 경입자는 전자, 뮤온 그리고 이것들의 중성

표 30.1 기본적인 힘

힘	상대강도	작용거리	교환 입자	상호작용에 참여하는 입자
강한 핵력	1	단거리($\approx 10^{-15}$ m)	파이온(π중간자)	강입자[a]
전자기력	10^{-3}	역제곱(무한)	광자	전기적 대전
약한 핵력	10^{-8}	극히 짧은 거리($\approx 10^{-17}$ m)	W 입자[b]	모두
중력	10^{-45}	역제곱(무한)	중력자	모두

[a] 강입자는 30.6절에서 배운다.

[b] 30.8절에서 보는 것처럼 세 개의 입자가 포함된다.

미자를 포함한다. **강입자**(hardron)라고 불리는 다른 입자들은 강력에 의해 상호작용하는 입자들이다. 이 입자들은 양성자, 중성자, 파이온을 포함한다. 경입자와 강입자족을 간단히 살펴보자.

30.6.1 경입자

가장 친근한 **경입자**(lepton)는 전자이다. 자연적으로 원자에 존재하는 유일한 경입자이다. 적어도 10^{-17} m까지는 어떤 내부 구조를 갖고 있다는 증거는 없다. 따라서 현재 전자는 점 입자로 생각한다. 이것의 반입자(양전자)도 또한 경입자이다.

뮤온 역시 어떤 내부 구조도 가지고 있지 않은 듯하므로 무거운 전자와 유사하다. 뮤온은 음과 양의 입자가 둘 다 생기며, $\mu^- \rightarrow \beta^- + \bar{\nu}_e + \nu_\mu$ 와 같은 반응에서 약 2×10^{-6}초 이내에 붕괴한다.

세 번째 대전 경입자는 타우($\tau^{\pm}$) 입자 또는 **타우온**(tauon)이다. 이 입자는 양성자의 두 배의 질량을 가지고 있고 둘 다 대전 상태에 있다.

나머지 경입자는 우주선에 존재하는 중성미자로 태양에서 방출되며 일부 방사성 붕괴로 나타난다. 중성미자는 아주 작은 질량을 가지며, 빛의 속력보다 약간 작지만 거의 비슷한 속력으로 운동한다. 이 입자들은 전자기력이나 강력을 통해서도 상호작용을 하지 않고 물질을 통과하지만 약력에 의해 상호작용을 하는 경우는 극히 드물다.

세 가지 형태의 중성미자 각각은 다른 대전 경입자($e^{\pm}$, $\mu^{\pm}$, $\tau^{\pm}$)와 관련이 있다. 이들을 전자 중성미자(ν_e), 뮤온 중성미자(ν_μ), 타우 중성미자(ν_τ)라고 한다. 각각의 반중성미자가 있으며, 총 여섯 개의 다른 중성미자가 있다. 이것으로 경입자의 목록이 완성되었다. 여섯 개의 경입자와 이것들의 반입자로 해서 총 12개의 다른 경입자가 있다. 현재의 이론은 여기 목록의 12개의 경입자만 있고 그 이외의 다른 것은 없다고 예측한다.

30.6.2 강입자

다른 소립자 족은 **강입자**(hadrons)가 있다. 모든 강입자는 강력, 약력, 중력에 의해 상호작용하고 전기적으로 대전된 것들은 전자기력에 의해 상호작용한다.

강입자는 **바리온**(baryons)과 **중간자**(mesons)로 나누어진다. **바리온**(baryons)은 친밀한 핵자인 양성자와 중성자를 포함한다. 이것들은 반정수 $\frac{1}{2}, \frac{3}{2}, \cdots$ 스핀을 가지고 있다는 점에서 중간자와 구별된다. 안정된 양성자를 제외하고 바리온은 궁극적으로 양성자를 포함하는 생성물로 붕괴한다. 예를 들어 중성자에서 양성자의 베타 붕괴를 생각해 본다.

파이온을 포함하는 **중간자**(Mesons)는 정수 스핀(0, 1, 2, ...)을 가지며 궁극적으로 경입자와 양성자로 붕괴한다. 예를 들어 중성 파이온은 두 개의 감마선으로 붕괴한다. (왜 적어도 두 개로 붕괴하여야 하는가?)

표 30.2 몇몇 소립자와 성질

족 이름	입자 형태	입자 기호	반입자 기호	정지 에너지(MeV)	수명(s)[a]
경입자					
	전자	e^-	e^+	0.511	안정
	뮤온	μ^-	μ^+	105.7	2.2×10^{-6}
	타우온	τ^-	τ^+	1784	$\approx 3 \times 0^{-13}$
	전자 중성미자	ν_e	$\bar{\nu}_e$	0[b]	안정
	뮤온 중성미자	ν_μ	$\bar{\nu}_\mu$	0[b]	안정
	타우온 중성미자	ν_τ	$\bar{\nu}_\tau$	0[b]	안정
강입자					
중간자	파이온	π^+	π^-	139.6	2.6×10^{-8}
		π°	같음	135.0	8.4×10^{-17}
	카온	K^+	K^-	493.7	1.2×10^{-8}
		K°	$\overline{K^\circ}$	497.7	8.9×10^{-11}
바리온	양성자	P	$\bar{p}$	938.3	안정 (?)[c]
	중성자	n	$\bar{n}$	939.6	$\approx 9 \times 10^2$
	람다	Λ°	$\overline{\Lambda^\circ}$	1116	2.6×10^{-10}
	시그마	Σ^+	$\overline{\Sigma^-}$	1189	8.0×10^{-10}
		Σ°	$\overline{\Sigma^\circ}$	1192	0.6×10^{-20}
		Σ^-	$\overline{\Sigma^+}$	1197	1.5×10^{-10}
	크사이	Ξ°	$\overline{\Xi^\circ}$	1315	2.9×10^{-10}
		Ξ^-	$\overline{\Xi^+}$	1321	1.6×10^{-10}
	오메가	Ω^-	Ω^+	1672	8.2×10^{-11}

[a] 수명은 유효숫자 2개 이하이다.
[b] 중성미자는 현재 소량의 질량을 가지고 있는 것으로 알려져 있다. 실험은 상한값을 산출하였고, 전자 중성미자의 질량은 7×10^{-6} MeV 미만이지만 0은 아니다.
[c] 전자 약한 이론은 양성자가 우주의 나이보다 1000조 배나 많은 반감기를 가진 불안정한 상태라고 예측한다.

많은 수의 강입자는 다른 소립자로 이루어져 있을 수도 있다고 암시한다. 강입자 '동물원(zoo)'을 분류하는 데 도움이 된 것은 1963년에 캘리포니아 공과대학의 겔만(Murray Gell-Mann)과 츠바이크(George Zweig)가 제안한 다음 절에서 논의할 쿼크 이론(quark theory)이었다.

경입자와 일부 강입자 및 그 속성은 표 30.2에 요약되어 있다.

30.7 쿼크 모형

겔만과 츠바이크는 실제로 근본 물질이 아니라고 제안하였다. 강입자는 이들의 이론에 의하면 소립자로 이루어진 복합 입자이다. 이들은 이들 입자를 **쿼크**(quarks) (제임스 조이스의 소설 Finnegan's Wake에서 이름을 붙임)라고 한다. 그러나 겔만과 츠바이크는 경입자와 광자가 점입자이기 때문에 내부 구조를 갖지 않는 기본 입자라는 것에 주목했다.

몇몇 강입자는 전기적으로 대전되어 있다는 것을 알고 겔만과 츠바이크는 쿼크가 전하를 가져야 한다고 생각했다. 그들의 처음 **쿼크 모형**(quark model)은 세 개의 다른 쿼크(부분적으로 전하를 갖는)와 반입자(반 쿼크라 함)로 이루어져 있었다. 표 30.3은 당시 발견되지 않았던 강입자를 설명하기 위해 쿼크 목록이 결국 여섯 가지 유형을 포함하도록 확장되어야 함을 보여준다. 원래 생각은 단지 세 개의 쿼크(세 개의 반 쿼크를 합해)만 필요로 했다. 이들 쿼크는 **위** 쿼크(u, up), **아래** 쿼크(d, down), **기묘** 쿼크(s, strange)라고 부른다. 이들 세 가지 형태의 쿼크를 여러 가지로 결합하여 상대적으로 무거운 강입자와 바리온이 만들어졌다. 그 밖에 쿼크-반 쿼크 쌍이 더 가벼운 강입자인 중간자를 설명한다. 따라서 겔만과 츠바이크는 새로운 개념의 제안을 받았다.

표 30.3 쿼크의 형태[a]

이름	기호	전하
Up	u	$+\frac{2}{3}e$
Down	d	$-\frac{1}{3}e$
Strange	s	$-\frac{1}{3}e$
Charm	c	$+\frac{2}{3}e$
Top(Truth)	t	$+\frac{2}{3}e$
Bottom(Beauty)	b	$-\frac{1}{3}e$

[a] 반쿼크는 기호 위에 선을 표시하고 반대의 전하를 가진다.

쿼크는 강입자 족의 기본 입자이다.

여러 쿼크가 강입자에 전하를 주도록 결합할 수 있으므로 쿼크는 전자 전하 e의 부분적인 전하를 가져야 한다. 이론은 u, d, s 쿼크가 각각 $+\frac{2}{3}e$, $\pm\frac{1}{3}e$, $-\frac{1}{3}e$의 전하를 갖는다고 제안하였다. $\bar{u}$와 같이 표시하는 반 쿼크는 반대의 전하를 갖는다. 따라서 세 가지 쿼크의 결합으로 바리온도 만들 수 있다. 예를 들어 양성자와 중성자의 쿼크 구성물은 각각 uud와 udd이다. 또한 중간자는 양의 파이온 π^+에 대한 $u\bar{d}$ 같은 쿼크/반 쿼크 쌍으로 구성될 수 있다, 그림 30.8을 보라.

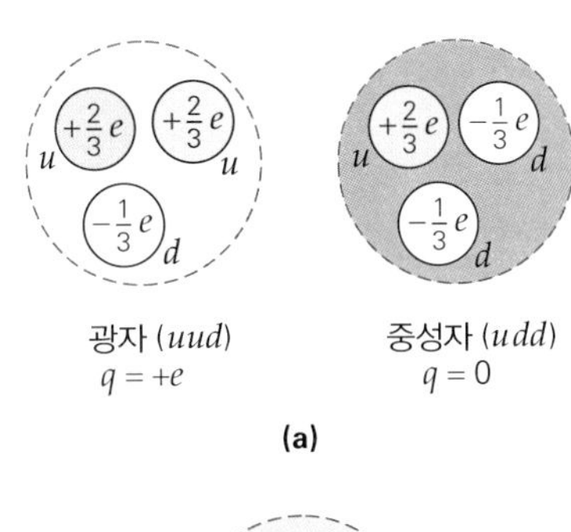

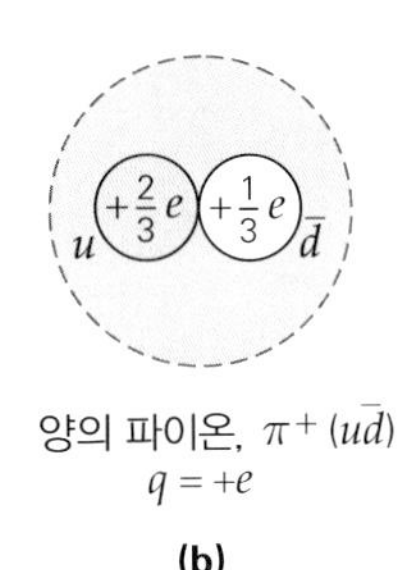

▲그림 30.8 **강입자적 쿼크 구조.** (a) 세 개의 쿼크를 조합으로 양성자, 중성자 같은 바리온을 구성할 수 있다. (b) 쿼크-반 쿼크 조합으로 양의 파이온 같은 모든 중간자를 구성할 수 있다.

1970년대에 새로운 아원자의 발견으로 마지막 세 개의 쿼크 매혹(c), 꼭대기 또는 진실(t), 바닥 또는 뷰티(b)를 추가하였다. 소립자들로 된 자라나는 '동물원'을 유지하기 위해 얼마나 더 많은 그런 입자가 필요할 것인가? 물론 희망은 이 목록이 확장될 필요가 없는 것이다. 요약하자면 이 그림은 다음의 진정한 기본 입자를 포함한다. 경입자(와 반경입자), 쿼크(와 반쿼크), 광자와 같은 교환 입자들이다.

30.7.1 쿼크 감금, 색 전하 및 접착자

지금까지 쿼크의 논의에서 한 가지가 쿼크의 직접 실험 관찰에 누락되어 있었다. 불행하게도 가장 에너지가 높은 입자의 충돌에서조차 자유 쿼크(free quark)가 발견되지 않았다. 물리학자들은 이제 쿼크가 비선형 용수철과 같은 힘에 의해 입자 내에 영구히 갇혀있다고 믿는다. 즉, 쿼크 사이에는 서로 간에 멀어지면 증가하는 힘이 존재한다. 이 힘은 거리에 따라 급격하게 커져 입자로부터 쿼크가 방출되는 것을 방지한다. 이 현상을 **쿼크 감금**(quark confinement)이라고 한다.

쿼크 사이에 작용하는 힘을 설명하고, 파울리의 배타 원리(28.3절 참조)의 명백한 위반과 관련된 몇 가지 문제를 해결하기 위해 쿼크에 **색 전하**(color charge) 또는 간

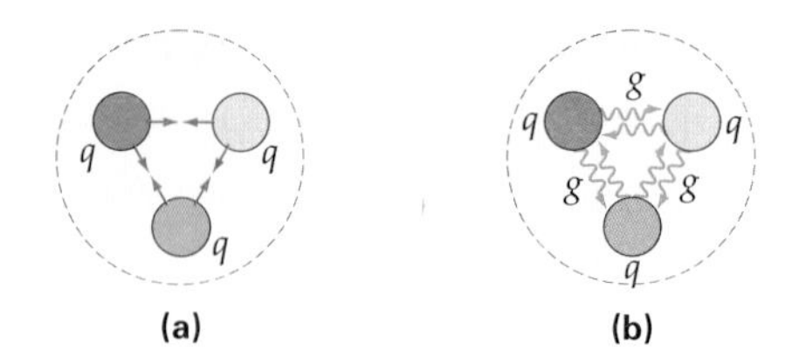

▲ 그림 30.9 **쿼크, 색 전하, 감금 그리고 접착자.** (a) 다른 색 전하의 쿼크들은 서로 인력이 작용하여 그들을 서로 뭉쳐지게 한다. (그림은 바리온 내부이다. 이 그림이 바리온이라는 것을 어떻게 알 수 있는가?) (b) 접착자(꼬불꼬불한 화살표)는 서로 다른 색 전하의 쿼크들 사이에서 교환되어 색력을 만들어낸다. 이는 가상 광자와 전자기력의 관계와 유사하다.

단히 색이라고 부르는 또 다른 특성을 부여하였다. 세 가지 형태의 색 전하 빨강, 초록, 파랑이 있다(이것들은 실제 색깔과 아무 상관이 없다). 전기적 전하와 유사하게 쿼크 감금력은 다른 색 전하들끼리 서로 끌어당기기 때문에 존재한다.

30.5절에서 보면 전자기력은 대전 입자 사이의 가상 광자 교환에 의한 것이다. 유사하게 다른 색의 쿼크 사이의 힘은 **접착자**(gluons)라고 부르는 가상 입자의 교환에 기인한다(그림 30.9). 이 힘을 때때로 **색력**(color force)라고 한다. 이 이론은 양자 색동역학(QCD)이라고 한다. 파인만의 양자 전기 동역학(QED)과 유사하게 '색'은 전자기력을 성공적으로 설명한다.

쿼크 사이의 힘에 대한 개념은 강입자 사이에 작용하는 힘–강한 핵력을 설명할 수 있다. 가상적 음의 파이온을 교환하는 중성자 하나와 양성자 사이의 강력에 대한 앞의 설명을 고려하자(그림 30.7). 더 근본적으로 이 힘을 강입자 사이의 쿼크 교환으로 묘사할 수 있다(그림 30.10).

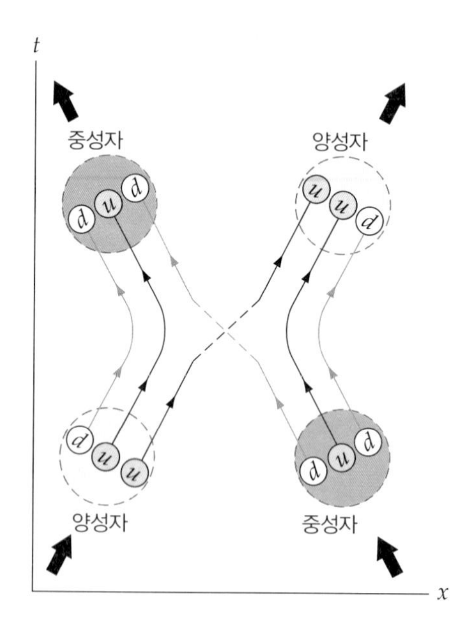

▲ 그림 30.10 **강한 핵력의 쿼크 묘사.** 가상 파이온 입자의 교환을 통한 n–p 상호작용을 상상하는 대신 쿼크 교환의 모형을 사용할 수 있다. 이 교환에서 한 쌍의 쿼크(파이온과 동등한)가 이동된다. 양성자는 중성자로 되고 그 역도 된다.

연습문제

통합 연습문제(Integrated Exercises, IEs)는 두 부분으로 이루어진다. 첫 번째 부분은 일반적으로 기본 원칙과 추론에 기초한 개념적 답변 선택을 요구한다. 두 번째 부분은 연습의 첫 번째 부분에서 이루어진 개념적 선택과 관련된 정량적 계산을 필요로 한다. 기호(•)은 문제의 난이도를 의미한다. 쉬움(•), 보통(••), 어려움(•••)

30.1 핵반응

1. • 다음 핵반응을 완성하라.
   (a) ${}^{1}_{0}n + {}^{40}_{18}Ar \rightarrow$ ____ $+ \alpha$
   (b) ${}^{1}_{0}n + {}^{235}_{92}U \rightarrow {}^{98}_{40}Zr + {}^{135}_{\_\_}$ __ $+$ __ $\left({}^{1}_{0}n\right)$
   (c) ${}^{14}_{7}N(\alpha, p)$____
   (d) ${}^{13}C($____$,\alpha)^{10}B$

2. • 다음의 붕괴 과정에서 딸핵은 무엇이 되겠는가? 이 과정은 자발적으로 일어나는가? 각각의 경우에 그 이유를 설명하라.
   (a) ${}^{22}_{10}Ne \rightarrow$ __ $+ {}^{0}_{-1}e$
   (b) ${}^{226}_{88}Ra \rightarrow$ __ $+ {}^{4}_{2}He$
   (c) ${}^{16}_{8}O \rightarrow$ __ $+ {}^{4}_{2}He$

3. IE • ${}^{238}U$은 다음과 같은 알파 붕괴를 한다.

$$\underset{(238.050\,786\,u)}{{}^{238}_{92}U} \rightarrow \underset{(234.043\,583\,u)}{{}^{234}_{90}Th} + \underset{(4.002\,603\,u)}{{}^{4}_{2}He}$$

   (a) Q의 값이 될 것으로 예상하는 것은? (1) 양, (2) 음, (3) 0, 그 이유는? (b) Q의 값을 구하라.

4. •• 다음 반응에 대해 문턱에너지를 구하라.

$$\underset{(3.016\,029\,u)}{{}^{3}_{2}He} + \underset{(1.008\,665\,u)}{{}^{1}_{0}n} \rightarrow \underset{(2.014\,102\,u)}{{}^{2}_{1}H} + \underset{(2.014\,102\,u)}{{}^{2}_{1}H}$$

5. •• 이 반응은 발열반응인가, 흡열반응인가? Q의 값을 구하여 증명하라.

$$\underset{\substack{수은\\(199.968\,321\,u)}}{{}^{200}_{80}Hg} + \underset{\substack{양성자\\(1.007\,825\,u)}}{{}^{1}_{1}H} \rightarrow \underset{\substack{금\\(196.966\,56\,u)}}{{}^{197}_{79}Au} + \underset{\substack{알파\ 입자\\(4.002\,603\,u)}}{{}^{4}_{2}He}$$

6. •• 양성자가 반응 ${}^{3}_{1}H(p, d){}^{2}_{1}H$를 시작하기 위해 가져야 하는 최소 운동에너지는 얼마인가? (d는 중수소핵을 표현— 중수소)

7. IE ••• 같은 유형의 입사 입자가 두 개의 흡열반응에 사용된다. 한 반응에서 표적 핵의 질량은 입사 입자의 15배, 다른 반응에서는 입사 입자의 20배이다. 첫 번째 반응의 Q값은 두 번째 반응의 세 배인 것으로 알려져 있다. (a) 두 번째 반응과 비교하여 첫 번째 반응은 최소 문턱에너지는? (1) 더 많다, (2) 같다, (3) 더 적다. (b) 첫 번째 반응에 대한 두 번째 반응의 최소 문턱에너지 비율을 계산하여 (a)에 대한 답을 증명하라.

30.2 핵분열

8. •• (a) 원자로에서 물을 감속재로 사용하는 것(중성자 느림)은 양성자와 중성자의 질량이 거의 같기 때문에 잘 작동한다. 왜 이것이 사실인지 설명하라. [힌트: 질량이 같은 물체의 탄성 정면충돌로 하자.] (b) (a)에 대한 추론에서, 그것은 한 번의 충돌에서 중성자가 모든 운동에너지를 잃는 것을 예상할 수 있는 반면, 거의 놓친 경우는 본질적으로 아무것도 잃는 것이 없다고 예상할 수 있다. 따라서 평균적으로 중성자가 각 양성자 충돌 시 운동에너지의 50%를 손실한다고 가정해 보자. 운동에너지가 0.02 eV에 불과한 중성자로 2.0 MeV 중성자를 줄이는 데 필요한 충돌 횟수를 추정하라.

30.3 핵융합

9. •• 빈 칸을 채워라.
   (a) ${}^{2}_{1}H + {}^{2}_{1}H \rightarrow {}^{3}_{2}He +$ ____
   (b) ${}^{2}_{1}H + {}^{3}_{1}H \rightarrow$ ____ $+ {}^{1}_{0}n$
   (c) 각각 방출되는 에너지를 구하라.

30.4 베타 붕괴와 중성미자

10. IE • 베타 붕괴 과정에서 만들어진 중성미자는 2.65 MeV의 에너지를 갖는다. 분리에너지가 5.35 MeV일 경우 베타 입자의 최대 가능한 운동에너지는 무엇인가에 대한 다음 질문에 답하라. (a) (1) 0, (2) 5.35 MeV보다 작지만 0은 아니다, (3) 5.35 MeV, (4) 5.35 MeV보다 크다. (b) 이러한 조건 하에서 베타 입자의 운동에너지를 결정하라. (c) 붕괴 후 베타 입자의 중성미자 방향에 대한 운동량의 방향은? 그 이유를 설명하라.

11. •• ${}^{12}B$ 핵 베타 붕괴로 ${}^{12}C$ 핵으로 분리될 때 방출되는 전자의 최대 운동에너지는 얼마인가?

12. ••• β^{+} 붕괴에 대한 분리에너지가 $Q = (m_{p} - m_{D} - m_{e})$

$c^2 = (M_p - M_D - 2m_e)c^2$임을 보여라. 단, m 문자는 어미와 딸핵을 표현하고, M 문자는 중성 원자를 나타낸다.) [힌트: 붕괴 전과 후의 전자의 수가 다르다.]

30.5 기본적 힘과 교환 입자

13. IE •• (a) 가상 입자 모형을 사용하는 상호작용에서 교환 입자의 에너지가 증가함에 따라 상호작용의 범위는? (1) 증가, (2) 같다, (3) 감소. (b) W 입자가 1.0 GeV 정도의 정지 에너지를 갖는 경우 W 입자와 관련된 상호작용의 범위를 구하라(근사적으로 처리하고, 2개의 유효숫자이다).

14. •• π^0 교환 과정에서 에너지 보존이 얼마나 위배되는가?

30.6 소립자

15. •• 만약 (전자) 중성미자의 질량이 6.0×10^{-6} MeV라면, 총 에너지가 0.50 MeV이면 속력은 얼마인가? [힌트: $E \gg mc^2$이기 때문에 26.4절 및 이항 정리를 참조하라.]

16. •• 표 30.2를 사용하여 τ^- 입자가 $0.95c$에서 이동할 경우 실험실에서 이동하는 평균 거리를 계산하라. (b) 운동에너지는 얼마인가?

30.7 쿼크 모형

17. IE • (a) 반중성자의 쿼크 조합은? (1) $u\bar{d}\bar{d}$, (2) uud, (3) $\bar{u}\bar{u}\bar{d}$, (4) ddd. (b) (a)에 대한 답이 반중성자에 대한 올바른 전하를 제공한다는 것을 보여라.

부록 I* 대학물리에서 자주 사용하는 수학

A. 기호, 수학연산, 지수 및 과학적 표기법

수학적 관계에서 일반적으로 사용되는 기호

$=$ $2x = y$처럼 두 양이 같다는 의미이다.

$\equiv$ 파이(pi)의 정의처럼 "다음으로 정의됨"을 의미이다.

$$\pi \equiv \frac{\text{원의 둘레}}{\text{원의 지름}}$$

$\approx$ 30 m/s $\approx$ 60 m/h인 것처럼 근사적으로 같다는 의미이다.

$\neq$ $\pi \neq 22/7$인 것처럼 같지 않다는 의미이다.

$\geq$ 한 양이 다른 양보다 크거나 같다는 의미이다. 예를 들어 우주의 나이가 100억 년이라면, 최소 나이는 100억 년이다.

$\leq$ 한 양이 다른 양보다 크거나 같다는 의미이다. 예를 들어 강의실이 45명 이하의 학생을 수용할 경우, 최대 수용 학생 수는 45명이다.

$>$ 14개 계란 $>$ 계란 1판(12개)처럼 한 양이 다른 양보다 크다는 의미이다.

$\gg$ 한 양이 다른 양보다 훨씬 더 크다는 의미이다. 예를 들어 지구상의 인구수 $\gg$ 100만 명

$<$ $3 \times 10^{22} < 10^{24}$인 것처럼, 한 양이 다른 양보다 작다는 의미이다.

$\ll$ $10 \ll 10^{11}$인 것처럼, 한 양이 다른 양보다 훨씬 더 작다는 의미이다.

$\propto$ 비례한다는 의미. 즉 $y = 2x$이면 $y \propto x$이다.
이것은 x가 정수배만큼 증가하면 y도 같이 증가된다는 의미이다.

ΔQ "양 Q의 변화량"을 의미. 이것은 "나중−처음"을 의미한다.
예를 들어, $\Delta V = V_f - V_i = 100 - 90 = 10$
그리스 문자의 대문자 시그마($\sum$)는 $i = 1, 2, 3, \cdots, N$인 Q_i 양에 대한 일련의 값을 합한다는 것을 나타낸다. 즉,

* 이 부록에서는 유효숫자에 대해 1.6절에서 논의하고 있으므로 여기서는 다루지 않는다.

$$\sum_{i=1}^{N} Q_i = Q_1 + Q_2 + Q_3 + \cdots Q_N$$

$|Q|$ 부호 없는 양 Q의 절댓값을 나타낸다. 만약 Q가 +이면 $|Q| = Q$; 만약 Q가 −이면 $|-Q| = Q$라 쓴다. 따라서 $|-3| = 3$이다.

수학연산과 그 사용의 순서

기본적 수학연산은 사칙연산인 +, −, ×, ÷가 있다. 또 다른 일반적 연산은 지수(x_n)가 있으며 밑수 x에 지수 n의 거듭제곱으로 나타낸다. 이러한 연산 중 여러 개가 하나의 방정식에 포함되는 경우 다음 순서로 계산한다: (a) 괄호(parentheses), (b) 지수(exponentiation), (c) 곱셈(multiplication), (d) 나눗셈(division), (e) 덧셈(addition), 그리고 (f) 뺄셈(subtraction).

이 순서를 기억하는 데 사용되는 편리한 연상기법은 다음과 같다: "**P**lease **E**xcuse **M**y **D**ear **A**unt **S**ally,"(사랑하는 샐리 숙모님께 양해를 부탁드립니다.) 각 철자의 앞 대문자는 여러 가지 연산을 처리하는 순서를 나타낸다: **P**arentheses(괄호), **E**xponentiation(지수), **M**ultiplication(곱셈), **D**ivision(나눗셈), **A**ddition(덧셈), **S**ubtraction (뺄셈).

항상 괄호 안의 연산을 우선으로 계산하므로, 정확한 계산을 위해 괄호를 적절하게 사용하는 것이 좋다. 예를 들어, $24^2/8 \cdot 4 + 12$는 여러 가지 방법으로 계산할 수 있다. 그러나 정해진 순서에 따라 계산해야 정확한 값을 얻는다: $24^2/8 \cdot 4 + 12 = 576/8 \cdot 4 + 12 = 576/32 + 12 = 18 + 12 = 30$. 혼동을 방지하기 위해 다음과 같이 두 세트의 괄호를 사용하여 계산하는 것도 좋다: $[24^2/(8 \cdot 4)] + 12 = [576/(32)] + 12 = 18 + 12 = 30$.

지수와 지수 표기법

지수와 지수 표기법은 과학적 표기에 사용할 때 매우 중요하다. 지수와 지수 표기법(양수, 음수, 분수 등)에 익숙해져야 한다. 지수 표기법에 의해 계산하는 것을 다음에 나타낸다.

$$\begin{array}{lll} x^0 = 1 & & \\ x^1 = x & x^{-1} = \dfrac{1}{x} & \\ x^2 = x \cdot x & x^{-2} = \dfrac{1}{x_2} & x^{1/2} = \sqrt{x} \\ x^3 = x \cdot x \cdot x & x^{-3} = \dfrac{1}{x^3} & x^{1/3} = \sqrt[3]{x} \quad \text{등} \end{array}$$

지수는 다음과 같은 규칙에 따라 계산한다:

$$x^a \cdot x^b = x^{(a+b)} \quad x^a/x^b = x^{(a-b)} \quad (x^a)^b = x^{ab}$$

과학적 표기법(십의 거듭제곱 표기)

물리학에서 많은 물리량은 매우 크거나 매우 작은 값을 가진다. 그래서 **과학적 표기법**(scientific notation)을 자주 사용하여 많은 물리량들을 표현한다. 이 표기법은 명백한 이유로 때때로 십의 거듭제곱으로 나타낸다. 숫자 10의 제곱이거나 세제곱일 때, $10^2 = 10 \times 10$ 또는 $10^3 = 10 \times 10 \times 10 = 1000$로 쓸 수 있다. 0의 개수가 10의 거듭제곱의 값과 같다는 것을 알 수 있다. 따라서 10^{23}은 숫자 1 다음에 23개의 0을 표현하는 것을 간결하게 나타내는 방법이다. 숫자는 다양한 방법으로 표현될 수 있다. 예를 들어 지구에서 태양까지의 거리는 9천 3백만 마일이다. 이 값은 93 000 000 마일이라고 쓸 수 있다. 좀 더 간결한 과학적 표기법으로 표현하면 93×10^6마일, 또는 0.93×10^8마일과 같이 쓰며 아주 올바른 형태가 된다. 이 경우 9.3의 소수점 왼쪽에 한자리만 남겨두는 것이 관례이기 때문에 두 번째 표현이 더 선호되지만, 이 중 어느 것이든 옳은 표현이다. 앞의 숫자의 소수점이 이동될 때 지수 또는 십의 거듭제곱이 변한다는 것을 유의하라.

10의 음수 거듭제곱도 사용할 수 있다. 예를 들어 $10^{-2} = (1/10^2) = (1/100) = 0.01$. 따라서 10의 거듭제곱에 음의 지수가 있으면 10의 거듭제곱에 대해 소수점이 왼쪽으로 한 번씩 이동할 수 있다. 예를 들어 5.0×10^{-2}는 0.050과 같다. (왼쪽으로 두 번 이동한다.)

양의 소수점은 10의 거듭제곱이 양수인지 음수인지에 관계없이 오른쪽 또는 왼쪽으로 이동할 수 있다. 소수점 이동에 대한 일반적인 규칙은 다음과 같다.

1. 지수 또는 10의 거듭제곱은 소수점이 왼쪽으로 이동할 때마다 1씩 **증가**한다.
2. 지수 또는 10의 거듭제곱은 소수점이 오른쪽으로 이동할 때마다 1씩 **감소**한다.

이것은 단순히 계수(앞의 숫자)가 작아질수록 지수가 그에 상응하여 커지고, 그 반대로 커지면 지수가 작아진다는 것을 말해주는 방법이다. 전체적으로 수의 값은 같다.

이 표기법을 이용하여 곱하는 경우 지수가 더해지게 된다. 따라서 $10^2 \times 10^4 = (100)(10\,000) = 1\,000\,000 = 10^6 = 10^{2+4}$. 나눗셈은 음의 지수를 사용하는 비슷한 규칙을 따른다. 예를 들어, $(10^5/10^2) = (100\,000/100) = 1\,000 = 10^3 = 10^{5+(-2)}$.

과학적 표기법으로 쓰여진 숫자들을 더하고 뺄 때 주의해야 한다. 계산하기 전에 모든 숫자는 동일한 10의 거듭제곱으로 고친 다음 계산하어야 한다. 예를 들어보자.

$$\begin{aligned} 1.75\times10^3 - 5.0\times10^2 &= 1.75\times10^3 - 0.50\times10^3 \\ &= (1.75-0.50)\times10^3 = 1.25\times10^3 \end{aligned}$$

B. 대수 및 공통대수 관계

일반 대수

방정식을 푸는 데 사용되는 대수학의 기본 법칙은, 예를 들어 여러분이 방정식의 양변을 합법적인 연산으로 수행한다면, 그것은 방정식 또는 등식이 되어야 한다. (0으로 나누는 것은 잘못된 연산이다. 왜일까?) 따라서 양변에 수를 더하고, 세제곱을 하거나 같은 수로 나누는 등 연산과정은 모두 양변이 같다는 것을 유지한다.

예를 들어 x에 대한 식 $\frac{x^2+6}{2}=11$을 풀려고 한다. 이 식을 풀기 위해서 먼저 양변에 2를 곱하면 $\left(\frac{x^2+6}{\cancel{2}}\right)\times\cancel{2}=11\times2=22$, 또는 $x^2+6=22$이 된다. 이 식에서 양변에 6을 빼면 $x^2+6-6=22-6$ 또는 $x^2=16$이다. 마지막으로 양변에 제곱근을 취하면 구하고자 하는 답은 $x=\pm4$가 된다.

몇 가지 유용한 결과

두 수의 합이나 차의 제곱이 필요한 경우가 많다. 임의의 수 a와 b에 대해 다음과 같이 전개할 수 있다.

$$(a\pm b)^2=a^2\pm2ab+b^2$$

마찬가지로 수를 제곱한 **두 제곱의 차**도 다음과 같이 인수 분해할 수 있다:

$$(a^2-b^2)=(a+b)(a-b)$$

2차 방정식은 $ax^2+bx+c=0$의 형태로 표현될 수 있는 식이다. 2차 방정식은 근의 공식을 이용해서 풀 수 있다. $x=\frac{-b\pm\sqrt{b^2-4ac}}{2a}$. 운동학에서 이 결과(근의 공식)는 특히 유용하게 쓰일 수 있다. 예로 $4.9t^2-10t-20=0$이다. 이 방정식의 근을 구하려면 근의 공식에 계수(부호 포함)를 대입하고 t의 해를 얻을 수 있다. (여기서 t는 절벽 끝에서 공이 던져지면 도달하는 시간을 표현한다. 2장 참조). 결과를 보면 다음과 같다

$$t=\frac{10\pm\sqrt{10^2-4(4.9)(-20)}}{2(4.9)}=\frac{10\pm22.2}{9.8}$$

$$=+3.3\ \text{s}\quad\text{또는}\quad-1.2\ \text{s}$$

이러한 모든 문제에서 시간은 '스톱워치' 시간이며 0에서 시작한다. 따라서 음수가 되는 답은 방정식 자체의 해결된 결과이지만 물리적으로 맞지 않으므로 무시될 수 있다.

연립 방정식 풀기

경우에 따라 문제를 푸는 데 둘 이상의 방정식을 동시에 풀 것을 요구할 수도 있다. 일반적으로 만약 어떤 문제에 N개의 미지수가 있다면, 정확히 N개의 독립적인 방정식이 필요할 것이다. 또한 만약 N개 미만의 방정식으로 완전한 해를 구하기에는 충분하지 않고, N개 이상의 방정식이 있을 때 일부는 중복되고 더 복잡하지만 해를 구하는 것은 가능하다. 이러한 우려는 보통 두 개를 갖는 연립 방정식에 있을 것이고 둘 다 선형 방정식일 것이다. 선형 방정식은 $y=mx+b$ 형태이다. x-y 데카르트 좌

표계에 표시했을 때, 그 결과는 빨간 선에 대해 표시된 것과 같이 $m(=\Delta y/\Delta x)$의 기울기와 y 절편 b을 갖는 직선이 된다는 것을 기억하라.

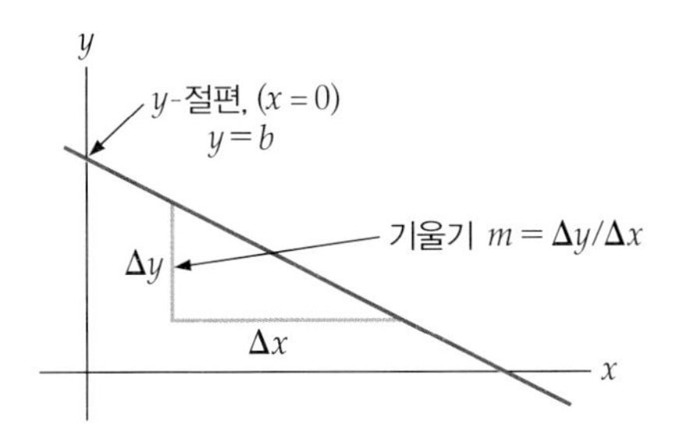

두 개의 건형 방정식을 연립에 의해 그래프로 풀려면 좌표축에 해당 방정식을 그리고 교차점의 좌표를 구하면 된다. 이것은 항상 원칙적으로 수행될 수는 있지만, 단지 대략적인 답일 뿐이고 보통 직접 풀려면 시간이 좀 걸린다.

연립방정식을 푸는 가장 보편적인 방법은 대수학을 이용하는 것이다. 본질적으로 미지의 방정식 하나를 풀고 그 결과를 다른 방정식에 대입하면 하나의 미지수를 갖는 방정식이 된다. 두 개의 미지수와 두 개의 방정식을 갖는 연립 방정식을 풀어보자.

$$3y + 4x = 4\text{와} \quad 2x - y = 2$$

두 번째 방정식을 정리하면 $y = 2x - 2$이다. 이 식을 첫 번째 방정식에 대입하면 다음과 같다.

$$3(2x-2) + 4x = 4$$

따라서 $10x = 10$와 $x = 1$이다. 원래의 두 번째 방정식에 $x = 1$을 대입하면 y의 값을 구할 수 있으며, 그 결과는 $2(1) - y = 2$이고 $y = 0$이 된다. (물론 첫 번째 방정식에 대입해도 같은 값이 나온다.)

C. 기하 관계

물리학과 과학의 다른 많은 영역에서 원의 둘레, 면적 그리고 몇몇 일반적 형태의 부피를 찾을 수 있는지를 아는 것은 중요하다.

원의 둘레(c), 면적(A), 그리고 부피(V)

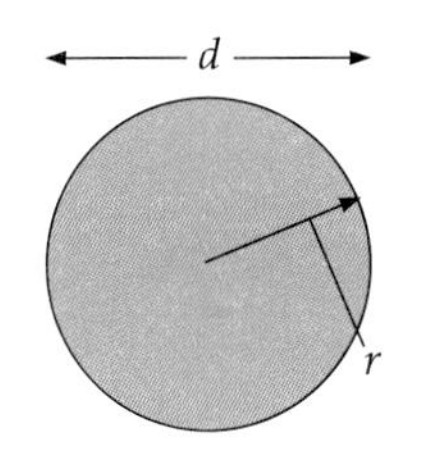

원:

$$c = 2\pi r = \pi d$$

$$A = \pi r^2 = \frac{\pi d^2}{4}$$

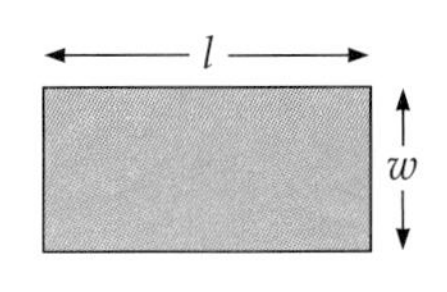

직사각형:

$$c = 2l + 2w$$

$$A = l \times w$$

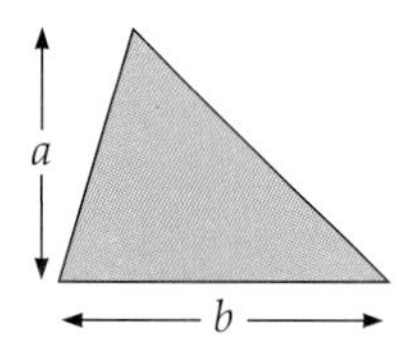

삼각형: $A = \frac{1}{2}ab$

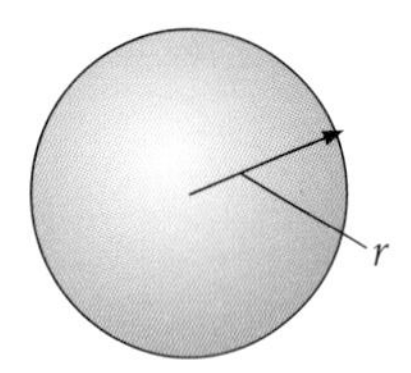

구: $A = 4\pi r^2$

$V = \frac{4}{3}\pi r^3$

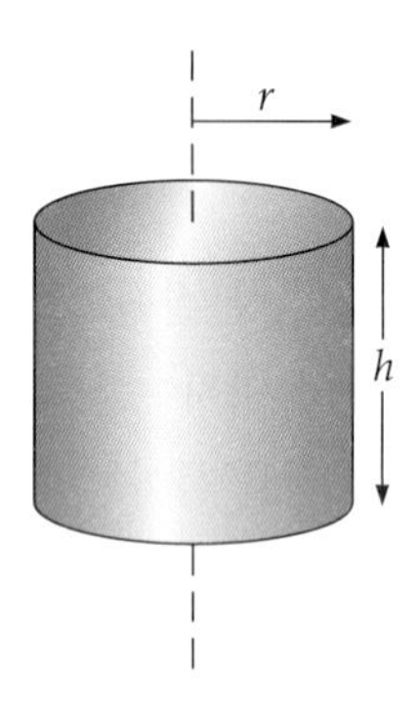

원통: $A = \pi r^2$ (end)

$A = 2\pi rh$ (body)

$V = \pi r^2 h$

D. 삼각법 관계

기본 삼각법을 이해하는 것은 특히 많은 양이 벡터이기 때문에 물리학에서 중요하다.

삼각 함수의 정의

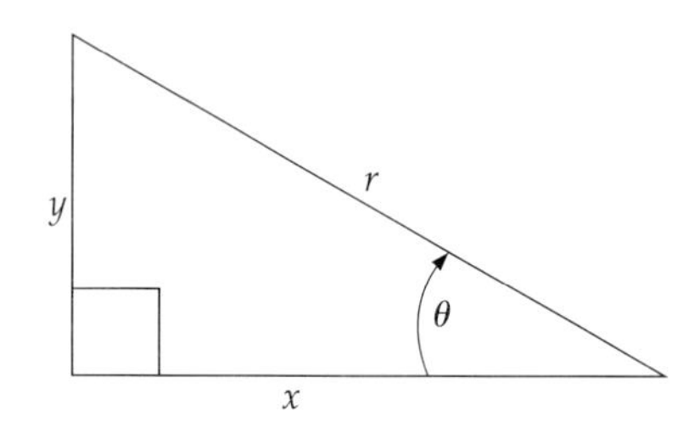

$$\sin\theta = \frac{y}{r} \quad \cos\theta = \frac{x}{r} \quad \tan\theta = \frac{\sin\theta}{\cos\theta} = \frac{y}{x}$$

θ° (rad)	$\sin\theta$	$\cos\theta$	$\tan\theta$
0° (0)		1	0
30° (π/6)	0.500	0.866	0.577
45° (π/4)	0.707	0.707	1.00
60° (π/3)	0.866	0.500	1.73
90° (π/2)	1	0	$\rightarrow\infty$

매우 작은 각에 대하여

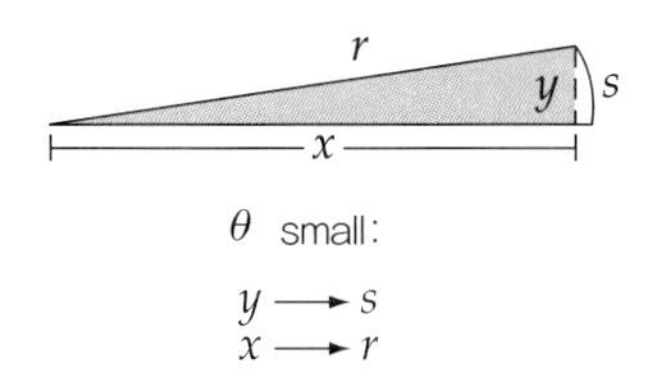

$$\theta(\text{라디안}) = \frac{s}{r} \approx \frac{y}{r} \approx \frac{y}{x}$$

$$\theta(\text{라디안}) \approx \sin\theta \approx \tan\theta$$

$$\cos\theta \approx 1 \quad \sin\theta \approx \theta \quad (\text{라디안})$$

$$\tan\theta = \frac{\sin\theta}{\cos\theta} \approx \theta \quad (\text{라디안})$$

삼각비의 부호는 x-y 좌표에서 각 사분면(I, II, III, IV)의 위치에 관계한다. 예를 들어 x가 음수, y가 양수인 2사분면에서 $\cos\theta = x/r$은 음수이고, $\sin\theta = y/r$는 양수이다. [r은 (그림의 점선) 항상 양수로 취급한다.] 그림에서 진한 붉은 선은 양수이고 연한 붉은 선은 음수이다.

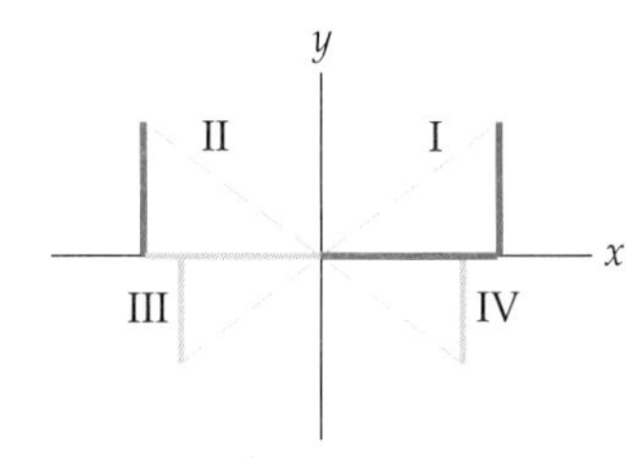

몇 가지 유용한 삼각함수의 관계식

$$1 = \sin^2\theta + \cos^2\theta \ (\text{삼각 관계식})$$

$$\sin 2\theta = 2\sin\theta\cos\theta \ (\text{배각공식})$$

$$\cos 2\theta = \cos^2\theta - \sin^2\theta = 2\cos^2\theta - 1 = 1 - 2\sin^2\theta \ (\text{배각공식})$$

$$\sin^2\theta = \frac{1}{2}(1 - \cos 2\theta) \ (\text{반각공식})$$

$$\cos^2\theta = \frac{1}{2}(1 + \cos 2\theta) \ (\text{반각공식})$$

반각($\theta/2$)에 대해 위의 관계식에서 θ 대신 $\theta/2$을 대입하면, 예를 들어

$$\sin^2(\theta/2) = \frac{1}{2}(1 - \cos\theta)$$

$$\cos^2(\theta/2) = \frac{1}{2}(1 + \cos\theta)$$

이다. 삼각함수에서 각의 합과 차는 때때로 관심이 많은 관계식이다. 여기서 일반적으로 덧셈정리라고 한다.

$$\sin(\alpha \pm \beta) = \sin\alpha\cos\beta \pm \cos\alpha\sin\beta$$

$$\cos(\alpha \pm \beta) = \cos\alpha\cos\beta \mp \sin\alpha\sin\beta$$

$$\tan(\alpha \pm \beta) = \frac{\tan\alpha \pm \tan\beta}{1 \mp \tan\alpha\tan\beta}$$

코사인의 법칙

삼각형에서 꼭지각 A, B, C와 이 각을 마주보는 변 a, b, c에 대하여

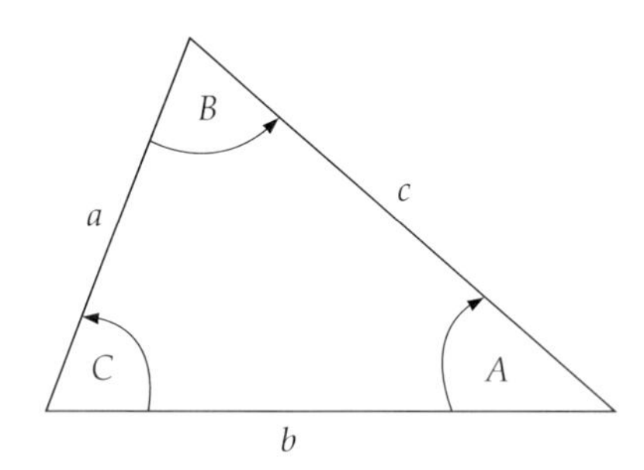

$a^2 = b^2 + c^2 - 2bc\cos A$ ($b^2 = \cdots$와 $c^2 = \cdots$에 대해 비슷한 결과를 얻는다.)

만약 $A = 90°$이면 $\cos A = 0$이고, 이것은 피타고라스 정리와 같아진다: $a^2 = b^2 + c^2$

사인의 법칙

삼각형에서 꼭지각 A, B, C와 이 각을 마주보는 변 a, b, c에 대하여

$$\frac{a}{\sin A} = \frac{b}{\sin B} = \frac{c}{\sin C}$$

E. 로그

여기에 제시된 것은 로그의 몇 가지 기본적인 정의와 관계이다. 로그는 과학에서 흔히 사용되므로 로그가 무엇이고 어떻게 사용하는지 아는 것이 중요하다. 로그는 다른 연산들 중에서 매우 크고, 아주 작은 숫자들을 더 쉽게 곱하고 나눌 수 있게 해주기 때문에 유용하다.

로그의 정의

만약 수 x가 $x = a^n$으로 어떤 거듭제곱 n에 대한 다른 수 a로 쓰여지면, n은 수 x의 밑수 a에 대한 로그로 정의된다. 이것은 간단하게 다음과 같이 쓸 수 있다.

$$n \equiv \log_a x$$

상용로그

밑수가 10이면 이 로그는 소위 상용로그라고 한다. 로그에 밑수를 생략한 log로 쓰고 생략된 밑수는 10을 의미한다. 다른 수의 밑수를 사용한다면 이것은 특별히 나타내야 한다. 예를 들어 $1000 = 10^3$; 그러므로 $3 = \log_{10} 1000$ 또는 간단하게 $3 = \log 1000$이고, “3은 로그 1000”으로 읽는다.

상용로그의 성질

임의의 두 수 x, y에 대해:

$$\log(10^x) = x$$
$$\log(xy) = \log x + \log y$$
$$\log\left(\frac{x}{y}\right) = \log x - \log y$$
$$\log(x^y) = y\log x$$

자연로그

자연로그는 밑수로 무리수 e를 사용한다. 6개의 유효숫자를 나타낸 이 값은 $e \approx 2.71828\cdots$이다. 다행히도 대부분의 계산기에는 이 숫자가 (π와 같은 다른 무리수들과 함께) 입력되어 있다. 자연로그는 일정한 비율로 증가하거나 감소하는 양을 설명할 때 자연적으로 생기기 때문에 그 이름을 얻었다. 자연로그는 상용로그 log와 구별하기 위해 ln으로 쓴다. 즉, $\log_e x \equiv \ln x$이고 만약 $n = \ln x$이면 $x = e^n$이다. 상용로그와 유사하게 임의의 두 수 x, y에 대해 다음과 같은 성질을 갖는다.

$$\ln(e^x) = x$$
$$\ln(xy) = \ln x + \ln y$$
$$\ln\left(\frac{x}{y}\right) = \ln x - \ln y$$
$$\ln(x^y) = y\ln x$$

때때로 두 가지 로그 유형, 즉 상용로그와 자연로그 간에 변환해야 하는 경우가 있다. 이를 위해 다음과 같은 관계가 성립한다.

$$\log x = 0.43429 \ln x$$
$$\ln x = 2.3026 \log x$$

부록 II 행성 데이터

Name	Equatorial Radius (km)	Mass (compared with Earth's)[a]	Mean Density ($\times 10^3$ kg/m^3)	Surface Gravity (compared with Earth's)	Semimajor Axis		Orbital Period		Eccentricity	Inclination to Ecliptic
					$\times 10^6$ km	AU[b]	Years	Days		
Mercury	2439	0.0553	5.43	0.378	57.9	0.3871	0.24084	87.96	0.2056	7°00′26″
Venus	6052	0.8150	5.24	0.894	108.2	0.7233	0.615 15	224.68	0.0068	3°23′40″
Earth	6378.140	1	5.515	1	149.6	1	1.000 04	365.25	0.0167	0°00′14″
Mars	3397.2	0.1074	3.93	0.379	227.9	1.5237	1.8808	686.95	0.0934	1°51′09″
Jupiter	71 398	317.89	1.36	2.54	778.3	5.2028	11.862	4337	0.0483	1°18′29″
Saturn	60 000	95.17	0.71	1.07	1427.0	9.5388	29.456	10 760	0.0560	2°29′17″
Uranus	26 145	14.56	1.30	0.8	2871.0	19.1914	84.07	30 700	0.0461	0°48′26″
Neptune	24 300	17.24	1.8	1.2	4497.1	30.0611	164.81	60 200	0.0100	1°46′27″
Pluto[c]	1500–1800	0.02	0.5–0.8	~0.03	5913.5	39.5294	248.53	90 780	0.2484	17°09′03″

[a] Planet's mass/Earth's mass, where $M_E = 6.0 \times 10^{24}$ kg.
[b] Astronomical unit: 1 AU $= 1.5 \times 10^8$ km, the average distance between the Earth and the Sun.
[c] Pluto is now classified as a "dwarf" planet.

부록 III 원자번호 109를 통한 화학 원소의 알파벳 목록

Element	Symbol	Atomic Number (Proton Number)	Atomic Mass	Element	Symbol	Atomic Number (Proton Number)	Atomic Mass	Element	Symbol	Atomic Number (Proton Number)	Atomic Mass
Actinium	Ac	89	227.0278	Hafnium	Hf	72	178.49	Praseodymium	Pr	59	140.9077
Aluminum	Al	13	26.981 54	Hahnium	Ha	105	(262)	Promethium	Pm	61	(145)
Americium	Am	95	(243)	Hassium	Hs	108	(265)	Protactinium	Pa	91	231.0359
Antimony	Sb	51	121.757	Helium	He	2	4.002 60	Radium	Ra	88	226.0254
Argon	Ar	18	39.948	Holmium	Ho	67	164.9304	Radon	Rn	86	(222)
Arsenic	As	33	74.9216	Hydrogen	H	1	1.007 94	Rhenium	Re	75	186.207
Astatine	At	85	(210)	Indium	In	49	114.82	Rhodium	Rh	45	102.9055
Barium	Ba	56	137.33	Iodine	I	53	126.9045	Rubidium	Rb	37	85.4678
Berkelium	Bk	97	(247)	Iridium	Ir	77	192.22	Ruthenium	Ru	44	101.07
Beryllium	Be	4	9.01218	Iron	Fe	26	55.847	Rutherfordium	Rf	104	(261)
Bismuth	Bi	83	208.9804	Krypton	Kr	36	83.80	Samarium	Sm	62	150.36
Bohrium	Bh	107	(264)	Lanthanum	La	57	138.9055	Scandium	Sc	21	44.9559
Boron	B	5	10.81	Lawrencium	Lr	103	(260)	Seaborgium	Sg	106	(263)
Bromine	Br	35	79.904	Lead	Pb	82	207.2	Selenium	Se	34	78.96
Cadmium	Cd	48	112.41	Lithium	Li	3	6.941	Silicon	Si	14	28.0855
Calcium	Ca	20	40.078	Lutetium	Lu	71	174.967	Silver	Ag	47	107.8682
Californium	Cf	98	(251)	Magnesium	Mg	12	24.305	Sodium	Na	11	22.989 77
Carbon	C	6	12.011	Manganese	Mn	25	54.9380	Strontium	Sr	38	87.62
Cerium	Ce	58	140.12	Meitnerium	Mt	109	(268)	Sulfur	S	16	32.066
Cesium	Cs	55	132.9054	Mendelevium	Md	101	(258)	Tantalum	Ta	73	180.9479
Chlorine	Cl	17	35.453	Mercury	Hg	80	200.59	Technetium	Tc	43	(98)
Chromium	Cr	24	51.996	Molybdenum	Mo	42	95.94	Tellurium	Te	52	127.60
Cobalt	Co	27	58.9332	Neodymium	Nd	60	144.24	Terbium	Tb	65	158.9254
Copper	Cu	29	63.546	Neon	Ne	10	20.1797	Thallium	Tl	81	204.383
Curium	Cm	96	(247)	Neptunium	Np	93	237.048	Thorium	Th	90	232.0381
Dubnium	Db	105	(262)	Nickel	Ni	28	58.69	Thulium	Tm	69	168.9342
Dysprosium	Dy	66	162.50	Niobium	Nb	41	92.9064	Tin	Sn	50	118.710
Einsteinium	Es	99	(252)	Nitrogen	N	7	14.0067	Titanium	Ti	22	47.88
Erbium	Er	68	167.26	Nobelium	No	102	(259)	Tungsten	W	74	183.85
Europium	Eu	63	151.96	Osmium	Os	76	190.2	Uranium	U	92	238.0289
Fermium	Fm	100	(257)	Oxygen	O	8	15.9994	Vanadium	V	23	50.9415
Fluorine	F	9	18.998 403	Palladium	Pd	46	106.42	Xenon	Xe	54	131.29
Francium	Fr	87	(223)	Phosphorus	P	15	30.973 76	Ytterbium	Yb	70	173.04
Gadolinium	Gd	64	157.25	Platinum	Pt	78	195.08	Yttrium	Y	39	88.9059
Gallium	Ga	31	69.72	Plutonium	Pu	94	(244)	Zinc	Zn	30	65.39
Germanium	Ge	32	72.561	Polonium	Po	84	(209)	Zirconium	Zr	40	91.22
Gold	Au	79	196.9665	Potassium	K	19	39.0983				

부록 IV 선택된 동위원소의 특성

Atomic Number (Z)	Element	Symbol	Mass Number (A)	Atomic Mass[a]	Abundance (%) or Decay Mode[b] (If Radioactive)	Half-Life (If Radioactive)
0	(Neutron)	n	1	1.008 665	β^-	10.6 min
1	Hydrogen	H	1	1.007 825	99.985	
	Deuterium	D	2	2.014 102	0.015	
	Tritium	T	3	3.016 049	β^-	12.33 y
2	Helium	He	3	3.016 029	0.00014	
			4	4.002 603	≈100	
3	Lithium	Li	6	6.015 123	7.5	
			7	7.016 005	92.5	
4	Beryllium	Be	7	7.016 930	EC, γ	53.3 d
			8	8.005 305	2α	6.7×10^{-17} s
			9	9.012 183	100	
5	Boron	B	10	10.012 938	19.8	
			11	11.009 305	80.2	
			12	12.014 353	β^-	20.4 ms
6	Carbon	C	11	11.011 433	β^-, EC	20.4 ms
			12	12.000 000	98.89	
			13	13.003 355	1.11	
			14	14.003 242	β^-	5730 y
7	Nitrogen	N	13	13.005 739	β^-	9.96 min
			14	14.003 074	99.63	
			15	15.000 109	0.37	
8	Oxygen	O	15	15.003 065	β^+, EC	122 s
			16	15.994 915	99.76	
			18	17.999 159	0.204	
9	Fluorine	F	19	18.998 403	100	
10	Neon	Ne	20	19.992 439	90.51	
			22	21.991 384	9.22	
11	Sodium	Na	22	21.994 435	β^+, EC, γ	2.602 y
			23	22.989 770	100	
			24	23.990 964	β^-, γ	15.0 h
12	Magnesium	Mg	24	23.985 045	78.99	
13	Aluminum	Al	27	26.981 541	100	
14	Silicon	Si	28	27.976 928	92.23	
			31	30.975 364	β^-, γ	2.62 h
15	Phosphorus	P	31	30.973 763	100	
			32	31.973 908	β^-	14.28 d
16	Sulfur	S	32	31.972 072	95.0	
			35	34.969 033	β^-	87.4 d
17	Chlorine	Cl	35	34.968 853	75.77	
			37	36.965 903	24.23	
18	Argon	Ar	40	39.962 383	99.60	
19	Potassium	K	39	38.963 708	93.26	
			40	39.964 000	β^-, EC, γ, β^+	1.28×10^9 y
20	Calcium	Ca	40	39.962 591	96.94	
24	Chromium	Cr	52	51.940 510	83.79	
25	Manganese	Mn	55	54.938 046	100	
26	Iron	Fe	56	55.934 939	91.8	
27	Cobalt	Co	59	58.933 198	100	
			60	59.933 820	β^-, γ	5.271 y

(Continued)

Atomic Number (Z)	Element	Symbol	Mass Number (A)	Atomic Mass[a]	Abundance (%) or Decay Mode[b] (If Radioactive)	Half-Life (If Radioactive)
28	Nickel	Ni	58	57.935 347	68.3	
			60	59.930 789	26.1	
			64	63.927 968	0.91	
29	Copper	Cu	63	62.929 599	69.2	
			64	63.929 766	β^-, β^+	12.7 h
			65	64.927 792	30.8	
30	Zinc	Zn	64	63.929 145	48.6	
			66	65.926 035	27.9	
33	Arsenic	As	75	74.921 596	100	
35	Bromine	Br	79	78.918 336	50.69	
36	Krypton	Kr	84	83.911 506	57.0	
			89	88.917 563	β^-	3.2 min
38	Strontium	Sr	86	85.909 273	9.8	
			88	87.905 625	82.6	
			90	89.907 746	β^-	28.8 y
39	Yttrium	Y	89	89.905 856	100	
43	Technetium	Tc	98	97.907 210	β^-, γ	4.2×10^6 y
47	Silver	Ag	107	106.905 095	51.83	
			109	108.904 754	48.17	
48	Cadmium	Cd	114	113.903 361	28.7	
49	Indium	In	115	114.903 88	95.7; β^-	5.1×10^{14} y
50	Tin	Sn	120	119.902 199	32.4	
53	Iodine	I	127	126.904 477	100	
			131	130.906 118	β^-, γ	8.04 d
54	Xenon	Xe	132	131.904 15	26.9	
			136	135.907 22	8.9	
55	Cesium	Cs	133	132.905 43	100	
56	Barium	Ba	137	136.905 82	11.2	
			138	137.905 24	71.7	
			144	143.922 73	β^-	11.9 s
61	Promethium	Pm	145	144.912 75	EC, α, γ	17.7 y
74	Tungsten	W	184	183.950 95	30.7	
76	Osmium	Os	191	190.960 94	β^-, γ	15.4 d
			192	191.961 49	41.0	
78	Platinum	Pt	195	194.964 79	33.8	
79	Gold	Au	197	196.966 56	100	
80	Mercury	Hg	202	201.970 63	29.8	
81	Thallium	Tl	205	204.974 41	70.5	
			210	209.990 069	β^-	1.3 min
82	Lead	Pb	204	203.973 044	β^-, 1.48	1.4×10^{17} y
			206	205.974 46	24.1	
			207	206.975 89	22.1	
			208	207.976 64	52.3	
			210	209.984 18	α, β^-, γ	22.3 y
			211	210.988 74	β^-, γ	36.1 min
			212	211.991 88	β^-, γ	10.64 h
			214	213.999 80	β^-, γ	26.8 min
83	Bismuth	Bi	209	208.980 39	100	
			211	210.987 26	α, β^-, γ	2.15 min
84	Polonium	Po	210	209.982 86	α, γ	138.38 d
			214	213.995 19	α, γ	164 ms
86	Radon	Rn	222	222.017 574	α, β	3.8235 d

(Continued)

Atomic Number (Z)	Element	Symbol	Mass Number (A)	Atomic Mass[a]	Abundance (%) or Decay Mode[b] (If Radioactive)	Half-Life (If Radioactive)
87	Francium	Fr	223	223.019 734	α, β^-, γ	21.8 min
88	Radium	Ra	226	226.025 406	α, γ	1.60×10^3 y
			228	228.031 069	β^-	5.76 y
89	Actinium	Ac	227	227.027 751	α, β^-, γ	21.773 y
90	Thorium	Th	228	228.028 73	α, γ	1.9131 y
			232	232.038 054	100; α, γ	1.41×10^{10} y
92	Uranium	U	232	232.037 14	α, γ	72 y
			233	233.039 629	α, γ	1.592×10^5 y
			235	235.043 925	0.72; α, γ	7.038×10^8 y
			236	236.045 563	α, γ	2.342×10^7 y
			238	238.050 786	99.275; α, γ	4.468×10^9 y
			239	239.054 291	β^-, γ	23.5 min
93	Neptunium	Np	239	239.052 932	β^-, γ	2.35 d
94	Plutonium	Pu	239	239.052 158	α, γ	2.41×10^4 y
95	Americium	Am	243	243.061 374	α, γ	7.37×10^3 y
96	Curium	Cm	245	245.065 487	α, γ	8.5×10^3 y
97	Berkelium	Bk	247	247.070 03	α, γ	1.4×10^3 y
98	Californium	Cf	249	249.074 849	α, γ	351 y
99	Einsteinium	Es	252	254.088 02	α, γ, β^-	276 d
100	Fermium	Fm	257	253.085 18	EC, α, γ	3.0 d

[a] The masses given throughout this table are those for the neutral atom, including the Z electrons.
[b] "EC" stands for electron capture.

부록 V 단위 및 수식 기호

10의 지수를 나타내는 접두사*

Multiple	Prefix (and Abbreviation)	Pronunciation
10^{24}	yotta- (Y)	yot'ta (*a* as in *a*bout)
10^{21}	zetta- (Z)	zet'ta (*a* as in *a*bout)
10^{18}	exa- (E)	ex'a (*a* as in *a*bout)
10^{15}	peta- (P)	pet'a (as in *petal*)
10^{12}	tera- (T)	ter'a (as in *terrace*)
10^{9}	giga- (G)	ji'ga (*ji* as in *jiggle*, *a* as in *a*bout)
10^{6}	mega- (M)	meg'a (as in *mega*phone)
10^{3}	kilo- (k)	kil'o (as in *kilo*watt)
10^{2}	hecto- (h)	hek'to (*heck-toe*)
10	deka- (da)	dek'a (*deck* plus *a* as in *a*bout)
10^{-1}	deci- (d)	des'i (as in *deci*mal)
10^{-2}	centi- (c)	sen'ti (as in *senti*mental)
10^{-3}	milli- (m)	mil'li (as in *mili*tary)
10^{-6}	micro- (μ)	mi'kro (as in *micro*phone)
10^{-9}	nano- (n)	nan'oh (*an* as in *an*nual)
10^{-12}	pico- (p)	pe'ko (*peek-oh*)
10^{-15}	femto- (f)	fem'toe (*fem* as in *fem*inine)
10^{-18}	atto- (a)	at'toe (as in an*atomy*)
10^{-21}	zepto- (z)	zep'toe (as in *zep*pelin)
10^{-24}	yocto- (y)	yock'toe (as in *sock*)

*For example, 1 gram (g) multiplied by 1000 (10^3) is 1 kilogram (kg); 1 gram multiplied by 1/1000 (10^{-3}) is 1 milligram (mg).

SI 기본단위

Physical Quantity	Name of Unit	Symbol
Length	meter	m
Mass	kilogram	kg
Time	second	s
Electric current	ampere	A
Temperature	kelvin	K
Amount of substance	mole	mol
Luminous intensity	candela	cd

SI 유도단위

Physical Quantity	Name of Unit	Symbol	SI Unit
Frequency	hertz	Hz	s^{-1}
Energy	joule	J	$kg \cdot m^2/s^2$
Force	newton	N	$kg \cdot m/s^2$
Pressure	pascal	Pa	$kg/(m \cdot s^2)$
Power	watt	W	$kg \cdot m^2/s^3$
Electric charge	coulomb	C	$A \cdot s$
Electric potential	volt	V	$kg \cdot m^2/(A \cdot s^3)$
Electric resistance	ohm	Ω	$kg \cdot m^2/(A^2 \cdot s^3)$
Capacitance	farad	F	$A^2 \cdot s^4/(kg \cdot m^2)$
Inductance	henry	H	$kg \cdot m^2/(A^2 \cdot s^2)$
Magnetic field	tesla	T	$kg/(A \cdot s^2)$

이차방정식

If $ax^2 + bx + c = 0$, then

$$x = \frac{-b \pm \sqrt{b^2 - 4ac}}{2a}$$

피타고라스 정리

$r = \sqrt{x^2 + y^2}$

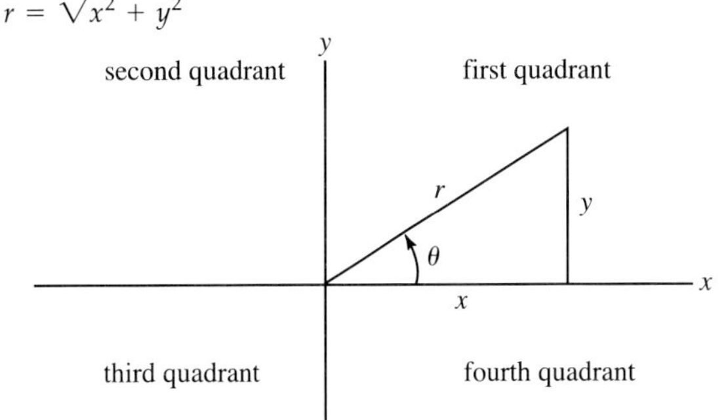

삼각 관계

Definitions of Trigonometric Functions

$\sin\theta = \frac{y}{r}$ $\cos\theta = \frac{x}{r}$ $\tan\theta = \frac{\sin\theta}{\cos\theta} = \frac{y}{x}$

$\theta°$ (rad)	$\sin\theta$	$\cos\theta$	$\tan\theta$
0° (0)	0	1	0
30° ($\pi/6$)	0.500	$\sqrt{3}/2 \approx 0.866$	$\sqrt{3}/3 \approx 0.577$
45° ($\pi/4$)	$\sqrt{2}/2 \approx 0.707$	$\sqrt{2}/2 \approx 0.707$	1.00
60° ($\pi/3$)	$\sqrt{3}/2 \approx 0.866$	0.500	$\sqrt{3} \approx 1.73$
90° ($\pi/2$)	1	0	∞

Law of Cosines

$a^2 = b^2 + c^2 - 2bc\cos A$

Law of Sines

$$\frac{a}{\sin A} = \frac{b}{\sin B} = \frac{c}{\sin C}$$

(a, b, c sides, A, B, C angles opposite sides for any plane triangle)

물리 자료*

Quantity	Symbol	Approximate Value
Universal gravitational constant	G	6.67×10^{-11} N·m^2/kg^2
Acceleration due to gravity (generally accepted value on surface of Earth)	g	9.80 m/s^2 = 980 cm/s^2 = 32.2 ft/s^2
Speed of light	c	3.00×10^8 m/s = 3.00×10^{10} cm/s = 1.86×10^5 mi/s
Boltzmann's constant	k_B	1.38×10^{-23} J/K
Avogadro's number	N_A	6.02×10^{23} mol^{-1}
Gas constant	$R = N_A k_B$	8.31 J/(mol·K) = 1.99 cal/(mol·K)
Coulomb's law constant	$k = 1/4\pi\epsilon_o$	9.00×10^9 N·m^2/C^2
Electron charge	e	1.60×10^{-19} C
Permittivity of free space	ϵ_o	8.85×10^{-12} C^2/(N·m^2)
Permeability of free space	μ_o	$4\pi \times 10^{-7}$ T·m/A = 1.26×10^{-6} T·m/A
Atomic mass unit	u	1.66×10^{-27} kg ↔ 931 MeV
Planck's constant	h	6.63×10^{-34} J·s
	$\hbar = h/2\pi$	1.05×10^{-34} J·s
Electron mass	m_e	9.11×10^{-31} kg = 5.49×10^{-4} u ↔ 0.511 MeV
Proton mass	m_p	$1.672\ 62 \times 10^{-27}$ kg = 1.007 276 u ↔ 938.27 MeV
Neutron mass	m_n	$1.674\ 93 \times 10^{-27}$ kg $\times$ 1.008 665 u ↔ 939.57 MeV
Bohr radius of hydrogen atom	r_1	0.053 nm

*Values from NIST Reference on Constants, Units, and Uncertainty.

태양계 자료*

Equatorial radius of the Earth	6.378×10^3 km = 3963 mi
Polar radius of the Earth	6.357×10^3 km = 3950 mi
	Average: 6.4×10^3 km (for general calculations)
Mass of the Earth	5.98×10^{24} kg
Diameter of Moon	3500 km ≈ 2160 mi
Mass of Moon	7.4×10^{22} kg ≈ $\frac{1}{81}$ mass of Earth
Average distance of Moon from the Earth	3.8×10^5 km = 2.4×10^5 mi
Diameter of Sun	1.4×10^6 km ≈ 864 000 mi
Mass of Sun	2.0×10^{30} kg
Average distance of the Earth from Sun	1.5×10^8 km = 93×10^6 mi

*See Appendix III for additional planetary data.

수학 기호

$=$	is equal to
$\neq$	is not equal to
$\approx$	is approximately equal to
$\sim$	about
$\propto$	is proportional to
$>$	is greater than
$\geq$	is greater than or equal to
$\gg$	is much greater than
$<$	is less than
$\leq$	is less than or equal to
$\ll$	is much less than
$\pm$	plus or minus
$\mp$	minus or plus
$\bar{x}$	average value of x
Δx	change in x
$\lvert x \rvert$	absolute value of x
Σ	sum of
∞	infinity

그리스 알파벳

Alpha	A	α	Nu	N	ν
Beta	B	β	Xi	Ξ	ξ
Gamma	Γ	γ	Omicron	O	o
Delta	Δ	δ	Pi	Π	π
Epsilon	E	ε	Rho	P	ρ
Zeta	Z	ζ	Sigma	Σ	σ
Eta	H	η	Tau	T	τ
Theta	Θ	θ	Upsilon	Υ	υ
Iota	I	ι	Phi	Φ	ϕ
Kappa	K	κ	Chi	X	χ
Lambda	Λ	λ	Psi	Ψ	ψ
Mu	M	μ	Omega	Ω	ω

부록 VI 단위환산인자

환산인자

Mass

$1\ \text{g} = 10^{-3}\ \text{kg}$
$1\ \text{kg} = 10^{3}\ \text{g}$
$1\ \text{u} = 1.66 \times 10^{-24}\ \text{g} = 1.66 \times 10^{-27}\ \text{kg}$
1 metric ton = 1000 kg

Length

$1\ \text{nm} = 10^{-9}\ \text{m}$
$1\ \text{cm} = 10^{-2}\ \text{m} = 0.394\ \text{in.}$
$1\ \text{m} = 10^{-3}\ \text{km} = 3.28\ \text{ft} = 39.4\ \text{in.}$
$1\ \text{km} = 10^{3}\ \text{m} = 0.621\ \text{mi}$
$1\ \text{in.} = 2.54\ \text{cm} = 2.54 \times 10^{-2}\ \text{m}$
$1\ \text{ft} = 0.305\ \text{m} = 30.5\ \text{cm}$
$1\ \text{mi} = 5280\ \text{ft} = 1609\ \text{m} = 1.609\ \text{km}$

Area

$1\ \text{cm}^2 = 10^{-4}\ \text{m}^2 = 0.1550\ \text{in}^2 = 1.08 \times 10^{-3}\ \text{ft}^2$
$1\ \text{m}^2 = 10^{4}\ \text{cm}^2 = 10.76\ \text{ft}^2 = 1550\ \text{in}^2$
$1\ \text{in}^2 = 6.94 \times 10^{-3}\ \text{ft}^2 = 6.45\ \text{cm}^2 = 6.45 \times 10^{-4}\ \text{m}^2$
$1\ \text{ft}^2 = 144\ \text{in}^2 = 9.29 \times 10^{-2}\ \text{m}^2 = 929\ \text{cm}^2$

Volume

$1\ \text{cm}^3 = 10^{-6}\ \text{m}^3 = 3.53 \times 10^{-5}\ \text{ft}^3 = 6.10 \times 10^{-2}\ \text{in}^3$
$1\ \text{m}^3 = 10^{6}\ \text{cm}^3 = 10^{3}\ \text{L} = 35.3\ \text{ft}^3 = 6.10 \times 10^{4}\ \text{in}^3 = 264\ \text{gal}$
$1\ \text{liter} = 10^{3}\ \text{cm}^3 = 10^{-3}\ \text{m}^3 = 1.056\ \text{qt} = 0.264\ \text{gal} = 0.0353\ \text{ft}^3$
$1\ \text{in}^3 = 5.79 \times 10^{-4}\ \text{ft}^3 = 16.4\ \text{cm}^3 = 1.64 \times 10^{-5}\ \text{m}^3$
$1\ \text{ft}^3 = 1728\ \text{in}^3 = 7.48\ \text{gal} = 0.0283\ \text{m}^3 = 28.3\ \text{L}$
$1\ \text{qt} = 2\ \text{pt} = 946\ \text{cm}^3 = 0.946\ \text{L}$
$1\ \text{gal} = 4\ \text{qt} = 231\ \text{in}^3 = 0.134\ \text{ft}^3 = 3.785\ \text{L}$

Time

$1\ \text{h} = 60\ \text{min} = 3600\ \text{s}$
$1\ \text{day} = 24\ \text{h} = 1440\ \text{min} = 8.64 \times 10^{4}\ \text{s}$
$1\ \text{y} = 365\ \text{days} = 8.76 \times 10^{3}\ \text{h} = 5.26 \times 10^{5}\ \text{min} = 3.16 \times 10^{7}\ \text{s}$

Angle

$1\ \text{rad} = 57.3^\circ$

$1^\circ = 0.0175\ \text{rad}$	$60^\circ = \pi/3\ \text{rad}$
$15^\circ = \pi/12\ \text{rad}$	$90^\circ = \pi/2\ \text{rad}$
$30^\circ = \pi/6\ \text{rad}$	$180^\circ = \pi\ \text{rad}$
$45^\circ = \pi/4\ \text{rad}$	$360^\circ = 2\pi\ \text{rad}$

$1\ \text{rev/min} = (\pi/30)\ \text{rad/s} = 0.1047\ \text{rad/s}$

Speed

$1\ \text{m/s} = 3.60\ \text{km/h} = 3.28\ \text{ft/s} = 2.24\ \text{mi/h}$
$1\ \text{km/h} = 0.278\ \text{m/s} = 0.621\ \text{mi/h} = 0.911\ \text{ft/s}$
$1\ \text{ft/s} = 0.682\ \text{mi/h} = 0.305\ \text{m/s} = 1.10\ \text{km/h}$
$1\ \text{mi/h} = 1.467\ \text{ft/s} = 1.609\ \text{km/h} = 0.447\ \text{m/s}$
$60\ \text{mi/h} = 88\ \text{ft/s}$

Force

$1\ \text{N} = 0.225\ \text{lb}$
$1\ \text{lb} = 4.45\ \text{N}$
Equivalent weight of a mass of 1 kg on Earth's surface = 2.2 lb = 9.8 N

Pressure

$1\ \text{Pa}\ (\text{N/m}^2) = 1.45 \times 10^{-4}\ \text{lb/in}^2 = 7.5 \times 10^{-3}\ \text{torr (mm Hg)}$
$1\ \text{torr (mm Hg)} = 133\ \text{Pa}\ (\text{N/m}^2) = 0.02\ \text{lb/in}^2$
$1\ \text{atm} = 14.7\ \text{lb/in}^2 = 1.013 \times 10^{5}\ \text{N/m}^2 = 30\ \text{in. Hg} = 76\ \text{cm Hg}$
$1\ \text{lb/in}^2 = 6.90 \times 10^{3}\ \text{Pa}\ (\text{N/m}^2)$
$1\ \text{bar} = 10^{5}\ \text{Pa}$
$1\ \text{millibar} = 10^{2}\ \text{Pa}$

Energy

$1\ \text{J} = 0.738\ \text{ft}\cdot\text{lb} = 0.239\ \text{cal} = 9.48 \times 10^{-4}\ \text{Btu} = 6.24 \times 10^{18}\ \text{eV}$
$1\ \text{kcal} = 4186\ \text{J} = 3.968\ \text{Btu}$
$1\ \text{Btu} = 1055\ \text{J} = 778\ \text{ft}\cdot\text{lb} = 0.252\ \text{kcal}$
$1\ \text{cal} = 4.186\ \text{J} = 3.97 \times 10^{-3}\ \text{Btu} = 3.09\ \text{ft}\cdot\text{lb}$
$1\ \text{ft}\cdot\text{lb} = 1.36\ \text{J} = 1.29 \times 10^{-3}\ \text{Btu}$
$1\ \text{eV} = 1.60 \times 10^{-19}\ \text{J}$
$1\ \text{kWh} = 3.6 \times 10^{6}\ \text{J}$

Power

$1\ \text{W} = 0.738\ \text{ft}\cdot\text{lb/s} = 1.34 \times 10^{-3}\ \text{hp} = 3.41\ \text{Btu/h}$
$1\ \text{ft}\cdot\text{lb/s} = 1.36\ \text{W} = 1.82 \times 10^{-3}\ \text{hp}$
$1\ \text{hp} = 550\ \text{ft}\cdot\text{lb/s} = 745.7\ \text{W} = 2545\ \text{Btu/h}$

Mass–Energy Equivalents

$1\ \text{u} = 1.66 \times 10^{-27}\ \text{kg} \leftrightarrow 931.5\ \text{MeV}$
$1\ \text{electron mass} = 9.11 \times 10^{-31}\ \text{kg} = 5.49 \times 10^{-4}\ \text{u} \leftrightarrow 0.511\ \text{MeV}$
$1\ \text{proton mass} = 1.67262 \times 10^{-27}\ \text{kg} = 1.007276\ \text{u} \leftrightarrow 938.27\ \text{MeV}$
$1\ \text{neutron mass} = 1.67493 \times 10^{-27}\ \text{kg} = 1.008665\ \text{u} \leftrightarrow 939.57\ \text{MeV}$

Temperature

$T_F = \frac{9}{5} T_C + 32$
$T_C = \frac{5}{9} (T_F - 32)$
$T = T_C + 273$

cgs Force

$1\ \text{dyne} = 10^{-5}\ \text{N} = 2.25 \times 10^{-6}\ \text{lb}$

cgs Energy

$1\ \text{erg} = 10^{-7}\ \text{J} = 7.38 \times 10^{-6}\ \text{ft}\cdot\text{lb}$

부록 VII 원소의 주기율표

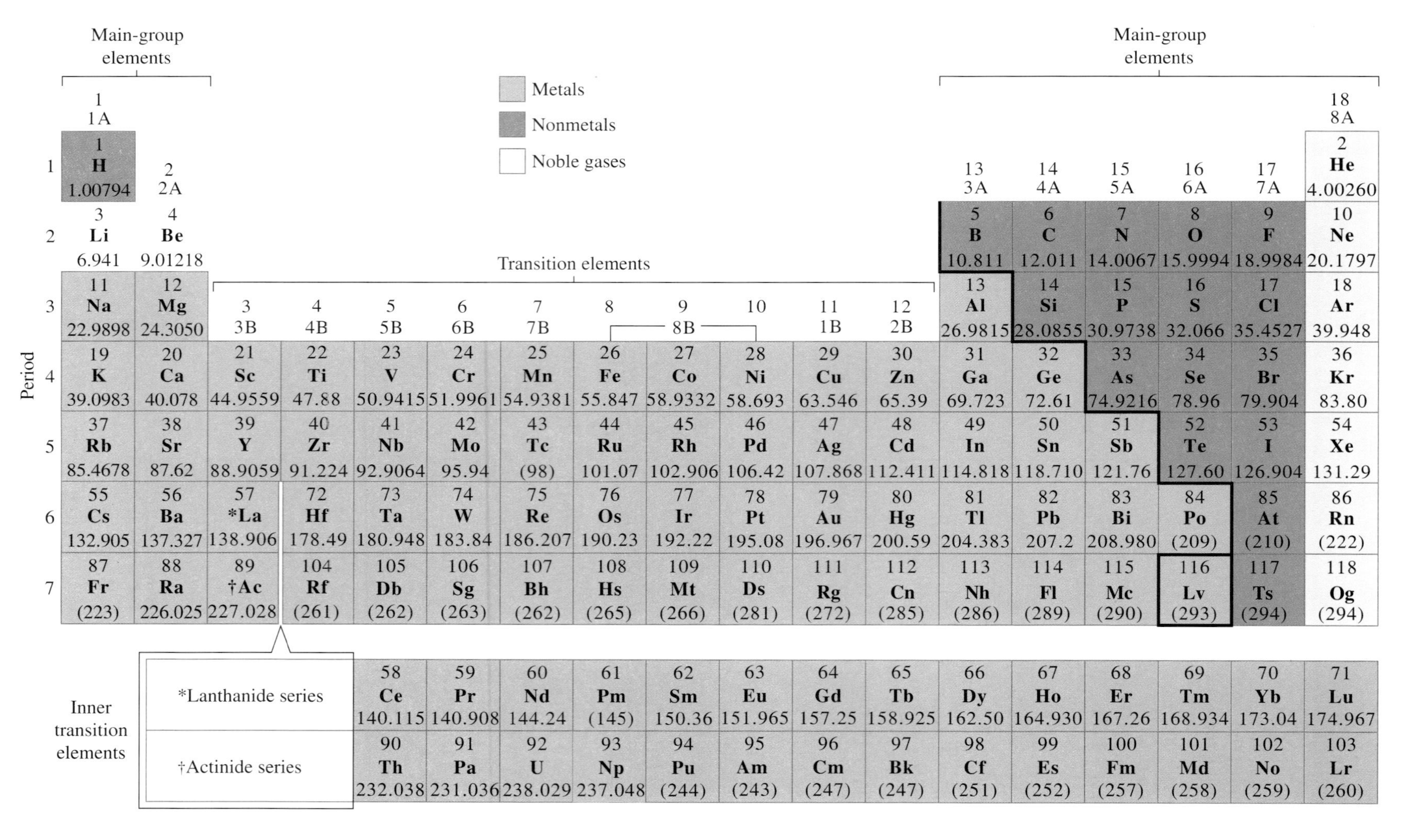

Metals / Nonmetals / Noble gases

Period	1 1A	2 2A	3 3B	4 4B	5 5B	6 6B	7 7B	8	9 8B	10	11 1B	12 2B	13 3A	14 4A	15 5A	16 6A	17 7A	18 8A
1	1 **H** 1.00794																	2 **He** 4.00260
2	3 **Li** 6.941	4 **Be** 9.01218											5 **B** 10.811	6 **C** 12.011	7 **N** 14.0067	8 **O** 15.9994	9 **F** 18.9984	10 **Ne** 20.1797
3	11 **Na** 22.9898	12 **Mg** 24.3050											13 **Al** 26.9815	14 **Si** 28.0855	15 **P** 30.9738	16 **S** 32.066	17 **Cl** 35.4527	18 **Ar** 39.948
4	19 **K** 39.0983	20 **Ca** 40.078	21 **Sc** 44.9559	22 **Ti** 47.88	23 **V** 50.9415	24 **Cr** 51.9961	25 **Mn** 54.9381	26 **Fe** 55.847	27 **Co** 58.9332	28 **Ni** 58.693	29 **Cu** 63.546	30 **Zn** 65.39	31 **Ga** 69.723	32 **Ge** 72.61	33 **As** 74.9216	34 **Se** 78.96	35 **Br** 79.904	36 **Kr** 83.80
5	37 **Rb** 85.4678	38 **Sr** 87.62	39 **Y** 88.9059	40 **Zr** 91.224	41 **Nb** 92.9064	42 **Mo** 95.94	43 **Tc** (98)	44 **Ru** 101.07	45 **Rh** 102.906	46 **Pd** 106.42	47 **Ag** 107.868	48 **Cd** 112.411	49 **In** 114.818	50 **Sn** 118.710	51 **Sb** 121.76	52 **Te** 127.60	53 **I** 126.904	54 **Xe** 131.29
6	55 **Cs** 132.905	56 **Ba** 137.327	57 ***La** 138.906	72 **Hf** 178.49	73 **Ta** 180.948	74 **W** 183.84	75 **Re** 186.207	76 **Os** 190.23	77 **Ir** 192.22	78 **Pt** 195.08	79 **Au** 196.967	80 **Hg** 200.59	81 **Tl** 204.383	82 **Pb** 207.2	83 **Bi** 208.980	84 **Po** (209)	85 **At** (210)	86 **Rn** (222)
7	87 **Fr** (223)	88 **Ra** 226.025	89 **†Ac** 227.028	104 **Rf** (261)	105 **Db** (262)	106 **Sg** (263)	107 **Bh** (262)	108 **Hs** (265)	109 **Mt** (266)	110 **Ds** (281)	111 **Rg** (272)	112 **Cn** (285)	113 **Nh** (286)	114 **Fl** (289)	115 **Mc** (290)	116 **Lv** (293)	117 **Ts** (294)	118 **Og** (294)

Main-group elements: groups 1–2 and 13–18. Transition elements: groups 3–12.

Inner transition elements															
*Lanthanide series	58 **Ce** 140.115	59 **Pr** 140.908	60 **Nd** 144.24	61 **Pm** (145)	62 **Sm** 150.36	63 **Eu** 151.965	64 **Gd** 157.25	65 **Tb** 158.925	66 **Dy** 162.50	67 **Ho** 164.930	68 **Er** 167.26	69 **Tm** 168.934	70 **Yb** 173.04	71 **Lu** 174.967
†Actinide series	90 **Th** 232.038	91 **Pa** 231.036	92 **U** 238.029	93 **Np** 237.048	94 **Pu** (244)	95 **Am** (243)	96 **Cm** (247)	97 **Bk** (247)	98 **Cf** (251)	99 **Es** (252)	100 **Fm** (257)	101 **Md** (258)	102 **No** (259)	103 **Lr** (260)

Notes: (1) Values in parentheses are the mass numbers of the most common or most stable isotopes of radioactive elements. (2) Some elements adjacent to the stair-step line between the metals and nonmetals have a metallic appearance but some nonmetallic properties. These elements are often called metalloids or semimetals. There is no general agreement on just which elements are so designated. Almost every list includes Si, Ge, As, Sb, and Te. Some also include B, At, and/or Po.

연습문제 해답

ANSWERS TO ODD-NUMBERED QUESTIONS AND EXERCISES

Chapter 1 측정과 문제 풀이

1. 48 kg
2. (a) 8.0 L (b) 8.0 kg
3. $(\text{Length}) = (\text{Length}) + \dfrac{(\text{Length})}{(\text{Time})} \times (\text{Time})$
   $= (\text{Length}) + (\text{Length})$
4. (d)
5. a is in 1/m; b is dimensionless; c is in m
6. kg/(m·s^2), and no this does not prove that this relationship is physically correct.
7. (a) (kg)(m/s^2) (b) Yes (kg)×[(m^2/s^2)/m] = kg·m/s^2
8. (a) kg·m^2/s^2 (b) Yes
9. (a) (4) centimeter (b) 183 cm
10. 37 000 000 times
11. (a) 30.4 m/s (b) 3.01 s
12. (a) (1) 1 m/s represents the greatest speed (b) 33.6 mi/h
13. Yes. 9.1 times
14. 6.5×10^3 L/day
15. 6.1 cm
16. 5.05 cm = 5.05×10^{-1} dm = 5.05×10^{-2} m
17. (a) 4 (b) 3 (c) 5 (d) 2
18. (a) 96 (b) 0.0021 (c) 9400 (d) 0.00034
19. 6.08×10^{-2} m^2
20. (a) (2) cm (b) 0.946 m^2
21. (a) 14.7 (b) 11.4 (c) 0.20 m^2 (d) 0.82
22. (a) 2.0 kg·m/s (b) 2.1 kg·m/s (c) No, the results are not the same due to rounding
23. 56 m
24. 100 kg
25. (a) 8.72×10^{-3} cm (b) about 10^{-2} cm
26. 5.4×10^3 kg/m^3
27. 0.87 m
28. 25 min
29. about 10^{12} m^3
30. 17 m

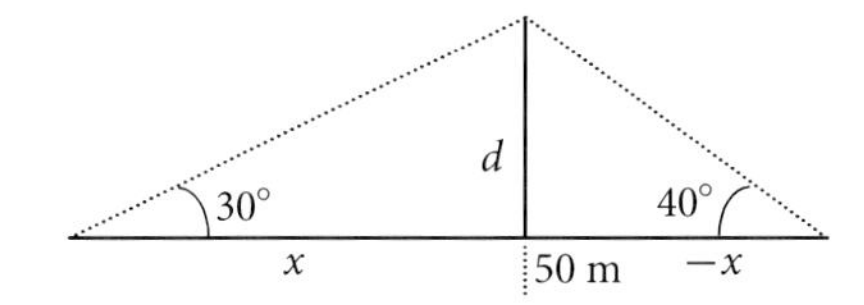

Chapter 2 운동학: 운동에 관한 기술

1. 300 m; zero m. Displacement is the change in position.
2. 9.8 s
3. 75 km/h; zero km/h
4. (a) 1.4 h (b) 0.27 h or 16 min
5. (a) (3) between 40 m and 60 m (b) 45 m 27° west of north
6. (a) 2.7 cm/s (b) 1.9 cm/s
7. (a) 0–2.0 s, s = 1.0 m/s; 2.0–3.0 s, s = 0 m/s; 3.0–4.5 s, s = 1.3 m/s; 4.5–6.5 s, s = 2.8 m/s; 6.5–7.5 s, s = 0 m/s; 7.5–9.0 s, s = 1.0 m/s (b) 0–2.0 s, $\bar{v}$ = 1.0 m/s, 2.0–3.0 s, $\bar{v}$ = 0 m/s; 3.0–4.5 s, $\bar{v}$ = 1.3 m/s; 4.5–6.5 s, $\bar{v}$ = −2.8 m/s; 6.5–7.5 s, $\bar{v}$ = 0 m/s; 7.5–9.0 s, $\bar{v}$ = 1.0 m/s (c) At 1.0 s, v = 1.0 m/s; at 2.5 s, v = 0 m/s; at 4.5 s, v = 0 m/s; at 6.0 s, v = −2.8 m/s (d) 4.5–9.0 s, $\bar{v}$ = −0.89 m/s
8. (a) 0 (b) 14 m
9. 59.9 mi/h. No, she does not have to exceed the 65 mi/h speed limit.
10. 2.32 m/s^2
11. 3.7 s
12. −2.1 m/s^2 (opposite the velocity)
13. $\bar{a}_{0-4.0} = 2.0$ m/s^2; $\bar{a}_{4.0-10.0} = 0$; $a_{10.0-18.0} = -1.0$ m/s^2
14. (a)

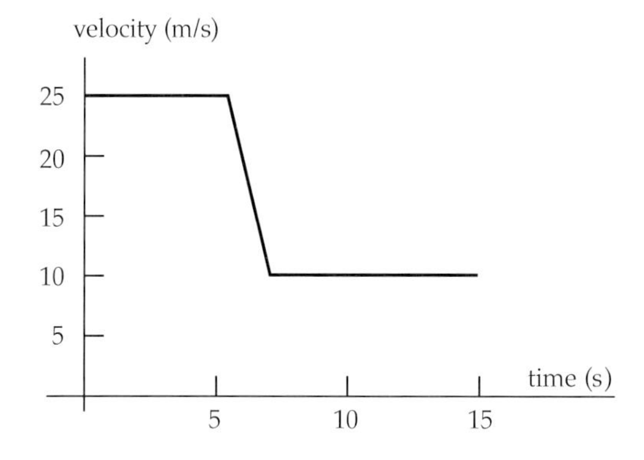

(b) 10 m/s (c) 2.4×10^2 m (d) 17 m/s

15. No, the acceleration must be at least 9.9 m/s^2.
16. (a) −1.8 m/s^2 (b) 6.3 s
17. (a) 81.4 km/h (b) 0.794 s
18. 3.09 s and 13.7 s
19. Since a = 3.33 m/s^2, the incline is not frictionless.
20. -2.2×10^5 m/s^2
21. 10.5 m, Yes

22. (a) The total area equals triangle plus rectangle: $A = v_o t + \frac{1}{2}at^2 = x - x_o = \Delta x$ (b) 96 m
23. (a) $v(8.0\text{ s}) = -12$ m/s; $v(11.0\text{ s}) = -4.0$ m/s (b) −18 m (c) 50 m
24. (a) 27 m/s (b) 38 m
25. (a) A straight line (linear), slope = $-g$ (b) A parabola
26. 4 times as high
27. 67 m
28. 39.4 m
29. (a) (1) less than 95% (b) 3.61 m
30. (a) 5.00 s (b) 36.5 m/s
31. 1.49 m above the top of the window

Chapter 3 이차원 운동

1. (a) 210 km/h (b) 54 km/h
2. (a) (3) between 4.0 m/s^2 and 7.0 m/s^2 (b) 5.0 m/s^2 and 53° above the $+x$-axis
3. (a) 6.0 m/s (b) 3.6 m/s
4. (a) 70 m (b) 0.57 min and 0.43 min
5. 2.5 m at 53° above the $+x$-axis
6. (a) (1) $v_y > v_x$ (b) $v_x = 306$ m/s; $v_y = 840$ m/s; $y = 50.4$ km
7. (3.0 m, −0.38 m)
8. (a) $4.0\hat{\mathbf{x}}+2.0\hat{\mathbf{y}}$ (b) magnitude of 4.5 at 27° above the $+x$-axis
9. (a) $(-3.4\text{cm})\hat{\mathbf{x}}+(-2.9\text{cm})\hat{\mathbf{y}}$ (b) magnitude of 4.5 cm at 63° above the $-x$-axis (c) $(4.0\text{cm})\hat{\mathbf{x}}+(-6.9\text{cm})\hat{\mathbf{y}}$.
10. (a) $5.0\hat{\mathbf{x}}+3.0\hat{\mathbf{y}}$ (b) $-3.0\hat{\mathbf{x}}+7.0\hat{\mathbf{y}}$ (c) $-5.0\hat{\mathbf{x}}-3.0\hat{\mathbf{y}}$.
11. (a)

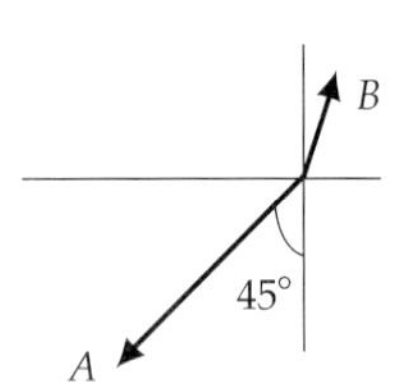

(b) $(-5.1)\hat{\mathbf{x}}+(-3.1)\hat{\mathbf{y}}$ or a magnitude of 5.9 at an angle of 31° below the $-x$-axis.
12. 16 m/s at an angle of 79° above the $-x$-axis.
13. This happens only when the two vectors are oppositely directed.
14. From the parallelogram in the text, $\vec{\mathbf{A}}+\vec{\mathbf{C}}=\vec{\mathbf{B}}$, which gives $\vec{\mathbf{C}}=\vec{\mathbf{B}}-\vec{\mathbf{A}}$, and also, we get $\vec{\mathbf{C}}-\vec{\mathbf{B}}=-\vec{\mathbf{A}}$. From the same figure, $-\vec{\mathbf{D}}=\vec{\mathbf{B}}$ and $\vec{\mathbf{E}}=\vec{\mathbf{C}}$. Using these, and $\vec{\mathbf{C}}=\vec{\mathbf{B}}-\vec{\mathbf{A}}$, it follows that $\vec{\mathbf{E}}-\vec{\mathbf{D}}+\vec{\mathbf{C}}=3\vec{\mathbf{B}}-2\vec{\mathbf{A}}$.
15. (a) Same direction, (b) opposite direction, (c) at right angles.
16. (a) Same direction with magnitude of 35.0 m, (b) opposite direction with magnitude of 5.0 m. (c) When two vectors are in the same direction, the magnitude of the resultant is the sum of their magnitudes. When two vectors are in opposite directions, the magnitude of the resultant is the absolute value of the difference of their magnitudes.
17. (a) (2) north of west (b) 26.7 mi/h at 37.6° north of west
18. 242 N at 48° below the $-x$-axis.
19. 2.7×10^{-13} m. So no, the designer need not worry about gravity.
20. (a) 13 m horizontally from its original position and 31 m below its original position. The position vector is $\vec{\mathbf{r}}=(13\text{ m})\hat{\mathbf{x}}+(-31\text{m})\hat{\mathbf{y}}$ (b) $\vec{\mathbf{v}}=(5.0\text{m/s})\hat{\mathbf{x}}-(25\text{m/s})\hat{\mathbf{y}}$.
21. (a) 0.123 s (b) 1.10 m
22. (a) 46° (b) 1.5 km directly above the soldiers
23. 1.3 m past its original position.
24. 3.8×10^2 m
25. (a) 0.43 s (b) 3.5 m/s
26. 63°
27. 40.9 m/s and 11.9° above the horizontal
28. (a) (1) A longer time, (b) Range = 13.3 m and the velocity is $(11.3\text{m/s})\hat{\mathbf{x}}+(-7.46\text{m/s})\hat{\mathbf{y}}$
29. 6.7 s
30. (a) +55 km/h (b) −35 km/h

Chapter 4 힘과 운동

1. Aluminum mass is 1.4 times the mass of the water.
2. 0.64 m/s^2
3. (a) 20 N on the 2.0 kg and 59 N on the 6 kg (b) Same for both = g
4. $(-7.6\text{N})\hat{\mathbf{x}}+(0.64\text{N})\hat{\mathbf{y}}$
5. (a) (3) The tension is the same in both situations (b) 25 lb
6. (a) (2) the second quadrant (b) 184 N at 12.5° above the $-x$-axis
7. (a) 1.8 m/s^2 (b) 4.5 N
8. (a) (3) 6.0 kg (b) 9.8 N
9. (a) (1) On the Earth (b) 5.4 kg
10. (a) (4) One-fourth as great (b) 4.0 m/s^2
11. 1.23 m/s^2
12. 2.40 m/s^2
13. (a) 30 N (b) −4.6 m/s^2 (The minus sign means that the object is slowing while sliding upward.)
14. (a) backward (b) 0.51 m/s^2
15. (a) (2) Two forces on the book: a gravitational force (weight, w) and a normal force N from the surface. (b) The reaction to w is an upward force on the Earth by the book, and the reaction force to N is a downward force on the horizontal surface by the book.
16. (a) (3) The force the blocks exerted forward on him (b) 3.08 m/s^2
17. (a) 735 N (b) 735 N (c) 885 N (d) 585 N
18. (a) (4) All of the preceding (b) Downward at 1.8 m/s^2
19. (a) 0.96 m/s^2 (b) 2.6×10^2 N
20. 123 N up the incline
21. 64 m
22. (a) (3) both the tree separation and the sag (b) 6.1×10^2 N
23. 2.63 m/s^2
24. 1.5×10^3 N
25. (a) 1.8 m/s^2 (b) 6.4 N
26. (a) 1.2 m/s^2 (m_1 up and m_2 down) (b) 21 N
27. (a) 1.1 m/s^2 (b) 0.

28. 2.7×10^2 N
29. (a) 38 m (b) 53 m
30. 33 m

Chapter 5 일과 에너지

1. 5.0 N
2. 1.8×10^3 J
3. 3.7 J
4. 2.3×10^3 J
5. -2.2 J
6. (a) (2) Negative work (b) 1.47×10^5 J
7. 80 N/m
8. 1.25×10^5 N/m
9. (a) (1) $\sqrt{2}$ (b) 900 J
10. (a) (1) more than (b) 0.25 J and 0.75 J
11. (a) (3) 75% (b) 7.5 J
12. (a) 45 J (b) 21 m/s
13. 200 m
14. 2.9 J
15. 4.7 J
16. (a) 0.16 J (b) -0.32 J
17. (a) $K_o = 15.0$ J; $U_o = 0$ J; $E_o = K_o + U_o = 15.0$ J (b) $K = 7.65$ J; $U = 7.35$ J; $E = 15.0$ J (c) $K = 0$ J; $U = 15.0$ J; $E = 15.0$ J
18. (a) (3) At the bottom of the swing (b) 5.42 m/s
19. (a) 4.4 m/s (b) 3.7 m/s (c) 0.59 J, converted to heat and sound
20. (a) 11 m/s (b) No, it will not reach the point (c) 7.7 m/s
21. (a) 2.7 m/s (b) 0.38 m (c) 29°
22. (a) 160 N/m (b) 0.33 kg (c) 0.13 J
23. 1.9 m/s
24. 12 m/s
25. 5.7×10^{-5} W
26. 2700 N
27. 1.37×10^2 kg
28. 48.7%

Chapter 6 선운동량과 충돌

1. (a) 1.5×10^3 kg·m/s (b) zero momentum
2. (a) 85 kg·m/s (b) 3.0×10^4 kg·m/s
3. 5.88 kg·m/s in the opposite direction of the initial velocity.
4. (a) 0.45 (b) 99%
5. $(-3.0\,\text{kg m/s})\hat{\mathbf{y}}$
6. -6.5×10^3 N
7. (a) (4) to the east of northeast
   (b) $(823\,\text{kg·m/s})\hat{\mathbf{x}} + (283\,\text{kg·m/s})\hat{\mathbf{y}}$; 870 kg·m/s and 19°
8. 15 m/s
9. 13 m/s
10. (a) (2) the driver putting on the brakes (b) 28.7 m/s
11. $F_{avg1} = 1.1 \times 10^3$ N; $F_{avg2} = 4.7 \times 10^2$ N
12. 15 N upward
13. 370 N in the direction of the 60 m/s velocity.
14. $F_{avg} = -3.0 \times 10^2$ N
15. 0.083 m/s in the opposite direction.
16. 18.1 minutes
17. (a) 1.4 m/s (b) 2.5 cm
18. 4.7 km/h at 62° south of east
19. (a) 11 m/s to the right (b) 22 m/s to the right (c) at rest
20. (a) -66.7 m/s east (b) 3.33×10^4 J
21. (a) (1) right (b) 0.70 m/s to the right
22. (a) No, he does not get back in time (b) 4.5 m/s
23. $v_p = -1.8 \times 10^6$ m/s; $v_a = 1.2 \times 10^6$ m/s.
24. 92%
25. $v_p = 38.2$ m/s; $v_c = 40.2$ m/s
26. 0.94 m
27. (a) 1.0 m/s in the x-direction; 3.3 m/s in the y-direction
   (b) 73°
28. 0.34 m
29. 50%
30. $(-0.44$ m, 0)
31. CM of the remaining portion is still at the center of the sheet.
32. (a) 65 kg travels 3.3 m and 45 kg travels 4.7 m. (b) Same distances as in (a).

Chapter 7 원운동과 중력

1. (4.5 m, 2.8 m)
2. (a) 30° (b) 75° (c) 135° (d) 180°
3. 1.9×10^2 m
4. hour hand: 0.065 m, minute hand: 0.94 m, second hand: 66 m
5. 60 rad
6. (a) No, it is not a multiple (b) six such pieces and one 0.28 rad piece
7. 0.087 rad/s
8. (a) 4.80×10^{-3} s (b) 6.32×10^{-3} s
9. 0.42 s
10. 0.634 rad/s; 1.11 m/s
11. 1.3 m/s
12. 64 m
13. 11.3°
14. (a) The gravitational force is supplying the centripetal force (b) 3.1 m/s
15. 29.5 N < 100 N so the string will work.
16. (a) $v = \sqrt{rg}$ (b) $(5/2)r$
17. 1.1×10^{-3} rad/s^2
18. (a) (3) both angular and centripetal accelerations (b) 53 s (c) $a_c = 8.5$ m/s^2, $a_t = 1.4$ m/s^2, total acceleration is: $\hat{\mathbf{a}} = (8.5\,\text{m/s})\hat{\mathbf{r}} + (1.4\,\text{m/s}^2)\hat{\mathbf{t}}$
19. (a) 1.82 rad/s^2 (b) 28.7 rev
20. (a) $a_t = 2.5$ m/s^2; $a_c = 9.7$ m/s^2 (b) at the lowest point; $a_t = 0$
21. $g_M = 1.6$ m/s^2
22. 8.0×10^{-10} N, toward the opposite corner.
23. (a) 100 kg (b) 894 N
24. (a) Applying Newton's second law to the Moon, with m the mass of the Moon, M the mass of Earth, T the orbital period of the Moon, and r the radius of the Moon's orbit: $(GmM/r^2) = mr\omega^2 = mr((2\pi/T)^2)$. Solving for M gives

$M = 4\pi^2 r^3/(GT^2)$. (b) 6.0×10^{24} kg
25. 1.5 m/s^2
26. 3.13 km/s
27. 4.4×10^{11} m
28. 1.53×10^9 m

Chapter 8 회전 운동과 평형

1. At the nine-o'clock position, the velocity is straight upward. So it is a "free fall" with an initial upward velocity. It will rise to a maximum height and then start downward.
2. 0.10 m
3. 1.7 rad/s
4. 36 cm
5. 3.3×10^2 N
6. (a) Yes, the seesaw can be balanced if the lever arms are appropriate for the weights of the children (b) 2.3 m
7. (a) No, it is not possible to have the lines perfectly horizontal, because the weight has to be supported by an upward component of the tensions in the lines. If the lines were horizontal, then they cannot support the weight. (b) 1.8×10^3 N $>$ 400 1b.
8. (a) Clockwise (b) 4.66 m·N
9. Bees: 0.20 kg; bees–1st bird combo: 0.50 kg; bees and 1st bird–2nd bird combo: 0.40 kg.
10. (a) 9 books, (b) 22.5 cm.
11. 10.2 J
12. 49 N
13. 16.7 N
14. 0.64 m·N
15. 1.5×10^5 m·N
16. 1.2 m/s^2
17. (a) 0.89 m/s^2 (b) 0.84 m/s^2
18. The pennies at the 10-, 20-, 30-, 40-, 50-, and 60-cm marks will be slowed (acceleration-wise) by the meterstick. The pennies at the 70-, 80-, 90-, and 100-cm marks will separate from the meterstick and thus have an acceleration equal to *g*.
19. 4.5×10^2 J
20. (a) (3) less than $\sqrt{2gh}$ (b) 5.8 m/s
21. 0.47 m·N
22. 2.3 m/s
23. 3.4 m/s
24. (a) 29% (b) 40% (c) 50%
25. (a) $\sqrt{gR}$ (b) 2.7R (c) No normal force, which would feel like weightlessness
26. 1.4 rad/s
27. (a) 2.67×10^{40} kg·m^2/s (b) 7.06×10^{33} kg·m^2/s
28. (a) (2) less than (b) 200 rpm
29. (a) 4.3 rad/s (b) $K = 1.1K_o$ (c) work done by the skater pulling arms inward
30. $d = b(v_o/v)$

Chapter 9 고체와 유체

1. 0.020
2. 1.9 cm
3. 47 N
4. (a) (1) a cold day (b) 1.9×10^5 N
5. (a) bends toward the brass (b) brass: -2.8×10^{-3}; copper: -2.3×10^{-3}
6. 4.2×10^{-7} m
7. (a) ethyl alcohol (b) water, $\Delta p_w/\Delta p_{ca} = 2.2$
8. -3.2×10^{-6} m
9. (a) 9.8×10^4 Pa (b) 2.0×10^5 Pa
10. 5.88×10^4 Pa
11. (a) 1.99×10^5 N/m^2 (b) 9.8×10^4 Pa
12. 1.07×10^5 Pa
13. 7.8×10^3 Pa
14. 0.51 N toward cabin
15. 37.5 m/s
16. (a) 1.1×10^8 Pa (b) 1.9×10^6 N
17. (a) 549 N (b) 1.37×10^6 Pa
18. (a) (3) stay at any height (b) it will sink
19. 2.0×10^3 kg/m^3
20. 1.8×10^3 N
21. (a) 0.09 m (b) 8.1 kg
22. 1.00×10^3 kg/m^3 (probably water)
23. 17.7 m
24. 0.98 m/s
25. -1.69×10^4 N/m^2 $= -0.167$ atm
26. 0.149 m/s
27. (a) 0.43 m/s (b) 8.6×10^{-5} m^3/s
28. 3.5×10^2 Pa

Chapter 10 온도와 운동론

1. 104 °F
2. (a) 248 °F (b) 53.6 °F (c) 23.0 °F
3. −70.0 °C
4. 56.7 °C; −62.0 °C
5. (a) −51.5 °C (b) −47.3 °C
6. (a) Set (3) $T_F = T_C$ (b) −40° on both scales
7. (a) 273 K (b) 373 K (c) 293 K (d) 238 K
8. (a) $(5/9)T_F + 255.37$ (b) 300 K is lower
9. (a) 2.22 mol (b) 5.57 mol (c) 4.93 mol (d) 1.75 mol
10. 1/4
11. 0.0618 m^3
12. 574.58 K
13. 2.5 atm
14. 33.4 lb/in^2
15. (a) (1) increase (b) $p_2 = 4p_1$
16. (a) (1) increases (b) 10.6%
17. (a) If $T \gg 273$ K, ignore the 273 converting from T_C to T: $T = T_C + 273 \approx T_C$. (b) If $T_F \gg 32$ °F, ignore the 32 converting from T_C to T_F so overall $T \approx T_C = (5/9)(T_F - 32) \approx (5/9) T_F \approx (1/2)T_F$. (c) The Celsius approximation is high by

about 2.73×10^{-3} %. Using the Fahrenheit approximation the result is low by about 11%.
18. (a) (1) High (b) 0.060%
19. 0.0027 cm
20. 9.5 °C
21. 5.52×10^{-4} $C°^{-1}$
22. (a) There will be a gas spill, because the coefficient of volume expansion is greater for gasoline than steel. (b) 0.48 gal.
23. (a) 116 °C. (b) No, because brass has a higher α, the hole will be even larger at a higher temperature.
24. 65 °C
25. (a) (2) Increases by less than a factor of 2. (b) The ratio of the thermal energies is 1.07
26. (a) 6.17×10^{-21} J (b) 1360 m/s
27. 273 °C
28. 7.5×10^{-21} J
29. 1.12 times as fast.
30. 8.3×10^{3} J
31. 224 °C

Chapter 11 열

1. 5.86×10^{3} W
2. 720 cal
3. (a) 60 000 lifts (b) 83 h
4. (a) (1) More heat (b) 2.1×10^{4} J
5. 35.6 °C
6. 4.8×10^{6} J
7. (a) (1) More heat than the iron (b) 1.8×10^{4} J
8. 1.4×10^{2} J/(kg·C°)
9. 88.6 °C
10. 1.7 h
11. (a) (1) Higher (b) 3.1×10^{2} J/(kg·C°)
12. 34 °C
13. 8.3×10^{5} J
14. (a) (1) More heat (b) vaporization by 1.93×10^{6} J more
15. 4.9×10^{4} J
16. 8.0×10^{4} J
17. (a) (2) Only latent heat (b) 4.1×10^{3} J
18. 0.437 kg
19. 195 °C
20. (a) (2) water has a high heat of vaporization (b) 1.6×10^{7} J
21. (a) 110 °C and 140 °C (b) 1.0×10^{2} J/(kg·C°);
    liquid: 2.0×10^{2} J/(kg·C°), gas: 1.0×10^{2} J/(kg·C°)
    (c) fusion: $L_f = 4.0 \times 10^{3}$ J/(kg); vaporization:
    $L_v = 60. \times 10^{3}$ J/(kg)
22. 4.54×10^{6} J
23. (a) (3) Slower (b) 0.55
24. 17 J
25. (a) (1) Longer due to higher thermal conductivity (b) 1.63
26. 90 J/(s)
27. 411 °C
28. 171 °C
29. 7.8×10^{5} J

Chapter 12 열역학

1. 5.5×10^{5} J
2. (a) (2) The same as (b). There is no change in the thermal energy, so $Q = +400$ J.
3. (a) (3) Decreases (b) -500 J
4. (a) 4.9×10^{3} J (b) $\Delta E_{th} = +3.5 \times 10^{3}$ J
5. (a) (2) Zero, (b) $W_{env} = -p_1 V_1$ (on the gas) (c) $Q = -p_1 V_1$ (out of the gas)
6. 3.6×10^{4} J
7. (a) (1) Positive work (b) 3400 J
8. (a) 17 mol (b) $+5.0 \times 10^{4}$ J (heat was added to the gas)
9. (a) (3) Negative (b) -1.8×10^{5} J (gas is compressed)
   (c) -480 K (d) -6.0×10^{5} J (e) -7.8×10^{5} J
10. $\Delta S = -2.1 \times 10^{2}$ J/K
11. (a) (3) Negative (b) $\Delta S = -6.1 \times 10^{3}$ J/K
12. 0.20 J/K
13. (a) (1) Increase (b) +10 J/K
14. (a) (3) Negative (b) 0.98 J/K
15. 20%
16. (a) 5.6×10^{2} J (b) 1.4×10^{3} J
17. 1.49×10^{5} J
18. (a) 6.6×10^{8} J (b) 27%
19. (a) (1) Increase (b) +0.083. Thus $R_{25} > R_{20}$, so Q_h/Q_c should increase.
20. (a) 6.1×10^{5} J (b) 1.9×10^{6} J
21. (a) 2.1×10^{3} J (b) 2.0
22. (a) 3.6×10^{3} MW (b) 2.7×10^{3} MW (c) 4.1×10^{5} gal/min
23. 21.4%
24. 158 °C
25. (a) 2000 J (b) 249 °C
26. (a) (3) Higher than 350 °C (b) 402 °C
27. No, because the claimed efficiency is 60% but the Carnot efficiency is only 59.1%.
28. (a) (2) Zero (b) 3750 J
29. (a) 64%, (b) ε_C is the upper limit. In reality, more energy is lost than in the ideal situation.

Chapter 13 진동과 파동

1. $12A$
2. 2.0 Hz
3. Decrease of 2.0 s
4. 0.13 m
5. (a) at (1) $x = 0$ (b) 2.0 m/s
6. 9.26 cm
7. 1.4 m/s
8. (a) 0.140 m (b) 10 cm (original position)
9. (a) 1.7 s (b) 0.57 Hz
10. 444 N/m
11. (a) $y = +A\cos\omega t$ (b) $y = -A\cos\omega t$ (c) $y = +A\sin\omega t$
12. (a) 5.0 cm (b) 10 Hz (c) 0.10 s
13. 0.33 Hz
14. (a) 0.188 m (b) 3.00 m/s^2
15. (a) (2) $\sqrt{2}$ times the old period (b) 3.5 s

16. $f_2 = \frac{1}{2\pi}\sqrt{\frac{k_2}{m_2}} = \frac{1}{2\pi}\sqrt{\frac{2k_1}{m_2/2}} = \frac{1}{2\pi}\sqrt{\frac{4k_1}{m_1}}$
$= 2\left(\frac{1}{2\pi}\sqrt{\frac{k_1}{m_1}}\right) = 2f_1$
17. (a) (1) Increase (b) 4.9 s
18. (a) $(-0.10\text{ m})\sin[(10\pi/3)t]$ (b) 27 N/m
19. (a) $y = (0.100\text{ m})\cos(6t)$. (b) Starts at $y = +0.100$ m with an initial speed of zero. It will begin moving downward. (c) 1.05 s. (d) 18.0 N.
20. 2.0 Hz
21. 2.59 m
22. 6.00 km
23. 200 Hz
24. 170 Hz
25. 7.5 m
26. 478 N
27. Third harmonic
28. (a) (2) Twice (b) $f_A = 594$ Hz and $f_B = 50$ Hz
29. (a) (3) Shortened (b) 595 Hz

Chapter 14 소리

1. (a) 337 m/s (b) 343 m/s
2. 1.5 km
3. $\sqrt{\frac{\text{N/m}^2}{\text{kg/m}^3}} = \sqrt{\frac{\text{N}\cdot\text{m}}{\text{kg}}} = \sqrt{\frac{\text{kg}\cdot\text{m}^2/\text{s}^2}{\text{kg}}} = \sqrt{\frac{\text{m}^2}{\text{s}^2}} = \text{m/s}$ Since Y has the same units as B, the units of the expression for v in a solid also work out to be m/s.
4. (a) 7.5×10^{-5} m (b) 1.5×10^{-2} m
5. 90 m
6. (a) 0.107 m (b) 1.4×10^{-4} s (c) 4.29×10^{-4} m
7. (a) (1) less than double (b) 100 m (c) 8.7 s
8. −4.5%
9. (a) (4) 1/9 (b) 1.4 times
10. (a) 100 dB (b) 60 dB (c) −30 dB
11. (a) (1) Increases but not double (b) 5.0 W: 96 dB; 10 W: 99 dB
12. 24 W/m^2
13. 2.0×10^{-5} W/m^2
14. 1.0×10^{-3} W/m^2
15. (a) 63 dB (b) 83 dB (c) 113 dB
16. (a) (2) Between 40 and 80 dB (b) 43 dB
17. 379 m
18. No. Removing 25 computers will cut the intensity level to 37 dB.
19. 840 Hz
20. (a) 431 Hz (b) 373 Hz
21. Approaching: 755 Hz; moving away: 652 Hz.
22. (a) (3) Decrease (b) 42°
23. (a) 100 Hz (b) 6 Hz
24. (a) 36.3 kHz (b) 37.6 kHz (c) Yes, if both are moving, then the more general relation applies
25. (a) open-closed pipe (b) 0.675 m
26. (a) 3.4 kHz (b) 3.4 kHz (c) The frequency is lower, as it is inversely proportional to the length
27. For the open-open pipe, 330 Hz; for the open-closed pipe, 165 Hz.
28. 264 m/s
29. (a) (2) an antinode (b) 0.655 m (c) 0.390 m
30. Either 0.249 m or 0.251 m depending on the choice of frequencies from the two possible.

Chapter 15 전하, 전기력, 전기장

1. -1.6×10^{-13} C
2. (a) 6.4×10^{-19} C (b) two electrons
3. (a) (1) positive (b) $+4.8 \times 10^{-9}$ C; 2.7×10^{-20} kg (c) 2.7×10^{-20} kg
4. 5.15×10^{-11} C = 51.5 pC
5. (a) the same (b) ¼ (c) ½
6. (a) 5.8×10^{-11} N (b) zero
7. 2.24 m
8. (a) $x = 0.25$ m (b) no location (c) $x = -0.294$ m for $\pm q_3$
9. (a) At 5.0 cm: 2.7×10^{-18} N; at 10.0 cm: 2.7×10^{-19} N; at 15.0 cm:5.8×10^{-19} N;at20.0 cm:8.1×10^{-19} N;at25.0 cm: 2.7×10^{-18} N (b) The least force is midway between the two charges. See graph

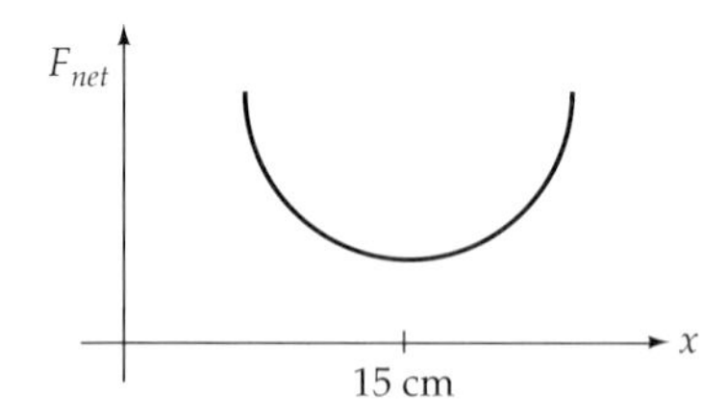

10. (a) 96 N, 39° below the positive x-axis (b) 61 N, 84° above the negative x-axis
11. (a) (2) decreased (b) 2.5×10^{-5} N/C
12. 2.9×10^5 N/C
13. 1.2×10^{-7} m away from the charge
14. Proton: 1.0×10^{-5} N/C upward; electron: 5.6×10^{-11} N/C downward
15. $(2.2\times10^5\text{ N/C})\hat{\mathbf{x}} + (-4.1\times10^5\text{ N/C})\hat{\mathbf{y}}$
16. 5.4×10^6 N/C toward the $-4.0\ \mu$C charge
17. 3.8×10^7 N/C in the $+y$ direction
18. (a) 1.5×10^{-5} C/m^2 = 15 μC/m^2 (b) 3.4×10^{-7} C = 0.34 μC
19. $(-4.4\times10^6\text{ N/C})\hat{\mathbf{x}} + (7.3\times10^7\text{ N/C})\hat{\mathbf{y}}$
20. (a) (1) Negative (b) zero (c) $+Q$ (d) $-Q$ (e) $+Q$
21. (a) Zero (b) kQ/r^2 (c) zero (d) kQ/r^2
22.

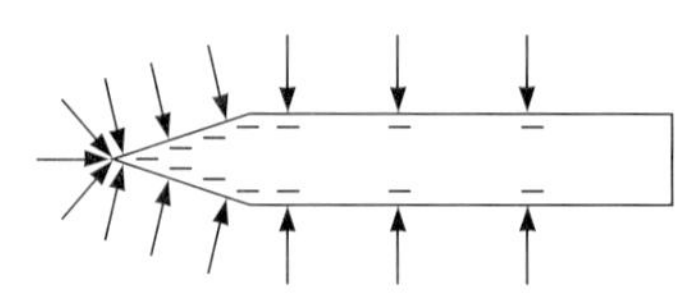

23. (a) Up (b) The bottom surface of the top slab is negative and the lower slab has the same charge distribution as the top slab. (c) 500 N/C up (d) $Q = 1.1 \times 10^{-11}$ C
24. (a) To the right (b) 8.55×10^3 N/C
25. (a) Positive on right plate, negative on left (b) right to left (c) 1.13×10^{-13} C

Chapter 16 전위, 에너지, 전기용량

1. 1.0 cm
2. (a) 2.7 μC (b) negative to positive
3. (a) 5.9×10^5 m/s down (b) loses potential energy
4. (a) (2) 3 (b) 0.90 m (c) -6.7 kV
5. (a) The electron gains 6.2×10^{-19} J of potential energy.
   (b) The electron loses 6.2×10^{-19} J of potential energy.
   (c) The electron gains 4.8×10^{-19} J of potential energy.
6. 1.1 J
7. (a) $+0.27$ J (b) no, since electric force is conservative
8. -0.72 J
9. (a) 3.1×10^5 V (b) 2.1×10^5 V
10. (a) (3) a lower potential (b) 4.2×10^7 m/s (c) 6.0×10^{-9} s
11. 70 cm
12. 8.3 mm
13. (a) (1) the smaller sphere (b) $+297$ eV
14. (a) $\Delta V = 3.5$ V, $v = 1.1 \times 10^6$ m/s (b) $\Delta V = 4.1$ kV, $v = 3.8 \times 10^7$ m/s (c) $\Delta V = 5.0$ kV, $v = 4.2 \times 10^7$ m/s
15. 2.4×10^{-5} C
16. 0.418 mm
17. (a) 4.54 nC (b) 2.72×10^{-8} J (c) 2290 V/m
18. 2.2 V
19. (a) 2.2×10^4 V/m (b) 1.1×10^{-5} C (c) 5.7×10^{-4} J (d) $\Delta Q =$ zero; -1.7×10^{-3} J
20. (a) 3.1×10^{-9} C (b) 3.7×10^{-8} J
21. (a) 2.4 (b) (2) decreased (c) -63 μJ
22. (a) 0.24 μF (b) 1.0 μF
23. (a) (1) more energy (b) In series, 15 μJ. In parallel, 76 μJ.
24. (a) (3) $Q/3$ (b) 3.0 μC (c) 9.0 μC
25. For C_1: 2.4 μC and 7.2 μJ. C_2 is the same as C_1, since it has the same capacitance as C_1 and they are in parallel. For C_3: 1.2 μC and 3.6 μJ. For C_4: 3.6 μC and 11 μJ.

Chapter 17 전류와 저항

1. (a) 4.5 V (b) 1.5 V
2. (a) 24 V (b) The two 6.0-V in series, together in parallel with the 12-V.
3. (a) (2) The same (b) A: Series gives 3.0 V for each group. Parallel gives the same 3.0 V for the total. B: Parallel gives the same 1.5 V for each group. Series gives 3.0 V for the total.
4. 0.25 A
5. (a) 0.30 C (b) 0.90 J
6. 56 s
7. (a) (2) To the left (b) 1.8 A to the left (c) 1.5 A to the left (d) 3.3 A to the left
8. (a) 11.4 V (b) 0.32 Ω
9. 1.0 V
10. (a) (1) A greater diameter (b) 1.29
11. (a) 4 (b) 4
12. (a) 0.13 Ω (b) 0.038 Ω
13. (a) 4.6 mΩ (b) 8.5 mA
14. (a) 5.4 cm (b) 0.11 mΩ
15. (a) (1) greater than (b) 1.6
16. 144 Ω
17. 2.0×10^3 W
18. 1.2 Ω
19. (a) (4) 1/4 times (b) 5.63 W
20. (a) 4.3 kW (b) 13 Ω (c) It is not ohmic
21. (a) 58 Ω (b) 86 Ω
22. (a) 0.600 kWh (b) 9 cents (c) 417 days
23. (a) 0.15 A (b) 1.4×10^{-4} Ω·m (c) 2.3 W
24. (a) 110 J (b) 6.8 J
25. (a) 22 Ω (b) 5.6 A
26. 4.3
27. (a) Central air: $130; blender: $0 (to nearest dollar); dishwasher: $1; microwave oven: $1; refrigerator: $6; stove (oven and burners): $13; color TV: $1. (b) Central air: 86%; blender: 0%; dishwasher: 0.7%; microwave oven: 0.7%; refrigerator: 4%; stove: 8.6%; color TV: 0.7%. (c) Central air: $I = 41.7$ A, $R = 2.88$ Ω; blender: $I = 6.7$ A, $R = 18$ Ω; dishwasher: $I = 10.0$ A, $R = 12$ Ω; microwave oven: $I = 5.2$ A, $R = 33$ Ω; refrigerator: $I = 4.2$ A, $R = 28$ Ω; stove (oven): $I = 37.5$ A, $R = 3.2$ Ω; stove (top burners): $I = 50.0$ A, $R = 2.4$ Ω; color TV: $I = 0.83$ A, $R = 150$ Ω.

Chapter 18 기초 전기회로

1. (a) In series for maximum resistance: 60 Ω. (b) In parallel for minimum resistance: 5.5 Ω.
2. 30 Ω
3. (a) 30 Ω (b) 0.30 A (c) 1.4 W
4. (a) (1) $R/4$ (b) 3.0 $\mu\Omega$
5. 1.0 A for all. So $\Delta V_{8.0} = 8.0$ V and $V_{4.0} = 4.0$ V.
6. 2.7 Ω
7. (a) $I_1 = 1.0$ A, $I_2 = I_3 = 0.50$ A (b) $\Delta V_1 = 20$ V, $\Delta V_2 = \Delta V_3 = 10$ V (c) 30 W
8. (a) The currents in the upper and middle arms will not change. The current in the lower arm will be half of what it was. (b) $I_1 = I_2 = 3.0$ A, $I_3 = I_5 = 30$ A, $I_4 = 6.0$ A.
9. (a) 0.085 A (b) $P_{15} = 7.0$ W, $P_{40} = 2.6$ W, $P_{60} = 0.24$ W, $P_{100} = 0.41$ W
10. (a) $I_1 = I_2 = 0.67$ A, $I_3 = 1.0$ A, $I_4 = I_5 = 0.40$ A (b) $\Delta V_1 = 6.7$ V, $\Delta V_2 = 3.3$ V, $\Delta V_3 = 10$ V, $\Delta V_4 = 2.0$ V, $\Delta V_5 = 8.0$ V (c) $P_1 = 4.4$ W, $P_2 = 2.2$ W, $P_3 = 10$ W, $P_4 = 0.80$ W, $P_5 = 3.2$ W (d) $P = 21$ W
11. $I_1 = 1.0$ A down, $I_2 = 0.5$ A right, $I_3 = 0.5$ A down
12. $I_1 = 0.33$ A left, $I_2 = 0.33$ A right
13. $I_1 = 3.75$ A up, $I_2 = 1.25$ A left, $I_3 = 1.25$ A right
14. $I_1 = 0.664$ A left, $I_2 = 0.786$ A right, $I_3 = 1.450$ A up, $I_4 = 0.770$ A down, $I_5 = 0.016$ A down, $I_6 = 0.664$ A right
15. 0.693 time constants
16. (a) 0.86 mJ (b) 17 V (c) 480 kΩ (d) 35 μA
17. (a) 9.4×10^{-4} C (b) After a long time, $\Delta V_C = 24$ V and $\Delta V_R = 0$ V
18. (a) 2.0×10^{-6} A (b) 0.86% (c) 1.7×10^{-6} C. Charge is a maximum as $t \to \infty$ or $t \gg \tau$ (d) 99% (e) 2.0×10^{-6} J
19. (a) 0.60000 A (b) 6.0000 V. (The current in the resistor

and voltage across the resistor are not affected by the voltmeter but the total current delivered by the battery is.)

Chapter 19 자기

1. (a) The sketch should show that the second magnet is directly below the first one, oriented vertically, with its north pole directly above its south pole. The two north poles are 2.5 cm apart. (b) Since the magnets are identical and the north poles of #2 and #3 are both 2.5 cm from the north pole of #1, they will exert forces of equal magnitude on the north pole of #1. The force due to #2 is upward and the force due to #3 is to the left, so the net force is 2.1 mN at 45° above the horizontal toward the left.
2. (a) B_1 is in the $-x$-direction and B_2 is in the $-y$-direction, so the net field at the origin will lie in the third quadrant at an angle of 27° below the $-x$-axis. (b) The field now is in the fourth quadrant at 27° below the $+x$-axis.
3. 3.5×10^3 m/s
4. 2.0×10^{-14} T and to the left looking in the direction of the velocity
5. (a) 3.8×10^{-18} N (b) 2.7×10^{-18} N (c) zero (d) zero
6. (a) 8.6×10^{12} m/s^2 southward (b) Same magnitude but northward (c) Same magnitude but opposite the direction of the force on the proton (d) 1830
7. (a) 1.8×10^3 V (b) Same voltage independent of particle charge
8. 5.3×10^{-4} T
9. (a) 4.8×10^{-26} kg (b) 2.4×10^{-18} J (c) No increase since the magnetic force does no work
10. (a) (i) To the right (ii) upward (iii) into the page (iv) to the left (v) into or out of the page (b) In each case except (v), the force is 8.3×10^{-4} N. In (v) the force is zero.
11. 1.2 N.
12. (a) Zero (b) 4.0 N/m in the $+z$ direction (c) 4.0 N/m in the $-y$ direction (d) 4.0 N/m in the $-z$ direction (e) 4.0 N/m in the $+y$ direction (f) 2.8 N/m in the $+z$ direction
13. (a) 0.400 N/m in the $+z$ direction (b) same as (a) (c) 0.500 N/m in the $-z$ direction.
14. 7.5 N upward in the plane of the paper.
15. (a) 0.013 m·N (b) Doubling the field doubles the torque (c) Doubling the current doubles the torque (d) Doubling the area doubles the torque (e) It can't be done by increasing the angle
16. One-fourth of its initial value
17. 11 A
18. 0.25 m
19. (a) 2.0×10^{-5} T (b) 9.6 cm from wire 1
20. At the right-hand point, 2.9×10^{-6} T and into the page. At the left-hand point, the magnitude is the same but the field points out of the page.
21. 1.0×10^{-4} T and away from the observer
22. 4.0 A
23. (a) 8.8×10^{-2} T (b) to the right
24. (a) (1) attractive (b) 170 A (c) zero
25. (a) 3.74×10^{-3} T·m/A (b) 3.0×10^3

Chapter 20 전자기유도와 전자기파

1. 32 cm
2. 42° or 138°
3. (a) 1.3×10^{-6} Wb (b) 3.0 A
4. (a) 1.6 V (b) 0.40 V
5. (a) 0.30 s (b) 0.60 s
6. (a) (1) At the equator (b) 0 mV at the equator and 0.20 mV at the North Pole
7. (a) 0.60 V (b) zero (c) 4.0 A
8. (a) 2.6 V (b) Zero (c) The induced emf is a maximum when the flux is changing at its maximum rate, which is when the magnetic field is zero. This occurs twice per cycle. The minimum emf is zero when the magnetic field is at its maximum value, which occurs twice per cycle.
9. (a) 0.057 V (b) 10 loops
10. (a) 100 V (b) zero (c) (100 V) $\sin(120\pi t)$ (d) 1/120 s (e) 200 V
11. (a) 16 Hz (b) 24 V
12. (a) (3) lower than 44 A (b) 4.0 A
13. (a) 216 V (b) 160 A (c) 8.1 Ω
14. (a) 16 turns (b) 500 A
15. (a) 24 (b) primary: 83 mA; secondary: 2.0 A
16. (a) 17.5 A (b) 15.7 V
17. (a) (2) Nonideal (the power in the secondary is lower than that in the primary) (b) 45%
18. (a) 128 kWh (b) $1840
19. (a) 53 W (b) 200
20. 326 m and 234 m, respectively
21. 2.6 s
22. AM: 67 m; FM: 0.77 m

Chapter 21 교류 회로

1. For a 120-V line: 170 V; for a 240-V line: 339 V
2. 1.2 A
3. (a) 10.0 A (b) 14.1 A (c) 12.0 Ω
4. (a) $I_{rms} = 4.47$ A; $I_{max} = 6.32$ A (b) $\Delta V_{rms} = 112$ V; $\Delta V_{max} = 158$ V
5. (170 V) $\sin(119\pi t)$
6. $I_{rms} = 0.333$ A; $I_{max} = 0.471$ A; $R = 360$ Ω
7. (a) 7.5 Ω (b) 20 Hz; $T = 0.050$ s (c) 240 W
8. (a) 60 Hz (b) 1.4 A (c) 120 W (d) $\Delta V = (120\text{ V})\sin(380t)$ (e) $P = I\,\Delta V = (240\text{ W})\sin^2(380t)$ (f) $P = 120$ W, the same as in (c)
9. 1.3 kΩ
10. 2.3 A
11. (a) −38% (b) 60%
12. (a) 250 Hz (b) 990 Hz
13. (a) 90 V (b) Voltage leads by 90°
14. (a) 4.42 μF (b) 0.10 A
15. (a) 170 Ω (b) 200 Ω
16. (a) $X_L = 38$ Ω; $Z = 110$ Ω (b) 1.1 A

17. (a) (3) negative (b) −27°
18. (a) (3) in resonance (b) 72 Ω
19. (a) 50 W (b) 115 W
20. (a) 53 pF (b) 31 pF
21. (a) 1.2 kW; $Z = 9.0\ \Omega$ (b) 13 A
22. $(\Delta V_{rms})_R = 12$ V; $(\Delta V_{rms})_L = 270$ V; $(\Delta V_{rms})_C = 270$ V
23. (a) (2) equal to 25 Ω (b) 362 Ω
24. (a) 55% (b) 30%

Chapter 22 빛의 반사와 굴절

1. Both the incident and reflected rays make an angle of 30° with the normal, so the angle between the rays is 60°.
2. (a) (2) $90° - \alpha$ (b) 57°
3. (a) (3) $\tan^{-1}(w/d)$ (b) 27°
4. When the mirror rotates through an angle of θ, the normal will rotate through an angle of θ and the angle of incidence is $35° + \theta$. The angle of reflection is also $35° + \theta$. Since the original angle of reflection is 35°, the reflected ray will rotate through an angle of 2θ. If the mirror rotates in the opposite direction, the angle of reflection will be $35° - \theta$. However, the normal will also rotate through an angle of θ but in the opposite direction. The reflected ray still rotates through 2θ.

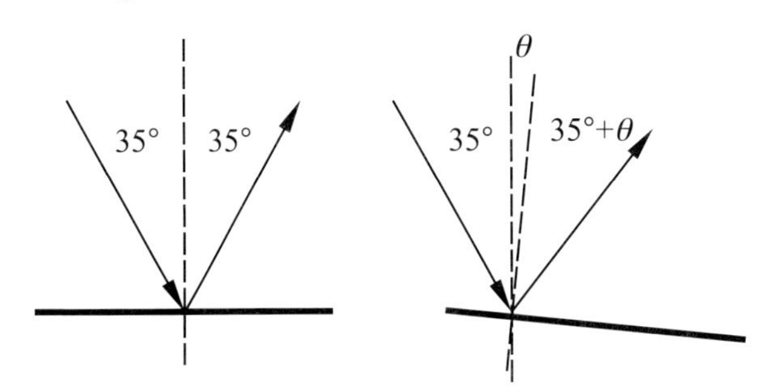

5. If $\alpha = 90°$, $\theta_{i_1} + \theta_{r_2} = 90°$, and the normals are perpendicular. Reflected and incident rays are parallel for any θ_1.
6. 1.41
7. 1.34
8. (a) (1) Greater than (b) 17°
9. (a) (2) From water to air (b) 48.8°
10. 47°
11. $\lambda_m = 140$ nm; $f = f_m = 1.55 \times 10^{15}$ Hz
12. (a) (3) Less than (b) 15/16
13. (a) This is caused by refraction at the water-air interface. The angle of refraction in air is greater than the angle of incidence in water, so the object immersed in water appears closer to the surface. (b) The distance a is common to d and d', so $\tan\theta_1 = \dfrac{a}{d'}$ and $\tan\theta_2 = \dfrac{a}{d}$. Combining yields

$$d' = \frac{\tan\theta_2}{\tan\theta_1} d.\ \text{If}\ \theta < 15°,\ \tan\theta \approx \sin\theta.$$

$$\text{So}\ \frac{d'}{d} = \frac{\tan\theta_2}{\tan\theta_1} \approx \frac{\sin\theta_2}{\sin\theta_1} = \frac{1}{n}\text{(Snell). Hence}\ d' \approx \frac{d}{n}$$

14. 66.7%

15. (a) (3) Less than 45° (b) 20°
16. See for 40° but not 50°
17. (a) (3) the indices of refraction of both (b) air: 1.41; water: 1.88.
18. 43°
19. (a) 25° (b) 1.97×10^8 m/s (c) 362 nm
20. $n_R = 1.362$; $n_B = 1.371$
21. 1.4980.

Chapter 23 거울과 렌즈

1. 5.0 m
2. (a) 80 cm (b) 50 cm (c) +1.0
3. (a) The dog's image is 3.0 m behind the mirror. (b) The dog moves at a relative speed of 2.0 m/s.
4. (a) (3) You see multiple images caused by reflections from two mirrors. (b) The first image by the north mirror is 3.0 m behind the north mirror. The second image by the south mirror is 11 m behind the south mirror. The first image by the south mirror is 5.0 m behind the south mirror. This image is 13 m from the north mirror. So the second image by the north mirror is 13 m behind the north mirror.
5. The two triangles (with d_o and d_i as base, respectively) are similar to each other, because all three angles of one triangle are the same as those of the other triangle due to the law of reflection. Furthermore, the two triangles share the same height, the common vertical side. Therefore the two triangles are identical. Hence $d_o = d_i$.
6. (a) (1) Real, (2) inverted, and (3) reduced. (b) 66.7 cm (in front of the mirror), the lateral magnification is −0.667.
7. $f = -33.3$ cm and $M = 0.400$
8. $d_i = -30$ cm and the image is 9.0 cm high, virtual, upright and magnified.
9. For $d_o = 2f$, $1/d_i = 1/f - 1/(2f) = 1/(2f)$, so $d_i = 2f$. $M = -d_i/d_o = -(2f)/(2f) = -1$. The image is real, inverted, and the same size as the object.
10. $d_i = 37.5$ cm, the image is 3.0 cm high, real and inverted.
11. (a) (1) Convex (b) −10 cm
12. −25 cm (behind the mirror)
13. (a) (2) Concave (b) 24 cm
14. (a) (1) Virtual and upright (b) 1.5 m
15. 2.3 cm
16. (a)

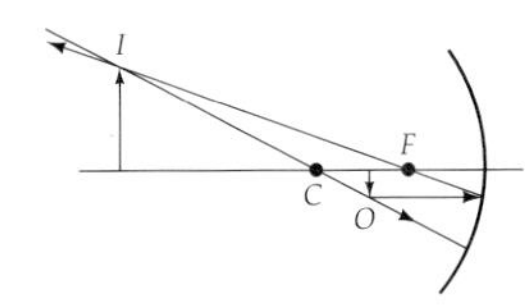

(b) $d_i = 60$ cm; $M = -3.0$, real and inverted
17. (a) (2) Concave (b) 36 cm
18. (a) $d_i = \dfrac{d_o f}{d_o - f} = \dfrac{f}{1 - f/d_o}$

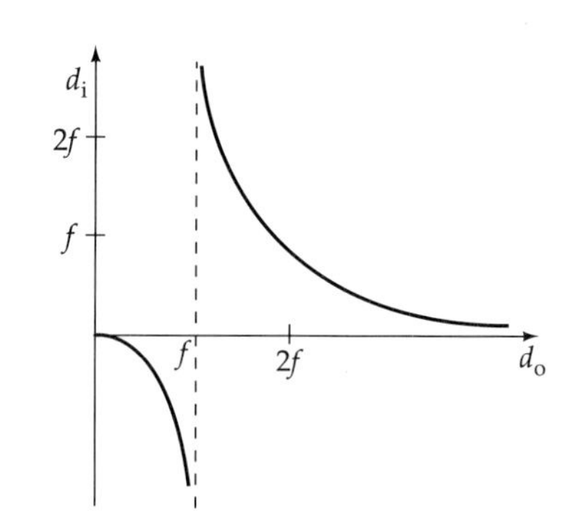

$$|M| = \frac{d_i}{d_o} = \frac{f}{d_o - f}$$

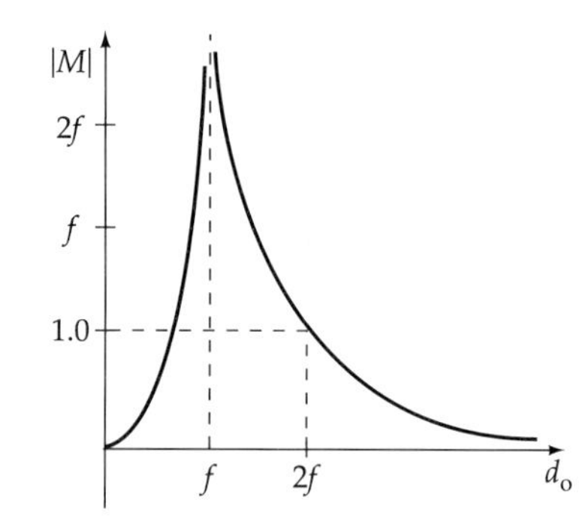

(b) $d_i = \dfrac{d_o(-f)}{d_o + f} = \dfrac{-f}{1 + f/d_o}$; $|M| = \dfrac{d_i}{d_o} = \dfrac{-f}{d_o + f}$

19. $d_i = 12.5$ cm; $M = -0.250$
20. $d_o = 22$ cm; $M = -9.0$
21. (a) (1) Virtual, upright and magnified (b) $d_i = -47$ cm; $M = +3.1$
22. (a) $d_i = -6.4$ cm; $M = +0.64$ virtual and upright (b) $d_i = -10.5$ cm; $M = +0.42$ virtual and upright
23. (a) $d_o = 18$ cm (b) $d_o = 6.0$ cm
24. Since the mirror and lens equations are the same and the definition of the lateral magnification are also the same mathematically, the graphs are exactly the same as those in Exercise 23.35.
25. 0.5 mm and inverted
26. (a) 40 cm from the object (b) -1.0
27. (a) From similar triangles, $\dfrac{d_i - f}{f} = -\dfrac{y_i}{y_o}$, where the negative is introduced, because the image is inverted. Also $\dfrac{y_i}{y_o} = \dfrac{d_i}{d_o}$. So $\dfrac{d_i - f}{f} = \dfrac{d_i}{d_o}$, and rearranging gives $\dfrac{1}{d_o} + \dfrac{1}{d_i} = \dfrac{1}{f}$. (b) $M = \dfrac{y_i}{y_o} = -\dfrac{d_i}{d_o}$ from the similar triangles in (a).
28. -37 cm
29. (a) (1) Convex to produce a magnified image (b) 6.25 cm
30. $M_1 = -\dfrac{h_{i1}}{h_{o1}}, M_2 = -\dfrac{h_{i2}}{h_{o2}}$, and $M = -\dfrac{h_{i2}}{h_{o1}}$. Since $h_{o2} = h_{i1}$ (the image formed by the first lens is the object for the second lens), we have $M_1 M_2 = \dfrac{h_{i1}}{h_{o1}} \dfrac{h_{i2}}{h_{o2}} = \dfrac{h_{i2}}{h_{o1}} = M_{\text{total}}$.

Chapter 24 물리광학: 빛의 파동성질

1. $0.75\text{ m} = 0.50\text{ m} + 0.25\text{ m} = 1.5(0.50\text{ m}) = 1.5\lambda$.
   So the waves will interfere destructively.
   $1.0\text{ m} = 0.50\text{ m} + 0.50\text{ m} = 2(0.50\text{ m}) = 2\lambda$.
   So the waves will interfere constructively.
2. 0.37°
3. 489 nm
4. (a) (2) also decrease (b) 600 nm (c) $0.41\text{ cm} < 0.45\text{ cm}$
5. (a) 402 nm (b) 3.45 cm
6. (a) (1) increase (b) 0.63 cm (c) $0.94\text{ cm} > 0.63\text{ cm}$
7. 4.2×10^{-5} m
8. 450 nm
9. (a) Yes (b) 113 nm (c) 196 nm
10. (a) 158.2 nm (b) 316.4 nm
11. 2.0×10^{-4} m
12. (a) 5.4 cm (b) 2.7 cm
13. (a) 4.3 mm (b) $f = 6.9 \times 10^{10}$ Hz, microwave
14. (a) (1) Increase (b) 3.6 mm (c) 6.2 mm
15. 7.1×10^{-10} m
16. $\theta_1 = \pm 22.31°$ $\theta_2 = \pm 49.41°$. For $n \geq 3$, $\sin\theta > 1$, so there are no more maxima. Thus the total number of side maxima is 4: two on each side.
17. $\theta_o = 0°$; $\theta_1 = \pm 23°$; $\theta_2 = \pm 52°$
18. (a) (1) Closer to (b) Red: 34.1°, Blue: 18.7°
19. 39.2°
20. (a) (1) Also increase (b) 58° and 61°
21. 31.7°
22. 40.5°
23. (a) (2) Less than (b) air: 58.9°; water: 51.3°
24. No, because the maximum angle of incidence at water-glass interface is less than polarizing (Brewster) angle ($48.75° < 48.81°$).
25. (a) (1) Longer than (b) 822 nm (IR)

Chapter 25 시각과 광학기기

1. (a) +5.0 D (b) −2.0 D
2. (a) (3) diverging (b) −1.1 D
3. −200 cm and thus a diverging lens
4. (a) 2.8 D (b) leave the glasses on
5. (a) (2) farsightedness (b) (1) converging lens (c) +3.3 D
6. (a) −0.505 D (b) −0.500 D
7. 83 cm
8. Top half of the lens: 85.0 cm from his eyes; Bottom half of the lens: 50.0 cm from his eyes.
9. 3.1×
10. 2.5×
11. (a) (2) A short focal length (b) 1.9× (with the 28-cm lens); 1.6× (with the 40-cm lens)
12. 6.0 D
13. 77 D
14. (a) −340× (b) 3900%
15. (a) (2) The one with the shorter focal length (b) 0.45 cm as objective: −280×; 0.35-cm as objective: −360×

16. 25×
17. (a) −4.0× (b) 75 cm
18. $f_o = 1.0$ m and $f_e = 2.0$ cm
19. (a) 13 cm (b) 7.0×
20. (a) Maximum magnification: 60.0 cm and 0.80 cm; minimum magnification: 40.0 cm and 0.90 cm
(b) $m_1 = -7.5\times$; $m_2 = -44\times$
21. 650 nm
22. $\theta_{min} = 1.32 \times 10^{-7}$ rad; Hale is 1.6 times larger.
23. (a) (3) Blue (b) $\theta_{min} = 0.0040°$ (for 400-nm light); $\theta_{min} = 0.0070°$ (for 700-nm light).
24. 17 km
25. (a) $\theta_{min} = 0.00126°$ (b) 1.8×10^{-5} mm

Chapter 26 상대론

1. (a) 0.10 s less time (b) 0.10 s more time
2. (a) 45 m/s (b) 4.0 s
3. (a) B could have caused A (b) B could not have caused A.
4. 23 min
5. (a) 14.1 m (b) $c/3$ relative to you
6. $0.998c$
7. (a) 4.8 y. (b) The traveler's time is the proper time, so 2.1 y. (c) The distance as measured on Earth is the proper length of 4.3 ly. (d) Since the distance measured from Earth is the proper length, the distance the traveler measures is 1.9 ly.
8. (a) 5.3 m (b) 27 ns (c) 36 ns because they do not agree on the travel distance
9. (a) $0.952c = 2.86 \times 10^8$ m/s (b) 16.4 min
10. (a) 2.14×10^{-14} m (b) 6.00×10^5 m/s
11. (a) $0.985c$ (b) 2.50 MeV (c) 1.56×10^{-21} kg·m/s
12. 0.45 kg
13. 1.6×10^{24} J $= 4.6 \times 10^{17}$ kWh
14. (a) 79 keV (b) 79 keV (c) 1.6×10^{-22} kg·m/s
15. (a) 2.9×10^8 m/s (b) 3.8×10^{-10} J (c) 1.7×10^{-18} kg·m/s
16. (a) (1) More (b) 3.7×10^{-12} kg. No, this is not detectable on the everyday scale
17. (a) $E = m\gamma c^2$ and $p = m\gamma v$.
Thus $p^2c^2 = (m\gamma v)^2c^2 = m^2\gamma^2 v^2c^2$ and $(mc^2)^2 = m^2c^4$.
Adding these two and simplifying gives
$p^2c^2 + (mc^2)^2 = m^2\gamma^2v^2c^2 + m^2c^4 = m^2c^2(\gamma^2v^2 + c^2)$.
Last, using $v = c\sqrt{1-\left(\frac{1}{\gamma^2}\right)}$ gives:
$p^2c^2 + (mc^2)^2 = m^2c^2[\gamma^2c^2(1 - (1/\gamma^2)) + c^2] = (m\gamma c^2)^2 = E^2$.
(b) $p = 1700$ MeV/c $= 9.0 \times 10^{-19}$ kg·m/s.
18. As a black hole, the Sun's density would be 1.8×10^{19} kg/m^3. The Sun's present density is 1.4×10^3 kg/m^3. Thus as a black hole, our Sun would be about 10^{16} times denser than it is now.
19. At two Schwarzschild radii, the escape velocity is 2.1×10^8 m/s $= 0.71c$. At twice the Sun's present radius, the escape velocity is 4.4×10^5 m/s $= 0.0015c$.
20. $2R_S$

Chapter 27 양자물리

1. 9670 nm
2. $\lambda_{max} = 1.06 \times 10^{-5}$ m; $f = 2.83 \times 10^{13}$ Hz
3. 690°C
4. 4800°C
5. 3.8×10^{19}/m^2 per second
6. 306 nm, UV
7. (a) 1.32×10^{-18} J. (b) 8.27 eV
8. $\phi_o = 4.0 \times 10^{-19}$ J $= 2.5$ eV
9. 354 nm
10. 254 nm
11. (a) 6.7×10^{-34} J·s (b) 2.9×10^{-19} J
12. 4.5 eV
13. (a) 0.625 V (b) 2.33 eV (c) zero since there is no emission
14. 0.44 eV
15. 180° or backscattering
16. 54°
17. (a) (2) Less than 5.0 keV but not zero (b) 20 eV
18. (a) 66° (b) 3.19×10^6 m/s
19. (a) $E_2 = -3.40$ eV (b) $E_3 = -1.51$ eV
20. 310
21. (a) 10.2 eV (b) 1.89 eV (c) the first is UV, the second is visible
22. (a) (1) Increase but more than double (b) $K_1 = 15.4$ eV and $K_2 = 44.4$ eV
23. (a) (1) 5→3 Transition produces the smallest energy and the longest wavelength (b) $\lambda_{5\to3} = 1280$ nm; $\lambda_{6\to2} = 411$ nm; $\lambda_{2\to1} = 122$ nm
24. (a) 2.55 eV (b) $\Delta E = (-13.6\text{ eV})\left(\frac{1}{n_f^2} - \frac{1}{n_i^2}\right) = 2.55$ eV.
Using trial and error $n_i = 2$ and $n_f = 4$ is the only transition with an energy difference of 2.55 eV.
25. (a) (1) One (b) 2 to 3 (c) $\Delta E = 1.89$ eV and $\lambda = 656$ nm (red)
26. $v_n = \frac{nh}{2\pi m r_n}$ but r_n (in nm) $= (0.0529)n^2$. Inserting this into the previous expression and converting from nm to m:
$$v_n = \frac{n(6.63\times10^{-34}\text{ J}\cdot\text{S})}{2\pi(9.11\times10^{-31}\text{kg})(0.0529\times10^{-9}\text{m})n^2} = \frac{2.2\times10^6}{n}\text{m/s}$$
27. (a) For the 2.0-eV state, 620 nm; for the 4.0-eV state, 310 nm (b) 2.0 eV is in the visible (red-orange)

Chapter 28 양자 역학과 원자 물리

1. 2.7×10^{-38} m
2. (a) (3) a longer (b) $\lambda_{electron} = 7.28 \times 10^{-6}$ m; $\lambda_{proton} = 3.97 \times 10^{-9}$ m
3. 1.5×10^4 V
4. (a) (3) Decrease (b) a 53% decrease
5. 0.71
6. 8.89×10^{-18} J $= 55.6$ eV
7. (a) 3.71×10^{-63} m (b) $n = 1.18 \times 10^{72}$ (c) increase but undetectable
8. 1.41

9. (a) $K_1 = 4.07$ MeV; $K_2 = 16.3$ MeV; $K_3 = 36.6$ MeV.
(b) $\Delta E = 32.5$ MeV (a gamma ray)

10. (a)

$$\ell = 2, m_l = 0, m_s = \pm\tfrac{1}{2} \rightarrow 2 \text{ states}$$

$$\ell = 2, m_l = +2, m_s = \pm\tfrac{1}{2} \rightarrow 2 \text{ states}$$

$$\ell = 2, m_l = +1, m_s = \pm\tfrac{1}{2} \rightarrow 2 \text{ states}$$

$$\ell = 2, m_l = -2, m_s = \pm\tfrac{1}{2} \rightarrow 2 \text{ states}$$

$$\ell = 2, m_l = -1, m_s = \pm\tfrac{1}{2} \rightarrow 2 \text{ states}$$

There are 10 possible sets for each value of $n \geq 3$.
(b) Since $\ell \leq n - 1$, if $\ell = 3$, $n \geq 4$, $m_l = 0, \pm1, \pm2, \pm3$, and $m_s = \pm\frac{1}{2}$. The possibilities are:

$$\ell = 3, m_l = 0, m_s = \pm\tfrac{1}{2} \rightarrow 2 \text{ states}$$

$$\ell = 3, m_l = +3, m_s = \pm\tfrac{1}{2} \rightarrow 2 \text{ states}$$

$$\ell = 3, m_l = +2, m_s = \pm\tfrac{1}{2} \rightarrow 2 \text{ states}$$

$$\ell = 3, m_l = +1, m_s = \pm\tfrac{1}{2} \rightarrow 2 \text{ states}$$

$$\ell = 3, m_l = -3, m_s = \pm\tfrac{1}{2} \rightarrow 2 \text{ states}$$

$$\ell = 3, m_l = -2, m_s = \pm\tfrac{1}{2} \rightarrow 2 \text{ states}$$

$$\ell = 3, m_l = -1, m_s = \pm\tfrac{1}{2} \rightarrow 2 \text{ states}$$

There are 14 possible sets for each value of $n \geq 4$.

11. (a) $\ell = 2$ (b) $n = 3$

12. (a) Na has 11 electrons

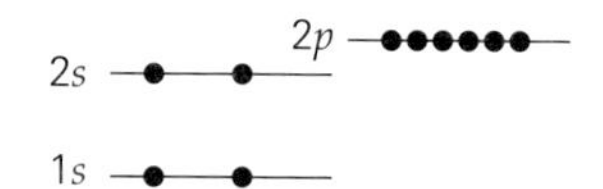

(b) Ar has 18 electrons

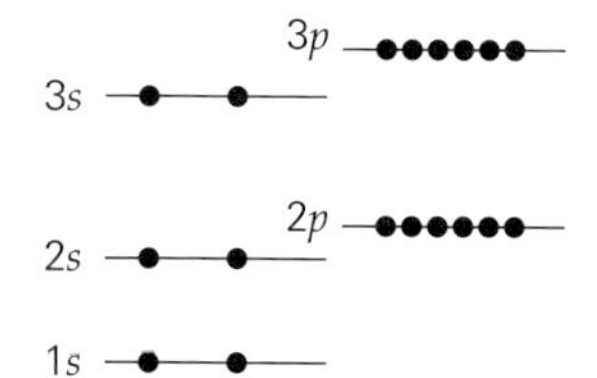

13. (a) B: $1s^2 2s^2 2p^1$
(b) Ca: $1s^2 2s^2 2p^6 3s^2 3p^6 4s^2$
(c) Zn: $1s^2 2s^2 2p^6 3s^2 3p^6 3d^{10} 4s^2$
(d) Sn: $1s^2 2s^2 2p^6 3s^2 3p^6 3d^{10} 4s^2 4p^6 4d^{10} 5s^2 5p^2$

14. $1s^3$

15. (a) (2) The same (b) both 0.21 m

16. 7.0×10^{-7} m

17. 938.27 MeV

18. (a) (3) Less than (b) $f_p = 4.541 \times 10^{23}$ Hz; $f_n = 4.547 \times 10^{23}$ Hz

Chapter 29 핵

1. (a) ^{90}Zr has 40 protons, 40 electrons and 50 neutrons. (b) ^{208}Pb has 82 protons, 82 electrons and 126 neutrons.

2. $^{21}_{19}$K

3. U has 92 protons. U-235: 143 neutrons, 92 electrons; U-238: 145 neutrons, 92 electrons.

4. (a) $R_{He} = 1.9 \times 10^{-15}$ m; $R_{Ne} = 3.3 \times 10^{-15}$ m; $R_{Ar} = 4.1 \times 10^{-15}$ m; $R_{Kr} = 5.3 \times 10^{-15}$ m; $R_{Xe} = 6.1 \times 10^{-15}$ m; $R_{Rn} = 7.3 \times 10^{-15}$ m.
(b) $M_{He} = 6.68 \times 10^{-27}$ kg; $M_{Ne} = 3.34 \times 10^{-26}$ kg; $M_{Ar} = 6.68 \times 10^{-26}$ kg; $M_{Kr} = 1.40 \times 10^{-25}$ kg; $M_{Xe} = 2.20 \times 10^{-25}$ kg; $M_{Rn} = 3.71 \times 10^{-25}$ kg.
(c) 2.3×10^{17} kg/m^3 is the same for all nuclei. Yes, because the density is huge.

5. (a) (2) beta minus decay (b) He-3, stable.

6. (a) $^{237}_{93}\text{Np} \rightarrow {}^{233}_{91}\text{Pa} + \alpha$
(b) $^{32}_{15}\text{P} \rightarrow {}^{32}_{16}\text{S} + \beta^-$
(c) $^{56}_{27}\text{Co} \rightarrow {}^{56}_{26}\text{Co} + \beta^-$
(d) $^{56}_{27}\text{Co} + \beta^- \rightarrow {}^{56}_{26}\text{Fe}$
(e) $^{42}_{19}\text{K}^* \rightarrow {}^{42}_{19}\text{K} + \gamma$

7. α–β: $^{209}_{82}\text{Pb} + \beta^- \rightarrow {}^{209}_{81}\text{Tl}$, $^{209}_{81}\text{Tl} + \alpha \rightarrow {}^{213}_{83}\text{Bi}$
β–α: $^{209}_{82}\text{Pb} + \alpha \rightarrow {}^{213}_{84}\text{Po}$, $^{213}_{84}\text{Po} + \beta^- \rightarrow {}^{213}_{83}\text{Bi}$

8. (a) The first blank is U. The second blank is Th. The third blank is an alpha particle. (b) The particle is an electron (β^-). (c) The first blank is 3. The isotope in the second blank is Y. (d) The missing isotope is $^{23}_{11}$Na. (e) The first blank: $^{0}_{-1}$e and second blank: $^{11}_{5}$B.

9. (a) Alpha: $^{237}_{93}\text{Np} \rightarrow {}^{233}_{91}\text{Pa} + {}^{4}_{2}\text{He}$
Beta: $^{233}_{91}\text{Pa} \rightarrow {}^{233}_{92}\text{U} + {}^{0}_{-1}\text{e}$
Alpha: $^{233}_{92}\text{U} \rightarrow {}^{229}_{90}\text{Th} + {}^{4}_{2}\text{He}$
Alpha: $^{229}_{90}\text{Th} \rightarrow {}^{225}_{88}\text{Ra} + {}^{4}_{2}\text{He}$
Beta: $^{225}_{88}\text{Ra} \rightarrow {}^{225}_{89}\text{Ac} + {}^{0}_{-1}\text{e}$
Alpha: $^{225}_{89}\text{Ac} \rightarrow {}^{221}_{87}\text{Fr} + {}^{4}_{2}\text{He}$
Alpha: $^{221}_{87}\text{Fr} \rightarrow {}^{217}_{85}\text{At} + {}^{4}_{2}\text{He}$
Alpha: $^{217}_{85}\text{At} \rightarrow {}^{213}_{83}\text{Bi} + {}^{4}_{2}\text{He}$
There are two possible decay modes for ^{213}Bi: alpha: $^{213}_{83}\text{Bi} \rightarrow {}^{209}_{81}\text{Tl} + {}^{4}_{2}\text{He}$ and beta: $^{213}_{83}\text{Bi} \rightarrow {}^{213}_{84}\text{Po} + {}^{0}_{-1}\text{e}$.
These two daughter nuclei decay as follows:
Beta: $^{209}_{81}\text{Tl} \rightarrow {}^{209}_{82}\text{Pb} + {}^{0}_{-1}\text{e}$ and alpha: $^{213}_{84}\text{Po} \rightarrow {}^{209}_{82}\text{Pb} + {}^{4}_{2}\text{He}$
Beta: $^{209}_{82}\text{Pb} \rightarrow {}^{209}_{83}\text{Bi} + {}^{0}_{-1}\text{e}$ (^{209}Bi is stable).
(b) The daughter nuclei are shown in each reaction above.

10. (a) 7.4×10^8 decays/s (b) 4.4×10^{10} betas/min

11. 2.06×10^{-8} W

12. 28.6 y

13. (a) (2) Younger than (b) 1.1×10^4 y

14. 3.1%

15. (a) 6.75×10^{19} nuclei
(b) 3.58×10^{16} decays/s $= 3.58 \times 10^{16}$ Bq
(c) 2.11×10^{18} nuclei
(d) Since $R \propto N$, R will decrease by the same factor

16. (a) 9.1 mg (b) 2.4×10^{18} nuclei

17. 7.6×10^6 kg

18. (a) $^{17}_{8}$O (b) $^{42}_{20}$Ca (c) $^{10}_{5}$B (d) approximately the same

19. 2.013 553 u
20. (a) 92.2 MeV (b) 7.68 MeV/nucleon
21. (a) For deuterium the binding energy is 2.224 MeV. For tritium the binding energy is 8.482 MeV. Therefore tritium has the greater total binding energy. (b) For deuterium, the binding energy per nucleon is 1.112 MeV/nucleon and for tritium it is 2.827 MeV/nucleon. Therefore deuterium has the lower binding energy per nucleon.
22. (a) 104.7 MeV (b) 7.476 MeV/nucleon
23. (a) ${}^{27}_{13}\text{Al} \longrightarrow {}^{23}_{11}\text{Na} + {}^{4}_{2}\text{He}$ (b) 10.09 MeV
24. 7.59 MeV/nucleon

Chapter 30 핵반응과 소립자

1. (a) proton number: 16 (S); nucleon number: 37 thus it is ${}^{37}_{16}\text{S}$. (b) The blanks are ${}^{135}_{52}\text{Te}$ and $3\left({}^{1}_{0}\text{n}\right)$ (3 neutrons). (c) The species is ${}^{17}_{8}\text{O}$. (d) The species is ${}^{1}_{1}\text{H}$.
2. (a) ${}^{22}_{11}\text{Na}$ and $Q < 0$, so no (b) ${}^{222}_{86}\text{Rn}$ and $Q > 0$, so yes (c) ${}^{12}_{6}\text{C}$ and $Q < 0$, so no
3. (a) (1) positive (b) + 4.28 MeV
4. 4.36 MeV
5. Exoergic; $Q = +6.50$ MeV
6. 5.38 MeV
7. (a) (1) greater (b) 3.05
8. (a) The proton and neutron have nearly the same mass, hence during collisions the neutrons will lose the maximum amount of energy by colliding with protons, thus “moderating” or slowing them at the quickest rate. (b) 36 collisions
9. (a) neutron (b) ${}^{4}\text{He}$ (c) Part (a): 3.270 MeV; Part (b): 17.59 MeV
10. (a) (2) less than 5.35 MeV but not zero. (b) 2.70 MeV. (c) If there is no appreciable momentum given to the daughter nucleus, then they will move apart in the opposite direction.
11. 13.37 MeV
12. $Q = (m_\text{p} - m_\text{D} - m_\text{e})c^2$
    $= \{(m_\text{p} + Zm_\text{e}) - [m_\text{D} + (Z-1)m_\text{e}] - 2m_\text{e}\}c^2$
    $= (M_\text{p} - M_\text{D} - 2m_\text{e})c^2$
13. (a) (3) decreases (b) 1.98×10^{-16} m
14. 4.71×10^{-24} s
15. 0.999 999 999 928c
16. (a) 0.27 mm (b) 3930 MeV
17. (a) (1) $\bar{u}\bar{d}\bar{d}$. (b) Adding the charges on the three antiquarks gives zero, the charge on the neutron

찾아보기

INDEX

《ㅇ》

《ㅌ》

《ㅍ》

《ㅎ》

《기타》

번역 및 교정에 참여하신 분

강상준 · 김대욱 · 김득수 · 김민석 · 김성수 · 김승연 · 김영철
김종수 · 김형찬 · 박병준 · 박진주 · 신재철 · 안동완 · 안승준
오기영 · 원기탁 · 유평렬 · 윤만영 · 윤재선 · 이원철 · 이종덕
이행기 · 장경애 · 정윤근 · 최명선 · 최용수 (가나다 순)

최신 일반물리학 8판

2022년 3월 1일 인쇄
2022년 3월 5일 발행

저 자 ◎ Jerry D. Wilson, Anthony J. Buffa, Bo Lou

역 자 ◎ 일반물리학 교재편찬위원회

발행인 ◎ **조 승 식**

발행처 ◎ (주)도서출판 **북스힐**
서울시 강북구 한천로 153길 17

등 록 ◎ 1998년 7월 28일 제22-457 호

(02) 994-0071

(02) 994-0073

www.bookshill.com
bookshill@bookshill.com

잘못된 책은 교환해 드립니다.

값 39,000원

ISBN 979-11-5971-417-7